E-Mail-Marketing
Das umfassende Praxis-Handbuch

René Kulka

E-Mail-Marketing

Das umfassende Praxis-Handbuch

mitp

Bibliografische Information der Deutschen Nationalbibliothek
Die Deutsche Nationalbibliothek verzeichnet diese Publikation in der Deutschen Nationalbibliografie; detaillierte bibliografische Daten sind im Internet über <http://dnb.d-nb.de> abrufbar.

Bei der Herstellung des Werkes haben wir uns zukunftsbewusst für umweltverträgliche und wiederverwertbare Materialien entschieden. Der Inhalt ist auf elementar chlorfreiem Papier gedruckt.

ISBN 978-3-8266-5095-6
1. Auflage 2013

www.mitp.de
E-Mail: mitp-verlag@sigloch.de
Telefon: +49 7953 / 7189 -079
Telefax: +49 7953 / 7189 -082

Lektorat: Sabine Schulz
Sprachkorrektorat: Petra Heubach-Erdmann
Satz: III-satz, Husby, www.drei-satz.de
Druck: Medienhaus Plump GmbH, Rheinbreitbach
Coverbild: © ag visuell @ fotolia

Inhaltsverzeichnis

Einleitung

Welche Web-Applikation wurde so oft totgesagt wie die gute alte E-Mail? Keine. Das Medium hat ein leidiges Public-Relations-(PR-)Problem, das sich von einer Reihe Faktoren nährt. So ist E-Mail älter als das World Wide Web (WWW), das am 30. April 2013 zwanzig Jahre alt wurde. Auf viele wirkt dies angestaubt. Bereits 1976 verschickte die Queen von England ihre erste elektronische Post – da war an Suchmaschinenwerbung (SEM) oder Affiliate-Marketing noch lange nicht zu denken. Später schickten sich Dienste wie Usenet, SMS, ICQ, Napster, RSS oder Facebook an, E-Mail obsolet zu machen. Vergebens, wie das Beispiel Google Wave zeigte, das 2009 E-Mail neu erfinden wollte und ein Jahr später wieder eingemottet wurde. Des Weiteren hat E-Mail zum Beispiel im Vergleich zur großen und engmaschigen Suchmaschinenoptimierungs-Szene (SEO) nur wenige einflussreiche Fürsprecher. Und schließlich erreicht Marketing-Entscheider täglich eine Flut an E-Mails, von denen der Großteil langweilt, sodass das Medium insgesamt in deren Wahrnehmung wenig Sex-Appeal versprüht.

Ist E-Mail also tot? Nun wäre dem so, hätte ich es mir gespart, dieses Buch für Sie zu schreiben. ☺ Fakt ist, dass ein beachtlicher Anteil der Werber, die E-Mail-Marketing für sich entdeckt haben, es nicht mehr missen möchte. Rund einer von fünf Direktmarketern nutzt das Werbemedium laut Dialogmarketing Monitor der Deutschen Post. Auf Anwenderseite ist »E-Mailen« seit Jahren unangefochten die populärste Tätigkeit der Onliner. Dies gilt für das stationäre genauso wie für das mobile Internet.

Warum möchten E-Mail-Marketer auf das Medium nicht mehr verzichten, sobald sie einmal auf den Geschmack gekommen sind? Es überzeugt durch einen besonders hohen Return on Investment (RoI). Kunden, Interessenten und andere Anspruchsgruppen lassen sich persönlicher und zielgruppengenauer ansprechen als bei anderen Werbeformen. Zugleich entstehen nur geringe Kosten. E-Mails wirken schnell, ihr Erfolg ist zeitnah messbar. Dies sind beste Voraussetzungen für ein effektives Kampagnen-Controlling und schließlich dafür, Beziehungen zu entwickeln. Vor diesem Hintergrund ist E-Mail-Marketing vor allem als effektives Tool fürs Beziehungsmanagement zu sehen (»Kunden*bindung*«).

E-Mail-Marketing funktioniert allerdings nicht von Haus aus. Es gilt, eine Vielzahl spezifischer Regeln zu beachten. Ziel dieses Buches ist, Ihnen diese zu vermitteln und damit eine solide Grundlage für den Aufbau und den Ausbau Ihres E-Mail-Programms zu schaffen. Im Laufe der Kapitel werden alle wichtigen Facetten angesprochen, die Sie kennen müssen. Nur mit einem 360-Grad-Blick auf das Medium schöpfen Sie alle Möglichkeiten so aus, dass E-Mail-Marketing Sie bei der Erreichung Ihrer Geschäftsziele optimal unterstützt. Nutzen Sie dieses Werk vor diesem Hintergrund als Arbeitsbuch oder auch als Nachschlagewerk. Ganz gleich wie – am Ende wäre es mir wichtig, Sie inspiriert und bei Ihnen die Lust auf mehr E-Mail-Marketing geweckt zu haben.

Aufbau

Das Buch gliedert sich in neun Teile und 26 Kapitel:

Teil I: E-Mails aus historischer und technischer Sicht

Der erste Teil befasst sich in Kapitel 1 zunächst mit der Entstehungsgeschichte von E-Mail. Sie erfahren dabei unter anderem, was der Unterschied zwischen einer Unicode- und einer ISO-8859-Zeichenkodierung ist und welche Postfach-Anbieter heute die verbreitetsten sind. Kapitel 2 erklärt, wie der E-Mail-Versand grundlegend hinter den Kulissen funktioniert.

Teil II: Einordnung im Marketing-Mix und Versandlösungen

Der zweite Teil befasst sich in Kapitel 3 mit einer Einordnung von E-Mail-Marketing in den Marketing-Mix. Neben einer Begriffsbestimmung, den Zielen, Vorzügen und Schwierigkeiten, die mit dem Medium zusammenhängen, entdecken Sie unter anderem das Lifecycle-Konzept als strategischen Bezugsrahmen für Ihre Mailing-Aktionen. In Kapitel 4 erfahren Sie, wie Sie die für Ihre Bedürfnisse passende Versandlösung identifizieren. Verschiedene Versandmodelle werden ebenso aufgegriffen wie mögliche Fallstricke bei der Systemauswahl.

Teil III: E-Mail-Verteiler auf- und ausbauen

Der dritte Teil beschäftigt sich ab Kapitel 5 mit der zentralen Frage, wie Sie effektiv E-Mail-Adressen gewinnen. Sie lernen nicht nur klassische sowie innovative Kontaktpunkte und Techniken inklusive deren Vor-und Nachteile kennen. Sondern Sie entwickeln vielmehr auch ein Gespür dafür, worauf es ankommt, wenn Ihre Werbehinweise erfolgreich Interesse am Newsletter-Service wecken sollen. Kapitel 6 spricht unter anderem auch das sensible Thema »Adresshandel« an. Dabei sollen Sie erkennen können, welche Anbieter vertrauenswürdig sind und von welchen man lieber die Finger lässt. Damit zusammenhängend erklärt Kapitel 7, wie Sie eine gute Datenqualität in Ihrem E-Mail-Verteiler sicherstellen können. Sie lernen, worin die Unterschiede zwischen Single Opt-in und Double Opt-in bestehen und wie Sie E-Mail-Adressen auf Gültigkeit prüfen.

Teil IV: Planung

Der vierte Teil – nur ein Kapitel 8, das dafür aber auch etwas länger ist – beschäftigt sich vor allem mit der grundlegenden Ausrichtung Ihrer E-Mail-Maßnahmen. Er beantwortet Fragen wie: Wann soll ich meinen Newsletter versenden und wie häufig? Ebenso geht es um solche Dinge, die Sie zu Beginn des Jahres, wenn das geschäftliche Treiben etwas ruhiger ist, für die kommenden zwölf Monate anvisieren können. Dies beinhaltet zum Beispiel die rechtzeitige Berücksichtigung saisonaler Mailing-Anlässe oder auch Maßnahmen, mit denen Sie sich eine optimale Profiltiefe schaffen, um E-Mails personalisieren und individualisieren zu können. Auch das Thema Automatisierung fällt hierunter. Sie erfahren, wie und wo Sie die Kundenbindung per E-Mail quasi auf Autopilot schalten können.

Teil V: E-Mailings und Newsletter gestalten

Der fünfte Teil behandelt in den Kapiteln 9 bis 13 ausführlich gestalterische Aspekte: Damit der einzelne Newsletter seine Werbewirkung entfalten kann, muss er nicht nur die individuellen Interessen der Abonnenten widerspiegeln, sondern auch wahrgenommen werden und inhaltlich in aller Kürze zugänglich sein. Sie erfahren unter anderem, wie Sie einen passenden Absendernamen und Betreff als Türöffner einsetzen. Im Inhalt lenken Sie sodann mit den passenden Gestaltungselementen den Blickverlauf gezielt durch die Ausgabe. Zu solchen Elementen zählen etwa die richtigen Bilder, Überschriften, Unterüberschriften, Aufzählungen, Formatierungen, Werbetexte, Links und Call-to-Action-Buttons. Schließlich lernen Sie in Kapitel 13, wie Sie Newsletter auch auf der technischen Ebene optimal umsetzen, damit eine möglichst einheitliche Darstellung über alle E-Mail-Programme hinweg gewährleistet ist und Darstellungsfehler vermieden werden.

Teil VI: Messen, testen und auswerten

Im sechsten Teil behandelt zuerst Kapitel 14 die Fragestellung, wie Sie den Erfolg Ihrer E-Mail-Kampagnen nachhalten. Dienstleister haben eine Vielzahl an Messgrößen entwickelt. Sie lernen diese im Detail kennen. Darunter befinden sich Klassiker wie die Klickrate, aber genauso neuartige Kennziffern wie die Lesedauer oder die Mobile-Leser-Rate. Hinweise auf Messungenauigkeiten und auf den richtigen Umgang mit Messgrößen allgemein bewahren Sie vor Trugschlüssen. Grafische Visualisierungen helfen zudem, handlungsrelevante Zusammenhänge zu entdecken. Schließlich erfahren Sie, wie Sie den Wert eines Abonnenten berechnen.

Kapitel 15 zeigt Ihnen, wie Sie nachhaltig von Tests profitieren. Dabei werden einerseits einfache Split-Tests von komplexeren multivariaten und Echtzeit-optimierten Tests abgegrenzt. Zum anderen zeigt das Kapitel, wie Sie richtig testen und die Gefahr von Irrtümern minimieren. Dazu gehört unter anderem, signifikante Ergebnisse zu erzielen und das gewonnene Wissen zu managen.

Kapitel 16 bietet einen Einblick in analytisches E-Mail-Marketing, das auf Methoden des Data Mining fußt. Analysieren Sie zum Beispiel die Warenkörbe Ihrer Käufer, um Cross-Selling-Potenziale zwischen verschiedenen Produkten zu identifizieren. Und clustern Sie Ihre Zielgruppen, um Abonnenten-Gruppen individueller informieren zu können. Schließlich lernen Sie, wie Sie die RFM-Methode dazu nutzen, Abonnenten-Wanderungsanalysen durchzuführen. Dies hilft, Ihr Programm strategisch auszurichten.

Teil VII: Trend-Themen

Der siebte Teil zeigt, wie E-Mail im Zusammenspiel mit anderen Online-Bereichen funktioniert. In Kapitel 17 erfahren Sie zum Beispiel, wie Sie Ihr Video-Inventar effektiv im Newsletter einsetzen können, um die Werbewirkung zu steigern. Standardmäßig funktionieren Videos zwar nicht in der E-Mail-Umgebung. Doch mit den richtigen Kniffen grenzen Sie sich vom Wettbewerb ab.

Kapitel 18 erklärt, welche Berührungspunkte es zwischen sozialen Netzwerken und E-Mail gibt und wie Sie sich diese zunutze machen.

Kapitel 19 erörtert, welche Auswirkungen das mobile Internet auf Ihr E-Mail-Marketing hat. Sie erfahren, welche Optionen es gibt, um den veränderten Nutzungsgewohnheiten gestalterisch gerecht zu werden.

Kapitel 20 zeigt schließlich auf, wie Sie E-Mail mit Ihrer Webanalyse-Software verknüpfen. Der Fokus liegt auf Google Analytics, da der Dienst eine sehr hohe Verbreitung genießt.

Teil VIII: Rechtliche Aspekte

Der achte Teil klärt, welche Voraussetzungen der Gesetzgeber an E-Mail-Marketing knüpft. Newsletter-Versender müssen derlei eine ganze Menge berücksichtigen. Allen vorweg: Werbung bedarf einer vorherigen Einwilligung der Adressaten (sogenanntes Opt-in). Doch was ist eigentlich »Werbung« – zählt zum Beispiel ein Newsletter überhaupt dazu? Dieser Frage wird zuerst in Kapitel 21 nachgegangen, in Kapitel 22 geht es dann um die Frage, was unter der datenschutzrechtlichen und unter der wettbewerbsrechtlichen Einwilligung zu verstehen ist. In Kapitel 22 finden Sie auch Mustertexte, die »Ungeduldigen« helfen, die Details aussparen möchten. Neben der Werbeeinwilligung und allen damit zusammenhängenden Aspekten behandelt der Teil auch zahlreiche Spezialfälle wie das Soft Opt-in bei Bestandskundenwerbung sowie die Einwilligung in die Bildung von Nutzungsprofilen (»Person X hat Link Y angeklickt«).

Teil IX: Spamfilter passieren

Der neunte Teil zeigt zunächst in Kapitel 23, was Abonnenten so alles als Spam empfinden. Denn dies ist weit mehr als E-Mails, die nicht bestellt wurden. Anschließend erfahren Sie, wie Spamfilter generell funktionieren und welche Faktoren Ihre sogenannte Reputation bei Gmail, Outlook.com & Co. beeinflussen. Besonderes Augenmerk gilt dabei Hardbounces, Spamfallen-Treffern und Spambeschwerden, die es zu vermeiden gilt.

Welche Blacklists relevant sind und wie Sie im Falle eines Falles ein Delisting erreichen, darum dreht sich Kapitel 24. Dabei werden auch Möglichkeiten eines Whitelistings behandelt, mit dem Sie sich als seriöser Absender kennzeichnen lassen können.

Kapitel 25 schließt an die allgemeine Funktionsweise von Spamfiltern an und erklärt verschiedene Typen wie Text-, Bayes- und Prüfsummen-Filter. Darüber hinaus werden Standards für die Authentifizierung vorgestellt.

In Kapitel 26 erfahren Sie schließlich, wie Sie Ihre »Spammigkeit« beim verbreiteten Filter SpamAssassin senken. Sie lernen auch, wie Sie bei Gmail in das Postfach Ihrer Abonnenten gelangen und wie Sie messen können, welcher Anteil Ihrer Versandmenge im Spamordner landet.

Danksagung

Mein Dank gilt allen, die aktiv an der Entstehung dieses Buches mitgeholfen haben:

- Ohne Rechtsanwalt Dr. Martin Schirmbacher (`online-marketing-recht.de`) wäre die Idee, dieses Buches zu schreiben, gar nicht erst entstanden. Zudem möchte ich mich für die vielen Tipps zu »Teil VIII: Rechtliche Aspekte« bedanken.
- Ohne meine geduldige Lektorin Sabine Schulz sähen Sie sich nun acht »Monster-Kapiteln« mit jeweils mehr als hundert Seiten gegenüber, anstelle von 26 Kapiteln von überschaubarem Umfang, die Sie häppchenweise zum Ziel führen.

- Ohne meine Korrektorin Petra Heubach-Erdmann hätte ich Liebhaber der deutschen Sprache wohl an so mancher Stelle – unfreiwillig – zum Lachen (oder Weinen) gebracht. ☺

Neuigkeiten

Bleiben Sie am Ball – Ergänzungen zum Buch und laufend aktuelle E-Mail-Marketing-Informationen erhalten Sie auf `http://www.email-marketing-buch.de` beziehungsweise in meinem Blog: `http://www.emailmarketingtipps.de`. Vernetzen wir uns auf Twitter: `http://twitter.com/lukeanker`.

Über den Autor

René Kulka ist Email Marketing Evangelist bei der optivo GmbH, einem der größten E-Mail-Marketing-Dienstleister im deutschsprachigen Europa. Er steuert den Wissenstransfer von optivo und informiert in dem E-Mail-Marketing-Blog www.optivo.de/campfire regelmäßig über Trend- und Praxisthemen. René Kulka war zwischen 2006 und 2009 E-Mail- und Affiliate-Marketingmanager bei der Direktmarketing-Agentur DZ-Media Verlag GmbH in Essen. Der Absolvent der Universität Duisburg-Essen ist ferner Herausgeber des Fachblogs `emailmarketingtipps.de`.

Anmerkungen

Sie werden bei der Lektüre über Fehler stolpern. Die lassen sich leider nie ganz vermeiden. Daher bitte ich schon mal im Vorfeld um Nachsicht und hoffe, dass es sich lediglich um Tippfehler handelt.

Ferner wundern Sie sich vielleicht, warum dieses Buch so viele Abbildungen der Versandlösung optivo® broadmail enthält. Die Erklärung ist einfach: Ich bin bei optivo angestellt. Genauso gibt es aber auch Screenshots anderer Lösungsanbieter: MailChimp, Promio.net, Xqueue und so weiter. Dieses Buch versteht sich als neutraler Guide durch die E-Mail-Marketing-Gefilde.

Widmung

Für Kornelia, Helmut und Katharina.

Berlin, Juni 2013
René Kulka

Teil I

E-Mails aus historischer und technischer Sicht

In diesem Teil:

In den vergangenen vier Jahrzehnten hat E-Mail die Art, wie Menschen miteinander kommunizieren, von Grund auf verändert. Dies gilt für den privaten wie auch den geschäftlichen Bereich. 88 Prozent der Deutschen bestätigten, dass E-Mail ihre Lebensqualität erhöht hat (`tinyurl.com/anoovhq`). E-Mail ist globalisiert, kennt keine Grenzen oder kulturelle Gebundenheiten. E-Mail ist nahezu kostenlos allerorts verfügbar, extrem schnell und denkbar einfach. Seit Jahren ist es mit Abstand die meistgenutzte Anwendung der Onliner. Sie ist beliebt, weil sie so schnell und effizient ist. Und viele würden vermutlich eher auf ihre Postanschrift verzichten als auf das elektronische Postfach.

Von hier ab ist es nur noch ein kurzer Gedankensprung dahin, E-Mail sinnvoll für Marketing-Zwecke einzusetzen. In der Hitliste der Werbeformen aus Verbrauchersicht führt der Newsletter hierzulande mit der höchsten Nutzen-Punktzahl (`tinyurl.com/abc3kkf`).

Doch so interessant E-Mails auf der einen Seite sind – zugleich sind sie häufig auch ein Ärgernis. In Massen und ohne Relevanz kosten sie uns Aufmerksamkeit und Nerven. Sie versperren im Posteingang den Blick auf wichtigere Mitteilungen.

Schwören wir uns ein wenig auf das Medium ein. Entstehungsgeschichte, Fachtermini, Schattenseiten – neben dem eigentlichen Marketing-Know-how zählt auch dies zum Rüstzeug, das ein optimales Verständnis für einen sensiblen, aber effektiven Werbekanal ermöglicht. Wer mit E-Mail vertraut ist, muss sie mögen. Und wer E-Mail mag, wird eher ein erfolgreicher E-Mail-Marketer. Denn der Grat zwischen unerwünschter Unterbrecher-Reklame und nützlicher Information ist schmal. Nur allzu viele Versender gehen die Sache falsch an. Darin liegt für »die Guten« eine große Chance, positiv hervorzustechen.

Am Rande: E-Mail-Schreibweise und -Geschlecht

E-Mail, e-mail, e-Mail, eMail, EMail oder Email – in Netz und Literatur existiert ein regelrechter Wildwuchs an Schreibweisen für die Kurzform von *electronic mail*. Aber wie lautet heute die orthografisch korrekte in Deutschland? Zunächst einmal ziert »Email« wohl nur Badewannen und Kunstwerke. Dies scheidet aus. Ebenso schließt das Regelwerk der deutschen Sprache Großbuchstaben im Wortinneren weitestgehend aus. Damit fallen »eMail« und »EMail« weg. *Duden* und der *Rat für deutsche Rechtschreibung* sagen: »E-Mail« ist richtig. (`j.mp/gmWOCg`). Der Rechtschreibrat liefert per amtlichem Regelwerk auch die offizielle Begründung: Zum einen werden Zusammensetzungen mit Einzelbuchstaben, wie »e« und »mail«, durch einen Bindestrich getrennt. Ferner wird das »E« großgeschrieben, da die Zusammensetzung als Ganzes, also »die E-Mail«, die Eigenschaften eines Substantivs besitzt. Und schließlich gilt auch für die »Mail« als Substantiv innerhalb der Bindestrich-Zusammensetzung die Großschreibung.

Beim Genus herrschen regionale Unterschiede vor: In weiten Teilen Deutschlands ist für eine elektronische Nachricht das Femininum, also »die E-Mail«, am verbreitetsten. In der Schweiz, in Österreich und in Süd-Deutschland ist dagegen fast ausschließlich beziehungsweise auch das Neutrum »das E-Mail« geläufig.

Nebenbei: Die Frage »e-mail oder email« wurde auch in den USA über Jahre diskutiert. Der Trend geht heute klar in Richtung »email«. Am 18. März 2011 schlug auch das *AP Stylebook*, das unter anderem die Richtlinien für viele US-Zeitungen formuliert, in diese Kerbe. (`j.mp/hIhxWj`)

Kapitel 1

E-Mail – Entstehungsgeschichte und Siegeszug

Mehr als 40 Jahre hat die gute alte E-Mail nunmehr schon auf dem Buckel. Wer sich die Entwicklung des Internets eine Weile beguckte, der weiß: Trends kommen schnell, gehen aber manchmal noch schneller. Vier Jahrzehnte soll also erst mal einer nachmachen, oder?

Es konnte aber auch keiner ahnen, was *Ray Tomlinson*, Mitarbeiter bei Bolt, Beranek and Newman (BBN), damals mit seiner recht einfachen Erfindung geschaffen hatte. Als Tomlinson einem Kollegen davon erzählte, wie er Nachrichten erfolgreich von Computer zu Computer versandte, soll der bloß geantwortet haben: »Zeig das bloß keinem! Das ist wohl kaum das, woran wir arbeiten sollen.« Wie sehr er sich täuschte. Denn damit begann der Siegeszug einer der wohl bedeutendsten Netzwerk-Anwendungen ...

1.1 1971: Ray Tomlinson erfindet die (Netzwerk-)E-Mail

Am Anfang war das *Advanced Research Projects Agency Network* (ARPAnet). Das ARPAnet war ein dezentrales Netzwerk, dessen Entwicklung in den 60er Jahren und insbesondere ab Oktober 1967 von Universitäten und der *Defense Advanced Research Project Agency* (DARPA), eine Behörde des US-Verteidigungsministeriums, vorangetrieben wurde. Koreakrieg und kubanische Raketenkrise waren gerade überwunden, Vietnam stand vor der Tür. Ziel der Entwicklung des ARPAnet war damals nicht nur eine bessere Vernetzung wissenschaftlicher Einrichtungen, sondern vor allem die Schaffung eines Militär-Netzwerkes, das robust gegen alle Arten militärischer Angriffe ist. Hieraus sollte ein paar Jahre später bekanntlich einmal das heutige Internet hervorgehen.

Zur damaligen Zeit existierten bereits Programme, mit denen zumindest intramaschinell, also auf einem Rechner, den sich mehrere Nutzer im Rahmen des *Compatible Time Sharing System* (CTSS) teilten, elektronische Post versandt werden konnte. Erste Ansätze sahen eher so aus, dass Dateien mit Namen wie »an Peter« als Mitteilungen in allgemeinen Verzeichnissen hinterlassen wurden. Die Idee, eine echte Anwendung zum Versand von elektronischen Briefen zu schreiben, wurde zwar vom Management als Ressourcenverschwendung abgetan. Trotzdem entwickelten Tom Van Vleck und Noel Morris 1965 am Massachusetts Institute of Technology (MIT) **das erste Mail-Programm: CTSS MAIL**. Es speicherte Nachrichten in der empfängerspezifischen Datei MAIL BOX (`j.mp/jFlcel`). Mit SNDMSG (Abkürzung für SeND MeSsaGe) erblickte kurze Zeit später eine weitere Mail-Applikation das Licht der Welt. Studenten und andere Personen, die zu unterschiedlichen Zeitpunkten am gleichen Rechner arbeiteten, konnten so ab Mitte der 60er endlich elektronische Mitteilungen verfassen, an alle oder bestimmte Personen adressieren und in deren lokale »Postfach-Dateien« zustellen. Wie heute wurden damit fleißig Termine koordiniert, Informationen geteilt et cetera. Aber alles lief eben immer nur über einen Rechner, auf dem sich die Nutzer einwählten.

1971 fügte Tomlinson SNDMSG weitere Funktionalitäten hinzu, die er seinem Dateiübertragungsprogramm CPYNET entnahm. Damit konnten auch Dateien über das Netzwerk, also von Rechner zu Rechner, kopiert werden. Im Oktober selben Jahres war es dann so weit: Prinzipiell die Geburtsstunde für die E-Mail, wie wir sie heute kennen. Dann nämlich huschte die **erste Netzwerk-E-Mail** vor Tomlinsons Augen testweise von einem DEC-10-Rechner zum anderen. (Wie im Film »Die Fliege« wusste Tomlinson nicht, dass sein erfolgreich transportiertes Objekt später zum (Spam-)»Monstrum« mutieren würde ☺). Auch wenn die Rechner nur wenige Zentimeter voneinander entfernt standen – prinzipiell hätten auch Kontinente dazwischen liegen können. Kurze Zeit später ging eine E-Mail an die Kollegen raus. Quasi mit einer »Selbstankündigung« sowie einer Anleitung, wie Netzwerk-Nachrichten von Rechner zu Rechner verschickt werden können (`j.mp/a8V2L`).

Definition: E-Mail

E-Mail ist die Abkürzung für *electronic mail* oder auch *eletronic mailing* (englisch für elektronischer Brief). Technisch gesehen sind E-Mails – ganz im Sinne vom E-Mail-Erfinder Tomlinson – Nachrichten, die auf elektronischem Wege in Computernetzwerken, wie zum Beispiel dem Internet oder dem De-Mail-System, versendet werden.

E-Mail zählt im weiteren Sinne zur *elektronischen Post*. Hierunter wiederum fällt gemäß der europäischen Datenschutz-Richtlinie 2002/58/EG *»jede über ein öffentliches Kommunikationsnetz verschickte Text-, Sprach-, Ton- oder Bildnachricht, die im Netz oder im Endgerät des Empfängers gespeichert werden kann, bis sie von diesem abgerufen wird.«* Dies trifft auch auf eine private Twitter-Mitteilung oder eine Freundschaftsanfrage auf Xing zu. Damit gelten die strengen rechtlichen Voraussetzungen für den Versand von Direktwerbung per elektronischer Post nicht nur für E-Mails, sondern auch für Mitteilungen in sozialen Netzwerken.

Natürlich war die damalige Benutzeroberfläche der E-Mail-Software nicht mit der von Microsoft Outlook oder Ähnlichem aus der heutigen Zeit vergleichbar. Statt per Mausklick eine neue Nachricht zu erstellen, mussten Befehle auf einer Kommandozeile eingegeben werden. An Formatierung, Umlaute, Anhänge oder Bilder war noch nicht zu denken. Und mehr noch war zum Lesen mit READMAIL ein separates Programm nötig.

Aber der Klammeraffe, das *at-Zeichen* (englisch *at* bedeutet *bei*), hat seinen Ursprung beispielsweise in Tomlinsons Software-Hack. Zumindest was die Aufteilung von E-Mail-Adressen und den Gebrauch im Internetjargon betrifft. Er wählte [@] in seiner ersten Netzwerk-E-Mail, um beispielsweise in »name@pc« den Nutzer- mit dem zugehörigen Computer-Namen zu assoziieren. Es passte eben von der Bedeutung her gut (im Sinne von »Name bei PC«) und weil es sonst auch nicht in den Benutzernamen vorkam. Vormals diente das (kommerzielle) @-Zeichen vor allem der Bepreisung (zum Beispiel »5 Stück @ 2 Euro« äquivalent zum heute gebräuchlichen »5 Stück à 2 Euro«).

E-Mail-Aufbau: Local- und Domain-Part

In der E-Mail-Adresse `max@mustermann.de` wird der Teil vor dem @-Zeichen, der einen Benutzer (oder Benutzergruppen) spezifiziert, als *Local-Part* (»lokaler Teil«) bezeichnet. Der Teil hinter dem @-Zeichen spezifiziert die Internetdomäne (»Domain«) des Rechners und wird folglich als *Domain-Part* (»Domänenteil«) bezeichnet. Beide Teile zusammen beschreiben ein eindeutiges Postfach auf einem Server.

Übrigens: Beim Local-Part machen Groß- und Kleinschreibung theoretisch einen Unterschied. `MAX@mustermann.de` kann somit als eine andere E-Mail-Adresse interpretiert werden. In der Praxis unterscheiden dies aber nur die wenigsten Mailserver bei der Zustellung. Dennoch sollten vor diesem Hintergrund nicht ohne Grund E-Mail-Adressen in Groß- oder Kleinschreibung umgewandelt werden ...

1.2 Rasche Adoption im ARPAnet

Auch wenn Tomlinson sich anfänglich nicht viel bei seiner Idee dachte, verbreitete sich die neue E-Mail relativ schnell. 1972 war seine netzwerkfähige Nachrichten-Adaption bereits Bestandteil des ARPAnet-Betriebssystems. Zu diesem Zeitpunkt waren knapp 40 Rechner angeschlossen. 1973 machte elektronische Post knapp 75 Prozent des Netzwerk-Verkehrs aus. Und das, obwohl erst 1975 mit dem Programm MSG ein einigermaßen komfortables und integriertes E-Mail-Programm für Versand und Empfang geschaffen wurde, das auch eine automatische Antwort-Adressierung und eine Weiterleitungsfunktion unterstützte.

Bis zum richtig großen Durchbruch der E-Mail dauerte es aber noch ein Weilchen. Die Netzgemeinde standardisierte fleißig. 1976 hat die britische Queen ihre erste E-Mail versandt (`tinyurl.com/7k77zye`). 1977 wurde mit dem RFC 733 erstmalig ein Standard für den E-Mail-Verkehr im ARPAnet vorgeschlagen. Der darauf basierende RFC 822 wird fünf Jahre später erster Standard für E-Mails im Internet. Am Netz angeschlossene Firmen konnten damit über ein einheitliches Protokoll E-Mails austauschen. Knapp 20 Jahre stellte dieser Standard das Maß der Dinge dar. Auch das *Simple Mail Transfer Protocol*, das prinzipiell bis heute für den E-Mail-Versand eingesetzt wird, gesellte sich per RFC 821 im August 1982 hinzu. Übrigens wurde das Kind »E-Mail« auch erst in dieser Zeit, genauer 1979, beim Namen genannt. Der Highschool-Student Shiva Ayyadurai entwickelte damals die heutige Form der Electronic Mail, weshalb er sich auch (zu Unrecht in den Augen vieler) als deren Erfinder bezeichnet. Am 30. August 1982 wurde ein Copyright beantragt für seine Software »EMAIL, The Computer Program for Electronic Mail System«. Der Tag gilt mitunter als Geburtstag der E-Mail.

Hintergrund: RFC

RFC steht für *Request for Comments*, also »Bitte um Kommentare«. Hinter RFCs verbergen sich Dokumente, die Richtlinien und Empfehlungen über technische und organisatorische Fragen zum ARPAnet beziehungsweise Internet beinhalten und von den Entwicklern diskutiert werden sollen. Jedes RFC besitzt eine eindeutige Nummer sowie einen Status, der Entwicklungsstand und Verbindlichkeit anzeigt. Das RFC-Verzeichnis findet sich unter `http://www.rfc-editor.org`.

1.3 1984: Die erste E-Mail erreicht einen deutschen Mailserver

Wer den Geburtstag der ersten E-Mail in Deutschland feiern möchte, darf sich den 3. August 1984 notieren. Auch wenn hierzulande schon vorher über den Umweg, sich telefonisch in amerikanische Computer einzuwählen, eifrig gemailt wurde – um 10:14 Uhr Mitteleuropäischer Zeit erreichte eine E-Mail erstmals einen eigenen deutschen Internet-Mailserver. Einen Tag zuvor, um 12:21 Uhr östlicher Sommerzeit, wurde das gute Stück in den USA auf die Reise geschickt. Das heißt, es wurde im CSNET-Relay zur Abholung bereitgelegt. »@germany« funktionierte; eine weitere Verbindung – neben der zwischen den USA nach Israel – stand.

In der ersten deutschen E-Mail begrüßte Laura Breeden (Massachusetts Institute of Technology) Michael Rotert (Universität Karlsruhe) im Hochschul-Netzwerk CSNET. Das war quasi eine etwas preisgünstigere Alternative zum ARPAnet. Legendär ist die doppelt fehlerhafte Betreffzeile „WILKOMEN IM CSNET!". Absender `breeden@scnet-sh.arpa` und Empfänger `rotert@germany` wirken zwar einerseits auf den ersten Blick vertraut, aber irgendwie auf den zweiten dann doch museumsreif. Finden Sie nicht? :-)

1.4 Massentauglichkeit des Netzdienstes durch HoTMaiL

Einige Jahre später, wir schreiben das Jahr 1989, wurde von der Universität Washington die erste Version des kostenfreien E-Mail-Programms *Pine* (Program for Internet News & Email) aus der Taufe gehoben. Pine war textbasiert, setzte aber endlich neue Maßstäbe in Sachen Anwenderfreundlichkeit in der E-Mail-Nutzung. Das Programm zielte ursprünglich auf unerfahrene Internetnutzer ab. Mit Erfolg: Der Client erreichte sehr schnell eine relativ große Anhängerschaft und trug so einen gewichtigen Teil zur weiteren Verbreitung von E-Mail bei.

Etwa zur selben Zeit, bis in die erste Hälfte der 90er Jahre hinein, taten sich insbesondere drei Firmen als kommerzielle E-Mail-Provider hervor. Sie brachten E-Mail einen weiteren Popularitätsschub: MCI Mail, CompuServe und – etwas später – auch America Online. CompuServe beispielsweise bot ab 1989 seinen Abonnenten E-Mail-Dienste an. Bezahlte E-Mail war ein wichtiger erster Schritt, der sich aber nicht unbedingt an weite Teile der Bevölkerung richtete.

Ende 1991 stellte Tim Berners-Lee vom europäischen Forschungslabor CERN in Genf die Beschreibung von *HyperText Markup Language* (HTML), also einer Beschreibungssprache für durch Hyperlinks vernetzte digitale Dokumente, vor. Das resultierende World Wide Web (WWW) war konzeptionell ursprünglich für das interne CERN-Netz gedacht, begeisterte aber schnell die Onliner. Ab 1993 wurden RFC für *Multipurpose Internet Mail Extensions* (MIME), also quasi die Mehrzweckerweiterungen u.a. für E-Mail, entwickelt. Zuvor waren für E-Mails gemäß SMTP nur Textnachrichten vorgesehen, die lediglich auf den 7 Bit respektive 128 Zeichen umfassenden amerikanischen *American Standard Code for Information Exchange*-(ASCII-)Zeichenvorrat zurückgreifen konnten. Mit MIME wurden nun HTML-E-Mails, Sonderzeichen, Umlaute, Anhänge und mehr möglich. Dies erweiterte das Anwendungsspektrum noch einmal deutlich: Per MIME werden heute Bilder, Archive oder ganze CDs versandt. Nicht zuletzt kann seither die Anzahl der E-Mail-Öffnungen nachvollzogen werden – eine wichtige Erfolgskennziffer. Aber dazu später mehr.

Exkurs: Zeichenkodierungen

Bei E-Mail-Inhalten, Absendernamen und Betreffzeilen muss der Versender dem E-Mail-Client oder Browser anzeigen, nach welcher Vorschrift diese kodiert wurden (Abbildung 1.1). Sonst besteht die Gefahr von Interpretationsfehlern, die die Darstellung beeinträchtigen; nicht interpretierbare Zeichen ersetzen die Programme durch Fragezeichen oder Rechtecke. Zu den wichtigsten Kodierungsstandards, die E-Mail-Versender kennen müssen, zählen ASCII, ISO 8869 und Unicode/UTF.

Der **US-ASCII**-Standard wurde 1968 veröffentlicht. Es ist eine der ältesten und bis heute die grundlegende Zeichenkodierung, die im Web überall unterstützt wird und keine Darstellungsprobleme verursacht. ASCII fußt auf 7 Bit und enthält damit lediglich 128 Code-Punkte (»Zeichen«). Davon sind 33 nicht darstellbare Steuerzeichen wie zum Beispiel der Zeilenvorschub oder Wagenrücklauf. Für viele andere Sprachen als die englische reicht der Vorrat damit nicht aus – darunter auch die deutsche, da ASCII zum Beispiel keine Umlaute und kein scharfes S enthält.

Abhilfe schaffte die Gruppe der **ISO 8859**-Normen, wovon die erste, ISO 8859-1, im Jahr 1985 vorgestellt wurde. Die Normenfamilie definiert aktuell fünfzehn regionale Zeichensätze (ISO 8859-1 bis -16, ohne -12) mit jeweils bis zu 256 Code-Punkten (= 8 Bit = 1 Byte). Die entsprechenden Zeichen decken vor allem den europäischen Sprachraum ab und sind abwärtskompatibel zu ASCII. Diejenigen Zeichensätze, die auch als *Latin*-Familie bekannt sind, beinhalten deutsche Umlaute und das scharfe S (ISO 8859-1 bis -4, -9 und -11 sowie -13 bis -16). Aber nur drei Zeichensätze verfügen über ein Eurozeichen € (ISO 8859-7, -15 und -16). Für deutsche Texte optimal ist damit ISO-8859-15. Am verbreitetsten ist jedoch der ursprüngliche Basis-Zeichensatz ISO 8859-1, der wie erwähnt kein Euro-Zeichen kennt.

Insgesamt war auch der Code-Raum des ISO-8859-Zeichensatzes zu klein. 256 Zeichen reichten kaum aus, um einen globalisierten Datenaustausch reibungslos abzuwickeln. Dies führte 1991, also quasi zeitgleich mit der Geburt von HTML, zur Entwicklung des **Unicode**-Standards. Unicode sollte endlich *alle* möglichen Zeichen in *einem* Code-Raum zusammenfassen – von westlichen über arabische und asiatische Schriftzeichen bis hin zu mathematischen und anderen Symbolen. (Dem Thema Symbole in Betreffzeilen widmen wir uns noch in Abschnitt 11.1.2 *Tipps zum Kürzen*.) Anfangs umfasste der Code-Raum 65.536 Punkte, später 1.114.112 (= 17 Code-Ebenen à 65.536 Zeichen). Bis heute wurden mehr als 100.000 Code-Punkte definiert – knapp 90 Prozent des Raums ist frei für weitere Zeichen. Das System ist flexibel: Ein Zeichen lässt sich aus Code-Punkten kombinieren, sodass etwa der Umlaut ü aus einer Verknüpfung eines u mit den beiden Punkten konstruiert werden kann. Um Unicode-Zeichen in Byte(s) für den Datenaustausch umzuwandeln, existieren UTFs (Unicode Transformation Formats). Die größte Verbreitung genießt **UTF-8**, das Zeichen je nach Bedarf in ein bis vier Bytes kodiert. Es ist – wie ISO 8859 – bei den ersten 128 Zeichen abwärtskompatibel zu ASCII. Das Internet Mail Consortium (IMC) empfiehlt Herstellern von E-Mail-Clients ausdrücklich, UTF-8 zu unterstützen. Damit ist UTF-8 für internationale E-Mail-Versender die erste Wahl und hierzulande die Alternative zu ISO 8859-1 beziehungsweise ISO 8859-15.

Ein Hinweis am Rande: E-Mails basieren grundsätzlich auf 7-Bit-ASCII-Zeichen. Erst die Multipurpose Internet Mail Extensions (MIMEs) erlaubten es, auch Umlaute einzubinden.

Damit das »neue« achte Bit bei der E-Mail-Übertragung über veraltete Rechner nicht verloren geht, werden andere als die 128 ASCII-Zeichen bis heute vielfach im Format **Quoted-Printable**-kodiert.

Bei Quoted-Printable setzen sich Nicht-ASCII-Zeichen zusammen aus einem Gleichheitszeichen gefolgt vom Hexadezimalwert des Bytes: Aus »Herr Müller« wird »Herr M=*FC*ller« (»*FC*« entspricht 252 in der Dezimalschreibweise, dem Codepunkt für ein ü). Daneben lassen sich Nicht-ASCII-Zeichen auch unmittelbar einbinden. Technisch funktioniert dies über die Kopfzeilen *Content-Transfer-Encoding* und *Content-type*. Anstelle von »Content-Transfer-Encoding: *quoted-printable*« beziehungsweise »Content-Transfer-Encoding: *7bit*« tritt »*8bit*« in Verbindung mit der verwendeten Kodierung – zum Beispiel »Content-type: *charset=iso-8859-1*« anstelle von »*charset=us-ascii*«.

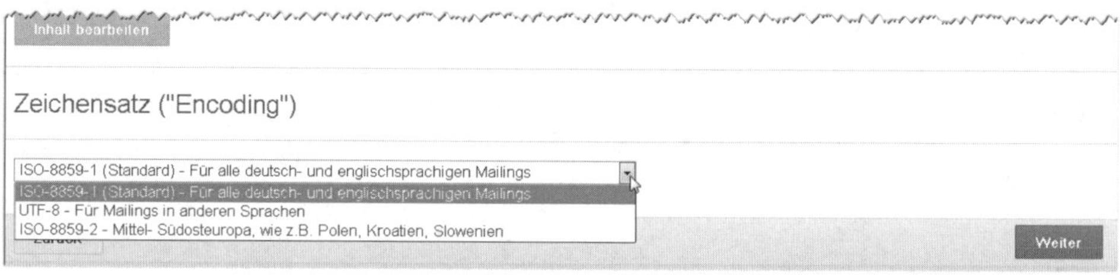

Abb. 1.1: Auswahl der Zeichenkodierung bei der Erstellung eines E-Mailings (hier: optivo® broadmail)

Bis Mitte der 90er waren immer noch die wenigsten mit einer E-Mail-Adresse ausgestattet. Kein Halten mehr gab es dann schließlich ab circa 1996. Die damaligen Apple-Entwickler Jack Smith und Sabeer Bhatia stellten am amerikanischen Unabhängigkeitstag mit HoTMaiL einen der ersten kostenlosen webbasierten E-Mail-Provider vor. Und dessen Erfolgsgeschichte will seinesgleichen suchen: Keine zwei Monate nach dem Start zählte HoTMaiL 100.000 Nutzer, zum Jahresende waren es mehr als 1 Million und nach 18 Monaten mailten bereits über 12 Millionen via HoTMaiL aus aller Welt. Knapp jeder fünfte Internetnutzer hatte damit damals eine E-Mail-Adresse von HoTMaiL. Das Wachstum setzte sich weiter fort. Bis heute gilt die epidemische Ausbreitung des Dienstes als Paradebeispiel für »Virales Marketing«. Das verfügbare Werbebudget der beiden Gründer reichte gerade mal für ein paar Anzeigen in den USA. Den internationalen Erfolg machte allein die clevere Viral-Idee aus, mit einem »Get your free e-mail at hotmail.com«-Anhängsel jede E-Mail zum Werbeträger und jeden Absender zum überzeugenden Markenbotschafter für den eigenen Dienst zu machen. Ähnlich wie bei Facebook wuchs damals auch HoTMaiL ursprünglich aus den Campussen der Universitäten heraus. Zuerst ließen sich Studenten von der kostenfreien E-Mail-Adresse auf breiter Front begeistern. 1997 kaufte Microsoft den Service für knapp 400 Millionen Dollar und taufte ihn in »MSN Hotmail« um. Im gleichen Jahr zogen »Yahoo! Mail« und das in Deutschland bekannte »Global Message Exchange« (GMX) nach. Google kündigte »Gmail«, das mit dem damals riesigen Speichervolumen von 1 Gigabyte warb, erst am 1. April 2004 an.

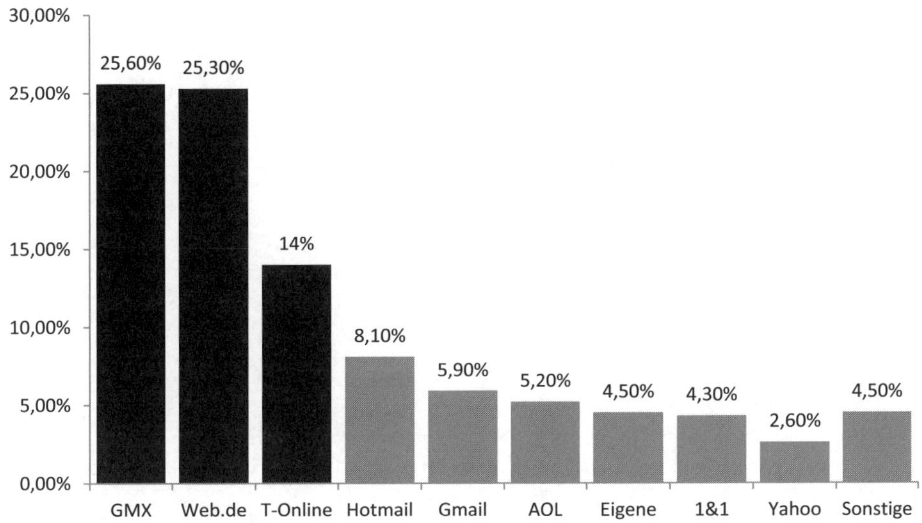

Abb. 1.2: GMX, Web.de und T-Online stellen hierzulande fast zwei von drei der E-Mail-Adressen, die Private am häufigsten nutzen (Quelle: Convios Consulting, 2011). Auf dem internationalen Parkett haben Gmail und Hotmail die Nase vorn – gefolgt von Yahoo! Mail.

Viele Anbieter kostenloser E-Mail-Adressen (»Freemail«) ermöglichten also endlich einen bequemen Zugriff auf das Postfach über den Webbrowser (»Webmail«) von überall aus. Dies katapultierte die E-Mail-Nutzung quasi in die Umlaufbahn, wo der Netzwerkdienst bis heute unaufhörlich »kreist« (Abbildung 1.2 zeigt die Marktanteile der Postfach-Anbieter in Deutschland. Aus Hotmail wurde inzwischen Outlook.com). Schon bald gehörte nebst Browser auch ein E-Mail-Programm zur Grundausstattung eines jeden PC. Mit der viralen Verbreitung visierten auch mehr und mehr Werbetreibende den digitalen Posteingang als Ziel für ihre Produktinformationen an. Spezialisierte Softwareanbieter, die Werbetreibende bei ihren Maßnahmen unterstützen wollten, zogen unmittelbar nach. So entwickelten sich beispielsweise um 1998 die Firmen e-Dialog und Responsys als Pioniere unter den Dienstleistern mit Fokus auf diesem neuen Marketing-Segment. Bis heute sind beide aktiv, allerdings ist der Markt mit mehreren 100 E-Mail-Service-Dienstleistern natürlich etwas »unübersichtlicher« geworden ...

Kapitel 2

E-Mail-Versand – wie funktioniert das technisch?

Ich meine, wer sich mit dem Thema E-Mail-Marketing auseinandersetzt, der darf ruhig einmal eigenhändig eine Nachricht an einen Mailserver übermittelt haben. Keine Angst: Das ist alles andere als eine Raketenwissenschaft. Der Standard, der hierbei meist zum Einsatz kommt, heißt nicht umsonst Simple Mail Transfer Protocol (SMTP), also »einfaches Nachrichten-Übertragungsprotokoll«.

Den Versand einmal praktisch zu erproben und sich dadurch die sonst verborgenen Abläufe zu vergegenwärtigen, kann durchaus hilfreich zum Verständnis weiterführender Themen sein. Etwa die Themen Zustellbarkeit, E-Mail-Authentifizierung oder Spamfilterung, bei denen ein Blick auf die Netzwerkebene oft vonnöten ist. Nebenbei beschäftigt man sich automatisch mit einigen nicht unwichtigen technischen Fachbegriffen und Dingen, wie dem E-Mail-Header, den Versender deuten können sollten.

2.1 SMTP – »simpler« Mail-Transfer

Etwas Historie vorweg: SMTP wurde 1982 mit dem Internetstandard RFC 821 geschaffen. Damals waren noch keine Maßnahmen zur Absender-Authentifizierung vorgesehen. Warum auch – Betrug und Spam, wie es sie heute gibt, waren zu dieser Zeit kein Thema. Nur einige wenige Firmen und universitäre Einrichtungen hatten Zugang zum Netz – allesamt vertrauenswürdig. Entsprechend wurde SMTP implizit auch für Nachrichten aus verlässlicher Quelle entworfen. So war jeder Mailserver offen für a) die Annahme neuer E-Mails von irgendwelchen Versendern und b) die Zustellung an beliebige Empfänger (sogenanntes *Open Relay*). Erst 1995 wurde das *Extended SMTP* (ESMTP) eingeführt, das in RFC 1869 definiert ist. Hiermit konnte der Befehlsvorrat des Protokolls erweitert werden. Etwa durch Authentifizierungsmechanismen wie SMTP-Auth.

Da das SMTP-Protokoll textbasiert ist, ist der »Gesprächsverlauf« bei einer Nachrichtenübermittlung auch für Menschen prima lesbar. Überhaupt scheint die Kommunikation zwischen Sender und Empfänger an einen üblichen Dialog angelehnt: Zuerst stellt man sich eben mit einem freundlichen »Hallo« vor, bevor es ans Eingemachte geht.

2.2 Mail-Aufgabe via Telnet und GMX

Haben Sie ein GMX-Konto? Gut. Wir wollen eine E-Mail von Hand versenden und dabei all das, was sonst Outlook für uns übernimmt, einmal selbst durchführen. Rufen Sie doch hierzu mal das Programm Telnet auf (in neueren Windows-Versionen muss die Funktion eventuell aktiviert werden) und starten Sie eine TCP-Verbindung auf TCP-Port 587 mit dem

GMX-Mailserver. (Hinweis: Der MSA lauscht heutzutage meist auf besagtem *Message Submission*-Port 587; einige Mailserver verweigern die E-Mail-Einspeisung auf dem originären SMTP-Port 25. Auch wenn GMX gnädig ist – hier funktioniert beides.)

Wir nutzen Telnet anstelle unseres regulären E-Mail-Programms als sogenannten *Mail User Agent*(MUA). »Agenten« sind im Allgemeinen Computerprogramme, die bei bestimmten Ereignissen oder Zuständen spezielle Dinge eigenständig erfüllen. Der MUA stellt für uns quasi »Tinte, Papier und Umschlag« in einem dar. Outlook wäre ein prominenter Vertreter. Der Mailserver von GMX ist unser »Briefkasten«. Oder etwas technischer formuliert: GMX ist der *Mail Submission Agent* (MSA).

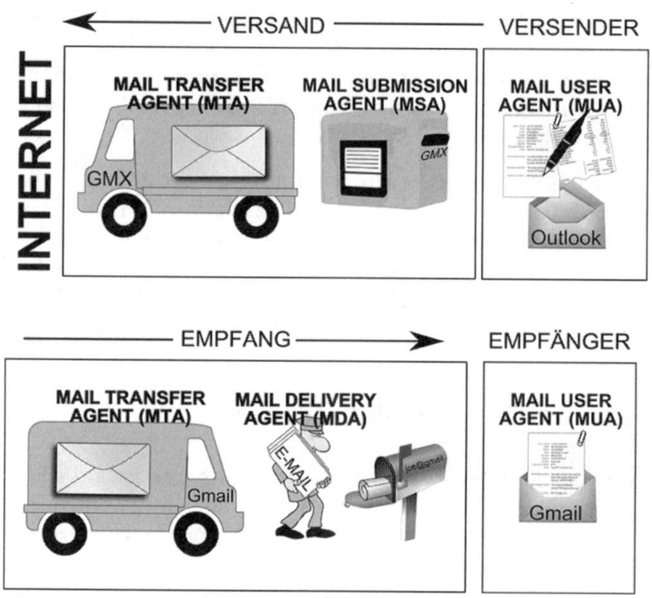

Abb. 2.1: Software-Agenten beim Mail-Versand. Der MTA übergibt/entnimmt die E-Mail vom Transportband »Internet«.

Um Telnet auszuführen, unter Windows einfach AUSFÜHREN aufrufen (Win+r) und dann Folgendes eingeben:

```
telnet mail.gmx.net 587
```

Wenn die Verbindung zustande kam, begrüßt der Server Sie nun mit einem »220« und stellt sich mit seinem Rechnernamen und gegebenenfalls Funktionsumfang vor. 220 meint »okay«. SMTP ist ein Kommando-Antwort-Protokoll, wobei die Antworten aus solchen dreistelligen Codes bestehen.

Wir stellen uns nun ebenfalls vor. Das passende SMTP-Kommando lautet HELO. Das Pendant bei ESMTP ist EHLO. Mit meiner GMX-E-Mail-Adresse würde dies so ausschauen:

```
EHLO c0ol@gmx.net
```

Nur Spammer sind »ungeduldig«

Wenn der Mailserver mit einem Kommando zufrieden ist, quittiert er dies mit einem »250 OK«. Die Antworten sind nach jedem Befehl abzuwarten. Alles andere wäre kein guter Umgangston in einer Konversation – egal, ob zwischen zwei Menschen oder Maschinen. Um den Umgangston scheren sich nur Spammer keinen Deut. Denn die möchten meist nur viele E-Mails pro Zeiteinheit rauspusten. Da interessiert es nicht, ob dies dem Mailserver gefällt. Seriöse Versender konfigurieren Mailserver so, dass Antworten ordnungsgemäß abgewartet werden. Mehr dazu erfahren Sie in Abschnitt 23.3.3 *Weitere Einflussfaktoren auf die Reputation.*

Bei so viel Spam heutzutage ist eine gesunde Portion Misstrauen nicht verkehrt. Der GMX-Mailserver möchte, dass wir uns mit unseren GMX-Zugangsdaten authentifizieren. Nur berechtigte Benutzer dürfen E-Mails versenden. Alles andere wäre ja auch ein Einfallstor für Spamming. Das erweiterte Mail-Protokoll ESMTP stellt hierzu das Kommando AUTH bereit:

```
AUTH LOGIN
```

Im nächsten Schritt wird es etwas kniffliger. GMX verlangt Benutzernamen und Passwort nicht als Klartext, sondern Base64-enkodiert. Im Netz finden sich haufenweise Werkzeuge zur Umwandlung.

Am Rande: Base64-Kodierung

Base64 ist wohlgemerkt keine *Verschlüsselung*, auch wenn dies so ausschaut. Sondern es handelt sich lediglich um eine *Kodierung*. Base64 findet hauptsächlich im MIME-Standard Anwendung. Eine solche Kodierung ermöglicht den E-Mail-Versand von Binärdaten, wie zum Beispiel ausführbare Dateien oder ZIP-Archive. Die Binärdaten werden eben einfach so in Texte umgewandelt, dass der Originalzustand jederzeit wieder hergestellt werden kann. Technisch ausgedrückt werden entsprechend der für Base64 definierten Kodierungsvorschrift 8-Bit-Binärdaten in 7-Bit-ASCII-Textnachrichten umgewandelt.

Jedenfalls sehen die E-Mail-Adresse cool@gmx.net und das Passwort kodiert dann so aus:

```
YzBvbEBnbXgubmV0
ODc.........1
```

(Vorsicht bei der Eingabe: Ein Vertipper und der Spaß geht von vorne los. Telnet versteht nämlich leider kein Backspace.)

Wenn die Angaben stimmen und der Mailserver uns sein Go gibt, kann nun der **Umschlag** (*Envelope*) der E-Mail spezifiziert werden. Dieser besteht zum einen aus dem **Absender** (*Envelope-Sender/-From*). Der Envelope-Sender wird mit Datum und Uhrzeit später in der E-Mail dem Header vorangestellt. An die Adresse werden Fehlermeldungen bei Unzustellbarkeit gerichtet (sogenannter *Return-Path*). Zum anderen enthält der Umschlag die **Empfänger** (*Envelope-To*). Der Absender auf dem Umschlag wird durch das SMTP-Kommando

MAIL FROM und die Adressierung jeweils durch eine RCTP TO-Zeile (RCTP steht für Recipient, englisch für Empfänger) angegeben.

Absender-Fälschung (Spoofing)

Man beachte, dass SMTP standardmäßig keine Absender-Überprüfung vorsieht. Weder bei der HELO/EHLO- noch bei der MAIL FROM- oder der »From:«-Identität im Nachrichtenkopf. Theoretisch kann also auch `angela.merkel@bund.de` als Absender eingetragen werden. Bei einer Spam-Aussendung würde Angelas Postfach dann wohl mit Rückläufern wegen Unzustellbarkeit und Beschwerden überschüttet werden. Viele E-Mail-Clients blenden zudem den »From:«-Header aus dem Nachrichtenkopf als Absendernamen beziehungsweise -E-Mail-Adresse ein. Somit ist es bei SMTP also problemlos möglich, den Absender zu fälschen (»Spoofing«) und so unter fremden Namen zu spammen. Zumindest dann, wenn keine weiteren Vorkehrungen, wie eine Authentifizierung, getroffen werden.

Das Kommando an den GMX-Mailserver für einen Test-E-Mail-Versand von mir an zwei meiner E-Mail-Adressen lautet also:

```
MAIL FROM:<c0ol@gmx.net>
RCTP TO:<c0ol@gmx.net>
RCPT TO:<emailmarketingtipps@googlemail.com>
```

Nun folgen durch das Schlüsselwort DATA eingeleitet die eigentlichen E-Mail-Daten. Diese beginnen mit einem Nachrichtenkopf (»Header«). Eine standardkonforme E-Mail sollte hier zum einen den Absender (»Header-From«) enthalten. Ferner gehören Empfänger (»Header-To«) sowie der Betreff (»Subject«) hierein. Der Einfachheit halber begnügen wir uns aber mit dem Betreff:

```
DATA
Subject: Hallo Welt
```

Der zweite Teil des Briefkopfes ist der Nachrichtenkörper (»Body«), der den eigentlichen E-Mail-Inhalt birgt. Selbiger wird mit einer Leerzeile vom Header getrennt und so eingeleitet:

```
[Enter]
Meine erste handgeschriebene E-Mail! So einfach ist das?
```

Das Ende der Nachricht wird durch die Abschlusszeile markiert, die lediglich aus einem Punkt besteht:

```
[.]
```

Abbildung 2.2 fasst die obigen Eingaben sowie die Antworten, die der GMX-Mailserver liefert, noch einmal zusammen:

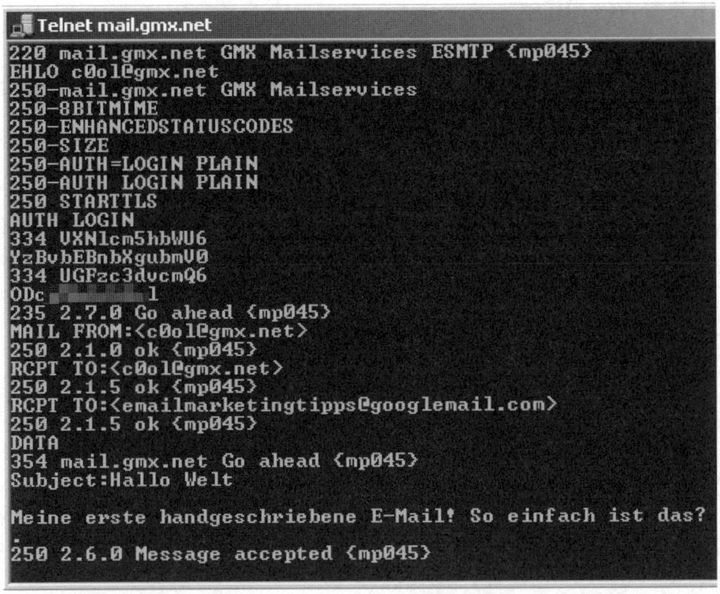

Abb. 2.2: E-Mail via Telnet und SMTP versenden – Kommandos und Antworten (Anmerkung: Das Passwort wurde unkenntlich gemacht.)

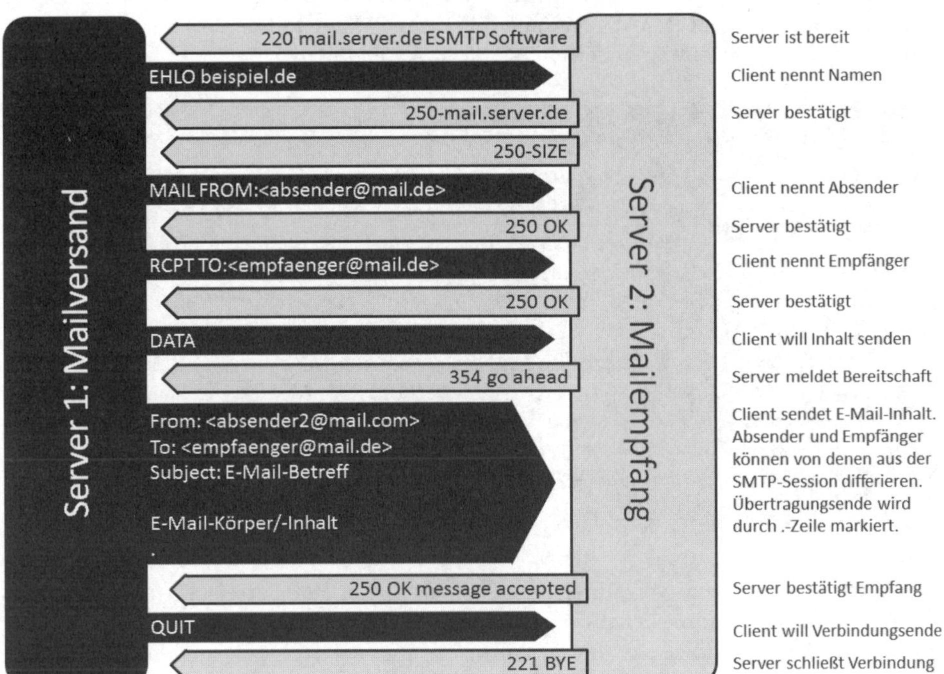

Abb. 2.3: Zusammenfassung des Ablaufs einer SMTP-Session zwischen Client und Server

2.3 Mail-Zustellung an den Zielserver

Was geschieht technisch hinter den Kulissen? Der Benutzer hat nun etwa in seinem Microsoft Outlook, also dem *Mail User Agent* (MUA), eine Nachricht aufgegeben und auf SENDEN geklickt. Der MUA bringt die Nachricht in Form, fügt beispielsweise die Kopfzeilen hinzu. Anschließend wird der *Mail Submission Agent* (MSA) kontaktiert, in der Regel also der Internet-Service-Provider, wie GMX oder Gmail. Hinter dem MSA befindet sich der *Mail Transfer Agent* (MTA). Der schaut sich den Domain-Part der Empfänger-Adressen an, die im Rahmen der SMTP-Session angegeben wurde (RCPT TO).(Also nicht die, die im E-Mail-Inhalt unter »To:« spezifiziert wurde; die Kopfzeile hat an dieser Stelle noch keine Bedeutung.) In unserem Beispiel von `c0o1@gmx.net` also die Domäne `gmx.net` und bei `emailmarketingtipps@googlemail.com` eben `googlemail.com`.

Das Internetregister *Domain Name Service* (DNS) überführt die für Menschen besser lesbaren Domänen wieder zurück in IP- beziehungsweise »Rechner«-Adressen; für die beiden Empfängerdomänen sollte im DNS auch jeweils mindestens ein sogenannter *Mail Exchange* (MX)-Ressource Record, also ein Eintrag für den Mail-Austausch, hinterlegt sein. Dieser beinhaltet die Domäne, hinter der sich der Mailserver für den Empfang von E-Mails befindet. Die Domäne kann sich durchaus von der in der E-Mail-Adresse unterscheiden. Es können auch mehrere MX-Einträge vorhanden sein, die dann oft mit unterschiedlichen Prioritäten konfiguriert sind. Dies dient der Ausfallsicherheit des Mail-Verkehrs. Hat der sendende MTA die MX-Einträge nachgeschlagen, ermittelt er nun für den Ziel-Mailserver mit der höchsten Priorität die IP-Adresse. Die findet sich im A-Eintrag der Domäne im DNS. Dann kann es endlich losgehen: Eine SMTP-Verbindung wird aufgebaut und die E-Mail an den Mail Transfer Agent (MTA) gegenüber übermittelt. Scheitert der Verbindungsversuch, wird der nächste MX-Eintrag in der Hierarchie ausprobiert.

Am Rande: MX-Lookup durchführen

Einen MX-Lookup können Sie auch von Hand durchführen. Beispielsweise mit dem Windows-Programm *nslookup* (`Windows`+`R` aufrufen und dann `nslookup` eingeben) oder mit dem Werkzeug MXToolBox im Internet. Für E-Mail-Versender lohnt es sich insbesondere, sich mit Letzterem genauer auseinanderzusetzen. Es bietet ein Sammelsurium an nützlichen Funktionen, von der Prüfung gegen Negativlisten (»Blacklists«) bis zu Authentifizierungs-Checks. Das Tool findet sich unter `http://www.mxtoolbox.com`. Abbildung 2.4 zeigt exemplarisch die Ergebnisse für die MX-Abfragen von `mx:gmx.net` und `mx:googlemail.com`. Für Gmail beispielsweise hat der MX-Record beziehungsweise die Domäne `gmail-smtp-in.l.google.com` die höchste Priorität – angezeigt durch den niedrigsten »Preference«-Wert, der hier 5 ist. Ein MTA würde zur Mail-Zustellung an eine Gmail-Adresse daher zuerst einen Verbindungsversuch am SMTP-Port desjenigen Rechners, der unter der IP-Adresse 74.125.65.27 erreichbar ist, unternehmen.

Gehen wir vereinfachend vom direkten E-Mail-Weg zum Ziel-Server aus, also ohne zwischengeschaltete »Sammelstellen« im Internet, versucht nun der *Message Delivery Agent* (MDA) auf der Empfangsseite die E-Mail in das Ziel-Postfach zuzustellen. Also an den Benutzer »cool« beziehungsweise »emailmarketingtipps«.

Im Falle von Sammelstellen müsste die E-Mail noch an einen oder mehrere weitere MTA weitergeleitet werden. Ähnlich wie bei der Postzustellung offline, bei der ein Brief ja auch vom Postboten über verschiedene Sammelpunkte wandert, bis er den Briefkasten im Zielort erreicht, gibt es auch bei unserer E-Mail eventuell mehrere Berührungspunkte, bis sie schließlich bei den beiden Adressaten ankommt. Jeder Server, der die E-Mail in die Hand nimmt, drückt ihr hierbei noch eine Art Stempel auf (die sogenannte *»Received«-Kopfzeile*). Dieser enthält die IP-Adressen der MTAs. Die Einträge sind zeitlich absteigend sortiert. Anhand der Received-Kopfzeilen kann somit später der Weg, den die Nachricht durchs Netz genommen hat, nachvollzogen werden. Probieren Sie es einmal selbst aus.

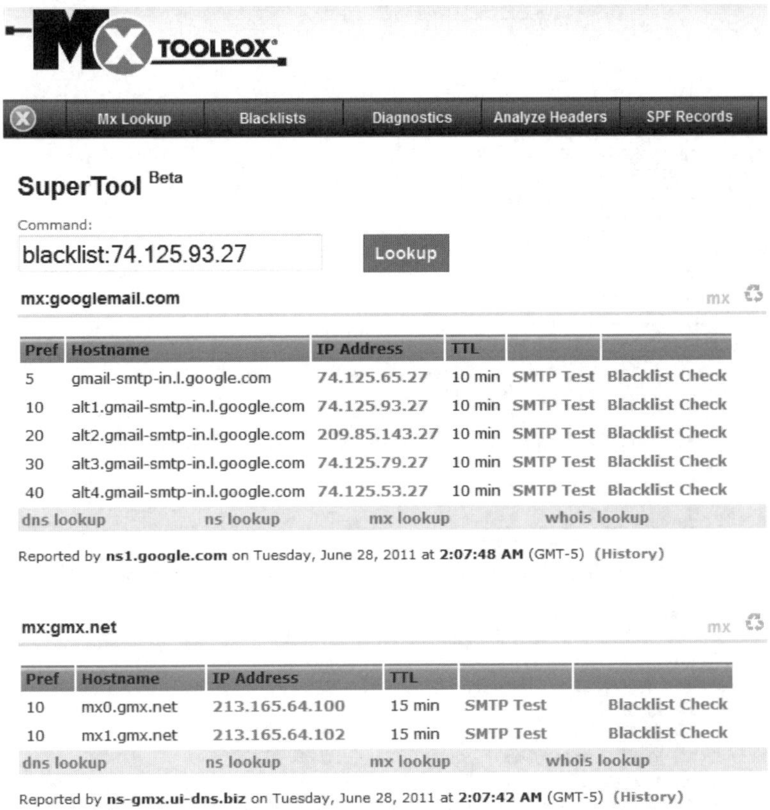

Abb. 2.4: Nachschlagen von MX-Records mit dem Tool MXToolBox

Tipp: E-Mail-Header mit Kopfzeilen anzeigen

Die meisten E-Mail-Programme und Webmailer erlauben einen Blick auf den Header einer E-Mail. Manchmal ist der entsprechende Menüpunkt etwas versteckt. Schauen Sie einmal nach Optionen wie KOPFZEILEN, HEADER ANZEIGEN, QUELLTEXT oder Vergleichbarem. In Thunderbird klicken Sie beispielsweise auf ANSICHT und dann auf NACHRICHTEN-QUELLTEXT – oder drücken Sie zu einer ausgewählten Nachricht Strg+U. Im Gmail-Posteingang wählen Sie den Pfeil nach unten neben ANTWORTEN und dann ORIGINAL ANZEIGEN. Bei Outlook 2010 müssen Sie die E-Mail zunächst öffnen (Doppelklick) und im DATEI-Menü EIGENSCHAFTEN wählen, um die INTERNETKOPFZEILEN angezeigt zu bekommen. Die Kopfzeilen enthalten unter anderem den Weg der E-Mail durch das Netz (»Received:«).

Bei Nicht-Zustellbarkeit, wenn etwa der Benutzername nicht existiert oder das Postfach voll ist, wird eine Fehlermeldung an den Sender zurückgeliefert. Klickt schließlich der E-Mail-Empfänger nun in seinem Mailprogramm auf den NACHRICHTEN ABRUFEN-Knopf, werden beispielsweise mittels Post Office Protocol (POP) die neuen E-Mails heruntergeladen und im Posteingang dargestellt. Sie kennen das Prozedere. So erreicht eine erfolgreich zugestellte E-Mail schließlich ihre(n) Empfänger.

Ein Vergleich der Header-Informationen der beiden E-Mails, die Gmail (Abbildung 2.5) und GMX (Abbildung 2.6) erreichten, spiegelt den kürzeren Weg, den die GMX-Mail zurücklegte, prima wider. Man beachte die »Received:«-Header.

```
Return-Path: <c0ol@gmx.net>
Delivered-To: GMX delivery to c0ol@gmx.net
Received: (qmail invoked by alias); 29 Mar 2011 18:30:36 -0000
Received: from f053038001.adsl.alicedsl.de (EHLO c0ol@gmx.net) [78.53.38.1]
  by mail.gmx.net (mp071) with SMTP; 29 Mar 2011 20:30:36 +0200
X-Authenticated: #114179020
X-Provags-ID: V01U2FsdGVkX1/YVPU1m1bYCKI2bzfWSq1GuB0KV0uSfu+dRTxRAu
          BOAxdlvOtfXBGg
Subject:Hallo Welt
X-GMX-Antivirus: 0 (no virus found)
Date: Tue, 29 Mar 2011 20:31:04 +0200
Message-ID: <20110329183104.28789gmx1@mp071.gmx.net>
X-GMX-Antispam: 0 (Mail was not recognized as spam);
 Detail=5D7Q89H36p4WX0t+AtsdW7I6U8pyQwkezW+6bXBUVe4LZrFIdon5riyvbRH4Lfq6Rb36e
 8jdqaDX2sY++snRcdQMtAYGyKfq4/vi5WpC+0QgA+GRykUBfotaDQ8InsHaMq3OLzpXcYAxWpuMD
 E3BXQ==V1;
X-GMX-UID: ZGIIQWFmCG9ydfZhuWNv6ZFkdv17nwUx
X-Flags: 1401
```

Abb. 2.5: Header-Informationen der E-Mail, die bei Gmail aufschlug

```
Return-Path: <c0ol@gmx.net>
Delivered-To: GMX delivery to c0ol@gmx.net
Received: (qmail invoked by alias); 29 Mar 2011 18:30:36 -0000
Received: from f053038001.adsl.alicedsl.de (EHLO c0ol@gmx.net) [78.53.38.1]
  by mail.gmx.net (mp071) with SMTP; 29 Mar 2011 20:30:36 +0200
X-Authenticated: #114179020
X-Provags-ID: V01U2FsdGVkX1/YVPU1m1bYCKI2bzfWSq1GuB0KV0uSfu+dRTxRAu
          BOAxdlvOtfXBGg
Subject:Hallo Welt
X-GMX-Antivirus: 0 (no virus found)
Date: Tue, 29 Mar 2011 20:31:04 +0200
Message-ID: <20110329183104.28789gmx1@mp071.gmx.net>
X-GMX-Antispam: 0 (Mail was not recognized as spam);
 Detail=5D7Q89H36p4WX0t+AtsdW7I6U8pyQwkezW+6bXBUVe4LZrFIdon5riyvbRH4Lfq6Rb36e
 8jdqaDX2sY++snRcdQMtAYGyKfq4/vi5WpC+0QgA+GRykUBfotaDQ8InsHaMq3OLzpXcYAxWpuMD
 E3BXQ==V1;
X-GMX-UID: ZGIIQWFmCG9ydfZhuWNv6ZFkdv17nwUx
X-Flags: 1401
```

Abb. 2.6: Header-Infos der GMX-E-Mail

Tipp: Keine sensiblen Daten versenden

Das praktische SMTP-Beispiel macht auch deutlich, dass keine sensiblen Informationen unverschlüsselt in E-Mails verschickt werden sollten. Der Klassiker sind Passwörter. Ein Briefgeheimnis gibt es bei der (normalen) elektronischen Post nicht.

Vielmehr ist der E-Brief mit einer Postkarte vergleichbar: Der Inhalt könnte unterwegs unbemerkt »abgehört« oder auch manipuliert werden. Die Gefahr ist nicht bloß theoretischer Natur: Eine Bande aus St. Petersburg ergaunerte 2008 durch einen *Man-in-the-Middle*-Angriff knapp 25 Millionen Euro. Die meisten E-Mail-Nutzer wissen nichts von solchen Risiken und sind entsprechend unbesorgt, wenn sie E-Mails mit sensiblen Daten zugesandt bekommen. Verantwortungsvolle E-Mail-Marketer kennen das Sicherheitsrisiko. Sie räumen dem Schutz der ihnen anvertrauten Daten stets oberste Priorität ein. Beim Passwort-Beispiel etwa, indem »Passwort erneuern«-E-Mails mit einem Link zur Erstellung eines neuen Passworts angeboten und nicht eine Erinnerung an das aktuelle Passwort zugesandt wird (es sei denn, der Nutzer fordert dies explizit an). Wenn Letzteres überhaupt infrage kommt: Denn von der Abhör-Möglichkeit abgesehen gehören Passwörter eh nie in Form von Klartext in einer Datenbank gespeichert. Hinterlegen Sie diese stattdessen in einer nicht oder nur schwer rekonstruierbar verschlüsselten Form (Hash-Wert). Andernfalls sind die Passwörter bei Sicherheitslecks im Nu futsch und Freiwild für Spammer.

Teil II

Einordnung im Marketing-Mix und Versandlösungen

In diesem Teil:

Der zweite Teil befasst sich in Kapitel 3 mit einer Einordnung von E-Mail-Marketing in den Marketing-Mix. Neben einer Begriffsbestimmung, den Zielen, Vorzügen und Schwierigkeiten, die mit dem Medium zusammenhängen, entdecken Sie unter anderem das Lifecycle-Konzept als strategischen Bezugsrahmen für Ihre Mailing-Aktionen. In Kapitel 4 erfahren Sie, wie Sie die für Ihre Bedürfnisse passende Versandlösung identifizieren. Verschiedene Versandmodelle werden ebenso aufgegriffen wie mögliche Fallstricke bei der Systemauswahl.

Kapitel 3

Wie und warum E-Mail-Marketing in den Marketing-Mix gehört

Es war einmal ... in den 40er Jahren des 20. Jahrhunderts ... da lebten Produzenten absatztechnisch noch im »Verkaufsparadies«. Die Nachfrage überstieg das Angebot, vielerorts herrschte also ein Mangel an Produkten und Dienstleistungen. Der Absatz war stets gesichert. Das ermöglichte satte Preisforderungen. Und zwar ohne größeres Zutun, wie zum Beispiel Werbung oder die Sicherstellung einer außerordentlich guten Produktqualität. Das damalige Marketing war entsprechend *produktionsorientiert*, sorgte also vor allem für die Herstellung großer Mengen. Doch im Gefilde der Seligen mussten die meisten Koffer spätestens Ende der 50er Jahre gepackt werden.

Begriff »Marketing«

»Marketing« ist ein Kunstwort, das Anfang des 20. Jahrhunderts in den USA an Popularität gewann. Es setzt sich zusammen aus »the market« (englisch für »der Markt« – der ökonomische Ort, an dem das Angebot auf die Nachfrage trifft) und der »ing«-Form, die ein Verb beziehungsweise eine Tätigkeit anzeigt. Übertragen bedeutet »Marketing« somit »in einem Markt tätig sein« oder selbigen »bearbeiten«.

Seit dieser Zeit haben mehr und mehr die Nachfrager das Ruder in der Hand. Sie können sich bis heute die Dinge »erträumen«, die der Markt durch sein Angebot zu befriedigen versucht. In einem solchen Umfeld, das von hoher Wettbewerbsintensität und Marktsättigung geprägt ist, ist es essenziell, das Unternehmen konsequent an den Bedürfnissen potenzieller und bestehender Kunden auszurichten. Ein zunehmend wählerisches und differenziertes Konsumverhalten tut dabei sein Übriges.

Darüber hinaus wird es zunehmend erfolgskritisch, zusätzliche Anforderungen weiterer Anspruchsgruppen zu berücksichtigen. Hierzu zählen zum Beispiel die Belegschaft, diverse Ämter sowie der Justiziar des Vertrauens. (Man beachte, dass alle diese Gruppen via E-Mail kosteneffizient erreichbar sind.) All diese Beziehungen sollte das »Marketing« heute koordinieren und fördern.

Augenscheinlich ist also der Anspruch an die Marketing-Abteilungen nicht ohne. Marketer benötigen heute mehr denn je moderne Instrumente, die einfach und gleichsam effektiv die Erreichung der Marketing-Ziele unterstützen. Nur so können nachhaltige Wettbewerbsvorteile realisiert werden. Und gerade in den Informations- und Kommunikationstechnologien steckt noch viel Potenzial. Allen voran in der E-Mail als ubiquitärer Basisdienst.

3.1 Einordnung: E-Mail-Marketing ist modernes Direktmarketing

»Und was machen Sie beruflich?« – »Ich versende Werbe-E-Mails.« – »Oh. Verstehe. Sie sind der, der dafür sorgt, dass mein E-Mail-Posteingang vor lauter nervigen Werbeflyern überquillt.«

Kommt Ihnen bekannt vor? Auf den ersten Blick scheint E-Mail-Marketing-Management sicher keine Berufung zu sein, mit der Mann oder Frau auf einer Party punkten kann. E-Mail an sich klingt schon nach Amtsschimmel oder – im Vergleich zu Social Media – nach Seniorenheim. Und »Marketing« wird gemeinhin gedanklich mit absatzgerichteten Maßnahmen verknüpft. Man versucht, anderen etwas anzudrehen. Folglich reduzieren die meisten das Spektrum von E-Mail-Marketing auf den Versand von Werbe-E-Mails, von denen die meisten nicht wirklich erwünscht sind.

Dabei verbirgt sich hinter dem Begriff weit mehr. E-Mail-Marketing ist gewissermaßen eine Art Kunst der Gesprächsführung.

»Ich verantworte den E-Mail-Dialog mit über 100.000 Kunden, Interessenten und Partnern. Dabei baue ich profitable und nachhaltige Beziehungen auf und pflege diese.«

Klingt zwar, als wäre es auswendig gelernt, trifft den Kern des Aufgabenfeldes eines E-Mail-Marketing-Managers aber wohl besser.

Abb. 3.1: Aufgaben des E-Mail-Marketing-Managers, dargestellt in einer wordle.net-Wortwolke (entstammt der Erfassung von Worthäufigkeiten englischsprachiger Job-Offerten)

Selbstfindung hin oder her – um E-Mail-Marketing zu betreiben, muss zunächst einmal klar sein, worum es sich dabei handelt. Nicht, um auf der nächsten Party gut dazustehen. Sondern um sein Ziel nie aus dem Blick zu verlieren. Lassen Sie uns daher kurz den begrifflichen Bezugsrahmen aufspannen und anschließend eine Arbeitsdefinition formulieren.

3.1.1 E-Mail-Marketing ist Direktmarketing

Prinzipiell berührt E-Mail-Marketing viele moderne Managementkonzepte, die den Kunden in das Zentrum der Betrachtung rücken. Der E-Mail-Marketing-Fachmann befindet sich mehr oder weniger zwischen Product-Manager, Database-Marketer und Head of Marketing.

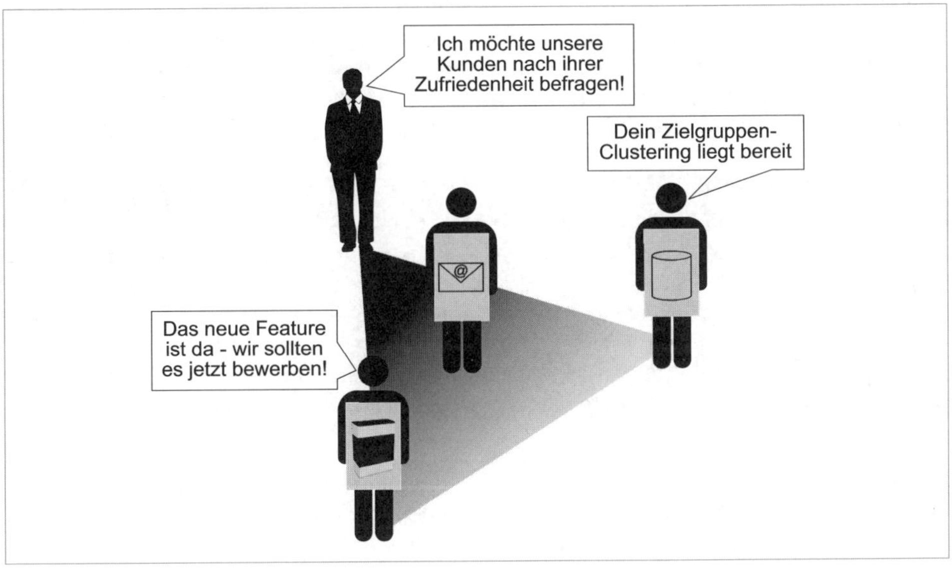

Abb. 3.2: Der E-Mail-Marketing-Manager in der Mitte zwischen Produkt-, Database- und Marketing-Manager

Marketingfachleute zählen E-Mail-Marketing zu den neueren sogenannten **kommunikationspolitischen Marketinginstrumenten**. Kommunikationspolitik umfasst prinzipiell alles, was der Übermittlung von Informationen an Kunden, Interessenten oder anderen Anspruchsgruppen dient. Zweck ist die gezielte Steuerung von

- Informationsstand,
- Verhalten oder
- Einstellungen.

Adressaten der Infos können zum Beispiel

- Kunden,
- Partner oder auch die
- Mitarbeiter sein.

Die hierbei verwendeten Übermittlungsmethoden, wie zum Beispiel Direct Mailings, E-Mail-, Telefon-, Fax-, Suchmaschinen- oder SMS-Marketing, fließen aufeinander abgestimmt in den sogenannten *Kommunikationsmix* ein.

Ein Instrument der Kommunikationspolitik ist das sogenannte **Direct Marketing**. Nach dem klassischen Verständnis wenden sich Direct-Marketing-Maßnahmen in **unmittelbarer Ansprache** an einzelne Empfänger, um diese so gezielt (eben »direkt«) zu erreichen.

1. Zum einen ohne Umweg über Zwischenstationen, wie Verlage für Zeitungsanzeigen oder Sendeanstalten für Fernseh- oder Hörfunk-Spots.
2. Zum anderen werden sie speziell an einzelne Zielpersonen adressiert.

Gerade in Zeiten zunehmender Informationsüberflutung verspricht die direkte Kommunikation eine effektivere Wahrnehmung von Werbebotschaften. Zumindest im Vergleich zur »lauten« und wenig zielgerichteten Massenwerbung. Die erreicht zwar eine große Reichweite. Aber die eigentlichen Ziele, nämlich interessierte Menschen, werden wohl bei den meisten der ausgesandten Werbeimpulse verfehlt. Damit verpufft ein Großteil der Wirkung. Und solche Kampagnen sind ja nicht gerade »billig«. Massenwerbung ist augenscheinlich keine besonders kosteneffiziente Variante.

Beispiel: Royal Canin – Streuverluste in Massenmedien

Die Firma Royal Canin bewirbt Hundefutter unter anderem extensiv in Massenmedien, wie Fernsehen oder Hörfunk. Knapp 12,5 Prozent der deutschen Haushalte besaßen der Gesellschaft für Konsumforschung (GfK) zufolge 2010 einen Hund. Die Streuung des Werbemittels an die Massen erleidet damit knapp 87,5 Prozent Streu*verlust*. Die zielgenaue Ansprache von Hundebesitzern wäre wirtschaftlicher und effektiver. Gerade dies ermöglicht beispielsweise ein Datenbank-getriebenes E-Mail-Marketing.

In der Regel versucht der direkte Werbekontakt zu einem Adressaten, eine messbare Reaktion hervorzurufen. Die Messung erfolgt über einen Rückkanal, etwa ein Anruf oder die Rücksendung eines Coupons. Die **Feedback- und Interaktionsmöglichkeit** ist – neben dem unmittelbaren Kontakt – somit ein weiteres konstitutives Merkmal von Direct-Marketing-Maßnahmen. Der Rückkanal ermöglicht dabei nicht nur eine bidirektionale Kommunikation von Absender zu Empfänger und wieder zurück. Er liefert einen weiteren fundamentalen Vorteil: Versender können so nämlich im Reporting nachvollziehen, ob – wie bei der Massenwerbung – zum Großteil eher mit Nichts kommuniziert wurde, oder *ob*, und vor allem *welche* Adressaten interessiert lauschten.

E-Mails weisen zahlreiche Rückkopplungsmöglichkeiten auf. Man denke zum Beispiel an den Klick auf ein Angebot, die messbare E-Mail-Öffnung oder die manuelle Antwort-E-Mail mit der Bitte um weitere Informationen. All dies ist technisch erfassbar. Auf der Grundlage können zum Beispiel einzelne Adressaten als Interessenten für den Werbegegenstand qualifiziert und ein persönlicher Dialog mit ihnen initiiert werden.

Begriff »Response«

Der Response bezeichnet die Summe der Reaktionen, die bei einem Rezipienten im Zuge einer Werbemaßnahme ausgelöst werden. Das Spektrum reicht von der Verankerung eines Produkts im Langzeitgedächtnis bis zum unmittelbaren Erwerb eines Produkts. Die Messung des Response erfolgt anhand des Rezipienten-Feedbacks. Während die Informationsspeicherung nur indirekt über Umfragen ermittelt werden kann, ist die Zahl der Käufe zum Beispiel direkt festzustellen. Direct Marketing zielt auf direkte Rückkopplungen ab. Man spricht daher auch von »Direct Response Marketing«.

3.1.2 Vom Direkt- zum Dialogmarketing

Wohlbemerkt ist das Verständnis von Direct Marketing nicht allgemeingültig. Diverse Wissenschaftler und Praktiker haben sich Gedanken hierzu gemacht und zahlreiche Definitionen beigetragen, die sich in ihrer begrifflichen Reichweite unterscheiden – vom Direct Marketing als Teilbereich des Kommunikationsmixes bin hin zur übergeordneten Philosophie eines personalisierten Marketings.

Es war Mitte der 80er Jahre, als Siegfried Vögele mit seiner *Dialog*methode frischen Wind in die Direct-Marketing-Welt brachte. Vögeles Mailing-Konzept versuchte prinzipiell, ein persönliches Verkaufsgespräch bei der Ansprache per Brief zu antizipieren. Um Erfolg zu erzielen, sollen dabei möglichst alle wichtigen Fragen der Rezipienten durch das Werbemittel in der richtigen Reihenfolge beantwortet werden.

Es dauerte seither aber noch ein Weilchen, bis die Kunde vom »Dialog« die Runde machte. Erst im April 2008 benannte sich der damalige Deutsche *Direkt*marketing Verband (DDV) um in Deutscher *Dialog*marketing Verband. Gleichsam veröffentlichte die Deutsche Post ein paar Wochen später ihre jährliche Branchenstudie unter dem Namen *Dialog*marketing Monitor anstatt, wie die Jahre zuvor, unter *Direkt*marketing Monitor. Im Dezember 2011 wurde der Schweizer *Direkt-* zum *Dialog*marketingverband. Und damit wären wir beim aktuellen Stand der Dinge, dem »**Dialogmarketing**«. Durch den Begriff sollen zwei Aspekte deutlicher als zuvor betont werden:

- die Möglichkeit (oder sogar Zielsetzung) einer Rückkopplung seitens der Adressaten, ganz im Gegensatz zum Broadcasting
- die langfristige Ausrichtung der Maßnahmen, anstatt nur – wie beim klassischen Direktmarketing – immer wieder kurzfristig auf den erzielten Abverkauf zu schielen

In diesem Sinne versteht sich Dialogmarketing auch ein Stück weit als eine neue Denkhaltung, die den Fokus auf das Beziehungsmanagement setzt. Entsprechend hat sich auch das Begriffsverständnis von Direct Marketing gewandelt. Merkmale sind heute:

- **Datenbank**-getriebene
- Aufrechterhaltung einer dauerhaften »**Beziehung**« zusammen mit
- **messbaren Reaktionen** und einer
- **Abstimmung** verwendeter Direkt-Werbemedien im »Direct-Marketing-Mix«.

Also weg vom Blick auf *eine* isolierte Aktion, hin zur umfassenderen und integrierten Sichtweise auf die Kundenbeziehungen. Die Direct Marketing Association (DMA), der weltweit größte Fachverband der Direktmarketingbranche, definiert Direct Marketing schließlich als:

> *»einen interaktiven Prozess adressierbarer Kommunikation, der eines oder mehrere Werbemedien dazu nutzt, um an einem beliebigen Ort einen messbaren Verkauf, Lead, Einzelhandelskauf oder eine wohltätige Spende zu bewirken, wobei diese Aktivität in einer Datenbank analysiert wird, um langfristige und beiderseitig vorteilhafte Beziehungen zwischen Werbetreibenden und Kunden, Interessenten oder Spendern zu entwickeln.«*

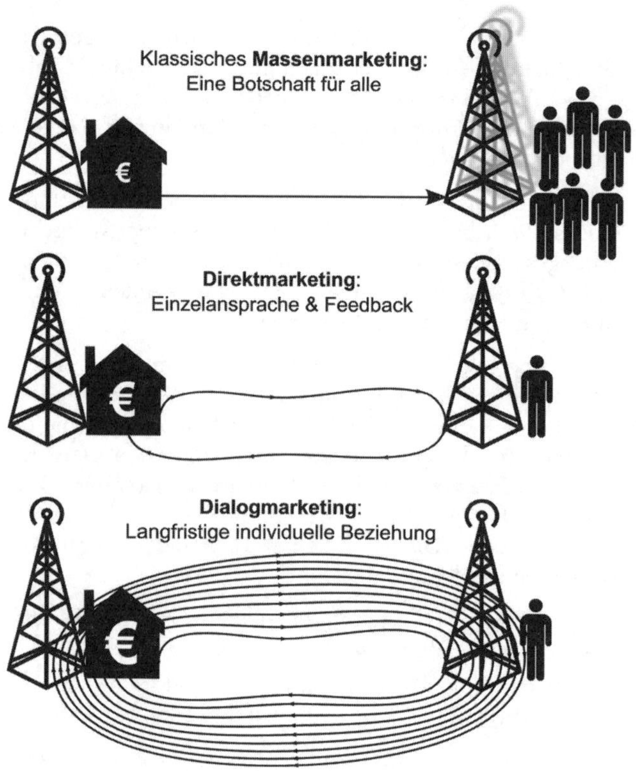

Abb. 3.3: Massen- versus Direkt- versus Dialogmarketing

3.1.3 One-to-One-Marketing als Königsdisziplin

Der Begriffsvielfalt damit noch nicht genug: Im Direct Marketing kann weiterhin unterschieden werden zwischen »Direktwerbung« und dem sogenannten »One-to-One-Marketing«.

Direktwerbung adressiert unmittelbar einzelne Empfänger zum Beispiel via E-Mail. Sie wendet sich dabei aber vornehmlich in

- massenhafter und
- unpersönlicher Ansprache

an diese Gruppe. Beim **One-to-One-Marketing** hingegen steht die

- spezifische Beziehung zu einzelnen Kunden, Interessenten oder Individuen anderer Anspruchsgruppen sowie
- der individualisierte Kontakt zu diesen

im Fokus. Bei der klassischen Massenwerbung erwähnte ich vorhin noch die verschwenderischen Gießkannen. Beim Konzept »One-to-One« kann nun von treffsicherer Werbung mit der Injektionsnadel gesprochen werden. Es geht nicht mehr um Ziel*gruppen*, sondern um Ziel*personen*, die aus dem anonymen Massenmarkt heraustreten und individuelle Angebote erhalten.

Abb. 3.4: Direktwerbung mit der Gießkanne (Spray and Pray, Batch and Blast) hat ausgedient. One-to-One-Marketing hingegen bedeutet, Werbung individuell mit der Injektionsnadel auszusteuern. Jeder Kunde ist unverwechselbar. Und seine Individualität möchte er auch anerkannt wissen. Gerade E-Mail-Marketing kann dies leisten, da die Werbung hierbei kosteneffizient personalisierbar ist.

Wie identifizieren wir das *Segment-of-One*? Durch Zielgruppensegmentierung und individuelle Inhalte nähern wir uns diesem Ideal zumindest an. Denken Sie an einen vollständig maßgeschneiderten Newsletter, der den Adressaten regelmäßig zu seinem Wunschtermin erreicht. Darin enthalten sind unter anderem passenden Angebote auf Grundlage bereits getätigter Käufe. Hinzu kommen Geburtstags- und Namenstagsgratulationen sowie gegebenenfalls außerordentliche Benachrichtigungen mit Hinweisen zur Wiederaufnahme abgebrochener Bestellprozesse. Solche Szenarien sind alles andere als unrealistisch, wie Sie noch sehen werden.

3.2 E-Mail-Marketing ist mehr als -Werbung

In der Fachliteratur herrscht – wie beim Direct Marketing – keine Einigkeit über das Begriffsverständnis von E-Mail-Marketing. »Dialogmarketing per E-Mail«, wie oft zu lesen ist, klingt plausibel. Doch formt dies noch keine klare und handlungsbezogene Vorstellung. Zudem werden die Besonderheiten des Mediums außer Acht gelassen. E-Mail ist im Gegensatz zu manch anderem Werbekanal aber kosteneffizient, grenzenlos, schnell, ubiquitär, individuell und zudem automatisierbar. Selbst Kleinst-Segmente in der Zielgruppe können theoretisch in beliebiger Frequenz wirtschaftlich bedient werden. Ganz gleich, wo auf der Welt sich die Adressaten befinden.

Entgegen verbreiteter Auffassung verbirgt sich hinter E-Mail-Marketing zunächst einmal mehr als der punktuelle Versand von E-Mails mit dem Ziel, zu verkaufen. Genauso greift die Gleichsetzung mit »Newsletter-Marketing« zu kurz. Der Newsletter ist schließlich nur *ein* Instrument im E-Mail-Marketing-Mix (siehe Abschnitt 3.5 *Von Newsletter bis Trigger – das Instrumentarium*).

Um E-Mail-Marketing erfolgreich anzuwenden, ist eine klare Abgrenzung der begrifflichen Reichweite, quasi als Wegweiser für alle Projekt-Beteiligten, Pflicht:

> *E-Mail-Marketing ist die* **verantwortungsvolle** *und* **systematische** *Kommunikation über Electronic Mail zu dem hauptsächlichen Zweck, (potenzielle) Kunden oder andere* **Anspruchsgruppen** *kontinuierlich und individuell so zu* **beeinflussen**, *dass deren Wert über den* **Beziehungslebenszyklus** *für das Unternehmen maximal wird. Dabei sollen* **messbare Reaktionen** *hervorgerufen werden, die in Datenbanken zweckdienlich für weitere Aktionen aufbereitet werden.*

Diese Definition impliziert vor allem sechs Dinge, die nachhaltiges *Marketing* kennzeichnen, das sich von plumper *Werbung* in großen Teilen unterscheidet:

3.2.1 Lauterkeit

Der E-Mail wohnt ein potenziell besonders großes Belästigungspotenzial inne. Darum reguliert die Judikatur das Medium hierzulande auch besonders streng. E-Mail baut auf einer frei verfügbaren Infrastruktur auf. Jeder Onliner kann elektronische Post auf den Weg bringen und damit praktisch so *viele* andere Onliner so *oft* er mag kontaktieren. Das ist gut, bringt aber auch Probleme mit sich.

Verantwortliche Mail-Marketer sind gefragt. Sie besitzen eine gehörige Portion Respekt für ihre Abonnenten und fragen sich immer aufs Neue: Stehe ich hinter meinen Botschaften? Sind die Botschaften bei meinen Adressaten erwünscht? Verantwortliches E-Mail-Marketing beginnt bei der Achtung des rechtlichen Rahmens als kleinstem gemeinsamen Nenner. Es beinhaltet Gewissenhaftigkeit und die Übernahme von Verantwortung für das eigene Handeln: Schade ich niemandem (Stichworte »Abo-Fallen«, psychologische Zwänge, Täuschungen, Intransparenz bei den Angeboten)?

Man mag darüber streiten, ob solch ein Leitbild vom »ehrbaren E-Mail-Werber« etwas in einer E-Mail-Marketing-Definition verloren hat. Angesichts dessen, dass mehr als neun von zehn E-Mails Spam sind und dass E-Mail-Marketing ein Image-Problem hat, meine ich: ja.

3.2.2 Versand mit System

Professionelle E-Mail-Marketer versenden nicht willkürlich mal hier und mal dort ein E-Mailing. Sondern sie arbeiten **mit System**, planen also im Voraus, setzen Aktionen sorgfältig um, messen deren Erfolg und optimieren. Der hierzu erforderliche konzeptionelle Rahmen ist verbunden mit inhaltlichen, kreativen sowie technischen Herausforderungen. So bedarf es zunächst einmal einiger Vorüberlegungen

- zum Zielsystem der E-Mail-Marketing-Aktivitäten,
- zur Strategie für eine erfolgreiche Adressgenerierung,

- zur Profilierung der Adressaten,
- zur Segmentierung des Verteilers und
- zur Gewinnung passender Inhalte für die Segmente.

Hinweis: Nutzer-Profilierung mit System

Denken Sie zurück an das Beispiel Royal Canin im Abschnitt 3.1.1 *E-Mail-Marketing ist Direktmarketing*. E-Mail-Marketing ist vor allem dann zielgerichteter als die klassische Massenwerbung, wenn die passenden Abonnenten-Daten verfügbar sind. In diesem Fall also Merkmale wie Hundehalter ja/nein und der Geburtstag des Hundes, um zum passenden Zeitpunkt ein Angebot unterbreiten zu können. Gerade die Abonnenten-Profilierung bedarf einer systematischen Vorgehensweise. Ansonsten sind die Daten später unvollständig, überholt und inkonsistent. Sie würden sich dann kaum für eine zielgerichtete Ansprache eignen.

Hinzu kommt, dass eine dauerhaft hohe Zustellungsrate nur durch

- aktive Listen-Hygiene und die
- Nutzung einer sicheren Versand-Infrastruktur

gewährleistet werden kann. Die E-Mail-Maßnahmen sind ferner sinnvoll in den E-Mail-Marketing- und den Kommunikationsmix insgesamt einzubetten. Um einen in sich stimmigen E-Mail-Versand zu koordinieren, sind besonders im Zusammenhang mit automatisiert angestoßenen E-Mail-Ketten genaue Vorüberlegungen bezüglich der Inhalte und des Timings notwendig. Werden E-Mail-Kampagnen flankierend zu anderen Direktmarketing-Maßnahmen, wie zum Beispiel Direct Mail, eingesetzt, müssen diese ebenso koordiniert und aufeinander abgestimmt werden.

3.2.3 Stakeholder-Ansatz

Zielgruppen von E-Mail-Marketing-Maßnahmen sind nicht bloß Bestandskunden oder Interessenten. Auch wenn diese beiden Gruppen allein bereits ein weites Adressaten-Spektrum aufspannen. Auch der »Kunde« muss schließlich nicht unbedingt derjenige sein, der faktisch den Kauf tätigt. Am Kaufprozess sind oftmals mehrere Personen beteiligt. Im B2B-Bereich spricht man in diesem Zusammenhang vom »Buying Center«. Aber auch im B2C-Segment beeinflusst der eine Partner eventuell den Autokauf mit, wohingegen der andere Partner entscheidet und unterschreibt.

E-Mail ist über die Kunden hinaus ebenso bestens geeignet, auch die Beziehung **anderer Anspruchsgruppen** zum Unternehmen zu pflegen. Drei Beispiele sollen dies verdeutlichen:

- *Employer Branding:* Man denke an die Mitarbeiterbindung und -motivation durch regelmäßige firmeninterne Newsletter, die
  - die Vorzüge als Arbeitgeber stets in Erinnerung rufen und
  - auf aktuelle Events sowie Entwicklungen hinweisen.

  Ebenso sind Einführungsserien möglich, die automatisch an neue Mitarbeiter verschickt werden und diese an bestimmte Themen heranführen. Oder individuelle Grüße, die jährlich ein weiteres Jahr Firmenzugehörigkeit beglückwünschen.

- *Medienarbeit:* Ebenso taugt E-Mail zur Pflege eines Presseverteilers, der Medienvertreter laufend über aktuelle Neuerungen aus dem eigenen Hause auf dem Laufenden hält. Dies kurbelt die Berichterstattung an. Eng damit zusammenhängend sind auch die *Blogger Relations,* also die kontinuierliche Information wichtiger Multiplikatoren im Social Web, sowie *Investor Relations,* also die Pflege der Beziehungen zu den Investoren und Aktionären.
- *Indirekter Vertrieb:* Schließlich können Vertriebspartner, wie beispielsweise Affiliates (»Affiliate-Marketing«), durch Newsletter optimal über aktuelle Werbeaktionen auf dem Laufenden gehalten werden. Ein besserer Informationsstand und mehr Nähe zu den Partnern geht einher mit einer bevorzugten Werbeplatzierung.

3.2.4 Beeinflussungswirkung

E-Mail-Werbung stellt ab auf die schrittweise Beeinflussung der Rezipienten im Sinne der Unternehmensziele. Der Erfolg einer Aktion bemisst sich also nicht nur in der Anzahl der generierten Verkäufe. Die Einwirkung auf die Adressaten greift auf mehreren Ebenen. Teils mündet sie unmittelbar in einer protokollierbaren Reaktion wie dem Klick oder sogar dem Kaufabschluss. Teils geht es aber auch allein darum, dass die Inhalte wahrgenommen und im Gedächtnis verankert werden. Dies ist naturgemäß nicht so leicht messbar.

Abb. 3.5: E-Mail-Werbung im B2B-Bereich – links: Wissen [um Mobile Fusion] beeinflussen, rechts Verhalten beeinflussen [und Webinar-Anmelder gewinnen]. (Quelle: Optivo)

Als drei Hauptebenen der Beeinflussung merken Sie sich:

- Das **Wissen** über
  - das bloße Vorhandensein oder
  - die Vorzüge

  von bestimmten Produkten und Dienstleistungen.

- Die **Einstellung** zum Unternehmen beziehungsweise zu dessen Angeboten (*Imagewerbung*).
- Die **Verhaltensweise**, die sich im Produkt-Kauf, in der Teilnahme an einer Veranstaltung oder Ähnlichem äußert.

Häufig tangiert eine Werbeaktion mehrere Ebenen. In Abbildung 3.5 und Abbildung 3.6 sehen Sie drei Beispiele des Versanddienstleisters optivo. Überlegen Sie, welche Ebenen berührt werden.

Abb. 3.6: Image-Werbung durch Business-to-Business-Newsletter – regelmäßige Anwendungs-Tipps sollen die Wertung des Versenders positiv beeinflussen. (Quelle: Optivo)

3.2.5 Lifecycle-Messaging

Zentrale Zielgröße der E-Mail-*Marketing*-Maßnahmen bildet nicht die einzelne Transaktion (kurzfristige Sicht, »Marketing Myopia«), sondern der Wert eines Kunden, Partners oder Mitarbeiters für das Unternehmen (langfristige Sicht). Oder um es – etwas blumiger – mit den Worten Theodore Levitts zu sagen, der 1960 den Verkauf nicht als Geschäftsabschluss ansah, sondern als Beginn einer Ehe:

> *»Industrie ist ein Kundenzufriedenstellungs-Prozess, kein Güterproduktions-Prozess ... Der Verkauf markiert lediglich eine Hochzeit, ab der die Ehe beginnt. Wie gut diese Ehe ist, hängt davon ab, wie gut der Verkäufer die Beziehung pflegt. Die Qualität der Ehe bestimmt, ob das Geschäft fortgeführt oder ausgeweitet wird, oder ob es zu Ärger und der Scheidung kommt.«*

Als »Wert« wird meist der Deckungsbeitrag herangezogen, den eine Person dem Unternehmen über die gesamte Dauer der Beziehung mit diesem Unternehmen liefert (*Customer Lifetime Value*). Praktisch von der Akquise-Phase bis zur Abwanderung. Bezogen auf Kunden fließen

- neben **vergangenen** auch
- die zu **erwartenden** Umsätze sowie
- das künftige **Kundenpotenzial**

in die Berechnung mit ein. Nicht der einmalige Kauf steht im Vordergrund. Sondern der Aufbau und die Intensivierung einer dauerhaften und gewinnbringenden Beziehung. Nicht die einzelne Kampagne, sondern das E-Mail-Programm. E-Mail-*Marketing* ist also strategisch ausgerichtet.

Ansatzpunkte zur Wertsteigerung liefert die Ausdehnung des sogenannten **Beziehungslebenszyklus**. Dieser unterscheidet fünf charakteristische Phasen:

1. Interessent,
2. Neukunde,
3. Bestandskunde,
4. inaktiver Kunde und
5. verlorener Kunde.

Jedes Stadium spiegelt eine andere Intensität der Beziehung wider. Der Betroffene ist unterschiedlich stark an das Unternehmen gebunden. Deswegen spricht man auch von der *Loyalitätsleiter*, die der Kunde Stufe um Stufe hinaufsteigen soll: vom Level Interessent bis zum Level Stammkunde, das gegen Abwerbeversuche immunisiert. Jedes Stadium im Lebenszyklus stellt aus Sicht des Werbenden gänzlich unterschiedliche Anforderungen an die Informationsversorgung.

Um den Kundenwert optimal zu entwickeln, sollten beispielsweise Interessenten zunächst an das Unternehmen herangeführt und gezielt zum Erstkauf motiviert werden. Der bestehende Kunde hingegen soll Folge- und Wiederholungskäufe tätigen. Inaktive schließlich gilt es später, zu reanimieren und so vor der Abwanderung zu bewahren.

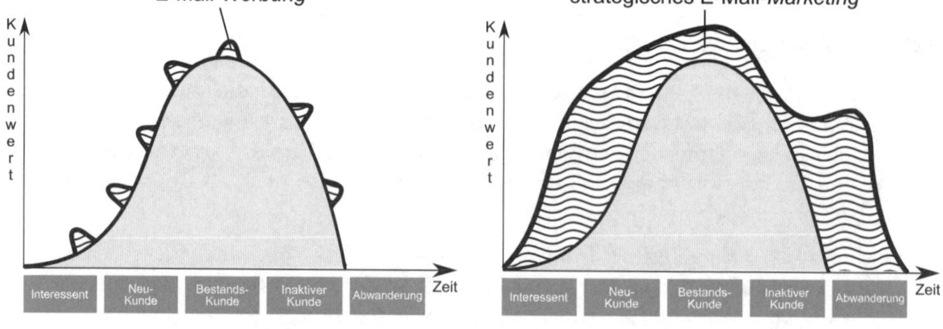

Abb. 3.7: Kundenwert ohne (untere Kurve) und mit E-Mail (obere Kurve) im Vergleich – wo E-Mail-Werbung lediglich punktuell wirkt, erhöht systematisches E-Mail-Marketing den Kundenwert nachhaltig in allen Phasen des Beziehungslebenszyklus.

Customer-Lifecycle-Messaging

Wie jeder Lebenszyklus, ob bei Pflanze oder Produkt, drückt sich auch derjenige einer Kundenbeziehung grafisch in einem glockenförmigen Kurvenverlauf aus – entsprechend einer *Wachstums-*, einer *Reife-* und einer *Rückgangsphase.*

Aus Sicht des Marketings ist es zweckdienlich, zwischen vier Ebenen zu differenzieren:

1. Akquise (Interessentenmanagement)
2. Entwicklung (Neukundenmanagement)
3. Bindung (Bestandskundenmanagement)
4. Revitalisierung (Reaktivierungsmanagement)

Alle diese Phasen gehorchen ganz unterschiedlichen Gesetzmäßigkeiten. Die erste ist durch eine sehr geringe Beziehungsintensität gekennzeichnet: Wechselseitig stehen kaum Informationen über das Gegenüber zur Verfügung. Aufgabe der Kommunikation ist es, dem Kunden Kenntnisse über das Unternehmen zu vermitteln, das Wissen anschließend in Interesse zu verwandeln, um so den Erstkauf zu forcieren. Sodann stehen der Folgekauf und die »Reifung« des neuen Kunden im Fokus. Gefolgt von Maßnahmen, die auf Basis des gesammelten Wissens die Beziehung weiter festigen. Bei sinkenden Umsätzen schließlich sollten die Gründe erfasst und darauf aufbauend versucht werden, die Beziehung durch spezielle Maßnahmen wieder zu reanimieren.

Lifecycle Messaging zielt – formal – darauf ab, mittels geeigneter Kommunikation den Flächeninhalt unterhalb der Kurve zu maximieren. Die Fläche drückt den Kundenwert über die Beziehungsdauer aus. Eine Ausdehnung des Lifecycles geht einher mit mehr Ertrag für das Unternehmen. Zwei Ansatzpunkte, um dies zu bewerkstelligen, sind:

- *Leveraging*, das heißt, die Wachstumsphase soll beschleunigt werden und/oder es soll ein höherer Reifegrad erzielt werden. Damit wird die Lifecycle-Kurve höher.
- *Stretching*, das heißt, Rückgangsphase soll verzögert werden. Die Lifecycle-Kurve wird breiter.

Hinweis: Lebenszyklus versus Beziehungs-Lebenszyklus (Beispiel Pampers)

Eine Segmentierung nach Phasen im Kundenbeziehungslebenszyklus ist nicht zu verwechseln mit der Segmentierung nach Lebensphasen des Kunden, seiner Kinder oder Haustiere. Solche Lebensphasen sind zum Beispiel Schüler, Student, Berufseinstieg, Ehe, Schwangerschaft und so weiter. Beide Konzepte sind im E-Mail-Marketing sinnvoll.

Gerade für den Familien-Lebenszyklus gibt es tolle Newsletter-Beispiele. Denken Sie an den Royal-Canin-Life-Stage-Newsletter, der den Vierbeiner und sein Herrchen von der Welpen-Phase an mit nützlichen Tipps begleitet. Oder denken Sie an Pampers Village von Procter & Gamble: Dahinter verbirgt sich ein Vorzeigeprogramm zur Kundenbindung. Ab dem Zeitpunkt der Registrierung erhalten Eltern periodisch Wissenswertes und Unterstützung zur Gesundheit und Entwicklung ihres Kindes.

Hierzu wird unter anderem das (voraussichtliche) Geschlecht sowie das (voraussichtliche) Geburtsdatum des Kindes erfragt. Die E-Mailings orientieren sich dann am Lebenszyklus des Nachwuchses beziehungsweise der Eltern, informieren also über die Schwangerschaftsphase sowie über die Entwicklung des Säuglings oder Kleinkinds. Alle Informationen sind hochwertig und auf die »Gefühlswelt« der Zielgruppe abgestimmt. Relevanter können E-Mails kaum sein. Gerade dort, wo Differenzierungsmöglichkeiten am Markt überschaubar sind, kann ein solches E-Mail-Kundenbindungsprogramm für das erforderliche Quäntchen Nähe zum Kunden oder Interessenten führen. Von der Schwangerschafts- bis zur Wickelphase. Die Marke Pampers ruft sich mit jedem Kontakt beim Adressaten als kompetenter Partner in Erinnerung. Und der bedankt sich für die nützlichen Informationen reziprok, indem er stationär Pampers anstelle der vielleicht günstigeren, aber qualitativ gleichwertigen Handelsmarke in den Einkaufswagen legt. Neben einer hohen Wiederkaufrate bei Windeln visiert das Programm in dedizierten E-Mailings zwischendurch zusätzlich Verbundkäufe passender Zusatzprodukte an.

3.2.6 Closed-Loop-Architektur

E-Mail-Marketing ist datengestützt. Maßnahmen werden durch diverse Datengruppen zur Personalisierung gespeist:

- Grunddaten (Anrede/Geschlecht, Alter, Anschrift et cetera),
- Aktionsdaten einzelner Maßnahmen (zum Beispiel Zeitpunkt des letzten Kontakts oder Art des Erstkontakts) sowie
- Reaktionsdaten hierauf (Bestellungszeitpunkte, Informationsanforderung, Klick-Kategorien, Anmeldedatum und so weiter).

Aber nur *messbare* Reaktionen können gespeichert und zur Erfolgsauswertung und Steuerung von Folgeaktionen herangezogen werden. Die Messung erfolgt im E-Mail-Marketing hauptsächlich anhand von drei Techniken:

- *Tracking-Links:* Dies sind intermediäre URLs des E-Mail-Versandsystems, die beim Klick auf ein verlinktes E-Mail-Element vor der eigentlichen Ziel-URL (zum Beispiel dem Internet-Shop) aufgerufen werden. Sie speichern die unmittelbaren Reaktionen der Empfänger (»wann wurde wie oft und wo von wem geklickt«) in der Datenbank. Erst dann leiten sie zum eigentlichen Ziel weiter. Die Aufzeichnung (»Tracking«) bleibt dem Rezipienten in der Regel verborgen.
- *Zählpixel:* Hierbei handelt es sich um Grafiken, die im Newsletter automatisch platziert werden, um E-Mail-Öffnungen zu protokollieren. Der E-Mail wird hierzu eine meist transparente und minimal kleine Pseudo-Grafik (1x1 Pixel) hinzugefügt. Sobald diese Grafik, hinter der sich ein kleines Zählprogramm verbirgt, vom Server abgerufen wird, zeichnet das Versandsystem erst die damit verbundene E-Mail-Öffnung auf und liefert dann das Bild aus.
- *Post-Click-Tracking:* Auch nachgelagerte Reaktionen, die nach dem Klick im Newsletter erfolgen, sind von Interesse. Zum Beispiel eine Bestellung oder die Anforderung eines PDF-Dokuments. Um auch dies kampagnenbezogen zu erfassen, bieten zahlreiche Versandsysteme Schnittstellen zu gängigen Webanalyse-Systemen. Daneben existieren proprietäre Lösungen der Versandsysteme. Hierbei müssen meist die Ziel-Webseite(n) mit Zählpixeln ausgestattet werden. Die Protokollierung von Klickpfaden und weiteren

Reaktionen erfolgt dann durch Session- und Cookie-Tracking. So kann über ein Pixel auf der Bestätigungsseite nach einer Formulareingabe beispielsweise newsletterbezogen erfasst werden, wie viele Nutzer das Formular ausfüllten.

Die Erfolgsauswertung des Klick- und Öffnungsverhaltens auf aggregierter Newsletter-Ebene gehört zur Pflicht. Die Kür besteht darin, alle Reaktionen empfängerbezogen zu erfassen und in einen Regelkreis einzuspeisen, der sich möglichst selbst steuert (**Closed-Loop-Marketing**). Hierbei verfeinern die Reaktionen jeder Kampagne, also jede Schleife (*Loop*) bestehend aus Kampagnen-Planung, -Durchführung und -Analyse, die Datenbasis für die Planung nachfolgender Kampagnen. Der Kreis schließt sich mit dem Feedback jeder Kampagne – daher »*Closed* Loop«. So können Klicks auf eine bestimmte Produktkategorie automatisch Nachfassmailing an die betreffenden Empfänger auslösen. Oder – bei entsprechender Integration mit dem Customer Relationship Management(CRM)-System – Anrufe durch Servicemitarbeiter.

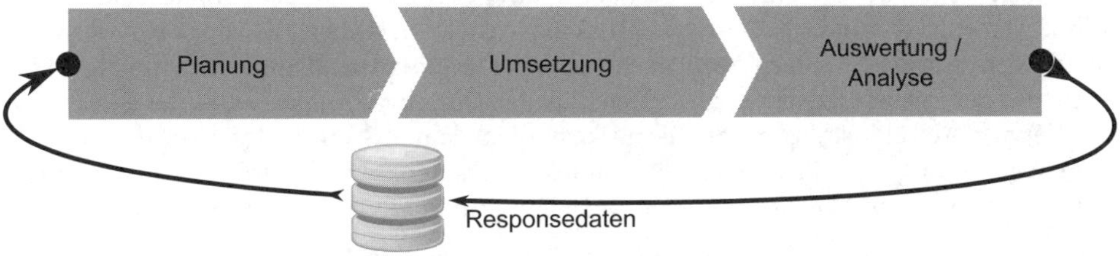

Abb. 3.8: Beim Closed-Loop-Ansatz verfeinern die Reaktionsdaten vergangener Aktionen künftige Kampagnen.

Beispiel: Selbstlernender Newsletter von Flavorpill

Anlässlich des zehnten Firmengeburtstags vollzog das digitale Kulturmagazin Flavorpill im März 2011 einen Newsletter-Relaunch. Fortan erhielt praktisch jeder Abonnent seine eigene komplett maßgeschneiderte Ausgabe. Der Versender näherte sich damit dem Ideal eines echten One-to-One-Marketings stark an. Die Empfänger spezifizierten nicht nur explizit ihre Interessengebiete, die gewünschte Kontakthäufigkeit und den Ort, über dessen Veranstaltungen sie informiert bleiben wollten. Daneben wurden auch Themen- und Event-Vorschläge unterbreitet, die auf den sich laufend implizit geäußerten Interessen fußten – nämlich den Klicks. Gehäufte Klicks auf Links zu Rock-Konzerten fanden jeweils automatisiert in der personalisierten Zusammenstellung der Folge-Ausgabe Berücksichtigung. Zum Beispiel indem Rock-Konzerte darin prominenter platziert wurden. Closed Loop als Basis für einen »intelligenten Newsletter«.

3.3 Vorzüge und Grenzen von E-Mail-Marketing

Laut Dialogmarketing Monitor der Deutschen Post DHL dümpelt der Anteil der Unternehmen, die E-Mail-Marketing betreiben, seit Jahren bei rund 20 Prozent vor sich hin. Das heißt andersrum: Nur jedes fünfte Unternehmen nutzt diesen Kanal für Marketingzwecke. Wobei Dialogmarketing allgemein anscheinend in weiten Teilen unverzichtbar ist – knapp drei von vier Firmen setzen Direct Mail, Telemarketing und so weiter ein.

In meinem Stammlokal nebenan findet der Gast am Tresen ein Buch mit dem bezeichnenden Titel »Ä-Mail«. Hier tragen sich Fans des Clubs für den Newsletter ein, um wöchentlich über Konzerte und andere anstehende Events informiert zu werden. Die Ä-Mail trägt also zum Geschäftserfolg bei. Genauso wäre der Erfolg von Unternehmen wie Amazon, Groupon oder auch Facebook ohne die zentrale Rolle einer abgestimmten E-Mail-Kommunikation nicht denkbar gewesen. Gleich, ob Ä- oder E-Mail – welches sind die einschlägigen Vorteile dieses Dialogmarketing-Mediums, die auch Sie vorbringen sollten, wenn es im Meeting bald wieder um die Frage geht, ob der nächste Werbe-Euro erneut in die übliche Print-Anzeige wandert oder nicht doch lieber in elektronische Post investiert werden sollte?

3.3.1 Geringer Kostenaufwand, grenzenloser Versand

Einer der wichtigsten Vorzüge ist und bleibt: Die initialen sowie laufenden Kosten für E-Mail-Marketing sind gering. Wobei dies sicher Krux und Vorteil zugleich ist. Denn wäre dem nicht so, würde es vermutlich weniger Spam geben. Wer ein paar »materielle Briefe« offline verschickt, muss 58 Cent pro Stück oder mehr berappen. Er muss den Kopierer anstrengen und den Fußweg zum nächsten Briefkasten zurücklegen. Die digitalen Pendants des guten alten Briefes verursachen dagegen nur etwas Tipparbeit in der Erstellung. Die Vervielfältigung ist sogar annähernd kostenlos, da die Grenzkosten jeder Kopie praktisch gegen null gehen. Prinzipiell ist es möglich, aus dem »Chefsessel« heraus personalisierte Serienbriefe in Microsoft Word zu erstellen und mit Outlook zu versenden.

Besonders offenkundig wird der Kostenvorteil von E-Mail im Vergleich zur Kundenzeitung oder zum Post-Mailing. Das E-Mailing ist ja quasi dessen digitale Transformation. Die klassische Direct Mail muss gestaltet, gedruckt, geschnitten, gestanzt, kuvertiert und frankiert werden. (An den durch Porto und Abstimmungsaufwand kostspieligen internationalen Versand, an personalisierte Grafiken, farbige Unterschriften oder sonstige Individualisierung wollen wir erst gar nicht denken.) Papier und Druck werden seit Jahren sicher nicht günstiger. Die Werbeflut belastet die Umwelt. Es bedarf schließlich geeigneter Methoden zur Response-Erfassung und einer cleveren Adressauswahl. Jeder Schritt ist ein Kostenblock: Material und Arbeitszeit, Koordinations- und Kommunikationsaufwand mit Agenturen und Lettershops sowie relativ viel Vorlaufzeit für eine Aktion. Eine Direct-Mail-Aktion kann schon mal mehrere Wochen von der Produktion bis zum Versand beanspruchen – nichts für knappe Realisationszeiträume und die Übermittlung zeitkritischer Informationen.

	Post-Mailing	E-Mailing
Satz/Repro/Litho, Druck, Material	3.500 Euro	/
Lettershop (falzen, kuvertieren, frankieren, sortieren)	750 Euro	/
Distribution (Porto/Versand)	3.000 Euro	5 Euro
Rückläuferbearbeitung	250 Euro	/
Gesamtkosten der Aktion	7.500 Euro	5 Euro
Kosten pro tausend Kontakte	1.500 Euro	1 Euro

Tabelle 3.1: Kostenvergleich On- vs. Offline bei einem 2-seitigen Standardmailing an 5.000 Kontakte (Werte geschätzt)

Im E-Mail-Marketing dagegen bedarf es nur Adressdaten, einer passenden Versandlösung, für die Lizenz- oder Nutzungsgebühren anfallen, und knapp einer Woche Zeit – wenn überhaupt. Entsprechend entlastet die elektronische Mailing-Variante das Werbebudget deutlich (Tabelle 3.1). Per Mausklick werden dynamisch generierte Briefe daraus versandt. Egal, wo auf dem Globus die Adressaten der Aktion sich gerade befinden – E-Mail ist weltweit in den rund 200 Ländern mobil oder stationär abrufbar, kennt weder politische noch geografische Grenzen oder Währungen oder Öffnungszeiten. Zudem wird die Umwelt geschont – die digitale Variante gelang bei Nichtgefallen in den Windows-Papierkorb, nicht in den Hausmüll. Mit nur ein paar weiteren Mausklicks sorgt der Versender dafür, dass automatisch verhaltensbasierte Folgeaktionen aus dem System angestoßen werden. Der geldwerte und zeitliche Kostenvorteil von E-Mail-Marketing ist deutlich. Damit sind auch die Einstiegshürden in die Nutzung gering – jeder kann sich prinzipiell E-Mail-Marketing zunutze machen. Und weil E-Mail so preisgünstig ist, ist eine Maßnahme hierüber meist sogar selbst dann noch sehr wirtschaftlich, wenn die Reaktionsquote einmal nicht den Erwartungen entspricht.

3.3.2 Hohe Rücklaufquoten, Top-Return

Wie sieht es auf der Ertragsseite aus? Noch besser! Gab es in der Vergangenheit Begeisterung bei einem Prozent Response nach einer Post-Mailing-Aktion? Gut, dann schließen Sie lieber Fenster und Türen, es droht wohl bald ein »hochprozentiges Freudengeschrei«. ;-) E-Mail-Aktionen können nämlich in vielen Fällen deutlich bessere Rückläuferquoten erzielen als vergleichbare Dialogmarketing-Kampagnen per Zeitungsbeilage, Post, Coupon-Anzeige oder Fax. Dies setzt aber stets voraus, dass gewisse Dinge bei der Adressauswahl und Konzeption beachtet wurden. An vielen Stellen lauern Fallstricke, die E-Mail-Effektivität kosten, denen ich mich aber im Laufe des Buches annehmen werde.

Die Responsequote

Im Dialogmarketing-Kontext berechnet sich die *Responsequote* (auch *Rückläuferquote* genannt) als Quotient von Reaktionen zur Anzahl angeschriebener Adressaten:

$$\text{Responsequote} = \frac{\text{Anzahl Reagierer}}{\text{Anzahl Adressaten}}$$

Die Anzahl der Reaktionen (Zähler im Bruch) kann sich auf Klicker, E-Mail-Öffner, Besteller, Umfrageteilnehmer und andere Kennziffern beziehen. Genauso kann unter Adressaten (Nenner) die Gesamtzahl der angeschriebenen E-Mail-Adressen oder auch nur die Zahl der tatsächlich zugestellten E-Mails verstanden werden. Mehr hierzu erfahren Sie in Abschnitt 14.3 *Die Conversion-Rate im E-Mail-Marketing*. Beachten Sie auch, dass der Begriff »Rückläufer« im E-Mail-Kontext synonym für sogenannte Bounces, also unzustellbare E-Mails, verwendet wird. Mehr zum Thema Zustellfehler lesen Sie unter anderem in Abschnitt 23.3.3 *Weitere Einflussfaktoren auf die Reputation*.

Warum funktioniert E-Mail so gut? Aus vielerlei Gründen.

- Das Medium besticht zunächst einmal allgemein durch eine **hohe Penetrationsrate** und Nutzungsintensität. 1,88 Milliarden Menschen, knapp 95 Prozent aller Onliner, waren

2010 per E-Mail erreichbar. 2012 waren es 2,2 Milliarden. Seit Jahren rangiert E-Mail als meistgenutzte Internetanwendung noch vor der Suche über Google & Co ganz oben. E-Mail wird als einfach zu nutzender Brief-Ersatz wahrgenommen und passt damit in alle bekannte Denkmuster, ohne Neues erlernen zu müssen. Mehr als die Hälfte der Deutschen ruft täglich mindestens einmal das private E-Mail-Postfach ab (`tinyurl.com/a2waa6`). Fast alle Bevölkerungsschichten können erreicht werden. Damit ist die Reichweite potenziell riesig. Jedenfalls dann, wenn die Maßnahmen zur Adressgenerierung stimmig sind und greifen. Oder wenn zumindest das Budget für Werbung in den E-Mail-Verteilern Dritter vorhanden ist (»Adressmiete«). Mit der zunehmenden Ubiquität des Internets ist auch E-Mail heute überall verfügbar; selbst am Strand, ob es den Adressaten recht ist oder nicht: Über die Hälfte der Deutschen erhält im Urlaub etwa geschäftliche E-Mails ...

- E-Mail erlaubt eine zeitversetzte (**asynchrone**) Ansprache. Man muss nicht sofort reagieren. Das Telefon oder der Instant Messenger sind synchron – sie unterbrechen den Rezipienten zwangsweise, wenn nicht gerade ein Gesprächstermin vereinbart wurde, und beanspruchen dessen Aufmerksamkeit vollumfänglich. E-Mail-Werbung dagegen kann bei Bedarf flüchtig oder intensiv aufgenommen werden.
- Die E-Mail-Ansprache kann im Unterschied zu öffentlichen Massennachrichten sehr **persönlich** sein. Dahinter verbirgt sich noch mehr, als den Adressaten mit seinem Namen anzusprechen. Gute Kommunikation erweckt den Eindruck, als würde sie sich exklusiv oder gezielt an den einen speziellen Empfänger wenden. Wohin wurde Ihnen kürzlich, als Sie Ihr Log-in-Passwort vergaßen, Selbiges zugesandt? Mit hoher Wahrscheinlichkeit in den E-Mail-Posteingang. Die E-Mail-Adresse ist unser alle Identifikation im Netz, mit der wir uns bei Xing oder Facebook registrieren. Ganz ähnlich wie die Telefonnummer ist der E-Mail-Posteingang privat. Entsprechend sind beide Bereiche rechtlich auch explizit ein Teil der Privatsphäre.
- E-Mail ist in Sekunden zugestellt und dabei sehr Zielpersonen-genau, da das Medium stark datenbankgestützt ist. Damit eignet es sich wie kein anderes Dialogmarketing-Medium zur Implementierung echter **One-to-One**-Kommunikation, die ein echtes Plus an Kundenorientierung mit sich bringt. Prinzipiell sind die zielgenaue Auswahl spezieller Empfängersegmente, individuell darauf zugeschnittene Offerten und mehrstufige E-Mail-Strecken, die das historische Verhalten der Nutzer oder deren Status im Beziehungslebenszyklus einbeziehen, für alle Marketer auf Knopfdruck realisierbar: Wer in E-Mailing 1 klickt, erhält E-Mailing 2 A. Andere, also Nicht-Klicker, erhalten dagegen das Nachfass-E-Mailing 2 B und so weiter. Und zum Geburtstag wird automatisch ein Gratulationsmailing angestoßen. In klassischen Dialogmarketing-Medien sind solche Maßnahmen meist mit einem prohibitiv hohen Aufwand verbunden. Aber wer den individuellen Empfängerkontext derart berücksichtigen kann, versendet relevantere Botschaften. Auch deshalb bevorzugen die meisten Onliner es auch auf breiter Front, per E-Mail über Produkte und Neuheiten informiert zu werden.
- Der E-Mail-Empfänger reagiert in Form einer E-Mail-Öffnung, eines Klicks und/oder einer Antwort-E-Mail. Also per Mausklick. Das ist **bequemer**, als einen Antwort-Coupon ausfüllen oder zum Telefon greifen zu müssen. Es erfordert weniger *Commitment*, wie der Marketingfachmann heute sagt.
- Die direkte Anbindung zum World Wide Web bietet E-Mail-Empfängern ganz andere **Interaktionsmöglichkeiten**, als klassische Medien dies bieten können. Im Handumdrehen sind tiefer gehende Informationen, multimediale Inhalte oder Dialog-Elemente verfügbar.

- Der Prozess vom Versand bis zum Eingang der Reaktionen ist vollständig **digitalisiert**. Das spült wichtige Informationen in Echtzeit in das Marketingsystem des Versenders zurück, die sofort evaluiert und in der späteren werblichen Ansprache genutzt werden können – der bereits angesprochene Closed-Loop-Regelkreis.
- Schließlich ist es vom Produktinteresse, das durch die E-Mail induziert wurde, bis zum Kauf im Onlineshop nur ein paar Klicks. Der Shop-Einstieg ist im Gegensatz zu Telefon oder Print, wo Hörer oder Brief beiseitegelegt und der PC hochgefahren werden muss, **ohne Medienbruch** möglich. Mund-zu-Mund-Werbung durch die gezielte Einbindung von Weiterempfehlungsfunktionen, mit denen Werbebotschaften per E-Mail oder über soziale Netzwerke weiterempfohlen werden können, erhöhen zusätzlich die Reichweite einer Kampagne. All das schlägt sich im Erfolg nieder.

Die Direct Marketing Association (DMA) drückt die hervorstechende Effizienz alljährlich in konkreten Zahlen aus (Tabelle 3.2).

Medium	2008	2009	2010
Direct Mail	12,55	12,53	12,57
Telemarketing	8,57	8,46	8,42
Zeitung	12,77	12,46	12,26
Fernsehen	6,81	6,63	6,62
Hörfunk	8,60	8,29	8,28
Display	19,78	19,57	19,57
Suchmaschine	21,84	21,85	21,90
Soziales Netzwerk	12,57	12,49	12,45
E-Mail	44,93	43,62	42,08

Tabelle 3.2: Return on Investment in US-Dollar nach Medium (Quelle: DMA »The Power of Direct Marketing« 2010). 2011 betrug der E-Mail-RoI 40,56 Dollar.

Das heißt, durchschnittlich erwirtschaftete jeder Dollar, der in die E-Mail-Kommunikation floss, mehr als 43 US-Dollar Gewinn. Das war fast doppelt so viel, wie Suchmaschinenmarketing und -optimierung lieferten. Und das knapp 3,5-Fache dessen, was klassische Direct-Mail-Maßnahmen inklusive Katalogversand zum Gesamterfolg beisteuerten. Relativierend muss man dazu sagen, dass die USA, auf die sich die Zahlen beziehen, schon ein paar Schritte weiter sind, was die Ausgestaltung der Kampagnen anbelangt. Zudem dürfen dort Adressaten auch ohne deren vorherige Zustimmung angeschrieben werden, was in Deutschland nicht erlaubt ist. Die Kosten der Adressgenerierung sind somit geringer.

Hinweis: Top-Response – wirklich? Kommt drauf an ...

Selbstredend ist der Response eines E-Mailings nicht zwangsläufig höher als beispielsweise bei einem Direct Mailing. Platt ausgedrückt: Versenden Sie langweilige Text-E-Mails ohne auch nur ein aktivierendes Bild, die mit einer wenig aufmerksamkeitsstarken Betreffzeile (»Information für Sie«) und einem Absender bar jedes Wiedererkennungswertes (»Kundenbetreuung«) aufwarten, werden diese vermutlich weniger Rückläufer erzielen als eine postalische Variante. Gleiches gilt, falls der E-Mail-Verteiler nicht gepflegt wird oder veraltet ist (»Listen-Hygiene«).

Eine E-Mailingliste weist oft einen deutlich höheren Anteil an unzustellbaren E-Mails auf. Etwa weil die Adressen ungültig oder nicht mehr aktuell sind. Besitzen schon postalische Adressen aufgrund von Umzügen (rund zehn Prozent pro Jahr) und Sterbefällen (rund zwei Prozent) eine verblüffend kurze Lebensdauer, verläuft die Alterung von E-Mail-Adressbeständen durch die Dynamik im Internet teils noch deutlich schneller. 25 bis 30 Prozent natürlicher Adressverlust pro Jahr sind keine Seltenheit. Man denke an Arbeitgeber-Wechsel, E-Mail-Bankrott, aufgebrauchter Speicherplatz, eingestellte Freemailer-Dienste, Kündigung eines (bezahlten) E-Mail-Adress-Service und so weiter. Unter Umständen ist ein großer Teil der Adressaten also inaktiv und damit ohne Weiteres erst einmal nicht mehr erreichbar. Hinzu kommt, dass E-Mails wegen schlechter Versandpraktiken in der Vergangenheit von Spamfiltern in der Gegenwart gerne auch mal blockiert werden.

Neben der E-Mail-Gestaltung und der Listen-Hygiene spielt natürlich auch die Zielgruppe selbst beziehungsweise die Adressquelle eine tragende Rolle. So ist der zu erwartende Response bei den eigenen Hauslisten oder in Intranets, wie dem Firmennetzwerk, deutlich höher als über angemietete Listen Dritter oder bei auf Webseiten geernteten Adresslisten. Ebenso lassen Bestandskunden einen höheren Rücklauf erwarten als Interessenten. Tabelle 3.3 zeigt durchschnittliche Response-Raten (als Anteil der Besteller an einer kontaktierten Reichweite) im Media-Vergleich. Zwar sind die Zahlen alt, doch die Tendenz dürfte weiter bestehen. Besonders auffällig ist, dass a) E-Mail die größte Spannweite zwischen Minimal- und Maximalwert besitzt und b) E-Mail den zweithöchsten Maximalwert liefert.

Medium	Durchschnitt	Median	Max	Min
Direct Mail	1,88	1,04	9,57	0,10
Räumlicher Brief	2,30	1,03	8,33	0,10
Katalog	2,18	1,81	7,61	0,27
E-Mail	1,12	0,31	15,00	0,001
Beilage	0,45	0,13	4,00	0,004
Coupons	1,65	1,00	7,50	0,005
Telefon	5,78	4,45	20,00	0,07
Zeitung	0,09	0,02	0,62	0,005
Magazin	0,13	0,05	0,56	0,005
Lose Beilage	0,13	0,10	0,40	0,01
Fernsehen	0,04	0,03	0,10	0,02
Hörfunk	0,10	0,01	0,63	0,006

Tabelle 3.3: Response-Raten in Prozent nach Medium (Quelle: DMA 2004 Response Rate Report)

Tipp: Werbebudget und Wirtschaftlichkeit

Schonen Sie Ihre Ressourcen, handeln Sie wirtschaftlich bei der Mediaplanung. Klingt banal, ist es aber nicht unbedingt. Zur Verdeutlichung:

Das *Wirtschaftlichkeitsprinzip* impliziert, a) entweder ein bestimmtes Ziel mit dem geringstmöglichen Aufwand oder b) mit einem vorgegebenen Budget den größtmöglichen Erfolg zu erreichen.

Beispiel: Wer nur braun werden möchte (Ziel), zahlt eher 5 Euro für das Sonnenstudio (Mittel 1), statt 1.000 Euro für einen Spanienurlaub (Mittel 2). Wer 1.000 Euro vermehren möchte, legt sie – bei sonst gleichen Bedingungen (»ceteris paribus«) – lieber zu 5 Prozent Zinsen als zu 2,5 Prozent an.

Analog gilt: Wer seinen Werbeetat in E-Mail-Marketing investiert, kann etwa eine viel höhere Kontaktfrequenz realisieren als mit klassischen Medien – um präsent zu sein, um die Beziehung zu Interessenten oder Kunden effektiv auszubauen. Er kann ebenso bei einmaligen Aktionen Budget sparen, da ein Vorhaben, wie die Bestandskunden über ein neues Produkt zu informieren, per E-Mail sehr viel kosteneffizienter erreicht werden kann. E-Mail bedeutet eben oftmals weniger Kosten *plus* bessere Wirkung und ist damit quasi »doppelt wirtschaftlich«.

Tipp: E-Mail-Marketing für KMUs

Übrigens gerade kleine und mittelständische Unternehmen (»KMUs«) können von E-Mail-Marketing profitieren. Deren finanzielle Spielräume und Werbebudgets sind schließlich meist sehr begrenzt. Zudem hängt das Geschäft nicht selten am seidenen Faden eines überschaubaren kleinen Kundenstamms – gehen Schlüsselkunden verloren, kann dies schnell die Existenz bedrohen. Hier bedarf es in besonderem Maße einer geeigneten Kommunikation und eines Kundenbindungsprogramms, das profitabel und sicher sein Ziel nicht verfehlt. Die Streuung über klassische Massenmedien ist ungenau, oft prohibitiv teuer und strahlt allgemein nicht unbedingt Kundennähe aus. Die E-Mail dagegen ist aus Adressatensicht persönlich und sollte aus Unternehmersicht angesichts der günstigen Kostenstruktur wie prädestiniert wirken. Mit intelligenten E-Mail-Programmen besitzen KMUs die Chance, im Wettbewerb mit kleinen und »sperrigen« Großanbietern ihre ureigenen Stärken, Service und Flexibilität, deutlich zu unterstreichen. Und das alles ohne risikobehaftete Anfangsinvestitionen.

3.3.3 Schnelle und genaue Messbarkeit

Nur was gut **messbar** ist, ist auch vernünftig **steuer- und verbesserbar.** In diesem Zusammenhang dürfte E-Mail-Marketing den Träumen des Marketingmanagements entsprungen sein: Die Erfolge der E-Mail-Aussendungen können nahezu exakt anhand zahlreicher Kennzahlen quantifiziert, beurteilt und kontrolliert werden. Und noch besser: Die Ergebnisse liegen sofort in Echtzeit vor. Mit der Möglichkeit, die Reaktion sofort überwachen zu können, kann gegebenenfalls direkt die weitere Planung und Steuerung für die Kampagne eingeleitet werden.

Zum Vergleich: Bei Direct Mail oder einer Zeitschriftenanzeige liegen Erfolgsauswertungen oft erst Wochen nach der Aussendung beziehungsweise Veröffentlichung vor. Die mediale Wirkungsdauer eines Briefes ist vergleichsweise lang; das Schreiben bleibt eben schon mal auf dem Küchentisch liegen. Beim Versender müssen zudem die Reaktionen, beispielsweise in Form von zurückgesendeten Antwortkarten oder Coupons, häufig manuell erfasst werden. Gleiches gilt für unzustellbare Briefe, deren Adressdaten händisch entfernt werden müssen.

Dagegen kann nach Versandstart eines E-Mailings bereits wenige Sekunden später die Entwicklung der Response-Kurve **in Echtzeit** beobachtet und evaluiert werden. Dies ist besonders interessant im Zusammenhang mit Test-Aussendungen. Kleine **Vorab-Tests** können zeitnah nach dem Versand evaluiert werden. Und das sogar automatisiert. Der große Hauptversand erfolgt anschließend mit der Konfiguration, die sich im Test als optimal erwies. Die Ergebnisse einer E-Mail-Aktion liegen meist nach drei bis vier Tagen vor. Die Abonnenten bearbeiten E-Mails entweder sofort oder lassen sie im Archiv verschwinden. Des Weiteren werden im E-Mail-Marketing die Adressen unzustellbarer E-Mails selbstständig durch das Versandsystem bearbeitet – sofern ein Selbiges natürlich genutzt wird. (Outlook zählt zweifelsohne nicht hierzu.)

Die Response-Kurve

Die sogenannte *Response-Kurve* trägt in einem Diagramm die Anzahl der eingegangenen Reaktionen (zum Beispiel Klicks) in Abhängigkeit von der Zeit (zum Beispiel Tag) ab. Näherungsweise gilt im E-Mail-Marketing die Faustregel: Zwei bis drei Tage nach einem Versand sind circa 80 Prozent des gesamten Response im Versandsystem registriert. Nach vier Tagen sind es 90 Prozent.

Abhängig von Wochentag, Uhrzeit und Dauer der E-Mail-Aussendung verläuft die Responsekurve mal steiler oder flacher, mal länger oder kürzer. Je nachdem, ob ein mehr oder weniger großer Teil der Empfänger zur Versandzeit vor dem Rechner »empfänglich« war.

Der Mailing-Inhalt kann ebenso den Kurvenverlauf beeinflussen: Je komplexer der Werbegegenstand, desto ausgedehnter dürfte die Kurve sein. Weiterempfehlungsfunktionen, mit denen die Werbebotschaft an externe Adressaten weitergeleitet wird, weiten den Verlauf gleichsam aus. Auch wenn die Wirkungsdauer einer E-Mail-Kampagne meist kurz ist, die Adressaten nur einen flüchtigen Blick darauf werfen, ergibt sich durch die automatische Archivierung von E-Mails die Möglichkeit einer nachgelagerten mehrmaligen Aufnahme durch die Rezipienten. Nach Wochen oder Monaten erfolgen somit noch vereinzelt Reaktionen.

Wie viele Empfänger haben die Nachrichten geöffnet? Wo wurde gehäuft geklickt? Eher auf Bilder oder auf Text-Verweise? Eher links oben oder rechts unten? Wie viele Bestellungen hat das Mailing erzeugt? Bei einem E-Mailing liegen Reporting-Daten sehr genau und sofort digital vor. Und das ohne Mehraufwand. Alle Links werden automatisch »getrackt«, also die Klicks im Versandsystem erfasst. Darauf basierend ist möglich, Empfängergruppen nach Interessen für ein späteres Targeting zu **profilieren** und deren Wünsche sowie Erwartungen besser kennenzulernen. So gesehen ist die E-Mail-Adresse vergleichbar mit einer »sprechenden Kundenkarte«, die Kunden und Interessenten identifiziert. In HTML-E-Mails registriert meist ein unsichtbares Mini-Bild eine E-Mail-Öffnung. Und selbst die Aktionen nach dem Klick können vergleichsweise einfach abgebildet werden, indem relevante Webseiten speziell »verpixelt« werden oder eine Integration mit der Webanalyse-Software, wie zum Beispiel Google Analytics, erfolgt. Erste valide Erfolgsprognosen können wenige Stunden nach dem Versand angegeben werden. Durch die Schnelligkeit des Mediums können auch zeitnah Fein- beziehungsweise Nachjustierungen vorgenommen werden. Bleibt der Response hinter den Erwartungen zurück, wird nachgelegt. Zeichnen sich gute und schlecht performende Offerten ab, kann auf die Erkenntnisse sofort reagiert werden. Folge-Mailings sind – sofern sie eingeplant wurden – im Nu aufgesetzt.

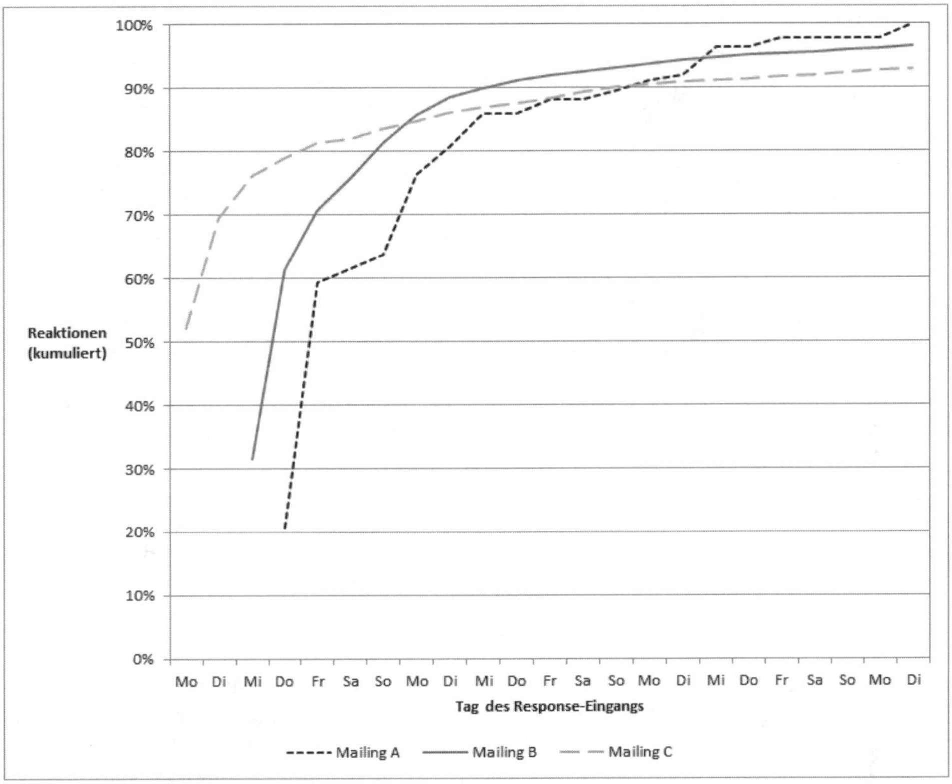

Abb. 3.9: Beispiel dreier kumulierter Response-Kurven. Mailing A wurde an knapp 1.500 B2B-Adressaten zwischen 12:00 Uhr bis 13:00 Uhr mittags versandt. Mailing B an 1.521.959 Empfänger um 12:15 Uhr. Mailing C an 74.112 um 12:21 Uhr. Lesart: Am ersten Tag, einem Donnerstag (Do), wurden 20,74 Prozent des gesamten Response (hier: Klicks) bei Mailing A generiert. Bis zum zweiten Tag waren es 59,26 Prozent und so weiter.

Beispiel: Kampagne zeitnah nachjustieren

Bleibt die Reaktion eines E-Mailings für ein neues Produkt oder für eine Umfrage hinter den Erwartungen zurück? Wenn sich dies bereits kurz nach Versand-Start abzeichnet, könnte noch schnell ein Inhaltsblock für den morgigen regulären Newsletter vorbereitet werden, um erneut darauf hinzuweisen (Abbildung 3.10). Oder es könnte ein Nachfass-Mailing aufgesetzt werden, das versucht, Nicht-Reagierer nach einigen Tagen doch noch einmal zur Aktion zu bewegen. Im umgekehrten Fall, sobald sich also eine deutliche Erwartungsübererfüllung abzeichnet, kann der Vertrieb oder die Logistik schon einmal vorgewarnt werden, dass in Kürze eine Bestell-Lawine losgetreten wird. Entsprechende Vorkehrungen können rechtzeitig getroffen werden. Die schnelle Verfügbarkeit der Response-Daten ist also ein echter Vorteil.

Abb. 3.10: Wiederholte Werbung wirkt. Bewerben Sie Aktionen mehrfach mit unterschiedlicher Prominenz.

3.3.4 Große Flexibilität

E-Mail ist in ihrer Machart und in ihren Eigenschaften ein Hybrid zwischen Brief und Telefon. In gewisser Weise spiegelt sich dies auch in den erzielbaren Response-Quoten wider (siehe Tabelle 3.3). Das Medium vereint diverse Vorteile der beiden Direct-Marketing-Klassiker auf sich. Zum Beispiel:

- Ein E-Mailing ist fast so **kinderleicht** zu handhaben wie ein Anruf. Beides erfordert natürlich eine gewisse Vorbereitungszeit. Aber wenn nicht gerade ausgeklügelte Layouts und bestechende Grafiken im E-Mailing eingesetzt werden sollen, bedarf es nicht einmal eines Designers oder Web-Spezialisten zur Werbemittelproduktion. Dann ist der Aufwand ähnlich.
- E-Mails können je nach Bedarf **formell** wie ein Brief oder auch eher **informell** wie die meisten Telefonate sein. Zu Unrecht wird E-Mail per se gedanklich in die formelle Schublade wegsortiert. Dabei hat E-Mail den Internet-Slang mit auf den Weg gebracht. Typische Abkürzungen, wie *LOL* (laughing out loudly) oder *FYI* (for your interest) signalisieren beispielsweise auch in E-Mails unmittelbar eine Internet-typische lockere Sprachfärbung, die auf übliche schriftliche Formalitäten verzichtet.
- E-Mail besticht durch seine Schnelligkeit. Empfängern bietet dies eine **Aktualität**, fast wie bei einem Telefonat. Nur werden die Kommunikationsziele aus Sicht des Senders effizienter erreicht. Zielgruppen beziehungsweise Kontakte werden in Minuten oder Stunden angesprochen, nicht in Wochen. Und zwar in theoretisch unbegrenzter Stückzahl – ganz gleich, ob zu hundert, tausend oder einer Million. Ob in Deutschland oder der restlichen Welt. Telefonate, Druck, Kuvertieren, Frankieren und Postversand lagert der Werbetreibende nicht mehr an Callcenter oder Lettershops aus, sondern erledigt dies mit einem Mausklick auf »E-Mailing verschicken« selbst. Die kurze Vorlaufzeit ermöglicht Werbetreibenden, anlassbezogen und sehr kurzfristig ein E-Mailing mit neuesten Informationen zu versenden oder zu variieren. Das ist oft Gold wert.

Beispiel: Hohe Aktualität der E-Mail-Kommunikation

Erinnern Sie sich, als im Mai 2010 die Aschewolke des isländischen Vulkans Eyjafjallajökull den Flugbetrieb störte? Viele Flugreisende standen auf dem Schlauch und erwarteten sehnsüchtig die Info, wann es endlich weitergeht. Die Günstig-Airline Germanwings versandte zu diesem Zeitpunkt einfach ein außerordentliches E-Mailing, in dem Flugbucher über die Wiederaufnahme des Flugbetriebes und anklickbaren Details zu ihrem Flug informiert wurden (siehe Abbildung 3.11). So konnten auf einfache, aber sehr wirksame Weise ein Großteil die Onliner unter den Kunden per Mausklick auf MAILING-VERSAND informiert werden.

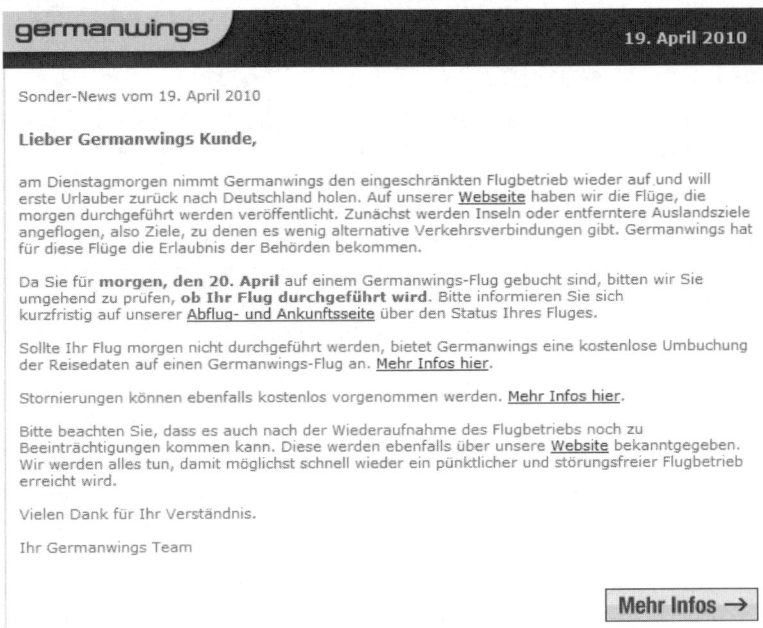
germanwings 19. April 2010

Sonder-News vom 19. April 2010

Lieber Germanwings Kunde,

am Dienstagmorgen nimmt Germanwings den eingeschränkten Flugbetrieb wieder auf und will erste Urlauber zurück nach Deutschland holen. Auf unserer Webseite haben wir die Flüge, die morgen durchgeführt werden veröffentlicht. Zunächst werden Inseln oder entferntere Auslandsziele angeflogen, also Ziele, zu denen es wenig alternative Verkehrsverbindungen gibt. Germanwings hat für diese Flüge die Erlaubnis der Behörden bekommen.

Da Sie für **morgen, den 20. April** auf einem Germanwings-Flug gebucht sind, bitten wir Sie umgehend zu prüfen, **ob Ihr Flug durchgeführt wird**. Bitte informieren Sie sich kurzfristig auf unserer Abflug- und Ankunftsseite über den Status Ihres Fluges.

Sollte Ihr Flug morgen nicht durchgeführt werden, bietet Germanwings eine kostenlose Umbuchung der Reisedaten auf einen Germanwings-Flug an. Mehr Infos hier.

Stornierungen können ebenfalls kostenlos vorgenommen werden. Mehr Infos hier.

Bitte beachten Sie, dass es auch nach der Wiederaufnahme des Flugbetriebs noch zu Beeinträchtigungen kommen kann. Diese werden ebenfalls über unsere Website bekanntgegeben. Wir werden alles tun, damit möglichst schnell wieder ein pünktlicher und störungsfreier Flugbetrieb erreicht wird.

Vielen Dank für Ihr Verständnis.

Ihr Germanwings Team

Mehr Infos →

Abb. 3.11: Germanwings informiert kurzfristig per E-Mail über die Wiederaufnahme des Flugbetriebs.

Darüber hinaus ist die Kommunikation an die Zielgruppensegmente im E-Mail-Verteiler genau **steuerbar**. So sind zum Beispiel zeitliche oder regionale Variationen vergleichsweise einfach umzusetzen. Reagiert unser Adressatenkreis vornehmlich mittags am Wochenende? Dann liefern wir pünktlich aus. Oder ist ein »Gude« für die Hessen, ein »Moin« für Hamburg und ein »Servus« für Bayern unseren Zielen dienlich? Kein Problem (Abbildung 3.12). All dies können Versender mühelos binnen Sekunden als Mailing-Anrede integrieren, sofern der Ort des Empfängers hinterlegt beziehungsweise ermittelt wurde. Prinzipiell kann jeder Empfänger automatisiert mit vollständig individualisierten Inhaltsblöcken entsprechend seiner Präferenzen bedient werden. Derartige **Individualisierungen und Personalisierungen** sind ein ganz entscheidender Vorteil von E-Mail-Marketing.

```
<html>
<head></head>
<body>
*|IF:BLAND=HAMBURG|*
Moin!
*|END:IF|*
*|IF:BLAND=HESSEN|*
Gude!
*|END:IF|*
*|IF:BLAND=BAYERN|*
Servus!
*|END:IF|*
</body>
```

Abb. 3.12: Personalisierte Anrede nach Bundesland in MailChimp – wenn Bundesland = Hamburg, dann schreibe »Moin!«. Solche Fallunterscheidungen bietet heute fast jede Versandlösung.

Die E-Mail-**Darstellung** ist anpassungsfähig. E-Mail unterstützt Hyperlinks, Text und – bei HTML-Mails – auch Text-Formatierung sowie statische oder animierte Bilder. Also prinzipiell alle Zutaten, die wir für eine effektive Mailing-Rezeptur benötigen. Über die Hyperlinks kann ohne Medienbruch in den Einkaufsprozess oder in die Beantwortung in einen Fragebogen gesprungen werden, was die Rückläuferquote erhöht. Zum Teil sind sogar Bewegtbildformate und akustische Werbemittel möglich. Anhänge (»Attachments«) ermöglichen es, ganze elektronische Prospekte etwa als *Portable Document Format*-(PDF-) Dokument mitzuversenden. Schließlich kann durch geeignete HTML- und CSS-Formatierung dafür Sorge getragen werden, dass die E-Mail sich an die Display-Größe optimal anpasst – sei es an den großen Monitor zu Hause oder an den kleinen Smartphone-Bildschirm unterwegs.

Mögliche **Zielsetzungen und Einsatzbereiche** von E-Mail sind vielfältig. Außerordentliche News sowie 14-tägige Regelkommunikation? Awareness und Bekanntheitsgrad über eine breite Streuung steigern? Oder Imageaufbau über eine feingranulare Zielgruppenkommunikation? Alles ist möglich. E-Mails eignen sich als Werbeträger für die Präsentation erklärungsbedürftiger Produkte wie für die Ankurbelung von Impulskäufen. Genauso können Whitepaper- oder Software-Downloads, Anmeldungen für Konferenzen, Verbund- oder Folgekäufe und viele weitere Dinge forciert werden. Je nach Einsatzzweck und Zielgruppenselektion kann die Ansprache eher rational und argumentativ oder emotional für Massenprodukte erfolgen.

Im Vergleich zu anderen Dialogmarketing-Medien ist E-Mail ferner unbegrenzt **aufnahmefähig und verfügbar**. Zeitschriften haben eine bestimmte Erscheinungsweise, die Werbetreibende hinsichtlich der Wahl eines optimalen Werbezeitpunktes einschränkt. Ebenso ist die Flexibilität bei der Schaltung eines Hörfunk- oder Fernsehspots beschränkt. E-Mail-Kampagnen können wir – zumindest an den eigenen Abonnentenkreis – unabhängig jederzeit versenden. Dadurch sind auch die Kontaktfrequenzen variabel anpassbar. Während Facebook.com hie und da down ist, ist E-Mail immer verfügbar. E-Mail ist eben entsprechend des »Geistes des Internets« dezentral, es gehört niemandem beziehungsweise allen. Bei E-Mail liegt die Datenhoheit bei uns – und nur bei uns. Kein Dritter, der laufend Anpassungsänderung einfordert, Mitteilungen zensiert oder Ähnliches. Hier sind und bleiben wir immer unser eigener Herr.

3.3.5 E-Mail-Programm als strategischer Wettbewerbsvorteil

Ein gutes E-Mail-Marketing-Programm kann ein echter Vorteil im Wettbewerb sein. Allein ein vierwöchentlicher Standard-Newsletter, der unpersönlich an den kompletten Verteiler versandt wird, wird dem zwar nicht unbedingt gerecht. Ein intelligentes, relevantes, abwechslungsreiches und abgestimmtes Gesamtprogramm dagegen schon. Denken Sie zurück an das Beispiel Pampers Village in Abschnitt 3.2.5 *Lifecycle-Messaging*. Oder denken Sie an Amazon, wo im Hintergrund ausgeklügelte Data-Mining-Algorithmen individuell die passenden Empfehlungen für den Newsletter extrahieren.

Mehr und mehr Anbieter müssen sich heute mit sehr ähnlichen Angebotspaletten um die Gunst einer stagnierenden Zahl an Nachfragern bemühen. Zudem ist diese Nachfrager-Zahl, der relevante Markt für das eigene Produkt- oder Dienstleistungsangebot, oft viel kleiner, als man denkt. Gehen Sie einen Moment in sich – wie viel Prozent der knapp 50 Millionen Onliner in Deutschland ist wirklich potenziell interessiert an Ihrem Angebot?

Unser Umfeld ist durch einen Überhang an als austauschbar wahrgenommenen Produkten und Dienstleistungen gekennzeichnet. Die Markteintrittsbarrieren sind eben gerade im Internet denkbar gering. Das Angebot wächst; und damit wachsen auch die Auswahlmöglichkeiten für Kunden. In der Folge sehen wir eine ordentliche Leistungsqualität als selbstverständlich an. Das taugt oft nicht mehr zur Differenzierung. Oft verlagert sich der Wettbewerb dann auf die Preis-Ebene. Aber dauerhaft nur knapp über der Selbstkostengrenze zu operieren, ist sicher ebenso wenig zielführend. Die zwar nicht »vollkommene«, aber dennoch extrem hohe Markttransparenz, die das Internet vielerorts mit sich bringt, erstickt Differenzierungsoptionen: Preis und Leistung sind fast perfekt vergleichbar. Aber eine eigenständige Positionierung und Abgrenzung ist überlebenswichtig.

Was also tun? Eine Lösung besteht darin, ein besonders individuelles und gutes Kontaktprogramm zu etablieren. Denn dies bietet durchaus vielversprechende Möglichkeiten, sich langfristige Vorteile zu erarbeiten und sich so erfolgreich vom Wettbewerb abzugrenzen. Solche strategischen Vorteile im Marketingkontext sind:

1. wirtschaftlich,
2. relevant und
3. dauerhaft.

Auf Deutsch: Sie tragen einen Teil zum Geschäftserfolg bei, werden von den Kunden als wichtiges Nutzen stiftendes Anbietermerkmal wahrgenommen und sind zudem nicht von der Konkurrenz von heute auf morgen zu imitieren. Eine kluge E-Mail-Kommunikation kann diese drei Voraussetzungen erfüllen. Denn dass E-Mail besonders wirtschaftlich ist, also einen hohen Return on Marketing Investment aufweist, wurde bereits ausführlich in Abschnitt 3.3.2 *Hohe Rücklaufquoten, Top-Return* dargelegt. Ebenso ist klar, dass Informationen per elektronischer Post durchaus als vorteilhaftes Anbietermerkmal registriert werden, wenn sie angefordert wurden und vor allem relevant sind.

Wie sieht es beim dritten Punkt, der Dauerhaftigkeit, aus? Stellen Sie sich die Frage, was passieren würde, wenn alle Hintergründe Ihres vermeintlich strategischen Vorteils detailliert in der nächsten Ausgabe der Fachzeitschrift »Absatzwirtschaft« ausgeplaudert würden. Käme die Veröffentlichung einer Katastrophe gleich? Dann handelt es sich nicht um einen strategischen Vorteil. Denn dies würde bedeuten, dass das Geheimnis Ihres Erfolges einfach nachgeahmt werden kann.

Nun stellen Sie sich weiter vor, Sie beginnen heute damit, eine richtig gute E-Mail-Marketing-Strategie zu implementieren, um damit die Beziehungen zu Interessenten und Bestandskunden zu intensivieren. Mit allem, was dazugehört: von der leistungsstarken und umfassenden Datenbank über die optimale Adressgenerierung, die Sicherung der E-Mail-Zustellung bis hin zu automatisierten E-Mail-Serien und passgenauen sowie ansprechenden Inhalten entsprechend der Präferenzen einzelner Empfänger. Ihre Kunden sind immer up to date und Ihre E-Mails erreichen sie zum besten Zeitpunkt in der richtigen Frequenz. Aber gerade der erstgenannte Punkt ist wichtig: Denn den Vorteil, den Sie daraus ziehen, bereits über Monate oder gar Jahre in der Datenbank umfassende Profile für zum Beispiel verhaltensbezogene Individualisierungen aufzubauen, macht Ihnen so schnell keiner nach.

Natürlich ist kein Vorteil, auch ein etabliertes E-Mail-Marketing-Programm, ewig haltbar. Fast alles kann in gewissen Zeitspannen kopiert werden. Allerdings benötigt dies eben eine gewisse Zeit. Außerdem entwickeln Sie als First-Mover wichtige Know-how-Vorteile: Sie wissen bereits, welche Stellschrauben wie funktionieren. Andere müssen dies erst noch für sich erproben. Dies geht nicht von heute auf morgen ...

3.3.6 Herausforderungen für E-Mail-Versender

Die Vorteile des Mediums E-Mail sind zahlreich. Allerdings sehen sich Marketer auch mit einigen Schwierigkeiten konfrontiert. Als da wären:

- Die **rechtlichen Rahmenbedingungen** für den Versand von werblichen E-Mails sind in der Europäischen Union und insbesondere in Deutschland sehr restriktiv. Da dem Versender kaum Kosten entstehen, zugleich aber sehr viele Adressaten erreicht werden können, ist die Ausuferungsgefahr groß. Den Adressaten verursacht unerwünschte Werbung dagegen durchaus Kosten. In Form von schlichtweg Aufmerksamkeit oder Arbeitszeit für das Sichten und Aussortieren. Oder in Form von Download-Gebühren und Speicherplatz etwa auf mobilen Endgeräten. Entsteht hierdurch eine *unzumutbare* Belästigung oder wird unzulässigerweise in das allgemeine Persönlichkeitsrecht eingegriffen, droht Ärger vom Kadi.
- Basis von E-Mail-Marketing sind Adressen. Die **Generierung von Adressdaten** kann aber – je nach Strategie und Zielgruppe – einen mehr oder weniger langen Zeitraum beanspruchen. Teilweise dauert es Monate, bis die ersten hundert Abonnenten gesammelt und damit eine Quantität erreicht wurde, mit der erste fortgeschrittene Maßnahmen, wie zum Beispiel Tests, durchgeführt werden können. Aufgrund der Spam-Problematik herrschen große Vorbehalte bei den Nutzern vor, wenn E-Mail-Adressen Dritten anvertraut werden sollen. Mangelhafte Werbung für den Newsletter tut ihr Übriges; nicht selten besitzt der Service kaum Sichtbarkeit auf der Webseite. Schließlich setzt E-Mail-Werbung von Rechts wegen meist eine ausdrückliche Einwilligung eines Adressaten voraus. Zumindest in Deutschland. Dies kommt einem aktiv zu setzenden Häkchen beim Passus »Bitte senden Sie mir Ihren Newsletter zu« gleich. Unabhängig davon, ob wir im B2B- oder B2C-Umfeld werben möchten.

  Gute Adressen zu gewinnen, ist mühsam. Umso wichtiger ist es also, zum einen von Beginn an einen umfassenden Maßnahmenkatalog optimal umzusetzen, der alle Kundenkontaktstellen um die Gelegenheit zur Beschaffung von E-Mail-Adressen inklusive Werbeeinverständnis erweitert.
- Da prinzipiell jeder Internetnutzer E-Mails in großen Stückzahlen versenden kann, wird das Medium mehr und mehr für Marketingzwecke eingesetzt. Die Füllstände der

Posteingänge steigen. Um trotzdem weiter Aufmerksamkeit zu erzielen, wird teilweise einfach die Versandfrequenz angezogen; statt *einem* Newsletter werden nun beispielsweise *drei* E-Mailings wöchentlich versandt. Verfolgen mehr und mehr Versender diese Taktik, droht aus der Eigendynamik heraus eine schwelende **Übernutzung** des Netzwerkdienstes und damit ein Absinken der Effektivität von E-Mail-Marketing insgesamt. Dies spiegelt sich zum Teil in jährlich sinkenden Response-Raten wider.

- Zum Schutz vor unerwünschter Werbung werden ausgeklügelte Spamfilter-Systeme eingesetzt. Eine E-Mail muss teilweise mehrere dieser Hürden passieren: beispielsweise bei der Zustellung zu GMX und nach dem Abruf durch den Adressaten noch einmal auf dessen Desktop in Outlook 2010. Damit alle E-Mails auch möglichst sicher ihre Empfänger erreichen, muss eine Reihe fachspezifischer Dinge berücksichtigt werden. All dies wird gemeinhin unter dem Lemma **Zustellbarkeit** (englisch: Deliverability) zusammengefasst.
- Werbesendungen an sich sind allgemein nicht populär. Bei E-Mail ist dies nicht anders. In den vergangenen knapp 15 Jahren haben sich die wenigsten Versender bemüht, ein ausgeklügeltes und interessantes E-Mail-Kontaktprogramm anzubieten. Stattdessen wurde einfach zu viel in zu geringer Kommunikationsqualität verschickt. Warum auch mehr investieren? Denn dank der hohen Wirtschaftlichkeit von E-Mail strich auch ein Minimal-Aufwand hohe Gewinne ein. Heute hat E-Mail aber ein **Image-Problem**: Bei vielen ist »Newsletter« als Synonym für »Spam« im Kopf verankert. Und getreu dem Motto »ist der Ruf erst ruiniert, lebt es sich ganz ungeniert« hat sich auf breiter Versender-Front bis heute nicht viel geändert. Für ambitionierte Neueinsteiger bedeutet dies, dass ein zusätzliches Maß an Überzeugungsarbeit erforderlich ist. Beginnend bei der Newsletter-Anmeldung. In jeder E-Mail gilt es, sich stets aufs Neue zu beweisen. Dauerhafte Relevanz ist Pflicht – aber leichter gesagt als getan.
- Die Kreation ist zwar eine nachgelagerte Response-Determinante. Deshalb muss die Newsletter-Gestaltung aber nicht unwichtig sein. E-Mails müssen selbstredend gut und schnell lesbar sein. Die wichtigsten Fragen sollten dem Leser unmittelbar beantwortet werden: Wer schreibt? Warum heute? Was soll ich tun? Was bringt mir das? Die Gestaltung beeinflusst, welche Elemente zuerst wahrgenommen werden. Sind es diejenigen, die die Fragen beantworten? Und auch die optische Anmutungsqualität allgemein ist wichtig. Sie beeinflusst Aufmerksamkeit *für* und Einstellung *zum* Versender.

  Problem: In der Praxis werden Newsletter mit zig verschiedenen E-Mail-Programmen oder in unterschiedlichen Browsern betrachtet. Alle besitzen so ihre Eigenheiten bei der E-Mail-Darstellung (*Rendering*). Wer E-Mails aufwendiger gestaltet, benötigt daher **spezifisches Fachwissen**, damit eine einheitliche Darstellung gewährleistet ist. Nur so kann Rendering-Fehlern vorgebeugt werden. Auch vollzieht sich das Leseverhalten im Posteingang gänzlich anders als auf der Webseite. E-Mails benötigen beispielsweise prägnante Betreffzeilen und werden häufig erst in einem schmalen Vorschaufenster ohne Bilder betrachtet.
- E-Mail ist flexibel, aber nicht grenzenlos anpassungsfähig. Barrieren ergeben sich etwa spätestens dann, wenn **Rich Media oder dynamische Inhalte** eingebunden werden sollen. Web-Technologien, wie JavaScript, Adobe Flash, Apple QuickTime oder Ähnliches, funktionieren in der E-Mail-Umgebung nahezu flächendeckend nicht. Solche Elemente werden aus Sicherheitsgründen unterbunden, in den Junk-Ordner aussortiert oder sie provozieren Warnmeldungen. Gleiches gilt für Datenbankanbindungen, die etwa eine Verfügbarkeitsabfrage für eine Hotelbuchung direkt im Posteingang ermöglichen wollen. Dennoch gibt es sowohl bei Rich Media als auch bei dynamischen Inhalten vielversprechende Ansätze, die für die Zukunft hoffen lassen.

3.4 Zielsetzungen von E-Mail-Marketing-Maßnahmen

Systematisches Marketing (vergleiche Abschnitt 3.2.2 *Versand mit System*) fußt auf der vorausgehenden Formulierung klarer Aufgaben. Die Aufgaben von E-Mail-Marketing leiten sich ab aus

- dem übergeordneten **Zielsystem der Unternehmung** (zum Beispiel Mission Statement und Corporate Identity) beziehungsweise
- aus den
  - **Marketing-**,
  - **Dialogmarketing-** und
  - Customer-Relationship-Management-(**CRM-**)Zielen sowie
- den Zielen des **Kampagnenmanagements** – zur Einordnung siehe Abschnitt 3.1 *Einordnung: E-Mail-Marketing ist modernes Direktmarketing.*

Exemplarisch seien im Folgenden einige Zielsetzungen erörtert.

3.4.1 Kunden binden

Neukunden-*Akquise* kostet. Und zwar nicht zu knapp: circa fünf bis sieben Mal mehr als Bestandskunden-*Bindung*. Umsatz und Gewinn liefern zum größten Teil die treuen Stammkunden. Nach dem oft zitierten Pareto-Prinzip erwirtschaften nur 20 Prozent der loyalen Stammkunden 80 Prozent des gesamten Umsatzes. Die Gruppe ist bereit, mehr zu zahlen und zu kaufen. Sie muss daher besonders betreut werden. Nicht zuletzt, da es die Wettbewerber auf diesen rentablen Teil der Klientel abgesehen haben. Was ist also zu tun?

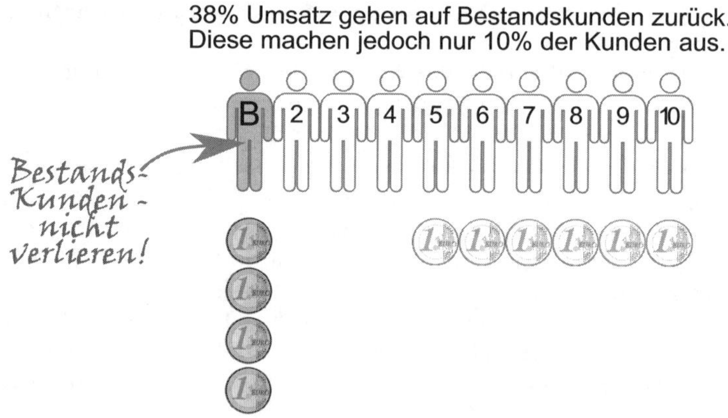

Abb. 3.13: Bestandskunden-Bindung ist Trumpf. EU-weit generieren Onlineshops fast vier von zehn Euro durch Bestandskunden. Aber nur einer von zehn Besuchern ist ein solcher Bestandskunde. Dies zeigt, wie wertvoll das Kunden-Segment ist. In Deutschland sind es 20 Prozent der Wieder- und Stammkäufer, die 38 Prozent des Umsatzes ausmachen. (Quelle: Adobe Digital Index 2012)

Ein individuelles E-Mail-Kontaktprogramm (*Kundenbindungsprogramm*) muss her, das den Beziehungslebenszyklus optimal abbildet (vergleiche Abschnitt 3.2.5 *Lifecycle-Messaging*):

Interessenten heranführen, Neukunden begrüßen, Kaufkater vorbeugen, Stammkunden belohnen, Geburtstagsgratulationen versenden, Ersatzbeschaffungen triggern, Erstkauf-Jubiläum feiern, Inaktive reaktivieren und so weiter. Damit bleibt die Unternehmung nicht nur mit ihren Vorteilen und ihrer Angebotspalette im *Evoked Set* der Adressaten, also in der engeren Wahl bei der nächsten Kaufentscheidung. Sondern eine solche aktive Beziehungspflege per E-Mail steht auch allgemein für eine persönliche Betreuung und Nähe (Tante-Emma-Prinzip). Man »kennt« sich im Zeitverlauf wechselseitig immer besser. Das Programm baut Vertrauen auf und weckt Zufriedenheit. Die Gefahr einer verfrühten Abwanderung sinkt.

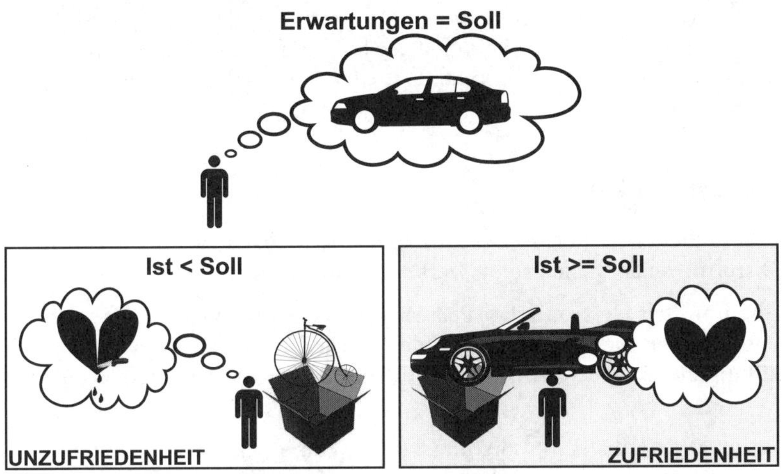

Abb. 3.14: (Un-)Zufriedenheit entsteht aus einem Vergleich von Erwartungen und dem wahrgenommenen Erfüllungsgrad. Bei emotionaler Verbundenheit dürften Abweichungen im Negativen eher verziehen werden. Ferner gilt: Eine geringe Abweichung assimilieren Menschen, indem sie nachträglich ihre Erwartung oder ihre Wahrnehmung anpassen (Assimilationseffekt).Größere Abweichungen hingegen werden subjektiv verstärkt wahrgenommen (Kontrasteffekt). Dies nimmt die Assimilations-Kontrast-Theorie – als eine von vielen Theorien in der Zufriedenheitsforschung – an.

Im Idealfall unterstützt ein Zielgruppen-adäquates E-Mail-Programm sogar die Bildung emotionaler Verbundenheit. Die veredelt die »bloße« Zufriedenheit und ist heute besonders wichtig. Denn ein rationales Okay aufgrund erwartungskonformer Qualität (vergleiche Abbildung 3.14) oder wegen eines günstigeren Preises allein äußert sich vielfach nicht mehr in der gewünschten Loyalität zum Unternehmen. Erst mit einer gefühlsmäßigen Bindung, quasi als i-Tüpfelchen, steigt die Chance, Bestandskunden nachhaltig resistent gegenüber Abwerbeversuchen der Wettbewerber zu machen. Des Weiteren wirkt Verbundenheit dem sogenannten *Variety Seeking* entgegen, also dem Bedürfnis nach Abwechslung und Ausprobieren, das sich ebenfalls in einem Wechsel zu einem anderen Anbieter – trotz Zufriedenheit mit dem bestehenden – manifestieren kann.

Man beachte, dass sich Bindung schnell monetär bemerkbar macht. CRM-Propheten predigen seit nunmehr über zwei Jahrzehnten: Wer seine Abwanderungen um fünf Prozent reduziert, kann je nach Branche mit zusätzlichen Gewinnen von 25 bis 85 Prozent rechnen (`tinyurl.com/cwp5kch`).

Beispiel: Amazon-Kontaktprogramm

Aus dem E-Mail-Kontaktprogramm des Versandhändlers Amazon lässt sich viel lernen. Wer sich mit seiner E-Mail-Adresse einloggt, also identifiziert hat, erhält mehrere maßgeschneiderte E-Mails pro Woche. Diese greifen zum Teil zuvor betrachtete, gesuchte sowie gekaufte Artikel auf und schlagen darauf basierend passende Verbundartikel vor. Oder eine Auswahl interessanter Neuheiten, die zum Profil passen könnten. Das ist Mikrosegmentierung im Rahmen des Kundenbindungsmanagements, wie sie »im Buche« steht. Amazon kennt seine Kunden und bündelt dieses Wissen unter anderem in einer personalisierten, also individuell zugeschnittenen E-Mail-Ansprache. Mit einem Wechsel zum neuen Anbieter würde diese Betreuung verloren gehen.

3.4.2 Kosten senken

E-Mail ist besonders kosteneffizient und schnell. Wer klassische Kanäle durch E-Mail substituiert, kann an vielen Stellen seine Werbe-Rentabilität steigern.

So lassen sich mittels elektronischer Post Zielgruppen mit höherer Treffsicherheit ansprechen als bei anderen Medien. Zudem ist der Versand unschlagbar preiswert. Die Budget-Umschichtung auf E-Mail verringert somit vielfach die Distributionskosten einer Werbeaktion.

Gleichsam senkt E-Mail auch Produktionskosten. Man denke an die Erstellung eines Katalogs, die in der Vergangenheit mit hohen Kosten verbunden war. Heute lassen sich solche Formate durch digitale Pendants ersetzen. Ein Newsletter ist zugleich stets aktuell.

Kosteneinsparungen dieser Art gehen – bei mindestens gleicher Werbewirkung – mit höherem Gewinn einher.

3.4.3 Abverkäufe generieren

Bei »E-Mail-Marketing« denken viele als Erstes ans »Verkaufen«. Nicht ganz zu Unrecht. Denn wie bedeutsam das Medium beim Abverkauf in der Tat ist, belegen Customer-Journey-Studien von Forrester: Fast jeder dritte Online-Kaufprozess von Bestandskunden wird durch eine Werbe-Mail ins Rollen gebracht (`tinyurl.com/b8ucae6`). E-Mail spielt seine Stärken zum Beispiel bei den folgenden Zielsetzungen aus:

- **Neu-Kunden** akquirieren über
  - Werbung im eigenen Interessenten-Verteiler
  - die Werbeschaltung in den Mailinglisten Dritter (»Adressmiete«)
- **Verbundkäufe** anstoßen (*Cross-Selling* und *Up-Selling*)
- **Ersatz-Käufe** zum vermuteten Wiederholungs-Kaufzeitpunkt termingerecht anreizen
- **Offline-Käufe** in den stationären Filialen stimulieren

Cross- versus Up-Selling

Beim *Cross-Selling* werden dem Kunden komplementäre Zusatz-Produkte beziehungsweise -Dienstleistungen zu seinen Einkäufen empfohlen. Hierdurch soll das individuelle Kundenpotenzial besser realisiert und damit der Kundenwert gesteigert werden. Typischerweise errechnen Recommendation Engines die passenden Verbund-Angebote. Beispiel: Ein Kunde kauft ein Gewehr im Onlineshop. Im Anschluss bietet die Dankeschön-E-Mail ihm passende Munition sowie Jagd-Bekleidung an. (Wie Sie interessante Beziehungen der Art »Wenn Kunden A kauften, erwarben sie häufig auch B« aufdecken, erfahren Sie in Abschnitt 16.2 *Assoziationsregeln: Cross-Promotions finden*. Mitunter ergeben sich beim Daten-Schürfen ganz überraschende Cross-Selling-Potenziale.)

Up-Selling stellt hingegen darauf ab, eine höherwertige Alternative zum bereits gekauften Produkt oder Dienst anzubieten. Um beim Beispiel zu bleiben: Dem Kunden wird nach einiger Zeit im Newsletter das höherpreisige Nachfolgemodell mit verbesserter Präzision und Zielfernrohr vorgestellt.

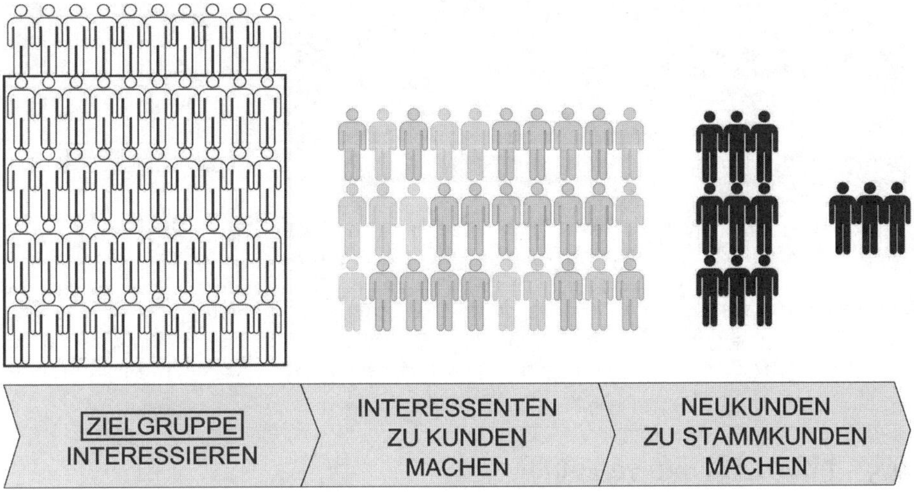

Abb. 3.15: Kunden per E-Mail entwickeln

3.4.4 Anzeigenerlöse erzielen

Umsatzpotenziale entstehen aber nicht nur aus dem Produkt- und Dienstleistungsportfolio heraus. Sowohl im Business-to-Consumer- als auch Business-to-Business-Newsletter ist es gängig, Newsletter-Anzeigenplätze an Dritte zu vermarkten. Dies schöpft das Werbepotenzial aus, das in jeder E-Mail-Adresse samt Opt-in schlummert. Die resultierenden Werbeeinnahmen monetarisieren den Newsletter-Service.

Etablierte Werbeformen sind

- Werbebanner in den gängigen Formaten,
- Textanzeigen oder auch
- Solo-Mailings, die nur eine einzige Anzeige beinhalten (*Standalone*).

Die Abrechnung erfolgt entweder

- pro angeschriebene tausend Werbekontakte (»Tausend-Kontakt-Preis«, TKP) oder
- erfolgsabhängig (*Performance-Marketing*) anhand der erzielten
  - Anzeigen-Klicks (Cost-Per-Click, CPC),
  - Anzeigen-Einblendungen (Cost-Per-View, CPV),
  - Verkäufe (Cost-Per-Sale, CPS),
  - Kontakt-Anbahnungen (Cost-Per-Lead, CPL) oder auch
  - Rückruf (Cost-per-Call).

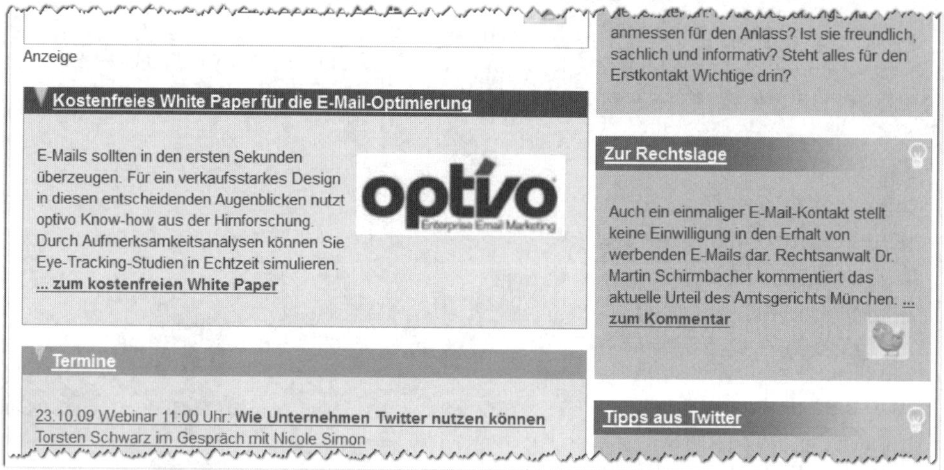

Abb. 3.16: optivo-Anzeige im E-Mail-Marketing-Newsletter von Dr. Torsten Schwarz. Werbung, die – wie hier – nahtlos in den Content integriert ist, erzielt erfahrungsgemäß die besten Response-Quoten. Werbebanner hingegen genießen meist nur wenig Aufmerksamkeit (Banner Blindness).

3.4.5 Informationen verkaufen

Am Markt existieren E-Mail-Versender, die ihre Nachrichten als kostenpflichtige Leistung anbieten. Der Newsletter wird damit quasi zum exklusiven Fachmagazin. Er bewirbt kein Angebot mehr, sondern wird selbst zum Kern der Leistung.

In der Praxis entrichtet der Abonnent eine Pauschale. Meist handelt es sich um Micropayment-Beträge. Im Gegenzug erhält er die erworbenen Leistungen in den E-Mail-Posteingang zugestellt. Aus Anbieter-Sicht lassen sich über spezielle Plattformen wie letterly (`http://letter.ly`) oder TinyLetter (`http://tinyletter.com`) E-Mail-Versand und Zahlungsabwicklung via Amazon beziehungsweise PayPal mit wenigen Mausklicks realisieren.

Beispiel: TinyLetter

Abbildung 3.17 zeigt auszugsweise die Einstellungsmöglichkeiten eines kostenpflichtigen Newsletters über die Plattform TinyLetter. Als prominenter Vertreter nutzt etwa Kevin Rose, Gründer des Social-Bookmarking-Dienstes Digg, diesen Dienst. Rose startete Anfang 2011 unter `http://foundat.io/n` einen gleichnamigen privaten Newsletter. Für 3,99 Dollar monatlich erhalten Abonnenten als Erste Videos, Interviews und Tipps aus erster Hand. TinyLetter wurde Mitte 2011 vom E-Mail-Versanddienstleister MailChimp akquiriert.

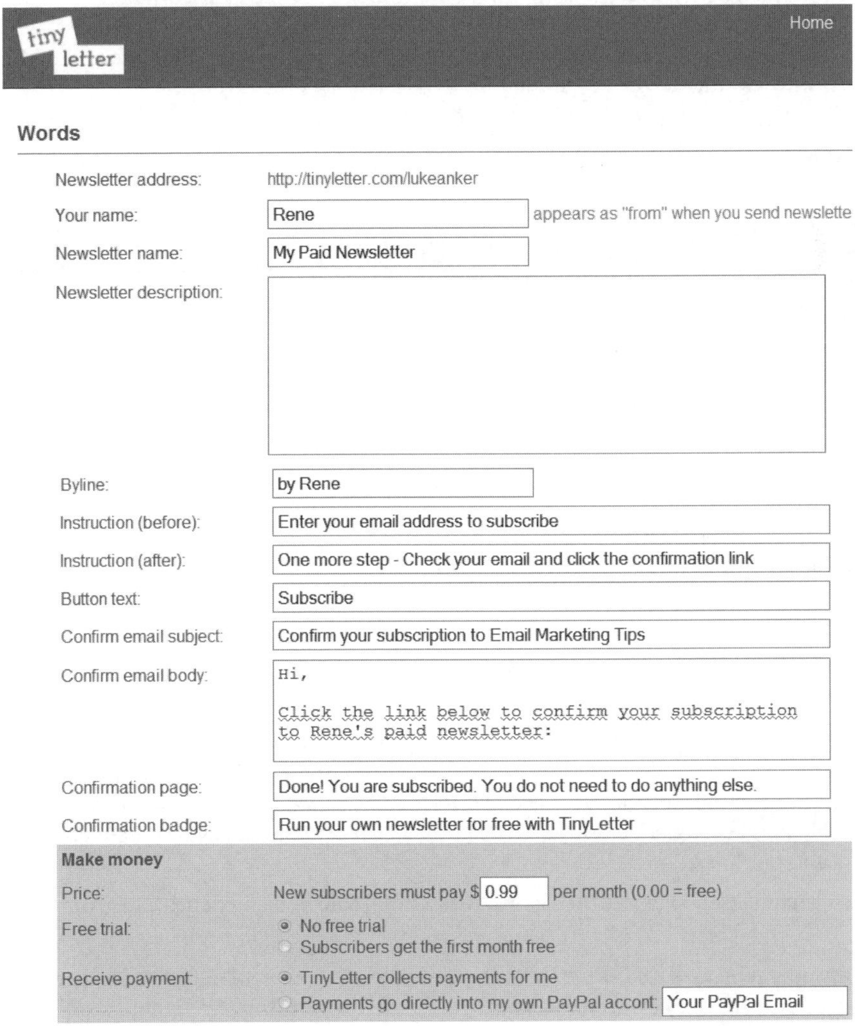

Abb. 3.17: Einstellungen eines kostenpflichtigen Newsletters bei TinyLetter

3.4.6 Informationen gewinnen

Ein weiteres wichtiges Ziel von E-Mail-Marketing-Maßnahmen ist, ein besseres Verständnis von Kunden sowie anderen Anspruchsgruppen und deren Beziehung zum Unternehmen zu schaffen. Gerade für kleine und mittelständische Unternehmen war die Primärforschung, also – im Unterschied zur Sekundärforschung – die Erhebung *neuen* Datenmaterials, in der Vergangenheit häufig zu kostenintensiv. Das Internet machte eigene Erhebungen erschwinglich. Folgerichtig überstieg die Zahl der Online-Interviews im Jahr 2010 die der Telefoninterviews (`tinyurl.com/b95w7n4`). Online-Marktforschung wird nunmehr am häufigsten eingesetzt. Und E-Mail ist hierbei ein wichtiger Treiber.

Wo liegt der Charme? Eine E-Mail, die die Kauf- oder Service-Zufriedenheit eruiert, kann automatisiert aus dem System heraus angestoßen werden. Beispielsweise sieben Tage nach einem Kauf oder nach einer Webinar-Teilnahme. Oder auch regelmäßig alle sechs Monate, um die Entwicklung der Zufriedenheit im Zeitverlauf zu erfassen.

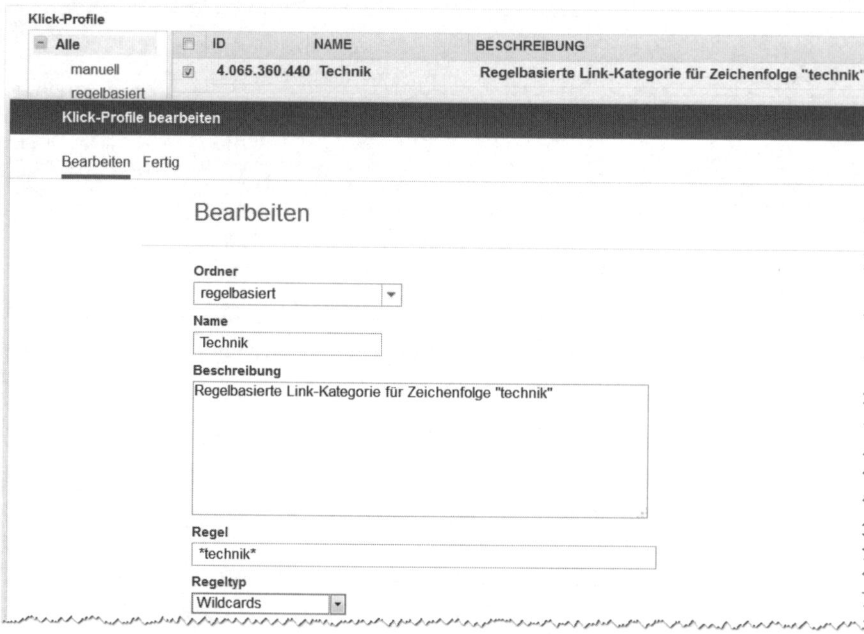

Abb. 3.18: Klick-Profile erstellen – alle Links, die die Zeichenfolge »technik« enthalten, werden automatisch mit dem Etikett »Technik« versehen. (Hier: optivo® broadmail)

Ebenso leicht lassen sich Bedürfnisstrukturen innerhalb verschiedener Zielgruppen ermitteln:

1. Entweder *punktuell* und *explizit* durch Interviews, die per E-Mail und/oder direkt bei der Adressgewinnung beworben werden. Neben der Bewertung der eigentlichen Umfrage-Items (»Interessieren Sie sich für A oder B?«) lassen sich hierbei auch effektiv sozio-demografische Merkmale gewinnen (Geschlecht, Alter, Beruf, Ort et cetera). Die Antworten können später zur Unterscheidung von Zielgruppen (»Targeting«), zur Bildung von Käufertypologien oder zur Response-Analyse (»reagierten Frauen eher als Männer

auf das Mailing?«) herangezogen werden. Auch diese Weise lässt sich die Qualität der Kommunikation steigern.

2. Oder *laufend* durch eine *implizite* Profilierung. Bei jeder E-Mail-Öffnung, jedem Klick fallen völlig automatisch wertvolle und unverfälschte Daten an: Regelmäßige Klicks auf Sport-Artikel qualifizieren einzelne Empfänger als Interessenten für diese Sparte. Dasselbe gilt für Klicks ausschließlich auf Bekleidungs-Links im Newsletter. Die Gewinnung und Nutzung solcher Response-Daten bietet zahlreiche Unterstützungspotenziale im Beziehungsmarketing (vergleiche Abbildung 3.18). Nicht zuletzt, da diese im Gegensatz zur anonymen Befragung personen- beziehungsweise adressbezogen vorliegen. Denn damit kann das Wissen im Rahmen späterer Folgeaktionen verwendet werden (Abbildung 3.19).

Galerie: E-Mail-Befragungen

Zahlreiche E-Mail-Befragungen aus der Praxis habe ich zur Inspiration hier zusammengetragen: `www.optivo.de/campfire/tags/befragung/`.

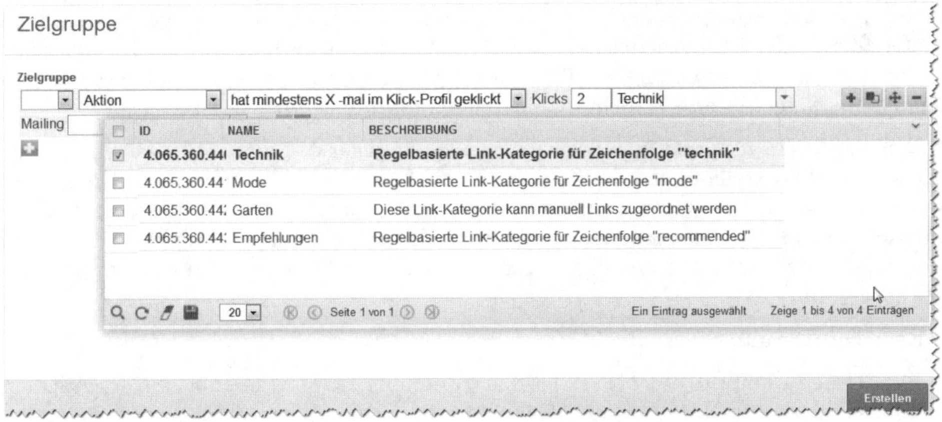

Abb. 3.19: Klick-Profile verwenden – zum Beispiel für den Versand an spitze Zielgruppen, also die fokussierte Ansprache kleinerer Interessengruppen. (Hier: optivo® broadmail)

3.4.7 Sonstige Ziele

E-Mail ist flexibel und vielseitig einsetzbar. Entsprechend zahlreich sind die Zielsetzungen. So können E-Mail-Marketing-Maßnahmen weiterhin etwa den folgenden Aufgaben dienen:

- Akquise neuer Mitarbeiter (*Recruiting*)
- Reifung von Geschäftskontakten im Kaufzyklus (*Lead Nurturing*)
- Spenden sammeln (*Fund Raising*)
- Information von Kunden und Interessenten
- Bekanntheitsgrad erhöhen, Awareness schaffen
- Vertriebsunterstützung im Pre- und After-Sales
- Affiliate-Partner aktivieren
- Nutzungsintensität eines Dienstes steigern

3.5 Von Newsletter bis Trigger – das Instrumentarium

Die diversen E-Mail-Werbeformen sind auf unterschiedliche Weise geeignet, die abgesteckten Ziele zu erreichen. Für einen maximalen Werbeerfolg sollten Verantwortliche auf der kompletten Klaviatur spielen können. Die wichtigsten Formate sind der Newsletter, das E-Mailing und die Trigger-E-Mail.

Newsletter

Die wohl populärste Form der werblichen E-Mail-Ansprache ist das Newsletter-Rundschreiben. Der Newsletter bildet die Grundlage der Regelkommunikation. Hierbei handelt es sich um

- periodisch versendete Nachrichten,
- meist in redaktioneller Aufmachung,
- die eine oder mehrere zielgruppenspezifische Neuigkeiten
- an einen geschlossenen Abonnentenkreis herantragen.

Der Sender kommuniziert dabei mit einer beliebigen Anzahl an Abonnenten, die einander unbekannt sind (»ein Absender zu vielen Empfängern«). Das heißt, im Gegensatz zur offenen Mailing- oder Diskussionsliste (»viele Absender zu vielen Empfängern«), bei der alle Teilnehmer über eine zentrale Postfachadresse Meinungen austauschen, können und sollen die Empfänger ihrerseits nicht miteinander kommunizieren.

Newsletter fußen regelmäßig auf Schablonen (»Templates«). Damit soll eine einheitliche Struktur und Darstellung von der Kopf- bis zur Fußzeile über alle Ausgaben sichergestellt werden. Aufgrund der begrenzten Aufmerksamkeitsspannen sollte die Informationsübermittlung knapp und übersichtlich erfolgen: Inhalte werden zunächst mittels Überschrift und Teaser angerissen und erst über Hyperlinks auf »Landingpages« im Browser vollständig ausgeführt.

Welche Formate gibt es?

1. Vorwiegend kommt das HTML-Format zum Einsatz. Dies erlaubt, die Nachrichten optisch ansprechend farbig und bebildert auszuschmücken. Mehr zu den konkreten Gestaltungsgrundsätzen erfahren Sie in Abschnitt 9.3 *Erfolgswirksame Newsletter gestalten* (Layout) und in Kapitel 13 (HTML Coding).
2. Ebenso denkbar, aber heute weit weniger verbreitet, sind reine Text-Newsletter (*Plain-Text*). Die gestalterischen Spielräume hierbei sind minimal. In welchen Situationen Plain-Text-Mails sinnvoll sind, lesen Sie in Abschnitt 9.3.4 *Das Plain-Text-Format – wann und wie?*.
3. Stattdessen wird der HTML-E-Mail (1) meist ein Text-Pendant (2) als Alternativ-Version angehängt. Je nach Nutzer-Präferenz oder Möglichkeiten des Mail User Agents wird entweder das eine oder das andere angezeigt. Das resultierende zweiteilige Format heißt *Multipart*-E-Mail und stellt quasi das Beste aus den beiden Welten HTML und Plain Text dar.
4. Denkbar sind auch Newsletter, die in Form von PDF-Anhängen als Eins-zu-eins-Umsetzung einer Printpublikation verschickt werden. Aufgrund der mit E-Mail-Anhängen verbundenen Nachteile ist die Variante selten anzutreffen und wenig empfehlenswert.

Nach ihrem Zielort lassen sich unternehmensexterne von -internen Newslettern unterscheiden. Zu Letzteren zählen hauptsächlich Firmen-Newsletter an die Mitarbeiter zum

Zwecke des *Employer Brandings* oder zur generellen Projekt-Information. Zu den an externe Adressaten gerichteten Publikationen zählen vor allem:

- Reine Produkt- oder Service-Werbung, die aktuelle Promotionen und Sonderaktionen listet
- Image-Werbung des Unternehmens mit Firmenneuigkeiten, Terminen, Personalien, Hilfestellungen und Brancheninformationen
- Themen-Werbung mit regelmäßigen Neuigkeiten in Bezug auf eine bestimmte Materie
- Service-Newsletter mit Kundenclubcharakter (vergleiche das Beispiel Pampers Village im Abschnitt 3.2.5 *Lifecycle-Messaging*).

Eine Mischform bilden Newsletter an Vertriebspartner (Affiliates) mit beispielsweise aktuellen Provisionsinformationen sowie Schulungsmaterial. Die Partner sollen damit ihre Vermarktungsanstrengungen optimieren können.

Die vornehmliche Zielsetzung des Newsletters ist strategischer Natur. Er soll die Zielgruppen langfristig an das Unternehmen binden. Der stetige Kontakt beeinflusst das Firmen-Image positiv und stabilisiert die Beziehung. Kurzfristig dienen Newsletter dazu, Interesse an bestimmten Produkten und Dienstleistungen zu wecken. Sie sollen den Absatz fördern. Als nach innen gerichtete Aufgabe ist die kontinuierliche Schöpfung nützlicher Zielgruppeninformationen zu nennen. Etwa anhand des individuellen Klick- und Antwortverhaltens (vergleiche den Abschnitt 3.4.6 *Informationen gewinnen*).

E-Mailings und E-Mail-Serien

Das E-Mailing ist das digitale Pendant zur postalisch adressierten Werbesendung. Es handelt sich um Einzelaktionen, die die Regelkommunikation durch den Newsletter ergänzen. Im Gegensatz zum stetigen und unbefristeten Newsletter-Versand erfolgt ihr Einsatz kampagnenorientiert (»Werbeflight«). Also anlassbezogen und auf einen bestimmten Werbezeitraum begrenzt. Der Fokus liegt dabei nicht auf der langfristigen Kundenbindung. Sondern primär werden kurzfristige Ziele anvisiert. Darunter zum Beispiel:

- Umsatzsteigerung über den Verkauf ganz bestimmter Produkte oder Dienste
- spezielle zeitkritische Informationen und Bekanntmachungen
- Kundenreaktivierungen
- Informationsgewinnung (»Umfragen«)

Es lassen sich einstufige von mehrstufigen E-Mailings unterscheiden. Erstere versuchen, über einen einmaligen Werbeimpuls ihr Ziel zu erreichen (»One-Shot-E-Mailing«). Dagegen versuchen mehrstufige E-Mailings, in aufeinander aufbauenden Impulsen die gewünschte(n) Reaktion(en) herbeizuführen.

Zum Teil berücksichtigt die Folge-Stufe den Response der jeweils vorigen Ansprache. Ein Beispiel: Bleibt die gewünschte Reaktion – etwa ein Klick oder ein Kauf – beim E-Mailing auf Stufe eins aus? Dann wird auf Stufe zwei ein Erinnerungs-E-Mailing versandt (»Nachfass-E-Mailing« im Rahmen einer Conversion-Kampagne). Ebenso sind Verzweigungen innerhalb des Kampagnenflusses möglich: Wer auf Link A klickte, erhält auf Stufe zwei Mailing B, der Rest Mailing C.

Bei anderen mehrstufigen Kampagnen wiederum ist die Grenze zum Newsletter fließend. Es handelt sich dann um mehr oder weniger zusammenhängende Serien, die sich um einen Anlass drehen. Der Seriencharakter wird meist durch Rückblenden, Vorschau und Nummerierungen hervorgehoben (Abbildung 3.20 und Abbildung 3.21).

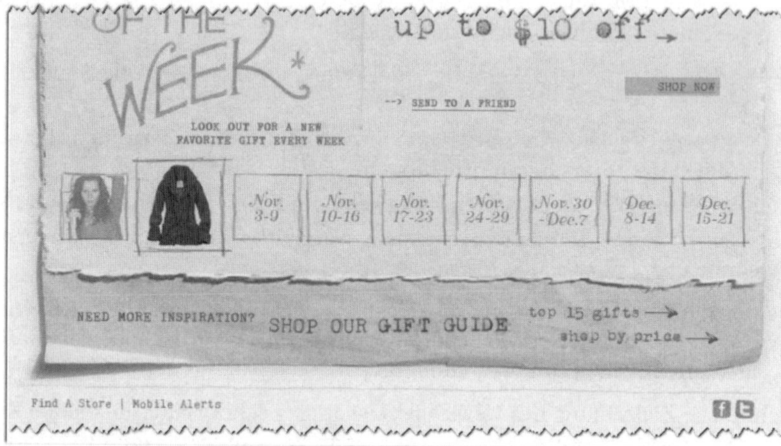

Abb. 3.20: Seriencharakter durch Rückblick und Vorschau (Aerie)

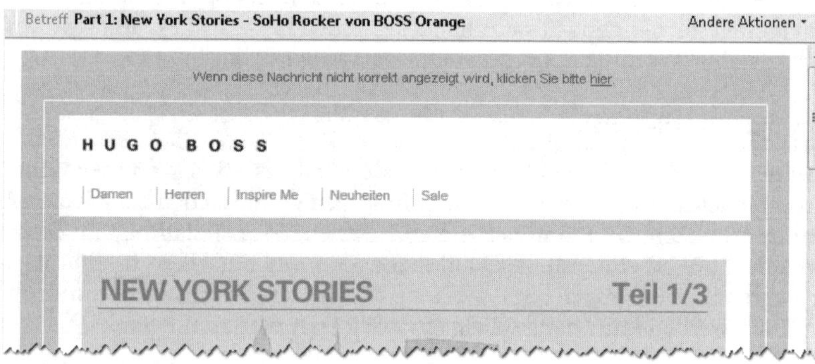

Abb. 3.21: Serien-Charakter durch Nummerierung (HUGO BOSS)

Abb. 3.22: Morgen nur noch 30 % Rabatt, übermorgen nur noch 25 % bei GAP. (Jede Folgeausgabe führt jeweils nur die sinkenden zukünftigen Rabatte an.)

Eventgetriggerte E-Mails

Trigger-E-Mails werden durch bestimmte Zustände, Ereignisse oder Aktionen seitens eines E-Mail-Abonnenten ausgelöst und versandt. Während E-Mailings und Newsletter also proaktiv angestoßen und manuell befüllt werden, erfolgt der Versand von Trigger-Mails reaktiv und automatisch. Daher rührt die Bezeichnung *Autoresponder*.

Grundlage bilden Business Rules (»Geschäftsregeln«), die vorab durch den Versender definiert werden müssen. Diese bestehen typischerweise aus:

1. einem Ereignis (WENN)
2. optional weiteren Bedingungen oder Alternativen (UND/ODER)
3. einer Aktion (DANN)
4. optional einer Alternativ-Aktion (SONST)

Hinzu kommen gegebenenfalls weitere Operatoren wie »Nicht« und Klammerungen (). Beispielhaft könnte eine einfache Regel lauten: »Wenn sich das angegebene Geburtsdatum eines Abonnenten jährt und der Abonnent in den vergangenen bis zu 365 Tagen mindestens einen Kauf tätigte, dann sende ihm die Geburtstagsgratulation inklusive Kundengutschein per E-Mail zu. Sonst sende ihm nichts zu.«

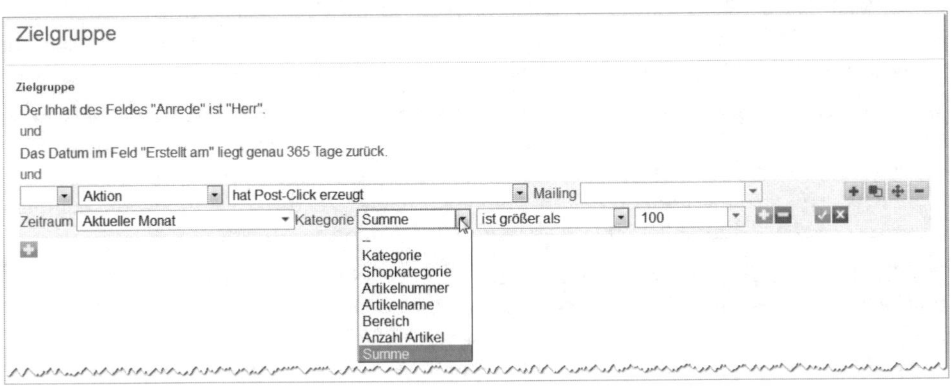

Abb. 3.23: Trigger-Regeln definieren und zentral zu verwalten in optivo® broadmail

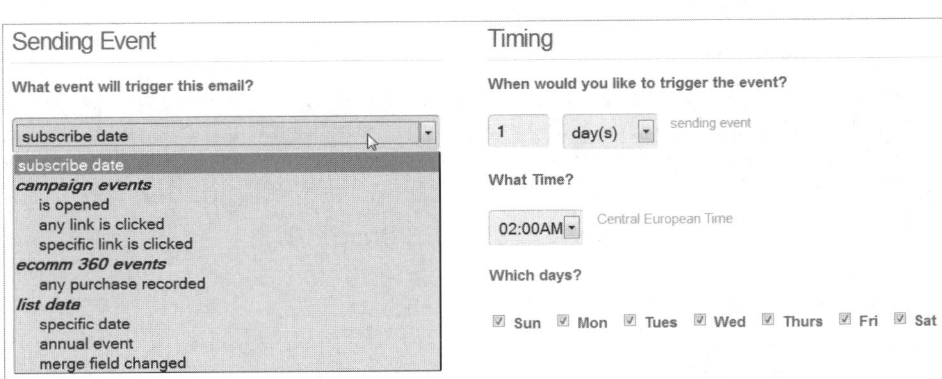

Abb. 3.24: Autoresponder-Definition in MailChimp

Bei der Trigger-Definition sind der Kreativität keine Grenzen gesetzt:

- Profilbasierter Trigger:
  - Ab Erreichen eines Alters von 17½ versende Lebenszyklus-Mailing Y mit Führerscheingewinnspiel.
  - Bei Änderung des Familienstandes von ledig auf verheiratet versende Gratulation.
  - Jährt sich der Geburtstag des Abonnenten, seines Kindes oder Haustiers, versende eine Gratulation beziehungsweise ein passendes Angebot (Kindergeburtstag beziehungsweise Futtergutschein).
  - Jährt sich der Tag der Erst-Registrierung oder des ersten Kaufs, versende einen Treuebonus.
  - Jährt sich der Geburtstag zur Hälfte, versende ein Angebot zu diesem Anlass.
  - Loggt der Nutzer sich nach sechs-monatiger Inaktivität erstmals wieder in sein Benutzerkonto ein, versende eine »Willkommen zurück«-Nachricht, die die Vorteile noch einmal bekräftigt und gegebenenfalls die jüngsten Verbesserungen beinhaltet.
- Unternehmensbezogene Trigger, wie beispielsweise eine automatische »Feiern Sie mit uns«-E-Mail zum Firmenjubiläum
- Umweltbezogene Trigger, wie beispielsweise eine automatisch »Uhr umstellen«-Erinnerungs-E-Mail zur Zeitumstellung von Sommer- auf Winterzeit.
- Probabilistische Trigger, wie etwa der automatische Versand einer Nachfüllpack-E-Mail-Werbung zum mutmaßlichen Ersatzkauf-Zeitpunkt für Drucker-Tinte

Von werblichen Trigger-E-Mails zu unterscheiden sind informatorische Systemmails. Letztere umfassen zum Beispiel formelle Erfolgsbestätigungen einzelner Aktionen wie beispielsweise »Passwort wie gewünscht zurückgesetzt«. Die Unterscheidung ist in rechtlicher Hinsicht elementar wichtig. Denn Werbemails bedürfen wettbewerbsrechtlich eines vorherigen ausdrücklichen Einverständnisses seitens des Adressaten.

Der Charme von Trigger-E-Mails liegt darin, dass sie – einmalig eingerichtet – dauerhaft und ohne weiteres Zutun einen wichtigen Beitrag zur Erreichung der E-Mail-Marketing-Ziele liefern. Dabei sind – wie beim E-Mailing – mehrteilige Serien denkbar, die sich über einen beliebig langen Zeitraum erstrecken können. Man denke an eine Willkommensserie, die durch ein neues Opt-in angestoßen wird und sich in zwölf Teilen über ein Jahr hinzieht. Allerdings muss die eventgetriggerte Kommunikation

1. in sich und
2. im Zusammenspiel mit der Regelkommunikation

koordiniert werden. Gefahr für die Kundenbeziehung rührt nämlich einerseits von einem zu starken Werbedruck. Andererseits von unstimmigen Botschaften. Nicht selten wird die Regelkommunikation daher während wichtiger Trigger-Serien – wie die Willkommensstrecke – ausgesetzt.

Kapitel 4

Versandsoftware wählen und einrichten

Bei der Wahl einer Versandlösung steckt der Teufel im Detail. Ob man auf das falsche Pferd gesetzt hat, stellt sich unter Umständen erst Wochen oder Monate später heraus. Und dann ist das Kind bereits in den Brunnen gefallen und die Kunden haben keine Lust mehr auf den Newsletter. Hätte man anfangs etwas weiter in die Zukunft geschaut und nicht unbedingt jeden Cent auf die Goldwaage gelegt, wäre man jetzt besser dran.

4.1 Vier Modelle für den professionellen E-Mail-Versand

Machen wir uns nichts vor: Ein gutes Tool kostet Geld. Das eine mehr, das andere weniger. Grundsätzlich ist es zwar auch möglich, Ihren Newsletter-Versand über Werkzeuge wie Outlook zu managen. Dies lohnt jedoch meist wenn überhaupt, dann nicht auf Dauer. Ganz gleich, welches Add-on Sie verwenden. Für

- ein effektives An- und Abmelder-Handling,
- personalisierte oder individualisierte Inhalte,
- ein einfach bedienbares und zeitsparendes Template-System oder
- ein detailliertes Erfolgs-Reporting

ist die professionelle Versandlösung die bessere Wahl. Nicht zuletzt, weil diverse Dienstleister in diesem Bereich den Markt mit interessanten *Freemium*-Angeboten aufrollen. Also Angebote, die für Starter mit einer überschaubaren Verteilergröße und/oder einem geringen Versandvolumen von wenigen hundert bis tausend E-Mails im Monat zum Nulltarif erhältlich sind. Beispielhaft seien die Anbieter MailChimp in den USA sowie SitePackage, CleverReach und Clever Elements in Deutschland genannt (Tabelle 4.1). Wer eine gewisse Zahl an Adressaten sowie ein monatliches Versandkontingent nicht überschreitet, zahlt nichts und erhält dennoch die Möglichkeit, alle wichtigen Funktionen zu nutzen. Welche Funktionen und Komponenten dies sein können, entnehmen Sie Abbildung 4.1. Das Kalkül der Anbieter ist dabei, das Angebot nach einigen Monaten oder sogar Jahren zu refinanzieren. Wenn also der Verteiler ausgebaut wurde und sich der Kunde an die Software gewöhnt hat. Denn ein späterer Anbieterwechsel ist für Kunden wieder mit Kosten verbunden.

Anbieter	Land	Abonnenten	Monatliches E-Mail-Limit
MailChimp	US	2000	12000
CleverReach	DE	250	1000
sitepackage://	DE	200	
Clever Elements	DE	1000	4000
Newsletter2Go	DE		1000

Tabelle 4.1: Ausgewählte Freemium-Angebote für E-Mail-Versender (Stand: März 2013)

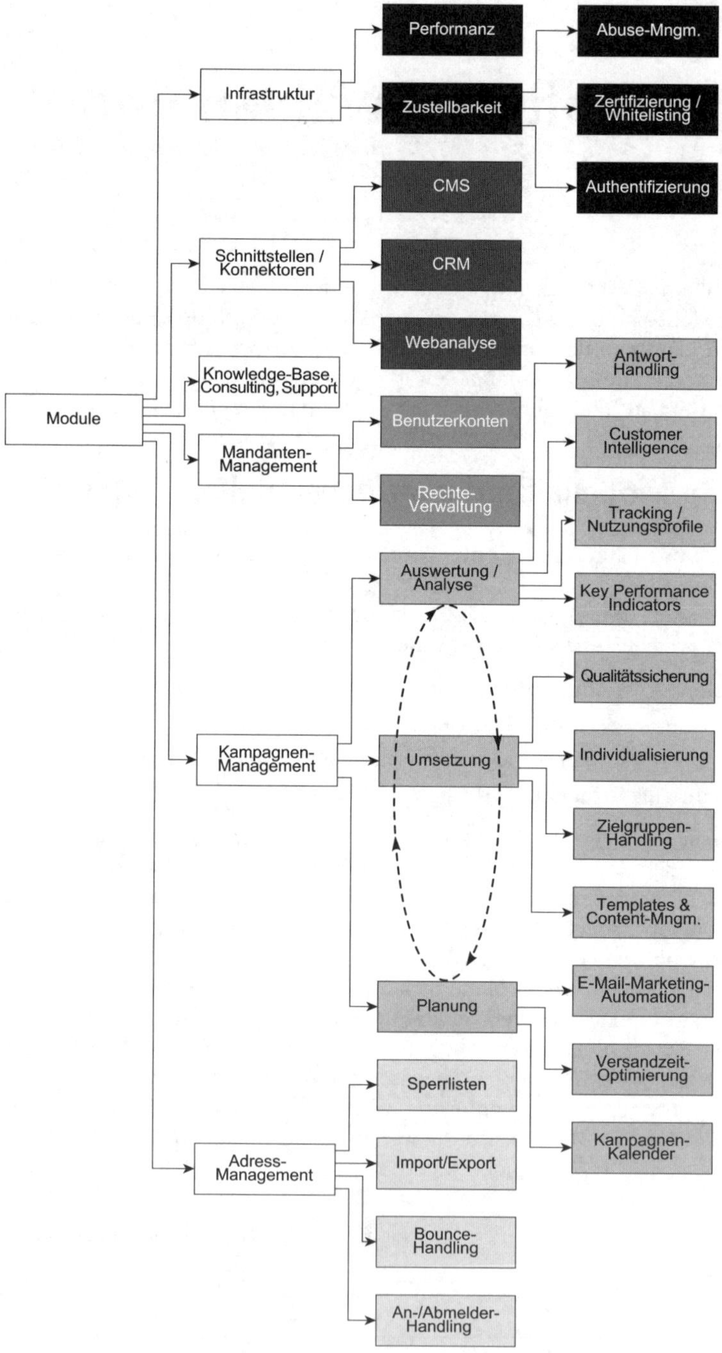

Abb. 4.1: Komponenten einer professionellen Versandlösung (vereinfacht) – hier gilt es herauszufinden, was wichtig ist und wie sich die Angebote am Markt unterscheiden. Herzstück ist der Kampagnenmanagementzyklus.

Ist die generelle Entscheidung gefallen, ein Profi-Tool einzusetzen, schließt sich die Frage an: in welchem Umfang (1) selber bauen und betreiben oder (2) auslagern? Soll eine vorwiegend interne Variante gewählt werden, bei der die Adressdaten die eigenen Server nie verlassen? Oder soll die vorwiegend externe Variante gewählt werden, bei der Komplettlösungen teils sehr günstig und sofort einsatzbereit eingekauft werden können, dafür aber datenschutzrechtliche Verträge mit Dienstleistern (»Auftragsdatenverarbeitern«) geschlossen werden müssen? Folgende Modelle auf dem Kontinuum zwischen Self- und Full-Service kommen infrage:

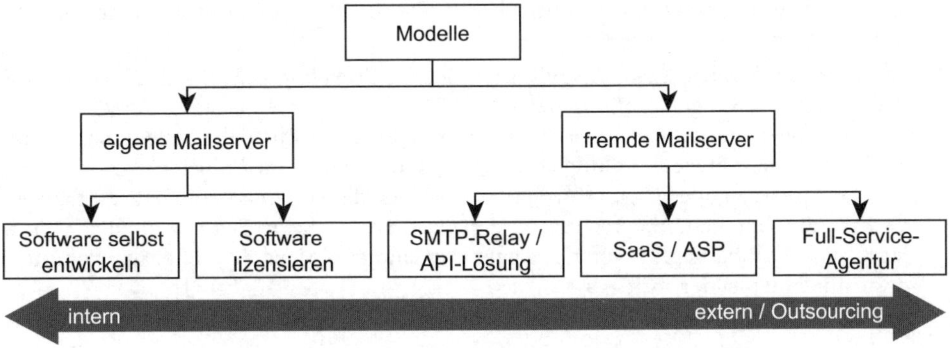

Abb. 4.2: Grundsätzliche Optionen für den E-Mail-Versand

1. **Eigenentwicklung:** Netzinfrastruktur und Software werden vollständig selbst betrieben beziehungsweise durch das eigene Entwicklerteam erstellt. Von Grund auf oder auf Basis bestehender Open-Source-Lösungen.

   Die Eigenentwicklung verursacht komplexitätsbedingt anfänglich hohe Kosten. Diese entstehen etwa durch die Implementierung an sich sowie durch den Aufbau des notwendigen Spezialwissens für den Betrieb. Besonderes Know-how erfordert nicht zuletzt der Bereich der Zustellbarkeit – sicherstellen, dass alle E-Mails auch ihr Ziel erreichen.

   Die Eigenentwicklung rentiert sich aber möglicherweise langfristig durch den Wegfall etwaiger an das Versandvolumen gekoppelten Kosten, die beim Outsourcing an einen kommerziellen Anbieter anfallen würden. Insbesondere lohnt sich die Variante dann, wenn E-Mail-Marketing zum Kerngeschäft zählt (denken Sie zum Beispiel an Groupon), voll kontrolliert, skaliert, kontinuierlich optimiert und nahtlos in die Geschäftsprozesse integriert werden soll. Erst dann, wenn CRM, das Warenwirtschafts-, E-Commerce- und Versandsystem aus einem Guss sind, kann der Eigenbau angesichts attraktiver Preismodelle der Anbieter für den E-Mail-Versand seine Vorzüge voll ausspielen. In der Praxis ist die Eigenentwicklung heute aber vergleichsweise nur noch selten vorzufinden.

2. **Lizenzierung:** Bei diesem Modell erwirbt der Versender die Softwarelizenz einer professionellen Lösung. Mit all ihren Vorzügen bei der Abonnentenverwaltung, beim Daten- und Kampagnenmanagement, bei der Erfolgsmessung oder den Testmöglichkeiten. Die Software wird sodann in die eigene Server- und Datenbankinfrastruktur installiert.

   Wie bei der Eigenentwicklung verbleibt auch hier die Datenhoheit in den eigenen vier Wänden. Persönliche Daten wie die E-Mail-Adresse müssen nicht an Dienstleister übermittelt werden, was sich mancherorts aufgrund der Unternehmensrichtlinien oder auch datenschutzrechtlich verbietet. Es entfallen in der Regel monatliche Pauschalgebühren und die sonst am Markt üblichen Entgelte, die an das Versandvolumen gekoppelt sind. Dafür müssen eigenverantwortlich die technische Infrastruktur (Mailserver) betrieben und die strengen Anforderungen der E-Mail-Provider umgesetzt werden. Die Krux dabei: Beziehungen zu den E-Mail-Providern (ISP-Relations) sind meist nur den spezialisierten Versanddienstleistern vorbehalten.

Deutsche Anbieter professioneller Lizenzlösungen sind beispielsweise Inxmail, Melin, Agnitas (»E-Marketing Manager«) und Artegic (»Elaine«). Unterm Strich empfiehlt sich die Variante, wenn Mailserver sowie das dazugehörige Know-how in der IT vorhanden sind, die E-Mail-Marketing-Verantwortlichen aber noch mit einer professionellen Software ausgestattet werden sollen.

3. **Software as a Service (SaaS) / Application Service Providing (ASP):** Beim Modell SaaS (früher auch ASP genannt) mietet der Versender eine webbasierte Versandlösung betriebs- oder einrichtungsbereit an. Administration, Zustellbarkeitsmanagement, Backups, Weiterentwicklung und so weiter – all dies wird vom Anbieter übernommen. Mit dem Siegeszug des Cloud Computings hat sich die Variante heute nahezu flächendeckend durchgesetzt. Abgerechnet wird meist ein monatliches Fixum zuzüglich variabler Kosten in Abhängigkeit von der Anzahl versandter E-Mails. Je größer das Volumen, desto günstiger ist der Tarif.

   Bei Anbietern mit Fokus auf kleine und mittlere Unternehmen teilen sich mitunter mehrere Hunderttausend Versender aller Couleur die Ressourcen (zum Beispiel MailChimp und iContact). Ein Benutzerkonto kann jeder selbst »on the fly« erstellen. Ebenso lassen sich die Adressdaten hochladen. Mit vorgefertigten An- und Abmeldeformularen hat der Versender damit theoretisch eine »time to live« von wenigen Stunden oder Tagen. Sogenannte »Enterprise«-Lösungen dagegen zielen auf größere Firmen ab. Sie bieten einen größeren Funktions- und Dienstleistungsumfang, beispielsweise in den Bereichen Automatisierung, Zielgruppen/Individualisierung, Reporting sowie Systemintegration. Das Plus an Möglichkeiten schlägt dafür mit höheren Kosten – beginnend bei der Einrichtung – zu Buche.

   Die Wahl des Anbieters sollte wohlüberlegt sein. Je nach Investitionsumfang begibt sich der Versender im Laufe der Zeit in eine gewisse Abhängigkeit von seiner Produkt- und Preispolitik. Der Markt für ASP-Lösungen ist riesig. Zu den populären Anbietern im deutschsprachigen Raum zählen unter anderem optivo (»broadmail«), eCircle (»eC-Messenger«), artegic (»ELAINE«), SC-Networks (»EVALANCHE«), emailvision (»Campaign Commander«), Emarsys (»emarsys xpress«), XQueue (XQ:Maileon), Promio.net (»Promio.mail«) und Inxmail (»Inxmail Professional«).

4. **Application Programming Interface (API)-Lösung:** Bei der API-Lösung, auch Cloudbasiertes SMTP-Relay oder Transaktionsmail-Lösung genannt, fußt das Kampagnenmanagement auf der Programmierschnittstelle des Anbieters. Es handelt sich um eine Mischform aus der Selbstentwicklung und dem SaaS-Modell: Der Nachfrager mietet die technische Infrastruktur des Anbieters und verzichtet darauf, auch ein passendes Software-Front-End zu gebrauchen. Das Kampagnenmanagement erfolgt über das hauseigene Shopsystem, das via Webservices Mailings übermittelt und anstößt und darüber auch die Response-Daten für etwaige Auswertungen lädt.

   Populärer Spezialanbieter in diesem Segment ist Amazon Simple Email Service (Amazon SES). Der Dienst richtet sich an Shops und Programmierer, die kosteneffizient Massenmails und Transaktionsnachrichten versenden möchten und wenig Wert auf beispielsweise E-Mail-Vorlagen, Empfänger-spezifische Inhalte oder Echtzeit-Berichte legen. Pro tausend E-Mails fallen 10 Cent zuzüglich Datenübertragungsgebühren an. Viel mehr als der Versand und rudimentäre Reportings wird allerdings nicht geboten. Weitere Dienstleister in diesem Segment sind mailgun.net (Rackspace), smtp.com, Postmark, MailChimp Mandrill/STS, RelayCloud sowie auch SendGrid.

Neben solchen Spezialanbietern halten heute auch die allermeisten E-Mail-Service-Provider APIs vor, die für SMTP Relaying von zum Beispiel Transaktionsnachrichten aus dem Shopsystem genutzt werden können. Dienstleister aus dem deutschsprachigen Raum bringen in der Regel ein CSA-Whitelisting mit – ein Garant für überdurchschnittlich hohe Posteingangszustellraten.

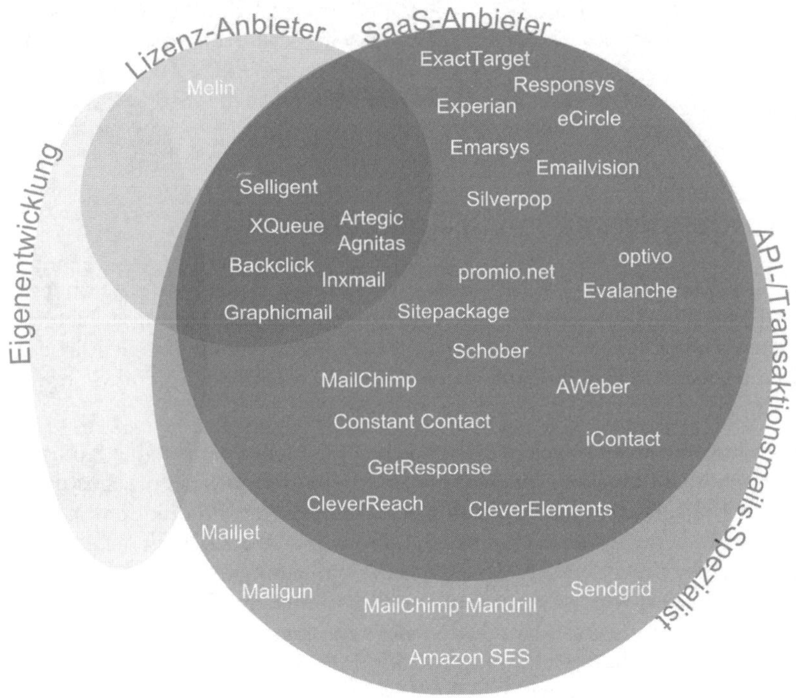

Abb. 4.3: Markt-Einblick in vier E-Mail-Versandoptionen. Die Übergänge sind zum Teil fließend.

5. **Full-Service-Agentur:** Schließlich lagern vor allem Großunternehmen das Management weiter Teilbereiche im E-Mail-Marketing-Prozess an Agenturen aus. Das »Full Service«-Spektrum reicht vom dirigierten Versand, bei dem Werbemittel, Zielgruppe und Timing übermittelt werden und der Versand mit einer finalen Abnahme beauftragt wird, bis hin zum kompletten Outsourcing aller E-Mail-Aktivitäten. Dienstleister in diesem Bereich bieten also nicht nur ergänzend Kreativ- oder Beratungsdienstleistungen an; bei Bedarf übernehmen sie auch den vollständigen Workflow. Von der ersten Dateneinspeisung in das E-Mail-Versandsystem, über die Gewinnung weiterer Adressdaten bis hin zum Kampagnenmanagement (Inhalte erstellen, versenden, analysieren).

   Ausgangspunkt ist ein detailliertes Agenturbriefing und ein Kick-off. Darin werden Ziele des E-Mail-Programms, mögliche Inhalte und Rahmenbedingungen wie beispielsweise das Corporate Design oder der erwünschte Versandrhythmus abgesteckt sowie Möglichkeiten der Individualisierung der E-Mails eruiert. Teils setzen Agenturen selbst (weiter)entwickelte Versandlösungen ein, teils werden Drittsysteme genutzt. Zu den Full-Service-Agenturen für E-Mail-Marketing im deutschsprachigen Raum zählen zum Beispiel rabbit eMarketing, mission<one> und postina.net.

Namhafte Versandlösungen für KMUs

Internationale SaaS-Anbieter für kleine und mittelständische Unternehmen sind zum Beispiel AWeber, MailChimp, GetResponse, iContact, Campaign Monitor und Constant Contact. In Deutschland haben sich darüber hinaus vor allem CleverReach, aber auch Clever Elements, Rapidmail, Flatrate Newsletter, Sitepackage von Webworx und Amity von Dialogue1 hervorgetan. Ebenso könnte die Webseite der Certified Senders Alliance eine erste Anlaufstelle für einen ersten Eindruck und weitere Recherchen sein: `certified-senders.eu/csa_html/de/273.htm`. Dabei handelt es sich um eine Akkreditierungsstelle für seriöse E-Mail-Versender.

4.2 Vorüberlegungen zur Anbieterauswahl

Den richtigen Dienstleister für den E-Mail-Versand zu finden, ist alles andere als eine leichte Aufgabe. Der Markt ist mit seinen mehreren Hundert Lösungsanbietern, die sich auf den ersten Blick kaum voneinander unterscheiden, sehr unübersichtlich. Der Funktionsumfang scheint allerorts relativ gleich. Und alle behaupten, irgendwie irgendwo führend zu sein ...

Eine der wichtigsten Grundregeln für Gespräche und Pitches lautet daher zunächst einmal: Lassen Sie sich nicht blenden. Machen Sie sich frei von imposanten Logos der Referenzkunden, von Hochglanzbroschüren und pseudo-innovativen Produktmerkmalen, die hinterher doch nicht benutzt werden (können). Lassen Sie sich auch nicht ins Bockshorn jagen von – bewusst oder unwissentlich – erlogenen Versprechungen des Vertriebs. Darunter die klassischen Aussagen wie »wir garantieren Ihnen eine hundertprozentige Zustellrate«, »wir sichern Ihnen eine Versandgeschwindigkeit von mindestens zig Millionen E-Mails pro Stunde zu« und »zig Mitarbeiter kümmern sich dezidiert um Zustellbarkeit oder den Kundensupport«. Nicht immer, aber manchmal verbirgt sich dahinter nicht mehr als heiße Luft.

4.2.1 Anforderungsprofile sehen ganz unterschiedlich aus

Besonders wichtig: Ausgangspunkt Ihrer Überlegungen sollte *Ihr* spezifisches Anforderungsprofil sein. Je genauer und überlegter Sie Ihren Kriterienkatalog definieren, desto besser lassen sich die verschiedenen Systeme bewerten. Tabelle 4.2 zeigt exemplarisch die Vielzahl mögliche Kriterien. Der Soll-Zustand kann dabei von Unternehmen zu Unternehmen sehr unterschiedlich ausfallen:

- Der eine möchte in der Lage sein, hochgradig personalisierte E-Mailings zu versenden, die sich dynamisch aus den Daten des Webshop-Systems speisen.
- Der andere legt Wert darauf, einen kleinen und eher langsam wachsenden E-Mail-Verteiler dauerhaft möglichst kostengünstig beschicken zu können. Ohne größere zeitliche und pekuniäre Anfangsinvestitionen.

- Der Dritte wiederum legt eher Wert auf deutschsprachigen Telefonsupport.
- Der Vierte möchte auch Affiliate-Werbung im Newsletter platzieren, was einige Dienstleister in ihren Geschäftsbedingungen ausschlagen.
- Dem Fünften ist es wichtig, dass das deutsche Datenschutzrecht zu einhundert Prozent eingehalten wird und dass er keine komplizierten Verträge für den Datentransfer in die USA ausarbeiten muss.
- Für den Sechsten ist es ein Muss-Kriterium, dass seine geschäftskritischen E-Mails mit maximaler Sicherheit im Posteingang bei GMX, Web.de & Co zugestellt werden und nicht etwa versehentlich im Spamordner landen.
- Dem Siebten ist es wichtig, dass er komplizierte konditionale Verzweigungen und Schleifen in sein Newsletter-Template programmieren kann. Jeder Abonnent soll im obersten Angebotsteil zugeschnittene Informationen gemäß seines Alters erhalten: »WENN Alter=18 Jahre DANN Inhaltsblock 1, SONST WENN (Alter > 18 UND Alter <28) DANN Inhaltsblock 2, SONST Inhaltsblock 3«.
- Der Achte schließlich sollte Ausschau nach Lösungen halten, die von Adress-Vermarktern konzipiert und entwickelt wurden. Denn er möchte ebenso seine vornehmlich gewinnspielgenerierten Adressen mit Standalone-Werbung Dritter beschicken. Dafür sucht er nach optimalen Vermarktungs-Werkzeugen.

4.2.2 Anbieter genügen Profilen in unterschiedlichem Maße

All diese Voraussetzungen schließen einzelne Anbieter oder bestimmte Anbietersegmente mehr oder weniger kategorisch aus. Und damit es nicht im Nachhinein eine böse Überraschung gibt, weil zum Beispiel der Account bei einem Anbieter plötzlich aufgrund von Affiliatelinks im Newsletter gesperrt wird, da dies gegen die AGB verstößt, und es dann wider Erwarten keinen direkten Telefonsupport während der hiesigen Arbeitszeiten gibt, muss das eigene Szenario wohlüberlegt und idealerweise perspektivisch durchdacht werden. Denn obwohl es auf den ersten Blick so ausschaut, als würden alle dasselbe anbieten, sind die Dienstleister unter der Oberfläche doch recht verschieden: Der eine legt mehr Wert auf einen hochwertigen und schnellen Kundenservice per E-Mail und Telefon, der andere verfügt dagegen über ein riesiges Entwicklerteam und sprüht nur so vor innovativen Funktionen. Ein Dritter schließlich bietet vielleicht Service *und* eine innovative Software, die zudem auch schnell und fehlerfrei arbeitet.

Generelle Aspekte beim Anforderungsprofil verstehen sich von selbst: Skalierbarkeit, Sicherheit, Verfügbarkeit, günstiger Preis et cetera. Diese müssen trotzdem konkretisiert und ergänzt werden.

4.2.3 Profil umfassend definieren und dann evaluieren

Es empfiehlt sich eine Aufteilung nach

1. Pflicht-Kriterien (»must-haves«),
2. Kann-Kriterien (»nice-to-haves«) und eventuell
3. optionalen Merkmalen (weniger wichtig, aber potenziell nützlich).

(Vergleiche hierzu die letzten beiden Spalten in Tabelle 4.2.) Bei der Auswahl einer High-end- oder Enterprise-Lösung sollten hierzu initial auch Mitarbeiter aus allen involvierten Abteilungen konsultiert oder in einer Arbeitsgruppe zur gemeinsamen Abstimmung hinzugezogen werden. Etwa aus den Bereichen Public Relations und Marketing, Mediengestaltung sowie der Justiziar. Vor allem aber aus dem Bereich der Entwicklung, damit später eine möglichst reibungslose Migration auf technischer Seite sichergestellt ist.

Idee: Besser lokalen Anbieter wählen?

Wird bei der Menge infrage kommender Systemanbieter der Weltmarkt untersucht, ist die Auswahl riesig. Eine schnelle Reduktion auf einige Dutzende erreichen Sie, indem nur lokale Anbieter untersucht werden. Das heißt solche, die ihren Geschäftssitz in der Nähe zum eigenen haben oder die zumindest die gleiche Sprache sprechen. Warum ist dies sinnvoll? Kurze Wege können mit schnelleren Umsetzungszeiträumen für Anpassungen einhergehen. Ein Meeting ist schnell arrangiert. Zeitzonen-bedingten Problemen wird ebenso vorgebeugt – der Kundendienst hat dieselben Arbeitszeiten wie Sie und ist damit besser erreichbar. Und schließlich ist so eher sichergestellt, dass die Datenverarbeitung rechtskonform ist. Eine Übertragung an Datenzentren im außereuropäischen Ausland unterliegt restriktiven Voraussetzungen.

Stehen Anforderungskatalog und Budget fest, werden im ersten Schritt die am Markt tätigen Anbieter grob evaluiert. Dabei sollte eine einstellige Zahl übrig bleiben, die dann im zweiten Schritt genauer unter die Lupe genommen wird.

Bei den Lösungen für den Massenmarkt empfiehlt es sich, Anwendungsberichte und Anbietervergleiche zu googeln. Aus dem Social Web ergibt sich vielfach schon ein guter 360-Grad-Blick auf die Anbieter, der Schwachstellen und Unzulänglichkeiten in Bezug auf die Anforderungen eher offenbart als der alleinige Blick auf die Webseite.

Abbildung 4.4 skizziert den typischen Auswahlprozess einer E-Mail-Versandlösung und dessen Zeithorizont. Wir befinden uns gedanklich in der vierten Woche.

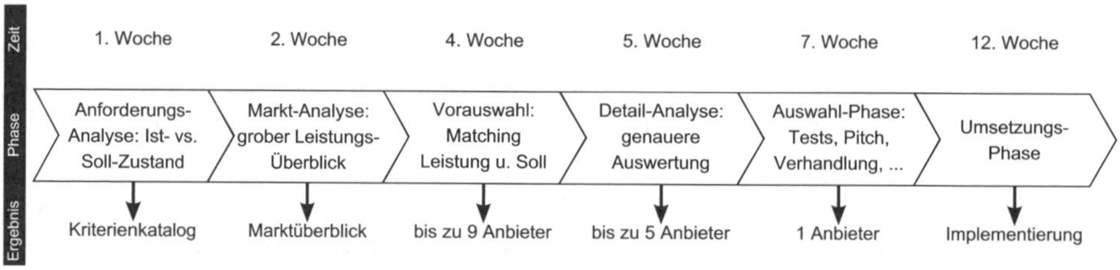

Abb. 4.4: Typischer Prozess bei der Auswahl eines neuen E-Mail-Versandtools

Tipp: Marktübersichten bieten Hilfestellung bei der Anbieterauswahl

Nehmen Sie Vergleichswerkzeuge und Studien zu Hilfe, um das Dickicht im Anbieterdschungel zu lichten. Im deutschsprachigen Raum empfiehlt sich als Anlaufstelle der »Ratgeber Newsletterversand« auf `e-kompetenz-ratgeber.de`. Nach Maßgabe Ihrer Antworten schlägt Ihnen das Expertensystem einige Anbieter vor. Eine kostenpflichtige Vergleichsstudie wird von ABSOLIT Consulting, dem Beratungsunternehmen von E-Mail-Marketing-Papst Dr. Torsten Schwarz, herausgegeben.

Gleichsam finden sich auf `absolit.de/shootout` (Email-Expo Live Shoot-out) Videos, in denen die Hersteller diverser Profi-Tools ihre Lösung anhand einer bestimmten Aufgabenstellung (E-Mailing anlegen, versenden und Erfolg analysieren) vorstellen. Ebenfalls hilfreich ist die Marktübersicht der Zeitschrift *ONEtoONE* – das Poster können Sie als PDF hier laden: `bit.ly/XVwQSR`. Schließlich fand sich auch im kostenfreien Webmagazin *eStrategy* in Ausgabe 3/2012 (#12) eine interessante Gegenüberstellung verbreiteter Systeme: `www.estrategy-magazin.de/ausgabe-03-2012.html`. Eine Marktübersicht über mehr als 30 E-Mail-Marketing-Agenturen, die in Deutschland tätig sind, bietet Absolit unter `www.marketing-boerse.de/Marktuebersicht/details/1303-EmailAgenturen`.

Für den angelsächsischen Raum findet sich ein brauchbares Pendant zum genannten Ratgeber auf `espinator.com`. Auch die Vergleichsportale `whichesp.com` und `email-geeks.com` können erste Orientierung bieten. Internationale Vergleichsstudien werden beispielsweise von Econsultancy, Forrester und Red Pill Email herausgegeben. Umfassende Anbieterverzeichnisse bieten die Seiten `emailvendorselection.com` und `theemailguide.com`.

4.3 »Request for Information« versenden

4.3.1 Von der Erst-Auswahl zur engeren Auswahl

Spätestens dann, wenn höhere Anfangsinvestitionen eingeplant werden, sollte die engere Auswahl der Anbieter-Shortlist (nicht mehr als fünf Lösungsanbieter, Woche 5 in Abbildung 4.4) auf einer detaillierten und verbindlichen schriftlichen Auskunft fußen. Idealerweise lassen Sie sich von Ihren Kandidaten einen Fragebogen beantworten, den sogenannten *Request for Information* (RFI). Darin sollte sich Ihr Anforderungsprofil bis ins kleinste Detail widerspiegeln.

»Triezen« Sie ruhig – mit abstrakten oder oberflächlichen Vorhanden/Nicht-vorhanden-Fragen können heute nämlich kaum noch relevante Unterschiede zwischen den Anbietern ausgemacht werden. Das bringt keinen weiter. Stattdessen muss also das Ziel sein, gerade die kleinen Differenzierungen im Service und in der Software herauszufinden. Und zwar auch bei solchen Angebotsmerkmalen, die Sie insgeheim als selbstverständlich ansehen. Oftmals sind sie es in der Praxis dann nämlich doch nicht. Man denke an effiziente Möglichkeiten fürs Split-Testen (vergleiche Kapitel 15 in Abschnitt 15.3. *Split-Tests – effektiv und besonders leicht*) oder für die Absender- und Betreffzeilen-Personalisierung. Wie erwähnt: nicht blenden lassen.

4.3.2 Mit Tests oder zumindest Demos auf Tuchfühlung gehen

Mit der engeren Auswahl, die sich aus der Analyse der Antworten ergibt, können Sie nun hoffentlich auf erste Tuchfühlung gehen, sprich: Testaussendungen vereinbaren (Woche 7 in Abbildung 4.4).

Mindestens aber sollte Ihnen Ihr geplanter Workflow vorgeführt und selbiger anschließend intensiv und live in den Systemen erprobt werden. Lassen Sie sich hierzu ein Demo-Benutzerkonto anlegen. Ist die Benutzeroberfläche wirklich so intuitiv, übersichtlich und flott und fehlerfrei navigierbar, wie der Screenshot in der Hochglanz-Broschüre suggerierte? Oder lahmt das Interface und spuckt kryptische Fehlermeldungen? Entspricht das Reporting äußerlich sowie hinsichtlich des Detaillierungsgrades und der Erstellungszeit wirklich Ihren Vorstellungen oder waren die imposanten Produktvideos bloß geschönt? All dies kann abseits des allgemeinen Service- und Funktionsumfangs ebenso ein K.o.-Kriterium sein.

4.3.3 Beispiel für einen RFI zur Anbieter-Auswahl

Gehen wir ans Eingemachte. Wie würde ein »Request for Information«-Fragebogen konkret ausschauen? Der Bereich könnte nicht zuletzt aufgrund der unterschiedlichen Anforderungsprofile und des Umfangs heutiger Versandsysteme ein separates Buch füllen. Um Ihnen aber eine Idee zu liefern und zu verdeutlichen, wie nach differenzierenden Merkmalen gefragt werden könnte, schauen Sie sich die folgende Tabelle an. (Hinweis: Ich habe die Tabelle bewusst ausführlich gehalten. Nicht, um Sie in Trance zu versetzen. Sondern um zu zeigen, wo sich exemplarisch die feinen Unterschiede zwischen den Lösungen auftun können.)

Adressgewinnung und Grunddaten-Management	Muss	Kann
Gibt es einen intuitiven Editor zur Erstellung der Anmelde-Formulare? Falls ja: Wie viele Vorlagen sind verfügbar und sind diese flexibel anpassbar?		
Existiert bereits ein Standardprozess für den An- und Abmeldeprozess inklusive Double-Opt-in-Checkmail, Willkommensseite, Willkommens-E-Mail und Abmeldelink plus Abmeldeseite?		
Können Adressen neuer Abonnenten direkt bei der Eintragung im Formular und beim manuellen Import validiert werden? Etwa im Hinblick auf korrekte Syntax oder auf Doubletten?		
Können Negativlisten angelegt werden, gegen die bei der Eintragung oder spätestens vor dem Versand automatisch abgeglichen wird? Also beispielsweise eine Liste von Beschwerdeführern oder eine Robinson-Liste mit Werbeverweigerern?		
Werden IP-Adresse, Datum und Uhrzeit (*Timestamp*), Quell-URL für Double-Opt-in-Bestätigungen protokolliert?		
Gibt es ein Versionsmanagement beispielsweise für die Double-Opt-in-Checkmail (»Revert«), sodass im Beschwerdefall der bei der Eintragung gültige Einwilligungstext rekonstruiert werden kann?		
Ausgabe: Skizzieren Sie den Workflow bei einem Auskunftsgesuch bezüglich der zu einer bestimmten Person gespeicherten Daten gemäß Bundesdatenschutzgesetz und Telemediengesetz (Stamm- und Reaktionsdaten wie Klicks und Öffnungen).		
Ist eine Aktionshistorie für einzelne Empfänger abrufbar, die beispielsweise alle zugesandten E-Mailings in einem bestimmten Zeitraum listet?		
Können multiple Permissions gemanagt werden wie zum Beispiel das E-Mail-Werbeeinverständnis, das SMS-Opt-in und die Zustimmung zur Erhebung und Verwendung personenbezogener Nutzungsprofile?		

Tabelle 4.2: Kriterienkatalog bei der Auswahl einer Versandlösung – welche Merkmale sind Pflicht, welche nice-to-have und welche sind weniger wichtig?

Adressgewinnung und Grunddaten-Management	Muss	Kann
Wie flexibel sind Import- und Synchronisationsmöglichkeiten – ist der Prozess per API oder FTP-Ordner automatisierbar? Können Daten manuell importiert werden und – wenn ja – in welchen Dateiformaten und wie erfolgt das Matching der Attribute?		
Können manuell Empfängerlisten angelegt und Adressaten flexibel mehreren Listen zugewiesen werden?		
Können Empfängerattribute später einfach entfernt, hinzugefügt oder der Datentyp geändert werden?		
Gibt es ein Limit für die Anzahl der Datenbankattribute oder andere Beschränkungen? Falls ja: Wie sehen diese aus?		
Welche Daten sind wie exportierbar – nur Profildaten oder auch die laufenden Nutzung-/Response-Daten?		
Können alle Datenbankattribute (zum Beispiel E-Mail-Adresse, Vorname, Interesse1, Interesse2, ...) automatisch in ein vorgefertigtes Preference-Center-Onlineformular überführt werden, das direkt einsetzbar ist?		
Datenschutz: Können Nutzungsprofile (hat geklickt, hat geöffnet, ...) auch vollkommen pseudonymisiert gespeichert werden, sodass keine Bezüge zu E-Mail-Adressen, sondern nur noch aggregierte Auswertungen möglich sind?		
Rückläufermanagement		
Welche Bounce-Kategorien werden ausgewiesen (zum Beispiel Hardbounce, Softbounce, Blockbounce oder detaillierter nach Fehlercodes)?		
Gibt es eine Vorklassifikation aller Rückläufer, etwa in Bounces (zum Beispiel »Postfach voll«), Autoresponder (zum Beispiel »im Urlaub«), Beschwerden (zum Beispiel »habe Newsletter nie bestellt!«) und Produktanfragen (zum Beispiel »hierzu habe ich eine Frage«)? Falls ja: Wird nach Zeichenketten oder intelligenten trainierbaren Modellen (künstliche Intelligenz) klassifiziert? Und wie hoch ist die Treffergenauigkeit – insbesondere bei der Identifikation echter Antworten unter allen Rückläufern?		
E-Mail-Service-Provider & Handling		
Wie hoch war die monatliche Verfügbarkeit im letzten halben Jahr durchschnittlich? Gibt es Service Level Agreements (SLA)? Gingen in der Downtime Trackingdaten von E-Mail-Kampagnen verloren?		
In welchem Turnus werden Updates aufgespielt, sind diese kostenpflichtig und wie lange ist die Software für den Updatezeitraum nicht vollständig einsatzfähig?		
Welche Sicherheitsmaßnahmen wurden getroffen? Gibt es beispielsweise eine Zwei-Faktor-Authentifizierung und IP-Restriktionen für den Zugriff auf ein Benutzerkonto? Und Audits sowie Zertifizierungen?		
Gibt es ein Rechte-/Rollen-Management? Falls ja: Wie schaut dies aus und wer konfiguriert dies?		

Tabelle 4.2: Kriterienkatalog bei der Auswahl einer Versandlösung – welche Merkmale sind Pflicht, welche nice-to-have und welche sind weniger wichtig? (Forts.)

Adressgewinnung und Grunddaten-Management	Muss	Kann
Können die Aktionen aller Sachbearbeiter in einem Protokoll nachvollzogen werden (zum Beispiel »Person 1 hat Mailing angelegt um X Uhr«, »Person 2 hat Mailing geändert«, ...)?		
Welche Qualitätssicherungsmaßnahmen sind verfügbar – gibt es beispielsweise einen Spamfilter-Test (welche Filter?), einen Renderingtest (welche Mail User Agents?), einen URL-Test für Links und Bilder, einen Freigabemechanismus (»4-Augen-Prinzip« bei der Versandfreigabe) oder Ähnliches?		
Können gestartete Mailings pausiert und gestoppt werden? Falls ja: Sind bereits angeschriebene Empfänger als Zielgruppen identifizierbar?		
Gibt es ein Onlinehandbuch mit einer Suchfunktion oder andere Hilfen?		
Gibt es eine Newsletter-Archiv-Funktion, die auch für Zwecke der Suchmaschinenoptimierung genutzt werden kann?		
Wie kann ein Split-A/B/N-Test angelegt werden?		
Gibt es für multivariate Tests die Möglichkeit, reduzierte Designs zu berechnen, also auch bei vielen Kombinationen die Anzahl der benötigten Varianten möglichst klein zu halten?		
Welche Verbandsmitgliedschaften und Partnerschaften werden gepflegt (zum Beispiel DDV, CSA, BVDW, eco, ISPA, SDV, EEC, M3AAWG, ESPC, trustedDialog, Return Path, OTA, ...)?		
Support – wie viele Mitarbeiter betreuen wie viele Kunden und wie sind die durchschnittlichen Antwortzeiten beim allgemeinen sowie technischen Service? Wann ist der Support erreichbar (24/7?) und auf welchem Wege (Telefon, E-Mail?)? Welche Kosten entstehen? Gibt es Schulungsmöglichkeiten vor Ort? Wird eine Rechtsberatung, Datenmodellierung oder Consulting angeboten?		
Welche Integrationen mit Drittsystemen werden angeboten (zum Beispiel Webanalyse wie Google Analytics, Adobe SiteCatalyst und comScore Digital Analytix; oder Shop- und CRM-Systeme wie Salesforce, Intershop, Magento et cetera)		
Existiert eine API (zum Beispiel HTTP, HTTPS, SOAP, XML oder REST) für das Management von Adresslisten, Kampagnenerstellung, Ordnern/Etiketten und Reportings? Welche Kosten entstehen für die Nutzung? Gibt es eine detaillierte Anleitung inklusive Beispielen und/oder eine Klassen-Bibliothek für gängige Programmiersprachen? Wie viel Zeit vergeht im Schnitt zwischen dem Aufruf der API-Methode für den E-Mail-Versand bis zum tatsächlichen E-Mail-Anstoß?		
Wissen – gibt es ein öffentliches Forum, Blogs, Webinare, Workshops oder Ähnliches zum Erfahrungsaustausch?		

Tabelle 4.2: Kriterienkatalog bei der Auswahl einer Versandlösung – welche Merkmale sind Pflicht, welche nice-to-have und welche sind weniger wichtig? (Forts.)

Adressgewinnung und Grunddaten-Management	Muss	Kann
Zielgruppenhandling		
Wie erfolgt das Anlegen und Verwalten von Zielgruppen? Können Filter gespeichert und testweise zur Auszählung auf Empfängerlisten angewandt werden? Sind komplexe Verschachtelungen möglich?		
Welche Merkmale können in die Zielgruppenbildung einfließen (zum Beispiel hat in bestimmtem Zeitraum geöffnet, hat in bestimmten Mailings geklickt, hat besonderes Produkt gekauft, ist männlich, fällt in Altersgruppe 20 bis 30, fällt in bestimmtes Klickprofil, hat Mailings empfangen, hat auf Mailing geantwortet, hat Bounce erzeugt, hat Feedback-Loop-Beschwerde erzeugt, E-Mail-Adresse endet auf `gmail.com`, hat Zeichenkette `ete` im Feld Ort und so weiter)?		
Können Klickprofile gebildet werden in dem Sinne, das Links automatisch oder manuell bestimmten Kategorien zugeordnet werden und Abonnenten, die hierauf klicken, sich für die Kategorie beziehungsweise die dahinterstehende Zielgruppe profilieren?		
Wird ein Empfängerscoring angeboten (zum Beispiel in der Form, dass eine Ziel-Öffnungs- oder Klickrate für ein E-Mailing vorgegeben wird und die Abonnenten auf Basis ihres historischen Verhaltens entsprechend selektiert werden)?		
Können geografische Selektionen anhand von Umkreisrechnern (Eingabe von PLZ und Umkreis in Kilometer) oder von Landkarten (PLZ-Region einkreisen und Resultat als Zielgruppe bereitstellen) durchgeführt werden?		
Kampagnenerstellung		
Gibt es eine Skriptsprache, mit der auf HTML-/Text-Ebene Empfängerattribute, andere Variablen (zum Beispiel Datum) und logische Verzweigungen (IF-THEN-ELSE) in das E-Mailing eingebunden werden können?		
Wird ein Templatesystem angeboten? Falls ja: Beinhaltet dies ein Content-Management-System, WYSIWYG-Editoren, Drag&Drop, Vorschaufunktionen und Schnittstellen zur Einbindung von beispielsweise Produktabbildungen aus externen Systemen oder RSS-Feeds?		
Sind dynamische Inhalte auch im Template definierbar (zum Beispiel Zuordnung einer Zielgruppe zu einem Inhaltsparagrafen)?		
Wie viele Template-Vorlagen gibt es? Gibt es passend dazu einen Vorrat an Stimmungsbildern (Illustrationen, Cliparts, Vektorgrafiken), die direkt eingefügt werden können?		
Wie erfolgt die Bearbeitung großer Zielgruppen – unterbricht die Software für den Zeitraum des Rechenvorgangs den Workflow oder arbeiten zum Beispiel Jobs im Hintergrund?		
Kann aus der fertig konfigurierten HTML-Vorlage automatisch die passende Plain-Text-Version für einen Multipart-E-Mail-Versand erstellt werden?		

Tabelle 4.2: Kriterienkatalog bei der Auswahl einer Versandlösung – welche Merkmale sind Pflicht, welche nice-to-have und welche sind weniger wichtig? (Forts.)

Adressgewinnung und Grunddaten-Management	Muss	Kann
Können Personalisierung und Content-Individualisierung in einer Vorschau überprüft werden – etwa, indem durch diverse Zufalls-E-Mail-Adressen ein Preview darstellbar ist? Existieren weitere Vorkehrungen, um Personalisierungsfehlern vorzubeugen (zum Beispiel Warnhinweise)?		
Was kann personalisiert werden – Absendername, Betreff und Inhalt? Und mit allen Empfängerattributen?		
Wiederverwendbarkeit: Können vergangene Kampagnen als Vorlage für neue Kampagnen genutzt werden?		
Kann bei einem Newsletter dezidiert eine HTML-, eine Text- und eine Variante für mobile Abonnenten erstellt werden?		
Können einzelne (zum Beispiel nur das Firmenlogo) oder alle Bilder in der E-Mail als eingebettete Grafiken/Offline-HTML mitgeschickt werden? Ist es ferner möglich, Terminanhänge als MIME-Content-Typ »text/calendar« mitzusenden?		
Welche Zeichencodierungen werden angeboten? Gibt es Probleme mit deutschen Sonderzeichen wie etwa die Umlaute?		
Gibt es einen integrierten Versandkalender, der die Planung unterstützt?		
Werden Multichannel-Kampagnen angeboten (zum Beispiel E-Mail, Social Networks, SMS, Fax)?		
Gibt es besondere Darstellungen für komplexere mehrstufige Kampagnen (zum Beispiel Flowchart)?		
Können Landingpages / Microsites angelegt und getrackt werden? Funktioniert hierbei auch die Personalisierungslogik?		
Welche Arten von Trigger-Mails können abgebildet werden – zum Beispiel auf Grundlage bestimmter Empfängerattribute, Statusänderungen, Verhalten (Klick, Öffnung, Antwort, Bounce, ...) oder Bestellung? Sind bei den Trigger-Mails Priorisierungen oder Cappings möglich?		
Kann die Reply-to-Adresse flexibel festgelegt werden?		
Können Empfängerattribute an Links angehängt werden (sogenanntes Pre-Filling)? Falls ja: Werden die Attribute an die Trackinglinks offen angehängt oder verdeckt gekapselt?		
Können Kampagnen in Ordnern oder mit Etiketten verwaltet werden?		
Tracking & Reporting		
Existieren Dashboards für einen Schnellüberblick (Klickraten, Verteiler-Wachstum et cetera)? Falls ja: Können die Elemente frei anhand von Widgets zusammengestellt und konfiguriert werden?		

Tabelle 4.2: Kriterienkatalog bei der Auswahl einer Versandlösung – welche Merkmale sind Pflicht, welche nice-to-have und welche sind weniger wichtig? (Forts.)

Adressgewinnung und Grunddaten-Management	Muss	Kann
Können Berichte exportiert werden? Falls ja: in welcher Form? Sind zum Beispiel Kennziffern (etwa Öffnungsraten und Klickraten) und Mailingattribute (etwa Betreffzeile und Absendername) für einen bestimmten Berichtszeitraum exportierbar? Und in welchem Format (etwa CSV oder XLS)?		
Können Berichte in bestimmten Intervallen oder zu bestimmten Anlässen per E-Mail einem definierten Personenkreis zugesandt werden?		
Gibt es unique Report-URLs, also spezielle Links, die zu einem Echtzeitaktuellen Onlinereporting führen, das ohne Log-in zugänglich ist?		
Werden die Standard-Erfolgskennziffern im E-Mail-Marketing abgedeckt (Öffnungen, Klicks, Hard- und Softbounces, Klick-zu-Öffnungen-Rate, Abmeldungen, Anmeldungen)?		
Welche zusätzlichen Kennziffern und Metriken werden geliefert (zum Beispiel durchschnittliche E-Mail-Öffnungsdauer, Posteingangszustellrate beziehungsweise Spamordner-Rate, Feedback-Loop-Beschwerderate, Double-Opt-in-Quote bei der Anmeldung, E-Mail-Client-Verteilung oder detailliertere Bounceberichte nach Codes)?		
Gibt es Gruppierungsmöglichkeiten für die Erfolgsauswertung (zum Beispiel nach Domains, nach Zielgruppen et cetera)?		
Gibt es direkte Vergleichsmöglichkeiten von Segmenten oder Kampagnen für einen bestimmten Zeitraum wie zum Beispiel 1 Jahr oder 6 Monate?		
Bietet die Software ein proprietäres Post-Click- beziehungsweise Conversion-Tracking? Wie erfolgt die Einbindung? Wie viele und welche Art von Merkmalen können vom Newsletter über die Webseiten bis zurück zur Versandsoftware durchgeschliffen werden?		
Können die Response-Daten automatisiert ins eigene CRM-System zurückgespielt werden (»Closed Loop«)?		
Gibt es eine visuelle Auswertung der Klicks als Klick-Karte über dem E-Mailing?		
Lassen sich fehlerhafte URLs nach dem Versand noch korrigieren?		
Werden die Klicks aller Links im Newsletter separat erfasst oder zum Beispiel verschiedene Links mit gleichen URLs lediglich zusammengefasst? Können formale Klicks (Abmeldung, Onlineversion et cetera) aus der Klickrate herausgerechnet werden?		
Zustellbarkeit		
Welche Authentifizierungsstandards werden unterstützt (zum Beispiel SPF, DKIM, DMARDC)? Gehört deren Setup standardmäßig zur Einrichtung?		

Tabelle 4.2: Kriterienkatalog bei der Auswahl einer Versandlösung – welche Merkmale sind Pflicht, welche nice-to-have und welche sind weniger wichtig? (Forts.)

Adressgewinnung und Grunddaten-Management	Muss	Kann
Welche Zertifizierungen werden unterstützt (zum Beispiel CSA, Return Path Certification, trustedDialog, VBR, SuretyMail)?		
Werden sowohl Shared- als auch dedizierte IP-Adressen für den Versand angeboten? Können zustellungskritische Transaktionsnachrichten über dezidierte und Werbe-Kommunikation über geteilte IP-Adressen verschickt werden?		
Gibt es Seedlists, mit denen der Anteil der in den Posteingang und in den Spamordner zugestellten E-Mails gemessen werden kann?		
Können Adressen, die Beschwerden über Feedback-Loops erzeugten, automatisch von künftigen Aussendungen ausgeschlossen werden? Welche Feedback-Loop-Services sind angebunden?		
Wie viele Mitarbeiter stellen die ordnungsgemäße E-Mail-Zustellung für wie viele Kunden beziehungsweise für welches monatliche E-Mail-Volumen sicher?		
Wie hoch ist die Versandgeschwindigkeit? Gibt es die Möglichkeit der Drosselung, um den Webserver nicht zu überlasten?		
Spezielle Merkmale		
Gibt es spezielle Features, die dem Versender bei der Kampagnenerstellung helfen wie zum Beispiel Aufmerksamkeitsanalysen, Übersetzungsfunktionen, Rechtschreibprüfungen oder Scoring für die Textqualität?		
Existieren einfache Funktionen, mit denen der Kampagnenerfolg erhöht werden kann, wie zum Beispiel eine Profilselbstverwaltung für Abonnenten, eine Freunden-empfehlen-Funktion, Social-Sharing-Möglichkeiten oder ein vorbereitetes Newsletter-Archiv?		
Allgemeines		
Was zeichnet Sie im Vergleich zu Ihrem Wettbewerb aus, was können Sie besser?		
Wie können Sie uns beim Auf- beziehungsweise Ausbau des Adressverteilers helfen – bieten Sie beispielsweise Co-Sponsoring- oder Co-Registrierungsdienste an?		
Welche Anforderungen stellen Sie an uns als Ihren (potenziell neuen) Kunden?		
Welche E-Mail-Marketing-Anstrengungen unternehmen Sie selbst, wie sieht die praktische Erfahrung Ihres Teams aus?		
Woraus ist die Idee einer E-Mail-Versandlösung ursprünglich entstanden? Zum Beispiel aus Ihren eigenen E-Mail-Marketinganstrengungen heraus, aus einer bestimmten Angebotslücke am Markt oder Ähnlichem?		
Wie können Sie uns bei der Vermarktung unseres E-Mail-Verteilers helfen – sind Sie auch als Vermarkter beziehungsweise Mediaagentur tätig oder pflegen Sie enge Kontakte zu Anbietern?		

Tabelle 4.2: Kriterienkatalog bei der Auswahl einer Versandlösung – welche Merkmale sind Pflicht, welche nice-to-have und welche sind weniger wichtig? (Forts.)

Adressgewinnung und Grunddaten-Management	Muss	Kann
Weitere für Sie wichtige Kriterien		

Tabelle 4.2: Kriterienkatalog bei der Auswahl einer Versandlösung – welche Merkmale sind Pflicht, welche nice-to-have und welche sind weniger wichtig? (Forts.)

Viel Holz oder? Keine Bange – nach Lektüre dieses Buches sind Sie in allen wichtigen Bereichen firm.

Ganz nebenbei bemerkt sollte beim Beantworten des Fragebogens auch schon vorab ersichtlich werden, inwieweit Dinge selbst verwaltet oder nur über den Kundendienst des Dienstleisters abgewickelt werden können. Es macht eventuell einen großen Unterschied, ob Sie alle Dinge in Eigenregie erledigen und konfigurieren *können* oder ob immer wieder Antwortzeiten des Supports einzukalkulieren sind. Und natürlich sollte auch deutlich werden, welcher Aufpreis gegebenenfalls durch die Nutzung des Supports und die Aufschaltung neuer Softwaremodule entsteht. Nicht alles, was Ihnen der Dienstleister als »haben wir« abhakt, ist in der Grundversion vorhanden, die Sie einkaufen. Ganz im Gegenteil. Nicht selten stellt sich später heraus, dass all die schönen Features wie zum Beispiel das Rendering Preview in Outlook, Gmail oder die multivariate Test-Suite mit Zusatzkosten verbunden sind. Etwa, weil der E-Mail-Service-Provider die Dienstleistung selbst im Hintergrund bei Drittanbietern einkauft.

Tipp: Excel nutzen

Versenden Sie den Fragebogen als Excel-Tabelle. Dies ist für den Adressaten und für Sie als Absender übersichtlicher, da Sie die Ergebnisse in Tabellenform besser gegenüberstellen können.

Tipp: Offene Fragen stellen

Konkrete Checklisten sind gut. Abstraktere offene Fragen allerdings, die dem Gegenüber nicht bloß ein »Haben wir«-Häkchen abverlangen, differenzieren die Anbieter häufig besser. Erkundigen Sie sich also auch, wo der Anbieter seine Stärken im Vergleich zum Wettbewerb sieht (Unique Selling Propositions, USPs), wie es um seine Innovationsfähigkeit bestellt ist, wo er sich in fünf Jahren sieht, wie ein Traum von einem Kunden für ihn ausschaut, ob es interessante Features für Sie gibt, die Ihnen anscheinend noch nicht bekannt sind, inwieweit Software-Anpassungen gemäß Ihrer Bedürfnisse möglich sind, welche Maßnahmen zum Datenschutz und zur Datensicherheit implementiert wurden und so weiter.

4.4 Mandanteneinrichtung

Im Zusammenhang mit der Auswahl einer Versandlösung wird oft nach der sogenannten »*Mandantenfähigkeit*« der Software gefragt. Hierunter wird die Möglichkeit verstanden,

1. voneinander getrennte Benutzergruppen (horizontale Sicht) und
2. hierarchisch organisierte Über- sowie Untergruppen (vertikale Sicht)

im E-Mail-System verwalten zu können. Man unterscheidet *Haupt-* von *Submandanten* innerhalb der sogenannten *Mandantenhierarchie* (Abbildung 4.5).

Abb. 4.5: Mandantenhierarchie

Jeder Benutzergruppe können eigene Objekte wie Empfängerlisten, Sperrlisten, Rollen und Rechte, Benutzer, Templates, Inhalte sowie Konfigurationen zugewiesen werden. Daneben können Daten und Merkmale übergeordneter Mandanten geerbt sowie an untergeordnete Mandanten weitergereicht werden. Benutzern übergeordneter Mandanten ist es dabei möglich, auf die darunterliegenden Untermandanten zuzugreifen; der umgekehrte Weg wird genauso unterbunden wie auch der Einblick in fremde Mandanten gleicher Ordnungsstufe.

Schön und gut. Aber wozu eine solche Mandantenstruktur? Zwei Beispiele:

- E-Mail-Marketing-Agenturen nutzen sie beispielsweise, um einerseits eine Globalverwaltung zu besitzen und gleichzeitig ihre verschiedenen Kunden sauber getrennt voneinander managen zu können. Jeder Kunde erhält dabei nur auf seinen Mandanten Zugriff, die angelegten Benutzer der Agentur dagegen erhalten Zugriff auf alle Mandanten. (Im Englischen lautete die Bezeichnung für Mandantenfähigkeit daher auch treffender »multi-client capability«, also quasi »Mehrkundenfähigkeit«.)
- Größere Firmen nutzen Mandanten, um eigenständige Newsletterformate oder sogar die gesamte Filialorganisation optimal abzubilden. Denken Sie etwa an eine multinational operierende Firma, die auf oberster Mandantenebene globale Markenlogos, einheitliche E-Mail-Templates, eine mandantenübergreifende Sperrliste mit auf keinen Fall anzuschreibenden E-Mail-Adressen zur Verfügung stellt. Auf dieser Hauptmandantenebene werden zudem globale Auswertungen vorgenommen. Die Landesvertretungen steuern auf der nächsten Mandantenebene jeweils ihre Texte in nationaler Sprache, Bilder, landesweit geltende Angebote und weitere Sperrlisten bei. Und auf der dritten Ebene ergänzen die lokalen Händler im jeweiligen Land diese Informationen um ihre Preise, Anschrift und Kontaktdaten, Empfängerlisten, E-Mail-Absender und Werbeeinwilligungen et cetera.

Sie sehen: Mandantenfähigkeit bringt Vorteile mit sich, ist aber nicht unbedingt für jedermann ein Thema.

Zur Einrichtung eines Mandanten bei Ihrem Dienstleister füllen Sie entweder einen Fragebogen aus und überlassen dies dem Kundendienst Ihres Anbieters. Oder Sie starten komplett selbst durch. Dabei könnte das Setup typischerweise die folgenden Arbeitsschritte umfassen:

- **Vorbereitung:** Im blanken Mandanten müssen zunächst Struktur und Eigenschaften für mindestens eine Empfängerliste eingerichtet werden. Zu den Eigenschaften können beispielsweise Absendername und -adresse sowie eine feste Betreffzeile zählen. Vor allem aber gilt es, das Datenschema für die Liste festzulegen. Also die zu jedem Empfängerdatensatz zu speichernden Datenfelder hinsichtlich der Bezeichnung und des Typs zu konkretisieren. Die meisten dieser Felder können später zum Beispiel – wie bei Serienbriefen – zur Personalisierung genutzt werden. Je mehr Felder, desto höher die Profiltiefe. Die Minimalkonfiguration beinhaltet die beiden Felder
  - E-Mail-Adresse als eindeutiges Datum (sogenannter *Primärschlüssel* in der Datenbankterminologie) und
  - Datum plus Zeitpunkt des Werbeeinverständnisses (sogenannter Opt-in-*Timestamp*).

  Wenn Sie aber schon dabei sind, sollten Sie direkt die Vorbereitungen für den Import aller relevanten Daten treffen. Relevant sind vor allem solche Attribute, die später für Zielgruppen-Selektionen, Content-Individualisierungen oder Auswertungen genutzt werden können. Legen Sie dabei auch direkt ein *Data Dictionary* an (Abbildung 4.6), das alle Datenelemente inklusive ihrer möglichen Ausprägungen beschreibt. Dies erleichtert Ihnen, Ihren Kollegen und gegebenenfalls externen Dritten später die Arbeit.

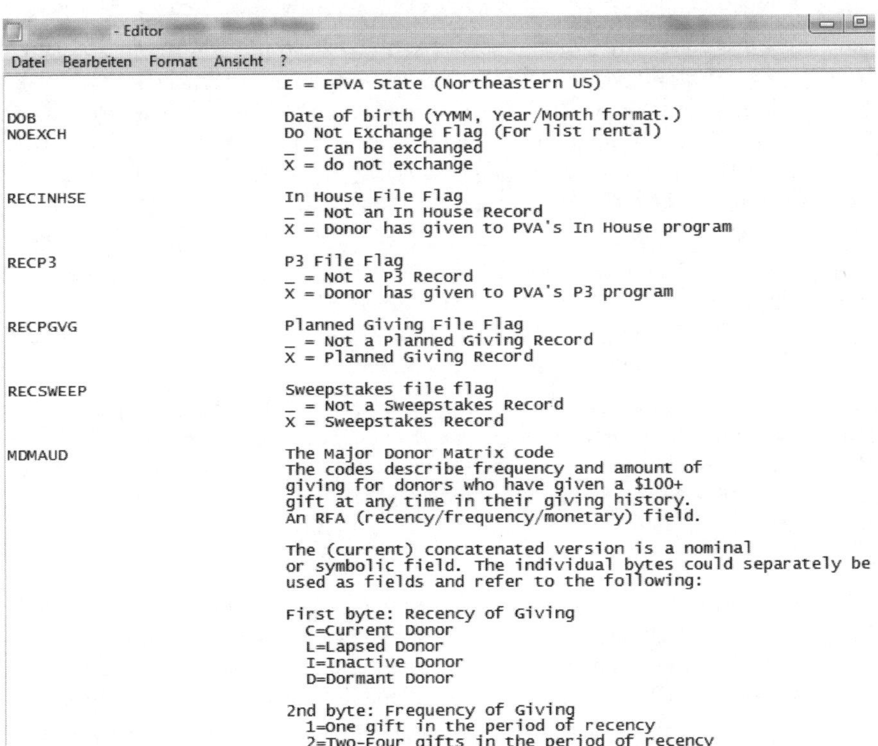

```
- Editor
Datei  Bearbeiten  Format  Ansicht  ?
                        E = EPVA State (Northeastern US)

DOB                     Date of birth (YYMM, Year/Month format.)
NOEXCH                  Do Not Exchange Flag (For list rental)
                        _ = can be exchanged
                        X = do not exchange

RECINHSE                In House File Flag
                        _ = Not an In House Record
                        X = Donor has given to PVA's In House program

RECP3                   P3 File Flag
                        _ = Not a P3 Record
                        X = Donor has given to PVA's P3 program

RECPGVG                 Planned Giving File Flag
                        _ = Not a Planned Giving Record
                        X = Planned Giving Record

RECSWEEP                Sweepstakes file flag
                        _ = Not a Sweepstakes Record
                        X = Sweepstakes Record

MDMAUD                  The Major Donor Matrix code
                        The codes describe frequency and amount of
                        giving for donors who have given a $100+
                        gift at any time in their giving history.
                        An RFA (recency/frequency/monetary) field.

                        The (current) concatenated version is a nominal
                        or symbolic field. The individual bytes could separately be
                        used as fields and refer to the following:

                        First byte: Recency of Giving
                          C=Current Donor
                          L=Lapsed Donor
                          I=Inactive Donor
                          D=Dormant Donor

                        2nd byte: Frequency of Giving
                          1=One gift in the period of recency
                          2=Two-Four gifts in the period of recency
                          5=Five+ gifts in the period of recency
```

Abb. 4.6: Beispiel für ein Data Dictionary – links die Feldbezeichner, rechts Erklärungen (Quelle: KDD Cup 1998)

Datentypen: Zahl, Text, Datum, Aufzählung und Boolean.

Wenn Sie die Struktur einer Empfängerliste bestimmen, hantieren Sie auch mit Datentypen. Die Wahl des Datentyps eines Empfängerlisten-Feldes bestimmt vor allem, welche Operationen mit dem darin enthaltenen Wert später möglich sind. Typischerweise lassen sich numerische Felder, Textfelder, Datums- und Zeitfelder, Aufzählungen und sogenannte boolesche und binäre Felder unterscheiden:

- *Numerische Felder* enthalten ausschließlich Zahlen (zum Beispiel Feld BESTELLUNGEN mit dem Wert »4« und PREIS mit dem Wert »5,95«). Im E-Mailing-Template können damit – je nach verwendetem System – auch Rechenoperationen durchgeführt werden.
- *Textfelder* beinhalten dagegen alphanumerische Zeichenketten (zum Beispiel das Feld VORNAME mit dem Wert »Rene« oder QUELLE mit »header_box02«). Aus Zeichenketten lassen sich mit entsprechenden Funktionen Teile extrahieren (zum Beispiel die ersten sechs Zeichen); ebenso kann die Kette mit regulären Ausdrücken auf bestimmte Muster geprüft werden.
- Ein Beispiel für ein *Datumsfeld* ist der Zeitstempel des Werbeeinverständnisses: etwa das Feld mit dem Namen OPT_IN und dem Inhalt »1987-01-01 12:01:56«. Mit Funktionen wie Monat(Opt_in) (gelesen: »Monat von Opt_in«) lassen sich beim Typ Datum einzelne Komponenten extrahieren und mathematisch mit anderen Daten oder auch Zahlen verknüpfen. Man denke an bedingte Inhaltsblöcke im E-Mailing, die nur an Empfänger ausgeliefert werden, die bereits eine bestimmte Mindestanzahl an Monaten im Verteiler eingetragen sind.
- *Aufzählungstypen* definieren den Wertebereich eines Feldes durch ganz konkrete Vorgabe der möglichen Wertemenge. So kann durch die Vorgabe der festen Wertemenge »herr,frau,n/a« festgelegt werden, dass sich im Feld Anrede im Laufe der Zeit kein Wildwuchs ausbreitet wie »Herr, herr, 1, Senior, Mr« und so weiter.
- *Boolean* umfasst lediglich zwei Ausprägungen: Das Feld kann wahr oder falsch beinhalten. Der Datentyp repräsentiert beispielsweise Checkboxen im Onlineformular – angekreuzt wird als true in der Datenbank gespeichert, nicht angekreuzt als false.
- Und in *binären Feldern* können schließlich Dateien wie zum Beispiel empfängerspezifische Grafiken – man denke an einen Avatar – hinterlegt werden.

Abbildung 4.8 zeigt beispielhaft die Konfiguration beim Anbieter MailChimp: Durch Einfügen der »MERGE-Tag«-Codes in den Betreff oder Inhalt eines E-Mailings können die Felder für Personalisierungszwecke genutzt werden; »Hallo *|FNAME|*« im Template wird damit in der E-Mail zu »Hallo Max« für Adressaten, die den Vornamen »Max« angegeben haben.

- **Initialer Adress-Upload:** Hierzu wählen Sie in der Regel eine Excel- oder CSV-Datei auf Ihrem Rechner aus, die Ihre bis heute gewonnenen Opt-in-Kontakte enthält, und laden diese in das Versandsystem hoch. Alternativ kann der Import teils auch über direkte Schnittstellen zum CRM-System oder zu Webmailern wie Gmail vollzogen werden.

  Um die Daten nun korrekt von der vorhandenen Dateistruktur in diejenige des Versandsystems zu überführen, muss ein sogenanntes *Mapping* durchgeführt werden (Abbildung 4.7). Dabei werden händisch die Tabellenspalten aus der Datei mit den Feldern, die Sie in der Empfängerliste Ihres Versandsystems angelegt haben, verbunden. Zum Beispiel, indem die Spalte *email-adressen* mit dem Feld *EMAIL* verknüpft wird, die Spalte *firstname* mit *FNAME* und so weiter. Im Anschluss an den Importprozess erhalten Sie einen Bericht, der die Anzahl korrekt importierter Daten und Fehler enthält. Fehler können etwa beim Importversuch von Doubletten und syntaktisch falschen Elementen (zum Beispiel `max @optivo`) entstehen.

CSV-Dateien

CSV ist die Abkürzung für *Comma-seperated Values*, also »Komma-separierte Werte«, und steht für ein weit verbreitetes Dateiformat zum Austausch von strukturierten Textdaten. Wenn man so will, ist es der kleinste gemeinsame Nenner, um etwa Daten zwischen Excel, Versandsystemen und CRM hin- und herzuschieben. Da es keinen allgemeingültigen Standard für CSV-Dateien gibt, müssen eventuell beim Datenimport beziehungsweise -export Angaben zur Struktur gemacht werden. Hierzu zählt die Spezifikation des Trennzeichens, das Datenfelder voneinander separiert (sogenannter *column-delimiter*, im angelsächsischen Raum meist ein Komma – wie der Name »CSV« nahelegt – oder ein Semikolon im europäischen Raum; ebenso finden sich Tabulator-getrennte CSVs). Auch Zeilen beziehungsweise Datensätze wollen voneinander getrennt werden (*row-delimiter*). Und die Angabe, ob die erste Zeile bereits Daten enthält oder hier zunächst die Bezeichner der Daten angeführt werden, darf nicht fehlen. Schließlich gilt es auch, ein Quotierungs- und Kommentarzeichen sowie ein Dezimalzeichen zu spezifizieren.

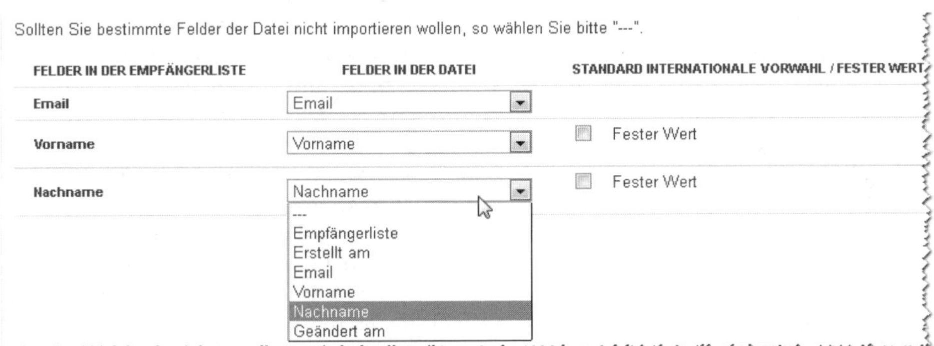

Abb. 4.7: Die »Felder in der [CSV-]Datei« müssen vor dem Import mit den »Felder[n] in der Empfängerliste[n-Datenbank]« synchronisiert werden (Mapping). (Hier: optivo® broadmail)

- **Nachbereitung:** Sind die essenziellen Erstaufgaben abgearbeitet, können nun weitere Benutzer angelegt und ihre Zugriffsrechte auf den Mandanten festgelegt werden. Ebenso können Detailfragen geklärt werden wie »Ab wie vielen fehlerhaften Zustellversuchen (Bounces) soll eine E-Mail-Adresse aus dem Bestand genommen werden«. Oder: »Wie sollen An- und Abmeldeprozesse ausgestaltet werden«, »Nutzen wir für den Absender und für die Trackinglinks die Standarddomäne des E-Mail-Dienstleisters wie zum Beispiel server99.dienstleister.com oder unsere eigene Domäne« und so weiter.

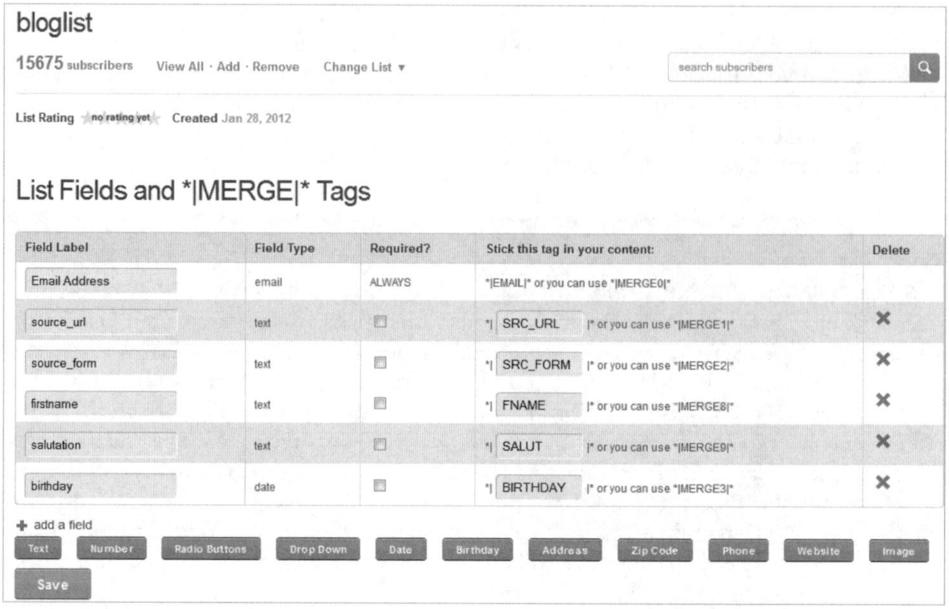

Abb. 4.8: Konfiguration des Datenschemas für eine Empfängerliste (MailChimp)

- **Synchronisation**: Wie stellen Sie nun sicher, dass der Adressbestand in Ihrer Datenbank sowie im Versandsystem synchron und aktuell ist? Die einfachste Variante wäre der Verzicht auf eine lokale Spiegelung – das komplette Adressmanagement findet ausschließlich beim E-Mail-Dienstleister statt. Der bietet meist vorgefertigte Formulare. Damit kann die Zeit bis zur Inbetriebnahme stark reduziert werden. Eine zweite Variante wäre die Nutzung der HTTP-Anwendungsschnittstellen (sogenannte API, Application Programming Interfaces), die der Dienstleister zur Verfügung stellt. Hierüber lässt sich das Listenmanagement gezielter steuern. Adressdaten werden beispielsweise via Webservice unmittelbar nach erfolgter Eintragung hochgeladen und sodann in die eigene Datenbank geschrieben. Austragungen werden analog gehandhabt. Die dritte Variante besteht in der Nutzung von FTP (File Transfer Protocol). Hierbei werden die Adressdaten regelmäßig automatisiert exportiert, komprimiert und unter einem bestimmten Namen auf einem FTP-Server abgelegt. Die Import-Routine des E-Mail-Dienstleisters holt die Datei dort ab und aktualisiert den Bestand. Üblich ist die tägliche Synchronisation.

4.5 Anbieterwechsel

Im Laufe der Zeit kann es notwendig werden, den E-Mail-Dienstleister zu wechseln. Sei es, weil die Preis- oder Leistungspolitik des aktuellen Anbieters im Vergleich zu seinen Mitbewerbern mehr und mehr zu wünschen übrig lässt. Oder weil Shop und E-Mail-Verteiler eine Größe erreicht haben, ab der Integrationen vonnöten sind, die nur Profi-Tools abdecken. Oder weil die Firma in eine andere eingegliedert wird. Wie auch immer: Der Wechsel kann mit hohem Koordinations- und mehrwöchigem Zeitaufwand verbunden sein und sollte wie die Dienstleister-Auswahl genau geplant werden. Einige Aspekte, die es dabei zu beachten gilt:

- **Unterbrechungsfreier Übergang:** Der Umzug kostet Zeit. Empfängerlisten müssen angelegt und hochgeladen, Onlineformulare angepasst, Checkmails und andere automatisch getriggerte E-Mails eingebunden, Einträge im Domain-Name-System (DNS) aktualisiert und der komplette Prozess getestet werden. Daneben muss zum Beispiel sichergestellt sein, dass der Abmeldelink im gestrigen Newsletter über das alte System auch nach dem Umzug noch funktioniert.
- **IP anwärmen:** Falls Sie dedizierte neue IP-Adressen einsetzen möchten, sich also keine IP-Adressen mit anderen Versendern teilen wollen, müssen diese in aller Regel »angewärmt« werden. Denn neue IP-Adressen ohne jegliche Versandhistorie, die plötzlich mit größeren E-Mail-Volumina auf dem Radar von Gmail & Co erscheinen, werden von Postfach-Anbietern mit Argusaugen beobachtet. Verbirgt sich dahinter etwa ein Spammer? Anwärmen meint also, mit einer positiven Reputation belegen. Für eine optimale Zustellbarkeit sollten neue IPs mit Aussendungen an aktive Abonnenten, die häufig öffneten und klickten, und langsam steigenden Volumina sukzessive aufgebaut werden.
- **Neue Absender-Adresse:** Mit dem Umzug erhalten Ihre E-Mails eventuell eine andere Absender-Adresse. Zum Beispiel eine mit einem anderen Domain- oder Sub-Domain-Teil. Auch die neue Domain muss unter Umständen angewärmt werden. So sollten die Abonnenten zeitnah über die Änderung informiert und darum gebeten werden, ihre Adressbucheinträge zu aktualisieren. Auch dies könnte Irritationen und einer verschlechterten Zustellbarkeit vorbeugen. Abbildung 4.9 zeigt ein Kampagnen-Beispiel.
- **Konsistente Daten:** Die Empfängerdaten inklusive Datenschema zu ex- und importieren, bereitet in der Praxis meist wenig Schwierigkeiten. Aber was ist mit der Versandhistorie für jede E-Mail-Adresse, die gegebenenfalls bei einem Auskunftsgesuch vorgelegt werden muss? Oder mit den Transaktionsdaten für alle zugesandten E-Mails (individuelle Klicks und Öffnungen sowie Bounces), Abmelder-Daten, Sperrlisten, Feedback-Loop-Beschwerden und so weiter? All diese Daten sollten ebenfalls transferiert werden können. Das ist schon schwieriger – aber machbar.
- **Äpfel mit Äpfeln vergleichen:** Erfahrungsgemäß wandert der Blick nach dem Wechsel als Erstes auf das Reporting – haben sich Erfolgskennziffern wie die E-Mail-Öffnungsrate oder die Klickrate verbessert? Nur leider wird dabei vielfach vergessen, dass die Berechnung der Kennziffern nicht genormt ist; eine höhere oder niedrigere Öffnungsrate muss keineswegs auf eine bessere respektive schlechtere Infrastruktur zurückzuführen sein. Behalten Sie dies im Hinterkopf, bevor Sie sich verärgert an den Kundendienst wenden mit »... 25 Prozent?! Aber vorher hatte ich 30 Prozent Öffnungsrate!«

Tipp: Absenderwechsel kommunikativ unterstützen

Mit der Übernahme von CityDeal durch Groupon im Jahr 2010 wurde den Abonnenten der Absenderwechsel im Rahmen der E-Mail angekündigt, die über die Neustrukturierung informierte. Zum einen erfolgte oben im Pre-Header-Bereich der E-Mail ein Hinweis als Standard-Adressbuch-Link: »*Füge info@news.groupon.de Deinem Adressbuch hinzu, um sicherzustellen, dass Du E-Mails von CityDeal – Groupon erhältst. Wird diese Mail nicht korrekt angezeigt? Hier gibt es die Online-Version.*«

Zum anderen befand sich am Ende des Begrüßungstextes ein zweiter Hinweis: »*PS: Bitte füge info@news.groupon.de Deinem Adressbuch hinzu, um sicherzustellen, dass Du zuverlässig unsere E-Mails von Groupon in Dein E-Mail Postfach erhältst. Den Adressbucheintrag für info@news.citydeal.de kannst Du entfernen.*« Der Versender Photojojo ging einen Schritt weiter und kündigte den Absenderwechsel in den letzten vier Kampagnen vor dem Wechsel im E-Mail-Pre-Header an: »*Vorsicht: Wir wechseln unseren E-Mail-Server und dies kann dafür sorgen, dass unser Newsletter verschwindet. Füge click@photojojo.com Deinem Adressbuch hinzu, damit dies nicht passiert!*«

Abb. 4.9: Der Versender Minted kündigt den neuen Absender an.

Teil III

E-Mail-Verteiler auf- und ausbauen

In diesem Teil:

Im Schnitt konvertieren nur zwei von hundert Webshop-Besuchern direkt zu Käufern. Die restlichen 98 ziehen aus den verschiedensten Gründen weiter: Weil sie nicht das Richtige gefunden haben oder weil sie einfach noch nicht kaufbereit sind. Per E-Mail können Sie als Webmaster aber die Chancen erhöhen, dass ein Teil dieser Nutzergruppe später doch noch bei Ihnen kauft. Voraussetzung ist, dass Sie es vermögen, dieser Gruppe ein Newsletter-Abonnement schmackhaft zu machen.

Studie: Durchschnittliche Verteilergröße deutscher Onlinehändler

Das Institut ibi research der Universität Regensburg fand Mitte 2011 heraus: Nicht mal die Hälfte der Onlinehändler (47 Prozent) hat mehr als 2.500 E-Mail-Adressen im Bestand. Jeder Vierte (25 Prozent) besitzt 500 bis 2.500 Adressen und 28 Prozent sogar noch weniger. (`tinyurl.com/ajs68tn`)

Warum verfügen so viele über so wenige Daten? Immerhin besitzt fast jeder Bundesbürger mindestens eine E-Mail-Adresse. An der E-Mail-Erreichbarkeit kann es also nicht liegen. Aber:

- Zum einen sind die relevanten Märkte, in denen das Unternehmen agiert, doch oft kleiner, als man denkt. Die Ressource Abonnent ist begrenzt. Mit Angeboten für deutschlandweite Flugreisen lassen sich eher Bestände mit einigen Millionen Adressen aufbauen als mit solchen für Hundebekleidung, Fahrräder im Raum Berlin oder ein Restaurant in München. Wer dann noch schlechte Newsletter verschickt, die ohnehin wenigen Interessenten also nicht binden kann, hat sein Potenzial schnell verbrannt.
- Zum anderen erschließen Versender nicht alle Maßnahmen, die zur Adressgewinnung sinnvoll wären. Und die Umsetzungen weisen eklatante Mängel auf, die in Reibungsverlusten bei der Gewinnung neuer Abonnenten resultieren. (Man denke an den Double-Opt-in-Prozess oder die Anmelde-Formulare. Dazu mehr in Kapitel 7 beziehungsweise ab Abschnitt 5.4 *Usability und ansprechende Optik*.)

Nur wer *alle* geeigneten Maßnahmen erschließt und mindestens die wichtigsten davon *optimiert*, der erhält später die Möglichkeit, die Beziehung zu einem Großteil seiner (potenziellen) Kundschaft per E-Mail zu reifen. Welche Möglichkeiten es gibt und wie diese umgesetzt werden sollten, das erfahren Sie in diesem Teil.

Kapitel 5

Erfolgsfaktoren bei der Newsletter-Anmeldung

Wer im Netz nach Newsletter-Anmeldungen stöbert, sieht Implementierungen mit viel Luft nach oben. Gehen Sie im Anschluss an die Kapitel-Lektüre einmal selbst auf Erkundung. Viele Dinge ließen sich leicht verbessern. Denn erfolgreiche Anmeldungen auf der Webseite basieren prinzipiell auf einfachen Grundsätzen. Verinnerlichen Sie die quantitätsbezogenen Faktoren, die links in Tabelle 5.1 aufgeführt sind. Damit ebnen Sie den Weg für Webseiten-Besucher bis hoch zum Werbeeinverständnis (Abbildung 5.1). Schrauben Sie daran und die Menge an Adressen, die täglich in Ihren Verteiler gespült wird, steigt. Doch Vorsicht: Opfern Sie für mehr *Quantität* nicht die *Datenqualität*. Beides ist wichtig und sollte sich daher in einem ausgewogenen Verhältnis befinden.

Datenquantität (Menge)	Datenqualität (Güte)
Sichtbarkeit des Newsletters	Aktualität/Korrektheit
Daten-Sparsamkeit	Nutzbarkeit (»rechtliche Aspekte«)
Vertrauen in Anbieter	Nützlichkeit für das Marketing
Plausibilität der Angaben	Einheitlichkeit/Widerspruchsfreiheit
Freiwilligkeit der Angaben	Redundanzfreiheit
Interesse bezüglich der E-Mail-Inhalte	Vollständigkeit

Tabelle 5.1: Datenqualität und -quantität sicherstellen

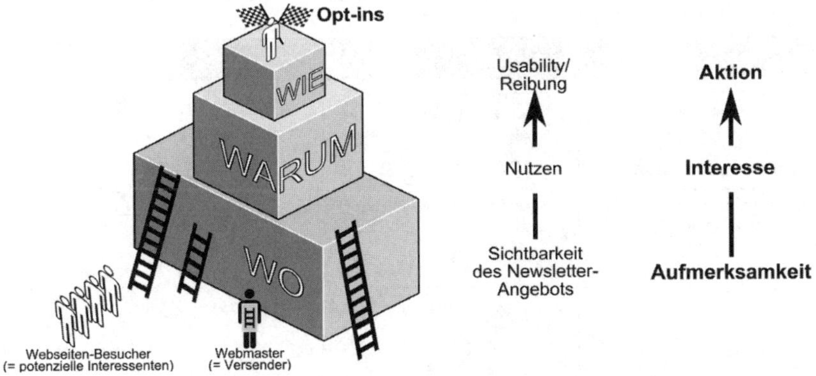

Abb. 5.1: Hürden bei der organischen Adressgewinnung über die Webseite: (1) Wo kann ich mich eintragen (Sichtbarkeit/Aufmerksamkeit), (2) warum sollte ich dies tun (Nutzen/Interesse) und (3) ist dies leicht möglich (Usability/Reibung)? Bringen Sie Ihre Leitern in Position, damit nicht nur die Bergsteiger, sondern alle potenziellen Interessenten den Gipfel erklimmen und ihr Werbeeinverständnis erteilen können.

Im Folgenden schauen wir uns an, wie Sie Sichtbarkeit gewährleisten, Nutzen kommunizieren und Reibung in Form von Einwänden und anderen »Lecks« bei der Anmeldung abbauen. Für jede dieser drei Hürden existieren spezifische Hilfestellungen. Manche davon sind Sprossen (zum Beispiel die gesicherte SSL-Verbindung, Abschnitt 5.3.6 *Gesicherte HTTPS-Formulare*); andere sind bereits ganze Leitern (zum Beispiel modale Fenster, Abschnitt 5.1.7 *Stark: Modale Fenster, Light- und Thick-Boxes*), um im Bild von Abbildung 5.1 zu bleiben ...

5.1 Sichtbarkeit des Newsletter-Angebots

Wird die Newsletter-Anmeldung überhaupt gefunden? Viel zu oft ist der Hinweis auf den Service geradezu versteckt. Und das an dem wichtigsten Ort zur E-Mail-Adressgewinnung – der eigenen Webseite. Doch auch der Newsletter muss aktiv beworben werden und ins Auge springen. Von selbst tragen sich die Wenigsten ein. Schon gar nicht, wenn die Option hierzu erst mühsam aufgespürt werden muss. In den nächsten Abschnitten wollen wir uns nun exemplarisch Möglichkeiten anschauen, um die Sichtbarkeit für das E-Mail-Angebot zu erhöhen. Die beiden entscheidenden Fragen dabei sind: *Wo* und *wie* werben wir? (Abbildung 5.2)

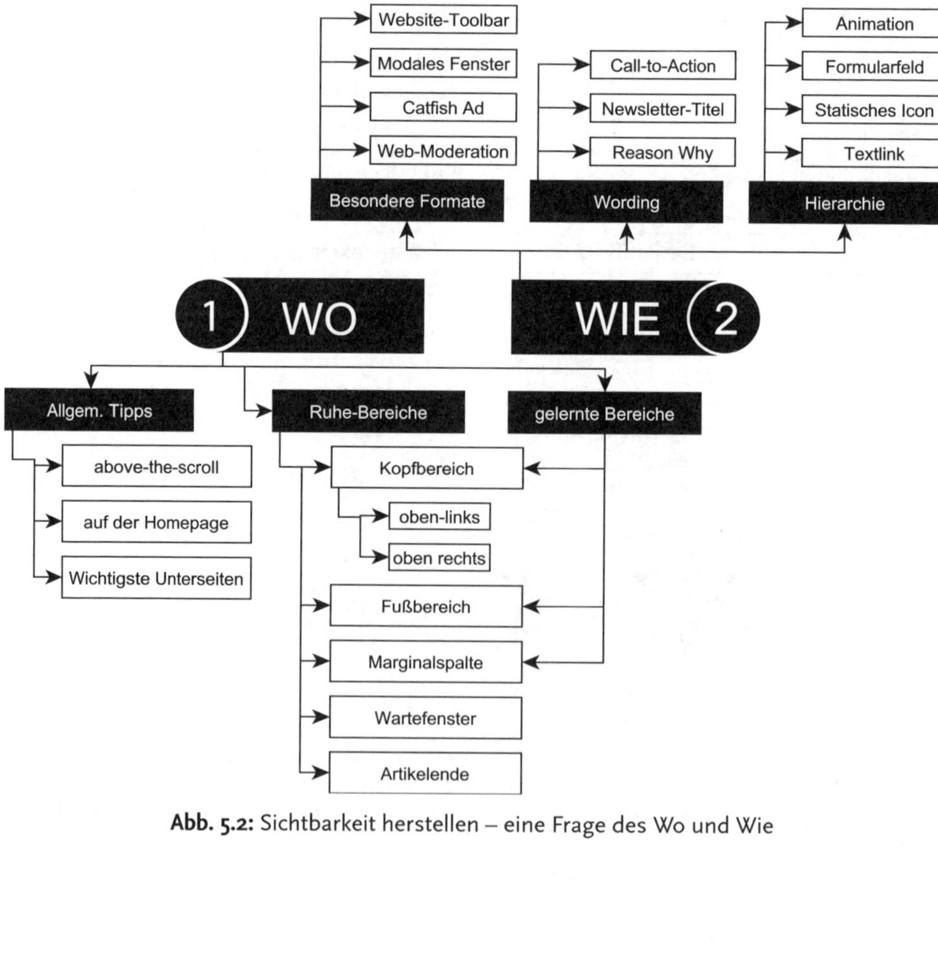

Abb. 5.2: Sichtbarkeit herstellen – eine Frage des Wo und Wie

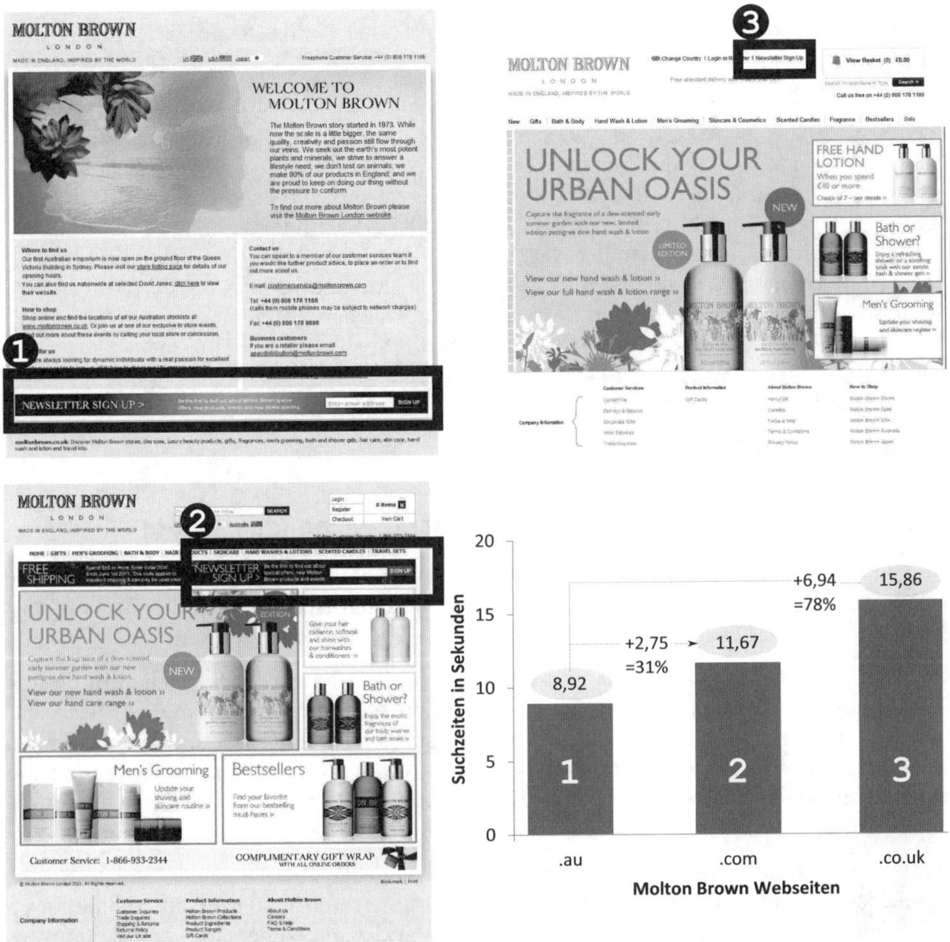

Abb. 5.3: Benötigte Zeitspanne in Sekunden zum Auffinden des Molton-Brown-Newsletter-Hinweises je nach Platzierung. Die Unterschiede sind signifikant: Bei Variante 3, einem Textlink im Kopfbereich der Webseite, benötigten die Befragten 78 Prozent beziehungsweise knapp 7 Sekunden mehr Zeit als bei Variante 1. Es ist also überaus sinnvoll, verschiedene Formen der Platzierungen zu testen.

Beispiel »Sichtbarkeit«: Molton Brown – wer suchet, der findet?

Der Onlineshop von Molton Brown zeigt Besuchern aus dem Vereinigten Königreich, den Vereinigten Staaten und Australien verschiedene Homepages. Unter anderem wird dabei auch die Newsletter-Anmeldung unterschiedlich prominent beworben. Während die Variante UK lediglich einen kleinen Text-Link mit der Beschriftung »Newsletter Sign-up« im Kopfbereich der Seite aufbietet (Nummer 3 in Abbildung 5.3), bewirbt die USA-Homepage E-Mail-Benachrichtigungen schon etwas prominenter mit einem Formularfeld im oberen Drittel, das eine halbe Seitenbreite einnimmt (Nummer 2).

Australien nutzt die komplette Breite im unteren Seiten-Drittel (Nummer 1). Frage: Wie lässt sich die Sichtbarkeit jeweils quantifizieren?

In einem kostenfreien Remote-Test auf `FiveSecondTest.com` wurden Probanden darum gebeten, anhand von Screenshots der drei Seiten die Frage zu beantworten: »Where do you click to sign up for the companys newsletter?« *(Wo klicken Sie, um den Newsletter zu bestellen?)* Die ermittelten Zeitspannen von der Screenshot-Einblendung bis zur Findung der Newsletter-Anmeldung erstaunten: Moderate 8,92 Sekunden benötigten die Probanden durchschnittlich für Australien. Die US-Homepage folgte mit schon 11,67 Sekunden. Weit abgeschlagen: UK mit 15,86 (!) Sekunden. Wohlbemerkt mit der *Aufgabenstellung*, sich anzumelden; ein Webseiten-Besucher kommt sicher mit allem auf die Webseite, aber nicht mit einem gerichteten Interesse, E-Mails zu abonnieren. Hier meldet sich also mutmaßlich niemand an. Allein schon deshalb, weil niemand weiß, dass es einen Newsletter-Service gibt.

Vorschlag: Rekonstruieren Sie das Experiment für Ihre Webseite.

5.1.1 Mit Winks auf den Newsletter nicht geizen (das »Wo«)

Nutzen Sie »Ruhebereiche« auf Ihren Webseiten, um den Newsletter zu bewerben. Also solche Regionen, für die es sich bereits aus sachlogischen Überlegungen heraus vorhersagen lässt, dass die Besucher-Augen hier für gewisse Zeit verweilen werden.

Vor allem die beiden **Ecken links und rechts oben** auf der Homepage stechen in diesem Zusammenhang besonders hervor. Hier konzentriert sich häufig die anfängliche Aufmerksamkeit, nachdem eine Seite geladen wurde. Insbesondere links oben, denn schließlich lesen wir im westlichen Kulturkreis von links nach rechts und von oben nach unten. Beides sind zudem »gelernte Bereiche«. Das heißt, aus Sicht der Besucher befindet sich hier erfahrungsgemäß sehr oft eine Option zur Newsletter-Anmeldung.

Achten Sie darauf, dass bereits »**above-the-scroll**« (auch »above-the-fold« genannt) eine Anmelde-Möglichkeit ins Auge sticht, also ohne herunterscrollen zu müssen. Abbildung 5.4 zeigt, wie es gehen könnte. Unterhalb der Scroll-Markierung entgehen zwangsläufig wertvolle Sichtkontakte. Denn nicht jeder Besucher begibt sich auch in die unteren Webseiten-Bereiche.

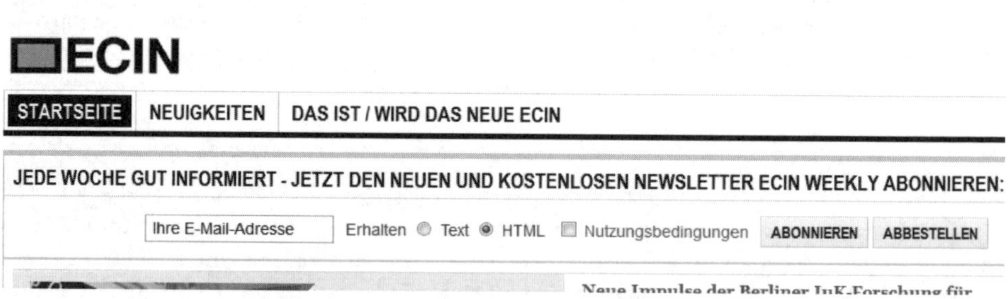

Abb. 5.4: Das Magazin ECIN rückt die Newsletter-Anmeldung prominent im oberen Seitenbereich direkt unter der Navigation in den Fokus – above-the-scroll. (`ecin.de`)

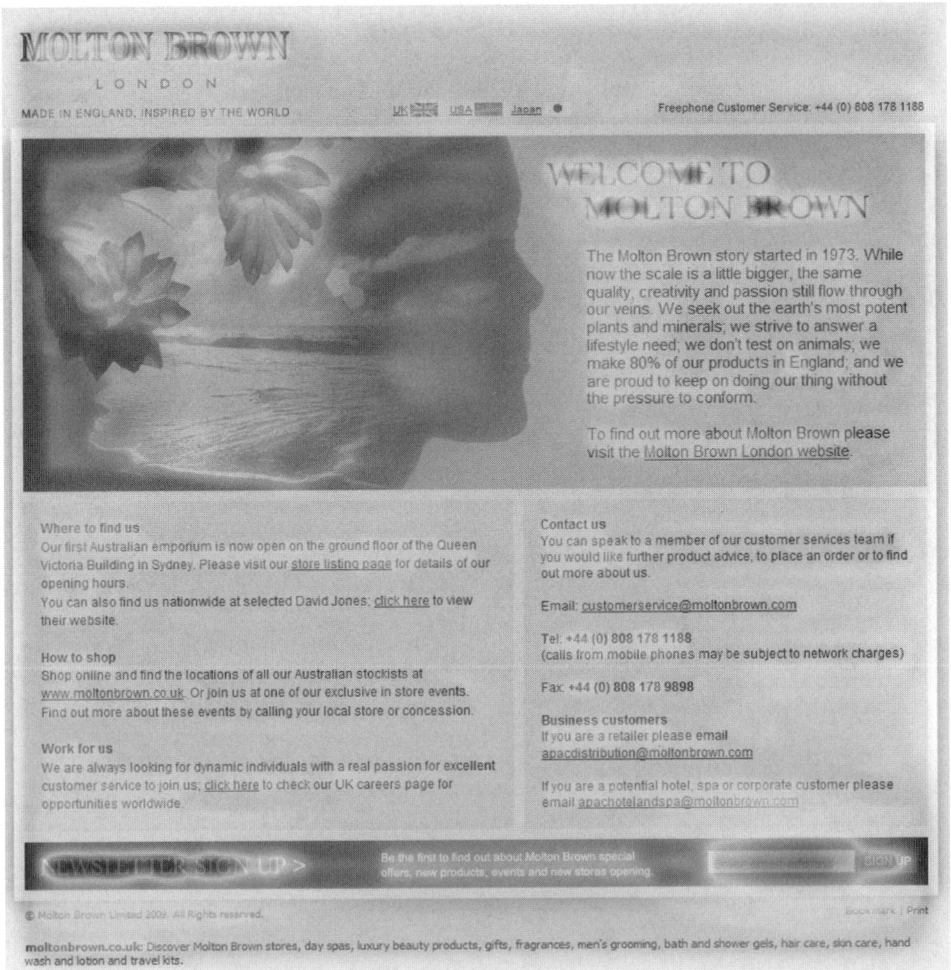

Abb. 5.5: EyeQuant-Heatmap für die australische Molton-Brown-Homepage – Fokus auf »Newsletter Sign Up« unten links (Text) und unten rechts (Formular-Feld).

Tipp: Optimierung per algorithmischem Eye-Tracking

Das Aufmerksamkeitspotenzial des Newsletter-Hinweises hängt nicht nur von dessen Position ab, sondern auch von gestalterischen Aspekten. Kontrastreiche, größere oder von Freiraum (»Whitespace«) umgebene Objekte ziehen eher das Auge des Betrachters auf sich als andere Elemente. Es lässt sich anhand von *Heatmap*-Ansichten oder *Regions-of-Interests*-Markierungen auch quantifizieren. Die Berechnung der Aufmerksamkeit erfolgt dabei durch empirische Laborexperimente mit Eyetracking-Apparaturen, die Blickverläufe von Probanden aufzeichnen (zum Beispiel `tobii.com`), durch Remote-Tests (zum Beispiel `YouEye.com`) oder algorithmisch mit passenden prognostischen Werkzeugen. Zur Gruppe der letztgenannten Tools zählen Aufmerksamkeitsanalysen von `eyequant.de`, `Feng-GUI.com` oder `AttentionWizard.com`.

In Abbildung 5.5 findet sich exemplarisch eine EyeQuant-Heatmap für die gut performende australische und die schlechte performende UK-Variante unseres Molton-Brown-Beispiels aus Abbildung 5.3. In den sehr dunklen und sehr hellen »heißen« Bereichen konzentriert sich die initiale Aufmerksamkeit des Homepage-Besuchers circa innerhalb der ersten fünf Sekunden. Die übrigen »kalten« Bereiche werden dagegen kaum wahrgenommen. Ergebnis: In Abbildung 5.5 liegt der Fokus auf dem Marken-Logo oben links, auf der Überschrift rechts neben dem Key Visual sowie auf dem Newsletter-Hinweis unten. Abbildung 5.6 lässt dagegen auf einen völlig diffusen Blickverlauf schließen, bei dem der kleine Newsletter-Link oben überhaupt nicht wahrgenommen wird. Aufgabe des Werbetreibenden wäre es, zu optimieren, bis der Fokus gemäß Aufmerksamkeitsanalyse auch den Newsletter-Service umschließt.

Wo erhalten Sie nun solche Heatmaps? Entweder direkt bei `EyeQuant.de`. Oder indirekt durch Schnittstellen eines E-Mail-Versanddienstleisters wie optivo (`tinyurl.com/boum547`) oder Inxmail.

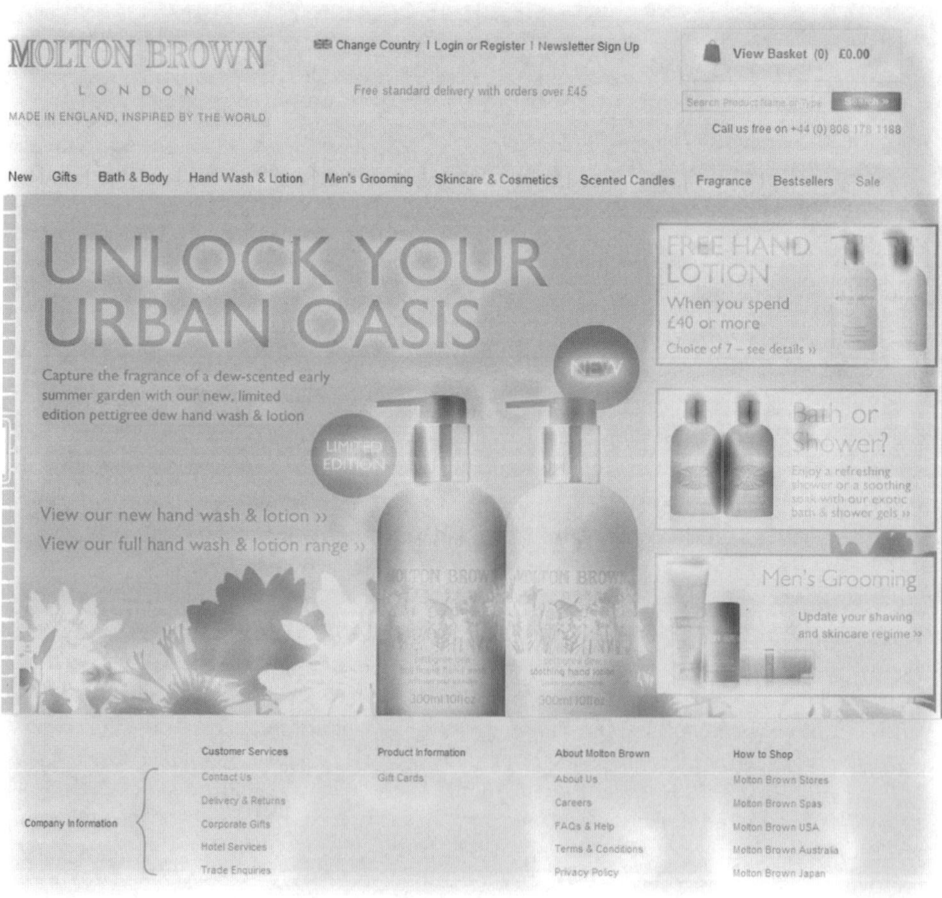

Abb. 5.6: EyeQuant-Heatmap für die britische Molton-Brown-Homepage – »Newsletter Sign Up« (oben mittig) geht völlig unter. Hier sollte nachgebessert werden.

Ein weiterer wichtiger Ruhebereich ist das **Artikel-Ende**. Also beispielsweise die letzte Zeile eines Weblog-Beitrags. Das QuickSprout.com-Blog platzierte zwischen Blog-Fazit und Kommentar-Bereich eine Newsletter-Anmeldung und steigerte so die Zahl der Abonnements um knapp 40 Prozent (`tinyurl.com/2agrlfg`). Kein Wunder. Denn Besucher, die hier verweilen, besitzen mutmaßlich ein großes Interesse an weiteren Informationen zum Thema. Ein E-Mail-Formularfeld holt sie perfekt ab, wie Abbildung 5.7 zeigt.

Abb. 5.7: Das QuickSprout-Blog erhöhte die Zahl der E-Mail-Abonnenten signifikant durch ein Formularfeld unter dem Blogbeitrag. (`quicksprout.com`)

Ähnliches gilt auch für **Wartezeiten**, die überbrückt werden wollen. Zum Beispiel bei der Abfrage einer großen Datenbank durch den Nutzer. Dies veranschaulicht exemplarisch Abbildung 5.8.

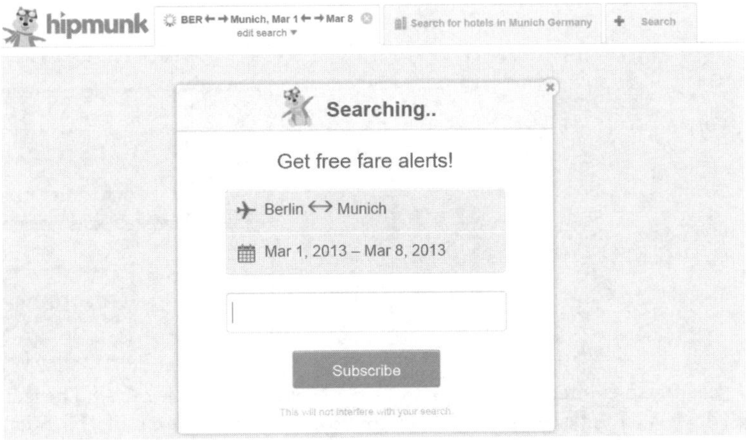

Abb. 5.8: Wartezeiten bei der Datenbank-Abfrage mit einem E-Mail-Abonnement überbrücken (`hipmunk.com`)

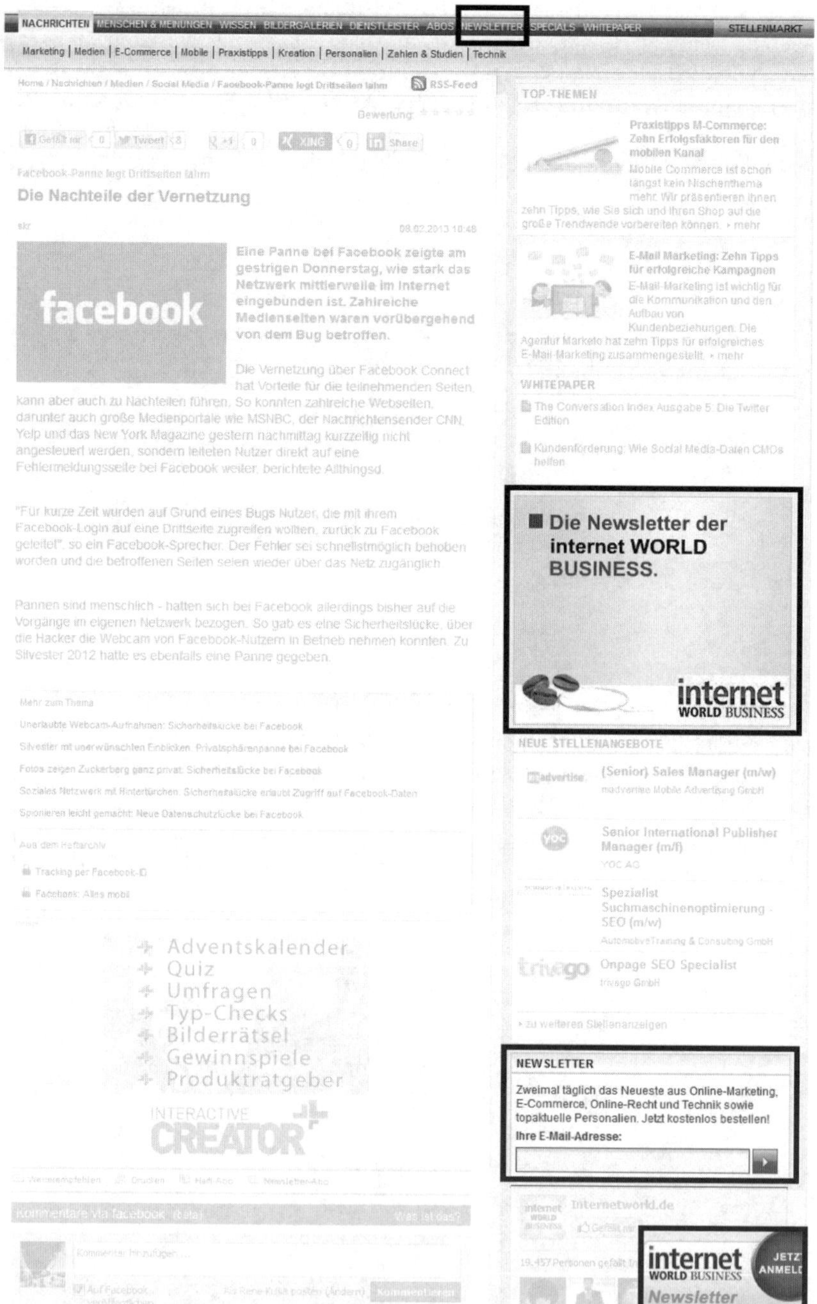

Abb. 5.9: Praxis-Beispiel internetworld.de – vier Hinweise auf Newsletter sind besser als einer. Der untere Hinweis ist »sticky«, bleibt also beim Scrollen am unteren Bildschirm-Rand haften. Das große Medium-Rectangle-Banner in der Mitte ist eine nicht weniger auffällige Animation.

Wer nicht nur im Kopfbereich der Seite, sondern unterstützend auch an passender Stelle in der linken oder rechten **Marginalspalte** (*Sidebar*) und im unteren **Fußbereich** auf »Newsletter bestellen« verweist, erhöht weiter die Chance, flüchtige Besucher zu Newsletter-Abonnenten zu wandeln und damit zu binden. Die Sidebar ist ebenfalls ein wichtiger gelernter Bereich, in dem Interessenten eine Anmelde-Möglichkeit vermuten.

Und schließlich gehört das Anmeldeformular nicht nur auf die Homepage, sondern auch auf die **Unterseiten** der Webpräsenz. Hier steigen Besucher ein, die Ihnen über Suchmaschinen eine Visite abstatten. Berücksichtigen Sie hierbei mindestens die am häufigsten frequentierten Deep Links.

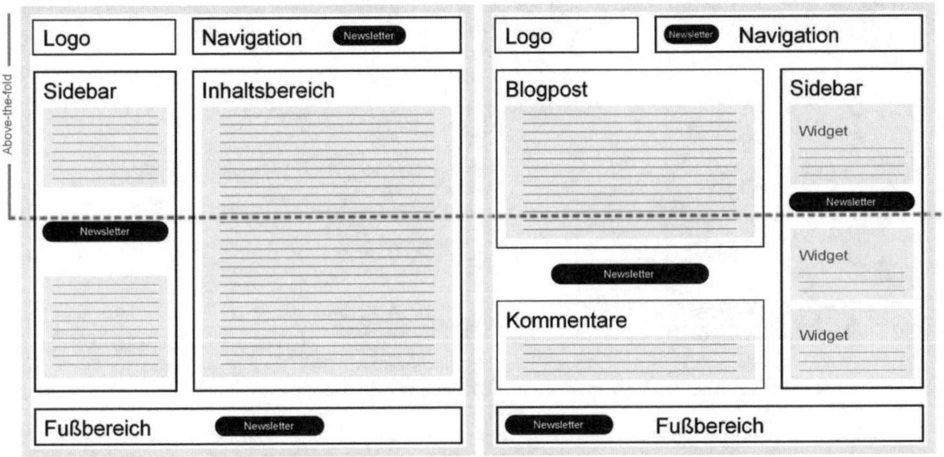

Abb. 5.10: An Hinweisen auf den Newsletter sollte nicht gespart werden – links eine 3er-Kombination im typischen Webshop-Layout, rechts eine 4er-Kombi in einem Blog-Template. Achten Sie darauf, dass der Newsletter-Hinweis auch über der Scroll-Markierung sichtbar ist (gestrichelte Linie).

5.1.2 Hinweise gut in Szene setzen (das »Wie«)

Das »Wo« in Verbindung mit der *Menge* der Newsletter-Hinweise auf Ihrer Webseite ist eine Stellschraube. Aber auch die *Art und Weise*, wie auf den Newsletter-Service hingewiesen wird, beeinflusst dessen Aufmerksamkeitspotenzial. Es gilt folgende Hierarchie:

- Ein interaktives **Formulareingabefeld** übertrumpft meist ein grafisches **Icon.**
- Das Icon wiederum übertrumpft einen **einfachen Text-**Link.

Experimentieren Sie mit der **Inszenierung** Ihrer Anmeldung (Abbildung 5.11) und mit **grafischen Verweisen**. Denken Sie dabei an einen Fingerzeig eines aufmerksamkeitsstarken Elements. Dies kann zum Beispiel eine Person sein, die in Richtung eines E-Mail-Formularfeldes guckt. Solch einer »sieh nach dort«-Anweisung können sich Menschen nur schwer entziehen. Auch kleine Animationen ziehen die Blicke auf sich (Abbildung 5.12).

Bei all den vermeintlichen Regeln gilt jedoch: Erst durch stetige **Tests** fahren Sie inkrementelle Verbesserungen ein. Was gut funktioniert und was weniger, das variiert: In Land A haben Newsletter-Interessenten womöglich gelernt, nach einem Formularfeld unterhalb des Key Visuals zu schauen, in Land B hingegen nach einem Textlink in der Marginalspalte. Und schon einfache Variationen können große Veränderungen bei den Anmeldezahlen hervorrufen.

Fallstudie: AdGooroo – einfacher Link oder Formularfeld?

AdGooroo testete die beiden Varianten eines Newsletter-Hinweises gegeneinander, die Abbildung 5.11 zeigt: ein E-Mail-Formularfeld gegen einen Link. Ergebnis: Das Eingabefeld erhöhte die Opt-in-Rate um ganze 31 Prozent, berichtete MarketingSherpa. Der Interessent spart für die Anmeldung einen Klick – zumindest, falls er nach dem Absenden keinen Umweg über eine Landing Page gehen muss, auf der er seine Angabe erneut bestätigen muss. Reagiert Ihre Zielgruppe ähnlich?

Abb. 5.11: Testen Sie sich schrittweise zum Optimum – potenzielle Erfolgsparameter gibt es viele. Übertrumpft ein Formularfeld einen einfachen Link? Sollte die Newsletter-Box farblich hervorstechen? Steigt die Abonnentenzahl, wenn die Anmeldung über das Suchfeld platziert wird?

Abb. 5.12: Drei Bildausschnitte deuten hier den animierten Newsletter-Hinweis im aufmerksamkeitsstarken Bereich links oben auf `eduscho.at` an. Die kleine Grafik fällt auf.

Tipp: Zwei Optionsfelder statt einer Checkbox?

Eröffnet ein Besucher auf Ihrer Webseite gerade ein Benutzerkonto, so ist dies ein prima Zeitpunkt, ihn direkt auch um ein Werbeeinverständnis zu bitten. Die E-Mail-Adresse muss dabei meist sowieso angegeben werden.

Das geltende Recht verlangt, dass eine Zustimmung zu Reklame-Zusendungen aktiv zu erfolgen hat, also durch ein Tätigwerden des Interessenten. Mehr dazu in Abschnitt 22.2 *Wettbewerb: Ausdrückliche Zustimmung (»Opt-in«)*. Werbetreibende genügen dem, indem im Registrierungsformular ein Häkchen-Feld »Newsletter abonnieren« angeboten wird, das nicht vorselektiert ist. Bei Bedarf kreuzt der User dies an. Nur wird ein Häkchen-Feld für Werbung natürlich gern »übersehen«.

Effektiver ist es, anstatt eines Häkchen- zwei Options-Felder anzuzeigen. Option eins lautet: »Ich möchte den Newsletter«. Option zwei ist mit »Ich möchte keinen Newsletter« beschriftet. Wie die Checkbox, so ist auch keine der beiden Auswahlmöglichkeiten vorausgewählt. Die präferierte Möglichkeit eins kann durch Fettdruck hervorgehoben werden. Hat der Nutzer keine der beiden Optionen ausgewählt, erscheint beim Klick auf »Registrierung abschließen« eine Fehlermeldung.

Der Clou hierbei ist, dass der Interessent sich aktiv mit dem Angebot beschäftigen muss. Dies verspricht höhere Anmelderaten. Abbildung 5.13 zeigt, wie Teufel.de dies umsetzt.

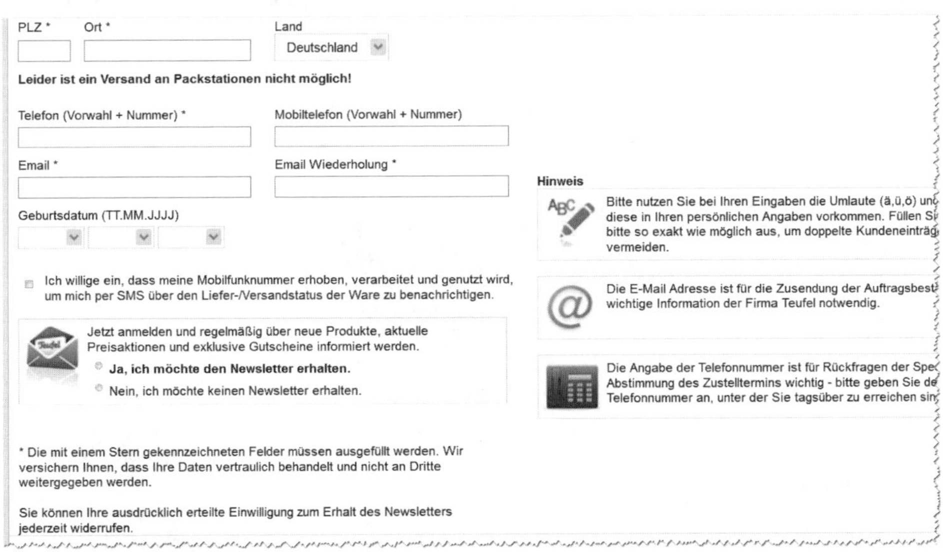

Abb. 5.13: Zwei Optionsfelder statt einer Checkbox erhöhen die Anmelderate bei Registrierungen. Der Screenshot zeigt das Formular zur Eingabe der Lieferadresse im Kaufprozess bei Teufel.de.

5.1.3 Wording: »Newsletter« versus »Preisalarm«

Bedenken Sie auch, dass sich unter dem Schlagwort »Newsletter« heute die allermeisten Internetnutzer etwas Konkretes vorstellen können – periodisch erscheinende Neuigkeiten per E-Mail. Analog suggeriert das Wort »Preisalarm« eher kurzfristige und besonders aktuelle E-Mail-Benachrichtigungen. Taufen Sie Ihren E-Mail-Service dagegen »Freshletter« (Subway) oder »WG Hauspost« (bebe), dann besteht einerseits die Gefahr, dass einigen Besuchern dies zunächst einmal wenig sagt und sie deswegen darüber hinwegsehen. Andererseits machen Sie vielleicht gerade damit Ihren Service zu etwas Besonderem – einen »Newsletter« bietet schließlich jeder. Überlegen Sie also, welches Wording in *Ihrer* Zielgruppe den größten Erfolg verspricht.

Was im *Großen* für die Bezeichnung Ihres Services gilt, greift ebenso im *Kleinen* für die zum Formular zugehörige Handlungsaufforderung, mit der die Daten an den Server übertragen werden. Es macht durchaus einen Unterschied, ob der Absenden-Knopf mit »beitreten«, »eintragen« oder »mitmachen« beschriftet ist. »Submit!« klingt technisch oder militärisch und sagt deutschen Otto-Normal-Internetsurfern wenig. In »abonnieren!« oder »bestellen!« schwingen implizit Kosten mit. Der Interessent zögert und bricht eventuell doch noch seine Eintragung ab – obwohl bereits alle Daten eingegeben wurden. Das dezentere »gratis mitnehmen«, das neutrale »OK« oder ein Nutzwert-orientiertes »Tipps sichern« oder »informiert bleiben« liefert eventuell bessere Ergebnisse.

5.1.4 Audio-visuelle Hinweise

Um den Newsletter-Service besonders hervorzuheben, ist auch ein audio-visueller Fingerzeig denkbar. Auf der Webseite des Anbieters hotelmarketing.de etwa verpasste der Web-Moderator nach kurzer Angebots-Präsentation nicht die Gelegenheit, auch auf den hauseigenen Newsletter zu verweisen:

> *»Übrigens: [...] Aktuelle Trends im Hotelmarketing finden Sie in unserem Newsletter. Einfach bestellen und sich regelmäßig informieren lassen«,*

lautet die Ansage, die den Besucher über seinen PC-Lautsprecher erreichte.

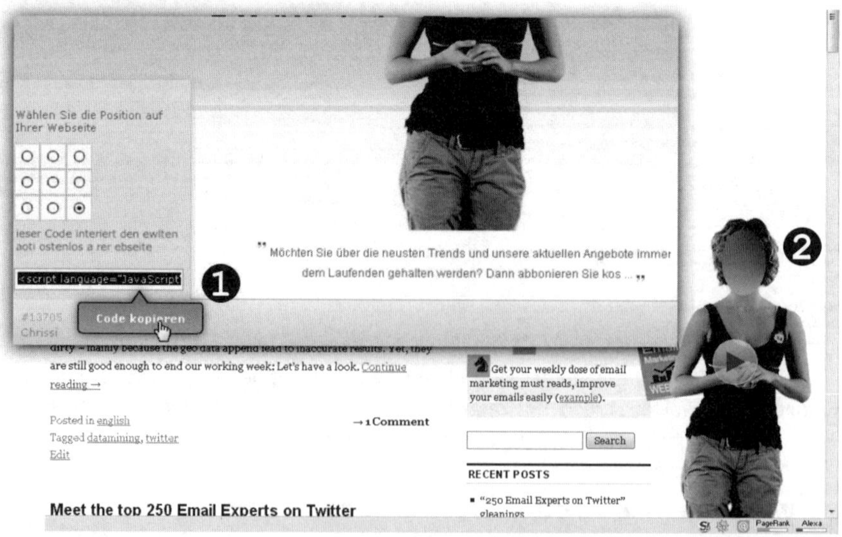

Abb. 5.14: Web-Moderatoren auf `Yaoti.com` – einfach Motiv und Position auswählen, Code kopieren (1) und im HTML-Quelltext Ihrer Webseite einfügen (2)

Anbieter solcher Video-Technologien sind zum Beispiel Bishop Productions oder Yaoti. Auf deren Webseiten finden sich auch weitere anregende Beispiele wie zum Beispiel die sprechende Kommode unter `bit.ly/oB6zzX` beziehungsweise die Anmoderation von »Bianca« unter `bit.ly/n9Lw2P`, die Sie kostenfrei (mit einem Werbehinweis und ohne Autoplay) auf Ihren Webseiten nutzen können. Zur Einbindung muss lediglich ein kleiner Code-Schnipsel auf der Zielseite eingefügt werden. Weitere Newsletter-Yaotis finden Sie unter `tinyurl.com/ccb8dye`.

Wie bei allen Einbindungen von Codes Dritter gilt: Erkundigen Sie sich vorab nach potenziellen Sicherheitsrisiken.

5.1.5 Footer: Catfish Ads und Toolbars

Nicht weniger effektiv sind Elemente, die nach einer kurzen Zeitspanne in einem der vier Bildschirmbereiche hereinrollen (*Slider*). Ein Beispiel ist das sogenannte *Catfish Ad*, das einige Sekunden nach Laden der Webseite von unten hereinscrollt. Der Überraschungseffekt bringt viel Aufmerksamkeit für den Werbegegenstand, unseren Newsletter also, mit sich. Auf solch unangekündigte Bewegungen am Bildschirm reagiert das Auge zwangsläufig.

Auf SitePoint.com finden sich exemplarisch der Quelltext (`bit.ly/q9Fkyc`) und ein Demo-Beispiel (`bit.ly/pV1HX9`). Die Technik basiert auf JavaScript. Im Netz finden sich noch viele weitere interessante Formate – stöbern lohnt. Anbei ein Beispiel von `wordribbon.tips.net` (Abbildung 5.15 und Abbildung 5.16).

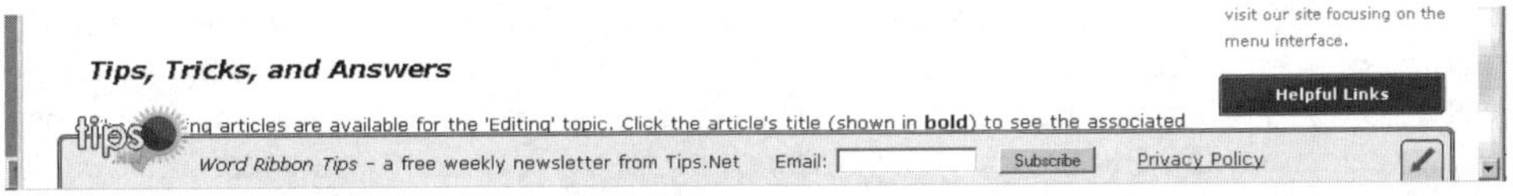

Abb. 5.15: 3 Sekunden nach Seitenaufruf rollt sich die Newsletter-Anmeldung unten herein ...

Abb. 5.16: ..., um wiederum 5 Sekunden später zu einem Mini-Hinweis links unten zusammenzuschrumpfen.

Bleiben wir gedanklich im Fußbereich der Webseite. Eine Alternative zum Catfish-Ad ist dort die Wibiya-Toolbar. Einmal eingebunden erlaubt diese mit wenigen Mausklicks maßgeschneiderte Footer, die aus zig verfügbaren Applikationen nach dem Baukastenprinzip zusammengestellt und konfiguriert werden können. Eine mögliche App ist der Newsletter-Hinweis. Zur Implementierung muss wieder ein Code-Schnipsel auf der Webseite eingefügt werden. Da die schmale Wibar immer über den eigentlichen Webseiten-Inhalten liegt, ist die Newsletter-Anmeldung so stets sichtbar (Abbildung 5.17).

In der kostenfreien Variante lässt sich auch die Benachrichtigungs-Funktion (»Live Notification«) zweckentfremden, um Abonnenten zu gewinnen. Eine Benachrichtigung wird erstmaligen Besuchern nach kurzer Verzögerung rechts unten am Bildschirm eingeblendet. Sie kann mit Freitext (»Keine News verpassen«) und einem Link (»`http://seite.de/newsletter`«) bestückt werden.

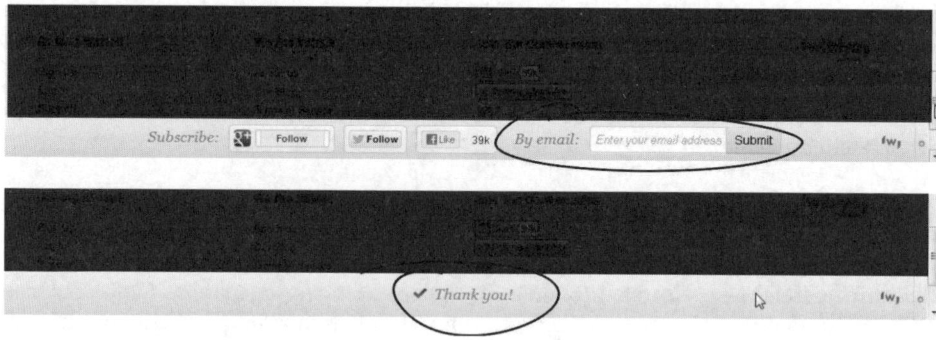

Abb. 5.17: Newsletter-Anmeldung mit der Wibiya-Toolbar

5.1.6 Bezug zum Besucher-Interesse herstellen

1. Über zuvor besuchte Webseite (Referrer)

Wie gelangen Besucher auf Ihre Webseite? Indem sie die Internetadresse direkt in den Browser eingeben. Oder indem sie auf einer anderen Webseite auf einen Link zu Ihnen klicken. Im letzteren Fall erhält Ihr Webserver automatisch einige Conversion-relevante Informationen übertragen. Die sogenannte *Referrer*-Variable beinhaltet die zuvor besuchte Webseite, die auf Sie verweist. (Für Google-Analytics-Nutzer: Auf dieser Angabe beruht beispielsweise auch die Information BESUCHERQUELLEN > QUELLEN > VERWEISE im Google-Analytics-Bericht.) Im Falle von Google.com enthält der Referrer zum Teil auch die Suchbegriffe. Diese Informationen kann Ihr Webserver nun auslesen und verwenden. Und zwar bevor er die angeforderte Seite zusammenstellt und an den Besucher ausliefert. Der Clou: Damit kann Ihre Seite personalisierte Vorteilsversprechen beinhalten – auch im Text für die Newsletter-Anmeldung. Je nachdem, welche Webseite zuvor besucht wurde, lassen sich andere Schlagwörter hervorheben.

Tipp: Referrer anzeigen

Der Referrer wird im Hintergrund übertragen. Installieren Sie sich eine Browser-Erweiterung, um ihn sichtbar zu machen. Zum Beispiel RefControl im Firefox (`stardrifter.org/refcontrol`).

Ein Beispiel soll dies verdeutlichen. Angenommen, Sie betreiben den Onlineshop einer Zoohandlung:

- Gelangt nun ein Besucher durch einen Klick in der Signatur Ihrer Beiträge auf »forum.fische.de« zu Ihnen, könnten Überschrift und Teaser zur Newsletter-Anmeldung lauten: *»Ja, ich angele mir den wöchentlichen Newsletter mit exklusiven Rabattaktionen, Tipps zur Fisch- und Tierhaltung und mehr.«*

- Klickt der Besucher dagegen auf einen Backlink auf der Webseite »katzen-blogger.de«, könnte der Teaser angepasst lauten: *»Ja, ich will den wöchentlichen Newsletter und sicher mir den 5 €-Rabattcoupon auf Katzenfutter und mehr«.*

Augenscheinlich holen Sie Ihren Website-Besucher mit einer derart zugeschnittenen Überschrift sehr viel besser ab als mit einer generischen »Newsletter abonnieren und Vorteile sichern«-Formulierung. Die Sichtbarkeit des Newsletter-Angebotes erhöht sich.

Beispiel: Eventful.com Geo-Targeting

Der Anbieter Eventful versendet personalisierte Event-Empfehlungen an rund 18 Millionen Mitglieder. Wichtiger Bestandteil der Adressgewinnungs-Strategie: Der organische und gekaufte Suchmaschinen-Traffic soll direkt in Newsletter-Abonnements kanalisiert werden. (*Organischer Traffic* bezeichnet die Besucher, die über Treffer zu Suchbegriffen zu Ihnen gelangen, gekaufter Traffic hingegen bezieht sich auf Anzeigenschaltungen in der Suche – zum Beispiel Google AdWords.) Per E-Mail kann dann systematisch eine Kundenbeziehung aufgebaut werden.

Exemplarisch: Wer bei Google nach Events bestimmter Künstler sucht und von dort auf die zugehörige Eventful-Landingpage gelangt, erhält unmittelbar ein Opt-in-Fenster präsentiert. Dieses beinhaltet ein Bild des gesuchten Künstlers, die personalisierte Frage »Möchtest Du benachrichtigt werden, falls [KÜNSTLER] nach [STADT] kommt?« sowie einen Call-to-Action-Button. [STADT] wird dynamisch durch die nächstgelegene größere Stadt zum derzeitigen Aufenthaltsort des Besuchers ersetzt, der anhand der IP-Adresse geschätzt wird. Beim Klick erfolgt die E-Mail-Registrierung. (`tinyurl.com/7frk2sy`, vergleiche auch Screenshots in Kapitel 8 in Abschnitt 8.3.1 *Profildaten generieren.*)

2. Über Webseiten-Kontext und -Suchfunktion

Vorteile wie »Geld sparen« oder »Wissensvorsprung sichern« sind gut, aber auch abstrakt und teils abgedroschen. Unter Umständen reichen sie nicht, um Besucher zur Newsletter-Anmeldung zu bewegen. Jedenfalls nicht alleinstehend.

Formulieren Sie konkreter und nutzen Sie das bisschen, was Sie über neue Besucher bereits wissen: Zu welchen Begriffen hat er Ihre Shop-Suche befragt? Welches Schwerpunktthema besitzt der Blogartikel, den er gerade liest? Allein damit lassen sich Opt-in-Texte zuschneiden und somit relevanter ausgestalten. Je passgenauer die Formulierung, desto höher ist die Sichtbarkeit des Hinweises.

Abbildung 5.18 und Abbildung 5.19 zeigen, wie die Idee praktisch im Weblog umgesetzt wird. Der Artikel mit dem Titel »Part 2/3: Increasing the lifespan of your customers and decreasing your churn rate« (*Teil 2/3: Kundenlebensdauer erhöhen und Abwanderungsraten reduzieren*) bewirbt den Newsletter mit »Don't miss out! Get our posts via email and be the first to read Part 3!« (*Nicht verpassen! Erhalten Sie unsere Beiträge per E-Mail und seien Sie der Erste, der Teil 3 liest!*). Das ist klug umgesetzt. Denn wer bis zum Artikel-Ende gelesen hat, besitzt mit hoher Wahrscheinlichkeit auch Interesse am nächsten Teil der Blog-Serie.

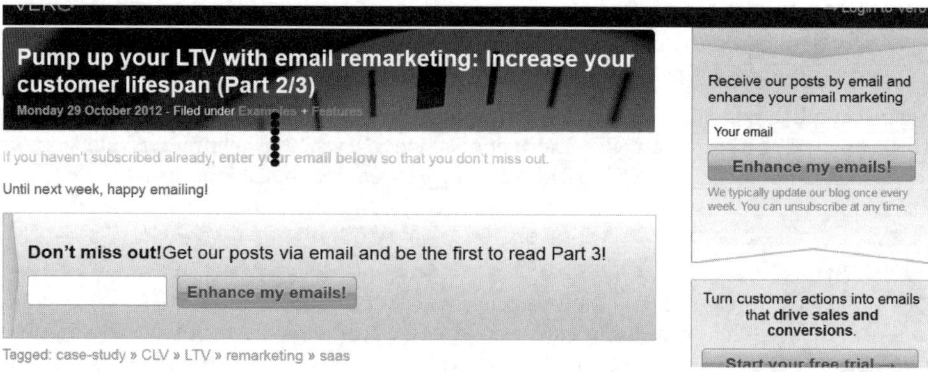

Abb. 5.18: »Be the first to read Part 3« – Opt-in-Texte, die zum Artikelthema passende Schlagworte beinhalten, erhöhen die Sichtbarkeit und das Interesse. (Beispiel: `getvero.com`)

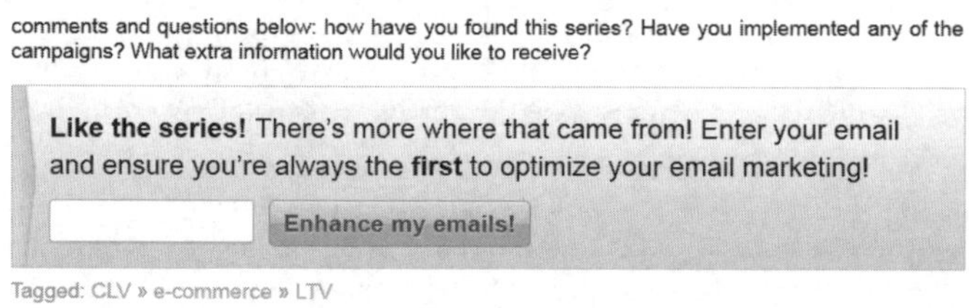

Abb. 5.19: Ein weiteres Beispiel für kontextsensitive Opt-in-Texte – der Abbinder in Teil 3 der Serie (`getvero.com`)

Tipp: kontextsensitive Opt-in-Texte in WordPress

Mit Content-Management-Systemen (CMS) lassen sich die beschriebenen Variationen zum Teil leicht umsetzen. Im populären WordPress kann ein benutzerdefiniertes Feld (*custom field*) angelegt werden, das für jeden Artikel individuell ausformuliert wird. Im Prinzip genauso wie die Überschrift. Mehr zum Thema Custom Fields unter `codex.wordpress.org/Custom_Fields`.

5.1.7 Stark: Modale Fenster, Light- und Thick-Boxes

Maximale Aufmerksamkeit für den Newsletter-Service erzielen Sie durch überraschende oder unterbrechende Werbeformate. Den Catfish Ad hatte ich bereits vorgestellt (siehe Abschnitt 5.1.5 *Footer: Catfish Ads und Toolbars*). Noch effektiver sind modale Fenster und verwandte Dialoge. So sehr solche Pop-ups auch verrufen und verhasst sein mögen – sie funktionieren bei der Adressgewinnung am besten. Und das ist aus Sicht des E-Mail-Marketers entscheidend. Jedoch gibt es gute und schlechte Umsetzungen ...

Was sind modale Fenster?

Zunächst: Was ist ein modales Fenster? Darunter können wir uns zunächst einmal eine (System-)Meldung vorstellen, die nach einem bestimmten Ereignis im Browser getriggert wird. Beispielsweise nach einer bestimmten Zeitspanne oder einer gewissen Anzahl besuchter Seiten. Charakteristisch ist dabei, dass der Nutzer erst mit der Meldung interagieren muss, bevor er mit dem ursprünglichen Nutzungsvorgang fortfahren kann.

Übertragen auf die Browserumgebung erscheint ein modales Fenster im Unterschied zum klassischen Pop-up oder Pop-under als Box in einer neuen Ebene innerhalb der gerade betrachteten Seite. Also nicht in einem neuen Browserfenster, das sich im Vorder- beziehungsweise Hintergrund öffnet. (»Fenster« ist damit in Bezug auf Webdesign ein bisschen irreführend, da meist eben keines geöffnet wird. Deshalb wird das modale Fenster auch als »Pop-over«, »Layer-Ad« oder »Overlay« bezeichnet.)

Das modale Fenster hält also den eigentlichen Nutzungsvorgang auf der besuchten Seite an. Es behält den Fokus bis zur Interaktion. Ohne Klick auf »Schließen«, »Abbrechen« oder »O. K.« verschwindet die Box nicht; der Hintergrund bleibt so lange gesperrt. Eng mit modalen Fenstern verwandt ist das Format »Lightbox«. Hierbei wird der Hintergrund abgedunkelt, um die Aufmerksamkeit noch stärker auf das im Fenster hervorgehobene Element – meist ein Foto – oder die enthaltene Mitteilung zu lenken (siehe Beispiel in Abbildung 5.65). Ein Klick auf den Hintergrund oder »Schließen« beendet dabei das Fenster in der Regel wieder. Im Unterschied dazu enthält die Thickbox nicht nur Bilder, sondern auch Onlineformular-Elemente.

Vorteile, Fallstricke und Tipps

Positive Eigenschaften solcher Dialoge: Im Gegensatz zu Pop-up- beziehungsweise Pop-under-Fenstern werden modale Komponenten, die in den Inhalt der betrachteten Webseite eingebunden sind, nicht durch Werbe-Blocker des Browsers beeinträchtigt. Der Überraschungseffekt und die erzwungene Unterbrechung erzeugen ein besonders hohes Maß an Aufmerksamkeit für die darin beworbene Newsletter-Anmeldung. Dieser Effekt kann durch Lightbox-Effekte noch gesteigert werden.

Fallstudien: QualityStocks – Newsletter-Anmeldungen verdoppelt

Michael McCarthy implementierte testweise eine Lightbox zur Bewerbung der Newsletter-Anmeldung in seiner Rubrik »Über uns« auf QualityStocks.net. Effekt: ein Plus von 158 Prozent an neuen Newsletter-Anmeldungen im Vergleich zum Vormonat. Die Homepage beinhaltete zwar bereits einen ausreichend prominenten Hinweis auf den E-Mail-Service. Da viele Besucher die »Über uns«-Seite aufriefen, bot sich hier weiteres Potenzial, das mit einer dort platzierten Lightbox besser ausgeschöpft werden sollte (`tinyurl.com/3rcgctb`). Bei SportChalet.com erzielte das modale Fenster im Vergleich zum Newsletter-Hinweis im Kopf- oder Fußbereich immerhin einen mehr als 85-prozentigen Lift (`tinyurl.com/cghh83u`). Monetate berichtet von einem Split-Test, der einen knapp 100-prozentigen Lift bei den Newsletter-Anmeldungen und einen 2-prozentigen Lift beim durchschnittlichen Bestellvolumen der Anmelder hervorbrachte (`tinyurl.com/cfvwdo8`).

Auch TheEmailGuide.com experimentierte mit einer Lightbox-Variante, die sich Besuchern nach 10 Sekunden Verweildauer auf allen Seiten zeigte. Die Zahl der Anmeldungen stieg um rund 400 Prozent (`tinyurl.com/c462j3p`). Es geht aber noch besser. Leo Notenboom von Ask-Leo.com erzielte mit modalen Fenstern sogar einen Zuwachs von rund 1000 Prozent bei den Newsletter-Bestellungen. Ein ähnlich starkes Resultat erzielte Godiva.com (`tinyurl.com/ckwr4sc`). Ergo: Probieren Sie die Variante also aus.

Es ist nicht alles Gold, was glänzt. Ein solch harter Einschnitt in den Webseiten-Besuch kann auch zu Unzufriedenheit beim Interessenten führen. Sorgen Sie dafür, dass einem durchschnittlich informierten Onliner zumindest auf Anhieb klar ist, wie der Dialog wieder geschlossen werden kann. Maßnahmen zur Entschärfung und Optimierung modaler Fenster können sein:

- eine gut sichtbare »[X]«-Schaltfläche oder ein »Schließen«-Link rechts oben im Fenster
- eine ergänzende Tastaturbelegung zum Schließen, beispielsweise für die Escape-Taste
- eine Zusatz-Option zum Schließen-Schalter, mit der sich das Fenster für immer ausblenden lässt; technisch installiert diese beim Klick ein »Block-Cookie« lokal auf dem PC des Nutzers
- ein gutes Incentive und die Abfrage weniger Daten – idealerweise nur die E-Mail-Adresse
- eine Möglichkeit, das Fenster per Mausklick im Außenbereich auszublenden
- Cookie- und IP-Sperren, mit denen eine Einblendung entweder nur für Erstbesucher der Seite sichergestellt wird oder zumindest eine erneute Einblendung bei einem Besucher für einige Wochen unterbunden wird
- Einblendung erst ab Erreichen
  - eines bestimmten Seitenbereiches (zum Beispiel das Beitragsende)
  - einer gewissen Besuchsdauer (zum Beispiel nach 60 Sekunden)
  - einer bestimmten Anzahl aufgerufener Seiten

  Hierbei gilt es, ein wenig zu experimentieren: Wird die Zeitspanne oder die Anzahl besuchter Seiten zu groß gewählt, gehen die Einblendungen und damit die Newsletter-Anmeldung rasch zurück. Wird sie zu klein gewählt, sind Kurzbesucher genervt.
- Weitere unnötige Einblendungen, beispielsweise nach dem Klick auf den Newsletter, können technisch ebenso vermieden werden, indem die E-Mail-Links mit einer speziellen Markierung versehen werden. Diese werden von der Landingpage erkannt, was die Auslieferung des Fensters unterbindet. Schließlich wurde der Newsletter in diesem Fall bereits abonniert.

Fallstudie: Timing beim modalen Fenster

Die Split-Test-Community WhichTestWon.com testete drei verschiedene Timer: Variante A triggerte das modale Opt-in-Fenster nach 15 Sekunden Besuchszeit, B nach 30 und C nach 45 Sekunden. Nur die Homepage sowie die Ergebnis-Seiten der Tests waren angebunden. Ein Cookie verhinderte Einblendungen bei wiederkehrenden Besuchern. Die durchschnittliche Verweildauer eines Besuchers betrug knapp 2,5 Minuten. Ergebnis: C konvertierte 50 Prozent (!) weniger Besucher als der Gewinner A. Das Timing hat demnach einen erheblichen Einfluss auf den Erfolg. (`tinyurl.com/aq39zx9`)

Vorsicht: Schlüsselseiten bei modalem Fenster ausschließen!

Achten Sie bei der Verwendung modaler Fenster darauf, dass Conversion-kritische und andere »ungünstige« Seiten, wie die Bestellseite oder die Newsletter-Anmeldeseite selbst, von der Einblendung ausgeklammert werden. Ansonsten besteht die Gefahr, dass plötzlich im Kaufprozess die Eingabe der Lieferadresse durch ein modales Fenster für die E-Mail-Registrierung unterbrochen wird. Augenscheinlich wenig wünschenswert ...

In Abbildung 5.20 findet sich beispielhaft eine Lightbox auf den Seiten des *Legal Tribune*-Magazins.

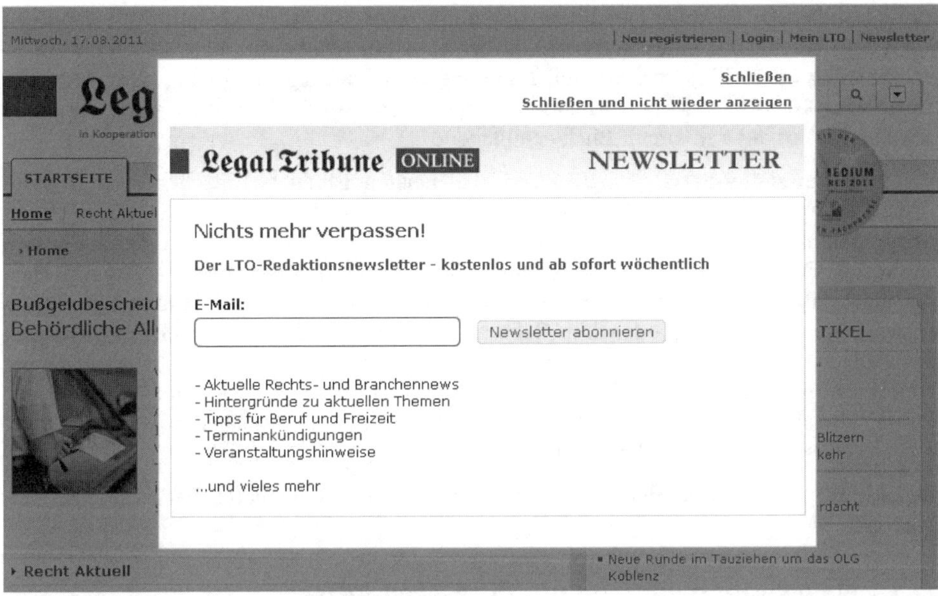

Abb. 5.20: Legal Tribune blendet bei der 2. aufgerufenen Seite eine Sign-up-Lightbox ein. (lto.de)

Tipp: Vorlagen nutzen, mit Layer-Elementen experimentieren

Viele E-Mail-Dienstleister liefern von Haus aus vorgefertigten HTML-Quelltext für modale Fenster oder Slider (AWeber Pop-over, mailingwork Opt-In Box et cetera). Den müssen Sie nur noch in Ihre Webseite einfügen und los geht's.

Auch, wenn es auf den ersten Blick aufdringlich erscheint – nutzen Sie dieses aufmerksamkeitsstarke Format, um mindestens vorübergehend, etwa während spezieller Aktionstage, oder dauerhaft das Wachstum Ihres E-Mail-Verteilers zu stimulieren. Oder um im Falle eines Falles Listenschwund entgegenzuwirken. Für Vorsichtige: Starten Sie mit einer Einbindung auf Unterseiten, die laut Webanalyse hohe Absprungraten verzeichnen, um die dortigen Besucher doch noch zu »fangen«. Experimentieren Sie zudem mit den vielen verschiedenen optischen Varianten: Manche scrollen von unten rein, andere bleiben am oberen Bildschirmrand haften.

Natürlich sollten Sie dabei andere Performance-Indikatoren nicht aus den Augen verlieren. Zum Beispiel die Entwicklung der Zahl der Bounces. Also der Webseiten-Besucher, die sofort wieder abspringen. Erhöht sich die Zahl schlagartig? Dann nehmen Sie das Pop-up wieder raus. Gegebenenfalls empfiehlt sich eine Wirtschaftlichkeitsrechnung, in der das Plus an Newsletter-Abonnenten gegen das Minus bei der Besuchsdauer gerechnet wird. Unterm Strich generieren Pop-ups viele Abonnenten in kurzer Zeit, die allerdings meist ein geringeres Interesse aufweisen und weniger treu sind. Damit sind wir bei der eingangs erwähnten Interessensabwägung: Adressquantität versus -qualität ...

5.2 Datensparsamkeit, Plausibilität und Tests

»Zwar weiß ich viel, doch möchte ich alles wissen«? Nein, Datengier verbietet sich bei der Adressgewinnung. Zu lange Formulare sind der Conversion-Killer schlechthin. Sie signalisieren dem Nutzer nur eines: Aufwand. Dabei ist es zunächst einmal gleich, ob die Angaben freiwillig oder obligatorisch sind. Der erste gefühlsmäßige Eindruck zählt. Und der nimmt eine Notiz »freiwillige Angaben« vielleicht nicht zur Kenntnis. Auch optionale Angaben wirken auf den ersten Blick erschlagend.

Für einen Newsletter-Service wird in den allermeisten Fällen technisch nur die E-Mail-Adresse zwingend benötigt. Das weiß auch Ihr Newsletter-Interessent. Mit umfassenden Formularen möchte sich niemand befassen. Insbesondere dann nicht, wenn bei der Bestellung von Werbung auch noch sensible Daten abgefragt werden. Während die Anrede, Herr oder Frau, dabei eher unproblematisch ist, sieht das beim verfügbaren Jahreseinkommen, der sexuellen Orientierung oder dem Geburtsdatum schon anders aus. Denken Sie daran, dass vielfach das Geburtsdatum das standardmäßig voreingestellte Passwort ist. Auch die Telefonnummer und die E-Mail-Adresse sind sensible Daten, da beide der Schlüssel zur Privatsphäre sind. Der Zugang wird nicht ohne Weiteres gewährt. Es bedarf gegebenenfalls besonderer vertrauensbildender Maßnahmen.

Folgende Dinge sollten bei der Ausgestaltung von Anmeldeformularen berücksichtigt werden:

5.2.1 Newsletter benötigen nur die E-Mail-Adresse

Erheben Sie eingangs nur die E-Mail-Adresse. Profilieren Sie später ergänzende Merkmale als freiwillige Angaben nach. Hierzu zählen dann zum Beispiel Anrede/Geschlecht, Geburtsdatum/Alter sowie die Postleitzahl. »Später« kann dabei durchaus die Bestätigungsseite nach erfolgter Eintragung meinen (Abbildung 5.21).

Einzelne Attribute können aber auch dort, wo sie noch fehlen, nach und nach im Rahmen der laufenden E-Mail-Kommunikation hinzugewonnen werden. Kleine Fragenblöcke à la »Wie dürfen wir Sie anreden – Herr oder Frau Mustermann?« im Newsletter oder auch größere Umfragen zwischendurch kosten prinzipiell nichts. Hierauf gehen wir an anderer Stelle noch einmal genauer ein (siehe Abschnitt 8.3.1 *Profildaten generieren.*)

5.2.2 Felder als freiwillig oder obligatorisch kennzeichnen

Datenschutzrechtlich gilt das Gebot der Datensparsamkeit und Datenvermeidung. Demnach dürfen nur so viele personenbezogene Daten erhoben werden wie nötig (vergleiche Abschnitt 22.5 *Wenige Pflichtfelder, Newsletter anonym nutzbar machen*). Und für einen Newsletter wird – wie erwähnt – nur die E-Mail-Adresse benötigt. Das *rechtliche* Risiko mag vielleicht minimal sein, falls sich der Nutzer unrechtmäßig dazu genötigt fühlt, vollständige Auskünfte zu erteilen. Erfreuen wird es ihn aber mit Sicherheit nicht – kein guter Start ins *Beziehungs*management.

Sparsamkeit hin oder her – manchmal ist es legitim, die Preisgabe von Daten zu verlangen. Man denke an die Lead-Generierung im B2B-Bereich. Der Zugang zu Whitepapers ist oftmals an die Eingabe diverser Angaben sowie an ein Werbeeinverständnis geknüpft. Dies ist quasi die Gegenleistung für das Know-how. In diesem Fall sollten aber Pflichtfelder deutlich als solche gekennzeichnet werden.

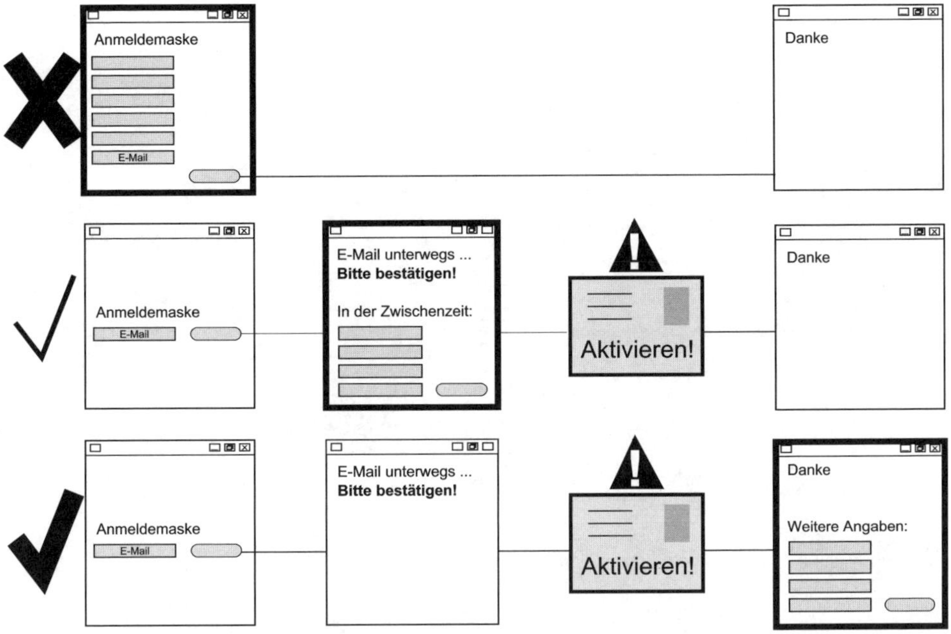

Abb. 5.21: Auf der Anmeldeseite (links) sollte nur die E-Mail-Adresse abgefragt werden – weitere Angaben wie die Anrede können auf der Folgeseite (Mitte) oder nach dem Klick in der Checkmail (rechts, siehe auch Double Opt-in in Kapitel 7) erhoben werden. Letztgenannte Variante ist vorzuziehen, da die Dateneingabe sonst von der erforderlichen Bestätigung ablenken könnte.

Aus **Usability**-Sicht empfiehlt es sich, obligatorische Felder nicht nur »irgendwie« kenntlich zu machen. Sondern sie sollten »scanbar« sein, also auf den ersten flüchtigen Blick bereits ins Auge springen. Wie erreicht man dies am besten?

- Ihr Formular besitzt (hoffentlich) mehr freiwillige als obligatorische Daten? Dann kennzeichnen Sie die obligatorischen – und umgekehrt, also diejenigen in Unterzahl. Ansonsten wirkt das Formular schnell überfrachtet. Dies würde abschrecken.
- Erklären Sie die gewählte Kennzeichnung kurz. Am besten oberhalb des Formulars, nicht darunter. Der Besucher liest schließlich von oben nach unten.
- Damit die Kennzeichnung hervorsticht, markieren Sie die betroffenen Felder mit einem kontraststarken Asterisk-Zeichen (*). Entweder vor dem Bezeichner oder dahinter, also direkt vor dem Eingabefeld. Am besten vertikal zentriert in einer separaten Spalte – auf einer Fluchtlinie (Abbildung 5.22). Hilfreich sind zudem weitere Hervorhebungen, die das Sternchen ergänzen, wie zum Beispiel Fettdruck der betreffenden Labels oder eine dunkelgraue statt weiße Hintergrundfarbe für das Pflicht-Eingabefeld.

Natürlich sind auch andere Varianten denkbar. HSE24 beispielsweise betont Pflichtfelder, indem diese einen dunklen linken Rand erhalten (Abbildung 5.23). Wie die Hervorhebung erfolgt, ob durch Sternchen oder Einrahmung (HTML-Tag `<fieldset>`) oder räumliche Trennung, ist eher sekundär. Wichtig ist, dass die Pflichtfelder auf Anhieb als solche sofort erkennbar sind.

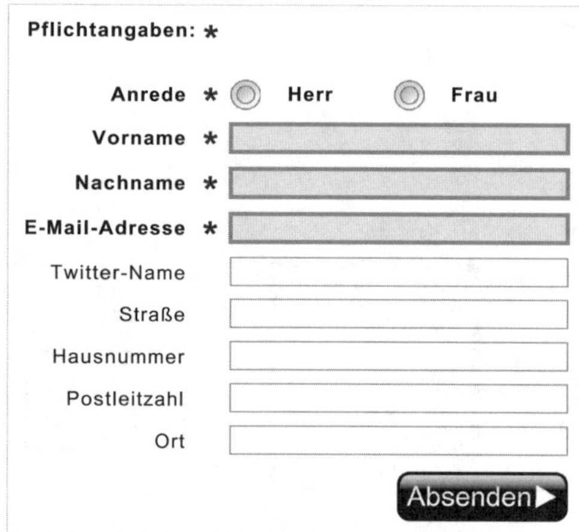

Abb. 5.22: Pflichtangaben »scanbar« markieren

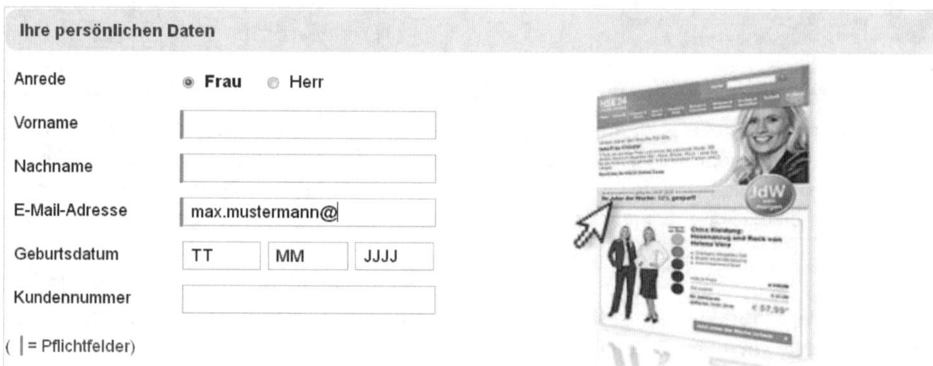

Abb. 5.23: HSE24 markiert Pflichtfelder mit einem fetten Rand zur Linken – noch deutlicher ist die Markierung, wenn eine Kombination aus Hintergrundfarbe, Asterisk-Zeichen (*) und Fettdruck verwendet wird.

5.2.3 Plausible Begründungen für zusätzliche Angaben

Begründen Sie, warum Sie gegebenenfalls weitere Daten zur E-Mail-Adresse abfragen. Dies gilt vor allem bei der Datengenerierung im Konsumentenbereich (B2C). Und zwar so, dass entweder der *Nutzen* für den Abonnenten deutlich wird. Oder zumindest so, dass ein allgemeines *Verständnis* für die Erhebung geschaffen wird. Exemplarisch:

- Anrede, Vorname und Nachname erheben Sie, um den Abonnenten persönlich zu begrüßen;
- Das Geburtsdatum, um ihm an seinem Ehrentag ein Überraschungsgeschenk zuzusenden. Oder um ein Mindestalter für die Inanspruchnahme des Services nachzuweisen. Etwa 18 Jahre, da Werbung für Spirituosen sich nicht an Jüngere richten darf. (Vergleiche hierzu auch Recht: Seite 723 *Wichtig: Wer kann überhaupt in Werbung einwilligen?* in Abschnitt 21.2.2 *Hintergrund: Die relevanten Gesetze.*)

- Die Postleitzahl erfragen Sie, da Sie passgenau auf die dem Abonnenten nächstgelegenen Filialen verweisen möchten (Abbildung 5.24). Oder sogar, weil Sie maßgeschneiderte Angebote nur aus seiner Umgebung empfehlen möchten.

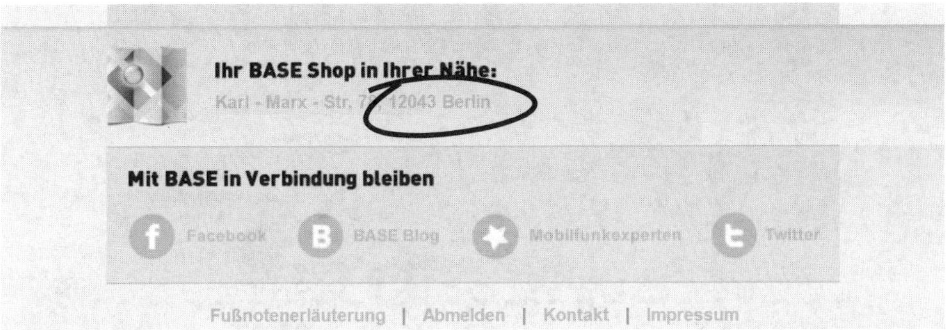

Abb. 5.24: Plausibel – Postleitzahl erfragen, um den nächsten Shop anzuzeigen (BASE)

Eine schlüssige Begründung steigert die Akzeptanz für die Dateneingabe. Und sie verhindert, dass sich ein negatives Bild von einer »Daten-Krake« im Kopf des Interessenten im Zusammenhang mit Ihrer Marke verankert.

5.2.4 Tipparbeit ersparen

Erheben Sie – insbesondere zu Beginn der Beziehung – nur solche Daten, die Sie auch *wirklich* benutzen. Sei es für Personalisierungszwecke in den E-Mails. Oder für anschließende Response-Auswertungen nach Zielgruppen, um festzustellen, ob beispielsweise ältere oder männliche Abonnenten anders auf ein Angebot reagierten als jüngere oder weibliche. Ergänzende Merkmale lassen sich später immer noch erfragen.

Sie können dem Interessenten auch Arbeit ersparen, indem Sie bestimmte Daten aus anderen automatisiert ableiten. Wer etwa im Besitz der Postleitzahl eines Empfängers ist, kann hieraus den Wohnort ableiten. Der Ort lässt sich dann für eine elegante Betreffzeilen-Personalisierung verwenden. Etwa »Berlin aufgepasst!« für die Postleitzahlenbereiche 10000 bis 10999, 12000 bis 12689 und 13000 bis 13629. Der Ort ist teilweise ebenso aus der IP-Adresse eines Besuchers ableitbar. Eine passende Datenbank zum Nachschlagen vorausgesetzt.

Sie können die abgeleiteten Informationen in unsichtbaren Feldern mitspeichern, sofern der Nutzer einverstanden ist. Ober zumindest das Formular damit als Vorschlag vorauszufüllen (Abbildung 5.25).

Ein weiterer Punkt: Vermeiden Sie offensichtliche Redundanzen in den Formularen. Ist die Anrede (Herr/Frau) bereits erfasst, muss nicht ein paar Zeilen darunter noch einmal das Geschlecht (Männlich/Weiblich) abgefragt werden. Klingt banal, kommt in der Praxis aber durchaus vor. Ebenso ist es fraglich, ob zwischen Vor- und Zuname wirklich noch die Initiale eines Mittelnamens erfasst werden muss. Wird dieses Datum wirklich genutzt? Vermutlich nicht. Fest steht aber, dass es für den Nutzer ungewohnt und daher irritierend ist. Also besser vermeiden.

Abb. 5.25: Beim Abonnement des REWE-Newsletters kann der Interessent auf Wunsch den Ort – und damit die nächstgelegene Filiale – aus seiner IP-Adresse ableiten lassen (2x oben). Beim real-Newsletter verarbeitet das Formular die IP auch ohne vorherige Zustimmung (unten). (Quelle: `rewe.de` bzw. `real.de`)

Vorsicht: Rechtliche Stolperfallen bei der Datenveredelung

Vorsicht ist beim sogenannten *Append* geboten, also der Datenanreicherung über Dritt-Quellen. Zu einer E-Mail-Adresse lassen sich im Open Graph von Facebook & Co (*Social Media Data Append*) oder mittels spezialisierter Dienstleister meist problemlos weitere demografische Daten der betreffenden Person ermitteln. Zum Beispiel das Geschlecht, der Wohnort oder ein Profilbild. Allerdings dürfen diese nach herrschender Meinung nicht ohne Wissen und Zustimmung einfach so zugespeichert und für Werbezwecke verwendet werden. Es gilt das Recht auf informationelle Selbstbestimmung. Vor diesem Hintergrund sind auch Features wie Facebooks Instant Personalization den Datenschützern ein Dorn im Auge (Abbildung 5.26). Im Rahmen der Instant Personalization stellt Facebook ausgewählten Webseiten in Echtzeit Profildaten des Besuchers zur Verfügung, mit denen der Webseiten-Besuch personalisiert werden kann.

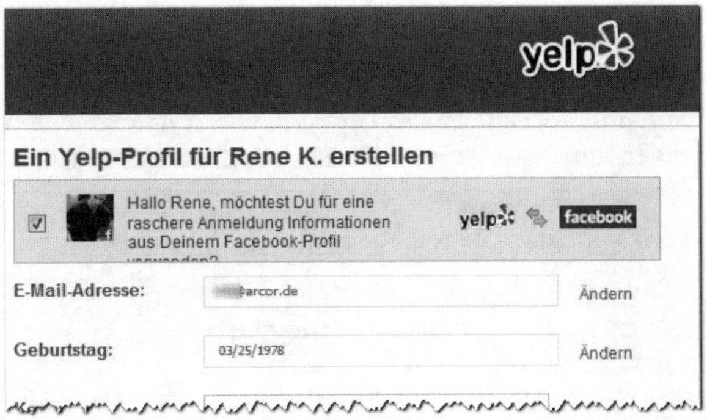

Abb. 5.26: Umstrittene Instant Personalization – ungefragt wird das Formular mittels Daten von Facebook.com vorausgefüllt. (yelp.de in 2010)

5.2.5 Formulare effizienter gestalten

Auch die Interaktion mit dem »Formular abschicken«-Knopf kann eine persönliche Angabe preisgeben. Sehr elegant ist die Variante, die Schaltfläche in mehrere Knöpfe zu splitten.

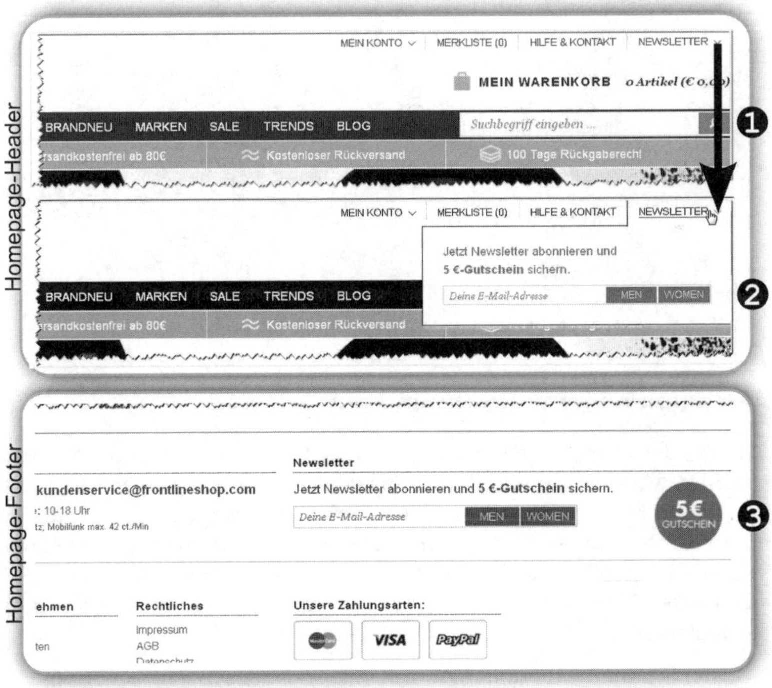

Abb. 5.27: Frontlineshop.com ersetzt einen »Abschicken«-Knopf durch zwei: »Frauen« und »Männer« (2). Im Kopfbereich der Webseite öffnet sich das Anmelde-Fenster, sobald der Mauszeiger über den Punkt »Newsletter« fährt (1) – der Such-Schlitz lenkt das Auge dorthin. Im Fußbereich findet sich ein weiterer Newsletter-Hinweis (3).

Beispielsweise ersetzen die Onlineshops von ASOS, 7trends, Zalando und frontline-shop.com (Abbildung 5.27) *einen* »Absenden«-Schalter neben dem E-Mail-Adressfeld durch die *zwei* Schalter »Mann« und »Frau«. Statt zwei Feldern und einem Absenden-Knopf besteht das Formular damit also aus einem Feld und einem zweigeteilten Absenden-Knopf. Der Nutzer spart bei der Eintragung eine Aktion.

Die Lösung basiert auf JavaScript und ist damit zwar nicht barrierefrei. Bei einigen Newsletter-Interessenten könnten also technische Probleme auftreten.

5.2.6 Befristete Schnupper-Abos einräumen

Das Phänomen Greymails beleuchten wir in Abschnitt 22.5 *Wenige Pflichtfelder, Newsletter anonym nutzbar machen* noch genauer. Vorweg sei erwähnt, dass hierunter Newsletter fallen, die bestellt wurden, inzwischen aber uninteressant geworden sind. Es entspricht dem Lebenszyklus so ziemlich jedes Newsletters, irgendwann zu Greymail zu werden. Zumindest dann, wenn er nicht abbestellt wird.

Dass Greymails die Postfächer verstopfen, wissen auch die Newsletter-Interessenten. Um ihnen die »Angst« zu nehmen, sich irgendwann um die Austragung kümmern zu müssen, bietet sich ein Abonnement mit zeitlicher Begrenzung an. Wer den Newsletter von vornherein nur für ein oder zwei Monate ordert, geht ein überschaubares Risiko ein. Das Modell eignet sich vor allem für Werbegegenstände, die einen vorübergehenden Bedarf ansprechen, wie zum Beispiel Last-Minute-Reise-Angebote.

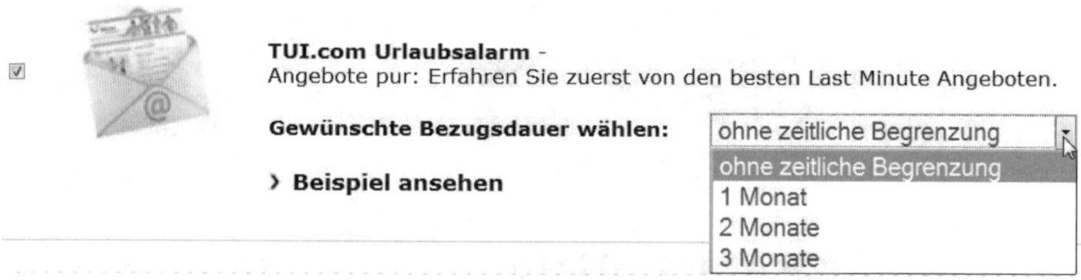

Abb. 5.28: Opt-in mit zeitlicher Befristung (tui.com).

5.2.7 Ablenkende Elemente eliminieren

Eine Grundregel der Conversion-Optimierung lautet: Entschärfe alle Seitenelemente, die den Interessenten während einer Registrierung doch umstimmen könnten. Klickt der Interessent auf der Homepage »Newsletter abonnieren« an, dann ist eine Seitennavigation über dem anschließenden Anmelde-Formular überflüssig beziehungsweise sogar schädlich. Der Nutzer soll schließlich ab diesem Punkt lediglich die Daten eintragen und auf »Absenden« klicken. Erst dann führt er seinen Webseiten-Besuch fort. Anbieter wie AppSumo.com haben dieses Prinzip verinnerlicht.

Ein interessanter Ansatz in diesem Zusammenhang ist das **Data-Pixel-Design**. Was sind Daten-Pixel? Rian van der Merwe (Smashing Magazine) definiert Daten-Pixel als diejenigen Bildpunkte eines Designs, die für die Primär-Aufgabe, die der Webseiten-Besucher durchführen soll, *unbedingt* nötig sind (`tinyurl.com/cabkpa8`).

Abb. 5.29: Landingpage ohne ablenkende Elemente wie eine Navigation. Hier geht es einzig darum, die E-Mail-Adresse abzugreifen. Die Presse-Referenzen signalisieren Qualität und erzeugen Vertrauen. Ähnlich wie bei Abbildung 5.43. (`appsumo.com`)

Der Ansatz lehnt sich an Edward Tuftes Grundregeln für Datenvisualisierung und an sein bekanntes Daten-zu-Tinte-Verhältnis an:

- Erreicht dieses Verhältnis die bestmögliche Ausprägung eins, dann kann kein Punkt in einer Infografik (beziehungsweise Pixel in einem Webdesign) mehr entbehrt werden, ohne dass Informationen (Conversion-relevante Elemente) abhandenkommen.
- Umgekehrt hat sich für Grafiken, die in Richtung null tendieren, der Begriff Chartjunk eingebürgert. Man denke an dreidimensionale Torten-Diagramme, die gleich in zweifacher Hinsicht »Müll« sind – Balken- oder Punktdiagramme zeigen Unterschiede effektiver und 3D-Effekte braucht es schon gar nicht.

Ein Beispiel für Daten-Pixel-Verhältnis von nahe eins liefert `AppSumo.com/clarity` (Abbildung 5.30).

Abb. 5.30: Maximales Daten-Pixel-zu-Pixel-Verhältnis – die AppSumo.com-Landingpage fokussiert zunächst die Newsletter-Anmeldung per responsivem Design. Erst beim Klick auf den Pfeil nach unten (hier schwer zu erkennen auf der runden Fläche) enthüllen sich weitere Informationen.

5.2.8 Verständliche Sprache verwenden

Vermeiden Sie erklärungsbedürftigen Fachjargon der Online-Branche. Ihre Zielgruppe kann womöglich mit Fragen wie »Möchten Sie den Newsletter im HTML- oder Text-Format?« genauso wenig anfangen wie mit den Begriffen »Preference Center« oder »Opt-in«. Der Werbetreibende übersetzt dies daher besser mit »farbig und mit Bildern?«, »Newsletter-Einstellungen« beziehungsweise »Werbeeinverständnis«.

Studie: Bezeichnung »HTML« wenig geläufig

Die Global Consumer Survey 2009 von Epsilon ergab, dass fast jeder Zehnte den Unterschied zwischen HTML- und Text-Format beim Newsletter nicht kennt. Falls Sie bei der Anmeldung eine Format-Auswahl bieten, dann sollten Sie stattdessen eine weniger technische Beschreibung wählen. Denn den Nutzer im Registrierungsformular vor eine unklare oder verwirrende Auswahl zu stellen, ist tödlich für die Conversion (Abbildung 5.31). Dies gilt übrigens ebenso für pseudo-nützliche Features – stiftet eine Wahlmöglichkeit überhaupt Nutzen?

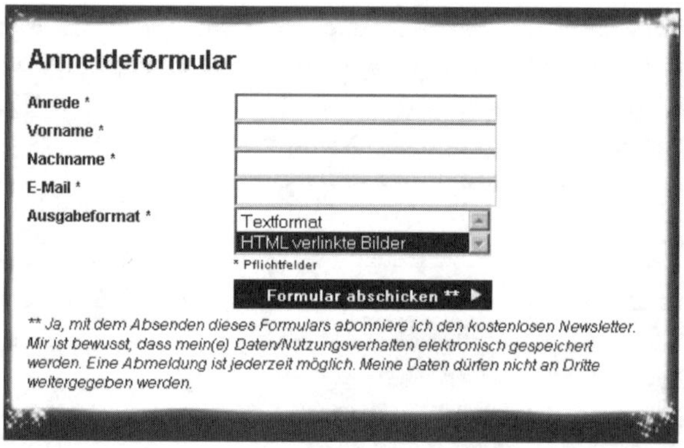

Abb. 5.31: Wieso »Ausgabeformat«? Und was sind »HTML verlinkte Bilder«? (`phantasialand.de` in 2010)

Verständliche Sprache bezieht sich auch auf die Beschriftung des Absender-Knopfes (vergleiche Abschnitt 5.1.3 *Wording: »Newsletter« versus »Preisalarm«*).

5.2.9 Formular-Performance analysieren

Planen Sie von vornherein ein, hin und wieder Anmelde-Varianten gegeneinander zu testen. Um Verbesserungspotenziale aufzudecken, kann auf spezielle Formularanalyse-Werkzeuge zurückgegriffen werden. Über sogenannte *Event-Tracker* lässt sich dann ermitteln, wann und wie lange welches Formularfeld bei der Registrierung aktiviert wurde. Ein typisches Formular-Reporting enthält pro Feld:

- Ausfüll-Status,
- Eingabedauern und
- Abbruchquoten.

Die Analyse deckt Hürden bei der Registrierung auf, die verantwortlich für hohe Abbruchquoten sein könnten. Ergänzend bieten sich Usability-Tests im Rahmen von Nutzer-Panels an. Oder Bildschirmaufzeichnungen, wie sie von `m-pathy.com`, `mouseflow.com` und anderen angeboten werden.

Verpassen Sie nicht die Chance, auch aus den Experimenten zu lernen, deren Ergebnisse andere Werbetreibende veröffentlichen. Lassen Sie sich inspirieren. Anregende Beispiele speziell für Newsletter-Anmeldungen finden sich etwa unter `abtests.com/browse/sign-up/`.

5.3 Vertrauensbildende Maßnahmen

5.3.1 Studien: Bekenntnis zum Datenschutz ist Pflicht

In den vergangenen fünf Jahren jagte ein Datenschutzskandal den nächsten. Dies sensibilisierte die Öffentlichkeit noch mehr für den sorgsamen Umgang mit persönlichen Daten, die Werbern anvertraut wurden. Gerade bei Datenpannen mit E-Mail-Adressen schien lange kein Ende in Sicht. In zig Fällen ist vertrauliches Adressmaterial entwendet worden (*Data Loss*) oder durch Unachtsamkeit öffentlich geworden (*Data Leak*).

Am Rande: Rückblick auf Datenskandale

Facebook legte Mitte 2010 angeblich alle E-Mail-Adressen für eine halbe Stunde offen, bei AT&T konnten die Adressen von 114.000 iPad-Besitzern ausgelesen werden, die Postfächer der carder.cc-Mitglieder wurden veröffentlicht, 150.000 E-Mail-Adressen von Schlecker-Kunden konnten online eingesehen werden, im Herbst 2010 sorgte ein Hack des E-Mail-Service-Dienstleisters Silverpop für Furore, im April 2011 folgten Epsilon mit schätzungsweise rund 50 betroffenen Kunden sowie diverse weitere E-Mail-Diensteanbieter, Sony Playstation legte im gleichen Monat mit über 100 Millionen betroffenen Kunden nach, Neckermann folgte im Mai mit 1,2 Millionen E-Mail-Adressen, Acer, Citibank, REWE und viele mehr waren betroffen.

Versetzen Sie sich in die Lage Ihrer Interessenten: Unterschwellig herrscht stets die Angst, seine persönlichen Angaben an den Schwarzmarkt für unerwünschte Werbeaktionen zu verlieren. Das Vertrauen in die Datensicherheit der Onlinebranche ist erschüttert. Dies schlägt sich logischerweise auch in der öffentlichen Stimmung und in Befragungen nieder, die die Bereitschaft erfassen, persönliche Angaben preiszugeben. Fünf Statistiken hierzu, um einen Eindruck zu vermitteln:

- Fittkau & Maaß ermittelten in der 28. W3B-Studie, dass 56 Prozent Datenmissbrauch beim Online-Einkauf fürchten. Etwa jeder Fünfte hatte im vorangegangenen Halbjahr falsche Angaben bei Registrierungen gemacht, um unerwünschten Werbe-E-Mails (66 Prozent) oder dem Datenverkauf (62 Prozent) vorzubeugen.
- Eine Befragung des Instituts für Demoskopie in Allensbach Anfang 2009 brachte hervor, dass 82 Prozent Unternehmen bei der Datenspeicherung misstrauen und 52 Prozent in letzter Zeit vorsichtiger bei der Angabe persönlicher Daten geworden sind.

- Forsa stellte für BITKOM in einer repräsentativen Umfrage fest, dass Internetnutzer im Schnitt drei E-Mail-Adressen nutzen, vermutlich um sich vor Spam-E-Mails zu schützen. Der Branchenverband bestätigt die Vorgehensweise und empfiehlt explizit, für Werbe-E-Mails gesonderte E-Mail-Adressen zu nutzen.
- Das Siegfried Vögele Institut fand 2010 heraus: Neun von zehn Onlinern glauben, das Thema Datenschutz werde von Werbetreibenden nicht ernst genommen.
- Der Deutsche Dialogmarketing Verband (DDV) kam in einer Befragung von 840 Verbrauchern Anfang 2013 zu folgenden Ergebnissen: Hohe Zustimmung genießen Aussagen wie »Ich gebe so wenig Daten wie eben möglich über mich im Internet preis«, »Bevor ich persönliche Daten im Internet preisgebe, erkundige ich mich über den Anbieter und die zukünftige Datennutzung« und »Es muss Transparenz darüber herrschen, was mit den Daten gemacht wird«. Verbraucher erwarten also, dass sich Unternehmen zum Datenschutz bekennen und dies deutlich kommunizieren.

Studie: Zwar Datenschutz-Bedenken, doch Anreize wiegen diese auf

Dass die öffentliche Wahrnehmung zur Datensicherheit und die gelebte Praxis der Onliner bei der Datenpreisgabe nicht unbedingt deckungsgleich sind, zeigt wiederum eine Untersuchung des Instituts zur Zukunft der Arbeit (IZA). In einem Experiment wurden Studenten der Technischen Universität Berlin aufgefordert, eine DVD in einem von zwei Amazon-Shops A und B zu kaufen. Der Händler A bot die DVD um einen Euro minimal günstiger an als B, fragte dafür allerdings zu den üblichen kaufrelevanten Daten weitere Merkmale bei der Bestellung ab. Auch sensible Angaben wie »Geburtsdatum« und das Tabuthema »Einkommen«.

Ergebnisse: Über 90 Prozent (!) stürzten sich dennoch auf die etwas günstigere DVD bei Händler A und erteilten für den gesparten Euro bereitwillig die zusätzlichen Auskünfte. Besonders interessant: Auch bei Preisgleichheit zwischen A und B war die Angabe der zusätzlichen Daten kein kaufrelevantes Shop-Merkmal – rund die Hälfte bestellte immer noch in Shop A, der auch das Einkommen und Geburtsdatum erfragte. Und die Angaben zu den Einkommensverhältnissen wurden dabei nicht einmal fingiert, sondern ehrlich erteilt. Allerdings wurde die Zufriedenheit negativ beeinflusst. Dies legt einen negativen Image-Effekt nahe, sofern Daten erhoben werden, die situativ nicht plausibel erscheinen.

Vertrauensbildende Maßnahmen sind heute mehr denn je vonnöten, um

1. die erforderlichen Daten in der gewünschten Qualität und
2. gleichsam zufriedene Abonnenten zu erhalten.

Auch bei der Newsletter-Anmeldung. Vorbehalte bezüglich der Datensicherheit und bezüglich der Achtung der Privatsphäre müssen ausgeräumt werden. Sonst steigen

- die Abbruchquote
- der Anteil bewusster Falsch-Eingaben
- die Eingaben sekundärer Wegwerf- oder Alias-Adressen für Spam, die der Interessent heute im Nu in seinem Webmail-Postfach kreieren kann

Adress-Qualität und -Quantität wären damit beeinträchtigt. Und gehen Sie nicht davon aus, dass Ihr Besucher den Nutzen einer »verschlüsselten Internet-Verbindung« auf Anhieb erkennt. Dies erfordert eine aktive Bewerbung.

5.3.2 Vertrauen in den Anbieter und seine Inhalte

Die beschriebenen Datenskandale rütteln nur an einer der beiden Seiten der Vertrauens-Medaille. Hier stellt der Newsletter-Interessent sich beim Anblick des Anmelde-Formulars Fragen wie:

- Traue ich dem Werbetreibenden zu, meine Daten sicher aufzubewahren?
- Und gibt er mir einen digitalen Radiergummi an die Hand, mit dem ich meine Entscheidung bei Bedarf wieder revidieren kann?

Die zweite Seite schließlich ist das Vertrauen darauf, dass die zugesandten E-Mail-Inhalte später auch wirklich relevant und nützlich sind. Auch in diesem Punkt muss der Anbieter überzeugen.

Vermitteln Sie also ein Gefühl von Sicherheit *und* Nutzen (Abbildung 5.32). Dies funktioniert am besten durch visuelle Reize und implizite Code-Worte. Denn das Gefühl sicher/unsicher bildet sich beim Besucher innerhalb von Millisekunden nach dem Seitenaufruf.

Abb. 5.32: Vertrauen in die Sicherheit des Anbieters und in die Güte seiner Inhalte

Zwei Beispiele aus der Praxis sollen dies verdeutlichen.

Vergleichen Sie die beiden Anmeldeseiten in Abbildung 5.33 und Abbildung 5.34: miteinander. Was sieht der Nutzer jeweils in der Orientierungsphase? Im Beispiel von Abbildung 5.33 sticht ein optisch wenig ansprechendes Formular mit langen Eingabezeilen (1) ins Auge. Das sieht nach Aufwand aus. Hinzu kommt ein Textabsatz in hellgrauer Schrift auf weißem Grund (2), von dem der Werber scheinbar nicht möchte, dass der Interessent ihn liest. Reaktanz, also genau das Gegenteil, ist die Folge – der Besucher versucht flüchtig, den Passus zu entziffern. Dabei springen ihm sperrige und wenig bildhafte Codes wie »Pflicht«, »regelmäßig«, »Angebote«, »Datenweitergabe« und »Adressnutzung für Werbung« ins Auge. Im Zusammenspiel erzeugt dies weder Vertrauen in den Anbieter noch in dessen Kommunikationsqualität.

Anders hingegen die Anmeldemaske in Abbildung 5.34: Der Anbieter versichert mehrfach, dass die Daten »sicher« aufbewahrt und »verschlüsselt« übertragen werden. Der Interessent ist eingeladen, Daten »freiwillig« anzugeben. Er kann dies »jederzeit, in jedem Newsletter« wieder rückgängig machen. Für Rückfragen gibt es einen direkten E-Mail-Draht zum Datenschutzbeauftragten. Und inhaltlich erwarten ihn schließlich »Neuigkeiten«; anhand des Newsletter-Beispiels zur Rechten kann sich der Interessent auch direkt ein Bild machen.

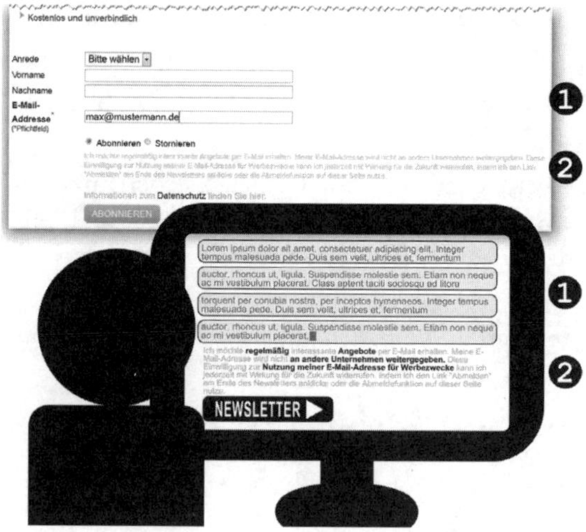

Abb. 5.33: Newsletter-Anmeldung – und wie sie im ersten Moment wahrgenommen wird

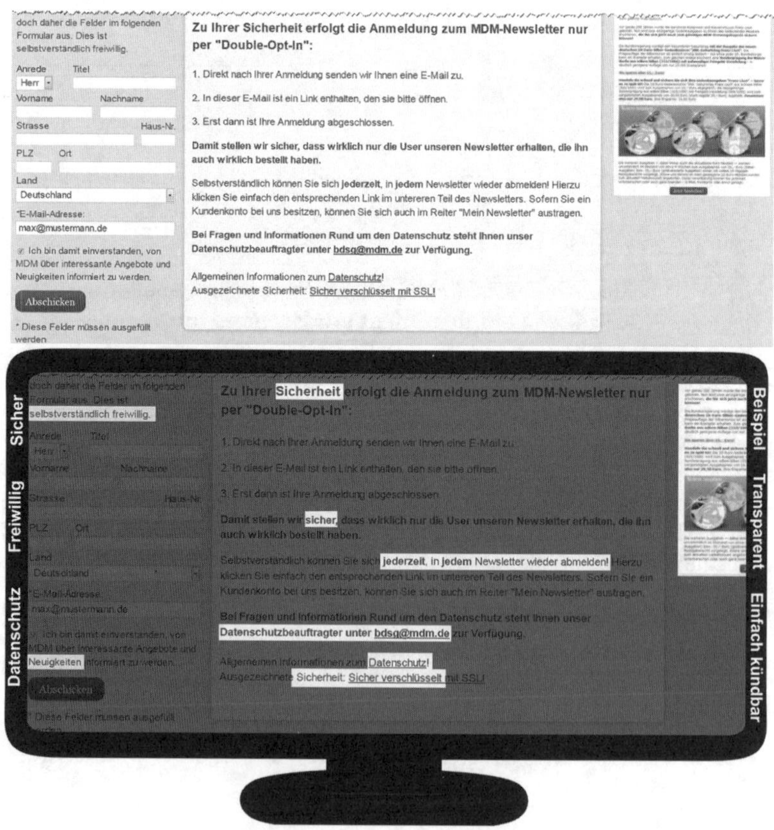

Abb. 5.34: Diese Newsletter-Anmeldung erzeugt eher Vertrauen in den Anbieter und dessen Newsletter-Qualität. (`mdm.de`)

Sie sehen: Kleine, aber feine Unterschiede entscheiden über Erfolg und Misserfolg. Geben Sie Ihren Newsletter-Interessenten eine echte Vertrauens-Garantie, keine Klauseln in grauer Schrift auf weißem Hintergrund.

Schauen wir uns nach dieser generellen Betrachtung noch einmal genauer an, wie Vertrauen in den Anbieter erzeugt werden kann.

5.3.3 Sicherheit visualisieren

Ein Bild sagt mehr als tausend Worte – der Hinweis, »Ihre Daten sind bei uns sicher und werden nicht weitergegeben« ist zwar gut. Ein aussagekräftiges Piktogramm, wie das Sicherheitsschloss, symbolisiert auf Anhieb noch besser und vor allem schneller eine risikolose Umgebung. Schließlich wird die Entscheidung, ob einem Anbieter Vertrauen geschenkt wird oder nicht, häufig sofort und implizit gefällt, also ohne bewusste Aufmerksamkeit. Zeigen Sie also auch grafisch deutlich wie der Anbieter Mint.com in Abbildung 5.35, dass Sie das Thema Sicherheit auf Ihrem Radar haben.

Abb. 5.35: Das Schloss zeigt: Hier sind meine Daten sicher!

5.3.4 Persönlichkeit und Dialogmöglichkeiten

Verschließen Sie sich nicht. E-Mail ist genauso wenig eine Einbahnstraße wie Ihr Facebook-Profil. Bieten Sie stattdessen offene Dialogmöglichkeiten und zeigen Sie dabei, wer hinter dem Service steckt. Denken Sie an:

- einen gut sichtbaren Link zum Impressum
- eine Kontaktmöglichkeit zu Ihrem Datenschutzbeauftragten (Abbildung 5.34)
- eine »Team«- oder »Über uns«-Seite, die der möglicherweise unbekannten Firma oder Marke ein persönliches Gesicht verleiht
- einen Chefredakteur, der à la Claus Hipp (»Dafür stehe ich mit meinem Namen«) mit seinem Konterfei für Qualität bürgen kann (Abbildung 5.36)
- eine prominente Kontaktmöglichkeit bei Rückfragen – per E-Mail, kostenfreier 0800-Nummer, Echtzeit-Chat, Skype oder Ähnlichem

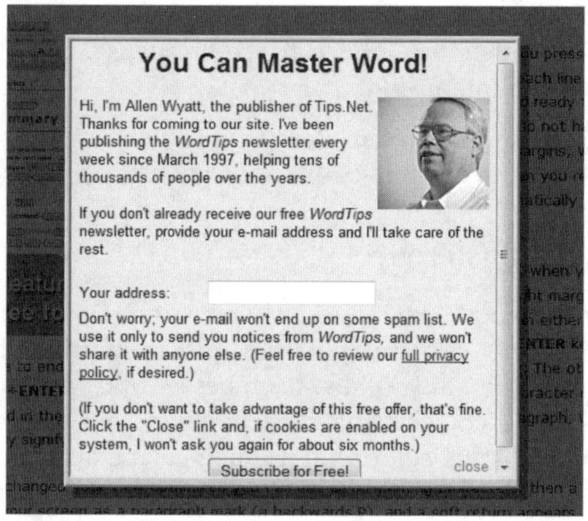

Abb. 5.36: Auch das Konterfei einer Person kann als Vertrauensverstärker fungieren. (`tips.net`)

5.3.5 Datenschutzerklärung, Widerrufsmöglichkeit und Opt-in-Text

Das Siegfried Vögele Institut untersuchte 2010 die Erfolgsfaktoren bei Werbe-Einwilligungen in Brief-Werbung (`tinyurl.com/d39llyn`). Dabei kristallisierten sich unter anderem die drei folgenden Dinge heraus:

- Mehr als vier von fünf Probanden beurteilen eine hinreichend geklärte **Datenverwendung** als wichtig. Ein expliziter Hinweis darauf, dass die Daten nicht weitergegeben werden, wird sehr geschätzt. Existiert kein solcher Hinweis, gehen die Abonnenten davon aus, dass nur das anfragende Unternehmen die Daten erhält.

  Einen prominenten Link zur Datenschutzerklärung verlangt der Gesetzgeber (siehe Abschnitt 22.9 *Datenschutzerklärung*). Aber auch Ihre Interessenten halten danach Ausschau. Darin müssen unter anderem Umfang und Zweck der Datenspeicherung verständlich und übersichtlich geklärt werden.

  Weiterhin kann die explizite Zusatzinformation darüber, dass die Daten nicht **weitergegeben** oder verkauft werden, die Vertrauenswürdigkeit unterstützen. Transparenz ist Trumpf – wenn Sie die Daten also an Auftragsdatenverarbeiter wie den E-Mail-Dienstleister auslagern, kommunizieren Sie dies ebenfalls dort. Ein unübersichtliches mehrzeiliges Textfeld anstelle eines Links empfiehlt sich für den Datenschutzhinweis übrigens nicht. Das riecht eher nach unliebsamem Vertragswerk als nach transparenter Aufklärung (Abbildung 5.37).
- Der Hinweis auf eine **Widerrufsmöglichkeit**, also wie und wann das Einverständnis zur Datenverwendung und -speicherung wieder entzogen werden kann, beurteilten vier von fünf Befragten als wichtig. Klären Sie also vorab bei der Anmeldung an Ort und Stelle, dass sich in jeder E-Mail ein Link befindet, der die Abmeldung beispielsweise mit nur einem Klick ermöglicht. Und dass dies genauso auf der Seite »http://x.y/abmelden« und gegebenenfalls per E-Mail an »abmelden@xy.z« möglich ist.
- Zur **Länge des Opt-in-Textes:** Zwar werden kurze Texte für Werbeeinwilligungen generell bevorzugt; die längste Einverständniserklärung genoss aber das höchste Vertrauen. Was nun in Ihrer Zielgruppe nachhaltig den Verteilerausbau unterstützt, ob beispiels-

weise eher »Monatlichen Newsletter abonnieren« oder »Ja, ich möchte den monatlichen E-Mail-Newsletter von der Firma Mustermann GbR zum Thema Kochen, den ich jederzeit mit Klick auf Abbestellen oder per E-Mail an abmelden@musterfirma.de oder auf musterfirma.de/abmelden widerrufen kann«, das gilt es zu erproben.

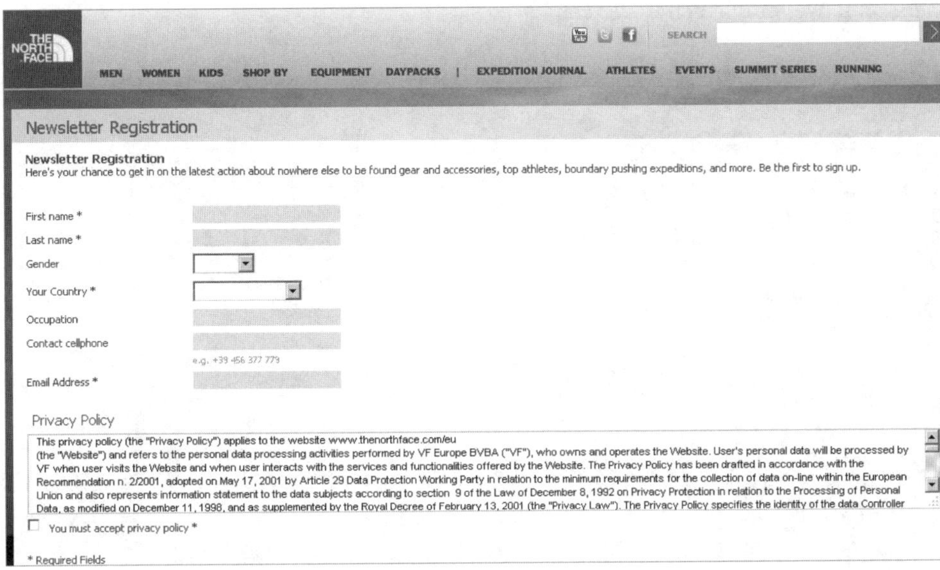

Abb. 5.37: Nicht empfehlenswert: Textfeld statt Webseiten-Link für die Datenschutzerklärung (`thenorthface.com`)

5.3.6 Gesicherte HTTPS-Formulare

Eine *Secure Socket Layer*(*SSL*)-Verschlüsselung der Formulardaten ist im Sinne der Kommunikations-Datenschutzrichtlinie der EU (2002/58/EG). Die fordert eine »sichere« Datenübertragung.

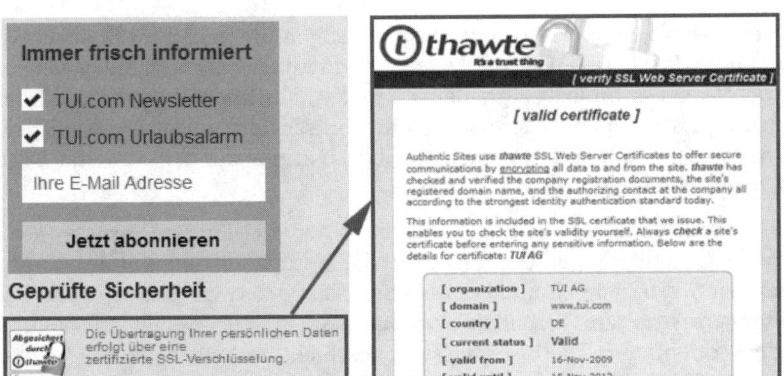

Abb. 5.38: »Geprüfte Sicherheit«-Hinweis auf eine SSL-verschlüsselte Verbindung bei TUI.com – beim Klick erhält der Nutzer Informationen seitens der zertifizierenden Stelle.

Die Einbindung entsprechender Zertifikate für die HTTPS-Verbindung sorgt dafür, dass ein Sicherheitssymbol oder Ähnliches im Browser beim Nutzer angezeigt wird. So zeigte etwa im Beispiel Mint.com (Abbildung 5.35) der Hinweis auf den Webseiten-Besitzer »INTUIT« in der Firefox-Adresszeile, dass es sich um ein gültiges Sicherheitszertifikat handelt. Die Internetverbindung – und damit auch die Formulareingaben – können also nicht mehr ohne Weiteres abgehört werden.

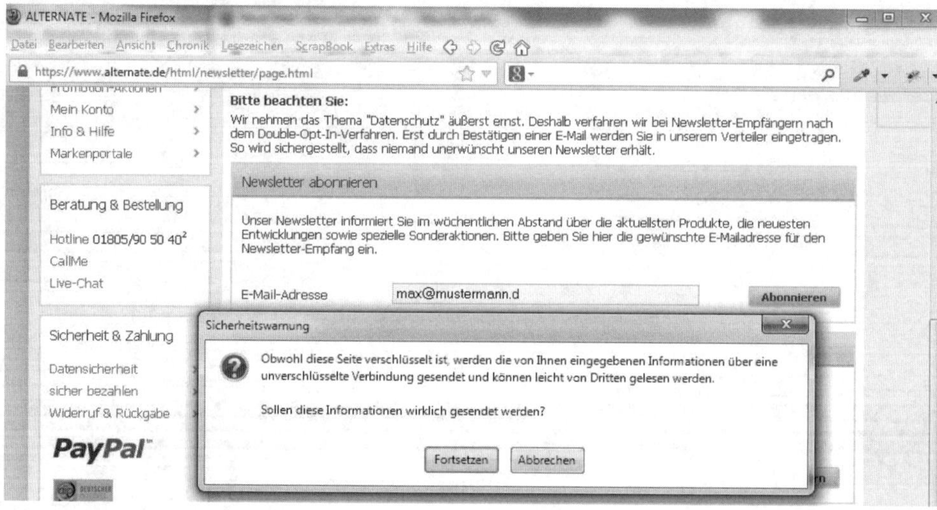

Abb. 5.39: Fallstricke lauern unter anderem dort, wo verschlüsselte HTTPS-Verbindungen bestehen, aber Formulardaten unverschlüsselt per HTTP übermittelt werden sollen. Der Browser warnt den Benutzer davor. Dies versprüht augenscheinlich wenig Vertrauen. (`alternate.de`)

5.3.7 Testimonials und Zertifikate

Sind Sie zertifiziert durch eine namhafte Institution, wie zum Beispiel dem TÜV SÜD? Dann verpassen Sie nicht die Chance, mit dem verdienten Siegel auch bei der Newsletter-Anmeldung zu werben. Dies gilt umso mehr, je weniger Bekanntheit die Marke ausstrahlt.

Auch Vertrauensanker in Form von Erfolgsgeschichten und positiven Bewertungen durch Ihre Käufer oder Webseiten-Besucher bieten Orientierung. Falls vorhanden, verwenden Sie Auszüge von Dankesschreiben zufriedener Kunden (Testimonial-Werbung). Erfahrungen anderer machen zögernden Interessenten die Entscheidung leichter. Manchmal reicht bereits ein einfaches »Mit dem Newsletter bleibe ich immer auf dem Laufenden« in Anführungszeichen (Abbildung 5.40).

Damit zusammen hängt Robert Cialdinis Prinzip der sozialen Bewährtheit (*Social Proof*). Auf das Marketing übertragen bedeutet dies, die Herdentier-Neigung des Menschen zur Erreichung der Werbeziele zu nutzen. Also den Hang, dass wir uns besonders bei vagen Entscheidungen gerne am Verhalten beziehungsweise den »Gefällt mir«-Markierungen vieler anderer orientieren. Die Beeinflussung geschieht im Unbewussten – man denke an die im Comedy-TV eingeblendeten künstlichen Lacher, die auf unser Nachahmen abzielen. Dieses Prinzip lässt sich auch auf die Newsletter-Anmeldung übertragen. Kommunizieren

Sie – sofern sinnvoll – die Größe Ihrer bisherigen Anhängerschaft. So zeigen Sie unentschlossenen Interessenten, dass sie mit einer Anmeldung in guter Gesellschaft wären.

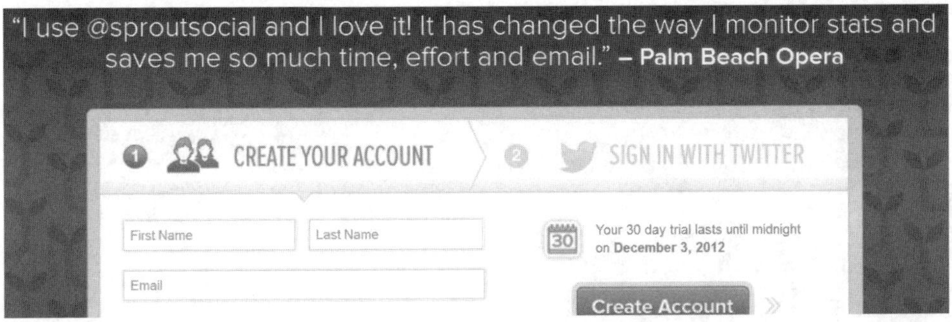

Abb. 5.40: Testimonal-Meinungen (»I love it!«) helfen, die Conversion-Rate des Anmelde-Formulars zu erhöhen. (`sproutsocial.com`)

Tipp: Wie bekomme ich meine Abonnenten-Zahl auf die Webseite?

Die Zahl der Newsletter-Abonnenten lässt sich in der Regel in Echtzeit über das Application Programing Interface (API) des Versanddienstleisters auslesen. Alternativ bieten viele auch vordefinierte *Chiclets*. Das sind kleine Grafiken mit der entsprechenden Information darin, die Sie per Kopierung und Einfügen einfach in die Webseite einbinden können (Abbildung 5.41).

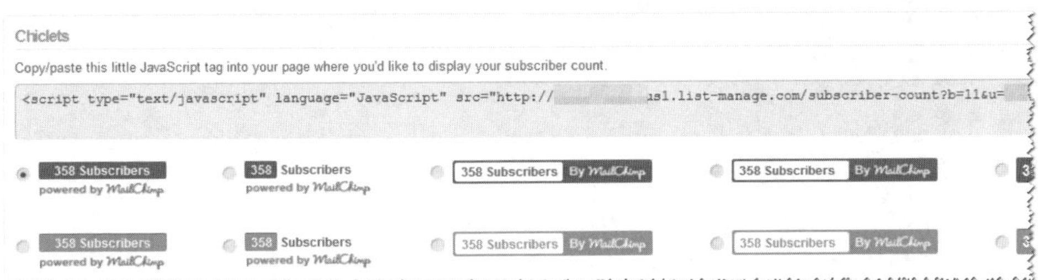

Abb. 5.41: Subscriber Chiclets zeigen die Zahl der Abonnenten. Die Grafik-Vorlagen lassen sich per Copy/Paste in die Webseite einbauen. (Hier: MailChimp)

Soziale Bewährtheit Ihres Newsletter-Services lässt sich aber nicht nur durch die Zahl der bestehenden Abonnenten demonstrieren. Vielleicht steckt der Verteileraufbau ja noch in den Kinderschuhen. Dann wäre dies ohnehin keine Option. Alternativ ist ebenso die Anzahl der Bestandskunden, RSS-Abonnenten, Twitter- oder Google+-Follower oder Facebook-Likes förderlich, sofern Sie dort besonders stark vertreten sind (Abbildung 5.42). Oder die Anzahl der Neu-Eintragungen in dieser Woche, die Zeitspanne seit der letzten Neu-Eintragung et cetera. Manchmal reicht bereits ein »am beliebtesten«-Hinweis bei der Auswahl zwischen mehr als einem Format (Abbildung 5.43).

Fallstudie: Social Proof »Schließe Dich 123.456 Abonnenten an« nutzen?

Soziale Bewährtheit muss kein Erfolgsgarant sein. NIYthemes etwa, ein Anbieter von WordPress-Templates, testete eine Anmelde-Variante *ohne* gegen eine *mit* Hinweis auf die aktuelle Zahl der Bestands-Abonnenten: »Join 14,752 others and get free updates!« *Ohne* Social Proof stieg die Anmelderate um 102,2 Prozent. Dem gegenüber stehen viele positive Erfahrungsberichte. So konnte SixpackAbsExercises.com etwa mit einem Abzeichen, das die Abonnentenzahl beinhaltet, die Conversion-Rate des Anmelde-Formulars um 32,1 Prozent erhöhen. Ergo: Probieren geht wie immer über Studieren.

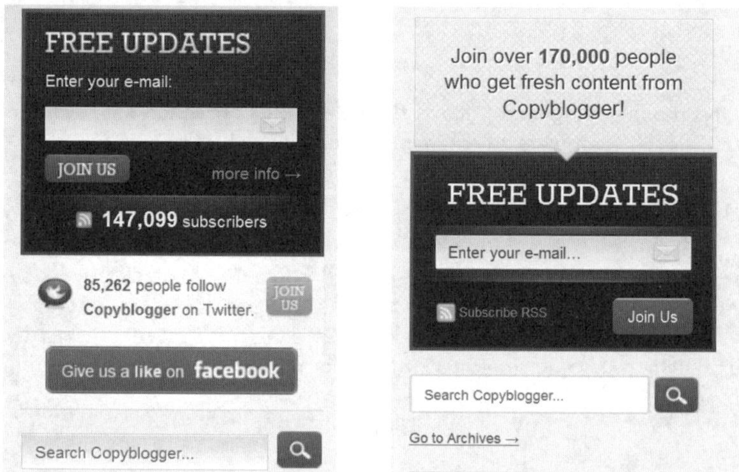

Abb. 5.42: Zwei Varianten von Social Proof bei Copyblogger.com – links (früher) der Bezug auf die RSS-Feed-Abonnenten und Twitter-Follower, rechts (heute) auf die Newsletter-Abonnenten

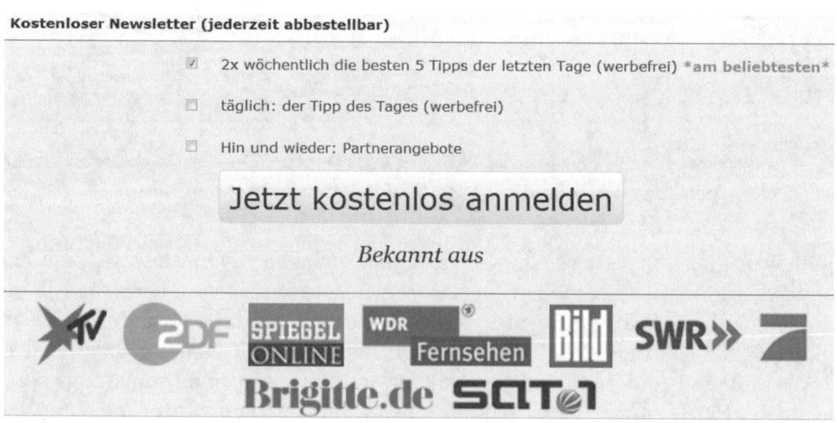

Abb. 5.43: Auch der »am beliebtesten«-Hinweis bei frag-mutti.de hilft Unentschlossenen, denn das Format hat sich anscheinend sozial bewährt. Vor allem die Markenlogos darunter stärken die Glaubwürdigkeit der Aussage und das Vertrauen in den Anbieter.

Auch ein McAfee-Sicherheitslogo oder dasjenige, das eine bestimmte Verbandmitgliedschaft oder einen verliehenen Preis anzeigt, kann dazu beitragen, das notwendige Vertrauen aufzubauen. Und schließlich gilt dies auch für den Verweis auf Medienberichte (»bekannt aus Funk und Fernsehen«, Abbildung 5.43).

Abstand nehmen sollten Sie von frei erfundenen Gütesiegeln. Ihre Interessenten entlarven dies. Und eine derartige Irreführung kann rechtliche Konsequenzen nach sich ziehen.

Studie: SSL und TÜV werden geschätzt

Im Auftrag von FriendScout24 überprüfte die Gesellschaft für Konsumforschung (GfK) Mitte 2012, wonach Konsumenten beurteilen, ob eine Webseite im Zusammenhang mit der Eingabe persönlicher Daten vertrauenswürdig ist. Demnach rangiert der Hinweis auf eine SSL-verschlüsselte Datenübertragung an oberster Stelle: 80 Prozent sehen hierdurch ein hohes Datenschutzniveau gewährleistet. Hiernach folgt ein TÜV-Siegel (51 Prozent), gefolgt von ausführlichen Datenschutzhinweisen zum Beispiel in den AGB (45 Prozent). Von der Strahlkraft der Marke selbst lassen sich nur 32 Prozent überzeugen. Übrigens: Frauen messen dem Thema eine höhere Bedeutung bei als Männer.

5.4 Usability und ansprechende Optik

Eine auf Anhieb sympathische Anmutung schafft Vertrauen und erhöht die Bereitschaft, seine Daten einzugeben. Dazu muss ein Anmeldeformular vor allem logisch und klar aufgebaut sein. Es sollte dem Nutzer möglichst effizient erlauben, seine erforderlichen Angaben zu machen und den Newsletter zu bestellen. Schauen wir uns an, nach welchen Grundsätzen vor allem längere Formulare (Stichworte: Lead-Generierung und Profil-Anreicherung im zweiten Anmeldeschritt) gestaltet werden sollten.

5.4.1 Sinnvolle Feld-Anordnung und -Gruppierung

Die Gestaltungspsychologie kennt viele Gesetzmäßigkeiten. Das sind Prinzipien der optischen Wahrnehmung, die den gedanklichen Zusammenschluss von Teilen zu einem Ganzen beeinflussen. Zwar klingen einige dieser Gesetze trivial: »Was durch Linien verbunden ist, gehört zusammen.« Dennoch werden sie in der Praxis oftmals nicht gezielt eingesetzt oder sogar missachtet. Im Newsletter ist dies vielleicht »nur« irritierend, was sich in weniger Klicks in einer Ausgabe äußert. Bei Onlineformularen beeinträchtigt es aber die Usability, was sich in weniger Newsletter-Abonnenten niederschlägt. Denn eine unmittelbar ersichtliche Gruppierung zusammengehöriger Formularelemente erleichtert dem Benutzer die schnelle Orientierung ungemein.

1. Nähe (Gleiches beieinander)

Gemäß dem *Gesetz der Nähe* sollten zusammengehörige Elemente geringere Abstände aufweisen als nicht zusammengehörige Elemente. So müssen thematisch zusammengehörige Formularangaben auch optisch nahe beieinander platziert werden. Auf diese Art fasst das Gehirn sie sofort als Gruppen auf: Anrede, Vorname und Nachname bilden ebenso eine gedankliche Einheit, wie Straße, Hausnummer, Postleitzahl und Ort. Und zwar in der zitierten Reihenfolge – den Nachnamen vor dem Vornamen zu erheben, wäre ungewohnt und würde mehr fehlerhafte Daten produzieren. Max Mustermann wäre sicher wenig begeistert, wenn er in Ihrem Newsletter als »Sehr geehrter Herr Max« adressiert würde ...

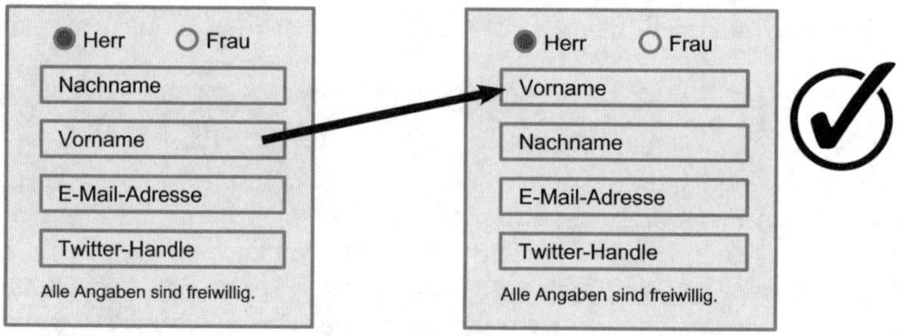

Abb. 5.44: Achten Sie auf eine logische Reihenfolge der Felder (auch bei den Tabulator-Stopps) – zuerst der Vorname, dann der Nachname.

Die logische Anordnung der Formular-Felder sollte sich auch in der Tabulator-Reihenfolge widerspiegeln. Das heißt, nach der Eingabe von »Vorname« sollte ein Klick auf `Tab` das Feld »Nachname« anspringen, nicht »Straße« oder »Anrede«. Eine suboptimale Tabulator-Reihenfolge erhöht die Falscheingaben bei geübten Internetnutzern.

2. Geschlossenheit (Gleiches einrahmen)

Ein weiteres wichtiges Gruppierungsprinzip ist das der *Geschlossenheit*: Teile, die von Linien oder Umrissen eingeschlossen werden, bilden eine Einheit. Dabei reicht es bereits aus, wenn die Rahmen lediglich angedeutet wurden, die schließenden Formen also nicht vollständig sind. In der Wahrnehmung werden Lücken meist gedanklich ergänzt.

Hierarchisch rangiert das Prinzip der Geschlossenheit über dem der Nähe. Übertragen auf das Beispiel-Formular heißt Geschlossenheit: Rahmen oder andere Umrandungen helfen, Gruppen von Feldern optisch zu separieren.

3. Ähnlichkeit (Gleiches gleich formatieren)

Schließlich darf ein weiteres wichtiges Gesetz nicht fehlen: *Ähnlichkeit* beziehungsweise *Gleichheit*. Hierbei erfolgt die gedankliche Gruppierung anhand der Gemeinsamkeiten bezüglich verschiedener Eigenschaften. Solche Merkmale können zum Beispiel sein: Farbe, Form, Richtung, Größe oder Transparenz. Je mehr Gemeinsamkeiten zwei Teile besitzen, desto eher werden diese als Einheit begriffen. Auch das Gesetz der Ähnlichkeit wirkt stärker als das der Nähe.

Beziehen wir Ähnlichkeit auf ein Onlineformular, so könnten zusammengehörige Felder durch dieselbe Auszeichnung der Bezeichner gekennzeichnet werden. Oder durch eine gemeinsame Hintergrund- oder Rahmen-Farbe oder Feld-Form (zum Beispiel mit oder ohne runde Ecken).

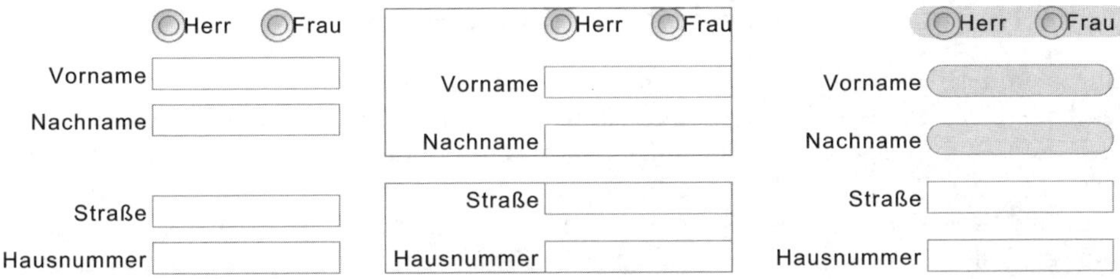

Abb. 5.45: Die Gestaltungsgesetze Nähe, Geschlossenheit und Ähnlichkeit in Aktion. Natürlich können diese auch kombiniert werden, um den Gruppierungseffekt zu verstärken.

Symmetrie (Gleiches auf einer Linie)

Das *Gesetz der Symmetrie* empfiehlt schließlich: Richten Sie die Formularelemente an vertikalen und horizontalen Fluchtlinien aus. Dies ist eine sehr einfache Möglichkeit, Ordnung zu schaffen und das Auge von oben nach unten zu lenken. An das Ende des Blickverlaufs gehört der »Abschicken«-Schalter, der optisch am deutlichsten hervortreten sollte. Ein Pfeil rechts in der Button-Grafik oder auch in dessen Beschriftung signalisiert dabei, dass es beim Klick weitergeht, also eine Reaktion der Webseite erfolgt.

Die gängige Orientierung bei Formularen ist von oben nach unten. Das heißt, den vertikal angeordneten Feldern schließt sich die Handlungsaufforderung an. Die Feldbeschriftung befindet sich links oder oberhalb des Eingabefeldes.

Hinweis: Orientierung – von links nach rechts oder oben nach unten?

Eine Links-rechts-Orientierung, also horizontal eingereihte Felder mit einer Handlungsaufforderung rechts wäre ebenso denkbar, ist allerdings unüblich. Top-down dürfte dem Nutzer schneller von der Hand gehen und ist daher vorzuziehen. Was generell natürlich nicht vom Testen auch kreativer Formulargestaltung abseits der Konventionen abhalten soll – siehe Abbildung 5.46 beziehungsweise den zugehörigen Test auf `tinyurl.com/boyzots`.

Abb. 5.46: Das Veranstaltungsportal eraffe.de erhöhte seine Conversion-Rates durch ein frischeres Layout und (?) eine horizontale Anordnung der Formular-Felder (`tinyurl.com/boyzots`).

5.4.2 Harmonie: Fibonacci und der Goldene Schnitt

Eine geordnete Formation der Formularelemente ist das Eine. Harmonische Abstände sind das Andere. Vermeiden Sie eine diffuse Anmeldemaske durch zu viele Reize drum herum oder durch eine insgesamt unstimmige Komposition. Hier spielt viel Bauchgefühl mit. Wenn Sie einen Verkäufer das erste Mal erblicken, haben Sie von ihm ja auch ein positiveres Bild, wenn er ruhig und kompetent wirkt und freundlich dreinschaut, als wenn er wild gestikuliert und schreit und sich Ihnen so förmlich aufdrängt. So ähnlich ist es eben auch bei der Webseite, die das Newsletter-Abonnement schmackhaft machen möchte. (Erinnern Sie sich an das Data-Pixel-Design-Extrem in Abschnitt 5.2.7 *Ablenkende Elemente eliminieren*? Ganz so ruhig *kann* es sein, *muss* es aber natürlich nicht.)

Abstände: Der Goldene Schnitt

Im Zusammenhang mit ästhetischem und harmonischem Design fällt oft der Begriff »Goldener Schnitt«. Was ist das? Mathematisch gesprochen bilden zwei Teilstrecken einen Goldenen Schnitt, wenn sich

- der größere zum kleineren Teil verhält
- wie die ganze Strecke zum größeren Teil.

Der Goldene Schnitt teilt Strecken so, dass sie ein Längenverhältnis von etwa 3:5 bilden. Denn 5 verhält sich zu 3 ungefähr wie die Summe 8 zu 5. Dividiert man zwei golden geteilte Strecken, so ergibt sich stets ein Wert von 1,618. Dieser Quotient wird auch als »Goldene Zahl« oder »Goldenes Verhältnis« bezeichnet.

Der Clou beim Goldenen Schnitt ist, dass eben nicht langweilige achsensymmetrische Proportionen, sondern gerade dieses »krumme« Verhältnis von Menschen als angenehm empfunden wird. Sagt man zumindest. Vielleicht weil es häufig in der Natur vorzufinden ist.

Vom Goldenen Schnitt zur Fibonacci-Folge

Der Goldene Schnitt ist eng verwandt mit der Fibonacci-Zahlenfolge: 0, 1, 1, 2, 3, 5, 8, 13, 21, 34, 55, 89, 144, 233 und so weiter.

- Die ersten beiden Elemente der Folge, 0 und 1, sind fest vorgegeben.
- Die nächste Zahl ergibt sich stets als die Summe der beiden vorigen.

Rückwärts betrachtet: 233 ist die Summe der beiden Vorgänger 144 und 89, 144=55+89 et cetera. Gehen wir in Gedanken einen Abschnitt zurück, dann stellen wir fest, dass diese Konstruktion ja genau dem Goldenen Schnitt entspricht.

Das Verhältnis der aufeinanderfolgender Zahlen nähert sich dem Goldenen Schnitt immer mehr an, je weiter die Folge voranschreitet: 34:21=1,618. Daher lässt sich mit der Reihe ein sehr stimmiges Design aufziehen. Einfach, indem darauf geachtet wird, dass die Strecken, die benachbarte Elemente oder Blöcke beanspruchen, zwei aufeinanderfolgende Fibonacci-Zahlen messen. Ohne Bauchgefühl, mit Mathematik (Abbildung 5.47).

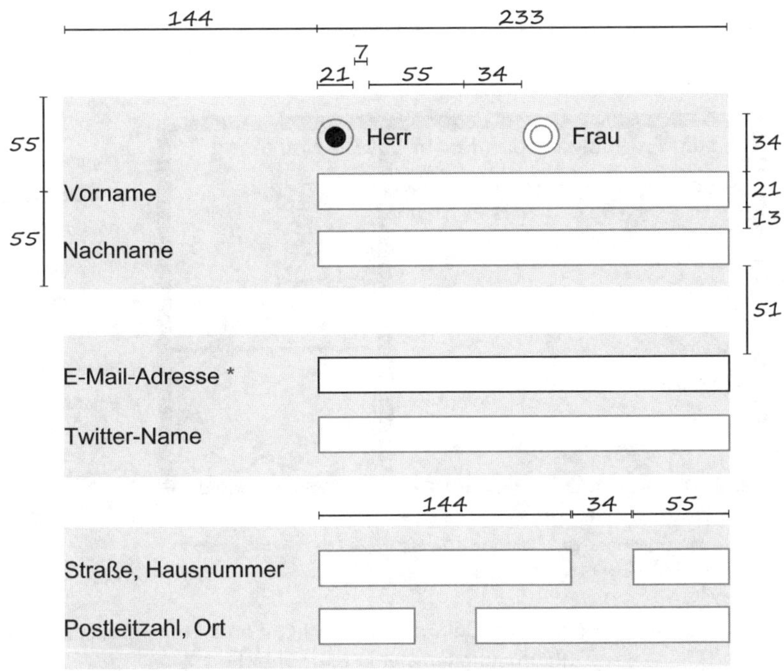

Abb. 5.47: Abstände und Abmessungen orientieren sich an der Fibonacci-Zahlenfolge.

Hinweis: Fibonacci berechnen

Natürlich geht es auch ohne das Fibonacci-Korsett. Das fehlende Teilstück einer Strecke, die dem Goldenen Schnitt genügen soll, lässt sich auch mit dem Taschenrechner ermitteln. Ist bei den Formular-Abständen die größere Teilstrecke gesucht? Die ist gleich der gegebenen kleineren Teilstrecke *mal* 1,62. Eine gesuchte kleinere Teilstrecke hingegen ist gleich der gegebenen größeren Teilstrecke *dividiert* durch 1,62.

Flächen: Das Goldene Rechteck

Der Goldene Schnitt lässt sich auch auf Flächen anwenden. Ein »Goldenes Rechteck« hat ein Seitenverhältnis, das dem Goldenen Schnitt entspricht. Man denke also beispielsweise an eines mit der Länge 1,62 und der Breite 1. Oder eines mit der Breite 231 und der Länge 144.

Eine weitere Besonderheit: Legt man das größtmögliche Quadrat an eine Innenseite des Goldenen Rechtecks, so genügt das verbleibende Rechteck ebenfalls wieder dem Goldenen Schnitt (vergleiche Trennlinien in Abbildung 5.48, die jeweils – neben dem Quadrat – wieder ein Goldenes Rechteck erzeugen).

Ästhetisches Formular-Design kann sich am Goldenen Rechteck orientieren, indem beispielsweise die Felder im Quadrat und die Bezeichner im übrigen Rechteck untergebracht werden. Oder indem das Formular in das Quadrat und ein Beispiel-Screenshot des Newsletters im verbleibenden Rechteck platziert wird.

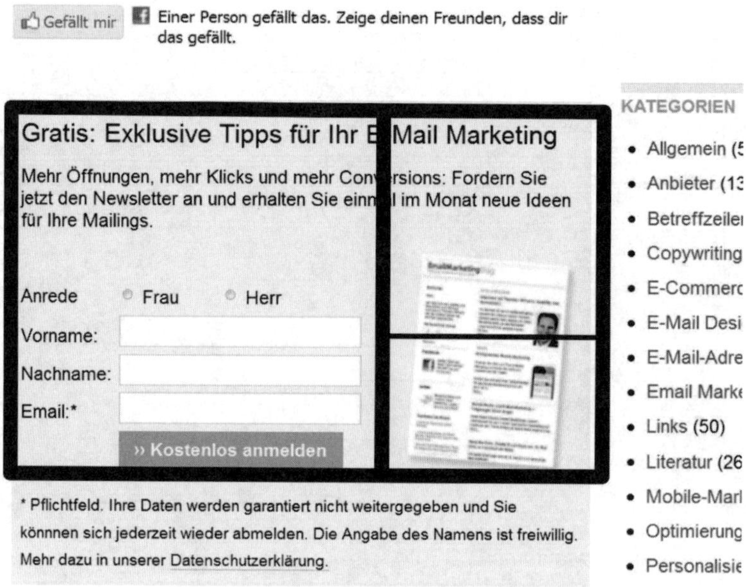

Abb. 5.48: Goldenes Rechteck im Anmeldeformular von Nico Zorns Emailmarketingblog.de. Die Raumaufteilung wirkt harmonisch.

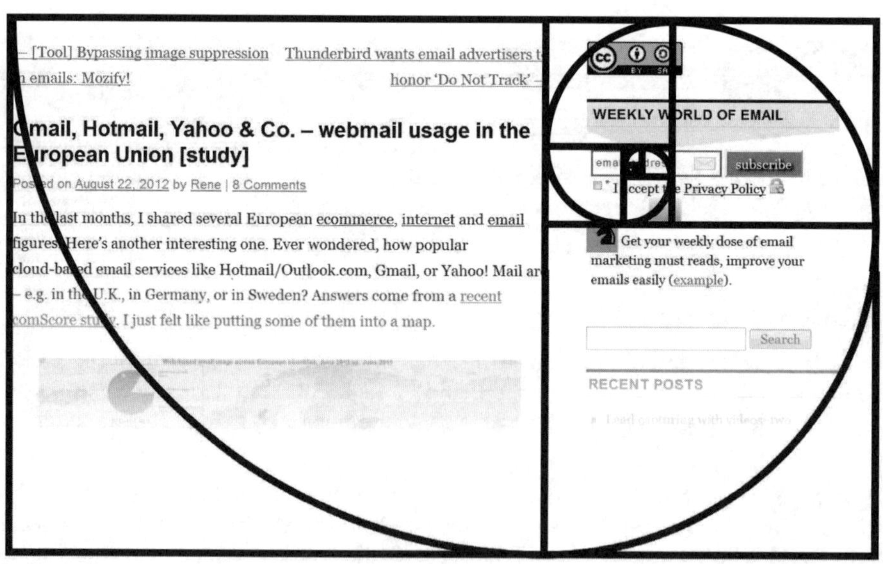

Abb. 5.49: Webseiten-Komposition – Goldene Rechtecke in Verbindung mit der Goldenen Spirale, die im Anmeldeformular rechts oben mündet (`Emailmarketingtipps.de`).

5.4.3 Kompakte Anmutung des Formulars

Gestalten Sie Ihr Formular kompakt, um dem Nutzer sofort einen geringen Bearbeitungsaufwand zu signalisieren. Kompaktheit resultiert aus einer geringen Anzahl an Eingabefeldern. Aber auch optische Aspekte spielen eine Rolle. Verzichten Sie beispielsweise auf:

- weitschweifige Bezeichner (»Labels«) neben den Eingabefeldern; schreiben Sie besser »Tel.« oder »Telefon:« anstatt »Meine Telefonnummer:«;
- zu geräumige Abstände zwischen den Feldern und
- zu groß dimensionierte Eingabefelder.

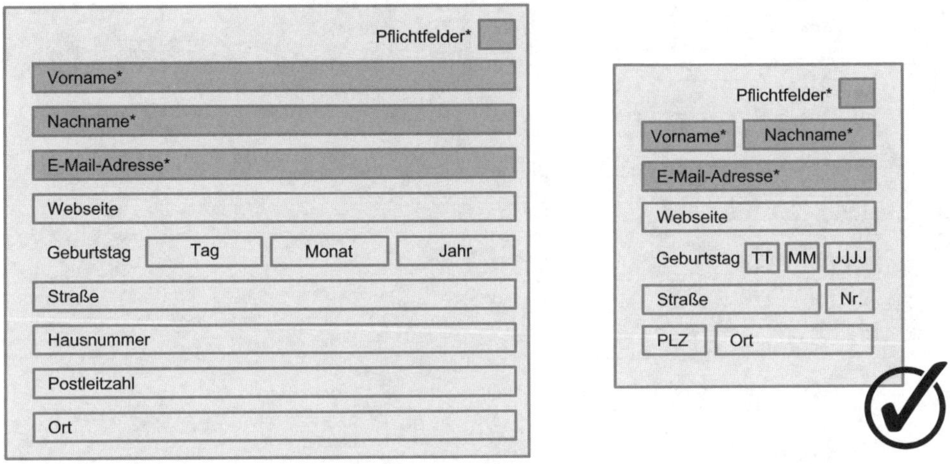

Abb. 5.50: Große Eingabefelder (links) signalisieren dem Interessenten implizit Zeitaufwand – das rechte Formular erfragt die gleichen Daten, wirkt aber deutlich einladender.

Ansonsten weckt das Formular insgesamt eher den Gedanken, dass eine ausführliche Selbstauskunft erwartet wird, obwohl dies de facto gar nicht der Fall ist. Etwa, weil es sich bei einem Großteil der langen Eingabefelder um freiwillige Angaben handelt. Und ab einem gewissen Grad an unbewusst vermutetem Aufwand wird eine Antwort von vornherein verweigert. Ohne sich groß mit den Angaben im Einzelnen auseinanderzusetzen.

5.4.4 Bezeichner korrekt positionieren

Wo gehören die Labels der einzelnen Eingabefelder hin –

- *neben* die Felder, und dort
  - rechts- oder
  - linksbündig?
- *In* die Felder?
- Oder *darüber*?

Vor allem bei längeren Formularen hat es sich bewährt, die Bezeichner neben die Formularfelder zu platzieren. Und zwar *vor* das jeweilige Textfeld, nicht dahinter. (Kulturkreise, in denen nicht von links nach rechts gelesen wird, außen vor.)

Ausnahme

Eine Ausnahme bilden Optionsfelder wie »Anrede: (X) Herr versus ( ) Frau« und Häkchen-Felder wie »[X] Ja, ich will den Newsletter bestellen«. Hierbei hat es sich eingebürgert, die Beschriftung rechts vom Feld zu platzieren.

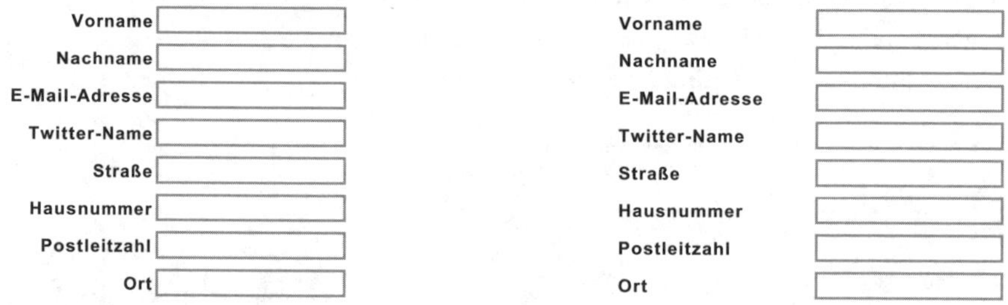

Abb. 5.51: Rechtsbündige oder linksbündige Bezeichner?

Abb. 5.52: Bezeichner in oder über die Felder?

Zur Textausrichtung der Bezeichner sei gesagt:

- Formatieren Sie diese **linksbündig**, dann entsteht entlang der Wort- beziehungsweise Satzanfänge eine vertikale Fluchtlinie. Das Auge hat es damit leichter und kann die Punkte schnell entlang der Linie scannen. Nachteil ist, dass es eventuell zu großen Abständen zwischen sehr kurzen Bezeichnern und dem zugehörigen Feld kommen kann. Dies erschwert die Zuordnung zwischen beiden. Allerdings kann das Problem leicht durch Verbindungslinien wieder geheilt werden. (Hierbei kommt ein weiteres Gestaltungsgesetz zum Tragen, nämlich das der *Verbundenheit*.)
- Noch praktikabler ist es, den Text **rechtsbündig** zu formatieren. Zumindest bei größeren Unterschieden in der Länge der Feldbezeichner. Denn damit ist Verknüpfung von Feld und der gewünschten Eingabe immer sofort klar. Dass nun links kein gemeinsamer Zeilenanfang und damit keine Fluchtlinie mehr in der Bezeichner-Reihe vorhanden ist, lässt sich wohl verschmerzen. Schließlich sollten die Bezeichner ohnehin knapp formuliert werden.

Die Bezeichner lassen sich auch **über den Feldern** positionieren. Die Anordnung erzeugt im Idealfall nur noch eine vertikale Fluchtlinie entlang der linken Formularfeld-Ränder. Somit können alle relevanten Informationen besonders zügig wahrgenommen werden. Auf diese Weise wären auch mehrere Eingabefelder pro Zeile besser mit Bezeichnern verknüpfbar, als dies bei seitlichen Labels der Fall ist: Man denke an PLZ und Ort in einer Zeile. Ein Nachteil besteht darin, dass das Formular hierdurch schnell sehr lang wirkt. Bei vielen Eingabefeldern wie zum Beispiel bei Lead-Formularen ist die Variante deswegen eher ungeeignet. Zudem sollten ausreichende Zeilenabstände zwischen den Feldern eingehalten werden.

Studie: Label-Platzierung im Labor-Experiment untersucht

Anhand von Blickverlaufs-Messungen kam Matteo Penzo (UXmatters) 2006 zu folgenden Ergebnissen (`tinyurl.com/al5578`): Die besten Resultate erzielten Formulare, die die Bezeichner linksbündig *über* dem Eingabefeld zeigten. Dabei erfassten die Probanden Bezeichner und Eingabefeld zusammen mit nur einer Augen-Fixation. Eine fette Textauszeichnung verschlechterte die Ergebnisse. Bei einer Label-Positionierung links neben den Eingabefeldern empfiehlt sich unbedingt die rechtsbündige Ausrichtung, die im Vergleich zur linksbündigen fast 50 Prozent weniger Fixationen benötigte.

Schließlich gibt es noch zwei vermeintliche »Tricks«, mit denen die Darstellung auch umfänglicherer Formulare kompakter gestaltet werden kann. Dies sind:

1. Die Feld-Bezeichner werden nicht vor, über, unter oder hinter, sondern **in das jeweilige Feld** platziert. Klassischerweise versucht ein Skript dabei, das Feld beim Anklicken zu leeren. Mit dem HTML5-Standard erfüllt das `placeholder`-Attribut eines Eingabefeldes einen ähnlichen Zweck.

   Die Formular-Abmessungen reduzieren sich bei dieser Variante entscheidend. Und weniger Formular-Fläche geht mit einer höheren Ausfüll-Bereitschaft einher, da der gefühlte Aufwand sinkt. Allerdings gibt es auch Nachteile: Beim Klick in das Feld ist der Bezeichner weg – die kognitiven Anforderungen an den Nutzer steigen. Um noch einmal nachzuschauen, muss er erst wieder in ein anderes Feld klicken. (Da die Eingaben vielfach gelernt sind und teils ohne bewusste Aufmerksamkeit durchgeführt werden, ist dies nicht zu unterschätzen.) Ein weiteres Manko: Falls das Feld sich nicht automatisch leeren lässt, weil etwa nutzerseitig JavaScript deaktiviert wurde, muss der Text von Hand gelöscht werden, um die Eingabe beginnen zu können.
2. Gruppen von Formularfeldern und Erläuterungen zu Feldern werden nicht unmittelbar angezeigt, sondern erst per Mausklick dynamisch ausgeklappt. Oder als Tooltip-Ebene eingeblendet, solange der Mauszeiger über einem Info-Schalter verweilt (»Mouseover-Event«). Eine relevante Gruppierung von Feldern könnte die Anschrift sein. Oder generell der Block, der alle freiwilligen Daten enthält. Ebenso könnte die Begründung, warum eine spezifische Information abgefragt wird, erst nach dem Klick auf einen »?«-Link ausgerollt werden. Oder die Nutzungsbedingungen (Abbildung 5.53 und Abbildung 5.54).

   Die reduzierte Darstellung vermindert die anfängliche Hemmschwelle, mit der Eingabe zu beginnen, erfahrungsgemäß erheblich. Insbesondere bei großen Formularen mit mehreren Listenfeldern oder sogar mehrzeiligen Eingabebereichen. Jedoch besteht auch hierbei der Nachteil, dass die Variante aufgrund von JavaScript nicht barrierefrei ist. Unterstützt der Browser dies nicht oder hat der Nutzer JavaScript aus Sicherheitsgründen deaktiviert, lässt sich ein dynamischer Block nicht ausklappen.

Abb. 5.53: Feld-Bezeichner Name und E-Mail in das Feld selbst platzieren, statt davor (`phantasialand.de`)

Abb. 5.54: Erst beim Klick auf »Nutzungsbedingungen« klappen diese unten aus. (`phantasialand.de`)

Vorsicht: Lesbarkeit > Kompaktheit

Machen Sie nicht den Fehler, *Lesbarkeit* für *Kompaktheit* zu opfern. Frei nach dem Motto: Ich verkleinere Höhe, Breite und Schriftgrad aller Formularfelder und deren Bezeichner um 50 Prozent und signalisiere dadurch einen geringeren Eingabeaufwand. Dies wird sich sehr schnell als Milchmädchenrechnung entpuppen. Bequemlichkeit geht vor. Und dies schließt auch ein reibungsloses Textverständnis mit ein.

5.4.5 Bezeichner unmissverständlich formulieren

Nur klar gegliederte und unzweifelhaft auszufüllende Formulare sind schnell zu überblicken und effizient zu bearbeiten. Beides sind Voraussetzungen, um aus Sicht des Versenders qualitativ hochwertige Daten in großer Menge liefern zu können. Ein Anmeldeformular ist eine denkbar schlechte Umgebung, um den Benutzer ins Grübeln zu bringen. Drei Beispiele sollen die Krux schwammiger Anweisungen verdeutlichen:

- Wenn dem Besucher unklar ist, ob er sein Geburtsdatum im Format TT.MM.JJJJ (»01.01.2011«) oder T.M.JJ (»1.1.11«) eingeben soll, entsteht innere Unruhe. Auch ein erklärender Hinweis der Form »TT.MM.JJJJ« wird nicht unbedingt von jedem verstanden.
- Gleiches gilt für »Titel« und »Anrede«: Bei einer offenen Frage anstelle einer Auswahl gibt ein Nutzer »Herr« ein, ein anderer vertippt sich mit »herrrn« und ein Dritter missversteht die Frage und schreibt »Prof. Doktor«.
- Oder was verbirgt sich hinter »Name« – soll ich in dieses Feld meinen Vornamen oder auch den Nachnamen eingeben? Dies bleibt unklar, wenn sonst nur E-Mail-Adresse und Anrede abgefragt werden. Ein eindeutiges Label würde dagegen je nach Intention entweder »Vorname« oder »Vor- und Zuname« lauten.

Wenn Sie nun später einmal mit den Angaben Ihren Newsletter personalisieren oder besondere Zielgruppen aus Ihrem Datenpool selektieren möchten, müssten Sie bei unklaren Bezeichnern erst einmal in der Datenbank aufräumen. Die Mühe kann gespart werden, wenn von Beginn an auf Datenkonsistenz geachtet wird.

5.4.6 Radiobuttons und Listen statt Freitextfelder nutzen

Wo dies möglich ist, sollten Freitextfelder durch Optionsfelder (Radiobuttons) oder Auswahllisten (Dropdown-Lists) ersetzt werden. Diese enthalten eine fest vorgegebene Auswahl. Optionsfelder sind dann vorzuziehen, wenn eine Auswahl unter wenigen Alternativen getroffen werden soll, etwa bei der Anrede (Herr/Frau). Der Nutzer sieht die Vorgaben auf den ersten Blick.

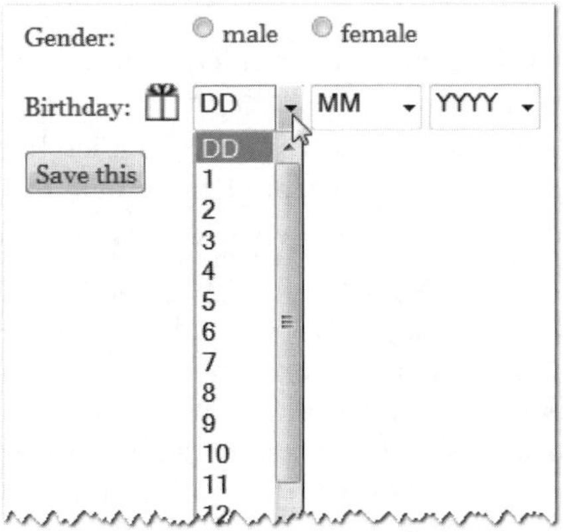

Abb. 5.55: Zwei Optionsfelder (oben bei »Gender«) versus drei Listen (darunter bei »Birthday«)

Tipp: Vorauswahl nach Popularität

Ist Ihre Zielgruppe zu 90 Prozent weiblich? Dann ist es sinnvoll, die Option »Frau« bei der Auswahl der Anrede schon vorzuselektieren und zudem links zu platzieren. Aus Nutzersicht sparen neun von zehn Interessenten damit einen Klick.

Eine (einzeilige) Auswahlliste wählen Sie allenfalls, wenn viele Möglichkeiten dargeboten werden, wie zum Beispiel beim Geburtstag. Allein beim Tag muss schon eine Zahl zwischen 1 und 31 selektiert werden können. Die Optionen sind erst ersichtlich, wenn der Nutzer auf das Listenfeld klickt. Die Auswahl hieraus ist augenscheinlich aufwendiger als der Klick auf eines von wenigen Optionsfeldern, da die passende Alternative erst durch Scrollen gesucht werden muss. Beachten Sie zudem, dass Listenfelder meist sehr viel mehr Aufmerksamkeit absorbieren, als ihnen zuteilwerden sollte. Daher sollten sie weit unter den wichtigen Feldern im Formular positioniert werden. Und noch ein Tipp: Machen Sie den vorausgewählten Standard-Wert der Liste zum Bezeichner.

Studie: Listenfelder nur sparsam nutzen

Untersuchungen von HubSpot zufolge sinkt die Zahl der Eintragungen stetig, je mehr Listenfelder ein Internetformular beinhaltet (`bit.ly/9K81kI`). Daher sollten diese Elemente sparsam verwendet werden. Dort, wo dies sinnvoll ist, sollten Optionsfelder vorgezogen werden.

5.4.7 Klare Fehlermeldungen und Orientierung

Mit einer der größten Usability-Fehltritte bei Formularen: Der Nutzer hat alle Angaben gemacht, auf »Absenden« geklickt und es erscheint eine generische wenig hilfreiche Fehlermeldung à la »Bitte überprüfen Sie Ihre Eingaben« unterhalb des »Absenden«-Knopfes. In Sachen Frust nur noch zu toppen, indem der Nutzer nicht nur die Fehlerursache selbst suchen muss, sondern sich zusätzlich wieder einem leeren Formular gegenübersieht.

Wichtig erscheint daher:

1. Führen Sie verständliche und eindeutige Fehlermeldungen an, falls eine oder mehrere Angaben nicht passen – und zwar feldspezifisch.
2. Heben Sie die fehlerhaften Stellen im Formular deutlich hervor, zum Beispiel mittels farblicher Markierung, damit diese nicht gesucht werden müssen.
3. Sorgen Sie technisch dafür, dass bereits gemachte Angaben nicht verloren gehen.

Fehlt Ihnen vom Nutzer noch ein Häkchen für das Akzeptieren Ihrer Datenschutzbestimmungen? Dann erläutern Sie dies kurz und heben den Passus sowie das Häkchenfeld rot hervor. Ist eine E-Mail-Adresse ungültig, weil sich diese schon im Datenbestand befindet? Dann markieren Sie das entsprechende Formularfeld für die E-Mail-Adresse, positionieren Cursor und Bildschirmposition dort bereit zur Korrektur und erörtern an Ort und Stelle, dass der Newsletter bereits an diese Adresse versandt wird und daher – bei Bedarf – noch eine weitere Adresse gewählt werden kann.

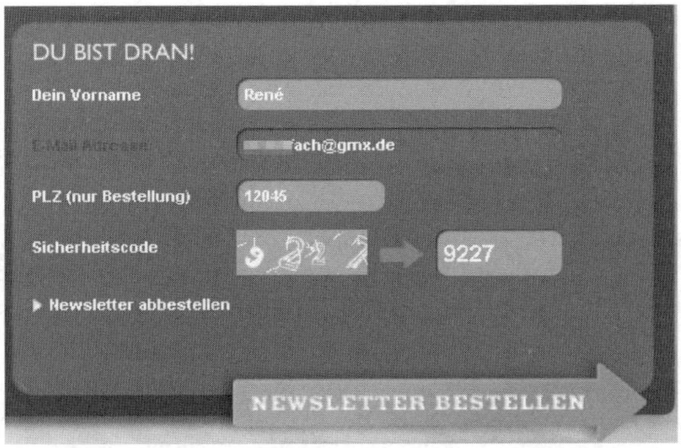

Abb. 5.56: So nicht! Der Nutzer muss ahnen, dass die E-Mail-Adresse bereits eingetragen wurde (Doublette). (`burgerking.de` in 2011)

Am Rande: Zwei Möglichkeiten, mehrere Fehler korrigieren zu lassen

Falls mehrere Angaben beim Klick auf »Absenden« falsch sind, könnten Sie den Nutzer (a) mit einer Feedback-Batterie »überschütten«. Entweder (a1) gesammelt über dem Formular, (a2) darunter oder (a3) verstreut nahe der jeweiligen Fehlerquelle. Alternativ können aber auch (b) alle fehlerhaften Felder schon einmal mit einem roten Rand markiert werden, wobei die Macken der Reihe nach per Klick auf »Absenden« zum Beispiel durch eine Message-Box erklärt werden. Sowohl Variante (a) als auch (b) ist legitim. Letztere kann bei größeren Formularen der Übersichtlichkeit zuträglich sein.

Tipp: Fokus-Feld kennzeichnen

Heben Sie das gerade aktive Feld in längeren Formularen deutlich hervor, um dem Nutzer eine bessere Orientierung zu bieten. Zum Beispiel farblich oder durch einen dickeren Rahmen.

5.4.8 Inline Validierung der Formulare

Zur Formular-Validierung nach dem Klick auf »Absenden« gibt es eine elegante Alternative. Eingaben können nämlich auch bereits während der Eingabe auf Gültigkeit geprüft werden. Somit weiß der Nutzer unmittelbar nach jedem Tastendruck (Formularereignis »on key press«) oder zumindest beim Sprung zum nächsten Formularfeld (Ereignis »on blur«), ob die von ihm gemachten Angaben akzeptiert werden. Das heißt, ob sie

- dem zugelassenen Wertebereich entsprechen (zum Beispiel für Monat eine Zahl zwischen 1 = Januar und 12 = Dezember, »13« wäre ungültig, »Max« ebenso) und
- den Syntaxvorgaben genügen (zum Beispiel Geburtstag im Format TT.MM.JJJJ, 1.1.11 wäre ungültig, 01.01.1111 wäre gültig).

Ebenso können bei fehlerhaften Angaben sofort hilfreiche Korrekturvorschläge unterbreitet werden. Zum Beispiel bietet sich bei der Wahl des Passwortes der Hinweis an, dass dieses mindestens 8 Buchstaben und Ziffern enthalten muss. Diese elegante Echtzeitvariante wird auch als *Inline Validation* bezeichnet.

Studie: Inline Validierung steigert Qualität und Quantität

Die Usability-Firma Etre testete die Erfolgswirksamkeit eines inline validierten Formulars in einem aufwendigen Laborexperiment. Gegenüber dem klassischen Kontroll-Formular, das erst beim Klick auf »Absenden« die Eingaben prüfte, erzeugte die beste inline validierte Variation eine um 22 Prozent höhere Erfolgsrate. Ebenso sank die Fehlerrate um 22 Prozent, die benötigte Zeit sogar um 42 Prozent. Die Zufriedenheit stieg dagegen um 31 Prozent (`tinyurl.com/b4ckedh`). Usability-Experte Luke Wroblewski schreibt unter anderem, dass eine Inline-Validierung die besten Ergebnisse erzeugt, wenn nicht alle Formularfelder (zum Beispiel »Name«) geprüft werden und Erfolgs- (grünes »korrekt«-Häkchen) beziehungsweise Misserfolgs-Mitteilungen dauerhaft eingeblendet bleiben.

5.4.9 Außergewöhnliche Formulargestaltung

Formulare für die Newsletter-Anmeldung müssen keineswegs langweilig und einheitlich im Standard-Look des Browsers daherkommen. Zwei Beispiele kreativer Formulargestaltung, die Persönlichkeit ausstrahlen und auf Anhieb einladend ausschauen, liefern Jeremy Keith mit huffduffer und der Anbieter Simplify101. Beide sind online abrufbar unter `huffduffer.com/signup/` beziehungsweise `simplify101.com/organizing-tips-newsletter.php`.

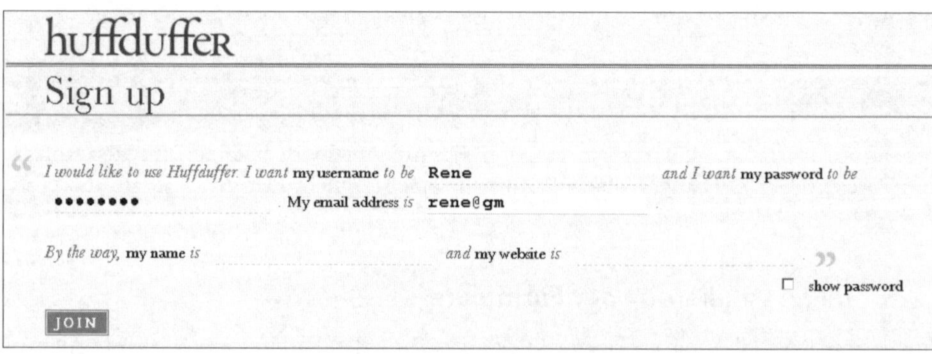

Abb. 5.57: Lückentext als Beispiel kreativer Formulargestaltung (`huffduffer.com`)

Fallstudie: +25 Prozent Leads durch erzählerischen Lückentext

Dass außergewöhnliche Formulare wie bei huffduffer nicht nur gut ausschauen, sondern auch bares Geld wert sind, schreibt Luke Wroblewski auf `lukew.com/ff/entry.asp?1007`: Demnach testete Ron Kurti auf der Seite `Vast.com` ein Lückentext-Formular (»Hallo, mein Name ist [Vorname] ...«), das wie bei huffduffer als Ich-erzählerischer Fließtext um Eingabe der Daten buhlt, gegen ein klassisch angeordnetes (»Vorname: [ ]«). Das Formular ermöglichte es, Kontakt zu einem Autohändler herzustellen. Die Lückentext-Variante erhöhte die Zahl der vollendeten Kontaktaufnahmen um 25 bis 40 Prozent!

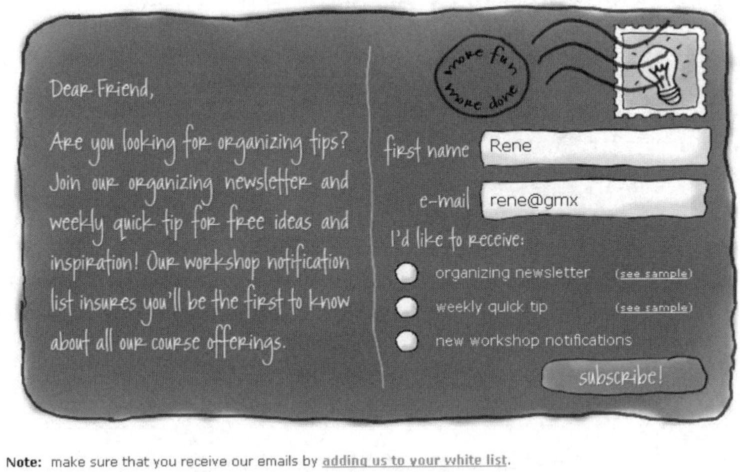

Abb. 5.58: Postkartenformat als Beispiel kreativer Formulargestaltung (`simplify101.com`)

Idee: »Gamification« bei der Anmeldung

Gamification heißt: Spielmechaniken wie Punkte oder Auszeichnungen nutzen, um ein bestimmtes Verhalten zu provozieren. Typischerweise kassieren Interessenten sowie Kunden nicht-monetäre Belohnungen für bestimmte erwünschte Aktionen – quasi virtuelle Aufnäher. Das Sammeln bereit ihnen Spaß und sie bleiben dem Unternehmen beziehungsweise dem Newsletter treu. Man denke an Bilderrätsel in jeder Ausgabe. Die ehrgeizigsten Spieler werden auf der Webseite in einem Highscore ausgezeichnet. Oder man denke an Patches für jede komplettierte Aufgabe nach der Newsletter-Anmeldung: Angebotsfinder ausprobieren, für das Forum registrieren et cetera. Möglichkeiten gibt es viele.

Das Konzept funktioniert auch bei der Newsletter-Anmeldung. Ein Timer beispielsweise, der die Millisekunden fürs Formular-Ausfüllen zählt, weckt den Spieltrieb (Abbildung 5.59). Zeigen Sie den bisherigen Rekord, den es zu schlagen gilt. Nur darf die Adressqualität (Stichwort »Vertipper«) natürlich nicht leiden. Eine Checkmail zur Bestätigung der E-Mail-Adresse wäre somit annähernd Pflicht.

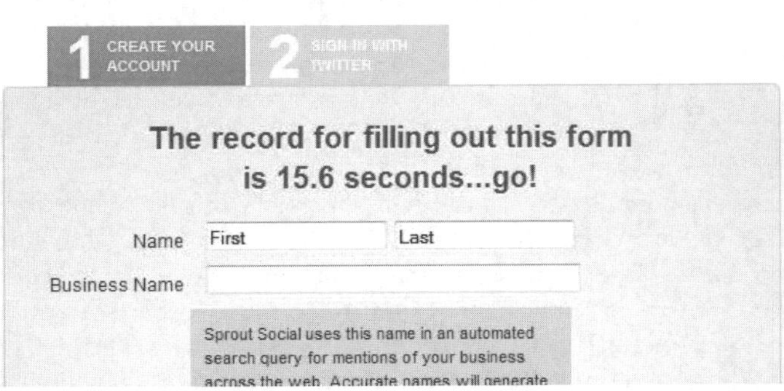

Abb. 5.59: Wer stellt den Rekord von 15,6 Sekunden ein? Anmeldung bei Sprout Social. Interessante Variante, bei der aber die Datenqualität im Auge behalten werden sollte. Steigt die Zahl der Vertipper (yahooo, homail, ...), dann ist hierdurch wenig gewonnen. (`sproutsocial.com`)

5.4.10 »JavaScript aktivieren«-Hinweis

Setzt Ihr Formular in irgendeiner Weise browserseitig JavaScript voraus, um korrekt zu funktionieren? Dann zeigen Sie dem Benutzer einen deutlichen Hinweis (»Das Formular benötigt JavaScript!«), falls er JavaScript deaktiviert hat oder sein Browser dies nicht unterstützt. Und zwar *vor* der Eingabe. Dies ist technisch leicht möglich, indem der Hinweis in einem `<noscript>`-Block im HTML-Quelltext versteckt wird.

Gäbe es einen solchen Hinweis nicht, würde sich der Nutzer bei deaktiviertem oder nicht vorhandenem JavaScript-Support fragen, warum beim Klick auf »Absenden« keine Reaktion der Webseite erfolgt. Oder die Eingaben gehen bei einem Fehler verloren und müssen erneut eingegeben werden. Irritationen und Unzufriedenheit sind sicher das Letzte, was wir erreichen wollen.

5.4.11 CAPTCHA gegen automatische Eintragungen?

CAPTCHA steht für das etwas sperrige »Completely Automated Public Turing Test to tell Computers and Humans Apart«. Dahinter verbergen sich meist verdrehte Zeichenfolgen, die vom Nutzer bei der Registrierung entziffert und in ein spezielles Feld eingegeben werden müssen. Erst dann kann die Eintragung abgeschlossen werden.

Ziel von CAPTCHAs ist es, automatisierten Eintragungen durch Computerprogramme vorzubeugen. So könnten böswillige Mitbewerber auf die Idee kommen, Ihren E-Mail-Verteiler mit einer großen Anzahl Spamfallen oder im Netz gesammelter E-Mail-Adressen zu »vergiften«. Die Rätsel sollen nur von Menschen, nicht von Computerprogrammen gelöst werden können. Und ohne Lösung kann auch keine Adresse »reingespamt« werden.

In der Praxis allerdings rechtfertigt der Zugewinn an Sicherheit in den seltensten Fällen die gravierenden Nachteile, die mit CAPTCHAs verbunden sind. Allen voran die Tatsache, dass sich die Rätsel selbst von Menschen teilweise nur schwer lösen lassen. Das frustet und erhöht die Abbruchquote bei der Newsletter-Anmeldung. Meist sehr deutlich. Verzichten Sie daher wenn möglich auf den Einsatz CAPTCHAs, um eine gute Anmeldequote zu erhalten. Fehlerhafte Adressen werden durch das Double-Opt-in-Verfahren ausgesiebt. (Auch, wenn beim Double Opt-in im Gegensatz zur CAPTCHA-Lösung bei faulen Adressen E-Mails ausgelöst werden; nämlich Checkmails, die um Aktivierung des Abos bitten.)

Tipp: Spielerische CAPTCHAs

Möchten Sie doch CAPTCHAs einsetzen? Dann begründen Sie dies in verständlicher Sprache: »Bitte Zeichenfolge eingeben. Damit verhindern wir automatische Registrierungen«. Welche CAPTCHA-Dienste gibt es? Weit verbreitet, weil leicht einzubinden ist ReCaptcha von Google. Dabei werden vor allem Textstellen vorgelegt, die die optische Zeichenerkennung beim Bücher-Scannen nicht identifizieren konnte. Die Zeichen werden so von Menschen nachqualifiziert. Es müssen aber nicht immer solche kryptische Zeichenfolgen ohne spielerischen oder sogar werblichen Wert sein (Abbildung 5.33 und Abbildung 5.60 links). Wer dem Team von Photojojo eine E-Mail-Nachricht senden möchte, darf auf `photojojo.com/contact/` ein Bilderrätsel lösen (»Mit was lassen sich Fotos schießen? Sandwich, Nashorn oder Kamera?«). Ähnlich verfährt real,- (Abbildung 5.60 rechts). Nucaptcha verbindet Spamschutz mit Werbevideos, Type-in™ mit Werbebannern.

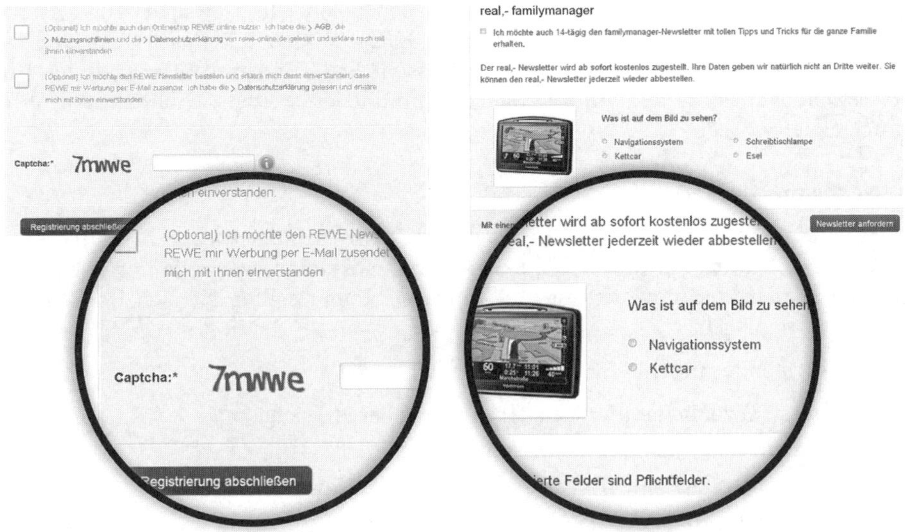

Abb. 5.60: CAPTCHAs bei der Newsletter-Anmeldung – REWE verlangt die Eingabe einer kryptischen Zeichenfolge (links), der real-Familymanager setzt hingegen auf ein Bilderrätsel (rechts). Letzteres erfüllt denselben Zweck, ist aber deutlich nutzerfreundlicher und kann zudem werblich eingesetzt werden.

5.4.12 Erwartungen bilden, Nutzen kommunizieren

Machen wir uns nichts vor: Für den Newsletter bringt ein Besucher – im Gegensatz zu den Kern-Produkten und -Diensten – in der Regel keine Nachfrage mit. Ganz im Gegenteil: Viele sind des Direktmarketings überdrüssig. Bei einer derartigen Abwehrhaltung stellt es eine echte Herausforderung dar, Interesse zu wecken. Das verlinkte Wörtchen »Newsletter« und die Idee, die Vorteile dazu liegen doch auf der Hand, reichen nicht. Es zählt nur die aktiv in Wort und Bild kommunizierte Leistung.

Stellen Sie also möglichst präzise dar, warum der Webseitenbesucher gerade Ihre E-Mails abonnieren soll. Denn der wird sich selbst keine Sekunde Gedanken darüber machen, weshalb er sich eintragen sollte, wenn Sie ihm nicht die passenden Schlüsselwörter als Grund »unter die Nase reiben«. Der Besucher *will* Ihnen seine Adresse eigentlich überhaupt nicht anvertrauen. Er will sich nicht die Mühe machen, sie einzutippen. Es braucht also schon triftige Gründe. Sozialwissenschaftler sprechen von der Equity-Theorie: Das Verhältnis von Aufwand zu Nutzen muss als gut oder wenigstens angemessen beurteilt werden. Bedenken bezüglich der Sicherheit der Daten und der Güte der E-Mail-Inhalte müssen ausgeräumt werden. Ansatzpunkte hierzu wollen wir nun unter die Lupe nehmen.

Nutzen- und Vorteils-Kommunikation

»Schlüsselwörter unter die Nase reiben« klingt leicht. Aber welche sind dies? Hierzu bedarf es eines guten Verständnisses der Abonnenten beim Besuch der Webseite:

- **Motive:** *Warum* könnten Ihre Zielgruppen sich für den Newsletter interessieren?
- **Gedankengänge:** *Wie* rezipieren Ihre Zielgruppen die Webseite?

Wie sieht also der typische Blickpfad aus? Streben potenzielle Newsletter-Interessenten nach Sicherheit, nach Anerkennung oder Macht, Einsparungen in Zeit und Geld, Unterhaltung, Inspiration, Austausch oder gar mehr Wissen? Erst mit diesen Informationen kann der *relevante* Nutzen an der *richtigen* Stelle kommuniziert werden. Und damit steigt die Anmelderate.

Motive ansprechen

Die angesprochenen Motive sind zugleich *Codes*, also Schlüsselwörter. Der Interessent muss diese nicht mal bewusst lesen. Sie triggern selbst dann, wenn sie implizit wahrgenommen werden, Aufmerksamkeit und Interesse. Daher sollten sie sich im Werbetext deutlich widerspiegeln.

Typische Vorteils-Argumente für Newsletter sind:

- Ersparnisse in zeitlicher und vor allem finanzieller Hinsicht:
  - sofort ein Goodie als Anmelde-Dankeschön
  - später laufend Rabatte im Rahmen der Regelkommunikation
- exklusive Inhalte und Angebote
- ein echtzeitiger beziehungsweise früherer Informationszugang:
  - Updates (»Top-Seller endlich wieder auf Lager«)
  - Vorabankündigungen von Produkten und Angeboten, die bald erscheinen
- allgemein nützliche Informationen, Tipps und Tricks, die die Arbeit erleichtern oder einen Wissensvorsprung verschaffen

Exemplarisch seien folgende Formulierungen aus der Praxis genannt:

1. »Wir informieren Sie kostenlos über *wichtige Neuigkeiten*, aktuelle JAKO-O *Schnäppchen*, spannende *Diskussionen* im JAKO-O Forum, *Gewinnspiele*, viele *Tipps* u. v. m. Nach dem Motto "Von Eltern gedacht, für Eltern gemacht" sitzen Sie bei uns "in der ersten Reihe" und können an unseren Umfragen oder *Votings* zu *Produktneuheiten* teilnehmen.«
2. Persönlichen *Wissensvorsprung* sichern: »Ob aktuelle *Branchen-News*, wichtige *Termine* oder *Neuigkeiten* rund um Ihren Messebesuch: Mit dem CeBIT Newsletter-Service sind Sie immer am Puls der digitalen Welt. Freuen Sie sich außerdem auf einen aktiven *Meinungsaustausch* zu *Trends* und *Hintergründen* sowie auf *spannende* Aktionen und *exklusive* Angebote!«
3. »Als Newsletter-Empfänger können Sie sich die *besten Schnäppchen* bereits 1 Woche *vor allen anderen* sichern – *Top-Marken* bis zu 50% *reduziert*! Aber Achtung: Der *Vorrat ist begrenzt*! Also jetzt schnell zugreifen, bevor es andere tun!«
4. »*Improve* your Marketing – *Join thousands* of weekly case study readers.«

Emotionale Ansprache

Der Kreativität sind keine Grenzen gesetzt. Man denke auch an Formulierungen wie »mit exklusiven Gutscheinen sparten Newsletter-Abonnenten letzten Monat 13.678 Euro«. Dies spricht den Nachahmungstrieb an – werde auch Teil der Bewegung, bei vielen hat es sich bewährt! (Vergleiche auch den Abschnitt 5.3.7 *Testimonials und Zertifikate.*)

Wichtig ist zum einen, eine gewisse emotionale Komponente nicht zu vernachlässigen. Vergleichen Sie selbst die Wirkungen folgender Formulierungen:

1. »Der Newsletter beinhaltet Vorteilsangebote. Er lässt sich jederzeit wieder abbestellen«
2. »Sparen Sie sich und Ihre Familie glücklich. Gefällt der Newsletter Ihnen einmal nicht mehr, reicht ein Klick auf abbestellen und Sie sind ihn wieder los.«

Ersteres dürfte bei den meisten weniger Entscheidungsfreude hervorrufen als Nummer zwei. Schließlich ist die Bewerbung schon ein erstes Aushängeschild – und welche Erwartungen weckt wohl Nummer eins an die Kommunikationsqualität des Newsletters ...

Experimentieren

Wichtig ist aber vor allem auch herauszufinden, was in *Ihrer* Zielgruppe am besten funktioniert. Hierzu empfiehlt es sich, stetig zu testen. Gegebenenfalls sind es je nach Verweis-Quelle ganz unterschiedliche Dinge. Das heißt bei Besuchern, die über einen Link im Forum `chat.net` zur Webseite gelangten, müssten textlich andere Motive bedient werden als bei solchen, die auf eine Quellenangabe im Wikipedia-Eintrag klickten. Analog gilt dies bei den Begriffen und Phrasen in Suchmaschinen, über die Besucher zu Ihnen gelangten. (Vergleiche hierzu den Abschnitt 5.1.6 *Bezug zum Besucher-Interesse herstellen.*) Finden Sie dies heraus.

5.4.13 Incentives für Sofort-Nutzen

Trotz aller Signalwörter ist es für den Interessenten im Vorfeld immer schwierig zu beurteilen, ob die vom Anbieter versprochenen Belohnungen mit der Zeit seine Kosten (Daten eintippen, Angst vor Spam et cetera) wirklich aufwiegen – ob also der »Tausch« gerecht oder vorteilhaft ist. Passende Anreize wie Gewinnchancen und Einkaufs- und Rabattgutscheine, die als sofortiges Anmelde-Dankeschön zugesandt werden, helfen dabei praktisch immer auf die Sprünge. Denn sie verkörpern oft das nötige Quäntchen eines sofortigen Nutzens nach der Anmeldung, das die Kosten und Risiken überkompensieren kann.

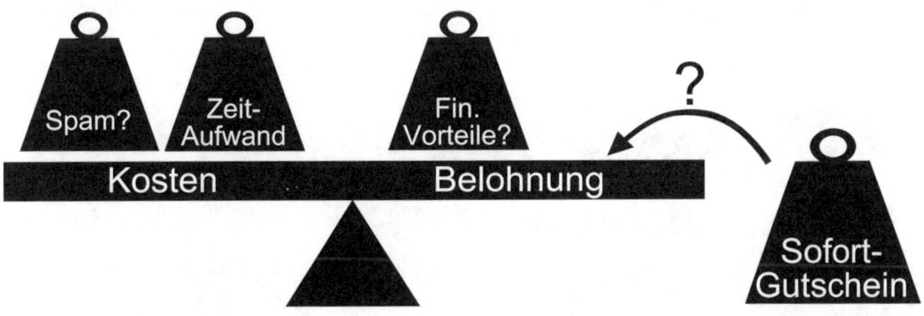

Abb. 5.61: Incentives als Verstärker bei der Newsletter-Anmeldung, die die Kosten und Risiken effektiv kompensieren können. Merke: Kaum ein Besucher will sich eintragen – er muss vielmehr überzeugt werden, dass sein künftiger Ertrag den Aufwand deutlich kompensiert. Ein Sofort-Gutschein als Anmelde-Dankeschön hilft, ungewisse finanzielle Vorteile durch das Abonnement in der Zukunft zu unterstützen.

In bestimmten Umfeldern wirken auch Spenden-Mechanismen. Nämlich dann, wenn in der Zielgruppe das Geben persönlichen Nutzen stiftet, wenn also altruistische Motive von Newsletter-Interessenten bedient werden müssen.

In der Praxis könnte dies wie folgt aussehen: Für jede (gültige) Anmeldung wird ein Geldbetrag an eine wohltätige Organisation gespendet. Die Effektivität kann noch gesteigert werden, indem Neu-Abonnenten eine Auswahlmöglichkeit angeboten wird. Zum Beispiel bezüglich

- der zu unterstützenden Organisation (zum Beispiel *Ärzte ohne Grenzen* versus *Greenpeace*) oder
- des wohltätigen Projekts (etwa *Überlebensplan Elefanten* versus *Wilderei stoppen* beim WWF).

Das B2B-Pendant zum finanziellen B2C-Incentive wären PDF-Downloads. Zum Beispiel Whitepapers, Buch-Exzerpte, Checklisten oder aktuelle Studien. Eine gute grafische Inszenierung steigert noch einmal deren gefühlten Wert.

Abb. 5.62: Die pompöse Paket-Darstellung signalisiert Substanz und strahlt Wertigkeit aus, was die Anmelderate im Vergleich zum einfachen E-Mail-Screenshot in vielen Zielgruppen erhöht. (`braintraining101.com`)

Abb. 5.63: Auch auf `tutsplus.com` steht das Dankeschön-»Paket« im Vordergrund bei der Newsletter-Anmeldung.

5.4.14 Erwartungen abstecken

Inhalt und Frequenz

Mit dem Nutzen einher geht auch eine Skizzierung dessen, mit dem der Abonnent künftig für wie oft und wie lange zu rechnen hat. Seien Sie transparent und damit vertrauenswürdig. Sorgen Sie für eine korrekte Erwartungshaltung bezüglich der Inhalte und Erscheinungsweise. Dazu sind Sie nicht zuletzt sowieso rechtlich verpflichtet. Das Werbeeinverständnis kann nämlich nur dann wirksam erteilt wird, wenn der Gegenstand der Zustimmung, also das, in das eigentlich eingewilligt wird, zum Opt-in-Zeitpunkt hinreichend genau bestimmt war. (Mehr zur Bestimmtheit lesen Sie in Abschnitt 22.2 *Wettbewerb: Ausdrückliche Zustimmung (»Opt-in«)*.)

Trägt Ihr Newsletter-Format die Erscheinungsweise bereits im Namen, wie zum Beispiel bei »InsideDirectMailWeekly«, »Best of the week email alerts«, »Daily Jokes« oder »Monthly Coupon Digest«, dann sind Sie in puncto Kommunikation der Versandfrequenz natürlich fein raus. Und zum Teil ergibt sich aus dem Titel des Formats auch unmittelbar, worum es inhaltlich geht (»Freeware News – Wochenrückblick«).

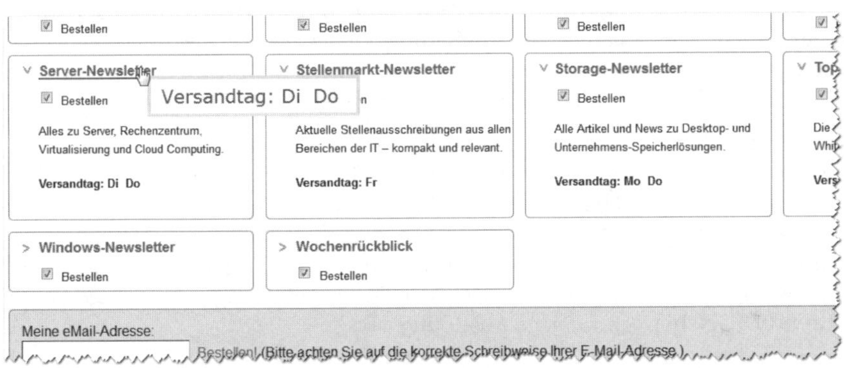

Abb. 5.64: TechChannel.de bietet diverse Newsletter-Formate – Versandtage und Inhalte lassen sich per Mausklick aufklappen.

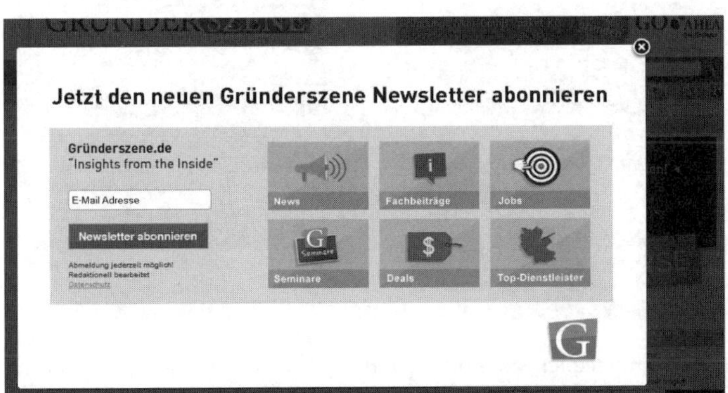

Abb. 5.65: Die Lightbox auf gruenderszene.de kommuniziert die Newsletter-Inhalte anhand von Icons und Bildunterschriften. Der Interessent weiß so, womit er rechnen kann.

Abb. 5.66: Das Magazin liefert kompakt wichtige Infos in der Marginalspalte der Webseite – Erscheinungsweise, Qualität und eine Beispiel-Ausgabe. (`gruenderszene.de`)

Newsletter-Archiv

Um die Inhalte zu erläutern, hat sich der Verweis auf ein Newsletter-Archiv bewährt. Einfacher können die Erwartungen bei der Anmeldung nicht abgesteckt werden. Der Interessent kann sich so ein genaues Bild machen. Zudem signalisiert der Blick auf eine Reihe jüngster Ausgaben Stetigkeit. Dies fördert die Vertrauensbildung.

Eine alternative Überlegung wäre, lediglich ein Newsletter-Exempel in Form eines Screenshots anzubieten. Auch dies hat Vorteile. Klickt sich der Besucher nämlich durch die Links in den Archiv-Ausgaben, entfernt er sich so immer weiter von der Newsletter-Anmeldung. Und die Anmeldung war ja eigentlich das Marketing-Ziel. (Wir erinnern uns: Abschnitt 5.2.7.) Beim Screenshot passiert dies nicht. Das Registrierungsformular bleibt hier immer im Fokus. Sehr pfiffig ist in diesem Zusammenhang übrigens die Vorgehensweise im MEDIONshop – vergleiche Abbildung 5.67.

Abb. 5.67: Clever – im Beispiel-Newsletter auf medion.de findet der Newsletter-Interessent verdeckte Preise, die exklusiv nur Abonnenten offengelegt werden. Wenn das mal kein triftiger Grund für die Anmeldung ist. (`medion.com`)

Kapitel 6

Wichtige Kontaktpunkte für mehr Adressen

Ohne E-Mail-Adressen kein E-Mail-Marketing. So banal diese Tatsache zunächst klingt – sie verdeutlicht doch denn Stellenwert einer ausgefeilten Strategie zur Adressgewinnung, die das Thema von Beginn an möglichst optimal fokussiert. Es macht einen deutlichen Unterschied beim Umsatz, ob der Werber nach einem Jahr 10.000 für seinen Newsletter interessieren konnte oder nur 500.

Die größten Potenziale zur Förderung qualitativ hochwertiger Kontakte bieten dabei die unmittelbaren Kontaktpunkte zwischen Kunden beziehungsweise Interessenten und Ihrem Unternehmen. Sei dies online im Internet oder offline – Papier, Telefon oder mündlich. Eine sinnvolle Verflechtung und »Ausbeutung« aller hierbei infrage kommenden Punkte ist die unabdingbare Basis für ein gesundes organisches Wachstum. Auch wenn dieser Weg mehr Geduld erfordern mag als der Kauf großer Adressmengen bei einem spezialisierten Händler.

6.1 Interne Adressquellen erschließen

Aber in der Praxis bestätigt sich wieder und wieder die Regel: Qualität geht vor Quantität. Anbei ein paar Tipps, die Sie für das Thema »alle internen Adressquellen von Beginn an bestmöglich erschließen« sensibilisieren soll (vergleiche Schaubild in Abbildung 6.2). Denn neben dem obligatorischen »Newsletter«-Hinweis auf der Homepage gibt es noch eine ganze Reihe weiterer Ansatzpunkte, an die man vielleicht nicht sofort denkt.

Vorsicht vor unseriösen Adressangeboten

An dieser Stelle sei bereits vorweggenommen: Diverse Adressverlage bieten umfassende Adressdatenbanken zum Kauf an. Teils finden sich auch Angebote auf Auktionsplattformen wie eBay. Vorsicht: Finger weg! Viele schwarze Schafe treiben hier ihr Unwesen. Vermeintlich attraktive Offerten wie »4,2 Millionen Adressen mit Opt-in/Werbeeinverständnis zum Startpreis von 20 Euro« entpuppen sich beim Zuschlag als Milchmädchenrechnung. Abgesehen davon, dass die Bestände vielfach aus geleakten oder gehackten Beständen diverser Onlinepräsenzen stammen oder einfach per Ernte-Programmen im Netz aus Foren sowie Impressen zusammengetragen wurden und damit die Qualität bescheiden sein dürfte – keiner der Adressaten hat *Ihnen gegenüber* sein Werbeeinverständnis erteilt. Haben Sie Werbe-E-Mails an diese Bestände geschickt? Dies wäre in Deutschland rechtswidrig.

Ganz gleich, ob es sich um Geschäfts- oder Verbraucher-Adressen handelt. Der Datenverkäufer sitzt nun vermutlich unerreichbar im Ausland. Und ohnehin wären Sie Ihrer Sorgfaltspflicht, das tatsächliche Vorliegen eines Opt-ins zu prüfen, nicht nachgekommen. Übrigens ist hiervon auch nicht die Veredelung von Bestandsdaten ausgenommen (sogenannter Append). Allein eine nachträgliche Anreicherung der Stammdaten bestehender Kunden um deren E-Mail-Adresse genügt den rechtlichen Voraussetzungen für E-Mail-Werbung nicht! Auch hierbei bedarf es einer vorherigen Einwilligung.

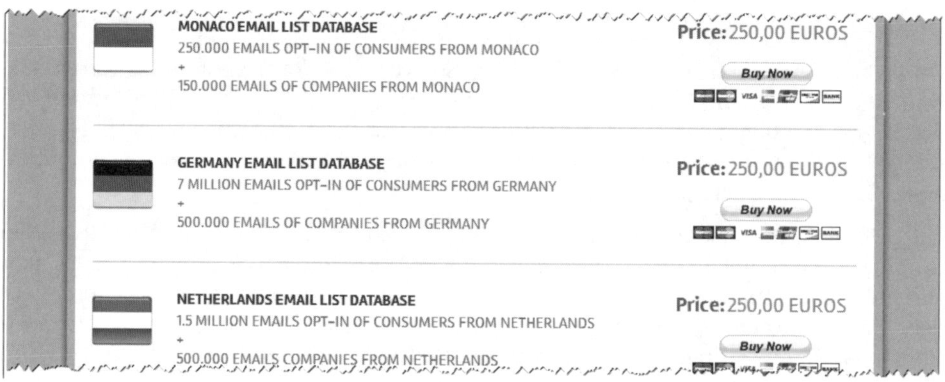

Abb. 6.1: Vorsicht! Angebote für E-Mail-Listen finden sich im Netz zuhauf. Der Einkauf hätte für Sie allerdings unter Umständen keinen Wert. Sie dürfen gekaufte Adressen in vielen Ländern nämlich nicht ohne Weiteres anschreiben. Zumindest dann nicht, wenn Ihnen gegenüber nicht explizit ein ausdrückliches Werbeeinverständnis erteilt wurde. Dies gilt in Deutschland für die Endkundenwerbung genauso wie für die Werbung an Geschäftskunden. (`europeanemaildatabase.com`)

1. Sind Sie unternehmerisch noch mit Ihrer guten Idee und einem Baustellen-Platzhalter auf der Webseite in der fortgeschrittenen Findungsphase? Oder befindet sich Ihr neuer Dienst noch im geschlossenen **Beta**-Stadium? Dann bieten Sie bereits jetzt die Möglichkeit für erste Interessenten, sich in den künftig erscheinenden Newsletter einzutragen. Selbst wenn der Startschuss noch ungewiss ist. So fangen Sie beim offiziellen Launch-Termin nicht mehr bei null an. Mit `LaunchRock.com` hat sich sogar ein US-Dienst auf eben dies spezialisiert. Mit wenigen Klicks lässt sich eine Landeseite inklusive Opt-in-Formular und Weiterempfehlen-Funktion erstellen.
2. Der Abschluss eines **Kaufprozesses** bietet eine perfekte Möglichkeit, auf den Newsletter aufmerksam zu machen. Der Zeitpunkt eignet sich nicht zuletzt deshalb besonders, weil ohnehin persönliche Daten wie Name, Liefer- sowie die E-Mail-Adresse für die Bestellbestätigung eingegeben werden müssen. Das Vertrauen ist da. Oft besteht auch Interesse an einer dauerhaften Beziehung zum Anbieter über den Einmal-Kauf hinaus. Ferner ist die Transaktion schließlich auch in rechtlicher Hinsicht die einzige Grundlage, E-Mail-Adressdaten zu gewinnen, die später *ohne Einwilligung* mit Werbemails beschickt werden können (vergleiche Abschnitt 22.10 *Werbeversand ohne Einwilligung? Das Soft Opt-in*).

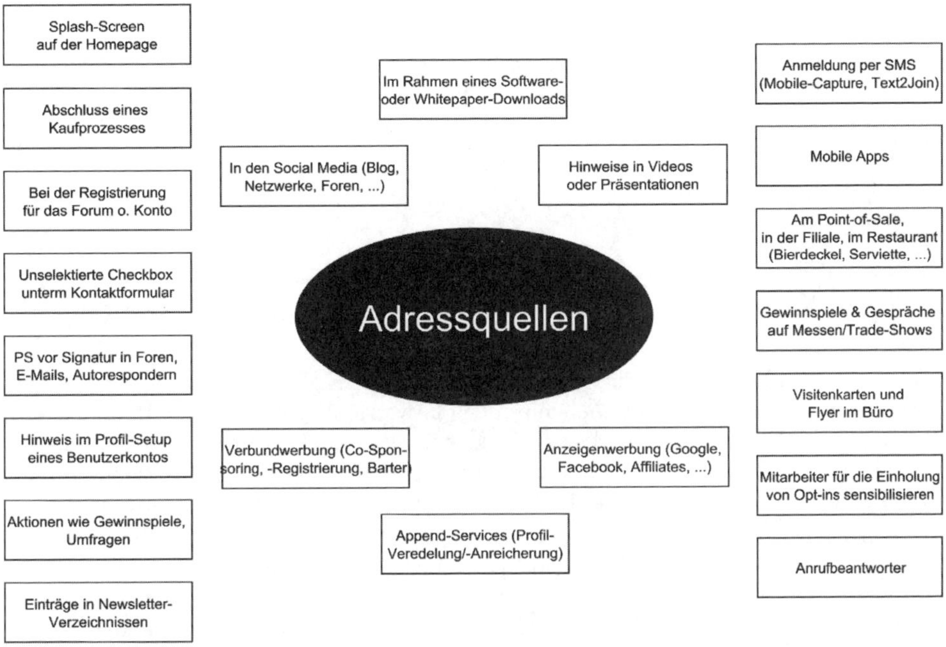

Abb. 6.2: Erschließen Sie nach und nach alle möglichen Adressquellen.

Studie: Effektivste Maßnahmen zur Adressgewinnung

Die Adress-Erhebung während des Kaufprozesses ist am wirksamsten. Dies zeigte eine MarketingSherpa-Befragung unter knapp 3.000 Werbetreibenden (`sherpablog.marketingsherpa.com/email-marketing/top-list-growth-tactics/`). Die Anzahl der Befragten, die dieser Maßnahme ihre hohe Effektivität in Abrede stellten (»not effective«), konnte scheinbar an einer Hand abgezählt werden. Hingegen beurteilen ganze 60 Prozent die Maßnahme als besonders effektiv. Qualität und Quantität stimmen. Bei keiner anderen Taktik waren sich die Befragten so einig. Es folgen Online-Events wie zum Beispiel Webinare und die Registrierungsseiten auf der Webseite.

1. Gleiches gilt für die **Registrierung** eines Benutzerkontos. Beispielsweise zu einem Forum, einer Kaufgemeinschaft, für eine Software (etwa nach deren Installation) oder für den Download eines Dokuments. Auch in diesen Fällen empfiehlt es sich, das Registrierungsformular um ein Newsletter-Ja/Nein-Feld zu ergänzen, das – wohlgemerkt – nicht vorangekreuzt ist.
2. Auch der an die E-Mail-**Signatur** angehängte Hinweis inklusive Link zur Newsletter-Anmeldung kann das Verteilerwachstum stimulieren. Denken Sie dabei nicht bloß an die E-Mail-Regelkommunikation mit Kunden und Interessenten. Sondern auch an Abwesenheitsnotizen und private Mitteilungen (PM) oder öffentliche Beiträge in sozialen Netzwerken, wie Xing oder LinkedIn. Oder an das gedruckte Pendant, die Visitenkarten. Und zwar von allen Mitarbeitern. Oder auch an Pressemitteilungen.

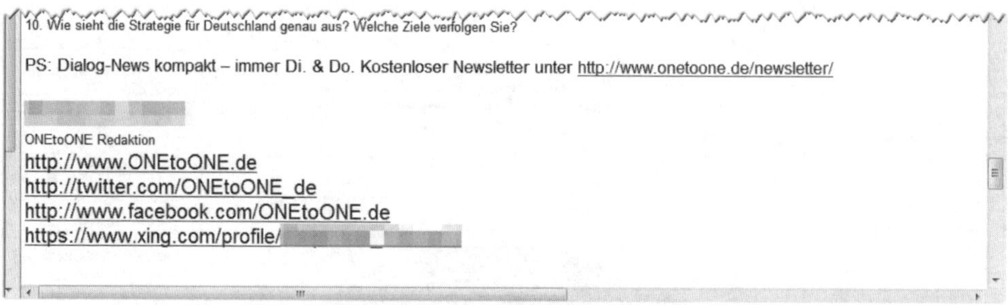

10. Wie sieht die Strategie für Deutschland genau aus? Welche Ziele verfolgen Sie?

PS: Dialog-News kompakt – immer Di. & Do. Kostenloser Newsletter unter http://www.onetoone.de/newsletter/

ONEtoONE Redaktion
http://www.ONEtoONE.de
http://twitter.com/ONEtoONE_de
http://www.facebook.com/ONEtoONE.de
https://www.xing.com/profile/

Abb. 6.3: Newsletter-Hinweis im PS der digitalen E-Mail-Korrespondenz. (ONEtoONE Magazin)

3. **Messen, Workshops, Schulungen und Seminare** bieten gleichsam zahlreiche Gelegenheiten für Sie und Ihr Team, nebenbei auch Einverständniserklärungen in E-Mail-Werbung einzuholen. Der Mitarbeiter denkt bei Messen eher daran, wenn valide neu hinzugewonnene Adressen durch den Arbeitgeber incentiviert werden. Wenn also der Mitarbeiter pro Opt-in einen zusätzlichen Obolus auf dem nächsten Gehaltsscheck sieht.
4. Motivieren Sie zufriedene Abonnenten dazu, den Newsletter an Freunde und Bekannte **weiterzuempfehlen**. Schließlich sind persönliche Empfehlungen besonders wirksam und die Interessen der Zielpersonen sind ähnlich gelagert. Arbeiten Sie zum einen mit dezidierten Kampagnen eigens für diesen Zweck. Und binden Sie zum anderen einen Hinweis in Ihre Newsletter ein. Etwa indem Sie jede Ausgabe mit einem »Weiterempfehlen«-Link abschließen, der beim Klick zu einem Eingabeformular führt, in das die Empfehlungsadressaten eingetragen werden können (Tell-a-Friend-Funktion). Oder auch indem Sie einzelne Artikel oder die gesamte Ausgabe zum Teilen auf Twitter, Facebook, Xing oder LinkedIn anbieten (Share-with-your-Network-Funktion).
5. Ergänzen Sie Ihre **Brief- und Fax-Vorlagen** sowie postalische Sendungen, Flyer oder Werbeartikel um eine weitere Zeile, die den Newsletter bewirbt. Denken Sie auch an Rechnungs- oder Angebotsschreiben, Ankündigungen eines Außendienstbesuchs oder Bedienungsanleitungen. Ebenso die automatisch versandten Transaktionsbenachrichtigungen über zum Beispiel Auftragseingang und Versandbestätigung, wenn der Werbehinweis sich dem eigentlichen informatorischen Inhalt vollständig unterordnet. Enthalten schließlich auch all Ihre Präsentationen und Webinare Newsletter-Hinweise? Bei Letzteren nicht nur »gesprochen«, sondern auch niedergeschrieben? Allein über Portale, wie Slideshare, LinkedIn & Co können viele zusätzliche Sichtkontakte entstehen. Gerade dann, wenn die Präsentation vielfach auf den Webseiten Dritter eingebunden wird.
6. Der stationäre **Point-of-Sale**, also die örtliche Filiale, kann erschlossen werden, indem vor Ort etwa entsprechende Plakate platziert, Terminals bereitgestellt oder Anmeldeformulare ausgelegt werden. Unterstützend sollten zudem die Verkäufer angewiesen werden, auf den Newsletter hinzuweisen und gegebenenfalls die Eintragung für den Kunden vorzunehmen. Weitere Optionen: die Auslage von Formularen beim Empfang im Büro, der Newsletter-Wink auf Servietten im Restaurant, auf Bierdeckeln et cetera.
7. Auch das **(Mobil-)Telefon** hat es in sich. Weisen Sie Call-Center-Agenten zum Beispiel an, stets auch auf den Newsletter aufmerksam zu machen und Interessenten notfalls auch durch den Registrierungsprozess zu dirigieren. Ein Newsletter-Hinweis bei der Ansage vom Band (Warteschleife, Anrufbeantworter, ...), um eine Newsletter-Registrierung ergänzte mobile Applikationen oder die unmittelbare Newsletter-Registrierung per

Kurzmitteilung an eine bestimmte Telefonnummer können den Listenaufbau unterstützen. In diesem Zusammenhang sei auch auf Quick-Response(QR)-Codes hingewiesen, die mit dem Smartphone gescannt werden können und den Nutzer sodann beispielsweise zur Newsletter-Anmeldung führen.

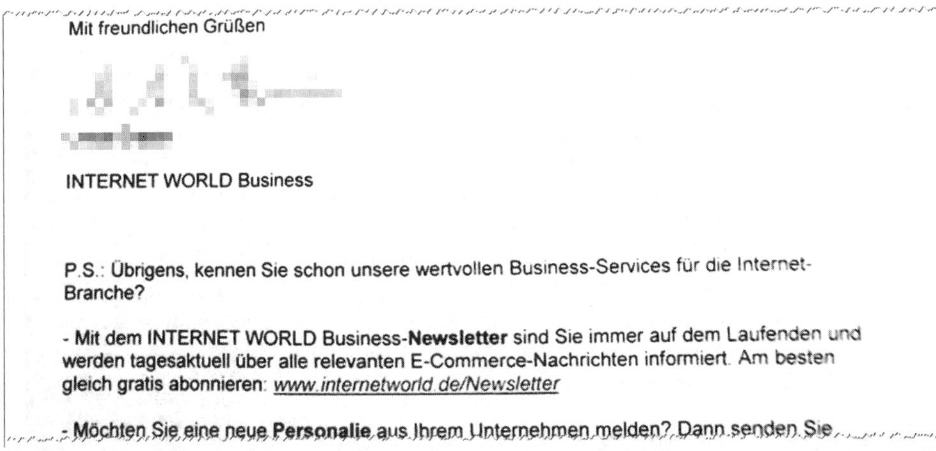

Mit freundlichen Grüßen

INTERNET WORLD Business

P.S.: Übrigens, kennen Sie schon unsere wertvollen Business-Services für die Internet-Branche?

- Mit dem INTERNET WORLD Business-**Newsletter** sind Sie immer auf dem Laufenden und werden tagesaktuell über alle relevanten E-Commerce-Nachrichten informiert. Am besten gleich gratis abonnieren: www.internetworld.de/Newsletter

- Möchten Sie eine neue **Personalie** aus Ihrem Unternehmen melden? Dann senden Sie

Abb. 6.4: Newsletter-Hinweis in der Print-Kommunikation (INTERNET WORLD Business Magazin)

8. Veranstalten Sie ein **Gewinnspiel**. Spricht sich dies herum oder wird anderweitig ein hoher Werbedruck hierfür erzeugt, können innerhalb kurzer Zeit viele Adressen gewonnen werden. Und wenn Sie die Newsletter-Bestellung zur freiwilligen Angabe machen, geht die hohe Quantität meist auch mit einer passablen Qualität einher.

Nürburgring: Offline-Gewinnspiel

Die Nürburgring Automotive GmbH gewinnt nicht nur über die Webseite neue Newsletter-Abonnenten. Sondern auch vor Ort: Besucher des Nürburgrings können nämlich durch Ausfüllen einer Gewinnspielkarte ein Formel-1-VIP-Paket gewinnen und sich dabei optional für den Newsletter registrieren. Die handschriftlichen Eintragungen werden automatisiert digitalisiert, in einem CSV-Format bereitgestellt und ins E-Mail-Versandsystem importiert. Dort wird für die Newsletter-Interessenten eine Checkmail angestoßen (Double Opt-in-Verfahren, siehe Kapitel 7). Immerhin 34 Prozent der Gewinnspiel-Teilnehmer bestätigen anschließend die Newsletter-Anforderung. Und durch die Kombination von Online- und Offlineaktivitäten konnte der Verteiler um fünf Prozent vergrößert werden (`tinyurl.com/cn43cmr`).

9. Zusätzliche Werbung zum Nulltarif erhalten Sie, indem Sie in Newsletter-Verzeichnissen und sozialen Netzwerken auf Ihren Dienst hinweisen. In Archiven, wie dem Wide Area Infoboard (`wai.de`), können Sie sogar automatisiert jede neue Ausgabe veröffentlichen. Hierzu wird Ihr E-Mail-Verteiler um eine speziell markierte WAI-Adresse ergänzt. Gleichsam erlauben diverse Versandlösungen heute, mit dem Versandstart auch einen Tweet auf Twitter und eine Statusmeldung auf Facebook abzusetzen. Diese enthalten jeweils einen Verweis auf die Browser-Version der Newsletter-Ausgabe, sodass auch

Freunde und Follower stetig hierauf aufmerksam gemacht werden. Zusätzlich empfiehlt es sich, hin und wieder händisch auf aktuelle Ausgaben hinzuweisen – beispielsweise mit einem Beitrag im Businessnetzwerk Xing.de.

10. Kommen Anzeigenschaltung in sozialen Netzwerken, Suchmaschinen oder auf Webseiten Dritter infrage? Man denke an Facebook-Werbeanzeigen beziehungsweise gesponserte Meldungen oder Google AdWords. Mit den AdWords Ad Extensions erlaubt Google Werbetreibenden, ein Onlineformular direkt in Anzeigen zu integrieren. So können beispielsweise E-Mail-Adresse und Postleitzahl für die Zusendung maßgeschneiderter Angebote leicht erhoben werden. Dabei ist sogar das Adressfeld bereits mit einer E-Mail-Adresse vorausgefüllt, falls der Suchende in seinem Google-Konto eingeloggt ist (sogenanntes Pre-filling, vergleiche auch in Abschnitt 10.6.5 *Conversion-Booster: Pre-filling – Daten an Landingpages übermitteln*). Ein Klick reicht, um den Newsletter zu abonnieren (siehe Abbildung 6.5). Die gewonnenen Adressdaten müssen manuell importiert werden. Das Feature befindet sich aktuell in Deutschland in einer Testphase.

    Eine Alternative zum direkten Opt-in-Formular bilden die Sitelink-Erweiterungen. Hiermit können Sie Links zu weiteren Seiten Ihrer Website angeben, die zusätzlich zur Zielseite unter dem Anzeigentext angezeigt werden. Zum Beispiel zur Newsletter-Anmeldung (siehe Abbildung 6.6).

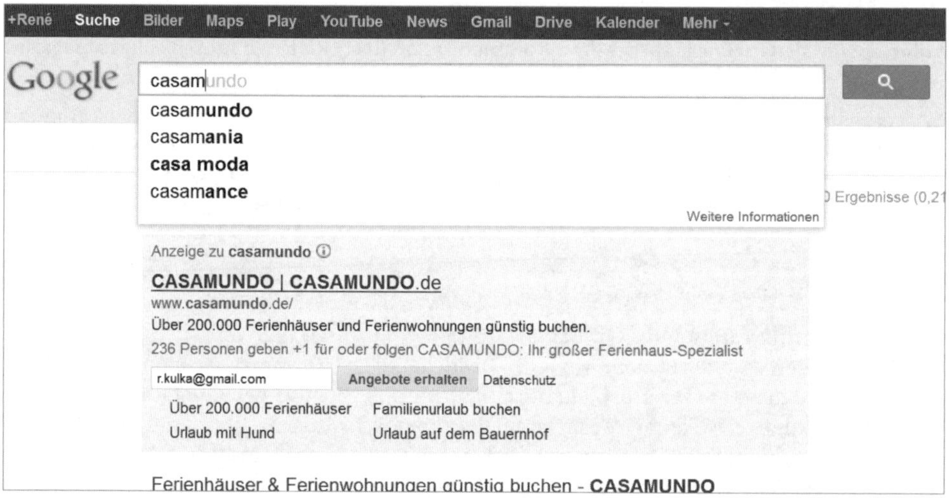

Abb. 6.5: Lead Capture Forms in Google-AdWords-Anzeigen – die Anzeigenerweiterungen machen es möglich. (`Google.de`)

Vorsicht: Rechtliche Würdigung der Opt-in-Anzeigenerweiterung

So effektiv die Google Ad Extensions auf den ersten Blick erscheinen, so problematisch sind sie – jedenfalls in der gezeigten Form – auf den zweiten. Unter Umständen wird nämlich keine rechtlich wirksame Werbezustimmung gewonnen. Während man sich über die Eindeutigkeit der oder des Werbeberechtigten (hier: Casamundo) noch streiten kann, sieht dies bei der Belehrung des Nutzers über seine Rechte anders aus: Der Hinweis darauf, dass dieser sich stets wieder abmelden kann, fehlt zum Beispiel gänzlich.

Daher empfiehlt sich die Anwendung des Double-Opt-in-Verfahrens, bei dem das Abonnement in einer Checkmail noch einmal bestätigt werden muss. Diese E-Mail sollte alle einwilligungsrelevanten Infos anführen. Ein Problem besteht darin, dass die Adressdaten aktuell manuell importiert werden müssen.

Abb. 6.6: Newsletter mit der Anzeigenerweiterung »Sitelinks« (Extra-Links unter der Anzeige) bewerben

Abb. 6.7: Mediamarkt-Anzeige auf Wetter.com. Der Klick auf »Newsletter abonnieren« führt auf die Anmelde-Seite.

11. Auch Rich-Media wie das Video-Inventar auf YouTube können einen Link zur Newsletter-Anmeldeseite bewerben. Zwar ermöglicht YouTube in der Regel nur das Setzen von Video-Links, die ihrerseits wieder auf YouTube verweisen – von fragwürdigen Hacks wie `LinkedTube.com` abgesehen. Jedoch kann der Beschreibungstext eines Clips genutzt werden. Oder eben ein anderer Video-Hoster. Spezielle Anbieter für Video-Marketing bieten nämlich auch Möglichkeiten, Clips direkt mit einem Anmelde-Formular zu verknüpfen. Das Formular befindet sich dann direkt im Container des Video-Elements und wird zum Beispiel angezeigt, sobald das Clip-Ende erreicht wurde. Der Versanddienstleister MailChimp bietet eine nahtlose Integration mit dem Video-Hoster Vzaar. GetRes-

ponse kooperiert mit dem Video-Spezialisten Viewbix. Abbildung 6.8 zeigt ein Pre-roll-E-Mail-Gate, das sich bei `Wistia.com` leicht einem Video vorschalten lässt.

Das Konzept ist auch auf Präsentationen übertragbar – man denke an LeadShare des Anbieters SlideShare. Damit können Registrierungsformulare in die Präsentationen selbst eingebunden werden, die SlideShare zum Beispiel nach der letzten Folie und beim Download einblendet.

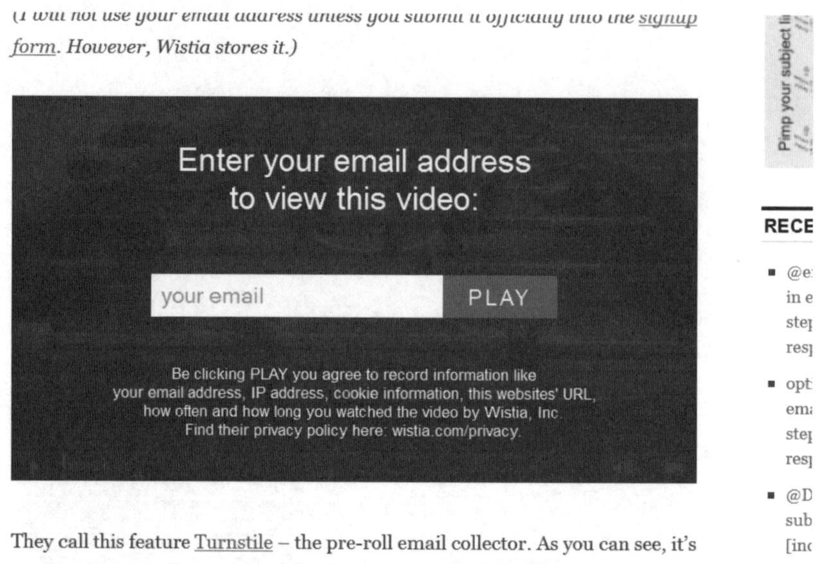

Abb. 6.8: Anmeldeformulare in Videos – das Feature Turnstile des Anbieters Video-Wistia ermöglicht ein sogenanntes Email Gating. Der Clip ist erst zugänglich, nachdem die E-Mail-Adresse im Pre-roll eingetragen wurde. (`Emailmarketingtipps.de`)

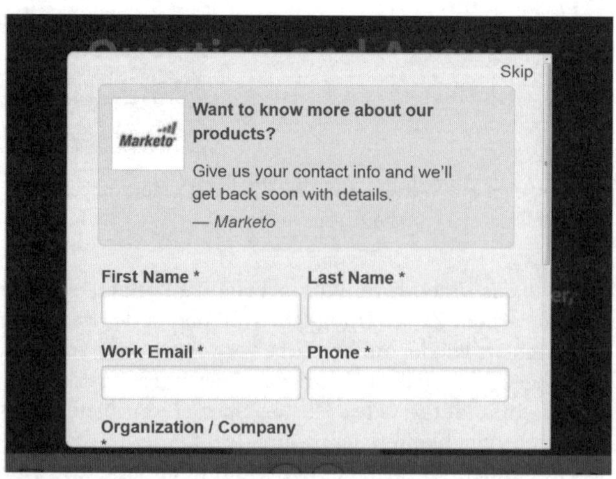

Abb. 6.9: Anmeldeformulare in Präsentationen – LeadShare von slideshare erlaubt es, zu Beginn oder am Ende einer Präsentation Adressen zu gewinnen. (`slideshare.net`)

12. Wie schaut es im Corporate **Weblog** aus – enthalten Navigation und Marginalspalte einen prominenten Newsletter-Hinweis? Kann auch das Kommentar-Formular um ein Häkchenfeld für die Newsletter-Anmeldung ergänzt werden? Bietet sich die Platzierung eines Newsletter-Links unter ausgewählten Beiträgen an? Können Subscribe-to-Download-Funktionen implementiert werden, die den Zugang bestimmter Blog-Ressourcen an eine Registrierung knüpfen? Ist ein Newsletter-Hinweis am Ende jedes Beitrags im RSS-Feed erfolgversprechend? Kommt ein Homepage-Gate infrage, das Erstbesuchern – ähnlich wie beim modalen Fenster – zunächst eine Anmeldeseite vorschaltet?

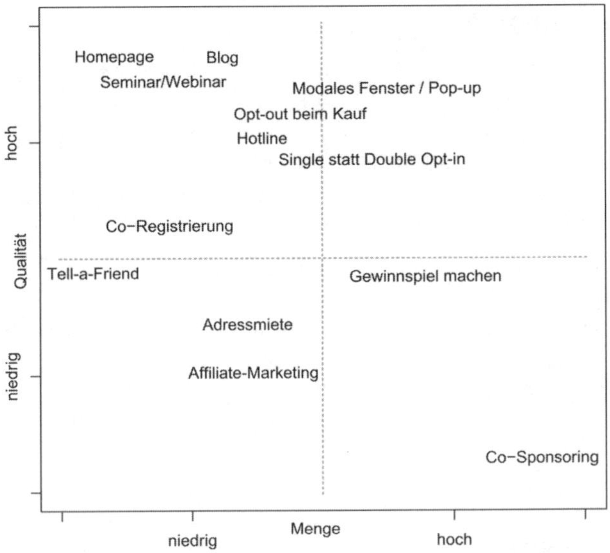

Abb. 6.10: Adress-Qualität versus -Quantität – alles hat seine Vor- und Nachteile. So lassen sich über Gewinnspiele viele neue Abonnenten gewinnen. Jedoch melden sich einige für den Newsletter an, um die Gewinnchance zu erhöhen oder weil sie dazu gezwungen werden. Darunter leidet – je nach Ausgestaltung – die Permission-Stärke und damit die Qualität.

Tipp: Adressquelle zum Datensatz immer zuspeichern

Für jeden E-Mail-Datensatz sollten Sie die Quelle genau festhalten. Dies gilt nicht nur für den Adresshändler, der ihn lieferte. Sondern beispielsweise auch für das Formular, das ausgefüllt wurde (zum Beispiel Homepage, modales Fenster, Benutzerkonto-Eröffnung, Webinar, Kaufprozess, Facebook-Seite und so weiter). Protokollieren Sie dies möglichst feingranular. Auf Grundlage der Daten können Sie später interessante Auswertungen vollziehen. Welche Quellen erwiesen sich bis dato am effektivsten und wie können die weniger effektiven davon lernen? Welche liefern andererseits überdurchschnittlich viele Spambeschwerden? Sind dies beispielsweise die Adressen, die über Popup-Fenster oder bestimmte Adresshändler gewonnen wurden? Oder über ganz bestimmte – offensichtlich nicht den Erwartungen entsprechende – PDF-Whitepapers? Dann können die Maßnahmen für die Zukunft angepasst und ausgebessert werden.

6.2 Externe Werbepartner finden

Neben der Homepage als Hauptquelle für frische Adressdaten gibt es natürlich zahlreiche weitere Fundgruben. So lassen sich Adressen hinzukaufen. Dabei werben Sie meist im Verbund mit weiteren Adress-Nachfragern. Zwei Klassiker unter solchen Verbundwerbeformen sind die Co-Registrierung (kurz: »Co-Reg«) und das Co-Sponsoring. Daneben bieten auch das Affiliate-Marketing und die Adressmiete weitere Ansatzpunkte, den Verteiler mithilfe von Werbepartnern auszubauen.

6.2.1 Co-Registrierung

Das hinter der Co-Registrierung *im engeren Sinne* stehende Konzept lässt sich wie folgt beschreiben: Co-Reg heißt, ein Nutzer erhält bei seiner Registrierung für einen Basisdienst die Möglichkeit, durch Setzen eines Häkchens auch eine Eintragung für einen Zusatzservice vorzunehmen. Der Zusatzservice ist im Idealfall thematisch ähnlich gelagert. Die Vorsilbe »Co« bedeutet »zusammen/mit«; Co-Registrierung kann also mit »Mit-Eintragung« oder »gemeinsame Eintragung« übersetzt werden.

Folgendes Beispiel soll das Konzept verdeutlichen: Sie melden sich bei einem Free-SMS-Portal für kostenfreie SMS-Kontingente an. Die Dankeschön-Seite bietet Ihnen nun in einer Listenübersicht weitere Dienste an, die jeweils mit einer kurzen Beschreibung und einem Teaser-Bild präsentiert werden. Darunter befindet sich ein kostenfreier Telekommunikations-Newsletter, dessen Bestellung mit einem Gutschein incentiviert wird. Diesen können Sie durch Anklicken der zugehörigen Checkbox und Betätigung des »Absenden«-Knopfes mitordern.

Der Freemailer GMX refinanziert sein Angebot seit Jahren so – wer sich hier eine E-Mail-Adresse beschafft, kann sich auf einer Folgeseite für eine Auswahl co-registrieren (Abbildung 6.11). Auch Anbieter kostenfreier Software verfahren häufig ähnlich und bieten bei der Installation etwa die »Mit-Registrierung« weiterer Programme im System an. Wenn man so will, Co-Reg *im weiteren Sinne*. Für den Nutzer ist dies effizient, da er zur Bestellung eines interessanten Zusatzes die originäre Seite des Basisdienstes nicht verlassen muss. (Anders als etwa bei der Bannerwerbung, bei der ein Klick ihn von der ursprünglichen Seite wegführt.) Und weil er sich die erneute Eingabe von Vorname, Nachname und so weiter auf den Webseiten der interessierenden Zusatzangebote spart. Folgerichtig ist die Co-Registrierung zu einem Klassiker unter den Maßnahmen zur E-Mail-Adressgewinnung geworden.

Drei typische Marktszenarien sind:

1. Anbieter und Nachfrager von Adressdaten werden auf speziellen virtuellen Marktplätzen zusammengeführt, die auch eine erfolgsbasierte Abrechnung pro gelieferter valider Adresse leisten (analog zum Affiliate-Marketing, siehe Abschnitt 6.2.3 *Affiliate-Marketing*).
2. Nachfrager kontaktieren spezialisierte Agenturen beziehungsweise direkt Adresshändler.
3. Oder es werden einfach gegenseitige Barter-Deals vereinbart im Stile von »Ich binde dich bei mir ein, du mich dafür bei dir«.

Nach jeder erfolgten »Mit-Registrierung« erhält der Nachfrager dann ebenfalls die bestellten Daten des neuen Leads – meist in Echtzeit – übermittelt. Regelmäßig wird auch nur jeder valide Lead vergütet. Damit ist die Co-Registrierung sehr kosteneffizient. Die Preise variieren je nach Anbieter und gewünschter Profiltiefe. Rechnen Sie zwischen 0,50 und 1,50 Euro pro Datensatz.

Natürlich muss auch hierbei darauf geachtet werden, dass ein rechtlich wirksames Opt-in für E-Mail-Werbung erzeugt wird. So empfiehlt es sich unter anderem, einen Link zu seinen Datenschutzbestimmungen im Beschreibungstext zu platzieren oder zumindest zeitnah eine zusätzliche Checkmail anzustoßen, die die Einwilligungsdetails und einen Aktivierungslink beinhaltet (»Double opt-in«, siehe Kapitel 7).

Die Quantität der gewonnenen Leads ist stark abhängig von

- der Qualität und Reichweite der gebuchten Co-Reg-Webseiten,
- dem Umfeld (etwa Anzahl der Offerten) und
- der Übereinstimmung von Angebot und den Wünschen der Besucherkreise.

Bei gutem Matching sind 20 Co-Registrierungen bei 100 Anmeldungen zum Basisdienst keine Seltenheit. Und noch besser: Gruppieren Sie dann später einmal Ihr Erfolgs-Reporting nach Adressquellen, dann weisen »Co-Regs« häufig ganz ähnliche Öffnungs- und Klickraten auf wie Leads von der Homepage. Die Qualität stimmt also.

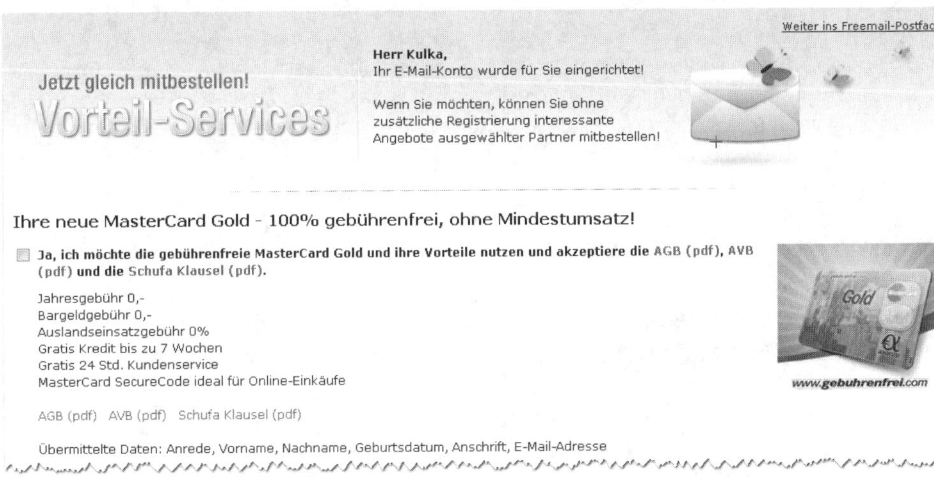

Abb. 6.11: Co-Registrierungen bei der Anmeldung auf GMX.de.

Neuartig: Mobile Co-Reg

Free-SMS-Services, wie in unserem obigen Beispiel, sind nun vielleicht Schnee von gestern. Heute frohlocken Mobile-Apps für Smartphones. Viele solcher Mini-Anwendungen können kostenfrei auf den Marktplätzen der Systemhersteller heruntergeladen werden. Manche Entwickler monetarisieren ihr Angebot durch Spenden, manche durch Werbeeinblendungen. Es war nur eine Frage der Zeit, bis auch die Co-Registrierung im mobilen Internet Einzug fand. Vor allem der Anbieter Pontiflex schreitet hier mit seiner Plattform »Mobile Signup Ads« voran (`signupads.com`).

Wie gut die gemeinsame Registrierung als Maßnahme zur Adressgewinnung funktionieren kann, zeigt eine Fallstudie auf MarketingSherpa.com: Dem Versender Paper Hat Press gelang es hiermit, seine Abonnentenzahl zu vervierfachen. Dazu wurde die optionale Mit-Registrierung über die Pontiflex-Plattform in die Installationsroutinen diverser Apps Dritter eingebunden. Beim ersten Start der heruntergeladenen App zeigt sich ein Registrierungsfenster. Darüber kann der Anwender sich auch co-registrieren.

6.2.2 Co-Sponsoring (»Gewinnspiele«)

Beim Co-Sponsoring teilen sich der Initiator eines Projekts zur Datengenerierung, meist ein Gewinnspiel oder eine Haushaltsumfrage, und dessen Mit-Sponsoren die werblichen Nutzungsrechte an den gewonnenen Teilnehmerdaten. Es werden also Opt-ins für multiple Adressnachfrager generiert und die entstehenden Kosten verteilt. Anhand demografischer Daten können alle Nachfrager die Zielgruppen jeweils einschränken. Wer seinen Adressbestand nur um männliche Teilnehmer im Alter von 25 bis 35 erweitern möchte, die per E-Mail erreichbar sind, erhält (und bezahlt) auch nur die Datensätze von Teilnehmern, die in dieses Raster fallen.

Adresskauf im E-Mail-Marketing – geht das eigentlich?

Co-Sponsoring wird häufig synonym mit »Adresskauf« verwendet. »Kauf« sorgt im Zusammenhang mit E-Mail-Werbung aber oft für Verwirrung. Der korrekte Einwand: Es ist nicht möglich, ein Opt-in für Bestandsdaten nachträglich zu veräußern. Denn das Recht, Werbung zuzusenden, ist nicht auf andere übertragbar, sondern gilt immer für den Werbetreibenden, dem es ursprünglich erteilt wurde. Jedoch wird beim Co-Sponsoring ja ein Opt-in für mehrere konkret benannte und beschriebene Firmen erteilt. Insofern kann auch vom Kauf gesprochen werden.

Studie: Welche Preise funktionieren bei Co-Sponsoring-Gewinnspielen?

Der Adresshändler eGentic (früher: Planet49) untersucht quartalsweise, welche Gewinne hohe Teilnehmerzahlen versprechen. Während 2011 Apple-Produkte vorn lagen, führten 2012 Einkaufsgutscheine die Liste an. Bargeld ist 2012 zwar noch der beliebteste Gewinn, aber Gewinnspiele funktionieren damit europaweit kaum noch. Je höher der ausgelobte Geldgewinn, desto geringer sind Glaubwürdigkeit und vermutete Gewinnchance. Die Auswahl der richtigen Gewinne ist auch für eigene Gewinnspiel-Kampagnen erfolgskritisch.

Am Markt existieren zahlreiche Adresshändler, die sich zum Teil auf dieses Geschäft spezialisiert haben. Die also meist Internetgewinnspiele aufsetzen, für den nötigen Werbedruck hierauf sorgen und so wöchentlich teils mehrere Tausend Opt-ins für sich und ihre Co-Sponsoren generieren. Wobei sich die Spreu vom Weizen sehr schnell trennt; Masse ist nicht unbedingt gleich Klasse. Zum einen bedienen Gewinnspiele naturgemäß nur eine bestimmte Klientel. Wer Luxusgüter vermarktet, wird seinen Verteiler nur bedingt hiermit erweitern können. Zudem tragen sich die Teilnehmer vornehmlich ein, um sich eine

Gewinnchance zu sichern. Werbung wird im Gegenzug höchstens billigend in Kauf genommen. (Wenn sich die Teilnehmer ihres Werbeeinverständnisses überhaupt gewahr sind; die Adresshändler strapazieren den rechtlichen Rahmen nämlich häufig bis zur Belastbarkeitsgrenze.) Zum anderen teilen sich nicht selten auf einer Plattform mehrere Dutzend Co-Sponsoren das Opt-in für ein bestimmtes Werbemedium.

Tipp: Einen guten Preis pro Datensatz erzielen

Preise für den kurzen Datensatz bestehend aus Anrede/Geschlecht, Vorname, Nachname und E-Mail-Adresse variieren wie bei der Co-Registrierung. Je nach Generierungsart und Abnahmemenge sollten Co-Sponsoren aktuell zwischen 0,40 und 0,70 Euro an Kosten pro Lead (Cost-per-Lead, CPL) für E-Mail-Marketing kalkulieren. Der lange Datensatz inklusive Adresse ist naturgemäß teurer. Kostenfrei hinzu geliefert werden stets der Zeitstempel der Eintragung (Datum und Uhrzeit) sowie die Adressquelle. Beides wird im Streitfall zum Nachweis der Werbeeinwilligung benötigt (Opt-in-Nachweis). Die Beweislast trägt der Werbetreibende.

Generell gilt: Im Sinne des Verbraucherschutzes muss für den Teilnehmer stets transparent und auch später noch nachvollziehbar sein, wem er mit Setzen des Häkchens ein Werbeeinverständnis erteilt hat. Dass dies bei hoher zwei- oder gar dreistelliger Co-Sponsorenzahl kaum mehr möglich ist, steht außer Frage. Bei 100 nicht näher benannten Co-Sponsoren kann kaum mehr davon ausgegangen werden, dass die Einwilligung in den Empfang von E-Mail-Werbung für alle Adressverwender sachkundig und konkret erteilt wird. Rechtlich kann in der Folge die Permission für unwirksam erklärt werden.

Der Deutsche Dialogmarketing Verband (DDV) sowie die Certified Senders Alliance (CSA) empfehlen, keine Adressen über ausufernde und intransparente Massenprojekte zu generieren. Beim Co-Sponsoring muss daher gemäß Ehrenkodex E-Mail-Marketing jeder Sponsor mit Namen, Branche, Werbegegenstand, Kommunikationsweg (zum Beispiel »E-Mail«, »Telefon« oder »SMS«) sowie einem Link zur Website genannt werden. Die Informationen sollen mit höchstens einem Klick vor Abgabe der Werbeeinwilligung zugänglich sein. Darüber hinaus müssen alle Sponsoren auf der Opt-in-Seite angeführt werden. Unabhängig von der Anzahl, die zusätzlich noch im Einwilligungstext einzubinden ist. Das multiple Werbeeinverständnis sollte ferner später nicht nur bei jedem Sponsor separat, sondern auch zentral beim Veranstalter widerrufen werden können. Die CSA empfiehlt in Sachen Transparenz und maximaler Sponsorenzahl, dass

> *»[...] die Anzahl der Unternehmen bzw. Personen, für die die Adressdaten erhoben wurden, auf ein Maß reduziert ist, das die Weiterleitung der Nutzerdaten an einen unverhältnismäßig großen Kreis Dritter ausschließt und dem Nutzer erlaubt, die Tragweite und den Umfang seiner Einwilligung einfach zu erfassen sowie den rechtmäßigen Umgang mit seinen Daten einfach zu kontrollieren. [...]. Insbesondere sollten so gewonnene Adressdaten für eine Versendung nur genutzt werden, wenn bei Erhebung die Anzahl der Unternehmen bzw. Personen, für die die Adressdaten erhoben wurden, zehn (10) nicht übersteigt.«*

Recht: Ihre Sorgfaltspflichten beim Adresskauf

Beim Kauf von Adressdaten obliegen Ihnen Sorgfaltspflichten. Gerade beim Adresshandel ist die Spam-Gefahr in den Augen der Gerichte besonders groß. Interessant in diesem Zusammenhang ist die Rechtsprechung des Oberlandesgerichts Düsseldorf. Das setzte nicht nur hohe Anforderungen an die Verkehrspflichten fest, sondern entschied zudem, dass bei einer Verletzung durch eine Gesellschaft unter Umständen deren Geschäftsführer persönlich haftet. Der muss damit sicherstellen, dass bei den erworbenen Adresspaketen jeder Adressat ein gültiges Opt-in (= ausdrückliche Einwilligung) abgegeben hat. Spätestens vor dem ersten Versand, der ja nur auf Grundlage eines Opt-ins rechtskonform sein kann. Die alleinige Zusicherung des Adresshändlers, das Opt-in sei für alle Datensätze vorhanden, reicht dabei nicht aus! Vielmehr muss der Käufer dies zumindest stichprobenartig anhand der Datenbank kontrollieren. Bei rechtskonform gewonnenen Daten sollte dies kein Problem sein, da in diesem Fall für jeden Datensatz ein stichhaltiges Protokoll vorhanden sein muss (vergleiche Abschnitt 22.8 *Auskunftspflicht des Versenders und »Opt-in-Nachweis«*).

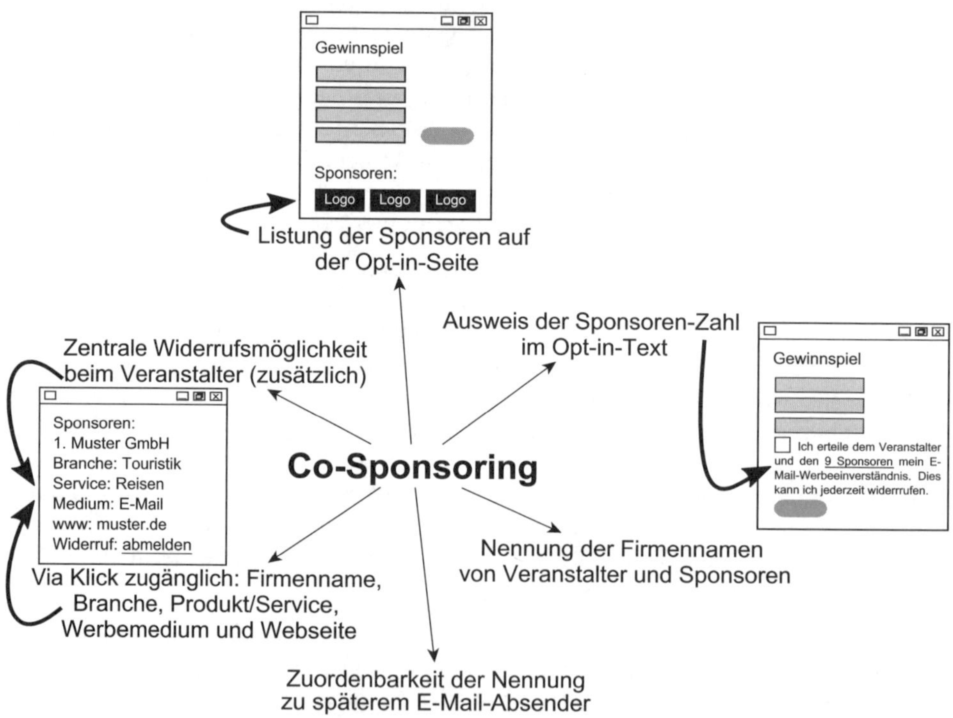

Abb. 6.12: Die Grenzen von Co-Sponsoring sind rechtlich in großen Teilen noch unbestimmt; der Ehrenkodex E-Mail-Marketing des DDV und die Certified Senders Alliance (CSA) versuchen, diese Lücken mit einigen Vorschriften und Empfehlungen zu füllen.

Tipp: Doubletten-Check

Grenzen Sie beim Co-Sponsoring vorab Ihre relevante Kernzielgruppe anhand der verfügbaren Selektionskriterien ab und vereinbaren Sie auf jeden Fall nur die Abnahme *neuer* Daten, keiner Doubletten, die sich bereits in Ihrem Bestand befinden.

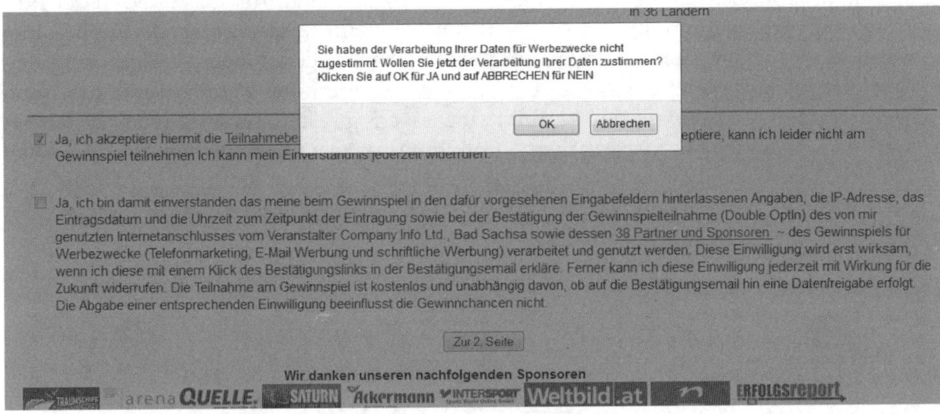

Abb. 6.13: Die Liste der Sponsoren ist lang; interessante Variante – wird das Häkchen beim Werbeeinverständnis nicht gesetzt, erhält der Teilnehmer beim Klick auf WEITER zunächst noch eine Dialogbox angezeigt: »Wollen Sie nicht doch den Newsletter bestellen? Ihnen entgeht ... [Ja, bestellen], [Nein, .vielleicht später]«. Auf diese Weise könnte die Opt-in-Ausbeute erhöht werden. (Quelle: McCrazy)

6.2.3 Affiliate-Marketing

Das Prinzip

Affiliate-Marketing ist eine wichtige Säule im Online-Marketing. Das Prinzip ist »dreifach einfach« und lässt sich wie folgt skizzieren:

- Affiliate-Netzwerke vermitteln als Intermediäre zwischen Werbetreibenden (auch Merchants oder Advertiser genannt) und potenziellen Werbepartnern, also Anbietern von Werbefläche (Affiliates, Publisher). Sie stellen die technische Infrastruktur zur Vergütung von Transaktionen bereit. Affiliate-Marketing ist in der Regel Performance-Marketing – hierbei wird nicht, wie in der klassischen Werbung üblich, per Tausendkontaktpreis (TKP) eine Werbereichweite abgegolten, sondern es werden nur messbar erfolgreiche Aktionen, wie zum Beispiel der Klick auf ein Werbemittel (= CPC, Cost-per-Click), die Generierung eines Leads (= CPL, Cost-per-Lead) oder der Kauf (= CPO, Cost-per-Order) vergütet.
- Der Merchant setzt nun in den relevanten Affiliate-Plattformen sogenannte Partnerprogramme für seine zu bewerbenden Produkte und Dienstleistungen beziehungsweise seine Zielsetzung auf. Diese beinhalten eine Beschreibung des Werbegegenstandes, die Geschäftsbedingungen, ein Werbemittel-Set (zum Beispiel Banner), die Landingpage-URL der Werbemittel sowie die gewährte Provision für erfolgreich vermittelte Transaktionen (zum Beispiel 7 Prozent vom Warenkorbwert für Produkt-Käufe, 3 Euro für eine

Probefahrt-Anforderung, 0,50 Euro für ein Newsletter-Abo et cetera). Anhand der Angaben kann sich später der Affiliate ein Bild davon machen, ob die Teilnahme am Programm für ihn thematisch und finanziell infrage kommt. Daneben lädt der Merchant vorab ein Guthabenkonto auf, aus dem die Provisionen der Werbepartner später gespeist werden.

- Der Affiliate wählt auf der anderen Seite aus der Liste der im Netzwerk angebotenen Partnerprogramme die für ihn relevanten aus. Für diese bewirbt er sich. Nach der Prüfung und Freischaltung durch den jeweiligen Merchant werden passende Werbemittel aus dem verfügbaren Set auf den Werbeflächen eingebunden. Medien können zum Beispiel die Webseite oder der Newsletter sein. Die Werbemittel werden durch das Netzwerk bei der Ausgabe speziell verlinkt, sodass erfolgreiche Transaktionen registriert und dem richtigen Werbepartner zur Entlohnung zugeordnet werden können. Nach der Provisionsfreigabe durch den Merchant wird der verdiente Betrag dem Affiliate vom Netzwerk auf seinem Konto gutgeschrieben. Ab einem gewissen Mindestbetrag kann die Auszahlung angefordert werden.

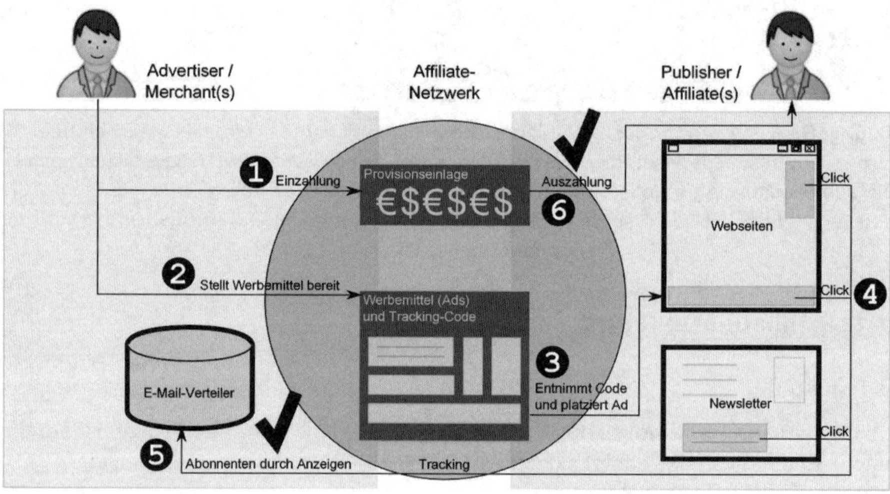

Abb. 6.14: Affiliate-Marketing – der Merchant vergütet seine Werbepartner (1) pro Klick, pro Lead, pro Verkauf oder Ähnlichem, und er stellt ein Werbemittel-Set für sein Partnerprogramm bereit (2). Der Publisher kopiert den Quelltext seines Wunsch-Banners (3) in seine Webseite oder in den Newsletter, erzeugt so Traffic (4) und wirbt neue Abonnenten (5) für den Merchant. Dafür erhält er vom Netzwerk die Provision (6) ausgezahlt.

Beispiel Mustermann GbR

Soweit zur Theorie. Wie werden in der Praxis nun Newsletter-Abonnenten über die Affiliate-Netzwerke und deren Affiliates generiert? Meist über Gewinnspiel-Partnerprogramme. Warum auch nicht! Mustermann GbR goes Affiliate-Marketing beim Newsletter-Abo. Beispiel: Das Team der jungen und dynamischen Mustermann GbR hat Wind davon bekommen, dass E-Mail-Marketing in diesem Jahr nun wieder überaus »in« ist. Es möchte durchstarten, hat aber Mühe beim Aufbau des E-Mail-Verteilers. Man entschließt sich im

Meeting dazu, über eine iPad-Verlosung die Potenziale innerhalb der jungen Zielgruppe schneller zu aktivieren, und bastelt eine passende Gewinnspiel-Webseite. Alle Teilnehmer sind natürlich herzlich eingeladen, auch den wertigen Newsletter gleich mit zu abonnieren.

Um viel Besucherverkehr (»Traffic«) auf der Seite zu generieren, werden in einschlägigen Affiliate-Netzwerken nun Gewinnspiel-Partnerprogramme aufgesetzt. Dabei soll nur jeder neue Gewinnspiel-Teilnehmer aus Deutschland, der auch den Newsletter abonniert und sein Werbeeinverständnis mit Double Opt-in bestätigt, mit 0,50 Euro Cost-per-Lead (CPL) vergütet werden. Der Mediengestalter macht sich an die Arbeit, ein aufmerksamkeitsstarkes Werbemittel-Set mit allen gängigen Formaten zu erstellen. Dazu zählt ein Fullsize-Banner im Format 468 Pixel Breite mal 60 Pixel Höhe ebenso wie ein Skyscraper mit den Maßen 120 x 600 und ein Creative für Standalone-Anzeigen. Im Wesentlichen orientiert sich der Mediengestalter an den Ad Unit Guidelines des Internet Advertising Bureau (IAB), die er unter `http://www.iab.net/iab_products_and_industry_services/1421/1443/1452` abruft. Und der frisch auserkorene Affiliate-Marketingmanager bastelt an einer interessanten Programm-Beschreibung (»0,50 Euro, leere Datenbank! [...]«), mit der er sein Programm potenziellen Werbepartnern schmackhaft machen möchte. Nebenher verpixelt er schon einmal die Double-Opt-in-Bestätigungsseite auf seiner Gewinnspiel-Webpage mit dem Tracking-Code, den die Affiliate-Netzwerke ihm ausliefern, um alle Transaktionen genau nachhalten zu können. Anschließend werden die erstellten Werbemittel hochgeladen, die URLs in den Affiliate-Netzwerken spezifiziert und ein Test des eingebundenen Tracking-Codes absolviert – quasi ein Testlauf vom Klick auf das Gewinnspiel-Werbemittel bis zur Double-Opt-in-Bestätigdung des Newsletter-Abonnements. Die eindeutige Transaktionsnummer (»Ordercode«) des »Neu-Abonnenten« aus dem Test erscheint im Backend des Affiliate-Netzwerks – wunderbar, es kann also losgehen. Antrag auf Freischaltung beim Netzwerk und kurze Zeit später bewerben sich die ersten interessierten Affiliates um die Teilnahme am Partnerprogramm.

Knapp 14 Tage später feiert die Mustermann GbR schon den tausendsten Newsletter-Abonnenten. Gratulation! Aber da geht noch mehr: Der Affiliate-Manager sieht im Interface des Netzwerks, dass viele der angenommenen Werbepartner inaktiv sind, also die Werbemittel noch gar nicht eingebunden haben. Bei vielversprechenden Affiliates wagt er einen Anruf und fragt nach den Gründen. Mit Erfolg. Einige Tage später spülen zwei E-Mailings/Standalones in wenigen Stunden mehrere 100 Teilnehmer in die Datenbank – der Server geht zeitweise fast in die Knie. Für die E-Mailing-Aktionen musste zwar die CPL etwas angehoben werden, aber die enorme Medialeistung war es wert.

Weitere sieben Tage später geht es an den unerfreulichen Part – die Auszahlung. ☺ Provisionen müssen zunächst bestätigt oder storniert werden. Beim sporadischen Durchblick fällt auf, dass zwei Partner auffällig viele Wegwerf-Adressen (*@trash-mail.com*) lieferten. Diese haben augenscheinlich keinen Wert. Eine Vergütung solcher Adressen wurde in den Teilnahmebedingungen für das Partnerprogramm aber vorweg bereits ausgeschlossen. Beim genaueren Blick auf die beiden Partner wird schnell klar, worauf die schlechte Traffic-Qualität zurückzuführen ist: Es handelt sich um sogenannte Paidmailer-Communitys, deren Betreiber einen Teil ihrer Affiliate-Provision an die Mitglieder weiterreichen, die sich ihrerseits eben beim Gewinnspiel eingetragen haben. Hierbei ist der Anreiz hoch, »Mist« einzugeben und dafür ein paar Cent Provision zu kassieren. Die Provisionen sowie die Partnerschaften werden storniert beziehungsweise gekündigt. Nach reiflicher Überlegung werden auch die Teilnahmebedingungen für das Partnerprogramm dahin gehend angepasst, dass Paidmailer ausgeschlossen werden.

Machen Sie es der Mustermann GbR nach. Netzwerke gibt es zuhauf. Unterschiede bestehen teils in den Aufnahmekriterien, der Reichweite und Qualität der Werbepartner, Kosten für den Partnerprogramm-Betrieb beziehungsweise das Setup, Support und natürlich der Benutzeroberfläche. Der skizzierte Ablauf kann aber mehr oder weniger verallgemeinert werden. Wer weitere Informationen zum Thema sucht, dem sei die Community `100partnerprogramme.de` ans Herz gelegt, die Karsten Windfelder seit vielen Jahren betreibt.

Erste Netzwerk-Anlaufstellen für Ihr Partnerprogramm könnten sein:

- `http://www.belboon.com/de/programmkatalog.17.-1.html`
- `http://www.affili.net/de/desktopdefault.aspx/tabid-22/lt-21/cat-44`
- `http://www.zanox.com/`
- `http://www.webgains.de/`
- `http://www.superclix.de/`
- `http://www.adcell.de/`

Abb. 6.15: Beispiel-Beschreibung eines Gewinnspiel-Partnerprogramms auf Affili.net

6.2.4 Adressmiete und Anbieter-Evaluation

Im Gegensatz zum Adress*kauf* gelangt der Nachfrager bei der Adress*miete* nicht selbst in den Besitz des relevanten Datenmaterials. Dieses verbleibt stattdessen ausschließlich im Bestand des Listeigners (Abbildung 6.16). Es wird auch nur von diesem in dessen Namen mit Werbung beschickt.

Die Miete umfasst in der Regel eine einmalige Anzeigenplatzierung. Und zwar in der Form, dass der – meist vollständige – Inhalt einer E-Mailing-Ausgabe durch den Mieter gebucht wird (sogenanntes *Standalone*-Format, Beispiel in Abbildung 6.17). Daneben werden auch Anzeigen vermarktet, bei denen sich mehrere Mieter die Werbefläche teilen (*»Omnibusanzeigen«*).

Mitunter versenden Mieter einfach die aktuelle Newsletter-Ausgabe über den eigenen Verteiler hinaus zusätzlich an hinzugemietete Adressen, um auf diese Weise die Werbereichweite zu erhöhen und zudem neue Interessenten für das Newsletter-Abonnement zu gewinnen. Damit stellt die Miete potenziell auch eine Maßnahme zur Adressgewinnung dar. Die häufigste Zielsetzung besteht jedoch in der Generierung von Leads im Rahmen bestimmter Kampagnen. Dies können zum Beispiel Interessenten für Probefahrten neuer Automobile oder für den Versicherungsabschluss sein.

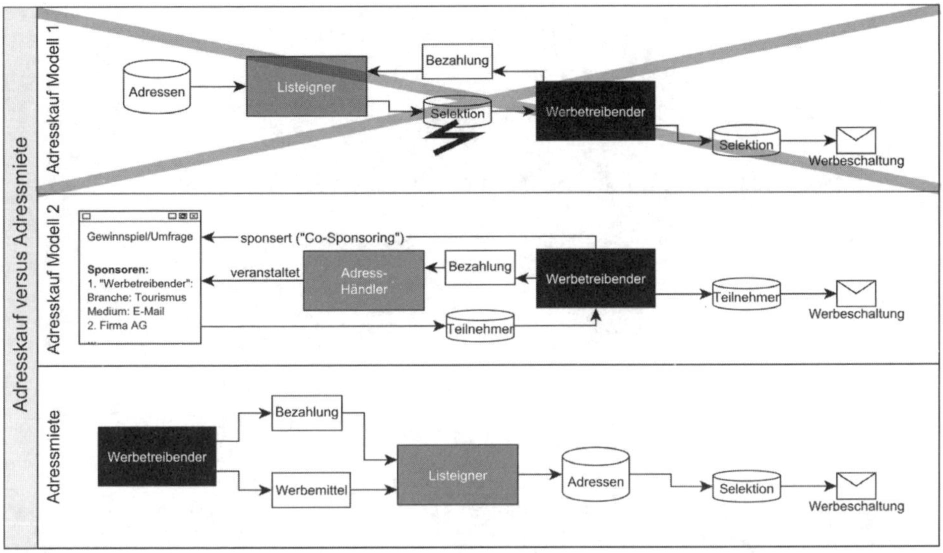

Abb. 6.16: Unterschied zwischen Adresskauf und -miete – bei der Miete versendet der Listeigner, dem gegenüber das Opt-in erteilt wurde, die Kampagne des Mieters; der Mieter gelangt – anders als beim Co-Sponsoring – nicht selbst in den Besitz der Adressen. (Vergleiche auch den Abschnitt zum Co-Sponsoring.)

Rechtskonforme E-Mails an gemietete Bestände erhalten die Absenderadresse des Anbieters, also des Listeigners, nicht diejenige des Adressmieters. Schließlich wurde ja nur dem Vermieter gegenüber ein explizites Werbeeinverständnis erteilt. Kopf- und Fußzeile sollten ebenfalls den Absender klar kennzeichnen. Meist findet sich im oberen Bereich daher das dem Empfänger bekannte Firmenlogo nebst einem »[Marke] empfiehlt:«-Hinweis. Hiernach folgt das Werbemittel des fremden Adressmieters.

Listen, die über Content-Portale gewonnen wurden, refinanzieren die Eigentümer sehr häufig durch Vermietung. Manche Eigentümer wickeln die Vermarktung komplett selbst ab und stellen beispielsweise auf der Homepage unter dem Navigationspunkt Mediadaten sogenannte »Datenkarten« zum Download zur Verfügung. Anhand dieser Datenkarten kann sich der Anzeigeninteressent über Preise informieren und erfahren, ob die Listeneigenschaften zu seiner Kernzielgruppe passen. Andere Anbieter wiederum lagern die Vermarktungsrechte teilweise oder exklusiv an spezialisierte Agenturen aus. Eine bekannte Agentur ist beispielsweise der Spiegel Quality-Channel.

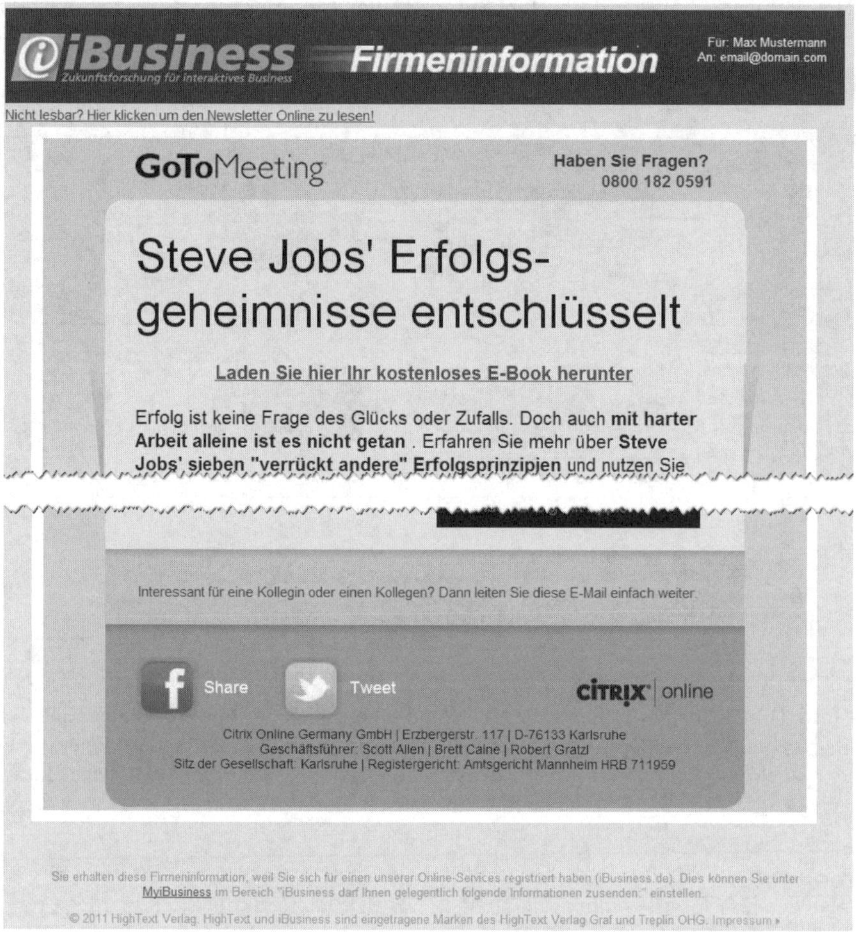

Abb. 6.17: Beispiel eines B2B-Standalones (Kopf- und Fußbereich) – Citrix bewirbt im E-Mail-Verteiler von iBusiness ein E-Book. Derartige Fremdwerbung kennzeichnet iBusiness unter anderem durch den Absendernamen »iBusiness Firmeninformation« anstelle des sonstigen »HighText iBusiness«.

Tipp: Gesuchte Zielgruppen eingrenzen

Ein bestmögliches Matching zwischen der Kernzielgruppe Ihres Angebotes und dem selektierten Teil des Adressbestandes ist erfolgskritisch bei der Adressmiete. Viele Listeigner erlauben die Filterung nach bestimmten Empfängermerkmalen wie Geschlecht, Alter oder Postleitzahl. Damit lassen sich Streuverluste eingrenzen. Nutzen Sie dieses Möglichkeit also. Streuen Sie Ihre Werbemittel nur an ausgesuchte Kontakte.

Insbesondere bei einer Partnerauswahl aus der Gruppe »unbekannter Selbstvermarkter« sollte genauer hingeschaut werden. Im Adressgeschäft zieren unseriöse Anbieter den

Markt. Daten werden mit fragwürdigen Methoden erhoben. Und auch Versandmethoden und Listenpflege lassen vielerorts zu wünschen übrig, sodass die Aussichten auf eine erfolgreiche Standalone-Kampagne minimal werden. Statt um eine langfristige Partnerschaft geht es solchen Anbietern eher um einmalige »Abzocken«. Die Machenschaften, die das Magazin W&V Online Mitte 2011 aufdeckte (`tinyurl.com/d2gobk5`), dürften wohl nur die Spitze des Eisbergs darstellen. Eine gesunde Portion Vorsicht bei der Wahl des Listeigners im Rahmen einer Adressmiete ist also unabdingbar. Ansonsten versinken nicht nur Ihre Anzeigenkosten ohne messbaren Erfolg. Sondern es drohen zudem Imageschäden in der Zielgruppe und Abmahnungen seitens belästigter Adressaten. Unter Umständen haften Sie als Mitstörer für Spam. Ein kundiger Broker hilft Ihnen dabei, die Spreu vom Weizen zu trennen:

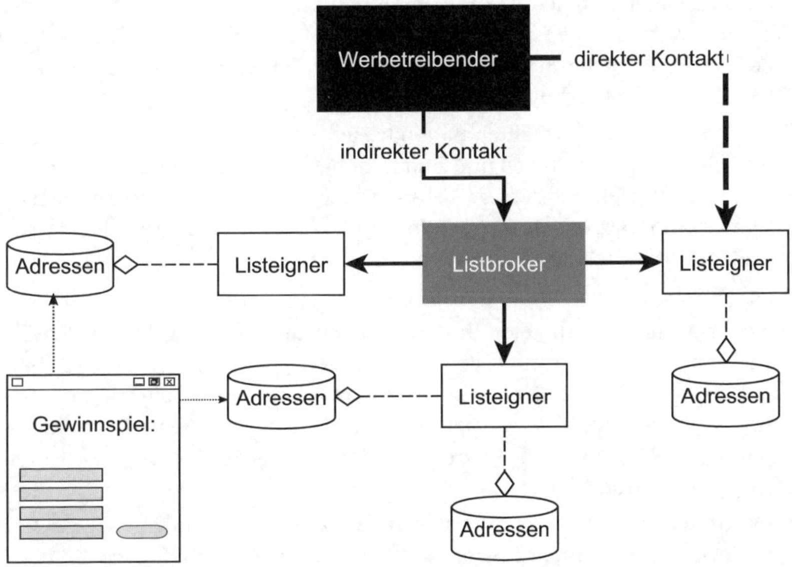

Abb. 6.18: Bei der Suche nach geeigneten List-Anbietern helfen Broker, die zwar nicht selbst über Adresspotenziale verfügen, aber in der Regel eine gute Marktkenntnis besitzen.

Haben Sie sich bereits in Sachen Co-Sponsoring und Co-Registrierung umgeschaut, dann werden Ihnen viele Anbieter von Adressmiete bekannt vorkommen. Klar, denn die via Gewinnspiele gewonnenen Daten werden nicht nur verkauft, sondern auch selbst vermarktet – beziehungsweise eben vermietet. Worauf sollte bei der Anbieterauswahl geachtet werden?

- Firmen- / Anbieterbezogene Qualitätsindikatoren
  - Vorsicht, wenn bei der Geschäftsanbahnung der E-Mail-Kontakt nicht über eine Firmen-E-Mail-Adresse, sondern zum Beispiel über einen Webmailer-Account wie Gmail läuft.
  - Vorsicht, wenn die Firma Ihnen mangels Public Relations völlig unbekannt ist: keine Messepräsenzen in der Vergangenheit (zum Beispiel dmexco oder email-expo), keine Fachbeiträge auf einschlägigen Portalen (zum Beispiel `online-marketing-forum.de`), keine Vorträge oder anderweitiger Wissenstransfer.

  - Vorsicht, wenn die Firma gerade erst gegründet wurde und bereits über eine beträchtliche E-Mail-Reichweite verfügt. Dies passt augenscheinlich nicht zusammen.
  - Vorsicht, wenn die Firma oder die Webseiten, über die die Daten generiert werden, im Impressum statt einer physischen nur eine Briefkasten-Adresse besitzen. Vor allem dann, wenn sich diese auch noch außerhalb Europas befindet. In Deutschland beziehungsweise Europa gelten bekanntlich strenge datenschutzrechtliche Vorschriften, an die Sie gebunden sind.
  - Welche Referenzen weist der Anbieter auf? Nicht selten werden vollmundig bekannte Marken angeführt. Prüfen Sie diese, indem Sie sich bei den Genannten erkundigen. »Connections« erleichtern dies natürlich.
  - Ist der Anbieter Mitglied in Branchenorganisationen, wie dem BVDW, dem DDV, dem eco Verband oder der Certified Senders Alliance (`certified-senders.eu`)? Und hat der Anbieter die Selbstverpflichtung »Ehrenkodex E-Mail-Marketing« des DDV unterzeichnet (`tinyurl.com/ykhh3dy`)?
  - Wie ist es um die Anbieter-Reputation bestellt? Werfen Sie insbesondere einen Blick in einschlägige Foren, Blogs und Reputation-Services. Schauen Sie, ob der Anbieter mit seinem Namen und seinen Webseiten nicht schon »einen Ruf weg« hat auf Portalen wie `AntiSpam-ev.de`, `AbzockNews.de`, WOT – Web of Trust, benchpark, `GuteFrage.net`, `das-schwarze-schaf.com` et cetera.
- Listen-Eigenschaften des Adressvermieters:
  - Vorsicht, wenn der Anbieter Ihnen vor der Hauptbuchung keinen Pre-Test eines Listensegments einräumt. Listen- und Zielgruppentests gehören seit jeher zum Standardrepertoire der Direktmarketer. Wird Ihnen ein solcher Vorabtest an einer kleinen Adressauswahl verweigert oder mit abstrusen »Selektionsgebühren« unrentabel gemacht, dann hat der Vermieter, der seine Liste ja kennt, dafür meist einen triftigen (Performance-)Grund. Finger weg.
  - Vorsicht, wenn dem Anbieter egal ist, *was* Sie bewerben möchten, solange Sie zahlen; ein seriöser Vermieter berät Sie und achtet auch darauf, dass die beworbenen Angebote relevant für seine Leserschaft sind. Es sei denn, die Liste ist ihm beziehungsweise allgemein nichts wert.
  - Wie verhält sich der angebotene Preis für die Adressmiete im Vergleich zum üblichen Marktpreis? Ist er weit unterdurchschnittlich, wird dies sicher seinen Grund haben. Für das internationale Parkett bietet der Worldata List Price Index (`http://www.listpriceindex.com`) eine erste Orientierung.
  - Seien Sie skeptisch, wenn Ihnen überdurchschnittlich hohe Performance-Kennzahlen als zu erwartender Response genannt werden. Öffnungs- und Click-Through-Raten von konstant über 20 Prozent sind heutzutage eher selten mit werblichen E-Mails zu erzielen. (Feine Adresselektionen nach spitzen Zielgruppen, also klar umrissenen und eher schmalen als breiten Segmenten, sowie nach aktiven Adressen von gewohnheitsmäßigen Reagierern außen vor.) Schon gar nicht bei gemieteten Beständen. Je nach Listenpflege beträgt die durchschnittlich zu erwartende Öffnungsrate zwischen drei und 20 Prozent.
  - Wie alt sind die verwendeten Adressen durchschnittlich? Je älter, desto schlechter in der Regel die Performance.

- In welcher Frequenz wurden die Empfänger in der Vergangenheit werblich angesprochen? Je intensiver der Werbedruck, desto schneller sind die Adressen ausgebrannt und damit wertlos.

Tipp: Performance-Marketing statt TKP

Im Idealfall vereinbaren Sie mit dem Vermieter ein Performance-basiertes Provisionsmodell. Beispielsweise Pay-per-Click (PPC), das heißt, Sie vergüten jeden Klick auf die Anzeige im E-Mailing. Oder das aus Ihrer Sicht noch bessere Pay-per-Sale-Modell – Sie vergüten dem Anbieter nur jeden Verkauf, der durch das gemietete Mailing generiert wird. Meist läuft es auf ein hybrides Modell bestehend aus Fixum und CPx hinaus. Auf diese Weise wälzen Sie das Erfolgsrisiko (teilweise) auf den Adressvermieter ab. Dies ist nur fair, da der die Performance seiner Listen im Gegensatz zu Ihnen ja bestens kennt.

Eine Adressmiete allein auf Basis eines Tausend-Kontakt-Preises (TKP) erfüllt erfahrungsgemäß nur selten die Erwartungen. Nicht nur weil die dargebotenen Offerten doch nicht zur Adressauswahl passen. Sondern vor allem auch sehr oft, weil die Liste veraltet ist sowie nur eine geringe Werbeaffinität aufweist (Gewinnspieladressen). Ungepflegte Adressbestände erzeugen zudem viele Zustellfehler beim Versand (»Bounces«). Sie sollten nur solche E-Mails abnehmen, die versandt und auch technisch erfolgreich zugestellt, also vom empfangenden Mailserver akzeptiert wurden.

Vor Klickbetrug, also zum Beispiel automatisiert erzeugten Linkaufrufen, sind Sie bei Klick-basierten Vergütungsmodellen natürlich nicht gefeit. Alle Performance-Kennziffern einer Kampagne sollten daher auf Plausibilität geprüft werden. Landet der Traffic auf Ihrer eigenen Webseite, sind weitere Checks möglich (stammt zum Beispiel der Großteil der Klicks von wenigen IPs? Entstammen auffällig viele IPs einem Anonymisierungsdienst wie dem Tor-Netzwerk? Sind die Hosts allesamt gleich oder liegen die Orte vieler IP-Adressen alle in einem überschaubaren Umkreis? Et cetera ...)

- Lassen Sie sich klipp und klar darlegen, *wo* (Gewinnspiele? Communitys? Content-Portale? Kostenfreie Mehrwertdienste?) die Adressen *wie* generiert wurden (Double Opt-in oder nur Confirmed- oder Single Opt-in?). Bei einem veralteten und durch Preisausschreiben gewonnenen Single-Opt-in-Bestand, der fast täglich nur mit Werbung bombardiert wurde, sind andere Ergebnisse zu erwarten als bei einem frischen Bestand eines namhaften Versandhändlers. Man beachte: Der Klick in einer »bestätigen Sie Ihre Gewinnspiel-Teilnahme«-Checkmail ist kein rechtswirksames Double Opt-in. Es wird Ihnen aber mitunter als solches verkauft.
- Prüfen Sie die Websites und die dortigen An- und Abmelde-Prozeduren für E-Mail-Werbung auf Funktionalität sowie die Einhaltung aller gesetzlichen Rahmenbedingungen. Tragen Sie sich selbst in die Liste ein, um zu schauen, was auf Ihrer E-Mail-Adresse anschließend aufschlägt. Bei zweifelhaften Angeboten gilt: Finger weg. Ist schließlich auch die Möglichkeit, sich auszutragen, in jeder E-Mail klar ersichtlich und funktioniert diese?
- Wird die Liste vornehmlich mit nützlichen und hochwertigen redaktionellen Inhalten angemailt oder nahezu ausschließlich mit Werbung Dritter? Es kann davon aus-

gegangen werden, dass die Akzeptanz von Standalone-Werbung höher ist, wenn sie die Ausnahme ist, nicht die Regel.

- Die Versandinfrastruktur und -Vorbereitung:
  - Gibt es für die Mailserver, die Ihre Anzeige später versenden, Whitelisting-Zertifikate, wie zum Beispiel Certified Senders Alliance und/oder Return Path Certification? Die Zertifikate signalisieren den Internet Service Providern die Einhaltung von gewissen Qualitätsstandards. Entsprechend kann die Performance/Response unterm Strich höher sein als beim Versand über nicht-zertifizierte Server. Ferner signalisiert Ihnen als Mieter die Zertifizierung, dass beim Anbieter der Bereich E-Mail-Marketing professionell und nachhaltig betrieben wird, da die Zertifikate natürlich nicht kostenlos sind.
  - Prüfen Sie die Domains, über die Ihre Werbebotschaft später versendet wird, sowie die IPs der Mailserver auf Blacklist-Einträge. Entsprechende Werkzeuge finden sich beim SURBL+ Checker, auf `URIBL.com` sowie `MXToolBox.com`. (Dies sollten Sie übrigens auch vor dem Versand mit den Links in Ihrem Werbemittel tun. Denn gerade die URLs von Affiliate-Netzwerken finden sich gern schon einmal auf schwarzen Blocklisten wieder. Mit einem Vorab-Check können Sie vermeiden, dass Ihre teuer erkaufte Kampagne an gemietete Adressen es aus diesem Grund nicht vorbei an Spamfiltern in die Postfächer schafft.)
  - Prüfen Sie die Reputationswerte der Mailserver des Anbieters, um im Vorhinein bereits Hinweise auf Zustellungsprobleme bei den Internet Service Providern zu bekommen. Tools hierfür finden Sie unter anderem auf `SenderBase.org`, `ReputationAuthority.org`, `BarracudaCentral.org` und `SenderScore.org`. Ich persönlich mag das Meta-Tool `zy0.de`, das Ihnen auch Spamfallen-Treffer anzeigt.
  - Kann ein Wunschtermin für den genauen Versandzeitpunkt definiert werden? Lassen Sie sich dabei auch die Versandgeschwindigkeit bei der Streuung bestätigen; ist Ihr optimaler Versandzeitpunkt Mittwoch, 18:00 Uhr, und der Versand dauert 8 Stunden, dann wird das Optimum bei einem Großteil der Empfänger verfehlt.
  - Besteht die Möglichkeit eines Konkurrenzausschlusses bei frühzeitiger Buchung? Auch dies kann den Response beeinflussen.
  - Kann vor dem Versand ein Abgleich mit Ihrer Negativliste – etwa bestehend aus den MD5-gehashten E-Mail-Adressen von Beschwerern, Abmeldern und Bounces – durchgeführt werden?

Tipp: Wer nicht leistet, der muss nachliefern ...

Lassen Sie sich bei der Adressmiete vom Listeigner einen Minimum-Response zusichern. Versandlösungen bieten teils nützliche Werkzeuge zur Auswahl der passenden Adressdaten (vergleiche Abbildung 6.19). Eine solche Vereinbarung ist geradezu zwingend erforderlich, sofern Sie eine Liste auf Basis eines Tausend-Kontakt-Preises mieten. Bei einer Zielverfehlung sollte dabei zum Beispiel an die Nicht-Öffner oder andere Abonnenten so lange nachversendet werden, bis die Vereinbarung erreicht wurde. Seriöse und kompetente Vermarkter kennen die Performance ihrer angebotenen Listen, können den Erfolg für bestimmte Kampagnen vorab mehr oder weniger abschätzen und Ihnen somit auch das Risiko einer geringen Öffnungsrate – zumindest zum Teil – nehmen.

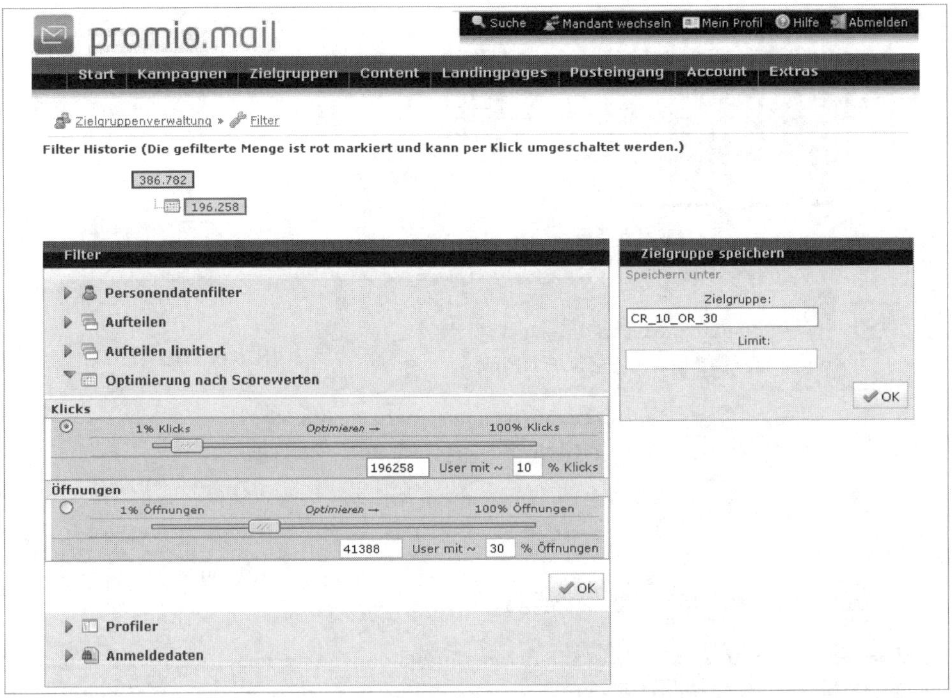

Abb. 6.19: Aus Vermarkter-Sicht nützlich: Zielgruppen-Optimierung nach Score-Werten (hier: promio.mail). Geben Sie eine Ziel-Klick- oder Ziel-Öffnungsrate für den Versand für Ihre Anzeigen-Kunden vor (Schiebe-Regler). Das Tool wählt automatisch eine Teilmenge des Verteilers so, dass die Vorgabe (mit hoher Wahrscheinlichkeit) erzielt wird. Die Berechnung erfolgt intern auf Grundlage der vergangenen Response-Raten der Empfänger.

Der Adressmarkt ist unüberschaubar groß. Adressverlage, Online-Vermarkter, spezialisierte Agenturen und Content-Portale stellen ihre eigenen sowie Fremd-Listen für Werbebuchungen zur Verfügung. Kleinere Content-Portale offerieren vor allem in Internetmarketing-Foren wie `ayom.com`. Schauen Sie hier vorbei, um sich über den Markt mal einen *ersten* Eindruck zu verschaffen:

- `http://www.adrom.net/adressvermietung/email-adressen.html`
- `http://www.az-direct.com/site/zielgruppen/adressen/e-mail/`
- `http://www.burdadirektservices.de/ecommerce/online_marketing/e-mail-marketing`
- `http://www.dz-media.de/#direktmarketing`
- `http://www.e2ma.de/neukundengewinnung/opt-in-leads/`
- `http://www.ecircle.com/de/produkte/performance-marketing/`
- `http://www.interactive-one.de/unsere-leistungen/email-marketing.html`
- `http://www.mailandsale.de/de_leistungen_1.html`
- `http://www.mydwms.de/adressen.htm`
- `http://www.promio.net/b2b/leistung/promioaddress/`
- `http://www.sg-mm.de/prod_emailmarketing.php`
- `http://www.spiegel-qc.de/`
- `http://united-internet-dialog.de/digital-mail-solutions/e-mail-marketing/gmx-newsletter/`

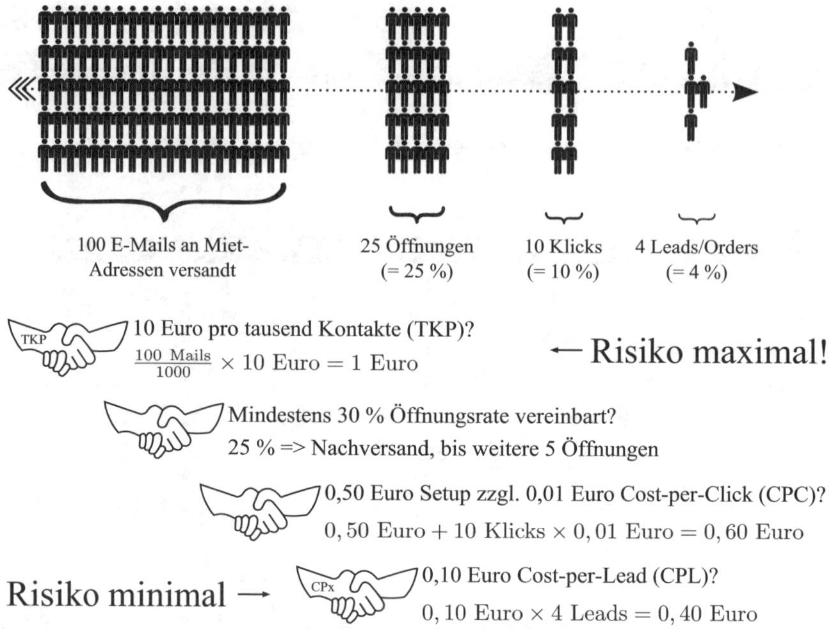

Abb. 6.20: Für die Abwicklung von Standalone-Aussendungen existieren zahlreiche Abrechnungsmodelle – versuchen Sie, das Erfolgsrisiko zumindest teilweise auf den Anbieter abzuwälzen; Ihr Risiko ist bei einer TKP-Buchung maximal.

Tipp: Adressdienste 2012

Die Zeitschrift *ONEtoONE* hat im Oktober 2012 den deutschen Markt für Adressdienste erfasst. Verschiedene Anbieter wurden hinsichtlich Gründungsjahr, Mitarbeiterzahl, Leistungsportfolio, B2C/B2B und weiteren Merkmalen katalogisiert. Das Poster »Adressdienste 2012« kann als PDF hier heruntergeladen werden: `onetoone.de/redaktion_pdf/ONEtoONE_Adressdienste2012_Ot01112_22708.pdf`.

Recht: Vorsicht vor fahrlässiger Partnerauswahl

Zur Erinnerung: Bei der Aktivierung von Adresspotenzialen Dritter reicht es nicht aus, sich lediglich allgemein vom Verkäufer zusichern zu lassen, dass alle Abonnenten rechtskonform eingewilligt haben. Ebenso wenig reicht die Sanktions-Androhung bei Nicht-Einhaltung der gesetzlichen Erfordernisse und/oder die Pflege einer Negativliste mit Werbeverweigerern (Blacklist); Letztere taugt ohnehin nicht, um einer ersten Spammail vorzubeugen. Vielmehr muss der Käufer sich aktiv anhand der Datenbank des Verkäufers vergewissern, dass er später niemanden durch seine Werbemaßnahmen belästigt. Zumindest stichprobenhaft. Logisch, dass hierfür seitens des Verkäufers eine umfassende und stichhaltige Opt-in-Dokumentation vorliegen muss. Nun klingt dies alles vielleicht noch ein wenig abstrakt. Wie könnte die Praxis ausschauen? Auch wenn sich die folgende (sinngemäß wiedergegebene) E-Mail-Anfrage bezüglich einer Adressmiete gefühlt eher wie ein Watschen des Justiziars in Richtung seiner unbelehrbaren Marketing-Abteilung liest (will heißen: die Zahl der Rückmeldungen dürfte bewusst auf ein überschaubares Maß reduziert worden sein), sollte die ideale Anfrage wohl dennoch so ähnlich ausschauen:

»Wir sind verpflichtet, vor der Durchführung von Werbemaßnahmen stichprobenweise Überprüfungen vorzunehmen. Für eine Zusammenarbeit benötigen wir von Ihnen:

eine schriftliche Zusicherung, dass alle E-Mail-Adressen für Dritt-Werbung freigegeben sind;

eine schriftliche Zusicherung, dass der E-Mail-Adressbestand vollständig auf dem Wege des Double-Opt-in-Verfahrens gewonnen wurde;

einen Nachweis über die Bestellung eines Datenschutzbeauftragten in Ihrem Hause;

die Vorlage des Datenschutzkonzeptes Ihres Unternehmens;

die Vorlage der verwendete(n) Einwilligungsklausel(n) für das erste sowie das zweite (Checkmail-)Opt-in, um die Zustimmung zur Datenspeicherung und die Zusendung von Werbung per E-Mail einzuholen;

die Vorlage typischer Werbebeispiele aus der Vergangenheit;

eine Auskunft über die Anzahl der Datenschutzbeschwerden pro Kalenderjahr – von Kunden und von der Datenschutzaufsicht;

100 zufällig gezogene Nachnamen aus Ihrem E-Mail-Adressenbestand, aus denen wir eine Stichprobe von 10 Namen wählen, zu denen Sie uns anschließend bitte die vollständige Dokumentation des Opt-ins anonymisiert zur Prüfung zusenden, insbesondere die Double-Opt-in-Kopie, die Anmeldemaske, wann und wo die Einwilligung eingeholt wurde, sowie ein Auszug aus der Datenspeicherung«.

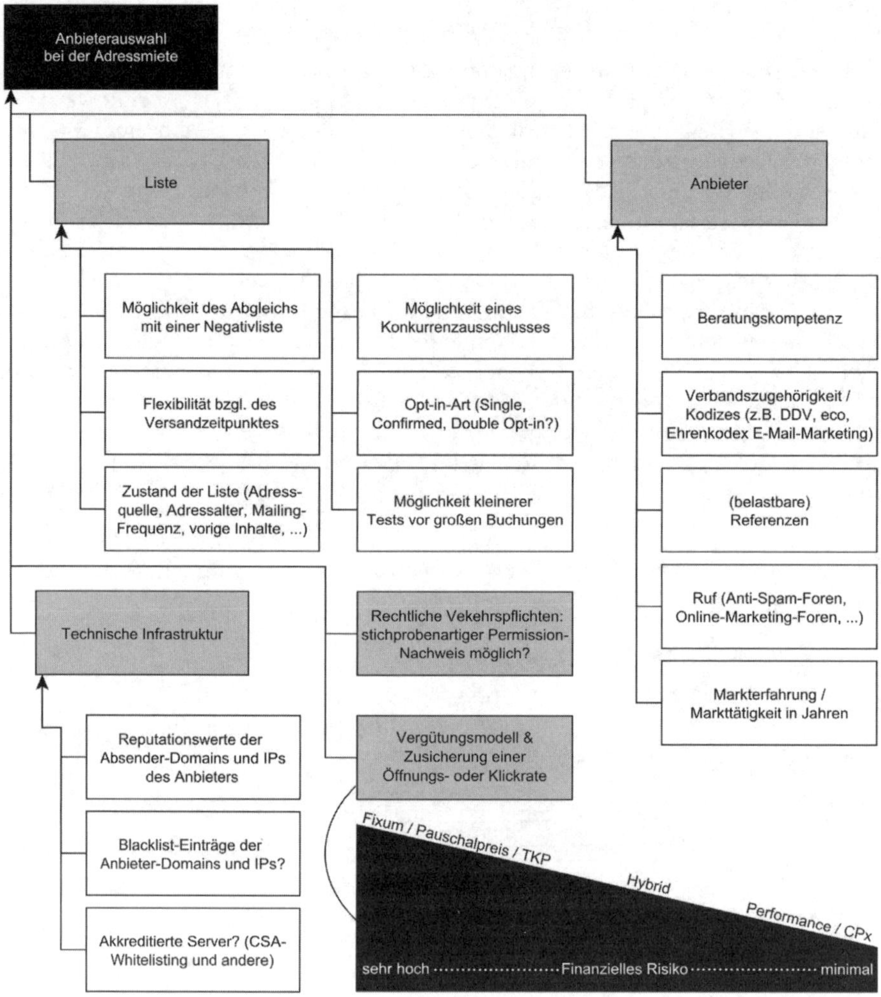

Abb. 6.21: Zusammenfassung dessen, was bei der Adressmiete zu beachten ist.

Kapitel 7

Adressqualität: Opt-in-Varianten und Gültigkeitschecks

Ohne E-Mail-Adressen kein E-Mail-Marketing. Doch Adressen allein reichen nicht – mit minderwertigen ist kein Blumentopf zu gewinnen. Im Folgenden lernen Sie Formen des Opt-ins kennen, die sich unterschiedlich auf die Adressmenge und auf Ihre Adressgüte auswirken. Anschließend beschreibt dieses Kapitel konkrete Optimierungsmöglichkeiten für die Praxis, mit denen Sie nur saubere und hochwertige Adressen in Ihren Verteiler hineinspülen.

7.1 Das Opt-in

»Opt *in*« lässt sich aus dem Englischen mit »Beitritt« übersetzen, »opt *out*« bedeutet analog »Austritt«. Übertragen auf den Bereich Werbung bezeichnet Opt-in ein explizites Werbeeinverständnis, das auch Permission (»Erlaubnis«) genannt wird. Bei Letzterem dagegen, dem Opt-out, nimmt der Werbetreibende ein Einverständnis seitens des Nutzers zunächst implizit an; er bietet ihm aber eine einfache Option, dieses zu entziehen.

In der digitalen Praxis manifestieren sich beide Varianten häufig in Form eines *leeren* (opt-in) beziehungsweise eines bereits *vorangekreuzten* (opt-out) Häkchen-Feldes im Onlineformular beim Passus »Newsletter abonnieren?«. Ein Opt-*in* erfordert ein Tätigwerden des Nutzers und erzeugt augenscheinlich eine deutlich stärkere Permission als ein passives Opt-*out*. Fast ausnahmslos ist in Deutschland der Werbeversand von SMS, Fax und E-Mail lediglich auf Basis eines Opt-in möglich. Doch auch beim Opt-in gibt es verschiedene Varianten, die jeweils Adressqualität und -quantität sowie die Beweisbarkeit einer Werbeeinwilligung beeinflussen und die Versender daher kennen sollten.

7.1.1 Single, Confirmed oder Double Opt-in?

Das Opt-in-Verfahren lässt sich unterscheiden nach Single Opt-in, Confirmed Opt-in und Double Opt-in. Die drei Varianten stellen sich im Einzelnen wie folgt dar:

- **Single Opt-in** (»einfacher Beitritt«): Der Nutzer bekundet seinen Wunsch, einen Newsletter zu erhalten etwa durch die Eintragung seiner E-Mail-Adresse in ein Onlineformular. Diese wird sodann in der Datenbank des Werbetreibenden gespeichert. Und der Nutzer erhält fortan den Newsletter.

  So einfach das Verfahren auch ist – der gravierende Nachteil dabei: Es besteht kein wirksamer Schutz vor unabsichtlichen (oder absichtlichen) Eintragungen der E-Mail-Adressen durch unberechtigte Fremde. Da die Registrierung nicht vom Inhaber der E-Mail-Adresse bestätigt oder zur Kenntnis genommen wird, kann dieser unter

Umständen unverlangt Werbung erhalten. Und dies genügt nicht den Prinzipien des Permission Marketings und schon gar nicht den rechtlichen Voraussetzungen.

- **Confirmed Opt-In** (»bestätigter Beitritt«): Das Verfahren ist prinzipiell wie Single Opt-in, jedoch erhält der Nutzer unmittelbar nach Hinzufügen seiner E-Mail-Adresse zum Newsletter-Verteiler eine werbefreie Bestätigungs-E-Mail, die ihn über die soeben erfolgte Eintragung informiert. Hierin sind erneut die Details über die Werbezustimmung enthalten. Zum Beispiel »wann wurde worin eingewilligt«. Zudem besteht in der Regel eine sofortige Abbestellmöglichkeit, sodass der Adressat sich bei Fremd-Eintragungen direkt abmelden kann. Dies verringert die Gefahr, dass er sich bei einer der nächsten Werbemails in unzumutbarer Weise belästigt fühlt.

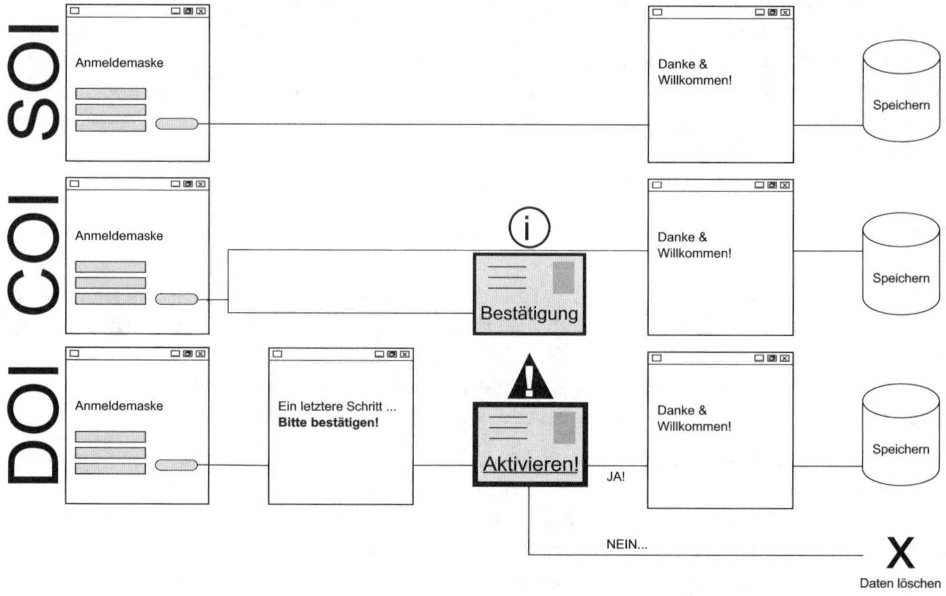

Abb. 7.1: Single Opt-in (SOI), Confirmed Opt-in (COI) und Double Opt-in (DOI) im Vergleich – beim DOI muss das Abonnement explizit noch einmal bestätigt werden, sei es durch Anklicken eines Links in der Checkmail, durch Eingabe eines zugesandten Codes oder durch Versenden einer leeren Antwort-E-Mail. Bleibt die Bestätigung aus, werden die Daten gelöscht.

- **Double Opt-in** (»doppelte Beitrittsbekundung«): Beim Double-Opt-in-Verfahren erhält der Nutzer unmittelbar nach der Registrierung eine Aktivierungs-E-Mail mit der Bitte, die Anmeldung zur Sicherheit noch einmal zu bestätigen. Die Bestätigung kommt einer erneuten Einwilligung gleich, daher »doppeltes« Opt-in. (Im angelsächsischen Raum findet sich auch die Bezeichnung Confirmed Opt-in/COI oder auch Closed Loop Opt-in, vergleiche `tinyurl.com/aufn2ad`.)

  In der Regel bekundet der Interessent seine zweite Einwilligung durch einen einfachen Klick in der Checkmail. Vereinzelt wird auch eine leere Antwort-E-Mail oder eine Codeeingabe verlangt. Bleibt die Aktivierung aus, wird künftig kein Newsletter an die Adresse versandt und die Daten werden gelöscht.

  Der Vorteil des Double-Opt-in-Verfahrens ist augenfällig: Da nur der tatsächliche Inhaber der E-Mail-Adresse die Anmeldung auch bestätigen kann, wird Spaß-Eintragungen in den Verteiler durch Dritte effektiv vorgebeugt. Damit die Bestätigung eine rechtlich wirksame Einwilligung erzeugt, müssen alle wichtigen Angaben wie »wem gegenüber willige ich ein« und »worin willige ich überhaupt genau ein« auch (beziehungsweise *gerade* hier) in der Checkmail angeführt werden. Der Link zu den Datenschutzbestimmungen sowie der Hinweis auf die jederzeitige Widerrufsmöglichkeit gehören ebenso hierein. Ansonsten könnte der Klick in einer unverlangt zugesandten Checkmail eine Einwilligung erzeugen, die nicht sachkundig und vollständig belehrt getroffen wurde; diese wäre damit unwirksam.

Welches Opt-in-Verfahren sollte nun zum Listenaufbau verwendet werden? Die Antwort lautet wie so oft: kommt drauf an. Zwar bringt das Double-Opt-in-Verfahren die höchste (nicht unbedingt eine hundertprozentige!) Rechtssicherheit mit sich. Aus praktischer Sicht birgt es allerdings auch Probleme. So erhalten nicht wenige User die Aktivierungs-E-Mail eventuell gar nicht. Die Aktivierung bleibt aus und der – ohnehin mühsame – Aufbau des E-Mail-Verteilers verlangsamt sich. Gründe für den ausbleibenden Klick in der Checkmail können dabei vielfältig sein. Drei Beispiele sollen mögliche Probleme verdeutlichen:

- Das Verfahren kann beim User Verständnisprobleme hervorrufen (»Warum soll ich meinen Wunsch, den Newsletter zu beziehen, zwei Mal äußern?!«).
- Viele Spammer nutzen fingierte Aktivierungs-E-Mails zur Verifizierung von E-Mail-Adressen. Was, wenn in der Folge der Text »bitte bestätigen Sie die Eintragung« dafür sorgt, dass Ihre Aktivierungs-E-Mail als Spam-False-Positive vom Filter in den Junk-Ordner aussortiert wird? Gleiches Szenario gilt für den Fall, dass das IP-Netz, über das Sie Ihre Aktivierungs-E-Mails versenden – ohne Ihren Einfluss und eventuell ohne Ihr Wissen – in einer globalen Spam-Negativliste aufgeführt ist, weil einer Ihrer Netznachbarn unerwünschte E-Mails versandt hat.
- Die Aktivierung kann auch schlichtweg vergessen werden, wenn sie zum Beispiel nicht sofort nach der Eintragung erfolgt. Nicht selten erfolgt beispielsweise die Zustellung der Checkmail durch die Mailserver verzögert. Oder der User wird nach der Eintragung am PC abgelenkt; später ist die Aktivierungs-E-Mail im Posteingang nach unten aus dem Sichtfeld des E-Mail-Empfängers gerutscht und wird nicht mehr beachtet.

Als Faustregel gilt, dass beim Double-Opt-in-Verfahren bei rund 20 bis 40 Prozent der Eintragungen für einen Newsletter die anschließend erforderlichen Aktivierungen ausbleiben. 20 bis 40 Prozent weniger Adressen als beim Single- und Confirmed Opt-in ist schon eine Hausnummer! Bei der Wahl zwischen den Verfahren sollte daher genau die größere Beweiskraft der Einwilligung im Streitfall und die Reinheit des E-Mail-Verteilers (Qualität) mit der Adressmenge (Quantität) abgewogen werden. Wer rechtlich möglichst auf der sicheren Seite sein möchte, nutzt ausschließlich Double Opt-in. Für andere empfiehlt sich meist ein Mix. Das Confirmed-Opt-in-Verfahren könnte dabei an verschiedenen Kundenkontaktpunkten vorgezogen werden:Adressen

- Wenn die Wahrscheinlichkeit, dass bewusst falsche E-Mail- angegeben werden, gering ist. Denken Sie zum Beispiel an den Kaufprozess auf der einen Seite und ein Internetgewinnspiel auf der anderen. Bei Ersterem dürfte der Ausschussanteil – von Tippfehlern abgesehen – gering sein, da der Käufer allein ein Interesse an einer Bestell- und Versandbestätigung per E-Mail hat. Wohingegen er bei einem Gewinnspiel eher mit Werbespam rechnet und die Gefahr einer absichtlichen Falscheintragung entsprechend höher ist. Dass die angesprochenen Tippfehler zu Problemen mit Spamfallen führen können, steht wieder auf einem anderen Blatt (vergleiche Abschnitt 23.3.1 *Spamfallen (»Traps«)*).

- Eventuell auch, sofern eine aktive und bewusste Einwilligung in den Newsletter-Empfang stets sichergestellt wird, sodass eine etwaige Werbemail für keinen Abonnenten überraschend, sondern stets erwartet kommt. Dies impliziert eine deutliche Hervorhebung der Werbeeinwilligung sowie die Kommunikation von Frequenz und Thema des Newsletters.

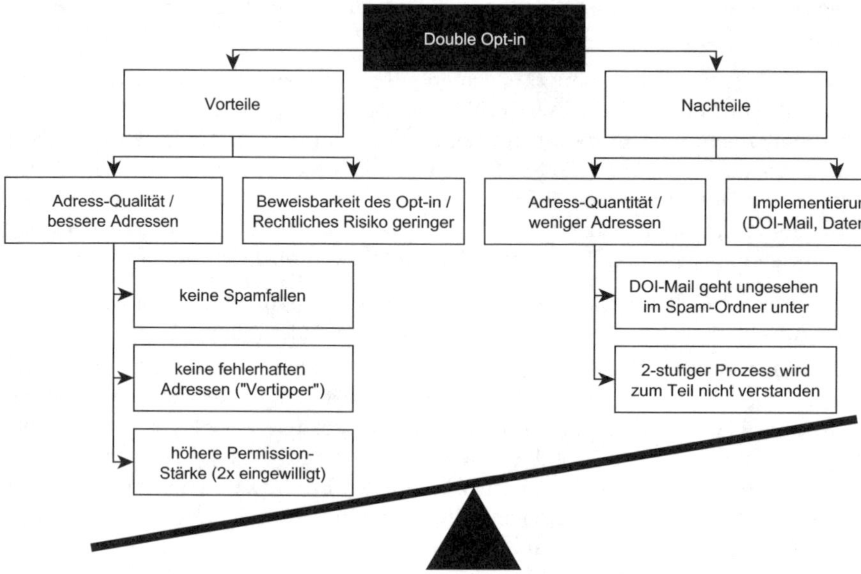

Abb. 7.2: Die Vorteile des Double-Opt-in-Verfahrens überwiegen die Nachteile.

Wichtig: Bedeutung eines DOI vergegenwärtigen

Beim Double Opt-in ist in rechtlicher Hinsicht der Klick in der Checkmail die entscheidende Einwilligung, nicht die Adresseingabe auf der Webseite. Auf der Webseite kann jeder für jeden Werbung bestellen, das Opt-in aus dem persönlichen Postfach kann nur der Zugriffsberechtigte vornehmen. Damit der Klick auf den Aktivierungslink ein wirksames Opt-in erzeugt, gilt auch hier: In der Checkmail muss ebenfalls zum Ausdruck kommen, wem gegenüber in was eingewilligt wird, an wen die Daten gegebenenfalls übertragen werden und welche Rechte der Einwilligende hat (vergleiche Kapitel 22). Erhält ein Nutzer nämlich unverlangt eine Checkmail und klickt uninformiert auf »Abo aktivieren«, ist kein Opt-in erteilt worden. Double Opt-in heißt also einerseits »doppelt erteiltes Werbeeinverständnis«, aber faktisch zählt das untrügliche Zweite. (Was *nicht* bedeutet, dass das Erste nicht ebenso dokumentiert gehört wie das Zweite.)

7.1.2 Tipps für ein erfolgreiches Double-Opt-in-Verfahren

Das Double-Opt-in-Verfahren weist also Reibungsverluste auf, die die Effizienz der Adressgewinnung stark beeinflussen können. Daher lohnt es sich, den Anmeldeprozess von Beginn an genauer unter die Lupe zu nehmen und auch im Hinblick auf eine gute Double-Opt-in-Quote zu optimieren. Diese berechnet sich als Quotient aus Klicks auf den Aktivierungslink in der Checkmail zu Anmeldern mal hundert und ist ein Maß für die Güte des Anmeldeprozesses. Ein Wert von 100 Prozent bedeutet exemplarisch, dass alle Anmelder das Newsletter-Abonnement auch bestätigten. Nähern Sie sich diesem – in der Praxis kaum vorzufindenden – Ideal an, indem Sie die folgenden Punkte berücksichtigen.

- **Information:** Machen Sie unmittelbar nach der Dateneingabe auf der Webseite klar und unmissverständlich darauf aufmerksam, dass zur Aktivierung des Abonnements ein weiterer Schritt notwendig ist. Zwei Formulierungs-Beispiele wären »Ihre E-Mail-Adresse ist *vorgemerkt*. Zur Aktivierung klicken Sie bitte auf den Link ... « und »Es wurde eine Nachricht an [ADRESSE] geschickt. Bitte befolgen Sie die darin enthaltenen Anweisungen, um den Vorgang abzuschließen.« Abbildung 7.3 und Abbildung 7.4 zeigen zwei Screenshots aus der Praxis. Führen Sie hierbei den Grund für die Notwendigkeit dieses Schrittes an. Zum Beispiel »dient Ihrer Sicherheit« in Verbindung mit »um vor ungewollten Anmeldungen durch Dritte zu schützen« oder »um die Gültigkeit der E-Mail-Adresse zu verifizieren«.

Abb. 7.3: Ein deutlicher Hinweis auf die erforderliche Aktivierung ist wichtig – der Anbieter PresentationLoad verwendet hierzu eine hervorstechende Checklist. (`PresentationLoad.de`)

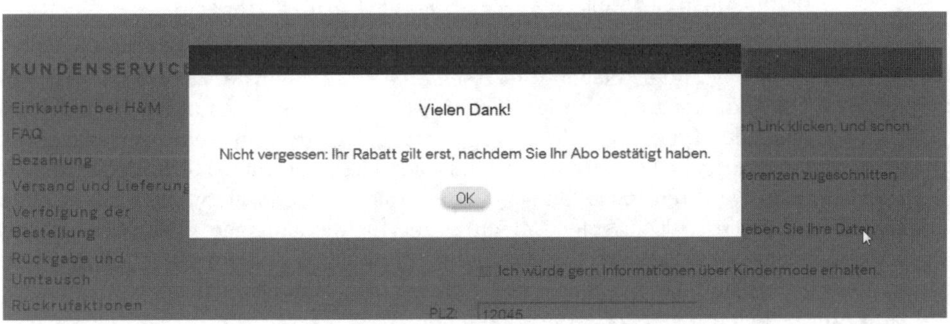

Abb. 7.4: Bei der Anmeldung zum H&M-Newsletter erscheint zur Erinnerung eine Lightbox, nachdem das Eingabe-Formular abgesendet wurde. (`hm.com`)

- **Handlungsanweisung:** Weisen Sie den Adressaten nach der Dateneingabe – sofern möglich – gezielt per Link an, nun sein Postfach aufzurufen, dort nach einer Checkmail mit einem bestimmten Absender und Betreff Ausschau zu halten und das Abonnement zu aktivieren. Filtern Sie hierbei anhand des Domänen-Teils der E-Mail-Adresse, welcher Webmailer genutzt wird, und bieten Sie einen passenden Link direkt dorthin auf Ihrer Webseite an. Besitzt der Interessent etwa eine @gmx-Adresse, führt Ihr Link »Jetzt E-Mail-Postfach aufrufen« also zur Login-Seite von `www.gmx.de` (vergleiche Abbildung 7.5). Ebenfalls hilfreich ist eventuell die Betitelung der Schaltfläche, die das Formular absendet, mit »Aktivierungsmail anfordern« oder Ähnlichem, anstatt zum Beispiel mit »Eintragen«.

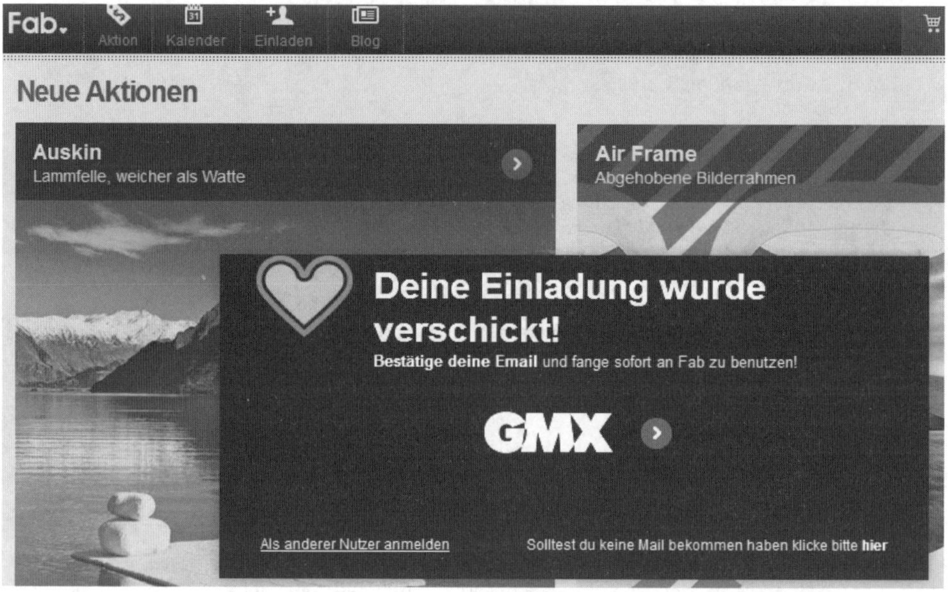

Abb. 7.5: Gute Idee – fab weist das neue Community-Mitglied an, GMX zu besuchen und dort die Checkmail zu bestätigen, sofern es sich um eine @gmx-Adresse handelt. Ebenso kann die Checkmail bei Problemen erneut zugestellt werden. (`fab.com`)

- **Adressbucheintrag:** Bitten Sie den Interessenten bei Absenden der Checkmail, Ihre Absender-E-Mail-Adresse zu seinem persönlichen Adressbuch beziehungsweise zur Liste sicherer Absender im E-Mail-Client hinzuzufügen. Damit wird eine versehentliche Spamfilterung ausgehebelt. Kommunizieren Sie hierzu den Nutzen. Etwa »Um sicherzugehen, dass Sie Ihren bestellten Newsletter erhalten ...«. Idealerweise wird die Bitte ergänzt um einen Link zu einer Anleitung, die für die gängigen E-Mail-Clients und Webmailer den Schritt erklärt. Daneben kann eine vCard platziert werden, mit der – zumindest in einigen E-Mail-Clients – Ihre Absender-Kontaktdaten einfach per Mausklick zum Adressbuch hinzugefügt werden können.
- **Zustell-Verzögerung?** Electronic Mail bietet zwar eine schnelle, aber im Unterschied zum Instant Messaging keine Echtzeit-Kommunikationsmöglichkeit. Weisen Sie den Interessenten also darauf hin, dass sich die Zustellung der Checkmail mit dem Aktivierungslink um wenige Minuten verzögern kann.

- **Spam?** Machen Sie darauf aufmerksam, dass E-Mails von neuen und bisher unbekannten Versendern mitunter in den Spam-, Junk- oder Unbekannt-Ordner aussortiert werden. Wenn die Bestätigungs-E-Mail nicht auffindbar ist, sollte also auch dort nachgeschaut werden.

Exkurs: Checkmails an Spamfallen und Zustellbarkeit

Im Zusammenhang mit »Spam« sei auf ein mögliches Problem hingewiesen, das vielleicht eher theoretischer Natur ist, aber dennoch nicht unter den Tisch gekehrt werden sollte. Checkmails können unter Umständen Ihren Ruf (Reputation-Score) bei den großen Webmail-Anbietern schädigen und so die Posteingangszustellquoten beeinträchtigen. Nämlich dann, wenn diese häufig an ungültige Adressen oder sogar öfters an Spamfallen versendet wird. (Antispam-Organisationen legen Spamfallen im Netz aus. Die Adressen sollten theoretisch nirgendwo von Hand eingetragen werden, sondern zielen auf »Sammler« ab. In der Praxis gibt es jedoch immer wieder »Spaßvögel«, die versuchen, Fallen in saubere Verteiler zu injizieren und diesen so zu vergiften.) Teilen Sie sich Versand-IP-Adressen mit vielen weiteren Kunden Ihres Dienstleisters, ist dies zwar weniger ein Problem. Nutzen Sie dagegen eine eigene (»dedizierte«) IP-Adresse, kann dies Ihre Reputation beeinträchtigen. Eine Lösungsmöglichkeit bestünde darin, die E-Mail-Adresse – wie im angelsächsischen Raum durchaus verbreitet – zweifach eingeben zu lassen, was natürlich die Abschlussquote verringert. Ein anderer Ansatz wäre der Versand der Checkmails über eine weitere dezidierte IP-Adresse oder über den Shared-IP-Pool des Dienstleisters.

- **Erneuter Versand:** Bieten Sie dem Nutzer an, die Aktivierungs-E-Mail erneut zuzusenden, falls diese auch nach wenigen Minuten noch nicht eintreffen oder einfach nicht auffindbar sein sollte.
- **Hilfe/Kontaktmöglichkeit:** Bieten Sie dem Nutzer prominent Feedback- oder Kontaktmöglichkeiten (E-Mail-Adresse, Chat, kostenfreie Rufnummer, »Klappt nicht«-Button ...) für den Fall an, dass es unvorhergesehene Probleme bei der Anmeldung oder Bestätigung gibt. Dies kann sich auch als wichtiger Rückkanal entpuppen, um Fehler oder Verbesserungsmöglichkeiten im Prozess zu identifizieren. Noch eleganter ist die Nennung eines persönlichen Beraters oder Betreuers mit Kontaktdaten für Rückfragen, sofern dies im Einzelfall passend oder möglich ist. So bietet das Ärzteverzeichnis `imedo.de` seiner vornehmlich älteren Zielgruppe nicht nur eine Video-Anleitung für die Anmeldung (Abbildung 7.12 rechts), sondern auch einen konkreten Ansprechpartner für Rückfragen (Abbildung 7.13 unten links).

Textvorschlag für den DOI-Hinweis auf der Webseite

Noch ein letzter Schritt ...

Schauen Sie am besten jetzt sofort in Ihr Hotmail-Postfach (klick) und halten Sie dort Ausschau nach einer E-Mail von »MeineMarke Kundenservice« mit dem Betreff »Bitte Anmeldung bestätigen«. Hierin **bitte auf den Aktivierungslink klicken**. Erst hiernach ist das kostenfreie Newsletter-Abonnement aktiviert. (Der zusätzliche Schritt dient Ihrem Schutz vor Fremdeintragungen und Spam.)

Bei Problemen ...
Ist die E-Mail nach 1–2 Minuten immer noch nicht eingetroffen? Kontrollieren Sie bitte Ihre angegebene E-Mail-Adresse mustermann@hotmail.de (klick) und senden Sie sich ggf. erneut eine Aktivierungs-E-Mail zu (klick). Unter Umständen lohnt auch ein Blick in den Spam-/Junk-Ordner Ihres Webmail-Anbieters oder E-Mail-Programms, da E-Mails mitunter fälschlicherweise aussortiert werden. (Tipp: Fügen Sie den Absender kundenservice@meinemarke.de Ihrem Adressbuch hinzu, um dies zu unterbinden.)

Klappt die Anmeldung nicht? Dann zögern Sie nicht, uns eine E-Mail an kundenservice@meinemarke.de zu schreiben oder sich unter der kostenfreien Rufnummer 0800 - 1234567 zu informieren. Ihre Ansprechpartnerin, Frau Lieschen Müller, steht Ihnen gerne zur Seite.

- **Betreff:** Achten Sie in der Aktivierungs-E-Mail auf einen aussagekräftigen Betreff, der ein Handlungserfordernis impliziert. Bei »Anmeldung bestätigen«, »Aktivieren Sie das Newsletter-Abo« oder »Bitte E-Mail-Adresse bestätigen« ist dies gegeben, bei »E-Mail-Bestätigung« nicht.

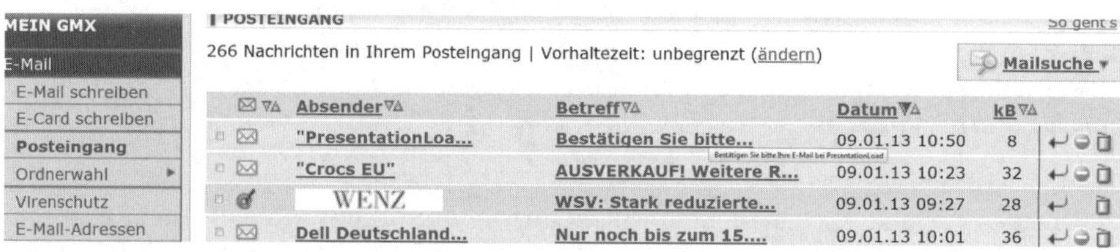

Abb. 7.6: Der Betreff der Checkmail muss ein Handlungserfordernis implizieren – »Bestätigen Sie bitte Ihre E-Mail bei PresentationLoad« erfüllt dies; die Schlüsselphrase »bitte bestätigen« sollte sich vorn befinden, damit sie nicht abgeschnitten wird. (`gmx.net`)

- **Absender:** Den Absendernamen sichtet der Adressat im Posteingang meist als Erstes. Er sollte daher unmittelbar für Wiedererkennung sorgen. Stellen Sie die bekannte Marke voran, nicht eine dem Neu-Abonnenten unbekannte Person oder Ähnliches; »Kodak« oder »Kodak (Max Müller)« anstelle von »Max Müller von Kodak«. Es empfiehlt sich, von Beginn an, also ab der Aktivierungsmail, einen konsistenten Absender zu etablieren. Und bieten Sie dem Interessenten auch in der ersten Aktivierungs-E-Mail eine Feedback-Möglichkeit per Antwort-E-Mail. Denn eine dialogfeindliche `noreply@`- oder »DeliveryStatus@«-Adresse weckt wenig Sympathie.

Fallstudie: Betreffzeilen-Test für die Checkmail

Die Macher von Bvckup testeten zwei Betreffzeilen für die Double-Opt-in-Checkmail gegeneinander. Was wohl eine bessere Komplettierungsrate liefert – »E-Mail-Bestätigung« oder »Bitte bestätige Deine E-Mail-Adresse«? Klare Antwort: die aktive Betreffzeilen-Formulierung in der zweiten Variante. Die konvertierte mit 82 Prozent, wohingegen die statische Bestätigungsnotiz nur 51 Prozent der Interessenten zum Aktivierungsklick bewog. Der kleine, aber feine Unterschied im Betreff machte damit immerhin ein Plus von knapp 61 Prozent an Double-Opt-in-bestätigten Abonnenten aus! (`http://bvckup.tumblr.com/post/9101329123/please-confirm-your-email-address`)

- **Priorität:** Setzen Sie gegebenenfalls zusätzlich die Priorität der Aktivierungsmail auf *hoch*, um diese optisch hervorzuheben und so mehr Aufmerksamkeit in der Inbox zu generieren. Denn in vielen E-Mail-Clients werden wichtige E-Mails mit einem Prioritäts-Flag gesondert gekennzeichnet. Ein Manko hierbei ist allerdings, dass auch Spammer sich der Prioritäts-Kopfzeilen bedienen, um ihre E-Mails herauszuheben.

Abb. 7.7: Air Berlin versendet die Checkmail mit hoher Priorität. Diverse E-Mail-Programme heben wichtige Nachrichten mit einem Ausrufezeichen hervor. (Siehe »!« links neben airberlin.)

- **Recht:** Verzichten Sie auf werbliche Äußerungen in der Aktivierungsnachricht. Eine Checkmail ist vom Empfänger – wenn überhaupt – nur unverlangt hinzunehmen, sofern sie keine Werbung enthält. Incentives wie Gutscheine und Ähnliches haben hier nichts verloren. Einzige Aufgabe der Checkmail ist es, das Abonnement zu bestätigen; nicht, den Abverkauf anzuregen. Dazu besteht später noch genügend Gelegenheit.

  Die Verwendung des Textformats bringt den Vorteil mit sich, dass im Allgemeinen Spamfilter weniger kritisch sind (höhere Zustellbarkeit). Zudem zwingt das Textformat dazu, sich auf das einzig Wesentliche zu konzentrieren – den Klick. Alternativ bietet sich das HTML-Text-Format an, das ebenfalls auf Bilder verzichtet, aber Textformatierungen erlaubt (Abbildung 7.8).

  Man beachte auch, dass die datenschutzrechtlichen Belehrungen (zum Beispiel Hinweis auf Widerrufsrecht) auch beziehungsweise *gerade* in die Checkmail gehören. Erhält ein Empfänger die Checkmail nämlich, ohne sie bestellt zu haben, und klickt er den Aktivierungslink an, dann wäre der Versender andernfalls seiner Pflicht nicht nachgekommen. Adressieren Sie die Nachricht zudem nicht an den »Newsletter-Abonnenten«, sondern bestenfalls an einen »Interessenten«. Dies verringert die Gefahr, dass unbestellte Checkmails zu einer gefühlten Belästigung führen. Schließlich wurde ja in diesem Fall nichts abonniert.

Hinweis: Aktivierung incentivieren?

Die Checkmail darf keine Werbung enthalten. Damit gehört auch kein Hinweis auf etwaige Belohnung für den Klick hierein. Das heißt aber nicht, dass die Newsletter-Aktivierung nicht angereizt werden darf. Viele Versender belohnen dies mit geringwertigen Gutscheinen. Warum auch nicht ... Auf der Webseite vor und nach dem Aktivierungs-Klick darf dies ja ruhig stehen. Zumindest, solange der Interessent die Entscheidung für das Werbeeinverständnis frei trifft. (Vergleiche Kapitel 21 und Kapitel 22.)

- **Kein Spamming:** Häufig wird gefragt, ob Interessenten, die das Newsletter-Abonnement nicht per Double Opt-in aktivieren, Erinnerungs-E-Mails zugesandt werden darf. *Eine* werbefreie Aktivierungs-E-Mail stellt nach herrschender Meinung keine rechtswidrige unzumutbare Belästigung des Adressaten dar. Und *mehrere*? Explizit verboten ist dies nicht. Jedoch steigt mit jeder Nachfassnachricht die Gefahr, dass je nach Anzahl, Form und Inhalt der Erinnerungs-E-Mails doch ein unzulässiger Eingriff in den Gewerbebetrieb beziehungsweise in die Privatsphäre festgestellt wird. Statt mit Checkmails zu spammen, sollte daher besser der Anmeldeprozess optimiert werden. (Vergleiche Kapitel 5)

- **Aktivierungslink:** Das Abonnement final per Klick auf einen Aktivierungslink zu bestätigen, ist Usus. In der Praxis existieren aber weitere Varianten, wie die Codeeingabe auf der Webseite oder die Aktivierung per Antwort-E-Mail. Ein Vorteil beider: Eine durch Antispam-Software getriggerte Aktivierung wird im Vergleich zur Link-Variante effektiv verhindert. Denn bei Massenmails verfolgen Sicherheitslösungen einiger Hersteller die darin enthaltenen URLs bis zur Zielseite zurück; dadurch könnten – theoretisch zumindest – Auto-Klicks generiert werden. Allerdings ist die Klick-Variante etablierter, verständlicher und weniger fehleranfällig und sollte daher vorgezogen werden. Achten Sie dabei darauf, dass der Aktivierungs-Link nicht zu lang ist, da sonst die Gefahr besteht, dass die Zeile umbrochen wird und der Link nicht mehr funktioniert. Für diesen Fall sollte eine passende Hilfe angeführt werden, wie zum Beispiel »Sollte der Link nicht funktionieren, kopieren Sie bitte beide Zeilen und fügen Sie sie in die Adresszeile Ihres Browsers ein«.

Textvorschlag für die DOI-Checkmail im Textformat

Noch ein letzter Schritt ...

==============================

Bitte bestätigen Sie Ihren Anmeldewunsch

==============================

Ihre E-Mail-Adresse |EMAIL| wurde vorgemerkt für das kostenfreie Newsletter-Abo. Um den Anmelde-Wunsch zu bestätigen, klicken Sie auf den folgenden Link*:

|LINK|

(Funktioniert nicht? Dann kopieren Sie den Link bitte in das Adressfeld Ihres Browsers. Bestehen die Probleme weiter, können Sie uns alternativ den Bestätigungscode |CODE| an |SENDEREMAIL| senden oder sich an den Kundenservice unter derselben Adresse wenden.)

Unser Newsletter informiert Sie |FREQUENCY|-tägig rund um Neuigkeiten zu den Themen |TOPICS|. Sie können sich jederzeit wieder abmelden. Unsere Datenschutzbestimmungen finden Sie hier:

|PRIVACYLINK|

*Die Bestätigung ist nötig, um Spam vorzubeugen. Haben Sie diese E-Mail nicht angefordert? Sorry! Ihre Adresse wurde scheinbar versehentlich eingegeben. Ihre Daten werden automatisch gelöscht, sofern Sie die Anmeldung nicht bestätigen.

Vielen Dank für Ihr Interesse,

Ihr Team

--

*|IMPRESSUM|

Lieber Newsletter-Abonnent,

vielen Dank für Ihre Anmeldung beim kostenlosen Newsletter-Service der MDM Deutsche Münze.

Um die Anmeldung abzuschließen und in Zukunft unseren Newsletter erhalten zu können, müssen Sie Ihre Anmeldung bestätigen. Bitte klicken Sie dafür auf folgenden Link:
http://www.mdm.de/newsletter/subscriber/confirm/id/149158/code/[illegible]/

Hinweis! Falls Sie nach dem Anklicken des obigen Links nicht weitergeleitet werden, kopieren oder tippen Sie bitte die obige Adresse in die Adress-Leiste Ihres Browsers.

Sollten Sie Ihre Anmeldung weiterhin nicht abschließen können, kontaktieren Sie bitte unseren Service unter folgender E-Mail-Adresse: **service@mdm.de**

Sie können den MDM-Newsletter jederzeit per Klick auf den Abmelde-Link in jedem MDM-Newsletter oder – wenn Sie ein Online-Konto besitzen, direkt in ihrem Online-Konto – ganz einfach wieder abbestellen.

Falls Sie den MDM-Newsletter nicht abonniert haben, ignorieren Sie bitte diese E-Mail. Alle unbestätigten Benutzerkonten werden automatisch nach 30 Tagen gelöscht.

Mit freundlichen Grüßen

Ihr MDM-Internet-Team

Impressum

MDM Münzhandelsgesellschaft mbH & Co. KG Deutsche Münze, Theodor-Heuss-Straße 7, 38097 Braunschweig
Telefon: +49 5 31-2 05 02, Fax-Nr.: +49 5 31-2 05 15 00

E-Mail: **service@mdm.de**
Internet: **www.mdm.de**

Registergericht: Amtsgericht Braunschweig
Registernummer: HRA 200819
Umsatzsteuer-Identifikationsnummer gemäß § 27 a Umsatzsteuergesetz: DE 114 888 483
Persönlich haftende Gesellschafterin: DM Deutsche Münzengesellschaft mbH
Registernummer: HRB 5417
Gesamtvertretungsberechtigte Geschäftsführer: Niels Hagemann, Hildegard Alexius-Salwiczek

Unsere Datenschutzbestimmungen finden Sie unter **www.mdm.de/datenschutz**.

Der Verwendung Ihrer Daten für Werbezwecke können Sie jederzeit zu Basistarifen widersprechen - schriftlich, per E-Mail an **bdsg@mdm.de** oder telefonisch unter 0531 – 20 58 88.

Abb. 7.8: Gute Double-Opt-in-E-Mail im HTML-Text-Format von `mdm.de`

- **Fokus:** Achten Sie darauf, dass das, was Sie den Empfänger zu tun wünschen, unmittelbar im Fokus der Checkmail ist. Nämlich klicken, um das Abonnement zu bestätigen. Nichts Anderes! Nicht selten finden sich in der Praxis Anmeldeprozesse, bei denen der Link in der Checkmail sogar annähernd untergeht. Obwohl er das zentrale Element ist. Dann braucht sich niemand zu wundern, wenn von 100 Anmeldern auf der Webseite nur 50 das Abonnement bestätigen. Das Beispiel in Abbildung 7.8 führt den Link ganz oben an und hebt ihn mit einem Rahmen und einer anderen Hintergrundfarbe hervor – gut! Abbildung 7.9 und Abbildung 7.10 zeigen jeweils die Aufmerksamkeitsverteilung einer Checkmail. Beide wurden mit EyeQuant berechnet. Der Fokus liegt demnach einmal auf dem Gutschein (= ungünstig) und einmal auf der Bestätigung (= richtig).

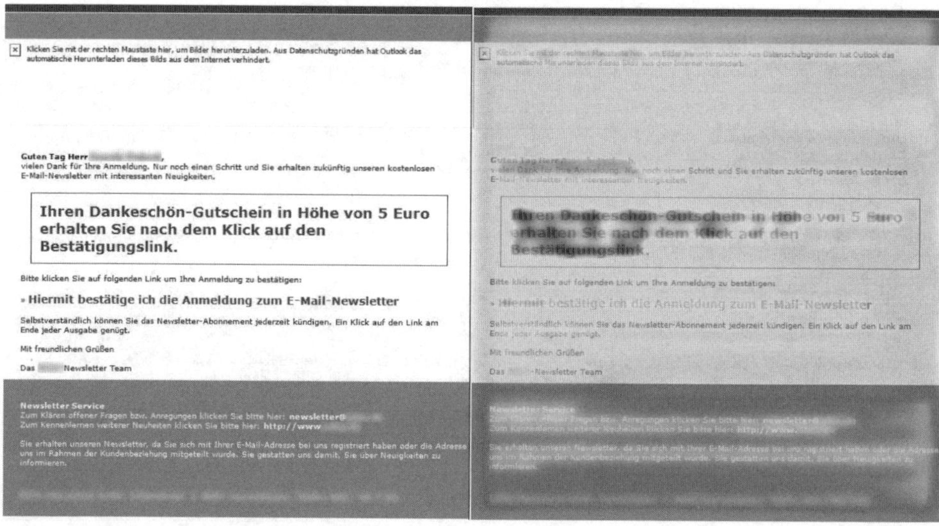

Abb. 7.9: Die Heatmap zeigt die berechnete Aufmerksamkeitsverteilung in den ersten Sekunden – der Fokus (dunkler Bereich) liegt auf dem Gutschein, der Link darunter geht fast völlig unter. Dies ist wenig erfolgversprechend für ein Double Opt-in.

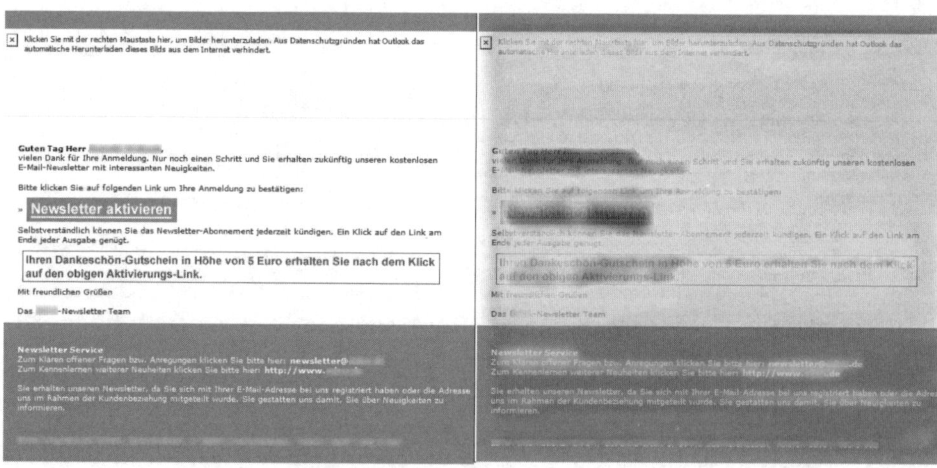

Abb. 7.10: Schon besser – der »Newsletter aktivieren«-Link sticht nun unterstrichen und in großen Lettern hervor; der Gutschein darunter ordnet sich dem unter.

Tipp: Quelltext-Snippet für einen aufmerksamkeitsstarken Link

Damit der Aktivierungslink unmittelbar ins Auge springt, platzieren Sie beispielsweise den folgenden HTML-Quelltext in Ihrer Checkmail möglichst weit oben. Also in den Bereich, der ohne Scrollen bereits sichtbar ist. Der Platzhalter LINK ist vorher durch die URL des Aktivierungslinks zu ersetzen.

Das Snippet erzeugt ein auffällig großes Rechteck (ähnlich wie »Newsletter aktivieren« in Abbildung 7.10) mit hell-blauer Füll-Farbe und abgerundeten Ecken. Den Rot-Grün-Blau-Farbcode 0099CC können Sie nach Belieben ersetzen:

```
<table width="285" cellspacing="0" cellpadding="0" border="0" style=
"border-collapse:collapse">
     <tr>
       <td width="285" valign="middle" height="43" bgcolor="#0099CC" style="background-
              color:#0099CC; -webkit-border-radius:4px;-moz-border-radius:4px;
              border-radius:4px;" align=
       "center">
         <a target="_blank" style=
         "color:#ffffff;text-decoration:none;font-family:Helvetica,
Arial;font-size:18px"
         href=
         "LINK">
         Bitte Anmeldung best&auml;tigen  &gt;&gt; </a>
       </td>
     </tr>
</table>
```

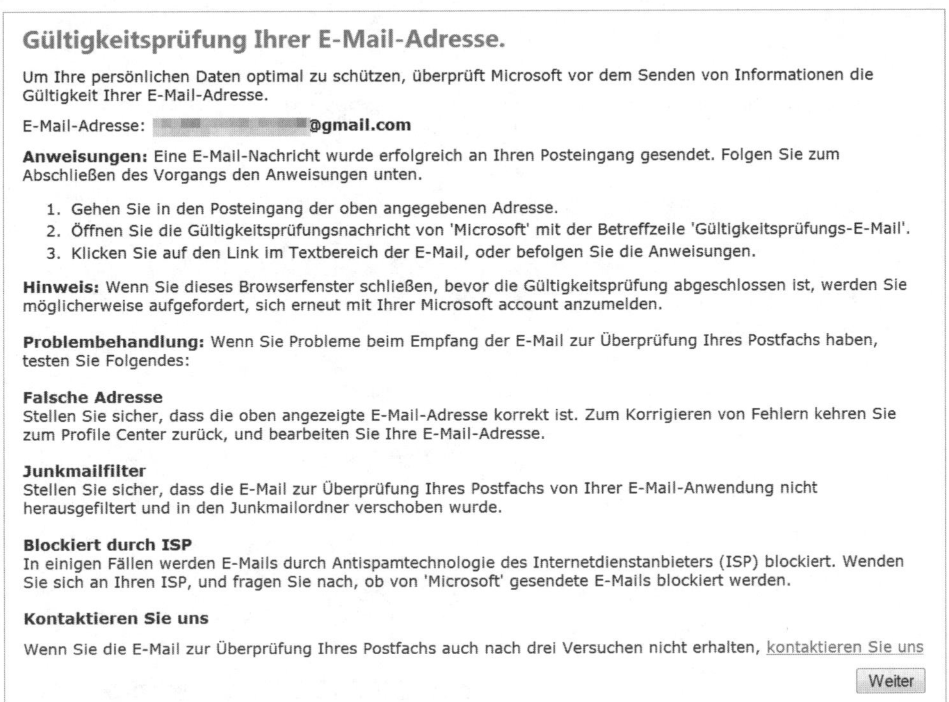
Gültigkeitsprüfung Ihrer E-Mail-Adresse.

Um Ihre persönlichen Daten optimal zu schützen, überprüft Microsoft vor dem Senden von Informationen die Gültigkeit Ihrer E-Mail-Adresse.

E-Mail-Adresse: [redacted]**@gmail.com**

Anweisungen: Eine E-Mail-Nachricht wurde erfolgreich an Ihren Posteingang gesendet. Folgen Sie zum Abschließen des Vorgangs den Anweisungen unten.

1. Gehen Sie in den Posteingang der oben angegebenen Adresse.
2. Öffnen Sie die Gültigkeitsprüfungsnachricht von 'Microsoft' mit der Betreffzeile 'Gültigkeitsprüfungs-E-Mail'.
3. Klicken Sie auf den Link im Textbereich der E-Mail, oder befolgen Sie die Anweisungen.

Hinweis: Wenn Sie dieses Browserfenster schließen, bevor die Gültigkeitsprüfung abgeschlossen ist, werden Sie möglicherweise aufgefordert, sich erneut mit Ihrer Microsoft account anzumelden.

Problembehandlung: Wenn Sie Probleme beim Empfang der E-Mail zur Überprüfung Ihres Postfachs haben, testen Sie Folgendes:

Falsche Adresse
Stellen Sie sicher, dass die oben angezeigte E-Mail-Adresse korrekt ist. Zum Korrigieren von Fehlern kehren Sie zum Profile Center zurück, und bearbeiten Sie Ihre E-Mail-Adresse.

Junkmailfilter
Stellen Sie sicher, dass die E-Mail zur Überprüfung Ihres Postfachs von Ihrer E-Mail-Anwendung nicht herausgefiltert und in den Junkmailordner verschoben wurde.

Blockiert durch ISP
In einigen Fällen werden E-Mails durch Antispamtechnologie des Internetdienstanbieters (ISP) blockiert. Wenden Sie sich an Ihren ISP, und fragen Sie nach, ob von 'Microsoft' gesendete E-Mails blockiert werden.

Kontaktieren Sie uns

Wenn Sie die E-Mail zur Überprüfung Ihres Postfachs auch nach drei Versuchen nicht erhalten, kontaktieren Sie uns

Weiter

Abb. 7.11: Beispiel Microsoft-Anmeldung – Hinweise darauf, was bei Problemen zu tun ist, erhöhen die Aktivierungsquote. (microsoft.com)

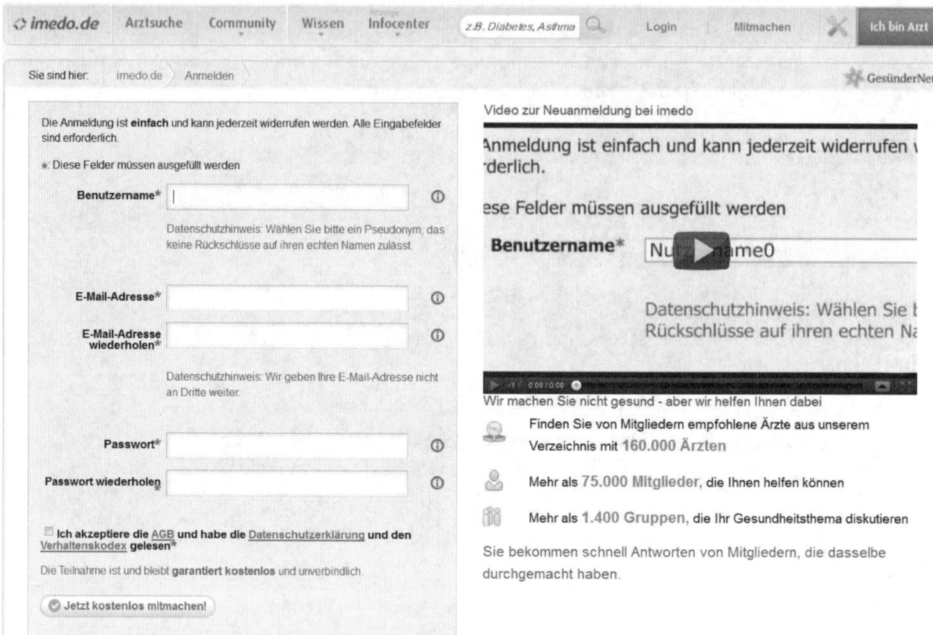

Abb. 7.12: Anmeldung Imedo 1 – Der älteren Zielgruppe wird die Registrierung detailliert erklärt ...

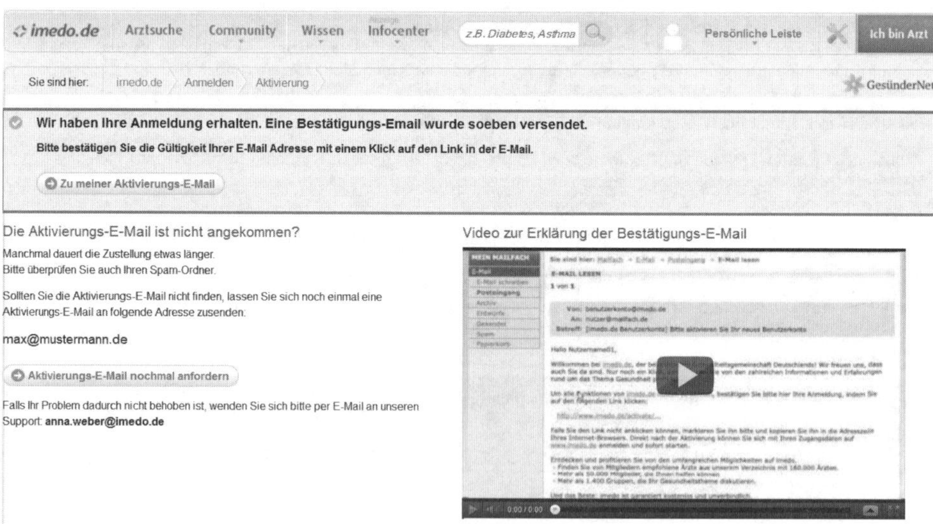

Abb. 7.13: Anmeldung Imedo 2 – ... sogar inklusive Video. (`imedo.de`)

7.2 Adressen validieren für saubere Datenbestände

Gute Versandergebnisse erfordern einen hochwertigen E-Mail-Verteiler. Wer dauerhaft ungültige Adressen, Inaktive oder gar Spamfallen anschreibt, kann damit seine IP- oder Domain-Reputation bei Hotmail, Googlemail & Co dauerhaft schädigen. Damit landen E-Mails – wenn überhaupt noch – im Spamordner. Gleiches gilt für den E-Mail-Versand an Empfänger, die sich nicht bewusst eingetragen haben oder deren Erwartungen komplett missachtet werden, die sich belästigt fühlen und mit dem Klick auf »Spam« eine hohe Beschwerderate für Ihre Nachrichten erzeugen.

Anstatt später am Symptom »geringe Zustellbarkeit« herumdoktern zu müssen, sollten Versender E-Mail-Adressen bereits bei der Erhebung validieren, bewerten und gegebenenfalls filtern. Dies gilt vor allem bei der Adressgenerierung über Dritte wie beim Co-Sponsoring, bei der Co-Registrierung oder bei Gewinnspielen, die von Affiliate-Partnern beworben werden. Denn dort, wo Provisionen pro vermittelten Abonnenten fällig werden und Qualitätskontrollen nicht trivial sind, wird eben auch betrogen.

Hinweis: Getaggte E-Mail-Adressen

Verschiedene E-Mail-Dienste bieten verschlagwortbare E-Mail-Adressen. In Gmail beispielsweise sind `m.muster@gmail.com`, `mmuster@gmail.com`, `mmus.ter@gmail.com` und `mmuster+werbung@gmail.com` identisch. (Wie im Übrigen auch `mmuster@googlemail.com`.) Das sogenannte *Tag* (»Schlagwort«) hinter dem + (hier: »werbung«) nutzen Abonnenten, um auf einfache Weise Filterregeln für eingehende E-Mails zu definieren. Etwa, um diese automatisch in spezielle Ordner auszusortieren oder mit bestimmten Etiketten zu bestücken.

Dasselbe Prinzip wird auch im B2B-Bereich genutzt. Bei einer Newsletter-Eintragung kodieren viele den Adressaten eines Opt-ins in ihre E-Mail-Adresse hinein. Aus `max@muster.de` wird etwa `max-mediamarkt@muster.de` beim Abonnement des Media-Markt-Newsletters. Erhält Max nach einer Weile Post von nigerianischen Prinzen, die ihn bitten, ein paar Millionen Dollar außer Landes zu schaffen (*Nigeria Scam*), dann ist die Adresse geleakt oder sie wurde verkauft.

Die Tags dürfen Sie nicht einfach entfernen. Sie können aber zum Beispiel in das Qualitäts-Scoring beim Adresskauf einfließen.

Vorsicht: Mutmaßliche Falscheingaben nicht selbst korrigieren

Ein wichtiger Punkt, der oft vergessen wird: Fehlerhafte Adressen im Verteiler dürfen später nicht eigenmächtig korrigiert werden. Das heißt, die Adresse `Max@Musterm4nn.de` kann bei einem Hardbounce »Postfach existiert nicht« seitens des Werbetreibenden nicht einfach in die offensichtlich korrekte Adresse `Max@Mustermann.de` geändert werden. Gleiches gilt für eine getaggte Alias-Adresse, wie `maxmustermann-werbung@googlemail.com`, bei der nicht einfach das Tag `-werbung` entfernt werden darf. Denn das Opt-in wurde lediglich für den ersteren Fall erteilt. Daher muss bereits bei der Adresseingabe geprüft und der Nutzer gegebenenfalls zur Korrektur aufgefordert werden.

Beachten Sie daher die folgenden Punkte bei der E-Mail-Adressgenerierung, um einen sauberen und qualitativ hochwertigen Verteiler zu pflegen:

Wegwerf-Adressen

Es existiert eine unüberschaubare Zahl an Diensten, die anonyme Einweg-E-Mail-Adressen bereitstellen. Die Adressen werden vom Nutzer per Mausklick bei Bedarf generiert. Teils kann ein beliebiger Local-Part gewählt werden (zum Beispiel bei `@trash-mail.com`). Teils bestehen die erzeugten Postfächer nur für eine begrenzte Zeitspanne von wenigen Minuten (zum Beispiel `@10minutemail.com`) oder für eine begrenzte E-Mail-Anzahl. Später bouncen sie, liefern also einen Fehler zurück an den Versender. Hier greift das Bounce-Management – sofern vorhanden. Andere solcher Adressen fallen zunächst nicht weiter auf, bis der Response auf Domain-Ebene analysiert wird.

Klar: Nutzer verwenden Wegwerf-Adressen meist in Formularen, bei denen etwa ein PDF oder eine Gewinnspielteilnahme gegen persönliche Daten getauscht werden muss und wo in der Folge mit unerwünschten Kontaktaufnahmen gerechnet wird. Oder dort, wo schnell Anonymität hergestellt werden soll. Da die Adresse meist also nur in Erwartung von Spam genutzt und das Postfach später nie wieder geprüft wird, ist der Wert im Verteiler nahe null. Wenn nicht sogar negativ – schließlich wäre es denkbar, dass Feedback-Loops zwischen größeren Anbietern solcher Dienste (zum Beispiel spamgourmet.com oder mailinator.com) und ISPs bestehen, anhand derer die Reputation von Versendern mitbeurteilt wird. Denn die Nutzung von Wegwerf-Adressen ist meist ein Zeichen für eine sehr zweifelhafte Permission-Policy des Versenders.

Ergo: Wegwerf-Adressen sollten von vornherein anhand der einschlägigen E-Mail-Domain-Parts identifiziert werden. Eine gepflegte Liste findet sich unter `mogelmail.de`, ein interessanter Webservice unter `block-disposable-email.com`.

Hinweis: Auto-Klicks von Wegwerf-Adressen

Auch Wegwerf-Adressen generieren Klicks. Dass Aktivitäten hierauf zu verzeichnen sind, ist also kein Grund, sie nicht zu löschen. Ein Beispiel eines solchen automatisch klickenden Dienstes ist `receiveee.com`.

Andere »Müll-Adressen« und Spamtraps

Gleiches wie bei Wegwerf-Adressen gilt prinzipiell auch für sonstige Postfächer, die offenkundig eigens für unerwünschte Werbung angelegt wurden. Häufig sind diese erkennbar an Schlüsselwörtern, wie »spam«, »trash«, »junk« oder »muell«. Abgesehen davon, dass eine große Zahl solcher Adressen das Reporting des Versands verfälscht, herrscht hierbei ein weiteres Gefährdungspotenzial: ISPs wandeln nämlich inaktive Accounts, bei denen für lange Zeit (in der Regel mehrere Monate bis zu einem Jahr) kein Log-in und Abruf mehr erfolgte, mitunter in sogenannte Honeypots/Spamtraps um. Schlagen hier E-Mails auf, wird dies als Indiz für eine mangelhafte Listenhygiene des Versenders und für das Anzapfen zweifelhafter Quellen bei der Adressgenerierung gewertet. Schließlich ist es höchst unwahrscheinlich, dass ein »Inaktiver« sich irgendwo noch einmal im Netz mit seiner alten Adresse für E-Mail-Werbung einträgt. Spamtrap-Hits verschlechtern die Reputation des Versenders teils dramatisch. Die Zustellbarkeitsspezialisten von ReturnPath fanden im Rahmen einer Studie heraus, dass bereits ein einziger Spamtrap-Hit bei legitimen Versendern die Zustellquote um 20 Prozentpunkte verringert. Und eine Lokalisierung von Spamtraps im Nachhinein ist ein ausgesprochen mühsames Unterfangen. Hierbei werden gängigerweise Aktive von Inaktiven getrennt und dann die Inaktiven nach Adressalter und Quelle in immer kleinere »Scheiben« segmentiert, bis die »faulen« grob identifiziert wurden. Insgesamt gilt also: Idealerweise sollten auch »Müll-Adressen« erst gar nicht in den Verteiler mit aufgenommen werden.

Postmaster- & Abuse-Adressen und weitere Rollen-Konten

Adressen der Form »abuse@« und »postmaster@« (vergleiche RFC 2142, RFC 822) dienen dem Kontakt zu Serverbetreibern bei Problemen – beispielsweise dem Spam-Versand über deren Infrastruktur. Hiermit abonniert niemand Newsletter. Werbe-E-Mails sorgen also regelmäßig für Ärger. Die Wörter »abuse«, »postmaster« und »noreply« sind aufgrund der definierten Rollen in die Sperrliste aufzunehmen. Das Beschicken solcher Adressen kann zur Verweigerung der E-Mail-Annahme (»Blacklisting«) führen. Wer dies nicht tut, bietet auch böswilligen Mitbewerbern oder anderen Dritten ein Einfallstor, den Verteiler zu vergiften. Aber auch Rollen-Konten, wie `marketing@`, `sales@` und `support@` werden nur sehr selten für das Abonnement eines Newsletters verwendet. Meist ist es daher sinnvoll, E-Mail-Adressen mit diesen Keywords ebenfalls nicht mit aufzunehmen.

Hinweis: Auf Eingabe einer Business-Adresse bestehen?

Bei der Lead-Generierung fordern einige Werbetreibende vom Interessenten, seine Firmen-E-Mail-Adresse einzugeben. Etwa für den Download eines Whitepapers oder für die Anmeldung zu einem Web-Seminar. Dies dient vor allem einer ersten Qualitätssicherungs-Stufe. Wer sich mit einer `@gmail`- oder `@outlook`-Adresse registriert, betreibt ein (zu) kleines und/oder unseriöses Geschäft oder er will anonym bleiben. Dies ist nicht erwünscht. Darum spuckt das Formular bei dem Versuch, E-Mails mit solchen Domain-Parts einzugeben, eine Fehlermeldung aus.

Was ist davon zu halten? Nicht viel. Mag dies im angelsächsischen Raum vielleicht noch möglich und verbreitet sein, sprechen in Deutschland teils bereits rechtliche Aspekte dagegen. Ein Telemediendienst muss nach Möglichkeit anonym nutzbar sein. Daneben ist es absolut Nutzer-unfreundlich. Ergo: Besser Finger weg.

Allgemeine E-Mail-Syntax

Ist überhaupt eine gültige E-Mail-Adresse eingegeben worden? Die RFCs zum Internet-Message-Format spezifizieren den Aufbau und den möglichen Zeichenvorrat einer E-Mail-Adresse. Mit regulären Ausdrücken lässt sich die Validität einer Nutzereingabe relativ einfach checken. Reguläre Ausdrücke wirken zwar auf den ersten Blick etwas nebulös, lassen dafür aber die flexible Abbildung fast aller Zeichenregeln zu.

Ein Beispiel, mit dem eine E-Mail-Adresse grob auf Gültigkeit geprüft werden kann (`regular-expressions.info`):

```
^[a-zA-Z0-9._%+-]+@[a-zA-Z0-9.-]+\.[a-zA-Z]{2,4}$
```

`[a-z]{2,4}` bedeutet etwa, dass die zu prüfende Zeichenkette mit mindestens zwei und höchstens vier Buchstaben aus dem Zeichenvorrat a–z oder A–Z enden muss. `De`, `COM`, `info` und so weiter passen, neuartige wie `bayern` oder `youtube` hingegen nicht. Genügt die Nutzereingabe dieser Regel nicht, muss sie durch den Nutzer korrigiert werden.

Diverse Tippfehler, wie ein fehlendes @-Zeichen, ein fehlender Punkt vor der Top-Level-Domain oder ein `...@gmx.d` statt `...@gmx.de` lassen sich hiermit direkt bei der Eingabe identifizieren. Damit wiederum kann der Anteil nicht existierender E-Mails im Verteiler reduziert werden. Man beachte: Mehr als 10 Prozent ungültige Adressen im Verteiler führen Untersuchungen von ReturnPath zufolge zu Einbußen bei der Zustellquote von 23 Prozentpunkten.

Tipp: Einfache Echtzeit-Validierung mit HTML5

In Newsletter-Anmeldeformularen sollte das E-Mail-Adressfeld nicht mehr als vom Standard-Typ »text«, sondern als vom Typ »email« implementiert werden. Ein großer Vorteil ist, dass so E-Mail-Adressen ohne aufwendiges JavaScript direkt bei der Eingabe auf Validität überprüft werden können. Zwar hängt es vom verwendeten Browser ab, ob und wie tief gehend die Gültigkeits-Überprüfung tatsächlich vonstattengeht. Aber grobe Schnitzer (@ vergessen, kein Domain-Punkt, Leerzeichen drin et cetera) könnten auf diese Weise vermieden werden.

Daneben sind über das Attribut »pattern« aber auch frei definierbare Einschränkungen anhand regulärer Ausdrucke möglich. Auf diese Weise kann also nicht nur die Syntax-Prüfung verfeinert werden, sondern es lässt sich sogar ein Check auf unerwünschte Domains (trash-mail, spamgourmet et cetera) durchführen. Der Safari-Browser ignoriert dies jedoch leider.

Exemplarisch:

```
<input type="email" required="" placeholder="email address"
pattern="[a-zA-Z0-9._%+-]+@[a-zA-Z0-9.-]+\.[a-zA-Z]{2,4}"
title="username@domain (&quot;john@doe.com&quot;)" />.
```

Das Resultat, das der Browser-Check (Firefox 16) bei keiner Eingabe liefert und das die Prüfung des regulären Ausdrucks ergibt, zeigt Abbildung 7.14.

Abb. 7.14: Formulare lassen sich mit HTML5 leicht validieren.

Provider-spezifische Syntax-Checks

Neben dem allgemeinen RFC 2822 gibt es diverse Provider-spezifische Besonderheiten, die bei der Adresseingabe ebenfalls geprüft werden können. Ein Klassiker: Valide AOL-Adressen sind nicht kürzer als 3 oder länger als 16 Zeichen, können nicht mit Ziffern beginnen und keine Interpunktion enthalten, wie Punkte, Unterstriche oder ein Minus-Zeichen. WEB.DE fordert dagegen mindestens 5 Zeichen. Ein Blick in die Frequently Asked Questions oder eine testweise Eröffnung eines neuen Accounts offenbart in der Regel das aktuell gültige Regelwerk bei der Vergabe von Freemail-Adressen.

MX-Eintrag der Domain überprüfen

Zum Hintergrund: Die MX-Records (Mail-Exchange-Einträge) einer Domäne zeigen einem sendenden MTA an, welche Server in welcher Reihenfolge für den E-Mail-Empfang kontaktiert werden sollten. Existiert (zum Beispiel aufgrund eines Technik-Ausfalls) kein solcher Eintrag, muss laut RFC der A-Record – falls vorhanden – als MX interpretiert werden. Bei exotischeren Domain-Parts einer E-Mail ist es sinnvoll, anhand der DNS-Einträge zunächst zu prüfen, ob unter dem angegebenen Domain-Part der E-Mail überhaupt E-Mails angenommen werden können. Falls nicht, kann es sinnvoll sein, den Nutzer auf ein mögliches Problem aufmerksam zu machen und eine Korrektur seiner E-Mail-Adresse anzubieten. Auch hierdurch kann fehlerhaften Adressen vorgebeugt werden.

Hierbei ist übrigens zu beachten: Ein solcher MX-Check ist legitim – im Gegensatz zu einer SMTP-Adress-Verifikation. Letztere versucht mittels VRFY-Kommando oder über ein OK nach Übermittlung des RCTP TO (vergleiche Kapitel 2), die Existenz einer konkreten E-Mail-Adresse zu prüfen. Beides sind alte Spammer-Praktiken, die schnell mit einer Verweigerung weiterer SMTP-Verbindungen bestraft werden.

Abgleich mit Robinson-Listen

Vor dem Versand sollte gegebenenfalls mit den verfügbaren Robinson-Listen abgeglichen werden. In solche Listen kann sich jeder eintragen, der keine Werbung auf einer bestimmten E-Mail-Adresse wünscht. Während in Österreich gemäß E-Commerce-Gesetz ein Abgleich mit der dortigen ECG-(Robinson-)Liste sogar rechtlich zwingend erforderlich ist, gibt es in Deutschland kein vergleichbares Verzeichnis. Der DDV stellt aktuell eine Liste für adressierte Werbebriefe bereit (siehe `direktmarketing-info.de`).

Provisionsbetrug vorbeugen

Gerade bei bezahlter Abonnentengenerierung, etwa über Affiliate-Programme bei Affili.net, Belboon & Co, sollte genauer hingeschaut werden. Die Kontrolle der Affiliates ist zum Teil schwierig. Ein Problem bereiten Gewinnspieleintragsdienste, die über Skripte E-Mail-Adressen in Onlineformulare einschleusen. Andere Werbepartner geben Teile ihrer Provision an die Mitglieder ihres Netzwerkes weiter, die für das Anschauen von Werbung oder eben für das Eintragen von E-Mail-Adressen bezahlt werden (sogenannte »paid4-Dienste«).

Gibt es beispielsweise auffällig viele Abonnements in kürzester Zeit von einer IP-Adresse, ist dies ein Signal dafür, die Adressqualität von dieser Quelle besser im Auge zu behalten. Gleiches gilt für die häufige Nutzung von Anonymisierungsdiensten, wie JAP oder das Tor-Netzwerk, oder andere Proxys, die teils anhand von Schlüsselwörtern im Host-Namen identifiziert werden können. Eventuell ist hier eine Quarantäne beziehungsweise eine gesonderte Beobachtung der Performance dieser Daten erforderlich.

Doppelte Eingabe, Bestätigung, Double Opt-in

Im angelsächsischen Raum ist es verbreitet, die E-Mail-Adresse im Onlineformular doppelt abzufragen, um Tippfehlern vorzubeugen. Im Vereinigten Königreich zum Beispiel implementiert heute fast jeder zweite Versender zwei E-Mail-Adressfelder im Formular. Technisch ist es dabei auch möglich, die Funktion Kopieren/Einfügen zu unterbinden. Denn geübte Anwender machen es sich leicht und befüllen auf diese Weise das zweite Feld, womit die Prüfung ausgehebelt wäre. Hierzulande ist die Variante jedoch sowieso wenig verbreitet und daher bei den meisten Nutzern nicht gelernt – sie würde zu Irritationen führen. Statt der doppelten Eingabe empfiehlt es sich gegebenenfalls eher, die angegebene E-Mail-Adresse noch einmal aktiv mit einem Klick auf »OK« zu bestätigen.

Im Unterschied zu den Vereinigten Staaten ist in Deutschland das Double-Opt-in-Verfahren verbreitet. Hierbei ist es sinnvoll, die Adresse, an die die Checkmail mit dem Aktivierungslink versandt wurde, noch einmal prominent auf der Webseite zu zeigen. Es sollte eine Korrektur sowie ein erneuter Bestätigungsversand angeboten werden. Das Double-Opt-in-Verfahren siebt ungültige Adressen erfahrungsgemäß noch am effektivsten bei der Anmeldung heraus. Allerdings gilt es, den Prozess für die Nutzer klar zu kommunizieren (vergleiche Abschnitt 7.1.1 *Single, Confirmed oder Double Opt-in?*).

Tipp: Vertipper anhand von Text-Ähnlichkeiten aufdecken

Um Falscheingaben zu minimieren, pflegen Versender teils umfangreiche Listen mit den häufigsten Vertippern, die durch Doppelungen (»hootmail«) oder den Griff daneben (»hptmail« oder »hoptmail«) entstehen. Eleganter ist es, Ähnlichkeiten zwischen der Nutzereingabe und den populärsten Domänen zu berechnen. Ab einem bestimmten Grad erhält der Nutzer eine Benachrichtigung der Form »Oder meinten Sie hotmail statt hootmail?« Ein Algorithmus, um solche Ähnlichkeiten zu berechnen, ist zum Beispiel der Levenshtein-Editierabstand. Die Distanz ergibt sich dabei als die Anzahl der Zeichen-Löschungen, -Einfügungen und/oder -Ersetzungen, die nötig sind, um eine Zeichenkette in die andere zu überführen.

»Tote« E-Mail-Domains

Hin und wieder lebt ein E-Mail-Provider ab. Eine Liste daraus resultierender toter Domains wird auf `emailaddresses.com/email_rip.htm` gepflegt. Bei der Eintragung einer E-Mail-Adresse mit einem Domänen-Teil eines eingestellten Dienstes sollte der Nutzer darüber informiert und zur Korrektur beziehungsweise Bestätigung aufgefordert werden.

Am Rande: Spezielle Validierungs-Dienstleister nutzen?

Der Vollständigkeit halber sei darauf hingewiesen, dass einige Dienstleister sich auf die Gültigkeitsprüfung von E-Mail-Adressen und der Verteilerbereinigung spezialisiert haben. BriteVerify etwa bietet eine entsprechende Schnittstelle für die Überprüfung in Echtzeit sowie für eine Stapelverarbeitung. Email IQ, Credifeye, FreshAddress, StrikeIron, LeadSpend und – aus Deutschland – VerifyEmailAddress.org / BulkEmailVerifier.com sowie Uniserv.com wären weitere Beispiele unter vielen. Allerdings dürften die Ergebnisse solcher Dienste kaum hundertprozentig zuverlässig sein. Ganz zu schweigen davon, dass die E-Mail-Adressen Ihrer User (wohl meist unerlaubt) an mitunter windige Dritte übermittelt werden müssten. An .NET-Programmierer richtet sich die Bibliothek EmailVerify.NET. Und schließlich bieten auch diverse E-Mail-Service-Provider ihren Kunden unter dem Stichwort »List Cleansing« Unterstützung an. Hier ist der Service Experian QAS anzuführen.

Teil IV

Planung

In diesem Teil:

Der vierte Teil – bestehend aus nur einem etwas längeren Kapitel – beschäftigt sich vor allem mit der grundlegenden Ausrichtung Ihrer E-Mail-Maßnahmen. Er beantwortet Fragen wie: Wann soll ich meinen Newsletter versenden und wie häufig? Ebenso geht es um solche Dinge, die Sie zu Beginn des Jahres, wenn das geschäftliche Treiben etwas ruhiger ist, für die kommenden zwölf Monate anvisieren können. Dies beinhaltet zum Beispiel die rechtzeitige Berücksichtigung saisonaler Mailing-Anlässe oder auch Maßnahmen, mit denen Sie sich eine optimale Profiltiefe schaffen, um E-Mails personalisieren und individualisieren zu können. Auch das Thema Automatisierung fällt hierunter. Sie erfahren, wie und wo Sie die Kundenbindung per E-Mail quasi auf Autopilot schalten können.

Kapitel 8

Die E-Mail-Kommunikationsstrategie

E-Mail-Marketing ist per Definition weit mehr als bloß der punktuelle Versand elektronischer Post. Zwar verleitet die Flexibilität, die E-Mail mit sich bringt, zur Aneinanderreihung kurzfristiger Aktionen. Doch unterscheidet sich der Marketer vom reinen Werber gerade dadurch, dass er die langfristige Perspektive im Blick behält und von Beginn an systematisch vorgeht. Dies betrifft die Adress-Gewinnung genauso wie die -Bindung.

Voraussetzung für den langfristigen Erfolg ist eine vorausgehende Planung. Erst der Plan fügt E-Mail nahtlos in das gesamte Marketingkonzept des Unternehmens ein. Er fördert eine in sich konsistente Kommunikation. Er deckt Synergien sowie andere Wechselbeziehungen mit weiteren Werbekanälen auf. Schließlich sorgt er dafür, dass Verantwortliche die eigentlichen Ziele nie aus den Augen verlieren. Was wäre hingegen ohne Konzept? Vor allem gedeiht der Verteiler dann nur unterdurchschnittlich, weit unterhalb seines Wachstumspotenzials. Am Jahresende sind dann nicht 2.000, sondern nur 200 neue Abonnenten hinzugewonnen, weil wichtige Kontaktpunkte nicht rechtzeitig erschlossen oder rechtliche Restriktionen nicht beachtet wurden. Und die geringe Profiltiefe dieser 200 erlaubt alles, aber keinen One-to-One-Dialog. Auf der anderen Seite verärgern widersprüchliche Angebote, unüberlegte Tests und zu viele oder zu wenige E-Mails pro Periode Kundengruppen und erhöhen Abmeldequoten. Dem muss ebenso konzertiert vorgebeugt werden. Denken Sie schließlich auch an Absprachen mit Entwicklern, Produktmanagern und Dritten. Behinderungen im Ablaufplan, fehlende Inhalte und Werbemittel, Probleme mit externen Partnern wie Agenturen, Beratern oder Mediengestaltern würden Aussendungen verzögern. Aus der Planung resultiert eine Art »Selbstdefinition« – wer ist man, wo steht man, wo will man bis wann hin? Dieses ist Grundlage für interne Abstimmungen sowie für die Zusammenarbeit mit Externen (das *Briefing*).

Lange Rede, kurzer Sinn: Mailen Sie nicht einfach drauflos, auch wenn es die E-Mail theoretisch erlaubt. Sondern planen Sie im Voraus. So sichern Sie sich einen großen Aktionsradius. Und damit macht E-Mail-Marketing erst richtig Spaß.

8.1 Situationsanalyse

Im Rahmen der Situationsanalyse werden Informationen über das Unternehmen, die zu bewerbenden Produkte und Dienstleistungen und über Beschaffenheit, Mitspieler und Spielregeln des Marktes gesammelt und ausgewertet. Diese Informationen (»Ist«-Zustand, »wo sind wir?«) dienen vor allem als Grundlage für die genauere Formulierung einzelner E-Mail-Marketing-Ziele (»Soll«-Zustand, »wo wollen wir hin?«). Und schließlich dienen sie der Ausgestaltung einer E-Mail-Marketing-Strategie.

Erst durch eine detaillierte Bestandsaufnahme kann sichergestellt werden, ...

- dass später bei der Umsetzung nichts Wichtiges übersehen wird
- oder dass sich nicht viele kleine Fehler einschleichen, die das Ergebnis in der Summe deutlich schmälern können.

Bestandsaufnahme meint an dieser Stelle nicht, dass eine Markt-Enzyklopädie oder Ähnliches angefertigt werden muss. Sondern es geht um diejenigen Informationen und diejenige Informations-Tiefe, die relevant für die Ausgestaltung des Kommunikationskonzepts ist. Zu viel Input führt nur dazu, dass man hinterher den Wald vor lauter Bäumen nicht mehr sieht.

Konkret sollte die Situationsanalyse Ihnen Antworten auf die folgenden Fragen liefern:

Recht und Qualitätsstandards

- Welche rechtlichen Voraussetzungen muss ich im Zusammenhang mit dem E-Mail-Versand in meinen Zielregionen beachten? Die rechtliche Dimension erreicht schnell größere Ausmaße, als dies auf den ersten Blick erscheinen mag. Man denke an die vielen verschiedenen nationalen, europäischen und außereuropäischen Regularien. So erlaubt der amerikanische *CAN-SPAM*-Act Versendern beispielsweise ein Opt-out, wohingegen in Deutschland ein striktes Opt-in-Erfordernis für E-Mail-Werbung gilt (keine Werbung ohne vorherige Einwilligung, siehe Kapitel 21). Beim grenzüberschreitenden Transfer persönlicher Daten von Deutschland zum Versanddienstleister in die Vereinigten Staaten kann es erforderlich sein, einen Anbieter zu wählen, der sich den *Safe Harbor*-Prinzipien unterwirft und damit ein EU-konformes Datenschutzniveau gewährleistet.
- Welche weiteren Qualitätsstandards bei der Kommunikation gilt es zu berücksichtigen? Existieren Selbstverpflichtungen lokaler Branchenverbände wie der Ehrenkodex E-Mail-Marketing des Deutschen Dialogmarketing Verbandes (DDV) oder der Certified Senders Alliance(CSA)-Whitelist?
- Existieren Robinson-Listen mit Adressdaten von Personen, die mit ihrem Eintrag jedweder Verwendung ihrer Daten für Werbezwecke widersprechen? Dies gilt es beispielsweise in Österreich zwingend zu berücksichtigen.

Wettbewerber

- Welche Mitbewerber gibt es auf dem nationalen und gegebenenfalls internationalen Parkett? Und welche Kommunikationsqualität weisen diese im Postfach wie vieler Ihrer Kunden auf?
- Welche E-Mail-Maßnahmen haben die Mitbewerber im Einzelnen wie in welcher Häufigkeit implementiert? Wie stellt sich der Wettbewerb kommunikativ dar?

Tipp: Competitive Intelligence

Die Beobachtung ist ein besonders wichtiger Aufgabenbereich des E-Mail-Marketing-Managers. Neben Anregungen lassen sich hiermit Lücken für Wettbewerbsvorteile identifizieren. Zur Wettbewerbsanalyse im E-Mail-Marketing gehört es, sich mit Test-Adressen die Prozesse anderer Marktteilnehmer von der An- bis zur Abmeldung anzuschauen und Schlüsse daraus zu ziehen.

Die Situationsanalyse ist ein guter Zeitpunkt, dies vorzubereiten. Unterstützend können Monitoring-Dienste genutzt werden, die alle möglichen Newsletter in Datenbank-Form aufbereiten und zum Beispiel Absender- oder Stichwort-basierte Benachrichtigungen anbieten (siehe Anhang). Schließlich bieten Email-Intelligence-Werkzeuge wie Inbox Insight von Return Path Einblicke in die Kampagnen-Erfolge Ihrer Mitbewerber – siehe auch Abschnitt 14.9.2 *Lese-Rate (und weitere IMAP-Kennziffern)*.

Zielgruppen

- Welche Zielgruppen spreche ich mit meinen Produkten und Dienstleistungen an und welche davon lassen sich besser, welche schlechter via E-Mail erreichen? Die Gruppen gilt es hinsichtlich ihrer unterschiedlichen demografischen, psychografischen und verhaltensbasierten Merkmale zu beschreiben. Ruft der Großteil der Adressaten beispielsweise E-Mails auf mobilen Endgeräten mit kleinen Touch-Displays ab, beeinflusst das die Empfehlungen zur Gestaltung der E-Mails.
- Wie wird die Kommunikation via Social Media, SMS, Fax, Brief, TV und so weiter insgesamt bis dato wahrgenommen?
- Gilt es, regionale Besonderheiten zu berücksichtigen wie unterschiedliche Zeitzonen, Sprachen oder Mundarten?
- Lohnen sich verschiedene Newsletter-Formate für unterschiedliche Segmente?
- Gibt es einen besonderen Lebenszyklus in der Zielgruppe, der sich per E-Mail abbilden lässt? Vielleicht sogar anhand von Trigger-Mails? Man denke an Berufseinsteiger, frisch verheiratete Paare, junge oder werdende Mütter (und auch Väter). Automatisierte Newsletter-Serien (»Schwangerschaftswoche 8: ...«) informieren passgenau zur Lebenssituation, wenn sie gut geplant wurden.
- Welche Daten und Informationen liegen aktuell über Käufer und Interessenten vor, die schon heute im Rahmen der E-Mail-Marketing-Maßnahmen genutzt werden könnten?

Praxis-Tipp: Zielgruppen-Personas erstellen

Bei *Personas* handelt es sich um erdachte, aber genau beschriebene Archetypen von E-Mail-Empfängern. Sie erhalten zum Beispiel ein Geschlecht und einen Namen (»Ute«), ein Alter (»30 Jahre alt«), ein Bild, einen Wohnort, Familienstand, eine detaillierte Beschreibung des Lebensstils (»Hobbys«), der Bedürfnisse sowie des Umgangs mit ihren E-Mails. Legen Sie sich anhand interner (zum Beispiel Kundendatenbank) und/oder externer Daten (zum Beispiel Statistisches Bundesamt) solche hypothetischen Zielgruppenbeschreibungen an und platzieren Sie die Ergebnisse dann ruhig »auf den Schreibtisch«. So zwingen Sie sich zum einen, sich von Beginn an genau mit Zielgruppen auseinanderzusetzen. Und zum anderen verlieren Sie auf diese Weise nie den Blick für die unterschiedlichen Empfängersegmente und für die Menschen hinter den Adressen bei der Kampagnen-Planung und -Durchführung. Dies ist bei einem *Dialog*marketing-Medium sicher alles andere als schädlich ...

Unternehmen/Angebot

- Welche Produkte und Dienstleistungen eignen sich eher für die Bewerbung per E-Mail, welche dagegen weniger?

- Lassen sich Cross- und Up-Selling-Potenziale für Verbundkäufe identifizieren? *Welche* passenden Zusatzprodukte können *wann* per E-Mail nach dem Kauf offeriert werden? (Vergleiche Abschnitt 16.2 *Assoziationsregeln: Cross-Promotions finden.*)
- Welche Inhalte, die per E-Mail angeboten können, sind wo verfügbar (Content-Management und -Bestandsaufnahme)?
- Werden komplementäre Dialogmarketing-Kanäle neben E-Mail bedient? Wie lassen sich diese bestmöglich mit E-Mail verzahnen getreu dem Motto »das Ganze ist mehr als die Summe seiner Teile«?

Dritte

- Welche weiteren relevanten Marktteilnehmer existieren neben den Kunden, dem eigenen Unternehmen und dem Wettbewerb? Hierunter fallen beispielsweise Anbieter von E-Mail-Akkreditierungen sowie Black- und Whitelist-Betreiber.

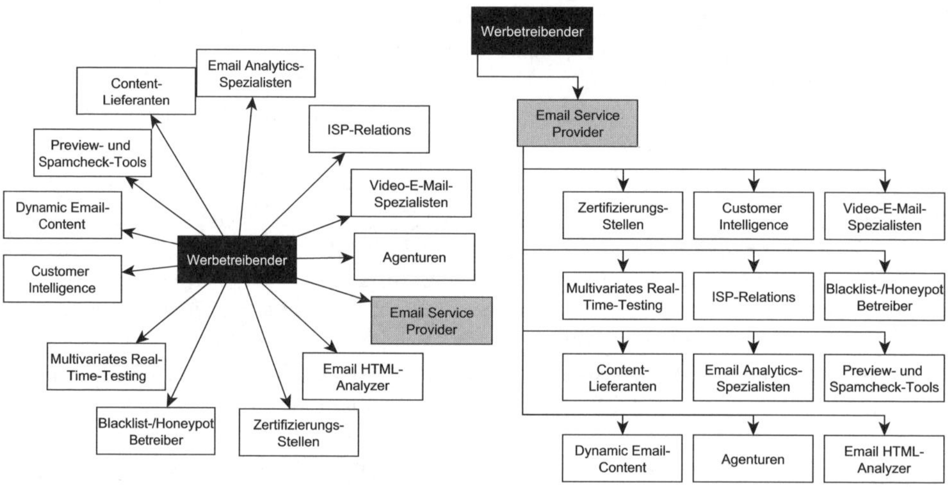

Abb. 8.1: Die Zahl der Marktteilnehmer (hier auszugsweise) im E-Mail-Marketing wird oft unterschätzt; die Wahl eines professionellen Versanddienstleisters (rechts) hat hierbei den Charme eines One-Stop-Shops. Ein guter Dienstleister kennt den Markt aus dem Effeff und berät Sie entsprechend. (In der Praxis ist ein Mittelweg zwischen beiden Varianten verbreitet.)

8.2 Zielsystem durchdenken

Auf Grundlage der situativen Bestandsaufnahme kann nun im nächsten Schritt das konkrete Zielsystem angegangen werden. Das erklärte Ober-Ziel von E-Mail-Marketing ist, den Wert der Stakeholder im Laufe ihrer Beziehung mit dem Unternehmen zu maximieren. Mittelbar fördert dies die Erreichung der Unternehmensziele: Umsatz beziehungsweise Gewinn.

In einem Ziel*system* wird zum einen das Ober-Ziel in operationale Unter-Ziele aufgespalten. Der Zeithorizont sollte dabei mittel- bis langfristig sein, also mehrere Monate oder sogar Jahre umfassen. *Operationalisierung* stellt auf eine exakte Messbarkeit ab. Und damit auf die spätere Möglichkeit, Erfolgskontrollen in Form von Soll-/Ist-Vergleichen durchführen zu können. Nur wer den Erfolg kontrolliert beziehungsweise kontrollieren kann, ist in der Lage, zu optimieren, Feineinstellungen vorzunehmen und insgesamt die Budgets richtig zu verteilen.

Beispiel: Ziele operationalisieren

Vergleichen Sie selbst, wie gut sich die Erreichung der folgenden beiden Zielsetzungen messen lässt:

- »E-Mail-Adressen mit Werbeeinverständnis gewinnen«
- »Im ersten Halbjahr 2 Prozent aller neuen Webseiten-Besucher, die nicht unmittelbar die Seite wieder verlassen (bouncen) und ferner keine E-Mail-Abonnenten sind, in Newsletter-Abonnenten wandeln«

Letzteres ist eindeutig heruntergebrochen hinsichtlich Zeit, Menge und Messgröße – und damit kontrollierbar.

Ziel*system* meint zum anderen auch, dass Abhängigkeiten zwischen einzelnen Zielen aufgedeckt werden. So beflügeln einige Ziele den Erfolg anderer. Man denke an das Ziel

1. *Double-Opt-in-Quote im Bestand von 50 auf 80 Prozent steigern*
   auf der einen Seite, und eine
2. *Posteingangs-Platzierungsrate der versandten Marketing-E-Mails von mindestens 99 Prozent*

auf der anderen Seite. Da das Double Opt-in-Verfahren bei der Adressgewinnung die Qualität des Verteilers und die Permission-Stärke erhöht, gibt es in der Regel auch weniger Probleme mit Spamfiltern. Das eine Ziel ist komplementär zum anderen.

Noch wichtiger ist allerdings, potenzielle Ziel*konflikte* im Vorfeld aufzudecken. So steht die Versandfrequenz in einem Spannungsverhältnis mit der Abmelde- und Spambeschwerde-Rate. Je höher der Takt, desto schneller sind die Abonnenten genervt. Ebenso wird die Adressgewinnung über ein Gewinnspiel zwar den Verteiler füllen, aber auf der anderen Seite Performance-Kennziffern wie Öffnungen und Klicks senken. Denn die Qualität der Kontakte sinkt, da viele sich nicht wegen des Newsletters, sondern wegen der Gewinnchance anmelden. Werden solche Zusammenhänge nicht berücksichtigt, laufen Versender Gefahr, falsche Schlüsse zu ziehen und damit auch falsche Entscheidungen zu treffen.

8.3 Langfristig planen

Taktische Fragestellungen lauten typischerweise: »Wie soll das nächste Werbemittel gestaltet werden oder wann versenden wir unseren Newsletter?« In Abgrenzung dazu liegt der Strategie die Frage zugrunde, wo die E-Mail-Marketing-Reise konzeptionell mittel- bis langfristig hingehen soll. Möchten Sie Newsletter-Inhalte dauerhaft von Dritten beschaffen oder selber produzieren? Streben Sie Kooperationen mit Agenturen und Dienstleistern für E-Mail-Akkreditierung oder Listen-Bereinigung an? Auf welche Weise lassen sich Systeme wie die E-Mail-Versandlösung, das CRM-System und die Webanalyse-Software am besten integrieren? Wie erweitern wir unseren Adressbestand nachhaltig, nicht bloß einmalig?

Die Strategie hat also viele Dimensionen: Adressgewinnungs-Strategie, Content-Strategie, Segmentierungs-Strategie und so weiter. Mit Bezug auf die beiden Letztgenannten picken wir uns exemplarisch die Bereiche Profilveredelung und Kampagnenplanung heraus. Letzteres am Beispiel saisonaler Vorausschau sowie konkret anhand der Weihnachtszeit. Auf Aspekte wie die Automatisierungs-Strategie komme ich später in einem eigenen Kapitel zurück (vergleiche Abschnitt 8.5 *E-Mails zu besonderen Anlässen automatisch versenden*).

8.3.1 Profildaten generieren

Feinere Segmentierung und die zielgruppengenaue Ansprache sind wichtige Schlüssel zu einer effektiveren Kundenbeziehungspflege per E-Mail. Ein Problem dabei: keine Daten, keine Segmentierung. Erst feingranulare Kundeninformationen im E-Mail-System ermöglichen maßgeschneiderte E-Mails. Die meisten E-Mail-Versender wissen über ihre Abonnenten nicht mehr als deren E-Mail-Adresse. Wenn es hoch kommt, noch Vor- und Zuname und Kundenstatus (Bestandskunde oder Interessent). Anbei finden sich Anregungen zur Daten-Veredelung, um dieses Manko zu beheben. Die Ansatzpunkte sind dabei chronologisch gegliedert in die Abschnitte (1) vor, (2) während und (3) nach der Registrierung durch den Abonnenten.

1. Vor der Anmeldung: Herkunft speichern

Allein die Begriffe, mit denen ein Besucher Sie über die Suchmaschine gefunden hat, liefern bereits wertvolle sogenannte *implizite* Profilinformationen in Bezug auf individuelle Interessen. Gerade implizite Infos sind besonders wertvoll, da sie unverfälscht sind. (Vergleiche Abbildung 8.3 zum Unterschied zwischen impliziter und expliziter Anreicherung.) Aus den verschiedensten Gründen bleiben diese bei der Registrierung meist vollends auf der Strecke; planerische, technische, aber auch rechtliche Aspekte spielen eine Rolle.

Ebenso lassen die verwendeten Suchbegriffe im Shop oder der hinterlegte Klickpfad interessante Rückschlüsse auf die Interessen eines Abonnenten zu. Oder die Seitenkategorie im Shop, auf der die Newsletter-Anmeldung erfolgte. Dies macht sich beispielsweise der Versender I'm walking zunutze, indem Produktkategorie-spezifische Benachrichtigungen an Ort und Stelle angeboten werden (Abbildung 8.2).

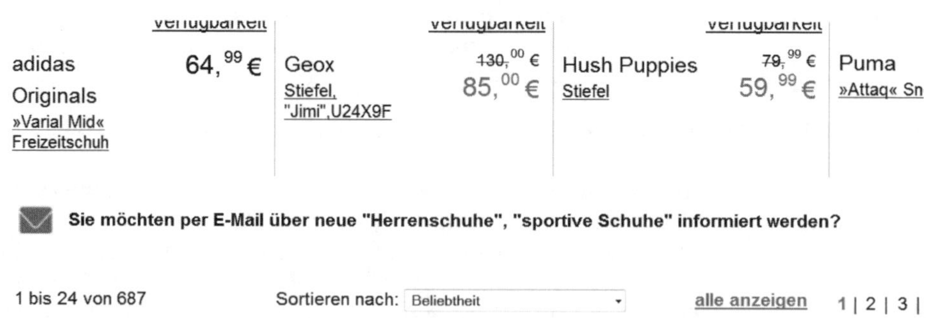

Abb. 8.2: Der Schuhhändler I'm Walking bietet Besuchern in den einzelnen Sortimentskategorien (hier: Schuhe > Herren > sportiv) gezielt E-Mail-Benachrichtigungen an, die über Neuheiten informieren. So können Abonnenten implizit profiliert und individuell informiert werden. (`imwalking.de`)

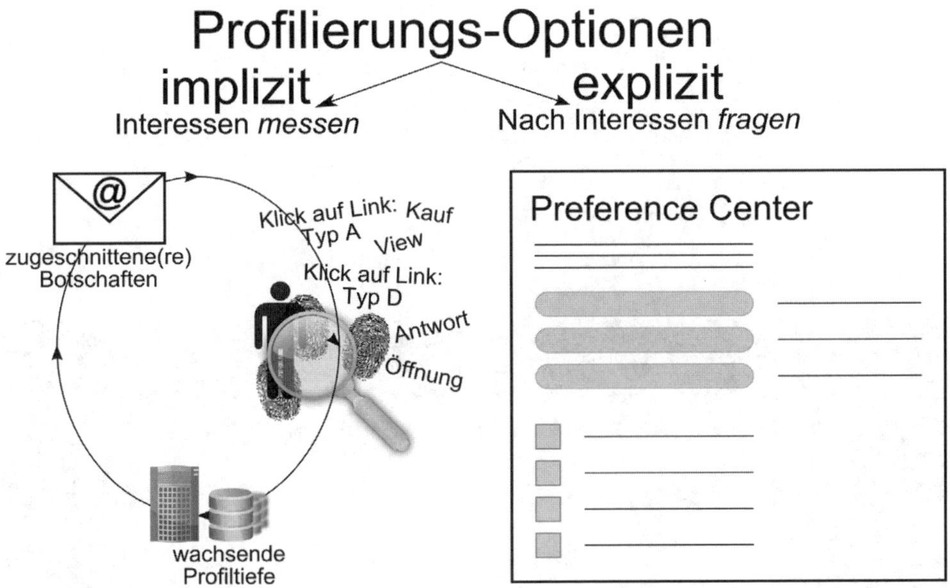

Abb. 8.3: Profilieren Sie Ihre Abonnenten implizit sowie explizit. Ersteres fußt vor allem auf der Messung von Aktions- und Reaktionsdaten. Wurden die Links im Newsletter mit Produktgruppen verschlagwortet, dann lassen sich darauf basierend Klickprofile bilden, die Interessengruppen widerspiegeln. Explizite Maßnahmen sind hingegen Befragungen jeder Art.

Ein weiteres Anwendungsbeispiel neben I'm Walking liefert Eventful. Der Anbieter versendet personalisierte Veranstaltungsempfehlungen an rund 18 Millionen Mitglieder. Wichtiger Bestandteil der Strategie zur Adressgewinnung und Individualisierung ist dabei, Suchmaschinen-Traffic auf der Webseite direkt in Newsletter-Anmeldungen zu kanalisieren. Maßgeschneiderte E-Mails bauen dann systematisch eine Kundenbeziehung auf, wohingegen der Großteil der Besucher ohne Newsletter-Abo verloren ginge. Die E-Mail-Kommunikation erfolgt sogar automatisiert. Der Ablauf lässt sich wie folgt skizzieren: Wer bei Google nach Events populärer Künstler sucht (Abbildung 8.4) und von dort auf die zugehörige Eventful-Landingpage gelangt, erhält unmittelbar ein Opt-in-Fenster in einer Lightbox präsentiert (Abbildung 8.5). Dieses beinhaltet:

- ein Bild des gesuchten Künstlers,
- die Orts-personalisierte Frage »Möchtest Du benachrichtigt werden, falls [KÜNSTLER] nach [STADT] kommt?« sowie
- einen Call-to-Action-Button.

[STADT] wird IP-basiert durch die dem Standort des Besuchers nächstgelegene größere Veranstaltungs-Location ersetzt. Mit dem Bestätigungs-Klick erfolgt die E-Mail-Registrierung. Im Ergebnis wurden damit Interessen und geografische Infos *implizit* von der Suche bis zur Anmeldung profiliert – und *explizit* durch den Nutzer bestätigt (Abbildung 8.6). Damit weiß der Werbetreibende schon eine Menge über seine Abonnenten.

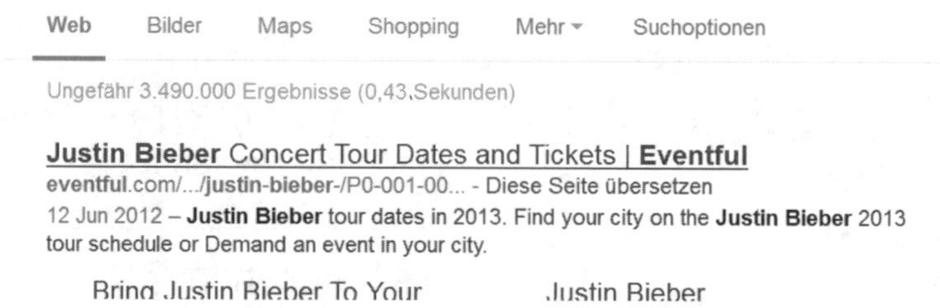

Abb. 8.4: Eventful – Google-Suche

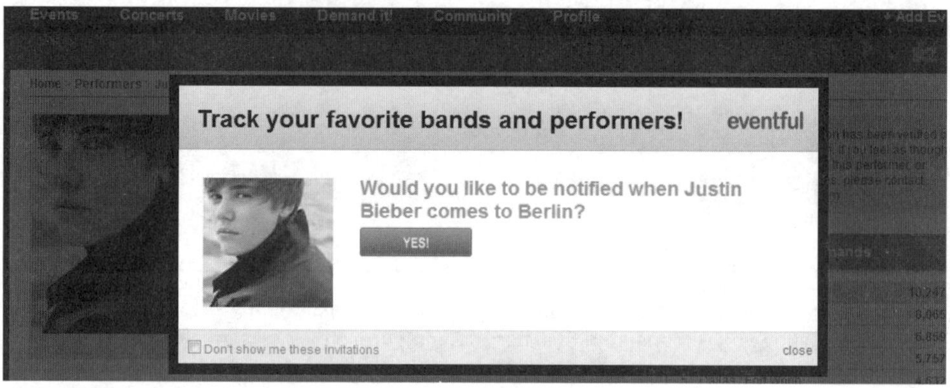

Abb. 8.5: Eventful – personalisierte Opt-in-Box (`eventful.com`)

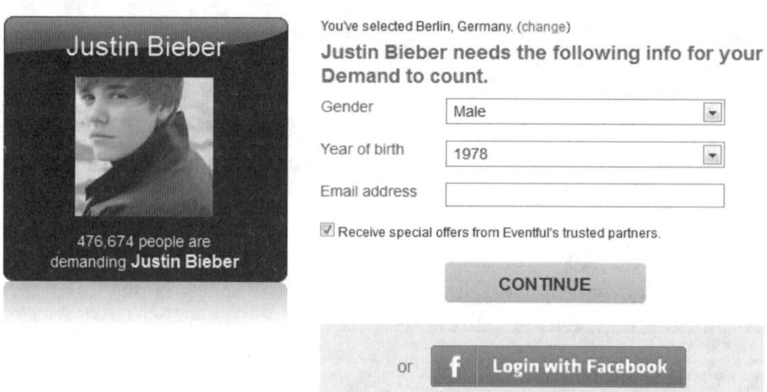

Abb. 8.6: Eventful – Dateneingabe

2. Bei der Anmeldung: Registrierungsseite & Willkommens-E-Mail

Die Anmeldung ist tendenziell der beste Zeitpunkt, Neu-Abonnenten zu interviewen (*explizite* Profilierung). Zu Beginn des Dialogs sind Interesse und Aktivitätsgrad deutlich höher als Wochen oder Monate später – frische Adressen performen. Für die Befragung empfiehlt sich ein zweistufiger Prozess: Im ersten Schritt wird das Essential, die E-Mail-Adresse abgefragt. Nach erfolgter Eintragung werden erst im zweiten Schritt weitere Daten im Browser erfragt. Und zwar optional.

Der zweistufige Ansatz stellt einen guten Kompromiss aus

1. Conversion-Rate von Newsletter-Interesse zu -Eintragung auf der einen und
2. initialer Profiltiefe auf der anderen Seite dar.

Damit ist die Variante der Alternative, Interessenten direkt im ersten Schritt mit langen Formularen zu vergraulen, in jedem Fall vorzuziehen. Zehn Abonnenten mit mäßiger Profiltiefe sind immer noch besser als nur ein Abonnent mit hoher Profiltiefe. Schließlich können Erstere später immer noch nachqualifiziert werden, neun verlorene Leads dagegen nicht.

Ein schönes Beispiel einer Befragung liefert Schwäbisch Hall. Anstatt eines Online-Formulars steckt der Interessent sich seine Newsletter-Präferenzen nach dem Baukastenprinzip zusammen (Abbildung 8.7).

Abb. 8.7: Der Newsletter-Konfigurator von Schwäbisch Hall auf Seite 2 der Anmeldung. Der Abonnent bestellt seine Wunsch-Inhalte per Drag & Drop. Die grafisch unterstützte Darstellung sowie spielerische Usability hilft, Motivation zum Ausfüllen zu wecken. Der Mensch denkt nun mal in Geschichten und Bildern, nicht in Häkchen-Feldern – per Hand digital »aufkleben« statt mit dem Zeiger »anklicken« lautet das Erfolgs-Motto. (`schwaebisch-hall.de`)

3. Nach der Anmeldung: Stete Mini-Befragungen

Steter Tropfen höhlt den Stein. Fragen Sie stufenweise und in kurzen Abständen kleine Info-Häppchen im Rahmen der Regelkommunikation ab:

- »Ist die Anrede korrekt?« (Abbildung 8.8)
- »Haben Sie in Kürze Geburtstag?« (Abbildung 8.9)
- »Interessieren Sie sich für die männliche oder weibliche Kollektion?« (Abbildung 8.10)

Die Zugewinne sind hierbei meist größer als bei großen Einmal-Umfragen. Denn deren Ausbeute bleibt auch mit Incentivierungen oft hinter den Erwartungen der Werber zurück. (Was aber nicht heißen soll, dass sie unwichtig sind; ganz im Gegenteil.)

Ganz gleich, ob der »stete Tropfen« oder der »große Wurf« zum Zuge kommt – idealerweise werden nur diejenigen Abonnenten befragt, deren Profile unvollständig sind. Dies sollten Sie mit Individualisierungs-Regeln Ihrer Versandlösung sicherstellen können. Inhaltlich macht der Ton die Musik. Es macht einen Unterschied, ob emotional oder sachlich sowie (zuerst oder überhaupt) nach dem Einkommen oder der Anrede gefragt wird. Das »*Wie*« und das »*Wonach* frage ich« sollten wohlüberlegt sein.

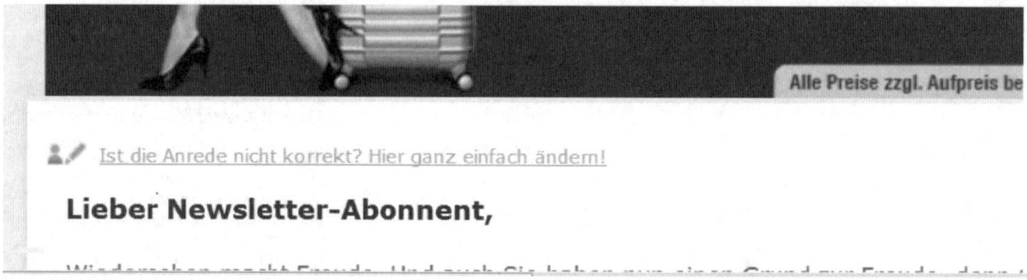

Abb. 8.8: Mini-Umfrage von Germanwings – ist die Anrede korrekt? Auf der Landingpage können direkt weitere wichtige Angaben gemacht werden wie etwa der Abflughafen.

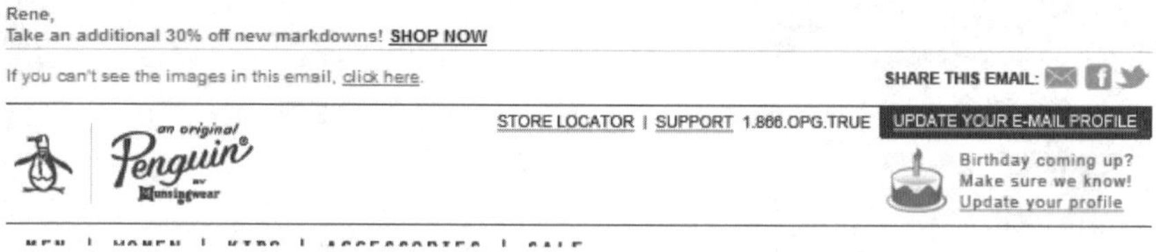

Abb. 8.9: Original Penguin fragt im Kopfbereich oben rechts nach dem Geburtstag – ein pfiffiger Appell an das Bedürfnis, gratuliert zu werden.

Abb. 8.10: ESPRIT streut kleine Umfrageblöcke im Fußbereich ein, die sozio-demografische Daten wie das Geschlecht abfragen.

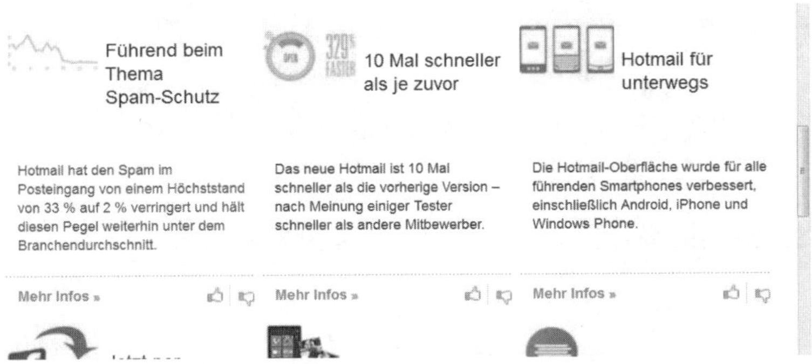

Abb. 8.11: Hotmail erfragt »Likes« im Stile von Facebook (und »Dislikes«), und zwar nicht für die komplette Newsletter-Ausgabe, sondern für einzelne Newsletter-Beiträge. Damit trainiert Hotmail statistische Modelle, die Inhalte automatisch und in Echtzeit individualisieren.

Hinweis: Die Kür – Vorhersagebasierte Modellierung bei Hotmail

Technisch sehr elegant kommen die Abstimmungsmöglichkeiten bei Hotmail (Abbildung 8.11) daher. Mit den Likes/Dislikes bewertet der Abonnent einen Inhaltsbaustein im Newsletter ganz individuell. Hotmail lernt hierdurch mehr über die tatsächlichen Bedürfnisse seines Abonnentenstamms auf persönlicher Ebene und nutzt dies für maßgeschneiderte Kommunikation.

Konkret versendet Hotmail hierzu zunächst »blanke« E-Mail-Templates. Erst bei der E-Mail-Öffnung errechnet der Server algorithmisch innerhalb von Millisekunden, welche Inhalte dem Individuum auszuliefern sind. Erst dann wird also die E-Mail inhaltlich zusammengestellt und ausgefüllt, nicht beim Versand. Der Ansatz ist vollständig grafikbasiert (HTML-Text kann nicht dynamisch nach dem Versand ersetzt werden).

Was also einem bestimmten Abonnenten, zu einem bestimmten Zeitpunkt, an einem bestimmten Aufenthaltsort dargeboten wird, bestimmt sich weitgehend automatisiert nach selbstlernenden Vorhersagemodellen. Diese maximieren die Wahrscheinlichkeit eines Matchings zum individuellen Interessensprofil – und damit die Wahrscheinlichkeit eines Response. Beispielsweise indem berücksichtigt wird, was andere Adressaten bis dato oft in Kombination geklickt haben (»kollaborative Filterung«). Oder indem geschaut wird, was in der Vergangenheit weniger beziehungsweise mehr gefiel.

Tipp: Datenqualität von Beginn an sicherstellen

Im Zusammenhang mit der Profilierung sollte auch dem Thema Daten-Hygiene von Beginn an ein hoher Stellenwert beigemessen werden. Vielfach schleicht sich über die Jahre das reinste Tohuwabohu in der Empfängerliste ein. Hier ist die Anrede mit »Herr«, »1« und »Senior« kodiert, dort mit »Mr.«, »Mister« und so weiter – von einer einheitlichen Struktur keine Spur. Bei den anderen Attributen wie dem Land (»DE«, »Deutschland«, »Germany«) oder der Adressquelle (»iPad Gewinnspiel«, »iPad«) sieht es nicht anders aus.

Auf so einem wackeligen Gerüst kann keine Personalisierung fußen. Sorgen Sie also von Beginn an für Einheitlichkeit. Ist das Kind schon in den Brunnen gefallen? Wie Sie mit dem kostenfreien Werkzeug Google Refine nachträglich Ordnung herstellen, habe ich hier festgehalten: `www.optivo.de/campfire/fruehjahrsputz-in-der-datenbank-auf-knopfdruck-aufraeumen-mit-google-refine/`.

8.3.2 Saisonale Mailing-Anlässe berücksichtigen

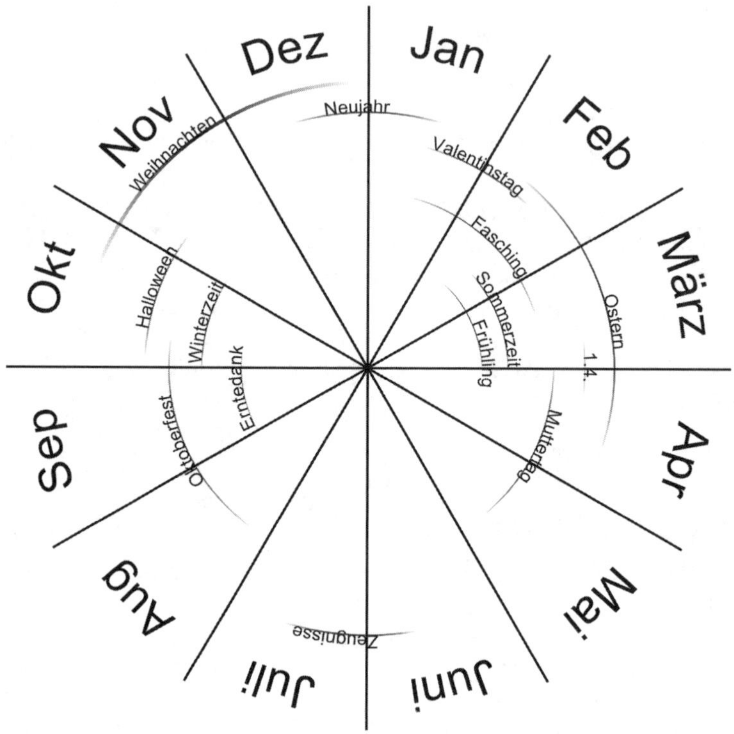

Abb. 8.12: Alle Jahre wieder – planen Sie saisonale Kampagnen rechtzeitig.

Das Jahr bietet unzählige Mailing-Anlässe. Einige begleiten uns Jahr für Jahr aufs Neue. Man denke an: Weihnachten, Valentinstag, Jahreszeiten-Wechsel, Beginn der Schulferien, Jahrestag der Firmengründung oder Stichtage für den Versicherungswechsel oder die Steuererklärung. Andere Ereignisse sind unregelmäßig, eher selten oder sie ergeben sich sehr kurzfristig. Denken Sie an Großveranstaltungen wie die Fußball-Weltmeisterschaft, Bundestagswahlen, TV-Großereignisse oder an Wetter-bezogene »Events« wie Hitze-Rekorde oder Schneestürme.

Dies alles verlangt nach stimmigen Botschaften. So kommunizieren Neujahrs-Mailings gute Vorsätze. Eine Stunde weniger Schlaf bei der Zeitumstellung wird mit satten Rabatten entschädigt. An einem Freitag den 13. verschenken wir Glücksbringer. Greifen Sie nach

Möglichkeit aktuelle Ereignisse in der Werbebotschaft konkret auf. Dies wirkt zeitlich relevant, kreativ und demonstriert somit auch Wertschätzung gegenüber dem Abonnenten. Pfiffige Ideen wandeln die Anlässe direkt in Angebotsvorteile um. Aus einem 4:0 für die deutsche Fußball-Nationalmannschaft könnte am nächsten Morgen ein »4 exklusive Angebote, 0 Versandkosten« im Betreff werden (Staples, 18.6.10). Auch eine zeitliche Befristung des Angebots bis zum nächsten Spiel resoniert dann mit dem Fußball-Fieber mit.

Tipp: Aktionstage, -wochen, -monate, -jahre

Sollten Ihnen einmal vorübergehend Ideen für Mailing-Anlässe ausbleiben, werfen Sie einen Blick in die Liste von Gedenk- und Aktionstagen: `de.wikipedia.org/wiki/Liste_von_Gedenk-_und_Aktionstagen`. Ebenfalls interessant sind die Gedenkanlässe der UNESCO sowie die internationalen Tage und Wochen der UN: `unesco.de/116.html` und `www.unric.org/de/internationale-tage-und-jahre`. Dort finden sich Aufhänger wie den Weltherztag oder den Internationalen Tag der Demokratie. Wem dies nicht reicht: Die kreative Überdosis gibt es auf `brownielocks.com` und `holidayinsights.com/moreholidays`. Hier findet sich immer ein interessanter Aktions-Tag, eine -Woche, ein -Monat oder ein -Jahr. Und sei es der Internationale Tag der Programmierer.

8.3.3 Kampagnenplanung am Beispiel »Weihnachten«

Der frühe Vogel fängt den Wurm. Besonders zur Weihnachtszeit. Ein erstes Interesse an Geschenken keimt erfahrungsgemäß bereits im Oktober auf. Das steigende Informationsbedürfnis sollte dann langsam, aber sicher auch im E-Mail-Posteingang bedient werden.

Die allermeisten Internetnutzer lassen sich heute besonders durch das Netz bei der Suche nach Geschenkideen inspirieren. Auch der Onlineeinkauf wird von Jahr zu Jahr bedeutsamer. Im Netz wird die Ware bequem versandt statt mühsam geschleppt, die Transparenz und Vergleichbarkeit ist besser als im Laden, es gibt mehr Auswahl sowie Infos, etwa durch Bewertungen, und schließlich muss man an der Kasse nicht Schlange stehen. Und wenn nicht stressfrei online *geshoppt* wird, dann bietet der Newsletter doch zumindest *Orientierung*.

Unternehmen erzielen zum Teil allein im Jahresendgeschäft ein Drittel ihres gesamten Umsatzes. Der Reibach wird dabei nicht nur in der (Vor-)Weihnachtszeit und mit den vielen Last-Minute-Shoppern bis kurz vor Heiligabend gemacht, wo die Geschenke noch rechtzeitig versandt werden können. Sondern auch in der Zeit nach den Feiertagen. Die Kids haben Weihnachtsferien. Und viele Berufstätige nehmen sich in der Silvesterwoche Urlaub, um Gutscheine oder Geldgeschenke einzulösen.

Vor diesem Hintergrund seien folgenden Tipps genannt, mit denen Sie sich als E-Mail-Versender auf die wichtigste Geschäftszeit im Jahr vorbereiten können:

- Sondieren Sie rechtzeitig die verschiedenen Phasen des Jahresendgeschäfts und bereiten Sie Ihre maßgeschneiderte Kommunikation strategisch entsprechend vor. Dies beginnt bei der Erschließung neuer Wege zur Adressgewinnung, damit der Großteil der – womöglich mit Anzeigen eingekauften – Besucherströme nicht spurlos wieder abfließt. Denken Sie auch an gute Betreffs und eine deutliche Absenderkennzeichnung, an das stimmungsvolle Design sowie an interessante Aktionen und Inhalte.

Idealerweise beginnen Sie gegen Ende des Sommers damit, ein Konzept zu erstellen. So stellen Sie sicher, dass die Botschaften, Werbemittel und Features rechtzeitig einsatzbereit sind. Ferner fädeln Sie so einen roten Faden durch Ihre Kommunikation.

Viele Versender erhöhen in der wichtigsten Saison den Versandturnus. Um in der Schwemme der Newsletter und Angebote im Posteingang positiv aufzufallen, braucht es gute Argumente und Kundennähe. Grundvoraussetzung für Letzteres: Vergegenwärtigen Sie sich vor der Versandplanung, dass es sich bei Ihren Kontakten um Menschen handelt, nicht um Datensätze. Lassen Sie gleichsam durchschimmern, dass Sie ebenfalls ein Mensch sind, keine Newsletter-Maschine. Wie dies funktioniert, zeigt zum Beispiel OTTO in Abschnitt 18.2 *Newsletter »sozialisieren«*.

- Im Oktober können Sie bereits erste weihnachtliche Randelemente im Newsletter streuen. Also Dinge, die die Primärbotschaften ergänzen und die Stimmung vorbereiten. Denken Sie an weitere Navigationspunkte wie »Geschenk-Tipps« oder »Wunschliste erstellen«. Je weiter die Zeit voranschreitet, desto mehr sollten solche Elemente dann schrittweise in den Fokus überführt werden. Beispielsweise
  - eine zusätzliche Weihnachts-Navigation
  - gestalterische Elemente wie Logos, Call-to-Action-Buttons oder Banner im weihnachtlichen Look
  - ein Countdown bis zur letzten Bestellmöglichkeit oder bis Heiligabend, den Sie sich leicht mit dem Tool `MovableInk.com` erstellen können
  - ein Weihnachts-Kalender in Form von Serien-Elementen
  - eine Kopf- oder Fußzeile mit relevanten Infos wie naheliegende Filialen mit Öffnungszeiten, Preise und Fristen für die Lieferung, Rückgaberecht, telefonischer Support und so weiter (vergleiche die Pre-Header-Beispiele von ESPRIT in Abbildung 8.13 bis Abbildung 8.15 sowie die Footer-Beispiele von UncommonGoods in den darauf folgenden beiden Abbildungen)

  Beziehen Sie nach Möglichkeit auch Produkt-Bewertungen in die Werbung ein. Nichts überzeugt mehr als positive Erfahrungsberichte und Empfehlungen zufriedener Kunden. Vielleicht haben Sie diese bereits griffbereit – etwa in Form von Feedback aus Facebook-Fanpages und Verbraucher-Foren. Es spricht aber auch nichts dagegen, solche Inhalte per E-Mail und Social Media kurzfristig zu generieren. Zudem besteht die Möglichkeit, Rezensionen zu forcieren, indem die Kundenzufriedenheit nach jedem Kauf per E-Mail abgefragt wird.
- Berücksichtigen Sie in Ihrem Plan von Beginn an besondere Daten und Stichtage in den letzten Monaten. Darunter fallen beispielsweise die Zeitumstellung Ende Oktober, der Nikolaustag am 6. Dezember oder der letzte Bestelltag, zu dem das Päckchen – per Standard- oder Expresslieferung – noch pünktlich ankommt. Versenden Sie zu den Terminen passende E-Mails. Bringen Sie sich in Erinnerung, indem Sie über den letzten garantierten Zustelltermin informieren – und aufgrund dieser Dringlichkeit für einen unmittelbaren Kaufimpuls sorgen. So kann nicht zuletzt die Masse der Last-Minute-Shopper effektiv erreicht werden. Ein »Frohe Weihnachten« zu den Feiertagen versteht sich als Mailing-Gelegenheit von selbst. Zu dem feierlichen Anlass muss aber nicht unbedingt an den Abverkauf gedacht werden. Wie wäre es stattdessen mit ein paar herzlichen Worten des Geschäftsführers?

- Das Jahresendgeschäft lässt sich zeitlich in Phasen segmentieren. Bei der Ansprache empfiehlt es sich vor allem, zwischen der Vor- und Nach-Weihnachtszeit zu differenzieren. Dies trägt den grundsätzlich verschiedenen Nachfrage-Bedürfnissen Rechnung. Denn vor Heiligabend sucht der Abonnent nach »Geschenkideen für andere«, in den darauf folgenden vierzehn Tagen eher nach »Geschenkideen für sich selbst«. Nach den Festtagen klingt das Weihnachtsgeschäft erfahrungsgemäß noch bis weit in die ersten Januar-Wochen aus. In der Ferien-Zeit wollen viele Gutscheine sowie Geldgeschenke eingetauscht werden. Ein roter Faden, der dies aufgreift, können wie folgt ausschauen:
  - 22.12.: Last-Minute Geschenke heute noch bis 13:00 Uhr!
  - 24.12.: Frohe Weihnachten
  - 28.12.: Letzter Wochenend-Sale des Jahres
  - 1.1.: Frohes Neues Jahr
  - 3.1.: Best-ofs des Vorjahres
  - 7.1.: Alles muss raus
  - 10.1.: Neu in diesem Jahr
- Viele Besucher und viele Newsletter-Anmeldungen bedeuten auch viele Willkommensnachrichten. Vergessen Sie also nicht, automatisch getriggerte E-Mails anzupassen. Dazu zählen Geburtstagmails, Versandbestätigungen, Einladung zur Produktbewertung und das Dankeschön für die Anmeldung. So kann die Betreffzeile zur Weihnachtszeit ruhig emotional mehr aufgeladen werden: Ein »Weihnachtliches Willkommen« toppt das nüchterne »Danke für die Eintragung«.

  Das Informationsbedürfnis steigt, und im Zuge dessen akzeptieren Abonnenten vorübergehend auch mehr E-Mails. Eine mehrstufige Willkommensserie, die sich bis dato über mehrere Monate hinzog, kann nun gestaucht werden. Themen gibt es im Jahresendgeschäft zur Genüge: Der angesprochene Geschenkefinder genießt mehr Aufmerksamkeit, wenn er detailliert vorgestellt wird. Man denke auch an das meistbestellte Produkt des Vortages, das Weihnachtsangebot des Tages, den Wunschlisten-Konfigurator oder den digitalen Geschenkgutschein, den der Beschenkte nach seinem Gutdünken einlösen kann.

  Arbeiten Sie zudem inhaltlich mit bedingten E-Mail-Bereichen. Solche Abschnitte werden nur eingeblendet, falls bestimmte Voraussetzungen wie zum Beispiel ein Datum erfüllt sind. Auf diese Weise lassen sich Willkommensserien von Beginn an so konzipieren, dass zu definierten Stichtagen besondere Inhalte ausgeliefert werden. Erreicht eine Willkommensnachricht den Neu-Abonnenten am 6. Dezember, dem Nikolaustag? Oder am letzten Bestelltag, zu dem das Päckchen entweder per Standard- oder per Expresslieferung noch pünktlich ankommt? Oder zu Silvester? Dann stellen Sie dies prominent mit passenden Handlungsaufforderungen heraus. Auf die gleiche Weise lässt sich später zum einen ein »Frohe Weihnachten« zu den Feiertagen integrieren.
- Falls Sie die Frequenzschraube anziehen, behalten Sie die Key Performance Indicators wie Klick- und Abmelderaten besonders gut im Auge. Wurde zu stark aufgedreht, muss zurückgerudert werden können. Mehr Toleranz genießen Werbetreibende, die im Postfach unmittelbar erkannt und positiv in Erinnerung sind. Branding mit dem Absendernamen und durch die Vorschaufenster-Inhalte entscheiden genauso wie der Grad der Relevanz vergangener E-Mails.

- Verkaufen ist viel, aber nicht alles. Überlegen Sie vorab, welche Inhalte Ihre einzigartige Identität im Posteingang unterstreichen und die Adressaten näher an Sie heranrücken können. Abwechslung und positive Überraschungen durch Bildpersonalisierung (Abschnitt 12.1 *Bildpersonalisierung*), Video-E-Mails (Kapitel 17), animierte GIF-Grafiken (Abschnitt 12.5 *Das richtige Grafik-Format wählen*) oder einfach stimmige und unterhaltsame Werbebotschaften sind effektive Mittel, um Persönlichkeit zu demonstrieren und sich so positiv von anderen Versendern abzuheben.

Abb. 8.13: Header bei ESPRIT zu Beginn der Weihnachtszeit.

Abb. 8.14: Header – prominente Hervorhebung der Lieferfristen kurz vor Weihnachten.

Abb. 8.15: Header – nach dem Fest ist vor dem Fest – Silvester.

Abb. 8.16: Footer – Geschenke-Guide und -Gutscheine sowie Fristen werden anfangs angeteasert ... (JR.com)

Abb. 8.17: ... und ab Mitte Dezember großflächig ausgerollt. (JR.com)

8.3.4 Versandfehler vermeiden und richtig reagieren: Entschuldigungsmails

Irren ist menschlich

Wo der Mensch werkelt, unterlaufen mitunter auch mal Fehler. Kaum ein E-Mail-Marketing-Manager, der im Laufe seiner »Amtszeit« vor Schnitzern beim Versand vollkommen gefeit ist. Pannen sind natürlich ärgerlich. Je nachdem, ob der Fehler schnell aufgedeckt und die E-Mail-Aussendung eventuell sogar frühzeitig gestoppt werden konnte, betrifft dies einen mehr oder wenigen großen Teil des wertvollen Verteilers. Und der wurde schließlich mühsam über Jahre aufgebaut.

Ooops: Entschuldigungsmail von New York Times und Mini Cooper

> *»Dear New York Times Reader, You may have received an e-mail today from The New York Times with the subject line ?Important information regarding your subscription.? This e-mail was sent by us in error. Please disregard the message. We apologize for any confusion this may have caused.«*

Mit diesen Worten unter der E-Mail-Betreffzeile »CORRECTION: Important information regarding your subscription« entschuldigte sich Ende 2011 die US-Tageszeitung bei ihren Abonnenten. Denn statt nur 300 Abonnement-Kündigern wurde zuvor allen rund 8 Millionen Newsletter-Abonnenten ein spezielles Kündiger-Angebot per E-Mail zugesandt. Ärgerlich. Aber solche Fehler sind schnell geschehen. Ganz gleich, ob beim Mittelständler oder bei einer der größten Tageszeitungen.

Mini Cooper passierte Anfang 2013 ein ähnlicher Lapsus. Diverse Motorsport-Freunde erhielten aus Versehen teils mehrere Hundert Newsletter zugesandt. Zur Entschuldigung versandte Mini Cooper ein ganzes Sorry-Paket per Post – inklusive Brief, Schokolade, humorvollen Spam-Büchsen und weiteren Goodies. Ebenfalls dabei: Eine URL mit der Bitte, sich wieder anzumelden.

Die möglichen Folgen eines E-Mail-Missgeschicks können sich von einem leichten Kratzer der Marke in der öffentlichen Wahrnehmung (zum Beispiel versehentlich gegen den Grundsatz der Political Correctness verstoßen) über empfindlich viele Abmeldungen (zum Beispiel falsche Zielgruppe angeschrieben) bis hin zu Klagen wegen unverlangter Werbung (zum Beispiel Sperrliste mit vorherigen Abmeldern angeschrieben) erstrecken.

Die typischen Fehler

Schärfen Sie zunächst Ihren Blick. Denn wer weiß, wonach er beim Testversand Ausschau halten muss, ist schon mal ein Stück weit besser gewappnet. Die Liste der häufigsten E-Mail-Fehler umfasst:

- Variablen werden beim Versand fehlerhaft ersetzt (»Lieber [VORNAME] – heute 50% Rabatt!«)
- Versehentlich falsche Zielgruppe zum Mailing zugeordnet (Männer erhalten die neue Handtaschen-Kollektion per E-Mailing, die sich eigentlich an Frauen richtete)
- Schnitzer bei der Orthografie (»Klopierpapier«), die insbesondere in der Betreffzeile sehr ärgerlich sind

- überlasteter Webserver während eines Mailings aufgrund zu hoher Versandgeschwindigkeit gepaart mit vielen Abonnenten, sodass der Klick im Newsletter ins Leere führt (»Seite nicht gefunden«)
- falsche oder nicht funktionierende Links, etwa durch einen (temporären) Datenbankfehler oder weil etwas beim Kopieren und Einfügen ins E-Mailing schieflief
- URL(s) zu einem oder zu allen Bildern falsch, sodass nur Platzhalter angezeigt werden
- Maße für Bilder falsch angegeben (Breite und Höhe), sodass diese verzerrt angezeigt werden, oder eine falsche Bildausrichtung
- mehrfacher Versand ein und desselben E-Mailings an einige (oder alle) Abonnenten
- Dateianhang vergessen
- fehlerhafte Zeichenkodierung, die sich dann in der schwarzen Raute mit Fragezeichen anstelle des gewünschten Zeichens – zum Beispiel beim »€« – manifestiert
- beworbener Artikel ist bereits vergriffen, Angebot ist veraltet
- HTML-Fehler, die das Layout des Newsletters (zer)stören
- Kein, ein falscher oder fehlerhafter Absender beziehungsweise Betreff, was Rechtschreibung oder Kodierung anbelangt
- Falsche Zielgruppe mit dem E-Mailing verknüpft
- Falschen Versandtag oder falsche Uhrzeit eingetragen
- Das Austragen funktioniert nicht

Tipp: Auch aus den Fehlern anderer lernen

Chad White, ehemals Autor des RetailEmailBlog.com, veröffentlichte alljährlich eine »Oopsy Hall of Fame« mit bemerkenswerten E-Mail-Patzern der großen US-Versender. Ein Blick lohnt, um sich die möglichen Probleme immer mal wieder in Erinnerung zu rufen: `retailemailblog.com/search/label/Oopsy%20Hall%20of%20Fame`.

Fehlern vorbeugen

An erster Stelle gilt es, alle Maßnahmen auszuloten, mit denen solchen Fehlern effektiv vorgebeugt werden kann. Zu den Qualitätssicherungsmaßnahmen im E-Mail-Marketing zählen:

- Qualitäts-Checks durch die E-Mail-Versandlösung, die vorab etwa alle in der zu versendende E-Mail referenzierten Ressourcen wie Bilder und Links auf Erreichbarkeit beziehungsweise Fehlercodes prüft
- eine manuell abzuarbeitende Checkliste (»alle Links in einer Testmail durchklicken«, ...), die bindend für die involvierten Mitarbeiter mit Berechtigung für einen Versandstart ist
- ein E-Mail-Preview in den gängigen E-Mail-Clients, um Darstellungsfehler aufzudecken
- ein Vorabtest auf Zustellbarkeit und Phishing-Verdacht, mit dem mögliche Probleme bei inhaltsbezogenen Spamfiltern oder Listungen in IP- oder Domain-basierten Blacklists rechtzeitig aufgedeckt werden können
- eine Rechtschreibprüfung sowie HTML-Code-Validierung
- eine zwingende Freigabe durch mindestens einen weiteren Betrauten (»4-Augen-Prinzip«), der den Testversand abnimmt und auch formell sein Okay ausdrückt. Ohne zweites Okay kein Versandstart (Abbildung 8.18)

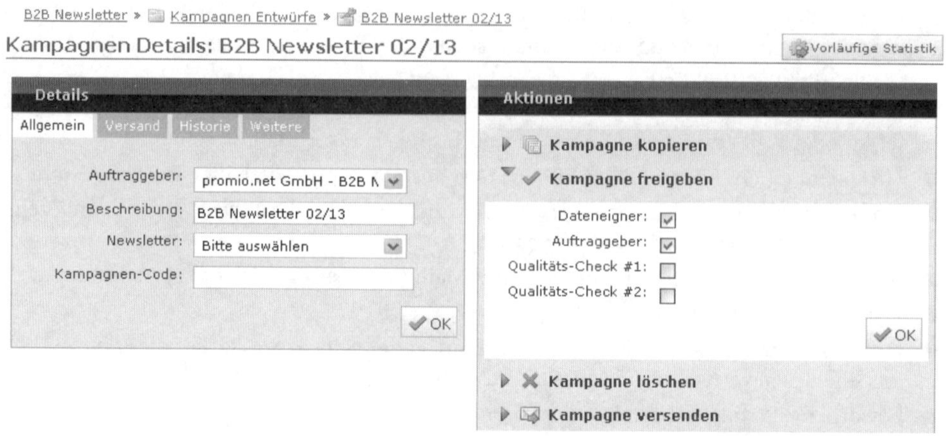

Abb. 8.18: 4-Augen-Prinzip (hier: promio.mail) – erst durch die beiden Häkchen bei Qualitäts-Check Nr. 1 und Nr. 2 ist die Kampagne für den Versand freigegeben. Standardmäßig kann ein Sachbearbeiter nur eines der beiden Häkchen setzen.

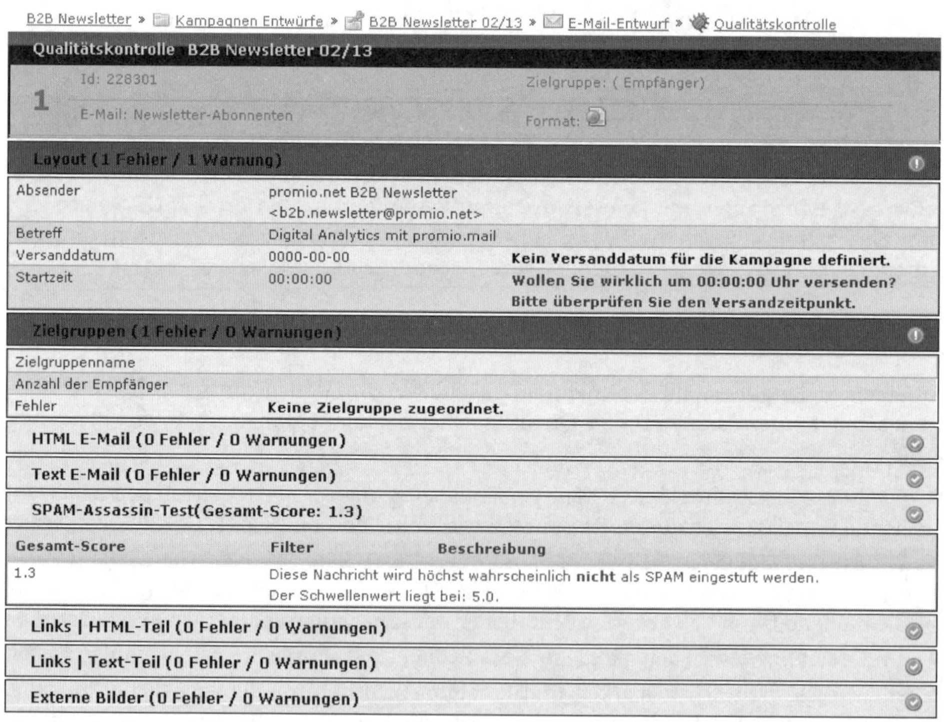

Abb. 8.19: Qualitätskontrolle vor dem Versandstart (hier: promio.mail) – das Modul spürt per Mausklick potenzielle Probleme im Versand-Setup, im Quelltext und beim SpamAssassin-Filter auf. Zudem untersucht es, ob alle Links und Bilder-URLs erreichbar sind.

Tipp: Web-Tools zur Fehlervermeidung

Idealerweise unterstützt Ihr Versanddienstleister Sie bereits von Haus aus bei der Qualitätssicherung umfassend (siehe zum Beispiel Abbildung 8.19). Ansonsten kann auf ein reichhaltiges Angebot spezieller Tools zurückgegriffen werden: Eine Vorschau des Newsletters in den gängigen Mail User Agents bieten zum Beispiel Litmus, EmailOnAcid, PreviewMyEmail, IBM Email Optimization (vormals Pivotal Veracity) und Return Path. Diverse Versandlösungen haben diese auch durch Schnittstellen direkt integriert. (Achten Sie darauf, dass Sie diese auch unbegrenzt nutzen können.) Die Orthografie der Betreffzeile oder des Inhalts lässt sich auf Duden.de überprüfen, das Aussehen mit dem frei verfügbaren Litmus Subject Line Checker (`tinyurl.com/6cv474f`). Um die Erreichbarkeit der URLs zu prüfen, geben Sie den Link zur Onlineversion des Testversands zum Beispiel in den offiziellen W3C Link Checker (`validator.w3.org/checklink`) oder in den Free Link Checker ein (`tinyurl.com/bxcpebz`).

Folgeschaden minimieren

Wie erwähnt: Sie können testen noch und nöcher – zu hundert Prozent lassen sich Patzer nie ausräumen. Die Fehlerquellen Mensch und Technik (»Software-Bugs«) sind einfach zu mannigfaltig. Ist das Kind mal in den Brunnen gefallen, dann ist es wichtig, schnell reagieren zu können. Daher sollte in jedem E-Mail-Marketing-Konzept von Beginn an ein entsprechender »Krisenplan« Berücksichtigung finden. Der beinhaltet, ob und – falls ja – wie in welchem Fall reagiert wird.

Aber was wäre nun im Falle eines Falles zu tun? Sobald der Fehler entdeckt wurde, gilt es zunächst einmal den Schaden zu begrenzen. Das heißt, Versand pausieren, E-Mail korrigieren und erst dann wieder aufnehmen und den restlichen Bestand beschicken. Natürlich nur, sofern noch nicht bereits alle E-Mails verschickt wurden. Im Zweifel rufen Sie Ihren Dienstleister an und fragen Sie nach, ob die Versandqueue bereits geleert wurde oder ausgehende E-Mails noch aufgehalten werden können. (In der Praxis sind allerdings die Lösungen heute so schnell, dass – vor allem kleinere Kampagnen an wenige Tausend Empfänger – in Sekunden oder wenigen Minuten verschickt wurden.)

Vielfach unberücksichtigt: Auch bei bereits verschickten E-Mails können einige Fauxpas nachträglich noch korrigiert werden:

- Eventuell zum Beispiel bei **fehlerhaften Umleitungslinks** der Versandsoftware, die auf nicht vorhandene Webseiten oder Dateien zeigen (»404-Fehler«). Hierzu muss zunächst der Dialog für die Linkersetzung in der Versandlösung aufgerufen werden. (Die Software ersetzt Ihre Links, damit sie die Anzahl der Klicks im Newsletter erfassen kann.) Dort lässt sich der fehlerhafte Link korrigieren, indem Sie als Weiterleitungs-Ziel an passender Stelle den funktionierenden URL eintragen. In der Regel ist der neue Verweis sofort wirksam und damit das Problem behoben. Zumindest für künftige Klicks ab dem Korrektur-Zeitpunkt.
- Ähnlich schaut es bei **falsch referenzierten Bilder** im Newsletter aus, die das Layout beeinträchtigen. Eine Umbenennung der Grafik auf dem Server kann vielleicht das Problem beheben. Beispiel: Ist im versendeten Newsletter die Kopfgrafik fälschlicherweise als *bild..jpg* referenziert, kann dies durch Umbenennung von *bild.jpg* in *bild..jpg* auf dem Server geheilt werden.

- Ebenso ist es vielfach möglich, die **Online- beziehungsweise Archivversion** der E-Mail nachträglich zu korrigieren. Also die Ansicht des Newsletters, die der Adressat im Browserfenster anstelle des E-Mail-Clients erhält. Denn diese Version wird in der Regel nicht statisch hinterlegt, sondern dynamisch beim Aufruf generiert.

Korrekturmail versenden?

Im zweiten Schritt schließt sich die Frage an, ob eine dezidierte Korrekturmail verfasst und verschickt werden sollte. Dies sollte genau durchdacht werden. Das Reaktionserfordernis bemisst sich zum einen Versender-bezogen nach dem *Aufwand* für den Korrekturversand. Und zum anderen Empfänger-bezogen nach dem Schadpotenzial des Fehlers in Form drohender »Kundenunzufriedenheit«. Das Schadpotenzial wiederum ist im Wesentlichen abhängig von der *Anzahl* betroffener E-Mail-Abonnenten und der *Schwere* des Fehlers.

- Haben nur wenige Abonnenten fehlerhafte E-Mails erhalten?
- Und wie viele davon werden schätzungsweise überhaupt darauf aufmerksam? Schließlich werden E-Mails nur überflogen.
- Wurde der Fehler unmittelbar entdeckt und konnte er korrigiert werden?

Sind nur wenige betroffen, empfiehlt sich eine individuelle Reaktion lediglich bei eingehenden Beschwerden. Handelt es sich nur um einen unwesentlichen fehlerhaften Link unter vielen? Dann werden nur die wenigsten Empfänger dem Fehler überhaupt gewahr. Eine Sorry-Mail weckt vielleicht schlafende Hunde. Ähnlich verhält es sich mit Fehlern in der Zeichenkodierung, einem versehentlich vorangestellten »TEST« im Betreff oder dem Klassiker, dem Doppelversand. All dies ist verzeihlich und den Zusatzaufwand mit ungewissem Nutzen nicht wert. Die Korrektur-E-Mail würde vermutlich eher »nerven«. Besser aussitzen. Oder die klassische Variante aus dem Verlagswesen probieren, nämlich in der nächsten Ausgabe darauf hinzuweisen (»Im letzten Newsletter ist uns ein Fehler unterlaufen.«).

Ganz anders sieht die Sache möglicherweise aus, wenn ein gravierender Fehler bei der Preisauszeichnung des zentralen Angebots oder der Beschreibung der beworbenen Produktmerkmale begangen wurde. Oder falls generell die völlig falsche Zielgruppe im System gewählt wurde. Oder wenn der E-Mail-Inhalt nicht zugänglich ist. Oder wenn eine Aktion missverstanden wurde und ein öffentlicher Sturm der Entrüstung im Social Web droht. Rechtlich prekär ist auch ein nicht funktionierender und nicht korrigierbarer Abmeldelink. Hierbei sollten vor allem die Antwort-E-Mails genau beäugt und bearbeitet werden.

Bei kritischen Fehlern sollten betroffene Empfänger (nicht alle!) zeitnah durch eine Entschuldigung informiert werden. Zweck jeder Entschuldigungsmail ist es, über den Fehler zu informieren und die guten Beziehungen zu den Empfängern wieder herzustellen.

Entschuldigungsmail vorab GENAU prüfen

Es versteht sich von selbst, dass die Entschuldigungs-E-Mail vor dem Versand mehrfach auf Herz und Nieren geprüft wird. Einmal ist kein Mal, aber eine fehlerbehaftete Entschuldigungs-E-Mail zu senden, das dürfte unverzeihlich sein.

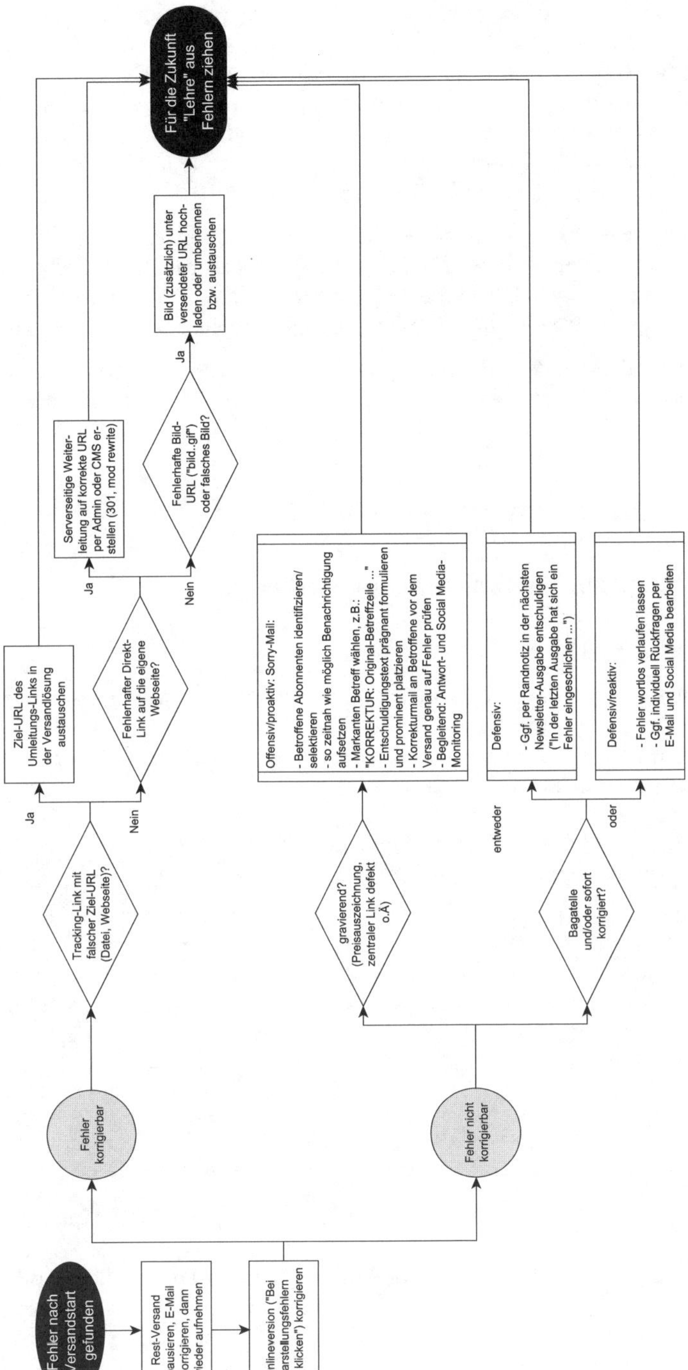

Abb. 8.20: Was tun bei fehlerhaftem E-Mail-Versand?

Achten Sie darauf, dass in der Folge-E-Mail der Fehler selbst klar benannt und herausgestellt wird, der ja Anlass Ihrer erneuten Ansprache ist. Dies kann etwa im Betreff durch ein vorangestelltes »KORREKTUR:« (oder »Oops«, »Sorry«, »Entschuldigung« et cetera), im Pre-Header und/oder im E-Mail-Inhalt geschehen. Inhaltlich ist es okay, die gleiche E-Mail unter dem Korrekturhinweis erneut zu versenden. Dabei kann aber auch versucht werden, den ursprünglichen Fehler in eine neue Chance umzuwandeln. Man denke an einen Extra-Gutschein: »Wir haben's vermasselt, Du profitierst.«

Übrigens: Sich einen Fehler eingestehen zu können, kann durchaus Bodenständigkeit und Authentizität ausstrahlen. Dies weckt Sympathie, die sich möglicherweise sogar später in mehr Umsätzen niederschlägt. Die überlegte Wahl des passenden Tons (humorvoll oder lieber ernst?) oder die Platzierung eines exklusiven Specials können hierbei hilfreich sein.

Unterm Strich sollte der Versender aus den gemachten Fehlern lernen, damit diese in der Zukunft nicht noch einmal auftreten. Abbildung 8.20 soll den Entscheidungsprozess noch einmal zusammenfassen.

8.4 Wann und wie oft versenden

8.4.1 Einen guten Versandzeitpunkt erkennen

Timings als Erfolgsfaktor

Neben der richtigen Zielgruppe, dem passenden Angebot und der optimalen Gestaltung zählt das Timing zu den klassischen Erfolgsfaktoren des Dialogmarketings. Werbung zum falschen Zeitpunkt ist im betreffenden Moment unerwünscht. Hingegen würde sie zu einem besseren Termin akzeptiert werden.

Studie: Timing als Erfolgsfaktor überschätzt?

Was sagt uns 50 / 20 / 10 / 20? Dies sind oft zitierte Erfolgsanteile der vier Erfolgsfaktoren im Direktmarketing: Zielgruppe, Angebot, Kreation und Zeitpunkt. Das Timing verantwortet demnach also »nur« 20 Prozent des Resultats. Brian Thomas und Matthew Housden ermittelten im Rahmen eines Tests einen Responseunterschied um die Faktoren 6 / 3 / 1,35 / 2 zwischen dem besten und dem schlechtesten Mailing. Der optimale Versandtermin verdoppelte also den Response im Vergleich zum schlechtesten.

Will heißen, die Planung des Versandzeitpunktes ist wichtig, aber es gibt eben Wichtigeres; den ultimativen Klick- oder Umsatz-Booster sollten Versender von einer Variation gemeinhin nicht erwarten. (Vom Unterschied zwischen einer völligen Fehlplanung und einer wohlüberlegten zeitlichen Abstimmung einmal abgesehen.)

Messen Sie dem Timing nicht zu viel Bedeutung bei. Ich betone dies, da die Frage nach dem optimalen Wochentag und der besten Uhrzeit eine der am häufigsten gestellten ist. Klar, die Idee, dass einfach »an der Uhr gedreht wird« und sich so das Ergebnis deutlich verbessert, besitzt natürlich Charme. Aber so leicht ist es dann doch nicht.

Keine Angst, ich will Ihnen nicht den Erfolgsfaktor schlechtreden. ☺ Trotz der eher nachgelagerten Bedeutung bleibt es natürlich lohnenswert, sich Gedanken zu machen und zu experimentieren. Auch, wenn es vermutlich nicht den *einen* optimalen Versandzeitpunkt (»donnerstags um 16:34 Uhr und 23 Sekunden«) gibt, existieren viele denkbare ungeeignete Zeitfenster, die im Extremfall die besagten 20 Prozent Response im Vergleich zum bestmöglichen Zeitpunkt kosten können. Dies wollen wir vermeiden. Es sollen 24 Prozent statt nur 20 Prozent Öffnungsrate werden. Aber wie?

Zunächst einmal kann die Frage des optimalen Timings zu mehreren Bezugspunkten beleuchtet werden. Man denke an:

- Tag (welche Uhrzeit?)
- Woche (welcher Wochentag?)
- Monat (Anfang, Mitte oder Monatsende?)
- Jahr (welches Quartal?)
- Artikel-Lebenszyklus (etwa Ersatzkaufbenachrichtigungen zum vermuteten Wiederbeschaffungszeitpunkt)
- Kampagne (zum Beispiel Nachfass-Mailings im Rahmen einer mehrstufigen Kampagne oder Erinnerungen an Warenkorbabbrecher)

Von größerem Interesse sind im Allgemeinen die beiden ersten Punkte, Versand-Uhrzeit und -Wochentag. Nur, woran sollte man sich orientieren? Die folgenden Abschnitte sollen Denkanstöße liefern.

Optimierungsansätze

Ein E-Mailing ist am effektivsten, wenn es dem Empfänger an dem Tag und zu der Uhrzeit zugeht, zu der er den PC beziehungsweise sein E-Mail-Programm bedient und Zeit hat, sich mit der Nachricht zu beschäftigen. Andernfalls ist das E-Mailing beim Abruf neuer Nachrichten unter vielen weiteren im Posteingang »begraben«. Es genießt somit weniger Aufmerksamkeit. Klingt logisch und ist entsprechend das verbreitete klassische Denkmodell. (Wer es genau nimmt, muss dies ein Stück weit relativieren. Schließlich sind unsere Adressaten heute zunehmend mit Mobiltelefonen »always-on«. Der Newsletter ist damit bei Eingang immer direkt abrufbar.)

Anbei finden sich Ansätze, um den passenden Wochentag und eine gute Uhrzeit zu identifizieren:

- **Sachlogische Überlegungen anstellen:** Wer im Bereich Business-to-Business versendet, sollte das Wochenende, Montagmorgen und Freitagnachmittag meiden. Die Firmenposteingänge werden dann nämlich seltener geprüft, sind überfüllt oder die Adressaten sind einfach schon nicht mehr »aufnahmefähig« für Werbung. Es hat sich bewährt, etwa 10:00 Uhr morgens anzuvisieren, da zu diesem Zeitpunkt unerwünschte E-Mails bereits überwiegend aussortiert sind und die Aufnahmebereitschaft der Abonnenten relativ hoch ist.

  Hingegen empfiehlt es sich im Business-to-Consumer-Bereich eher, den späten Nachmittag oder die Abendstunden anzupeilen. Jedenfalls dann, wenn Impulskäufe angeregt werden sollen. Für zeitintensivere Kaufentscheidungen wie Reisen oder Versicherungswechsel bietet sich das Wochenende an.

  Ein Einwand mag sein, dass die Übergänge zwischen B2B und B2C heute fließender als noch vor ein paar Jahren sind; so checken in bestimmten Zielgruppen viele auch während der Arbeitszeit ihre privaten E-Mails.

B2B-Beispiel: Überlegungen von Postina.net zum Absolit-Newsletter

Die Agentur postina.net betreut den Absolit-Newsletter von E-Mail-Marketing-Experte Dr. Torsten Schwarz. Das Format adressiert einen Geschäftskundenkreis (B2B). Der Versandzeitpunkt wurde bewusst auf dienstags um 7:30 Uhr festgesetzt. Denn so bleiben dem Response die drei wichtigen Werktage Dienstag, Mittwoch und Donnerstag, um sich optimal entfalten zu können. (Zur Wirkungsdauer und Response-Kurve eines E-Mail-Versands vergleiche in Abschnitt 3.3.3 *Schnelle und genaue Messbarkeit.*)

- **E-Mail-Marketing-Studien analysieren:** Zum Timing existieren mittlerweile zig Studien. Meist von E-Mail-Marketing-Dienstleistern lanciert, stellen diese in Tabellenform dar, welchen Erfolg Kunden zu einer bestimmten Uhrzeit-Wochentag-Kombination im Schnitt in einem bestimmten Zeitraum hatten.

  So groß die Zahl der Studien ist, so verschieden sind auch deren Ergebnisse und Empfehlungen (Tabelle 8.1). Für fast jede Zeit-Tag-Kombination kann eine Erhebung zitiert werden, die eben diese als »Gewinner« in Bezug auf die Erfolgskennziffer (etwa Öffnungs- oder Klickrate) herausstellt.

  Das Hauptproblem solcher Untersuchungen ist nicht einmal, dass der empfohlene Zeitpunkt umso weniger empfehlenswert wird, je mehr Versender den Studien-Ergebnissen folgen (»Herdenverhalten«). Sondern dass der optimale Zeitpunkt je nach beworbenem Produkt beziehungsweise Service, umworbener Zielgruppe, Zielperson, Saison, Region oder Wettbewerbsumfeld variieren kann. Die Ausgeh-Tipps für das Wochenende funktionieren am Freitagnachmittag wunderbar, hingegen erzielt eine gemeinnützige Organisation vielleicht mittwochmorgens die meisten Spenden. Während der Ferienzeit ist womöglich 11 Uhr besser als 19 Uhr. Gleiches gilt für die frischgebackene Mutter im Vergleich zur berufstätigen Frau. Insofern gilt: als Anhaltspunkte ganz nützlich, aber meist nicht eins zu eins auf das eigene Geschäft übertragbar.

Studie	Ergebnisse und Empfehlungen
Q3 2007 Email Marketing Statistics (eROI)	Mittwoch ist der beste Tag. Auch Montage und Donnerstage erzielen gute Öffnungsraten. Sonntags ist die Klickrate am niedrigsten, samstags am höchsten.
Öffnungs-Report 2008 (dialog-Mail)	Samstage und Sonntage sind die besten Tage, Montage und Dienstage empfehlen sich ebenfalls. Donnerstags ist die Öffnungsrate am geringsten. Vermeiden Sie generell den Mittag als Versandzeitpunkt.
E-Mail Studie 2009 (Newsmarketing)	Das Wochenende erzielt den größten Response, der Donnerstag ist der schlechteste Tag.
Science of Timing 2011 (HubSpot)	An Samstagen und Sonntagen lassen sich die meisten Öffnungen erzielen. Versenden Sie zudem früh am Morgen: Am aktivsten sind die Abonnenten um 6 Uhr.

Tabelle 8.1: Einige Studienergebnisse zum angeblich optimalen Versandzeitpunkt.

Studie	Ergebnisse und Empfehlungen
Email Marketing Metrics Report, July 2011 (MailerMailer)	E-Mails werden meist zwischen 7 und 10 Uhr am Morgen geöffnet. Kampagnen, die zwischen 1 und 5 Uhr morgens verschickt werden, generieren mehr Response. Ähnliches gilt für die frühen Morgenstunden zwischen 6 und 7 Uhr. Werktags erzielt der Freitag die besten Öffnungs- und Klickraten.
Q4 2012 Quarterly Benchmark Study (Experian CheetahMail)	Versenden Sie zwischen 20 und 0 Uhr, um einen besonders hohen Gewinn pro E-Mail zu erzielen. Das Wochenende empfiehlt sich sehr viel eher als ein Werktag.
Email Marketing Stats 2012 (MailChimp)	Abonnenten öffnen E-Mails eher nach 12 Uhr mittags, vor allem zwischen 14 und 17 Uhr. An Dienstagen bis Donnerstagen wird häufig geöffnet, das Wochenende trägt dagegen nur geringfügig zum Response bei.

Tabelle 8.1: Einige Studienergebnisse zum angeblich optimalen Versandzeitpunkt. (Forts.)

- **Studien aus anderen Bereichen übertragen:** Auch Erhebungen aus E-Mail-fremden Bereichen können (und sollten) in die Überlegungen einfließen. Zwei Beispiele:
  - Der *E-Retail-Report* berichtete, Montag und Sonntag wird am meisten online eingekauft. Der Warenhandel profitiert auch während der Arbeitszeit, Reisen oder Ähnliches werden dagegen am liebsten zwischen 20 und 22 Uhr bestellt.
  - Das Mobile-Ad-Network apprupt untersuchte, wann die Conversion-Raten auf mobilen Endgeräten am höchsten sind. Demnach verspricht unter der Woche die »Couch-Zeit« zwischen 17 und 23 Uhr die besten Ergebnisse, mit einem Maximum um 19 Uhr. Am Wochenende ist ein Tages-Maximum bei 23:00 Uhr und weitere Peaks um 8 und 13 Uhr zu verzeichnen. Das heißt auch, dass derjenige, der zu diesen Zeiten »mobile« Interessentengruppen anschreibt, die Wahrscheinlichkeit erhöht, dass die E-Mails auf einem Smartphone oder Tablet gelesen werden. Falls die E-Mail-Darstellung hierfür noch nicht optimiert wurde, mag ein alternativer Versandtermin vielversprechender erscheinen.
- **In eigenen Daten »schürfen«:** Ebenso lassen sich innerhalb der eigenen Datenbasis verborgene Schätze heben. So erlaubt jede Logfile- oder Web-Analysesoftware wie Webalizer oder Google Analytics, das Besucheraufkommen oder die Zahl der Seitenaufrufe auf der Webseite nach Uhrzeit und Wochentag gruppiert darzustellen. Gleiches gilt für Bestellungen im Webshop. Interessieren sich die Besucher schwerpunktmäßig zu bestimmten Uhrzeiten für die Produktpalette, so ist dies ein gutes Indiz dafür, dass die Zielgruppe zur selben Zeit auch besonders empfänglich für eine Produktpräsentation im E-Mail-Posteingang ist. Zumindest dann, wenn ein repräsentativer Betrachtungszeitraum gewählt wurde.

  Ein weiterer verkannter Datenschatz schlummert im Datum der Eintragung in den E-Mail-Verteiler. Lassen sich in der aggregierten Darstellung über alle Abonnenten Stoßuhrzeiten oder -tage mit besonders vielen Newsletter-Abschlüssen identifizieren? Falls ja, dann wäre dies womöglich ein noch stärkeres Signal, da hier sogar ein direkter Bezug zwischen Zeit und E-Mail besteht.

Und schließlich gilt es auch, die Reaktionsdaten der vergangenen E-Mail-Aussendungen unter die Lupe zu nehmen. Also Öffnungs-, Klick- und Antwortzeitpunkte, idealerweise gruppiert nach verschiedenen Zielgruppen wie zum Beispiel männlich versus weiblich, älter als 30 versus jünger und so weiter. Reagierten bestimmte Zielgruppen in bestimmten Zeitfenstern besonders häufig? Eventuell lohnt es sich dann, diese Gruppen getrennt zu verschiedenen Uhrzeiten anzuschreiben.

Oder zeigen sich in der grafischen Zeitreihenbetrachtung Hochpunkte nach dem Versandstart? Dies könnte verschiedene Gründe haben. Versenden Sie in verschiedene Zeitregionen wie Europa, Asien und die Vereinigten Staaten, dann erklärt sich dies durch die Zeitverschiebung. Andernfalls könnte es auch ein Anhaltspunkt dafür sein, dass der Starttermin für den Versand zu früh gewählt wurde.

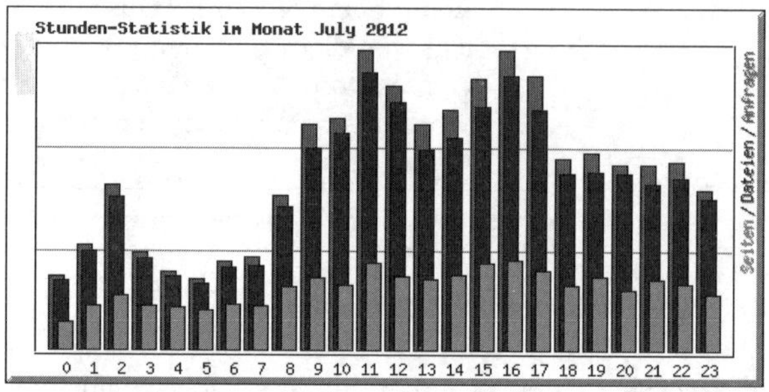

Abb. 8.21: Die Software Webalizer liefert monatlich Stunden-Statistiken – ein wertvoller Hinweis auf eine gute Versanduhrzeit.

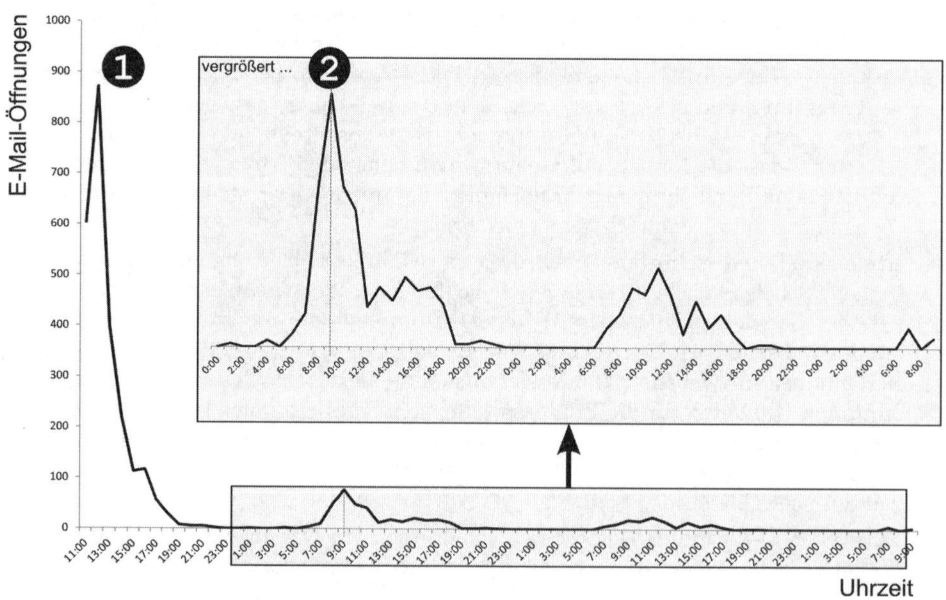

Abb. 8.22: Analysieren Sie Klicks und Öffnungen im Zeitverlauf – gibt es nach dem Versandstart (1) am Folgetag weitere Peaks (2)? Dies sind mögliche Zeitfenster, zu denen Ihre Zielgruppe Newsletter liest. Analysieren Sie dies auch getrennt nach unterschiedenen Segmenten.

Tipp: Beste Kombination suchen

Die getrennte Analyse von Tag und Zeit ist ein guter und vergleichsweise leicht zu bewerkstelligender Einstieg in die Beantwortung der Timing-Frage. Denken Sie aber auch daran, beide Faktoren kombiniert unter die Lupe zu nehmen. Vielleicht bietet sich 16 Uhr nachmittags zunächst aufgrund der monatlichen Stunden-Statistik an. Doch beim genaueren Hinschauen stellt sich heraus, dass dies gerade am anvisierten Wochentag (vielleicht ein Sonntag) der denkbar schlechteste Zeitpunkt ist.

Zwischen Wochentag und Uhrzeit bestehen Wechselwirkungen. Um diese praktisch aufzudecken, exportieren Sie sich beispielsweise die Seitenaufrufe nach Stunden für die letzten Monate aus Ihrer Webanalyse-Software. Bilden Sie daraus eine Zeitreihe mit einer Frequenz von 24 Stunden mal sieben Tagen – also 168 Tag-Zeit-Kombinationen für eine Woche. Aus der Summe der Seitenaufrufe für jede Kombination oder aus der Ermittlung der saisonalen Komponente im Rahmen einer Zeitreihenzerlegung ergibt sich dann beispielsweise ein Bild wie in Abbildung 8.23.

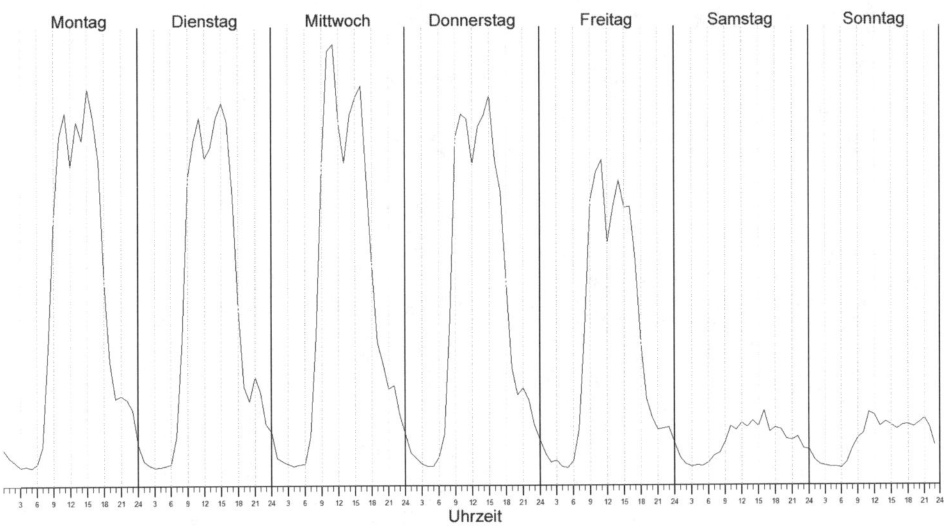

Abb. 8.23: Die kombinierte Analyse von Zeit und Tag zeigt, dass mittwochs im Zeitfenster von 9 bis 12 Uhr ein Peak erreicht wird. Bei der getrennten Analyse wäre dies untergegangen.

- **Abonnenten befragen:** Fragen Sie die Abonnenten nach ihren Präferenzen. Individueller und näher am Kunden geht es nicht. Denkbar wäre es zum einen, nach erfolgter Anmeldung auf der Bestätigungsseite die Vorlieben abzufragen. Etwa, ob E-Mails lieber am Wochenende oder werktags und lieber morgens, mittags oder abends zugestellt werden sollten. Denken Sie zum anderen an Ihre Bestands-Abonnenten. Hier lassen sich dieselben Informationen nachträglich durch gezielte Umfrage-Kampagnen ermitteln.

  Achten Sie jedoch darauf, dass keine falsche Erwartungshaltung aufgebaut wird und der Befragte fälschlicherweise davon ausgeht, die E-Mails zum spezifizierten Wunschzeitpunkt zu erhalten. (Es sei denn, Ihre E-Mail-Versandlösung bildet diese Art der Individualisierung effizient ab.)

- **Wettbewerbsbezogene Analyse durchführen:** Meist wird das Timing für die E-Mail-Ansprache allein empfängerbezogen festgemacht. Daneben kann auch eine wettbewerbsbezogene Betrachtung aufschlussreich sein. Der Versender eruiert hierzu, wann der Druck auf die Postfächer seiner Abonnenten mutmaßlich am höchsten ist und wann er besonders gering ist. Daraus lässt sich ableiten, wo sich allwöchentlich Nischen-Zeitfenster, also »Versandlücken« auftun und welchen Zeitpunkt offenbar die Mitbewerber als ideal identifiziert haben.

  Praktisch empfiehlt es sich hierzu, zunächst ein repräsentatives »Labor-Postfach« zu erstellen, das den Werbedruck widerspiegeln kann. Ist die Referenz-E-Mail-Adresse angelegt worden und sind die entsprechenden Newsletter darauf abonniert, dann sollten über einige Wochen genügend Daten, sprich Newsletter samt Eingangszeitpunkt, angesammelt werden. Durch eine Verknüpfung von Outlook, Access und Excel kann hieraus später eine anschauliche Heatmap erstellt werden, in der heiße Bereiche überfüllte Posteingänge repräsentieren. Dies sind Zeitfenster, die es entweder zu vermeiden gilt oder die auch einen Test wert sein können. Wenn alle zu dieser Zeit versenden, funktioniert das Zeitfenster vielleicht besonders gut.

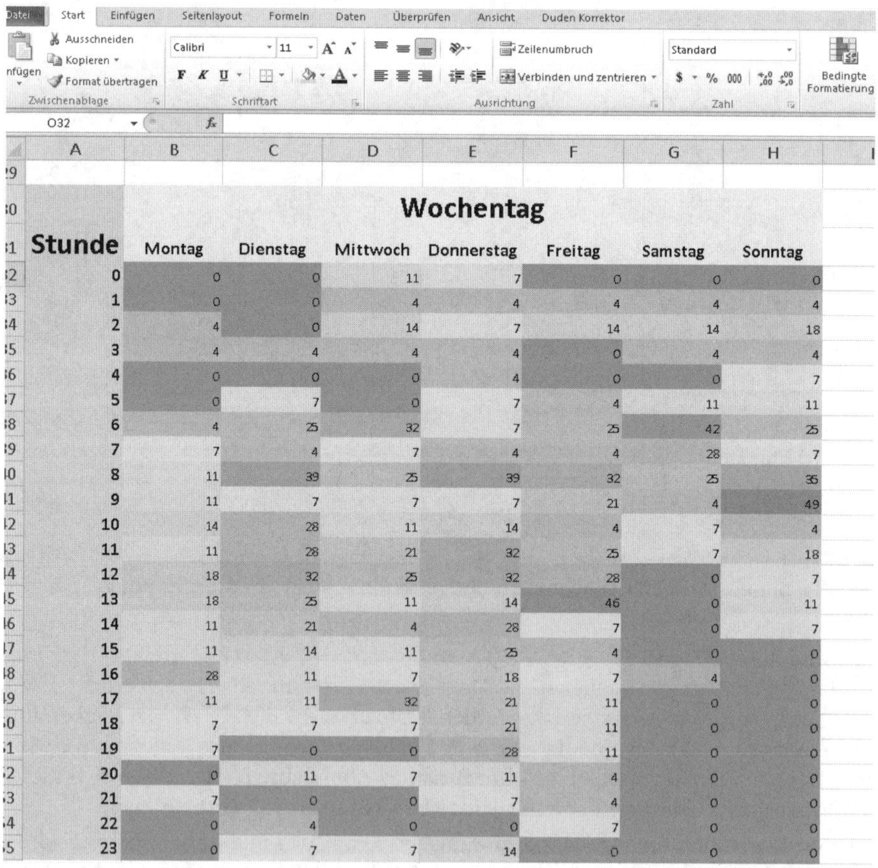

Stunde	Montag	Dienstag	Mittwoch	Donnerstag	Freitag	Samstag	Sonntag
0	0	0	11	7	0	0	0
1	0	0	4	4	4	4	4
2	4	0	14	7	14	14	18
3	4	4	4	4	0	4	4
4	0	0	0	4	0	0	7
5	0	7	0	7	4	11	11
6	4	25	32	7	25	42	25
7	7	4	7	4	4	28	7
8	11	39	25	39	32	25	35
9	11	7	7	7	21	4	49
10	14	28	11	14	4	7	4
11	11	28	21	32	25	7	18
12	18	32	25	32	28	0	7
13	18	25	11	14	46	0	11
14	11	21	4	28	7	0	7
15	11	14	11	25	4	0	0
16	28	11	7	18	7	4	0
17	11	11	32	21	11	0	0
18	7	7	7	21	11	0	0
19	7	0	0	28	11	0	0
20	0	11	7	11	4	0	0
21	7	0	0	7	4	0	0
22	0	4	0	0	7	0	0
23	0	7	7	14	0	0	0

Abb. 8.24: Die Excel-Funktion »bedingte Formatierung« erlaubt es, Heatmaps zu erstellen; die Kreuztabelle zeigt Versandhäufigkeiten bestimmter Versender in einem bestimmten Zeitraum.

Die erforderlichen Arbeitsschritte zur Erstellung einer Darstellung wie in Abbildung 8.24 habe ich auf www.optivo.de/campfire/e-mail-versandzeitpunkt-weitere-idee-wettbewerbsbezogene-optimierung/ festgehalten.

Kleiner Werkzeugkasten

Zur Beantwortung der Frage nach einem guten Versandzeitpunkt existieren zudem zahlreiche Planungswerkzeuge und andere Tools. Die Folgenden möchte ich Ihnen ans Herz legen:

- **Ferienkalender**: Die Swiss Post veröffentlicht alljährlich den »International HolidayCalendar«. Das interaktive Werkzeug ist überaus nützlich bei der Planung nationaler sowie europäischer Kampagnen. Für wahlweise bis zu 20 Länder wird jeweils angezeigt, wo Feiertage sowie Ferien im ausgewählten Zeitraum sind. In der Detailansicht ist ein geografisch anschaulicher Drill-down bis auf Postleitzahlenebene möglich. Versender können somit bei Bedarf die Urlaubszeit, in der in der Regel der Response deutlich niedriger als sonst ausfällt, regional gezielt aussparen. (Man beachte, dass die »Urlaubseinbußen« im B2B-Bereich geringer ausfallen als im B2C-Bereich, da Geschäftsleute heute in der Regel auch im Urlaub ihre Posteingänge abrufen.) Für Aussendungen innerhalb Deutschlands bietet übrigens auch der inverse Ferienkalender im Netz wertvolle Hilfestellung.

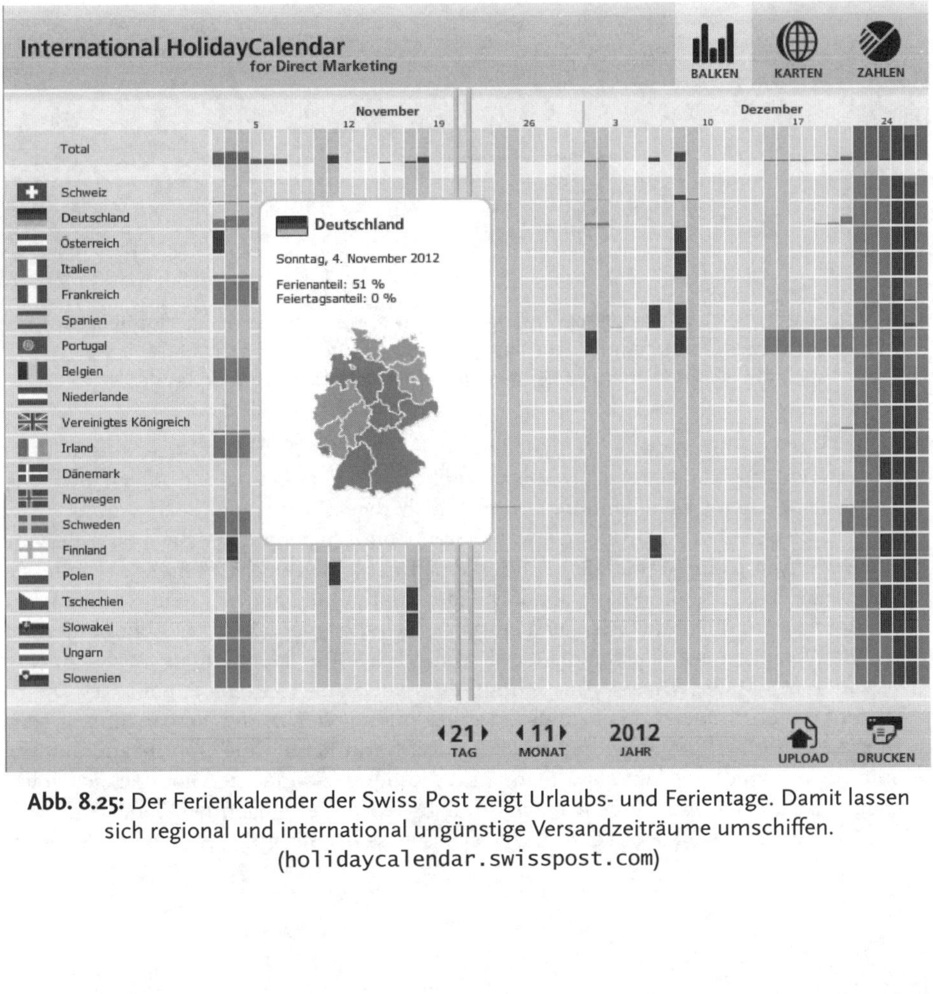

Abb. 8.25: Der Ferienkalender der Swiss Post zeigt Urlaubs- und Ferientage. Damit lassen sich regional und international ungünstige Versandzeiträume umschiffen. (holidaycalendar.swisspost.com)

- **Google Trends:** Der Service bildet ab, wann die Suchmaschine Steigerungen im Suchaufkommen nach bestimmten Begriffen oder Phrasen verzeichnete. Damit lassen sich unter anderem saisonale Schwankungen im Jahresverlauf wunderbar visualisieren. Und das sogar mit regionalem Bezug. Der Versandzeitpunkt kann so mit dem aufkeimenden Interesse der Abonnenten zeitlich relativ genau synchronisiert werden. Steigen die Suchanfragen nach »Ostern«, lohnen sich allmählich die ersten E-Mail-Kampagnen.

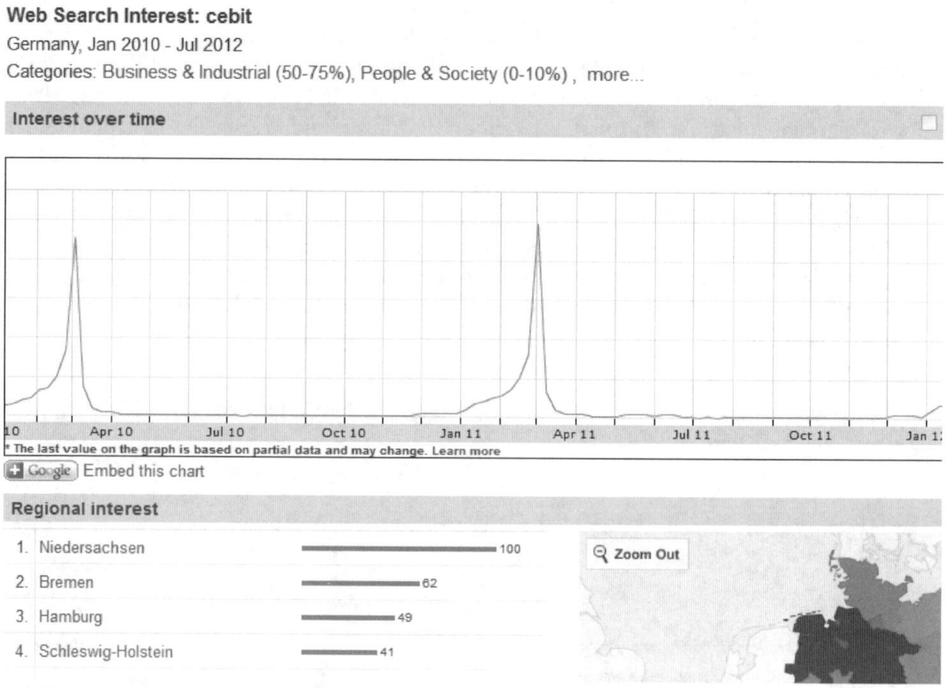

Abb. 8.26: Für das Kampagnen-Timing gut zu wissen – Google Insight for Search offenbarte auch, wann Jahr für Jahr das Interesse an Informationen zur Cebit steigt. Heute ist der Dienst mit Google Trends verschmolzen. (`google.de`)

- **Send Time Optimization:** Verschiedene E-Mail-Dienstleister bieten heute automatisierte Versandzeitoptimierungen. Damit ist nicht die Berücksichtigung unterschiedlicher Zeitzonen gemeint. (Die können natürlich auch abgebildet werden – US-Anbieter sind hier aus naheliegenden Gründen etwas weiter.) Sondern gemeint ist die nutzerindividuelle Berechnung eines optimalen Zeitpunktes. Das ist die Kür: Nicht mehr *ein* optimaler Zeitpunkt für *alle* Abonnenten, sondern jeder erhält einen angepassten. Grundlage für die Berechnung bildet jeweils das historische Reaktionsverhalten des Abonnenten. Im Idealfall bezogen auf alle seitens des E-Mail-Service-Providers jemals an die Adresse versandten E-Mails. (Dies berücksichtigt, dass durchaus mehrere Kunden des Dienstleisters im Besitz der E-Mail-Adresse sein können.) Wer in der Vergangenheit seine Newsletter stets um 8 Uhr öffnete, bekommt ihn mit Send Time Optimization künftig automatisch zu dieser Zeit zugestellt. Für die anderen Abonnenten können sich abweichende Zeitpunkte ergeben – je nach Verhalten in der Vergangenheit. Send-Time-Optimization-Funktionalitäten finden sich beispielsweise bei Silverpop, Bronto und Sailthru.

- **Andere ESP-Tools:** Andere E-Mail-Service-Provider bieten Kunden die Möglichkeit, den anvisierten Zeitpunkt vorab zu evaluieren. Der HubSpot EmailGrader (kostenfreie öffentliche Beta) beispielsweise bildet das Timing auf einer Erfolgsauswertung von 9 Milliarden MailChimp-E-Mails ab. Emarsys wartet mit dem Feature Launch Time Advisor auf, das regelmäßig historische Performance-Daten aggregiert und darauf basierend Vorschläge für ein optimales Timing unterbreitet.

Vorsicht: Versandgeschwindigkeit berücksichtigt?

Beim Timing werden leider oft technische Aspekte völlig außer Acht gelassen. Wer 15 Uhr als Versandtermin auserkoren hat und 200.000 E-Mails mit einer verfügbaren Versandgeschwindigkeit von nur 100.000 E-Mails pro Stunde zustellen möchte, sollte eventuell den Starttermin ein Stück vorverlegen, sodass der Empfangszeitpunkt für einen Großteil der Adressaten gleichmäßig um das Optimum streut. Analog lauern Trugschlüsse beim Testen verschiedener Zeitfenster, wenn die Versandgeschwindigkeit nicht fixiert werden kann beziehungsweise im Tagesverlauf variiert. Sprechen Sie am besten mit Ihrem Dienstleister über mögliche Fallstricke, sofern Sie über einen größeren E-Mail-Verteiler verfügen.

Am besten: testen ...

Bei all den Überlegungen vermissen Sie nun vielleicht trotzdem eine klare Ansage in Richtung *Versende Mittwoch um 8 Uhr morgens, dann passt es erfahrungsgemäß*. Nun, die bleibe ich Ihnen wohl schuldig. Unterm Strich gibt es den einen optimalen Versandzeitpunkt für alle Szenarien einfach nicht.

Ich meine, wer die wichtigeren Erfolgsfaktoren Zielgruppe und Angebot optimiert hat, kann nicht viel falsch machen. Relevante E-Mails werden gelesen, ganz gleich ob sie montags um 3 Uhr in der Früh oder donnerstags am Nachmittag verschickt werden. Allerdings gibt es in der Branche eben auch andere Ansichten. Sammeln Sie Ihre eigenen Erfahrungen. Zum Beispiel durch Tests.

Wer über die nötigen Ressourcen verfügt, sollte systematisch mit verschiedenen Versandzeitpunkten experimentieren. Den besten gilt es, dauerhaft zu etablieren. Bei einem periodisch erscheinenden Newsletter wissen die Abonnenten dann, woran sie sind, und die Versandplanung vereinfacht sich nach und nach durch eingespielte Abläufe.

Tipp: Timing-Tests

Ein effektives Mittel, um das Timing zu verbessern, sind Tests. Ist der E-Mail-Verteiler groß genug und eignet sich die Werbemaßnahme? Dann spalten Sie Ihren Abonnentenkreis in so viele gleich große und zufällig befüllte Teilsegmente auf, wie Sie Zeitfenster ausprobieren möchten. Derartige Experimente können sehr schnell einen großen Umfang annehmen: Soll beispielsweise eine komplette Woche im Hinblick auf die Kombination Wochentag und Tageszeit, also Versand am Morgen, Mittag sowie Abend, untersucht werden, sind bereits drei mal sieben Segmente vonnöten. Wer über einen Abonnentenstamm von 210.000 Empfängern verfügt, bildet somit 21 Gruppen à 1.000 Adressaten und terminiert für diese Gruppen unterschiedliche Versandzeiten.

Achten Sie darauf, dass die Kampagne über den gesamten Testzeitraum gleich und die Angebote aktuell/gültig sind. Der Zeitraum ist idealerweise repräsentativ für das restliche Jahr, also frei von Feiertagen und ähnlichen Verzerrungen. Dies ist gar nicht so einfach zu erfüllen – selbst das Wetter kann die Verallgemeinerbarkeit der Ergebnisse beeinträchtigen, wenn man davon ausgeht, dass die Empfänger bei Blitz und Donner eher am PC sitzen und ihre E-Mails lesen als bei strahlendem Sonnenschein. Oder denken Sie an Fernsehsendungen, die unter Umständen gerade ein Millionenpublikum in ihren Bann ziehen, obwohl sonst das Postfach geprüft würde.

Das Werbemittel sollte zudem besonders responsestark sein (vergleiche Abbildung 8.27), sodass viele Abonnenten reagieren und der Test aussagekräftig wird. Betreffzeile und Handlungsaufforderung, die einen starken Einfluss auf die Öffnungs- beziehungsweise Klickrate ausüben, wollen wohlüberlegt sein.

Bei kleineren Verteilern lassen sich unter Umständen keine ausreichend großen Stichproben-Segmente bilden. Hier empfiehlt es sich, schrittweise Gewinner gegen neue Herausforderer zu testen. Morgens gegen abends, dann der Gewinner bei der nächsten Kampagne gegen mittags, der wiederum später gegen einen Nachtversand ins Rennen geschickt wird. Die Vorgehensweise bei den Wochentagen erfolgt analog.

Um erfolgversprechende Herausforderer zu identifizieren, eignen sich die oben geschilderten Ansätze wie zum Beispiel der Blick in die Webanalyse-Daten. Wiederholen Sie Timing-Tests hin und wieder, um die zeitliche Stabilität der Erkenntnisse zu überprüfen.

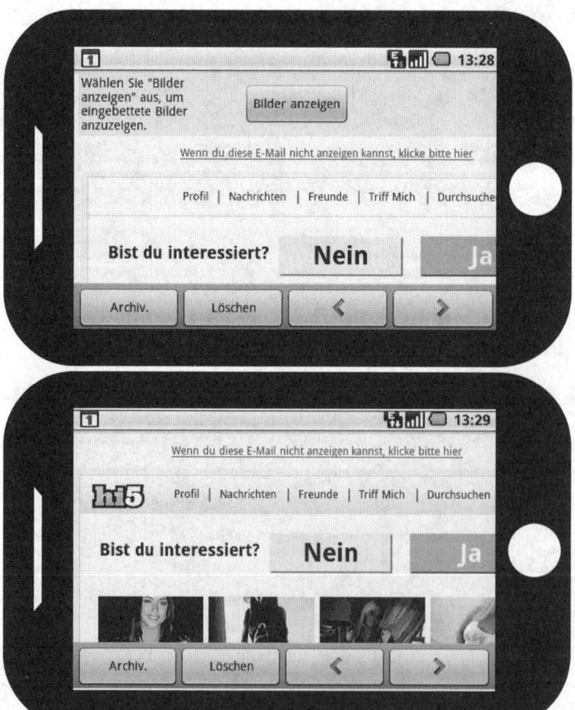

Abb. 8.27:
Ein Response-starkes Werbemittel zielt auf die Öffnung und/oder auf den Klick ab – zum Beispiel durch einfache Umfragen und entsprechend prominent platzierte Auswahl-Buttons (hier: hi5-Newsletter im Landschaftsmodus, Gmail für Android, oben bei blockierten Bildern).

8.4.2 Die optimale Kontaktfrequenz finden

Den gesamten Werbedruck steuern

Eng verwandt mit der Frage nach dem optimalen Versandzeitpunkt ist diejenige nach dem besten Kontaktintervall. Frequenz meint: Wie häufig soll ein Abonnent in einem fortlaufenden Zeithorizont (beispielsweise Monat für Monat) *mindestens* werblich kontaktiert werden? Und wie oft *höchstens*? Soll ich die Abonnenten im Schnitt täglich, dreimal pro Woche, zweiwöchentlich, monatlich oder gar nur quartalsweise informieren? Eine pauschale Antwort hierauf zu liefern, ist – wie beim Zeitpunkt – auch hier kaum möglich. Trotzdem wollen wir das Thema natürlich inspizieren.

Werbedruck insgesamt bestimmen

Die Frequenz spiegelt sich im Werbedruck auf die E-Mail-Postfächer wider. Dabei sollte die Kontaktsumme durch die *Gesamtheit* Ihrer Zusendungen gebildet werden, nicht bloß durch den Newsletter. Das heißt, auch außerordentliche Sondermailings zu bestimmten Gelegenheiten erhöhen den Werbedruck. Gleichsam automatisierte E-Mails wie eine Willkommensserie in Folge der Newsletter-Anmeldung oder eine mehrstufige Kampagne rund um den Geburtstag eines Abonnenten. Berücksichtigen Sie die Gesamtheit der geplanten Kommunikation bei der Entscheidung, welchen Turnus Sie für ein neues Format aufsetzen möchten.

Wie oft versenden Onlinehändler vornehmlich ihre Newsletter? In den Ergebnissen einer Befragung durch ibi Research (`tinyurl.com/cohxrg7`) stechen zwei Extreme hervor:

- **Monatlich:** Der Versand im 4-Wochen-Takt ist am verbreitetsten (37 Prozent). In den allermeisten Fällen kann der Versender hiermit nicht viel falsch machen. Experten sehen hierin auch gleichsam die mindestens erforderliche Frequenz, um eine kontinuierliche Betreuung sicherzustellen.
- **Täglich:** Der tägliche Kontakt findet hingegen die wenigste Verbreitung (ein Prozent). Wen wundert's? Nur wenigen Produkten oder Services wohnt ein täglicher Informationsbedarf inne. Nachrichten, Börsenkurse, Lebensmittel, sonstige Tagesangebote (»Daily Deals«) oder Zusammenfassungen von Spaßportalen vielleicht. Dinge mit großem Unterhaltungswert oder solche, die von allgemeinem oder speziellem Interesse sind und sich fortlaufend ändern.

Die Folgen zu vieler E-Mails

Die Frequenz-Entscheidung ist von großer Tragweite. Eine Entscheidung muss gefällt werden, allein bereits da die Frequenz im Rahmen der Newsletter-Anmeldung kommuniziert werden sollte – von rechtlicher Warte aus und um die Erwartungen an das E-Mail-Programm passend zu setzen. Problematisch ist, dass sowohl eine zu hohe als auch eine zu niedrige Kontaktdosis sich negativ auf die Effektivität des E-Mail-Marketings auswirken. Die Folgen einer zu übermäßigen Beanspruchung des E-Mail-Verteilers sind:

- **Abmeldungen:** In Umfragen rangiert der zu häufige Kontakt (nach »fehlender Relevanz«) regelmäßig auf Platz zwei unter den Top-Gründen dafür, dass Abonnenten einem Newsletter den Rücken kehren. Und mit der Abmeldung versiegen alle künftigen E-Mail-Ertragspotenziale mit der Adresse. Zumindest bis erneut für teures Geld wieder ein Opt-in »erkauft«, der Interessent also erneut akquiriert wird. Dies ist besonders ärgerlich, falls sich ertragsreiche Kunden oder Interessenten verabschieden.

- **Spam-Beschwerden:** Ebenso wird eine gefühlte Überflutung des Posteingangs durch einen bestimmten Absender häufig als Belästigung empfunden. Gerne quittieren die Adressaten dies mit dem Klick auf »diese E-Mail ist Spam«. Möglicherweise, weil damit die Hoffnung verbunden ist, ohne den Umweg über den Abmeldelink von künftigen E-Mails dieses Absenders befreit zu werden. Eine zu hohe Spambeschwerde-Quote hat unter Umständen zur Folge, dass die Posteingangszustellraten sich nachhaltig verschlechtern. Das heißt, mehr E-Mails schaffen es nicht, den Spamfilter zu passieren. Auch hier ist es ärgerlich, wenn die wertvollen Kundenbeziehungen hiervon in Mitleidenschaft gezogen werden, weil die Newsletter nicht mehr durchkommen.
- **Verteiler-Ermüdung:** Nicht jeder unzufriedene Abonnent meldet sich explizit ab oder klickt auf den Spam-Knopf. Viele schließen einfach im Geiste mit dem Absender ab und reagieren fortan nicht mehr. Die E-Mails werden vollkommen ignoriert, ganz gleich, ob eventuell hochinteressante Informationen enthalten sind; mit dem Absender wird einfach keine Relevanz mehr verbunden. Während Spambeschwerden und Abmeldungen relativ exakt gemessen werden können, geschieht der »List Fatigue«-Prozess schleichend unter Radar. Wie bei den registrierbaren Austragungen, so gehen auch bei den unsichtbaren »mentalen Abmeldern« potenzielle Einnahmen in der Zukunft verloren.
- **Unzufriedenheit:** Zu viele E-Mails sind zudem (neben »nicht bestellt«) einer der Hauptgründe dafür, dass E-Mails als Spam wahrgenommen werden. Und niemand möchte eine solche gedankliche Verknüpfung beim Kunden mit seiner Marke haben. »Spam« bedeutet Einbußen bei der Zufriedenheit und beim Image. Besonders dann, wenn sich die Ablehnung im sozialen Netzwerk entlädt und fortan die Runde macht.

Die Folgen zu weniger E-Mails

Zu viele E-Mails sind also Spam. Aber auch derjenige, der zu vorsichtig agiert, hat hinterher nicht viel gewonnen. Eine unregelmäßige und *zu niedrige Kontaktdosis* führt nämlich zu folgenden Problemen:

- **Vergessenheit:** Werbung wird besser erinnert, wenn sie wiederholt wird. Der kontinuierliche Newsletter oder pulsierende Kampagnenmails verankern Marke und Werbebotschaften im Gedächtnis. Ein Aussetzen der Kommunikation für Monate oder sogar Jahre führt hingegen dazu, dass die E-Mails unter Umständen nicht mehr erwartet und erwünscht sind. Der Rezipient erinnert sich nicht mehr daran, die E-Mails bestellt zu haben. Doch gerade dies fordert seriöses Permission Marketing ein.

Bereits beim Website-Bau den E-Mail-Plan berücksichtigen

In der Praxis tritt der Fall »Vergessenheit« häufig bereits beim Aufbau der Webpräsenz auf: Auf Vorrat gewinnt der angehende Online-Marketer von Beginn an Adressen, was grundsätzlich gut ist. Nur wurde parallel die Planung für das künftige E-Mail-Marketing-Programm noch überhaupt nicht angegangen. In der Prioritätenliste wandert der Punkt Newsletter dann später immer weiter nach unten.

Im Hintergrund schmoren die Abonnenten in der Datenbank. Nach einem Jahr erfolgt dann die erste Kontaktaufnahme – zu spät. Spambeschwerden sind vorprogrammiert. Ein besserer Ansatz wäre es, die Abonnenten zumindest hin und wieder über den Stand der Entwicklung beziehungsweise über den geplanten Start des Newsletters zu informieren.

- **Verlust des Werbeeinverständnisses:** Mit der Vergessenheit sind auch rechtliche Schwierigkeiten verbunden. Diverse Gerichte haben mittlerweile bestätigt, dass ein Werbe-Opt-in nicht unbedingt unbefristet gilt, sondern verfallen kann. Dies passiert, falls das initiale Werbeeinverständnis über einen längeren Zeitraum nicht genutzt wird. Der Werbeversand ohne Opt-in ist rechtswidrig.

Rechtsurteile zum Verfall des Opt-ins

Wann verliert ein ungenutztes Opt-in seine Wirksamkeit? Einige Gerichte haben sich derweil dieser Frage angenommen. Das Landgericht Hamburg erklärte beispielsweise mit Urteil vom 17.02.2004 (Az.: 312 O 645/02), dass eine vor zehn Jahren generierte und zwischenzeitlich ungenutzte Permission ihre Wirksamkeit verloren hat. Das Landgericht Berlin bezifferte das Verfallsdatum mit Beschluss vom 02.07.2004 (Az.: 15 O 653/03) auf zwei Jahre. Das Landgericht München erklärte im Urteil vom 08.04.2010 (Az.: 17 HK O 138/10), dass eine einmal erteilte Einwilligung mit Ablauf eines längeren Zeitraums ihre Aktualität verliert. Dies ist dann der Fall, sofern zwischen der Erteilung der Einwilligung und der Versendung der E-Mail ein Zeitraum von etwas mehr als eineinhalb Jahren liegt. Unter juristischen Gesichtspunkten lässt sich zusammenfassend sagen, dass Abonnenten nicht länger als für ein Jahr keine werblichen E-Mails erhalten sollten. Ist das Opt-in verfallen, muss die Adresse wieder neu akquiriert werden, was entsprechend mit Kosten verbunden ist. Von rechtlichen Aspekten abgesehen ist es natürlich auch unter Marketing-Gesichtspunkten mehr als fraglich, das Opt-in über Monate ruhen zu lassen.

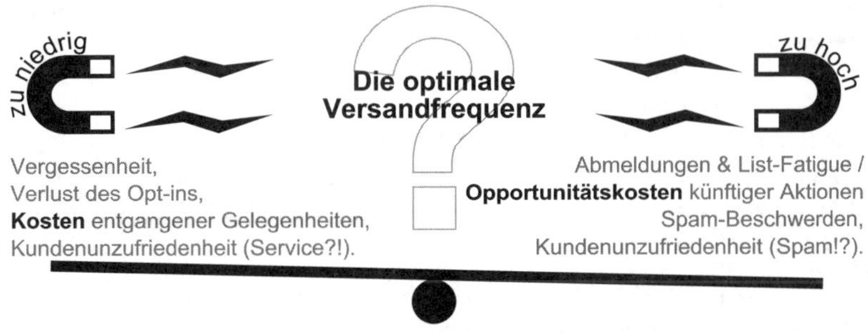

Abb. 8.28: Der optimale Versandturnus im Spannungsfeld zwischen Über- und Unter-Mailen. Beides verursacht Kosten: Wer zu wenig verschickt, verschenkt Umsätze; wer zu viel versendet, dem entgehen zukünftige Umsatzpotenziale – etwa durch viele Abmeldungen.

- **Mangelnde Kundenbeziehungs-Pflege:** Werden die Abonnenten nur selten und sporadisch angesprochen, erweckt dies nicht unbedingt den Eindruck einer fortdauernden Kundenbetreuung. Auch verliert der Newsletter-Service hierdurch seinen Programmcharakter, da die Abonnenten die Aussendungen nur noch als Einzelaktionen wahrnehmen.

- **Opportunitätskosten:** Der Unterschied zwischen optimaler und realisierter Frequenz lässt sich schließlich auch in entgangenen Umsätzen beziffern. Mehr E-Mails hätten die Absätze besser stimuliert. Somit verursacht ein zu geringer Werbedruck Kosten der entgangenen Gelegenheit.

8.4.3 Den richtigen Mailing-Abstand aufspüren

»Irgendwo« in diesem Spannungsfeld, zwischen zu vielen und zu wenigen E-Mails pro Periode, befindet sich das Optimum. *Ein* Optimum für *alle* Szenarien existiert nicht; pauschale Empfehlungen sind daher kaum möglich. Doch kann man sich dem Optimum für *seinen* speziellen Anwendungsfall annähern.

Das Optimum variiert situativ

Bei der Auswahlentscheidung sind hierzu grundsätzlich die folgenden Punkte von Bedeutung:

- Die mögliche Frequenz variiert je nach produkt- und unternehmensspezifischem Kontext.
- Nutzen der Kommunikation für die Empfänger steht immer im Vordergrund.
- Individuelle Präferenzen bezüglich der Kontaktdosis sind unterschiedlich.
- Interne Ressourcen deckeln unter Umständen bereits die Frequenz.
- Besondere zeitliche Umstände erlauben phasenweise Anpassungen nach oben.
- Durchschnittliche E-Mail-Länge beeinflusst wahrgenommenen Werbedruck.

Das heißt, wer bei einem Auktionshaus an einer Versteigerung beteiligt ist, mag durchaus ein Interesse an *stündlichen* Updates zum aktuellen *Verlauf* haben. Dagegen sind *tägliche* Informationen zu speziellen *Up-Selling-Angeboten* von derselben Plattform wohl weniger erwünscht.

Genauso hängt die Frequenz von der Zielsetzung Ihrer Maßnahmen ab und von der Art und Weise, wie Ihr Verteiler befüllt wird. Ist der Aufbau nachhaltiger Beziehungen zu den Abonnenten, also der langfristig erzielbare Umsatz, von nachgelagertem Interesse? Steht stattdessen der unmittelbar, also »morgen« erzielbare Umsatz im Vordergrund? Dann ist möglicherweise eine sehr hohe Frequenz empfehlenswert. Insbesondere, wenn Co-Sponsoring und andere aggressive Taktiken laufend Tausende frischer Adressen in den Verteiler spülen. Wollen Sie hingegen E-Mail-Marketing betreiben, das per Definition den potenziellen Abonnentenwert über einen langen Beziehungslebenszyklus auszuschöpfen versucht, ist eine besonnene Herangehensweise zielführender.

Nutzen meint: Wer dauerhaft interessante E-Mail-Inhalte bereitstellen und Mehrwert für die Empfänger schaffen kann, darf theoretisch so oft versenden, wie er möchte. Frequenz ist immer an Mehrwert gekoppelt. Die wichtige Grundregel, dass Kommunikations-*Qualität* vor -*Quantität* geht, wenn es um die Pflege von Kundenbeziehungen geht, darf nur nie in Vergessenheit geraten.

In der Praxis sind aber oftmals schon die internen Ressourcen der limitierende Faktor, der einer Überbeanspruchung des Verteilers einen Riegel vorschiebt. Die E-Mail-Erstellung kostet Arbeitszeit. Es muss Content in ausreichender Menge und Qualität bereitstehen. Die Frequenz-Entscheidung muss von vornherein berücksichtigen, dass das Team später auch problemlos wertvolle und ansprechend aufbereitete Inhalte termingerecht liefern kann.

Mehrwert ist auch subjektiv. Die Abonnenten besitzen entsprechend ganz unterschiedliche Vorlieben in Bezug auf die Kontaktdosis. Eine Empfänger-Gruppe weist womöglich ein derart großes Interesse an der Produktpalette auf, dass vier E-Mail-Kontakte pro Woche erträglich oder sogar erwünscht sind. Wohingegen sich in einem anderen Abonnentensegment, das ohnehin nur geringe Werbeaffinität aufweist (»Customer Resistance«), bereits bei einem wöchentlichen Kontakt Ablehnung bilden würde.

Widerstand bildet sich aber vermutlich nicht in gleichem Ausmaß an allen 365 Tagen im Jahr. Besondere zeitliche Umstände erlauben durchaus Variationen der Kontaktdosis. Ein saisonaler Klassiker wäre etwa die Weihnachtszeit. Die meisten Onlinehändler ziehen zum Jahresendgeschäft ab November die Frequenzschrauben stark an, da ein beachtlicher Teil des Jahresumsatzes in dieser Phase erwirtschaftet wird. Da das Interesse seitens der Abonnenten in der »Geschenkezeit« erhöht ist, ist meist auch eine höhere Kontaktdosis legitim.

Gleiches gilt für besondere Phasen des Beziehungslebenszyklus. Wer zum Beispiel gerade seinen Erstkauf in Form einer teuren Reise gebucht hat, freut sich mit hoher Wahrscheinlichkeit über außerordentliche E-Mails rund um den Reiseantritt und über informative Hinweise, die die Kaufentscheidung bekräftigen. Oder denken Sie an die Newsletter-Anmeldung: Der neue Abonnent weiß zu diesem Zeitpunkt vielleicht noch wenig über das anbietende Unternehmen und ist dankbar für entsprechende Auskünfte in Form einer Willkommens-E-Mail-Serie.

Natürlich immer vorausgesetzt, die E-Mails stiften allesamt Nutzen. Dann können solche vorübergehenden Phasen auch künstlich geschaffen werden: So verkündet der Zusatz »Happy Week« im Absender unmittelbar die Aktionsdauer eines vorübergehend täglichen Kontaktes und erhöht somit die Akzeptanz.

Last, but not least bestimmt auch die Newsletter-Länge den empfundenen Werbedruck. Wer zweiwöchentlich ellenlange E-Mailings versendet, wird möglicherweise mit der gleichen Frequenz wahrgenommen wie derjenige, der dieselben Inhalte in zwei wöchentliche E-Mails splittet. Analog erhöht sich der empfundene Werbedruck, falls die Kontaktfrequenz hoch und zugleich der Umfang groß ist.

Tipps, um sich der richtigen Frequenz zu nähern

Wie finde ich nun konkrete Hinweise auf eine gute Frequenz für meinen Newsletter?

- **Frequenz-Tests durchführen**: Experimentieren Sie mit verschiedenen Kontaktintervallen. Einen schleichenden Anstieg der Kontaktdosis über mehrere Monate von vierwöchentlich auf wöchentlich akzeptieren die Empfänger womöglich eher als die abrupte Erhöhung Knall auf Fall. Wird direkt die gesamte Bestandsliste involviert, sollten in jedem Fall alle Performance-Indikatoren der Liste genau beobachtet werden.

  Nach Möglichkeit empfiehlt es sich aber, Frequenztests zunächst an kleineren repräsentativen Testgruppen zu erproben. Die falsche Frequenz kann nämlich beträchtlichen Schaden anrichten – gerade bei den wichtigen treuen Bestandskunden wäre dies ein Ärgernis.

  Ein gängiges Testszenario ist, die Neuabonnenten in zwei Gruppen einzuteilen. Beide Gruppen erhalten nach der Anmeldung eine unterschiedliche Anzahl an Werbemails. Etwa vier E-Mails im ersten Monat für Gruppe eins, Gruppe zwei werden hingegen 15 E-Mails inklusive Willkommensserie zugesandt. Alternativ können auch Tests innerhalb bestimmter Kundensegmente interessante Ergebnisse zutage fördern. Erhöht die Frequenzverringerung bei responseschwachen Abonnenten deren Kundenwert?

Solche Frequenztests sind langwierig. Das heißt, das Ergebnis lässt sich erst nach einigen Monaten insgesamt auswerten. Im Reporting könnten sich Öffnungen, Klicks, Abmeldungen, Spambeschwerden, Bounces, E-Mail-Antworten, erreichte Ziele, Gewinn pro E-Mail und auch die angefallenen Kosten im Vergleich wiederfinden.

- **Frequenz individualisieren:** Sofern die Versandlösung dies erlaubt, kann die Zahl der Kontakte pro Periode auch individuell festgelegt werden (Abbildung 8.29). Dies wäre quasi – analog zur individuellen Versandzeit – die Kür. Der Abonnent wählt einfach bei der Anmeldung die präferierte Kontaktdosis aus einer Liste. Vorausgesetzt, die E-Mail-Software stellt das Capping sicher. Später können Änderungen über die Profil-Selbstverwaltung (»Preference Center«) oder auch über spezielle Hyperlinks im Newsletter-Fußbereich (»Frequenz ändern: wöchentlich, monatlich«) vorgenommen werden.

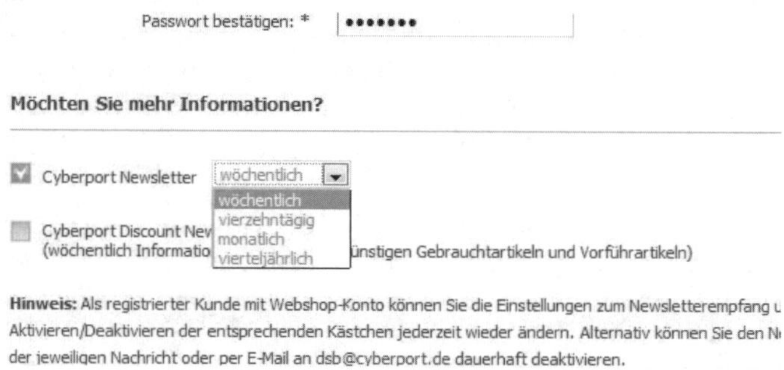

Abb. 8.29: Frequenz nach Maß – bei der Anmeldung wird die gewünschte Erscheinungsweise des Newsletters ausgewählt. (Cyberport)

- **»Zuhören«:** Scannen Sie die Antwort-E-Mails auf Hinweise bezüglich der Notwendigkeit einer Frequenzanpassung. Oder – noch besser – werden Sie selbst aktiv, erkundigen Sie sich. Häufig vorzufinden ist die Variante, auf der Abmeldeseite Gründe zu erfragen und »zu viele E-Mails von Ihnen« als Auswahloption anzubieten. Tragen sich auffällig viele deswegen aus, besteht augenscheinlich Handlungsbedarf.

  Eine derartige Umfrage ist im Nu realisiert. Im einfachen Fall greift der Versender auf eine kostenfreie Google Docs Survey zurück – und sei es allein zum Testen. Per Drag&Drop ist in wenigen Minuten das Onlineformular einbindungsfertig zusammengestellt. Und alle Antworten landen automatisch in einem Google Docs Spreadsheet – bereit für sofortige Auswertungen.

Vorsicht vor rein kurzfristiger Gewinnorientierung

Es ist leicht, mehr zu versenden. Viel leichter, als die Qualität der Kommunikation zu verbessern – etwa durch individuellere Inhalte. Ein E-Mailing einfach erneut an die Nicht-Öffner oder -Klicker zu schicken, ist zum Beispiel mit wenigen Handgriffen und ohne Hirnschmalz getan. Die Frequenzschraube lässt sich leicht drehen und der zunehmende Druck in vielen Abteilungen, in immer kürzeren Abständen Erfolge zu berichten, tut sein Übriges.

Mehr E-Mails bedeuten nun mal mehr Umsatz: Wer fünfzehn Newsletter im Monat an einen bestimmten Adressatenkreis versendet, der verkauft mehr als derjenige, der nur vier E-Mails verschickt. Und bevor der Wettbewerb sich auf diese Weise sein Share of Wallet erhöht, tun wir dies doch lieber.

Stopp! So plausibel die Rechnung auf den ersten Blick erscheint, sie gilt nur kurzfristig. Ein hoher Werbedruck geht nämlich auf der Haben-Seite einher mit einer höheren Abmelde- und Beschwerdequote. Der Gewinn pro E-Mail-Adresse ist bei zu hoher Frequenz anfänglich hoch, sinkt aber schnell ab. Der Verteilerkreis schrumpft rapide. Beschwerde-bedingte Probleme (»Spam-Complaints«) behindern die E-Mail-Zustellung. Wer unüberlegt einfach mehr versendet, erreicht seine Interessenten sowie die A-, B- und C-Kunden im Zeitverlauf immer schlechter.

Abbildung 8.30 und Tabelle 8.2 sollen den Zusammenhang zwischen kopfloser Frequenzerhöhung und langfristigem Gewinn verdeutlichen. Wie sich die Frequenz mit Vernunft steigern lässt, zeigt Abbildung 8.31. Indem nämlich einerseits dem Abonnenten die Entscheidung für mehr Nachrichten angeboten wird. Sei es über die Profil-Selbstverwaltung oder sei es über E-Mailings, die Extra-Serien zu besonderen Anlässen bewerben. Und indem andererseits getestet wird.

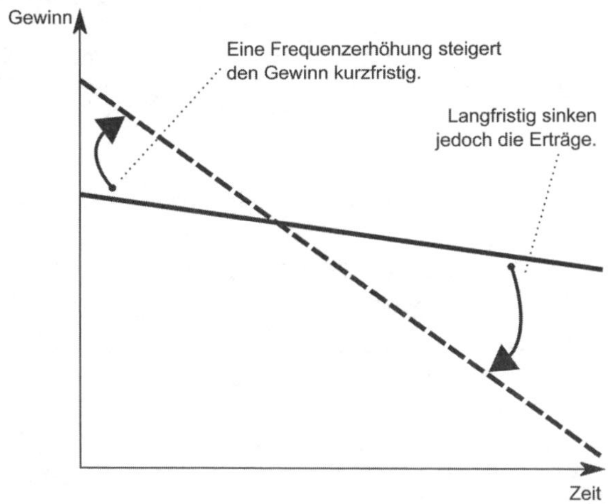

Abb. 8.30: Eine unbedachte Frequenzerhöhung (gestrichelt) wirkt sich meist nur kurzfristig positiv auf den Gewinn aus, langfristig hingegen negativ. Durch Abmeldungen und Spambeschwerden verlieren Sie zukünftige Kontaktgelegenheiten. Bei den wichtigen A-Kunden ist dies besonders ärgerlich ...

Frequenz	15-mal pro Monat	4-mal pro Monat
Gewinn pro Adresse in Monat Nr. 1	12 Euro	7 Euro
Austragungsrate	1,5 Prozent	0,4 Prozent

Tabelle 8.2: Auch dieses Zahlenbeispiel soll die Gefahr einer rein kurzfristigen Sichtweise bei der Frequenzentscheidung verdeutlichen: Langfristig erwirtschaftet die moderate Kontaktdosis mehr.

Frequenz	15-mal pro Monat	4-mal pro Monat
Spambeschwerde-Rate	2 Prozent	0,2 Prozent
Gewinn insgesamt am Jahresende	1.000.000 Euro	1.200.000 Euro

Tabelle 8.2: Auch dieses Zahlenbeispiel soll die Gefahr einer rein kurzfristigen Sichtweise bei der Frequenzentscheidung verdeutlichen: Langfristig erwirtschaftet die moderate Kontaktdosis mehr. (Forts.)

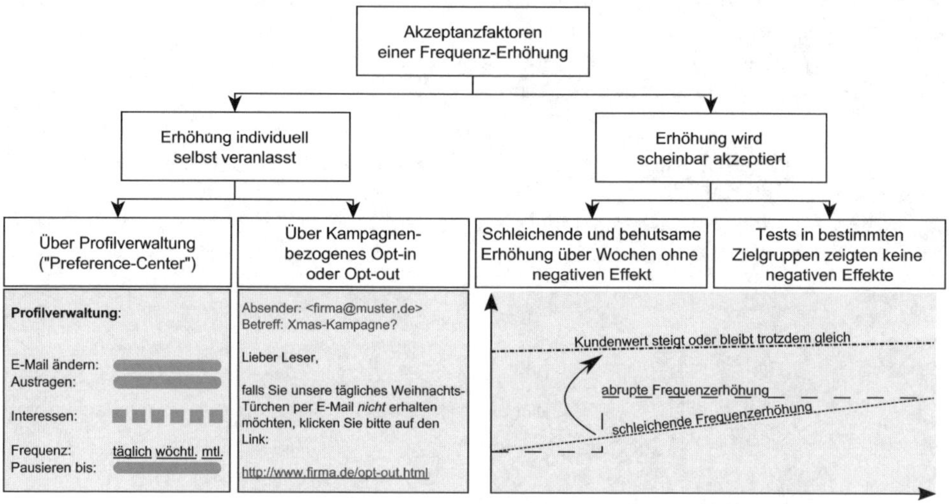

Abb. 8.31: Einige Möglichkeiten, substanziiert mehr zu versenden

Frequenz und die »Tragik der Allmende«

Lassen Sie uns die Diskussion zur Versandfrequenz mit einem Hinweis auf wohlfahrtsökonomische Aspekte abschließen. In der wirtschaftswissenschaftlichen Gütertypologie zählt der Netzwerkdienst »E-Mail« zur Riege der problematischen Allmende-Güter. Problematisch sind diese, da Marktversagen droht. Kein Preis regelt Angebot und Nachfrage. Doch wie erklärt sich dies genau? Nun, zum einen kann kaum jemand von der E-Mail-Übermittlung ausgeschlossen werden. Ferner herrscht bei der werblichen E-Mail-Nutzung Rivalität um Aufmerksamkeit im Posteingang. Spam verursacht Kosten bei den Empfängern (Download, Aufmerksamkeit, Speicherplatz, ...), die dem Absender nicht aufgebürdet werden können. Das Problem wird verschärft, da zum einen für den E-Mail-Versand kaum Grenzkosten entstehen, also Kosten für jede weitere E-Mail-Kopie. Und weil zum anderen die Einstiegshürden in den Versand minimal sind. Jeder kann mitmischen. Entsprechend groß ist der Anreiz für alle, immer mehr und mehr zu versenden. Es kostet ja nichts. Verfahren aber mehr und mehr Versender so, werden die individuellen Erträge immer geringer. Es muss also noch mehr verschickt werden. Dadurch droht dem Dienst irgendwann die Überlastung. Das heißt, versenden alle einfach nur mehr anstatt zielgerichteter, dann wird der E-Mail mittelfristig der Garaus gemacht. Eben weil die Akteure allesamt auf kurzfristige Gewinnmaximierung aus waren. Wir wollen E-Mail doch bewahren, oder?

Exkurs: Gewinnmaximale Frequenz berechnen

Um die optimale Frequenz herauszufinden, empfiehlt es sich generell, unterschiedliche Intervalle zu testen. Darum kommt man nicht herum, denn: keine Datenbasis, keine Optimierung.

Umsätze berechnen

Nehmen wir an, Experimente mit monatlichem Turnus lieferten Ihnen rund 2,4% Klickrate pro E-Mail-Ausgabe, der 14-tägliche Versand lieferte 1,3% und der tägliche Versand nur noch 0,1% Klickrate. Wo liegt nun Ihr Optimum? Um dieses zu berechnen, formulieren Sie in einem ersten Schritt den funktionalen Zusammenhang zwischen Klickrate und Versandfrequenz. Damit ist eine mathematische Gleichung gemeint, die widerspiegelt, wie sich die Klickrate y verändert, wenn die Frequenz x variiert wird. Im einfachsten Fall lässt sich die Beziehung mittels einer geraden Linie durch die Beobachtungswerte abbilden. Eine Gerade gehorcht der Form »Klickrate = Steigung + Frequenz + y-Achsenabschnitt«. »Steigung« beziffert, wie sich die Klickrate bei Erhöhung der Frequenz um eine Einheit verändert. Der y-Achsenabschnitt ist eine gedachte Klickrate bei einer Frequenz von null.

Ein Beispiel soll dies verdeutlichen. Der Versanddienstleister MailChimp ermittelte für einen Verteiler den folgenden Zusammenhang: »Klickrate = -0,08% * Frequenz + 2,5%« (`tinyurl.com/d7uatbb`, [1] in Abbildung 8.32). Das heißt, jede weitere E-Mail pro Monat (oder allgemein: Periode) verringert die Klickrate um 0,08% bzw. 0,0008. Den gedachten Startpunkt bei 0 E-Mails markiert eine Klickrate von 2,5%. Verschickt der Versender nur eine Nachricht in einer Periode, erhält er -0,08% * 1 + 2,5% = 2,42% Klickrate pro E-Mail. Wie erhalten Sie eine solche Trendgerade für Ihre Testergebnisse? Sie ermitteln die Formel leicht in Excel. Eine Möglichkeit: Erstellen Sie die zugehörige grafische Punktwolke und lassen Sie Excel eine lineare Trendlinie berechnen, zu der Sie sich die Formel im Diagramm darstellen lassen.

Anhand der Gerade, die prognostiziert, welche Klickrate eine Kampagne bei einer bestimmten Frequenz erzielen würde, ermitteln Sie nun im nächsten Schritt die Funktion der kumulierten Klickrate pro Frequenz. Hierzu muss die Geradengleichung mit der Frequenz multipliziert werden: »Summierte Klickrate = Freq * (-0,08% * Freq + 2,5%)«. Die neue Funktion zeigt, welche Klickrate je nach Kontakthäufigkeit in der Summe über alle Kampagnen im Monat erzielt würde. Multipliziert mit dem Versandvolumen ergibt sich daraus die Summe der erzielten Klicks. Wiederum multipliziert mit der Conversion-Rate und dem durchschnittlichen Warenkorbwert ergibt sich der Umsatz im Zeitraum bei einer bestimmten Frequenz. Beispiel: 4 E-Mails pro Monat an 100.000 Empfänger erzielen 100.000 * 4 * (-0,08% * 4 + 2,5%) = 8.720 Klicks. Bei einer Conversion-Rate von Klickern zu Käufern von 5% und einem durchschnittlichen Warenkorbwert von 60 Euro ergibt sich ein Umsatz von 8.720 * 5% * 60 Euro = 26.160 Euro.

Der Zusammenhang zwischen Frequenz und summierter Klickrate erzeugt grafisch eine Kurve ([2] in Abbildung 8.32). Das Optimum nach Maßgabe der Umsätze befindet sich genau dort, wo die Kurve ihr Maximum erreicht ([3] in Abbildung 8.32). Mit dem bloßen Auge ist erkennbar, dass der Punkt bei circa 15 Aussendungen pro Periode liegt. Mathematisch gesprochen ist dies die Stelle, bei dem die erste Ableitung der Funktion gleich 0 wird. Dort schneidet also die Ableitungsfunktion ([4] in Abbildung 8.32) die x-Achse ([5] in Abbildung 8.32). Die Ableitung der Funktion »Frequenz * (-0,08% * Frequenz + 2,5%)« lässt sich anhand der Produktregel bilden. Nummer [6] in Abbildung 8.32 zeigt, wie Sie die Nullstelle berechnen. Demnach liegt das Maximum bei **15,625 Aussendungen pro Monat** beziehungsweise pro Periode.

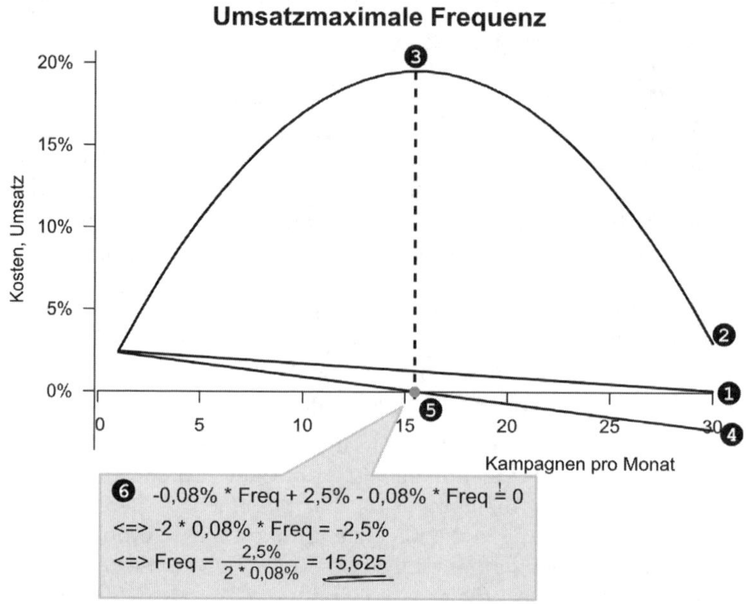

Abb. 8.32: Die optimale Frequenz liegt bei 15,625 E-Mailings pro Periode.

Kosten und Gewinn berechnen

Doch Vorsicht: Umsätze sind nur eine Seite der Gewinn-Medaille. Die andere Seite sind Kosten. Eine hohe Frequenz ermüdet den Verteiler schnell. »Der Werber sendet mir zu viele Nachrichten«, ist einer der häufigsten Gründe, weswegen E-Mails als Spam wahrgenommen werden. Dabei sind die gemessenen Austragungen, die Ihnen Ihr Erfolgsbericht ausweist, nur die Spitze des Eisberges. Darüber hinaus melden sich viele weitere »mental« ab. Das heißt, die Gruppe trägt sich nicht explizit aus, ist aber trotzdem nicht mehr erreichbar. Die Nachrichten finden einfach keine Beachtung mehr. Nicht selten übersteigt die Zahl der mentalen Abmeldungen die gemessenen um den Faktor 10 (Abschnitt 14.5 *Abmelderate*). Dieser Churn, also die abwandernden Abonnenten, muss in das Kalkül einbezogen werden (Abschnitt 14.9.9 *Churn-Rate und Retention-Rate*). Wie Sie den Wert dieser Abonnenten in Euro und Cent ermitteln, erfahren Sie in Abschnitt 14.11 *Vom Zahlenfriedhof zum Wert einer E-Mail-Adresse.*

Beispielhaft nimmt ein Versender nun eine Churn-Rate von 3% der Adressaten pro Versand an. Das heißt im Umkehrschluss, 97% bleiben ihm jeweils von Newsletter zu Newsletter treu (Retention-Rate). Für jeden verloren gegangenen Abonnenten kalkuliert er im Schnitt einen entgangenen Subscriber Lifetime Value in Höhe von 1 Euro. Darüber hinaus ist ein weiterer Euro pro tausend angeschriebener Kontakte an den Versanddienstleister zu entrichten. Die Planung und Umsetzung eines einzelnen Newsletters verursacht inklusive Planung, Gestaltung, Umsetzung und Tests circa 300 Euro. Wie hoch ist nun die optimale Versandfrequenz? Tabelle 8.3 fasst die für die Berechnung notwendigen Angaben zusammen:

Parameter	Wert
Klickrate bei nur einer Kampagne pro Periode	2,42%
Verlust an Klickrate pro Kampagne durch Frequenzerhöhung um 1	-0,08%
Abonnentenzahl pro Aussendung	100.000
Conversion-Rate von Klickern zu Käufern	5%
Warenkorbwert pro Bestellung	60€
Versandkosten für 1.000 E-Mails (Tausend-Kontakt-Preis)	1€
Kosten für das Setup eines Newsletters	300€
Abonnenten-Verluste (Churn-Rate) pro Versand	3%
Verlorener Lifetime Value pro verlorenem Abonnenten	1€
Gewinnmaximale Versandfrequenz pro Periode	8,5
... Erlöse	46.725€
... Kosten	29.750€
... Gewinn	16.975€

Tabelle 8.3: Kosten- und Erlös-Parameter im Beispiel.

Gehen wir wieder vom einfachsten Fall aus, nämlich einem linearen Zusammenhang zwischen Frequenz und Kosten. Das heißt, bei jeder E-Mail erhöhen sich die Kosten entsprechend der Kostenstruktur aus Tabelle 8.3 um konstant 3.400 Euro. Dann können wir die Gerade »3.400€ * Frequenz + 0« abtragen ([4] in Abbildung 8.33). Bei fünf E-Mails pro Periode entstehen Kosten in Höhe von 17.000 Euro, bei fünfzehn E-Mails 51.000. Das neue Optimum befindet sich irgendwo in dem Bereich, in dem die Erlöse die Kosten übersteigen ([5] in Abbildung 8.33). Doch wo genau? An der Stelle, an der die Differenz beziehungsweise der Abstand zwischen Erlöskurve und Kostengerade am höchsten ist. Der Punkt lässt sich auf mehrfache Art und Weise ermitteln:

- Die Kosten-Gerade so weit nach oben verschieben, dass sie die Klick-Kurve gerade noch tangiert, und vom Berührungspunkt eine Senkrechte auf die x-Achse nach unten ziehen ([6] in Abbildung 8.33)
- Die Kosten-Gerade ableiten, die Ableitung (= Parallele zur x-Achse) einzeichnen und schauen, wo sich der Schnittpunkt mit der Ableitung der Kurve ergibt ([8] beziehungsweise [7] in Abbildung 8.33)
- Rechnerisch die Frequenz ermitteln, bei der die Ableitung der Kosten-Gerade gleich der Ableitung der Kurven-Funktion ist ([9] in Abbildung 8.33)

Unter Einbeziehung der Frequenz-bedingten Abmeldungen verringert sich die optimale Häufigkeit der Ansprache. Und zwar von rund 16 **auf 8,54 E-Mails pro Periode**.

Anmerkungen

Man beachte, dass ein solches Modell die Realität immer vereinfacht. Es beruht auf Annahmen. So handelt es sich um eine kurzfristige Betrachtung, bei der zudem die Mailingabstände unberücksichtigt bleiben. Schließlich macht es einen Unterschied, ob wir unsere optimale Mailing-Anzahl gleichmäßig über die Periode verteilen oder ob wir sie direkt zu

Beginn der Periode geballt versenden. In letzterem Fall wäre die empfundene Kontakthäufigkeit für kurze Zeit besonders hoch. »Empfundene Frequenz« meint auch, dass sich die Belastbarkeit von Empfängersegment zu Empfängersegment unterscheidet (man denke an vitale neue Adressen mit hohem Informationsbedürfnis versus alte Adressdaten), was hier ausgeblendet wird. Ferner sagt ein Test von 20 E-Mails pro Monat noch nichts über die langfristigen Folgen für die Gesundheit des Verteilers aus, falls dieses Intervall beibehalten wird. Auf der Kostenseite abstrahiert das Modell unter anderem von der Gefahr einer aggressiveren Spamfilterung bei höherer Frequenz. Ebenso davon, dass der Churn die Umsätze und Versandkosten der nächsten Aussendung vermindert, da unter Umständen weniger Kontakte verfügbar sind. Das Modell nimmt an, dass die Maßnahmen zur Abonnentengewinnung Abmelder stets voll kompensieren – jeder Versand richtet sich an 100.000 Abonnenten. Ein weiterer wichtiger Punkt: Bilden die unterstellten linearen Zusammenhänge zwischen Frequenz und Klicks sowie Frequenz und Kosten überhaupt die Realität gut ab? Sinkt also beispielsweise die Klickrate pro Kampagne mit jeder weiteren Kampagne tatsächlich um konstant 0,08%? Die HubSpot-Studie »The Science of Timing« legt einen anderen Verlauf für den Response nahe (siehe `tinyurl.com/c8auu4y`). Demnach sind die Einbußen anfänglich besonders hoch. Später gehen sie aber im Mittel mehr oder weniger gegen Null.

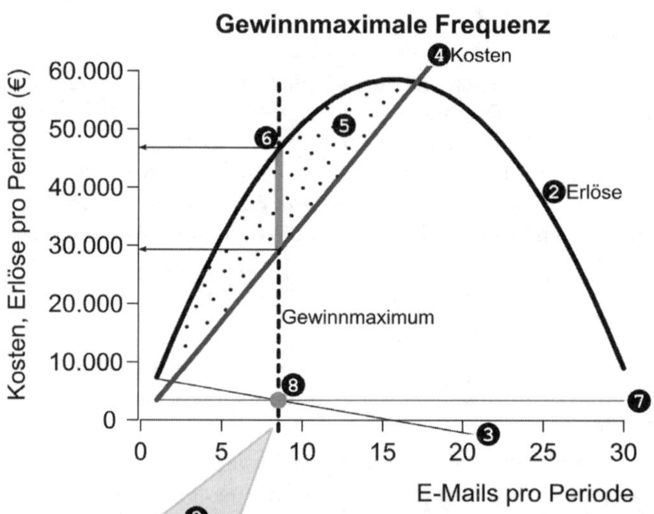

$$
\begin{aligned}
[(-0{,}08\% \cdot Freq + 2{,}5\%) - 0{,}08\% \cdot Freq] \cdot 100000 \cdot 5\% \cdot 60\$ &\overset{!}{=} [1\$ \cdot (100000/1000)] + [300\$] + [3\% \cdot 100000 \cdot 1\$] \\
(-0{,}08\% \cdot Freq + 2{,}5\%) - 0{,}08\% \cdot Freq &= \frac{[1\$ \cdot (100000/1000)] + [300\$] + [3\% \cdot 100000 \cdot 1\$]}{100000 \cdot 5\% \cdot 60\$} \\
(-0{,}08\% \cdot Freq + 2{,}5\%) - 0{,}08\% \cdot Freq &= 0{,}01133 \\
(-0{,}08\% \cdot Freq + 2{,}5\%) - 0{,}08\% \cdot Freq &= 1{,}13\% \\
(-0{,}08\% \cdot Freq + 2{,}5\%) - 0{,}08\% \cdot Freq - 1{,}13\% &= 0 \\
-2 \cdot 0{,}08\% \cdot Freq + 2{,}5\% - 1{,}13\% &= 0 \\
Freq &= \frac{1{,}13\% - 2{,}5\%}{-2 \cdot 0{,}08\%} \\
Freq &= \frac{-0{,}01367}{-0{,}0016} \\
Freq &= 8{,}54375 \\
Freq &= 9
\end{aligned}
$$

Abb. 8.33: Die optimale Frequenz liegt bei 8,54 E-Mailings pro Periode. Der Gewinn ist in diesem Punkt maximal. Es entstehen Versandkosten in Höhe von 29.750 Euro und Erlöse in Höhe von 46.725 Euro.

Insgesamt bleibt das Modell trotzdem ein nützliches Gerüst dafür, sich die Zusammenhänge zwischen Frequenz und Erlösen oder Frequenz und Gewinnen zu veranschaulichen. Vor allem zeigt es, dass die Gewinne, die durch Frequenzerhöhungen erzielt werden können, endlich sind; ab Erreichen des Hochpunktes der Erlöskurve zehren die Response-Einbußen das frequenzbedingte Umsatzplus auf.

Abschließend zeigt Tabelle 8.4, wie sich die optimale Frequenz und der Gewinn verändern, wenn ein Parameter aus Tabelle 8.3 variiert wird. Was wäre zum Beispiel, wenn die Klickrate, die der Versender mit nur einer Kampagne pro Periode erzielen würde, nicht bei mageren 2,42% läge, sondern bei gesünderen 3,42%? Oder was wäre, wenn er geringere Opportunitätskosten in Form des Subscriber Lifetime Values kalkulieren würden, weil ein Abmelder im Schnitt doch keinen Restwert in Höhe von 1 Euro aufweist, sondern nur in Höhe von 0,50 Euro? Behalten Sie im Hinterkopf, dass die Parameterwerte teils voneinander abhängen: Wer mehr in seine einzelnen Kampagnen investiert (Setup), sorgt für zufriedenere Abonnenten und entsprechend geringere Churn-Rates, die hier im Beispiel ja den größten kalkulatorischen Kostenblock ausmachen.

Veränderter Parameter	Neuer Wert	Neue beste Frequenz	Neue Erlöse	Neue Kosten	Gewinn (pro Abonnent/pro E-Mail)
Klickrate	3,42%	15	103.500	51.000	52.500 (0,53/0,04)
Abonnentenzahl	1.000.000	9	480.600	281.700	198.900 (0,20/0,02)
Conversion-Rate	3%	4	15.696	13.600	2096 (0,02/0,005)
Setup-Kosten	50€	9	48.060	28.350	19.710 (0,20/ 0,02)
Churn-Rate	5%	4	26.160	21.600	4.560 (0,05/0,01)
Lifetime Value	0,50€	12	55.440	22.800	32.640 (0,33/0,03)

Tabelle 8.4: Was wäre wenn ...? Die rechte Spalte zeigt Veränderungen auf den Gewinn pro Periode insgesamt, auf den Gewinn pro Abonnent im Verteiler und auf den Gewinn pro versandter E-Mail.

8.5 E-Mails zu besonderen Anlässen automatisch versenden

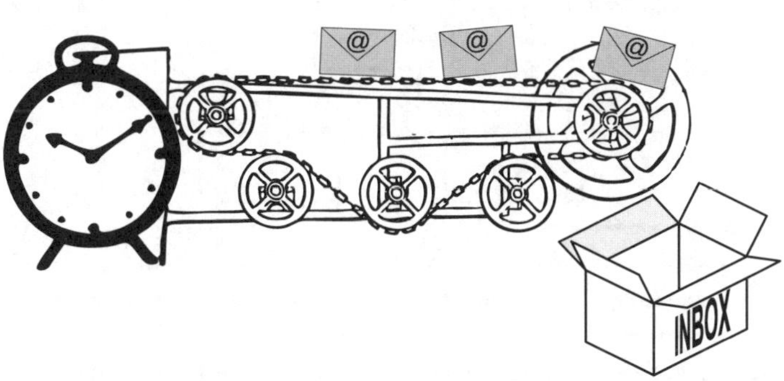

Abb. 8.34: Eventgetriggerte automatische E-Mail-Kommunikation – effizienter lassen sich Kundenbeziehungen nicht pflegen. Zumindest, wenn sie richtig implementiert wurde ...

8.5.1 Vorteile von Trigger-Mails

Trigger-Mails sind eine besonders kostengünstige und effektive E-Mail-Gattung. Versender profitieren davon, sich zum perfekten Zeitpunkt, automatisiert und mit besonders relevanten Infos bei ihren Kunden in Erinnerung zu rufen.

Für *erfolgreiche* Trigger-Mails steht der E-Mail-Marketer vor der Herausforderung, geeignete Anlässe und Ereignisse bei Kunden und Interessenten auszumachen – und dafür möglichst passende E-Mails zu konzipieren. Zwar machen Trigger-Mails meist nur einen relativ geringen Anteil am Versandvolumen insgesamt aus. Inhaltlich stimmige und richtig getimte Trigger-Mails bieten jedoch erfahrungsgemäß deutlich mehr Response als »normale« Newsletter. Hierdurch entsteht ein besonders hoher Return on Investment.

Definition: Trigger-Mails

Trigger-Mails ist der Sammelbegriff für event-, anlass- und verhaltensbezogene E-Mails, die das Versandsystem selbstständig anstößt. Beispiele sind Transaktionsnachrichten, Autoresponder, Alerts und Ähnliches (Abbildung 8.35). Trigger-Mails werden nach vorab definierten Regeln zu einem bestimmten Zeitpunkt einmalig oder regelmäßig automatisiert ausgelöst. Gelungene Trigger-Mails eignen sich sowohl für die Kundenpflege und den Abverkauf als auch für die Anbahnung neuer Kundenbeziehungen.

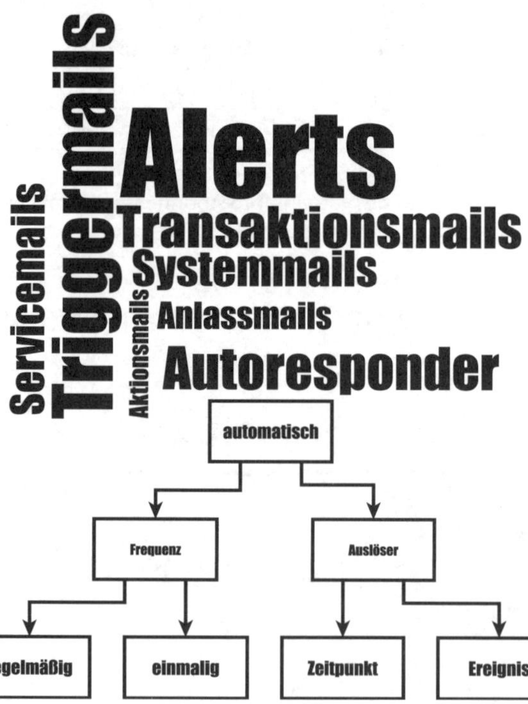

Abb. 8.35: Automatische E-Mails tragen viele Namen – Trigger-Mails, Autoresponder und so weiter; sie lassen sich hinsichtlich der Frequenz und des Auslösers systematisieren.

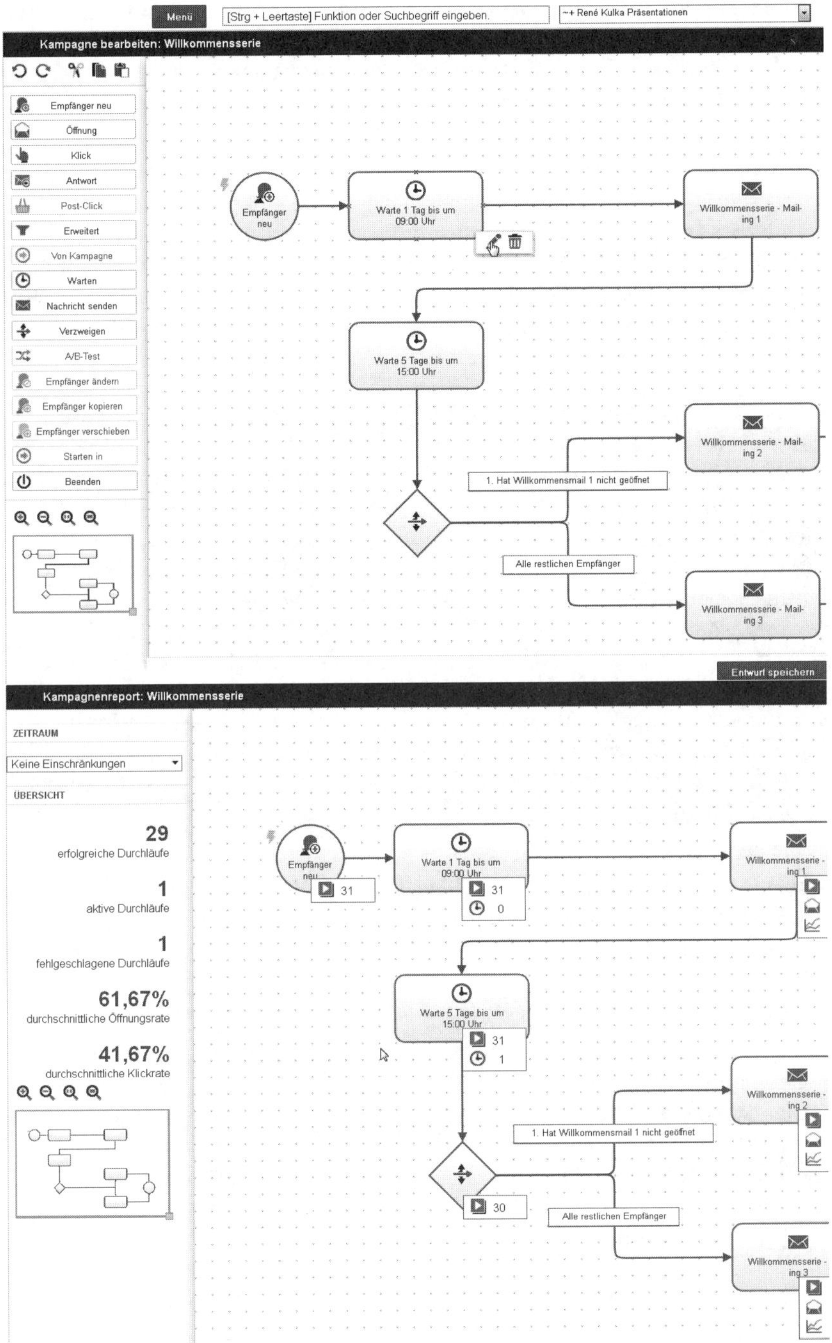

Abb. 8.36: Die Marketing Automation von optivo® broadmail ermöglicht es, komplexe mehrstufige und zielgruppenbasierte Kampagnen auf einer grafischen Benutzeroberfläche umzusetzen.

In der Konzeption sind Trigger-Mails meist mit etwas größerem Aufwand verbunden. Diese initialen Anstrengungen werden durch die umfassenden Automatisierungsmöglichkeiten und den geringen Wartungsbedarf mehr als ausgeglichen. Der Aufwand im laufenden Betrieb beschränkt sich in der Regel darauf, zusätzliche Kontaktpunkte und neue Auslöseereignisse (»Trigger«) einzurichten oder die bestehenden Anlässe zu optimieren.

Eine Herausforderung stellt die Versandkoordination zwischen vielen unterschiedlichen Trigger-Mails und der Regelkommunikation dar. Neben dem ausreichenden zeitlichen Abstand gilt dies besonders für die Abstimmung zwischen den verschiedenen Angeboten und Themen. Denn für den Nutzer ist es ärgerlich, am Morgen zum Geburtstag einen exklusiven 10-Prozent-Rabatt-Gutschein zu erhalten und am Nachmittag im Rahmen des regulären Newsletters, der sich an alle richtet, einen 15-prozentigen Sonderrabatt angeboten zu bekommen.

Negativ-Beispiel: Koordination

Im Weblog The Email Zoo berichtete Justin Premick über einen T-Shirt-Kauf in einer Lord & Taylor-Filiale: `tinyurl.com/cc3kwk4`. An der Kasse wurde sein Werbeeinverständnis erfragt. Grundsätzlich ist dies beim Verteileraufbau empfehlenswert. Insbesondere, wenn die Daten direkt an Ort und Stelle elektronisch erfasst werden. Trotzdem traf die Willkommensmail inklusive Begrüßungsgeschenk in Form von 15 Prozent Rabatt erst eine Woche später ein. Damit nicht genug: In der Zwischenzeit erreichte ihn bereits die erste Newsletter-Ausgabe – mit einem Rabattgutschein in Höhe von 25 Prozent. Kein Wunder, dass Justin sich nun weniger »willkommen« fühlte. Das Beispiel zeigt, dass die Koordination zwischen Trigger-Mails und Regelkommunikation mitunter gar nicht so einfach, aber trotzdem machbar ist. (Wäre die Willkommensmail am selben Tag verschickt und/oder wäre Justin zu Beginn vom Newsletter ausgeschlossen worden, dann würden die Probleme entschärft.)

Auf der technischen Ebene lassen sich Trigger-Mails mit professionellen E-Mail-Systemen unkompliziert umsetzen. Trotzdem ist das Thema noch nicht bei allen E-Mail-Marketing-Verantwortlichen angekommen. Die Software sollte in der Lage sein, die Versandregeln auch für zahlreiche Trigger-Mails noch einfach und zentral zu verwalten. Zudem sollten sich die Regeln unkompliziert mit den verschiedenen E-Mail-Layouts verbinden lassen.

Besonders elegant sind sogenannte *Marketing Automation*-Funktionalitäten. Deren grafische Benutzeroberflächen erlauben es Versendern auf einfachste Art und Weise, auch mehrstufige Trigger-Mail-Serien als Flussdiagramme zu modellieren (vergleiche Abbildung 8.36). Dies fördert sowohl die Kreativität als auch die Übersichtlichkeit. Komplexe Szenarien lassen sich leichter abbilden.

8.5.2 Erfolgsfaktoren

Was macht den Erfolg von Trigger-Mails aus? Allgemein ist es eine ganze Reihe an Faktoren. Abbildung 8.37 gibt diese stichpunktartig wieder.

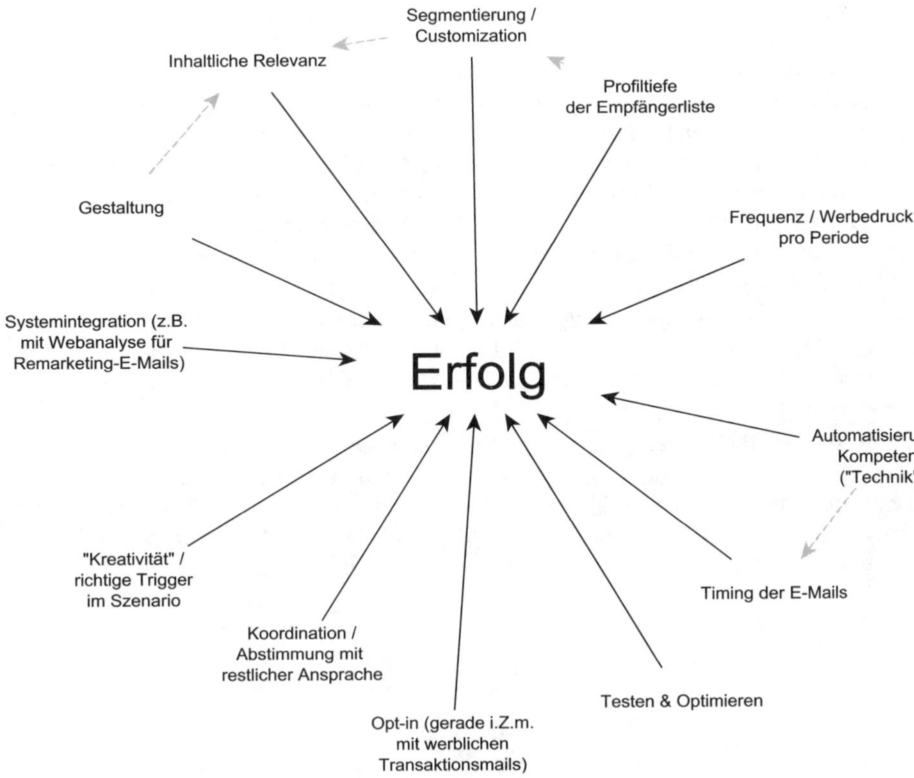

Abb. 8.37: Erfolgsfaktoren von Trigger-Mails

Lassen Sie uns einige der Faktoren beleuchten:

- »Männer und Frauen passen einfach nicht zusammen«, pointierte Loriot. Beide ticken anders – und sollten vielfach unterschiedlich angesprochen werden. Wer den **Segmenten** zum Beispiel Geburtstagsgrüße in der adäquaten Form sendet, ist erfolgreicher. Genauso derjenige, der zudem noch **customized** Grüße zu besonderen Ehrentagen wie dem Achtzehnten, zu Schnaps- (33.) oder runden Zahlen (50.) verschickt. Eine maximale Individualisierung ist auch bei Trigger-Mails – unter der Nebenbedingung der Wirtschaftlichkeit – Trumpf.
- Grundsätzlich erfordern Trigger-Mails, dass die richtigen Angaben in der richtigen Qualität vorhanden sind. Schließlich fußt eben jede Regel auf einem Datum oder Ereignis. Und deren gibt es im E-Mail-Marketing unzählige (Abbildung 8.38). Sowohl das Hinzufügen eines Produkts zur Wunschliste als auch der Download einer mobilen App stellen potenzielle Anlässe für den Kontakt dar. Zur Automatisierungs-Strategie gehört damit an vorderer Stelle die Überlegung, wie Sie die nötige **Profiltiefe** für Ihre Abonnenten schaffen können. Einige Ansatzpunkte haben Sie in Abschnitt 8.3.1 *Profildaten generieren* kennengelernt.
- Je höher der **Werbedruck** insgesamt, desto weniger Aufmerksamkeit genießt eine Trigger-Mail. Auch dies wirkt sich auf den Erfolg aus und sollte daher bei der Konzeption und Analyse berücksichtigt werden.

- Ein großer Teil der Trigger-Mails wird von Backend-Software wie dem Onlineshop, CRM, ERP oder CMS versandt. Da die Mail-Module nicht für den professionellen E-Mail-Versand ausgelegt sind, lässt sich die Performance der Transaktionsmails weder nachverfolgen noch messen. Nur allzu oft bleibt es bei den vorkonfigurierten Standard-Nachrichten, die aber keinen Kunden oder Interessenten hinter dem Ofen hervorlocken. Farbige, illustrierte Benachrichtigungen sind unpersönlichen Textmails vorzuziehen. Sind einmal doch HTML-Mails möglich, fehlen trotzdem wichtige Dinge wie ein Link zur Onlineversion, ein passender Absendername oder die Möglichkeit eines genauen **Timings**. Erst mit einer professionellen Versandlösung lässt sich die notwendige **Automatisierungskompetenz** aufbauen, um erfolgreiche Trigger-Mails zu versenden.
- Nicht nur Newsletter, auch Trigger-Mails wollen **getestet** werden. Neben inhaltlichen Aspekten spielt es vor allem eine Rolle, das optimale Timing herauszukristallisieren: Erzielt die Nachricht eine Stunde oder 24 Stunden nach Eintritt des Ereignisses den besten Response?
- Einen großen Block eventgetriggerter Nachrichten bilden Transaktionsmails, die im Rahmen von Beschaffungsvorgängen ausgelöst werden. Wer über die formale Bestellbestätigung hinaus noch werbliche Inhalte versenden möchte, wie etwa Cross-Selling-Angebote, der benötigt ein vorheriges Werbeeinverständnis (**Opt-in**, siehe Kapitel 21). Ist dies nicht vorhanden, sind die Spielräume begrenzt.

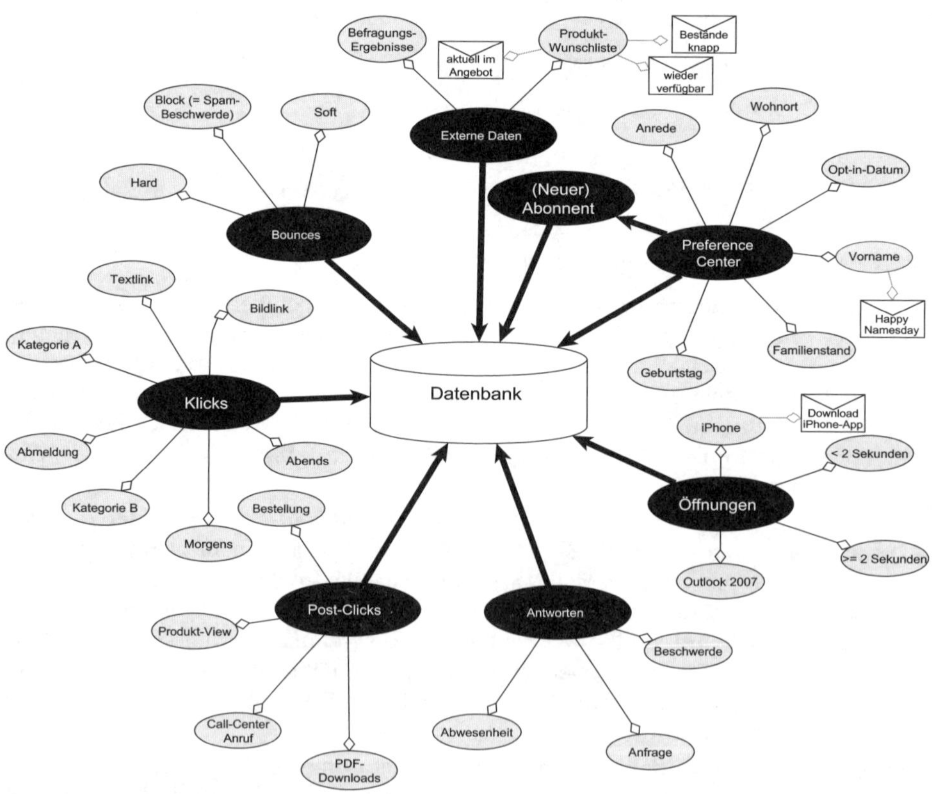

Abb. 8.38: E-Mail-Marketing ist hochgradig messbar. Zahlreiche Daten bieten sich an, um automatisierte E-Mails oder personalisierte Inhaltsblöcke auszusteuern.

8.5.3 Inspiration: Willkommensstrecken, Transaktionsmails, Geburtstagsgrüße und mehr

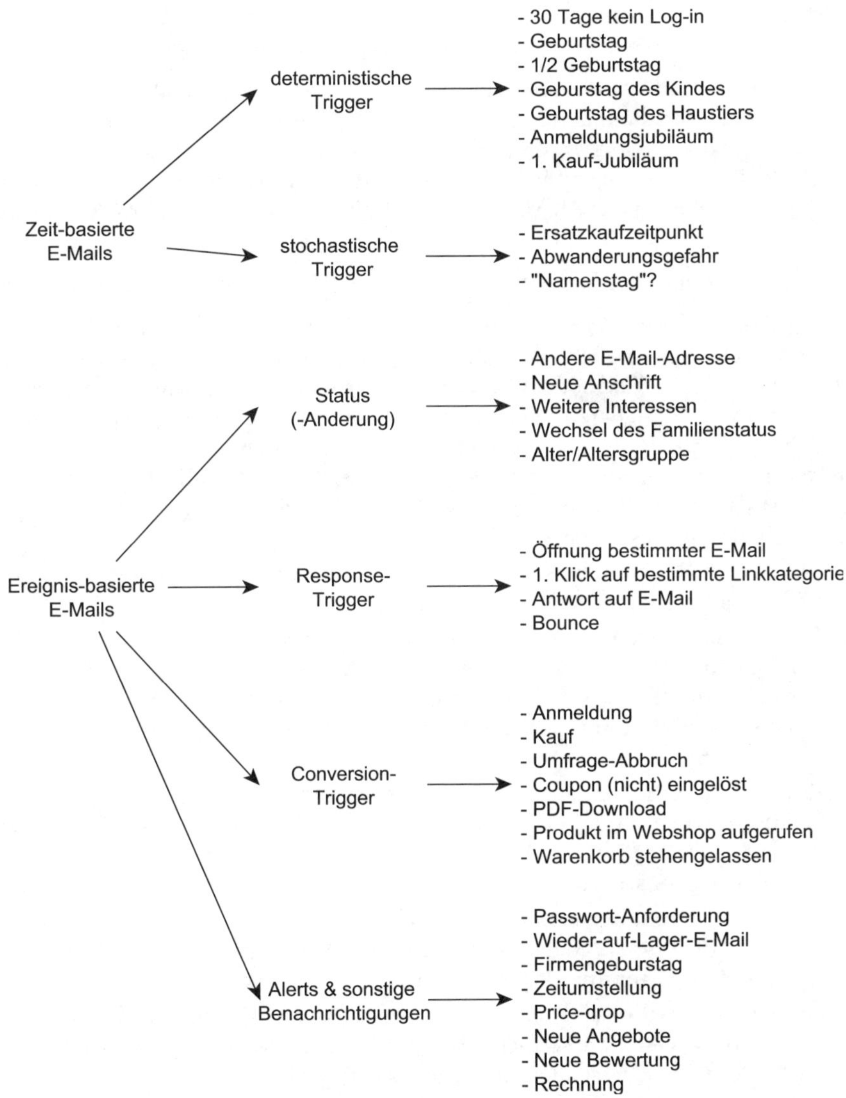

Abb. 8.39: Systematisierung der Vielzahl von Anlässen und Ereignissen für Trigger-Mails

Bei der Implementierung von Trigger-Mails sind der Kreativität keine Grenzen gesetzt. Abbildung 8.39 versucht, die Systematik aus Abbildung 8.35 weiter aufzugliedern. Dabei wird bereits deutlich, wie facettenreich das Thema ist. Ausgewählte Anlässe inklusive einiger Tipps für die Umsetzung möchte ich Ihnen auf den folgenden Seiten näherbringen.

Der Willkommensgruß

Wann ist der optimale Zeitpunkt, um mit dem Abonnenten per E-Mail in Kontakt zu treten? Einen besseren als den Anmelde-Zeitraum wird es vermutlich im Laufe des Beziehungslebenszyklus nicht mehr geben. Umso erstaunlicher ist es, dass neue Abonnenten oft Wochen warten müssen, bis sie das erste Mal vom Anbieter kontaktiert werden.

Der Willkommensgruß ist die erste Chance, den Nutzen des E-Mail-Programms unter Beweis zu stellen. Vor allem derjenige, der es schafft, die Erwartungen initial gar zu *übertreffen*, macht Lust auf mehr und erhöht Zustellbarkeit sowie Response-Wahrscheinlichkeit künftiger E-Mails. Denken Sie an den Halo-Effekt aus der Psychologie: Ein perfekter Erstkontakt vermag es, spätere E-Mails zu überstrahlen, also in der Wahrnehmung aufzuwerten.

Folgende Überlegungen können dabei helfen, der Begrüßung ihr Potenzial zu entlocken:

- *Timing:* Die Willkommensmail sollte im Allgemeinen möglichst zeitnah nach der bestätigten Anmeldung zugestellt werden. Ganz gleich, ob die Adresse online im Webshop oder offline in der Filiale oder auf der Messe gewonnen wurde. Nur so kann das durch die Anmeldung bekundete Interesse am Anbieter und dessen Angebot voll ausgereizt werden. Der Neu-Abonnent muss ohnehin in seinen Posteingang schauen, um den Anmeldewunsch zu bestätigen (Double Opt-in). Erreicht ihn die offizielle Begrüßung verspätet, ist das Postfach wieder geschlossen, der Grund für die Anmeldung vergessen und das hohe Interesse versiegt.

  Die Regel, eine Willkommensmail quasi echtzeitig zu triggern, ist aber nicht in Stein gemeißelt. Es gibt auch Überlegungen, die dagegen sprechen:

  - Um nämlich einem pseudo-persönlichen Eindruck bei einer Ansprache durch einen Mitarbeiter ein Stück weit entgegenzuwirken, kann es vertretbar oder sogar sinnvoll sein, den Versand künstlich etwas zu verzögern. Der Erstkontakt nach 11 Minuten oder auch am nächsten Morgen wirkt natürlicher, sofern eine Person als Absender auftritt.
  - Oder um zu verhindern, dass der Abonnent unmittelbar nach seiner Adresseingabe bereits mit mehreren E-Mails überschüttet wird (zum Beispiel Double Opt-in, Anmelde-Bestätigung und Willkommensgeschenk). Manch einen Onliner versetzt dies in Schock-Starre ...
  - Schließlich könnte auch ein Hinweis auf der Anmeldebestätigungs-Seite à la »Prüfe morgen früh Deine E-Mails, um eine Überraschung von uns zu erhalten!« einen interessanten Spannungsbogen aufbauen.

  Ansonsten sollte technisch sichergestellt sein, dass die Willkommensmail mit hoher Priorität sofort zugestellt (und nicht erst etwa in eine E-Mail-Queue mit Millionen weiterer E-Mails anderer Versender hinten angestellt) wird.

- **Branding:** Idealerweise lernt der Neu-Abonnent bereits anhand der Willkommensmail, woran er künftige E-Mails des Werbetreibenden erkennt. Wiedererkennung schafft vor allem der Absender. Für die Begrüßung sollte bereits derjenige gewählt werden, unter dem auch die künftigen E-Mails verschickt werden.

  Der Vorschaufensterbereich im Inhalt ist nicht weniger wichtig als der Absender. Hierbei empfiehlt es sich, das E-Mail-Layout an demjenigen des standardmäßig verwendeten Templates auszurichten. Vor allem der Pre-Header, das Logo links oben, die Struktur sowie die verwendeten Farben sollten später leicht zugeordnet werden können.

Verankern Sie sich bei der Begrüßung positiv im Gedächtnis Ihrer Neu-Abonnenten. Zeigen Sie hierzu klar auf, was Sie einzigartig am Markt macht und warum bei Ihnen gekauft werden sollte, nicht im Webshop der Konkurrenz »zwei Mausklicks nebenan«.

- **Betreff:** In der Betreffzeile der Begrüßungsnachricht hat es sich bewährt, mit einem Signalwort wie »Willkommen« oder »Danke« einzuleiten (»Willkommens-Angebot«, »-Geschenk«, »Willkommen bei«, ...). Dies wirkt auf Anhieb sympathisch und aufmerksamkeitsstark und greift die Neugier des gespannten Abonnenten auf. Platzieren Sie weitere Öffnungs-relevante Informationen dahinter.
- **»Danke«:** Auch im Inhalt kann ein freundliches und prominent platziertes »Dankeschön für die Anmeldung«, eine »Bestätigung über die erfolgreiche Eintragung« sowie ein »Willkommen« nicht schaden. Die Reizworte sollten unmittelbar nach der Öffnung ins Auge springen – selbst bei blockierten Bildern. Mindestens müssen also formatierte Alt-Texte für die Bilder spezifiziert werden. Idealerweise wird hierfür aber auf HTML-Text zurückgegriffen. Nur HTML-Text passiert die Bildunterdrückung zuverlässig und wird sofort wahrgenommen. (Siehe Kapitel 12.)
- **Rendering:** Sorgen Sie für eine perfekte Darstellung der Willkommensmail in allen wichtigen E-Mail-Programmen. Ganz gleich ob auf dem Desktop, im Webmail-Postfach unter Firefox, Internet Explorer oder Chrome oder auf dem mobilen Endgerät – der erste Eindruck zählt! Und Darstellungsmängel wie ungewollte Lücken zwischen Grafiken oder falsch kodierte Sonderzeichen sind dem alles andere als zuträglich. Am Markt existieren diverse Lösungen, die eine Rendering-Vorschau Ihrer Nachricht in allen wichtigen E-Mail-Programmen und Browsern auf Knopfdruck liefern (siehe Kapitel 13). Alternativ müssen Test-Adressen angelegt und die verbreitetsten E-Mail-Programme installiert werden, um die Darstellung dann jeweils manuell zu inspizieren. Dies ist zwar aufwendig, lohnt aber trotzdem.
- **Erwartungen:** Eine wichtige Aufgabe der Begrüßung besteht darin, die Erwartungen des Adressaten an das soeben abonnierte E-Mail-Programm zu formen. Ganz besonders gilt dies für die Inhalte und Mailing-Abstände. Die künftigen Vorteile sollten in der Willkommensmail möglichst konkret abgesteckt werden. Empfehlenswert ist es auch, exklusive Vorteile, die nur E-Mail-Abonnenten vorbehalten sind, als solche herauszustellen (»... gilt nur für Abonnenten unseres Newsletters!«). Dies bekräftigt die Entscheidung für das E-Mail-Abo noch einmal.

  Neben dem Inhalt empfiehlt es sich, auch Zeitpunkte und Häufigkeit der Ansprache offenzulegen. Sofern möglich, kündigen Sie den ersten Newsletter an (»... erhalten Sie am 1.1.11 um circa 11:11 Uhr«).

  Zu viele E-Mails sind mit der verbreitetste Grund für Abmeldungen und Spambeschwerden. Erklären Sie daher erneut, auf welchen Wegen der Abonnent jederzeit sein Werbeeinverständnis widerrufen kann. Nach Möglichkeit stellen Sie ebenso eine Option vor, die Versandfrequenz nach Belieben zu drosseln. Gleiches gilt für vertrauensbildende Elemente, die beweisen, dass alle anvertrauten persönlichen Daten sicher aufbewahrt und verantwortungsbewusst verwendet werden.
- **Nutzen:** Überraschen Sie Ihren Neu-Abonnenten in der ersten E-Mail mit besonders nutzwertigen Inhalten. Welche sind dies? Denken Sie an informative Elemente wie die heranführende Rubrik »so finden Sie sich bei uns zurecht, das sind unsere Tools für Sie« (Webseiten-Tour) und die Vorstellung allgemeiner Services. Gutscheine, Best-ofs wie momentane Top-Seller, Social-Media- (Facebook, Blog, ...) und Profiling-Links (Profilanpassung via Preference Center) sowie Download-Angebote (mobile Apps, PDFs, ...) sind weitere beliebte Elemente.

- **Individualisierung:** Segmentieren Sie Ihre Neu-Abonnenten und bieten Sie maßgeschneiderte Informationen, um sich gerade zu Beginn dem Ideal der besonders erfolgreichen One-to-One-Kommunikation zu nähern. Personalisierte Inhalte erhöhen den wahrgenommenen Nutzen. Beispiel: Wer als Bestandskunde sein Opt-in im Rahmen eines Kaufprozesses erteilt, hat ein ganz anderes Informationsbedürfnis als derjenige, der als Interessent auf der Webseite die Werbeeinwilligung abgibt. Der eine Cluster pflegt bereits eine intensivere Beziehung mit dem Anbieter und wäre vielleicht eher empfänglich für eine Begrüßung mit Vorteilen der Kundenclub-Registrierung. Wohingegen der Interessenten-Cluster zunächst mit dem Anbieter bekannt gemacht werden muss. Experimentieren Sie auch mit personalisierten Wordings – gerade bei Call-to-Action-Buttons. Wollen vielleicht männliche Neu-Abonnenten die exklusiven Schnäppchen bereits eine Woche vor allen anderen »erbeuten«, Frauen hingegen »sichern«?
- **Klarheit:** Achten Sie darauf, dass dem Abonnenten bei der E-Mail-Öffnung seine Frage »was soll ich tun« unmittelbar beantwortet wird. Beispielsweise anhand einer Überschrift »Was nun?« gefolgt von einer Aufzählung mit konkreten Handlungsempfehlungen (»1. Lade Freunde ein, 2. Schließe Dich unserer Facebook-Community an, 3. Füge den Absender zum Adressbuch hinzu, damit der Newsletter sicher zugestellt wird« und so weiter). Die Frage »was nützt mir das?« schließt sich unmittelbar daran an. Um passende Antworten auch hierauf zu liefern, darf die Begrüßung nicht überfrachtet sein, sondern muss sich auf ein oder einige wenige Dinge beschränken und mit einer klaren Struktur aufwarten. Gerade zu Beginn neigen Werbetreibende dazu, neue Abonnenten mit Informationen zu überschütten. Der komplette Inhalt sollte maximal in der E-Mail-Vollansicht ohne Scrollen vollständig ersichtlich und zudem hierarchisch aufgebaut sein (Primär- und Sekundärinhalte – fokussieren Sie eine Aktion).

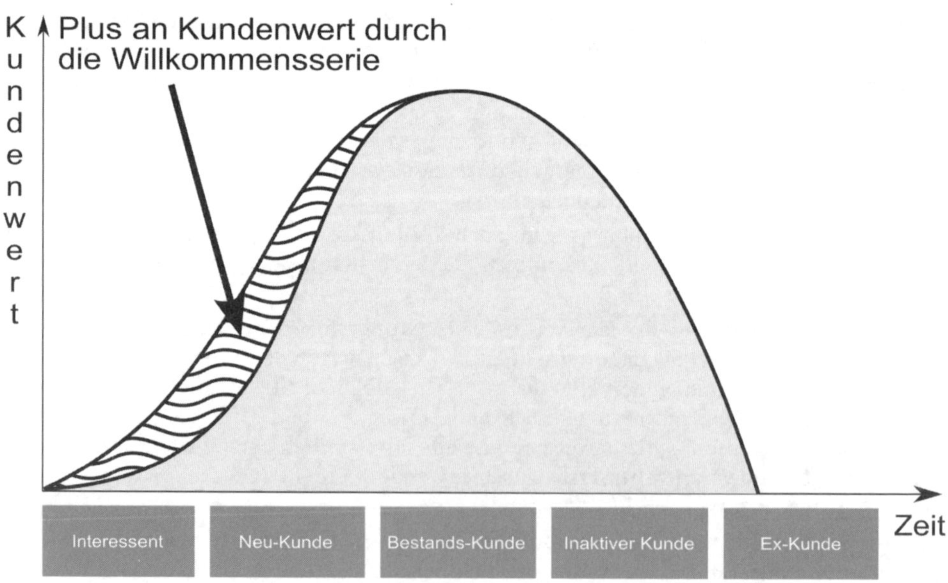

Abb. 8.40: Die Willkommensserie hebelt den Kundenwert in der Interessentenphase nach oben (Leveraging). Der Abonnent wird hierdurch schneller mit dem Anbieter und mit dessen Angebot vertraut.

Anstatt *einen* allumfassenden Willkommensgruß zu versenden, der den Neu-Abonnenten umfänglich erschlägt, empfiehlt es sich, die große E-Mail in eine mehrstufige Serie kleinerer E-Mails aufzufächern. Man spricht dann von **Willkommensserie**. Die kann sich durchaus über mehrere Wochen oder sogar Monate hinziehen. Im Idealfall drückt sie die Kundenwert-Kurve nach oben, sorgt also für den früheren Eintritt der Wachstumsphase (Abbildung 8.40, zum Lebenszyklus-Konzept siehe Abschnitt 3.2 *E-Mail-Marketing ist mehr als -Werbung*). Wählen Sie die Zeitabstände zwischen einzelnen E-Mails dabei so, dass die jeweils vorausgegangene Nachricht beim Empfänger noch präsent ist (zum Beispiel Vier-Tage-Abstände). Bei kürzeren Willkommensserien wird der Neu-Abonnent während der Laufzeit von der Regel-Kommunikation ausgenommen. Erst nach Beendigung der heranführenden Begrüßungs-Nachrichten erhält er damit den regulären Newsletter. Die meisten Willkommensserien beinhalten drei bis vier Nachrichten. Tabelle 8.5 führt ein Beispiel einer längerfristigen Serie an, die durch das Opt-in-Datum getriggert wird. Abbildung 8.41 zeigt ein Beispiel für eine Willkommensmail.

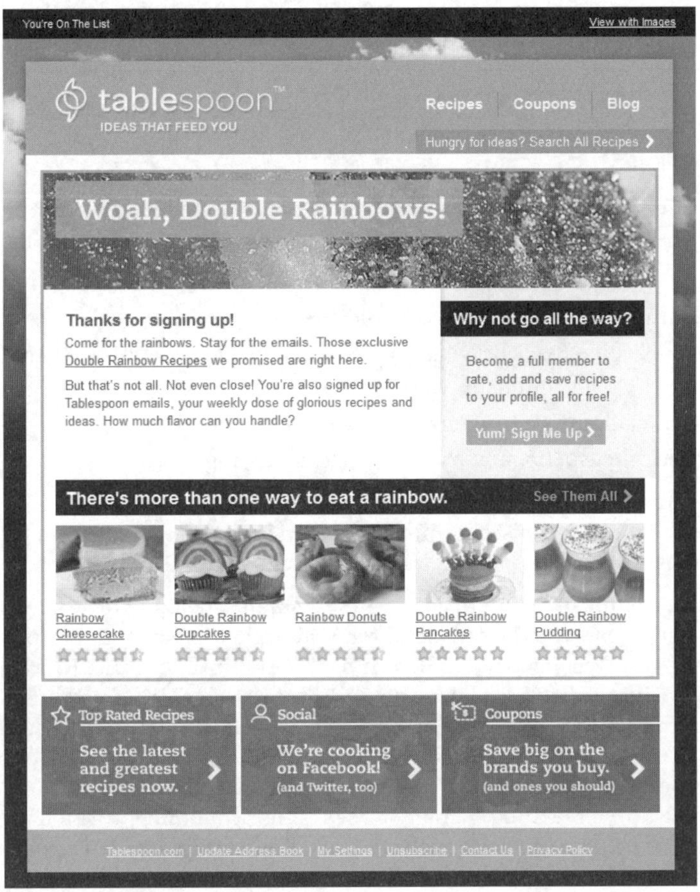

Abb. 8.41: Umfassend, vielseitig und trotzdem dank der mäßigen Höhe und der hierarchischen Inhalts-Gliederung noch aufgeräumt – die Willkommensmail nach der Anmeldung bei tablespoon (`tablespoon.com`)

Tag	E-Mail-Inhalt
1	Dankeschön + Erwartungen festigen (Newsletter-Themen, Frequenz, Vorteile, Link zum letzten Newsletter) + Bitte, Absender zum Adressbuch hinzuzufügen
4	Neuheiten + bald erhältlich
7	Website-Tour & Helferlein beim Shopping-Einstieg (am meisten gekauft, wie funktioniert Feature X, Merklisten)
14	Social-Media-Profile (YouTube, Twitter, ...)
21	Testimonials, Kundenmeinungen, Shop-Bewertungen, Siegel
28	Vorteile eines vollständigen Benutzerkontos über die Newsletter-Anmeldung hinaus, Vorstellung der Profil-Selbstverwaltung
35	Vorstellung der Mobile Application
...	
183	Befragung: Zufrieden mit dem Service & Angebot sowie mit dem Newsletter?
366	Anmelde-Jubiläum (Danke für die Treue)

Tabelle 8.5: Mehrstufige Willkommensserie mit Opt-in-Datum als Trigger (Beispiel)

Rund um den Kauf

Nach dem Kauf ist vor dem Kauf. Im Anschluss an eine Bestellung erwarten Kunden heute per E-Mail

- eine zeitnahe Bestätigung für den Kauf inklusive Rechtsbelehrung,
- eine Rechnung für die »digitalen Unterlagen«,
- gegebenenfalls eine Benachrichtigung über etwaige Lieferverzögerungen,
- eine weitere über den erfolgten Warenversand,
- eine Beglückwünschung zum (ersten?) Kauf und schließlich
- eine Zufriedenheitsbefragung nach der ersten Nutzungsphase.

Viele solcher Transaktions-Benachrichtigungen stößt das Shop-System an – unpersonalisiert, rein textlich, mit technisch anmutenden Standardformulierungen und unter einem kryptischen Absender. Dabei bleibt großes Marketing-Potenzial auf der Strecke.

E-Mail-Marketer punkten dadurch, dass sie die Kaufentscheidung des Nutzers durch entsprechende Nachrichten per E-Mail bestärken und begleiten, um zum Beispiel dem klassischen Kaufkater entgegenzuwirken. Sofern das Werbeeinverständnis (Opt-in) vorhanden ist, kann per Trigger-Mail auch über zusätzliche Leistungen und passende Accessoires informiert werden. Das Cross- und Up-Selling-Potenzial ist groß. Ein Reiseanbieter kann beispielsweise in seiner Bestellbestätigung für eine Hotelunterkunft auch lokale Angebote für Mietwagen und Sightseeing-Touren integrieren. Zugleich fühlen sich Kunden, die nach dem Kauf nach ihrer Meinung gefragt werden, ernst genommen. Durch die Zufriedenheitsbefragung erhält der Marketer auch wertvolle Erkenntnisse zu den eigenen Angeboten sowie werblich nutzbare Kommentare.

Folgende Tipps möchte ich Ihnen im Zusammenhang mit Transaktionsmails im Kaufprozess und im After-Sales-Bereich mitgeben:

- **Personalisierte Inhalte:** Häufig fehlt Transaktionsnachrichten eine persönliche Ansprache. Unabhängig davon, ob die Empfänger die Nach-Kauf-E-Mails als relevant betrachten, ist in solchen Fällen die Aktivierung nicht besonders stark. Deshalb ist Personalisierung wichtig. Aufmerksamkeitsstark wirkt zum Beispiel der Bezug auf die gekauften Produkte im Betreff. Neben der persönlichen Anrede sollten die Nachrichten auch an den persönlichen Vorlieben der Empfänger ausgerichtet werden. Cross-Selling-Effekte lassen sich durch die Einbindung von Produktempfehlungen erreichen, die den transaktionalen Inhalt der Bestellung sinnvoll ergänzen und das Interesse des Empfängers wecken. Hier kommen etwa Informationen über Angebote infrage, die vom Nutzer angeklickt, gesucht oder zur Merk- beziehungsweise Wunschliste hinzugefügt wurden. Auch Hinweise auf aktuelle Sonderangebote, Bestseller und besonders profitable Artikel oder Services, die häufig zusammen mit dem gekauften Produkt erworben werden, sind Erfolg versprechend.
- **Behutsames Branding:** Die typische Transaktionsmail kommt leider schmucklos daher. Dies hat meist mehr technische denn rechtliche Gründe (rechtlich meint: fehlendes Opt-in). So versendet ein Mail-Modul des Shops die Nachrichten in der Regel im reinen Textformat. Solche Backend-Systeme sind nicht dafür ausgelegt, aufwendige Mailings zu erstellen. Großes Potenzial bieten deshalb werblich gestaltete E-Mails auf HTML- und Template-Basis. Durch die Anpassung an das Layout einer Webseite oder eines Onlineshops ist die Wiedererkennung besonders hoch. Zugleich können Logos, Call-to-Action-Buttons oder saisonal wechselnde Banner platziert werden. Der Informationscharakter muss aber gewahrt bleiben. Ein allzu aufdringliches Layout, zu viele Werbebotschaften und grafische Spielereien sind zu vermeiden.
- **Zustellung sicherstellen:** Gerade für Transaktionsmails ist die sichere und termingerechte Zustellung erfolgskritisch. Transaktionsmails werden in einigen Szenarien durchaus in großen Volumina versendet. Werden diese von E-Mail-Diensten und Filter-Programmen als »unerwünscht« klassifiziert oder schafft es das Versandsystem nicht, die E-Mails zügig abzuarbeiten, drohen dem Marketer durch die Nicht-Zustellung verärgerte Kunden und Umsatzeinbußen. Für erfolgreiche Transaktionsmails ist deshalb ein kontinuierliches Zustellungsmanagement und Whitelisting unerlässlich.
- **Integration in die existierende Systemumgebung:** Der Versand von Transaktionsmails sollte sich aus dem bestehenden System in der Versandlösung triggern lassen. Professionelle Tools bieten passende Anbindungen an praktisch jedes CRM- oder Onlinesystem. Hierbei werden zum Beispiel Empfängerdaten an die Versandsoftware übermittelt und nach jedem Versand die generierten Reponse-Daten zurück in die Backend-Software gespielt (Closed-Loop-Ansatz).
- **Vorab Zustimmung für Werbung einholen:** Der Gesetzgeber gibt einen engen Korridor für Werbung in Transaktionsmails vor. Zwar erfordert der Versand solcher Mails selbst keine Zustimmung der Empfänger, allerdings dürfen die Mails keinen werblichen Charakter haben. Der transaktionsbezogene Inhalt muss ganz klar im Vordergrund stehen. Wer beim Versand auf der sicheren Seite sein will, sollte ein Opt-in, also die ausdrückliche vorherige Zustimmung für die Einbindung von Werbung in Transaktionsmails im Rahmen des Kaufabschlusses einholen. Ohne Einverständnis bieten sich allenfalls Hinweise nach Maßgabe des Soft Opt-ins an (unter anderem Werbung nur für ähnliche Produkte) oder angehängte Promotions, die gegenüber der eigentlichen Information nicht ins Gewicht fallen (siehe Abschnitt 22.10 *Werbeversand ohne Einwilligung? Das Soft Opt-in* beziehungsweise Abschnitt 21.3.4 *Weitere Spezialfälle*).

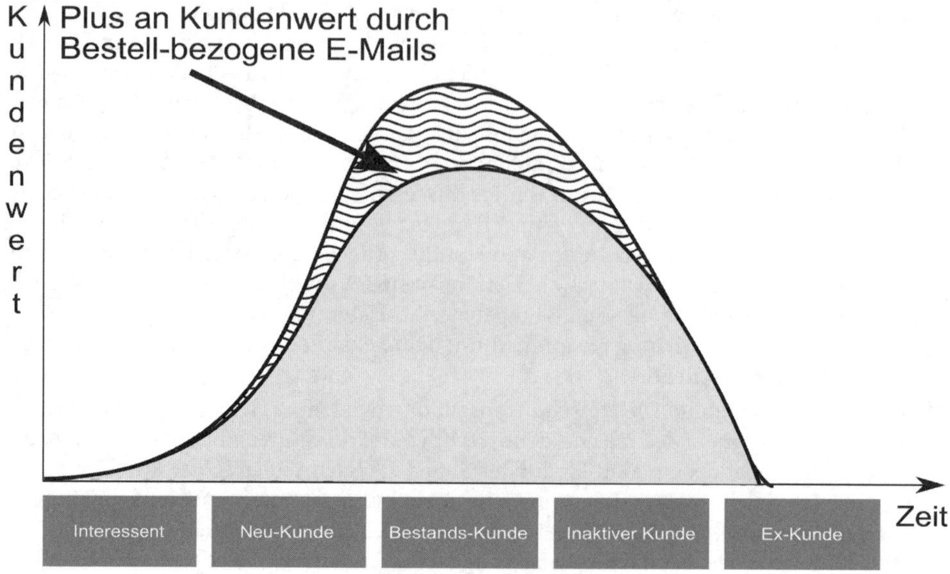

Abb. 8.42: Auch im Aftersales-Management leistete die E-Mail einen wertvollen Beitrag zum Kundenwert.

Tag	E-Mail-Inhalt
1	Kaufbestätigung + Dankeschön + Gratulation (Kaufkater vorbeugen)
2	Versandbestätigung + Rubrik »Hilfestellung«
7	Vorstellung der Benutzerkonto-Funktionen
14	Bitte um Kauf-Bewertung
17	Ggf. Bewertungs-Erinnerung zu (14) mit Gutschein-Incentive
20	Vorstellung der Social Media-Präsenzen (Blog, Facebook) – inkl. Bitte um Erfahrungsbericht bei guter Bewertung bei (14)
28	Kunden, die X kauften, kauften auch Y
40	Kunden, die X kauften, kauften auch Z
90	Vermuteter Wiederkauf-Zeitpunkt? Ersatzkauf triggern
97	Erinnerung mit Gutschein-Code an Nicht-Reagierer aus (90)
...	
364	Ankündigung einer Überraschung morgen
365	Erstkauf-Jubiläum + Gutschein
670	Angebot für Garantieverlängerung

Tabelle 8.6: Mehrstufige After-Sales-Serie mit Kauf-Datum als Trigger (Beispiel)

Bewerten Sie Ihr Umzugsunternehmen! Umzugsfirmen-Check.de

IMMOBILIEN SCOUT 24

Lieber ImmobilienScout24-Nutzer,

Sie haben vor einiger Zeit über ImmobilienScout24 Angebote von Umzugsunternehmen eingeholt.
Wir möchten Sie nun bitten, eine Bewertung für die Firma abzugeben, mit der Sie umgezogen sind. Helfen Sie anderen Umziehenden und teilen Sie Ihre Erfahrungen!
Klicken Sie hierzu einfach auf den unten aufgeführten Link. Geben Sie dann im Suchfeld den Namen der Firma ein, mit der Sie umgezogen sind und teilen Sie uns Ihre persönlichen Erfahrungen mit.

www.umzugsfirmen-check.de

Vielen Dank, dass Sie sich kurz Zeit für uns nehmen. Wir freuen uns schon auf Ihre Meinung!

Viele Grüße aus Berlin
Ihr ImmobilienScout24-Team

Abb. 8.43: Automatisch versandte Bewertungs-Trigger-Mail nach dem Kauf (hier: Umzug, `immobilienscout24.de`)

*looking*GOOD...

Hi David,

We're sure you can remember what you have ordered, but below is confirmation and all the details you could possibly need.

It's worth noting that we're really quick at picking, packing and processing your order - it gets done really quickly after you click on the 'place order' button. We're really proud of this, but it means we're not able to make any amendments to your order including changing the delivery address, items colours and sizes or removing items from your order.

You can cancel your order up to 1 hour after placing it for Standard and Style-Saver delivery orders. You have up to 30 minutes to cancel your order for Express delivery options (like Express, Next Day and Evening Next Day).

Just log into your ASOS account where you can view the last 5 orders placed. This will give you the option to cancel in the specified timeframe.

All the best,

ASOS Customer Care

NEED HELP?

If there's something else you'd like to know, please click on one of the following links, or click here to contact our Customer Care Team directly.

DELIVERY INFORMATION
TRACK YOUR ORDER ONLINE
RETURNS POLICY

DON'T GET LOST IN CYBERSPACE

This inbox is unattended, so please don't reply to this email. Please

Abb. 8.44: After Sales Messaging bei ASOS 1 von 4 – die personalisierte Bestellbestätigung erläutert mit sympathischen Worten Optionen zum Widerruf und bietet prominent Hilfe an (»Need help?«). Die E-Mail-Serie wurde vorgestellt auf `econsultancy.com/us/blog/10588-aftersales-email-best-practice-from-asos`.

Abb. 8.45: After Sales Messaging bei ASOS 2 von 4 – auch die Benachrichtigung über den erfolgten Warenversand wartet mit einer persönlichen Note auf.

Abb. 8.46: After Sales Messaging bei ASOS 3 von 4 – der Neukunde erhält in der dritten E-Mail ein kleines Dankeschön (10-Prozent-Gutschein sowie kostenfreie Lieferung am nächsten Tag) unter der personalisierten Betreffzeile »All our first-timers get a treat, time for yours David!«.

Abb. 8.47: After Sales Messaging bei ASOS 4 von 4 – am Liefertag wird dem Kunden das Zeitfenster im Betreff mitgeteilt (»Your order from ASOS is due for delivery between 14:50-15:50.«)

Alerts und Produktagenten

Auch Alerts sind nichts anderes als automatisiert versandte Trigger-Mails. Solche E-Mails halten die Nutzer eventgetrieben, aktuell und thematisch passend auf dem Laufenden. Inhalte sind Neuigkeiten, Produkte oder auch deren Verfügbarkeit. Meist befrieden sie lediglich ein kurzfristiges und befristetes Informationsbedürfnis. Die Nachfrage nach solchen Nachrichten ist höher, da sie zeitnah und fokussiert benachrichtigen. Der Abonnent hinterlegt hierzu zunächst beim Anbieter sein Interessensprofil. Praktisch trifft er dazu entweder eine Auswahl aus vorgegebenen Informations-Kategorien oder er gibt individuelle Schlüsselwörter ein. Anschließend werden ihm bei jeder Datenbankaktualisierung (»sofort«) oder in bestimmten Intervallen (»täglich, wöchentlich, monatlich«) die neuen Treffer für sein Profil zugestellt. Beispiel Google Alerts: Hier können die Nutzer einmalig Begriffe und Suchphrasen festlegen, um sich automatisch über neue Treffer zu einer Person oder zu den Aktivitäten bestimmter Firmen informieren lassen.

Um Ihnen ein wenig Inspiration mit auf den Weg zu geben, anbei einige Beispiele:

- **»Out of Stock«/»Back in Stock«-Alerts:** Ist ein Artikel im Webshop nicht mehr vorrätig, kann sich der Besucher per E-Mail benachrichtigen lassen, sobald das Produkt wieder auf Lager ist.
- **»Price Drop Alerts«:** Der Nutzer kann sich von einem virtuellen Produktagenten per E-Mail über Preisveränderungen oder alternative Angebote zu einem bestimmten Produkt oder einer Kategorie informieren lassen.
- **»Neue Angebote«-Alerts:** Das Portal kaufDa beispielsweise aggregiert digitale Prospekte namhafter Supermarktketten und anderer Händler. Besucher können sich auch bequem und automatisch per E-Mail über neue Angebote zu ihren Suchanfragen informieren lassen. Einen ähnlichen Alert-Service zu gesuchten Angeboten bietet das Auktionshaus eBay.
- **»Neue Angebote in Kategorie«-Alerts:** Der Schuhhändler I'm Walking bietet Shopbesuchern gezielte E-Mail-Abonnements von Neuzugängen in den gerade besuchten Sortimentsbereichen.
- **Status-Alerts:** Fluggesellschaften bieten Gästen an, sie über den Status ihres Fluges per E-Mail auf dem Laufenden zu halten. Analog bieten Verkehrsgesellschaften Alerts mit personalisierten Verkehrsmeldungen (Baustellen, Umleitungen, Ersatzverkehr et cetera) und Erinnerungsfunktionen.
- **Erinnerungs-Alerts:** Der Konsumartikel-Händler Alice.com bietet registrierten Mitgliedern an, sie per E-Mail in bestimmten Frequenzen an Neubestellungen zu erinnern – besser können Ersatzkauf-Benachrichtigungen zeitlich kaum abgestimmt werden.
- **Stichwortbenachrichtigungen:** Medienverlage wie HORIZONT.NET bieten zum Teil einen personalisierbaren Newsletter-Alert, der auf Basis von individuellen Stichworten automatisiert mit relevanten neuen Nachrichten befüllt wird.
- **»Neue Meinungen / Neue Testberichte«-Alert:** Beim Preisvergleichsportal guenstiger.de informiert der Preislimit-Alert, sobald eine definierbare Preisschwelle unterschritten wurde. Im Rahmen des Abonnements kann der Interessent zudem Benachrichtigungen bei Eingang neuer Bewertungen und Rezensionen zum beobachteten Produkt ordern.
- **Social Alerts:** Foren und soziale Netzwerke wie Facebook.com, Xing.com oder Focus.com benachrichtigen unter anderem bei Eingang neuer Antworten auf einen Beitrag.

Abb. 8.48: Der Produktagent von I'm Walking informiert bei neuen Treffern zur Suchanfrage per E-Mail. (`imwalking.de`)

Geburtstag

Geburtstagsmails lassen sich meist ohne größeren Aufwand realisieren. Hierfür benötigt der E-Mail-Marketer natürlich das Geburtsdatum des Nutzers, seiner Mutter, seines Haustiers et cetera. Dies in Erfahrung zu bringen, ist teils nicht ganz ohne. Schließlich ist es häufig ein Standard-Passwort. Meist lässt sich das genaue Datum aber im Rahmen der Anmeldung oder später innerhalb der Regelkommunikation durch einen kleinen, aber prominenten Hinweis erfragen. Die personalisierten Glückwünsche werden anschließend am Stichtag automatisiert als Trigger-Mail versendet.

Um das Maximum aus Ihren Geburtstagsgrüßen herauszuholen, behalten Sie Folgendes bei der Umsetzung im Hinterkopf:

- **Ton:** Die Geburtstags-Gratulationen sollten mit dem besonderen Gefühlszustand des Adressaten mitklingen und *ihn* in den Vordergrund rücken, nicht etwa Produkte. Den richtigen Ton zu treffen, ist leichter gesagt als getan. Fraglich ist es aber, ob allein eine

»Happy Birthday«-Floskel plus die Zusendung eines Einkauf-Incentives tauglich sind. Rabatte finden sich zuhauf im Netz. Die Glückwünsche verlieren damit an Bedeutung und Glaubwürdigkeit und der Abverkauf wandert wieder ins Zentrum der Ansprache. Festliche Farben, kurzweilige Grafikmotive und Animationen sowie ein prickelndes Copywriting hingegen, eben Dinge, die aus der mit geldwerten Aufmerksamkeiten gepflasterten Regelkommunikation positiv hervorstechen, sind dem langfristigen Beziehungsmanagement womöglich zuträglicher. Beim Werbetexten schadet es auch nicht, sich von der Leichtigkeit der Social-Media-Kommunikation anstecken zu lassen, sich also vom sonst oft sterilen und formellen Newsletter-Ton ein Stück weit zu befreien.

- **Timing:** Achten Sie darauf, dass genügend Zeit eingeräumt wird, die Geburtstags-Aktion einzulösen. Der Adressat öffnet Ihre Gratulation womöglich erst Tage nach dem Ereignis. Coupons ohne ausreichende Laufzeit oder defekte Links, die auf inzwischen ausgelaufene Angebote verweisen, werfen kein gutes Licht auf den Werber und verärgern die Empfänger.
- **Variation:** Die Geburtstags-E-Mail initial einmal aufzusetzen und fortan automatisch Jahr für Jahr zu profitieren, hat im ersten Moment Charme. Da aber gerade Geburtstags-Werbemittel sehr gut erinnert werden, sollten Versender diese hin und wieder auffrischen. Oder alternativ direkt mehrere Varianten implementieren, die entsprechend der Dauer des Newsletter-Abos ausgeliefert werden – und dabei vielleicht sogar einen Bezug zur Vorjahres-Variante herstellen. Der Aufwand hält sich in Grenzen. Aber die Langzeit-Abonnenten wird es sicher noch mehr freuen.
- **Segmentieren:** Geburtstagsgrüße sind zwar von Natur aus schon sehr individuell. Sie können aber noch besser auf den jeweiligen Adressaten zugeschnitten werden. Zum Beispiel, indem das Alter berücksichtigt und die Botschaft angepasst wird. Es macht natürlich wenig Sinn, 80 E-Mails entsprechend der Lebenserwartung vorzuhalten. Aber pfiffige Botschaften zu besonderen Geburtstagen wie dem 18., 22., 30. und so weiter werden sehr positiv aufgenommen. Ebenso möchten ältere Internetnutzer ab 60 Jahren womöglich anders angesprochen werden als junge Leute, die gerade ihre Volljährigkeit erreicht haben und sich auf die »Party ihres Lebens« vorbereiten.
- **Serie:** Es ist ebenso denkbar, an das Geburtsdatum eine ganze E-Mail-Staffel zu knüpfen. Denn auch einen Tag oder sogar Tage vorher ist das Event mehr oder weniger präsent. Die »vorträgliche« Ankündigung einer Überraschung kann ein interessantes Mittel sein, sich von der Masse anderer Versender abzuheben. Denn von denen, die die Geburtsdaten erheben und auch Geburtstags-E-Mails implementiert haben, verschicken die allermeisten nur eine Nachricht am Ehrentag. Außerdem erhöht sich die Wahrscheinlichkeit, dass der Adressat die Gratulation wahrnimmt. Schließlich öffnet ein Abonnent lange nicht alle E-Mails. Einige Versender nehmen sogar bis zu zwei Wochen vorher Bezug auf den Geburtstag des Empfängers und locken mit Betreffzeilen wie »Geburtstagsgeschenk heute schon auspacken«. Genauso ist eine Gratulation nachträglich denkbar, wenn der Interessent sich unter Angabe des Geburtsdatums anmeldet und daraus ersichtlich ist, dass sein Ehrentag gerade ein paar Tage vorbei ist.
- **Betreff:** Damit die besondere Botschaft nicht im Werbe-Getümmel untergeht, sollte ein besonderes Augenmerk auf den Absender und die Betreffzeile der Geburtstags-E-Mail gerichtet werden. Beispielsweise dürfte das Schlüsselwort »Geburtstag«, wenn es prominent platziert wird, höhere Öffnungsraten bescheren als »Gratulation«. Denn wie oft wurde uns via E-Mail schon zu Gewinnen bei Internetgewinnspielen »gratuliert«. Zu-

sätzlich zum Betreff bietet sich eine Variation des Absendernamens an. Auch darin darf sich das Wort »Geburtstag« oder »Geschenk« wiederfinden.

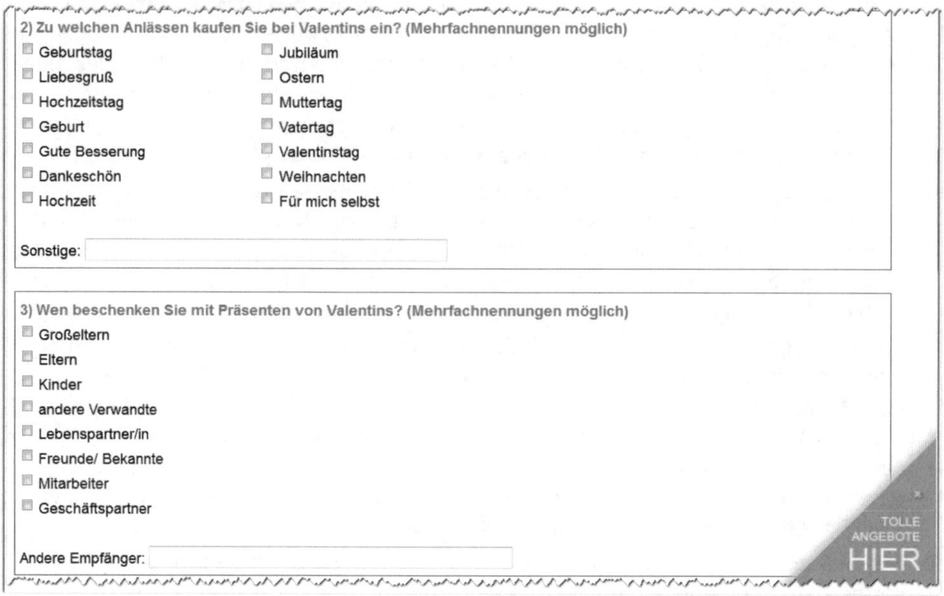
2) Zu welchen Anlässen kaufen Sie bei Valentins ein? (Mehrfachnennungen möglich)

☐ Geburtstag	☐ Jubiläum
☐ Liebesgruß	☐ Ostern
☐ Hochzeitstag	☐ Muttertag
☐ Geburt	☐ Vatertag
☐ Gute Besserung	☐ Valentinstag
☐ Dankeschön	☐ Weihnachten
☐ Hochzeit	☐ Für mich selbst

Sonstige:

3) Wen beschenken Sie mit Präsenten von Valentins? (Mehrfachnennungen möglich)

☐ Großeltern
☐ Eltern
☐ Kinder
☐ andere Verwandte
☐ Lebenspartner/in
☐ Freunde/ Bekannte
☐ Mitarbeiter
☐ Geschäftspartner

Andere Empfänger:

TOLLE ANGEBOTE HIER

Abb. 8.49: Denken Sie auch an Geburtstage (oder weitere Ehrentage), zu denen Ihr Abonnent andere beschenken wird. Solche Ereignisse können verkaufsstarke E-Mails triggern. Im Screenshot das Beispiel einer umfassenden Profilierung von Valentins.de.

Abgebrochene Webseiten-Transaktionen (Warenkorbabbrecher)

Das Zusammenspiel professioneller E-Mail- Marketing- und Webanalyse-Systeme ermöglicht den Versand gezielter Re-Marketing-Mails. Diese Form der Trigger-Mails setzt dort an, wo Webseiten-Transaktionen wie Formulareingaben und Online-Einkäufe durch den Nutzer nicht zum Abschluss gebracht wurden.

In der Praxis werden Transaktionen und Bestellprozesse aus den verschiedensten Gründen abgebrochen. Immer wieder hakt es bei der Usability oder der potenzielle Käufer wurde abgelenkt. Sofern die entsprechende Permission vorliegt, lassen sich Warenkorb- und Transaktions-Abbrecher durch getriggerte, zielgenaue E-Mails in einem zweiten Versuch dennoch konvertieren. Der Marketer steht hierbei allerdings vor der Herausforderung, unauffällig aufzutreten. Unter Umständen sind mehrstufige Trigger-Mails zielführend. Gelingt es etwa in einer ersten Erinnerungsmail nicht, den Nutzer zum Wiedereinstieg in den Kaufprozess zu bewegen, erhält er in einer zweiten Trigger-Mail ein besonders attraktives Incentive, beispielsweise in Form eines Rabatts, um die Bestellung abzuschließen.

Gerade im Zusammenhang mit Trigger-Mails an Warenkorbabbrecher sollten folgende Dinge beherzigt werden.

- **Abbruchgründe:** Die Gründe für einen Abbruch sollten nicht bloß per E-Mail geheilt werden. Parallel muss die zugrunde liegende Krankheit auch im Shop behandelt werden. Besucher, denen eine Kreditkartenzahlung unmöglich ist und die aber nicht wissen, ob oder wie sie ein anderes Zahlverfahren auswählen können, werden sich kaum durch eine drängende Erinnerung an den Warenkorb angesprochen fühlen. Ganz im Gegenteil. Wem allerdings bei der Eingabe der Zahlungs- und Lieferdaten mal wieder der Browser abgestürzt ist und anschließend ein Anruf der redseligen Schwiegermutter den Gedanken an den Einkauf komplett verdrängt hat, dagegen schon. Will heißen: Re-Marketing-Mails sind kein Allheilmittel, sondern eine Ergänzung, die behutsam eingesetzt werden sollte. Und zwar nicht bloß zum Verkauf. Bitten Sie die Abonnenten doch zeitgleich um Auskunft, warum die Bestellung abgebrochen wurde. So erhalten Sie per E-Mail zusätzlich wertvolle Hinweise auf Verbesserungsmöglichkeiten des Conversion-Trichters.

Gründe: Warum werden Transaktionen abgebrochen?

Die Ursachen können je nach Shopping-Umfeld und Personengruppe differieren. Häufige Gründe für den Absprung in letzter Minute: (1) weil die *Versandkosten* zu hoch sind. Für viele sind die eine gedankliche Hemmschwelle beim Onlineshopping. Denn im direkten Vergleich zum Offline-Shopping handelt es sich um einen Aufpreis ohne direkten Mehrwert. Verstärkt wird der Effekt oft dadurch, dass die Versandkosten im Kaufprozess zu spät kommuniziert werden. (2) Weil sie doch *noch nicht bereit* zum Abschluss sind. Eventuell ergibt sich im Kaufprozess noch weiterer Informationsbedarf. Sei es in Bezug auf einen letzten Preisvergleich oder weil vielleicht ein Formularfeld »Coupon-Code« suggeriert, das eine Suche im Netz noch Einsparmöglichkeiten zutage fördert. (3) Weil der Warenkorb als Merkliste zweckentfremdet wurde – vielleicht fügt der Interessent im Zeitverlauf so lange Artikel hinzu, bis der Mindestbestellwert für eine versandkostenfreie Lieferung erreicht wurde. (4) Weil die gewünschten Zahlungsoptionen nicht angeboten werden. (5) Weil nicht genug Vertrauen aufgebaut wurde beziehungsweise Sicherheitsbedenken vorherrschen. Weil (6) Rückfragen an den Kundensupport bestehen, es aber keine offensichtliche Kontaktmöglichkeit gibt.

Sie sehen, die Gründe sind vielfältig und – das ist wichtig – verlangen nach sehr unterschiedlichen Re-Marketing-Maßnahmen.

- **Identifizierbarkeit:** Ohne E-Mail-Adresse sind keine Re-Marketing-Mails möglich. Was banal klingt, verdeutlicht aber unmittelbar den Stellenwert einer optimalen Adressgewinnungs-Strategie. Wer also heute mit dem Gedanken spielt, morgen solche Trigger einzusetzen, sollte gleichzeitig die aktuellen Maßnahmen zum Verteileraufbau reflektieren. Verfügen wir rechtlich überhaupt über ein ausreichendes Opt-in? Genießt die Newsletter-Anmeldung auf der Homepage eine genügend hohe Sichtbarkeit? Sollte die E-Mail-Adresse im Bestellprozess nicht besser viel früher erfasst werden als bei der Lieferadresse – etwa durch einen vorgelagerten Schritt, der initial allein die digitale Anschrift erhebt? Solche Überlegungen setzen direkt an der möglichen Reichweite der Re-Marketing-Bemühungen an.
- **Nachfassgelegenheiten:** Bei »Warenkorbabbrecher-E-Mails« denken viele an dezidierte Nachfass-Aktionen, die allein den vergessenen Warenkorb in den Posteingang transferieren. Dabei bestehen doch prinzipiell zwei Möglichkeiten, diesen noch nachträglich zu reaktivieren: per Follow-up-E-Mail und/oder im regulären Newsletter. Denken Sie bei Letztgenanntem an einem zusätzlichen Inhalts-Block der Form »In Ihrem Waren-

korb: (...) – Jetzt mitnehmen«. Die Newsletter-Variante, die Warenkorbabbrecher erreicht, ist defensiver und weniger aufdringlich als ein getriggertes Sondermailing.

- **Nachfasszeitpunkt:** Der Nutzer sollte zeitnah kontaktiert werden. Als Faustregel gilt einerseits: innerhalb der nächsten ein bis 24 Stunden oder sogar in Echtzeit anschreiben. Andererseits erscheinen Generalisierungen auf einen bestimmten Zeitpunkt wenig praktikabel. Das Optimum kann je nach Produkt- oder Kundensegment stark variieren. Denken Sie an niedrig- versus hochpreisige Artikel. Bei Letzteren kann es Tage oder Wochen dauern, bis – vielleicht mehrpersonell im Familienkreis – eine finale Entscheidung getroffen wurde. Einen groben Anhaltspunkt für das Timing gibt möglicherweise die Verteilung der zeitlichen Verzögerung zwischen erstem Seitenbesuch und Kauf. Ebenso kann die Kenntnis der individuellen Abbruch-Uhrzeit eine interessante Planungsgrundlage sein. Mutmaßlich befindet sich der Nutzer genau 24 Stunden später wieder am PC, sodass ihn eine E-Mail eher zur richtigen Zeit erreicht.

Studie: Timing bei Warenkorbabbrecher-Mails

Der Anbieter SaleCycle untersuchte unter anderem den Einfluss des Timings auf die Erfolgsraten. Demnach erhöht ein zeitnaher Kontakt nach dem Warenkorbabbruch die Abverkäufe deutlich. Beträgt die Conversion-Rate innerhalb der ersten 20 Minuten noch 5,2 Prozent, sinkt sie sukzessive auf 3,2 Prozent bei einem Versand innerhalb von 4 bis 24 Stunden. Nach 24 Stunden sind die Erfolgsaussichten bereits um 50 Prozent gegenüber dem Sofortkontakt gesunken. Ob dies auf den deutschsprachigen Raum übertragbar ist, bleibt offen.

- **E-Mail-Inhalte:** Der Inhalt bestimmt maßgeblich mit, ob die Erinnerungsmail positiv oder negativ aufgenommen wird. Ein Stalking-Eindruck ist unbedingt zu vermeiden; niemand fühlt sich beim Shoppen gern beobachtet oder zum Kauf gedrängt. Widmen Sie dem Inhalt also besondere Aufmerksamkeit und Sorgfalt. Zurückhaltung ist Trumpf – gestalten Sie die Mail nicht zu pushy. Vielleicht sogar etwas neckisch. Beweisen Sie dabei vor allem Kundenorientierung (»Können wir Ihnen helfen?«, »Fragen zum Datenschutz?« et cetera). In die Betreffzeile gehören der Firmenname und/oder das betreffende Produkt. Optisch stechen nach der E-Mail-Öffnung idealerweise Vertrauensanker (Service, Siegel) im Kopfbereich sowie darunter die Abbildungen der in den Warenkorb gelegten Dinge ins Auge. Die Grafiken versprechen sofort Wiedererkennung und Relevanz und werden gemäß der Wahrnehmungshierarchie deutlich schneller wahrgenommen als Text. Alternativ erfüllt auch eine Aufzählung der Artikel inklusive Menge und Preis ihren Zweck. Als Angebotsverstärker können Rabatte und passende Rezensionen oder Bewertungen fungieren, sofern vorhanden. Oder auch der Aufbau zusätzlichen Handlungsdrucks per Verfallsdatum: »Wir halten den Warenkorb noch x Tage für Sie bereit«. Achtung: Gehen Sie sorgsam mit dem Gutschein-Versand um – sonst lernen die Abonnenten, dass sie über den Warenkorbabbruch bessere Konditionen erhalten. Professionelle Shop- und Webanalyse-Systeme bieten oftmals auch Recommendation Engines. Im Zuge der Integration mit dem E-Mail-Versandsystem können damit in den Retargeting-E-Mails direkt die passende Cross- oder Up-Selling-Angebote eingebunden werden, um den Warenkorbwert noch zu steigern. Wichtig: Denken Sie zu guter Letzt auch an eine klar herausgestellte Handlungsaufforderung. Ideal wäre ein Direktlink zum Warenkorb, der beim Klick im Browser die ursprüngliche Shop-Session des Interessenten wiederaufnimmt beziehungsweise rekonstruiert. Ergänzend bieten sich alternative Produkte oder Produktkategorien an für den Fall, dass der Warenkorb nicht mehr von Interesse ist.

- **Mehrstufige Re-Marketing-Kampagne:** Der E-Mail-Posteingang ist eine flüchtige Umgebung. Eventuell verfehlt daher eine Retargeting-E-Mail ihr primäres Ziel, in den Wahrnehmungsbereich des Adressaten zu gelangen. Oder vermochte das darin enthaltene Angebot den Abbrecher einfach noch nicht dazu zu bewegen, nachträglich doch zu konvertieren? Vielleicht weil die Kaufentscheidung noch nicht gefallen ist beziehungsweise der Kontaktzeitpunkt zu früh gewählt wurde? Zweite E-Mail, zweite Chance! Mit der passenden Ansprache und Zielgruppe in petto können Sie theoretisch gleich eine mehrstufige Abbrecher-Kampagne aufsetzen. Um den Werbedruck damit aber nicht über das erträgliche Maß zu strapazieren, empfiehlt sich ein maximal zweistufiger Ansatz: Erfolgt auf das erste Nachfassen keinerlei oder nicht die gewünschte Reaktion (Kauf, Öffnung, Klick, Antwort-E-Mail, Austragung), wird einige Tage oder Wochen später ein letzter zweiter Follow-up-Versuch ausgelöst. Die E-Mail-Versandlösung sollte hierzu vom Shopsystem aber über zwischenzeitliche Käufe informiert werden, damit Besteller von möglicherweise belästigenden Nachfass-E-Mails ausgeschlossen werden können. Zudem sollte neben der primären Handlungsaufforderung zur Wiederaufnahme des Kaufprozesses eine Sekundär-Option zur Löschung des Warenkorbs bestehen.
- **Segmentieren:** Menschen brechen aus unterschiedlichen Gründen ab. Eine genauere Analyse fördert möglicherweise Anhaltspunkte für Segmentierungen zutage. Vielleicht ergibt sich, dass Männer anders als Frauen angesprochen werden müssen, da womöglich Erstere mangels Einverständnis der »Familien-Schatzmeisterin« abspringen? Oder umgekehrt? Ebenso könnte sich herauskristallisieren, dass Bestandskunden anders als Interessenten anzuschreiben sind, weil Letztere vorerst doch noch einmal das Netz nach einem Gutschein durchwühlen wollten und zudem offene Fragen zum Service bestehen? Oder gilt es Nutzer, die auf der letzten Seite wegklickten, die die Versandkosten kommunizierte, anders zu behandeln als solche, die auf der vorletzten Seite cancelten? Denn der ersten Gruppe könnte zum Beispiel Versandkostenfreiheit bei einem höheren Warenkorbwert (Up-Selling, Cross-Selling) offeriert werden. Oder überzeugt ein Hinweis auf die Vorteile beim Onlineshopping (»Sparen Sie sich das Schlangestehen an der Kasse.«)? Analysieren und Testen!

Inaktive Abonnenten reanimieren

Dauerhaft inaktive Abonnenten sind zu reaktivieren. Falls der Versuch erfolglos bleibt, sollten die Karteileichen vom Versand ausgeschlossen werden. Zumindest, wenn der Verteiler eine gewisse Größe von mehreren Tausend Abonnenten erreicht hat. Denn Postfach-Anbieter wie Hotmail begutachten zunehmend die Reaktionen der Nutzer, um möglichst nur erwünschte E-Mails zuzustellen. Zudem werden inaktive Postfächer, die über zwölf Monate oder länger kein Log-in verzeichneten, teils in Spamfallen umgewandelt. Wer also laufend große Mengen inaktiver Abonnenten mit anschreibt, die nicht mehr klicken oder öffnen, könnte seine Zustellbarkeit schädigen. Die Erreichbarkeit gesunder Adressen sinkt somit ebenfalls. Dies und unnötige Versandkosten schmälern den Return on Investment des E-Mail-Marketing-Programms.

Davon abgesehen schlummert aber auch im vermeintlich »toten Segment« noch Potenzial. Mit einer gezielten Ansprache lässt sich dies eher entlocken als mit der Regelkommunikation, die den Abonnenten womöglich gar nicht mehr erreicht. Ein durchdachtes Reaktivierungsprogramm sollte daher Teil jeder E-Mail-Marketing-Strategie sein und intervallmäßig durchgeführt werden. Der Prozess lässt sich automatisieren. Folgende Dinge gilt es dabei zu berücksichtigen:

- **(In-)Aktivität operationalisieren:** Wer ist inaktiv? Bei der Definition sollte auf der einen Seite sichergestellt sein, dass keine aktiven Empfänger versehentlich oder zu früh »deklassiert« werden. Auf der anderen Seite müssen alte, potenzielle Spamtrap-Adressen rechtzeitig und sicher entfernt werden.

  Messbare Indikatoren für Aktivität sind etwa Öffnungen, Klicks, Log-ins im Forum, Conversions, Antwort-E-Mails oder die Profilaktualisierung. Eine gängige Definition lautet: »*E-Mail-Adressen, die älter als sechs Monate sind, im vergangenen halben Jahr mindestens monatlich beschickt wurden und bei denen über diesen Zeitraum kein Klick oder keine Öffnung registriert wurde, sind inaktiv.*«
- **Kampagnen-Timing festlegen:** Berücksichtigen Sie in Ihrem Mailing-Plan die Reaktivierungsserie in einem festen Turnus. Die Abstände zwischen zwei Kampagnen sollten sechs Monate nicht überschreiten. Professionelle Versender im angelsächsischen Raum tendieren heute zu kürzeren Betrachtungszeiträumen von drei Monaten. Grund sind verschärfte Spamfilter-Bedingungen bei Gmail, Hotmail & Co. Die Postfach-Anbieter setzen verstärkt Reaktionsdaten als Maß für die Erwünschtheit von E-Mails aus bestimmten Quellen ein. Auch ein monatlicher Turnus ist denkbar, falls die Serie vollautomatisiert durch die Versandlösung abgesetzt werden kann.

  Beachten Sie, dass der Versandzeitpunkt mit ursächlich für die Inaktivität sein kann. Experimentieren Sie also mit anderen Wochentagen und Uhrzeiten als diejenigen, zu denen die bisherigen E-Mails gewöhnlich versandt wurden.
- **Rahmen der Reaktivierungs-Kampagne definieren:** Apropos Ursache – die Gründe für Inaktivität können vielseitig und individuell verschieden sein. Landen die E-Mails unter dem regulären Absender bei bestimmten E-Mail-Domains im Spamfilter oder in Unterordnern? Oder sind die Nachrichten auf dem neuen Smartphone seit geraumer Zeit nicht mehr lesbar? Vor diesem Hintergrund sollte versucht werden, das Segment in mehreren Etappen zu reaktivieren. Neben den passenden Inhalten gilt es bei einer mehrstufigen Kampagne auch, die optimale Stufenzahl und die besten Abstände zu identifizieren. Funktionieren vier E-Mails im wöchentlichen Takt besser als drei Nachrichten im Abstand von zwei Tagen? Ein Test liefert Antworten.

Tipp: Entwöhnung

Alternativ oder vorausgehend zur E-Mail-Serie kann versucht werden, den Versand für die inaktiven Adressaten über einen längeren Zeitraum auszusetzen, um durch »Entzug« wieder neues Interesse zu entfachen.

- **E-Mail-Serie definieren und abstimmen:** Erklärtes Kampagnen-Ziel ist meist allein die Erzielung einer Öffnung oder eines Klicks. Wobei Öffnungen leichter zu realisieren sind (die Öffnungsrate übersteigt die Klickrate meist um ein Vielfaches). Perfekt aufeinander abgestimmte Absendernamen und Betreffzeilen sind erfolgskritisch. Denn beide bestimmten die Öffnungsrate maßgeblich.

  Viele Mailing-Parameter können variiert werden, um die Relevanz für die inaktiven Empfänger in zeitlicher Hinsicht (Frequenz, Versandzeitpunkt), in formeller Hinsicht

(Text-Mail, HTML, Mobile-freundlich, RSS, SMS, Twitter) oder inhaltlicher Hinsicht zu erhöhen. Wer die Gründe für Newsletter-Abmeldungen erhebt, erhält bereits wertvolle Anhaltspunkte, welche Stellschrauben Erfolg versprechen.

In Bezug auf die inhaltliche Relevanz-Dimension lohnt es sich, mit folgenden Elementen zu experimentieren:

- Umfragen zu den Inaktivitätsgründen beziehungsweise allgemein die Meinung der Empfänger in den Fokus rücken (»Wir möchten besser werden«, »Ihre Meinung ist gefragt«, »<Ort> wählt«, wobei <Ort> dynamisch durch den Wohnort des Empfängers ersetzt wird, et cetera). Neben Blitzumfragen (Abbildung 8.53) involvieren auch (Gewinn-)Spiele und packende Rätsel-Aufgaben sehr effektiv.

Am Rande: Rätsel nutzen

Zwei von drei Deutschen ab 14 Jahren rätseln. Denkaufgaben eignen sich als Beitragsform nicht nur gut zur Bindung der Leserschaft, sondern auch zur Reaktivierung. Abbildung 8.54 zeigt die Verknüpfung einer aktuellen mit der folgenden Newsletter-Ausgabe über Rätsel und Auflösung (»Auflösung in der nächsten Ausgabe«). Dies ist vor allem im Offline-Bereich ein verbreitetes Mittel, um kontinuierliches Interesse zu generieren und Treue aufzubauen.

- Variation des Absendernamens (zum Beispiel »UMFRAGE MeineMarke.de« anstatt »MeineMarke.de«, um über das vorangestellte Schlagwort Neugierde zu wecken)
- Bitte um Aktualisierung der persönlichen Präferenzen (E-Mail-Format, Interessensgebiete, Erscheinungsweise, alternative Kommunikationskanäle)
- Besonders starke Incentives
- Anleitungen und Hilfestellungen
- Auffällige E-Mail-Elemente (Animationen, Videos, eingerückte Betreffzeilen, Unicode-Symbole im Absendernamen)
- Re-Opt-in-E-Mail mit hoher Priorität (»WICHTIG: Klicken, um Newsletter weiter zu beziehen!«)

Sparen Sie in den Reaktivierungs-E-Mails nicht mit Hyperlinks. Verlinken Sie Bilder, Textblöcke und Überschriften. Jede Reaktion zählt. Zudem empfiehlt es sich, neben dem Absender und der Betreffzeile auch die Pre-Header-Vorschauzeile genau zu überlegen. Maximale Aufmerksamkeit ist erfolgskritisch. Und diese drei Elemente sind das Erste, was der Abonnent von Ihrer Botschaft zu Gesicht bekommt. Sie sollten deutlich in der Postfach-Übersicht hervorstechen und sich innerhalb einer Reaktivierungs-Serie mehr und mehr zuspitzen, um so einen Response regelrecht zu provozieren. Ein emotionaler Appell kann hilfreich sein (»<Vorname>, wo bist Du?«, »Wir vermissen Sie!«, »Ist unser Newsletter noch willkommen?«). Ebenso der sachliche Hinweis auf Neuerungen (»Vieles hat sich geändert, schau mal wieder vorbei«).

- **Entfernung der nicht reaktivierbaren Adressaten:** Adressaten, die auch im Zeitraum der Reaktivierungskampagne passiv blieben, sollten final aus dem E-Mail-Verteiler entfernt werden. Senden Sie dieser Gruppe eine verständnisvolle letzte Informations-E-Mail über die Austragung. Diese Nachricht sollte einen Re-Opt-in-Link für alle Fälle anführen, mit dem der Ex-Abonnent sich bei Bedarf durch einen Klick wieder eintragen kann (Beispiel in Abbildung 8.51).

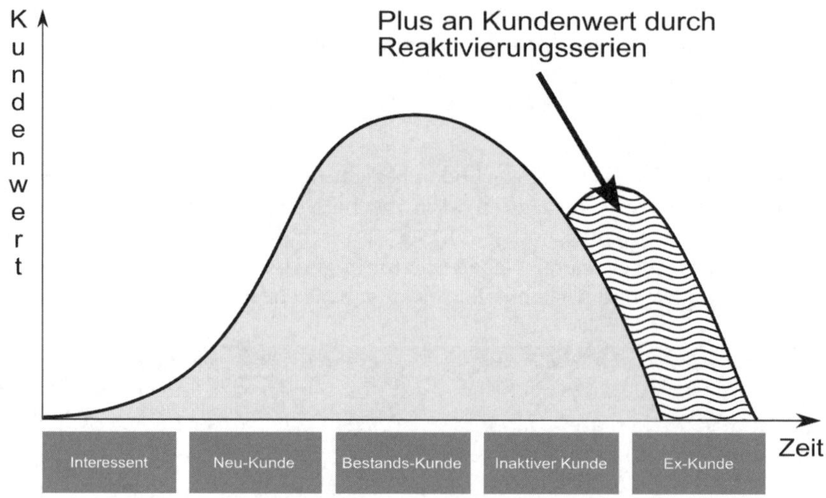

Abb. 8.50: Die Reaktivierungsserie dehnt die Kundenwert-Kurve (Stretching). Die Kundenbeziehung hält länger an, der Ertrag steigt.

Tag	E-Mail-Inhalt
1	Zufriedenheitsbefragung (»Was können wir besser machen?«)
4	Keine Reaktion bei (1)? Profil-Aktualisierung (»Reden wir Sie noch korrekt an?«)
7	Keine Reaktion bei (4)? Gewinnspiel
14	Keine Reaktion bei (7)? Re-Opt-in 1 (»Klicken, um den Newsletter weiter zu abonnieren«)
16	Keine Reaktion bei (14)? Re-Opt-in 2 (»Sind Sie sicher?«)

Tabelle 8.7: Mehrstufige Reaktivierungsserie mit Inaktivität als Trigger (Beispiel).

Abb. 8.51: Abschieds-E-Mail nach missglücktem Reaktivierungsversuch von Fab (Quelle: `tinyurl.com/bvb9tmm`)

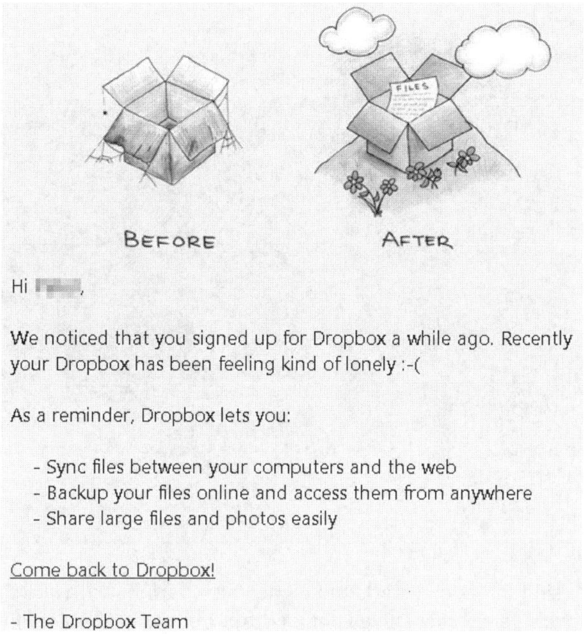

Abb. 8.52: Emotionale »We miss you«-Trigger-Mail von Dropbox

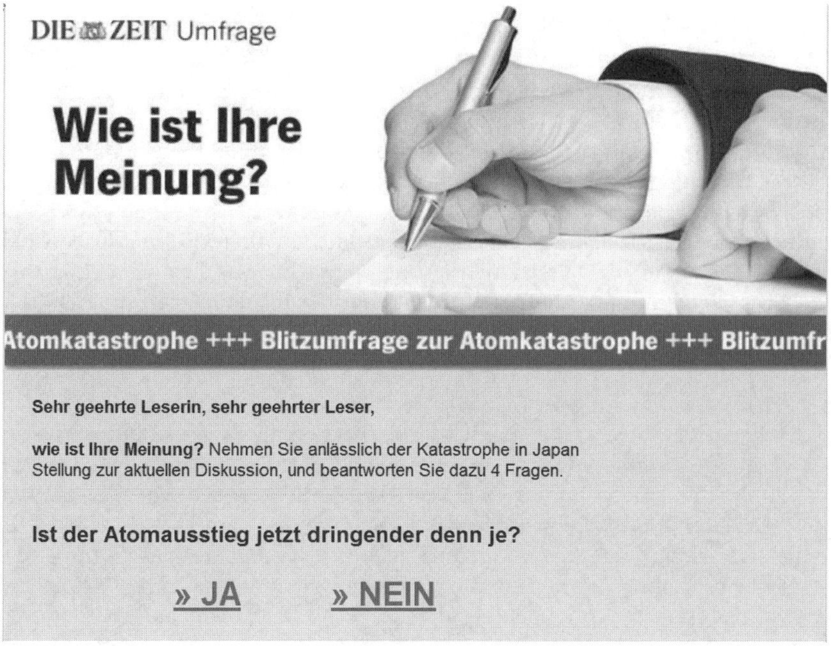

Abb. 8.53: Meinungsumfragen zu emotionalen und kontroversen Themen sind Response-stark. (`zeit.de`)

Abb. 8.54: Rätsel sind Response-stark und eignen sich damit auch zur Reaktivierung. Das Online-Formular ist als verweissensitive Grafik (<map>) eingebunden – der Klick auf jeden der fünf Radio-Buttons wird getrennt erfasst. Auf der Landingpage erfolgt der Hinweis auf die Auflösung in der kommenden Newsletter-Ausgabe. (kodak.com)

Fallstudien: Mit welche Reaktivierungs-Quote ist zu rechnen?

Der Verlag für die Deutsche Wirtschaft (VNR) konnte in drei Monaten neun Prozent von 60.000 angeschriebenen Inaktiven erfolgreich reaktivieren – 3,19 Prozent davon durch die Reaktivierungs-E-Mails und 5,79 Prozent durch die regulären Newsletter. Als inaktiv galten Empfänger, bei denen in den letzten 120 Tagen keine Datenaktualisierung, keine Öffnung und kein Klick registriert wurde. Der Kampagnen-Rahmen bestand aus 4 E-Mails, die unter einem anderen Absender in 60 Tagen versandt wurden: (1) Einer Zufriedenheitsbefragung, (2) einer Bitte um Datenaktualisierung (»Sprechen wir Sie noch richtig an?«), (3) einem Gewinnspiel und (4) einer erneuten Bitte um Datenaktualisierung. Als Reaktivierung galt ein Klick oder eine Öffnung innerhalb der Reaktivierungskampagne oder im Newsletter. Am schlechtesten performte übrigens das Gewinnspiel-Mailing.

Condor schaffte es, von 195.000 Inaktiven rund sieben Prozent zu reaktivieren. Obwohl viele bereits mehr als zwei Jahre inaktiv waren. (Bei den bis zu zwölf Monaten Inaktiven konnte sogar eine Reaktivierungsquote von mehr als 17 Prozent erreicht werden.) Grundlage der Kampagne war ein Zählspiel. Inaktive sollten in den nachfolgenden zwei Ausgaben des regulären Newsletters versteckte Fliegen zählen. Eine abschließende E-Mail fragte die Teilnehmer nach deren Ergebnis. Jede richtige Antwort wurde mit einem 10-Euro-Gutschein belohnt. (Hintergrund der Fliegen war Condors Claim »Wir lieben Fliegen«.) Als inaktiv galten Abonnenten, die 120 Tage lang nicht auf einen Newsletter reagierten. Die Gruppe wurde vorweg zwei Wochen zur Entwöhnung von der Regelkommunikation ausgeschlossen. Rechnen Sie bei einer Durchführung mit durchschnittlicher Sorgfalt im Schnitt mit einer Reaktivierungsquote von einem bis fünf Prozent.

Abb. 8.55: Die Condor-Reaktivierungs-Kampagne schaffte es, sieben Prozent der Inaktiven zu reaktivieren. Der Screenshot zeigt die Ankündigung des Spiels (Gamification). (condor.com)

Abb. 8.56: In einer weiteren E-Mail wurden die Inaktiven dazu aufgefordert, ihre Lösung anzuklicken – wie viele Fliegen wurden in den vergangenen zwei Newsletter-Ausgaben abgebildet? (condor.com)

Weitere Anlässe

- **Jahrestage:** Weitere Anlässe für Trigger-Mails bieten Jahrestage und Jubiläen im Rahmen einer dauerhaften Kundenbeziehung. Ein Datum, mit dem Sie sofort lostriggern können, haben Sie mit Sicherheit vorliegen, da Sie gesetzlich zur Protokollierung verpflichtet sind: der Opt-in-Zeitpunkt. Denken Sie etwa an den Jahrestag der Newsletter-Anmeldung beziehungsweise der Community-Registrierung oder an die erste Bestellung in Ihrem Onlineshop. In Ihren Trigger-Mails sollten Sie sich für die erwiesene Treue bedanken. Punkten Sie hierbei auch dadurch, dass Sie einen wertigen Loyalitätsbonus anbieten. Neben exklusiven, besonders attraktiven Treue-Gutscheinen können Sie in Ihren E-Mails auch auf exklusive Videos hinweisen, um die Kundenbindung zu unterstützen und zu emotionalisieren. Wie bei anderen Jubeltagen sollten Sie den automatisierten Versand möglichst mit einer persönlichen Ansprache verbinden.
- **Neue Präferenzen oder demografische Daten:** Trigger-Mails eignen sich auch dazu, um eine Profil-Selbstverwaltung (»Preference Center«) oder vergleichbare Dienste zu unterstützen. Hierbei wird unmittelbar nach jeder Profiländerung eine relevante E-Mail versendet. Der Nutzer wird also immer dann zeitnah und automatisiert mit einer passgenauen Trigger-Mail versorgt, wenn er Informationen zu neuen Produktbereichen oder Themen bestellt hat. Die Änderung des Familienstatus von ledig in verheiratet kann eine Glückwunsch-E-Mail auslösen. Sofern regionalspezifische Informationen verfügbar sind, kann der Marketer die Nutzer auch bei einem Wohnortwechsel automatisiert informieren (vergleiche Abbildung 8.57).

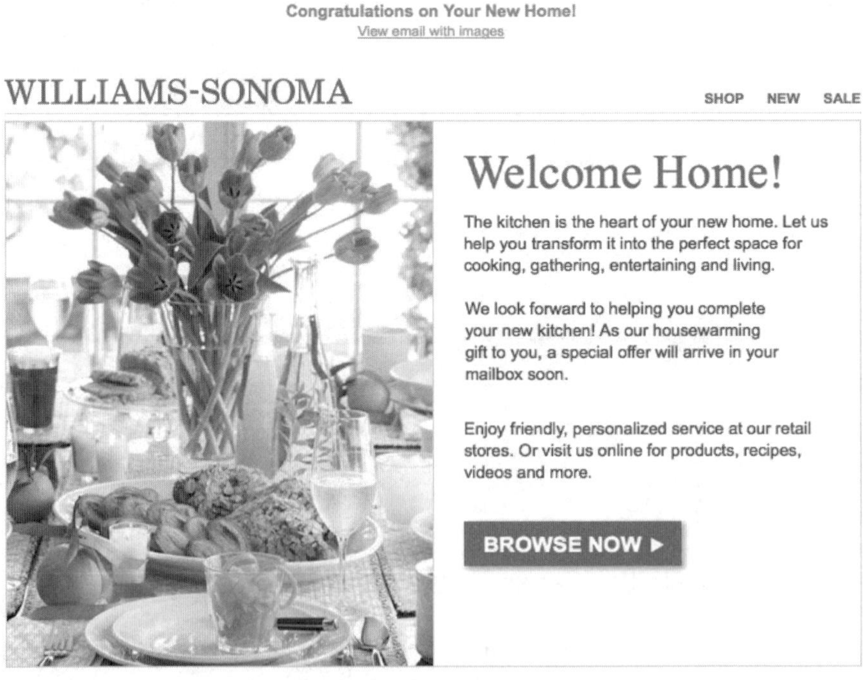

Abb. 8.57: »Glückwünsche zum neuen Heim« – Trigger-Mail von Williams-Sonoma nach einer Änderung der Anschrift. (`williams-sonoma.com`)

- **Stichtage:** Auch Stichtage sind für den Versand von Trigger-Mails bestens geeignet. Denken Sie beispielsweise an den Ablauf einer Testphase und damit verbundene Upgrade-Möglichkeiten auf kostenpflichtige Vollangebote. Gleiches gilt für Garantieleistungen: Nutzer, die einen modernen LED-Fernseher besitzen, möchten unter Umständen kurz vor dem Ablauf der Gewährleistungspflicht entsprechend erinnert werden. Für das Angebot einer Garantieverlängerung ist nun der beste Zeitpunkt. Zudem können Sie Erinnerungen vor dem Ablauf bestimmter Angebots- und Anspruchsfristen versenden. Viele Nutzer sind auch dankbar für »Service-Informationen« wie ein Hinweis zur Umstellung von der Sommer- auf die Winterzeit und umgekehrt.
- **Krumme Glückwünsche:** Man muss die Feste feiern, wie sie fallen – und sich die Anlässe hierfür selbst schaffen. Geburtstagsmails sind besonders einfach realisierbare Trigger-Mails, werden aber häufig auch bereits vom Wettbewerb genutzt. Für eine möglichst hohe Aufmerksamkeit bei den Empfängern können Sie deshalb unter Umständen durch automatisiert versandte E-Mails zu »krummen« Daten und Anlässen mehr erreichen. Denken Sie beispielsweise an Trigger-Mails, in denen Sie einen 33 1/3-Jährigen beglückwünschen, ein Dankeschön für die 3/4-jährige Community-Mitgliedschaft aussprechen, einen Gutschein zum ½ Geburtstag anbieten (vergleiche Abbildung 8.58) oder die siebte Bestellung ohne Vorankündigung speziell honorieren. Sorgen Sie hierbei durch ausgefallene Ideen für Verblüffung und überzeugen Sie durch Kreativität und Originalität.

Abb. 8.58: Kreativer Trigger – Ben & Jerry's gratuliert (auch) zum ½ Geburtstag. (benjerry.com)

- **Namenstag:** Der Namenstag ist der Gedenktag eines Heiligen, der den Vornamen der zu kontaktierenden Person trägt. In bestimmten katholisch und christlich-orthodox geprägten Regionen ist der Namenstag sogar wichtiger als der Geburtstag. Zugleich haben Namenstage heute ihren ursprünglich religiösen Charakter weitgehend verloren – eine E-Mail ruft den feierlichen Anlass in Erinnerung. Für Namenstagsmails spricht auch der Umstand, dass der Vorname dem E-Mail-Marketer meist bekannt ist, denn ein Großteil der Nutzer wünscht, in E-Mails mit ihrem Namen angesprochen zu werden, und hat diese Information bereits bereitgestellt.

  Namenstagsmails »funktionieren« grundsätzlich wie Geburtstagsmails, da der Versand von einem bestimmten Datum abhängt. Doch ganz so einfach ist es nicht. Für den Versand der entsprechenden Trigger-Mails ist eine Datenbank mit Informationen zum jeweiligen Namenstag erforderlich. Dabei steckt der Teufel im Detail. Probleme beim Namenstagmailing ergeben sich zum einen aus den vielen Vornamenvarianten, zu denen der zugehörige Namenspatron identifiziert werden muss. Und zum anderen existieren zahlreiche Namen, denen mehrere Namenstage zugrunde liegen. Letzteres, dass es also im Unterschied zum Geburtstag unter Umständen mehrere Gratulations-Anlässe geben kann, lässt sich durch einen Hinweistext wie in Abbildung 8.59 (»Übrigens …«) abfedern. Alternativ hilft Ihnen der Dienstleister marAnCon dabei, Ihre Vornamen-Liste optimal anzureichern.

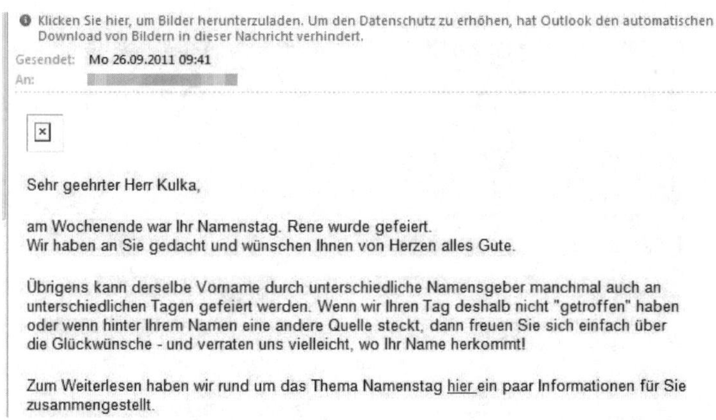
Klicken Sie hier, um Bilder herunterzuladen. Um den Datenschutz zu erhöhen, hat Outlook den automatischen Download von Bildern in dieser Nachricht verhindert.
Gesendet: Mo 26.09.2011 09:41
An:

Sehr geehrter Herr Kulka,

am Wochenende war Ihr Namenstag. Rene wurde gefeiert.
Wir haben an Sie gedacht und wünschen Ihnen von Herzen alles Gute.

Übrigens kann derselbe Vorname durch unterschiedliche Namensgeber manchmal auch an unterschiedlichen Tagen gefeiert werden. Wenn wir Ihren Tag deshalb nicht "getroffen" haben oder wenn hinter Ihrem Namen eine andere Quelle steckt, dann freuen Sie sich einfach über die Glückwünsche - und verraten uns vielleicht, wo Ihr Name herkommt!

Zum Weiterlesen haben wir rund um das Thema Namenstag hier ein paar Informationen für Sie zusammengestellt.

Abb. 8.59: Auch der Namenstag kann ein interessanter Trigger sein. (textakademie.de)

- **Vermuteter Ersatzkaufzeitpunkt:** Viele Konsumgüter haben beim Kunden eine gleichbleibende Lebensdauer und werden von den Konsumenten in regelmäßigen Zeitintervallen erneut bestellt. Denken Sie beispielsweise an Monatslinsen, die zeitlich in festen Zyklen nachbestellt werden. Aus den Transaktionsdaten von Bestandskunden lassen sich solche Beschaffungszeiträume zum Teil recht gut eingrenzen. Dank dieser Information kann der Marketer Erinnerungsmails mit passgenauen Angeboten kurz vor dem zu erwartenden erneuten Einkauf automatisiert versenden. Gerade in Branchen mit standardisierten Produkten (vergleichbare Qualität / vergleichbarer Preis) kann sich diese datengestützte Ansprache von Kunden per E-Mail als sehr effektiv erweisen – und damit den Wechsel zum Wettbewerb erfolgreich verhindern. Im Gegensatz zur Konkurrenz weiß der Marketer ja bereits, was der Kunde wann wünscht. Wenn etwa im Schnitt alle drei Monate ein Nachfüllset für die Druckerpatrone erworben wird, kann ein einfaches Mailing unmittelbar vor Eintritt dieses Ereignisses entscheidend dazu beitragen, dass eben bewusst wieder in dem vertrauten Webshop gekauft wird, und nicht zufällig in einem beliebigen anderen. Natürlich ist es für die meisten Produkte oder Kunden unmöglich, hundertprozentig genaue Prognosen bezüglich der Kaufzyklen über den gesamten Kundenlebenszyklus abzugeben. Es wäre wundersam, wenn das besagte Tinten-Nachfüllset von allen Kunden stetig in einem Turnus von genau drei Monaten nachgekauft wird. Die Vorhersagekraft solcher Modelle ist also immer begrenzt. Dies muss dem allgemeinen Nutzen insgesamt aber keinen Abbruch tun. Klare Tendenzen reichen vielfach aus, um sich als Anbieter eben rechtzeitig wieder beim Kunden in das Evoked Set zurückzurufen. (Als Evoked Set bezeichnen Marketer Produktalternativen, die ein Konsument bei seinem nächsten Kauf in Betracht ziehen wird.)

Wiederkauf-Mails in der Praxis

Die Berater von MarketingSherpa veröffentlichten Mitte 2011 eine interessante Fallstudie zu Ersatzkaufbenachrichtigungen. Housh Inc., ein Spezialanbieter von Luft-Filtersystemen, triggerte auf Basis der berechneten durchschnittlichen Beschaffungszeiträume für seine Produkte jeweils eine automatisierte dreiteilige E-Mail-Serie. Die Serie generiert knapp 2 Dollar für jede versandte E-Mail; mehr als die Hälfte der Besucher, die zur Webseite durchklickten, bestellten auch.

- **Erinnerungen:** Wunschlisten, in denen Artikel festgehalten wurden, die scheinbar in Vergessenheit gerieten, können automatisiert Erinnerungsmails anstoßen. Versender können hierbei zusätzlichen Handlungsdruck aufbauen, indem auf begrenzte Restbestände hingewiesen wird (Verknappung, vergleiche Abbildung 8.60).

Abb. 8.60: Der individuelle Merkzettel meldet sich, da anscheinend ein interessanter Artikel in Vergessenheit geriet und sich die Bestände dem Ende zuneigen. (`modcloth.com`)

Teil V

E-Mailings und Newsletter gestalten

In diesem Teil:

Der vierte Teil – bestehend aus nur einem etwas längeren Kapitel – beschäftigt sich vor allem mit der grundlegenden Ausrichtung Ihrer E-Mail-Maßnahmen. Er beantwortet Fragen wie: Wann soll ich meinen Newsletter versenden und wie häufig? Ebenso geht es um solche Dinge, die Sie zu Beginn des Jahres, wenn das geschäftliche Treiben etwas ruhiger ist, für die kommenden zwölf Monate anvisieren können. Dies beinhaltet zum Beispiel die rechtzeitige Berücksichtigung saisonaler Mailing-Anlässe oder auch Maßnahmen, mit denen Sie sich eine optimale Profiltiefe schaffen, um E-Mails personalisieren und individualisieren zu können. Auch das Thema Automatisierung fällt hierunter. Sie erfahren, wie und wo Sie die Kundenbindung per E-Mail quasi auf Autopilot schalten können.

Kapitel 9

Layout-Typen und Templates kennen

Newsletter-Redakteure sollten sich auf ihre Inhalte konzentrieren können. Technische E-Mail-Aufgaben kosten unnötig Zeit und verlangen nach sehr speziellem Know-how. Darüber hinaus müssen die Corporate-Design-Richtlinien sowie Rechtskonformität sichergestellt sein. Hierbei kommen Templates ins Spiel. Das sind Mailing-Schablonen, die Layout, Gliederung, Abmessungen, Formatierungen und wiederkehrende Inhaltsabschnitte wie die Kopf- und Fußzeile automatisch vorgeben. Sie dienen als Grundgerüst und bieten genügend Flexibilität, um bei Bedarf Erweiterungen oder Anpassungen in vorgegebenen Bereichen vornehmen zu können.

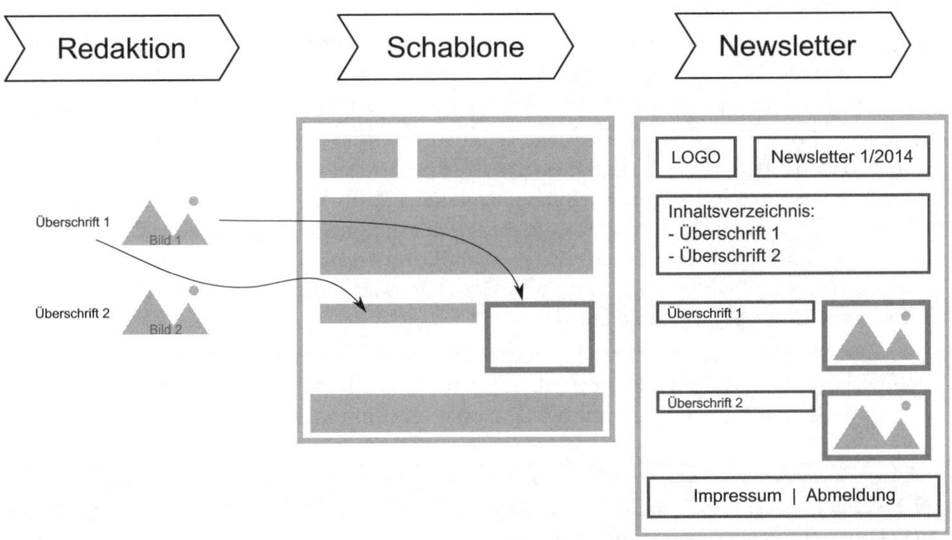

Abb. 9.1: Templates trennen Inhalt von Form und Struktur: Der Newsletter wird nach Maßgabe eines Regelwerks automatisch zusammengestellt. Der Redakteur benötigt keine HTML-Kenntnisse, sondern kann sich auf seine Arbeit konzentrieren.

9.1 Grundlegende Nachrichtentypen abbilden

Es empfiehlt sich, vorweg Schablonen für die künftigen E-Mailing-Szenarien zu definieren. Zu den möglichen Anlässen zählen zum Beispiel der Newsletter, die Erinnerungs- oder Ankündigungsmail eines bestimmten Ereignisses, die Bestellbestätigung, eine Event-Einladung oder Pressemitteilung. Prinzipiell lassen sich die meisten Nachrichten-Kategorien auf drei Template-Archetypen zurückführen (daraus resultierende Mailing-Beispiele in Abbildung 9.2). Marketer, die diese vorhalten, sind bestens gerüstet:

1. **Newsletter:** Die Newsletter-Schablone ist die Grundlage für E-Mails, die mehrere, größtenteils gleichrangige Inhalte präsentieren. Jeder Inhaltsblock setzt sich exemplarisch zusammen aus einem frei editierbaren Visual, einer Überschrift, Anreißer und Handlungsaufforderung. Für längere Newsletter bietet die Schablone ein Inhaltsverzeichnis zur schnellen Orientierung.

   Gängig sind ein- bis dreispaltige Layouts. Die Spaltenzahl kann in der Regel flexibel innerhalb einer Ausgabe variiert und blockweise festgelegt werden (Angebot Nummer eins füllt eine Zeile allein, Angebote Nummer zwei und drei teilen sich nebeneinander die zweite Zeile). Zur Linken oder Rechten befindet sich optional eine Leiste mit weiteren Rubriken oder Inhaltselementen (sogenannte Marginalspalte, im Englischen auch Sidebar/Siderail). Hierzu zählen die letzten Tweets, Blogbeiträge, das Editorial et cetera.
2. **Standalone / E-Postkarte / E-Mailing:** Im Gegensatz zum Newsletter fokussiert sich die elektronische Postkarte – wie der große Bruder aus der Offline-Welt – darauf, lediglich eine einzige Botschaft in aller Kürze zu übermitteln. Das Template besteht zum Beispiel lediglich aus leichtem Branding zur Absender-Wiedererkennung und einem einzigen großen Bild. Oder einem Bild nebst knapp gefasstem HTML-Begleittext. In der E-Mail-Vollansicht ist der Inhalt für den Empfänger regelmäßig gänzlich sichtbar, ohne scrollen zu müssen.

   Typischerweise findet sich dieser Layout-Typ bei Werbung an gemietete Adressen (»Standalone«-Werbung). Ebenso bei hochfrequenten oder kurzfristigen Aussendungen mit hoher Dringlichkeit. Konkrete Anwendungsfälle sind Eventankündigungen, Erinnerungen an nicht eingelöste Gutscheine oder allgemeine Sondermailings.
3. **Brief/HTML-Light:** Das Template-Format »Brief« ähnelt der Postkarte mehr als dem Newsletter, ist aber weniger werblich und dafür ausführlicher. Auf Grafiken und mehrspaltige Layouts wird oft verzichtet (daher »HTML light«). Eingebettet in den standardmäßigen Kopf- und Fußbereich wird die Mitteilung primär als formatierter Text (seltener unformatierter Plain-Text) übermittelt. Daneben oder darunter schließen sich optional passende Cross-Selling-Angebote an.

   Anwendungsfälle für den Brief sind beispielsweise Transaktionsnachrichten wie die Lieferbestätigung, die formelle Einladung zu einer Messe, eine Pressemitteilung oder auch die schlanke Nachricht an mobile Newsletter-Abonnenten.

Tipp: Flexibilität bleibt Trumpf – Beispiel: Horizontales Layout

Die Verwendung von Templates kann dazu (ver)führen, in ein allzu mechanisches und einseitiges E-Mail-Programm abzudriften. Räumen Sie sich zwischendurch immer noch genügend Zeit für abwechslungsreiche »Experimente« abseits des Standards ein, um die Abonnenten positiv zu überraschen. Wie wäre es etwa mit einem horizontal statt vertikal orientierten Newsletter? Der Usability-Experte Jakob Nielsen warnte zwar: »User hassen horizontales Scrollen.« Das horizontale Layout kann dennoch als kreative Abwechslung daherkommen. Insbesondere in Verbindung mit spielerischen Elementen. Bei horizontalen Layouts besteht eine grundsätzliche Gefahr. Nämlich die, dass Abonnenten nicht verstehen oder übersehen, dass die E-Mail rechts abgeschnitten ist. Schließlich ist das Layout untypisch und der Umgang damit nicht gelernt. Dem kann jedoch vorgebeugt werden. Hierzu sollte der Adressat beim Lesen nicht zusätzlich noch vertikal, also nach unten scrollen müssen; die Höhe sollte also knapp bemessen sein. Zudem empfiehlt es sich, die Scroll-Möglichkeit nach rechts an passender Stelle im Werbemittel durch Pfeile oder Ähnliches anzudeuten (vergleiche Abbildung 9.3).

Achten Sie zudem darauf, dass das Werbemittel nicht mehr als 2.100 Pixel einnimmt. Da endet der Scroll-Balken von Outlook 2007. (Apropos Scroll-Balken: Outlook.com besaß nach seinem Beta-Start etliche Monate lang überhaupt keinen; horizontale E-Mails konnten somit nicht vollständig betrachtet werden. Der Teufel steckt also bei horizontalen Layouts im Detail.)

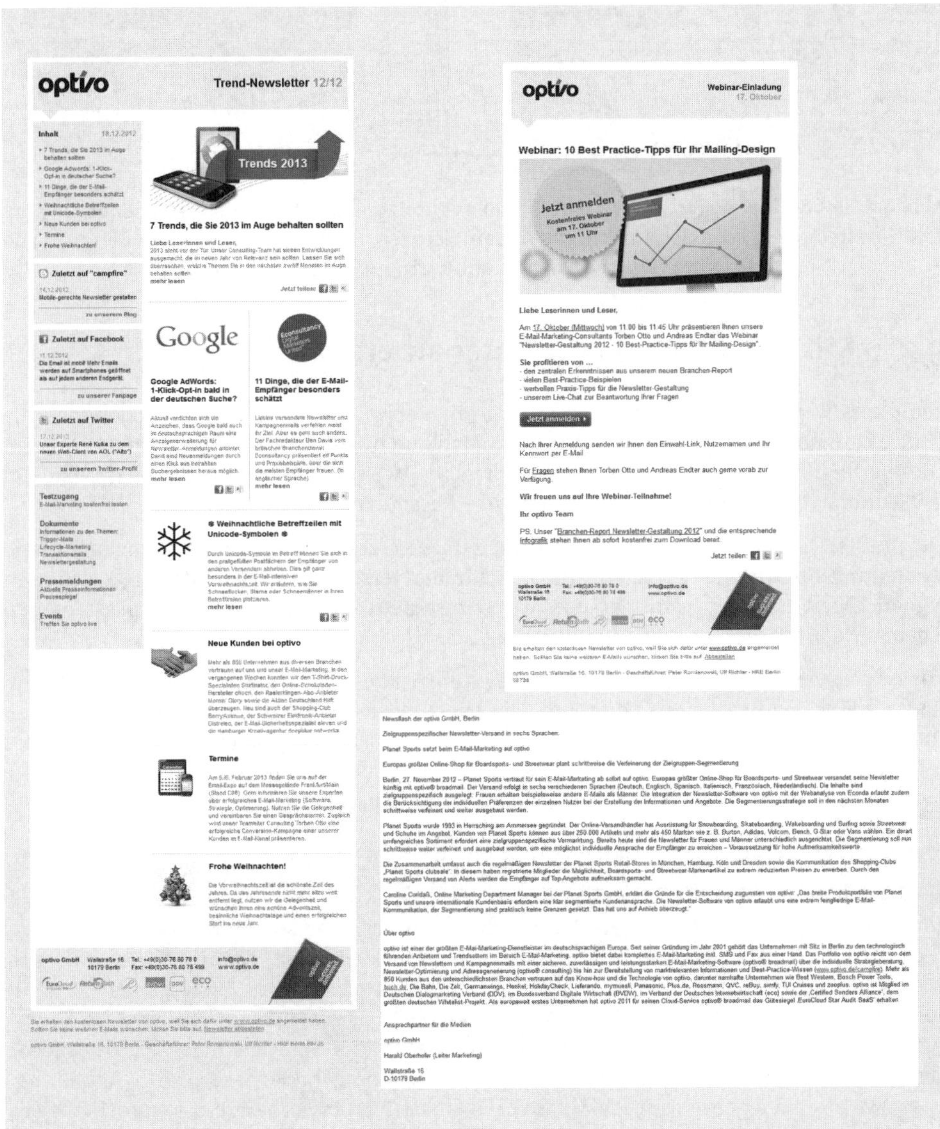

Abb. 9.2: Drei typische Template-basierte E-Mails im Vergleich – links der monatliche Newsletter, rechts oben ein Sondermailing zum besonderen Anlass, rechts unten die Text-Schablone für eine Pressemitteilung. (`optivo.de`)

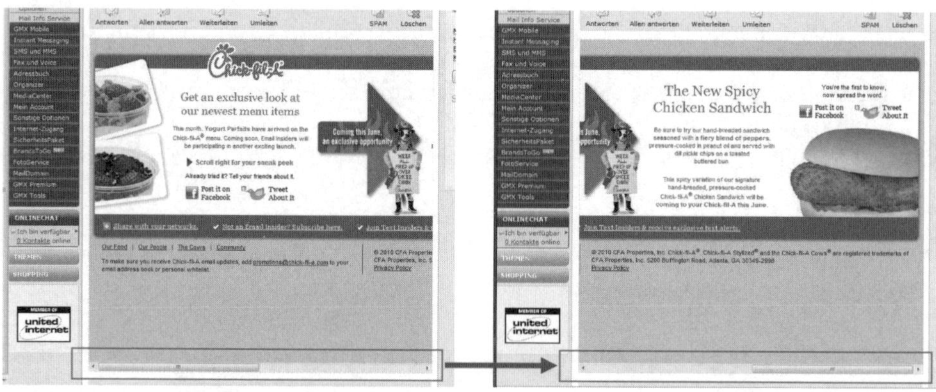

Abb. 9.3: Unüblich aber gut – Chick-fil-A-E-Mail mit horizontaler statt vertikaler Orientierung im GMX-Posteingang; links der Ausschnitt vor dem Scrollen, rechts danach. Weitere Beispiele auf `emailmarketing.de` und unter `tinyurl.com/d593hox`.

9.2 Mit Schablonen effizienter arbeiten

Templates werden lediglich initial einmalig angefertigt. Anschließend brauchen sich die Redakteure nur noch um das Befüllen der Schablone mit aktuellen Inhalten zu kümmern. Diese erfolgt beispielsweise bequem mittels eines WYSIWYG (What you see is what you get)-Editors. Auf Dauer sparen Templates viele Ressourcen.

Die meisten E-Mail-Service-Provider verfügen über Verzeichnisse mit einer ganzen Batterie darstellungsoptimierter Vorlagen, die sich für die verschiedensten E-Mailing-Kategorien eignen. Der Versender wählt daraus die gewünschte(n) Vorlage(n) aus und passt sie den eigenen Bedürfnissen an, wie Abbildung 9.4 zeigt.

Für Anpassungen sind meist gar keine oder wenn, dann nur grundlegende HTML-Kenntnisse seitens des Bearbeiters vonnöten. Die Dienstleister warten mit intuitiven grafischen Interfaces auf (vergleiche Abbildung 9.5). Damit lassen sich alle Bausteine eines Templates sehr einfach per Maus hinsichtlich Farbe, Inhalt und Form (zum Beispiel mit / ohne Bild, Zwischenüberschriften et cetera) anpassen, verschieben, hinzufügen oder entfernen.

Tipp: Von den E-Mail-Coding-Profis lernen

Auch das Internet bietet einen großen Fundus an professionellen Templates in allen möglichen Varianten. Einige stehen öffentlich zum Download bereit. Damit erhalten Sie sauberen Quelltext, der in allen wichtigen E-Mail-Programmen einheitlich dargestellt wird und zudem keine Spamprobleme mit sich bringt. Schauen Sie zum Beispiel bei Campaign Monitor (`campaignmonitor.com/templates/`) oder MailChimp (`mailchimp.com/resources/html-email-templates/`) vorbei. Oder bei `Themeforest.net` (Abbildung 9.6), wo zum Teil sehr anspruchsvolle Vorlagen käuflich erworben und besprochen werden können. Technisch Interessierte können sich anhand eines Blicks in die Quelltext-Ansicht nebenbei noch den ein oder anderen Kniff abgucken. Beachten Sie etwaige Lizenz-Vorgaben für die eigene Nutzung.

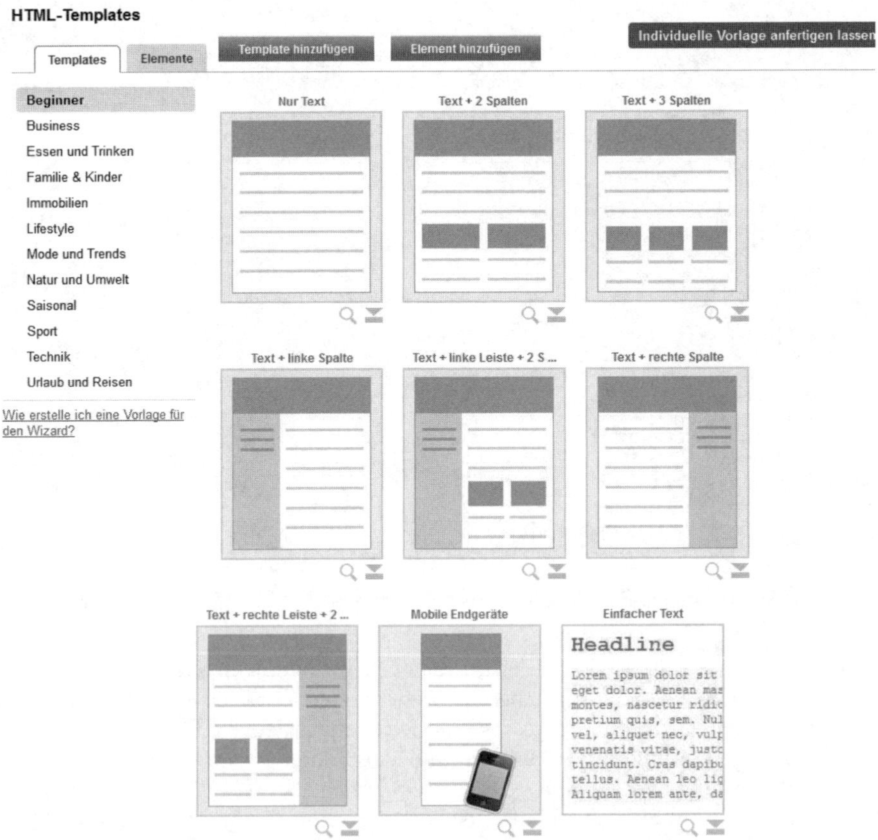

Abb. 9.4: Große Auswahl unter den Template-Vorlagen in der Rubrik »Beginner« in der Versandsoftware des Anbieters CleverReach

Abb. 9.5: Berührt der Mauszeiger eine Artikel-Vorlage, erscheinen Optionen wie Verschieben, Editieren, Duplizieren und Löschen. (Hier: Constant Contact)

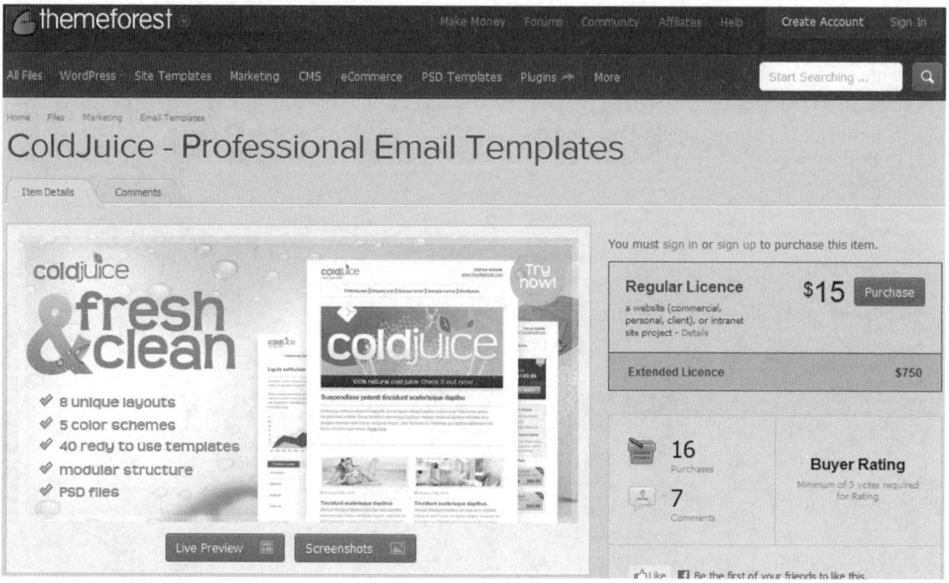

Abb. 9.6: Professionelle E-Mail-Templates auf dem digitalen Marktplatz von themeforest

Andere E-Mail-Service-Provider wiederum bieten keine Vorlagen-Verzeichnisse, sondern stellen *ein* flexibles Muster-Template bereit. Wieder andere erstellen die notwendigen Templates im Rahmen des Setup-Prozesses für den Neukunden selbst. Dazu wird dessen Designvorgabe mit Abbildungen, Farben und Abständen entsprechend des Corporate Designs optimiert und in die jeweilige Template-Sprache übersetzt. (Bei der Template-Sprache handelt es sich um die anbieterspezifische Auszeichnungssprache für E-Mail-Schablonen, in der die Anordnung der Elemente, deren Eigenschaften und Beziehungen zueinander festgehalten werden.) Die Erstellungskosten für maßgeschneiderte Templates können sich – je nach individuellem Aufwand – auf mehrere hundert bis über tausend Euro belaufen.

Ein weiterer Vorteil von Templates ist, dass bestimmte Inhaltsbereiche kein Handanlegen mehr erfordern. Das Inhaltsverzeichnis beispielsweise lässt sich automatisiert anhand der Überschriften aufbauen. RSS-Feeds – man denke an die letzten Tweets oder Blogbeiträge – können ebenso ohne weiteres Zutun eingebunden und zum Versandzeitpunkt jeweils aktuell abgerufen werden. In die Template-basierte E-Mail werden stets die korrekten Kopf- und Fußzeilen eingesetzt. Damit sinkt die Gefahr, dass es zu unvorhergesehenen Darstellungsproblemen im Postfach kommt. Gleichsam ist sichergestellt, dass die rechtlichen Erfordernisse wie zum Beispiel ein Impressum oder eine Abmeldemöglichkeit immer verfügbar sind.

Je nach Leistungsfähigkeit der Template-Engine reicht es für den Bearbeiter aus, Artikelnummern der zu bewerbenden Produkte einzugeben. Alle Daten, die zum Erbauen der Newsletter-Inhaltsparagrafen notwendig sind, lädt sich das Template selbstständig aus dem Customer-Relationship-Management- oder Warenwirtschaftssystem: Titel, Preis, Beschreibung, Deep-Link zur Webseite et cetera. Auch können aus einer zentralen Vorlage direkt mehrere abgeleitete Formate extrahiert werden. Wurden beispielsweise die

Inhalte für die kommende Newsletter-Ausgabe eingepflegt, erstellt das System auf Wunsch selbstständig auch gleich die passend formatierte Plain-Text-Variante für den Multipart-Versand. Gleichsam ließe sich sogar eine Mobile-optimierte Variante ableiten. (Sie sehen: Template-Sprachen sind mächtige Werkzeuge. Deshalb spricht man auch von Template-Programmierung.)

Abb. 9.7: Templates in optivo® broadmail – die Eigenschaften jedes Abschnitts im Template (links) lassen sich editieren (rechts oben). Die Template-Engine übersetzt die Vorgaben in das fertige Newsletter-HTML (Vorschau rechts unten).

9.3 Erfolgswirksame Newsletter gestalten

So vielfältig die Möglichkeiten nun erscheinen, die sich aus Templates ergeben, so groß ist auch die Gefahr, auf das falsche Pferd zu setzen. Die schönste und flexibelste Vorlage nutzt nichts, wenn sie den besonderen Anforderungen an E-Mail-Werbung nicht Rechnung trägt. Wodurch unterscheiden sich effektive von weniger wirksamen Templates?

Gute Newsletter-Vorlagen werden zunächst einmal in allen wichtigen Anzeigeprogrammen vernünftig dargestellt (»gerendert«). Von Outlook über Gmail bis zum iPhone. Der Quelltext ist auch für schmalere Bandbreiten (Stichwort Mobile E-Mail, vergleiche Kapitel 21) optimiert. Sie sind angenehm für das »Auge« des Spamfilters und natürlich vor allem für das des Abonnenten zu lesen. Ersterer mag zum Beispiel keine Schriften mit geringem Kontrast und kein Text-zu-Bild-Verhältnis, das Grafiken zu sehr übervorteilt. Letzterer hingegen verlangt vor allem nach einer klaren Struktur und Informationshierarchie, die den Blick dirigiert und so unter anderem das Scrollen nach unten im Vorschaufenster (knapp 400 Pixel Höhe) anregt. Mittel hierzu sind zum Beispiel schnell erfassbare Primär- und Sekundärbotschaften, deutliche Handlungsaufforderungen und Links sowie guter Kontrast und ausreichende Schriftgröße.

9.3.1 Form, Lesefluss, Gliederung und E-Mail-Gewicht

Viele E-Mails werden mit einem falschen Bild vom Abonnenten gestaltet. Es ist ein Irrtum, dass dieser sehnsüchtig auf die nächste Newsletter-Ausgabe wartet, dann sein Telefon ausschaltet und sich mehrere Minuten Zeit zum Lesen nimmt. Ein Newsletter unterbricht den Empfänger (Interruption Marketing). Der typische Abonnent ist oft abgelenkt und kurz angebunden. Die meisten suchen lieber selbst anlassbezogen im Web nach Informationen.

Um den Empfänger nicht nur auf der technischen Ebene, also im Postfach, sondern auch inhaltlich, also verstandesmäßig, zu erreichen, muss der Newsletter in den ersten Sekunden überzeugen. Das heißt: Er soll ein »ja, das könnte mir nützen«-Kopfnicken auslösen. Wenn Sie E-Mailings oder Templates bauen (lassen), behalten Sie deshalb die folgenden Punkte im Hinterkopf.

Scrolling / Vorschaufenster-Ansicht

Diagonale **»Zick-Zack«-Templates** (vergleiche Abbildung 9.9 links) sind anmutenden linearen Schablonen vorzuziehen. Blickverlaufsanalysen legen nahe, dass leicht versetzte Elemente eher zum Scrollen anregen. Hingegen ermüdet Gradlinigkeit das Auge des Lesers schneller. Elemente, die das typische Rechteck-an-Rechteck-Schema aufbrechen und etwa über den Rahmen hinausragen, wirken positiv auf Aufmerksamkeit sowie Verteildauer. Das Werbemittel erscheint einfach interessanter, somit beschäftigen sich die Leser länger damit. Dabei sollte man es natürlich nicht übertreiben. Insgesamt muss das Layout stimmig bleiben.

Besonders erfolgskritisch ist der obere Bereich des Newsletters, der im Vorschaufenster des Abonnenten sichtbar ist. Aufgrund der Vielzahl unterschiedlicher E-Mail-Programme, Bildschirmauflösungen und Fensterkonfigurationen kann dieser entscheidende Bereich vorab nicht exakt dimensioniert werden (Abbildung 9.8). Es handelt sich also eher um ein gedankliches Konzept.

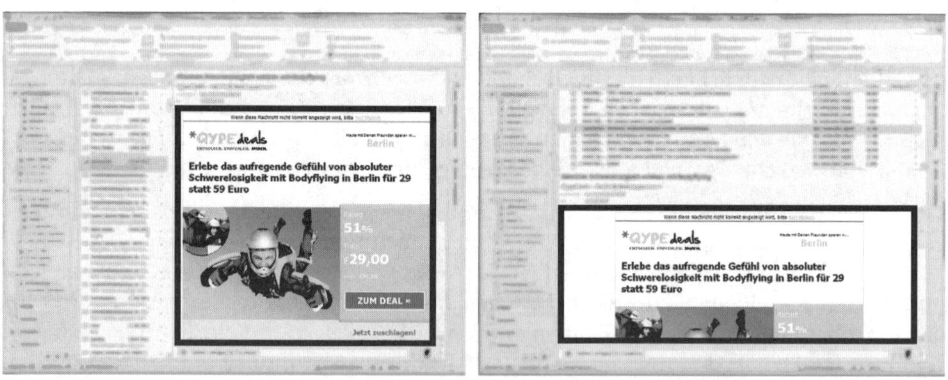

Abb. 9.8: Qype-Newsletter mit Lese-Bereich rechts versus Lese-Bereich unten in Outlook – die Abmessungen des Vorschaufenster-Bereichs sind sehr unterschiedlich. Sie hängen ab von individuellen Einstellungen und Geräte-Eigenschaften. Ältere Studien zur Verbreitung existieren von MarketingSherpa (Email Marketing Benchmark Guide 2009) sowie von MicroMass Communications (A Study on Preview Pane Visibility, PDF: `tinyurl.com/cdzuun9`).

Als Richtwert gilt, dass die wesentlichen Informationen, die zum Weiterscrollen anregen sollen, in den oberen 300 bis 400 Pixeln unmittelbar ersichtlich sein sollten. Natürlich ohne zu überfrachten, da sonst der Hauptnutzen untergeht. Die Leser sind ja durchaus gewillt zu scrollen, wenn man sie eben genügend motiviert. Wer für mobile Endgeräte optimiert, sollte sogar ein noch kleineres Fenster von 300 Pixel Breite mal 250 Pixel Höhe anvisieren. »Unmittelbar sichtbar« meint: auch bei blockierten Bildern.

Demonstrieren Sie klar, dass es sich lohnt, auch den verdeckten Rest der E-Mail unterhalb der Scroll-Markierung zu erkunden. Dazu muss der Nutzen hervorstechen (siehe auch Abschnitt 9.3.7 *Nutzen von Vorteilen und Merkmalen unterscheiden*). Das Wichtigste gehört in einer E-Mail immer nach oben.

Zeigen Sie dem Leser ferner den vorgesehenen Blickpfad an und animieren Sie ihn auf diese Weise zum Scrollen. Grafische Hilfsmittel hierzu sind etwa Nummerierungen, besondere Anordnungen und Formen, Hervorhebungen durch Rahmen, Größe, Farbe oder Animationen (Abbildung 9.9, `tinyurl.com/b2bdtfa`). Pfeile und Linien erzeugen *Verbundenheit* – ein Gestaltungsgesetz mit starker Wirkung (zu den weiteren Gesetzen vergleiche auch Abschnitt 4.4 *Usability und ansprechende Optik*). Man denke zudem an Elemente, die im oberen Bereich besonders aufmerksamkeitsstark sind, Neugierde wecken und sich durch den gesamten Newsletter ziehen (Abbildung 9.10).

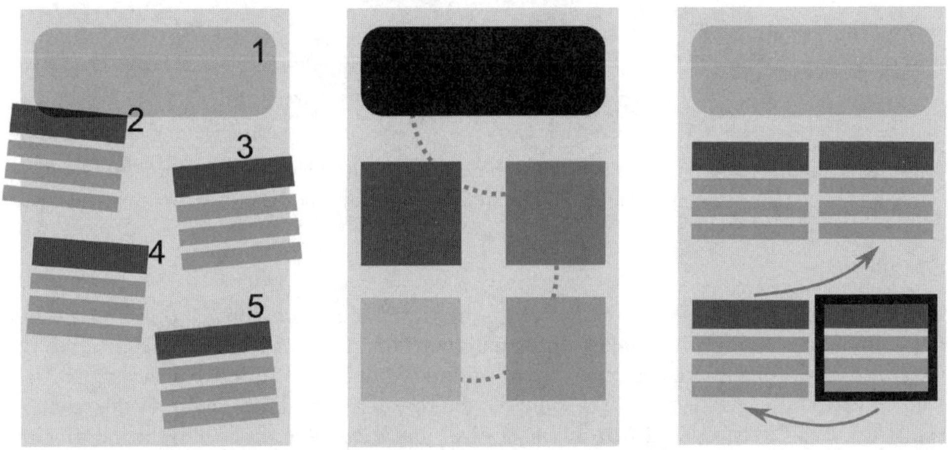

Abb. 9.9: Blickverlauf gezielt lenken zum Beispiel durch Nummerierung, Anordnung, Form, Rahmen, Größe, Farbe, Pfeile, Verbindungslinien oder Animationen

Tipp: Aufmerksamkeitsanalysen nutzen

Führen Sie bei der E-Mailing-Konzeption Aufmerksamkeitsanalysen durch. Solche Analysen sind an Blickverlaufsmessungen angelehnt und ermitteln algorithmisch, welche Bereiche im Newsletter in den ersten drei bis fünf Sekunden (Orientierungsphase) wahrgenommen werden. Anhand der Resultate lässt sich das E-Mailing schrittweise optimieren, bis die Aufmerksamkeit auf den gewünschten Bereichen liegt. Das Konzept wurde bereits in Abschnitt 5.1 *Sichtbarkeit des Newsletter-Angebots* aufgegriffen.

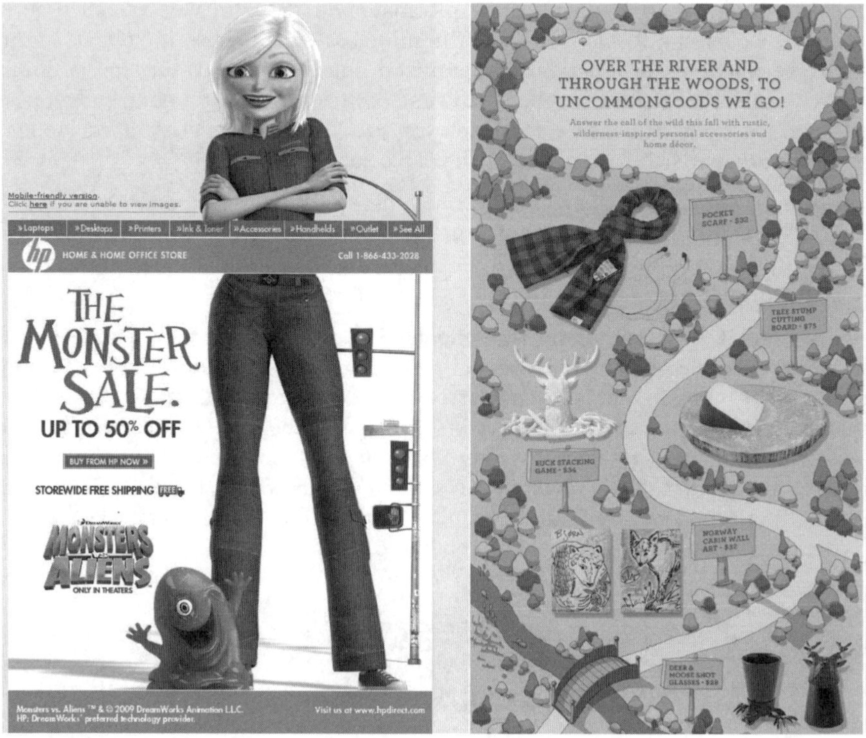

Abb. 9.10: Figuren oder Pfade, die sich durch das Werbemittel ziehen, geben den Blickverlauf vor. (Links: HP, rechts: UncommonGoods)

E-Mail-Breite

Die Wahl der E-Mail-Breite kann als Kompromiss betrachtet werden. Und zwar zwischen der Darstellung möglichst vieler Informationen im Vorschaufensterbereich und der Gefahr, dass Informationen rechts abgeschnitten werden und somit den Leser nicht auf Anhieb erreichen. Bis zu 700 Pixel sollte für die meisten Newsletter mehr als ausreichend sein. Am verbreitetsten sind 600 bis 650 Pixel. Bei einer Standard-Bildschirmauflösung und einem klassischen Fensterlayout ist hierbei in der Regel eine gute Darstellbarkeit sichergestellt.

600 Pixel war lange Zeit eine gängige Empfehlung, da GMX, der beliebteste Postfach-Anbieter in Deutschland, den Rest »abschnitt«. Alles, was über 600 Pixel hinausging, war dem E-Mail-Adressaten nur durch Scrollen nach rechts zugänglich. Seit dem Relaunch im Februar 2012 besitzt auch GMX eine flexible Fenstergröße. Darüber hinaus gibt es »natürliche« Grenzen. Outlook gestattet maximal 2.110 Pixel Breite. Auch wenn die Standard-Auflösung der Desktop-Bildschirme in den vergangenen Jahren stark anstieg, so dürfte mit der zunehmenden Nutzung mobiler Endgeräte die Breite künftig eher schmaler werden und in Richtung 2 mal 320 Pixel (2-spaltig) oder weniger tendieren.

Meine Empfehlung lautet daher: Visieren Sie für klassische Desktop-Umgebungen **640 Pixel** Breite an. Dies entspricht aufgrund der hohen Verbreitung den Erwartungen Ihrer Leser. Wie Sie das Layout für mobile Umgebungen anpassen, erfahren Sie in Kapitel 19.

Höhe/Länge

Die E-Mail-Länge ist meist schon Ressourcen-seitig begrenzt. Also durch die im Schnitt pro Ausgabe vorhandene Menge an Inhalten. Das ist auch nicht unbedingt verkehrt. Zu viel Content schreckt ab. Allerdings versprüht zu wenig eventuell Geringschätzung. Das richtige Mittelmaß hängt vom Einzelfall ab.

Technisch gesehen besitzt Yahoo! Mail zum Beispiel eine maximale Grafikhöhe von 4.900 Pixeln. Das Grafik-Limit bei Outlook 2007 ist 1.728 Pixel – der Rest wird oben abgeschnitten.

Neben technischen Aspekten ist die Frage der Höhe aus Marketing-Sicht vor allem eine Frage, **ob long oder short copy** eingesetzt werden soll. Je länger das E-Mailing, desto schwieriger wird es, die Aufmerksamkeit bis zum Schluss aufrechtzuerhalten. Der Anblick eines langen Newsletters kann demotivierend wirken. Ist die Textqualität gut, dann kann die anfängliche Hürde vielleicht überwunden werden. Der Abonnent fühlt sich entsprechend besser informiert und mehr geachtet als bei einem kurzen Anschreiben. In der Praxis empfiehlt es sich aber meist eher, mit kürzeren E-Mailings zu experimentieren und gegebenenfalls die große Kampagne in mehrere kleinere Stufen aufzufächern. Erfahrungswerte zeigen, dass diese nicht nur weniger arbeitsintensiv sind, sondern meist auch einen höheren Response liefern. Die Annahme »viel hilft viel« entpuppt sich nur allzu oft als Trugschluss. »Weniger ist manchmal mehr«, muss stattdessen die Devise des E-Mail-Marketers lauten. Die Abonnenten wünschen eine Auswahl der für sie besten Angebote, nach Priorität sortiert, kein überladenes »All-in-one«-E-Mail-Paket.

Ein bewährtes Konzept zur Verkürzung des Newsletters ist der Rückgriff auf **Landingpages**. Dabei wird in der E-Mail der Artikel zunächst nur angeteasert. Erst beim Klick öffnet sich im Browser dann die Komplettansicht (Abbildung 9.11). Dies hat zudem den Vorteil, dass moderne Webtechnologien wie JavaScript oder Flash eingesetzt werden können. Der Browser ist weit weniger restriktiv als das E-Mail-Programm.

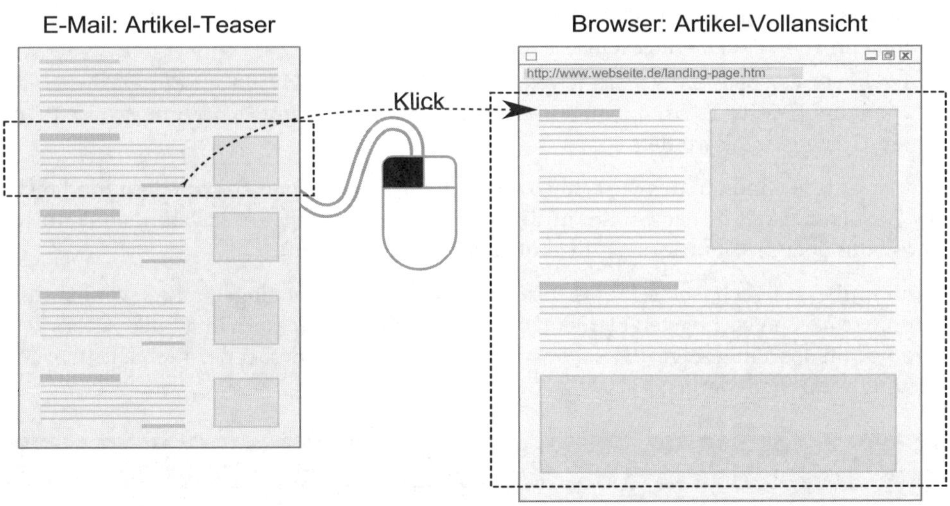

Abb. 9.11: Viele E-Mail-Dienstleister bieten Landingpage-Funktionalitäten – Versender legen dann nicht nur Newsletter-Inhalte fest, sondern auch Webseiten, die sich beim Klick im E-Mail-Postfach im Browser öffnen. Der Newsletter teasert dann nur an, auf der Webseite erscheint der vollständige Artikel. Das Seiten-Hosting übernimmt der Dienstleister.

Studien: Durchschnittliche Newsletter-Höhe und -Breite

Die Durchschnittsbreite eines Newsletters beträgt in Deutschland 634 Pixel. Dies ermittelte optivo im Rahmen der »Newsletter-Gestaltung Studie 2012«, in der 100 namhafte Versender untersucht wurden. Zwischen Branchen bestehen durchaus Unterschiede. Begnügen sich Verlage & Medien noch mit den empfohlenen 600 Pixeln, schlagen die E-Mails von Finanzen und Versicherungen schon mit 95 Pixeln mehr zu Buche. Bei der Höhe zeigt sich ein entgegengesetztes Bild: Letztere begnügen sich mit 2.230 Pixeln, die Erstgenannten nutzen knapp 3.500 Pixel. Zur Einordnung: Bei einer Bildschirmauflösung von 1.280 mal 768 Pixeln muss der Nutzer in einem Standardmailprogramm knapp sieben Mal in der Scroll-Leiste unterhalb des Balkens klicken, um die kompletten 3.500 Pixel zu erfassen.

Gewicht

Das W3C-Konsortium empfiehlt für Mobile-optimierte Webseiten eine Maximalgröße von 20 Kilobytes. Mit GPRS benötigt der Download rund sieben, mit 3G knapp drei Sekunden. In der E-Mail-Marketing-Praxis wird dieses Limit – mit Ausnahme vielleicht von Text- oder HTML-Light-Mails – kaum zu halten sein. (Trotzdem sei es eine Erwähnung wert.)

Allgemein gliedert sich das originäre E-Mail-Gewicht in die beiden Kategorien Quelltext und Grafiken.

- **Quelltext:** Gmail schneidet den E-Mail-Quelltext ab der 102-Kilobyte-Marke ab. Sowohl in der Web- als auch in der mobilen iPhone-Version. Yahoo! Mail verfährt ähnlich. Beide zeigen dann an der Schnittkante beziehungsweise ganz oben im Newsletter einen Hinweistext inklusive Schaltfläche, mit der die übrige E-Mail geladen und angezeigt werden kann. Dies beeinflusst unter Umständen die Öffnungsrate, da sich das Trackingpixel meist ganz unten im Quelltext befindet. Ebenso könnte der Abmeldelink nicht auf Anhieb im Footer zugänglich sein.
- **Grafiken:** Es sollte immer das jeweils passende Format, GIF für viele unifarbene Flächen und JPG für Fotos, mit angemessener Kompressionsstufe beziehungsweise Paletten-Größe gewählt werden.

Zudem ist jede Grafik in den tatsächlich genutzten Abmessungen zu speichern (und nicht aus Bequemlichkeit in der Größe, in der sie der Grafiker geliefert hat, um sie dann im Newsletter über die Abmessungs-Attribute herunterzuskalieren).

Wann immer möglich, sollte HTML-Text anstelle von Grafiken eingebunden werden. Insbesondere bei den wichtigsten Elementen wie Überschriften, Teasern und Links. Denn Text wird unmittelbar angezeigt und schont Bandbreite, was gerade bei der mobilen Internetnutzung wünschenswert ist.

Tipp: Quelltext auf Gewicht optimieren

Wer sich in der Nähe der 100-Kilobyte-Grenze befindet, ab der abgeschnitten wird, sollte unnötige Zeichen im Quelltext entfernen. Dazu zählen zum Beispiel Leerzeichen, redundante Style-Formatierungen und HTML-Attribute, Umbrüche und Kommentare.

Zudem lassen sich Ersatz-Schriftarten streichen (statt `font-family: arial, verdana, sans-serif;` also `font-family:arial`) und CSS-Klassennamen kürzen (`.c{...}` statt `.call-to-action{...}`). Versandlösungen komprimieren den Quelltext zum Teil auch automatisch. Kostenfreie Tools wie PSPad tun es aber ebenso (Abbildung 9.12).

Abb. 9.12: Code-Kompression mit dem kostenfreien Editor PSPad: Einfach unter EINSTELLUNGEN auf HTML CODE KOMPRIMIEREN klicken (1), und schon werden überflüssige Zeichen entfernt (2). Das Quelltext-Gewicht des Newsletter-Quelltextes aus Abbildung 21.16 verringert sich um rund 25 Prozent von 41 auf 31 Kilobyte. Zwar zulasten der Quelltext-Lesbarkeit (2), aber das soll uns ja nicht stören.

Anhänge

Anhänge sind weiterer Ballast, der das E-Mail-Gewicht nach oben treiben kann. Eingebettete Grafiken zum Beispiel blähen die E-Mail meist unnötig auf. (Von ausgewählten Schlüsselbildern im Vorschaufensterbereich wie das Firmenlogo oder der Call-to-Action-Button einmal abgesehen – deren Einbindung wäre zum Beispiel vertretbar.) Gleiches gilt für andere Attachments wie ZIP-Archive oder PDF-Dokumente.

Mehr Gewicht bedeutet zusätzliche Kosten beim Versanddienstleister, bei den E-Mail-Providern und den Empfängern (Wartezeit, Internet-Gebühren, Speicherplatz). Und das für einen Zwangs-Download, der unter Umständen inhaltlich gar nicht relevant ist oder auf dem Smartphone oder im Firmennetzwerk nicht geöffnet werden kann. Von Anhängen geht vielfach ein Sicherheitsrisiko aus, weshalb gerade Spamfilter (und die Adressaten selbst) solche E-Mails gerne besonders kritisch beäugen. Zudem gestehen diverse Postfächer neuen E-Mails nur begrenzten Speicherplatz von vielleicht fünf Megabyte zu.

In aller Regel ist es daher zielführender, Anhänge auf dem Webserver bereitzustellen und in der E-Mail lediglich darauf zu verlinken. Hierdurch besteht dann auch die Möglichkeit, die Anzahl der Abrufe des Anhangs zu messen (anhand der Klickzahl für den Link) und gegebenenfalls den Anhang nach dem E-Mail-Versand noch einmal zu aktualisieren. Per Einbettung in die E-Mails ginge beides nicht. Sollten Sie dennoch ein PDF versenden, etwa für Rechnungen, fassen Sie den Inhalt kurz in der E-Mail zusammen.

Nebenbei bemerkt: Einige wenige Versender verschicken den kompletten Newsletter allein als PDF-Dokument. Dies ermöglicht zwar eine maximale gestalterische Flexibilität beziehungsweise die digitale Zustellung der vorhandenen Printbroschüre, die aber zulasten der genannten Nachteile sehr teuer erkauft wird. Templates, die an das Content Management System andocken, sind eindeutig die bessere Wahl.

Farben

Hell auf Dunkel wirkt vielleicht stilvoll, verlangsamt aber den Lesefluss; Dunkel auf Hell hingegen ermöglicht ein deutlich schnelleres Textverständnis. Daher sollte ein dunkler Vordergrund auf einem hellen Hintergrund für das Template bevorzugt werden. (Zumindest sofern die Vorgaben des Corporate Designs dies ermöglichen.) Ähnliches gilt für eine dunkelgraue statt pechschwarze Schriftfarbe. Dies mag geschmeidiger und edler wirken. Bei längeren Texten ermüdet das Auge aber schneller.

Farbliche Akzente helfen, Inhalte besser zu strukturieren, den Leser zu aktivieren und seinen Blick zu lenken. Übertreiben Sie es aber nicht beim Umfang der Farbpalette. Buhlen nämlich zu viele Farben um Aufmerksamkeit, entsteht nur noch ein diffuser Blickverlauf mit geringer E-Mail-Verweildauer.

Die Psychologie der Farben ist komplex. Beachten Sie, dass Farben die Abonnenten ganz unterschiedlich beeinflussen und verschiedene Assoziationen bei ihnen hervorrufen können. Die Wirkung kann etwa von Person zu Person, Geschlecht, Alter, Kultur, Farbton, Umgebungsfarben und so weiter differieren. Ein einfaches Beispiel: Rot steht gleichzeitig für die Leidenschaft und für eine Warnung.

Übrigens: Im Quelltext sollten Farben immer in sechsstelliger Hexadezimalschreibweise spezifiziert werden: »#FF0000« statt »#F00« oder »rgb(255,0,0)« oder »red«. Andernfalls kann es zu Darstellungsfehlern kommen (zum Beispiel in Outlook 2013).

Fonts und Zeichenkodierung

Auch Schriftarten transportieren – wie Farben – bestimmte Stimmungen und Gefühle. Der Font muss zum Anlass, zum Einsatzzweck und zur Markenwahrnehmung passen. Vergleichen Sie die Wirkung von Courier, Impact und Comic Sans MS (Abbildung 9.13) auf `http://www.typetester.org` miteinander – Letztgenannte ist kaum für eine Mitteilung des Geschäftsführers geeignet, oder?

Bevorzugen Sie **serifenlose Schriften** wie Arial oder Verdana. Serife (französisch für »Füßchen«) sind kleine Abschlusslinien bei Buchstaben, die über die Zeile hinweg eine unterstützende Leselinie für das Auge bilden. Zumindest im gestochen scharfen Druck. Ein grober Monitor hingegen versagt hierbei, so die Theorie. Einer Laboruntersuchung zufolge ist zwar die Lesegeschwindigkeit von Times (mit Serifen) und Verdana (serifenlos) am Bildschirm identisch, jedoch wird Verdana als attraktiver wahrgenommen. Ihr Newsletter will schließlich gefallen.

Es empfiehlt sich, nicht mehr als drei bis vier verschiedene Schriften in einem E-Mailing einzusetzen. Zudem sollten im HTML-Text **Standard-Fonts** bevorzugt werden, die mit Sicherheit auch auf allen Rechnern der Empfänger verfügbar sind. (In Grafiken können Sie natürlich auch unsichere Fonts verwenden. Hierzu ist ja kein passender Zeichensatz auf dem Rechner des Empfängers nötig.) Zu den sicheren Schriftarten zählen zum Beispiel Arial, Verdana, Times New Roman, Impact, Trebuchet, Comic Sans und Georgia.

Abb. 9.13: Das Standalone-Mailing aus Abbildung 6.17 in Kapitel 6 in drei anderen Gewändern – auch Schriftarten übermitteln dem Leser Informationen. Wählen Sie diese daher bewusst aus.

Tipp: Web-sichere Schriftarten

Eine erschöpfende visuelle Übersicht über Schriftarten, die auf Windows- und Mac-Rechnern sicher sind, findet sich unter `ampsoft.net/webdesign-l/WindowsMacFonts.html`.

Das Internet Mail Consortium empfiehlt Herstellern von E-Mail-Programmen seit Langem, den Versand und Empfang **UTF-8**-kodierter E-Mails zu unterstützen. Die allermeisten sind dem bis heute gefolgt. Daran sollte sich auch die Kodierung des Templates orientieren. Vor allem bei internationalen Aussendungen – UTF deckt zig Unicode-Zeichen ab. Im HTML-Quelltext können Sie so »ä« statt der umständlichen und Code-aufblähenden HTML-Entität »ä« (a-Umlaut) schreiben. Theoretisch zumindest. In der Praxis ist es trotzdem sicherer, die entsprechenden HTML-Entitäten zu verwenden.

Die **Font-Größe** sollte in CSS-Formatierungen mit der Einheit »px«, nicht in »em« oder »%« formatiert werden, falls eine größtmögliche Einheitlichkeit bei der Darstellung angestrebt wird. Sie sollte generell 10 Pixel beziehungsweise die Font-Größe 2 nicht unterschreiten, um ein Mindestmaß an Lesbarkeit sicherzustellen. Besser sind aber 12 Pixel aufwärts – gerade im Hinblick auf Smartphones. Machen Sie nicht den Fehler, an der Schriftgröße zu sparen, um den Newsletter kompakter wirken zu lassen.

Style-basierte Schrift-Formatierungen bereiten im Allgemeinen kaum Probleme. Wer aber auf Nummer sicher gehen will, der greift auf das klassische `<font>`-Tag zurück.

Sonstiges zur Typografie und Form

Achten Sie sowohl in HTML- als auch in Textmails darauf, dass die Zeilen nicht zu lang sind. Dies wirkt abschreckend und verringert die Lesegeschwindigkeit. Das Auge muss am Zeilenende weit zurückspringen und verliert dabei schnell die Orientierung. Optimal sind **40 bis 50 Zeichen pro Zeile** im Fließtext. Mehr als 65 respektive 400 Pixel sollten es keinesfalls werden. (Im Hinblick auf die Verbreitung mobiler Endgeräte sollte vielleicht ein Maximum von 320 Pixeln erwogen werden.) Weniger als 30 Zeichen sind aber auf der anderen Seite ebenso zu vermeiden.

Auch die **Zeilenabstände** sollten weder zu groß noch zu klein sein – die Standardeinstellung hat sich bewährt. Verzichten Sie auf ganze Sätze in Versalien. **Groß- und Kleinschreibweise** ist deutlich besser lesbar, da Oberlänge und Unterlänge der Buchstaben sich im Unterschied zu aneinandergereihten Großbuchstaben besser voneinander unterscheiden. Die **Akzentuierung** durch einzelne großgeschriebene Worte bleibt davon unberührt. Dies ist ein legitimes Stilmittel zur Hervorhebung. Ebenso wie Fettdruck, Farbvariation oder die Verlinkung (= Unterstreichung). Damit der Effekt nicht verpufft oder sogar verwirrt, heben Sie sparsam hervor: nicht mehr als ein bis zwei Akzentuierungen pro Paragraf, wobei ein Absatz circa drei bis sechs Sätze umfasst.

Tipp: Zeilen-Länge und -Abstand hängen voneinander ab

600 Pixel breite Textzeilen verlangen nach größeren Zeilenabständen als 200 Pixel breite. Das Auge muss die dreifache Strecke zurücklegen, wenn es den Beginn der nächsten Zeile finden möchte. Prüfen Sie den Zusammenhang von Zeilenlänge und Zeilenabstand mit dem Tool `typefacts.com/artikel/grundlagen/zeilenlaenge`.

Behalten Sie stets im Hinterkopf, dass E-Mails zunächst nicht gelesen, sondern nur geskimmt und dann gescannt werden. Das heißt, der Content wird nur überflogen und es werden punktuell die wesentlichen Informationen zur Orientierung eingesammelt. Ziel ist dabei, zu prüfen, ob die Inhalte ansatzweise relevant sind. Bei der Gestaltung sollte im westlichen Kulturkreis von einem **F-förmigen Blickverlauf** ausgegangen werden. Der Adressat orientiert sich vor allem vertikal entlang der Überschriften am linken Bildschirmrand. Linksbündiger Flattersatz, bei dem die Zeilen also – im Gegensatz zum einheitlichen Blocksatz – ungleichmäßig auslaufen, hat sich bewährt. Für Newsletter empfiehlt es sich vor diesem Hintergrund auch, einheitlich im linken Bereich die Textinformationen und gegebenenfalls rechts daneben die passenden Bildinformationen zu platzieren – nicht umgekehrt oder sogar im Wechsel. Insbesondere der Wechsel verlangsamt den Lesefluss deutlich.

In der Blickverlaufshierarchie werden in der Regel **zunächst Überschriften oder Bilder** wahrgenommen. (Gerade Störer ziehen gerne die initiale Aufmerksamkeit auf sich, weshalb hier unbedingt Nutzen oder zumindest ein Vorteil enthalten sein sollte.) Dann folgen Aufzählungen und Tabellen, persönliche Daten wie zum Beispiel der eigene Name, Hervorhebungen durch Links, Fettdruck, einfach zu verarbeitende Angaben wie Ziffern und so weiter.

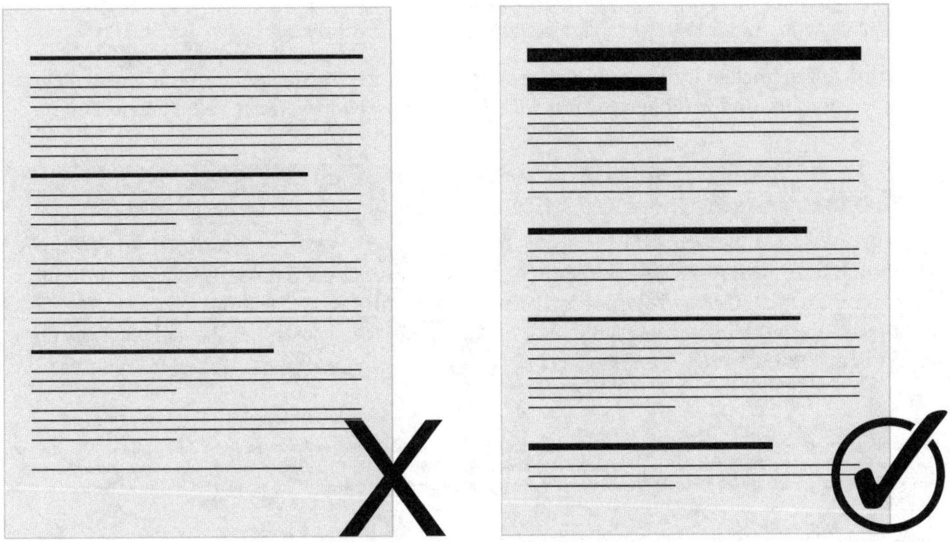

Abb. 9.14: Nutzen Sie Whitespace, um das Layout aufzulockern und dem Abonnenten sofort zu signalisieren: »Ich bin einfach zu lesen.«

- **Links:** Verlinken Sie immer auf Domains, nie auf IP-Adressen. Auch, wenn dies technisch äquivalent wäre. E-Mail-Programme vermuten bei IPs einen Phishing-Versuch und warnen die Nutzer, dass sich hinter den Verweisen schädliche Inhalte verbergen könnten. Besonders in Textmails sollte auf sprechende und vertrauenswürdige URLs geachtet werden. `Supermail.biz/landing-a5fe5e` erfüllt dies nicht, `meineMarke.de/kategorie/schuhe` hingegen schon.

  Sparen Sie nicht mit Verweisen. Niemand wird nach Klickbarem suchen. Vor allem Grafiken sollten immer verlinkt werden, da diese viel Aufmerksamkeit genießen und oft ein Hyperlink darauf angenommen wird. Gleichzeitig empfiehlt es sich aber auch, die Verweise im Fließtext nicht zu klumpen. Sonst leiden Übersichtlichkeit und Daumenfreundlichkeit (Stichwort: Smartphones).

  Link-Verkürzer wie `bit.ly` oder `tinyurl.com` gehören zwar im Social Web zum Inventar. In E-Mails haben sie jedoch nichts verloren, da sie von Spammern missbraucht und daher Dauergast in bedeutenden Blacklists sind. Damit würden die Newsletter im Spamordner landen. Setzen Sie einen Hyperlink auch nicht auf mehr als zwei bis drei Wörter innerhalb von Fließtext. Mitunter finden sich in Newslettern ganze unterstrichene Sätze. Aber die bieten dem Auge kaum schnelle Hinweise auf wichtigste Schlüsselwörter. Für Links auf blauem Hintergrund sollte dezidiert eine Farbe gesetzt werden. E-Mail-Programme färben diese sonst nämlich ebenfalls blau, womit sie mehr oder weniger unsichtbar wären. In Form von HTML-Quelltext sieht die Farbsetzung so aus:

`<a href="XYZ" style="color:#000001">Linktext</a>`. Die Anweisung heißt übersetzt: Verweis zur Webseite XYZ mit der Beschriftung `Linktext` in schwarzer Farbe.

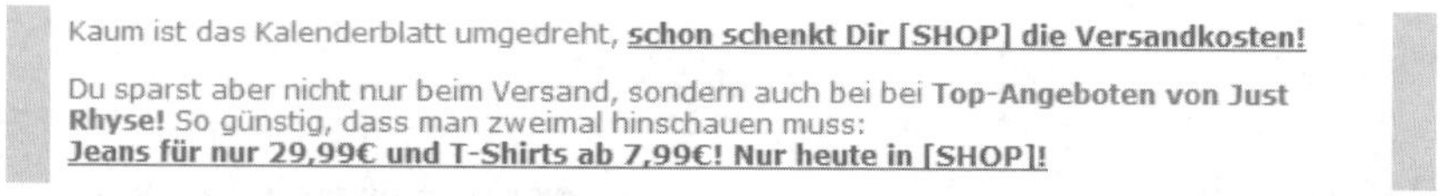

Abb. 9.15: Zur schnellen Orientierung eher suboptimal – gehen Sie sparsam mit Hervorhebungen um und verlinken Sie nur wichtige Schlüsselwörter, nicht halbe Sätze.

Inspiration in Newsletter-Archiven sammeln

Überprüfen Sie doch einmal die genannten Punkte in den Newslettern anderer. Sie werden sehen, dass dies mit der Zeit wie von selbst den Blick dafür schärft, was gute Newsletter wie den von Tableau Software (Abbildung 9.17) ausmachen.. Newsletter-Archive finden Sie zum Beispiel hier: `newslettermonitor.com`, `emailtastic.com`, `emailium.com` und `email-gallery.com`.

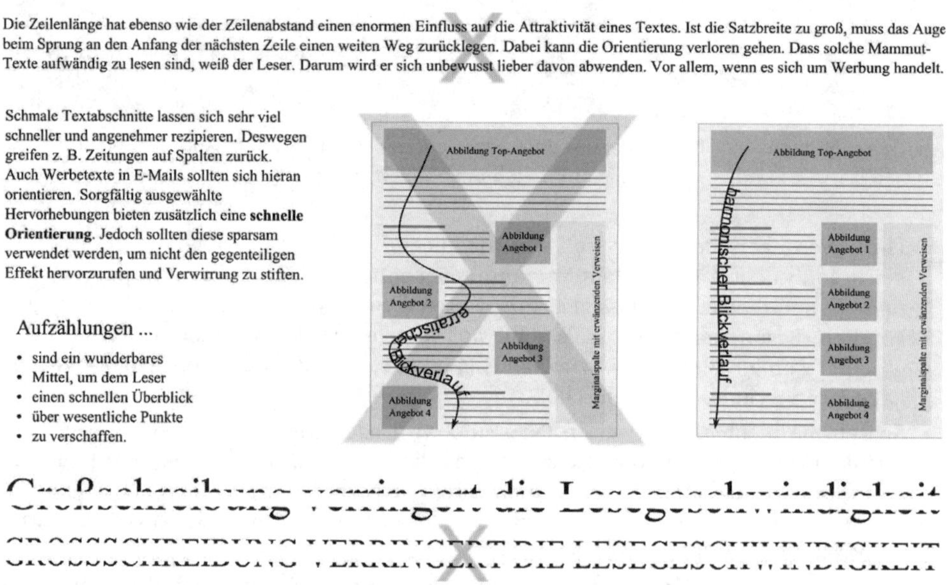

Abb. 9.16: VERSAILIEN VERRINGERN DIE LESEGESCHWINDIGKEIT, ebenso wie eine zu große Satzbreite. Setzen Sie schmale Absätze und Aufzählungen ein und sorgen Sie für einen bequemen Lesefluss entlang des natürlichen Blickpfads am linken Bildschirmrand.

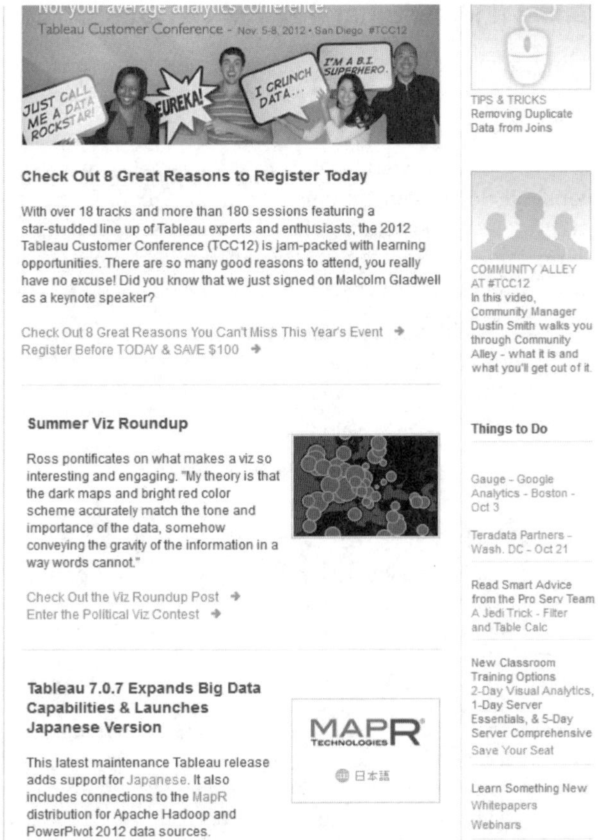

Abb. 9.17: 550 Pixel schlank, die Marginalspalte rechts, der wichtigste Inhalt hebt sich oben vom Rest ab, darunter große Überschriften, kurze Teaser, Handlungsaufforderungen und ein Bild. Durchgängig befindet sich das Visual rechts, der Text linksbündig am linken Bildschirmrand. So sieht ein gut gemachtes Newsletter-Template aus. (`tableausoftware.com`)

Wichtig: Das Ziel der E-Mail ist der Klick, die Landingpage verkauft

Eine häufige Fehlannahme im abverkaufs- oder allgemein Conversion-orientierten E-Mail-Marketing ist, dass ein E-Mailing bereits den Werbegegenstand verkaufen kann. »Jetzt Kaufen!«, befiehlt uns die Handlungsaufforderung nur allzu oft. An der Realität geht dies jedoch in 99,9 Prozent der Fälle vorbei.

Ein anderes gedankliches Konzept ist erfolgversprechender. Die E-Mail sollte nämlich zunächst zum Klicken überzeugen. Verkaufen tut hiernach die Landeseite im Browser. Die kann nämlich viel besser darauf fokussieren. Der Browser bietet effektivere Präsentationsmöglichkeiten.

Dieses gedankliche Konzept sollte sich bereits in der grundlegenden E-Mail-Gestaltung widerspiegeln! (Anmerkung: Natürlich muss auch der Klick quasi verkauft werden. Mehr dazu lesen Sie im kommenden Abschnitt 9.3.5 *Stumme Leserfragen beantworten und Blickverlauf steuern*.)

9.3.2 Schreiben ist (k)eine Kunst – 13 Texter-Tipps

»Mein Werbetext klingt bisher alles andere als rund. Das liest (und klickt) doch keiner! Schon 18:00 Uhr: In 30 Minuten muss der Newsletter raus ...« Kommt Ihnen irgendwie bekannt vor? Schön, dann bin ich ja zumindest nicht allein. ;-)

Gut schreiben zu können, ist den wenigsten in die Wiege gelegt worden. Textqualität steigert aber den Response. Es lohnt sich, an den Worten zu feilen. Denn schreiben Sie leicht verständlich, dringt Ihre Werbebotschaft selbst bei kürzesten Aufmerksamkeitsspannen zum Leser durch. Umständliche Sprache hingegen überfliegt der Abonnent – wenn überhaupt – nur kurz. Das bringt kaum Klicks.

Die gute Nachricht für alle Nicht-Naturtalente lautet: Werbetexte können Sie anhand einfacher »mechanischer« Regeln verbessern. Jeder kann dies leisten. Es kostet ein wenig Zeit. Am Anfang etwas mehr. Aber hinterher, wenn die Regeln in Fleisch und Blut übergegangen sind, geht es wie von selbst.

Die folgenden dreizehn Tipps sollten Sie verinnerlichen:

Tipp	Also nicht so:	Sondern z.B. eher so:
Den Leser ins Zentrum rücken (»Sie bekommen«, nicht »wir haben«).	*Wir* bieten den besten Service. *Unser* Team ist allzeit bereit – *uns* liegt Top-Qualität am Herzen.	*Sie* profitieren vom besten Service. Das Team steht *Ihnen* stets zur Verfügung – Top-Qualität sollen *Sie* von uns erhalten.
(Bild-)Zeitungs-Stil: im Schnitt max. 10 bis 15 Wörter pro Satz, gern Subjekt-Prädikat-Objekt (SPO-Satzstellung) oder Verb nach vorn, wenig Nebensätze (= wenig Kommata, Bindestriche, Klammern).	Die Fachwelt staunt. Unsere Zahlen beruhen auf einer Erhebung unter 1000 repräsentativ ausgewählten Jugendlichen im Alter von 14 bis 18 Jahren, die telefonisch befragt wurden.	Da staunt die Fachwelt. Unsere Zahlen beruhen auf einer telefonischen Befragung. Wir wählten 1000 Jugendliche im Alter von 14 bis 18 Jahren repräsentativ aus.
Aber auch kein Stakkato-Stil! Rhythmischer Wechsel zwischen langen und kurzen Sätzen.	Die Vermutung bestätigt sich. Koma-Saufen ist ein Problem. Schulen müssten reagieren. Eltern sind zu Recht empört.	Die Vermutung bestätigt sich, dass Koma-Saufen ein Problem ist. Schulen müssten reagieren. Eltern sind zu Recht empört.
Hauptsachen in Hauptsätze, Nebensachen in Nebensätze. (Und nicht umgekehrt.)	Ich möchte betonen, dass die Funktion einzigartig ist.	Die Funktion ist einzigartig, möchte ich betonen.

Tabelle 9.1: Ihre E-Mail-Empfänger schenken Werbung nur wenige Sekunden Aufmerksamkeit – wenn überhaupt. Der Werbetext muss daher leicht verständlich sein. Mit diesen Tipps schaffen Sie dies mühelos.

Tipp	Also nicht so:	Sondern z.B. eher so:
Verschachtelungen vermeiden! Ein Gedanke pro Satz ist für den Leser verständlich. Falls doch Einschübe, dann maximal 12 Silben (Faustregel).	Unser Produkt (das nebenbei einzigartig ist) bietet Kunden – 99 % sind übrigens zufrieden – einen echten Mehrwert.	Unser Produkt bietet Kunden einen echten Mehrwert. 99 % sind zufrieden, es ist einzigartig!
Das Wichtigste im Text nach vorn: Leser-Nutzen, Ergebnisse, Kern-Infos etc. Begründungen und Erläuterungen erst hieran anschließen.	Die Webseite erscheint in neuem Glanz. Die Navigation wurde komplett überarbeitet. Profitieren Sie von höchstem Bedienkomfort!	Mehr Bedienkomfort erhalten Sie auf unserer neuen Webseite! Navigation und Optik wurden komplett überarbeitet.
Konkret schreiben, Aussagen untermauern: präzise Zahlen und Fakten liefern, statt abstrakt zu behaupten.	Wir bieten Ihnen eines der größten Fachartikel-Archive. Tausende Beiträge warten auf Sie. Damit sparen Sie bares Geld.	Zugriff auf 36.000 Fachartikel – täglich kommen mehr als 150 hinzu. Sie sparen damit monatlich 32,56 €.
Adjektive meiden! Das heißt streichen oder durch bildhafte Verben ersetzen, wo dies möglich und sinnvoll ist. So wird die Sprache lebendiger und intensiver. (Ausnahme: In Überschriften und Betreffs dürfen sie bleiben.)	Die Maßnahme erhöhte den Gewinn *stark* – eine *bittere* Enttäuschung für alle Kritiker. Ich sage: Wir bleiben *erfolgreich*!	Die Maßnahme *katapultierte* den Gewinn nach oben – eine Enttäuschung für alle Kritiker. Ich sage: Wir bleiben *erfolgreich*!
Modalverben streichen wie z.B. können, wollen, möchten, sollen, dürfen.	Wenn Sie das Angebot annehmen *wollen*, dann *dürfte* das Ihren Erfolg steigern. Durch folgende Vorteile *möchten* wir Sie gerne überzeugen.	Nehmen Sie das Angebot an, steigt Ihr Erfolg. Überzeugen Sie sich anhand folgender Vorteile.
Mehrdeutige und sperrige Wörter mit mehr als 5 Silben besser mit Bindestrich teilen oder ersetzen. 2 Silben pro Wort sind im Schnitt optimal.	»Wir müssen *Kosten senken*!« Bei der Frage nach der *Optimierungspotenzialanalyse* zauderte er zunächst: »Oh je, mein *Urinstinkt* rät mir nichts.«	»Wir müssen *sparen*!« Bei der Frage nach der *Optimierungspotenzial-Analyse* zauderte er zunächst: »Oh je, mein *Ur-Instinkt* rät mir nichts.«

Tabelle 9.1: Ihre E-Mail-Empfänger schenken Werbung nur wenige Sekunden Aufmerksamkeit – wenn überhaupt. Der Werbetext muss daher leicht verständlich sein. Mit diesen Tipps schaffen Sie dies mühelos. (Forts.)

Tipp	Also nicht so:	Sondern z.B. eher so:
Hauptwörter (-ung, -heit, -keit, -nis, -tät und so weiter) meiden, stattdessen Text mit lebendigen Verben fluten!	Es erfolgte eine *Befragung* unter Kids. Die Ergebnisse sorgten für sichtliche *Heiterkeit* beim Chef.	Wir *befragten* Kids. Die Ergebnisse *erheiterten* den Chef sichtlich.
Aktiv anstelle des Passivs bevorzugen. (Verb nach vorn!)	Die nötigen Informationen *werden* aktuell von Forsa *erhoben.*	Forsa *erhebt* aktuell die nötigen Informationen.
Sonstige Füllwörter streichen: Auch, noch, aber, aktuell, sehr etc.	Es eignet sich *aktuell sehr* für Print, *aber auch* für Telefon und *auch noch* für Web.	Es eignet sich für Print, Telefon und Web.

Tabelle 9.1: Ihre E-Mail-Empfänger schenken Werbung nur wenige Sekunden Aufmerksamkeit – wenn überhaupt. Der Werbetext muss daher leicht verständlich sein. Mit diesen Tipps schaffen Sie dies mühelos. (Forts.)

Tipp: Tools für die Textanalyse

Sind Ihre Newsletter angenehm zu lesen? Oder erschlagen sie den Abonnenten und wirken wie heiße Luft? Mit dem Wortliga Textanalyse Tool (`tinyurl.com/cohkhzf`, Abbildung 9.18) können Sie die Einhaltung der obigen Regeln leicht auf Knopfdruck prüfen. Eine alteingesessene Alternative im Netz bietet die Text-Analyse auf `Schreiblabor.com`. Das Werkzeug kommt optisch nicht ganz so fein daher. Dafür versichert der Webmaster, dass die hochgeladenen Texte nicht gespeichert werden. Schließlich mag auch »stilversprechend« (`tinyurl.com/a6wn4qe`) noch einen Blick wert sein.

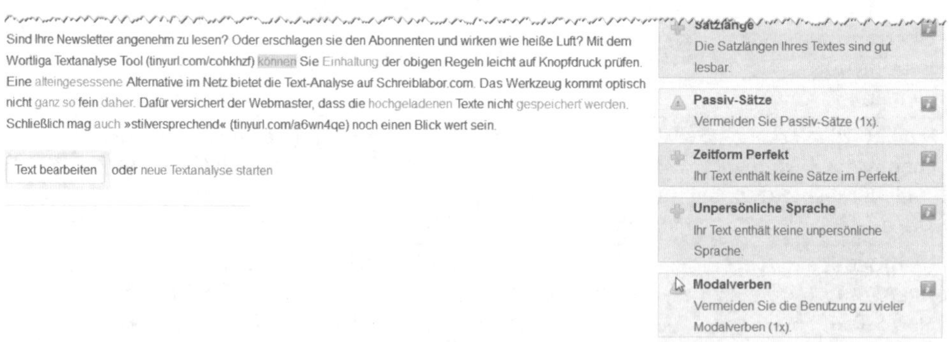

Abb. 9.18: Das Wortliga Textanalyse Tool kreidet mir unter anderem ein (»können«) an. (`wortliga.de`)

9.3.3 Personalisierung und Individualisierung

Mit den 13 Tipps des vorigen Abschnitts kommen Sie schon weit. Ein wichtiger Punkt fehlt aber noch: Schreiben Sie *persönlich*. Damit ist weniger gemeint, dass Sie stets aufs Neue einen Schwank aus Ihrer Jugend zum Besten geben sollten. (Obwohl dies dem Response ebenfalls zuträglich sein kann – Zeilen von oder über Menschen lesen wir schließlich lieber als solche von Firmen oder über Produkte.) Die Rede ist vielmehr von der Personalisierung der E-Mail-Inhalte.

Im einfachsten Fall handelt es sich hierbei um Serienbrief-Funktionen. Selbst Microsoft Word und Outlook beherrschen diese aus dem Effeff – erst recht Ihre Versandlösung. Bei Serienbriefen fügen Sie im Newsletter zunächst Funktionsfelder ein – also einfache Platzhalter. Je nach System werden die reservierten Bezeichner hierfür unterschiedlich gekennzeichnet: `%%Firstname%%`, `*|FNAME|*`, `[firstname]` und so weiter. Versender können diese prinzipiell überall einfügen: im Betreff, im Absender, im Text oder auch in URIs von Links oder Grafiken. Erst beim Versand ersetzt die Software die Textstellen automatisch mit den Daten, die in der Empfängerliste für den betreffenden Abonnenten hinterlegt wurden (*Rendering*). Der Klassiker unter den Feldern ist wohl die persönliche Anrede wie zum Beispiel »Liebe/r <Vorname> <Nachname>«. Sind die beiden Merkmale für einen Datensatz nicht verfügbar, wird einfach ein vorgegebenes Fallback eingesetzt. Etwa »Lieber Abonnent«.

Besonders interessant wird das Thema Personalisierung bei der Formulierung von Wenn-Dann- oder Wenn-Dann-Sonst-Regeln (*konditionale Inhalte*): »Wenn sich heute das Geburtsdatum des Abonnenten jährt, dann füge zusätzlich den Geburtstags-Absatz ein«. Tiefe Verschachtelungen dieser Art erlauben die Erstellung sehr individueller Newsletter. Mit Bezug auf die persönlichen Präferenzen lässt sich die Relevanz der Botschaften erheblich steigern: Wer sich in der Vergangenheit eindeutig durch Klicks als Sport-interessiert profilierte, erhält künftig vor allem Inhalte aus diesem Segment. Versender können so Kundenverständnis demonstrieren. Der Abonnent fühlt sich als Individuum wertgeschätzt. Zudem findet er schneller die für ihn interessanten Angebote. Hingegen ist dies bei einer »eine E-Mail für alle«-Massenkommunikation wohl eher selten der Fall. (Um den qualitativen Unterschied zwischen dem simplen Einfügen von Datenbank-Attributen und der anspruchsvollen Definition dynamischer Inhaltsblöcke herauszustellen, sprechen manche beim Ersteren von *Personalisierung* und beim Letzteren von *Individualisierung*.) Abbildung 9.19 und Abbildung 9.20 zeigen das Grundprinzip der E-Mail-Personalisierung noch einmal auf. Abbildung 9.21 zeigt ein Beispiel für den kreativen Einsatz grundlegender Empfänger-Merkmale.

Empfängerliste

EMAIL	ANREDE	WOHNORT	VORNAME	NACHNAME	NÄCHSTER FLUGHAFEN	LETZTER URLAUBSORT	OPT-IN	ENTFERNUNG
max@gmail.com	Herr	Berlin	Jochen	Doe	Berlin-Brandenburg	Palma de Mallorca	2001-05-01 17:12	1652
muster@gmx.de	Frau	Mülheim	Petra	Muster	Düsseldorf	Moskau	2012-12-13 02:34	2353

Abb. 9.19: Die E-Mail-Empfängerliste – je nach Profiltiefe gibt sie mehr oder weniger über Ihre Abonnenten her. Nutzen Sie die verfügbaren Daten für Personalisierungen und Individualisierungen.

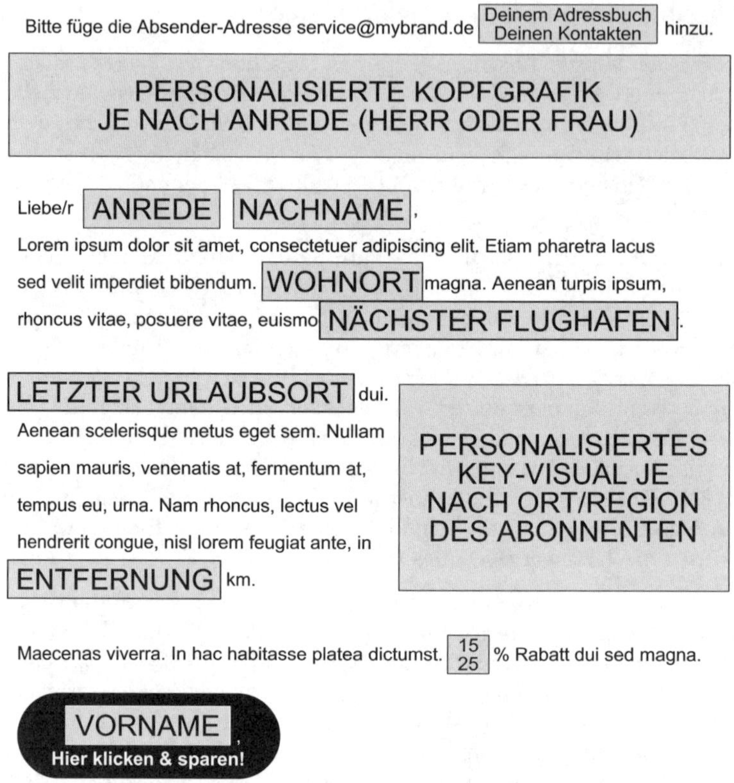

Abb. 9.20: Serienbrief-Funktionen lassen sich mit jeder Versandlösung abbilden. Professionelle Systeme erlauben auch Fallunterscheidungen der Form »Wenn die E-Mail-Adresse auf @google endet, schreibe ›Deinen Kontakten‹; endet sie auf @gmx,dann schreibe ›Deinem Adressbuch‹«. Oder »Wenn das Opt-in-Datum mehr als drei mal 365 Tage zurückliegt, dann schreibe ›25 % Rabatt‹; sonst nur ›15 % Rabatt‹«.

Vorsicht: Datenqualität und Personalisierungsgrad

Ein wichtiger Erfolgsfaktor der Personalisierung ist die Datenqualität. Während der pfiffige Einsatz den Response in schwindelerregende Höhen hieven kann, kosten falsche Anreden und Ähnliches Kompetenz. Im schlimmsten Fall, wenn Ihre persönlichen Daten im Postfach Dritter landen, leidet sogar das Vertrauen in den Anbieter.

Daneben sollte die Personalisierungs-Intensität nicht überstrapaziert werden. Wer in jeden Satz den Vornamen des Adressaten streut, versucht wohl zu sehr, sich einzuschmeicheln. Dies wird der Empfänger Ihnen nicht honorieren – eher im Gegenteil.

Achten Sie schließlich auch darauf, dass Sie nicht zu offensiv mit Daten hantieren, die potenziell als vertraulich erachtet werden. Gerade bei schwacher Permission-Stärke und einem eher unbekannten Absender kann bereits die Platzierung des Empfängernamens in der Betreffzeile zu viel des Guten sein. Es entsteht Misstrauen bezüglich der Datenherkunft und damit alles – aber sicher kein Response.

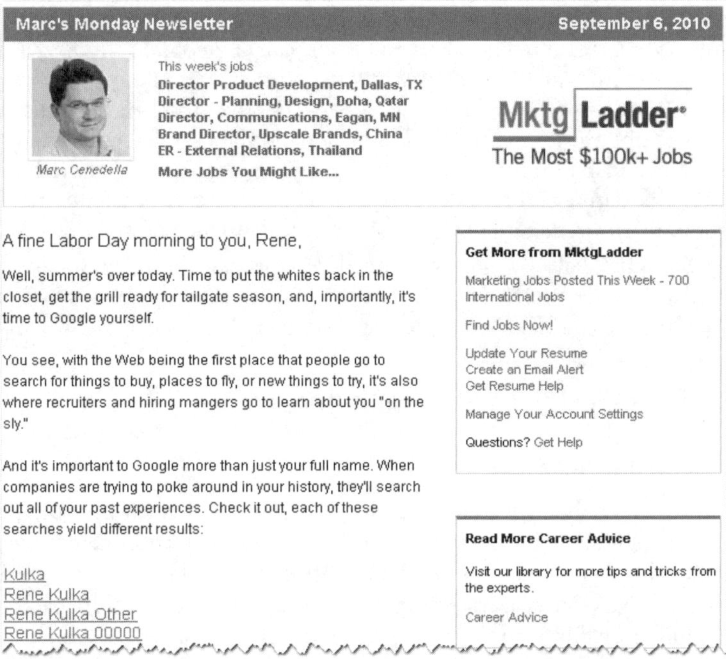

Abb. 9.21: Interessante Personalisierung von MktgLadder – die Verweise unten links führen auf die Suchergebnis-Seiten von Google. Der Newsletter ist eine Einladung zum Ego-Googeln.

Tipp: Abgeleitete Daten – was so alles im Bestand schlummert ...

Werbetreibende sind sich oft gar nicht bewusst darüber, welche Individualisierungsmöglichkeiten die – vielleicht wenigen – vorhandenen Daten bieten, die über die Empfänger bekannt sind. Hinter einer einzigen Angabe steckt eben manchmal mehr, als der erste Anschein vermuten ließe:

- So lässt sich aus dem Vornamen relativ gut das Geschlecht ermitteln und sogar das Alter schätzen. Ersteres erledigen Sie mit dem kostenfreien Tool unter (`www.dialog-mail.com/_special/vornamen-abgleich/`). Anschließend können Sie beispielsweise (mutmaßlichen) Männern ein anderes Motiv in der E-Mail-Kopfgrafik präsentieren als den Frauen.
- Auch die Datenquelle kann prima zur Segmentierung genutzt werden. Denken Sie an die Kategorie des Blogbeitrags, über den der Nutzer sich zum Abonnement entschied. Oder an ein Gewinnspiel, das als Indiz für einen Rabattjäger funktioniert.
- Ebenso lohnt ein Blick auf den Remote-Teil der E-Mail-Adresse – unterschiedliche Inhalte an @Gmx- und @Gmail-Abonnenten? Warum nicht. Bei dem einen möchten wir als Versender schließlich ins »Adressbuch«, bei dem anderen in die »Kontaktliste« und in Google-Plus-Kreise eingetragen und als wichtig markiert werden. Mit ein wenig Fantasie lassen sich aus der Wahl des Webmail-Anbieters sogar demografische Gruppenmerkmale ableiten (`quantcast.com/gmail.com` versus `quantcast.com/hotmail.com`).

- IP-Adressen und User Agents sind informativ. Die Newsletter-Anmeldung, jeder Klick und jede Öffnung beinhaltet auch individuelle geografische beziehungsweise gerätebezogene Informationen. Der Aufenthaltsort des Empfängers lässt sich mitunter aus der IP-Adresse extrahieren und in Echtzeit oder später für Personalisierungen nutzen. Dasselbe gilt für den E-Mail-Client, der aktuell benutzt wird. Hierbei sind besonders Individualisierungen interessant, die sich an mobile Nutzer richten. So lässt sich ein Grafik-Banner im Newsletter derart personalisieren, dass er dem iPhone eine App-Promotion und in Outlook 2007 einen Gutschein ausliefert.
- Schließlich eignet sich die Differenz aus dem heutigen Datum und dem damaligen Opt-in-Zeitpunkt, um individualisierte Inhaltsblöcke einzuspielen. Etwa ein Treue-Dankeschön nach 180 Tagen Verteilerzugehörigkeit.

9.3.4 Das Plain-Text-Format – wann und wie?

Einsatzgebiete und Vorteile

Auch reine Textmails haben im multimedialen Web durchaus noch ihre Daseinsberechtigung. Nicht nur, weil sie keine Designkosten für die Werbemittelerstellung verursachen. Textmails sind echte Leichtgewichte. Zudem müssen Versender sich weniger Sorgen um eine inkonsistente Newsletter-Darstellung machen. Der Inhalt ist sofort nach der E-Mail-Öffnung ersichtlich; es gibt keine Bildblockade oder Ähnliches.

Laut Epsilons »Global Consumer Survey 2009« präferiert mehr als jeder Siebte Textmails – im asiatischen Raum sind dies sogar 24 Prozent. Gerade im IT-Entwicklerumfeld und im Bereich der Public Relations/Pressearbeit dürfte ein nennenswerter Teil nach wie vor die urtypische und schnörkelloseste aller E-Mail-Formen bevorzugen. Journalisten mögen eben nichts, was auch nur annähernd nach Werbung »duftet«. Reiner Text mutet sachlicher als HTML an.

In anderen Zielgruppen wie beispielsweise Banken stellt HTML möglicherweise ein Sicherheitsrisiko dar, weshalb auch hier Text die bessere Wahl ist. Daneben verlangen diverse Inhalte einfach nach dem Textformat – man denke an wissenschaftliche Bekanntmachungen. Checkmails im Rahmen des Double-Opt-in-Prozesses werden oft in Textform versandt, um sie möglichst neutral – im Sinne von werbefrei – erscheinen zu lassen. Textmails zwingen förmlich, sich auf die Botschaft zu konzentrieren und auf den Punkt zu kommen. Oft wirken sie auch persönlicher als bunte HTML-Mails.

Einige Webmailer und mobile Endgeräte wie Blackberrys rendern Text besser als HTML. In einer Multipart-E-Mail – bestehend aus alternativen Text- und HTML-Teilen – wählen diese dann gern den Text-Teil. Einer HTML-E-Mail auch ein Text-Pendant an die Seite zu stellen ist sehr zu empfehlen. Die Zustellbarkeit von Text- oder Multipart ist im Allgemeinen höher als bei reinen HTML-Mails. Der populäre Filter SpamAssassin vergibt zum Beispiel bis zu 2,199 Strafpunkte (Standardgewichte, Version 3.3), falls die Regel MIME_HTML_ONLY anschlägt. Dies wäre fast schon die halbe »Spam-Miete« (5 Punkte). Die Regel ist ein Relikt aus vergangener Zeit, in denen Spammern den Mehraufwand für die Erstellung eines weiteren MIME-Teils scheuten ...

Nachteile

Gestaltungsmöglichkeiten wie Schriftvariationen, Grafikeinbindungen oder mehrspaltige Layouts sind praktisch nicht gegeben. In technischer Hinsicht können nur Klicks, keine E-Mail-Öffnungen gezählt werden. (Von der neuartigen Lese-Rate, die vergleichbar mit der Öffnungsrate ist, einmal abgesehen – vergleiche Abschnitt 14.9 *Weitere Kennziffern*.) Linkbeschriftungen sind ebenfalls nicht möglich – dem Abonnenten wird eine unter Umständen sehr lange und kryptische URL statt eines sprechenden Links angezeigt. Und im ungünstigen Fall bricht der E-Mail-Client die lange URL so um, dass sie nicht mehr gänzlich anklickbar ist. (Dies ist besonders ärgerlich, wenn der Aktivierungslink in einer Double-Opt-in-Mail unbemerkt betroffen ist und damit die Double-Opt-in-Quote sinkt.)

Der **Response** von Marketingmails im Text-Format ist regelmäßig dem von HTML-Mails unterlegen. Nicht selten erzielen formatierte und strukturierte HTML-Mails 50 Prozent mehr Klicks als Plain-Text-Botschaften. Der Email Marketing Metrics Report June 2009 vom E-Mail-Service-Provider MailerMailer berichtete 2,95/3,05 Prozent Klickrate für Text-/HTML-Botschaften.

Praxis-Tipps

Als Tipps zur Gestaltung von Textmails sollten die folgenden Dinge berücksichtigt werden:

- *Umbrüche:* In der Vergangenheit wurde oft empfohlen, Zeilen nach maximal 65 Zeichen zu umbrechen, damit der Inhalt schneller erfasst werden kann. Diese Forderung kann heute so nicht mehr aufrechterhalten werden. Abgesehen davon, dass Outlook 2007/2010/2013 die Umbrüche ohnehin ignorieren beziehungsweise eigene setzen, erscheinen diese auf diversen schmalen Smartphone-Bildschirmen an ungünstigen Stellen. Dadurch wird die Lesbarkeit deutlich erschwert. Im Zuge der Verbreitung mobiler Endgeräte gilt daher heute die Empfehlung, keine manuellen Umbrüche mehr einzufügen, sondern den Text natürlich fließen zu lassen.
- *Textabschnitte* sollten durch hervorgehobene Überschriften (zum Beispiel »+++ Überschrift 1 +++« oder »- ÜBERSCHRIFT -«) und durch Absätze nach etwa 4 bis 5 Zeilen gegliedert werden. So wirkt die E-Mail auf den ersten Blick für den Leser übersichtlicher und einfacher verdaulich. Nichts wirkt unattraktiver auf den Leser als Blöcke von 10 Zeilen à 80 Zeichen pro Zeile. Einzelne Bereiche wie der Kopf oder der Fuß können zur Verdeutlichung durch horizontale Trennlinien optisch separiert werden (zum Beispiel Zeilen bestehend aus wiederholten »-«-Zeichen).
- *Hyperlinks* sollten als zentrale Response-Elemente ...
  - auf Anhieb vertrauenswürdig erscheinen, indem etwa die bekannte Marke als Domäne vornweg genutzt und auf zwielichtige Zeichen-Kombinationen verzichtet wird: `http://news.marke.de/artikel-657` statt `http://anonymizer.to/xZUjksdJHJ/email@test.de`;
  - idealerweise nicht mehr als 35 Zeichen (Kurz-URLs) enthalten, um Zeilenumbrüche innerhalb des Links zu vermeiden;
  - durch Leerzeilen freigestellt werden von umgebenden Textabschnitten, um eine besonders gute Sichtbarkeit des Links zu gewährleisten;
  - mit einem »http://« beginnen, um dem E-Mail-Programm einen URL anzuzeigen: nicht `news.marke.de/artikel-657`, sondern `http://news.marke.de/artikel-657`;

   - mit einem Leerzeichen beginnen und enden, um Anfang und Ende des Links eindeutig zu markieren;
   - in Blöcken von Fließtexten der Übersichtlichkeit halber durch Fußnoten ersetzt (zum Beispiel »Lorem ipsum [1] dolor sit [2] amet«) und darunter aufgelöst werden (»[1] http://meineseite.de, [2] http://meineseite2.de«).
- *Sonderzeichen* außerhalb des ASCII-Zeichensatzes sollten eher vermieden werden. Unter Umständen kommt es zu Darstellungsfehlern. Die Formulierung »5 EUR« ist »5 €« gegenüber vorzuziehen.

  Um die Fehler-Gefahr zu reduzieren, sollten Sie generell einen Text-Editor wählen, der standardmäßig die Bearbeitung im Plain-Text-Format unterstützt. Zum Beispiel PSPad. Word & Co sind hingegen – wie auch für die Gestaltung von HTML-Mails! – weniger geeignet. Die Probleme beginnen mit runden statt geraden Anführungszeichen (“ statt ") und enden mit Office-spezifischen Formatierungen, die beim Kopieren und Einfügen immer wieder zu Problemen führen.

Tipp: Hartnäckige Sonderzeichen loswerden

Um Sonderzeichen zu eliminieren, reicht es in der Regel, einen Text von Word in einen reinen Texteditor und von dort in den Newsletter zu kopieren. Dasselbe lässt sich mit Tools wie PureText erzielen. Trotzdem sind runde Anführungszeichen oder die drei Pünktchen »…« manchmal hartnäckig. Falls es sich nicht um sensible Inhalte handelt, ist ein Online-Word-zu-Text-Konverter dann ganz hilfreich. Zum Beispiel `jhy.io/tools/convert-word-to-plain-text`.

- *Ausrichtung:* Bei ASCII-Layouts und »ASCII-Art« sollte beachtet werden, dass viele E-Mail-Programme nicht-proportionale Schriftarten für die Darstellung von Text-E-Mails nutzen. Die Zeichen weisen hierbei unterschiedliche Breiten auf. Ein Text-Layout, das mit einer dicktengleichen Schriftart (festen Buchstabenbreiten) ausgerichtet wurde, würde in den E-Mail-Programmen vieler Abonnenten verrutschen. Dies soll aber nicht davon abhalten, mit Einrückungen zu arbeiten. Auch, wenn diese im Posteingang der Adressaten vielleicht geringfügig anders wiedergegeben werden.

Tipp: ASCII-Art in HTML-Mails

Am Rande sei bemerkt, dass ASCII-Kunst natürlich auch in HTML-Mails für Aufmerksamkeit sorgen kann. So erlaubt es das HTML-Tag <pre> beispielsweise, präformatierte Textabschnitte zu definieren. Anna Yeaman hat die Unterstützung dieser Variante in gängigen E-Mail-Clients ausführlich getestet und zeigt diverse Einsatzmöglichkeiten auf: `stylecampaign.com/blog/2012/01/ascii-art-in-email/`.

- *Tags:* Einige E-Mail-Clients verfügen über vordefinierte Formatierungs-Tags. Zum Beispiel markieren »*« und »_« in Thunderbird standardmäßig eine *fette* beziehungsweise _unterstrichene_ Darstellung. Der »?? «-Separator trennt den eigentlichen E-Mail-Inhalt von einer Signatur, die ausgegraut dargestellt (Thunderbird) oder ausgeblendet (Gmail) wird. »>>« zeigt ein Zitat an. All dies kann bei der Text-Erstellung effektiv eingesetzt werden. Es sollte andersherum aber auch berücksichtigt werden, um eine unerwünschte Darstellung zu vermeiden.

9.3.5 Stumme Leserfragen beantworten und Blickverlauf steuern

Wer Mailings gestaltet, kann dabei auf eine ganze Reihe grundlegender Formeln zurückgreifen. Kluge Dialogmarketer brachten im Zeitverlauf einiges zu Papier. All diese Konzepte haben sich vielfach in bestimmten Situationen bewährt, entstammen teils sogar den Ergebnissen aufwendiger Laborexperimente. **KISS** (»keep it simple and stupid«, also halte es einfach und simpel, oder auch »keep it short and simple«, also halte es kurz und einfach), **AIDA** (Attention, Interest, Desire, Action, also Aufmerksamkeit, Interesse, Wunsch und Handlung erzeugen), **PPPP** (Picture, Promise, Prove, Push, übersetzt bildhaft darstellen, versprechen, beweisen und auffordern) und **RIC** (Readership, Involvement, Commitment, also zum Lesen bewegen, Involvierung, Bejahung – vergleiche nachfolgenden Abschnitt 9.3.6 *RIC-Methode: Leser verwickeln*) sind nur einige Beispiele solcher Strategien. Die **Dialogmethode**, die Professor Siegfried Vögele um 1980 vorstellte und seitdem konsequent weiterentwickelte, ist eine weitere fundierte Technik.

Die E-Mail als Verkaufsgespräch vorstellen

Die Professor-Vögele-Dialogmethode fordert: Das Mailing – ganz gleich ob digital oder klassisch – muss fähig sein, ein persönliches Verkaufsgespräch bestmöglich zu ersetzen. Im Verkaufsgespräch treten Fragen auf. Um auch digital dialoggerecht zu sein, müssen diese vorab korrekt antizipiert werden.

Hiernach gilt es dann im E-Mailing, a) die passenden Antworten b) zeitnah und c) in der richtigen Reihenfolge zu liefern. Denn genau hiernach suchen Ihre Empfänger beim kurzen Scannen der E-Mails. Werden wichtige Fragen gar nicht, falsch, zu früh oder zu spät beantwortet, entstehen Verstimmungen und Missdeutungen. Die Gefahr steigt, dass der »schriftliche Dialog« vorzeitig abgebrochen wird. Nur ein synchrones Gespräch wirkt harmonisch und führt zum Ziel. Auch beim E-Mailing.

Je nach Situation können durchaus viele Fragen entstehen – vielleicht 20 oder mehr. Ein komplexer Werbegegenstand wie etwa eine Baumaschine wirft naturgemäß mehr Fragezeichen auf. Genauso die E-Mail eines Versenders, zu dem nur eine schwache Beziehung besteht, wie zum Beispiel nach einer Gewinnspielteilnahme. Zu allen wichtigen Fragen müssen Antworten im Sinne des E-Mail-Abonnenten geliefert werden. Prüfen Sie Ihr E-Mailing einmal kritisch: Erzeugen beispielsweise die folgenden Punkte allesamt sofort ein inneres Kopfnicken beim Empfänger?

- Wer kontaktiert mich?
- Wieso heute?
- Woher hat er meine E-Mail-Adresse?
- Warum werde gerade ich angeschrieben?
- Was sind die versprochenen Vorteile?
- Wer beweist dies?
- Welchen Nutzen soll mir speziell das bieten?
- Was soll ich tun?

Gemäß der »Dialog-Formel« müssen Versender dafür sorgen, dass idealerweise schon beim ersten Überfliegen der E-Mail durch die Adressaten die Anzahl der stummen Zustimmungen (Kopfnicken, kleine »Jas«) größer ist als die Zahl der Ablehnungen (Kopfschütteln, kleine »Neins«). Erst dann ist beim Adressaten der Weg geebnet zum großen »JA«, dem messbaren Response.

Abb. 9.22: Überzeugende E-Mails beantworten mindestens diese vier Fragen in nicht mehr als fünf Sekunden. Länger dauert die Orientierungsphase meist nicht. Wie wenig dies tatsächlich ist, können Sie sich anhand eines `FiveSecondTest.com` klarmachen.

Tipp: Vier Fragen in fünf Sekunden beantworten

Im Postfach befindet sich Ihr Newsletter »in guter Gesellschaft«: Er konkurriert hier mit rund 30 weiteren E-Mails täglich um begrenzte Aufmerksamkeit. Ob Sie hier erfolgreich Interesse wecken können, hängt maßgeblich von drei Stellschrauben ab: Absender, Betreffzeile und Pre-Header-Vorschau. Gelingt dies, haben Sie die erste Hürde gemeistert. Die zweite Herausforderung: Die geeignete E-Mail-Darstellung im knappen Vorschaufenster. Kann Ihr E-Mailing den Funken an erstem Interesse hier zünden und ein Feuer daraus entfachen?

Der Abonnent hat bei der ersten E-Mail-Betrachtung Fragen. Und er ist kurz angebunden. Versender, die die richtigen Fragen in der richtigen Reihenfolge beantworten, haben gute Erfolgsaussichten. Andere werden weggeklickt. Als wäre dies nicht Herausforderung genug, befindet sich der Versender hierbei zusätzlich im »Express-Elevator-Pitch«: Fünf Sekunden, mehr gestattet der Abonnent Ihnen meist nicht. Das ist gerade so lange, wie Sie in Ruhe ein- und wieder ausatmen.

Welche Fragen dies sind und wie diese effektiv beantwortet werden, das zeigen Abbildung 9.22 beziehungsweise Abbildung 9.23.

Abb. 9.23: Nero zeigt, dass die vier stummen Leser-Fragen in kürzester Zeit beantwortet werden können; wer schreibt mir (Nero), warum kontaktiert er mich gerade heute (nur noch 3 Tage 13 Prozent Neujahrsrabatt), was soll ich tun (kaufen) und was bekomme ich für den Klick (nur noch für kurze Zeit einen Preisnachlass). Die Gestaltung ist blickpfadgerecht.

Die kritische erste Lesestufe überwinden

Vögele unterscheidet bei Mailings prinzipiell zwei Lesestufen:

Die flüchtige erste dauert nur wenige Sekunden, ist aber der zentrale Türöffner. Der Schlüssel zum Erfolg hierbei: Der Adressat beschäftigt sich vor allem dann näher mit der Zusendung, wenn er beim Scannen unmittelbar einen individuellen Vorteil für sich erfasst. Scheitert schon dieser erste Kurz-Dialog, droht bereits frühzeitig der Klick zur nächsten E-Mail – ohne dass auch nur eine Textpassage gelesen wurde. Durch einen passenden Absendernamen und Betreff nun dafür zu sorgen, dass unsere E-Mail im Posteingang überhaupt wahrgenommen wird, ist nur die erste Hürde; den persönlichen Vorteil unmittelbar nach der E-Mail-Öffnung in den Blickfokus zu rücken, der dann zum Weiterlesen bewegt, eine weitere. Aber wie kann dann sichergestellt werden, dass dieser auch sofort im Vorschaufenster des E-Mail-Programms wahrgenommen wird, dass er also vom Auge des Rezipienten ausreichend lange anvisiert wird und so der besonders wichtige erste Kontakt gelingt?

Ganz einfach: Ähnlich, wie der Verkäufer das Gespräch im Laden steuern kann, so lässt sich in E-Mails auch der Blickverlauf – und damit das schriftliche Gespräch – gezielt lenken. Bestimmte Elemente werden nämlich von allen Menschen naturgemäß eher oder länger betrachtet als andere. Das entsprechende Wissen im Hinterkopf ermöglicht Versendern genauer zu planen, in welcher Reihenfolge die dargebotenen Informationen von den Rezipienten aufgenommen werden. Gehirngerechte Dialoge sorgen dafür, dass die passenden Kurz-Antworten sofort wahrgenommen werden. Es gibt eine Wahrnehmungshierarchie. Besonders die folgenden Gruppen von Inhaltselementen können initial die Vorteilssuche in der gegebenen Reihenfolge unterstützen:

- Bilder oder Ähnliches
- Deutliche Überschriften
- Hervorhebungen im Text

Auch innerhalb der drei Kategorien existieren mehr oder weniger klare Rangordnungen: Große Bilder werden vor kleinen fixiert, Menschen vor Produktabbildungen, Gesichter vor Körpern, senkrechte Flächen vor waagerechten, Kreise vor Rechtecken, fett eingerahmte Bilder vor nicht eingerahmten und so weiter. Bei den Überschriften analog große vor kleinen, kurze vor langen et cetera. Vieles ergibt sich bereits gefühlsmäßig. Trotzdem geht es bei der E-Mail-Gestaltung oft unter.

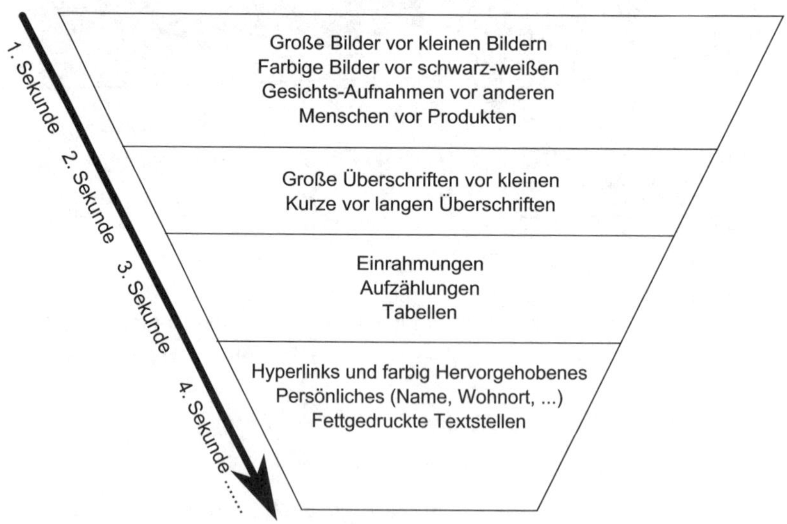

Abb. 9.24: Wahrnehmungspyramide – wer weiß, in welcher Reihenfolge Newsletter-Elemente gesichtet werden, kann nicht nur den Blickverlauf der Leser gezielt lenken. Er kann zudem dafür sorgen, dass der Lesernutzen sofort ersichtlich ist. Das größte Aufmerksamkeitspotenzial besitzen Bilder – sofern sie dargestellt werden. (In den Posteingängen werden diese standardmäßig durch Alt-Texte ersetzt.)

Abb. 9.25: Gesichter ziehen Blicke magisch an. Ihre Abonnenten folgen intuitiv den Augen der abgebildeten Person. Machen Sie sich dies zunutze. (1) und (3) zeigen, wie Produktabbildungen so besser in Szene gesetzt werden könnten. In (2) hingegen absorbiert das Gesicht die initiale Aufmerksamkeit – für das Produkt bleibt kaum etwas übrig ...

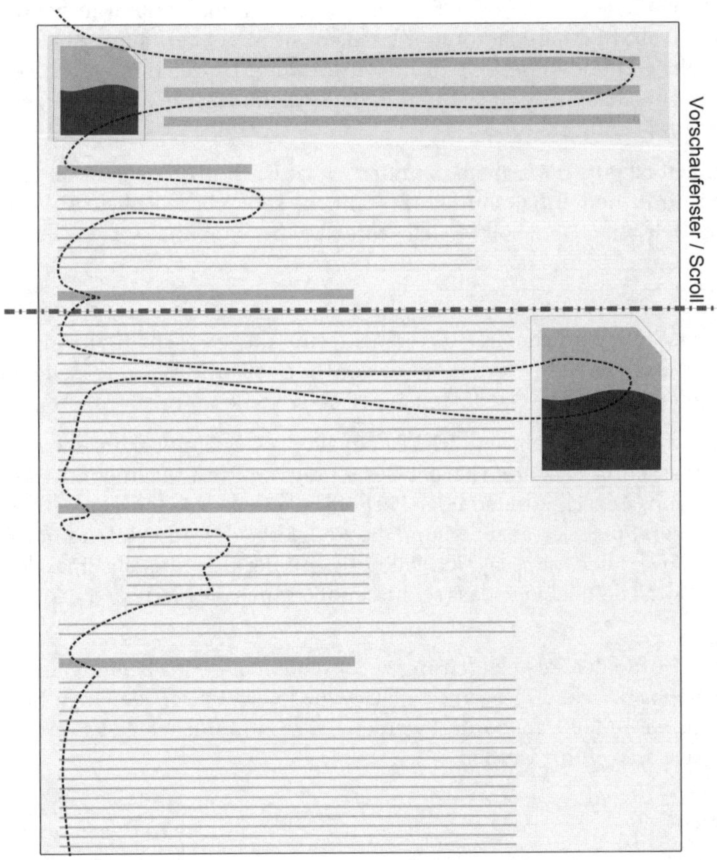

Abb. 9.26: Der Blickverlauf der E-Mail-Empfänger lässt sich durch gezielten Einsatz von Bildern, Überschriften und Aufzählungen steuern. Bei Überschriften ist die Wahl der ersten beiden Wörter besonders wichtig.

Vögeles Gestaltungskonzept ist für E-Mail-Versender hilfreich. Für die Praxis heißt dies beispielsweise: Wenn Bilder verwendet werden, sorgt der gute Dialog-Regisseur dafür, dass in den prominent platzierten Images auch der individuelle Vorteil und der Absender sofort erkennbar ist. Denn der signalisiert individuelle Relevanz und regt zum Weiterlesen an.

Verlassen Sie sich im E-Mail-Marketing aber nicht allein auf Bilder, da diese bei rund der Hälfte Ihrer Adressaten zunächst blockiert werden und damit oft erst nachgelagert zum Weiterlesen animieren können. Große Überschriften und einzelne Hervorhebungen können dem Adressaten bei der Orientierung ebenso helfen.

9.3.6 RIC-Methode: Leser verwickeln

RIC. steht für Readership, Involvement, Commitment. Das dahinterstehende Prinzip ist einfach:

1. Readership

Auf der ersten Stufe (»Readership«) gilt es, die Aufmerksamkeit des Adressaten zu gewinnen. Dies ist Grundvoraussetzung dafür, dass die E-Mail überhaupt wahrgenommen wird. Hilfreich hierzu sind E-Mail-Marketing-Klassiker, wie a) ein vertrauter Absender, mit dem relevante Inhalte verbunden werden, b) ein Betreff, der erfolgreich Interesse weckt, sowie c) eine passende Vorschaufensteransicht im E-Mail-Programm, die das hervorgerufene Interesse aufgreift und fortführt.

Aufmerksamkeit ist gut. Doch allein damit ist es natürlich nicht getan. Viel zu oft wird der Adressat daraufhin den Inhalt nur kurz scannen, sehr oberflächlich wahrnehmen und sodann »beiseitelegen«. Dem soll Modell-Stufe zwei begegnen:

2. Involvement

Auf der zweiten Stufe wird gemäß RIC versucht, eine aktive Beschäftigung des Empfängers mit der Werbebotschaft zu forcieren. Auf diese Weise soll er für längere Zeit in das Geschehen eingebunden, ja idealerweise förmlich gefesselt werden (»Involvement«).

Aktiv ist dabei wörtlich zu nehmen. RIC ist ein älteres Gestaltungskonzept aus dem klassischen Dialogmarketing. So kamen bei der Gestaltung von Print-Mailings etwa Rubbel-Bilder, Bastelanleitungen, Ausstanzungen oder Peel-off-Etiketten zum Einsatz. Also vornehmlich Dinge, die auf den Spieltrieb abzielen und die Neugierde des Adressaten nutzen. Hintergedanke war: Je länger der Adressat sich tatkräftig mit der Sendung auseinandersetzt, desto höher ist die Wahrscheinlichkeit, dass schlussendlich auch die gewünschte Reaktion bei ihm erzielt wird.

Natürlich sind Duftfelder, Bastelanleitungen & Co nicht oder nur bedingt auf elektronische Medien übertragbar. Andere Elemente, wie Gewinnspiele, Rätsel oder auch Bingos können dagegen prima via E-Mail transportiert werden. Oder zumindest angeteasert und dann auf der Landingpage ausgeführt werden.

3. Commitment

Die dritte und letzte Stufe, das Commitment, verlangt schließlich, dass das eigentliche Angebot vom Leser abschließend noch bejaht wird. Über die Involvement-Phase wurde der

Weg dahin bereitet. Und vom Interessenten zum Käufer oder qualifizierten Lead ist es nun nur noch ein Katzensprung.

Beispiel: Kaffeepausen-Quiz

Frage-Antwort-Spiele sind bestens geeignet, um Involvement, also die zentrale Zielsetzung von RIC, per E-Mail zu erreichen. Ich erinnere mich an ein schönes B2B-Beispiel aus dem Posteingang:

In der Aufmachung eines Kaffeepausen-Quiz wurden die Adressaten regelmäßig mittags zu einer kleinen kurzweiligen Frage-Runde per E-Mail eingeladen. Jede Newsletter-Ausgabe stellte einen aktuellen Themenschwerpunkt aus dem Bereich Online-Marketing vor. Und nach dem Durchlauf des Fragebogens auf der Landingpage erhielt der Teilnehmer eine Art Benchmark, anhand dessen er seine Antworten mit denen anderer Teilnehmer vergleichen konnte. Wobei die Sicht auf das Reporting zunächst von einer Lightbox, die das eigentliche Response-Ziel der Kampagne, nämlich Informationen zum Angebot des Anbieters anzufordern, überlagert wurde.

Tipp: RIC ist vielseitig einsetzbar

Das RIC-Konzept eignet sich übrigens nicht nur zur Gestaltung von E-Mailings. Auch Gewinnspiele zur Adressgewinnung verlangen den Adressaten nicht ohne Grund die Auswahl eines Wunschpreises sowie die Lösung kleiner Puzzles ab, bevor sie letztlich teilnehmen und sich – möglichst inklusive Werbeeinverständnis – registrieren können (zum Beispiele `freie-auswahl.de`). Dies dient unter anderem als spielerischer Aufhänger, um den Interessenten genügend zu involvieren.

9.3.7 Nutzen von Vorteilen und Merkmalen unterscheiden

Wer Erfahrungen im persönlichen Verkauf besitzt, kennt die klassische Merkmal-Vorteil-Nutzen-Argumentation. Sie ist Teil vieler Vertriebstrainings, kann aber ebenso E-Mail-Marketern beim Werbetexten nützlich sein. Das Konzept führt vor Augen, was im Kern verkauft. Nämlich nicht die Vorlage eines tabellarischen »Datenblatts« mit vielen tollen *Merkmalen* eines Produkts. Sondern die konkrete Beantwortung der Frage nach dem individuellen *Nutzen* des Produkts für den Abonnenten. Das sind zwei verschiedene Paar Schuhe.

Warum? Lassen Sie uns hierzu die drei Hauptbestandteile einer typischen Argumentation untersuchen:

1. **Merkmale** sind zunächst einmal nüchterne Eigenschaften und Fakten über Produkte oder Dienstleistungen. Für sich genommen sind sie weder gut noch schlecht. Eine Merkmals-Aussage in einem E-Mailing, das Probefahrten für ein Auto bewirbt, wäre zum Beispiel: »Das Auto verfügt über 150 PS.«
2. **Vorteile** gehen einen Schritt weiter. Darunter werden solche Dinge verstanden, zu denen die Merkmale ermächtigen. Also Dinge, die sie für das Werbesubjekt besonders gut erledigen können. Insbesondere im Vergleich zu Alternativen. Beispiel: »Dieses Auto beschleunigt viel schneller als das alte.« Vorteile entfalten also schon einmal von sich aus eine positive Wirkung. Dies heißt aber noch lange nicht, dass sie den Bedarf eines Rezipienten treffen.

3. Der **Nutzen** spricht schließlich gezielt den ganz persönlichen Mehrwert für das Werbesubjekt beziehungsweise die Zielgruppe an. In der verbalen Argumentation wird vom Vorteil zum Nutzen häufig eine Brücke geschlagen. Hierzu dienen Verkettungen wie »Dies entlastet Sie von«, »Dies verbessert Ihr« oder genereller »Dies heißt für Sie«. Bezogen auf unser Auto-Beispiel wäre eine mögliche Nutzen-Aussage also: »Dies bedeutet für Sie, dass Sie mit der gewünschten Sicherheit auf der Autobahn überholen können.«

Eine daraus abgeleitete, schlüssige Verkäufer-Argumentation wäre also: »Das Auto verfügt über 150 PS. Es beschleunigt viel schneller als das alte. Dies bedeutet für Sie, dass Sie mit der gewünschten Sicherheit auf der Autobahn überholen können. Ihre Sicherheit und diejenige der Beifahrer liegt Ihnen ja am Herzen ...« Die Nutzen-Aussage ist die nachhaltigste Angabe, ganz gleich, um welche Art von Werbegegenstand es sich handelt:

- »Die Zahnpasta verleiht schönes Lächeln, mit dem Sie Sicherheit und Selbstbewusstsein ausstrahlen.«
- »Die professionelle E-Mail-Versandlösung erlaubt eine effiziente Trigger-E-Mail-Verwaltung, die Ihnen langfristig viel Zeit und Geld spart.«

Vorteile allein sind schnell vergessen. Sie besitzen eine kurze Wirkungsdauer, die für Impulskäufe vielleicht ausreicht. Der persönliche Nutzen bleibt haften. Dabei zielt der in der Nutzenaussage hervorgehobene Mehrwert meist auf die Befriedigung persönlicher Bedürfnisse der Zielperson(en) ab. Entsprechende Formulierungen drehen sich um Dimensionen wie Geld/Zeit sparen, Sicherheit schaffen, Bequemlichkeit erhalten, Wissensvorsprung, Erfolg, Macht, Freude, Anerkennung, Ansehen, Unabhängigkeit. Oder auch um Soziales wie der Wunsch nach Kommunikation oder Nähe. Derartige Codes stellen auch im schriftlichen Dialog wichtige implizite Schlüsselwörter dar. Implizit meint, dass sie, auch ohne *bewusste* Aufmerksamkeit aufzuwenden, vom Rezipienten verarbeitet werden und dabei unbewusst ein innerliches Kopfnicken hervorrufen können. Sie beantworten am effektivsten die zentrale Frage: »Was nützt mir dies alles?« Das können die Codes aber nur leisten, wenn sie auch ausgesprochen werden. Nur der kommunizierte Nutzen zählt. Schreiben Sie ihn also unbedingt in das E-Mailing deutlich in einer für den Rezipienten verständlichen Sprache hinein und sorgen Sie dafür, dass hier der Fokus hinfällt.

In der Praxis präsentieren E-Mail-Werbetexter ihren Adressaten leider oft nur zahlreiche Merkmale und – wenn es hochkommt – noch einige Vorteile. Den Nutzen zwischen den Zeilen dürfen sich die Leser selbst zusammenreimen. Damit wird die Maxime »Don't make me think« verfehlt. Je komplexer der Werbegegenstand, desto seltener reichen Vorteils- oder gar nur Merkmals-Argumente aus. Ein Grund für den fehlenden Nutzen liegt auf der Hand. Der Klick- oder sogar Kaufanreiz entfaltet sich nur dann, wenn die Nutzen-Aussage auch einen tatsächlichen Bedarf der einzelnen Zielperson anspricht. Während aber Person A beim Autokauf Wert auf Sicherheit durch schnelle Überholmanöver legt, möchte B lieber mit einem sportlichen Prestigeobjekt die Anerkennung der Leute beim Ampelrennen gewinnen. Beides können die 150 PS und die damit verbundene Beschleunigung leisten. Beides bedarf aber einer unterschiedlichen Werbeansprache. Interessenten müssen also bei uneinheitlichen Bedarfsstrukturen segmentiert werden. Hinzu kommt, dass die Strukturen im Zeitverlauf instabil sein können – heute will B Anerkennung, in fünf Jahren aber vielleicht schon eher Sicherheit. Damit die Nutzen-Aussagen genau ins Ziel treffen, ist eine gute Customer Intelligence vonnöten.

Kapitel 10

Der E-Mail-Körper: Newsletter-Struktur

Die Anatomie einer Werbemail wird durch eine Reihe wiederkehrender Standard-Elemente bestimmt. Dahinter verbirgt sich zum Teil jeweils mehr, als der erste Anschein vermuten lässt. Wer sich en détail damit beschäftigt hat, kann mehr aus seinen Maßnahmen herausholen. Abbildung 10.1 zeigt die typische Struktur auf. Header und Footer sind quasi Pflicht. Der Bereich dazwischen kann sehr flexibel ausgestaltet werden. Ausgewählte Elemente wollen wir nun genauer unter die Lupe nehmen.

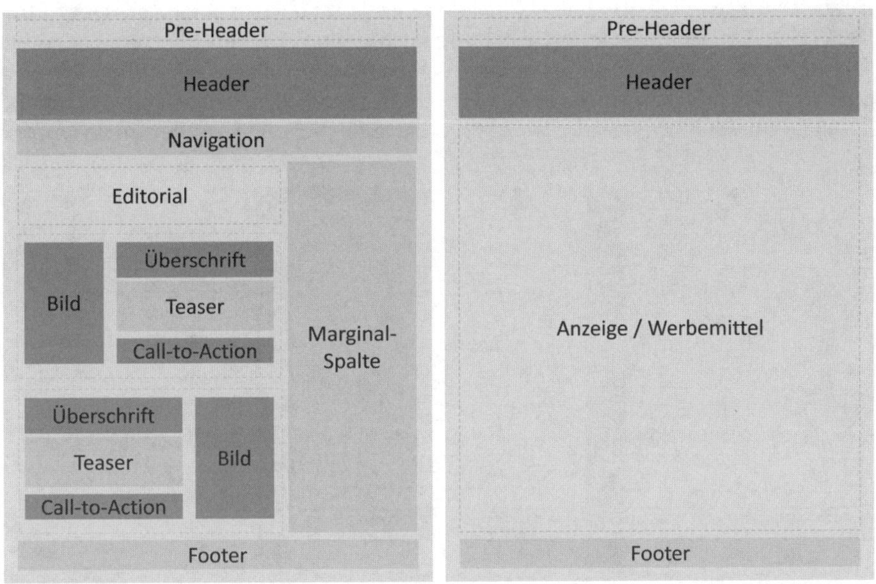

Abb. 10.1: Typischer Aufbau eines Newsletters (links) und eines Standalones (rechts) inklusive Benennung der Elemente

10.1 Pre-Header

Der sogenannte Pre-Header kommt unscheinbar daher. Seine Bedeutung und vielseitigen Einsatzmöglichkeiten werden oft verkannt. Immerhin handelt es sich hierbei um den ersten sichtbaren Inhalt im E-Mail-Körper.

In der Praxis wird dieser schmale Raum meist nur mit dem Link zur Webansicht des Newsletters bestückt: »Um die E-Mail mit Bildern im Browser aufzurufen, bitte hier klicken« (vergleiche Abbildung 10.2). Ein solcher Link, der beim Klick den Newsletter im Browser aufruft, ist wichtig (und im Übrigen gar nicht mal so selbstverständlich, wie man zunächst vermuten könnte). Aber der Pre-Header kann mehr. Was macht dieses Feature so besonders?

Abb. 10.2: »Klicken Sie bitte hier, falls Sie keine Bilder sehen« – typischer Pre-Header, der Darstellungsprobleme adressiert

Zunächst einmal bildet der oberste Teil regelmäßig den Einstiegspunkt für den Blickverlauf der Leser. Damit ist dieser Bereich – insbesondere *links* oben – potenziell sehr aufmerksamkeitsstark. Die wohlüberlegte Gestaltung ist wichtig für einen überzeugenden ersten Eindruck. Hinzu kommt, dass bei unterdrückten Bildern oft ausschließlich dieser Ausschnitt unmittelbar lesbar ist. Nämlich dann, wenn der restliche Inhalt vollständig aus Bildern besteht und dem Pre-Header weißer Freiraum folgt, da Bilder unterdrückt wurden.

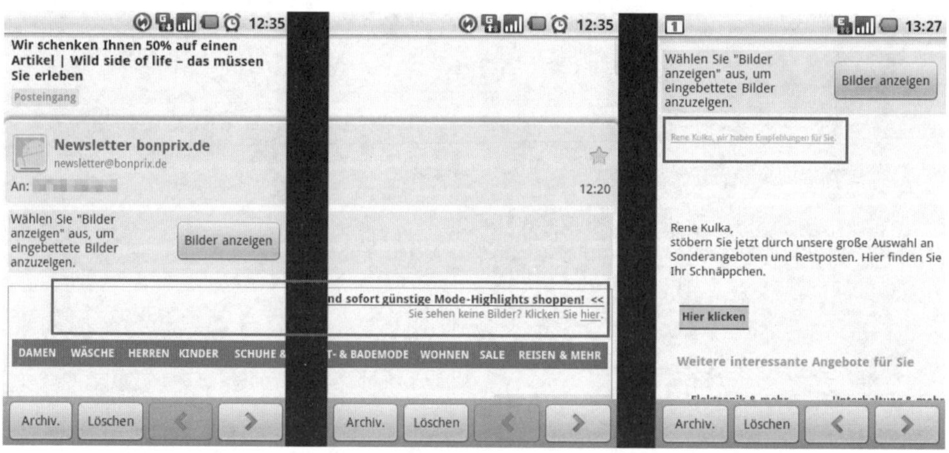

Abb. 10.3: Der Bonprix-Newsletter (zwei Screenshots links) hat einen rechtsbündig ausgerichteten Pre-Header, der auf einem Smartphone bei 320 Pixeln Bildschirmbreite erst nach dem Scrollen nach rechts sichtbar ist – doch gerade für mobile Endgeräte ist der Hinweis auf die Online-Version nützlich. Der Amazon-Newsletter (rechter Screenshot) hat hingegen einen linksbündig ausgerichteten Pre-Header, der sofort dargestellt wird.

Entsprechend der Schreib-/Leserichtung von links nach rechts gehören im Pre-Header wichtige Werbe-Inhalte linksbündig platziert, funktionale Ergänzungen dagegen können an den rechten Rand rutschen. Hierfür spricht auch die nutzerseitige Möglichkeit, im

E-Mail-Programm schmale vertikale Vorschaufenster zu aktivieren. Diese zeigen ohne horizontales Scrollen zunächst nur den linken Teilbereich des Newsletters an. Dieser enge Ausschnitt vom Newsletter ist schließlich auch übertragbar auf die schmalen Smartphone-Displays von oft nicht mehr als 320 Pixeln Breite, auf denen mehr und mehr E-Mails gelesen werden. Abbildung 10.3 veranschaulicht dies.

Womit könnte der Pre-Header bestückt werden? Mögliche Links und Appelle sind je nach Priorität etwa:

- E-Mail im Webbrowser öffnen, um eine Hilfe bei Darstellungsfehlern oder der Ansicht ohne Bilder zu bieten (quasi der bereits erwähnte Klassiker)
- E-Mail-Absender zum Adressbuch beziehungsweise zur Liste sicherer Absender hinzufügen, um ein breites Whitelisting auf Nutzerebene zu erhalten (Abbildung 10.4).

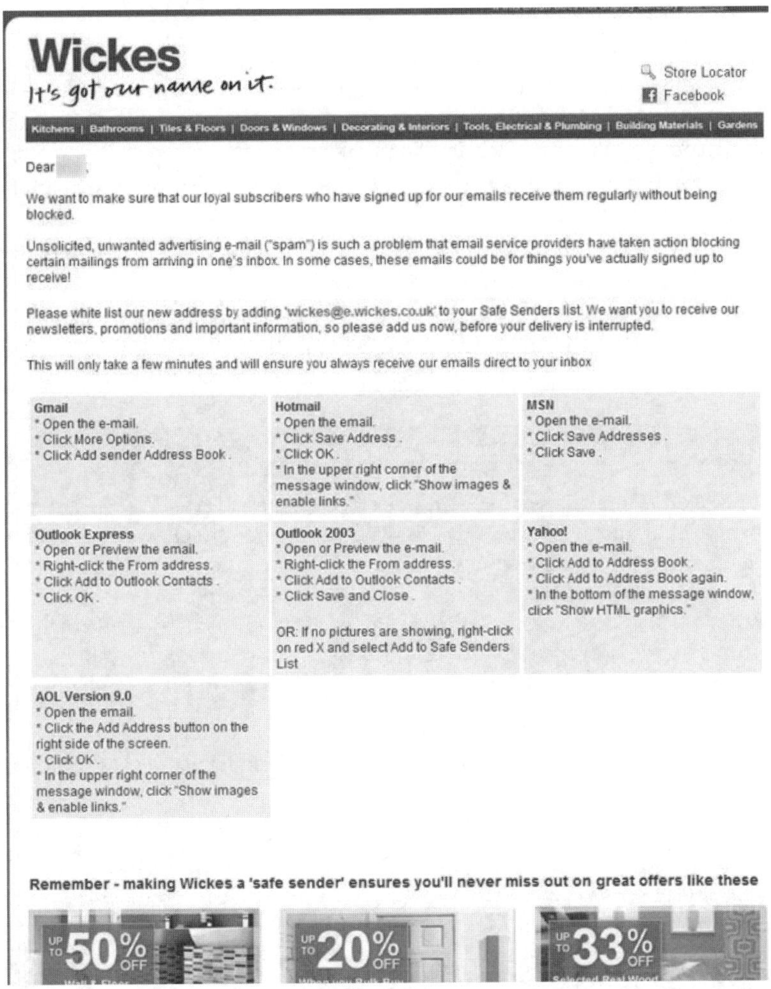

Abb. 10.4: Zur Verbesserung der Zustellbarkeit können dezidierte Whitelisting-Kampagnen hilfreich sein, die den Adressbuch-Eintrag bei den Empfängern forcieren. (Wickes)

- Abbestellen-Link (vergleiche Abbildung 10.5) und/oder Permission-Erinnerung (»Sie erhalten diesen Newsletter, weil Sie ihn über beispiel.de am 1.1.11 angefordert haben«), um bei Zustellungsproblemen und hoher Versandfrequenz die Zahl von Spambeschwerden zu drücken

Abb. 10.5: Prominente Abbestellen-Möglichkeit (»Unsubscribe«) und Bitte um Hinzufügen zur Liste sicherer Absender verbessern die Zustellbarkeit der E-Mails. (Groupon)

- Link zur Version, die für Smartphones oder allgemein mobile Endgeräte optimiert ist, um nicht zuletzt auch Hinweise auf die Verbreitung zu gewinnen (wie viele klicken drauf und wünschen eine solche Ansicht?) und natürlich vor allem eine gute Usability auch in diesem populärer werdenden Segment zu bieten.
- Service-Hotline anführen, um bei Smartphone-Nutzern den sofort anwählbaren Telefon-Support zu bewerben
- Sprach-Wechsel: »Diesen Newsletter auf Deutsch lesen«-Verweis bei einer E-Mail, die standardmäßig in englischer Sprache verschickt wird
- Anlass des Newsletters oder Incentive (zum Beispiel Coupon-Code) als verlinkte Handlungsaufforderung kommunizieren, um direkt zu Beginn den »Klick« zur Zielseite zu forcieren

Tipp: Angebot und Onlineversion kombinieren

Statt im Pre-Header mit unspezifischem oder technischem Text aufzuwarten, weisen Sie besser noch einmal auf den Anlass des Mailings hin und sprechen Sie den Leser dabei persönlich an, um auf den ersten Blick Interesse und Vertrauen zu erzeugen. Statt »Keine Bilder? Hier klicken« versuchen Sie also mal »Ihr 25%-Coupon ist nicht sichtbar, Herr Mustermann? Hier klicken«. Alternativ kann dem Darstellungsfehlerlink auch die Handlungsaufforderung vorangestellt werden: »Jetzt 25%-Coupon sichern und sparen | Keine Bilder, Herr Mustermann? Hier klicken«. Seien Sie experimentierfreudig!

- E-Mail an Freunde weiterleiten (Tell-a-Friend), um die Reichweite via Empfehlungsmarketing zu erhöhen

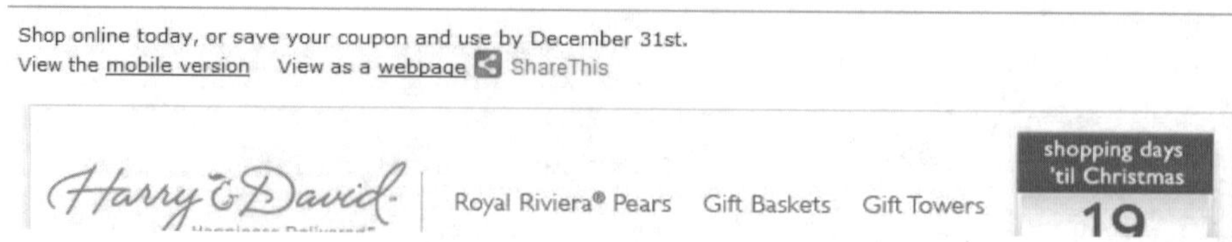

Abb. 10.6: Pre-Header mit Empfehlungsfunktion von ShareThis.com (Harry&David)

- Newsletter-Ausgabe in sozialen Netzwerken wie Facebook oder Xing empfehlen lassen
- Link zu den E-Mail-Einstellungen wie Format, Frequenz und Präferenzen (Themen), um eine individuellere und zielgenauere Ansprache der Adressaten zu ermöglichen
- Schriftgröße variieren, um etwa Hinweise auf die Zufriedenheit mit den im Newsletter-Template gewählten Maßen zu bekommen
- Social Icons, mit denen Firmenpräsenzen in den sozialen Medien beworben werden (zum Beispiel ein Twitter- oder Blog-Piktogramm)

Tipp: Dynamische Pre-Header-Inhalte verwenden

Nutzen Sie den wertvollen Pre-Header-Platz nicht bloß statisch, sondern variieren Sie die Inhalte dynamisch. Als Segmentierungskriterien bieten sich zum Beispiel demografische oder zeitliche Variationen (Stichwort: Kundenlebenszyklus) an. Handelt es sich um einen Mann oder eine Frau, um eine Gmail- oder um eine GMX-Adresse, um einen neuen oder einen inaktiven Abonnenten? So könnten neue Newsletter-Abonnenten in den ersten drei, vier Ausgaben gezielt darum gebeten werden, den Absender ihrem Adressbuch hinzuzufügen und gleichsam die Bildunterdrückung für diesen Versender zu deaktivieren. Vorteil: Ersteres bewirkt die Kennzeichnung als vertrauenswürdig und sorgt dafür, dass Spamfilter nicht fälschlicherweise Alarm schlagen. Letzteres bewirkt höhere Öffnungsraten, die ja über ein (unsichtbares) Tracking-Bild in der E-Mail ermittelt werden. Das Bild wird künftig stets unmittelbar geladen. Im Segment der inaktiven Abonnenten ist eventuell die Platzierung eines zusätzlichen Abmeldelinks im Top-Bereich des Newsletters sinnvoll, um den Verteiler wirksamer bereinigen zu können. Eine solche Dynamisierung ist bei Nutzung professioneller Versandsysteme automatisierbar – einmal eingestellt, dann läuft es.

Neben der besseren Ausnutzung des Vorschaufenster-Bereichs im Newsletter trägt der Pre-Header noch auf andere Art und Weise zur Erhöhung des Response bei: Viele verbreitete Webmailer, Desktop-E-Mail-Programme und Smartphones zeigen beim Nachrichteneingang und in der Inbox-Übersicht nicht bloß Absender und Betreffzeile an. Sondern sie extrahieren zusätzlich einen Vorschautext aus dem HTML- beziehungsweise Text-Teil einer E-Mail, um die Betreffzeile zu ergänzen. Achten Sie beim nächsten Sprechblasentipp von Outlook oder Thunderbird am unteren Bildschirmrand einmal bewusst darauf. Oder bei der Durchsicht Ihres Gmail-Posteingangs. Der Abonnent erhält mit dem kleinen Vorschautext eine zusätzliche Entscheidungshilfe dafür, ob es sich lohnt, Zeit in die E-Mail-Öffnung zu investieren. Das heißt, der Pre-Header beeinflusst auch das Selektionsverhalten im Posteingang, also die Öffnungsrate, und ist damit direkt erfolgswirksam.

Abb. 10.7: Thunderbird: Balloon-Tipp bei E-Mail-Eingang

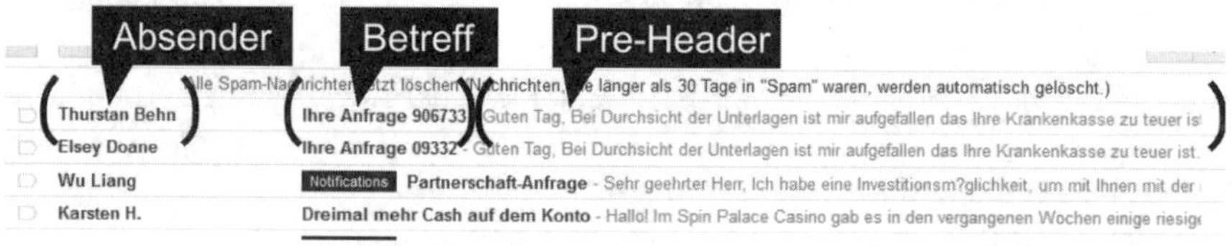

Abb. 10.8: Gmail ergänzt den Betreff mit einem Teil des Pre-Headers – manche Versender nutzen dies bewusst aus, andere dagegen verpassen ihre Chance.

Die Beispiele in Abbildung 10.8 verdeutlichen auch, dass der Pre-Header-Text so gewählt werden sollte, dass er die Betreffzeile sinnvoll ergänzt und abrundet. Beispiel: Bei einem Betreff »Wichtige Informationen zu Ihrem Alice-Produkt« ist die Verknüpfung mit einem kaum informativen »Newsletter mit Bildern anzeigen« weniger erfolgversprechend als mit »Alice ist jetzt o2«. Denn Letzteres konkretisiert den Gedanken der Betreffzeile und führt diese so weiter aus. Der Empfänger erhält im Posteingang damit mehr relevante Informationen an die Hand.

Vorsicht: E-Mail-Programme extrahieren Vorschauzeile uneinheitlich

Ein (technischer) Wermutstropfen bleibt: Unter den E-Mail-Programmen existiert kein Standard, der festlegt, was genau als Vorschautext extrahiert wird. Im E-Mail-Programm A ist es der erste gefundene Text im Text-Teil der Multipart-E-Mail, in einem anderen Programm B dagegen derjenige im HTML-Teil. Teils werden auch Alt-Texte von Grafiken oder der Inhalt des <title>-Tags im HTML-Quelltext ausgelesen. E-Mail-Marketer sollten im Zweifel also experimentieren und vorab Rendering-Tests in den gängigsten E-Mail-Clients und Webmailern durchführen, um den Effekt zu überprüfen. Im Allgemeinen wird aber der erste gefundene Text nach dem <body>-Tag genutzt.

Die Erweiterung des Pre-Headers kann natürlich auch negative Effekte nach sich ziehen. Um dem vorzubeugen, sollte der Raum beispielsweise nicht allzu viel Platz beanspruchen. Ist er zu breit oder zu hoch, lenkt er eventuell von der eigentlichen Werbebotschaft darunter ab. Wichtigere Header-Elemente rutschen im Vorschaufenster nach unten »below-the-scroll«, sind also erst durch Betätigung der Scroll-Leiste nach unten sichtbar. Halten wir fest: Der Pre-Header sollte also zum einen nicht überladen sein oder mit großzügigen weißen vertikalen Freiräumen bestückt werden.

Zum anderen ist die Zeichenzahl, die E-Mail-Clients, Webmailer und mobile Endgeräte als Vorschautext heranziehen, begrenzt. Das iPhone beispielsweise ergänzt den Betreff ganz twitter'esque um knappe 140 Zeichen. Google Mail dagegen nutzt bis zu 87 Zeichen – je nach Betreffzeilen-Länge und Bildschirmauflösung auch mehr oder weniger. Ähnlich wie bei der Gestaltung der Betreffzeile gilt es also auch beim zuerst auftauchenden Text-Teil, Schlüsselbegriffe im Satz voranzustellen und gegebenenfalls kürzere Synonyme zu bevorzugen, um eine möglichst Client-übergreifende vollständige Darstellung und so einen maximal positiven Effekt in Bezug auf die Öffnungsrate zu erzielen.

Tipp

Um den Pre-Header quasi als eigenständiges und funktionales Element herauszustellen, kann dieser zum Beispiel durch eine andere Hintergrundfarbe als die des restlichen Newsletters optisch hervorgehoben (oder in den Hintergrund gebracht) werden.

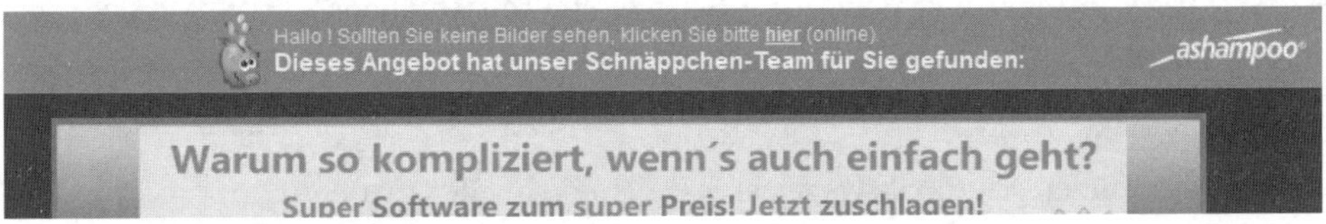

Abb. 10.9: Den Pre-Header durch eine andere Hintergrundfarbe als eigenständiges Element herausstellen (Ashampoo)

10.2 Header

Die Überraschung hält sich vermutlich in Grenzen, wenn ich Ihnen nun erkläre, dass der Header dem Pre-Header folgt. ☺ Der Header ist besonders wichtig für den Erfolg, weil er im Vorschaufenster auf Anhieb Wiedererkennungswert und Aufmerksamkeit schaffen muss. E-Mails von unbekannten Absendern oder ohne erkennbaren Nutzen wandern schnell in den Papierkorb.

Oft besteht der Header aus einer Bannerfläche, die zwischen 50 und 250 Pixel hoch ist und die Newsletter-Breite, also um die 600 Pixel, abdeckt. Er sollte verlinkt sein. Es empfiehlt sich, den linken Bereich mit dem Firmenlogo oder einem gleichwertigen Erkennungszeichen zu bestücken. Hier konzentriert sich – wie beim Pre-Header – die initiale Aufmerksamkeit der Abonnenten. Die restliche Fläche beansprucht in der Regel der Anlass beziehungsweise das Top-Thema. Die Nutzenkommunikation muss hier im Vordergrund stehen. Auch der rechte Teil genießt entsprechend des typischen F-förmigen Blickverlaufs viel Aufmerksamkeit nach der E-Mail-Öffnung.

Hinweis: F-förmiger Blickverlauf

Bereits 2006 fand der Usability-Experte Jakob Nielsen in Eyetracking-Experimenten heraus, dass der Blick gerade bei textlastigen Newslettern oben von links nach rechts wandert, danach zum linken Bildschirmrand zurückkehrt, eine leichte Abwärtsbewegung macht und erneut nach rechts wandert. Allerdings nicht im selben Ausmaß wie zuvor. Schließlich gleitet das Auge am linken Bildschirmrand herunter und hangelt sich dort vor allem entlang der ersten Wörter der Überschriften. Immer auf der Suche nach Eye-Catchern.

Alternativ oder ergänzend zum Aufhänger finden sich im rechten Header-Bereich zum Beispiel:

- Vorteilskommunikation des Anbieters (Unique Selling Proposition(s), »warum genau hier kaufen und nicht woanders«);
- Stimmungsvolle Bild-Motive oder dezente Animationen, um den Leser auch emotional zu aktivieren (zum Beispiel Gesichter);

- Suchschlitz-Grafiken, die beim Klick auf die Webseite führen und dort Eingaben mit dem Cursor ermöglichen;
- Kontaktmöglichkeiten wie zum Beispiel die Telefonnummern, um neben der E-Mail-Antwort einen weiteren Rückkanal zu öffnen;
- Das Versanddatum, vor allem bei hochfrequenten journalistischen Erzeugnissen und Daily Deals, um anzuzeigen, dass es sich um aktuellste Informationen handelt;
- Gütesiegel und Zertifikate wie zum Beispiel ein Trusted-Shops-, TÜV-, McAfee- oder Stiftung-Warentest-Zeichen;
- Die E-Mail-Auflage, um soziale Bewährtheit zu demonstrieren und den Kundenclub-Gedanken zu pflegen;
- Drei- bis vierzeiliges Inhaltsverzeichnis für eine schnelle Orientierung;
- Profiling-Hinweise (»Steht Ihr Geburtstag bevor? Wir möchten gern gratulieren! Aktualisieren Sie Ihr Profil >>«, vergleiche Abbildung 10.10).

Abb. 10.10: Zentrales Header-Element ist das Firmenlogo zur Linken – der Platz daneben ist vielseitig nutzbar, zum Beispiel zum Zwecke der Nutzerprofilierung. (Original Penguin)

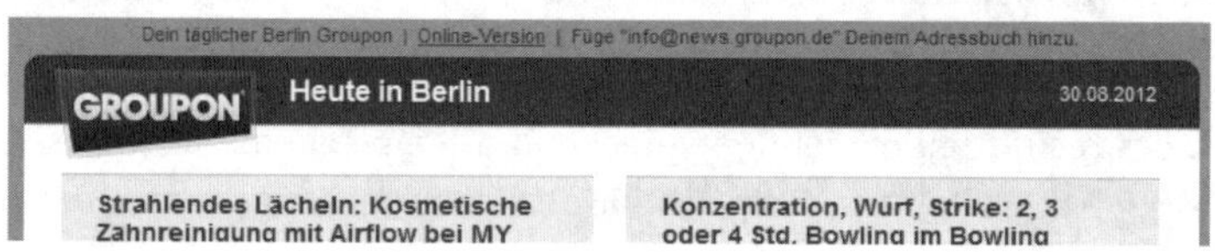

Abb. 10.11: Dass der Header und Pre-Header nicht überfrachtet werden müssen, demonstriert Groupon.

Abb. 10.12: Aufwendig gestalteter Header inklusive Trust-Symbol, Telefonnummer und Navigation. Lediglich Firmen- und Trusted-Shops-Logo sind in Farbe und stechen hervor. (Returbo)

In der Praxis sind die Grenzen zwischen Pre-Header, Header und Navigation (nächster Abschnitt) fließend. Pre-Header und Header sind zwar relativ statisch im Zeitverlauf. Eine schöne Abwechslung bieten jedoch dezente saisonale Variationen. Man denke an einen Osterkorb unter dem Logo zur Osterzeit oder einen Schneemann nebst des Kommunikationsanlasses mit Beginn der Winterzeit.

Abb. 10.13: Saisonale Variation des Kopfbereichs während der Osterzeit (oben) im C&A-Newsletter; unten ist der Standard-Header zu sehen.

Tipp: Johnson Box

Eine klassische Gestaltungsvariante für Kopfzeilen in Direktmarketing-Aktionen, die vor allem bei Text- oder textlastigen E-Mails lange Zeit gern angewandt wurde, ist die sogenannte Johnson Box. In ihrer ursprünglichen Form von 1959 handelte es sich um ein eingerahmtes Inhaltsverzeichnis, das der Werbenachricht vorangestellt wurde. Den Worten »This letter contains« ließ Namensgeber Frank Johnson vier Aufzählungspunkten folgen, die alle Kernpunkte des Anschreibens knapp darstellten und so Interesse zum Lesen des Briefes wecken sollten. Für Vorschaufenster in E-Mail-Programmen ist die Johnson Box aufgrund der knappen Fläche gut geeignet. Entwickeln Sie einen starken Einleitungssatz sowie einen Handlungsaufruf, rahmen Sie beides ein und experimentieren Sie mit dem Format:

=========================

Zu wenig Newsletter-Abonnenten?
Bringen auch Sie im Handumdrehen
Ihre Adressgewinnung auf Erfolgskurs:
=> http://www.beispiel.de
(Gratis-Download!)

=========================

Eine kleine Wiederauferstehung erlebte das Konzept der Johnson Box jüngst in Form von Vorschau-Bannern in HTML-E-Mails. Hierbei wird unter dem Header-Bereich ein Werbebanner eingesetzt, der die Primärbotschaft des Mailings ausdrucksstark und kontrastreich im Vorschaufenster auf den Punkt bringt. Erst hiernach schließt sich der eigentliche Inhaltsbereich an.

10.3 Navigationsleisten

Ist es eine gute Idee, dem Abonnenten unterhalb des Headers Menüpunkte anzubieten – etwa diejenigen, die ihm von der Webseite bekannt sind und in die dortigen Rubriken verlinken? E-Mail-Navigationsleisten vereinen in aller Regel nicht viele Klicks auf sich. Dies soll aber keineswegs über deren Wert hinwegtäuschen. Kein Versender wird sich über ein paar Nutzerreaktionen mehr beschweren. Und vielleicht entpuppen sich gerade die wenigen Navi-Klicks als nützliche Abkürzungen zum Produkt von Interesse und daher als besonders wertvoll. Aus gutem Grund gehören Navigationsleisten somit – zumindest im E-Mail-Format »Newsletter« – zum Standard. Jedoch gibt es gute und schlechte Vorgehensweisen bei der Implementierung.

Wenig empfehlenswert ist es, einfach die bestehende Webseiten-Navigation eins-zu-eins in die E-Mail-Umgebung zu übertragen. Dies funktioniert allein vom technischen Standpunkt nicht; ausrollende Menüs und andere Effekte sind im Posteingang nicht machbar. Die Newsletter-Navigation sollte sich zwar optisch an die der Webseite anlehnen, um einen gewissen Wiedererkennungswert zu schaffen. Trotzdem muss auch sie den spezifischen E-Mail-Zielen und dem jeweiligen Kontext, der beispielsweise durch die Betreffzeile angezeigt wird, Rechnung tragen.

Eine gute Idee wäre es, sich fünf bis zehn erfolgversprechende Punkte herauszupicken und sich im Zeitverlauf experimentierfreudig zu zeigen, was Auswahl und Reihenfolge betrifft. Möglichkeiten gibt es zur Genüge: Top-Seller, beste Bewertungen, Tools im Shop, saisonale Specials und so weiter. Gegebenenfalls können die Items in eine Haupt- und eine Sekundärnavigation gesplittet werden. Weiterhin positiv wirken auch der gezielte Einsatz von Farben und grafischen Icons sowie Wiederholungen – etwa eine weitere Navigation vor dem Fußbereich der E-Mail. Quasi als letzte Ausfahrt in Richtung Webseite.

Folgende Tipps und Gestaltungshinweise für die E-Mail-Navigation möchte ich Ihnen mit auf den Weg geben:

- **Hierarchie:** Überlassen Sie den Blickverlauf Ihrer Abonnenten nach der E-Mail-Öffnung nicht dem Zufall. Sondern führen Sie gezielt Regie. Auch, was die Navigation anbelangt. Etwa, indem Sie die wichtigeren Menüpunkte gegenüber weniger wichtigen unmittelbar hervorstechen lassen. Durch unterschiedlichen Kontrast (»schwarz« versus »grau«), absteigende oder variierende Text-Größen oder Ähnliches. Möchten Sie den Abonnenten viel lieber Ihre Webseiten-Rubrik »Mode« statt »Technik« empfehlen? Dann probieren Sie doch beispielsweise: »M O D E | Reise | Technik«.
- **E-Mail-gerecht:** Outlook & Co unterdrücken standardmäßig externe Bilder. Erst per Klick auf »Bilder anzeigen« erfolgen Ladevorgang sowie Darstellung. Damit die Navigation auf Anhieb bei allen Abonnenten im Vorschaufenster dargestellt wird, empfiehlt sich bei der Gestaltung der Rückgriff auf HTML-Text mit passender Hintergrund-Formatierung anstelle der Einbindung als eine große Verweis-sensitive Grafik. Die Grafik würde lediglich als Platzhalter angezeigt. Alternativ zum HTML-Text können die Teile der zerschnittenen Navigationsgrafik auch jeweils mit formatierten und aussagekräftigen Alt-Texten versehen werden (vergleiche Abbildung 10.14).
- **»Featured«:** Besondere Aktionen und Festtags-Specials im Webshop heben Sie effektiv mit einer farblichen oder grafischen Markierung (»Icon«) in der Navigationsleiste hervor. Man denke an Sonderangebote zum Firmenjubiläum im Shop, Muttertags-Specials oder an den Geschenkefinder zu Weihnachten. Mithilfe der Navigationsleiste können

solche Features dezent, aber zugleich wirksam im Newsletter beworben werden. Und das, ohne sich groß Gedanken machen zu müssen oder Aufwand zu betreiben. Den Geschenkefinder hat das Marketing ja bereits auf der Webseite implementieren lassen ...

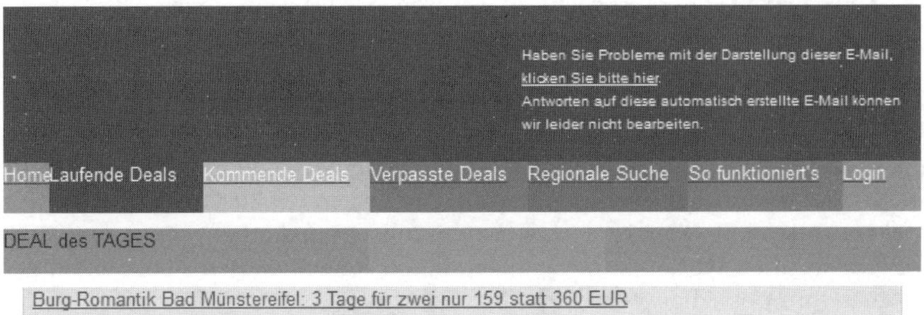

Abb. 10.14: Die E-Mail-gerechte Navigationsleiste ist auch bei blockierten Bildern lesbar. (`ab-in-den-urlaub.de`)

- **Unternavigation:** Halten Sie für Ihre Abonnenten eine ganze Batterie an potenziell interessanten Navigationspunkten bereit? Kein Problem – gliedern Sie die Punkte in eine zweizeilige Haupt- oder eine Haupt- und eine Sub-Navigation. Wobei Letztere nicht unbedingt horizontal unterhalb der Hauptnavigation platziert werden muss. Genauso ist eine vertikale Anordnung in der Marginalspalte links oder rechts denkbar (vergleiche Abbildung 10.15).

Abb. 10.15: Hauptnavigation mit Hervorhebungen durch Icons (Herz) und Hintergrundfarben (SERVICE) sowie Subnavigation in der linken Spalte (ALLE KATEGORIEN), die auf schmalen Mobile-Displays zum Scrollen anregen dürfte. (`Neckermann.de`)

- **Variation:** Nutzen Sie die Navigation gezielt als weitere Marketing-Variable und testen Sie unterschiedliche Varianten, passend zum jeweiligen Angebot.
- **Sicherheitsnetz:** Ist der Abonnent im Fußbereich des Newsletters angelangt, hat er möglicherweise nichts im Inhalt gefunden, was gerade zu seiner individuellen Bedarfssituation passt. Das erneute Anführen der Navigation vor den Kontaktdaten ist nun eine prima Möglichkeit, ein letztes Sicherheitsnetz aufzuspannen, mit dem ein bis dato nicht gewecktes Interesse doch noch geweckt und in einen Klick in Richtung Shop umgewandelt wird.

- **Individualisierung:** Maßgeschneiderte Inhalte sind Trumpf – und zwar vom Newsletter-Kopf bis zum -Fuß. Nichts spricht dagegen, die Menü-Struktur zielgruppenspezifisch zu variieren. Im Gegenteil. Also beispielsweise bei jüngeren Abonnenten den Punkt »Handys« prominenter zu formatieren als »Versicherung«. Oder bei männlichen Zielpersonen gänzlich andere Bereiche zu bewerben als bei weiblichen.

10.4 Editorial, Anrede und Inhaltsverzeichnis

Sollte der redaktionell betreute Newsletter auch mit einem Editorial, also einem Vorwort eines Redakteurs aufwarten – was meinen Sie? Auf den ersten Blick mag man auf die Frage pauschal antworten mit »Klar, ist doch viel menschlicher und erhöht somit den Response.« Mit ein paar warmen Worten zum Einstieg, die persönlich an den Abonnenten gerichtet sind, ist man ihm viel näher. Wirklich?

Tatsächlich kann der Schuss auch nach hinten losgehen. Oder schwelt nicht auf den zweiten Blick die Gefahr, gerade mit einem schlecht gemachten Einstiegsgruß viel mehr kaputtzumachen, als man mit gar keinem und heraufrutschenden Werbeinhalten Positives bewirken könnte? Im schlimmsten Fall wird das völlige Gegenteil des Gewünschten geweckt, nämlich Antipathie. Und damit wäre die Chance, die Zielgruppe zu erreichen, im Nu verwirkt.

Warum Antipathie? Durchforstet man sein Postfach, stellt sich schnell heraus, dass die allermeisten Newsletter-Editorials nicht mehr als bestenfalls eine persönliche *Anmutung* auf die Waagschale bringen. Die pseudo-persönliche Ansprache ist schnell vom Abonnenten als solche entlarvt und wirkt eher anbiedernd. Es ist zu wenig, im besonders wichtigen Vorschau- oder Einstiegsbereich des Newsletters nur eine farblose Floskel plus Inhaltsverzeichnis ohne jegliche persönliche Anmerkungen anzubringen. Das typische »Lieber Herr Mustermann, herzlich willkommen zur neuen Ausgabe mit Thema V, Thema W, Thema X und Thema Y, Ihr Team Z« von Ausgabe zu Ausgabe auszuwalzen, kann man sich sparen. Es besitzt null Mehrwert. Und der Abonnent ärgert sich, weil ihm ein paar Sekunden seiner kostbaren Zeit für sein Vertrauen und fürs Lesen gestohlen wurden.

In der Praxis findet sich meist sogar noch weniger als das. Das Editorial, eigentlich eine Chance, mit persönlichen Akzenten und interessanten Standpunkten zu punkten, verkommt vielerorts eher zur Legitimation dafür, doch noch eine Anrede platzieren zu dürfen. Denn die Anrede gehört ja »irgendwie in so einen elektronischen Brief mit rein« und ist nachweislich »sehr effektiv«. Die Wahrheit tendiert jedoch eher in eine andere Richtung. Eine Vorschaufenster-Ansicht, die nur ein paar Floskeln präsentiert, kann nicht punkten. Ob der Abonnent nun persönlich angeredet wird oder nicht, macht den Braten da nicht mehr fett.

Editorial aussparen, falls bloß Anrede-Rechtfertigung

Ich meine, der redaktionelle Newsletter muss nicht unbedingt mit einem Editorial aufwarten. Reine Inhaltsaufzählungen oder – schlimmer – völlig gleichlautende Phrasen von Ausgabe zu Ausgabe sollten eher ausgespart werden. Damit rücken dankenswertere Inhalte in der Vorschau nach oben. In der flüchtigen E-Mail-Umgebung mit ihren geringen Aufmerksamkeitsspannen begünstigt dies vielleicht eine bessere Orientierung.

Die Praxis scheint sich jedoch nur wenig mit dem Gedanken anfreunden zu können. optivos »Newsletter-Gestaltung Studie 2012« zeigte, dass mehr als zwei von drei (69 Prozent) der untersuchten hundert Newsletter-Versender ein Editorial besitzen. Im Schnitt besitzt dies eine Länge von 64 Wörtern. Zum Vergleich: Diese Box hier besteht inklusive Überschrift aus 108 Wörtern.

Andererseits gilt aber auch: Da gute Editorials wünschenswerte Mangelware sind, bietet auch dieses Gestaltungselement interessante Gelegenheiten, sich im Posteingang positiv abzuheben. Dabei zeichnet sich ein interessantes Editorial in der Regel dadurch aus, dass der Redakteur oder Newsletter-Betreiber ...

1. in aller Kürze,
2. verständlich,
3. gewandt
4. und persönlich (!)
5. zur Ausgabe hinführt. Und dass er dabei (in einem sachlichen Rahmen) auch
6. seine eigene Denke einfließen lässt.

Ein Editorial im Newsletter ist kurz zu halten. Drei bis fünf Sätze sollten ausreichen. (Ausnahmen bestätigen die Regel.) Meldet sich aber beispielsweise der Geschäftsführer zu Wort, darf der Umfang gerne wachsen (vergleiche Abbildung 10.16). Die eingescannte Signatur sowie sein Konterfei machen den Einstieg in den Newsletter noch lebendiger. Direkte Kontaktmöglichkeiten, etwa eine Telefonnummer, die persönliche E-Mail-Adresse oder der Verweis auf das Xing-Profil erhöhen zusätzlich die Glaubwürdigkeit und untermauern den Dialoggedanken. Experimentieren Sie!

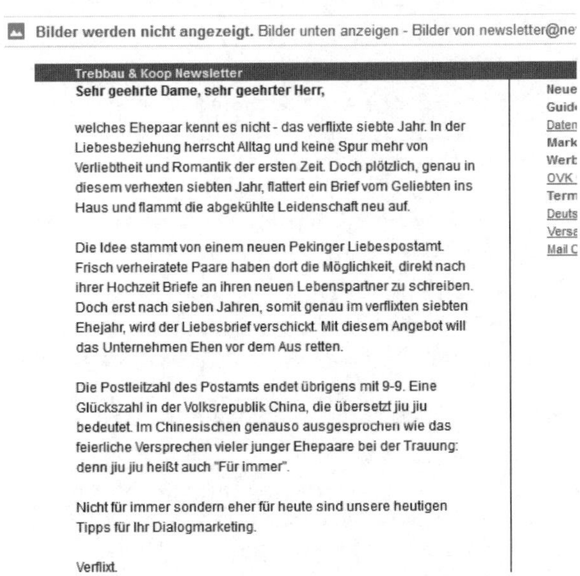
Bilder werden nicht angezeigt. Bilder unten anzeigen - Bilder von newsletter@ne

Trebbau & Koop Newsletter

Sehr geehrte Dame, sehr geehrter Herr,

welches Ehepaar kennt es nicht - das verflixte siebte Jahr. In der Liebesbeziehung herrscht Alltag und keine Spur mehr von Verliebtheit und Romantik der ersten Zeit. Doch plötzlich, genau in diesem verhexten siebten Jahr, flattert ein Brief vom Geliebten ins Haus und flammt die abgekühlte Leidenschaft neu auf.

Die Idee stammt von einem neuen Pekinger Liebespostamt. Frisch verheiratete Paare haben dort die Möglichkeit, direkt nach ihrer Hochzeit Briefe an ihren neuen Lebenspartner zu schreiben. Doch erst nach sieben Jahren, somit genau im verflixten siebten Ehejahr, wird der Liebesbrief verschickt. Mit diesem Angebot will das Unternehmen Ehen vor dem Aus retten.

Die Postleitzahl des Postamts endet übrigens mit 9-9. Eine Glückszahl in der Volksrepublik China, die übersetzt jiu jiu bedeutet. Im Chinesischen genauso ausgesprochen wie das feierliche Versprechen vieler junger Ehepaare bei der Trauung: denn jiu jiu heißt auch "Für immer".

Nicht für immer sondern eher für heute sind unsere heutigen Tipps für Ihr Dialogmarketing.

Verflixt.

Neue
Daten
Mark
Wert
OVK
Term
Deuts
Mail C

Abb. 10.16: Immer wieder amüsant, wenn auch etwas lang – das persönliche Vorwort im Trebbau&Koop-B2B-Newsletter.

Keine Frage, auch das Schreiben eines lesenswerten Editorials verursacht einen gewissen Aufwand. Es erfordert Zeit, Kreativität und Schreibkunst. Aber dies darf der Abonnent dem Versender ruhig wert sein. Insbesondere, wenn der Versender über den Newsletter seinen Namen »branden« möchten. Davon abgesehen sagt auch niemand, dass jede Newsletter-Ausgabe mit einem Editorial aufwarten muss. Lieber gar nicht oder nur vereinzelt den Abonnenten persönlich in den Inhalt einführen, eben wenn es etwas Interessantes zu kommentieren oder zu erläutern gibt, als dauerhaft nur notdürftig, automatisiert und unpersönlich.

»Sehr geehrte/r« oder »Hallo«? Die richtige Anrede finden

Die Anrede ist vermutlich die einfachste Form der Individualisierung. Das heißt, wenn sie über ein unpersönliches »Liebe Abonnenten« hinausgeht. Jede Versandsoftware beherrscht heute Serienbrief-Funktionen inklusive persönlicher Anreden – selbst Outlook. Da die Anrede in Briefen zur Pflicht gehört, meinen viele, dies sei beim digitalen Pendant, der E-Mail, ebenfalls so. Es ist praktisch Konvention. Doch Vorsicht ist geboten ...

Zum einen in Sachen Datenqualität. Denn so positiv der Blick auf den korrekten eigenen Namen sein kann, so negativ wirkt er, falls etwas nicht stimmt. Er *muss* daher korrekt beziehungsweise zumindest durch den Abonnenten aktualisierbar sein. Bieten Sie Ihren Abonnenten hierzu zum Beispiel für die ersten Newsletter-Ausgaben nach der Anmeldung eine prominente Korrekturmöglichkeit (vergleiche Abbildung 10.17).

Und zum anderen lauern Fallstricke bei der Wortwahl: Junge Leute finden ein »Sehr geehrte/r Herr/Frau Mustermann« vielleicht gestelzt. Wohingegen sich die reifere Zielgruppe vom »Liebe/r Max« eventuell wenig angesprochen fühlt. Hier ist Fingerspitzengefühl gefragt. Eventuell lohnt eine unterschiedliche Anrede je nach Segment (zum Beispiel jung versus alt). Mit den Personalisierungslogiken moderner Versandlösungen ist dies ja kein Problem.

Übrigens, ein kleiner Wink: Der Adressat lässt sich nicht nur zu Beginn der E-Mail persönlich ansprechen. Probieren Sie die Platzhalter ebenso im Fließtext, in der Handlungsaufforderung, in der Betreffzeile, im Absender – und eben im Editorial aus. Dabei ist Fingerspitzengefühl bezüglich der richtigen Stelle und der optimalen Häufigkeit gefragt: Zu viel erscheint anbiedernd. Aber ein Bezug zum letzten Kauf wirkt mit Sicherheit aufmerksamkeitsfördernd: »Sehr geehrter Herr Mustermann, waren Sie zufrieden mit der Abwicklung bei Ihrem [PRODUKT]-Kauf? Wir haben ...«.

Besonders im internationalen Umfeld lauern weitere Fettnäpfchen. Ein »Dear friend« wirkt auf Amerikaner und Engländer nicht nur schnell wie Schöntuerei. Der verbreitete Spamfilter SpamAssassin straft diese Phrase in seiner aktuellen Version auch mit zum Teil mehr als 2,5 Punkten ab – bei fünf Punkten wird die Nachricht im Standard-Setup als Spam eingestuft! Ein personalisiertes »Dear <E-Mail-Adresse>« bekommt übrigens einen Punkt.

Ich denke, dass Versender mit einem »Hallo <Vorname> <Nachname>« nicht viel falsch machen können. Wenn Sie sich gänzlich unsicher bezüglich des Wordings sind, befragen Sie Ihre Abonnenten stichprobenhaft im Rahmen einer Umfragekampagne oder bei der Anmeldung (vergleiche Abbildung 10.18).

Oder verzichten Sie einfach auf die Anrede. »Wie bitte!?«, werden Sie nun denken. Doch bevor Sie dieses Buch nun wegen eines inhaltlichen Defekts reklamieren, werfen Sie einen Blick in die Studie »Examining the Personalization-Privacy Tradeoff« der Carnegie-Mellon-Universität. Die förderte nämlich zutage, dass die individuelle E-Mail-Anrede gar nicht per se so positiv wirkt, wie insgeheim immer unterstellt wird. Gerade bei Werbemails von unbekannteren Firmen stellt sich vielen bei der Sichtung ihres Namens eher die Frage nach der Daten-Herkunft, als dass die Freude groß ist und der Response stimuliert wird. Mehr als 85 Prozent der Probanden reagierten insgesamt negativ auf die Verwendung persönlicher Anreden! Die schweizerische E-Mail-Marketing-Agentur Newsmarketing ermittelte Gegenteiliges in ihrer »E-Mail Studie 2009«: Die Verwendung einer individuellen Anrede liefert demnach einen Performance-Zuwachs in Höhe von neun Prozent im Vergleich zum Verzicht auf jedwede Anrede. Dem würde ich mich anschließen. Die persönliche Anrede ist der banale Anfang aller Individualisierung. Aber weiß Gott kein Response-Booster ...

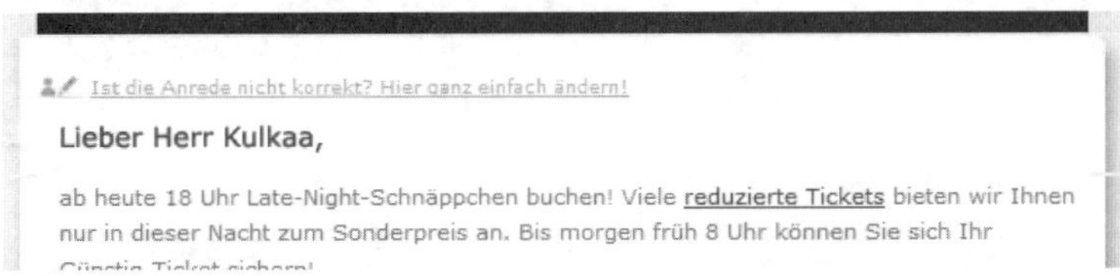

Abb. 10.17: Bieten Sie Abonnenten die Möglichkeit zur Korrektur fehlerhafter Daten, um die Datenqualität zu erhöhen und Kundenzentriertheit zu beweisen. (Germanwings)

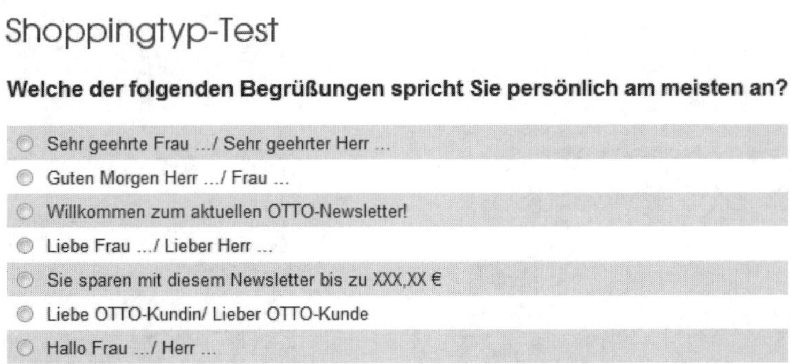

Abb. 10.18: Unsicher bei der Anrede? Starten Sie doch eine Umfrage unter Ihren Abonnenten. (OTTO)

Soll ich ein Inhaltsverzeichnis anbieten?

Das Inhaltsverzeichnis erlaubt es dem Abonnenten auf der einen Seite, sich schnell einen Überblick zu verschaffen. Jedoch beansprucht es auf der anderen Seite wertvollen Raum. Dass ein modernes Template-System ein Verzeichnis automatisch aus den Überschriften der Inhaltsblöcke generieren kann, heißt noch lange nicht, dass das Feature auch genutzt werden sollte.

Wartet der Newsletter allgemein mit einer einfachen Struktur, vielleicht vier bis sechs prominenten Überschriften, dazu kurzen Teasern und weiterführenden Links zu Landingpages auf? Dann liefert das Inhaltsverzeichnis kaum Mehrwert, der Inhalt ist auch ohne schnell überblickbar. Es würde nur unnötig Platz rauben. Anders sieht dies aus, wenn der Newsletter sehr lang ist, beispielsweise eine große Anzahl vollständiger Artikel beinhaltet. Je weiter man sich von der erstgenannten Newsletter-Form entfernt, desto nützlicher ist ein Inhaltsverzeichnis. Im Rahmen der »Newsletter-Gestaltung Studie 2012« ermittelte der E-Mail-Service-Provider optivo, dass vor allem im Bereich E-Commerce gern Inhaltsverzeichnisse genutzt werden (88 Prozent der untersuchten Newsletter verwenden eins). Interessanterweise warten von den langen Newslettern im Segment Finanzen & Versicherungen nur 48 Prozent, also nicht einmal jeder zweite, mit einem Inhaltsverzeichnis auf.

Auf technischer Seite empfiehlt sich die Verwendung von dokumenteninternen Sprungmarken. Hierbei setzen Sie Links auf die einzelnen Punkte im Inhaltsverzeichnis, die auf die passenden Stellen im Newsletter verweisen. Wie dies genau funktioniert, das erfahren Sie im Abschnitt 13.2.7 *Links*.

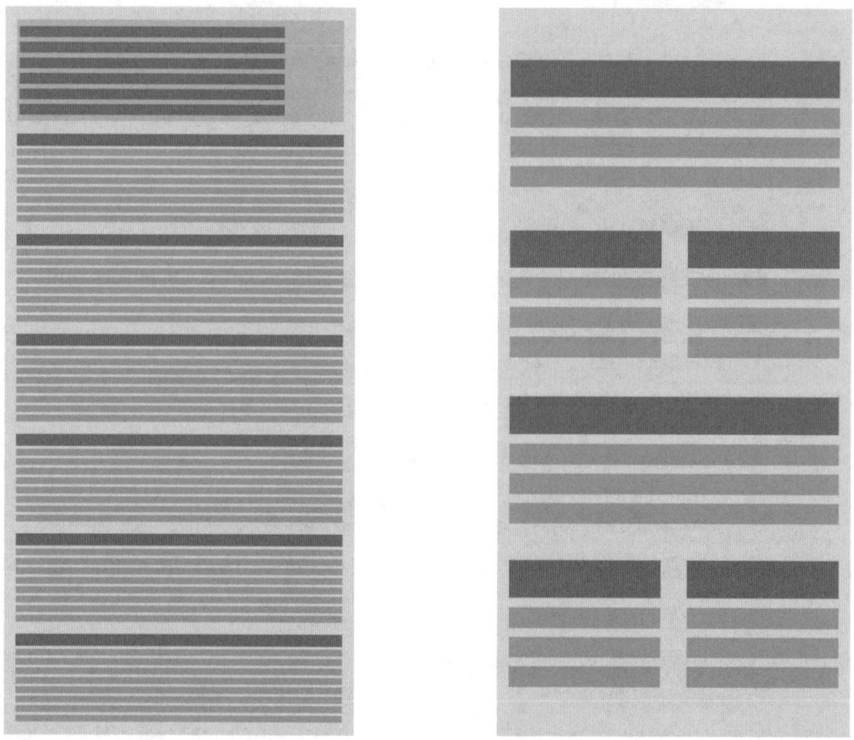

Abb. 10.19: Ein langer Newsletter (links) benötigt eher ein vorangestelltes Inhaltsverzeichnis als ein kurzer (rechts).

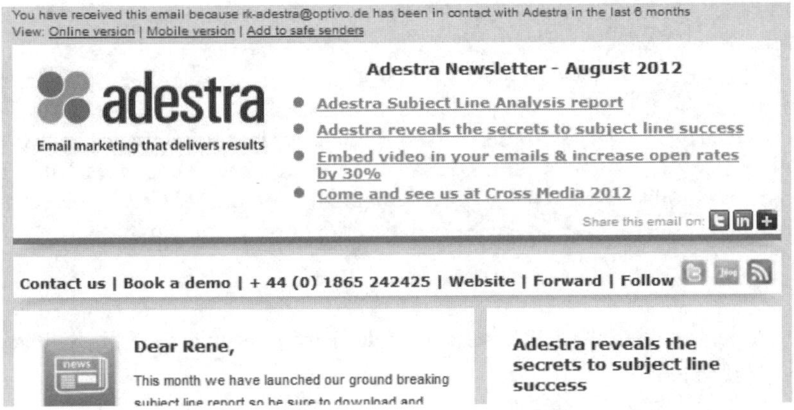

Abb. 10.20: Elegant – der adestra-Newsletter führt ein knappes Inhaltsverzeichnis zur schnellen Orientierung im Header-Bereich an, der im Vorschaufenster hervorsticht.

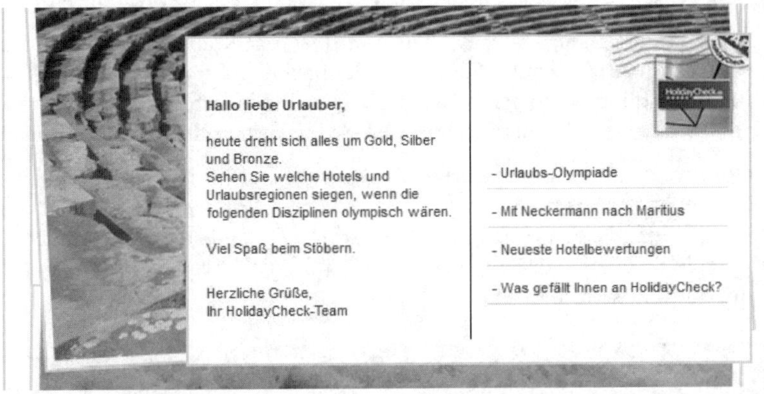

Abb. 10.21: Kreativ – Inhaltsverzeichnis und Editorial im Postkarten-Stil bei HolidayCheck

10.5 Überschriften: der rote Faden

Die Wortwahl in der Betreffzeile als Teil des E-Mail-Kopfes ist entscheidend für die Öffnungsrate. Im E-Mail-Körper kommt den Überschriften eine ähnlich hohe Bedeutung zu. Überschriften bilden durch ihre optische Herausstellung wichtige Ankerpunkte für Fixationen der Augen im Leser-Blickpfad. (Blickverlaufsanalysen kamen zum Teil sogar zu dem Ergebnis, dass sie noch vor Bildern fixiert werden.) Zugleich sind sie die Türöffner zu den beworbenen Inhaltsbereichen. Sie sollen Aufmerksamkeit erzeugen und Neugier wecken. Der Leser kann anhand der Überschriften entscheiden, ob er etwas verpasst, wenn er den Inhaltsblock auslässt. Ob das initiale Interesse, das der Header-Bereich weckte, erfolgreich aufgefangen werden kann, hängt also maßgeblich von den gewählten Überschriften ab!

Tipp: Überschriften als Pick-up-line vorstellen

Wie beim Mailing allgemein, so gilt auch hier: Überschriften sollten den Abonnenten in den Inhaltsabschnitt hineinziehen, nicht bereits verkaufen. Eine verbreitete Analogie ist der Anmachspruch in der Diskothek. »Zu dir oder zu mir?« – das finale Ziel kann nicht der Aufhänger des Gesprächs sein. Das ist zu früh und wäre Thema der Landingpage. Zunächst einmal gilt es, den Dialog überhaupt anzubahnen und das Gegenüber neugierig zu machen. In der E-Mail ist dieser Dialog zwar stumm. Trotzdem findet er in Gedanken statt.

Folgende Aspekte sollten E-Mail-Versender bei der Formulierung von E-Mail-Überschriften im Hinterkopf behalten:

10.5.1 Reizwörter zu Beginn

Besonderes Augenmerk sollte beim Texten auf die ersten beiden Wörter einer Überschrift gelegt werden. Fesseln diese auf Anhieb? Ziehen sie den Leser sofort in ihren Bann?

Auch wenn der Unterschied gering ist, bannt in unserem Kontext eine aktive Überschrift im Stile von »Headlines steuern E-Mail-Blickverlauf« eher als ein passives »E-Mail-Blickverlauf wird durch Headlines gesteuert.« Das Wort »Headlines« ist hier das stärkere Signal. Es gehört als die wichtigere Info vorangestellt. Das Aktiv wirkt zudem präziser und aktueller.

Nutzen Sie Reizwörter, die das Auge erfahrungsgemäß fast immer zum Stoppen bewegen, wie zum Beispiel kostenfrei, neu, günstig und so weiter. Wirksam ist ebenso das Abstellen auf die Grundbedürfnisse wie Sicherheit, Gesundheit, Selbstbewusstsein et cetera. In E-Mails empfehlen sich grundsätzlich eher kurze und plakative Überschriften als längere, die einen Abschnitt zusammenfassen.

Überschriften: Auf die ersten beiden Anker-Worte kommt es an

Bereits 2006 fand Usability-Experte Jakob Nielsen in Eyetracking-Experimenten heraus, dass sich der Blick der Adressaten beim Scannen textlastiger E-Mail-Inhalte vor allem entlang der vorderen Wortpaare in Überschriften am linken Bildschirmrand entlanghangelt. Dies unterstreicht auch die Bedeutung, die Headlines dabei einnehmen, den Blick des E-Mail-Empfängers zu fangen und gezielt durch die Inhaltsbereiche zu führen. Stellen Sie also stets sicher, dass insbesondere die ersten beiden Wörter eine große Aufmerksamkeitswirkung entfalten. Ein »25.03.2078 vormerken – Johannes D. verspricht Weltuntergang« besitzt andere Erfolgsaussichten als »Weltuntergang versprochen: 25.3.2078 vormerken, sagt Johannes D.«

10.5.2 Lebendige Sprache

Die natürliche SVO-Satzstellung (Subjekt-Verb-Objekt, »Jochen liebt Petra«) unserer Sprache empfiehlt sich vielfach auch für Headlines. Sie ist klar und einfach verständlich.

Einem knackigen und bildhaften Verb, das idealerweise durch die alltägliche Werbesprache noch nicht völlig plattgetreten wurde, kommt bei der Wortwahl besondere Bedeutung zu.

Ein Beispiel: »Headlines erzeugen Klicks« zaubert beispielsweise ein viel schwächeres Bild vor dem geistigen Auge hervor als »Headlines entfesseln Klick-Stürme.«

Und wie schaut es aus mit »Klick-Entfesselung durch Headlines«? Bitte nicht. Der Nominalstil (-ung, -heit, -keit) gehört bestenfalls in die Amtsstube oder Diplomarbeit, nicht aber in den Newsletter. Die Form wirkt zu statisch. Wir möchten ja auch, dass der Adressat etwas tut, also pflegen wir auch durchgehend einen dynamischen Verbalstil und nutzen starke »Tu-Wörter«.

10.5.3 Kurz > lang

Lange Überschriften, die etwas vermitteln, sind zwar immer noch besser als kurze, die nichts mehr sagen. Generell liegt aber in der Kürze die Würze: Kleine Info-Häppchen werden meist viel schneller verschlungen und verstanden als längere. Information oder Nutzen müssen daher in Überschriften prägnant und konkret angerissen werden. Nur so kann die Überschrift zum Anhalten und Weiterlesen motivieren.

Sperrige Begriffs-Ungetüme wie der Donaudampfschifffahrtsgesellschaftskapitän, komplizierte Fremdwörter (»50 % *Eskompte*!«) oder Füllwörter (»Preis *gewissermaßen* gesenkt!«) haben hier nichts verloren. Übrigens: Um den Adressaten beim Scannen der E-Mail wirksam zum Stoppen zu bewegen, darf in der Werbung hie und da sogar die Grammatik zugunsten pfiffiger Formulierungen hinten anstehen ...

10.5.4 Parallele Strukturen / Kongruenz

Um die Scanbarkeit eines Newsletters zu erhöhen, empfiehlt sich ein konsistenter Aufbau für Überschriften gleicher Ordnung. Durch ähnliche Längen, aber vor allem durch eine einheitliche Reihenfolge der verwendeten Wortarten. Beginnt die erste Überschrift mit einem Nomen gefolgt von einem Verb (»Peter siegt!«), sollten die Weiteren ebenfalls so konstruiert werden (»Judith lauert ...«). Natürlich nur unter der Voraussetzung, dass dies nicht künstlich oder stumpf wirkt oder sogar den Sinn raubt. Meist unterstützt eine solche gleichbleibende Struktur die zügige Informationsaufnahme. Und dies kommt dem typischen Leseverhalten im E-Mail-Posteingang eben sehr entgegen.

10.5.5 Formelle Aspekte

Nicht nur der Nominalstil verlangsamt den Lesefluss und schmälert das Textverständnis. Auch die äußerliche Form ist entscheidend. Einige Dinge gilt es zu vermeiden. Hierzu zählen etwa zu große oder zu geringe Buchstaben-Abstände, negative Schriften (»Weiß-auf-Schwarz«), der Satzabschluss mit einem Punkt und vor allem die durchgängige Großschreibung (GESCHREI!). Ähnlich verhält es sich mit mehreren Ausrufezeichen.

Die behutsame Auswahl passender, bildreicher und interessanter Wörter honorieren die Leser stärker als Marktgetöse. Verwenden Sie Zwischenüberschriften, die einen Gedanken ausführen oder weitere Vorteile anreißen? Dies ist prinzipiell sinnvoll. Allerdings sollte sich die Rangordnung der Überschriften auch optisch durchweg widerspiegeln – beispielsweise durch eine kürzere und prominentere Hauptüberschrift. Bezüglich der Hierarchie gilt: Große vor kleinen, kurze vor langen und farbige vor schwarzen Überschriften.

Obacht: Knallbunte Headlines sind zwar attraktiver, verringern aber das Textverständnis und absorbieren eventuell sogar zu viel Aufmerksamkeit. Die Notwendigkeit einer einheitlichen Formatierung (zum Beispiel Fettdruck und eine Schriftgröße von 12 Pixeln bei allen Hauptüberschriften) versteht sich von selbst – alles andere wirkt unruhig und wenig professionell.

Starke Headlines auch für Landingpages

Denken Sie auch über den Newsletter-Tellerrand hinaus. Die Landingpage des E-Mailings benötigt ebenfalls starke Überschriften. Nehmen Sie als Beispiel den Anbieter L'axelle.

L'axelle schaffte es mit einer eher unscheinbaren Werbetext-Variation, die Conversion-Rate von Seitenaufrufen zu Klicks auf »zum Warenkorb hinzufügen« von 19,8 Prozent auf 38,3 Prozent zu steigern – ein Plus von fast 93 Prozent! Die erfolgreiche Headline, »*Put an end to sweat marks!*« (»Schluss mit Schweißflecken!«) dürfte einen maßgeblichen Erfolgsanteil gehabt haben. Variante A lautete: »*Feel fresh without sweat marks*« (»Frisch fühlen ohne Schweißflecken«). Beide waren Teil eines Landingpage-Tests im Suchmaschinen-Marketing und fingen die Motivation, mit der ein Nutzer, der beispielsweise über den Suchbegriff »Schweißflecken« die Seite besuchte, jeweils verschiedentlich ab. Version A zielte durch Überschrift emotional auf »Wohlfühlen« (durch Hilfe) ab, während Version B das »Beherrschen« (eines Problems) ansprach.

10.5.6 HTML-Text statt Bilder

Wie bei vielen anderen Newsletter-Elementen, so gilt auch für Headlines, dass diese nach Möglichkeit als Text in den HTML-Quelltext eingebunden und nicht in Grafiken »versteckt« werden. Bilder werden initial von vielen E-Mail-Programmen zunächst unterdrückt. Auch sogenannte Alt-Texte, die teils anstelle der fehlenden Bilder angezeigt werden, können die Rezeption nie auf Anhieb so gut fördern wie ordentlich formatierte Überschriften, die alle E-Mail-Programme unmittelbar darstellen. Zudem werden Alt-Texte nicht in allen E-Mail-Programmen dargestellt.

10.6 Handlungsaufforderungen: Reaktionen forcieren

Konnten Sie Ihre Abonnenten auf der ersten Stufe des Response-Mechanismus mit passendem Absender und Betreff zur E-Mail-Öffnung bewegen? Und haben Sie es geschafft, im Kopf-Bereich Wiedererkennung zu erzeugen und dann das Interesse durch gute Überschriften zu kanalisieren? Gut! Dann gilt es nun, den Abonnenten zum Klicken zu animieren.

Ein gut gemachter Call-to-Action-Button (Handlungsaufforderung) zieht die Blicke auf sich. Der Abonnent vermutet, dass der Button ihm unmittelbar und prägnant zwei wichtige Fragen beantwortet:

- »worum geht es in der E-Mail« und vor allen Dingen
- »was soll ich hier tun«.

Damit die Rechnung für Sie aufgeht, muss eine Reihe gestalterischer und inhaltlicher Dinge beachtet werden (Abbildung 10.22).

Hinweis: Bedeutung der Call-to-Action oft verkannt

Man kann gar nicht genug betonen, wie wichtig es ist, dem Abonnenten unmittelbar und klar darzulegen, was Sie ihn zu tun gedenken. »Unmittelbar« meint: in der Postfach-Übersicht (=> Betreffzeile) und nach E-Mail-Aufruf im Vorschaufenster (=> unter anderem Call-to-Action). In der Praxis geht die Handlungsaufforderung zu oft entweder gestalterisch unter. Oder sie ist schlecht positioniert und beispielsweise unter der gedachten Scroll-Markierung auf dem Bildschirm förmlich vergraben. Der E-Mail-Leser widmet Ihnen aber nur wenig Zeit und Aufmerksamkeit. Vermutlich weniger, als Sie glauben. Die Sekunden, die Ihnen zugestanden werden, sollten Sie bestmöglich nutzen. Die Call-to-Action ist Ihr zentrales Response-Element – widmen Sie ihm die gebührende Aufmerksamkeit.

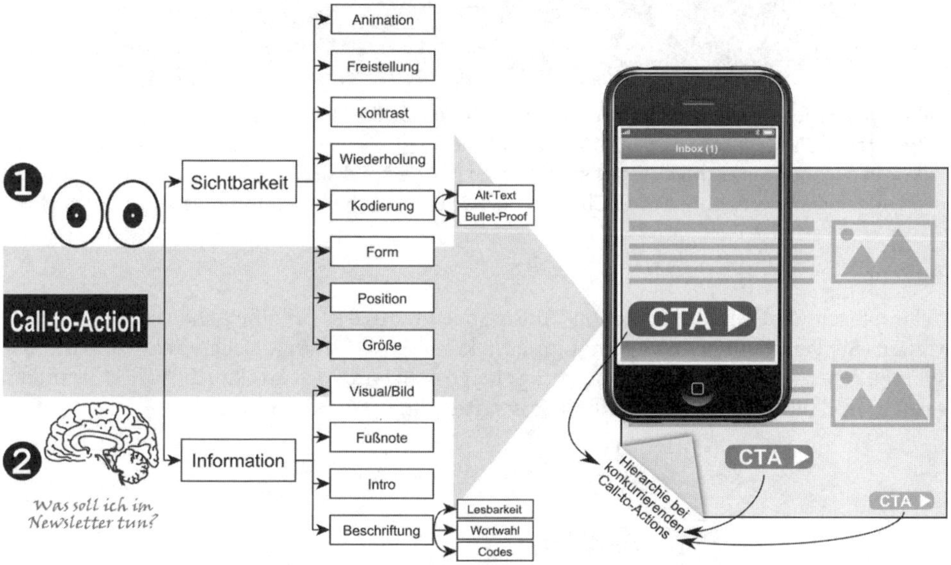

Abb. 10.22: Die Handlungsaufforderung – zahlreiche Einflüsse wirken auf das wichtigste Response-Element im E-Mailing ein. Versender sollten (1) eine gute Sichtbarkeit sicherstellen und (2) relevante Informationen – gegebenenfalls hierarchisch gegliedert – kommunizieren.

10.6.1 Grundsätzliche Gestaltungsempfehlungen

Anmutung und Positionierung

Lassen Sie Ihren Button unmittelbar nach der E-Mail-Öffnung als solchen hervorstechen. Das Aufmerksamkeitspotenzial wird begünstigt durch:

- Großen Farbkontrast zum Hintergrund
- Freistellung von umgebenden Elementen (»White Space«)
- Wiederholungen im weiteren E-Mail-Verlauf
- die typische Form (Rechteck, abgerundete Ecken, Pfeil)
- die prominente Positionierung links und »above-the-scroll«, also im Vorschaufensterbereich (Faustregel: bis circa 400 Pixeln Höhe)

Mit der wichtigste Erfolgsfaktor für die Sichtbarkeit ist die Button-**Größe**. Die Abmessungen sollten dem Rang angemessen sein, den die Handlungsaufforderung im angestrebten Blickverlauf durch den Newsletter besitzt. Soll sie mit als Erstes wahrgenommen werden, muss sich dies in seiner Höhe und Breite widerspiegeln. Räumen Sie dem wichtigsten Button ruhig so viel Platz ein wie Ihrem Absender-Logo – oder mehr. Denn fristet der Button nur ein 50 mal 50 Pixel kleines, rundes und kontrastarmes Dasein in diffuser Umgebung, verfehlt er seine Wirkung garantiert – der Response sinkt.

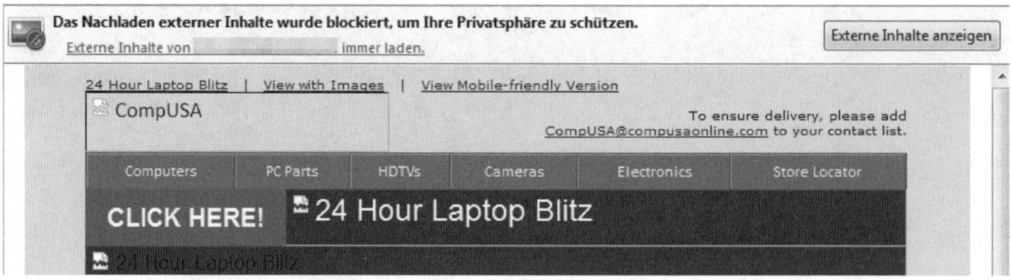

Abb. 10.23: Viel prominenter geht es kaum – im CompUSA-Newsletter weiß der Abonnent auf den ersten Blick, worum es geht. Der »CLICK HERE«-Button ist farblich hervorgehoben und links oben im aufmerksamkeitsstärksten Bereich platziert. Grafiken sind hier wohlbemerkt noch nicht geladen worden. Sowohl »Click here« als auch »24 Hour Laptop Blitz« sind Alt-Texte.

Aufbau

Schematisch wird der Call-to-Action-Button meist reduziert auf eine Schaltfläche mit Farbverlauf, Schlagschatten, Glanzeffekt und die kurze Beschriftung. Noch effektiver wirkt das Element aber, wenn ihm ein Visual zur Seite gestellt wird, das zusätzlich Aufmerksamkeit anzieht und die Mailing-Botschaft effektiv unterstützt (Abbildung 10.24).

Abb. 10.24: Effizient – der erweiterte Call-to-Action-Button mit einem guten Einleitungstext darüber und einem Visual zur Linken beantwortet unmittelbar wichtige Fragen des Abonnenten. (Web Arts / `konversionsKRAFT.de`)

Auch ein ergänzender

- vorangestellter (»Webinar: Mobiles E-Mail-Marketing«) und/oder
- nachgelagerter Textteil (»*Teilnehmerzahl begrenzt«)

über beziehungsweise unter dem Button kann dem Abonnenten dabei helfen, den Anlass sowie die erwartete Reaktion sofort zu erkennen und Handlungsdruck aufzubauen. Schließlich wird der Button initial relativ lange von den Augen fixiert und der Blickverlauf soll sich von hier aus weiter entfalten. Im Idealfall kann über eine solche erweiterte Handlungsaufforderung die gesamte E-Mailing-Botschaft auf engstem Raum konzentriert und kommuniziert werden. Und das ist optimal für kurze Aufmerksamkeitsspannen.

Beschriftung

Die Beschriftung ist mit der bedeutendste Erfolgsfaktor, wichtiger als Farbe oder Form. Stellen Sie beim Button-Aufdruck eine optimale **Lesbarkeit** sicher. Sie erreichen dies durch:

- ausreichend große Letter und angemessene Laufweiten
- durch den Verzicht auf VERSALIEN
- durch einen guten Kontrast von Schrift- zu Hintergrund-Farbe

Dies sind die Voraussetzungen für ein schnelles Textverständnis des Aufdrucks.

Nun kommt es auf die Wahl der richtigen **Worte** an. Ein »Jetzt kaufen« verlangt im Vergleich zu einem »Anschauen« unbewusst viel mehr Commitment. Zudem entspricht es womöglich überhaupt nicht dem Gedankengang des Lesers, der sich erst genauer informieren (und nicht direkt aus der E-Mail heraus bestellen) möchte. Gleiches gilt für »Hier registrieren« versus »Hier mitmachen« – in Ersterem schwingt unbewusst eine Aufwandsvermutung mit. Auch, wenn hinter beiden Buttons dieselbe Landingpage steckt.

Schreiben Sie verbal, kurz, auffordernd und stellen Sie den Nutzen, den der Abonnent im Gegenzug für seinen Klick bekommt, heraus. (Nein, der Abonnent *will nicht* klicken – Klicken bedeutet Aufwand; Sie müssen ihn überreden, überzeugen, verführen.) Je konkreter Sie werden, desto besser: »Jetzt klicken« ist unspezifischer als »jetzt mitmachen«, was wiederum unspezifischer ist als »jetzt 10 Kilos verlieren«.

Setzen Sie unterstützend gezielt implizite Codes ein. Der Wohnort des Empfängers zeigt individuelle Relevanz (»Berlin – mach mit!«). Ein Unterstrich signalisiert im Web einen Hyperlink. Der Pfeil nach unten deutet zum Beispiel auf eine Download-Möglichkeit hin, der Pfeil (beziehungsweise Doppelpfeil bei Text-Links) nach rechts einen Verweis zur Webseite. Der vertikale Pfeil sollte auf die Button-Beschriftung beziehungsweise auf das Schlüsselwort darin zeigen, um das Auge zum Ziel zu dirigieren. Der horizontale Pfeil weist aus dem Newsletter rechts heraus oder zeigt ebenfalls auf die Beschriftung, falls er linksbündig positioniert wird. Schlecht wäre es dagegen, wenn der Pfeil nach rechts auf einen Textabsatz zeigt, da dies unstimmig wirkt.

Weil es so wichtig ist, dass die Aufschrift auf die Bedürfnisse der Zielpersonen abgestimmt ist, kann es sogar sinnvoll sein, diese segmentspezifisch zu variieren. Wer sich bereits messbar informiert hat, erhält ein »Unverbindlich bestellen & testen«; die restlichen Abonnenten ein »Mehr erfahren« et cetera. Ebenfalls interessant sind Deeplinks in die Shop-Kategorien. Man denke an Schuhgrößen als Call-to-Actions oder an Zielgruppen für Geschenke (Abbildung 10.25).

Abb. 10.25: Das passende Geschenk für jeden mit Deeplinks in die Shop-Kategorien (UncommonGoods)

Tipp: Button-Beschriftungen testen – Inspiration durch Fallstudien

Im Netz finden sich unzählige Beispiele für Tests, die die Aufschrift des Call-to-Action-Buttons betreffen. Mit zum Teil beachtlichen Ergebnissen. So konnte Firefox die Zahl seiner Browser-Downloads um 3,44 Prozent allein dadurch erhöhen, dass der Button-Text »Try Firefox 3« durch »Download Now – Free« ersetzt wurde. AppSumo hingegen erzielte 36 Prozent weniger E-Mail-Klicks mit der Aufschrift »Buy Now« im Vergleich zum weniger direkten »See it«. Der E-Mail-Service-Provider Campaign Monitor testete »Tell us what we can do better« gegen »Visit our theme shop«. Das Ergebnis: 51 Prozent mehr Klicks für den Feedback-Aufruf. Soocial stellten ihrem »Sign up now!«-Button einfach nur den unscheinbaren Begleittext »It's free!« zur Seite und erzielte so 28 Prozent mehr Anmeldungen. MarketingSherpa testeten ihren Standard-Newsletter-Link »Continue here ...« gegen die drei Herausforderer »Click to continue« (+ 8,54 Prozent), »Continue to article« (+ 3,3 Prozent) und »Read more« (- 1,8 Prozent). Welches im Einzelfall die kritischen Reizworte und die beste Reihenfolge für die Zielgruppe sind, lässt sich wohl nur durch Tests ermitteln. Dass sich solche Tests lohnen, steht angesichts der Zahlen außer Frage.

Bildunterdrückung

Gehen Sie davon aus, dass bei rund der Hälfte Ihrer Abonnenten zunächst Bilder des E-Mailings unterdrückt werden. Damit wird auch kein grafischer Call-to-Action-Button dargeboten. Um diese Blockade zu umgehen, sind verschiedene Ansätze denkbar. Gerade bei besonders wichtigen Elementen, wie eben der Handlungsaufforderung (oder dem Absender-Logo) sollten diese genauer evaluiert werden.

So rekonstruierte asos beispielsweise ein Button-Layout allein durch farbige Tabellenzellen. Etabliert ist die Variante, eine Kombination von Hintergrundbild, Hintergrundfarbe und HTML-Text zu verwenden. Wie dies funktioniert, erfahren Sie im Abschnitt 10.6.2 *E-Mail-gerechte Call-to-Action-Buttons einbinden*.

Animation

Die Sichtbarkeit der Call-to-Action lässt sich mit animierten GIF-Grafiken deutlich erhöhen. Typische Formen sind etwa blinkende Pfeile, pulsierende Buttons oder Effekte rund um die Mauszeiger-Hand, die interaktive Webelemente anzeigt.

Besonders elegant sind Animationen, die vom Einstiegspunkt des Lesers kreuz und quer über das Werbemittel hin zum Call-to-Action führen. So wird das Auge quasi direkt nach der Öffnung an die Hand genommen und zum Response-Element geleitet. (Auch, wenn das Response-Element für sich schon genügend Aufmerksamkeitspotenzial besitzen sollte.)

Teils lassen sich Animationen auch mit einfachen CSS3-Formatierungen bewerkstelligen. So zauberte Transmit 4 einen pulsierenden und glühenden Button in die Postfächer der Nutzer von Apple Mail und iPhones (`tinyurl.com/3xjlbrf`):

```
-webkit-animation-name: 'glow';
-webkit-animation-duration: .7s;
-webkit-animation-iteration-count: infinite;
-webkit-animation-direction: alternate;
-webkit-animation-timing-function: ease-in-out;
```

Gewichtung

Konkurrieren mehrere Handlungsaufforderungen unterschiedlicher Wichtigkeit miteinander, dann geben Sie Ihrem Leser eine optische Hierarchie an die Hand. Maßnahmen hierzu sind (analog zu Abschnitt 9.3.5 *Stumme Leserfragen beantworten und Blickverlauf steuern*) zum Beispiel Variationen in der

- Größe (großer vor kleinem Button, Button- vor Text-Link),
- Position (oben vor unten, links vor rechts),
- Formatierung (fett vor Standard) und der
- Farbsättigung (grell vor unbunt/ausgegraut).

Sekundäre Call-to-Actions sollten deutlich weniger Aufmerksamkeit absorbieren als diejenigen mit dem größten Gewicht. Sorgen Sie dafür, dass *eine* zentrale Handlungsaufforderung besonders heraussticht. Der Abonnent möchte nicht groß überlegen oder zwischen Alternativen auswählen, sondern er will wissen, was Sie von ihm wünschen.

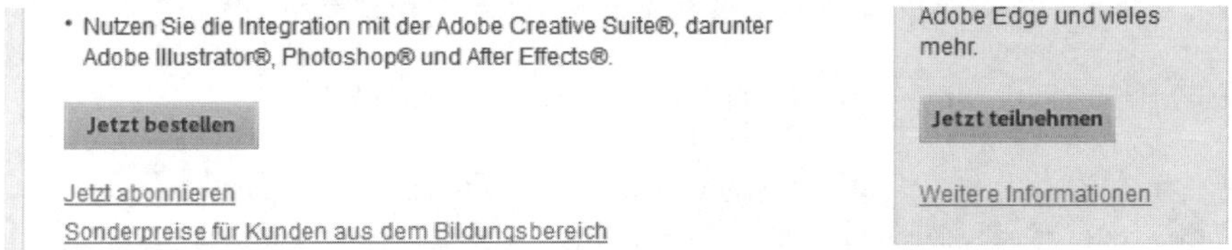

Abb. 10.26: »Jetzt bestellen« ist die primär gewünschte Aktion (Platzierung links als Button), die Information über »Sonderpreise für Kunden aus dem Bildungsbereich« darunter ist sinnvoll, aber sekundär. (Adobe)

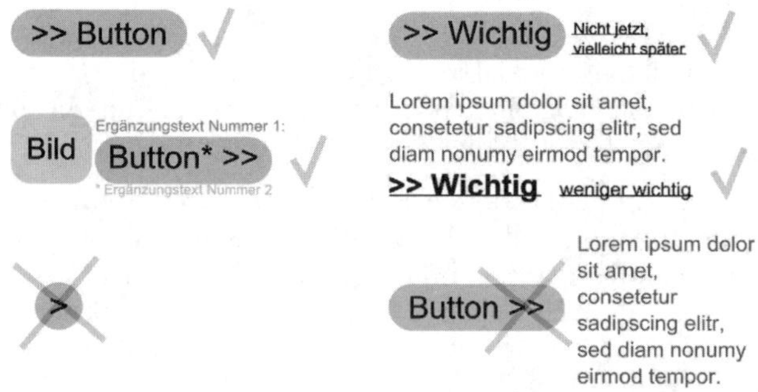

Abb. 10.27: Gute und schlecht gestaltete Call-to-Actions. Die unteren beiden Varianten empfehlen sich weniger. Denn runde Buttons unterliegen rechteckigen mit abgerundeten Ecken. Und Buttons, die auf einen nebenstehenden Fließtext zeigen, irritieren im ersten Moment.

10.6.2 E-Mail-gerechte Call-to-Action-Buttons einbinden

Auf der technischen Ebene sollte jede Button-Grafik mit einem Alt-Attribut versehen werden. Darin platzierte Texte werden bei einem durch den E-Mail-Client nicht geladenen Button als Alternative angezeigt. Berücksichtigen Sie auch mögliche Darstellungsprobleme. Die verschiedenen E-Mail-Dienste können den gleichen HTML-Code sehr unterschiedlich darstellen. Doch mit einem Trick lässt sich auch unter diesen erschwerten Bedingungen eine gute Sichtbarkeit auf den ersten Blick gewährleisten – selbst bei unterdrückten Bildern:

1. HTML-Tabelle <table> mit einer Zelle in der Größe des Buttons erstellen
2. Buttongrafik inklusive Verläufen, abgerundeten Kanten, Schlagschatten et cetera ohne Beschriftung als blankes Hintergrundbild der Tabellenzelle einbinden
3. Hintergrundfarbe für die Zelle als Fallback angeben
4. Breite und Höhe entsprechend der Hintergrundgrafik per HTML- und CSS-Attribute fixieren
5. Vordergrund-Text spezifizieren und formatieren (zum Beispiel »Jetzt downloaden«)

Anbei eine Schablone für den E-Mail-gerechten Button. Ihr Newsletter-Quelltext sollte im Kopfbereich beginnen mit:

```
<!DOCTYPE html PUBLIC "-//W3C//DTD XHTML 1.0 Transitional//EN"
   "http://www.w3.org/TR/xhtml1/DTD/xhtml1-transitional.dtd">
<html xmlns:v="urn:schemas-microsoft-com:vml" DIR="LTR">
```

Die HTML-Formatierungen für den Button selbst lauten schließlich:

```
<table cellpadding="0" cellspacing="0" border="0" align="left"
 style="font-family:Arialmargin:0;padding:0;">
 <tr>
  <td bgcolor="[HG_FARBE]" width="[BUTTONBREITE]"
   height="[BUTTONHÖHE]" valign="middle" align="center" background=
   "[BUTTONURL]" style=
   "background-repeat:repeat-x;background-image:url('[BUTTONURL]');">
```

```
    <!--[if gte mso 9]>
<v:rect style="width:[BUTTONBREITE]px;height:[BUTTONHÖHE]px"
 strokecolor="none">
   <v:fill type="tile" color="[HG_FARBE]"
    src="[BUTTONURL]" />
   </v:fill>
</v:rect>
<v:shape style="display:inline-block; position:relative;
 height:[BUTTONHÖHE]px;width:[BUTTONBREITE]px;margin:0 auto;
 border:0; z-index:2; text-align:center;line-height:[BUTTONHÖHE]px;">
<![endif]-->
    <table align="center" border="0" cellpadding="0" cellspacing="0">
     <tr>
      <td width="[BUTTONBREITE]" height="[BUTTONHÖHE]" align="center"
       valign="middle" style="text-align:center;
       line-height:[BUTTONHÖHE]px;">
        <a href="[ZIELURL]" style="margin:0; padding:0;
         text-align:center; color:[TEXTFARBE];
         font-size:[TEXTGRÖSSE]px;display:block;text-decoration:none;
         font-family:Arial;">[TEXT]</a>
      </td>
     </tr>
    </table>
<!--[if gte mso 9]></v:shape><![endif]-->
  </td>
 </tr>
</table>
```

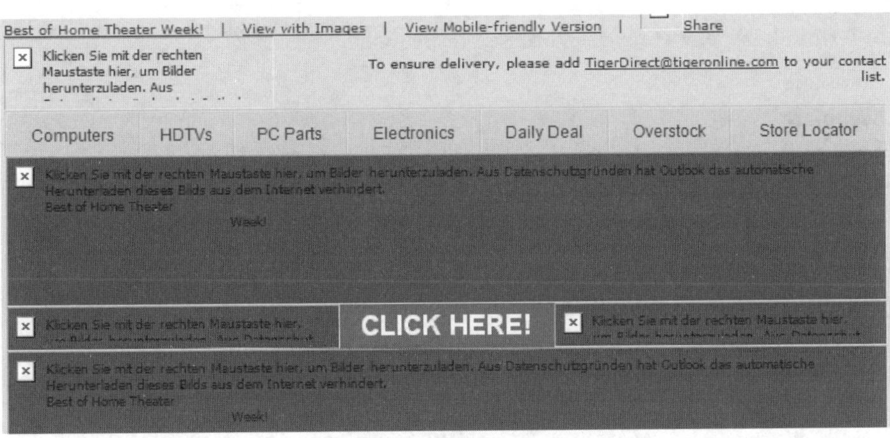

Abb. 10.28: Damit der Button auch bei blockierten Bildern unmittelbar ins Auge springt und zugleich bei geladenen Grafiken optisch ansprechend ausschaut (Farbverläufe, Schlagschatten, Glanzeffekte et cetera), muss der E-Mail-Versender in die Trickkiste greifen. (`TigerDirect.com`)

Die konditionalen Kommentare (`<!–[...]-->`) sorgen dafür, dass die Hintergrundgrafik auch in Outlook 2007, 2010 und 2013 dargestellt wird. Platzhalter, die im Quelltext jeweils in eckigen Klammern (`[VARIABLE]`) eingeschlossen sind, müssen durch Ihre Angaben ausgefüllt werden. Ersetzen Sie zum Beispiel per `Strg`+`H` (= Suchen und Ersetzen) in Ihrer Textverarbeitung die folgenden Variablen wie folgt:

1. `[HG_FARBE]` durch `#FF0000` für einen roten Hintergrund
2. `[BUTTONBREITE]` durch `310`, falls der Button 310 Pixel breit ist
3. `[BUTTONHÖHE]` durch `121` für analog 121 Pixel Höhe
4. `[BUTTONURL]` durch `http://www.optivo.de/data/button310.png`
5. `[ZIELURL]` durch `http://www.emailmarketingtipps.de`
6. `[TEXTFARBE]` durch `#FFFFFF` für einen weißen Button-Aufdruck
7. `[TEXTGRÖSSE]` durch `32px` für 32 Pixel Schriftgröße
8. `[TEXT]` durch »Kauf mich!«, um den Button entsprechend zu beschriften

Tipp: Buttons optimal kodieren mit dem Tool emailbtn.net

Unter `emailbtn.net` findet sich ein kleines, aber feines Werkzeug, mit dem sich der obige Quelltext auf Knopfdruck erzeugen lässt. Einfach Beschriftung, Link, Farbe und Hintergrundbild setzen, Quelltext generieren lassen und diesen dann in den Newsletter einfügen. Der Button erscheint auch in Outlook 2007+ in vollem Glanz. Wer mag, kann seinen Button noch mit modernen CSS-Formatierungen aufhübschen.

10.6.3 »Termin abspeichern!«-Handlungsaufforderungen

E-Mail eignet sich hervorragend, um Termine zu bewerben. Digitale Kalender sind häufig nahtlos mit dem Postfach verdrahtet. Man denke an den Outlook-Kalender oder an Gmail mit seinem Google Calendar.

Viele Termin-bezogene Hinweise kommen in Betracht:

- Seminare
- Webinare
- Messen
- lokale Veranstaltungen in der Filiale
- bevorstehende Software-Aktualisierungen
- Ablauf von Garantiefristen
- Ablauf von Gutscheinaktionen.

Bei all dem können Sie Ihren E-Mail-Abonnenten Arbeit abnehmen und einen Mehrwert liefern, indem Sie Erinnerungsvorlagen zum einfachen Hinzufügen per Mausklick anbieten.

Eine gut gemachte Event-Einladung präsentiert zum Beispiel Readytalk (vergleiche Abbildung 10.29). Besonders erwähnenswert sind hierbei die drei Verweise zum Kalendereintrag unter »Add to your Calendar« in der rechten Spalte. Denn auf diese Weise kann der Abonnent einfach per Klick und Bestätigung das beworbene Datum seinem Kalender hinzufügen. Direkt inklusive Beschreibung, Zeit, Ort, Erinnerung und so weiter. Sowohl in

Outlook als auch in Gmail. Das spart gegenüber dem manuellen Eintrag wertvolle Minuten, die im flüchtigen Newsletter-Postfach oft auch nicht vorhanden sind.

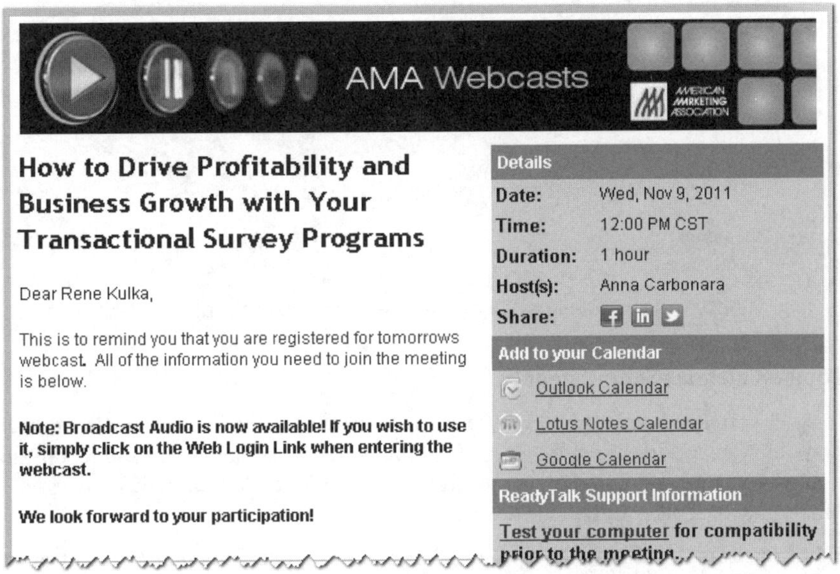

Abb. 10.29: B2B – Termin für ein webbasiertes Seminar (»Webinar«) merken: »Add to your Calendar« in der Marginalspalte rechts. (AMA Webcasts)

iCal-Termine

Das iCalendar-Format ist heute der Industriestandard zum Austausch von Terminen und anderen Kalenderinhalten. Entsprechend strukturierte Dateien sind in den meisten Systemumgebungen an der Dateiendung `.ics` erkennbar. Es handelt sich um kleine Textdateien. Sie können also von Menschen gelesen werden und sind prinzipiell einfach zu erstellen, wenn die Struktur bekannt ist.

Im einfachsten Fall nehmen Sie hierzu Ihr Microsoft Outlook, entwerfen im Kalender einen zu bewerbenden Termin (Datum, Uhrzeit, Titel, Ort et cetera) und speichern diesen anschließend als ics-Datei lokal auf Ihrem Rechner ab. Die gespeicherte ics-Datei ...

- fügen Sie dann später einfach Ihrem Newsletter als Anhang hinzu
- oder Sie legen sie auf dem Webserver ab und setzen im Newsletter einen Verweis

Ics-Anhänge werden von E-Mail-Programmen zum Teil gesondert behandelt und gekennzeichnet. In Gmail beispielsweise triggert der Anhang, sofern er als vom MIME-Inhaltstyp »text/calendar« kodiert wurde, zum einen im Posteingang ein auffälliges Kalender-Symbol. Das hebt die E-Mail von anderen Nachrichten ab. Zum anderen wird nach der E-Mail-Öffnung ein Gmail-spezifisches Contextual Gadget, quasi eine kleine App, geladen. Die Kalender-App projiziert dem E-Mail-Abonnenten den relevanten Ausschnitt seines Google-Kalenders sowie die wichtigsten Termin-Daten darüber direkt in die E-Mail (siehe Abbildung 10.30).

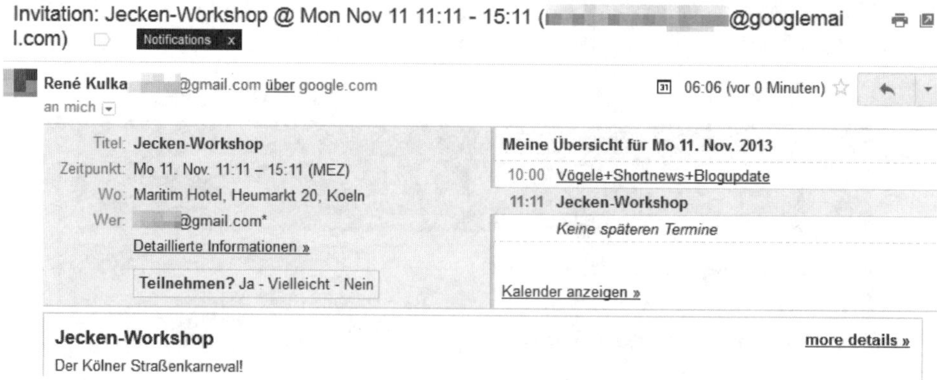

Abb. 10.30: Contextual Gadget für die Terminverwaltung in Gmail

Die Google-Calendar-Schnittstelle

Im Beispiel von Readytalk (Abbildung 10.29) kommen auch Anhänger des verbreiteten Google-Kalenders auf ihre Kosten. Googles mobiles Betriebssystem Android nimmt immer mehr Fahrt auf, und der Kalender ist darin ein wesentlicher Bestandteil. Deswegen dürfte die Anhängerschaft alles andere als klein sein.

Die Schnittstelle von calendar.google.com können Newsletter-Versender leicht anzapfen. Wir nehmen exemplarisch folgendes Beispiel an: Sie veranstalten einen närrischen 4-stündigen Jecken-Workshop am 11.11.11 um 11:11 Uhr im Maritim Hotel am Heumarkt 20 in Köln. Nun wollen Sie all Ihre Bekannten und den Karnevalsverein einladen. Natürlich per E-Mail, da dies besonders kosteneffizient ist. Sie vermuten, dass viele Ihrer Adressaten den Google-Kalender nutzen. Daher möchten Sie hierfür einen passenden Direktlink anbieten. Den bauen wir nun schrittweise zusammen, indem wir die fünf variablen Parameter (Bezeichner unten fett gedruckt) wie folgt füllen:

- Termin-Titel: **&text**=Jecken-Workshop
- Datum, Uhrzeit, Dauer: **&dates**=20111111T101100Z/20111111T141100Z
  (UTC-Weltzeit-Format, also Berlin minus 1 Stunde)
- Veranstaltungs-Ort: **&location**=Maritim Hotel, Heumarkt 20, Koeln
- Termin-Beschreibung: **&details**=Kommt+zum+Jecken-Workshop%3A+http%3A%2F%2Fjeckenworkshop.de
  (Die Beschreibung wurde hier URL-enkodiert mit der entsprechenden PHP-Funktion unter `functions-online.com/urlencode.html`, um Sonderzeichen – Umlaute wie ö in Köln oder Zeilenumbrüche – korrekt zu übermitteln.)
- »Beschäftigt«-Status an: **&trp**=true

Im nächsten Schritt wird jeweils alles ab dem kaufmännischen Und-Zeichen einfach stumpf in beliebiger Reihenfolge an den folgenden Link-Rumpf angehängt:

- `https://www.google.com/calendar/event?action=TEMPLATE`

Das Resultat sieht dann wie folgt aus:

- `https://www.google.com/calendar/event?action=TEMPLATE&text=Jecken-Workshop&dates=20111111T101100Z/20111111T141100Z&location=...`

Termine funktionieren auch im B2C-Bereich

Dass die Variante auch im B2C-Segment fruchten kann, zeigt der Delikatessen-Spezialist Harry & David. H&D kennzeichnet filialbezogene Kommunikation mit dem Zusatz »Stores« im Absendernamen. Während diese E-Mails vornehmlich auf Wochenend-Aktionen in den nahe gelegenen Filialen abzielen, forcieren andere Nachrichten eher Abverkäufe im Onlineshop. Eine gute Idee ist es in diesem Zusammenhang, den wöchentlichen »Store«-E-Mails einen sehr präsenten »Zum Kalender hinzufügen«-Button als primäre Handlungsaufforderung hinzuzufügen (vergleiche Abbildung 10.31). Beim Klick wird der Termin im verbreiteten iCal-Standardformat vom Server geladen und im Kalender des Adressaten vermerkt.

Abb. 10.31: B2C – Termin für ein lokales In-Store Event speichern. (Harry&David)

10.6.4 »Coupon ausdrucken!« für den Besuch in der Filiale

Verwenden Sie E-Mail-Gutscheine, die auch offline in der Filiale eingelöst werden können? Dann könnten Sie den Adressaten die Möglichkeit zum Ausdrucken anbieten. Je nach Stellenwert eignet sich auch eine auffällige Handlungsaufforderung, um die Option ganz gezielt in den Fokus zu rücken.

Das Mode-Label Ralph Lauren beispielsweise präsentierte im Newsletter nebst der Standard-Call-to-Action »Einkaufen« und »Filiale finden« einen weiteren Aufruf »E-Mail ausdrucken«.

Abb. 10.32: »E-Mail ausdrucken« als Handlungsaufforderung (Ralph Lauren)

Beim Klick öffnet sich die E-Mail im Browser des Adressaten. Im Unterschied zur regulären Onlineversion erscheint dabei allerdings auch direkt das »Drucken«-Dialogfenster des Betriebssystems. Der technische Kniff, der dies hervorruft: eine minimale Anpassung im HTML-Quelltext. Der `<HEAD>...</HEAD>`-Bereich enthielt im Browser zusätzlich die folgende JavaScript-Zeile:

- `<script language="javascript" type="text/javascript">self.print();</script>`

Auch wenn es banal klingt – der Adressat spart auf diese Weise Mausklicks und muss den Druckvorgang nur noch bestätigen. (Voraussetzung ist, dass nutzerseitig JavaScript im Browser aktiviert ist, was standardmäßig der Fall ist.) Zudem ist noch lange nicht jedem Computer-Anwender bekannt, wie er eine E-Mail ausdruckt. Warum also nicht auf diese einfache Art? Von hier ist es auch nur noch ein kleiner Schritt dahin, die Onlineversion für den Drucken-Link so anzupassen, dass nur der Gutschein gedruckt wird, nicht mehr der komplette Newsletter. Wie Sie Ihre Drucken-Rate messen, also den Erfolg derartiger Aktion auswerten, das erfahren Sie in Kapitel 14.

10.6.5 Conversion-Booster: Pre-filling – Daten an Landingpages übermitteln

»Lead-Generierung« und »Kaufabschluss« sind nahtlos mit dem Thema »Call-to-Action« verknüpft. Eine sanfte Landung nach dem Klick ist erfolgskritisch. Unsanft wäre die Landung, wenn Ihr Abonnent für ein PDF-Download oder eine Seminar-Anmeldung all die Angaben, die er Ihnen bereits anvertraute, auf der Zielseite schon wieder machen müsste. Dateneingaben bedeuten Reibung und führen zu Abbrüchen. Ganz gleich, ob es sich

- um eine Gewinnspielseite handelt,
- eine Umfrage,
- die Anmeldemaske für ein webbasiertes Seminar (»Webinar«),
- eine Terminvereinbarung für eine Messe
- oder beispielsweise um den Konfigurator für ein personalisierbares Produkt.

Die gute Nachricht ist, dass Sie Ihren Abonnenten lästige Tipparbeit abnehmen können. Kodieren Sie hierzu die relevanten Empfängermerkmale aus Ihrer Datenbank in personalisierte Links. Klickt der Abonnent in der E-Mail auf einen solchen Link, werden die darin enthaltenen Daten vom Webserver ausgelesen und dazu genutzt, Webformulare vorauszufüllen (sogenanntes *Pre-filling*).

Im Lead- und Gewinnspiel-Bereich wird Pre-filling seit Langem genutzt, um die Umwandlungsraten von Besuchern zu Teilnehmern zu erhöhen. Rufen Sie beispielsweise einmal die folgenden Seiten auf:

- `http://www.callya-freikarte.de/?firstname=`*`1`*
- `http://www.freie-auswahl.de/?firstname=1&lastname=2&email=`*`3`*
- `http://www.deine-auswahl.de/?firstname=1&lastname=2&email=`*`3`*
- `http://www.gameduell.de/gd/k19.do?mail=`*`1`*
- `http://www.elitepartner.de/km/index.do?email=`*`1`*

Die kursiven Zahlen sollen Platzhalter für die entsprechenden Variablen Ihrer Versandlösung darstellen (zum Beispiel {email} für das Serienbrief-Feld E-Mail-Adresse). Nach dem Aufruf von `www.deine-auswahl.de` dürfte die Anmeldemaske nun nicht leer sein, sondern in etwa wie in Abbildung 10.33 vorausgefüllt sein.

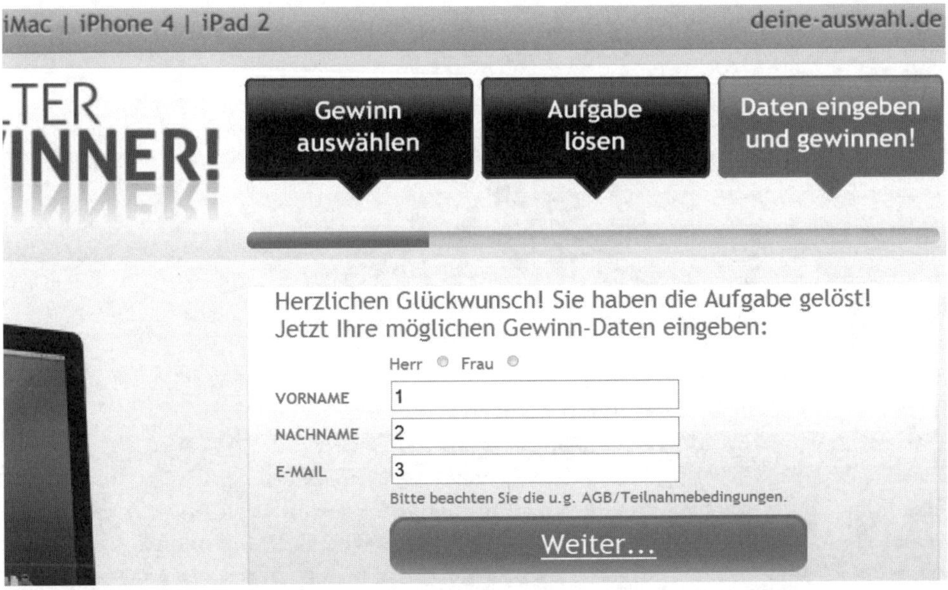

Abb. 10.33: Vorausgefüllte Formulare können die Umwandlungsraten vom E-Mail-Traffic deutlich steigern. (`freie-auswahl.de`)

Was ist geschehen? Die Landingpage hat die im Link mitgelieferten Parameter `firstname` (= Vorname), `lastname` (= Nachname) und `email` (= E-Mail) abgegriffen und im Formular verarbeitet. Der Interessent muss die Angaben nur noch bestätigen, nicht mehr eingeben. Die Teilnehmerquote steigt.

Dasselbe Prinzip setzen weitere Anbieter gewinnbringend ein. Ein populäres Beispiel ist Vistaprint. Rufen Sie beispielsweise den Link

- `http://www.vistaprint.de/vp/pbc_fbc_cardholder2.aspx?af=$vorname+$name|+|+|+|$strasse+$hausnummer|$plz+$ort|+|$areacode+$tel|+|$mail|+|`

auf. Vistaprint nutzt nun die darin kodierten Daten, um den Visitenkarten-Konfigurator vorauszufüllen. Hierbei sind die Parameter nicht wie im vorigen Beispiel benannt, sondern durch ihre Reihenfolge, die Pipe (»|«) als Trenn- sowie das Plus als Verknüpfungszeichen vorgegeben.

Abb. 10.34: Pre-filling für den Produkt-Konfigurator (Vistaprint)

Vorsicht: Datenschutzrecht und mögliche Vorbehalte beachten

Pre-filling ist ein starkes Mittel, um die Conversion-Raten von Onlineformularen in die Höhe zu treiben. Dem Nutzer wird mühsame Tipparbeit erspart. Und wenn Sie die Daten eh schon verfügbar haben – warum sollten Sie diese hierfür nicht nutzen? Doch Vorsicht: Ein Fallstrick lauert im Datenschutzrecht.

Die Übermittlung persönlicher Daten an Ihre *eigenen* Webseiten ist weniger kritisch – *Ihnen* hat der Abonnent ja die Datenverarbeitung eingeräumt. Soll hingegen eine Datenübertragung an Dritte stattfinden, beispielsweise an die Webseite eines Gewinnspiel-Veranstalters, dann müsste Ihr E-Mail-Abonnent diese bewusst veranlassen. Beim Klick auf den personalisierten Hyperlink im Newsletter muss ihm also klar sein, dass er damit persönliche Daten an einen bestimmten Dritten überträgt.

Ein weiterer Fallstrick: Das Vorausfüllen von Formularen kann auch negative Effekte nach sich ziehen. Nämlich dann, wenn beim Abonnenten Skepsis geweckt wird bezüglich der Herkunft all der Daten, die da plötzlich wie von Zauberhand bereits im Formular erscheinen.

10.7 Footer: Impressum, Abmeldung und mehr

Den letzten Teilbereich einer Marketing-E-Mail bildet der Footer, also die Fußzeile. Wobei »Zeile« ein bisschen irreführend ist, da dieser Abschnitt einen beträchtlichen Anteil am gesamten Newsletter ausmachen kann. Ähnlich wie die Navigationsleiste, so wird auch die Bedeutung des Footers häufig verkannt. Wohl aufgrund seiner Position und weil damit gedanklich vorwiegend allein rechtlich erforderliche Angaben wie das Impressum oder die Abmeldemöglichkeit verknüpft sind. Tatsächlich aber handelt es sich um die letzte Möglichkeit, den Adressaten doch noch zu einer messbaren Aktion zu bewegen.

Typische werberelevante und rechtlich erforderliche (*) Inhalte sind:

- Post Skriptum (PS), das im klassischen Direkt-Mailing eines der wichtigsten Elemente darstellt. Dies ist zwar nicht eins-zu-eins auf den Newsletter übertragbar, da sich das PS in der Regel nicht mehr im Vorschaufenster befindet und nur durch Scrollen zugängig ist. Trotzdem genießt es ein Aufmerksamkeitsplus.
- Grußformel, die im Einklang mit dem Absender und dem Editorial steht (»Beste Grüße, Ihr Chefredakteur Max Mustermann«)
- »Newsletter im Browser lesen«-Link, der hier besser aufgehoben ist als im Pre-Header, falls der Newsletter ausgiebig auf eine einheitlich gute Darstellung hin getestet wurde
- Zweite Navigation als Sicherheitsnetz, das zum Beispiel weitere Shop-Kategorien, ein Verzeichnis der angebotenen Marken, ein anderes Wording für die beworbenen Angebote oder versteckte Incentives darbieten kann. Falls Sie vorweg eine Reihe konkreter Produkte vorstellten, dann versuchen Sie an dieser Stelle einen höheren Generalisierungsgrad: Die Top-10-Artikel dieser Woche, die am häufigsten oder am besten bewerteten Produkte.
- Banner mit besonderer Promotion, wie wir sie teils bei den weihnachtlichen Kampagnen-Beispielen in Abschnitt 8.3 *Langfristig planen* gesehen haben
- Permission-Erinnerung im Stile von: »Sie erhalten diesen Newsletter, da die Adresse [email] am [datum] auf der Seite [url] eingetragen wurde«. Aber bitte nicht: »Diese E-Mail ist kein Spam! Sie erhalten diesen Newsletter, da Sie sich hierfür angemeldet haben.« – wer es nötig hat, von »kein Spam« zu sprechen, versendet meist nichts anderes. Außerdem wollen wir kein Spam-Bild vor dem geistigen Auge des Empfängers provozieren.
- Link zum Benutzerkonto oder zur Newsletter-Verwaltung (»Preference Center«, Abbildung 10.35) oder Direkt-Links zu den einzelnen Einstellungsmöglichkeiten:
  - E-Mail-Adresse ändern
  - Empfang vorübergehend pausieren (zum Beispiel wegen Urlaub)
  - Frequenz reduzieren (zum Beispiel von wöchentlich auf monatlich)

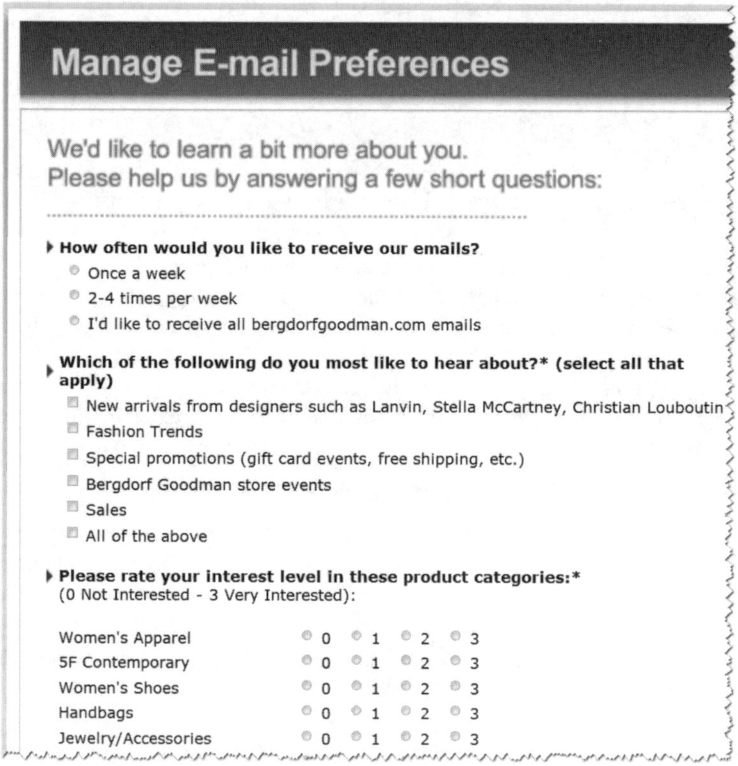

Abb. 10.35: Typisches Preference-Center (»Profil-Selbstverwaltung«) für Newsletter. (`bergdorfgoodman.com`)

- Hinweis, mit welcher E-Mail-Adresse der Nutzer registriert ist. Dies kann zum Beispiel bei Rückfragen durch den Support eine nützliche Information sein. Unter Umständen lässt sich die Adresse sonst nur in den Kopfzeilen ablesen. Die zu finden und zu durchsuchen, das wollen wir keinem Abonnenten zumuten. Beachten Sie jedoch, dass die E-Mail-Adresse – zusammen mit anderen persönlichen Daten – in einem auf Facebook & Co geteilten Newsletter entfernt werden sollte. (Vergleiche hierzu Abschnitt 18.2 *Newsletter sozialisieren*.)
- Abmelden-Link*

Die Abmelde-Möglichkeit durch die juristische Brille

Klar: Eine jederzeitige Abmeldemöglichkeit ist **Pflicht**. Unterzeichner des Ehrenkodex E-Mail-Marketing vom Deutschen Dialog Marketing Verband stellen sicher, dass sowohl Abmeldungen über **Links** als auch über **Antwort**-E-Mails unverzüglich bearbeitet werden. Auch für Teilnehmer am Projekt »Certified Senders Alliance« (CSA) ist eine zeitnahe Bearbeitung obligatorisch. Zudem verpflichten sich CSA-Mitglieder dazu, eine Austragung ohne Log-in-Erfordernis (etwa Name und Passwort) in jeder E-Mail anzubieten.

§ 7 des Gesetzes gegen den unlauteren Wettbewerb (UWG) schreibt zum einen eine »**gültige Adresse**« vor, an die der Wunsch zum Abbestellen gerichtet werden kann. Zum anderen muss eventuell ein Hinweis platziert werden, dass die Abmeldung **kostenfrei** ist. Genauer handelt es sich um einen Sternchenhinweis mit der Belehrung darüber, dass außer den Standardtarifen (also zum Beispiel Internet-Verbindungsgebühren) für die Abmeldung keine anderen Kosten anfallen. Weitere Angaben macht das Gesetz nicht.

Die »gültige Adresse« lässt sich mit mehr Leben füllen, wenn man einen Blick in den ursprünglichen UWG-Entwurf der Bundesregierung vom 20. August 2003 wirft. Daraus geht hervor, dass bei jeder Werbemail *klar und deutlich und problemlos* die Möglichkeit zur Abbestellung gegeben sein muss. **Klar und deutlich** ist eine Abmeldemöglichkeit wohl, wenn der entsprechende Link im Footer textlich (nicht grafisch!) eingebunden, hervorgehoben und mit der Aufschrift »abmelden«, »austragen« oder Gleichwertigem betitelt ist. (Gerade mit der Hervorhebung dürften sich viele schwer tun. Schließlich war die Adressgewinnung mühsam. Doch tun Sie sich und Ihren Empfängern eher einen Gefallen damit. Nicht zuletzt, da der Abmeldelink in einer Fließtext-Wüste schnell untergeht und der vielleicht genervte Abonnent kaum Lust auf das Suchen verspürt. Der Klick auf »Spam« ist nicht weit und schädigt die Zustellquoten.)

Um eine **problemlose** Abmeldung zu ermöglichen, sollte auf jedwede Art von Barriere verzichtet werden. Hierzu zählen Passwort- und CAPTCHA-Abfragen vor der Austragung oder die Notwendigkeit, einen JavaScript- oder Flash-fähigen Browser benutzen zu müssen. Nicht viel besser ist eine Liste mit Interessensgebieten, die der Abmelder einzeln abhaken muss. Die Adresseingabe auf der Abmelde-Seite kann ebenfalls eingespart werden, indem das Formularfeld vorausgefüllt wird (siehe Abschnitt 10.6.5 *Conversion-Booster: Prefilling – Daten an Landingpages übermitteln*). Unterm Strich reicht es vollkommen, den Abmeldewunsch auf der Landingpage noch einmal bestätigen zu lassen (**Zwei-Klick-Variante**, siehe exemplarisch Abbildung 10.36 bis Abbildung 10.38). Dies ist ebenso reibungslos wie die **Ein-Klick-Variante**, bei der auf der Landingpage keine Bestätigung mehr erforderlich ist; stattdessen bieten Versender einen Re-Opt-in-Link an (Abbildung 10.39), sodass der Interessent sich bei einer versehentlichen Abmeldung (siehe zum Beispiel Abbildung 19.5 in Kapitel 19) möglichst einfach wieder eintragen kann.

Bei der **Bestätigung** über die erfolgte Austragung sollte die E-Mail-Adresse angeführt werden, auf die sich die Abmeldung bezog. Ist der Abonnent nämlich mit einer weiteren Adresse eingetragen, könnten eine Beschwerde oder sogar juristische Konsequenzen die Folge sein. Gerichte urteilten nämlich mitunter, dass der Widerruf der Werbeeinwilligung *personen*bezogen ist, nicht *adress*bezogen.

Eine Abmeldebestätigung per E-Mail ist in der Regel überflüssig oder sogar unerwünscht. Verzichten Sie darauf, um der Gefahr eines Werbeversands ohne Einwilligung zu entgehen. Ausnahmsweise kann die Bestätigungsmail sinnvoll sein, wenn die Abmeldung über eine sogenannte X-UNSUBSCRIBE- oder LIST-UNSUBSCRIBE-E-Mail-Kopfzeile erfolgte. Beides sind technische E-Mail-Parameter, die für den Abonnenten in der Regel unsichtbar sind und sich an E-Mail-Clients und Webmail-Dienste richten. Die Kopfzeilen werden von Ihrem E-Mail-Service-Provider eingesetzt. Sie zeigen dem E-Mail-Programm des Abonnenten Ziel-URLs (`http://esp.de/austragen`) und -E-Mail-Adressen (`mailto:austragen@esp.de`) an, an die es Abmeldewünsche richten kann.

Beispielsweise dann, wenn der Abonnent im Interface des Programms auf »diese E-Mail ist Spam« klickt. Eine etwaige Abmelde-*Bestätigungs*mail für den Abonnenten selbst sollte immer *werbefrei* gestaltet und formuliert sein.

Löschen Sie die zur Person gespeicherten Daten nach dem Widerruf des Werbeeinverständnisses. Die Daten-Speicherung und -Nutzung ist datenschutzrechtlich an den eingangs beim Opt-in vereinbarten Zweck gebunden (Zweckbindungsgrundsatz). Mit dem Widerruf ist der Speicher-Grund entfallen. Alternativ zur Löschung ist es möglich, eine **Sperrliste** zu führen, falls Wieder-Eintragungen durch unberechtigte Dritte im Einzelfall vorzubeugen ist. Würden die Daten restlos *gelöscht*, dann gäbe es ja keine Möglichkeit mehr, Spaßeintragungen zu begegnen; im schlimmsten Fall würde die Adresse endlos oft aus- und wieder eingetragen.

Erkundigen Sie sich bei Ihrem E-Mail-Service-Provider, der ja typischerweise die Sperrliste pflegt, ob Adressen als Hash-Werte **pseudonymisiert** werden können. In Bezug auf die Datensicherheit ist diese Variante einer Klartext-Speicherung vorzuziehen. Statt einer E-Mail-Adresse »info@bsp.de« beinhaltet die pseudonyme Sperrliste eine kryptografische Checksumme der Form »d2facbd46f1... «. Für Abgleiche reichen Hashes und Hackern nützen sie im Falle eines Daten-Lecks wenig. Denn aus der E-Mail-Adresse kann jederzeit derselbe Fingerabdruck errechnet werden, andersrum ist aus dem Abdruck kein direkter Rückschluss auf eine E-Mail-Adresse möglich. Dieses Vorgehen unterstützt übrigens auch die österreichische Regulierungsbehörde RTR: Werbetreibende sind verpflichtet, vor dem Versand mit einer gehashten Robinson-Negativliste abzugleichen, die SHA-1-Hashes der Adressen aller Werbeverweigerer enthält (sogenannte RCG-Liste, siehe `tinyurl.com/cu8xx6f`). Ein mathematisches Problem beim Hashing sind sogenannte Kollisionen: Zwei verschiedene E-Mail-Adressen können unter Umständen den gleichen Hashwert erzeugen. Beispiel: A beschwert sich über einen zugesandten Newsletter. Folglich landet die Prüfsumme seiner E-Mail-Adresse auf der Negativliste des Verteilers. Später möchte sich B eintragen, dessen E-Mail-Adresse zufällig die gleiche Prüfsumme wie die von A ergibt, die sich ja auf der Negativliste befindet. B kann somit keinen Newsletter erhalten.

Die Löschung beziehungsweise Sperrung sollte zudem **unverzüglich** erfolgen. Mitunter vorzufindende Hinweise, wie zum Beispiel »es kann einige Tage dauern, bis die Abmeldung wirksam wird«, sind bedenklich. Besonders dann, wenn die Abmeldung elektronisch erfolgt und einfach automatisiert verarbeitet werden kann. (In den Vereinigten Staaten hingegen werden bis zu zehn Geschäftstage zugestanden, um dem Abmeldewunsch zu entsprechen.)

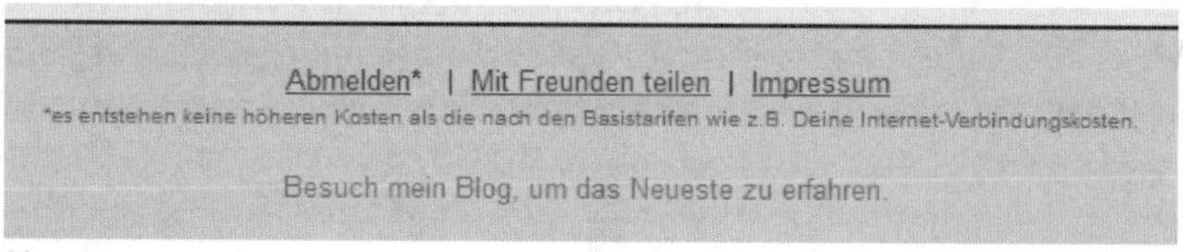

Abb. 10.36: Abmeldelink im E-Mail-Footer inklusive Sternchen-Hinweis darauf, dass für die Abmeldung keine überraschenden Mehrkosten anfallen (zum Beispiel durch Mehrwertnummern).

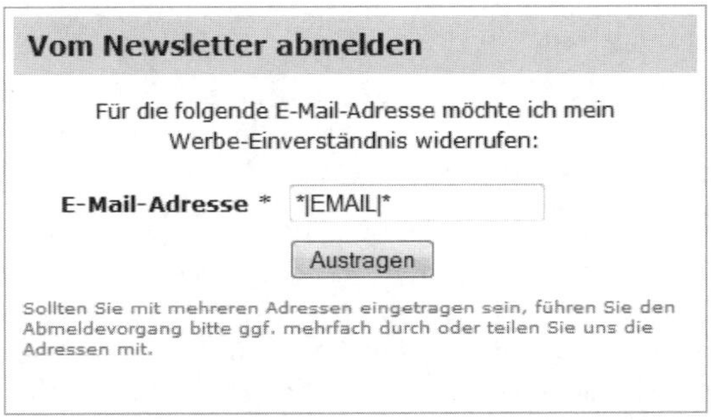

Abb. 10.37: Aufforderung zur Bestätigung des Abmeldewunsches im Rahmen der Zwei-Klick-Abmeldung; aus dem Text ergeht klar, dass sich der Widerruf des Werbeeinverständnisses auf genau eine E-Mail-Adresse bezieht (und nicht auf die Person).*|EMAIL|* wird vom E-Mail-Service-Provider MailChimp nach Möglichkeit durch die Adresse des Abonnenten ersetzt, um das Formular bereits vorauszufüllen.

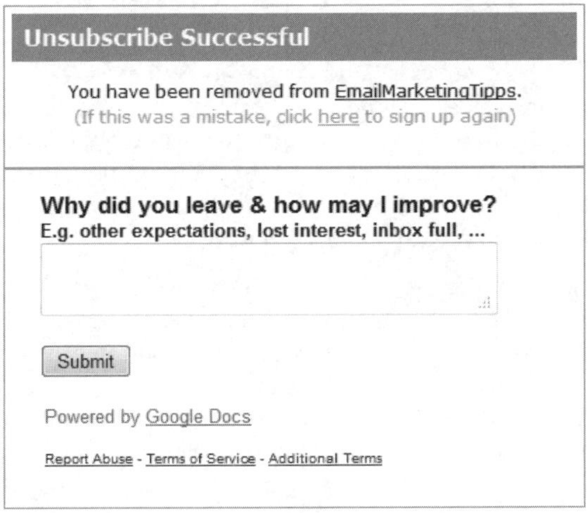

Abb. 10.38: Bestätigung über die erfolgreiche Abmeldung inklusive Abfrage des Abmelde-Grundes mit einem einfachen Google-Docs-Formular (der graue Überschriften-Hintergrund beinhaltet de facto eine grüne Signalfarbe).

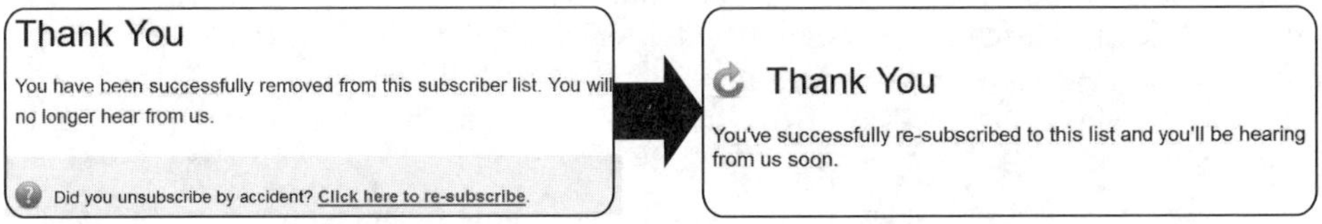

Abb. 10.39: Ein-Klick-Abmeldung aus dem Newsletter heraus mit der Möglichkeit, sich – bei einem Versehen – durch einen weiteren Klick wieder einzutragen. (`Litmus.com Newsletter`)

Die Abmeldung durch die Marketing-Brille

Austragungen aus dem E-Mail-Verteiler gehören zum E-Mail-Marketing-Alltag wie die Anmeldungen dazu. Je kleiner der Verteiler, desto enttäuschender sind Abwanderer. Rechnen Sie mit **20 bis 30 Prozent** Schwund pro Jahr.

Die **Gründe** sind vielfältig: Jüngst zu viele E-Mails erhalten (allgemein oder vom Versender), monotone und uninteressante Inhalte, mittlerweile kein Bedarf mehr, Erwartungen enttäuscht, gefühlt nie eingetragen, andere Lebensumstände (etwa Umzug ins Ausland oder neuer Arbeitgeber in anderer Branche), bereits mit einer weiteren Adresse angemeldet, Spambeschwerden via sogenannter Feedback-Loops und so weiter.

Wichtig ist, sich zu vergegenwärtigen, dass eine Austragung aus dem E-Mail-Verteiler nicht gleichbedeutend mit einer Abkehr vom Unternehmen insgesamt ist. Ganz und gar nicht! (Bei sehr vielen Abmeldeseiten drängt sich einem der Verdacht auf, dass viele dies so nicht auf ihrem Schirm haben.) Es schadet nicht, auf der Bestätigungsseite etwas **Persönlichkeit** zu demonstrieren, ehrliches Bedauern und Verständnis zu zeigen, den Ball direkt wieder aufzunehmen und den Nutzer auf vielleicht interessante neue Features auf der Webseite zu verweisen (vergleiche Abbildung 10.41 sowie die kultige Groupon-Abmeldeseite unter `http://www.groupon.com/unsubscribed`).

Die Abmeldung sollte leicht von der Hand gehen, aber nicht zu leicht. Sprich: Wählen Sie eine **Zwei-Klick-Abmeldung** (abmelden plus bestätigen). Unter Umständen führt nämlich eine Ein-Klick-Abmeldung zu versehentlichen Austragungen durch Verklicker oder Bots wie Schadsoftware-Scanner, die die Zielseiten aller Links untersuchen. Um Verklicker bei einer Ein-Klick-Abmeldung aufzufangen, könnte nach erfolgreicher Austragung auch ein Link zur Wiedereintragung angeboten werden.

Ihre Abonnenten wissen vielleicht nicht, dass sie zugeschnittene Infos gemäß ihrer persönlichen Interessen bekämen, wenn sie im Profil weitere Angaben über sich machen würden. Wer im Abmelde-Passus darauf verweist, lenkt den Blick von der Austragung auf die Profil-Selbstverwaltung (vergleiche Abbildung 10.47). Falls doch der Abmeldelink betätigt wird, zählen Sie auf der Bestätigungsseite die **Vorteile** auf, die dem Noch-Abonnenten künftig entgehen – vielleicht überlegt er es sich dann doch noch mal. Das Wording bietet sich auch für Tests an. Ein sachliches »Wirklich austragen?« kann zu ganz anderen Ergebnissen führen als ein emotionales »Unsere Community wirklich verlassen?« (vergleiche Abbildung 10.42).

Darüber hinaus ist es überaus empfehlenswert, anstelle des alleinigen Opt-*out* ein **Opt-over** oder ein **Opt-down** anzubieten. Etwa in Form eines Verweises auf alternative Informationskanäle (RSS, Facebook, Twitter, ...) beziehungsweise in Form der E-Mail-Adressänderung, Frequenzdrosselung, Pausieren-Option oder Kündigung bestimmter Newsletter-Kategorien. Hierdurch geht der Abonnent nicht gänzlich für die Kommunikation verloren. Selbige wird einfach an seine Bedürfnisstruktur neu angepasst (Abbildung 10.43 und Abbildung 10.44).

Nicht weniger wichtig ist es, die **Gründe** für die Austragung (optional!) zu erfragen. Eine knappe Umfrage ist in wenigen Minuten erstellt (zum Beispiel über Google Docs). Bieten Sie hierbei in jedem Fall auch ein Freitext-Feld an, das häufig überraschende und interessante Optimierungsmöglichkeiten offenbart.

Bei einer großen Antwortzahl (mehrere hundert oder gar tausend) kann auf Textmining-Werkzeuge zurückgegriffen werden, um die Antworten nach Ähnlichkeit in wenige Gruppen zu clustern (vergleiche Abbildung 10.40). Wie dies funktioniert, habe ich in einem Beitrag unter `tinyurl.com/b5xhke4` dargestellt.

Schließlich sei angeraten, den Abmeldevorgang in regelmäßigen Abständen auf korrekte Funktionalität zu **prüfen** (Abbildung 10.46). Ganz gleich, ob Sie diesen selbst technisch realisieren oder ob Sie auf Plug-ins Ihres E-Mail-Dienstleisters zurückgreifen. Sicher ist dies aus Marketingsicht der unattraktivste Bereich, da die Abmeldung nicht mit Umsätzen verknüpft ist – ganz im Gegenteil sogar. Dennoch können Mängel in der Praxis schnell zu Problemen führen. Nicht nur in rechtlicher Hinsicht, sondern auch, was die Reputationswerte bei den großen Webmail-Anbietern wie Gmail oder Hotmail anbelangt (Stichworte »Spambeschwerden« und »Zustellprobleme«, vergleiche Kapitel 23).

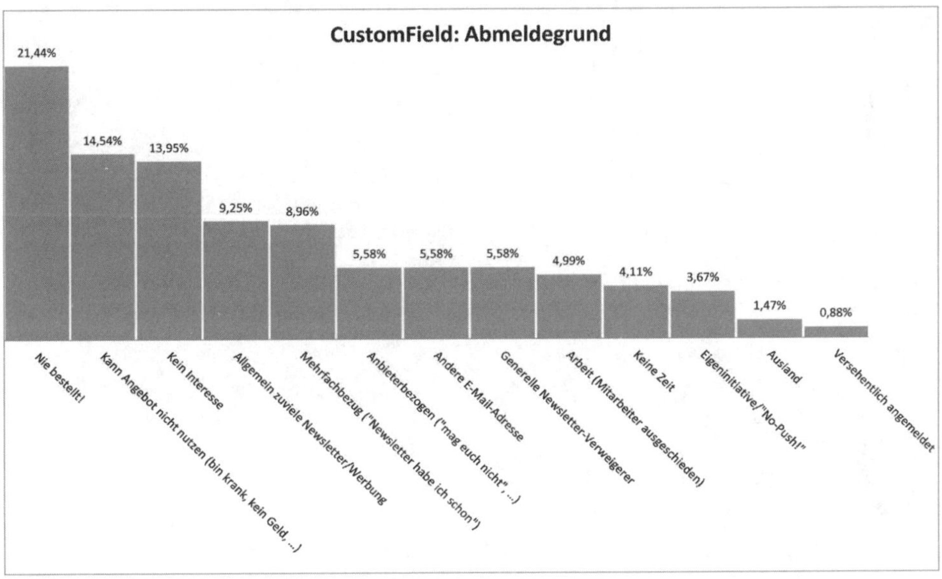

Abb. 10.40: Cluster-Analyseergebnis von Antworten im Freitextfeld: »Warum meldest Du Dich ab?« Immerhin knapp jeder 18. Abmelder trug sich aus, da er eine andere Primär-Adresse nutzt(e). Ein Feld zur Eingabe einer alternativen Adresse hätte diese Abwanderungen (und diejenigen nicht auskunftsbereiter Abmelder) vielleicht verhindern können.

Abb. 10.41: Passendes Motiv auf der Abmeldeseite von CouchSurfing.com – Recht hast Du, lieber Abonnent ... Schluss mit E-Mail, wir gehen lieber auf Reise! ☺

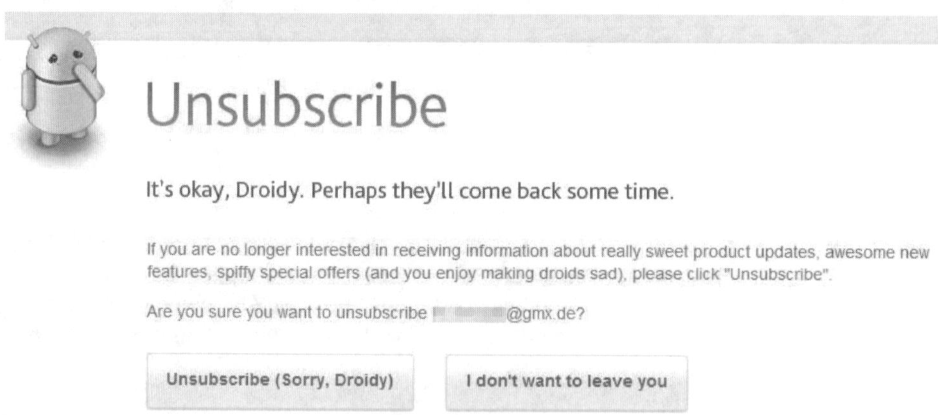

Abb. 10.42: Emotionaler Appell von Droidy – »Verlass mich nicht!« Lässt sich hierdurch der ein oder andere Abonnent doch noch zum Verbleib verführen? (Doubletwist)

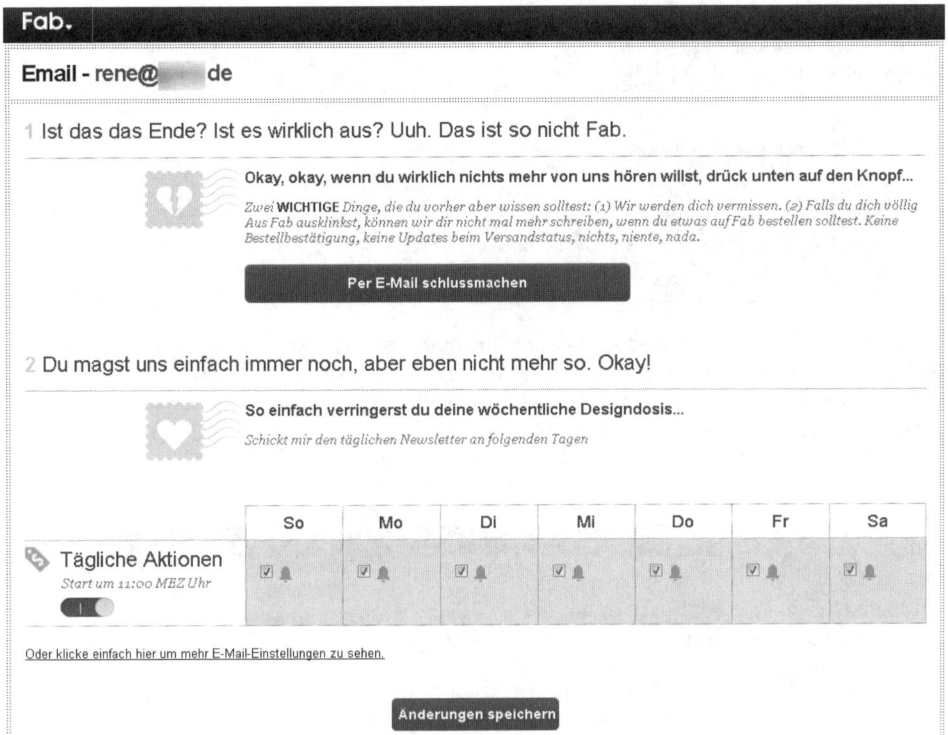

Abb. 10.43: Alternativen zur Abmeldung anbieten – zum Beispiel eine reduzierte Frequenz (= Opt-down statt Opt-out), wie bei Fab

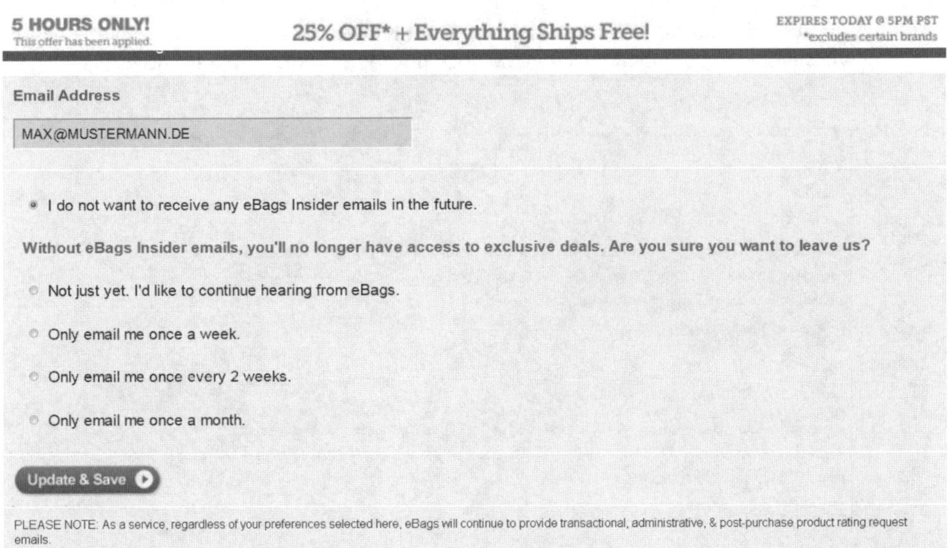

Abb. 10.44: Opt-down bei eBags – Frequenz-Drosselung als Alternative zur Austragung auf der Abmelde-Seite

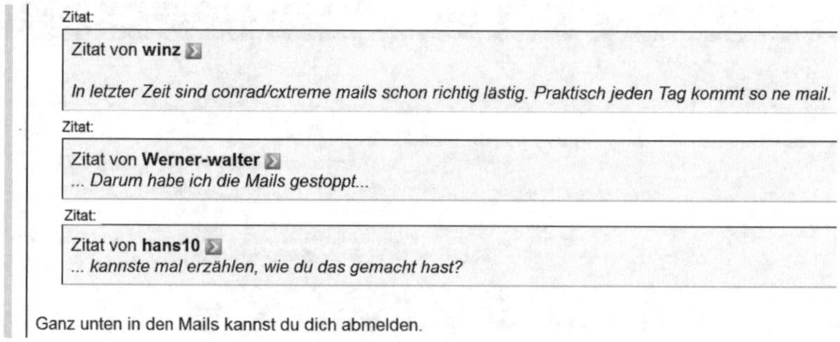

Abb. 10.45: Sie wissen, wie und wo Sie sich aus Ihrem Newsletter wieder abmelden können – gehen Sie bitte nicht davon aus, dass dies auch jeder Ihrer Abonnenten weiß. Ein verbreiteter Irrglaube unter Versendern ist, es sei clever, die Abmeldung nicht zu leicht zu machen. Also den Hinweis nicht zu offensichtlich zu markieren oder sogar eine Log-in-Hürde vorzuschalten. (`Pcwelt.de-Forum`)

Abb. 10.46: Auch das Social Web (hier: Twitter) bietet Hinweise darauf, ob es Probleme beim Abmeldevorgang gibt. Lauschen Sie auch dort dem Abonnenten-Feedback.

Abb. 10.47: Abmelden? Moment: Wenn du weitere Angaben machen würdest, dann bekämst du interessantere Infos. (Deichmann)

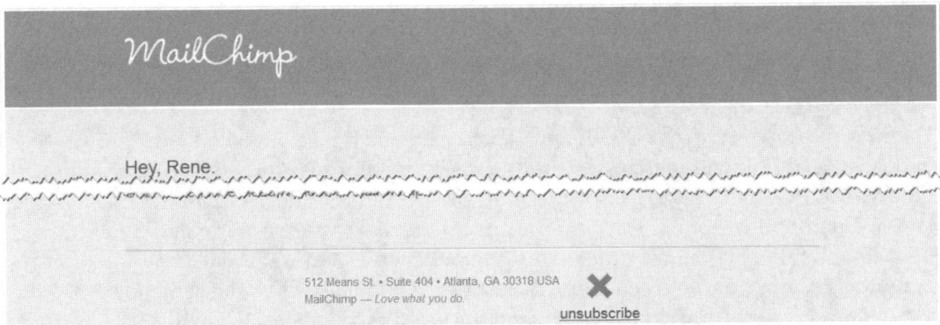

Abb. 10.48: Verstecken Sie den Abmeldehinweis nicht, sondern kommunizieren Sie ihn prominent mit einem fetten Kreuz – wie der Versanddienstleiser MailChimp.

- Link zur Datenschutzerklärung* (welche persönlichen Daten werden in welchem Umfang zu welchem Zweck verarbeitet und welche Rechte – etwa Widerruf des Werbeeinverständnisses oder Auskunft – besitzt der Abonnent?)
- Kontakt-E-Mail-Adresse* sowie gegebenenfalls eine gültige Telefonnummer und weitere Angaben für eine schnelle und unmittelbare Möglichkeit der Kommunikation
- Impressum* oder mindestens ein Link zum Impressum auf der Webseite

Recht: Informationspflichten per Impressum

Die allermeisten Newsletter-Versender handeln im rechtlichen Sinne *geschäftsmäßig*. Dies trifft prinzipiell auf jeden zu, der Inhalte nicht einzig an einen bestimmten Bekanntenkreis richtet, sondern – mit einer gewissen Nachhaltigkeit – an eine größere unbestimmte Gruppe. Die Gewinnerzielungsabsicht ist nicht zwingend erforderlich, damit Impressumspflicht besteht. Der Newsletter ist ein Telemedium. Gemäß § 5 Absatz 1 des Telemediengesetzes (»Allgemeine Informationspflichten«) muss im Impressum mindestens der bürgerliche Name inklusive Anschrift des Dienste-Anbieters angeführt werden. Wer nicht ausschließlich zu persönlichen oder familiären Zwecken schreibt, hat gemäß § 55 des Rundfunkstaatsvertrages (»Informationspflichten und Informationsrechte«) auch Name und Anschrift der inhaltlich verantwortlichen Person zu nennen (zum Beispiel »Chefredakteur«). Bei juristischen Personen beziehungsweise Unternehmen gilt dies auch für Name und Anschrift des Vertretungsberechtigten. Hinzu kommen die Rechtsform und weitere damit verbundene Pflichtangaben (siehe § 5 TMG). Ebenso können spezielle Berufsgruppen wie Ärzte oder Architekten sowie elektronische Geschäftsbriefe besondere Informationspflichten nach sich ziehen.

Das Impressum muss leicht erkennbar, unmittelbar erreichbar und ständig verfügbar sein. Zwei Klicks gelten auf Webseiten gemeinhin noch als »unmittelbar«. Auch ein Link zum Impressum auf der Webseite ist wohl legitim. Da E-Mails jedoch auch offline ohne Internetverbindung gelesen werden, empfiehlt sich die direkte Einbindung eines Impressums in den Footer anstelle eines alleinigen »Impressum«-Links. Nur so sind die Angaben wirklich ständig verfügbar.

Unterzeichner des Ehrenkodex E-Mail-Marketing verpflichten sich dazu, ein ausgeschriebenes Impressum einzubinden; CSA-zertifizierte Versender dürfen es auch bei einem Link belassen.

Damit das Impressum schließlich auch leicht erkennbar ist, sollte die Schriftgröße nicht zu klein, der Kontrast nicht zu gering und die Bezeichnung »Impressum« gewählt werden. Verzichten Sie darauf, das Impressum in Form eines Bildes einzubinden, da Grafiken standardmäßig vom E-Mail-Programm unterdrückt werden. Sorgen Sie dafür, dass dem Abonnenten klar ist, wer hier seine persönlichen Daten verarbeitet und wie er gegebenenfalls Kontakt aufnehmen kann. Die IT-Recht Kanzlei stellt Webetreibenden im Netz einen kostenfreien Impressum-Generator für die verschiedenen Rechtsformen zur Verfügung: `http://www.it-recht-kanzlei.de/Tools/Impressum/generator.php`.

- Link zu den Allgemeinen Geschäftsbedingungen (AGB)
- Urheberrechtshinweise, Haftungsausschluss (»Disclaimer«), Geltungsbereich der Angebote, Versandbedingungen und Ähnliches
- Datenveredelung (zum Beispiel die Frage »Sollen wir Sie künftig mit Herr oder Frau anreden?« für Abonnenten, bei denen das Datum Anrede noch nicht vorhanden ist)
- Mund-zu-Mund-Werbung per Tell-a-Friend-Funktion oder Weiterleitung in die sozialen Netzwerke wie Facebook oder Xing
- Ergänzende oder alternative Abonnement-Möglichkeiten (zum Beispiel RSS-News-Feed oder die Facebook-Seite)
- Kommentieren-Funktion (beispielsweise via Facebook Comments)
- Referenzen und andere Vertrauensanker
- Bitte um Hinzufügen zum Adressbuch (siehe Abschnitt 10.1 *Pre-Header*)
- Zufriedenheitsbefragung (zum Beispiel: »Hat Ihnen der Newsletter gefallen? [Ja/Nein]«)
- Über den Absender, Filialen, häufige Fragen, Presse, Investoren, Human Ressources (»Wir bilden aus!«), Gamification durch Spiele und Rätsel (vergleiche Abbildung 10.49) und so weiter

Abb. 10.49: Rätsel im Fußbereich bieten einen prima Aufhänger, um Seriencharakter sowie einen Spannungsbogen in die Newsletter-Kommunikation zu bringen. Das Rätsel findet sich in der einen, die Auflösung jeweils in der folgenden. Bei PENNY erwartete den Leser eine Zeit lang jede Woche etwas anderes: Kreuzwort-, Fächer-, Eieruhr-Rätsel et cetera. Der Hinweis auf den Erscheinungstermin der Lösungs-Ausgabe spannte den Bogen.

Abb. 10.50: Eventim denkt auch an den Sternchen-Hinweis bezüglich der anfallenden Kosten nach den Basistarifen für den Internetzugang, die bei einer Abmeldung anfallen.

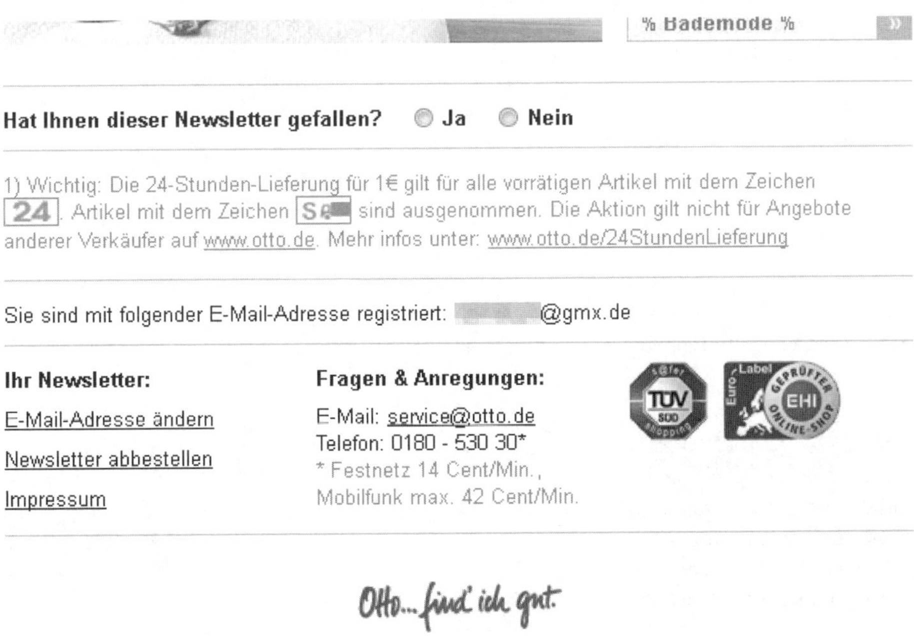

Abb. 10.51: OTTO befragt die Abonnenten nach ihrer Zufriedenheit.

Kapitel 11

Der E-Mail-Kopf: Betreffzeile und Absender

Nachdem Sie im vorangegangenen Abschnitt den E-Mail-Körper kennengelernt haben, geht es nun um den Briefumschlag. Genauer, um die Betreffzeile und den Absendernamen, die beide den Adressaten zur Öffnung der E-Mail bewegen müssen.

11.1 Gute Betreffzeilen texten

»Der Supi-Dupi-Schnappi«, »Wer braucht schon Ballack?« und »Unsere Geschäftsführung gratuliert zum Millionengewinn!« – was haben diese drei Sätze gemeinsam? Es waren die erfolgreichsten Newsletter-Betreffzeilen von Dirk Ploss, dem ehemaligen Bereichsleiter Marketing bei OTTO (`tinyurl.com/cwohzxx`, den Ballack-Newsletter greife ich in Abbildung 13.9 in Kapitel 13 auf). Im Folgenden ergründen wir die Erfolgsfaktoren. Dies ist ein entscheidender Punkt, denn wenn Sie kurz Ihr eigenes Nutzerverhalten im E-Mail-Posteingang reflektieren, dann werden Sie mir zustimmen: Die Betreffzeile bestimmt – zusammen mit dem Absendernamen – maßgeblich, ob eine E-Mail geöffnet wird oder im Strom eingehender Nachrichten unbeachtet untergeht. Buhlen darin nur bedeutungsarme Worte in ungünstiger Reihenfolge um Aufmerksamkeit, bleibt die Öffnung aus. Und ohne Öffnung kein Klick, ohne Klick letztlich kein Abschluss.

Umso verwunderlicher ist es, welchen Stellenwert das Texten der Betreffzeile bei E-Mail-Verantwortlichen in der Praxis meist genießt. Häufig ist dies nämlich das Letzte, was kurz vor dem Versandstart noch einmal schnell hinzugefügt wird. Ein Fehler, denn damit die Betreffzeile zündet, muss man sich Zeit fürs Texten nehmen und ein paar Ideen durchspielen.

Man beachte:

- Eine gute Betreffzeile entfaltet allein dadurch Werbewirkung, dass sie peripher wahrgenommen wird – auch ohne messbare Reaktion, ähnlich wie eine Twitter-Nachricht oder eine Plakatwand auf der Autobahn (»Nudge Effekt«).
- Eine gute Betreffzeile kann ferner den eigentlichen Inhalt der E-Mail überstrahlen und ins Positive verzerren (»Halo-Effekt«). Wer mit einem originellen Wortspiel ein kleines Lächeln hervorzaubert, hat schon gewonnen – auch wenn die E-Mail selbst den Abonnenten diesmal vielleicht weniger anspricht.
- Und schließlich ist es auch gar nicht schwer, eine E-Mail-adäquate Betreffzeile zu texten. Ein paar feste Regeln, an denen man sich zunächst grundsätzlich orientieren kann, und ein bisschen Kreativität reichen völlig aus. Aber der Reihe nach.

11.1.1 Länge und Wort-Reihenfolge

Eine Herausforderung besteht zunächst einmal darin, auf begrenztem Raum alle wichtigen Informationen zu kommunizieren, die der Adressat für seine Überlegung benötigt, ob die E-Mail interessant für ihn ist. Sie können theoretisch 400 Zeichen oder mehr im Betreff verpacken (vergleiche Abbildung 11.1) – angezeigt wird davon im Posteingang zunächst nur ein kleiner Ausschnitt. Der Rest wird abgeschnitten und zum Beispiel durch drei Pünktchen angedeutet. Tabelle 11.1 soll den Sachverhalt verdeutlichen, Tabelle 11.2 zeigt konkrete Betreffzeilen-Beispiele.

E-Mail-Client	Anzahl dargestellter Zeichen
GMX (alt)	21
T-Online	16 bis 54
Web.de und GMX (neu)	25 bis 63
AOL	39 bis 132
Freenet	39 bis 132
Gmail für Android	15 bis 37
Gmail	49 bis 87

Tabelle 11.1: Anzahl dargestellter Zeichen im Betreff bei ausgewählten Webmailern – die Verteilung ist linksschief, die meisten Betreffs liegen also näher bei der Untergrenze.

Betreffzeilen mit 21 Zeichen	Betreffzeilen mit 15 Zeichen
Osterurlaub ab 33 EUR	Die Natur Ruft!
Rund um die Immobilie	Alles inklusive
Hier kommt die Sonne!	Deichmann: Sale
Rette sich, wer kann!	Auf Mode Safari
Peace - Light - Tests	Blühen Sie auf!
Die Farbe des Sommers	Ab heute Abend!
Morgen ist Frauentag.	Licht und Farbe
Luxus pur ab 364 Euro	Mögen Sie Ente?
Krimispecial im April	% WOHN-OUTLET %
Yelp, schieß, Tooooor	RÄUMUNGSVERKAUF
Deichmann: Men Summer	Sale auf hm.com
Boats - Milk - Tennis	Sommer-Angebote
Sommergrippe geht um!	Stadt und Szene
Vorsicht: Datendiebe!	Testen Sie uns!
Tropische Blumengrüße	PEOPLE! is back

Tabelle 11.2: Beispiele für Betreffzeilen mit 15 (Gmail für Android) und 21 Zeichen (altes GMX), um Ihnen ein Gefühl für die Länge zu vermitteln. Man beachte auch, wie GROSSCHREIBUNG den beanspruchten Raum aufbläht.

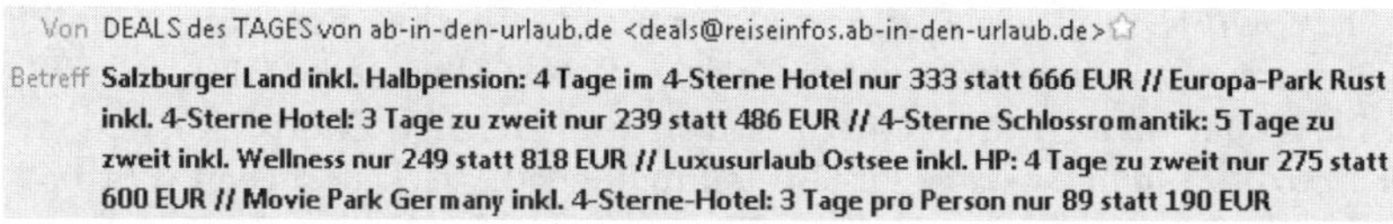

Abb. 11.1: Kürze ist kein Selbstzweck – Unister (ab-in-den-urlaub.de) zum Beispiel setzt erfolgreich sehr lange Betreffzeilen ein (Thunderbird, E-Mail-Vollansicht). Eine Gefahr besteht allerdings auf mobilen Endgeräten darin, dass der Vorschaubereich sehr klein wird. Vielfach zeigen mobile E-Mail-Applikationen in der Einzelansicht oben nämlich die komplette Betreffzeile.

Auch die E-Mail wird mobil. E-Mail-Applikationen auf mobilen Endgeräten verschärfen den Platzmangel sogar noch. Gmail für Android beispielsweise stellt oft keine 20 Zeichen dar (Android 2.2, 320 Pixel Bildschirmbreite). Das ist nicht viel Platz, um überzeugen zu können. Die oben stehenden Beispiele demonstrieren dies.

Darüber hinaus spricht für kurze Telegrammstil-artige Betreffzeilen, dass diese von den Empfängern schneller evaluiert werden können. Sie sind in der Regel verständlicher und attraktiver beim Scannen der Inbox. Auch das Gehirn will Energie sparen. Vor allem, wenn es um die Durchsicht von Werbung geht. Daher dürfte sich der Blick im Posteingang zunächst auf die leichter zu verarbeitenden Betreffzeilen richten – also die kürzeren. Und dort vor allem auf die ersten zwei Wörter. Ganz analog zu den Überschriften im Inhalt, denen wir uns in einem vorigen Kapitel ja bereits widmeten. Die (Öffnungs-)relevantesten Schlüsselwörter gehören damit in E-Mail-Betreffs immer vorangestellt.

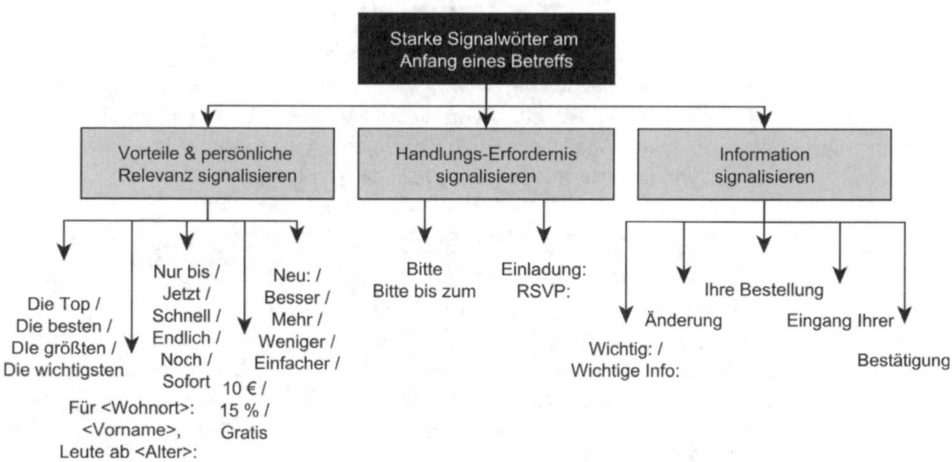

Abb. 11.2: Besonderes Augenmerk sollte auf die richtigen Signalwörter am Anfang des Betreffs gelegt werden – vor allem dann, wenn eine Aktion seitens des Abonnenten erforderlich ist (»Bitte bestätigen: …«). Aber auch im alltäglichen Marketing-Kontext. Aus »Muskeln in kürzester Zeit aufbauen« machen Sie besser »Sofort Muskeln!« Das ist knackiger und beginnt zudem mit einem sehr starken Reizwort.

Die Worte sollten sehr sorgfältig vor dem Hintergrund der Frage gewählt werden, ob sie unmittelbar und in Ergänzung zum Absendernamen Nutzen signalisieren. Viele Betreffs beginnen daher mit starken Signalwörtern wie »Rätsel -«, »Vorsicht!«, »Nicht verpassen:«,

»Nur heute:«, »NEU« und so weiter. In zielgruppenspezifischen Ausnahmen sind Etiketten wünschenswert wie »Pressemitteilung« oder »PM«. Allgemein sollte darauf geachtet werden, dass der Betreff mit einem informationsreichen Wort einleitet (vergleiche `tinyurl.com/be754d5`): Anstatt »*Ihre* Bestellung Schalke-Tickets soeben versandt« schreiben Sie besser »*Schalke-Tickets* gerade an Sie versandt«.

Abb. 11.3: Inspiration – beliebte Adjektive (linke Wortwolke) und Verben (rechts) in deutschsprachigen Newsletter-Betreffzeilen. Je größer das Wort, desto häufiger wird es benutzt. Wenig überraschend: Des Marketers liebstes Adjektiv ist »neu«. Bald jeder 33. Newsletter (2,7 Prozent) verspricht etwas Neues. (`tinyurl.com/aj2pvqa`)

Welche Betreffzeilen-Länge ist optimal?

Die beste Betreffzeilen-Länge ist die, bei der alles Notwendige, das die Leser zur gewünschten Reaktion (zum Beispiel Öffnen und Klicken) bewegt, mit der geringstmöglichen Ausdehnung kommuniziert wird. Geht es kürzer bei mindestens gleich starkem Stimulus? Dann sollte der Ballast gestrichen werden. Oder anders ausgedrückt: Der Betreff ist perfekt, wenn alle redundanten Wörter, Silben oder »Pixel« (Zeichen sind unterschiedlich breit) entfernt wurden.

Doch Vorsicht: »Toooor!« ist nicht gleich »Tor!« Vermeintlicher Ballast kann auf den zweiten Blick einen wichtigen emotionalen oder rationalen Wert in sich tragen. Insofern ist nicht zwangsweise kürzer immer gleich besser!

Als Zielkorridor für die Betreffzeilen-Länge empfiehlt es sich, maximal 35 bis 40 Zeichen anzuvisieren. Das heißt, in diesem Fenster sollten zumindest die wesentlichen öffnungsrelevanten Informationen ersichtlich sein; die Betreffzeile an sich darf länger sein. Wenn auch 21 statt 35 Zeichen genügen – umso besser. Schließlich gewinnt die mobile E-Mail-

Nutzung zunehmend an Bedeutung, und das Smartphone stellt oft nicht mehr als 20 bis 30 Zeichen dar.

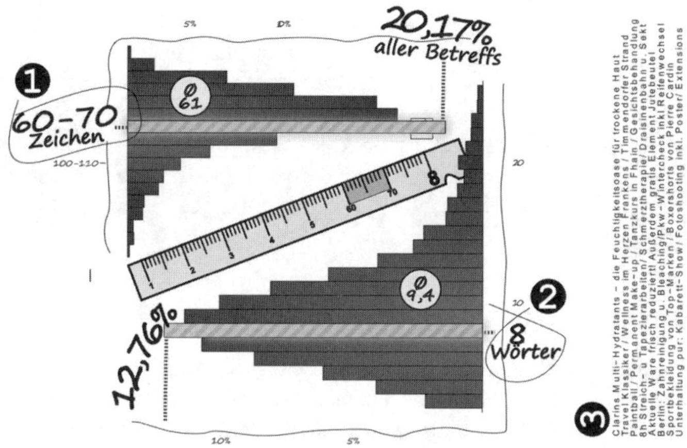

Abb. 11.4: 61 Zeichen umfasst die Betreffzeile im Schnitt, jeder fünfte Betreff besitzt zwischen 60 bis 70 Zeichen (1) – unter (3) finden Sie einige Beispiele. Mehr als jede achte Betreffzeile hat auch 8 Wörter (2).

Hinweis: Zielkorridor ist gut und schön, allerdings ...

In der Praxis sind viele E-Mails davon noch ein Stück weit entfernt. Abbildung 11.4 zeigt unter (1) die Betreffzeilen-Längen für einen Querschnitt der deutschen E-Mail-Marketing-Landschaft. Der Durchschnitt beträgt rund 61 Zeichen. Die meisten Betreffs umfassen 60 bis 70 Zeichen.

Nun wäre es natürlich auch interessant zu wissen, wie der Zusammenhang zwischen Länge und Response ausschaut. Im Netz finden sich – wie bei der Frage nach dem optimalen Versandzeitpunkt – zig Studien, die Öffnungs- und Klickraten in Abhängigkeit von der Betreffzeilen-Länge untersuchen. Und nahezu jeden Monat gesellen sich neue Ergebnisse hinzu. Auch hier hat sich kein gemeinsamer Nenner herauskristallisiert. Tendenziell bejahen jedoch alle: Je *kürzer* der Betreff, desto besser für die *Öffnungsrate*. Nur ist die Öffnung nicht alles. Zum Teil stellt sich daneben heraus, dass *längere* Betreffzeilen dafür ein besseres Verhältnis von Klickern zu Öffnern hervorbringen (*effektive Klickrate*). Das heißt, ein Betreff mit mehr Informationsgehalt erhöht die Chance, dass geöffnet *und* auch mindestens einmal geklickt wird.

Beliebter Untersuchungsgegenstand: Betreff-Länge und Response

Der Einfluss der Betreffzeilen-Länge auf den Response ist Gegenstand vieler Untersuchungen. Ein kleiner Auszug aus dem Studien-Fundus: Auf der internationalen Bühne bestätigen sowohl Return Path als auch MailChimp, dass die Response-Raten ab 50 Zeichen sinken. (Ausnahme sind sehr zielgruppenspezifische E-Mails.)

Die britische Agentur Alchemy Worx ermittelte für weniger als 60 Zeichen die besten Öffnungsraten, für mehr als 70 Zeichen hingegen die höchsten Klick-zu-Öffnungsraten. Auch Adestra bestätigt für kurze Betreffs (10 bis 20 Zeichen) viele Öffnungen, ab 100 Zeichen aber signifikant ansteigende Klick-zu-Öffnungsraten. Laut MailerMailer Email Metrics Report vom Juli 2012 wird bei 4 bis 15 Zeichen am häufigsten geöffnet, bei 28 bis 39 Zeichen am meisten geklickt. Den Ergebnissen des österreichischen Anbieters dialog-Mail zufolge erzielen kurze Betreffs mit weniger als 26 Zeichen die meisten Öffnungen. Der deutsche Versanddienstleister XQueue kommt Anfang 2013 zum Schluss, dass kürzere Betreffzeilen mit hoher statistischer Signifikanz minimal höhere Response-Raten aufweisen als längere. Aufgrund des geringen Erklärungsbeitrags am Response sagt die Länge nur wenig über die Qualität aus.

11.1.2 Tipps zum Kürzen

Um in Response-stärkere Region zu gelangen, sollten Sie sich kurzfassen. »*Ich schicke dir einen langen Brief, weil ich keine Zeit habe, einen kurzen zu schreiben*« (Goethe) – das kennen wir alle. Sprich: Kürzen ist mit Zeitaufwand verbunden. Doch es gibt ein paar nützliche Regeln und Tricks. Mark Brownlow hat unter `tinyurl.com/7n74mwj` einige davon zusammengetragen. Ich schlage vor, Sie behalten die folgenden beim Texten immer im Hinterkopf:

Unnötige Wörter und Silben streichen

»Stromanbieter erhöhen ihre Strompreise« braucht nur das erste »Strom«, der »03.04.« benötigt die Nullen nicht. Obacht: Ist ein »Highlights für Ihr Bad« gleichwertig mit »Highlights fürs Bad«? Nein, hier ist Vorsicht geboten. Das eine zaubert dem Leser ein Bild von seinem neuen Duschvorhang auf die geistige Netzhaut; dies dürfte deutlich stärker sein als das Bild von irgendeinem Duschvorhang, der vielleicht im Möbelhaus ausgestellt ist. Anstelle von »Ausgabe für den Winter« schreiben wir aber »Winterausgabe« – das ist völlig gleichwertig.

Auch altmodische Formulierungen aus Geschäftsbriefen sind ein gefundenes Fressen für die Wort-Schere: »Ersparnis sichern« geht vielleicht auch einfacher als »sparen« durch; »einsparen« lässt sich ganz analog stutzen. Streichen Sie jeden unnötigen Buchstaben. So sollte »Koeln« auch zu »Köln« werden.

Ziffern und Symbole nutzen

Zahlen konkretisieren und können sehr schnell verarbeitet werden. Sie sind in Betreffs ein gern gesehener Gast, den die Abonnenten im Schnitt mit höheren Öffnungsraten belohnen (`tinyurl.com/ce4bbor`). Vor allem, wenn sie vorn positioniert sind.

Gekürzt wird aus »vor einem Jahr« dann »vor 1 Jahr«, »hier und heute« könnte zu »hier & heute« oder »hier + heute« komprimiert werden, »zehnmal« wird zu »10x«, »20 % reduziert« zu »-20%«, der »8. März« zum »8.3.« und »Noch eine Fünf, dann droht die Ehrenrunde« dürften viele auch als »5 => Ehrenrunde« verstehen. Das Minuszeichen (-) spart bei proportionaler Schrift ein paar Pixel im Vergleich zum Halbgeviert-Strich (–).

Besonders interessant bei der Verwendung von Symbolen sind diverse Blöcke im Unicode-Zeichenvorrat (zu Unicode vergleiche Kapitel 1). So wird ein »Hallo Sonne, tschüss Regen«

zu »Hallo ☀ , tschüss ☂ «, »Liebe« wird zu »♥« und der »Flug« zu » ✈ «. Auch einzeilige ASCII-Zeichnungen (ASCII-Art und Emoticons) transportieren viel auf wenig Raum: Der Roboter ~[●_●]~", in Liebe (♥_♥), Dolche und Schwerter o()xxx[{::::::::>, Rosen ---<{@, Müdigkeit (-.-)Zzz, der Gute-Morgen-Kaffee [_]3, Stinkefinger ┌∩┐(◡|◡)┌∩┐ und finstere Gesellen (◣_◢). Es ist ganz erstaunlich, was sich Künstler alles haben einfallen lassen.

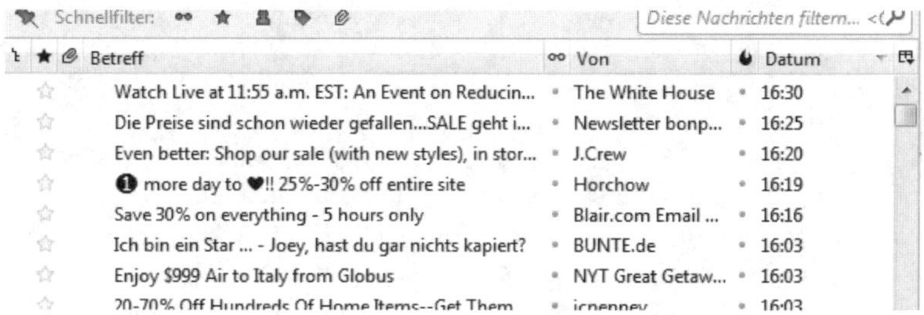

Abb. 11.5: Unicode-Symbole fallen im Posteingang sofort auf (Thunderbird).Vor allem, wenn sie viel Tinte beanspruchen ...

Abb. 11.6: ... oder wenn sie in bunte Grafiken umgewandelt werden, wie zum Beispiel bei Hotmail/Outlook.com (VALENTINSTAG-Beispiel im Bild) oder auf dem iPhone/iPad. (Hinweis: Die gezeigten schwarz-weißen Herzen stechen im Postfach rot hervor.)

Natürlich sind Symbole und derartige Grafiken nicht mit allen Zielgruppen kompatibel: Wenn der Finanzdienstleister auf diese Weise auf den Euro-Rettungsschirm hinweist, dürfte seine Glaubwürdigkeit leiden. Davon abgesehen stöbern Sie einmal durch die Blöcke mit den Titeln »Verschiedene Symbole« (»Miscellaneous Symbols«) oder »Dingbats«. Kopieren Sie dort Ihr Wunschzeichen mit [Strg]+[C] und fügen Sie es mit [Strg]+[V] in die Betreffzeile.

Unicode-Symbole im Betreff?

Die Verwendung von Sonderzeichen wie ♥ ★ ♫☼ ☀ ✿ ☆ ♡⇒☺ ✞ → ☂ gewann seit etwa Mitte 2012 zunehmend an Popularität. Sonderzeichen transportieren viel Information auf engstem Raum. Viele vereinen zudem massig Tinte auf sich – dies zieht Blicke an. Im Betreff können Sonderzeichen Wörter ersetzen (»We ♥ u!«), als fettes Trennzeichen dienen (»Uhren ab 1€ ★ Müsli-Aktion ★ Neues im Shop«) oder einfach nur dekorieren.

Bei der Verwendung von Symbolen gilt es, einige Besonderheiten zu berücksichtigen:

- Erhöhen Symbole die Spam-Rate? Dafür gibt es keine Anzeichen. Zwar empfiehlt die SpamAssassin-Dokumentation zur Vermeidung fälschlicher Spam-Klassifizierungen, auf sonderb@re ßuchstaben oder Ähnlich3m zu verzichten. Doch Unicode-Symbole scheinen hiermit nicht direkt gemeint zu sein.
- Zum anderen: Werden die Symbole korrekt dargestellt? RFC-822-konforme E-Mail-Kopfzeilen dürfen lediglich US-ASCII-Zeichen enthalten. Ihr E-Mail-Service-Provider muss Sonderzeichen korrekt kodieren können: Quoted-Printable, in der »Subject:«-Kopfzeile im Quelltext erkennbar am vorangestellten =?UTF-8?**Q**?, ist Base64, erkennbar am =?UTF-8?**B**? (bei UTF-8), in der Regel vorzuziehen. Die falsche Kodierung führt bei vielen Abonnenten zu unschönen Anzeigefehlern.
- Daneben muss der vom E-Mail-Programm verwendete Zeichensatz das referenzierte Unicode-Symbol beinhalten. Daher kann die Unterstützung je nach Betriebssystem und Rechnerkonfiguration variieren. Nicht alle Symbole werden flächendeckend von allen Desktop- und Mobile-E-Mail-Clients sowie Webmailern unterstützt oder leserlich dargestellt.
- Und schließlich triggern manche Symbole auch besondere Grafiken im E-Mail-Client (zum Beispiel eine Sonne oder ein Flugzeug auf dem iPhone/iPad oder ein Herz in Hotmail/Outlook.com). Dies kann durchaus positiv, also aufmerksamkeitsfördernd, wirken – vergleiche Abbildung 11.6 und Abbildung 11.8.

Im Zweifel müssen vorab Darstellungstests in den wichtigsten E-Mail-Clients durchgeführt werden. Zur groben Erst-Orientierung können Versender sich auch an den Großen wie Groupon orientieren. Die nutzen nämlich ebenso Symbole in Betreffs – und werden wohl die Darstellung vorweg überprüft haben ...

■(9632) □(9633) ▢(9634) ▣(9635) ▤(9636) ▥(9637) ▦(9638) ▧(9639) ▨(9640) ▩(9641) ▪(9642) ▫(9643) ▬(9644) ▭(9645) ▮(9646)
▯(9647) ▰(9648) ▱(9649) ▲(9650) △(9651) ▴(9652) ▵(9653) ▶(9654) ▷(9655) ▸(9656) ▹(9657) ►(9658) ▻(9659) ▼(9660) ▽(9661)
▾(9662) ▿(9663) ◀(9664) ◁(9665) ◂(9666) ◃(9667) ◄(9668) ◅(9669) ◆(9670) ◇(9671) ◈(9672) ◉(9673) ◊(9674) ○(9675) ◌(9676)
◍(9677) ◎(9678) ●(9679) ◐(9680) ◑(9681) ◒(9682) ◓(9683) ◔(9684) ◕(9685) ◖(9686) ◗(9687) ◘(9688) ◙(9689) ◚(9690) ◛(9691)
◜(9692) ◝(9693) ◞(9694) ◟(9695) ◠(9696) ◡(9697) ◢(9698) ◣(9699) ◤(9700) ◥(9701) ◦(9702) ◧(9703) ◨(9704) ◩(9705) ◪(9706)
◫(9707) ◬(9708) ◭(9709) ◮(9710) ◯(9711) ✁(9985) ✂(9986) ✃(9987) ✄(9988) ✆(9990) ✇(9991) ✈(9992) ✉(9993) ✌(9996) ✍(9997)
✎(9998) ✏(9999) ✐(10000) ✑(10001) ✒(10002) ✓(10003) ✔(10004) ✕(10005) ✖(10006) ✗(10007) ✘(10008) ✙(10009) ✚(10010)
✛(10011) ✜(10012) ✝(10013) ✞(10014) ✟(10015) ✠(10016) ✡(10017) ✢(10018) ✣(10019) ✤(10020) ✥(10021) ✦(10022) ✧(10023)
✩(10025) ✪(10026) ✫(10027) ✬(10028) ✭(10029) ✮(10030) ✯(10031) ✰(10032) ✱(10033) ✲(10034) ✳(10035) ✴(10036) ✵(10037)
✶(10038) ✷(10039) ✸(10040) ✹(10041) ✺(10042) ✻(10043) ✼(10044) ✽(10045) ✾(10046) ✿(10047) ❀(10048) ❁(10049) ❂(10050)
❃(10051) ❄(10052) ❅(10053) ❆(10054) ❇(10055) ❈(10056) ❉(10057) ❊(10058) ❋(10059) ❍(10061) ❏(10063) ❐(10064) ❑(10065)
❒(10066) ❖(10070) ❘(10072) ❙(10073) ❚(10074) ❛(10075) ❜(10076) ❝(10077) ❞(10078) ❡(10081) ❢(10082) ❣(10083) ❤(10084) ❥(10085)
❦(10086) ❧(10087) ❶(10102) ❷(10103) ❸(10104) ❹(10105) ❺(10106) ❻(10107) ❼(10108) ❽(10109) ❾(10110) ❿(10111)
➀(10112) ➁(10113) ➂(10114) ➃(10115) ➄(10116) ➅(10117) ➆(10118) ➇(10119) ➈(10120) ➉(10121) ➊(10122) ➋(10123) ➌(10124) ➍(10125)
➎(10126) ➏(10127) ➐(10128) ➑(10129) ➒(10130) ➓(10131) ➘(10136) ➙(10137) ➚(10138) ➛(10139) ➜(10140) ➝(10141) ➞(10142)
➟(10143) ➠(10144) ➡(10145) ➢(10146) ➣(10147) ➤(10148) ➥(10149) ➦(10150) ➧(10151) ➨(10152) ➩(10153) ➪(10154) ➫(10155)
➬(10156) ➭(10157) ➮(10158) ➯(10159) ➲(10162) ➳(10163) ➴(10164) ➵(10165) ➶(10166) ➷(10167) ➸(10168) ➹(10169) ➺(10170)
➻(10171) ➼(10172) ➽(10173) ➾(10174) ☀(9728) ☁(9729) ☂(9730) ☃(9731) ☄(9732) ★(9733) ☆(9734) ☇(9735) ☈(9736) ☉(9737) ☊(9738)
☋(9739) ☌(9740) ☍(9741) ☎(9742) ☏(9743) ☐(9744) ☑(9745) ☒(9746) ☓(9747) ☖(9750) ☗(9751) ☚(9754) ☛(9755) ☜(9756) ☝(9757)
☞(9758) ☟(9759) ☠(9760) ☡(9761) ☢(9762) ☣(9763) ☤(9764) ☥(9765) ☦(9766) ☧(9767) ☨(9768) ☩(9769) ☪(9770) ☫(9771) ☬(9772) ☭(9773)
☮(9774) ☯(9775) ☰(9776) ☱(9777) ☲(9778) ☳(9779) ☴(9780) ☵(9781) ☶(9782) ☷(9783) ☸(9784) ☹(9785) ☺(9786) ☻(9787) ☼(9788)
☽(9789) ☾(9790) ☿(9791) ♀(9792) ♁(9793) ♂(9794) ♃(9795) ♄(9796) ♅(9797) ♆(9798) ♇(9799) ♈(9800) ♉(9801) ♊(9802) ♋(9803) ♌(9804)
♍(9805) ♎(9806) ♏(9807) ♐(9808) ♑(9809) ♒(9810) ♓(9811) ♔(9812) ♕(9813) ♖(9814) ♗(9815) ♘(9816) ♙(9817) ♚(9818) ♛(9819)
♜(9820) ♝(9821) ♞(9822) ♟(9823) ♠(9824) ♡(9825) ♢(9826) ♣(9827) ♤(9828) ♥(9829) ♦(9830) ♧(9831) ♨(9832) ♩(9833) ♪(9834) ♫(9835)
♬(9836) ♭(9837) ♮(9838) ♯(9839) ♰(9840) ♱(9841)

Abb. 11.7: Halbwegs sichere Symbole, die in Betreffzeilen oder Absendernamen genutzt werden können. Alle entstammen den Unicode-Blöcken »verschiedene Symbole«, »Dingbats« und »geometrische Formen«.

Tipp: Unicodenummern verwenden

Zur Verwendung der Unicodenummern in Abbildung 11.7 unter Windows: Um etwa die »schwarze Sonne mit Strahlen« darzustellen (achte Reihe von unten, fünftes Symbol von links), öffnen Sie Microsoft Word, aktivieren Sie `NumLock` auf dem Ziffernblock und geben Sie anschließend `Alt`+`9` `7` `2` `8` ein. Das Symbol kopieren Sie nun und fügen es in Ihre Betreffzeile ein.

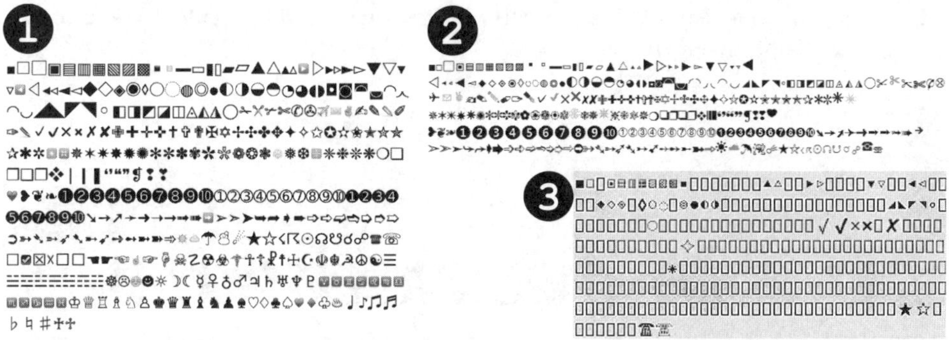

Abb. 11.8: Auf dem iPad und iPhone (1) beziehungsweise in Hotmail und Outlook.com (2) werden die Symbole teils in bunte Grafiken umgewandelt (Spickzettel: `tinyurl.com/a87pwnu`). Warum also nicht beispielsweise das Flugzeug-Symbol für Reiseangebote nutzen oder den Bleistift für zu notierende Daten, das Telefon für eine Anruf-Ankündigung oder die Schere zur Visualisierung von Gutschein-Coupons. Doch Vorsicht: »Halbwegs sicher« heißt nicht »sicher« – die Repräsentation unter Android 2.3 zeigt (3).

Tipp: Symbol-Suchmaschine

Das Toolset auf `EmailStuff.org` beinhaltet unter anderem eine englischsprachige Glyph-Suchmaschine. Dort können Sie anhand von Suchbegriffen nach den Symbolen suchen, die zu Ihrer Werbeaktion passen. Beispielsweise »cake«, »snowman« oder Ähnliches. Der URL lautet: `emailstuff.org/glyph`.

Abkürzungen prüfen

»WSV« anstelle des Ungetüms »Winterschlussverkauf«, »1,99/mtl« statt »1,99 Euro monatlich«, »EUR«, »eur« (bei proportionaler Schrift schmaler) oder »€« statt »Euro«, »60 Min.« statt »60 Minuten«, »4h« oder »4 Std.« statt »4 Stunden«, »p.a.« statt »jährlich«, »exkl.« statt »exklusiv«, »mind.« statt »mindestens«, »H.Müller« statt »Herr Müller« et cetera – all diese Abkürzungen sollten den meisten Abonnenten im passenden Kontext geläufig sein.

Wie sieht es mit »@« statt »am/bei« oder »G+« statt »Google Plus« aus? Hier wird die Zielgruppe, die dies übersetzen kann, schon kleiner. Abkürzungen dürfen nicht zulasten des Textverständnisses gehen, sind also mit Vorsicht zu genießen.

Synonyme-Wörterbuch durchforsten

Perfekte Synonyme wie Lift und Fahrstuhl lassen sich in den seltensten Fällen aufspüren. Ein ganz bestimmtes Wort verleiht dem Betreff oft eine einzigartige emotionale (gefühlsmäßige) oder kognitive (verstandesmäßige) Komponente.

Denken Sie an »billig« und »preiswert« oder an »gratis« und »umsonst«. Die Worte sind zwar *annähernd* gleichwertig, besitzen aber doch jeweils leicht unterschiedliche Konnotationen. »Billig« bedeutet auch zweitklassig, »preiswert« hingegen »seinen Preis wert sein«. Und in »umsonst« schwingt das negative Wort »vergebens« mit (»die Mühe war umsonst«). Ob »Pflanzen und Hecken zerkleinern« auch als »Pflanzen & Hecken fitzen« durchginge? Käme auf einen Test an.

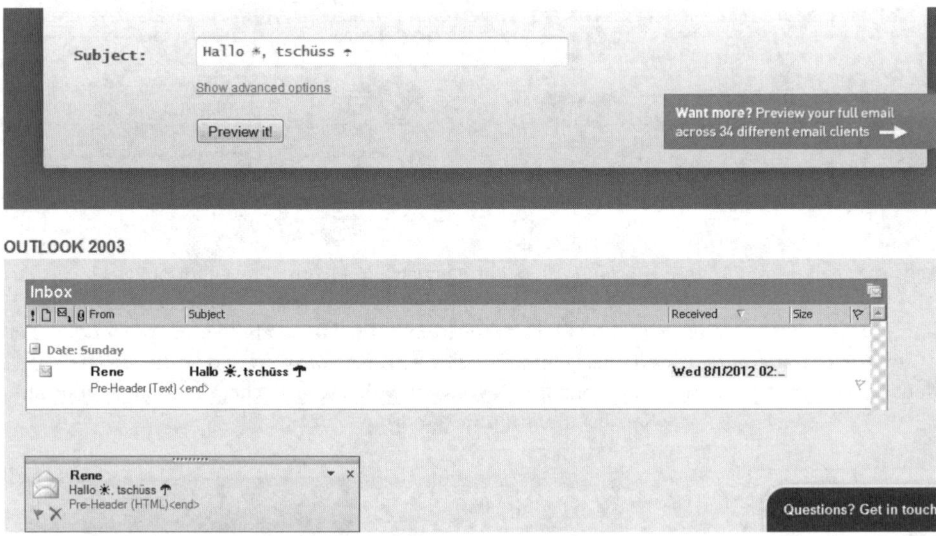

Abb. 11.9: Nützlich – der Subject Line Checker von Litmus

Tools: Betreffzeilen-Vorschau und Rechtschreib-Check

Ein wichtiges Werkzeug im E-Mail-Marketing ist der Darstellungstest. Der Anbieter Litmus stellt im Netz ein Preview-Tool bereit, mit dem sich unter anderem Betreffzeilen (wie Absender und Pre-Header) vor dem Versand begutachten lassen: `litmus.com/resources/subject-line-checker`.

Planen Sie Betreffs mit Bild-Symbolen oder solchen, die den Eindruck einer spiegelverkehrten Schrift erzeugen (`tinyurl.com/am84ehs`)? Das kann sich als echter Hingucker entpuppen. Aber auch als Rohrkrepierer, falls die Darstellung mangelhaft ist. Ferner schneiden E-Mail-Programme lange Betreffs unter Umständen ungünstig ab. »Gottesdienst zum Sexagesima« im vorösterlichen E-Mail-Newsletter sollte also vorab getestet und gegebenenfalls überdacht werden vor dem Hintergrund, dass das alte GMX nur rund 20 Zeichen anzeigt.

Die Vorschau-Screenshots bei Litmus (Abbildung 11.9) zeigen die E-Mail-Darstellung in Outlook 2003, Outlook 2007, Outlook 2010, Hotmail, Gmail, Yahoo! Mail und auf einem Blackberry. So kann diese vor dem Versand schnell noch einmal kontrolliert werden.

Nebenbei: Auch ein Rechtschreib-Check auf `duden.de/rechtschreibpruefung-online` kann vorab nicht schaden.

11.1.3 Die richtigen Stilmittel nutzen

Betreffzeilen-*Länge* und Schlüsselwort-*Reihenfolge* sind das Eine – die richtigen *Worte* allgemein das Andere. Prinzipiell steht der E-Mail-Marketer vor der gleichen Aufgabenstellung wie allmorgendlich der BILD-Redakteur: Welche Überschrift soll ich meiner Schöpfung nun verpassen, damit ihr die gebührende Aufmerksamkeit zuteilwird? Klassische Tipps zur Headline-Gestaltung sind in weiten Teilen übertragbar – genau diesen Transfer hat Mario Schwertfeger in seiner lesenswerten Diplomarbeit mit dem Titel »Betreffzeilenoptimierung im E-Mail-Marketing« bewerkstelligt (`www.grin.com/de/e-book/141438/betreffzeilenoptimierung-im-e-mail-marketing`).

Jedoch sind die Betrachtungszeiten im E-Mail-Posteingang deutlich kürzer als zum Beispiel bei einer Zeitung. Die Wortwahl sollte sich somit allgemein daran ausrichten, einen konkreten und ehrlichen Mehrwert zu kommunizieren – ohne schwer verständliche Wortspiele und ohne generisch drum herumzureden. »Ehrlich« meint, dass die Ankündigungen und Erwartungen im Inhalt auch erfüllt werden müssen. Der Betreff »Dieter Bohlen neuer Bundespräsident?« verspricht sicherlich nie da gewesene Öffnungsquoten, vergrault aber alle, wenn der Inhalt nicht dazu passt. Auch ein vorangestelltes »Re:« (als Jargon-Abkürzung für Reply, also »Antwort auf«) ist vielleicht ein Hingucker. Es suggeriert einen persönlichen Kontakt und weckt Neugier. Trotzdem dürfte dies dem Response eher abträglich sein, wenn es fingiert ist und den Abonnenten lediglich hereinlegt. Solche Taschenspielertricks haben im Arsenal seriöser E-Mail-Marketer nichts verloren. Und unterm Strich ist die Öffnung nur die erste Sprosse auf der Response-Leiter – wir wollen ja (auch) Klicks erzielen ...

Schreibblockade? Hier gibt es Inspiration

Victor Schwab stellte 1985 eine Liste der 100 besten Werbe-Überschriften inklusive Begründung für die Aufnahme in die Liste zusammen (`tinyurl.com/3bgxfa`). Diese ist, wenn auch schon etwas älter, immer noch ein wunderbarer Fundus. Manchmal bringt allein der `SloganMaker.de` bereits die zündende Idee. Falls nicht, dann schauen Sie auf `RetailEmailBlog.com` vorbei. Chad White veröffentlichte dort alljährlich eine »Subject Line Hall of Fame«. Auch, wenn die Betreffzeilen in englischer Sprache verfasst sind, ist ein Blick immer wieder für eine Eingebung gut: `www.retailemailblog.com/search/label/Subject Line Hall of Fame`. Der E-Mail-Service-Provider MailChimp bietet Versendern mit dem »Subject Line Researcher« ein interessantes Tool. Zu frei definierbaren Schlüsselbegriffen sucht dies passende Einträge von Betreffs anderer Kunden inklusive der erzielten Öffnungsraten heraus, die dann auf einer 5-stufigen Skala dargestellt werden. Ebenfalls interessant erscheint SubjectLin.es, mit dem sich umfassende Einblicke in die Öffnungsraten Dritter ergeben. Und zu guter Letzt hilft es natürlich auch, einfach einen Blick auf das zu werfen, was die anderen so versenden. (Wobei dies natürlich nicht unbedingt das Gelbe vom Ei sein muss. ;-) ...)

Tipp: Von Tweets lernen

Dem Kurznachrichten-Dienst Twitter können Versender viele nützliche Infos für die Betreffzeilen-Gestaltung entlocken. Eine Twitter-Nachricht (Tweet) ist auf 140 Zeichen begrenzt – wie bei der Betreffzeile, so werden auch hier Texter zu Präzision gezwungen. On top lassen sich oft die Erfolge der Tweets einsehen. Link-Verkürzer wie bit.ly oder goo.gl stellen nämlich meist die Klickzahlen öffentlich bereit. Zum Aufruf des Reportings muss dem Link lediglich ein Plus (+) angehängt werden. Aus `bit.ly/XABCjE` wird also `bit.ly/XABCjE+`. Schauen Sie mal in den Twitter-Channels Ihrer Mitbewerber vorbei. So lassen sich zum Beispiel Hinweise darüber sammeln, welche Schlagworte bei der Zielgruppe eher ankommen als andere.

Mit den folgenden Stilmitteln und Ideen für Betreffzeilen können Versender bei verkaufsorientierten E-Mails experimentieren:

Personalisierung

Die Einbindung empfängerindividueller Datenbankfelder, wie »Vorname«, »Wohnort«, »Firma« oder »Alter« signalisiert dem Empfänger im Idealfall auf den ersten Blick eine persönliche und maßgeschneiderte Kommunikation. Im B2C- genauso wie im B2B-Bereich. »Rene oben ohne in Berlin gesehen!« als Betreff für eine Cabrio-Gewinnspiel-Werbung funktionierte – jedenfalls in meinem Posteingang – ganz gut.☺ Doch Vorsicht: Eine Personalisierung sollte wenn, dann pfiffig und nur punktuell erfolgen. Die plumpe und inflationäre Einbindung wirkt anbiedernd und weckt eher Skepsis bezüglich der Datenherkunft. Letzteres geschieht vor allem dann, wenn die Permission schwach und die Beziehung zwischen Abonnent und Versender nur sehr lose ist. Das Thema Personalisierung ist also bei Weitem kein Selbstläufer.

Den Namen des Empfängers anzuführen, ist relativ ausgebrannt. Die E-Mail-Adresse einzubinden, stellt sogar ein absolutes Spammer-No-go dar. Interessanter sind hingegen Betreffs, die mit **dezenteren Attributen** wie dem Wohnort individualisiert werden: »*Berlin* aufgepasst: Strompreis-Kollaps«. Reiseanbieter könnten die Empfängerliste mit Entfernungen zu bestimmten Urlaubsorten anreichern: »In 534 km scheint die Sonne für Sie, Herr Mustermann!« Die Telefonnummer funktioniert vielleicht als Glücksnummer, der Vorname des Nachwuchses oder Haustiers als Glücksname, »Leute ab 24 ...« et cetera. Seien Sie mutig und experimentieren Sie!

Studie: Ortspersonalisierung des Betreffs wirkt

Die schweizerische Agentur Newsmarketing ermittelte, dass Standard-Personalisierungen, zum Beispiel mit dem Vornamen, die Öffnungsraten nur um 4,86 Prozent steigern. Der Wohnort hingegen bringt im Schnitt ein sattes Plus von 35,26 Prozent. Ähnliches berichtet der Versanddienstleister MailChimp in seinen »Best Practices in Writing Email Subject Lines«.

Achten Sie bei aller Personalisierung aber unbedingt darauf, dass die **Datenqualität** passt. Veraltete Daten und Schwierigkeiten im Umgang mit der Personalisierungslogik der Versandlösung sind eine häufige Fehlerquelle im E-Mail-Marketing. Gerade bei der Betreffzeile ist ein Lapsus sehr ärgerlich. Dies ist schließlich mit das Erste, was der Abonnent von Ihnen im Posteingang sieht. Wie formulierte es kürzlich doch jemand so schön: Wenn Sie eine Reaktion von Ihren E-Mail-Abonnenten möchten, dann verschreiben Sie sich bei ihren Namen. Wohl wahr, nur leider ist die Reaktion dann nicht sonderlich positiv.

Studien: Erzielen individuelle Betreffzeilen mehr Response?

Wie die Länge, so war auch das Thema Personalisierung von Betreffzeilen Gegenstand zahlreicher Untersuchungen. Der E-Mail-Service-Provider GetResponse analysierte über 53.000 E-Mails. Personalisierte Betreffzeilen erzielten im Schnitt ein Plus in Höhe von 26 Prozent bei den Öffnungsraten und um 130 Prozent höhere Click-Through-Raten. Als Kehrseite entpuppte sich allerdings ein Zuwachs von 26 Prozent bei den Spambeschwerde-Raten. Zudem gab es 71 Prozent mehr Austragungen! Man kann also viel richtig, aber eben auch viel falsch machen. Auch der deutsche Adressspezialist McCrazy warnt vor einer unbedachten Personalisierung. Im Rahmen einer SOS-Kinderdörfer-Kampagne stellte sich heraus, dass der Zusatz »<Anrede> <Vorname> <Nachname>« die Öffnungsrate im Schnitt um 15 Prozent gegenüber den Varianten ohne Personalisierung senkte. Noch drastischer ist das Ergebnis von MailerMailer: Unpersonalisierte E-Mails erzielen hier Öffnungsraten von 11 Prozent, personalisierte Betreffs erreichen lediglich 4 Prozent. Vielleicht ein Indiz dafür, dass die Personalisierung vor allem von Versendern mit geringer Permission-Stärke genutzt wird.

Frage

Interessante Aufmacher, die mit einem Fragezeichen abschließen, genießen meist relativ viel Aufmerksamkeit. Sie sprechen den Abonnenten direkt an. In Dialog-Form vermögen sie emotional zu aktivieren (»Aprilwetter im Mai?! Lass uns fliehen - let's fly«). Als »echte« Frage verlangen sie nach befriedigenden Antworten, die es offensichtlich im E-Mail-Inhalt zu entdecken gibt (»Erziehung - gibt's den Königsweg?«).

Aus Versender-Sicht geht die Rechnung dabei eher auf, wenn die Antwort – ob richtig oder falsch – für den Empfänger nicht bereits auf der Hand liegt und in der Folge die E-Mail deshalb nicht weiter beachtet wird. Typische Werbebanalitäten wie »Heute schon gespart?« funktionieren also weniger.

Viele Facetten sind beim Tonfall, also bei der konkreten Ausgestaltung einer Frage, denkbar: von einer eher provokativen Formulierung bis zur problembezogenen. Damit ergibt sich auch viel Raum für Tests.

Schock

Schock- oder auch Furcht-Appelle werden bemerkt. Der Betreff lässt sich damit emotional voll aufladen. Zumindest so lange, wie die Appelle in moderaten Dosen gestreut werden und der Effekt damit noch nicht verbraucht ist, die Empfänger noch nicht »immun« sind. Horchen Sie einmal in sich hinein: »Achtung giftige Pflanzen! Welche sind gefährlich?« wirkt doch ganz anders als »Welche Pflanzen sind gefährlich?«, oder? »E-Mail-Marketing ist tot! Lang lebe ...«, »Das Fratzenbuch empört (wieder) Datenschützer« et cetera.

Mit Blick auf das letzte Beispiel wird aber auch ein Nachteil deutlich: Für Marketer kann das Stilmittel die Wanderung auf einem schmalen Grat zwischen gutem und schlechtem

Geschmack bedeuten. Dies gilt vor allem für Appelle, die in eine sexuelle Richtung tendieren (»Mathe ist schwul«). Wer aber die guten Sitten der Zielgruppe nicht komplett unter den Teppich kehrt und es schafft, geistreich, positiv und überraschend an der ein oder anderen Norm zu rütteln, kann sich der positiven Aufmerksamkeit seiner Zielgruppe gewiss sein.

Knappheit

Erzeugen Sie Dringlichkeit. Geben Sie dem Adressaten so einen konkreten Grund, das Angebot lieber heute als später zu nutzen. Ein tatsächlicher oder künstlich geschaffener Mangelzustand kann aus vielen Richtungen Handlungsdruck beim Adressaten erzeugen.

Einerseits rührt dieser etwa vom Exklusivitätsgedanken her: Anderen entgeht das »kultige Angebot« und ich stelle mich durch Annahme besser. Auch schränkt die Verknappung die wahrgenommene Wahlfreiheit ein. Später gibt es das Angebot ja nicht mehr. Dies erzeugt Reaktanz, also einen inneren Spannungszustand, den der Abonnent beispielsweise dadurch abbauen kann, dass er die Offerte annimmt. Und schließlich sinkt das subjektive Fehlkauf-Risiko, da bei Knappheit von einem steigenden Wert in der Zukunft ausgegangen wird.

In Betreffzeilen wird mit zeitlicher und mengenmäßiger Verknappung geworben: »Nur 100 Stück« oder »Angebot gilt nur heute«. Der Versender conrad.de ist ein bekannter Vertreter, der dieses Stilmittel extensiv nutzt. Im angelsächsischen Raum wird die Angebotsgültigkeit zum Teil auch auf ein kleines Zeitfenster von wenigen Stunden befristet (Flash Sale).

Alles in allem handelt es sich ein effektives Mittel, um Öffnungen zu forcieren, dessen Wirkung aber ebenfalls bei zu häufigem Einsatz verpufft. Um den Aktionen mehr Nachdrücklichkeit und Glaubwürdigkeit zu verleihen, können Werbemittel-Grafiken nach Ablauf durch »ausverkauft«-Grafiken ausgetauscht werden (Abbildung 11.10).

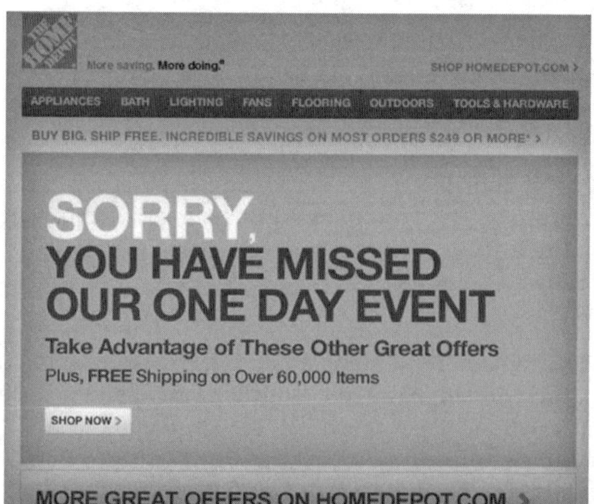

Abb. 11.10: The Home Depot ersetzte die Angebotsgrafik auf dem Webserver, nachdem der Sale auslief. Dies unterstreicht die Glaubwürdigkeit künftiger Verknappungen.

Incentivierung

Hierunter fallen prinzipiell viele Instrumente der klassischen Verkaufsförderung, wie gratis Give-aways, Rabatt-Coupons, Gutscheine oder Gewinnchancen. Das Erhaschen exklusiver Vergünstigungen ist seit jeher einer der Top-Gründe, warum Konsumenten sich überhaupt für einen Newsletter anmelden. Rabatt-Aktionen, die bereits im Betreff prominent angeteasert werden, erfüllen daher auf Anhieb die Erwartungen vieler. Der Neuro-Wissenschaftlicher würde sagen, dass das Belohnungszentrum im Gehirn stimuliert wird.

Beim Blick in den Posteingang offenbart sich allerdings eine unüberschaubare Fülle an Incentives. Aufgrund dieser entwertenden Schwemme ist der positive Einfluss auf den Response unumstritten. Incentivierungen gehören trotzdem mindestens in Testreihen für Betreffzeilen berücksichtigt. Überlegenswert wäre es dabei, gezielt Schnäppchenjäger zu identifizieren und entsprechend zu segmentieren (vergleiche zum Beispiel Abschnitt 16.3 *Mailing-Daten clustern*).

Studie: Rabatte hui, Mondpreise pfui

Wird der Preis oder Rabatt am Anfang positioniert, erhöht sich die Lese-Rate im Schnitt um 35 Prozent gegenüber Betreffs, in denen sich die Information weiter hinten findet. Dies gilt allerdings nicht uneingeschränkt: Bei unrealistisch hohen Rabatten beziehungsweise Rabatten von Mondpreisen steigt die Spam-Rate. Zu diesen Erkenntnissen gelangte der E-Mail-Intelligence-Spezialist Return Path bei der Untersuchung des Daily-Deal-Sektors im Vereinigten Königreich. Übrigens: Das Wort »Free:« zu Beginn sorgte für ein Plus in Höhe von zwölf Prozent.

Marke

Laut Werbeforscher Kroeber-Riel muss der Marken-Auftritt im Werbemittel so früh erfolgen, dass dieser auch bei flüchtiger Informationsaufnahme vor Abbruch des Werbemittelkontaktes wahrgenommen werden kann. Die flüchtige Sichtung des Posteingangs ist symptomatisch für das E-Mail-Nutzungsverhalten. Abgesehen von Zusatzdiensten wie trustedDialog Inbox Branding, das die Darstellung eines grafischen Absenderlogos in GMX, Web.de und anderen Webmailern ermöglicht, bestehen in der Inbox kaum Gestaltungsoptionen, um die Marke erstrahlen zu lassen. Zwar gelingt meist die Kennzeichnung über den Absendernamen. Praktisch experimentieren einige Versender wie HUGO BOSS aber auch mit einem zusätzlichen Branding in der Betreffzeile: Zum Absender »Bekannte-Marke.de« gesellt sich dann ein Betreff der Form »[Bekannte Marke] Meine Werbebotschaft für Dich!«.

Kontrast

Auch die Gegenüberstellung gegensätzlicher Wörter oder Sachverhalte im Betreff kann stimmungsvoll und aufmerksamkeitsfördernd wirken und somit die Response steigern. Das am häufigsten gebrauchte rhetorische Mittel ist hierbei die Antithese: »Kühle Angebote für heiße Sommertage!«

Neuigkeit/Info

Ankündigungen, die Produkt-Neuheiten oder wichtige Änderungen/Verbesserungen anführen, sind mächtige Aufmacher. Vermitteln Sie also den Eindruck, dass es eine spezielle Sache beim Produkt oder Dienst gibt, die – zumindest in Bezug auf eine Kleinigkeit – anders ist als bei anderen oder früheren Produkten dieses Typs. Sprechen Sie dabei nach Möglichkeit über etwas Reales und Greifbares und achten Sie darauf, dass ein hoher Nutzen suggeriert wird.

Das Schlagwort »NEU:« im Betreff entzündet Neugier. Denn alles, was neu ist, ist meist auch besser als alles Vorige. Andererseits heißt das Format nicht umsonst »*News*letter« – der Abonnent verspricht sich ja vom Abonnement gerade Informationen über Neuigkeiten ...

Neugier

Neugierde zu wecken, ist eigentlich die Kernaufgabe einer Betreffzeile. Es muss ein Teaser gefunden werden, der einen Spannungsbogen zum Inhalt aufbaut. Wie funktioniert dies am besten?

Enthalten Sie dem Leser zum Beispiel einen Teil der Informationen vor oder umreißen Sie den Inhalt, anstatt ihn zu konkretisieren (»Neuer Angebotsrechner online« versus »Dieses neue Feature werden Sie mögen...«).

Gut geeignet sind stets klassische Figuren à la »Wie Sie«, »Warum Sie« und »So erreichen Sie«. Die Formulierungen zeigen direkt auf den verborgenen Inhalt. Besonders große Versprechungen, die auf Grundbedürfnisse abzielen (»So leben wir ewig«), bauen erfahrungsgemäß Spannung auf. Die Erwartungen sollten dann aber auch im Inhalt bedient werden können. Click-Bait-Betreffs, die nur einen ganz vagen Hinweis auf den Inhalt bieten oder den Nutzer austricksen (Abbildung 11.11), wären allenfalls sporadisch einen Versuch wert (»Wir haben eine neue ...«).

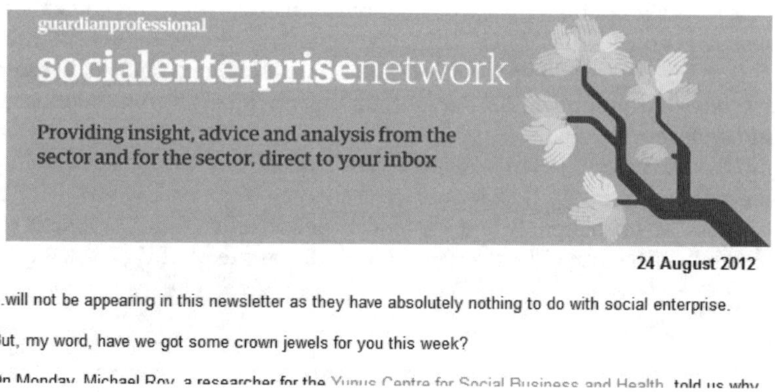
guardianprofessional
socialenterprisenetwork
Providing insight, advice and analysis from the sector and for the sector, direct to your inbox

24 August 2012

...will not be appearing in this newsletter as they have absolutely nothing to do with social enterprise.

But, my word, have we got some crown jewels for you this week?

On Monday, Michael Roy, a researcher for the Yunus Centre for Social Business and Health, told us why

Abb. 11.11: Als einmaliger Gag gut, aber nachhaltiges E-Mail-Marketing sieht anders aus – Betreffzeile »REVEALED: Those Prince Harry Vegas photos...« wird im Inhalt aufgelöst mit »...will not be appearing [...]«. Die Betreffzeile weckt Neugier, hat nichts mit dem Inhalt zu tun. (`Guardian.co.uk`)

Lassen Sie Ihre Abonnenten auch mal raten. Formulieren Sie hierzu unvollendete Gedanken oder kleinere Rätsel, die den Leser in der kurzen Aufmerksamkeitsspanne nicht überfordern. Zum Beispiel: »Was ist grün und rund und wartet auf Dich ...« oder »Rätsel: 42, das All & deine Socken... Lösung?«. Nebenbei bemerkt: Sparen Sie nicht an den bekannten drei Punkten (»...«), dem klassischen Überleitungssignal. Auch damit lässt sich Neugier wecken und zum Inhalt führen.

Befehl

Kurze Kommandos, die den Leser höflich, aber bestimmt auffordern, etwas Bestimmtes zu tun, können die Öffnungsrate positiv beeinflussen. »Sicher Dir 15% Rabatt auf Jeans!« wirkt anders als »15% auf Jeans«. Nicht zuletzt, weil die Befehlsform häufig mit einem Verb beginnt und der Betreff dadurch aktiver und handlungsbezogener wirkt.

Andererseits besteht bei Befehlen die Gefahr, Reaktanz beim Adressaten hervorzurufen: Er will nicht beeinflusst werden und tut daher genau das Gegenteil dessen, was ihm be- beziehungsweise empfohlen wurde.

Sachlich versus werblich

Sollte der Betreff eher rational (»Newsletter 07/2013«) oder emotional (»Wir lieben es ...«) ausgestaltet werden? Sollte er an den Verstand oder an das Gefühl appellieren? »Zähneputzen bei Kleinkindern« oder »Zähnchenputzen bei unseren Kleinsten«? »Die Winterkollektion ist eingetroffen« oder »Du wirst sie lieben - neue Kollektion«? »SSV-Angebote« oder »SSV: Angebote, die Deine Freunde neidisch machen ...«?

Je nach Zielgruppe kann der Response deutlich variieren. Vor zu stark aufgebauschten, marktschreierischen oder unseriösen Aussagen muss gewarnt werden. Auf der anderen Seite sollten Aussagen nicht langweilig sein. Reine Etiketten-Betreffs wie »Newsletter-Ausgabe #X«, die in jeder Ausgabe gleich sind, erzeugen wenig Aufmerksamkeit. Den Kompromiss zu finden, erfordert Fingerspitzengefühl.

Redensart

Humorvolle Wortspiele oder Sprichwörter bieten durch deren Mehrdeutigkeit ein großes Assoziationspotenzial. Mit wenigen Worten lässt sich bereits ein Fantasie-Feuerwerk entfachen. Dass sich der Absender Zeit für die Ideenfindung genommen hat, ist für den Abonnenten auch ein wichtiges Signal der Wertschätzung. Zudem steigert ein gewisser Unterhaltungswert die Werbeakzeptanz.

Eine Gefahr besteht allerdings darin, dass Wortspiele zu spitzfindig und nicht mehr von allen auf Anhieb verstanden werden. Der Leser widmet dem Betreff ja nur Sekunden oder Sekundenbruchteile. Leichte Verständlichkeit toppt in der Regel Originalität, probieren Sie das Stilmittel aber trotzdem aus. »Der Klügere kippt nach« als Betreff für eine Mini-Bierzapfanlage zum Bundesliga-Abschluss könnte in einigen Zielgruppen überzeugend wirken, oder?

Hinweis: Klarheit übertrumpft Kreativität

Der E-Mail-Dienstleister AWeber testete die Wirkung erfinderischer und origineller Betreffzeilen gegen solche, die ein Schwerpunkt-Thema scharf auf den Punkt brachten. Das Ergebnis in der B2B-Zielgruppe war eindeutig. So ideenreich Wortspiele, Alliterationen und eine schöne Rhythmik auch klingen mögen, gegen kurze und klar formulierte Aussagen gerieten sie um Längen ins Hintertreffen. Ein frisches »Getting Earth-Friendly Beyond Email« generierte viel weniger Response als ein eher trockenes »43 Free Animated GIFs For Your Email Campaign«. Für Kreativität ist im E-Mail-Inhalt mehr Zeit. Der Betreff sollte hingegen klar auf den Punkt gebracht werden.

Humor

Humor wirkt persönlich und ist ein wundervolles Mittel, um Aufmerksamkeit sowie Sympathie zu erlangen und den Adressaten allgemein in eine positive Stimmungslage zu versetzen. Beste Voraussetzungen für hohe Responseraten?

Nicht unbedingt: Humor ist gleichzeitig auch sehr subjektiv. Im Zweifel sollte vorab getestet werden, ob Sie mit der Zielgruppe auf einer Welle funken. Übrigens: Man muss kein geborener Komiker sein, um eine Prise Witz zu streuen. Eine »*fun*tastische« Wortneuschöpfung reicht vielleicht schon, um ein kleines Lächeln hervorzuzaubern.

11.1.4 Spam-Scoring durchführen

Bevor Sie den Newsletter mit Ihrer frisch getexteten Betreffzeile auf den Weg bringen, überprüfen Sie noch, ob sich Spamfilter-Probleme ergeben könnten. Der tollste Betreff nützt nicht viel, wenn die E-Mail später bei den Adressaten im Firmennetzwerk oder bei Gmail, GMX und so weiter im Spamordner landet. Insofern gelten andere Spielregeln als bei der Überschriftengestaltung für Webseiten oder Print.

Regelwerke sichten und verstehen

Das Webarchiv beinhaltet noch die Liste der Wörter, auf die der Outlook-Filter angeblich allergisch reagiert. Meiden Sie diese also:

`web.archive.org/web/20100419195937/http://office.microsoft.com/en-us/help/HA010450051033.aspx`.

Auf den Seiten `spamassassin.apache.org/tests.html` finden Sie die Tests, die standardmäßig vom SpamAssassin-Filter durchgeführt werden. Suchen Sie dort mit [Strg]+[F] im Browser nach »subject« und machen Sie sich so ein Bild von den Dingen, die es eher zu vermeiden gilt.

Bei »G a p p y w.o.r.d.s« und »L33tsp34k« zum Beispiel liegt es nahe, dass der Versender versucht, etwas vor dem Filter zu verbergen. Gleichzeitig sehen Sie auch die Punktwerte für die verschiedenen Regeln. EIN KOMPLETT GROSSGESCHRIEBENER BETREFF wird standardmäßig in der Version 3.3 mit bis zu 1,6 gewichtet. (5 ist in der Regel die Spam-Schwelle, ab der E-Mails wegsortiert werden.)

Viele E-Mail-Service-Provider bieten Vorabtests auf Zustellbarkeit, die Ihnen auf Knopfdruck ein detailliertes Scoring inklusive Verbesserungsvorschläge für viele Spamfilter-Systeme liefern. Nutzen Sie diese Möglichkeit. Falls Ihr Dienstleister dies nicht bietet, können Sie einen SpamAssassin-Check beispielsweise auch auf `spamcheck.postmarkapp.com` oder `mail-tester.com` durchführen.

Abseits solcher Regelwerke ist es allerdings nur schwer vorhersagbar, worauf die Filter Gmail und Co achten.

Content-Filterung aber nicht überbewerten

Bei aller Vorsicht sollten Versender einem Betreff aber nicht zu viel Bedeutung bei der Spamfilterung beimessen. Auch E-Mails der Firmen Pfizer (Pharma) und Orion (Erotik) schaffen es schließlich in die Posteingänge.

Die Punktwerte diverser SpamAssassin-Filterregeln mögen hoch erscheinen, sind es aber gar nicht. Ein Filter ist ja bewusst darauf ausgelegt, dass einzelne Regeln auch in *Ham*, also seriösen E-Mails, anschlagen können. Eine künstlich erhöhte L a u f w e i t e, GROSSSCHREIBUNG oder »gratis« im Betreff allein machen den Braten nicht fett.

Daher sollten Versender ruhig mutig und offen dafür sein, auch mit solchen Stilmitteln zu experimentieren. Viele professionelle Versender tun dies in der Praxis seit Langem erfolgreich.

Betreff	Von
GRATIS-Lieferung nach Essen!	neckermann.de NEWS
Testen Sie jetzt den neuen Opel Astra in Essen - viel Spaß	Probefahrer gesucht
Leslie, Du suchst Singles aus Essen?	Liebe gesucht
Jetzt versandkostenfrei nach Essen bestellen!	Lensbest
Herr Pfaff, fahren Sie jetzt den Citroën DS3 in Essen	Sitzplatz reserviert
-- VERSANDKOSTENFREI nach Essen --	neckermann.de AKTION
Dieter, kostenlos einrichten in Essen	IKEA-Gutschein
NEU: Immobilie zum Nulltarif jetzt auch in Essen	Immobilie zum Nulltarif
Essen spart! GRATIS-Mode-Lieferung für Sie!	neckermann.de NEWS
ZARTE ZEITEN ... FRÜHLINGSBLUSEN & JEANS	ESPRIT NEWS
CHINOS GO FEMININE	ESPRIT NEWS
DIE NEUEN CARGO LOOKS... FEMININ GESTYLT	ESPRIT News
Die besten Stromtarife in Essen	Marie Bremer von preisvergleich.de
Für Essen: 0%-Finanzierung auf ALLES!	neckermann.de Sonderaktion
DIE NEUEN LEDERJACKEN	edc News
SCHWARZ WAR GESTERN - HIER KOMMT BLAU!	ESPRIT News
LOCKEN SIE DEN FRÜHLING ... MIT NEUEN TREND-DESSOUS	ESPRIT News
WIR LIEBEN CHINOS ... und sagen Ihnen, warum!	edc News
FASHION FAVORITEN: Auf diese Trends sollten Sie jetzt setzen!	edc News
VERSANDKOSTENFREI nach Essen!	neckermann.de NEWS
Der günstigste Strompreis in Essen!	Marie Bremer von preisvergleich.de
Essen: Jeder erhält 10 EUR!	neckermann.de Sonderaktion
Pink Friday II Update	TigerDirect.com
P I N K F R I D A Y I I: 72 Hour Weekend Event	TigerDirect.com

Abb. 11.12: Betreffzeilen-Beispiele aus dem Posteingang – neben der Ortspersonalisierung (»Essen« im Ruhrgebiet) finden sich diverse Betreffzeilen, die es nach gängigen Spamfilter-Mythen eigentlich nicht in den Posteingang hätten schaffen dürfen (GROSSSCHREIBUNG, l a g g y w o r d s et cetera ...).

11.1.5 Erfolgsfaktoren in der Übersicht

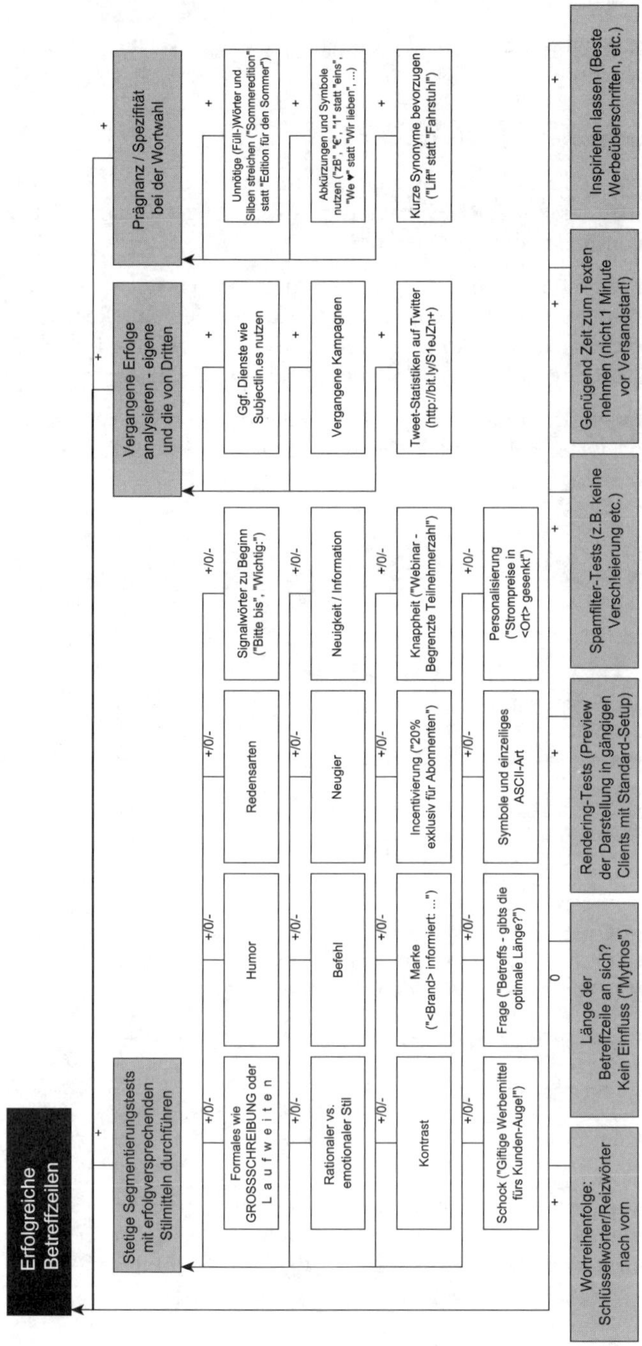

Abb. 11.13: Erfolgsfaktoren von Betreffzeilen

11.2 Den passenden Absender auswählen

Was wäre, wenn zum Beispiel der Onlinehändler OTTO.de seinen Newsletter unter dem Absender »Newsletter« statt »OTTO – Ihr Online Shop!« versenden würde? Mit hoher Wahrscheinlichkeit ginge der Response auf Talfahrt. »Newsletter« ist nichtssagend. Trotzdem gaben erschreckend viele Versender ihren Abonnenten nicht mehr an die Hand. Und das, obwohl die Entscheidung, ob eine Werbe-E-Mail geöffnet wird oder nicht, in erster Linie anhand des Absenders gefällt wird. Hierauf fällt der Blick im Posteingang zuallererst. Noch bevor die Betreffzeile überflogen wird. Studien bestätigen dieses Verhalten – zumindest für den westlichen Kulturkreis – seit Jahren immer wieder. Kein Wunder. Allein optisch sticht der Absender meist links oder oberhalb der Betreffzeile in größeren Lettern hervor.

Die Absender-Bedeutung in Zahlen

Ein bekannter und vertrauenswürdiger Absender, mit dem interessante Inhalte assoziiert werden, ist Return Paths »Holiday Survey« zufolge das wichtigste Kriterium für die Entscheidung, eine E-Mail zu öffnen (59 Prozent). Die Betreffzeile folgt erst auf Platz drei (45 Prozent). Laut Epsilons »Global Consumer Email Study« ist die Disparität sogar noch größer: 64 Prozent orientieren sich vornehmlich an der »Von:«-Zeile, nur 26 Prozent am Betreff. (Im asiatisch-pazifischen Raum hingegen ist der Betreff mit 51 versus 44 Prozent wichtiger.) Die Messaging Anti-Abuse Working Group (M3AAWG) berichtete in ihrem »Email Security Awareness and Usage Report 2010«, dass der Absender länderübergreifend das Top-Merkmal bei der Identifikation unerwünschter E-Mails ist.

Abb. 11.14: Der Absender (links) im alten GMX-E-Mail-Posteingang – welche liefern unmittelbar Wiedererkennungswert, welche dagegen überhaupt nicht? Bei Nummer sieben und acht von oben ist es fraglich, ob der Abonnent diese zuordnen kann. Der Response sinkt dadurch.

Achten Sie also penibel bei der Wahl des Absenders darauf, dass er aussagekräftig, vertrauenswürdig und der Zielgruppe bekannt ist. Dies gilt für den Absendernamen wie auch für die -E-Mail-Adresse, die ebenfalls von manchen E-Mail-Programmen angezeigt wird. Prüfen Sie mit Blick auf die Posteingangsdarstellung in Abbildung 11.14 einmal selbst, wo die Voraussetzungen eher weniger gegeben sind.

Analog zur Betreffzeile existieren auch beim Absendernamen Erfolgsfaktoren und Gestaltungsoptionen. Zu nennen sind hier im Einzelnen:

11.2.1 Erkennbarkeit und Vertrauen schaffen

Absender-Adressen sollten lesbar, aussagekräftig und seriös sein. Kryptische Kombinationen aus alphanumerischen Zeichen (`c6b7adff-list2-126@listmanager.xxx`) sind genauso zu vermeiden wie die Verwendung von Freemailer-Domains (`GeldSegen@gmx.de`); schließlich kann sich heute jeder Internet-Nutzer auf einfache Weise und kostengünstig eine eigene Domain sichern.

Offensichtlich computergenerierte wie auch kostenlose Adressen sprechen meist wenig für sich, strahlen auf den ersten Blick kaum Kundennähe und Wiedererkennung aus oder wecken vielleicht sogar Misstrauen – oder würden Sie `Otto_Kundenservice@gmx.de` trauen? Genauso wecken ungewöhnliche Second-Level-Domains bei bekannten Absendern und Marken Skepsis. `@Paypal`*`-email.de`* statt `@paypal.de` könnte zum Beispiel Phishing-Ängste hervorrufen und damit den Response senken. Und der Spam-Knopf, der die Zustellquote negativ beeinträchtigen kann, ist ebenfalls nicht weit.

Stattdessen sollte sich regelmäßig mindestens der aus Empfängersicht bekannte Produkt-, Marken-, Firmen- oder Personenname im Absender widerspiegeln. Den findet der Abonnent sogar im Falle eines Falles bei der Suche im Spamordner.

Einige Versender lassen den E-Mail-Typ oder ein allgemeingültiges Schlüsselwort in die Absender-Wahl einfließen. Zum Beispiel `anmeldung@marke.de` für E-Mails im Eintragungsprozess und `redaktion@` oder `newsletter@` als Erkennungszeichen für die Regelkommunikation per Newsletter. Weitere Marketing-Beispiele wären `dvd-gutschein@meinshop.de`, `peter@firma.de` et cetera. Man beachte jedoch, dass Gmail & Co unter Umständen an jede Adresse eine eigene Reputation knüpfen – mal ist dies aus Sicht der Zustellbarkeit erwünscht, mal aber auch nicht (vergleiche Abschnitt 25.5 *Authentifizierungsmechanismen*). In der Regel ist Kontinuität Trumpf.

11.2.2 Zeichenzahl und Wortstellung beachten

Stellen Sie das Wort, das am meisten Bekanntheit und Vertrauen versprüht, dem Rest voran. Es sollte mindestens innerhalb der ersten 19 Zeichen sichtbar sein. Schreiben Sie also nicht »Newsletter Threadless«, sondern »Threadless Newsletter« (häufiger Fehler!). Denn schließlich ist nicht das generische Wort »Newsletter« der Vertrauensanker und die Konstante in der E-Mail-Beziehung, sondern die Marke Threadless.

Alternativ zur alleinstehenden Marke bietet sich die Shop-Domain an (`frag-mutti.de`, `mlb.com` et cetera). Dabei sollte aber auf ein vorangestelltes www oder gar `http://` verzichtet werden: Da vom Absendernamen – wie bei der Betreffzeile – oft nur eine begrenzte Anzahl an Zeichen dargestellt wird, sind unnötige Präfixe zu vermeiden (also »Shop.de« statt »Ihr Newsletter von Shop.de«!).

Ausnahmsweise mag es auch sinnvoll erscheinen, den konkreten Werbeanlass als Schlagwort der Marke voranzustellen wie zum Beispiel in »Gewinne mit Schnuffeltuch.de«. Bei geringer Permission-Stärke (»Gewinnspiel-Adressen«) oder sehr hoher Versandfrequenz kann nämlich Neugierde der vielleicht eher reservierten Einstellung gegenüber dem Versender ein Schnippchen schlagen. Ebenfalls einen Test wert ist die Personalisierung – vergleiche Abschnitt 11.1.3 *Die richtigen Stilmittel nutzen*.

11.2.3 Kontinuität wahren

Damit der Absender sein Aufmerksamkeitspotenzial dauerhaft voll entfalten kann, das er aus Bekanntheit, Vertrauen und stetigem Nutzen zieht, sollte er im Zeitverlauf beibehalten und nicht mehr gewechselt werden. Triftige Beweggründe für eine Änderung außen vor – zum Beispiel:

- ein neuer E-Mail-Versanddienstleister
- die Eingliederung der Marke oder Firma in eine andere
- Ausscheiden des Newsletter-Redakteurs
- die testweise Abwandlung im Rahmen von Split-Tests

Mit einer Modifikation würden zum einen **Filterregeln und Whitelistings** (vergleiche Kapitel 24), die beim Empfänger mit der alten Absender-Adresse verknüpft waren, plötzlich unwirksam. Diverse Nutzer erstellen solche Filter, um neue E-Mails automatisch in bestimmte Ordner einzusortieren.

Zum anderen könnte ein häufiger Wechsel auch als **Spamsignal** gewertet werden. Postfach-Anbieter bilden Reputation-Werte für Werber zunehmend nicht bloß anhand der IP-Ranges, die versenden, sondern auch anhand von Absender-Domains oder Absender-Adressen. Es besteht also die Gefahr, dass ein neuer Absender für einen größeren Zeitraum bei Gmail & Co als »unbenannt« bewertet wird. Die über Monate oder Jahre aufgebaute positive Reputation, die vom Absender ausging und mühsam durch wenige Spambeschwerden und gutes Bounce-Management erarbeitet wurde, wäre damit verloren.

Vorkehrungen beim Wechsel des Absenders

In technischer Hinsicht geht ein Adresswechsel mitunter einher mit Änderungen im Domain Name Service (DNS), damit zum Beispiel weiterhin eine Absender-Authentifizierung seitens des empfangenden Mailservers möglich ist. Dies erledigt Ihre IT-Abteilung oder Ihr Dienstleister. Daneben gilt es auch, Marketing-technisch vorzusorgen. Dies erledigen Sie. So sollten die Abonnenten auf eine anstehende Adressänderung hingewiesen werden, damit zum Beispiel die Adressbucheinträge aktualisiert werden können. Die Vorteile, die Versender aus den Einträgen erhalten, wie zum Beispiel geringere Gefahr einer Spamfilterung und bessere E-Mail-Sichtbarkeit im Posteingang, gingen sonst verloren. Im Schnitt öffnet jedoch nur ein Viertel der Adressaten *einen* Newsletter – es ist also möglichst frühzeitig und in mehreren aufeinanderfolgenden Ausgaben darauf hinzuweisen. Nur so können kumuliert bis zum Umstellungszeitpunkt die meisten aktiven Abonnenten erreicht werden. Der Pre-Header wäre ein passender Ort für den Änderungs-Hinweis. Ein Formulierungsbeispiel könnte lauten: »*Vorsicht: Wir wechseln unseren E-Mail-Server.*

Es kann passieren, dass Dich die neuesten Deals nicht mehr erreichen. Füge x@y.z Deinem Adressbuch hinzu, damit dies nicht passiert!« Zusätzliche weitere Hinweisbanner, zum Beispiel im Footer, können nicht schaden. Der Hinweistext im Pre-Header sollte auch nach dem Wechsel für eine gewisse Zeit bestehen bleiben, um solche Adressaten zu informieren, die den Newsletter nun vielleicht seit Langem plötzlich wieder erhalten, weil die Filterregeln für den alten Absender nicht mehr greifen. Wer noch mehr Aufmerksamkeit für den Wechsel erzielen will, informiert nicht nur im Pre-Header, sondern per außerordentlicher E-Mail (vergleiche Abbildung 11.15).

Liebe Leserin, lieber Leser,

zukünftig wird unser Newsletter mit einer neuen Absenderadresse verschickt. Daher erhalten Sie heute von terre des hommes zwei Nachrichten kurzfristig hintereinander: Zuerst diese eMail und danach den aktuellen Newsletter mit der neuen Absenderadresse: tdh-newsletter@terre-des-hommes.de

Sollten Sie den neuen Newsletter nicht wie gewohnt in ihrem Posteingang finden, so überprüfen Sie bitte, ob er nicht versehentlich von ihrem eMail-Programm als Spam gekennzeichnet wurde. Aktualisieren Sie auch Ihren Eingangsfilter, sofern Sie unseren Newsletter bislang automatisch vorsortiert haben.

Entschuldigen Sie bitte die Umstände. Bei Fragen rufen Sie mich an, oder schicken Sie eine eMail.

Mit herzlichen Grüßen

Abb. 11.15: Terre des hommes informiert kurz vor dem regulären Newsletter-Versand mittels HTML-Text-E-Mail über den bevorstehenden Adresswechsel.

11.2.4 Spamfilter beachten

Spamfilter bilden sich ihr Urteil über eine E-Mail nicht nur anhand von Betreffzeilen und anhand des Inhalts. Auch der Absender wird unter die Lupe genommen. Microsoft veröffentlichte eine Liste mit Regeln und Begriffen, nach denen Outlook E-Mails als Spam oder jugendgefährdend einstufen soll (vergleiche Abschnitt 11.1.4 *Spam-Scoring durchführen*). Demnach wäre Vorsicht geboten bei langen Ziffernfolgen sowie bei Schlagwörtern wie »Erfolg« und »Profit«.

Auch der weit verbreitete Filter SpamAssassin legt sein allgemeines Regelwerk diesbezüglich offen: Ein Apostroph, das Wort »cash« und eine Freemailer-Domain kann demnach bestraft werden. Ähnlich verhält es sich mit einer verschleiernden Kodierung des Absender-Feldes (etwa Base64 statt Plain-Text), was früher als beliebter Spammer-Trick galt.

Wer ausgiebig mit dem Absender experimentiert, sollte dabei also auch einen Blick auf die Reaktion der gängigen Spamfilter richten, um unliebsamen Überraschungen vorzubeugen.

11.2.5 Dialog forcieren

E-Mail ist keine Einbahnstraße, kein Monolog-, sondern ein Dialogmarketing-Instrument. Gerade der E-Mail-Kanal ist häufig die erste Adresse für Fragen zu Bestellmodalitäten und Produktdetails sowie für Verbesserungsvorschläge. Wer sich hier verschließt, verschenkt wichtige Gelegenheiten, Kundenwert zu schaffen. Vermeiden Sie also dialogfeindliche »doNotReply@«-Adressen im From- oder Reply-To-Feld (Stilblüte: »noreply.kundendialog@«). Stattdessen sollten gezielt Antwort-Schreiben seitens der Empfänger forciert werden. Etwa mittels »antwort@« oder »feedback@« in Verbindung mit gezielten »Schreib uns«-Aufrufen. Dies wirkt nicht nur freundlicher und liefert wertvolles Feedback, das hinsichtlich möglicher Kaufabsichten bearbeitet werden kann.

Antwortmails beeinflussen auch die künftige Zustellbarkeit positiv. Die Abonnenten tragen Ihre Absender-Adresse bei einer Antwort häufig auch ins persönliche Adressbuch ein. Bei Gmail können zwei Antwort-E-Mails künftig die Bildunterdrückung für den Absender aushebeln. Ferner kann davon ausgegangen werden, dass moderne Spamfilter der großen Freemailer die Antwort-Quote als positives Signal werten. Dialog verbessert also die Reputation eines Versenders.

How-to: Von noreply@ verabschieden in der Praxis

Viele Versender tun sich schwer damit, das noreply@ im Absender abzulegen. Die Überprüfung des Postfachs und das Antwort-Management binden Arbeitskraft. Schließlich muss jemand aus den oft mehreren 1.000 Antworten die wenigen echten, also die von Menschen verfassten, heraussuchen.

Bei einem Versand darf durchaus mit einer Antwortzahl von – je nach Verteilergröße – 0,5 bis 10 Prozent in Relation zum Versandvolumen gerechnet werden. Den weitaus größten Teil machen computergenerierte Zustellfehlermeldungen (»Postfach voll«) und Autoresponder (»bin im Urlaub«, »Mitarbeiter ausgeschieden«) sowie Spam aus.

Um an die interessanten echten Antworten zu gelangen, kann vielleicht bei geringem Versandvolumen noch eine manuelle Sichtung durchgeführt werden. Bei größeren Volumina müssen Filter her. Anstatt die Regeln selbst einzurichten im Stile von *Wenn E-Mail enthält »Mitarbeiter nicht mehr«, dann verschiebe E-Mail in Ordner x*, sollte auf Lösungen der E-Mail-Service-Provider (ESPs) zurückgegriffen werden. Ein Beispiel wäre die Applikation ReplyTo von MailChimp für den angelsächsischen Raum: `pleasereply.to`. Diverse weitere ESPs haben intelligente Klassifikationsalgorithmen implementiert, die neben Anfragen zum Beispiel auch direkt ausformulierte Austragungs- oder Adressänderungswünsche berücksichtigen.

Eine gangbare Alternative zur unmittelbaren Antwort-Überprüfung bestünde darin, bei Nachrichteneingang auf die Antwort-Adresse zunächst eine automatische Rückfrage-E-Mail auszulösen. Die Zwischenmail enthält die Bitte, das Thema der Anfrage auszuwählen. Für jedes Thema wird eine spezifische neue E-Mail-Adresse (oder ein Link zum Webseiten-Formular) angeboten, an die die Nachricht weitergeleitet werden soll: kuendigen@, service@, beschwerde@, adresswechsel@ und so weiter. Beide Varianten, sowohl die intelligenten Filter als auch die Zwischenmail, sind in der Praxis verbreitet.

11.2.6 Als Marketingvariable begreifen

Unter Marketinggesichtspunkten ist oft eine Zweiteilung des ausgehenden E-Mail-Stroms sinnvoll. Auf der einen Seite stehen informatorische Transaktionsmails (»Ihre Bestellung«), auf der anderen Werbemails (»15% Rabatt«). Diese Zweiteilung kann sich im Absendernamen als »MARKE Service« respektive »MARKE News« niederschlagen.

Auch innerhalb der werblichen Kommunikationsschiene kann dann weiter differenziert werden. So ergänzen einige Versender ihre Vertrauensanker (»MARKE«) im Absender um inhaltsbezogene Schlagwörter wie »MARKE Schuh-Spezial« oder »MARKE Wochenende« (Abbildung 11.16). Der Absender wird damit – in Ergänzung zum Betreff und zum Pre-Header – zu einem weiteren Marketingparameter, der von Versand zu Versand variiert werden kann, um die Öffnungsrate zu erhöhen. Dies betrifft auch eventgetriggerte Mitteilungen wie zum Beispiel die Geburtstagsgrüße. Eine Erweiterung der Form »MARKE Geburtstagsüberraschung« erzielt womöglich mehr Aufmerksamkeit und Interesse als »MARKE« allein. Des Weiteren lässt sich der Absendername personalisieren: I'm walking beispielsweise experimentierte damit, den Wohnort des Empfängers einzubinden, und erzielte so deutlich höhere Öffnungs- und Klickraten.

Einen weiteren Anwendungsfall bilden Standalone-Aussendungen, also Anzeigen in fremden E-Mail-Verteilern, die einzig das Anzeige-Werbemittel beinhalten (vergleiche hierzu auch Abschnitt 6.2.4 *Adressmiete und Anbieter-Evaluation*). Gerade hierbei sollte der Absender wohlüberlegt gewählt werden: Ein »MARKE via gewinnspiel.xy« ist dem regulären »gewinnspiel.xy« vorzuziehen, wenn die Abonnenten keine enge Beziehung zum Listeigner gewinnspiel.xy pflegen.

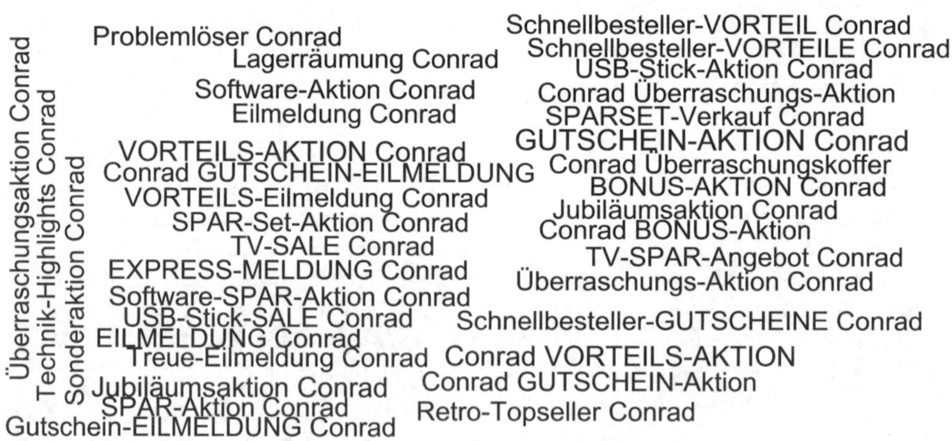

Abb. 11.16: Conrad ist ein echtes Chamäleon im Posteingang – der Absendername wird oft als Marketing-Variable eingesetzt, indem »Überraschung« oder »Spar-Set« nach vorn gestellt wird. Offenbar erzielen solche Reizworte mehr Öffnungen als der Markenname.

Schließlich können Dinge wie Unicode-Symbole (vergleiche Abbildung 11.17 sowie Abschnitt 11.1.2) vorangestellte Leerzeichen beim Absendernamen (»_MARKE«, wobei _ einem Leerzeichen entspricht) Ihre Nachrichten von denen anderer abheben. Durch das Leerzeichen beispielsweise erscheinen E-Mails im Posteingang ein Stück weit eingerückt.

Mehr Aufmerksamkeit in der Newsletter-Flut verspricht ebenso die Einschließung des Absenders in Sonderzeichen. Beispielsweise eckige Klammern (»[MARKE]«).

Abb. 11.17: Nicht nur Betreffs, sondern auch Absender lassen sich mit aufmerksamkeitsfördernden Unicode-Sonderzeichen bestücken: haburi loves Brands.

11.2.7 Person versus Marke testen?

Eine konkrete Person anstelle der Marke oder Internetdomain wirkt eventuell persönlicher und direkter. Notwendige Bedingung ist, dass der Ansprechpartner dem E-Mail-Empfänger vertraut oder zumindest grundlegend bekannt ist. Sei es durch vorherigen Kontakt oder weil der Name allgemein geläufig und eindeutig mit der Absender-Marke verknüpft ist.

Gerade im B2B-Lead-Nurturing ist die persönliche Absender-Variante beliebt. Wenn es also darum geht, durch spezielle E-Mail-Serien Interessenten zu qualifizieren und entlang des Verkaufszyklus zu Kunden zu reifen. Nach einem White-Paper-Download wird der Interessent dabei zum Beispiel automatisiert von einem Vertriebsmitarbeiter der Firma angeschrieben.

Neben dem B2B-Bereich erscheinen aber auch B2C-Newsletter hie und da unter dem (Absender-)Namen des Geschäftsführers, Sachbearbeiters oder Redakteurs. Problematisch ist nur, wenn dem Abonnenten selbiger nichts sagt. Und dies passiert nur allzu häufig. Daher sollten – gerade im Zuge des ersten Kontaktaufbaus – wenn, dann eher kombinierte Spielarten bestehend aus Name und der bekannten Firma vorgezogen werden (zum Beispiel »FIRMA – M. Mustermann«). Auch die alleinige Angabe einer Absender-Adresse (ohne Absendernamen) kann zielführend sein, etwa max.muster@musterfirma.de. Denn sowohl der Ansprechpartner (Max) als auch die Firma (Musterfirma) sind sofort ersichtlich.

Im B2C-Segment empfiehlt es sich allerdings eher selten, eine persönliche Variante umzusetzen. Meist entspricht es nicht der Erwartungshaltung der Empfänger. Die Gefahr eines Mismatches zwischen Absender (persönlich) und Inhalt (unpersönlich) ist hoch. Nicht wenige Abonnenten entlarven zudem den lediglich zu Werbezwecken erdachten Redakteur als solchen. Oder sie sind zumindest skeptisch, was beides der Kommunikationszufriedenheit kaum zuträglich ist.

Falls dennoch unbedingt ein (unbekannter) persönlicher Absender gewählt werden soll, kann behelfsweise versucht werden, den Mangel an Wiedererkennung durch die Betreffzeile zu kompensieren. Zumindest die sollte dann den Vertrauensanker enthalten. Denken Sie zum Beispiel an den Absendernamen »Max Mustermann« in Verbindung mit dem Betreff »MARKE.de: Neue Webseite«.

11.2.8 Mit sozialen Netzwerken verknüpfen

E-Mail und Social Media ergänzen sich wunderbar und gehören daher verzahnt. Eine der daraus resultierenden Entwicklungen ist die »Social Inbox«: Funktionalitäten und Informationen aus sozialen Netzwerken werden in die klassische E-Mail-Umgebung übertragen und machen diese damit zu einem übergreifenden Kommunikations-Schaltpult. So bietet das Netz Nutzern heute zahlreiche Apps und Plug-ins, die auf Wunsch den Posteingang in eine Social Inbox umfunktionieren. Beispiele sind Xobni, Gist, Rapportive, Meshin, Thunderbird Contacts oder der Outlook Social Connector.

Letzterer sorgt im populären E-Mail-Programm Outlook beispielsweise dafür, dass zur betrachteten E-Mail die letzten Facebook-Statusmeldungen und das Profilbild des Absenders eingeblendet werden. Die Verknüpfung von Newsletter und Facebook erfolgt anhand der (Absender-)E-Mail-Adresse (Abbildung 11.18). Ähnlich verfährt Gmail: Googles Webmail-Angebot versucht, anhand der Absender-Adresse eine Verbindung zu einem Google-Plus-Konto herzustellen, das diese Adresse eingetragen und verifiziert hat. Bei einem Fund zeigt Gmail das Profilbild über der E-Mail (vergleiche Abschnitt 18.6 *E-Mail und Google+*).

Die Absender-Adresse des Newsletters sollte daher mit der in den sozialen Netzwerken registrierten übereinstimmen. Geschickt eingesetzt, können auf diese Weise sogar Echtzeit-aktuelle ergänzende Informationen in Form der Pinnwand-Einträge in den Posteingang transferiert werden.

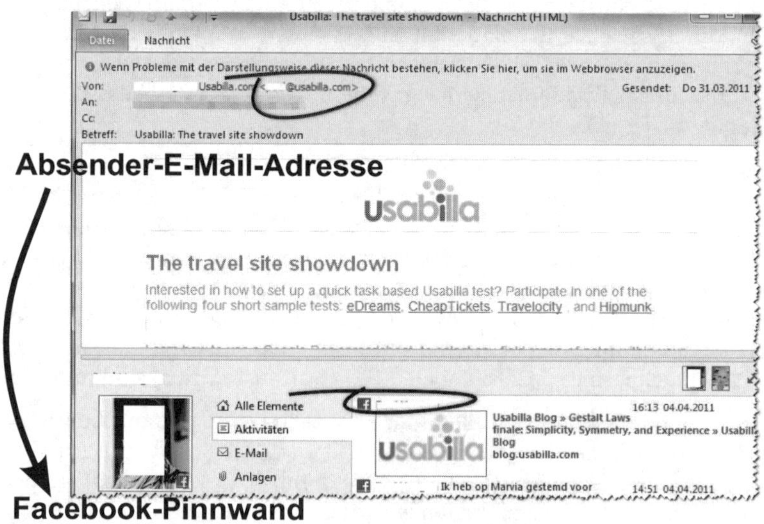

Abb. 11.18: Der Facebook Connector bringt Statusmeldungen in das Outlook-Postfach (Name, Profilbild und Adresse wurden anonymisiert). Oben ist der usabilla-Newsletter abgebildet, direkt darunter zeigt Outlook die Facebook-Pinnwand des Profils, das zur Absender-Adresse gehört. Dies lässt sich für Marketing-Zwecke nutzen.

11.2.9 Mit dem Markenlogo kennzeichnen

Eine Besonderheit der Absenderkennzeichnung bieten Dienste wie iconix, ActiveMail von ActivePath und vor allem trustedDialog von United Internet Dialog im deutschsprachigen Raum. Versender erhalten damit die Möglichkeit, ihre E-Mails als vertrauenswürdig kennzeichnen zu lassen beziehungsweise ihre Markenlogos anstelle einer Textinformation als Absender darzustellen.

Inbox Branding betrifft bei trustedDialog die Posteingänge von GMX, Web.de, T-Online und Freenet. Das Aufmerksamkeitspotenzial derart gekennzeichneter Nachrichten ist deutlich höher, wie Abbildung 11.14 für OTTO und JAKO-O zeigt. In einer Eyetracking-Studie konnte die höhere Werbewirkung unter Beweis gestellt werden. Demnach wurden mit Unternehmenslogo gekennzeichnete E-Mails rund viermal schneller geöffnet als E-Mails ohne Kennzeichnung.

Daneben gibt es auch nicht-kommerzielle Möglichkeiten, um ein Absender-Logo zu spezifizieren. Registrieren Sie beispielsweise auf der Plattform `Gravatar.com` Ihre »Von:«-Absender-Adresse und verknüpfen Sie diese anschließend mit einem Avatar-Bild (Abbildung 11.19). Gravatar steht für Globally Recognized Avatars. Vor allem Weblogs nutzen den Dienst, um Kommentaren ein Gesicht zu geben – sofern möglich, also sofern der Kommentierende eine E-Mail-Adresse hinterlassen hat, zu der ein Gravatar existiert. Aber auch E-Mail-Clients greifen darauf zurück wie zum Beispiel Sparrow, Postbox und Alto. Bei E-Mail-Eingang fragen diese die Gravatar-Schnittstelle ab (`gravatar.com/site/check`), laden gegebenenfalls den Avatar herunter und blenden ihn sodann neben dem Absender ein.

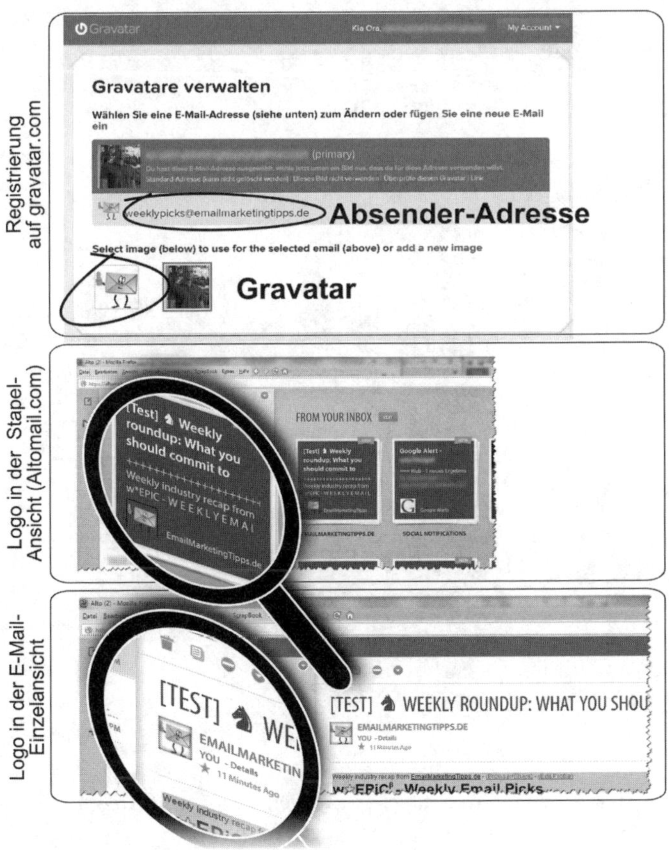

Abb. 11.19: Absender-Logo einfach per Gravatar.com einbinden

Studie: Absender-Wahl bei deutschen Versendern

Wie gestalten deutsche Versender ihren E-Mail-Absender? Abbildung 11.20 zeigt eine Auswertung von 100 Werbetreibenden, die im Zeitverlauf 8.285 E-Mails mit insgesamt 307 verschiedenen Absendern verschickten. Mehr als jeder Fünfte (22,48 Prozent) führt eine Internetdomain als Erkennungszeichen an (zum Beispiel »Tanja von NetMoms.de«). Dies signalisiert unmittelbar einen WWW-Bezug sowie Lokalisation: `.de` steht für ein Angebot, das sich an Deutsche richtet, `.ch` für eines, das Schweizer adressiert. Immerhin 3,26 Prozent enthalten lediglich eine E-Mail-Adresse, keinen beschreibenden Namen. Dies ist eine verpasste Chance: Die E-Mail-Adresse ist sperrig und rückt das Wichtige meist nach hinten. Blicken Sie noch einmal auf Abbildung 11.17: Was sagt uns »dealmachine@n«? Jedenfalls weniger als das abgeschnittene »notebooksbilliger.de«, das für den Abonnenten unsichtbar hinter dem @-Zeichen folgt. Ebenso viele Absender beginnen mit »Newsletter« (zum Beispiel »Newsletter Alltours«). Das Wort an sich ist vertretbar, um die Nachrichten etwa von Transaktions- oder Servicemails abzugrenzen. Jedoch gehört es dann hintenangestellt. Fällt das Auge nämlich im Posteingang zuerst auf »Newsletter«, schafft dies weder einen Wiedererkennungseffekt noch erzeugt es Interesse. Auch hier bietet Abbildung 11.17 ein gutes Beispiel: Dass es sich beim Absender »Newsletter AL« um ALDI Süd handelt, wird nur durch den Betreff deutlich. Denn die Marke dahinter, die dies beides liefern könnte, wird unter Umständen vom E-Mail-Programm abgeschnitten oder nur teilweise angezeigt.

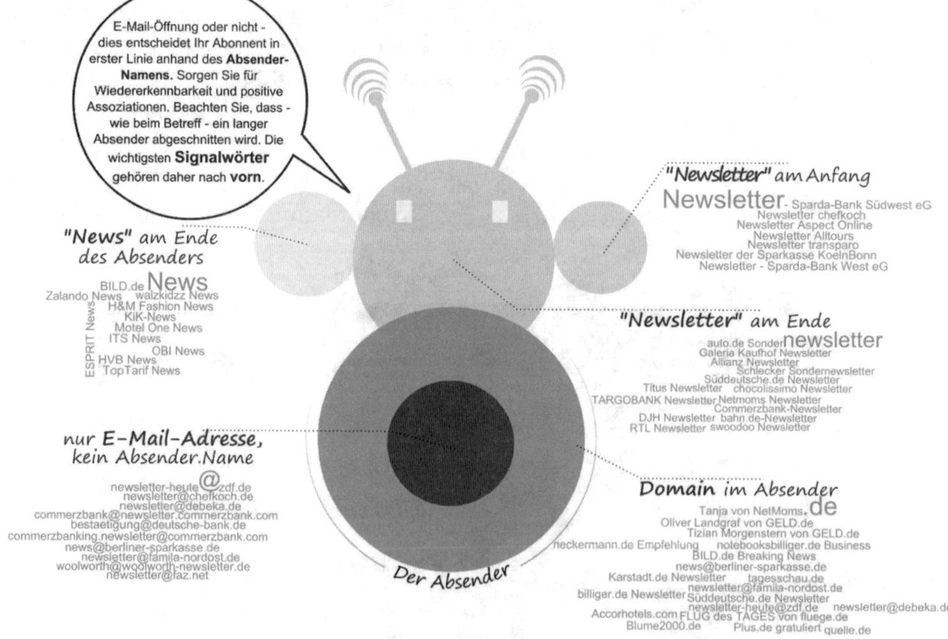

Abb. 11.20: Der E-Mail-Absender im deutschsprachigen Raum – die Kreis-Größe repräsentiert die Verbreitung der Variante.

Tipp: Nicht nur »From:«, auch an die »To:«-Kopfzeile denken

Stellen Sie sich vor, Sie durchforsten Ihre soeben abgerufenen E-Mails. Öffnen Sie dann eher Nachrichten, die im »An:«-Feld Ihren Namen (»Max Mustermann«) zeigen oder solche, die dort Ihre E-Mail-Adresse (»mustermann@muster.de«) führen? Wohl Ersteres, denn dies zeigt unmittelbar an, dass bereits eine individuelle Kommunikationsbeziehung zwischen Ihnen und dem Absender besteht – »der Gegenüber weiß ja etwas Persönliches über mich«. Die E-Mail-Adresse hingegen hat augenscheinlich jeder Versender parat, selbst ein Spammer. Daher ist es ratsam, die »An:«-Kopfzeile beim Versand mit einer Vorname-Nachname-Kombination individualisieren zu lassen. Zum Teil belohnen dies sogar Spamfilter. Stellen Sie daher sicher, dass Ihr Versandtool dies beherrscht. Und dass trotzdem noch ein Fallback zur E-Mail-Adresse besteht, falls Vorname und Nachname eines Empfängers (noch) nicht in der Datenbank verfügbar sind.

Hinweis: Absender-Typen – die From-, Reply-to- und Sender-Kopfzeile

Der E-Mail-Standard definiert drei verschiedene Kopfzeilen für die Kennzeichnung einer E-Mail-Herkunft (RFC 5322 sowie Abbildung 11.21):

- »From:« – das E-Mail-Postfach des Autors einer Nachricht
- »Reply-To:« – das Postfach, an das abweichend von der From-Zeile Antworten geschickt werden sollen
- »Sender:« – das Postfach des technischen E-Mail-Versenders, also Ihres Dienstleisters

Die erste Angabe sollte als Minimum immer spezifiziert werden. Niemand versendet hoffentlich ohne »From«-Feld. Denn selbiges erscheint im Posteingang neben der Betreffzeile.

Die Sender-Zeile wird nur von wenigen E-Mail-Service-Providern genutzt.

Was ist mit dem »Reply-To«-Feld? Klickt ein Rezipient in seinem E-Mail-Programm auf »Antworten«, wird das »An«-Feld mit darin enthaltenen Informationen bestückt. Natürlich nur, wenn diese angegeben wurde. Andernfalls wird das »From«-Feld genutzt.

Die Unterscheidung zwischen beiden ist nützlich. Zwar ist eine von der »From«- abweichende »Reply-To«-Adresse in der One-to-One-Kommunikation nicht die Regel. Sie kann aber sinnvoll sein. Nämlich dann, wenn eben Rückfragen (»Gibt es das Produkt auch in Grün?«) und Autoresponder (»Bin nicht im Büro«) in einem anderen Postfach als die Mailbox des ursprünglichen Absenders aufschlagen sollen. Also zum Beispiel im Sammelpostfach des Kundenservices (»support@«), nicht bei dem Service-Mitarbeiter (»max.mustermann@«), der die E-Mail verfasste. So kann dann im Falle seiner Abwesenheit auch ein Kollege die Antwort des Kunden bearbeiten.

Im E-Mail-Marketing-Kontext werden häufig durch die Versandsoftware empfängerindividuelle Reply-To-Adressen eingesetzt. Anhand dieser kann bei einer Antwort automatisch Mailing-Bezug sowie der betreffende Newsletter-Abonnent identifiziert und damit eine genaue Zuordnung vorgenommen werden. Das Problem dabei: Solche E-Mail-Adressen sehen meist unschön aus:

```
Solutions.6cl-bOvvsl-.fts-@mail-solutionscatalog.com
```

Und mitunter bekommen die Adressaten diese zusätzlich zum »From«-Namen vor die Nase gesetzt. In der Vergangenheit passierte dies oft bei der Option »Schnellantwort schreiben« in Web.de und Yahoo! Mail. Dabei wurde dem Nutzer direkt unter der E-Mail ein Antwort-Textfeld angezeigt – inklusive Reply-to-Adresse, damit der Nutzer wusste, wohin seine Antwort geht. Aber eine derart vertrackte Adresse hinterlässt kaum keinen guten Eindruck, geschweige denn, dass sie zum Dialog einlädt. Abhilfe schafft hier, einen kundenfreundlichen Anzeigenamen zu spezifizieren. Auch hierauf gilt es also zu achten.

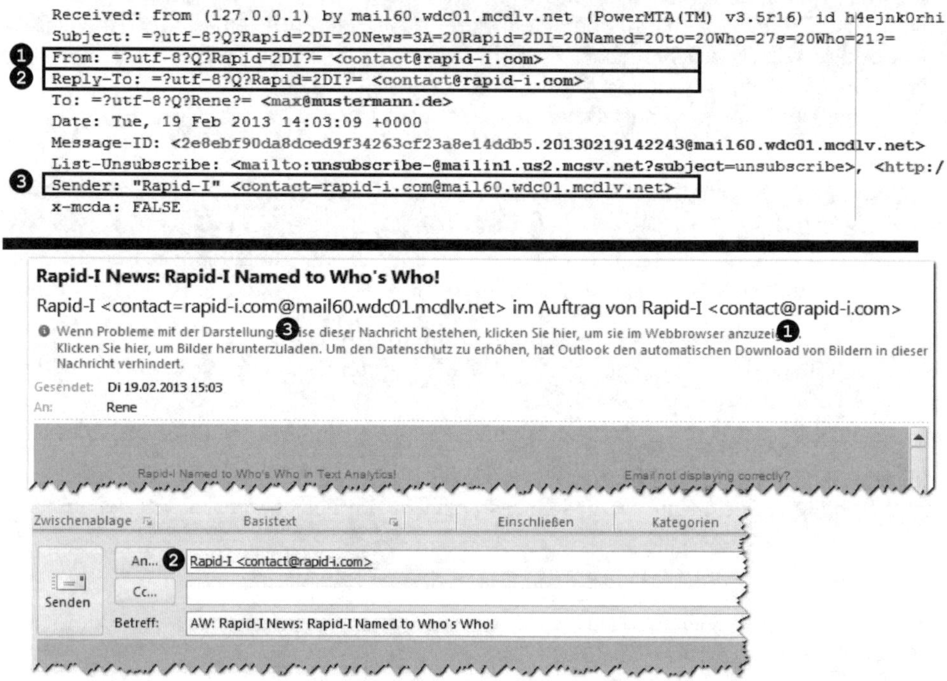

Abb. 11.21: From- versus Reply-to- versus Sender-Kopfzeile in Outlook 2010 – oben die Kopfzeilen, unten die Darstellung in der Postfach-Übersicht beziehungsweise beim Antworten

Kapitel 12

Warum Bilder wertvoll sind und die Bildblockade nervt

Zum Schutz der Privatsphäre und vor Viren- und Phishing-Mails unterdrücken die meisten E-Mail-Clients extern referenzierte Bilder, also solche Grafiken, die im Internet von einem Server geladen werden müssen. Der Benutzer muss das Nachladen erst per Klick auf »Bilder anzeigen« anfordern (vergleiche Abbildung 12.1). Würden Bilder automatisch geladen, könnten Spammer anhand des registrierten Hits auf dem Server sehr einfach nachvollziehen, welche E-Mail-Adressen aktiv sind. Zudem steigt die Gefahr von Drive-by-Spam, der bereits bei der bloßen Anzeige Schadcode installiert. So nachvollziehbar der Schutzgedanke auch ist – für seriöse Werbeversender ist die Einschränkung ein Ärgernis. Schließlich kostet jeder zusätzliche Klick Response.

Abb. 12.1: Wie Gmail so unterdrücken auch die meisten anderen E-Mail-Programme Bilder zunächst; erst beim Klick auf »Bilder unten anzeigen« werden diese geladen.

Studien: Wo werden Bilder unterdrückt?

Der australische E-Mail-Service-Provider Campaign Monitor untersuchte 2011, bei welchen E-Mail-Clients standardmäßig Grafiken blockiert werden. Lesen Sie die Ergebnisse unter `tinyurl.com/cjtvsnp`. Zudem ergab eine Befragung durch den E-Mail-Dienstleister promio.net, dass 2010 die Hälfte der Deutschen bewusst die Bildunterdrückung im E-Mail-Programm aktiviert; drei Jahre zuvor waren es noch vier Prozentpunkte weniger. Nur jeder Dritte gab an, die Funktion ausgestellt zu haben; 2007 waren es noch 53 Prozent. Laut E-Mail Marketing Consumer Report 2009 (ContactLab) für Italien, Spanien, Frankreich, Deutschland und Großbritannien können 35 Prozent die Bilder per Nachladen aktivieren. Weitere 8 Prozent verzichten ganz bewusst darauf; im mobilen Internet sind dies sogar 28,1 Prozent. Gemäß dem View From the Inbox 2009 Report (Merkle) sehen 48 Prozent Bilder unmittelbar, der Rest nicht. Unterm Strich sollten Sie davon ausgehen, dass mindestens die Hälfte der Abonnenten zunächst keine Bilder sieht – schafft Ihr Newsletter es auch so, unmittelbar zu überzeugen?

Bilder in E-Mails sind das Mittel der Wahl, um in kurzen Zeitspannen Wiedererkennung, Aufmerksamkeit sowie ein erstes Interesse zu erzeugen. Sie ...

- werden vielfach als Erstes fixiert und können deutlich schneller und leichter verarbeitet werden als Text;
- sind plakativer und werden besser erinnert;
- vereinfachen es, emotionale Eindrücke zu vermitteln und eine innere Erregung (»Aktivierung«) hervorzurufen.
- kommunizieren effektiver ein erstes Look&Feel (Anmutungsqualität, siehe Box unten);
- transportieren in Form von Animationen potenziell besonders viel Information auf engstem Raum.

Damit sind Bilder prädestiniert dafür, den Nutzen in E-Mails zu präsentieren – Gucken geschieht, bevor mit dem Lesen begonnen wird. Und ohne unmittelbar ersichtlichen Nutzen wandert die E-Mail in den Papierkorb. Bei einer bildlastigen Ansprache ist dies eine echte Herausforderung.

Studien: 50 bis 180 Millisekunden fürs erste Bauchgefühl

180 Millisekunden – mehr Zeit benötigen Websurfer nicht, um sich einen ersten Eindruck von einer Internetseite zu verschaffen. Dies ermittelte Sirjana Dahal im Rahmen ihrer Masterarbeit. Eine aufwendige Blickverlaufsanalyse ergab nämlich, dass die erste Augen-Fixation auf einer Webseite im Schnitt 180 Millisekunden andauerte. Bei E-Mails dürfte es nicht mehr sein – eher im Gegenteil. Zudem fand sie heraus, dass der erste Eindruck signifikant von Design-Faktoren wie Farbwahl, Schriftart und -größe und Bildeinsatz abhängt.

Zu ähnlichen Ergebnissen bezüglich des ersten Look&Feels kam auch Dr. Gitte Lindgaard. Demnach braucht es nur 50 Millisekunden, ein halbes Blinzeln also, um ein erstes gefühlsmäßiges Bild vom Newsletter zu bekommen. Ist es *besonders* gut, kann dies sogar den eigentlichen Inhalt positiv überstrahlen (Halo-Effekt). Ist es dagegen überladen oder langweilig, kann das zum sofortigen Wegklicken der Werbung führen. Bilder können schneller als Text vom Gehirn verarbeitet werden. Sie sind daher ein wichtiges Mittel, um Interesse zu wecken.

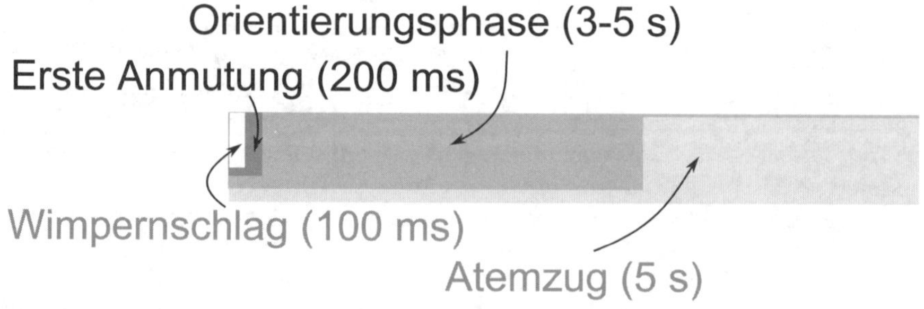

Abb. 12.2: Wirkt Ihre E-Mail auf Anhieb – im Zeitraum von zwei Wimpernschlägen – einladend? Oder schrecken große Textabschnitte, eine unangenehme Farbpalette et cetera ab? Und werden dem Abonnenten seine wichtigsten Fragen (Wer schreibt? Was soll ich tun? Warum nützt mir dies?) in maximal einem Atemzug beantwortet? Dann haben Sie den Grundstein für ein vielversprechendes Mailing gelegt. Bilder können ein Schlüssel zum Erfolg sein.

12.1 Bildpersonalisierung

Manchmal sind Bilder sogar das Zentrum der Ansprache – man denke an **bildpersonalisierte** E-Mailings zu besonderen Anlässen wie den Geburtstag des Empfängers, Sonderaktionen im Shop, Ostern oder die Weihnachtszeit.

Bei der Bildpersonalisierung wird ein Empfängermerkmal aus der Datenbank – oft ist dies der Vorname – in ein stimmungsvolles Motiv gerendert (Abbildung 12.3). Je nach Anbieter geschieht dies in Echtzeit, das heißt während der E-Mail-Öffnung oder vor Kampagnenstart. Im letzteren Fall werden vorab die Vornamen geliefert, die individualisierten Bilder auf dem Server abgelegt und dann passend in der E-Mail referenziert. Das Bildmotiv kann dabei statisch oder auch animiert sein (vergleiche zum Beispiel das Helzberg-Diamonds-E-Mailing: `tinyurl.com/9m6mf7k`, Abbildung 12.4). Ebenso werden personalisierte Videoclips genutzt, die die E-Mail mit einem markanten Screenshot anteasert.

Insgesamt erzielt eine solche Kundenansprache höchste Aufmerksamkeit. Sie bleibt zudem positiv in Erinnerung. Die Effektivität kann noch gesteigert werden, wenn segmentspezifische Bildpersonalisierungen durchgeführt werden – etwa indem Männer ein anderes Geburtstagsbild erhalten als Frauen. Anbieter in diesem Bereich sind zum Beispiel AlphaPicture (Rabbit eMarketing), DirectType, One2Smile, Da!sy oder motobias visage.

Abb. 12.3: Mittels Bildpersonalisierung wurden im OTTO-E-Mailing Adressaten-spezifische Merkmale wie Vorname und Wohnort in Produktabbildungen und andere Grafiken gerendert.

Tipp: Einfache HTML-Bildpersonalisierung für jedermann

Personalisierte Bilder, die aufwendig mit Adressdaten wie in Abbildung 12.3 verziert werden, sind stets ein Hingucker. Allerdings muss hierzu regelmäßig auf Dienstleister zurückgegriffen werden. Die stellen die notwendige Software, Motive und Schriftarten bereit.

Einer abgespeckten Variante kann sich allerdings jedermann bedienen. Abbildung 12.5 zeigt eine animierte Hintergrundgrafik, die verschiedene Visitenkartenmotive entsprechend des Angebots durchwechselt. Im Vordergrund erscheinen die Daten des E-Mail-Empfängers als HTML-Text. Die Platzhalter ersetzt die E-Mail-Software vor dem Versand. Eine solche individualisierte Visitenkarte erhöht die wahrgenommene persönliche Relevanz des Angebotes im Posteingang noch einmal deutlich. Mit interessanten Schriftarten (`TypeTester.org` zum Probieren) und passenden Hintergrundbildern bietet sich viel Spielraum für Experimentierfreudige.

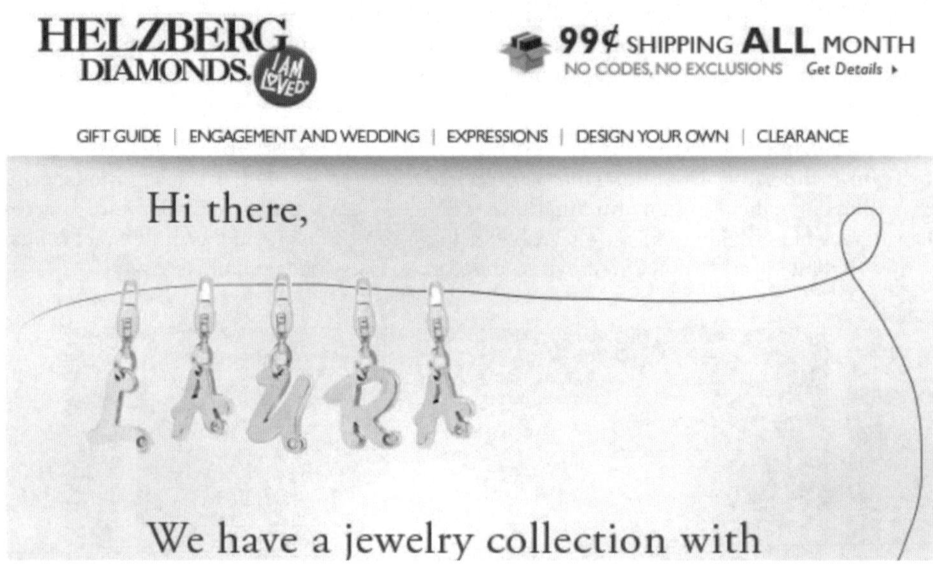

Abb. 12.4: Helzberg Diamonds ging einen Schritt weiter – die Abbildung der Kette enthielt nicht nur die Vornamen der Adressaten, sie schwang zudem hin und her (animiertes GIF). Das Werbemittel erhöhte MarketingSherpa zufolge die Abverkäufe um 288 Prozent.

Abb. 12.5: HTML-Bildpersonalisierung von Vistaprint für ein Visitenkartenmotiv – links das Template mit den Variablen, die beim Versand dynamisch durch die hinterlegten Empfängermerkmale ersetzt werden. Rechts das Ergebnis im Posteingang.

Abb. 12.6: Bildpersonalisierter Gutschein im Conrad-Newsletter

12.2 Dynamische Bilder

Dynamische Bilder sind ein neuartiger Trend im E-Mail-Marketing, der das Potenzial zu einem Paradigmenwechsel besitzt. »Dynamisch« meint, dass sich Grafiken während der Laufzeit der Kampagne verändern können. Öffnet ein Abonnent beispielsweise den Newsletter eine Stunde nach E-Mail-Eingang, erhält er andere Inhalte angezeigt als beim erneuten Aufruf fünf Tage später. Für die Festlegung des Contents ist also nicht mehr der Versandzeitpunkt entscheidend, sondern der Zeitpunkt, zu dem die E-Mail betrachtet wird.

Einsatzzwecke hierfür ergeben sich aus vielerlei Richtungen. Man denke an den **Bild-Austausch** von Hand. Sind Angebote beispielsweise nicht mehr verfügbar, können die entsprechenden Newsletter-Grafiken auf dem Webserver durch »Ausverkauft«-Meldungen ersetzt werden. Dies erspart dem Abonnenten einen ärgerlichen Klick ins Leere. Zudem unterstützt es die Glaubwürdigkeit künftiger Angebotsverknappungen. »Stückzahl begrenzt« wirkt auf Abonnenten dringlicher, wenn sie zuvor bereits mit »Ausverkauft«-Notizen konfrontiert wurden. Denn damit wurde quasi bewiesen, dass das Angebot wirklich begrenzt war und ein Zögern Nachteile mit sich bringt.

AdSonar liefert Google-AdSense-artige Anzeigen in den Newslettern der New York Times und der Huffington Post aus (Abbildung 12.7). Solche **kontextsensitiven Werbeformen** sind bei Online-Marketern beliebt. Kein Wunder. Das Werbeinventar muss nur einmalig initialisiert werden, danach entfällt administrativer Aufwand. Eine Akquise von Anzeigenkunden ist ebenfalls nicht nötig. Und der Verdienst, oft auf Klick-Basis, kann sich sehen lassen. On top optimiert der Anbieter die Werbemittel-Auslieferung automatisch so, dass die attraktivsten Anzeigen am häufigsten eingeblendet werden. Und die passen zum Kontext, also zum Webseiten- oder eben Newsletter-Inhalt, und sind damit mit hoher Wahrscheinlichkeit relevant für die Zielgruppe.

Abb. 12.7: Grafiken zur Auslieferung kontextsensitiver Anzeigen. Die Verlinkung erfolgt auf Basis von Image-Maps. (`huffingtonpost.com`)

Leider profitieren E-Mail-Marketer bislang noch nicht auf breiter Front von dieser Werbeform. Google hatte die Idee von AdSense für Newsletter 2004 verworfen. Vorbehalte wegen Spam spielen eine Rolle. Aber vor allem auch technische Aspekte: Das Umfeld der Anzeige ist in E-Mails unbekannt, da dies nicht ohne Weiteres in Echtzeit vom Werbenetzwerk ermittelt werden kann. Daneben könnte der Newsletter – im Unterschied zur Website – keinen Echtzeit-dynamischen HTML-Text ausliefern. Denn der E-Mail-Quelltext lässt sich nach Versandstart ja nicht mehr nachträglich ändern.

Bilder hingegen erlauben dies schon. Dies macht sich auch der Anbieter LiveIntent zunutze. LiveIntent bietet internationalen E-Mail-Versendern eine einfache Möglichkeit, ihren Newsletter via Werbenetzwerk zu refinanzieren. Der Newsletter-Versender muss hierzu den HTML-Code von LiveIntent einbinden. LiveIntent wiederum ersetzt anschließend die im Code referenzierten Bilder durch passende Werbemittel. Ad Impressions stellen damit auch im Newsletter-Marketing potenzielle Werbeerlöse dar.

Mit Movable Ink und Kick Dynamic sind zwei weitere Player im Bereich Bilddynamisierung zu nennen. Eröffnen Sie auf der Anbieter-Webseite `movableink.com` ein Benutzerkonto. Anschließend können Sie sofort loslegen und **Countdowns**, **Live-Tweets** vom sozialen Nachrichten-Netzwerk Twitter oder **Echtzeit-aktuelle RSS-Feeds** in Ihre Newsletter einbinden. Der Countdown beispielsweise zeigt immer die aktuelle Restlaufzeit des beworbenen Angebots an – ein starkes Signal in Richtung Empfänger, das Handlungsdruck erzeugt.

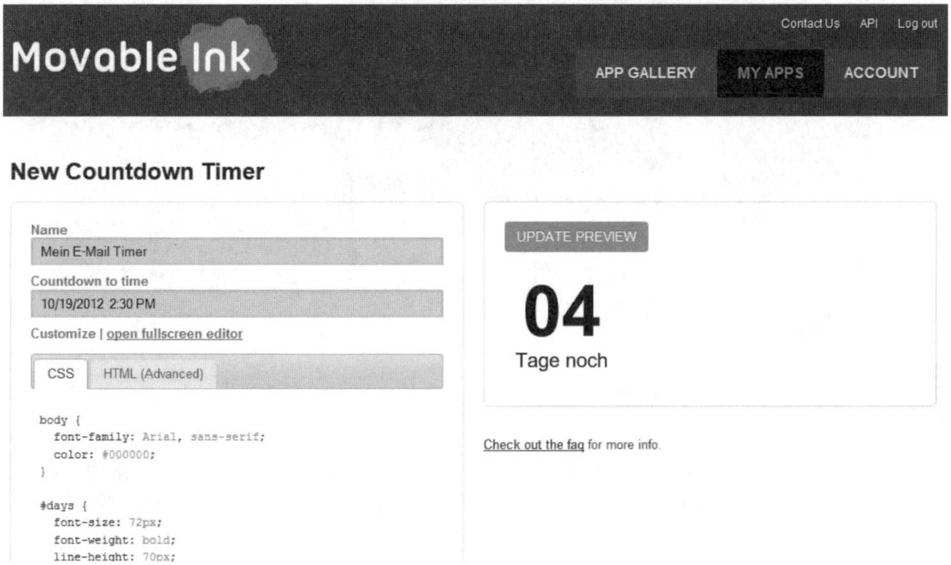

Abb. 12.8: Mit Movable Ink können leicht Angebots-Countdowns in Newsletter integriert werden. Der Timer lässt sich an die Designvorgaben anpassen.

Abb. 12.9: Eingebunden wird der Countdown mittels einer einfachen Grafik-URL: Kopieren und in den Newsletter einfügen.

Abb. 12.10: Wetter-Daten, Live-Tweets, GIF-Videos und mehr – alles auf der Grundlage dynamischer Bilder im Movable-Ink-Newsletter.

Abb. 12.11: Echtzeit-personalisierte Produkt-Empfehlungen, die zum Öffnungszeitpunkt berechnet und grafisch gerendert werden. (prudsys RDE | Newsletter bei conrad)

Das Ende der Fahnenstange ist mit Bildpersonalisierung, Grafikaustausch, AdSense und Live-Tweets noch nicht erreicht. Diverse weitere Szenarien sind denkbar wie zum Beispiel:

- Lokale Wetter-Daten, die anhand einer IP-zu-Region-Zuordnung abgerufen werden (33 Grad in Berlin, 31 Grad in München – vergleiche Abbildung 12.10)
- Umgebungskarten, die dem Aufenthaltsort nächstgelegene Filialen markieren
- Morgen- und Abend-Angebote – je nach Tageszeit der E-Mail-Öffnung
- Geräte-abhängige Bilder, die anhand der User Agent-Variable ausgeliefert werden (iPhone-App-Banner für iPhone-Nutzer, Outlook-Plug-in für Outlook-Nutzer)
- Individuelle Produkt-Empfehlungen, die das vergangene Shopping-Verhalten berücksichtigen (Produkt angeschaut, in den Warenkorb gelegt, gekauft et cetera – vergleiche Abbildung 12.11)
- Newsletter-Templates, die letztlich komplett aus Grafik-Bausteinen bestehen und echtzeitig für jeden Empfänger individuell zum Rendering-Zeitpunkt zusammengerechnet werden (vergleiche das Hotmail-Beispiel am Ende des Abschnitts 8.3.1 *Profildaten generieren*).

All dies basiert technisch auf der Einbindung von Grafiken, die zum Zeitpunkt der E-Mail-Öffnung dynamisch vom Server ausgeliefert werden. Tja, wenn sie denn dargestellt und nicht blockiert würden ...

Tipp: Dynamische statt statische Countdowns

Countdowns fördern Handlungsdruck. Der dahinterstehende Code berechnet zum Zeitpunkt einer E-Mail-Öffnung, wie viel Rest-Zeit bis zu einem bestimmten Zeitpunkt in der Zukunft verbleibt. Die Rest-Zeit wird sodann grafisch dargestellt. Dabei lassen sich zwei Countdown-Arten unterscheiden: Statische (»nur noch 3 Tage«) und animierte (»3 Tage, 4 Minuten und 32 Sekunden ... 31 Sekunden ... 30 ... 29«). Letztere sind technisch und inhaltlich besonders elegant. Ein Beispiel bietet der Deal des Tages im Newsletter von fluege.de (Abbildung 12.12 und Abbildung 12.13).

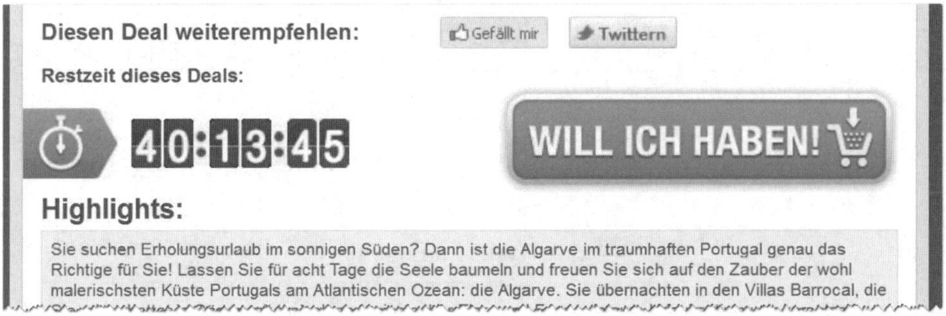

Abb. 12.12: Dynamischer Echtzeit-Countdown 1 von 2 (fluege.de) – die verbleibende Rest-Zeit des Deals wird zum Zeitpunkt der E-Mail-Öffnung berechnet und in den Newsletter gerendert.

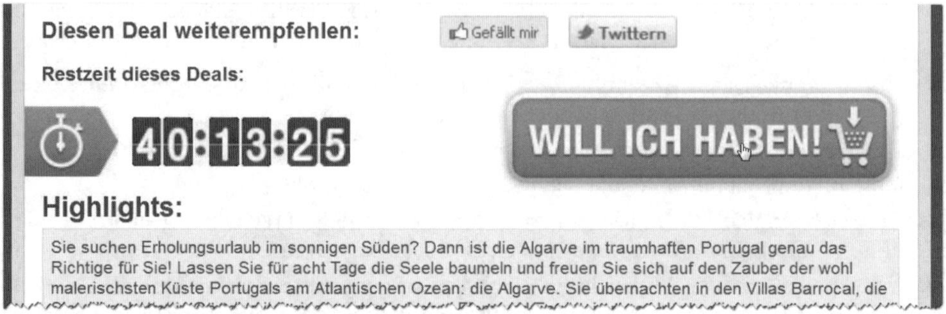

Abb. 12.13: Dynamischer Echtzeit-Countdown 2 von 2 (fluege.de). Zwar verändert sich im Beispiel lediglich die Anzeige der Sekunden. Technisch möglich ist aber auch das echtzeitige Herunterzählen aller Zeitangaben (vergleiche `tinyurl.com/ajvr7dw`).

12.3 Bildunterdrückung umschiffen

Bilder besitzen zahlreiche Vorteile gegenüber reinen Text-Informationen. Sie werden jedoch in der E-Mail-Umgebung zunächst blockiert. Um die Klippen dieser Bildblockade umschiffen zu können, sollten professionellen E-Mail-Marketing-Managern die Ansätze aus Abbildung 12.14 bekannt sein.

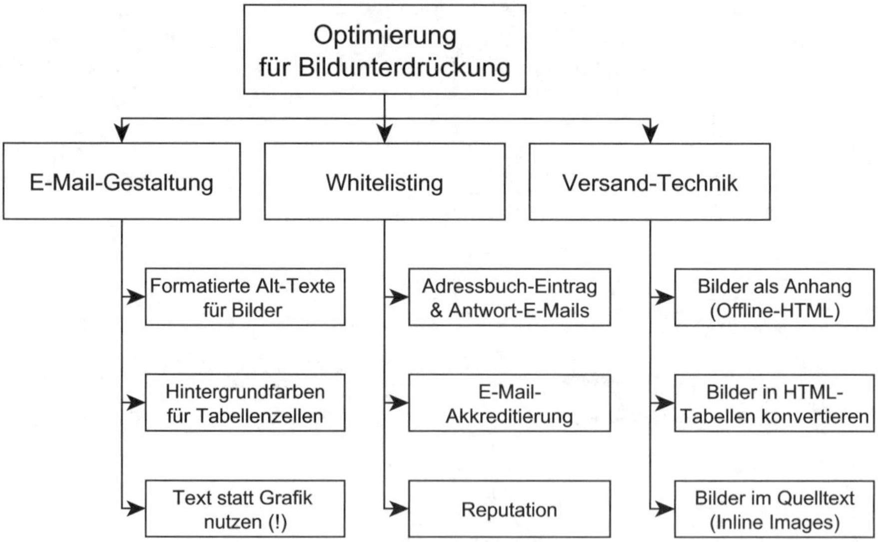

Abb. 12.14: E-Mails für die Bildunterdrückung optimieren

12.3.1 Funktion »Bilder von diesem Absender immer anzeigen« bewerben

Bitten Sie Ihre Adressaten, in ihrem E-Mail-Programm die Option »Bilder von diesem Absender immer anzeigen« auszuwählen. Im Ergebnis werden künftige E-Mails als vertrauenswürdig eingestuft und externe Grafiken sofort angezeigt. (Eine ähnliche Wirkung zeigt sich mitunter, wenn der Abonnent den Absender zum Adressbuch hinzufügt oder wenn er ihm mehrmals eine Antwort-E-Mail schreibt. Antworten signalisieren dem Antispam-System eine persönliche Beziehung.)

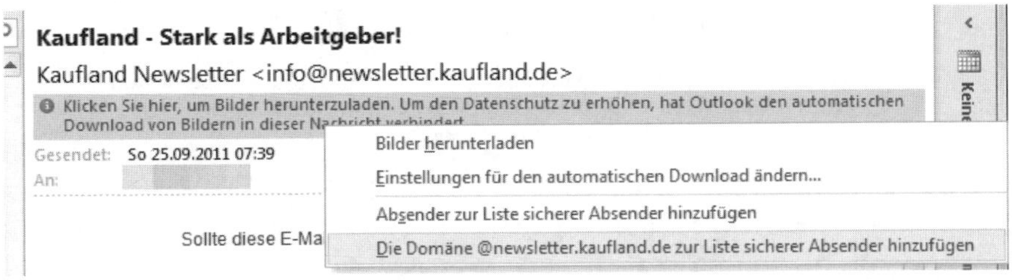

Abb. 12.15: In E-Mails aus vertrauenswürdiger Quelle können künftig externe Grafiken sofort und ohne Nachfrage geladen werden. Bitten Sie Ihre Abonnenten, Ihren Absender hinzuzufügen. (Hier: Outlook 2010)

Der Nachteil dieser Variante ist, dass eine Nutzeraktion erforderlich ist. Für das Tätigwerden muss also aktiv geworben werden. Etwa im Pre-Header, wo sich meist der Link zur Onlineversion des Newsletters befindet. Oder prominenter durch einen Banner oder Ähnliches. Gegebenenfalls ist es sinnvoll, den Adressaten die Funktion zu erklären, also die Frage zu beantworten: »Warum soll ich dies tun, also wo ist mein Nutzen und wie bewerkstellige ich das in meinem E-Mail-Programm?« Damit er nicht versehentlich vom E-Mail-Programm gefiltert wird und schöner anmutet. Schließlich haben Sie viel Mühe in die Gestaltung investiert.

12.3.2 Akkreditierung und Reputation

Verschiedene E-Mail-Clients setzen die sicherheitsbedingte Bildblockade in Newslettern aus, falls es sich um einen vertrauenswürdigen Absender mit gutem Ruf handelt. Einen guten Ruf beschaffen Sie sich entgeltlich beispielsweise mittels einer Zertifizierung Ihrer Werbemails durch den Zustellbarkeitsspezialisten Return Path. Eine solche Zertifizierung belohnen Hotmail und Yahoo! Mail unter anderem mit einer sofortigen Bildanzeige. Im Gegenzug verpflichten Sie sich gegenüber Return Path zur Einhaltung strenger Qualitätsstandards bezüglich der E-Mail-Inhalte und der Adressgewinnung. Für Postfächer im deutschsprachigen Raum, etwa GMX und Web.de, bietet ein trustedDialog-Siegel des Anbieters United Internet Dialog ähnliche Vorteile. (Vergleiche hierzu Abschnitt 24.2 *Whitelisting und E-Mail-Akkreditierung nutzen.*)

Vertrauenswürdigkeit können Sie sich auch unentgeltlich bescheinigen lassen. So interpretiert Gmail Absender, die bereits zwei oder mehr Antwort-Nachrichten eines Nutzers erhielten, als (aus Sicht dieses Nutzers) vertrauenswürdig. Gleiches gilt für Absender, die zu den Kontakten hinzugefügt wurden. Bilder in Newslettern werden dann standardmäßig nicht mehr unterdrückt. (Zumindest sofern die E-Mails authentifiziert wurden, also klar ist, dass der Absender nicht gefälscht ist.) Microsofts Outlook.com geht einen Schritt weiter. Der Dienst fällt die Entscheidung »Bilder – ja oder nein« anhand der Absender-Reputation, die sein Filter SmartScreen berichtet. Wurden für den Mailserver in der Vergangenheit keine

Spambeschwerden und andere negative Verhaltensauffälligkeiten registriert, dann steigt die Chance, dass Bilder unmittelbar dargestellt werden.

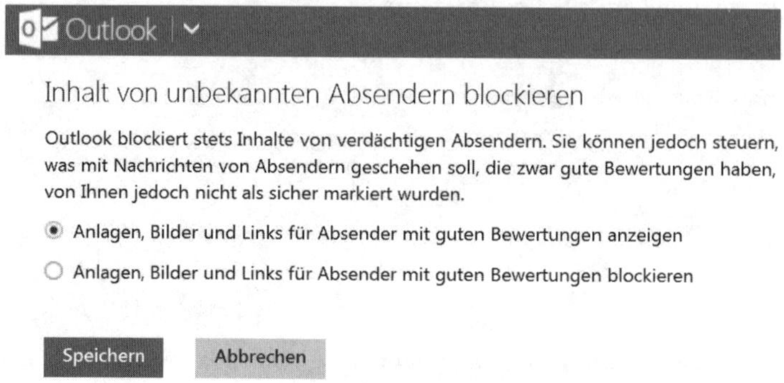

Abb. 12.16: Ein guter Ruf Ihrer Mailserver sorgt in Outlook.com standardmäßig dafür, dass Bilder sofort angezeigt werden.

12.3.3 Eingebettete Bilder versenden (Offline-HTML)

»Embedded Images« sind Grafiken, die in den versandten E-Mails quasi als Anhang eingebunden sind. Da Datenschutzprobleme nur bei Bildern auf Webservern bestehen, werden vermeintlich »ungefährliche« Attachment-Grafiken meist direkt angezeigt. Da zur Anzeige auch keine Internetbindung mehr nötig ist, die Grafiken wurden ja lokal gespeichert, findet sich die Variante auch unter dem Stichwort »Offline-HTML«.

Einige mobile Endgeräte unterstützen Offline-HTML nicht. Ansonsten funktioniert dies recht zufriedenstellend bei fast allen E-Mail-Programmen. Nachteilig kann sich allerdings das gestiegene Gewicht der E-Mails auswirken. Dieser Effekt ist je nach Anzahl, Größe und Kompression der eingebetteten Grafiken erheblich. Die Variante bietet sich somit primär für die Direktanzeige ausgewählter Schlüssel-Grafiken wie das Markenlogo oder den Call-to-Action-Button an. In jedem Fall sollten alle eingebetteten Bilder anhand von Maßen und Kompression optimiert werden.

Wie funktioniert die Implementierung technisch? Vereinfacht:

- Die mitzuschickenden Bilder werden zunächst Base64-enkodiert, also quasi aus ihrem Binär- in ein Textformat überführt, das per E-Mail übertragen werden kann. (Nebenbei: Der Base64-kodierte Text ist auch noch einmal deutlich größer als die ursprüngliche binäre Grafikdatei auf der Festplatte.)
- Die Bilder erhalten je eine eindeutige Content-ID (»cid«). Anhand dieser kann der Anhang im E-Mail-Inhalt normal referenziert werden. Hierzu wird das übliche HTML-Image-Tag (»IMG«) im Attribut für die Bildquelle (»SRC=«) mit der Content-ID versehen, anstelle der sonstigen URL zum Bild auf dem Webserver.
- Schließlich werden die Bilder der E-Mail als MIME-Teil angehängt.

12.3.4 »Inline-Images« nutzen

Alternativ zu den als MIME-Parts *angehängten* Bildern ist es auch möglich, den Base64-enkodierten Grafik-Text direkt von Hand in die Bildquelle einzufügen. Tools zur Base64-Kodierung existieren zuhauf, dies kann also jeder Versender sofort händisch ausprobieren.

Die Syntax für derartige Daten-URLs lautet `data:MEDIENTYP;base64,DATEN`. In Form von HTML-Quelltext sieht dies beispielsweise wie folgt aus:

```
<img src="data:image/gif;base64,AAOALMAA...">
```

Wobei AAOALMAA... dem Base64-Text einer (GIF-)Grafik entspricht.

Doch Vorsicht. Diese Variante ist vor allem aufgrund der vergleichsweise geringen Unterstützung seitens der E-Mail-Programme nicht guten Gewissens zu empfehlen. Gmail und Outlook 2010 beispielsweise verweigern die Darstellung gänzlich. Es bleibt also eher etwas für Experimentierfreudige. (Vergleiche hierzu auch `tinyurl.com/c4wff6j`.)

12.3.5 Bilder in feingranulare HTML-Tabellen konvertieren

Eine sehr interessante Möglichkeit besteht darin, Grafiken als HTML-Tabellen zu rastern. Die Idee dabei ist, dass jeder Bildpunkt einer Bitmap-Grafik ja theoretisch durch eine Tabellenzelle repräsentiert werden kann, die mit einer Hintergrundfarbe koloriert wird.

Tabellen werden prinzipiell ohne Weiteres von den allermeisten E-Mail-Clients korrekt gerendert. Allerdings besitzt auch das Tabellen-Raster Nachteile. Zum einen steigt das E-Mail-Gewicht hierdurch exorbitant an: Für ein Firmenlogo können aus einem Kilobyte Datenvolumen (GIF-Grafik) schon mal 100 werden (Tabellen-Grafik). Gleichsam wäre das Logo ohne Weiteres auch nicht mehr anklickbar. Hier gilt es also abzuwägen, was wichtiger ist: geringes Gewicht und Klickbarkeit oder unmittelbare Sichtbarkeit im Posteingang.

Tools zur Konvertierung von Grafiken in HTML-Tabellen

Zur Umwandlung von Grafiken in HTML-Tabellen existieren Werkzeuge. Wer sich für den Newsletter der amerikanischen E-Mail-Agentur STYLECampaign anmeldet, erhält als Dankeschön einen Link zum kostenfreien »Image to HTML Converter for Email«. Einfach die gewünschte Grafik im BMP-Format per Drag&Drop auf die ausführbare Datei ziehen und so umwandeln, dann die HTML-Tabelle in der Ergebnisdatei von <TABLE> bis </TABLE> kopieren und anstelle des Original-IMG im Newsletter-Quelltext einfügen – fertig! Im STYLECampaign-Blog sowie auf YouTube finden sich detaillierte Gebrauchsanweisungen, Tipps sowie Anwendungsbeispiele.

Ein weiteres Werkzeug wird vom Dienstleister Email on Acid bereitgestellt und schimpft sich Mozify. Damit lassen sich Grafiken in komplexe HTML-Mosaike und formatierten HTML-Text umwandeln (vergleiche Abbildung 12.19 und fortfolgende). On top bleibt das Ganze anklickbar und bei aktivierten Bildern wird eine Grafik statt der Tabelle dargestellt. Das Tool ist außerordentlich vielversprechend und einen Test wert.

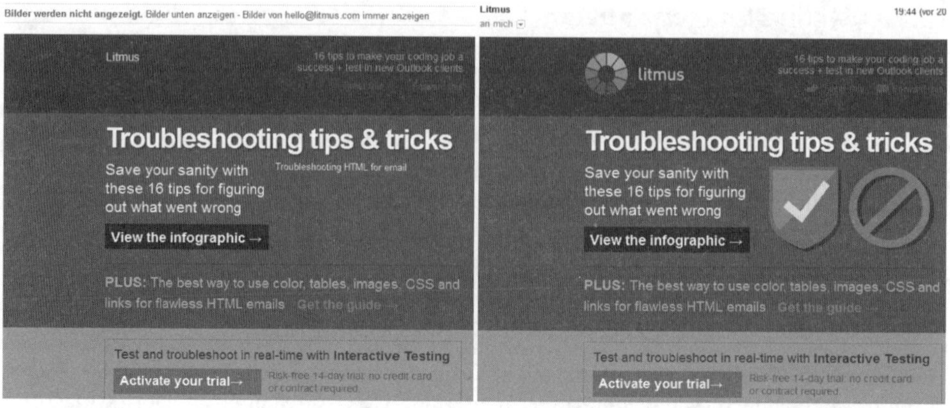

Abb. 12.17: Ein weiteres Beispiel von Litmus – links der Newsletter ohne Bildanzeige, rechts mit Logo, Icons und einem Raster im Hintergrund. Auch hier ist die Anmutungsqualität bereits ohne Bilder sehr hoch.

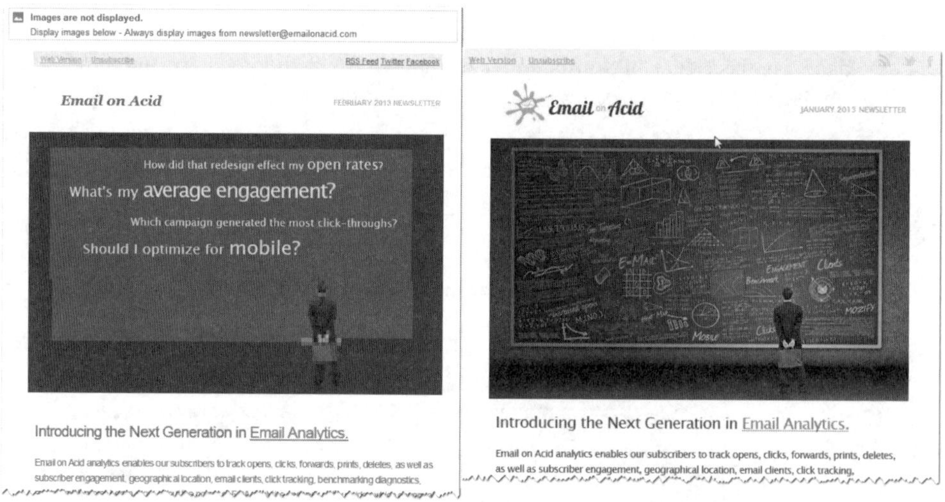

Abb. 12.18: Mozify von Email on Acid in Aktion 1 – links der Newsletter bei blockierter Bildanzeige, rechts die Darstellung bei geladenen Bildern

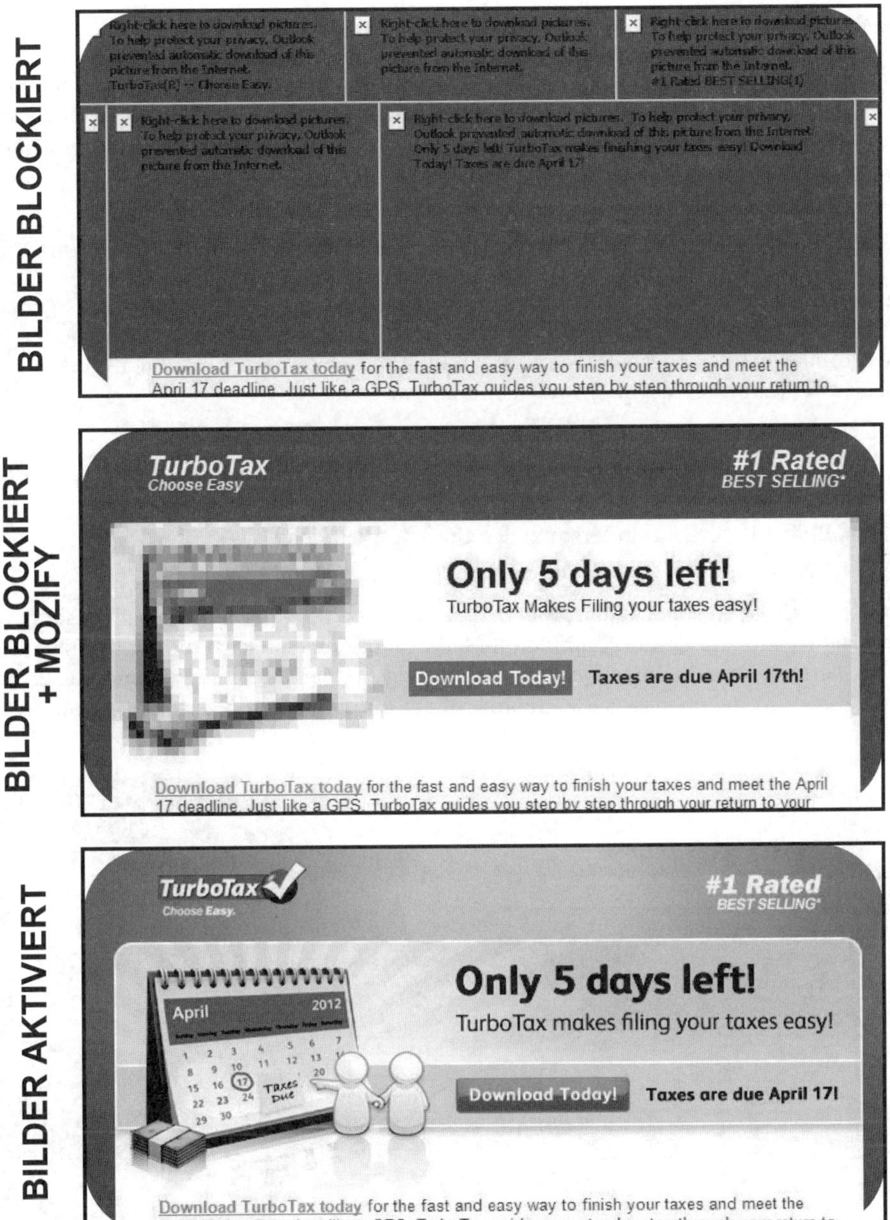

Abb. 12.19: Mozify in Aktion 2 – oben die typische Ansicht bei unterdrückten Bildern – die Grafiken selbst werden durch Platzhalter repräsentiert, lediglich der HTML-Text ist unmittelbar sichtbar. Die Mitte zeigt den gleichen Newsletter, wieder bei unterdrückten Bildern, jedoch ist der Newsletter mit dem Tool Mozify für die Bildblockade optimiert worden; die Grafik wurde hierzu in eine HTML-Tabelle umgewandelt. Bei aktivierten Bildern werden schließlich die Grafiken geladen (unten).

12.4 Alternativ-Text formatieren

»Setzen Sie sinnvolle Alt-Texte« – E-Mail-Berater werden nicht müde, dies anzumahnen. Aus gutem Grund. »Alt« steht für »alternate«, also »Alternativ«. Es handelt sich dabei um das Text-Äquivalent zu einer Grafik im E-Mailing. Technisch gesehen ist es ein Attribut im Image-Tag (`<img>`):

```
<img src="http://www.domain.de/bild.jpg" alt="Mein Bild" />
```

Das Image-Tag erlaubt die Einbindung von Bildern in HTML, das Alt-Attribut die Spezifikation eines alternativen Beschreibungstextes. Dieser wird zum Beispiel Sehbehinderten vorgelesen oder dann dargestellt, wenn das Bild aus irgendwelchen Gründen gerade nicht geladen werden kann. Solche Gründe können etwa sein:

- Es ist gerade keine Internetverbindung möglich.
- Der Server kann die referenzierte Grafik nicht ausliefern (nicht vorhanden, Antwortzeit zu hoch/Time-out).
- Das E-Mail-Programm unterstützt das Grafikformat nicht.
- Es ist so konfiguriert, dass Grafiken nicht angezeigt werden *sollen*.

Und Letzteres ist eben genau das, was E-Mail-Marketer unter der Bildblockade diskutieren: Aus Datenschutzgründen unterbinden E-Mail-Programme zunächst die Grafikdarstellung. Daher kommt dem Alt-Text eine hohe Bedeutung bei der E-Mail-Gestaltung zu. Er hilft, E-Mails so zu gestalten, dass sie auch ohne Bilder unmittelbar selbsterklärend sind.

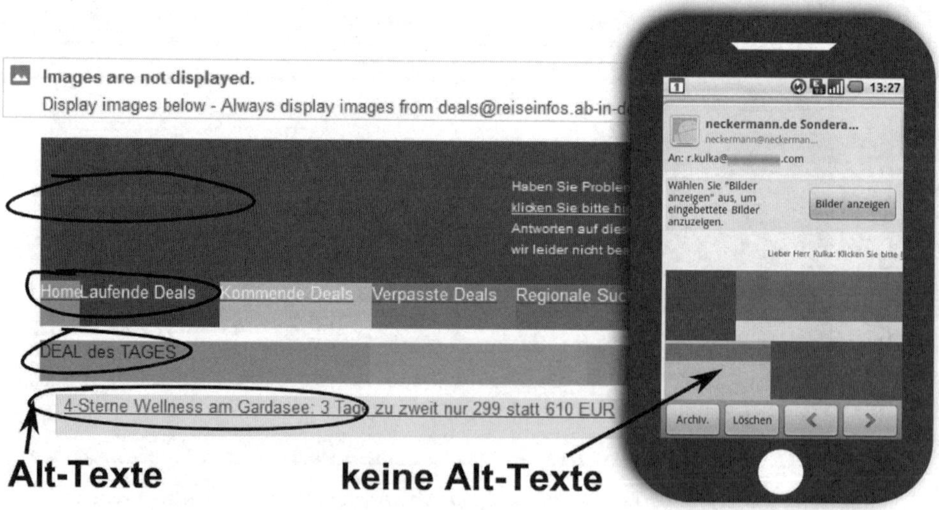

Abb. 12.20: Alt-Texte geben bei unterdrückten Bildern erste Hinweise auf den Inhalt (links: Gmail). Allerdings werden diese nicht von allen Programmen dargestellt (rechts: Gmail für Android 2.2). Nutzen Sie Hintergrundfarben, die im Gegensatz zu Weißraum Inhalte andeuten.

Leider stellen nicht alle E-Mail-Programme Alt-Texte überhaupt beziehungsweise in gleicher Weise dar:

- Hotmail/Outlook.com beispielsweise rendert lediglich ein unbeschriftetes graues Rechteck in der Größe der blockierten Grafik als Platzhalter.
- Outlook 2007/2010/1013 präsentiert zwar ein rotes Kreuzchen nebst Alt-Text. Es stellt diesem aber eine lange Begründung dafür voran, warum das Bild unterdrückt wurde: »Klicken Sie mit der rechten Maustaste hier, um Bilder herunterzuladen. Aus Datenschutzgründen hat Outlook ...« und so weiter. Im Ergebnis genießt die Beschreibung damit – wenn sie ob der Länge des Hinweistextes überhaupt noch angezeigt wird – nur eine äußerst geringe Sichtbarkeit.
- Wieder andere E-Mail-Clients zeigen anstelle des Alt-Textes die URL zum ausgeblendeten Bild an.
- Und schließlich spielt es mitunter auch eine Rolle, ob der Alt-Text über die reservierten Bilddimensionen hinausragen würde – zum Teil wird er dann nämlich komplett ausgespart, anstatt ihn ausschnittweise zu rendern.

Diese Inkonsistenzen sind zwar ärgerlich, sollen aber nicht über die generelle Bedeutung der Alt-Texte hinwegtäuschen. Im Großen und Ganzen ist deren Darstellung bei den Empfängern recht ordentlich.

Folgende **Richtlinien** sollten Sie berücksichtigen, wenn Sie Ihren Newsletter mit Alt-Texten bestücken:

- Um standardkonformen HTML-Quelltext zu liefern, spezifizieren Sie zu jeder Grafik ein Alt-Attribut, das entweder aussagekräftigen Text (`alt="Jetzt bestellen >>"`) oder nichts (`alt=""`) enthält.
- Generell ist eine *sinnvolle* Alternativ-Beschriftung aus Sicht der Adressaten anzustreben. Auf technische Bezeichnungen wie »Spacer« ist im Alt-Text also komplett zu verzichten. Entfernen Sie etwaige Stellen aus dem HTML-Quelltext. Es muss auch nicht jedes Bild mit einer Beschreibung versehen werden. Vielmehr sind die Alt-Texte so im vermuteten Blickpfad anzuordnen, dass sich bei unterdrückten Grafiken insgesamt unmittelbar ein stimmiges und aussagekräftiges Bild für den Abonnenten ergibt. Das heißt, das große Key Visual in der Kopfzeile kann auch gerne mit der »falschen« Alt-Text-Aufschrift des nachstehenden Call-to-Action-Buttons bestückt werden, wenn es eben im Einzelfall besser passt.
- Große Grafiken oder gar Werbemittel, die lediglich aus einer einzigen Grafik bestehen, können notfalls mittels passender Software in Teilsegmente zerschnitten und als HTML-Tabellen formatiert werden (*slicing*). Für die Teilsegmente lassen sich dann gezielt mehrere Alt-Texte spezifizieren und positionieren.
- Nutzen Sie die Möglichkeit, nicht nur den *Inhalt*, sondern auch das *Aussehen* der Alt-Texte zu bestimmen. Der Text kann zum Beispiel durch Stylesheet-Formatierungen im Image-Tag (`<img style="...">`) und/oder umschließenden Anchor-Tag (`<a style="...">`) formatiert werden in Bezug auf
  - Schriftart
  - -Farbe
  - -Stil
  - -Lage

- -Stärke
- -Breite
- -Größe

Damit ist es möglich, Akzente zu setzen, den Blickverlauf zu lenken und vor allem für ein angenehmeres Look&Feel in den ersten Millisekunden zu sorgen (vergleiche schematisch Abbildung 12.21).

Zwar ist die Möglichkeit der Alt-Text-*Formatierung* nicht flächendeckend gegeben. Das heißt, nicht alle Webmailer, Mobile- und Desktop-E-Mail-Clients unterstützen dies in gleicher Weise. Aber falsch machen kann man damit nichts. Aus

```
<img src=http://mein.de/bild.jpg alt="Beispiel-Bild">
```

machen Sie also beispielsweise ein formatiertes

```
<img src=http://mein.de/bild.jpg alt="Beispiel-Bild" style="font-family:
Georgia;font-size:24px;font-weight:bold;">.
```

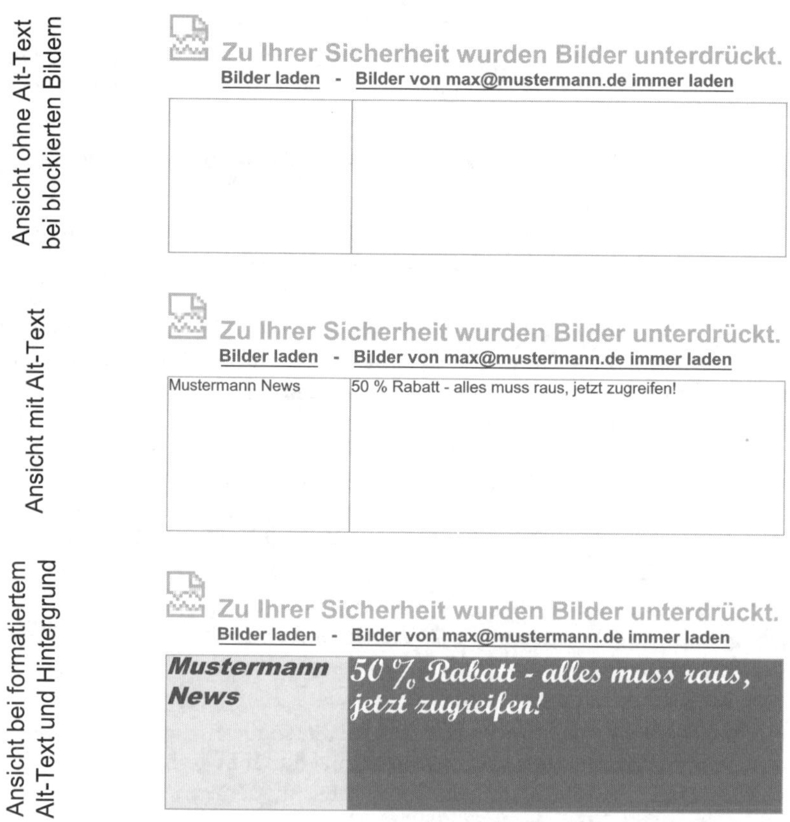

Abb. 12.21: Newsletter-Darstellung ohne Alt-Text, mit Alt-Text und mit formatiertem Alt-Text

- Ist die zugrunde liegende Grafik *verlinkt*, dann wird in der Regel auch der Alt-Text verlinkt – und damit blau gefärbt. Auf blauem Hintergrund ist er dann ohne Formatierung nur schwer lesbar. Aus

```
<table><tr><td bgcolor="#0000FF"><a href=""><img src="" alt="Verlinkter Alt-
Text"></a></td></tr></table>
```

machen Sie also besser:

```
<table><tr><td bgcolor="#0000FF"><a href=""><img src="" alt="Verlinkter
Alt-Text" style="color:#FFFFFF"></a></td></tr></table>
```

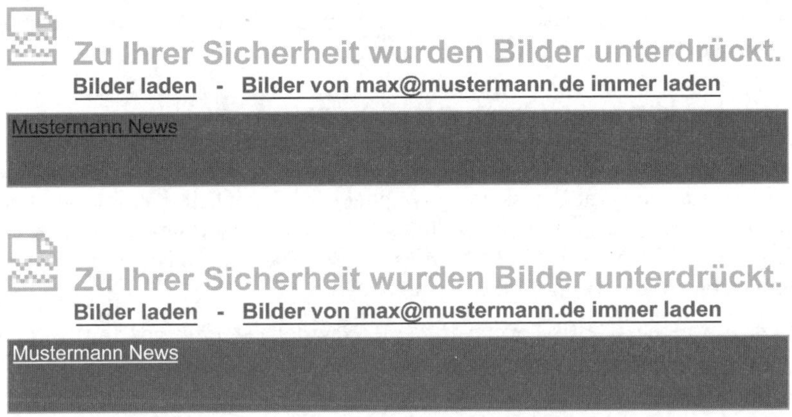

Abb. 12.22: Ist das Bild verlinkt und in einer blauen Tabellenzelle platziert, wird der Alternativtext unsichtbar – als Link erscheint dieser nämlich ebenfalls blau. Abhilfe schafft hier die Spezifikation einer Kontrast-Farbe.

Tabelle: Unterstützung formatierter Alt-Texte seitens der E-Mail-Clients

Eine tabellarische Übersicht darüber, welche E-Mail-Programme formatierte Alt-Texte unterstützen, findet sich beispielsweise in den Weblogs der vier E-Mail-Marketing-Dienstleister Campaign Monitor, Exact Target, Litmus und Email on Acid: `campaignmonitor.com/blog/post/3280/displaying-and-optimizing-alt-text-in-popular-email-clients/`, `blog.exacttarget.com/blog/email-design-9/design-tip-of-the-week-will-my-images-display-or-wont-they`, `litmus.com/blog/the-ultimate-guide-to-styled-alt-text-in-email`, `emailonacid.com/blog/details/C13/emailology_fitting_more_above_the_fold`.

12.5 Das richtige Grafik-Format wählen

Viele Newsletter bringen zu viel Gewicht auf die Waage. Überflüssige Polster beanspruchen auf mobilen Endgeräten nicht nur den Speicher über Gebühr. Eine Minute Download-Zeit für einen Newsletter stellt vor allem die Geduld der Abonnenten auf die Probe. Das darf nicht sein.

Nun bietet der HTML-Code meist wenig Einsparpotenzial. Allein der Zwang, CSS inline in allen Tags einzubinden, bläht den Quelltext schon gehörig auf. Sparen können Versender aber bei den Newsletter-Grafiken. Nicht nur Ihre Abonnenten werden es Ihnen danken, sondern auch manch Spamfilter. Die schauen nämlich gern auch auf das Text-zu-Bild-Verhältnis, also die Relation von HTML-Quelltext zu den darin referenzierten Grafiken, jeweils in Kilobyte. Je kleiner, desto schlechter. Grafiken optimieren bedeutet, den Nenner des Bruchs zu verkleinern. Dadurch verbessert sich die Ratio und damit die Posteingangszustellrate.

Aus dem Bauch heraus vermute ich, dass die Dateigrößen der meisten Newsletter-Grafiken, die in meinem Posteingang eintrudeln, um 25 Prozent und teils viel mehr reduziert werden können – ohne nennenswerte Qualitätseinbußen. Zwei Stellschrauben dabei sind die Wahl der richtigen Abmessungen und des optimalen Grafik-*Formats*. Eine andere: die richtigen Format-*Einstellungen* beim Abspeichern.

12.5.1 Frage des Formats: JPG, GIF oder PNG?

In welchen Abmessungen ein Bild gespeichert werden sollte, lässt sich in einem Satz beantworten: immer so, wie es im Newsletter verwendet wird. Belegt ein Foto im Newsletter eine Fläche von 200 mal 200 Pixel, dann sollte es auch so auf dem Server abgelegt werden – und nicht etwa in 300 mal 300 Pixel oder noch größer. Dies spart Platz und beugt nebenbei Darstellungsfehlern in einigen E-Mail-Programmen vor.

Bei der Frage, welches Grafik-Format für eine Newsletter-Grafik gewählt werden sollte, kommen hingegen drei Möglichkeiten infrage:

JPG-Format

JPG reduziert das Dateigewicht zulasten der Bilddetails. Je weniger Kilobytes das Ergebnis wiegen soll, desto gröber sieht es aus. Die Qualität lässt sich beim Speichern oft auf einer Skala von 1 bis 100 regulieren. Stufe eins liefert eine maximale Gewichtseinsparung, gleichzeitig gehen aber unter Umständen viele Details verloren. JPG ist nämlich (meist) verlustbehaftet. Vor allem harte Linienzüge und Kanten werden aufgeweicht und im Bild kommt es zu grobkörnigen Artefakten.

In der Praxis empfiehlt sich meist eine Qualitätsstufe um etwa 65. Als Ausgangsbasis für die Optimierung sollte immer das Original-Bild gewählt werden, das noch alle Details und Farbinformationen enthält.

JPG bietet eine Farbtiefe von 24 Bit, also 2 hoch 24 (= 16,78 Millionen) Farben. Das Format eignet sich daher besonders für Bilder mit großem Dynamikumfang wie zum Beispiel Fotos. Die feinen Variationen in Helligkeit und Sättigung bleiben bei der Komprimierung erhalten.

Animationen und transparente Pixel, die den Bild-Hintergrund im Newsletter durchscheinen lassen, erlaubt JPG hingegen standardmäßig nicht.

GIF-Format

Im Gegensatz zu JPG reduziert GIF das Dateigewicht standardmäßig verlustfrei. Details wie harte Kanten bleiben also perfekt erhalten und werden nicht aufgeweicht.

Allerdings ist die Farbtiefe deutlich geringer als bei JPG. GIF bietet nämlich nur acht Bit, womit sich 2 hoch 8 (= 256) Farben abbilden lassen. Trotz verlustfreier Kompression gehen also immer Farbinformationen verloren, falls das Ausgangsbild mehr als 256 Farben aufweist.

Zur Auswahl der optimalen Farbpalette stehen diverse Algorithmen zur Verfügung:

- Eine perzeptive Palette verleiht den Farben Priorität, auf die das Auge sensibel reagiert.
- Die selektive Palette orientiert sich zusätzlich an breiten Farbbereichen und der Beibehaltung der (veralteten) 216 websicheren Farben.
- Eine adaptive Palette wird hingegen aus den häufigsten Farben berechnet und eignet sich daher, falls das Bild wenige dominante Farbtöne besitzt.

Die Paletten können individuell angepasst werden. So lässt sich das Dateigewicht geringfügig weiter reduzieren, indem die Anzahl der Farben schrittweise verringert und dabei die Auswirkung auf die Bildqualität beobachtet wird.

Generell empfiehlt sich GIF anstelle von JPG vor allem

- bei Motiven mit wenigen Farben,
- großen einfarbigen Flächen und
- zur Erhaltung harten Linien und Kanten.

Zum Beispiel also bei Diagrammen, simplen Logos, Texten und allgemein kleineren Abbildungen, die auf Vektorgrafiken basieren. Ungeeignet ist das Format hingegen für Fotos. Dies ist das Metier von JPG. JPG liefert aber auch bei Farbverläufen, Schattierungen oder Spiegelungen bessere Ergebnisse als GIF. 256 Farben reichen dann nämlich nicht. Hier gilt es, ein wenig zu experimentieren.

Zwei weitere Vorteile von GIF: Das Format bietet transparente Bildpunkte. Und es ist praktisch das einzige (verbreitete) Bildformat, das E-Mail-Versendern Animationen ermöglicht. Damit sind unter anderem auch stumme Videomails möglich. (Mehr dazu in Kapitel 17.)

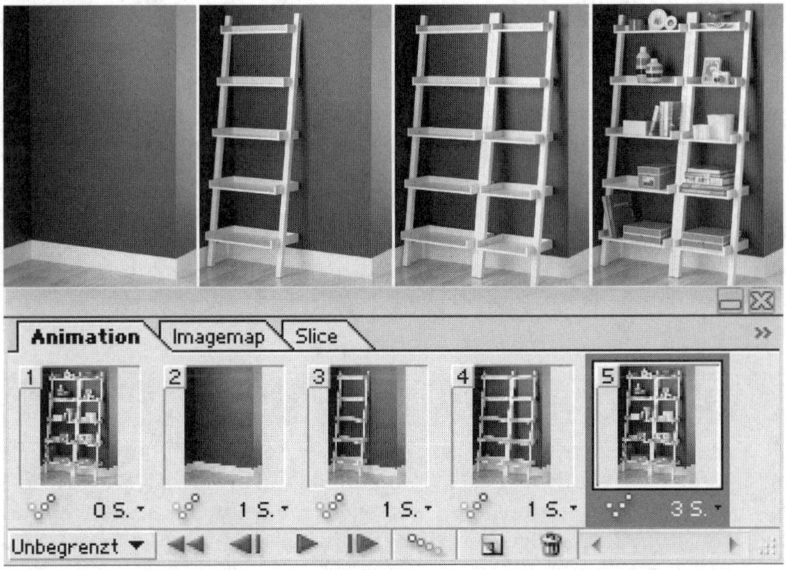

Abb. 12.23: Das animierte GIF demonstriert sehr anschaulich im Newsletter, wie sich das beworbene Regal aufstellen und nutzen lässt (der obere Teil zeigt die vier Einzelbilder, unten lassen sich in Photoshop die Verzögerungen in Sekunden einstellen). Solche Animationen fußen auf dem GIF-Format.

PNG

PNG war ursprünglich als Ersatz für GIF angedacht und eignet sich daher prinzipiell für dieselben Bild-Typen (PNG-8). Es reduziert das Dateigewicht meist noch effektiver und arbeitet ebenfalls verlustfrei. Bei sehr wenigen Farben und einfachen Mustern erweist sich allerdings GIF manchmal als stärker – ausprobieren! Animationen hat PNG originär leider nicht in petto. Nutzen Sie stattdessen GIF.

In der Variante PNG-8 verfügt das Format wie GIF über eine Farbtiefe von 8 Bit. Ein großer Unterschied zu GIF: Während bei GIF nur eine der 256 Farben als transparent deklariert werden kann, erlaubt PNG darüber hinaus die Definition einer Transparenzstärke für jede Farbe. Der Grad, zu dem bestimmte Hintergrundbereiche durchschimmern, kann also frei gewählt werden. Damit lassen sich interessante Effekte wie Schlagschatten erzielen (vergleiche Campaign-Monitor-Newsletter `tinyurl.com/cszsvv`). Theoretisch zumindest.

Denn wer auf Nummer sicher in Sachen einheitlicher E-Mail-Darstellung gehen möchte, sollte sich auf den sogenannten Alphakanal nicht verlassen. Älteren Internet-Explorer-(und damit Outlook-)Versionen bereitet dies Probleme. Erst der Internet Explorer 7 berücksichtigt Alpha-Transparenz. PNG-Transparenz im GIF-Stil, also entweder voll deckend oder voll durchsichtig, bereitet dagegen keine Probleme.

Wichtig: PNG funktioniert nicht in jedem E-Mail-Programm

Wer wirklich *ganz* auf Nummer sicher gehen will, muss völlig auf PNGs verzichten, da aus der Lotus-Notes-Reihe erst die Version 8 das Format unterstützt. Vorgängerversionen zeigen lediglich ein rotes Kreuzchen (= Fehler, Abbildung 13.5 im nächsten Kapitel). Zwar sank die Bedeutung von Lotus Notes in den letzten Jahren. Bei E-Mails an Geschäftskunden mag es dennoch eine Rolle spielen. Auch bieten einige mobile Endgeräte keinen PNG-Support. GIF und JPG hingegen werden quasi flächendeckend unterstützt.

Hinweis: Das Format PNG-24

Neben PNG-8 gibt es auch noch ein Format PNG-24. Jedoch ist dies für Newsletter-Marketer meist weniger bedeutsam. Zwar bietet es das Beste aus den beiden Welten JPG und PNG: True-Color-Farbtiefe, verlustfreie Kompression und transparente Pixel. Jedoch ist dadurch das Dateigewicht in der Regel größer als nötig, sodass JPG oder PNG-8 vorzuziehen sind.

Hinweis: Vektor- versus Rastergrafiken

Generell lassen sich Raster- (zum Beispiel JPG, GIF) von Vektorgrafiken (zum Beispiel SVG, EPS) unterscheiden. Erstere speichern ein Bild in Form eines Bildpunkte-Rasters, dessen Höhe und Breite fest vorgegeben ist. Vektorgrafiken hingegen bestehen aus einer Sammlung von Koordinaten, Formen (Punkt, Linie, Polygon-Zug et cetera) und deren Eigenschaften (zum Beispiel Füll-Farbe, Dicke des Rands, Transparenz). Sie lassen sich beliebig skalieren, ohne Qualität einzubüßen, und sparen in vielen Fällen Gewicht. Für das E-Mail-Marketing müssen sie allerdings mangels Support in den gängigen E-Mail-Programmen vor dem Versand in Rastergrafiken konvertiert werden.

Eine Ausnahme ist die Definition von Hintergrundbildern in Outlook 2007, bei der die sogenannte Vector Markup Language (VML) zum Zuge kommt. Eine andere Ausnahme bilden Template-Engines, die zum Beispiel Rabatt-Störer im Newsletter als Vektorgrafiken abbilden, diese dann vor dem Versand aber rastern. Hintergrund ist, dass Vektorgrafiken sich vom Redakteur flexibler bearbeiten lassen.

12.5.2 Tools für die Bild-Optimierung

Mit welchen Programmen können Bilder optimiert werden? Sehr gelungen ist zum Beispiel die Photoshop-Funktion »Für Web speichern«. Der linke Fensterausschnitt zeigt dabei jeweils das Originalbild mit allen Details, rechts daneben ist das Ergebnis der aktuellen Einstellungen zu sehen, die Einstellungen befinden sich am rechten Bildschirmrand.

Wer die hundert Euro für Photoshop Elements sparen möchte, kann auch das ebenfalls sehr gelungene Radical Image Optimization Tool (RIOT) von Lucian Sabo verwenden. Für den nicht-kommerziellen Gebrauch ist dies kostenlos. Andernfalls muss ein unbestimmter Betrag via PayPal gespendet werden. Bedienkomfort und Ergebnisse stehen Photoshop in nichts nach – meist erzielt RIOT sogar bessere Ergebnisse: `luci.criosweb.ro/riot/`.

Tipp: RIOT im Zusammenspiel mit AdvPNG

Falls Sie sich für RIOT und die Nutzung von PNG-Grafiken entschieden haben, installieren Sie sich auch gleich die externen Optimierungsprogramme, die Sie aus dem RIOT-Interface nutzen können: Neben »OptiPNG 03« und »PNGout Xtreme« erzeugt hier vor allem »AdvPNG insane« erstaunliche Ergebnisse. Achten Sie darauf, dass Sie ein Häkchen bei »best compression« gesetzt haben, um auch wirklich alles herauszukitzeln.

Abb. 12.24: JPG versagt bei harten Kanten und unifarbenen Flächen, wie die Schlieren rechts zeigen. Mit dem GIF lässt sich das Motiv besser komprimieren. Dies macht der linke Screenshot deutlich – zwei Drittel Speicherplatz gespart, gar kein Detailverlust. (Tool: RIOT)

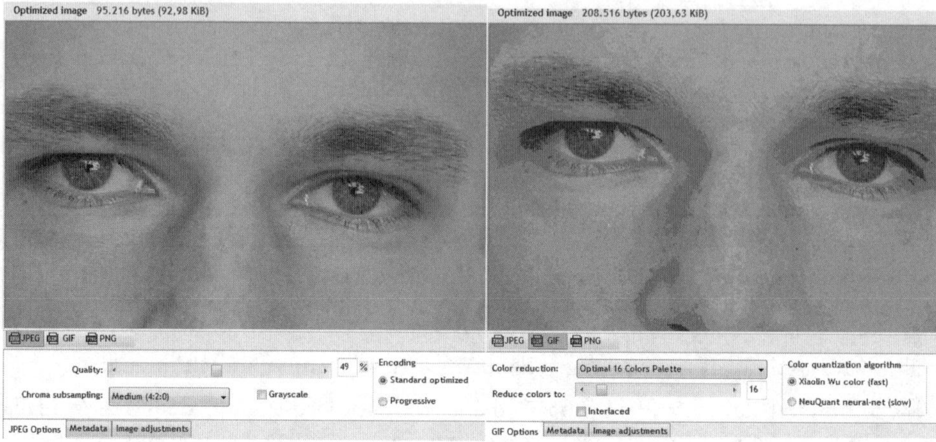

Abb. 12.25: Umgekehrtes Bild bei Fotomotiven – hier versagt GIF (rechts). Weder reichen 8 Bit aus, um den Dynamikumfang zu erhalten, noch schafft die LZW-Kompression es, die Dateigröße auf ein passables Maß zu reduzieren. Ganz anders das JPG-Format, das Details deutlich besser behält und zudem die Größe entscheidend auf 10 Prozent (!) reduziert.

12.5.3 Exkurs: Animiertes Screenshot-Karussell erstellen

Animationen in E-Mails müssen nicht kompliziert sein. Ein vielversprechender Kompromiss aus Dateigewicht und Dynamik ist zum Beispiel das Screenshot-Karussell. Hierbei werden wenige ausgewählte Momentaufnahmen eines Videos im Sekundentakt durchgewechselt. Die Animation lässt sich leicht erstellen:

- Installieren Sie die folgenden beiden Programme:
  - FastStone Capture (`tinyurl.com/3rvj9a8`)
  - AniMake (`tinyurl.com/3htrb4n`)

  Ersteres erlaubt es Ihnen, Ausschnitte Ihres Bildschirms als Grafik zu speichern. Und mit AniMake können Sie Grafiken zu einer Animation verschmelzen.

Screenshots mit FastStone Capture:

- Starten Sie das Programm FastStone Capture.
- Öffnen Sie im Browser einen YouTube-Clip wie zum Beispiel `youtube.com/watch?v=2PZLh0lv-5g`. Spulen Sie darin vor bis zu einem markanten Bild und pausieren Sie dann den Clip.
- Wählen Sie in FastStone Capture die Funktion CAPTURE ACTIVE WINDOW, die standardmäßig auch durch die Tasten-Kombination [Shift]+[Druck] aufgerufen wird. Der FastStone Capture Editor öffnet sich nun mit einem Screenshot des Browserfensters.
- Wählen Sie im Menü EDIT die Option SELECT SIZE (oder drücken Sie [Strg]+[K]). Für die Breite des Auswahl-Ausschnittes tragen Sie 600 Pixel ein, für die Höhe 350 Pixel. Verschieben Sie das helle Rechteck so, dass es das Video an der relevanten Stelle überdeckt.

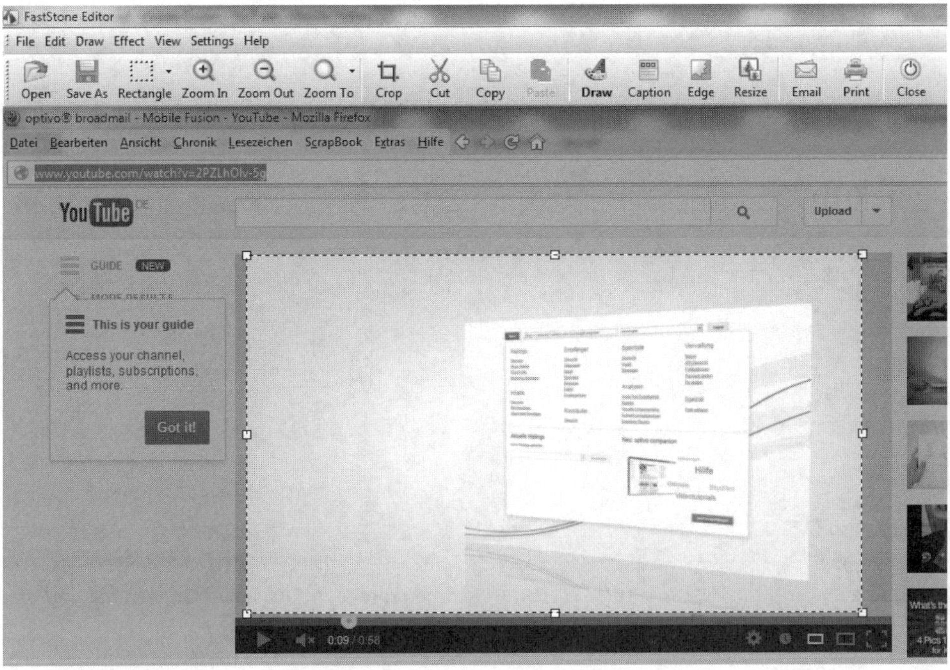

Abb. 12.26: FastStone Editor – wählen Sie den auszuschneidenden Bereich.

- Anschließend schneiden Sie das Bild mit der Crop-Funktion zu (X) und speichern das Resultat (STRG+S) in einem leeren Verzeichnis. Beim Speichern sollte das Datei-Format BMP ausgewählt werden.
- Speichern Sie zwei weitere Bilder aus dem Video auf die gleiche Weise.

GIF mit AniMake:

- Nun starten Sie das Programm AniMake.
- Darin wählen Sie im Menüpunkt DATEI die Option NEU und anschließend unter BEARBEITEN die Option EINFÜGEN AUS DATEI?. Selektieren Sie alle Dateien, die Sie soeben in einem neuen Verzeichnis gespeichert haben (STRG+A), und bestätigen Sie die Auswahl mit ÖFFNEN.
- Zurück in AniMake wählen Sie nun unter BEARBEITEN den Punkt ALLES MARKIEREN. Damit werden alle Einzelbilder (*Frames*) ausgewählt. Anschließend selektieren Sie den Punkt EIGENSCHAFTEN – ebenfalls im Menü BEARBEITEN. Dies öffnet das Eigenschaftsfenster für ein beziehungsweise alle drei Bilder.
- Im Eigenschaftsfenster ersetzen Sie unter VERWEILZEIT die 50 durch 2000 Millisekunden (Abbildung 12.27). Dies entspricht zwei Sekunden Einblend-Dauer für ein Animationsbild. Markieren Sie auch das Häkchen-Feld rechts neben dem Textfeld (AUF GESAMTE AUSWAHL ANWENDEN). Ansonsten würde die Verweilzeit unter Umständen nicht für alle Bilder geändert.

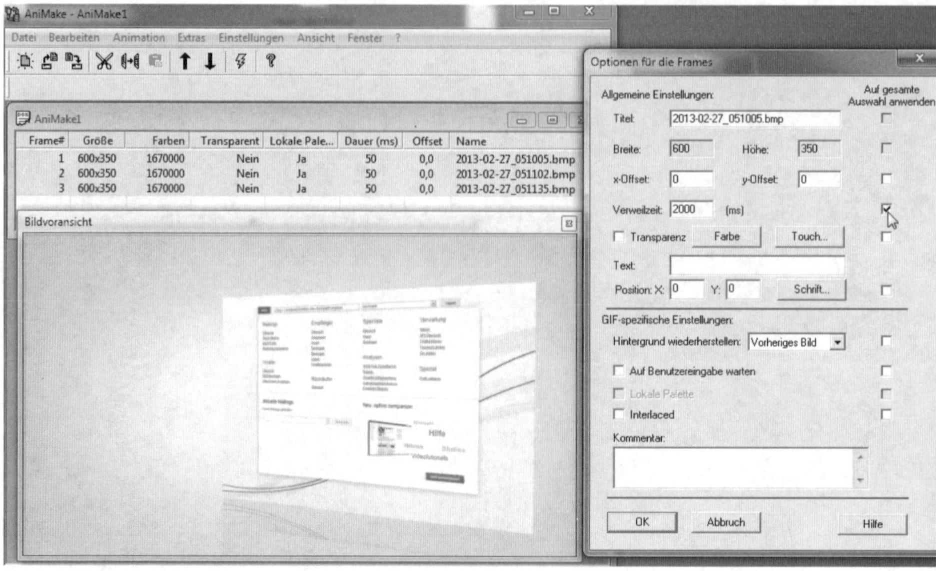

Abb. 12.27: Menü EIGENSCHAFTEN|OPTIONEN für die Frames in AniMake – ändern Sie hier die Verweilzeit.

- *Optional 1*: Wählen Sie unter BEARBEITEN die Option GRÖSSE ÄNDERN und reduzieren Sie die Breite der Animation von 600 auf 300. Die Höhe wird gleichsam verändert. Damit sinken die Grafik-Dimensionen auf 50 Prozent – und das Dateigewicht um fast zwei Drittel (Abbildung 12.28).

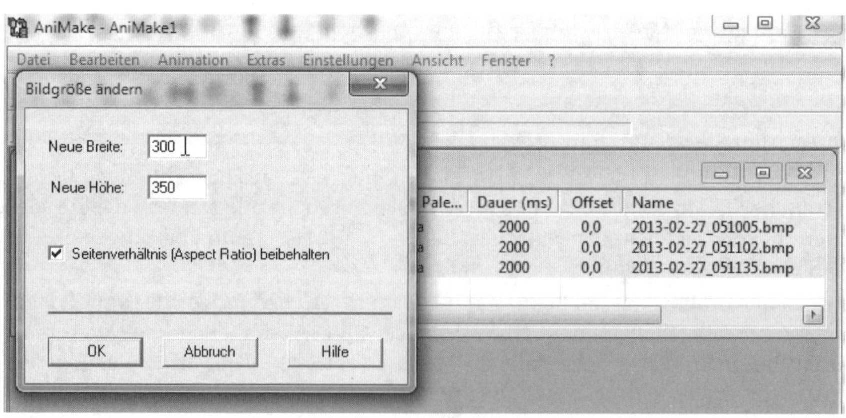

Abb. 12.28: Reduzieren Sie die Abmessungen, um bei der Dateigröße zu sparen.

- *Optional 2*: Um aus dem Dateigewicht noch das Letzte herauszukitzeln, ersetzen Sie die Einzelbild-bezogenen Farbpalett*en* durch *eine* globale Farbtabelle. Dies funktioniert über EXTRAS|GEMEINSAME PALETTE BERECHNEN. Damit geht unter Umständen etwas (Farb-)Dynamik flöten.

- Schließlich speichern Sie Ihre Animation als GIF. Wählen Sie dazu SPEICHERN UNTER und als Datei-Typ GIF.

Fertig. Das Ergebnis können Sie auf einen Server laden, im nächsten Newsletter referenzieren und auf das YouTube-Video verlinken. Für nicht-kommerzielle Zwecke darf AniMake kostenfrei genutzt werden. Andernfalls ist ein Obolus fällig, der dann auch den Ursprungsvermerk in der Animation sowie die Werbung entfernt. (In diesem Falle empfiehlt es aber eher, gleich den Ulead GIF Animator beziehungsweise das Pendant aus dem Corel-Sortiment zu erwerben. Das kostet zwar knapp das Doppelte, ist dafür aber auch um Längen effektiver.)

Tipp: Abspiel-Buttons oben draufsetzen

Bestücken Sie die Screenshots vor der AniMake-Bearbeitung noch mit einem zentralen Play-Symbol (umgekipptes Dreieck in einem Kreis). Kostenfreie Tools of the Trade sind zum Beispiel Gimp oder InkScape. Ein solches Symbol signalisiert dem Abonnenten auf Anhieb, dass es sich um einen Videoclip handelt. Und Videos sind beliebt – sie erhöhen die Klickraten.

Kapitel 13

Technische Aspekte bei der E-Mail-Gestaltung

Das folgende Kapitel richtet sich vornehmlich an technisch interessierte Leser, die bereits über Erfahrungen im Umgang mit Hypertext Markup Language (HTML) verfügen. Sie erfahren, wie E-Mails so formatiert werden, dass sie möglichst einheitlich und fehlerfrei dargestellt werden.

13.1 Warum E-Mail-HTML wenig Spaß macht

Im Gegensatz zur Kampagnen-Konzeption bereitet E-Mail-HTML, also die Übersetzung in Quelltext, leider weniger Spaß. Es ist eine schier unendliche Friemelei, bis der Newsletter-Code von den wichtigsten E-Mail-Programmen zumindest annähernd konsistent gerendert wird. (Ganz perfekt werden Sie es ohnehin nie hinbekommen, auch nicht mit Grundgerüsten wie `htmlemailboilerplate.com`.) Will der Versender die HTML-Kodierung selbst in die Hand nehmen, so lautet die Devise: Versuch und Irrtum – ausprobieren, prüfen, zurücksetzen, weiter nachjustieren.

Eine Preview-Funktion in der Versandlösung, die auf Knopfdruck Test-Mails herausschickt und automatisch Screenshots von den E-Mail-Darstellungen macht, ist dabei ein zwingend erforderlicher Begleiter (vergleiche Abbildung 13.1). Denn E-Mail-HTML unterscheidet sich grundlegend von Web-HTML. Die »Kunst« setzt sich mittlerweile aus vielen kleinen Kniffen zusammen, die ein eigenes Buch füllen können (siehe Auszug in Abbildung 13.1). Gefühlt kommen wöchentlich neue hinzu. Wer nicht tagtäglich mit der Template-Programmierung zu tun hat, kann den Überblick kaum wahren.

Problem	Grund / Lösung
Hotmail und Outlook.com färben <h2>-Überschriften grün.	Entweder die Farbe per Inline-CSS und Important-Attribut erzwingen: `<h2 style="color:#ff0000 !important">`. Oder besser gleich die Schriftgröße mit `<font>` oder `<span>` statt <h2> formatieren.
Gmail färbt schwarze Links blau.	Statt des Farbcodes #000000 `<a style="color:#000001"...>` nutzen. Oder ein Font-Tag einfügen: `<a...><font color="#000000">...</font></a>`.

Tabelle 13.1: HTML-Kniffe im Zusammenhang mit Newslettern: Nur ein kleiner Auszug aus vielen Kleinigkeiten, die ein eigenes Buch füllen könnten (vor allem unter Einschluss mobiler Endgeräte).

Problem	Grund / Lösung
Bilder reihen sich nicht nahtlos aneinander, sondern haben eine schmale Spalte dazwischen.	Die betreffenden Bilder als Block-Elemente formatieren: <img style="display:block;"...>.
Hotmail zeigt die Hintergrundfarbe des Newsletters nicht.	Die Newsletter-Breite wird in Hotmail durch die größte width-Angabe einer Tabelle oder Grafik vorgegeben. Dies kann durch folgende CSS-Definition außer Kraft gesetzt werden: .ReadMsgBody,.ExternalClass{width:100%;}.
Outlook 2007/2010/2013 und Gmail zeigen keine Hintergrundgrafiken für eine Tabellenzelle.	Für Gmail: Zusätzlich zur Style-Formatierung (background-image) das Zell-Attribut background nutzen (<td background="[BILD_URL]">). Bei Outlook kann man sich nur mit einem Vector-Markup-Language-(VML-)Hack behelfen.
Outlook.com und Hotmail missachten margin-Formatierungen für Außenabstände beim HTML-Text.	Stattdessen verschachtelte Tabellen nutzen. Zusätzliche Spalten links und rechts vom Text mit entsprechender Breite imitieren die margin-Formatierung (tinyurl.com/bwqfmc5).
Outlook.com zeigt den Newsletter nicht an, obwohl er empfangen wurde.	Verzichten Sie auf HTML-Code in den Style-Formatierungen (tinyurl.com/cpk3r4s).

Tabelle 13.1: HTML-Kniffe im Zusammenhang mit Newslettern: Nur ein kleiner Auszug aus vielen Kleinigkeiten, die ein eigenes Buch füllen könnten (vor allem unter Einschluss mobiler Endgeräte). (Forts.)

Die Komplexität des Themas rührt zum einen daher, dass Versender es mit verschiedenen Rendering-Engines zu tun haben, die alle ihr eigenes Darstellungssüppchen kochen. Von Microsoft Word über Gecko, Robin, Trident bis Webkit. Von Interoperabilität beziehungsweise einer Konformität zu den Standards des World Wide Web Consortiums (W3C) ist im Posteingang keine Spur. Die Fähigkeiten bezüglich der Darstellung moderner Webtechnologien sind vielfach eher rudimentär und auf dem Stand von vor zehn Jahren. An Flash, ActiveX, iframes oder JavaScript ist nicht zu denken – all dies funktioniert nicht. »Bestenfalls« triggern solche Dinge noch Warnhinweise beim Empfänger.

Ein besonderer Dorn im Auge des E-Mail-Designers ist Outlook. Mit Outlook 2007 ersetzte Microsoft den Internet Explorer durch Word als Rendering-Engine. Seither fordern E-Mail-Marketer vehement: »fixOutlook.org, it's broken!« Schließlich genießt das Programm eine vergleichsweise hohe Verbreitung und bietet auf der anderen Seite nur eine sehr magere Unterstützung der Webstandards. (Verstehen Sie mich nicht falsch: Microsoft Word an sich ist super – ich nutze es gerade, während ich diese Zeilen schreibe. Aber es ist eben nicht für die Darstellung von Webseiten oder E-Mails gedacht.)

Allein auf dem Desktop gibt es zig E-Mail-Programme: Outlook, Lotus Notes et cetera. Gleiches gilt für die vielen verschiedenen Webmailer wie Gmail oder GMX, die zudem nicht nur untereinander, sondern selbst in verschiedenen Browsern ganz unterschiedliche

E-Mail-Darstellungen liefern können. Als wäre dies nicht genug, sind in den letzten Jahren noch mobile Endgeräte wie Smartphones und Tablets mit neuen E-Mail-Clients, unterschiedlichsten Auflösungen und neuen Code-Anforderungen hinzugekommen.

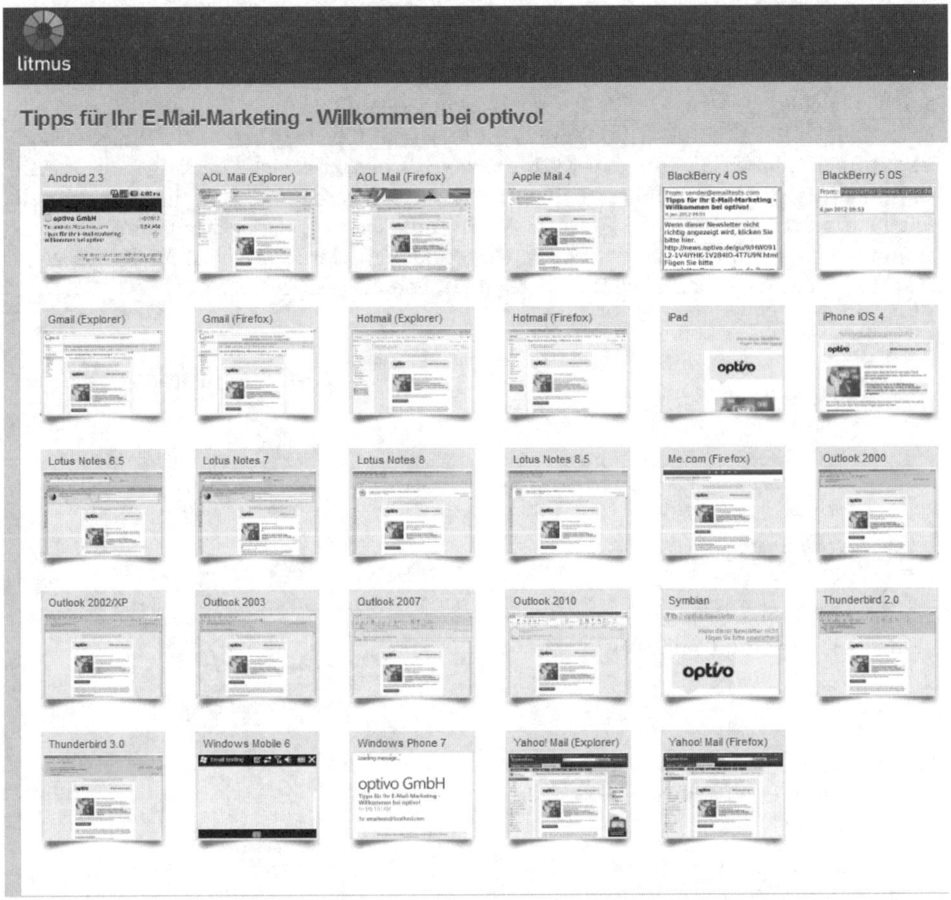

Abb. 13.1: Preview-Tools von Litmus, Email on Acid, PreviewMyEmail, Return Path oder IBM (früher: Pivital Veracity) zeigen im Nu, wie der Newsletter in verschiedenen Webmail-Clients unter diversen Browsern und in Desktop- sowie Mobile Clients ausschaut.

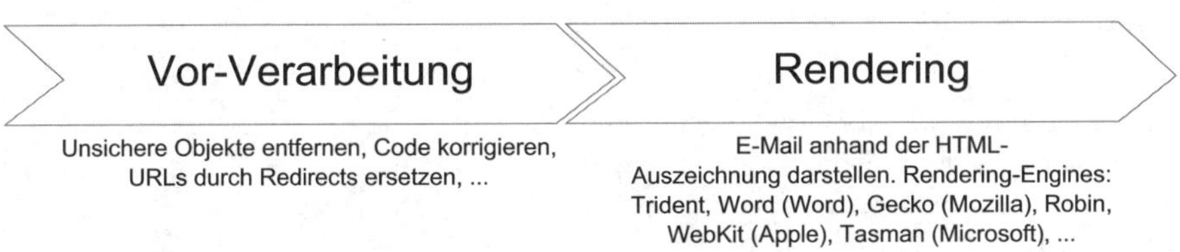

Abb. 13.2: E-Mails reichen Gmail & Co bei Ankunft nicht einfach so an den Benutzer weiter. Zuerst wird der Code angepasst, danach sorgt die Rendering-Engine für eine Übersetzung von HTML-Code in die visuelle Repräsentation. Auf beiden Stufen gibt es viele Inkonsistenzen.

Tipp: Tools zur Code-Validierung und Ressourcen

E-Mail-Coder werden Gefallen an den folgenden Ressourcen finden: Ein nützliches öffentliches Tool für die Quelltext-Optimierung ist zum Beispiel `sign-up.to/mally`. Auch `emailonacid.com` sollten Sie ausprobieren – ein Screenshot, der Auszüge aus den Ergebnissen der (kostenfreien) Optimierung zeigt, findet sich in Abbildung 13.3. Litmus bietet Kunden ebenfalls ein Werkzeug für die Code-Optimierung in den verschiedensten E-Mail-Umgebungen an. Ein Mustertemplate mit vielen Quelltextbeispielen – quasi ein kleiner E-Mail-HTML-Kurs – findet sich auf `htmlemailboilerplate.com`. Der Klassiker ist das Email Standards Project (`email-standards.org`), das sich zur Aufgabe gemacht hat, die Unterstützung etablierter Webstandards in populären E-Mail-Programmen zu prüfen. Und schließlich sollte auch der Service `getFractal.com` bekannt sein. Das Programm beherrscht nicht nur alle Kniffe. Es ist zudem in der Lage, selbst modernes Web-HTML so anzupassen, dass es für die E-Mail-Umgebung geeignet ist.

Abb. 13.3: Email On Acid optimiert den E-Mail-Quelltext und zeigt sogar auf, wo es Probleme geben könnte. Auch Litmus bietet ein derartiges Tool.

13.2 Gestaltungsregeln, von denen jeder gehört haben sollte

Schauen wir uns E-Mail-HTML im Detail an. Dabei sei betont, dass dieser Abschnitt keinen Anspruch darauf erheben kann, eine *vollständige* Design-Guideline für E-Mail-Gestalter oder Template-»Programmierer« zu bieten. Das Thema ist zu komplex, die Dynamik, mit der sich die Dinge im Internet ändern, zu hoch. Vielmehr möchte ich mit den folgenden Punkten in Ergänzung zu den vorgestellten Tools eine Basis schaffen, mit der Sie grundlegend gerüstet sind.

13.2.1 Tabellen-Layouts

Tabellen sind des E-Mail-Designers beste Freunde! Im Webdesign banale Gestaltungsoptionen werden in der E-Mail-Umgebung nicht voll unterstützt. Dazu zählen zum Beispiel:

- `float` (Flusskontrolle)
- `position` (Positionierung)
- `rowspan` (Zeilen spannen)
- `colspan` (Spalten spannen)
- `border` (Rand)
- `margin` (Außenabstand)
- `padding` (Innenabstand)

Stattdessen muss auf gegebenenfalls ineinander verschachtelte Tabellenstrukturen zurückgegriffen werden, um vergleichbare Layout-Effekte zu erzielen.

Wurde ein größeres Bild vom Mediengestalter E-Mail-gerecht zerschnitten (*slicing*), dann sollte nun jeder Bild-Teil eine eigene Tabellenzelle (`<td>`) erhalten.

Es empfiehlt sich generell, die Breite (`width`) jeweils auch pro Tabellen*zelle* zu fixieren, nicht nur auf der Tabellenebene (`<table>`):

```
<table cellspacing="0" cellpadding="0" border="0" width="100%"><tr>
<td width="100">...
```

Unnötige Leerzeichen innerhalb der Tabellenzellen sollten vermieden werden. Ansonsten droht die Zelle später hie und da ein »Eigenleben« zu entwickeln – manche Webmailer fügen zum Beispiel non-breaking-spaces (` `) ein.

Wer für eine leere Tabellenzelle (`<td></td>`) die Font-Größe entsprechend der anvisierten Höhe setzt, kann so verhindern, dass Outlook 2013 die Höhe der Zelle auf 15 Pixeln fixiert (und so das Layout zerstört). Der Code für eine ein Pixel hohe und leere »Spacer«-Zelle lautet:

```
<td height="1" style="font-size:1px;line-height:1px;"> </td>
```

Vielfach empfiehlt es sich, statt mehrzeiliger und verschachtelter Tabellen besser zu stapeln. Statt ...

```
<table><tr><td>Segment A</td></tr>
<tr><td>Segment B</td></tr></table>
```

... schreiben Sie dann also besser ...

```
<table><tr><td>Segment A</td></tr></table>
<table><tr><td>Segment B</td></tr></table>
```

Denn die Darstellung der letzten Variante kann besser kontrolliert werden.

Auch Aufzählungen sollten zwecks einheitlicher Darstellung über alle E-Mail-Programme hinweg als zweispaltige Tabelle (Aufzählungszeichen und Text) formatiert werden.

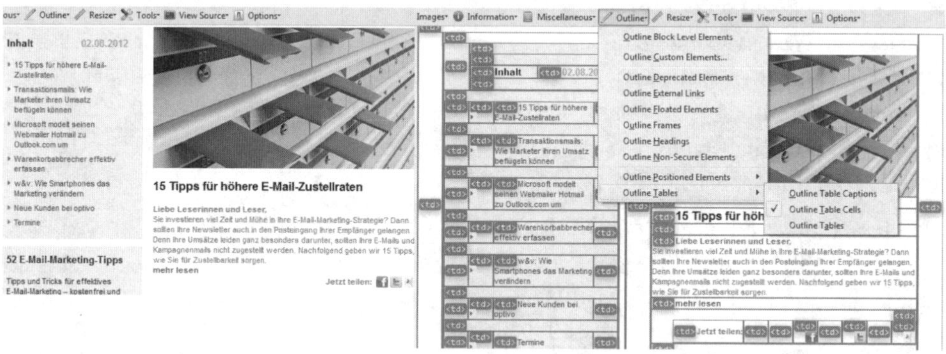

Abb. 13.4: Die Tabellenstruktur (rechts) eines Newsletters (links) können Sie mit Chris Pedericks Web Developer Extension für Ihren Browser visualisieren. (Davon abgesehen kann die Toolbar noch vieles mehr – ein Blick lohnt!)

Tipp: Tool zum Schneiden von Grafiken (slicing)

Mit dem Werkzeug `mailrox.com` lassen sich gelayoutete Newsletter-Grafiken in E-Mail-gerechte HTML-Tabellen slicen. Es befindet sich momentan noch in einer Beta-Phase.

13.2.2 (Vordergrund-)Bilder

Format

Bilder im JPG oder GIF-Format sollten in keiner E-Mail-Umgebung Probleme bereiten. PNG-Grafiken hingegen komprimieren zwar oftmals besser. Allerdings wird weder der 8- noch der 24-Bit-Typ von Lotus Notes 6.5 und 7 unterstützt (Abbildung 13.5). Erst Lotus Notes 8 hat dieses Manko beseitigt. Sollten die beiden E-Mail-Programme in Ihrem Verteiler noch eine Rolle spielen, verbietet sich das Format daher.

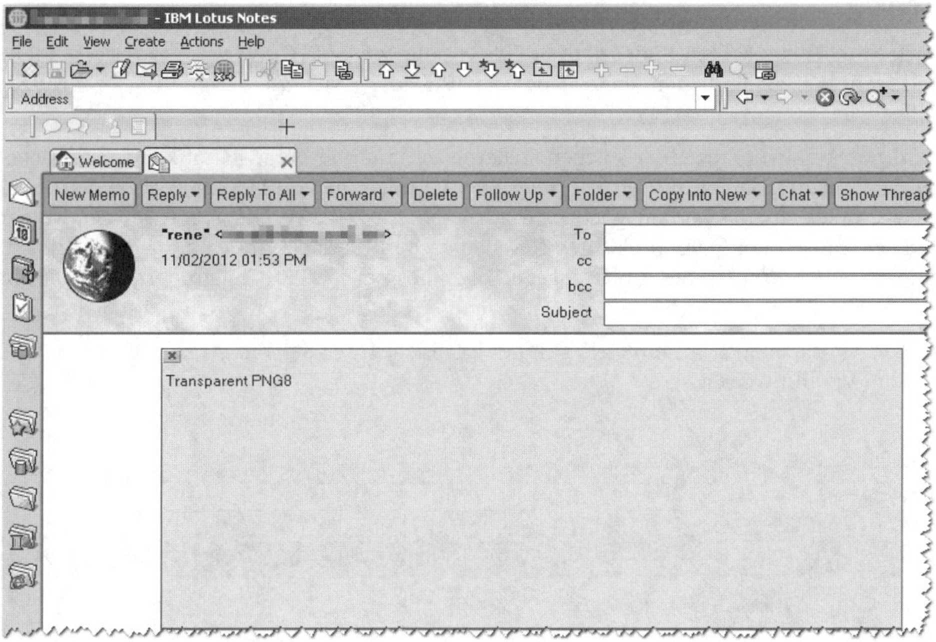

Abb. 13.5: Ältere Versionen von Lotus Notes stellen keine PNG-Grafiken dar – nutzen Sie stattdessen GIF oder JPG.

Dimensionsangaben

Die Abmessungen (`height`/`width`) einer Grafik anzugeben, ist im Allgemeinen eine gute Idee. Ansonsten kann es passieren, dass ein E-Mail-Programm eigenwillige Dimensionen für die Platzhalter bei blockierten Bildern ansetzt und so das Layout zerschießt.

Gleiches gilt für die tatsächlichen Grafikabmessungen – generell sollten Grafiken in der Höhe und Breite auf dem Server bereitgestellt (oder als MIME-Part eingebunden) werden, mit der sie auch in der E-Mail Verwendung finden. Ignoriert ein E-Mail-Programm die im Quelltext angegebenen Breiten- und Höhen-Attribute, werden die Grafiken somit trotzdem noch korrekt angezeigt. Dies ist zum Beispiel bei Outlook ab Version 2007 der Fall: Der Client interpretiert weder die HTML- noch die CSS-Attribute für Skalierungen. Stattdessen werden Grafiken in ihren tatsächlichen Abmessungen gerendert.

Fallweise kann es aber auch sinnvoll sein, ganz bewusst `height` und `width` im IMG-Tag auszulassen. Etwa um zu vermeiden, dass riesige graue Platzhalter-Boxen in Hotmail beziehungsweise Outlook.com die erste Anmutung trüben oder etwas Wichtigeres im Hintergrund verdecken. Letztlich muss der Versender entscheiden, was ihm wichtiger ist: einheitliches Rendering (= mit Angaben) oder eine kompaktere Darstellung bei blockierten Bildern (= ohne Angaben).

HTTPS

Nach Möglichkeit sollten Bilder per HTTPS anstelle von HTTP referenziert werden. Mehr und mehr Webmailer bauen heute standardmäßig eine gesicherte Verbindung zum Nutzer auf.

Wird nun versucht, aus einer solchen sicheren Verbindung heraus Grafiken von unsicheren Servern zu laden (zum Beispiel Newsletter-Grafiken per HTTP), dann stößt der Browser eventuell eine Sicherheitsnachfrage aus (Abbildung 13.6). Die Frage, ob der Nutzer wirklich »unsichere Elemente« Ihres Newsletters herunterladen möchte, macht sich nicht besonders gut. Werden die Bilder dagegen ebenfalls per HTTPS angefordert, ist dies kein Problem.

Achten Sie dabei aber auf ein stets gültiges Zertifikat Ihres Servers. Ansonsten droht eine Flut an Warnhinweisen.

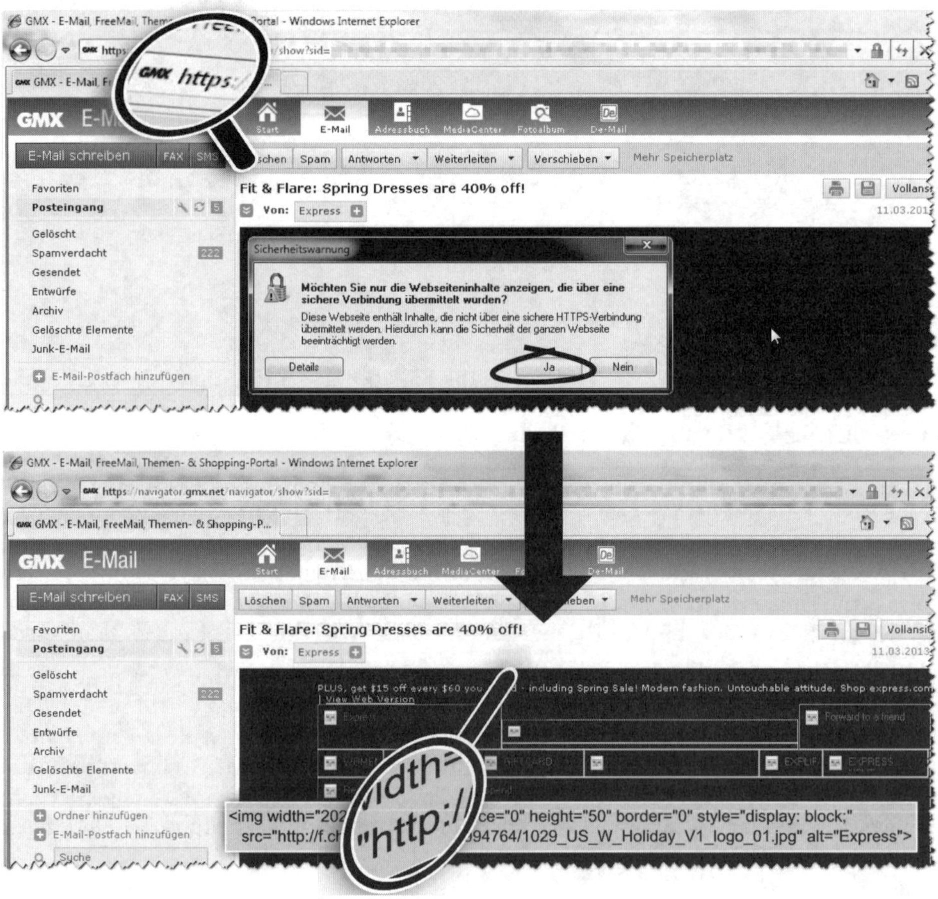

Abb. 13.6: Referenzieren Sie Ihre Grafiken per `src="https://"`. Andernfalls erhält Ihr Abonnent bei sicherer https-Verbindung zum Postfach Warnhinweise und Bilder laden nicht. (Hier: GMX im Internet Explorer)

Lücken schließen und Rahmen entfernen

Fällt Ihr Newsletter durch unerwünschte Abstände (*padding*) zwischen Grafiken auf? Bilder werden in HTML ohne weitere Angaben als Inline-Elemente formatiert. Damit befinden sie sich in der Regel im Textfluss und beginnen auf der Grundlinie der Schrift, nicht unten auf der p-Linie.

Sollen mehrere Bilder aber nahtlos aneinandergeklebt werden, wie dies bei zerschnittenen großen Grafiken der Fall ist, dann sollten diese aus dem Textfluss herausgenommen werden und als Block-Elemente innerhalb von abstandlosen Tabellenzellen formatiert werden. In HTML erfolgt dies mit dem Style-Attribut display:block: <img src="meinbild.jpg" style="display:block;" /> (Abbildung 13.7). Alternativ kann die Formatierung auch mit einem <style>img {display:block;}</style> hinter dem <body> zentralisiert werden. Doch Vorsicht: In diesem Fall sind alle Grafiken im Newsletter als Block-Elemente gekennzeichnet; eine kleine Pfeil-Abbildung im Fließtext oder Ähnliches führt dann zu einem Umbruch.

Zum Teil wird auch empfohlen, die Tabellenzelle mit dem verrutschten Bild um style="line-height:1px; anstelle von style="line-hight:0" zu ergänzen. Probieren (und Testen) geht über Studieren. (Am Rande: Beachten Sie bitte, dass CSS-Floatings in der E-Mail-Umgebung nicht flächendeckend funktionieren.)

Übrigens: Unschöne blaue Ränder um Grafiken entstehen, wenn diese mit einem Link versehen wurden und der Rahmen nicht auf die Breite null gesetzt wurde. Ergänzen Sie einfach das Attribut border="0" im Image-Tag.

Abb. 13.7: Falls Ihr Newsletter Lücken zwischen Grafiken aufweist, formatieren Sie die Bilder mit display:block als Block-Elemente.

Animierte GIFs

Probleme bei Animation entstehen einerseits durch deren vergleichsweise großes Dateigewicht und die damit verbundenen Ladezeiten. Andererseits dadurch, dass Outlook 2007/2010/2013 und einige mobile Endgeräte davon lediglich das erste Bild statisch darstellen.

Falls Outlook eine sehr hohe Verbreitung im Verteiler besitzt, kann auf Animationen verzichtet werden. Mindestens aber sollte der Ausgestaltung des ersten Bildes viel Aufmerksamkeit gewidmet werden. Idealerweise beinhaltet es ein repräsentatives Bild für die gesamte Animation oder die darin kommunizierte Botschaft.

Zudem empfiehlt es sich, die Animation mehrfach oder als Endlosschleife abspielen zu lassen. Je nach Positionierung im Newsletter könnte sie sonst untergehen. Ohne Loop muss auch das letzte Frame wie das erste repräsentativ für die Botschaft des Clips sein.

13.2.3 Hintergrund

Outlook 2007/2010/2013 unterstützen keine Hintergrundgrafiken, die mittels `background-image:url(...)` (CSS) oder `<td background=...>` (HTML) angegeben wurden. Ausnahme: im <body>-HTML-Tag, das die gesamte E-Mail-Fläche abdeckt. Da nicht sichergestellt ist, dass Hintergrundbilder allerorts dargestellt werden, sollten keine kritischen Informationen ausschließlich darin präsentiert werden.

Unter E-Mail-Marketern kursiert ein Hack auf Grundlage von Conditional Comments und Vector Markup Language (VML). Damit können auch Tabellenzellen in Outlook Hintergrundgrafiken vor HTML-Text beinhalten. Zumindest in gewissen Grenzen. Technisch werden dabei rechteckige Vektorflächen in den Abmessungen der Grafik aufgespannt und mit dem Hintergrundbild gefüllt. Darüber wird eine weitere Vektor-Ebene gelegt, die den Text im Vordergrund beinhaltet. Der E-Mail-gerechte Call-to-Action-Button in Abschnitt 10.6 *Handlungsaufforderungen:Reaktionen forcieren* liefert ein Quelltext-Beispiel.

Unterm Strich sollten stets Farben als Fallback definiert werden. Idealerweise für jede Tabellenzelle, da zum Beispiel innerhalb verschachtelter `<div->`- und `<table>`-Elemente unter Umständen Farben nicht weitervererbt werden. Für eine Hintergrund-Formatierung des gesamten E-Mail-Inhalts empfiehlt es sich, diesen in eine äußere Container-Tabelle mit 100 Prozent Breite zu verpacken, die unmittelbar nach dem <body>-Tag beginnt.

Tipp: Tool zur Erzeugung E-Mail-gerechter Hintergrundgrafiken

Unter `emailbg.net` findet sich ein nützliches Werkzeug, um Quelltext für E-Mail-gerechte Hintergrundgrafiken zu generieren. Legen Sie sich die URLs Ihrer Bilder sowie Ersatz-Hintergrundfarben bereit. Geben Sie die Daten in das Werkzeug ein. Anschließend kopieren Sie den Quelltext und fügen ihn in die passende Stelle im Newsletter ein – fertig. Der Code sorgt für eine ordnungsgemäße Anzeige von Hintergrundbildern auch in neueren Outlook-Versionen. Jedoch sollte vor dem Versand noch ein Darstellungstest erfolgen – sicher ist sicher.

13.2.4 Dokumententyp (doctype)

Ob und welcher Dokumententyp initial für den HTML-Quelltext definiert wird, kann kleinere Auswirkungen auf das Rendering haben. Zum Beispiel werden die Außenabstände bei

Absätzen (<p>) anders festgesetzt, je nachdem, ob ein Dokumententyp vorhanden ist oder nicht.

Diverse Webmail-Programme ignorieren oder entfernen den kompletten Kopfbereich einer E-Mail – inklusive Dokumententyp. Hotmail/Outlook.com und Gmail ersetzen den Dokumententyp durch »XHTML 1.0 Strict«.

Der E-Mail-Service-Provider Campaign Monitor empfiehlt im Zuge einiger Tests, »XHTML 1.0 Transitional« als Doctype zu verwenden:

```
<!DOCTYPE html PUBLIC "-//W3C//DTD XHTML 1.0 Transitional//EN" "http://
www.w3.org/TR/xhtml1/DTD/xhtml1-transitional.dtd">
```

Auch Email on Acid und MailerMailer haben hier einige Zeit ins Testen investiert: `bit.ly/TVatr3` beziehungsweise `bit.ly/15KoGzk`.

13.2.5 Blockelemente und Abstände

Absätze, die mit dem Tag <p> formatiert werden, weisen zum Teil inkonsistente Abstände auf, je nachdem, welches E-Mail-Programm und welcher Browser genutzt wird. Gleiches gilt für doppelte
 (*break*, Zeilenumbruch).

Stattdessen sollte unter Rendering-Gesichtspunkten mit `<table>` eine Tabelle aufgespannt werden, deren Höhe die gewünschten Abstände fixiert. Diese Variante funktioniert zuverlässiger. Dies gilt ebenso für die Abstände anderer Blockelemente wie `<blockquote>`-Zitate oder die Überschriften <h1>, <h2>.

Spannen Sie um mehrere übereinandergestapelte `<table>` eine Mantel-Tabelle. Darin können die weiteren Tabellen zeilenweise (`<tr>`) übereinandergelegt werden, um letztlich eine zentrierte Anordnung sicherzustellen.

Tipp: Absätze mit <div>

Einen Kniff, mit dem Abstände zwischen Absätzen zuverlässig fixiert werden können, verrät die Agentur Inbox Group (`tinyurl.com/cm3ym2d`): Statt mehreren
-Tags nutzen Sie einen `<div>`, der ein ` `-Leerzeichen (*non-breaking Space*) mit bestimmter Schriftgröße enthält. Ein Absatz von fünf Pixeln lässt sich durch die folgende Formatierung erzielen:

```
<div style="font-size:5px;"> </div>
```

Dabei sollte jedoch darauf geachtet werden, dass dies in formatierten Tabellenzellen `<td style="...">Text` nicht funktioniert. Die Zell-Formatierung muss erst in ein umklammerndes <span>-Tag gesetzt werden:

```
<td><span style="...">Text</span></td>.
```

13.2.6 Online-Formulare

Ein Eingabeschlitz für die Suche im Onlineshop hätte im E-Mail-Kopfbereich sicher Charme. Jedoch gilt für Formularelemente im Prinzip das Gleiche wie für JavaScript und eingebettete Objekte. Sie werden in der E-Mail-Umgebung herausgeschnitten oder funktionieren nicht richtig:

- Mal erhält der Adressat vom E-Mail-Programm eine unschöne Warnmeldung darüber, dass die Inhalte unsicher sind,
- mal werden die Formularfelder zwar dargestellt, aber das Absenden ist nicht möglich,
- mal werden selbst die Felder nicht korrekt dargestellt (zum Beispiel »()« anstelle eines Radiobuttons und »[Submit]« statt der Absenden-Schaltfläche),
- und mal unterbindet die Tastaturbelegung des E-Mail-Programms Texteingaben und Tastaturkürzel wie Tabulator – die Usability ist also grausig.

Lange Rede, kurzer Sinn: Binden Sie den Suchschlitz oder die Umfrage nicht direkt als Formular, sondern besser als entsprechend verlinkte Grafik ein. Kleine Umfragen können Sie alternativ auch über das Klicktracking Ihres E-Mail-Dienstleisters realisieren.

Falls Sie trotz der möglichen Probleme doch ein Formular in die E-Mail einbetten möchten, verweisen Sie zumindest unmittelbar darunter in einem Link auf die Webversion: »Wenn die obige Umfrage nicht angezeigt wird oder nicht funktioniert, klicken Sie bitte hier«.

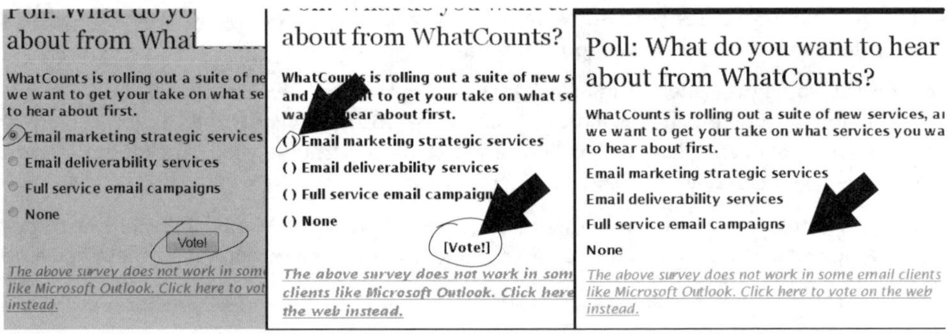

Abb. 13.8: Formulare funktionieren nicht zuverlässig – links Gmail mit funktionstüchtigem Formular, aber Warnhinweis vor dem Absenden, in der Mitte und rechts Outlook 2013 beziehungsweise GMX ohne (funktionierende) Radiobuttons und Absenden-Schaltfläche. Unter dem Formular befindet sich ein Darstellungsfehler-Link.

13.2.7 Links

Formatierung

E-Mail-Programme behandeln Links zum Teil sehr eigenwillig. Manche »vergessen« zum Beispiel, eine Unterstreichung zu setzen, andere wählen eine unvorteilhafte Textfarbe. Beides kann Response kosten. Daher sollte für Links im Quelltext zum Beispiel gezielt

- eine Farbe (`color:#000001;`) sowie
- die Unterstreichung (`text-decoration:underline;`)

gesetzt werden:

```
<a href="..."><font color="#000001" style="text-decoration:underline;">Mein
Link</font></a>
```

Warum benutzen wir #000001 als Farb-Code für Schwarz? #000000 würde Gmail blau statt schwarz färben. Wählen Sie die sechsstellige Schreibweise des Farbcodes, denn nur die liefert konsistente Ergebnisse.

Sprungmarken

HTML bietet nicht nur die Möglichkeit, aus einer E-Mail heraus auf ein *externes* Dokument im Internet zu verweisen. Sondern über die Definition von Ankern via `<a name="name_der_sprungmarke">` und einem Verweis der Form `<a href="#name_der_sprungmarke">` können auch Newsletter-interne Sprungziele gesetzt werden. Nützlich ist dies etwa bei Inhaltsverzeichnissen im Vorschaufenster, die den Adressaten beim Klick zum festgelegten Anker in der E-Mail führen, zum Beispiel zur Überschrift eines Artikels. Darüber hinaus sind auch kreative Anwendungsmöglichkeiten denkbar, wie zum Beispiel beim WM-Newsletter von OTTO (Abbildung 13.9).

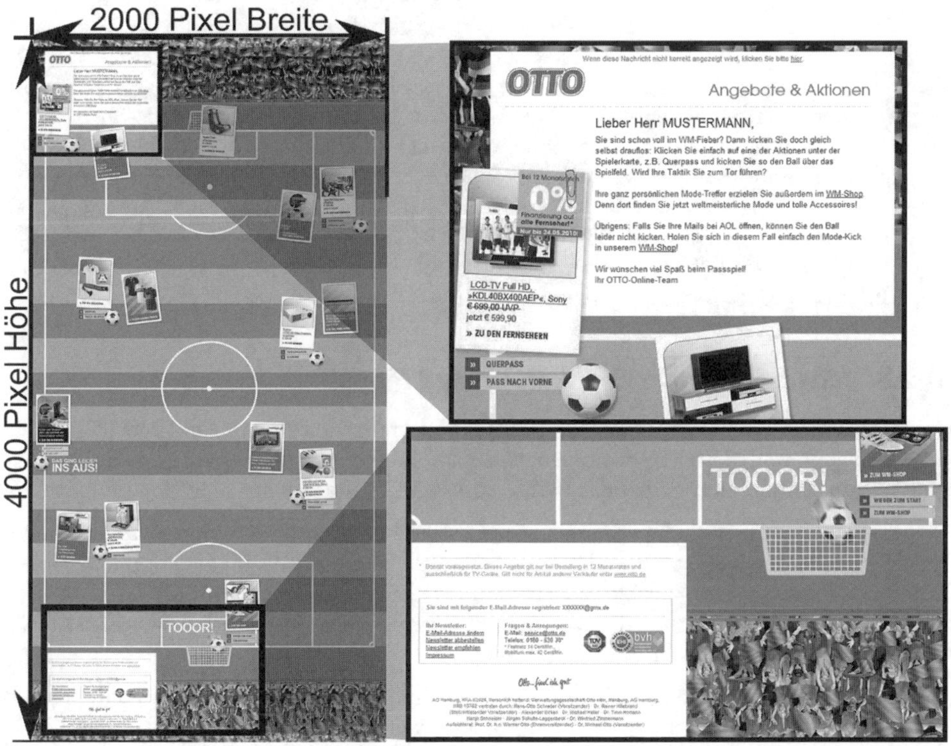

Abb. 13.9: Sprungziele kreativ und spielerisch im Riesen-Newsletter von OTTO eingesetzt (`tinyurl.com/bcvdodv`)

Wie sieht deren Unterstützung aus? Im Großen und Ganzen bereiten E-Mail-interne Links selten Probleme. Perfekt funktionieren sie jedoch nicht. In Desktop-E-Mail-Clients und Webmail-Diensten erhält der Abonnent beim Klick teils eine »Seite nicht gefunden«-Fehlermeldung. Ferner können mobile Endgeräte Probleme bereiten. Das heißt, der Link funktioniert nicht oder er muss – etwa beim iPhone – zweifach angetippt werden, um den Nutzer zum Sprungziel zu führen.

Ein – zugegeben wenig eleganter – Workaround bestünde darin, aus den E-Mail-internen Links – beispielsweise im Inhaltsverzeichnis – externe Verweise zu machen, die zur Onlineversion der E-Mail mit dem entsprechenden #-Sprungziel zum Artikel führen. Denn im Browser bereiten #-Links keine Probleme. Allerdings wird der Abonnent so möglicherweise gegen seinen Wunsch aus dem E-Mail-Posteingang in den Browser befördert.

Fazit: Fixieren Sie Sprungmarken mit `<a name="name_der_sprungmarke" id="name_der_sprungmarke"></a>` im Newsletter-Quelltext und verweisen Sie darauf mit `<a href="#name_der_sprungmarke">Mein Link</a>`. (Das `id`-Attribut bietet sich ab HTML 4 an, das alte `name` dient als Fallback.)

Beispiel: WM-Newsletter von OTTO

Ein Beispiel für den kreativen Einsatz von Sprungmarken lieferten unter anderem die Canadian Tourism Commission (`tinyurl.com/d5ohv76`) und OTTO (Abbildung 13.9): Auf einem riesigen Fußballspielfeld sind Spielerkarten mit Shop-Angeboten geheftet, unter denen sich anklickbare Aktionen wie »Querpass« oder »Fernschuss« befinden. Beim Mausklick auf eine der Aktionen bewegen sich Ball und Newsletter-Ansicht jeweils zur nächsten Station. Der Witz: Zum aufkeimenden WM-Fieber k(l)ickt sich der Adressat so spielerisch durch alle aktuellen Offerten zum Tor ... und zum WM-Shop. Auf mögliche Probleme mit den Links weist OTTO gleich zu Beginn im Editorial hin: *»Übrigens: Falls Sie Ihre Mails bei AOL öffnen, können Sie den Ball leider nicht kicken. Holen Sie sich in diesem Fall einfach den Mode-Kick in unserem WM-Shop!«*

13.2.8 Verweissensitive Grafiken (Image Maps)

Bei verweissensitiven Bildern werden anhand von grafischen Primitiven (Rechteck, Kreis oder Polygon) und deren Koordinaten klickbare Bereiche und Ziel-URLs definiert und quasi als unsichtbare Karte über das Bild (`<map>`) gelegt – siehe Beispiel in Abbildung 13.10.

Das Prinzip ist simpel: Stellen Sie sich eine Grafik über die volle Newsletter-Breite vor, die Ihre Webseiten-Navigation beinhaltet. Hierbei wäre es wenig sinnvoll, die komplette Grafik mit *einem* Verweis – etwa zur Homepage – zu belegen. Stattdessen markiert der Versender die rechteckigen Menüpunkte darin jeweils einzeln als klickempfindlich und verlinkt diese dann mit den passenden Unterseiten im Shop.

Die Unterstützung von Image Maps ist überraschenderweise relativ gut, aber nicht perfekt. Ob die Links funktionieren, variiert je nachdem, welcher E-Mail-Client und Browser verwendet wird, und ob Bilder dargestellt oder blockiert werden. Die Browser Chrome und Safari bereiten etwa in einigen Webmail-Diensten Probleme. Zudem spielt Gmail nur so lange mit, wie Bilder noch nicht geladen wurden. Damit die skizzierte Navigation also überall hundertprozentig funktioniert, sollte die Grafik besser zerschnitten und jedes Einzelteil auch einzeln verlinkt werden (*slicing*). Schließlich sind Klicks die Währung im E-Mail-Marketing ...

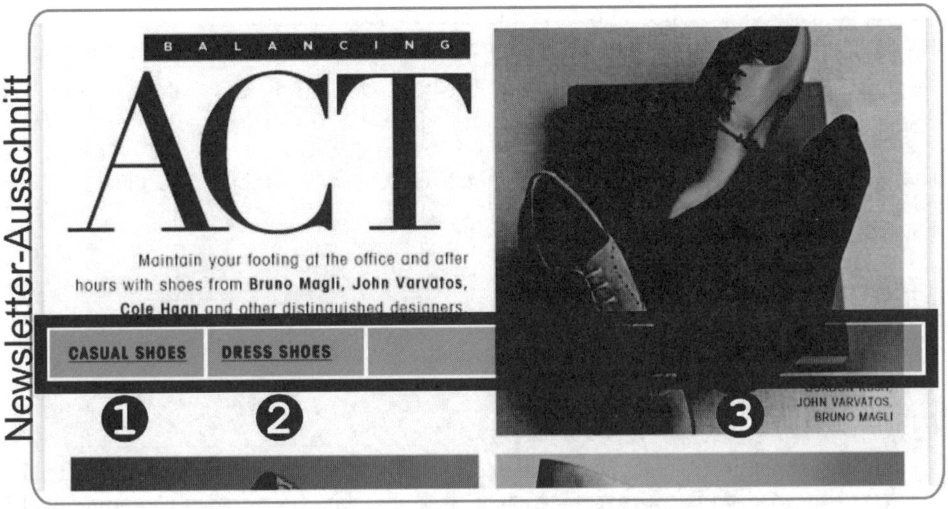

HTML

```
<img src="http://f.e.bloomingdales.com/i/32/392907741/030713_Men_Shoes_03.jpg" alt="BALANCING ACT"
width="650" height="37" border="0" usemap="#Map" style="display:block;">

<map name="Map">
❸ <area shape="rect" coords="230,5,644,31" href="http://e.bloomingdales.com/a/hBROJZcAXa0vdB8xOqkNc-
HVK.AYMx2RDr/mainmain" target="_blank" alt="BALANCING ACT">
❷ <area shape="rect" coords="123,4,228,31" href="http://e.bloomingdales.com/a/hBROJZcAXa0vdB8xOqkNc-
HVK.AYMx2RDr/dress" target="_blank" alt="SHOP DRESS SHOES">
❶ <area shape="rect" coords="4,3,119,34" href="http://e.bloomingdales.com/a/hBROJZcAXa0vdB8xOqkNc-
HVK.AYMx2RDr/casual" target="_blank" alt="SHOP CASUAL SHOES">
</map>
```

Abb. 13.10: Beispiel einer verweissensitiven Grafik im Bloomingdale's-Newsletter: Das IMG-Attribut `usemap` verknüpft die Grafik mit einer Karte, die klicksensitive Bereiche definiert. Die Karte selbst zeichnet drei unsichtbare Rechtecke (`rect`, hier dunkelgrau hervorgehoben), wobei die Positionen anhand von X-Y-Koordinaten (`coords`) der Ecke oben links und der Ecke unten rechts festgelegt sind.

13.2.9 Cascading Style Sheets (CSS)

Zur Schriftformatierung sollte das `<font>`-Tag genutzt werden. Auch, wenn die CSS-Eigenschaften zur Font-Formatierung, etwa via `<span>`-Tags, breit unterstützt werden – sicher ist sicher.

> **Tipp: Web-Fonts in E-Mails**
>
> Ob oder wie sich außergewöhnliche Google-Schriftarten (`google.com/fonts`) direkt in E-Mails nutzen lassen, das zeigt Elliot Ross in einem Artikel: `tinyurl.com/dxvl4wq`.

Apropos »unterstützt« – welche CSS-Eigenschaften sind sicher? Übersichten findet sich auf `campaignmonitor.com/css` und `pinpointe.com/blog/email-campaign-html-and-`

`css-support`. Infos zum CSS3-Support und zu Browser-Erweiterungen wie -moz, -webkit- und -ms geben zudem die Seiten `tinyurl.com/cbj4w6j` und `tinyurl.com/26azjnz` her.

Besonders ärgerlich ist, dass Gmail zentrale CSS-Definitionen sowohl im Kopf- als auch im Inhaltsbereich herausschneidet und ignoriert. Gleichsam gehen extern referenzierte Stylesheet-Dateien verloren. Mit Werkzeugen wie `premailer.dialect.ca` oder `beaker.mailchimp.com/inline-css` können zentral definierte CSS-Blöcke jedoch ohne viel Aufwand inline in die betreffenden HTML-Tags eingefügt werden. Damit gibt sich auch Gmail zufrieden.

Ein weiterer Tipp: Bei HTML-Tabellen empfiehlt es sich, immer auf Zellen-Ebene (`<td>`) Formatierungen für die Elemente darin vorzunehmen. Denn teilweise werden die Formatierungen nicht vererbt.

Tipp zu guter Letzt: Am Ball bleiben in Sachen Coding

Gerade die Postfach-Anbieter ändern hie und da mal stillschweigend etwas an ihrem technischen Unterbau. Unter Umständen zieht dies neue Kniffe zur konsistenten E-Mail-Darstellung nach sich. Um im Bild zu bleiben und unschöne Darstellungsfehler zu vermeiden, sollte die Blogosphäre beobachtet werden, die solche Themen sehr zeitnah berichtet. Einige empfehlenswerte Weblogs, die zum Teil seit Jahren erstklassig zum Design-Thema berichten, sind zum Beispiel: `campaignmonitor.com/blog/`, `litmus.com/blog/`, `emailonacid.com/blog`, `stylecampaign.com/blog/`. Ebenso gehören diverse Foren und Communitys auf den Schirm wie zum Beispiel: `campaignmonitor.com/forums/` oder `stackoverflow.com/questions/tagged/email`.

Teil VI

Messen, testen und auswerten

In diesem Teil:

Der sechste Teil behandelt zunächst die Fragestellung, wie Sie den Erfolg Ihrer E-Mail-Kampagnen nachhalten. Dienstleister haben eine Vielzahl an Messgrößen entwickelt. Sie lernen diese im Detail kennen. Darunter befinden sich Klassiker wie die Klickrate, aber genauso neuartige Kennziffern wie die Lesedauer oder die Mobile-Leser-Rate. Hinweise auf Messungenauigkeiten und auf den richtigen Umgang mit Messgrößen allgemein bewahren Sie vor Trugschlüssen. Grafische Visualisierungen helfen zudem, handlungsrelevante Zusammenhänge leichter zu entdecken. Schließlich erfahren Sie, wie Sie den Wert eines Abonnenten berechnen, um Wirtschaftlichkeitsberechnungen durchführen zu können. Kapitel 15 zeigt Ihnen anschließend, wie Sie nachhaltig von Tests profitieren. Dabei werden einerseits einfache Split-Tests von komplexeren multivariaten und Echtzeit-optimierten Tests abgegrenzt. Zum anderen zeigt das Kapitel, wie Sie *richtig* testen und die Gefahr von Irrtümern minimieren. Dazu gehört unter anderem, signifikante Ergebnisse zu erzielen und Wissen zu managen.

Kapitel 16 bietet schließlich einen Einblick in analytisches E-Mail-Marketing, das auf Methoden des Data Mining fußt. Analysieren Sie zum Beispiel die Warenkörbe Ihrer Käufer, um Cross-Selling-Potenziale zwischen verschiedenen Produkten zu identifizieren. Und clustern Sie Ihre Zielgruppen, um Abonnenten-Gruppen individueller informieren zu können. Schließlich erfahren Sie, wie Sie die RFM-Methode dazu nutzen, Abonnenten-Wanderungsanalysen durchzuführen. All dies hilft, Ihr Programm datengetrieben strategischer auszurichten.

Kapitel 14

Erfolgskennziffern im E-Mail-Marketing analysieren

Nach der

1. *Planung* und der
2. *Durchführung* ist die
3. *Analyse*

ein weiterer wichtiger Schritt im Kampagnenmanagement. Es gilt, die Ergebnisse (»Ist«) im Hinblick auf die Zielsetzung (»Soll«) zu überwachen. Dabei können gegebenenfalls kurzfristige Nachjustierungen vorgenommen werden, um Abweichungen zu korrigieren. Das Kampagnen-Controlling umfasst darüber hinaus den Transfer neu hinzugewonnener Erkenntnisse in Folgekampagnen, also in künftige Planungsschritte. Nur so kann langfristig das Potenzial des Werbemediums voll ausgeschöpft werden.

In der Praxis vernachlässigen Marketer den Analyse-Schritt aber oftmals. Dabei wäre E-Mail prädestiniert, denn es besticht durch

- *vielseitige* Messbarkeit, die sich in zahlreichen Erfolgskennziffern ausdrückt und mit Test- und Verbesserungsmöglichkeiten einhergeht;
- *sofort* verfügbare Response-Daten, die mit schnellen Korrekturmöglichkeiten und Erkenntnisgewinnen einhergehen;
- *feine* Selektionsmöglichkeiten, um ein umfassendes Verständnis für verschiedene Zielgruppen und deren Bedürfnisse entwickeln zu können.

Erinnern Sie sich noch an unsere »Erfolgsmaße« 50 / 20 / 10 / 20 aus Kapitel 8? Dahinter standen diejenigen Anteile am Gesamterfolg, die auf Zielgruppenauswahl, Angebotsgestaltung, Kreation beziehungsweise Timing zurückzuführen sind. Auch wenn die Kampagnenplanung diese berücksichtigt, sorgen zahlreiche Ursachen dafür, dass trotzdem nicht alle Abonnenten vom Angebotssog erfasst und zum Ziel, dem Abschluss »gesaugt« werden. Eine stattliche E-Mail-Öffnungsrate von 25 Prozent bedeutet im Umkehrschluss nämlich immer noch: 75 Prozent erreichte die Nachricht nicht. Warum, dies gilt es, herauszufinden und fortan zu berücksichtigen. Abbildung 14.1 zeigt exemplarisch einige Analyse-Ergebnisse rechts unterhalb der Waage.

Dass E-Mail-Versender die Analyse trotz ihrer Bedeutung eher scheuen, mag zum einen darin begründet sein, dass die Kosten für die Abwicklung einer Kampagne vergleichsweise gering sind, gleichsam aber die Ergebnisse mindestens zufriedenstellend *scheinen*. Damit verfällt der wirtschaftliche Anreiz, Erfolge genauer nachzuhalten und die Maßnahmen stetig weiter zu optimieren. Zum anderen ist aber möglicherweise gar nicht so genau klar, was und wie eigentlich so alles analysiert werden *kann* oder *sollte*. Welche Erfolgskennziffern gibt es überhaupt und wie lese ich diese? Vor allem an dieser Frage soll dieses Kapitel anknüpfen.

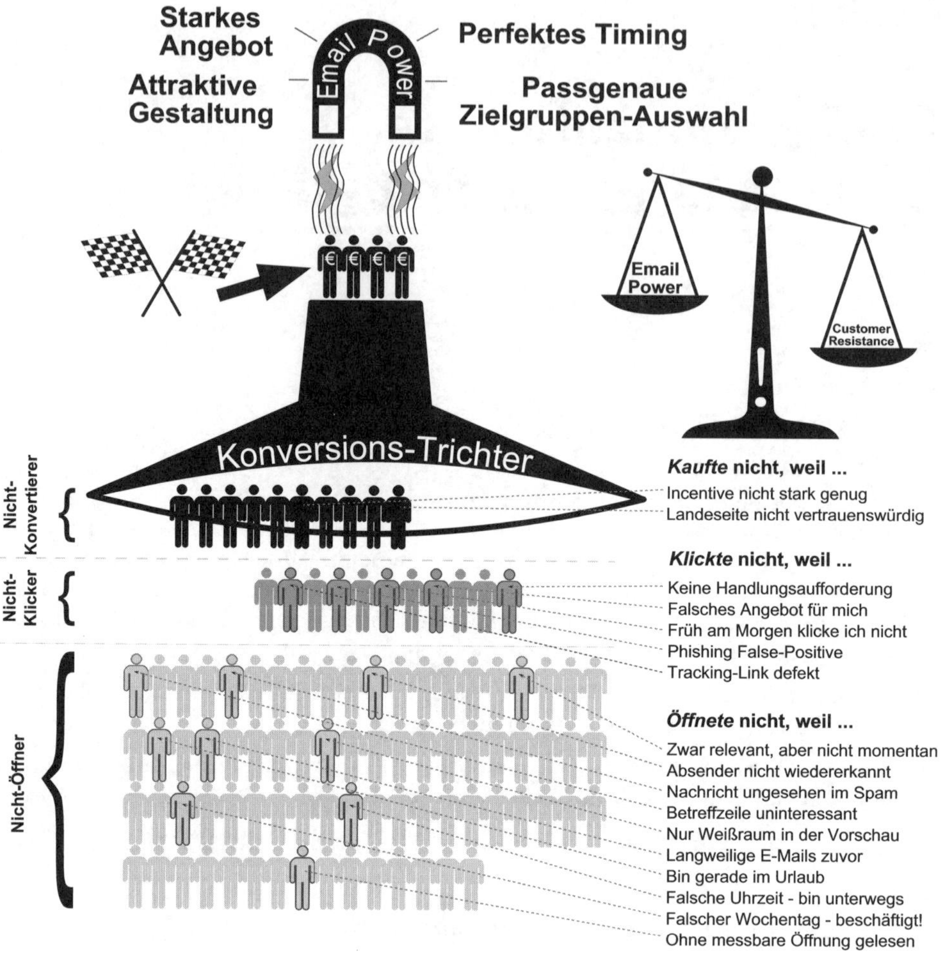

Abb. 14.1: Die Kraft der E-Mail-Ansprache (»Magnet«) muss schwerer wiegen als die entgegengesetzte Kraft der Customer Resistance gegenüber Werbung; eine Analyse ausbleibender E-Mail-Öffnungen, Klicks und Verkäufe offenbart dabei wertvolle Optimierungspotenziale.

Hinweis: Warum umgedrehter Conversion-Trichter?

Abbildung 14.1 zeigt einen *umgedrehten* Trichter – aus gutem Grund. Die Darstellung unterstreicht, dass die natürlichen Anziehungskräfte *gegen* den Werber arbeiten, *nicht für* ihn. Der einzelne Abonnent will nicht öffnen, er will schon gar nicht klicken oder gar kaufen. Daher »fällt« er auch nicht einfach so von oben nach unten durch den Trichter. Sondern er passiert diesen nur, wenn die Kräfte der vier Erfolgsfaktoren (Zielgruppe, Angebot, Gestaltung, Timing) mehr Gewicht auf die Waage bringen und mehr Sogwirkung entfalten als die inneren Widerstände der Abonnenten (*Customer Resistance*).

Die Kampagnenanalyse flankiert die konkrete Ausgestaltung einer Kampagne. Denn die Erfolgsfaktoren entfalten ihre Kraft nur dann, wenn ein ausreichendes Zielgruppenverständnis vorhanden ist. Das wiederum muss sich der Werber durch ein stetiges Kampagnen-Controlling schaffen.

Die folgenden Abschnitte helfen Ihnen, das Spektrum vollständig zu erfassen, Ergebnisse richtig zu interpretieren und interessante Insights und Verbesserungsmöglichkeiten im Rahmen Ihrer E-Mail-Kampagnen zu bergen. Am Ende des Kapitels sollen die folgenden Aspekte im Hinterkopf bleiben:

- Die Öffnungsrate beantwortet die Frage: Wie viele Adressaten meines E-Mailings haben dieses zumindest auch geöffnet? Dabei ist Öffnungsrate nicht gleich Öffnungsrate – zahlreiche Einflüsse verzerren das Bild (Abschnitt 14.2 *Was uns die Öffnungsrate (nicht) verrät*). Da viele E-Mail-Programme Bilder blockieren, untertreibt die Öffnungsrate messbedingt. Zudem weisen Tracking-Tools die Kennziffer mitunter verschieden aus. Zwar gibt es Standards. Doch deren Praxisrelevanz ist bis dato unzureichend. Bei fundierten Vergleichen muss dem Versender also bekannt sein, was *genau* die Kennziffer misst. (Dies gilt vor allem für die Öffnungsrate, aber nicht ausschließlich.)
- Ihre wichtigste Kennziffer sollte die Klickrate sein (Abschnitt 14.1.1 *Standardisierung in Deutschland*). Sie bemisst sich als Quotient aus Klicks und zugestellten E-Mails. Gemeinhin spiegeln Klicks den Erfolg ehrlicher wider als Öffnungen, die auf protokollierten Bild-Abrufen fußen.
- Klick- *und* Öffnungsrate zusammen finden ihren Niederschlag in der effektiven Klickrate. Hierbei wird Ersteres durch Letzteres dividiert. Die Kennziffer ist zuvörderst ein Maß für die Attraktivität des Werbemittels (Abschnitt 14.4 *Click-to-Open-Rate (CTOR) / effektive Klickrate*). Viele E-Mail-Marketer messen der effektiven Klickrate (auch: Klick-zu-Öffnungsrate) sogar mehr Bedeutung bei als der Klickrate.
- An welchen Richtwerten soll ich mich orientieren? Klick-, Öffnungs- und effektive Klickrate variieren je nach Branche, Versandfrequenz, Adressqualität und Anlass zum Teil deutlich. Während etwa bei Gewinnspiel-Adressen oft keine vier Prozent Öffnungsrate erreicht werden, erzielen Transaktionsmails wie die Bestellbestätigung Raten von über 70 Prozent. Dies spiegelt sich auch in Benchmark-Statistiken wider (vergleiche die Liste einiger Publikationen in Abschnitt 14.9 *Weitere Kennziffern*).
- Häufiges Missverständnis: Die Größen Zustellungen und Zustellrate beziffern *nicht* die Anzahl der E-Mails, die – vorbei am Spamfilter – in die Posteingänge einsortiert wurden. Dies wird durch die Posteingangszustellrate abgebildet (Abschnitt 14.1.2 *Standardisierung in den USA*). Die Zustellrate an sich beziffert lediglich die Anzahl der von Mailservern technisch akzeptierten E-Mails, die also bei Annahme keine Fehler erzeugten, wie »Postfach vorübergehend voll« oder »Postfach existiert nicht«. Die Zustellrate ergänzt sich mit der Bounce-Rate zu 100 Prozent. Eine ordnungsgemäße Listen-Hygiene sollte sicherstellen, dass die Zustellrate dauerhaft bei (weit) über 95 Prozent liegt.
- Das Verständnis der Response-Mechanik (Abbildung 14.16) ist ein Schlüssel zur Erfolgsanalyse. Im E-Mail-Marketing lässt sie sich wie folgt zusammenfassen:
  - E-Mails werden auf einer ersten Stufe im Postfach geöffnet (Öffnungsrate). Das Öffnungs-Verhalten können Versender durch die Wahl eines passenden Absenders, Betreffs und die Pre-Headers beeinflussen.

  - Nach der Öffnung muss durch Layout, Bilder und Überschriften Aufmerksamkeit geweckt und der Blick durch das Werbemittel dirigiert werden. Fließtext und Handlungsaufforderungen kanalisieren die Aufmerksamkeit dann in echtes Interesse und Klicks (Klickrate).
  - Die Landingpage wandelt schließlich Klicks in Käufe, Whitepaper-Downloads oder ähnliche Zielvorgaben um (Conversion-Rate).

  Den Rahmen bilden dabei situative Erfolgsfaktoren wie Zielgruppenauswahl, Angebotsgestaltung, Timing und Gestaltung. Wer die Response-Mechanik verinnerlicht, optimiert Werbemaßnahmen effektiver.

- Messen Sie auch die Umwandlungsraten von Klicks zu Verkäufen auf Ihren Newsletter-Landingpages (Abschnitt 14.3 *Die Conversion-Rate im E-Mail-Marketing*). Um den Klickpfad erfassen und mit einem E-Mailing verknüpfen zu können, müssen die Landeseiten vorweg mit dem Tracking-Code Ihrer Versandlösung oder Webanalyse-Software versehen werden. Falls Sie Conversion-Rates vergleichen, achten Sie darauf, dass es mehrere Berechnungsmöglichkeiten gibt. So macht es einen Unterschied, ob die Ziel-Erreichungen in Relation zur Anzahl der Klicks (Online-Marketing-Definition) oder zur Versandmenge (Direktmarketing-Definition) gesetzt werden. Alle Definitionen sind prinzipiell »richtig«. Jedoch sollten nicht Äpfel mit Birnen verglichen werden.
- Weitere Zielgrößen, die in Ihr E-Mail-Marketing-Cockpit gehören, sind die Abmeldungen (Abschnitt 14.5 *Abmelderate*), Spambeschwerden (Abschnitt 14.6 *Spambeschwerde-Rate/Complaint-Rate*), Antworten (Abschnitt 14.7 *Antwortrate*) sowie die Verteilerwachstumsrate (Abschnitt 14.8 *Verteilerwachstumsrate*). Werfen Sie darüber hinaus sporadisch einen Blick auf ergänzende oder allumfassende Metriken. Darunter fallen der Return on Investment (Abschnitt 14.9.12 *RoI/KUR/Return-per-Email*), die Mobile-Leser-Rate (Relevanz des Themas Mobile E-Mail, Abschnitt 14.9.4 *Mobile-Leser-Rate / Client-Statistiken*), die durchschnittliche E-Mail-Lesedauer (Interesse am Newsletter, Abschnitt 14.9.3 *Lesedauer*), Weiterleitungs- und Teilenrate (Word of Mouth, Abschnitt 14.9.2 *Lese-Rate (und weitere IMAP-Kennziffern)* und Abschnitt 14.9.6 *Weiterleitungen/Weiterleitungsrate*) und die Double-Opt-in-Quote (Effektivität des Anmeldeprozesses, Abschnitt 14.9.11 *Double-Opt-in-(Erfolgs-)Quote*).
- Verschaffen Sie sich eine Idee vom Wert einer E-Mail-Adresse für Ihr Geschäft. Idealerweise erfolgt die Berechnung Segment-spezifisch – zum Beispiel nach Adressquelle. Nur so können Sie die Online-Werbebudgets optimal aussteuern (Abschnitt 14.12 *Vom Zahlenfriedhof zum Wert einer E-Mail-Adresse*).
- Blicken Sie analytisch über den Excel-Tellerrand hinaus. Zwar sind Tabellenkalkulationen heute sehr leistungsstark. Doch explorative Analysen lassen sich unter Umständen mit Business-Intelligence-Werkzeugen besser durchführen. Gerade in der visuellen Analyse schlummert dabei viel Potenzial (Abschnitt 14.13 *Grafische Hilfsmittel für multivariate Erfolgsauswertung*).

14.1 Klick, Öffnung, Bounces, Zustellungen & Co – Notwendigkeit einheitlicher Metriken

E-Mail-Marketing benötigt nicht nur aussagekräftige, sondern auch einheitliche Messgrößen. Nur so sprechen alle Beteiligten dieselbe Sprache. Ein einfaches Beispiel soll potenzielle Probleme verdeutlichen. Angenommen, bei der Adressmiete rechnen drei Vermarkter erfolgsabhängig nach Maßgabe der erzielten E-Mail-Öffnungen ab. Alle drei weisen dem Nachfrager gegenüber, der eine Anzeige bucht, den Erfolg unterschiedlich aus:

- A weist als Öffnungen die Summe der Abrufe eines unsichtbaren Bildpunktes im HTML-Teil der E-Mail aus.
- B addiert die Klicks ohne erfolgten Bildabruf hinzu.
- C ermittelt die Öffnungsrate ganz anders, nämlich danach, bei wie vielen Nutzern in einem repräsentativen Panel das »gelesen«-Flag im IMAP-Postfach gesetzt wurde.

Bei einer erfolgsabhängigen Vergütung nach Maßgabe der erzielten E-Mail-Öffnungen erhält B mehr Provision als A und womöglich C mehr Provision als B – bei jeweils gleicher Leistung wohlbemerkt. Ergo: Wer Äpfel mit Birnen vergleicht, zieht falsche Schlüsse. Um den Werbekanal E-Mail optimal managen zu können, müssen Standards her.

14.1.1 Standardisierung in Deutschland

Der Council Digitaler Dialog des Deutschen Dialogmarketing Verbandes (DDV) hat bereits Ende 2006 reagiert und eine »Selbstverpflichtung für einheitliche Messgrößen im E-Mail-Marketing« veröffentlicht (`tinyurl.com/ykhh3dy` unter »Download«). Hierin wurden unter anderem Berechnung und Ausweis der **wichtigsten Erfolgskennziffern** verbindlich festgelegt. (Trotz der Bedeutung des Themas und des überschaubaren Unkostenbeitrags in Höhe von 100 Euro für Nicht-DDV-Mitglieder ist die Unterzeichner-Liste, die auf den Seiten des Councils eingesehen werden kann, leider sehr übersichtlich geblieben. Nur sechs DDV-Mitglieder wiesen mit Stand 30. September 2008 die Kennziffern entsprechend der Vereinbarung einheitlich aus. Kontrolliert wird die Einhaltung nicht.) Insgesamt wurden die Kennzahlen aus Abbildung 14.2 definiert.

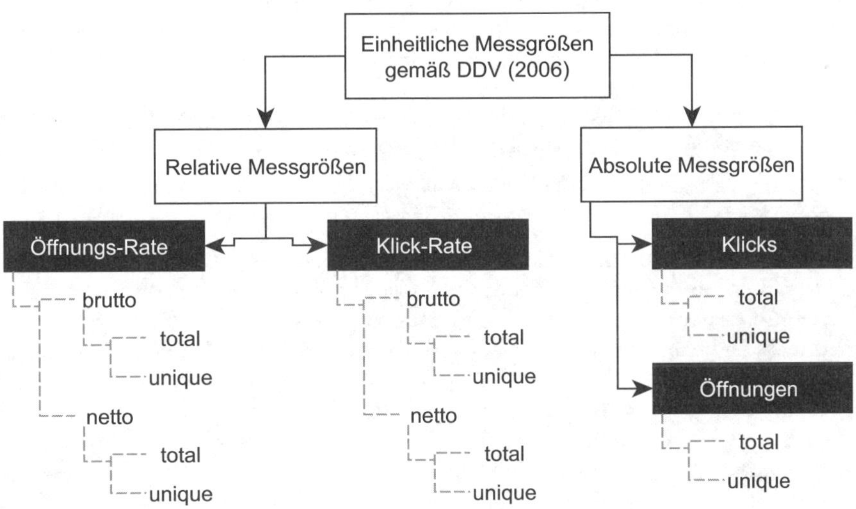

Abb. 14.2: Einheitliche Messgrößen im E-Mail-Marketing gemäß der DDV-Selbstverpflichtung aus dem Jahre 2006. Zur Unterscheidung brutto versus netto und unique versus total vergleiche Abbildung 14.6.

- **Klicks:** Dahinter verbirgt sich die Anzahl der Link-Aufrufe, die die Empfänger im Rahmen einer Aussendung tätigten. Um diese zu ermitteln, ersetzt die Versandsoftware vor dem Versand alle (oder ausgewählte) Links im E-Mailing durch Tracking- oder Weiterleitungs-Links (sogenannte *Redirects*). Diese verweisen den Klicker zunächst auf den Trackingserver des Versanddienstleisters. Von dort erfolgt eine Weiterleitung auf die eigentliche Ziel-Seite, die der Versender bewirbt. Für den Klicker ist der Umweg unsichtbar.

  Konkretes Beispiel: Sie platzieren einen Verweis auf `http://meineFirma.de/Angebot.htm` im Newsletter, das Versandsystem macht daraus vor der Aussendung ein `http://esp.com/433-C3G-32V`. Beim Klick auf `esp.com` erhöht die Software einen Zähler in der Datenbank; die kryptischen Anhängsel zeigen, welcher Nutzer in welchem E-Mailing welchen Link anklickte. Erst dann leitet sie zur eigentlichen Zielseite `meineFirma.de` um.

  In einer Versandlösung können Links selektiv vom Klick-Tracking ausgenommen werden. Damit bleibt einerseits der Original-Link im E-Mailing bestehen, andererseits werden Klicks hierfür nicht mehr erfasst. Ein Anwendungsfall wäre die Einbindung von YouTube-Videos. Ersetzt die Software nämlich die YouTube.com-URL, wird das Video im Gmail-Postfach nicht mehr als solches erkannt. (Vergleiche hierzu Kapitel 17.)

  Aus Sicht des E-Mail-Marketers ist die Erzielung möglichst vieler Klicks in der Regel das zentrale Ziel eines Newsletters oder E-Mailings. Mehr Klicks bedeuten meist unmittelbar auch mehr Umsatz. Klicks gelten als ehrliches Erfolgsmaß, da kaum verzerrende Messfehler auftreten. Daher kommt ihnen die höchste Bedeutung im Rahmen der Kampagnenanalyse zu. Vor allem relativ gesehen – in Form der Klickrate ...
- **Klickrate:** Die Klickrate entspricht der Anzahl aller registrierten Klicks dividiert durch die Summe zugestellter E-Mails. »Zustellungen« ist hierbei definiert als die Versandmenge abzüglich etwaiger Zustellfehler – der sogenannten Bounces. Man unterscheidet Hard- von Softbounces. Hardbounces sind dauerhafte Zustellfehler wie »E-Mail-Adresse existiert nicht«. Softbounces sind vorübergehender Natur – etwa »Postfach voll«.

Am Rande: Ergebnis-Verzerrungen – übertreibt die Klickrate?

Die Klickrate *kann* den tatsächlichen Werbeerfolg etwas zu hoch ausweisen. (Muss sie aber nicht.) Wenn, dann rührt dies primär von zwei Ursachen her:

1. **Formale Links:** Manche Klicks sind messbar, andere nicht (vergleiche Abbildung 14.3). Unter den messbaren wiederum sind nicht alle werberelevant. In die Klickrate fließen mitunter aber alle messbaren Klicks ein. Dass dies nicht immer im Sinne des Erfinders ist, lässt sich an folgendem Beispiel leicht verdeutlichen: Tragen sich alle Abonnenten nach der E-Mail-Öffnung über den Abmeldelink aus, beträgt die Klickrate zwar 100 Prozent. Allerdings leistete kein Klick einen Beitrag zum Werbeerfolg. Nach Möglichkeit sollten deshalb formale Klicks herausgerechnet werden. So wird der werbewirksame Response abgebildet.
2. **Auto-Klicks:** Die Summe der gemessenen Klicks kann durch Bot-Klicks verwässert werden (vergleiche Abbildung 14.4). Dahinter stecken keine Menschen, sondern Computer-Programme, die automatisiert URLs aufrufen. Etwa Spamfilter, die zusätzlich zum E-Mail-Inhalt auch die hinter den Links stehenden Landingpages untersuchen möchten, um sich ein umfassenderes Bild zu machen.

Oder Suchmaschinen-Crawler, die die Webversionen archivierter E-Mails indexieren (und dabei die Links verfolgen). Auch solche Klicks werden unter Umständen protokolliert, leisten aber keinen Beitrag zum Werbeerfolg. Bot-Klicks können nur durch einen Blick in die Datenbank aufgedeckt werden. Dort äußern sie sich beispielsweise in Form vieler Klicks von einer IP-Adresse in wenigen Sekunden.

Während der erste Punkt die Vergleichbarkeit unterschiedlicher Mailings beeinträchtigen kann, ist der zweite Punkt eher theoretischer Natur. Trotzdem könnte er bei Response-Ausreißern nach oben ursächlich sein. Versender sollten davon ausgehen, dass sich Auto-Klicks, so sie überhaupt auftreten, dann auf alle Mailings in gleicher Weise auswirken. Damit ist, wenn auch kein genauer Ausweis der Klicks, zumindest die Vergleichbarkeit von Kampagnen gewährleistet. Klicks auf »abmelden« oder »Webversion anzeigen« jedoch variieren je nach Inhalt.

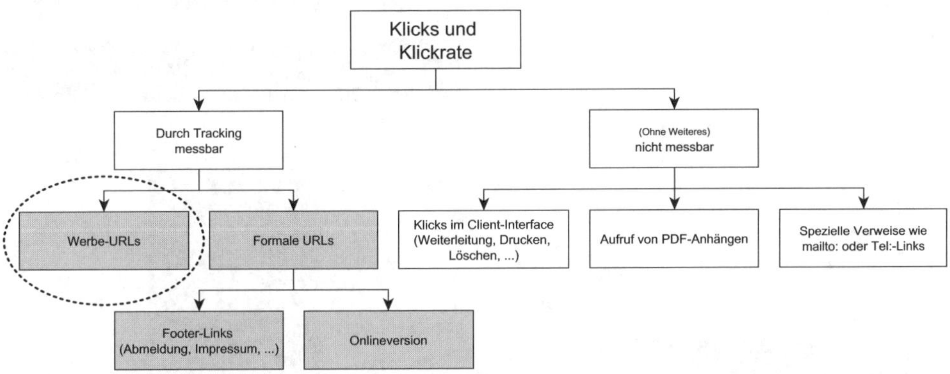

Abb. 14.3: Die meisten Klicks sind messbar, aber nicht alle (zum Beispiel Klick auf PDF-Anhang). Unter den messbaren sind wiederum die meisten werberelevant, aber nicht alle (zum Beispiel Klick auf »abmelden«). Die Klickrate sollte werberelevante Klicks widerspiegeln.

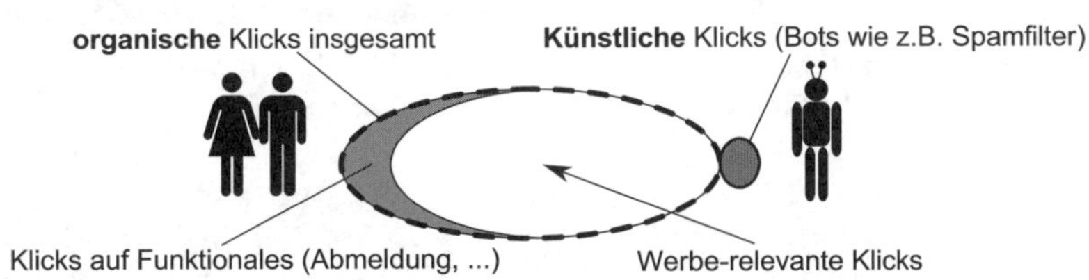

Abb. 14.4: Organische Klicks werden von Menschen generiert. Sie lassen sich in werberelevant und funktional unterteilen. Neben funktionalen Klicks verwässern auch künstliche Auto-Klicks unter Umständen die gemessene Klickrate und damit den Werbeerfolg.

- **Öffnungen:** Die Messgröße »Öffnungen« soll die Anzahl der E-Mail-Aufrufe in den Postfächern der Adressaten widerspiegeln. Technisch wird hierzu in der Regel der Abruf eines unsichtbaren und ein Pixel großen Bildes vom Trackingserver erfasst. (Das Pixel wird auch als *Tracking-* oder *Zählpixel* oder auch *Webbug* bezeichnet.) Neben dem Pixel-Abruf sind weitere Messmethoden denkbar wie zum Beispiel der Abruf einer externen Stylesheet-Datei oder eines Audio-Files. In der Praxis besitzt dies aber eine geringe Bedeutung. Unterzeichner der DDV-Vereinbarung (Abbildung 14.2) verpflichten sich, einzig die Ergebnisse eines Zählpixels zu berichten, und nicht etwa Klicks ohne gemessene Öffnung zur Kennziffer hinzuzuaddieren.

- **Öffnungsrate:** Die Öffnungsrate berechnet sich analog zur Klickrate als Anzahl aller protokollierten Öffnungen dividiert durch die Menge zugestellter E-Mails, also Versandmenge abzüglich Bounces. Sie ist eine Proxy-Variable, die die wahren Öffnungen ungenau widerspiegelt. Geöffnete E-Mails, bei denen Bilder nicht geladen wurden, werden etwa nicht erfasst; umgekehrt kann das »Zappen» durch den Posteingang jeweils eine Öffnung im Vorschaufenster des E-Mail-Programms triggern, obwohl die Nachricht dort nicht weiter beachtet wurde. Da die Öffnungsrate meist anhand eines Zählpixels bestimmt wird, beschränkt sich deren Messbarkeit auf HTML-E-Mails. Plain-Text-Nachrichten können naturgemäß keine Bilder beinhalten. Dementsprechend fehlt der Ausweis einer Öffnungsrate. Dies ist ein Manko, das die Lese-Rate versucht, zu beheben – vergleiche Abschnitt 14.9.2 *Lese-Rate (und weitere IMAP-Kennziffern)*.

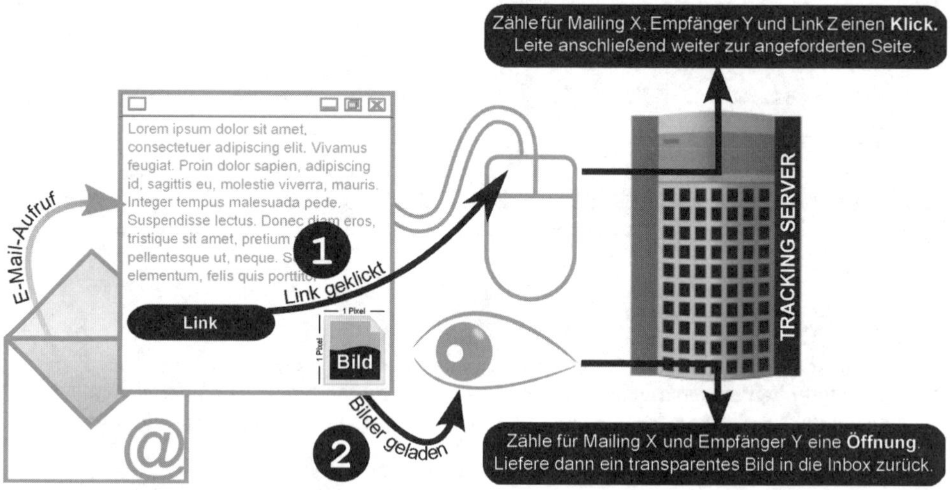

Abb. 14.5: Klick- (1) und Öffnungs-Tracking (2) im E-Mail-Marketing – wie funktioniert dies eigentlich? Anhand von Umleitungs-Links (1) und Bild-Abrufen (2).

Info: Die Zusätze »Unique« und »Brutto« bei den Erfolgskennziffern

Abwandlungen der vier genannten Klick- und Öffnungskennziffern ergeben sich zum einen durch den Zusatz »**Unique**« (unikal, einzigartig). Man spricht beispielsweise von der Unique-Öffnungsrate oder von der Anzahl uniquer Klicks. *Unique* zeigt an, dass es sich um eine auf einzelne Personen bezogene Kennziffer handelt, die um deren Mehrfachaufrufe bereinigt wurde. Die Unique-Klicks weisen im Unterschied zur Summe aller gemessenen *Klicks* (»**total**«) also die Zahl der *Klicker* aus. Klicker sind die Empfänger, die mindestens einmal im Newsletter geklickt haben. Gleiches gilt für die *Öffner*. Da ein Empfänger pro Aussendung maximal *eine* unique Öffnung erzeugt, kann die unique Öffnungsrate hundert Prozent nicht übersteigen. (Die »totale« Öffnungsrate hingegen schon; beispielsweise bei vielen Weiterleitungen an Freunde und Kollegen.)

Weitere relative Messgrößen ergeben sich auch hinsichtlich eines Brutto- und Netto-Ausweises. **Netto**-Erfolgsraten berechnen sich als Anteil von der Versandmenge abzüglich Bounces. **Brutto** hingegen bezieht sich auf die komplette Versandmenge inklusive Zustellfehler. Fehlt der Zusatz, dann werden stets Netto-Angaben angenommen. Bei der Netto-Öffnungsrate wurden im Nenner des Bruchs Zustellfehler abgezogen – sie ist damit stets größer als die Brutto-Öffnungsrate.

Das Beispiel in Abbildung 14.6 soll den Umgang mit den Zusätzen Unique/Total und Brutto/Netto verdeutlichen, die übrigens auch international Usus sind (unique/toal und gross/net). Hierzu wollen wir eine E-Mail-Kampagne an die beiden Empfänger Peter und Gitti ausliefern. Gitti ist bereits eine Weile im Urlaub; ihr Postfach ist inzwischen vollgelaufen. Die E-Mail an Gitti wird vom Server daher als vorübergehend unzustellbar gemeldet und in Richtung Versender zurückgeworfen (*gebounct*). Die Nachricht an Peter wird akzeptiert und ordnungsgemäß zugestellt. Peter freut sich und klickt drei Links an. Ergebnis: Je nachdem, ob der Erfolgsbericht die Brutto- oder Netto-Klickrate – jeweils unique oder total – beinhaltet, entsteht ein gänzlich unterschiedliches Bild vom Kampagnenerfolg.

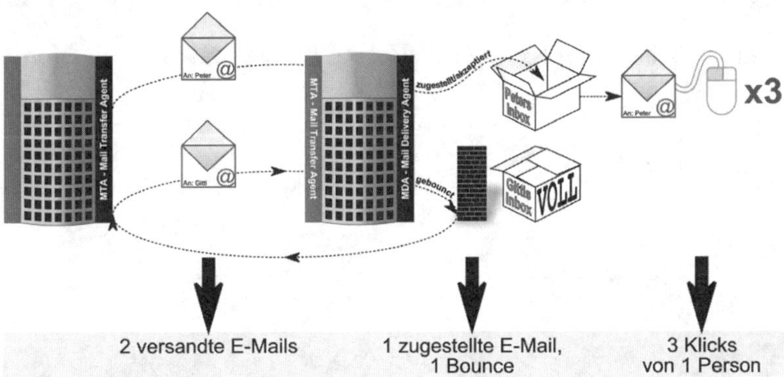

$$\text{Klickrate}_{\text{brutto}} = \frac{\text{Klicks}}{\text{Versandmenge}} \times 100 = \frac{3}{2} \times 100 = 150\%$$

$$\text{Klickrate}_{\text{netto}} = \text{Klickrate} = \frac{\text{Klicks}}{\text{Versandmenge}-\text{Bounces}} \times 100 = \frac{3}{2-1} \times 100 = 300\%$$

$$\text{Unique Klickrate} = \frac{\text{Klicker}}{\text{Versandmenge}-\text{Bounces}} \times 100 = \frac{1}{2-1} \times 100 = 100\%$$

Abb. 14.6: Brutto- versus Netto- versus Unique-Klickrate – wie berechnen sich die Kennziffern eigentlich genau? Im Beispiel wird versucht, eine Kampagne an zwei Abonnenten auszuliefern.

Am Rande: Zustellfehler (Bounces) werden leider uneinheitlich ausgewiesen

Standardmäßig werden Netto-Raten ausgewiesen. Netto-Raten sind immer bereinigt um unzustellbare E-Mails, sogenannte Bounces. Man unterscheidet Hard- von Softbounces. Erstere sind permanente und Letztere vorübergehende Übertragungsfehler, die sowohl während der Übertragung als auch danach auftreten können. Klingt zunächst simpel, doch der Teufel steckt im Detail. Bounces sind nämlich eine sehr unscharf abgegrenzte Größe:

- In Abhängigkeit von der Konfiguration der Versandlösung werden etwa bei Softbounces noch Tage später Zustellversuche unternommen – oder eben nicht. Damit kann sich zum Beispiel die Netto-Klickrate drei Tage nach dem Versand noch einmal verändern.
- Zudem liefern Internetdienstleister für einen vorübergehenden Fehler wie »Mailbox voll« sowohl 5.x.x- als auch 4.x.x-Fehler (siehe auch RFC 3463); die 5er werden von Versandlösungen oft per se als Hardbounce, die 4er als Softbounce klassifiziert. (Für Interessierte: Ein älteres Community-getriebenes Bounce-Code-Verzeichnis findet sich hier: `tinyurl.com/aonnw7g`.)
- Spam-bezogene Blockbounces berichtet Yahoo! Mail regelmäßig mit einem 4er-Fehler, AOL dagegen mit einem 5er.
- Asynchrone Bounces, die nachträglich nach Beendigung der SMTP-Verbindung auftreten, werden nicht von jeder Versandlösung ordnungsgemäß abgearbeitet.

Lange Rede, kurzer Sinn: Insgesamt sollte man bei Bounces (und mittelbar damit auch bei den Netto-Erfolgsraten) ein gesundes Maß an Skepsis aufbringen. Nicht, dass irrtümlich der Eindruck einer eindeutigen und versenderübergreifend perfekt vergleichbaren Kennziffer entsteht. Dies sind Bounce- und Zustellraten keineswegs.

Abbildung 14.7, Abbildung 14.8 und Abbildung 14.9 zeigen auf, wie sich Öffnungen und Klicks in einem Erfolgsbericht widerspiegeln.

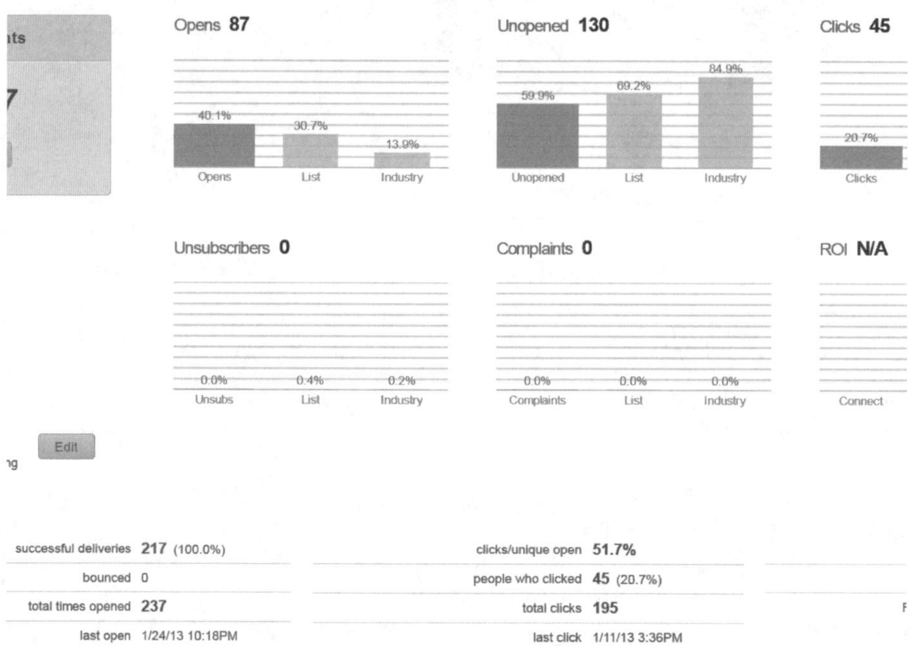

Abb. 14.7: Typischer Standard-Report (hier: MailChimp) – unique Öffnungen (Opens) und unique Klicks (Clicks) sind die wichtigsten Kennziffern. Daneben werden unter anderem Austragungen, Spambeschwerden, erfolgreiche und nicht erfolgreiche Zustellungen, die totalen Öffnungen, Klicks dividiert durch Öffnungen, Klicker und totale Klicks berichtet.

Abb. 14.8: Nicht nur die Summe der Klicks ist interessant, sondern auch die Information, wo geklickt wurde, welche Elemente also am erfolgreichsten waren. Eine Klick-Karte wie hier in optivo® broadmail bildet eine direkte Brücke zwischen dem Erfolgsfaktor »Gestaltung« und dem Response.

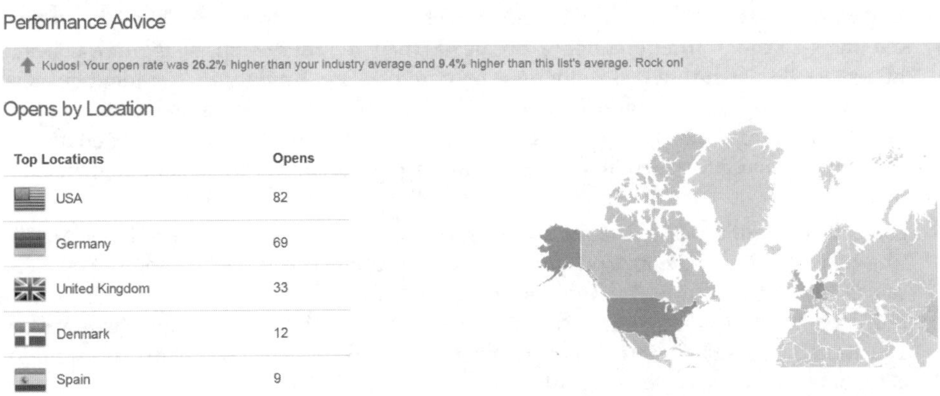

Abb. 14.9: Ebenso interessant ist die geografische Ortung: Woher stammten die Öffnungen (MailChimp)?

14.1.2 Standardisierung in den USA

»Rendering-Rate« und »Zustellungsrate«

Auch international hat die Unschärfe bei den E-Mail-Messgrößen Verbände auf den Plan gerufen. So verabschiedete das Email Marketing Council der Direct Marketing Association (DMA) in UK Mitte 2007 einheitliche Metriken in der »Best Practice Guideline«. Der Diskussion wurde Anfang 2009 weltweit wieder neues Leben eingehaucht. Das Email Experience Council (EEC) bat unter anderem um Kommentare zum Vorschlag, den irreführenden Terminus »Öffnungsrate« durch »Email Render Rate« zu ersetzen. Letzteres beschreibt eben sehr viel besser, was wirklich gemessen wird: Nicht notwendigerweise der Aufruf einer E-Mail im Postfach, sondern allein das »Rendering« einer unsichtbaren Grafik darin. Nicht zuletzt angesichts der verbreiteten Bildunterdrückung weicht die tatsächliche Öffnungsrate immer von der gemessenen ab. Dies führt bei Praktikern bis heute zu Missverständnissen.

Mit dem EEC-Vorschlag verbunden war ein ganzer Satz neuer und vermeintlich trennschärferer Kennziffern. Die Ideen mündeten knapp anderthalb Jahre später dann im »S.A.M.E. Project«. An S.A.M.E., das für »Support the Adoption of Metrics for Email« steht, wirkten viele namhafte Branchenvertreter mit. Neben der Rendering-Rate ging es hierbei insbesondere auch um eine Klarstellung, was im E-Mail-Marketing unter »Zustellung« und »Zustellungsrate« verstanden wird. Frage: Was würde Sie spontan darunter verstehen, wenn Ihr Provider Ihnen 90 Prozent Zustellungsrate verspricht oder berichtet – 10 Prozent sind in der Bounce-Statistik ausgewiesen oder 10 Prozent landeten im Spamordner? Zweideutig, oder? Da der Begriff sehr uneinheitlich verwendet und zudem nicht selten von E-Mail-Dienstleistern für Marketing-Zwecke »missbraucht« wird, schlägt S.A.M.E. anstelle der »Zustellrate (Deliveryrate)« zwei alternative Kennziffern vor:

- **Accepted Rate:** Die *Akzeptiert-Rate* berechnet sich als Versandmenge abzüglich der Bounces. Sie ist als die Basisgröße zur Berechnung der Netto-Raten. Mögliche Probleme, die sich durch uneinheitliches Bounce-Management ergeben, bleiben zwar bestehen. Aber der Terminus »akzeptieren« beschreibt – wie »rendern« – eindeutiger das, was erfasst wird: die erfolgreiche »250 OK«-Auslieferung (siehe Kapitel 2) der E-Mails an den empfangenden Message Transfer Agent (MTA). Die Akzeptiert-Rate entspricht damit der klassischen Zustellrate, die Sie im Erfolgsbericht Ihres Versanddienstleisters finden.
- **Inbox Placement Rate:** In Ergänzung zur »Akzeptiert-Rate« schlägt S.A.M.E. die Marketing-relevante *Posteingangszustellrate* vor, die ursprünglich vom Deliverability-Spezialisten Return Path stammt. Die Kennziffer spiegelt wider, wie viele der versandten E-Mails dort landeten, wo sie hinsollen. Nämlich in der Inbox, und nicht etwa im Spamordner. Die Posteingangszustellrate bildet damit nicht nur die E-Mail-Akzeptanz ab, sondern auch deren anschließende Klassifikation.

  Das Problem ist nur: Ein eindeutiger Ausweis ist so einfach nicht möglich. Über Umwege kann die E-Mail-Klassifikation zwar hie und da ermittelt werden (etwa via Return-Path-Akkreditierung bei Yahoo! Mail oder via Feedback-Loop-Konto bei Mail.ru). Ansonsten behelfen sich Versender bei Webmailern meist über sogenannte Seedlists. Diese enthalten Dummy-E-Mail-Adressen, die in Kampagnen gestreut und später automatisiert im Hinblick auf die Einsortierung der E-Mails überprüft werden. Aus den Ergebnissen der Stichprobe lässt sich dann ein Intervall ermitteln, das beschreibt, wie viele E-Mails bei den jeweiligen Internetdienstleistern mit einer gewissen Wahrscheinlichkeit im Posteingang landeten. (Nähere Informationen zur Seedlist-Nutzung entnehmen Sie Kapitel 26.)

Confirmed Open Rate und Average Recipient Render Rate

Ziel von S.A.M.E. ist nicht nur mehr Transparenz und Eindeutigkeit, die mit einem Siegel für Mitwirkende belohnt wird, sondern auch erweiterte Auswertungsmöglichkeiten. Zwei weitere Kennziffern, die es in diesem Zusammenhang auf die Liste geschafft haben:

- **Confirmed Opens:** Die *bestätigten Öffnungen* spiegeln fast die Öffnungen gemäß DDV-Standard wider – allerdings ergänzt um Klicks von Nutzern, bei denen keine Bilder dargestellt, also kein Zählpixel gerendert wurde. Auch Klicks im Text-Teil einer Multipart-E-Mail werden getrackt und fließen somit hier ein. Die Kennziffer nähert sich der tatsächlichen Öffnungsrate (»wahre Öffner«) weiter an als die »normale« Öffnungsrate. Das Schema in Abbildung 14.10 soll dies verdeutlichen.

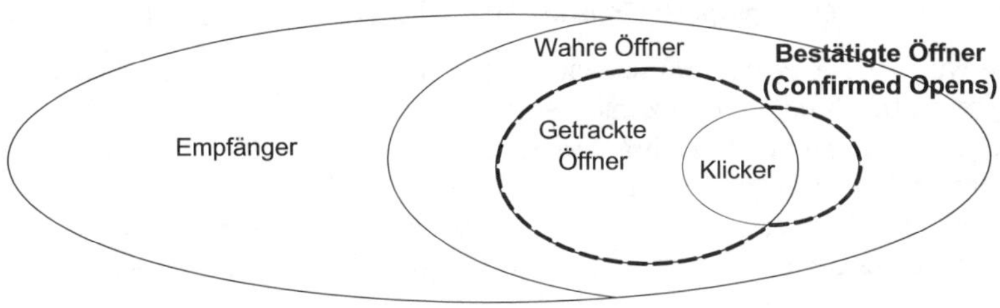

Abb. 14.10: Einige Klicker öffnen Ihren Newsletter ohne messbare Öffnung in dem Sinne, dass sie Bilder luden. Die bestätigte Öffnungsrate nähert sich der wahren an, indem auch solche Klicker als Öffner gewertet werden.

- **Average Recipient Render Rate:** Die *durchschnittliche Rendering-Rate pro Empfänger* (auch: *Öffnungsfaktor* oder *Mehrfachöffnungs-Quotient*) berechnet sich als Quotient aus »Öffnungen« und »Unique Öffnungen« und soll widerspiegeln, wie oft ein Adressat im Schnitt eine E-Mail aufgerufen hat. Die Annahme dabei ist: Je weiter sich die Messgröße von eins entfernt, desto interessanter war der Newsletter. Der Bruch ist stets größer oder gleich eins. Eins würde bedeuten: Jeder hat den Newsletter genau einmal geöffnet. Eine durchschnittliche Rendering-Rate von zwei besagt, dass im Schnitt jeder Empfänger den Newsletter zweimal geöffnet hat.

  Wie kommen Mehrfach-Öffnungen zustande? Hinter den Kulissen sind viele Dinge ursächlich:

  - *Archiv:* Abonnenten blicken in ihrem Newsletter-Archiv zurück auf vergangene Inhalte, die besonders interessant waren.
  - *Mobile Triage:* Abonnenten öffnen den Newsletter kurz unterwegs auf dem Smartphone und merken ihn darauf zum erneuten späteren Lesen auf dem Desktop-PC zu Hause vor.
  - *Weiterempfehlungen:* Abonnenten leiten den Newsletter an Kollegen und Freunde weiter und veröffentlichen ihn auf der Facebook-Pinnwand. Öffnungen, die Freunde verursachen, werden ebenfalls der E-Mail-Adresse des ursprünglichen

Empfängers zugerechnet. Damit erhöhen sie den Öffnungsfaktor. Ein hoher Faktor spiegelt wider, wie empfehlenswert die Nachricht war.

- *Zappen*: Abonnenten blättern schnell durch ihren Posteingang und scannen dabei auf interessante Inhalte. Beim Vor- und Zurückblättern wird jeweils im Vorschaufenster eine Öffnung getriggert, sofern dort die Bilder des Newsletters geladen werden.

$$\frac{\text{Totale Öffnungen}\uparrow\uparrow}{\text{Unique Öffnungen}} = \text{Öffnungsfaktor}\uparrow$$

Abb. 14.11: Der Öffnungsfaktor spiegelt Mehrfach-Öffnungen wider.

14.2 Was uns die Öffnungsrate (nicht) verrät

»Ist eine bestimmte Öffnungsrate eigentlich (noch) aussagekräftig? Schließlich blockieren E-Mail-Programme Grafiken, sodass die Rate doch unzuverlässig ist.«

Die Frage wird in der Praxis immer wieder gestellt. Um die Antwort vorwegzunehmen: Richtig interpretiert und eingesetzt handelt es sich nach wie vor um eine wichtige Erfolgskennziffer, die zudem einfach zu implementieren ist. Wer also fleißig seine Öffnungsraten beobachtet und beispielsweise segmentspezifisch (und nicht nur aggregiert für die ganze Liste) untersucht, der weiß deutlich mehr als diejenigen, die es nicht tun. Folgende Analyse-Ideen sollen den Mehrwert von Öffnungen und Öffnungsraten verdeutlichen:

- Prüfen Sie beispielsweise die Effektivität verschiedener Betreffzeilen in Split-Tests:

	Variante A an 10.000	Variante B an 10.000
Betreffzeile	Verführerischer Sommer	33% Summer SALES
Call-to-Action	Zum Summer SALES >>	Zum Summer SALES >>
Öffnungsrate	20 % (= 2.000)	15 % (= 1.500)
Klickrate	5 % (= 500)	5 % (= 500)

Tabelle 14.1: Betreffzeilen-Test – der alleinige Blick auf die Klickrate hätte verschwiegen, dass Variante A zu mehr Öffnungen und damit mehr Werbemittelkontakten führte. Jedenfalls, wenn davon auszugehen ist, dass Unterschiede allein auf die Betreffzeilen-Variation zurückzuführen sind.

- Analysieren Sie die Versand-Ergebnisse auf E-Mail-Domain-Ebene, um Provider-spezifische Zustellprobleme aufzudecken (siehe auch Abbildung 14.44).
- Setzen Sie die aktuellen Öffnungsraten in Relation zu vergangenen Daten (Entwicklungen aufzeigen).
- Oder setzen Sie sie in Verbindung zu weiteren Kennziffern wie der Klickrate (Werbemitteleffektivität messen, siehe Abschnitt 14.4 *Click-to-Open-Rate (CTOR) / effektive Klickrate*).
- Separieren Sie aktive von inaktiven Empfängern (eine Öffnung lässt sich leichter erzielen als ein Klick; wer allein auf Klicks abstellt, deklassiert zu viele Abonnenten);

- Ebenso lassen sich auf Grundlage des Öffnungsverhaltens Zielgruppen bilden (zum Beispiel ein Follow-up-Mailing an Nicht-Öffner).

Damit wird die Maßzahl schnell zu einem treuen Reporting-Begleiter, den Sie nicht mehr missen möchten. Dabei darf natürlich der Gesamterfolg in Form von beispielsweise Verkäufen nicht außer Acht geraten. Aber der Reihe nach.

14.2.1 Öffnungsrate ist eine Vergleichskennziffer

Die Betrachtung von Öffnungen und Öffnungsraten entfaltet ihren Nutzen nicht unbedingt in der isolierten Betrachtung. Das heißt, eine Aussage wie »mein E-Mailing hatte beim Versand am 1.2.13 eine circa 22-prozentige Öffnungsrate« besitzt für sich genommen wenig Aussagekraft. Interessant wird erst der Vergleich (siehe zum Beispiel Abbildung 14.12):

- Wie performten etwa bestimmte Mailings in der paarweisen Gegenüberstellung oder wie entwickelte sich die Aktivität der Abonnenten im Zeitverlauf (*Intra-List-Vergleich*)?
- Welche Teilsegmente reagieren eher, welche weniger – und warum?
- Welche Betreffzeile funktionierte im Vorab-Split-Test besser?
- Wie viele Adressaten erreichte ich aggregiert im vergangenen Quartal, das heißt, wie viel Prozent des Verteilers haben mindestens ein Mailing geöffnet?
- Die Miete welcher Adressliste für meine Werbekampagne verspricht nach Maßgabe der Öffnungs-Aktivität mehr Umsatz (*Inter-List-Vergleich*)?

Kaum etwas dürfte einfacher zu messen sein als die Öffnungsrate. Und keine andere Kennziffer zeigt vor allem die Wirkung unterschiedlicher Betreffzeilen und Absendernamen besser an. (Was nicht heißt, dass der Werbeeffekt der Betreffzeile hierdurch komplett abgebildet wird. Allein der flüchtige Blick auf ein »Marke - 33% Summer SALES« entfaltet ja bereits eine Wirkung. Und in der Postfach-Übersicht kommt noch keine messbare Öffnung zustande.)

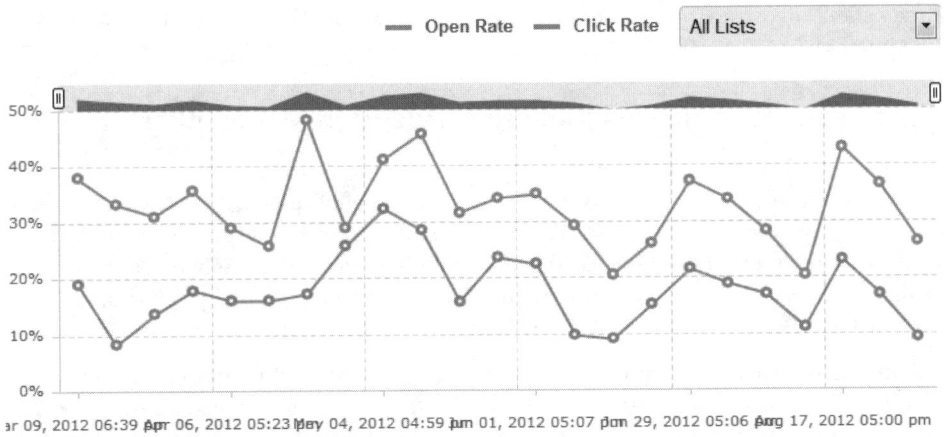

Abb. 14.12: Erst der Vergleich ist aufschlussreich – hier eine Zeitreihe der Öffnungs- (Open Rate) und Klickraten (Click Rate) in MailChimp. Beide verlaufen größtenteils im Gleichklang (starke Korrelation), das heißt, die Abstände sind annähernd gleich. Aber es gibt auch Ausnahmen (siehe zum Beispiel »May 04«).

Blicken wir auf ein weiteres Zahlen-Beispiel: Betreff-Variante A erzeugt in einem Test mehr Öffnungen als Betreff-Variante B. Aber B erzielte dennoch mehr Klicks (Tabelle 14.2). Wie kann das sein? Nun, vielleicht schürte der Betreff im Posteingang falsche Erwartungen. Er war zwar aufmerksamkeitsstärker, passte aber nicht perfekt zum Inhalt. Eventuell hätte eine bessere Abstimmung zwischen Betreff und Inhalt das initiale Interesse effektiver aufgefangen, in Klicks wandeln und so ein deutlich besseres Gesamtergebnis einfahren können. Das wichtige Take-away hierbei ist: Allein aus dem Blick auf die E-Mail-bezogenen Umsätze oder aus der Anzahl der erzeugten Klicks ergeben sich solche Ideen für Optimierungen nicht. Sie entstehen erst unter Einbeziehung der Öffnungsrate.

	Variante A an 10.000	Variante B an 10.000
Öffnungsrate	20 % (= 2.000)	15 % (= 1.500)
Klickrate	5 % (= 500)	10 % (= 1.000)

Tabelle 14.2: A erzeugt bei gleichem Inhalt mehr Öffnungen, aber weniger Klicks als B – warum?

Denken Sie auch an kombinierte Kennziffern wie die effektive Klickrate (Abschnitt 14.4 *Click-to-Open-Rate (CTOR) / effektive Klickrate*). Sie bemisst sich als Verhältnis von (unique) Klicks zu (unique) Öffnungen und zeigt, wie wirksam das Werbemittel Interesse in Klicks kanalisieren konnte. 1.000 Klicks durch 10.000 Öffnungen ergeben zehn Prozent effektive Klickrate. Dies bedeutet, dass nur jeder zehnte Empfänger, der sich offensichtlich die E-Mail anschaute, durch Werbetext und Gestaltung auch zum Klicken animiert werden konnte. Ohne die Öffnungsrate als Bezugsgröße blieben solche Erkenntnisse verborgen.

Ebenso können auf Basis einer Öffnung innovative Kennziffern abgeleitet werden. Die zeitliche Differenz zwischen Öffnung und (erstem) Klick etwa kann als Indikator für die durchschnittliche E-Mail-Betrachtungsdauer aktiver Rezipienten herangezogen werden. Und über solche Informationen freut sich sicher der Werbemittelgestalter oder der Redakteur. Je kürzer die Zeitspanne, desto effektiver war das Werbemittel. Damit wird die Kennziffer eine interessante Zielgröße für Optimierungsmaßnahmen.

14.2.2 Vorsicht: Wildwuchs an verschiedensten Messmethoden

Die Kenntnis über Öffnungsraten ist also nützlich. Nur sollte man als Versender immer im Hinterkopf behalten, dass es trotz Standardisierungsbemühungen (vergleiche Abschnitt 14.1.2 *Standardisierung in den USA*) keine einheitliche Berechnungsgrundlage gibt. Insbesondere unter den E-Mail-Dienstleistern herrscht ein regelrechter Wildwuchs an Messmethoden. So kann es sein, dass ein völlig identisches E-Mailing an die gleichen Adressaten zur gleichen Versandzeit (also *ceteris paribus*) beim E-Mail-Service-Provider Nummer ...

1. eine Öffnungsrate von nur 8 Prozent erzeugt, weil die Öffnung anhand des Abrufs einer CSS-Datei vom Server gemessen wird – die drei größten Freemail-Anbieter Outlook.com, Gmail und Yahoo! Mail ignorieren zum Beispiel solche Aufrufe und triggern dementsprechend keine Öffnung;
2. eine Öffnungsrate von 15 Prozent ausweist, weil der Abruf eines unsichtbaren Öffnungspixels registriert wird, der einerseits zwar – im Gegensatz zur CSS-Datei – in allen

E-Mail-Clients und Webmailern funktioniert, andererseits durch die standardmäßige Bildblockade aber ebenfalls noch zur starken Untertreibung der »echten Öffnungsrate« neigt;

3. eine Öffnungsrate von 16 Prozent erzeugt, weil der Pixelabruf und gegebenenfalls ergänzend der Klick auf einen HTML-Link ohne vorherigen Pixelabruf registriert werden (Öffnungen plus »ungeöffnete Klicks«);
4. eine sogenannte bestätigte Öffnungsrate von 17 Prozent erzeugt, weil zusätzlich auch Klicks im Text-Teil einer Multipart-E-Mail, die ja naturgemäß nicht durch einen Bildabruf messbar geöffnet werden kann, angerechnet werden;
5. eine Öffnungsrate von 18 Prozent erzeugt, weil nicht allein ein spezielles Öffnungspixel, sondern beliebige Server-Hits wie der Abruf irgendeines Bildes in der E-Mail oder die Anforderung einer Sounddatei als Öffnung gewertet werden.

Fünf unterschiedliche Öffnungsraten im Reporting, mal mehr, mal weniger pessimistisch – bei wohlbemerkt faktisch gleichem Erfolg. Einzig die Erfassung erfolgt unterschiedlich. Hier gilt es also, im Zweifel durch Nachfragen Klarheit zu schaffen. Denken Sie vor allem daran, wenn Sie zum Beispiel ...

- den E-Mail-Versanddienstleister wechselten und plötzlich andere Erfolge ausgewiesen bekommen (»Huch! Meine Öffnungsrate ist ja gestiegen/gesunken ...«);
- E-Mail-Service-Provider in der Evaluierungsphase anhand der Öffnungsraten bei Testaussendungen vergleichen (»Sorry lieber ESP Nr. 1, aber beim Test über ESP 5 hatten wir deutlich bessere Öffnungsraten ...«);
- Tests für eine Standalone-Werbekampagne bei verschiedenen Listeignern durchführen und diese anhand der Öffnungsrate bewerten (»Wir buchen bei B. Die Liste scheint bei unserer Kampagne deutlich aktiver zu sein, als die von Vermarkter A ...«);
- Performance-basierte Abrechnungsmodelle anstelle von erfolgsunabhängigen Tausend-Kontakt-Preisen für Werbebuchungen verwenden, die auf der erzielten Öffnungsrate fußen (»Nein, wir zahlen nicht den Listenpreis pro tausend Kontakte gemäß Ihrer Datenkarten, sondern wir orientieren uns an der Öffnungsrate, die Sie für uns erzielen – 10 Prozent Öffnungsrate sind uns nur 10 Euro TKP wert ...«).

Die höchste *ausgewiesene* Öffnungsrate muss beim Vergleich de facto nicht zwangsläufig den größten Öffnungserfolg im Sinne »wahrer Öffner« widerspiegeln.

Vorsicht: Scheininnovationen bei öffnungsbezogenen Messgrößen

Hier und da tauchen auch Scheininnovationen in Sachen Messgrößen auf. Sie geben vor, die Zahl der wirklichen Öffnungen abzubilden. Leider gehören diese meist in die Kategorie »Taschenspielertricks« der Marketing- und PR-Abteilungen. Die exakte Messung einer Öffnung wird technisch heute und vermutlich auch morgen nicht flächendeckend möglich sein. Zumindest nicht für Werbetreibende. Damit bleibt die Öffnungsrate ein wichtiges, aber eben doch recht pessimistisches Proxy-Maß.

Am Rande: Und die wahre Öffnungsrate lässt sich doch messen ...

Einzig den Schirmherren über die E-Mail-Postfächer liegen die exakten Zahlen vor. Also den Webmail-Providern wie GMX (= United Internet Media / United Internet Dialog) oder auch den Anbietern verbreiteter E-Mail-Apps beziehungsweise -Plug-ins.

Von den Postfach-Anbietern selbst berichten aber nur die Wenigsten direkt an interessierte Werbetreibende. Eine positive Ausnahme ist zum Beispiel Mail.ru. Der Provider bietet registrierten Versendern Einsicht unter anderem in die Anzahl der Spambeschwerden, der tatsächlich gelesenen sowie ungelesen gelöschten E-Mails und in den Prozentsatz der in den Spamordner aussortierten Nachrichten.

Unter den App-Anbietern ist Return Path zu nennen. So fußte der Service »Inbox Insight« auf einem Nutzer-Panel, das die Applikation OtherInbox installiert hat. Versender erhalten darüber Einblicke in E-Mail-Messgrößen wie »gelesen« (Read rate), »ungelesen gelöscht« (Delete without reading rate), »weitergeleitet« (Forward rate), »zum Adressbuch hinzugefügt« (Address book adds) und mehr. Und zwar nicht nur für die eigenen Aussendungen, sondern auch für diejenigen der Mitbewerber – vergleiche Abschnitt 14.9.2 *Lese-Rate (und weitere IMAP-Kennziffern)*

Unter all den möglichen Varianten zur Protokollierung einer Öffnung ist diejenige am einfachsten, die anhand eines unsichtbaren und minimal kleinen Zählpixels trackt. Sie gilt als ausreichend und zweckdienlich. Nicht zuletzt deshalb definierte der Branchenverband DDV die Öffnungsrate auf diese Weise. Das Manko, dass Bilder bei knapp der Hälfte Ihrer Adressaten zunächst blockiert werden und extra per Klick auf »Bilder laden« abgerufen werden müssen, tut dem kein Abbruch. Man muss halt wissen, dass die Öffnungsrate tiefstapelt.

In Zahlen: Wie stark untertreibt die Öffnungsrate eigentlich?

»Geöffnet« ist nicht gleichzusetzen mit »gelesen«. Aufgrund der Messmethodik (Abruf eines Zählpixels) wird der tatsächliche Leseerfolg nur abgeschwächt und ungenau dargestellt. Wie stark die Kennziffer am wahren Ziel vorbeischießt, ist Gegenstand diverser Untersuchungen. Meist wird dabei die *bestätigte* Öffnungsrate (= Pixel-Zählungen + Klicks ohne Pixel-Zählung) in Relation zur traditionellen (nur Pixel-Zählung) gesetzt. Der E-Mail-Dienstleister Agnitas kam zu dem Ergebnis, dass die Öffnungsrate im Schnitt 28 Prozent Öffnungen »vergisst«. Ein ähnliches Resultat berichtete dialog-Mail aus Österreich. Demnach sind bei rund 31 Prozent der geöffneten Mailings die Bilder unterdrückt.

Halten wir fest: Wer also in seinem Kampagnenreport eine 20-prozentige Openrate zur Kenntnis nimmt, sollte im Hinterkopf behalten, dass de facto nicht jeder Fünfte, sondern eher jeder Dritte bis Vierte erreicht wurde. Multiplizieren Sie also Ihre Öffnungsrate mit dem Faktor 1,3, um sich der wahren Rate anzunähern.

14.2.3 Einflussgrößen berücksichtigen

Ferner sollten Versender auf dem Schirm haben, welche Einflussfaktoren auf Öffnungsraten wirken, die ein Bildabruf misst (Abbildung 14.15). Nur so lassen sich die Ergebnisse im

Zeitverlauf sachkundig als Erfolg oder Misserfolg einschätzen. Die Reihe der Wirkungsgrößen ist recht groß. Folgende Aspekte prägen die Kennziffer:

- *Whitelisting:* Wurden Empfänger in der Vergangenheit aufgefordert, »Bilder von diesem Absender immer an[zu]zeigen« oder den Absender zum Adressbuch beziehungsweise zur Liste vertrauenswürdiger Absender hinzuzufügen? Dies kann sich nachhaltig positiv auf die gemessene Öffnungsrate auswirken. Denn Grafiken, und damit auch das Zählpixel, müssen bei einem Teil der Abonnenten nicht mehr durch einen Zusatzschritt extra nachgeladen werden. Sondern sie werden standardmäßig sofort beim Klick auf die E-Mail eingeblendet.
- *Bild-zu-Text-Verhältnis:* Ist der Newsletter andersherum sehr (HTML-)Text-lastig (Abbildung 14.13) oder werden Bilder als eingebettete Grafiken mitverschickt? Dann besteht für den Adressaten wenig Anreiz, auf »Bilder laden« zu klicken. Es sind ja bereits auch so die wesentlichen E-Mail-Inhalte zu sehen. Da das Zählpixel nicht in der E-Mail mitverschickt werden kann, sondern immer extern vom Trackingserver geladen werden muss, wird die Öffnung nicht registriert. Die Öffnungsrate ist also auch abhängig von der E-Mail-Gestaltung;

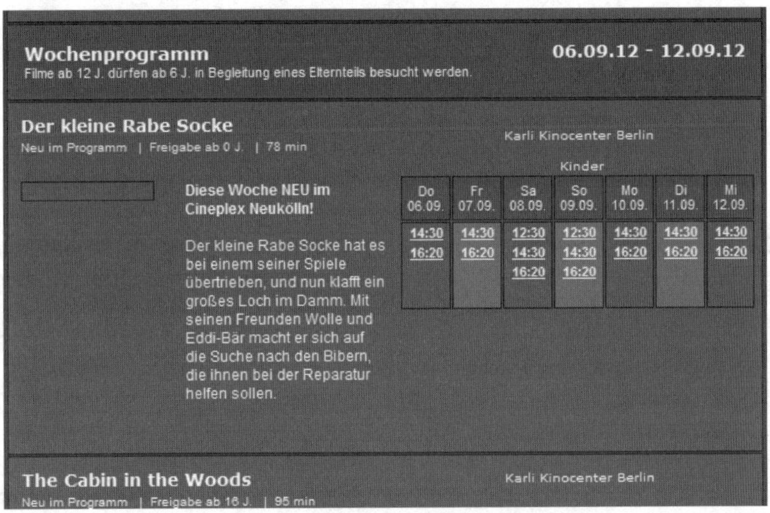

Abb. 14.13: Beim Karli-Kinocenter-Newsletter kann der Inhalt auch ohne Bilddarstellung gut rezipiert werden – das Zählpixel wird daher weniger häufig geladen als bei einer Bild-lastigen Ansprache und die echte Öffnungsrate ist in der Folge stark untertrieben. (Cineplex.de)

- *Absender & Betreff:* Vor allem ein Absendername mit hohem Wiedererkennungswert, der gedanklich mit nützlichen Informationen verknüpft ist, sowie eine klare und informationshaltige Betreffzeile beeinflussen die Öffnungsrate positiv. Damit hängt die Kennziffer zum einen von der historischen Kommunikationsqualität ab, die die gegenwärtigen Erwartungen prägen. Und zum anderen hängt sie von der Finesse ab, mit der die beiden Variablen ausgestaltet werden.
- *Spam:* Probleme mit Spamfiltern bei einzelnen Postfach-Anbietern oder größeren Firmen wirken sich dagegen negativ auf die Öffnungsrate aus.

- *HTML-Gewicht:* Übergroße Nachrichten schneiden Webmail-Dienste wie Gmail oder Yahoo! Mail ab circa 100 Kilobyte ab (Abbildung 14.14); der restliche Nachrichtenteil, in dem sich meist das Zählpixel verbirgt, muss auf Knopfdruck erst angefordert und nachgeladen werden. Ähnliches gilt für mobile Endgeräte, die teils ebenso erst eine Vorschau herunterladen. Ergo: Mit zunehmender Nachrichtengröße kann die Öffnungsrate sinken.

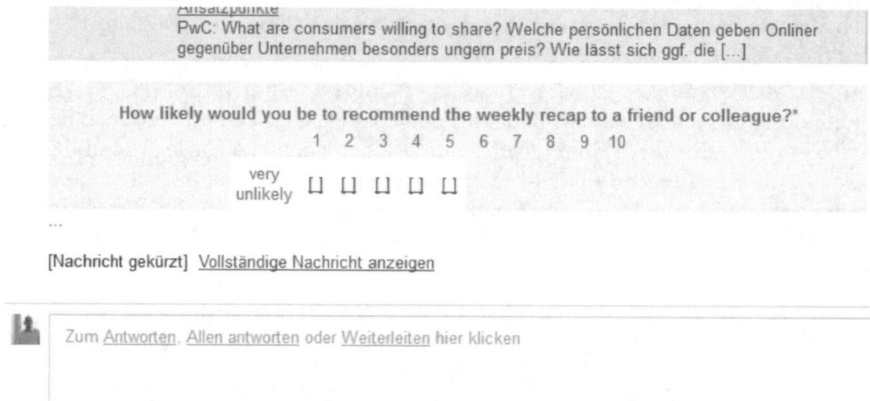

Abb. 14.14: Ab circa 100 Kilobyte Code-Gewicht schneidet Gmail die E-Mail rigoros ab; da sich das Zählpixel meist am E-Mail-Ende befindet, wird die Zählung der Öffnung erst beim Klick auf »vollständige Nachricht anzeigen« (und Bilder laden) getriggert.

- *Position:* Damit einher geht auch: Die Platzierung des Zählpixels zu Beginn der E-Mail (hinter <body>) generiert mitunter höhere Öffnungsraten als das Einfügen ganz unten (vor </body>). An vorderster Stelle wird das Pixel vor allen anderen Bildern abgerufen. Schlechte Internetverbindungen unterwegs oder lange Antwortzeiten des Servers während des Ladevorgangs beeinträchtigen die Zählung aber unter Umständen, falls das Pixel erst ganz zuletzt geladen werden soll.
- *Protokoll:* Selbst das für das Pixel verwendete Internetprotokoll kann eine Rolle spielen. Wird das Zählpixel nämlich nicht per Hypertext Transfer Protocol Secure (HTTPS) referenziert, kann es zu Problemen kommen, wenn die E-Mail aus einer solchen gesicherten Verbindung heraus abgerufen wird. Unter Umständen schmeißt der Browser einen Warnhinweis mit der Frage, ob wirklich unsichere Inhalte nachgeladen werden sollen. Augenscheinlich wirkt dies nicht besonders vertrauenserweckend. Mehr und mehr Webmail-Anbieter nutzen heute standardmäßig eine solche HTTPS-Verbindung. (Vergleiche auch Kapitel 13.)
- Neben versenderbezogenen Einflüssen kommen umweltbezogene zum Tragen. Solche exogene Faktoren entziehen sich einer unmittelbaren und kurzfristigen Regulierbarkeit. Aber auch sie gilt es zu beobachten, um vor allem die langfristige Entwicklung der Öffnungsrate eines Verteilers richtig einschätzen zu können.
  - Hierzu zählt die Entwicklung des Anteils der E-Mail-Programme, die standardmäßig externe Bilder aus Daten- und Virenschutzgründen *nicht laden* beziehungsweise *laden*. Steigt der Anteil Letzterer, folgt die Öffnungsrate auf dem Fuße. Zu populären Vertretern zählen GMX und das iPhone sowie das iPad. Sollte GMX als populärster Postfach-Anbieter jedoch plötzlich Bilder unterdrücken, sinkt die Öffnungsrate.

- Ähnlich verhält es sich mit Spamfiltern, die 1x1 Pixel große mutmaßliche Trackingpixel als gewichtiges Spamsignal werten. Die SpamAssassin-Regel »Incorporates a tracking ID number« schlägt immerhin mit bis zu zwei Strafpunkten zu Buche.
- Zudem entwickeln Abonnenten ein Verlangen nach Selbstbestimmung bei der Profilerstellung. Man denke an die globale Initiative »Do Not Track« (DNT), die seit dem Thunderbird-15-Release im August 2012 auch im E-Mail-Marketing akut werden könnte. Den Nutzern wird eine Opt-out-Möglichkeit gegen Nutzungsprofilierung per Checkbox eingeräumt. Mit dem Widerspruch sendet Thunderbird fortan DNT-Header an die Werbetreibenden. Entsprechen diesem Wunsch fiele auch das Öffnungs-Tracking aus.
- Aus Effizienzgründen speichern manche E-Mail-Clients geladene Bilder zwischen (sogenanntes *Image Caching*). Gecachte Bilder erfordern keinen erneuten Download. Sie können beim nächsten Newsletter-Abruf von der Festplatte oder von der mobilen Speicherkarte geladen und sofort angezeigt werden. Der Effekt ist vergleichbar mit dem von eingebetteten Grafiken (*Offline HTML*). Werden bereits Grafiken wie das Absender-Logo angezeigt, ist der Anreiz, auf »Bilder laden« zu klicken, geringer – die Öffnungsrate sinkt.
- Schließlich spielt auch der allgemeine Werbedruck auf die Postfächer eine Rolle – steigt das Versandvolumen allgemein, wird die Ressource »Aufmerksamkeit« immer knapper. Auch dies senkt die Öffnungsraten.

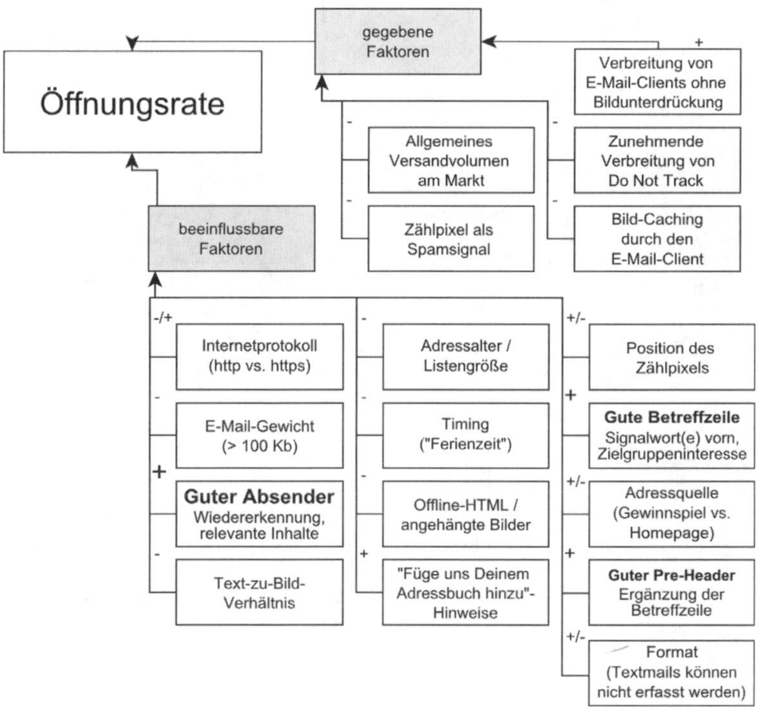

Abb. 14.15: Zahlreiche Faktoren wirken auf die Öffnungsrate positiv oder negativ – einige davon sind kurzfristig und direkt beeinflussbar (endogen), andere hingegen sind eher marktgetrieben (exogen). Absender, Betreffzeile und Pre-Header sind besonders wichtig.

14.2.4 Tipp: Systematische Tests statt Benchmarks

All die vielen Einflüsse machen auch deutlich, dass aggregierte Benchmark-Studien fast nutzlos sind für die Selbstbeurteilung. Zwar berichtet monatlich aufs Neue ein E-Mail-Dienstleister neue Durchschnittswerte (vergleiche Tabelle 14.8 in Abschnitt 14.10.3 *Benchmark-Berichte aus der E-Mail-Branche*). Verschwiegen wird dabei allerdings, dass die Spannweite zwischen den Guten und Schlechten hoch ist. Und zu unterschiedlich sind auch die Szenarios (Zielgruppen, Produkte, Betreffzeilen, Frequenz, Adressgewinnungswege et cetera). Für den einen Versender mag ein Zielwert von 10 bis 15 Prozent gut sein, ein anderer sollte die 25-Prozent-Marke anvisieren. Bestenfalls sind Benchmarks also als sehr grober Richtungsweiser geeignet. Wenn überhaupt.

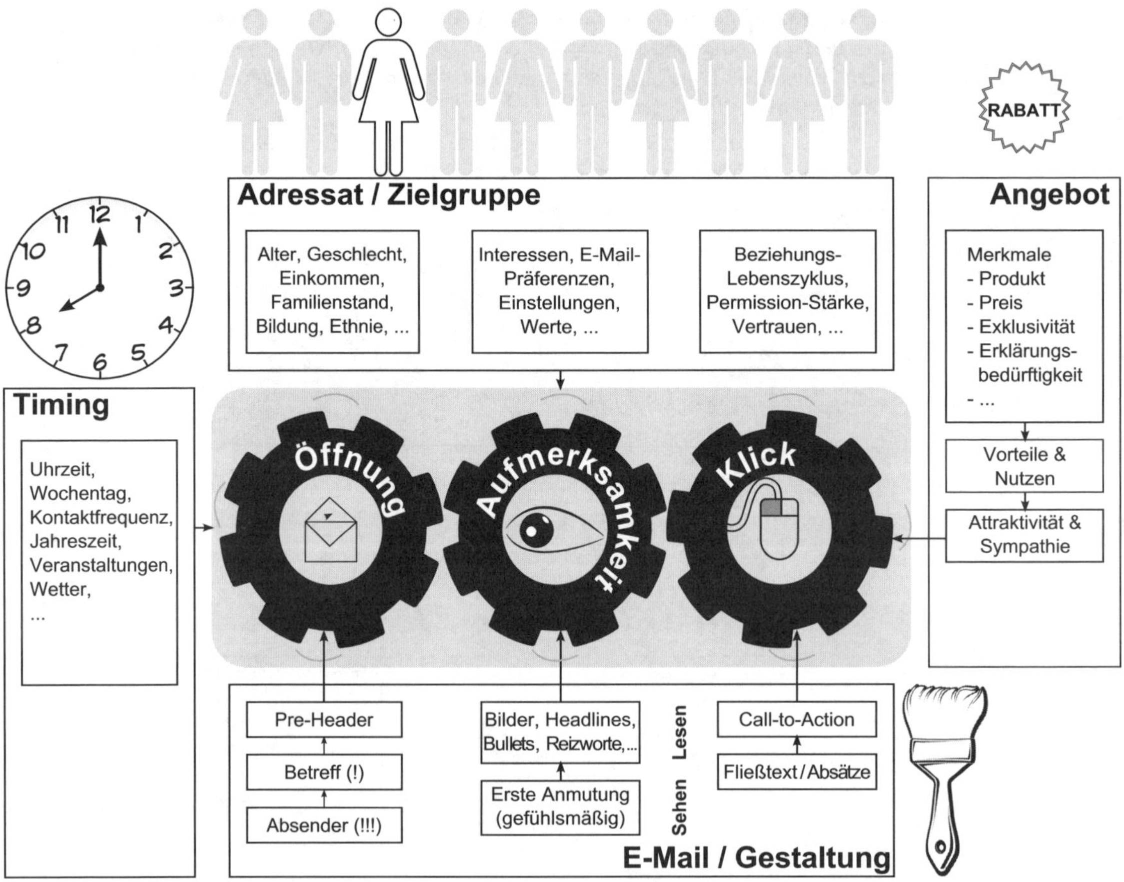

Abb. 14.16: Die Response-Mechanik und moderierende Erfolgsfaktoren im E-Mail-Marketing

Statt auf die anderen zu »schielen«, sollten E-Mail-Marketing-Manager gerade zu Beginn ihrer Arbeit eher mit möglichst vielen und systematisch durchgeführten Testreihen ein Gefühl für die Responsemechanik (vergleiche Abbildung 14.16) in *ihrem* Verteiler entwickeln. Zu einer solchen systematischen Vorgehensweise gehört auch ein fundiertes Wissensmanagement. Also etwa ein Test-Plan und ein Test-Protokoll inklusive sauberer Hypothesenformulierung, genauer Beschreibung des Experiments und der Ergebnisse sowie möglicher Implikationen. All dies sollte dem involvierten Team dauerhaft zugänglich gemacht und regelmäßig zugetragen werden (siehe Abschnitt 15.1.7 *Der Testmanagement-Kreislauf*).

Anhand der beim Testen gewonnenen Erfahrungen gilt es, ein ambitioniertes und realistisches Zielsystem zu entwerfen. Die Öffnungsrate kann und sollte dabei eine Zielgröße sein. Aber nicht die Alleinige! Ansonsten sind Trugschlüsse bei der Analyse und falsche Entscheidungen vorprogrammiert. Die Öffnungsrate ist – wie beschrieben – ungenau. Daneben besteht das Ziel eines E-Mailings darin, Klicks oder Conversions zu erzielen.

Bleibt die Quote bei den Kampagnenanalysen hinter den Vorgaben, können Gegenmaßnahmen eingeleitet werden. Das durchschnittliche Adressalter spielt zum Beispiel eine maßgebliche Rolle beim Öffnungspotenzial. Je älter der Bestand, desto inaktiver ist er. Ein Ansatzpunkt wäre somit, mehr frische Adressen hinzuzugewinnen. So könnte das durchschnittlich Adressalter für einen gewissen Zeitraum auf »besseres« Maß gedrückt werden. Praktisch wären kurzfristig und temporär modale Fenster oder Pop-unders denkbar, die aggressiver auf den Newsletter-Service hinweisen. Ebenso empfiehlt es sich oft, das Formular um einige Felder zu stutzen oder schlichtweg zu überprüfen, ob die Anmeldung überhaupt noch ordnungsgemäß funktioniert. Genaueres zur Formular-Optimierung und zur Implementierung modaler Fenster lesen Sie in Kapitel 5.

14.3 Die Conversion-Rate im E-Mail-Marketing

Die *Conversion* misst im Online-Marketing allgemein, wie häufig ein bestimmtes Ziel erfolgreich abgeschlossen wurde. Die *Conversion-Rate* (auch *Konversions-* oder *Umwandlungsrate* genannt) setzt dies in Relation zur angesprochenen oder erreichten Werbe-Kontaktzahl – also quasi Erfolge durch Gelegenheiten (multipliziert mit hundert). Beispiele messbarer Erfolge sind:

- der erfolgreiche Kauf-Abschluss (die *Order*),
- der White-Paper-Download unter Angabe einer E-Mail-Adresse (der *Lead*),
- Telefonanruf (der *Call*),
- Ansicht einer bestimmten Webseite (der *View*) und so weiter.

Die Conversion-Messung erfolgt mittels Cookie- und/oder Session-Tracking in Verbindung mit einem Zählpixel, das auf der oder den Zielseite(n) eingebunden wird. Dieser hält die Anzahl der erreichten Ziele fest und speichert sie in der Datenbank – zum Beispiel diejenige der E-Mail-Versandlösung. Sofern das Conversion-Tracking den verlängerten Arm einer *Newsletter*-Kampagne darstellt, spricht man auch vom *Post-Click-Tracking*, also dem Tracking nach einem Klick im Newsletter.

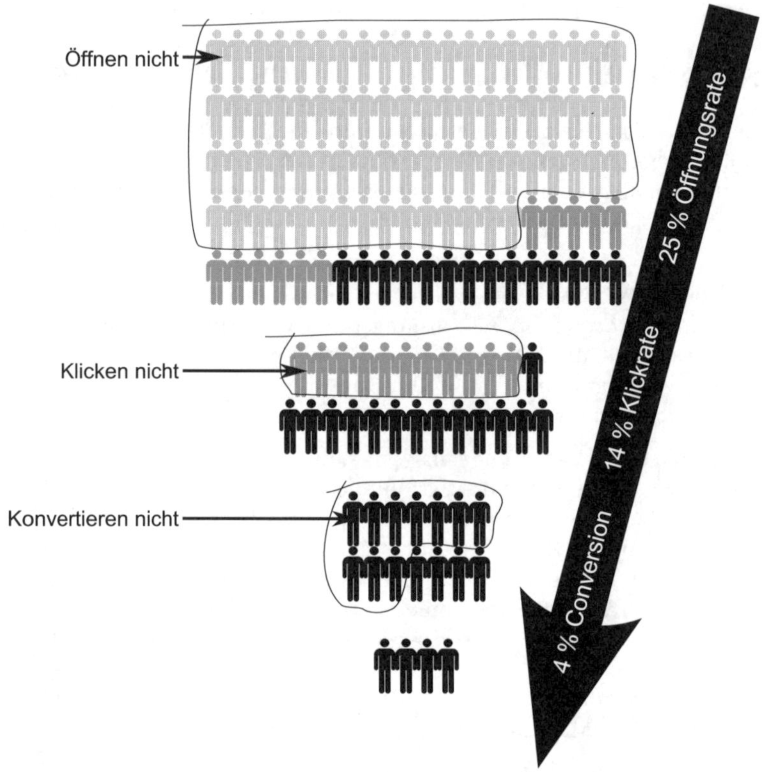

Abb. 14.17: Viel Luft nach oben im B2C – von hundert Empfängern konvertieren nach Öffnung und Klick nur circa vier. (Zahlen aus der MarketingSherpa Benchmark Survey 2009)

Ein Conversion-Ziel ist dem Klick im E-Mail-Werbemittel nachgelagert. Es lässt sich oft direkt in Euro und Cent übersetzen. Daher besitzen Optimierungen, die die Conversion-Rate verändern, einen großen Hebel auf den Erfolg (Tabelle 14.3).

E-Mail-Variante	Volumen	Öffnungsrate	Effektive Klickrate	Conversion-Rate	Verkäufe
A	1.000.000	25 %	10 %	0,5 %	125
B	1.000.000	15 %	7 %	4 %	420

Tabelle 14.3: Große Hebelwirkung der Conversion-Rate auf den Kampagnenerfolg: Trotz magerer Öffnungs- und effektiver Klickraten liefert B die meisten Umsätze – die Variante konvertierte deutlich besser als A.

Da das Conversion-Ziel mitunter erst nach mehreren Schritten erreicht wird, spricht man vom *Conversion-Trichter*, den Zielpersonen Schicht für Schicht passieren sollen. Schritte können zum Beispiel sein: Landingpage aufrufen, registrieren, Bezahlverfahren auswählen und Kaufwunsch bestätigen. Auf jeder Stufe bricht ein Teil den Prozess ab. Die Trichter-

Darstellung ist auch in der Webanalyse üblich (siehe zum Beispiel CONVERSIONS > ZIELE > TRICHTER-VISUALISIERUNG in Google Analytics).

Wie ermittelt man nun die Conversion-Rate? Am häufigsten wird der Kaufabschluss als Conversion-Zielgröße im Zähler herangezogen. Bei der Kontaktzahl, also der Bezugsgröße im Nenner, stellen Marketer in der Regel auf die Menge Webseitenbesucher ab, die auf eine Werbemaßnahme zurückzuführen ist. 100 Prozent Conversion-Rate bedeutet dann: Jeder geworbene Besucher, der beispielsweise über eine Google-AdWords-Anzeige die Webseite erreichte, ist auch erfolgreich in einen Käufer umgewandelt worden, bei 0,1 Prozent dagegen nur jeder Tausendste. Vielleicht weil der Werbetext nicht ansprechend oder das Registrierungsformular zu lang war oder Ähnliches.

Wenn sich nun *E-Mail*-Versender untereinander oder gar mit Spezialisten anderer Bereiche wie Affiliate-Marketing, Suchmaschinen-Marketing oder -Optimierung über Conversion Rates unterhalten, kann es zu Missverständnissen kommen. Es sind nämlich mehrere Berechnungsmöglichkeiten denkbar, die jeweils andere Bezugsgrößen wählen (Abbildung 14.18). Da kann es passieren, dass der eine von Äpfeln, der andere von Birnen redet.

$$\text{Conversion Rate}_{\text{Online Marketing}} = \frac{\text{Anzahl erreichter Ziele}}{\text{Anzahl Gelegenheiten}} \rightarrow \frac{\text{Käufer}}{\text{Website-Besucher}}$$

$$\text{Conversion}_{\text{to opens}}\text{ Rate} = \frac{\text{Käufe}}{\text{E-Mail-Öffnungen}}$$

$$\text{Conversion}_{\text{to clicks}}\text{ Rate} = \frac{\text{Käufe}}{\text{E-Mail-Klicks}}$$

$$\text{Conversion Rate}_{\text{brutto}} = \frac{\text{Käufe}}{\text{Versandmenge}}$$

$$\text{Conversion Rate}_{\text{netto}} = \frac{\text{Käufe}}{\text{Versandmenge} - \text{Bounces}}$$

Abb. 14.18: Es existieren viele unterschiedliche Typen von Conversion-Raten.

Und welche ist die richtige, welche Angabe gehört also nach unten in den Nenner des Bruchs? Das kommt drauf an. Einen allgemein akzeptierten Standard gibt es nicht. (Übrigens auch nicht, was den Zeitraum anbelangt – schließlich können E-Mail-Kampagnen auch eine Wirkungsdauer von mehreren Tagen besitzen, in denen weitere Conversions eintrudeln.) Keine der vier unteren Formeln in Abbildung 14.18 ist falsch. Allerdings messen sie alle etwas anderes. Sie sind nicht direkt miteinander vergleichbar.

1. *Käufe zu Klicks* entspricht im Groben der klassischen Berechnungsmethode aus dem **Online-Marketing**. Klicks in der Versandlösung sind Besucher in der Webanalyse-Software. Insgesamt misst der Bruch allerdings nur die isolierte Wirksamkeit der Landingpage. Die Qualität des E-Mail-Verteilers und des Werbemittels wird vollständig ausgeblendet;
2. *Käufe zu Öffnungen* bezieht im Vergleich zu (1.) zusätzlich auch noch die Effektivität des Werbemittels mit ein. Ein Beispiel soll den Unterschied verdeutlichen. Zwei Kampagnen A und B unterscheiden sich lediglich hinsichtlich der Handlungsaufforderung. Es stellt sich heraus, dass Werbemittel B nur halb so viele Klicks liefert wie A. Die Umwandlungsrate von Klicks zu Käufen auf der identischen Landingpage ist bei beiden gleich 10 Prozent. Stellt man nun auf die Klicks respektive Besucher als Bezugsgröße ab wie bei (1.), ergibt sich kein Unterschied bei der Conversion-Rate. Stellt man hingegen auf die Öffnungsrate ab, dann schon:

	Kampagne A	Kampagne B
Öffnungen	10.000	10.000
Klicks	1.000	500
Conversions	100	50
(1) CR_{Klicks}	10 % (= 100/1.000)	10 % (= 50/500)
(2) $CR_{Öffnungen}$	1 % (= 100/10.000)	0,5 % (= 50/10.000)

Tabelle 14.4: Conversion-Rate ist nicht gleich Conversion-Rate.

3. *Käufe durch Versandmenge* berücksichtigt zudem die Wirksamkeit von Absender und Betreff. Sie klammert aber einen Teil der Verteilerqualität aus – zum Beispiel, was fehlerhafte E-Mail-Adressen anbelangt.
4. *Käufe durch die Anzahl akzeptierter E-Mails* schließlich berücksichtigt schließlich auch die Listenqualität. Dies entspricht der klassischen Rückläufer-Quote (»Response-Rate«) aus dem **Direktmarketing**, wie sie beispielsweise bei postalischen Werbesendungen berechnet wird.

Um Missverständnisse in Gesprächen, bei Ziel-Vereinbarungen mit Agenturen und beim Benchmarking von vornherein auszuräumen, sollte immer angegeben werden, in Relation wozu die Ziel-Erreichungen berechnet wurden. Als (englische) Taxonomie empfiehlt sich die Unterscheidung zwischen:

- Conversion-to-Clicked-Rate oder einfach Conversion Rate
- Conversion-to-Opened-Rate
- Conversion-to-Delivered-Rate
- Conversion-to-Sent-Rate oder Response-Rate

14.4 Click-to-Open-Rate (CTOR) / effektive Klickrate

Das Verhältnis von Klicks zu Öffnungen, das auch als effektive Klickrate oder Click-to-Open-Rate (CTOR, CTO) bezeichnet wird, ist für viele im Reporting nicht weniger wichtig als die Klickrate. Die Kennziffer gibt einerseits Auskunft über die Kongruenz von Betreffzeile zu E-Mail-Inhalt. Sie beantwortet die Frage, wie viel Prozent der Empfänger einen Newsletter geöffnet haben und dann etwas derart Interessantes darin vorfanden, dass sie auch geklickt haben. Die effektive Klickrate kann einerseits also als Maß interpretiert werden für den Grad, zu dem Erwartungen bei der E-Mail-Öffnung erfüllt wurden.

Zum anderen kann mit der CTOR Folgendes verglichen werden:

- die Wirksamkeit verschiedener Werbemittel in Bezug auf Werbetext, Angebotspositionierung, Layout et cetera
- die Vorteilhaftigkeit unterschiedlicher Angebote, Incentives und Schwerpunkt-Themen im Newsletter
- Usability-Unterschiede zwischen Abrufen auf mobilen Endgeräten und Abrufen in klassischen Desktop-E-Mail-Clients

Die effektive Klickrate ist prinzipiell auf eine Öffnungseinheit normiert. Damit beantwortet sie die Frage: »Wie viele Klicks kamen auf *eine* Öffnung?« Eine Quote von 50 Prozent

(= 0,5*100) sagt aus: Auf eine Öffnung kamen 0,5 Klicks. Der Bezug zur Öffnungsrate rechnet beim Mailing-Vergleich die Erfolgswirkung unterschiedlicher Betreffzeilen und/oder Absender heraus. Das Beispiel in Tabelle 14.5 verdeutlicht dies.

	Mailing mit Absender A	Mailing mit Absender B
Unique Öffnungsrate	20 %	11 %
Unique Klickrate	6 %	3,3 %
Effektive Klickrate	30 % (= 6/20)	30 % (= 3,3/11)

Tabelle 14.5: Die effektive Klickrate rechnet den Effekt der Öffnungsrate auf den Erfolg heraus. Sowohl in Mailing A als auch in Mailing B klickte knapp jeder Dritte nach der Öffnung weiter zur Landeseite. Beide Werbemittel wandelten das Interesse gleich effektiv in Klicks um. Für die Betreffzeilen gilt dies nicht, denn die Öffnungsraten variieren stark.

Auch die effektive Klickrate unterliegt Verzerrungen und Einflussgrößen. Naturgemäß spielen dieselben Faktoren eine Rolle wie bei der Öffnungs- und Klickrate:

- Man denke an den Faktor E-Mail-Darstellung: Viel HTML-Text mindert die Öffnungsrate, da die E-Mail auch ohne das Nachladen von Bildern rezipierbar ist; die effektive Klickrate steigt somit im Vergleich zum Bild-lastigen Werbemittel allein messbedingt – vergleiche Abbildung 14.19.
- Ebenso spielt die Zahl der Links eine Rolle: Mehr Links gehen einher mit mehr Klicks; es wird – bei gleicher Öffnungsrate – eine höhere effektive Klickrate ausgewiesen, wenn die Zahl der angebotenen Verweise und damit die Klickrate steigt.
- Auf mobilen Endgeräten sinkt die Quote, da
  - mit zunehmender Mobile-Leser-Rate die Öffnungsrate allein schon deshalb steigt, da sie rechnerisch weniger pessimistisch wird. Denn die beliebtesten mobilen Endgeräte, das iPhone und iPad, blockieren keine Bilder und damit auch keine Öffnungs-Trackingpixel.
  - zugleich die Klickrate sinkt, denn E-Mails werden im Allgemeinen auf Smartphones eher gescannt als geklickt beziehungsweise mit dem Daumen »angetippt«.
- Nicht zuletzt ist auch die effektive Klickrate innerhalb der Branche nicht standardisiert – zum Teil werden die Summe aller Klicks und Öffnungen beziehungsweise die Klick- und die Öffnungsrate, mal die uniquen und mal die bestätigten Öffnungen verwendet.

$$\frac{\text{Unique Klicks}}{\text{Unique Öffnungen}\downarrow}\uparrow = \text{Effektive Klickrate}\uparrow$$

Abb. 14.19: Sinken die uniquen Öffnungen, weil zum Beispiel ein HTML-Text-lastigeres Template verwendet wird, dann wird der Bruch größer – die effektive Klickrate steigt.

14.5 Abmelderate

Die Abmelderate gehört ebenfalls zu den wichtigen Key-Performance-Indikatoren. Auch, wenn es – gerade bei kleinen Verteilern – »wehtut«, muss eine Quote von um die 0,25 bis

0,5 Prozent pro Aussendung hingenommen werden. Das sind 25 bis 50 Austragungen bei 10.000 akzeptierten, also zugestellten E-Mails.

$$\begin{aligned}\text{Abmelderate} &= \frac{\text{Austragungen}}{\text{Versandmenge} - \text{Bounces}} \times 100\\ &= \frac{754}{100000 - 856} \times 100\\ &= 0,76\%\end{aligned}$$

Abb. 14.20: Abmelderate in Höhe von 0,76 Prozent im Rechenbeispiel: 100.000 Adressaten wurden beschickt, 856 davon bouncten. Die Kampagne verzeichnete 754 Austragungen aus dem Verteiler.

Dies ist jedoch nur die halbe Wahrheit. Denn die Abmelderate erfasst lediglich explizite Austragungen seitens der Abonnenten. Stillschweigend wenden sich aber im Laufe der Zeit deutlich mehr ab. Anstatt sich ausdrücklich auszutragen, wird ab einem gewissen Zeitpunkt einfach kein messbarer Response wie zum Beispiel eine Öffnung oder ein Klick mehr erzeugt. Die Nachrichten vom Absender finden keine Beachtung mehr. Dieses Empfänger-Segment wird auch als *mentale* oder auch *emotionale Abmelder* bezeichnet. Mit wie vielen mentalen Abmeldern sollten Sie rechnen? Kalkulieren Sie ruhig eine mentale Abmelderate ein, die die gemessene Abmelderate um einen Faktor von – je nach Frequenz und Relevanz – bis zu 10 übersteigt. Eine Abmelderate von 0,5 Prozent ginge dann einher mit einem Verlust von weiteren bis zu 5 Prozent.

Austragungen sind völlig normal. Interessen verändern sich eben im Laufe der Zeit. Ein Abmeldelink ist daher obligatorisch. Werden bei hohen Versandvolumina von mehreren Tausend Adressaten keine oder kaum Abmeldungen registriert, muss dies nicht zwangsweise ein gutes Zeichen sein: Eventuell ist der Abmeldelink nicht funktionstüchtig oder – aus Adressatensicht – zu versteckt. Die Abmeldungen kanalisieren sich dann meist in Spambeschwerden, die die Reputation und damit die Zustellquoten für die folgenden Kampagnen schädigen können. Dies sollte unbedingt vermieden werden.

Werden hingegen außerordentlich viele Austragungen aus dem E-Mail-Verteiler registriert, sollten selbstredend ebenso Alarmglocken läuten. Ein Massenexodus kann dabei auf viele Ursachen zurückzuführen sein. Eine stetig hohe Abmelderate von über 0,5 Prozent ist häufig schlicht ein Zeichen für einen allgemein zu geringen Nutzwert der E-Mails. Ebenso kann sich aber auch ein zu hoher Werbedruck darin niederschlagen. Falsche Erwartungen oder eine schwache Permission-Stärke (»Newsletter-Anmeldung bei Gewinnspielen untergejubelt«) sind mitunter ebenfalls ursächlich. Steigt die Abmelderate plötzlich mit einem E-Mailing an, gab es möglicherweise Probleme mit der Darstellung. Oder der Texter hat sich im Ton vergriffen. Der Blick sollte zur Klärung auch in Richtung Antwort-E-Mails wandern.

Dem möglichen Nutzwert-Problem kann durch eine stärkere Individualisierung auf Basis einer feingliedrigeren Segmentierung des Verteilers entgegengewirkt werden. Überdenken Sie die bisherige Content-Planung und schauen Sie sich vor allem an, ob sich nicht vielleicht ganz bestimmte Gruppen von Abonnenten abmelden. Falls dies der Fall ist und zudem für die Gruppen ein hoher Kundenwert entwickelt werden könnte, lohnt es sich, die Werbebotschaften individueller zuzuschneiden, anstatt sie einheitlich mit der Gießkanne zu verteilen. Bewerben Sie hierzu etwa eine Profilselbstverwaltung, in der die Interessensgebiete konfiguriert werden können. Der Versandturnus ist im Idealfall individuell von jedem Adressaten einstellbar. Die Erwartungshaltung sollte im Zuge der Anmeldung gesteuert werden. Und das Opt-in für E-Mail-Werbung muss ohnehin ausdrücklich erfolgt sein. Anstatt über die Abwanderungsursachen zu spekulieren, befragen Sie die Abonnenten auf der Abmeldeseite nach den Gründen.

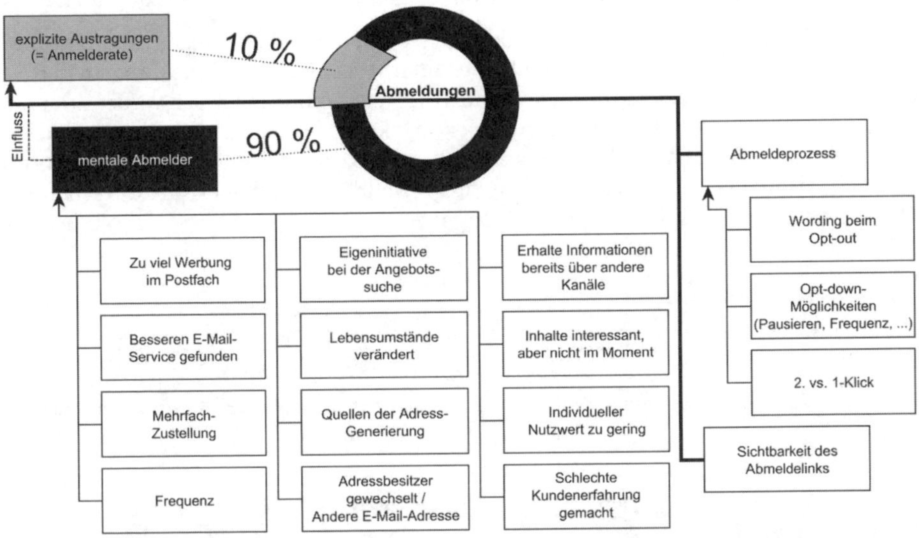

Abb. 14.21: Die Abmelderate hat viele Determinanten, zeigt aber nur die Spitze des Eisberges – der größte Teil der Abmelder beachtet künftige E-Mails einfach nicht mehr (= mentale Abmelder).

14.6 Spambeschwerde-Rate/Complaint-Rate

Die Beschwerderate (auch: *Complaint-Rate* oder *Spam-Markierungsquote*) zeigt, wie viele Adressaten eine E-Mail-Kampagne als Spam klassifizierten. Technisch geschieht dies

- durch Betätigen des Spam-Knopfes im E-Mail-Frontend von GMX und Co (Abbildung 14.22),
- durch Markieren oder Verschieben der Mail in den Spamordner bei Outlook & Co (IMAP-Postfächer, Abbildung 14.23) oder
- durch Weiterleitung der E-Mail plus Beschwerde an eine Beschwerdestelle.

Zur Berechnung der Quote werden die Anzahl registrierter Beschwerden ins Verhältnis gesetzt zur Summe der E-Mails, die vom empfangenden Mailserver akzeptiert und anschließend in den Posteingang zugestellt wurden:

$$\text{Spam-Beschwerderate} = \frac{\text{Spambeschwerden}}{\text{Versandmenge} - \text{gebounct} - \text{Spam-gefiltert}} \times 100$$

$$= \frac{\text{Spambeschwerden}}{\text{Versandmenge} \times \text{Posteingangs-Zustellrate}} \times 100$$

Wie entstehen solche Beschwerden? Die Abonnenten tun dies nicht allein aus »Wut« über unerwünschte Werbung. Sondern oft auch schlicht aus Bequemlichkeit, um sich auszutragen. Der Spamknopf muss im Unterschied zum Abmeldelink nicht gesucht werden. Ebenso wird auf Spam geklickt, weil die E-Mail aus einer wenig vertrauenswürdigen Quelle stammt und Verweisen darin nicht getraut wird. Schließlich würde man seine E-Mail-Adresse durch einen Klick als funktionstüchtig gegenüber dem Absender identifizieren.

Eine Reihe größerer Postfach-Anbieter berichtet Complaints durch sogenannte Feedback-Loops: Bei einer Spambeschwerde wird dabei automatisch eine Rückmeldung an den Versender der E-Mail ausgelöst. Der sollte sodann die Austragung des Beschwerdeführers vornehmen, denn eine hohe Beschwerderate kann die Zustellbarkeit dauerhaft beeinträchtigen. Insgesamt gilt die Beschwerderate als ein Maß für die Güte der Permission und die Qualität der werblichen Ansprache. Weiterhin handelt es sich um einen Indikator für die Zustellbarkeit künftiger Kampagnen.

Abb. 14.22: Spambeschwerden gehören zu den Top-Gründen, warum E-Mails in den Spamordner aussortiert werden.

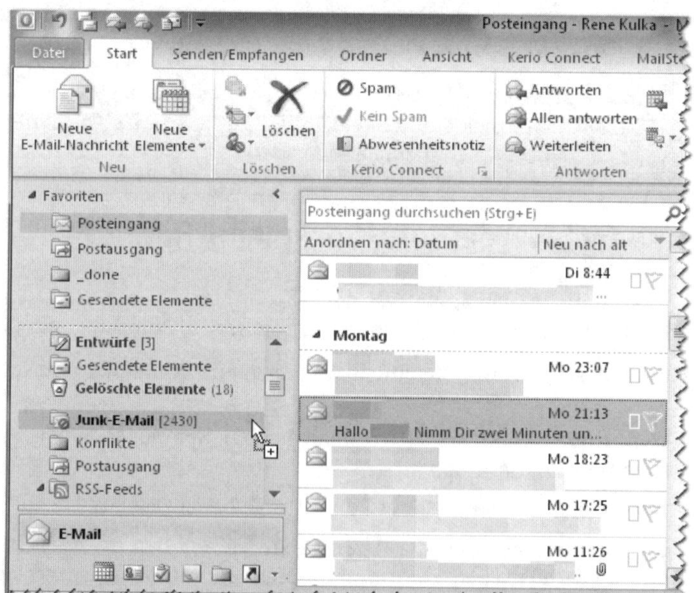

Abb. 14.23: Nicht nur der Klick im Web-Frontend, sondern auch die Klassifikation im IMAP-Postfach wird als Beschwerde registriert.

Die zulässige Rate ist bei Internetdienstleistern in der Regel abhängig vom Versandvolumen. Generell gilt jedoch, dass die Zahl der Spam-Markierungsquote stets deutlich unter einem Niveau von 0,3 Prozent gehalten werden sollte (das heißt weniger als 3 von 1000 Empfängern markieren die E-Mail messbar als Spam). Dies wird nicht gelingen, wenn von dubiosen Adressverlagen Bestände hinzugekauft werden. Ebenso sollten Anstiege um 50 Prozent oder mehr durch unerwünschte Kampagnen (etwa Abofallen, Abzockangebote et cetera) unterbunden werden. Andernfalls droht ein Ausschluss aus der Certified Senders Alliance, dem zentralen Whitelist-Projekt im deutschsprachigen Raum.

Bei Problemen mit Spambeschwerden sollte zusätzlich ein deutlicher Abmeldelink im Pre-Header platziert und für Vertrauen geworben werden. Das Thema Complaints greife ich detailliert in Kapitel 23 auf.

14.7 Antwortrate

Die Relation von manuell verfassten Antwort-E-Mails zur akzeptierten Aussendungsmenge bildet die Antwortrate. Sie ist allerdings wesentlich schwieriger abzubilden, als es auf den ersten Blick scheint. Denn in der Regel müssen die echten Antworten der Adressaten aus einer großen Menge an Rückläufer-E-Mails – darunter Bounces, Spam und Autoresponder – herausgefiltert werden. Eine passende E-Mail-Management- oder Text-Mining-Lösung kann Anfragen quantifizieren und nach Themen wie Beschwerde oder Produktanfrage vorqualifizieren.

Die erfolgreiche Herbeiführung einer (positiven) Antwort-E-Mail ist ein Erfolg, den es – wie Klicks und Öffnungen – im Reporting sichtbar zu machen gilt. Schließlich steckt hinter einer Anfrage oft ein konkretes Interesse. Sie ist auch deshalb eine wichtige Zielgröße, weil Webmail-Anbieter wie Outlook.com/Hotmail und Gmail Antwortschreiben als Zeichen für einen persönlichen Kontakt werten. Sie fließen in der Regel als positives Ham-Signal in die Reputationswerte eines Werbe-Versender ein. (Als »Ham«, wörtlich übersetzt »Schinken«, werden E-Mails bezeichnet, die kein Spam sind.) Mit der Antwort ist vielfach auch das Hinzufügen des Absenders zum persönlichen Adressbuch verbunden (Whitelisting). Beides mündet in einer besseren Zustellbarkeit für künftige Nachrichten.

14.8 Verteilerwachstumsrate

Churn-Rate, Besucher-zu-Anmelde-Verhältnis und Double-Opt-in-Rate (siehe Abschnitt 14.9.9 *Churn-Rate und Retention-Rate* und folgende) münden im Verteiler-Wachstum, das als relative Zuwachsrate an Newsletter-Abonnenten in einer Berichtsperiode berechnet wird. Setzen Sie hierzu die aktuelle Verteilergröße zum aktuellen Zeitpunkt t ins Verhältnis zu derjenigen aus der Vorperiode t-1:

$$\text{Wachstumsrate} = \left(\frac{\text{Verteilergrösse}_t}{\text{Verteilergrösse}_{t-1}} - 1\right) \times 100$$

Bei Verteilerschwund (= negative Prozentrate) oder Zielverfehlungen (zum Beispiel 3 Prozent für das Quartal anvisiert, aber es werden laufend nur 1,5 Prozent erreicht) kann mittels geeigneter Adressgenerierungsmaßnahmen rechtzeitig gegengesteuert werden.

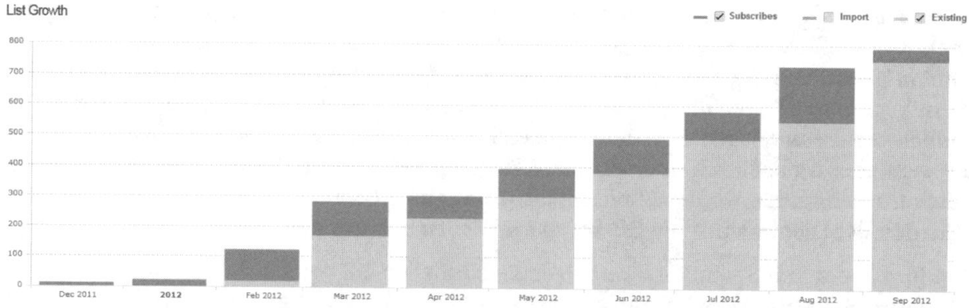

Abb. 14.24: Der Verteilerwachstums-Chart in der Versandlösung MailChimp zeigt die absoluten Zuwächse (dunkel) sowie den Bestand (hell) von Monat zu Monat.

14.9 Weitere Kennziffern

14.9.1 Inaktivitäts-, Reaktivierungs- und kumulierte Klickrate

Adressaten, die über Monate keinerlei Response in Form von Klicks, Öffnungen, Bounces, Antworten oder einer Abmeldung liefern, können Kosten verursachen.

1. *Entgangene Gelegenheiten:* Seien es Opportunitätskosten, weil mehr und mehr Erlös-Potenziale entgangen sind, die eine passendere Zielgruppen-Ansprache effektiver ausgebeutet hätte.
2. *Versandgebühren:* Oder sei es durch zu hohe Versandkosten, die pro verschickter E-Mail an den Versanddienstleister entrichtet werden müssen. Inaktive verursachen Aufwand, liefern aber keinen Ertrag mehr.
3. *Zustellquoten:* Schließlich sollten auch niedrige Zustellquoten nicht außer Acht gelassen werden. Gerade Postfach-Anbieter im angelsächsischen Raum beurteilen die Erwünschtheit von E-Mails zunehmend auch anhand des Response. Falls dieser nicht den Mindest-Anforderungen genügt, können E-Mails in den Spamordner aussortiert werden – auch bei den noch aktiven Kontakten.

Daher ist es wichtig zu messen, wie sich der Anteil der Inaktiven im Zeitverlauf entwickelt. Auf Basis der Kennziffer müssen gegebenenfalls Gegenmaßnahmen in Form von Reaktivierungskampagnen und/oder flankierend ein aggressiveres List-Building etabliert werden, um mehr frische – und damit aktive – Adressen zu generieren.

Die »reanimierten« Empfänger bilden im Verhältnis zu den Inaktiven die Reaktivierungsquote. Diese misst also ex post die Effektivität der eingeleiteten Schritte.

Eng verwandt mit dem Gegenstück zur Inaktivitätsrate, der Aktivitätsrate, ist auch die kumulierte Öffnungs- oder Klickrate. Diese misst, wie viele einzelne Empfänger in einer bestimmten Berichtsperiode insgesamt mit dem Werbemedium E-Mail erreicht wurden. In Abbildung 14.25 sind die *kumulierten* Öffnungen über drei E-Mailings (= Kreise) gestrichelt dargestellt. Die Schnittmenge in der Mitte beschreibt zusätzlich, wie viele Abonnenten *alle* drei E-Mailings öffneten. Dieses Segment ist also besonders aktiv. Abbildung 14.26 zeigt die Entwicklung der kumulierten Öffnungsrate eines Versenders im Zeitverlauf.

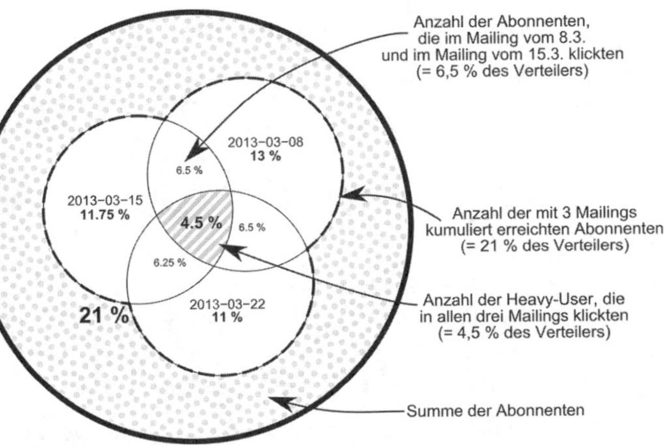

Abb. 14.25: Zu wissen, dass drei Mailings jeweils eine Klickrate von rund 12 Prozent erzielten, ist gut. Die kumulierte Klickrate, also die Vereinigungsmenge aller drei Mailings zusammen, zu kennen, ist noch besser. Eine solche kumulierte Netto-Reichweite zeigt nämlich, wie viele Personen wir insgesamt per E-Mail in einer Berichtsperiode (hier: drei Wochen) erreichen konnten. Die gestrichelte Linie markiert diese Menge.

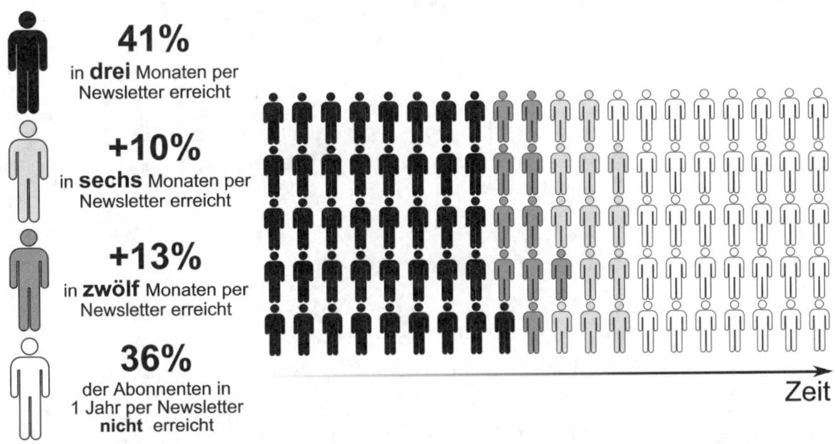

Abb. 14.26: In einem Jahr konnten kumuliert 64 Prozent der Newsletter-Abonnenten erreicht werden; 36 Prozent hingegen haben keine E-Mail messbar geöffnet. (Zu den Messproblemen vergleiche Abschnitt 14.2 *Was uns die Öffnungsrate (nicht) verrät.*)

Hinweis: Öffnungs-Reichweite (Open Reach) bestimmen

Dialogmarketer optimieren und messen den Erfolg ihrer E-Mail-Programme zu oft anhand einzelner Kampagnen. Nur sind Öffnungs- und Klickraten immer nur Momentaufnahmen, die einen kleinen Verteiler-Ausschnitt betreffen. Besser wäre es, die Beziehungs-Intensität zu allen Abonnenten im Zeitverlauf zu fokussieren – das sogenannte »Engagement«. Eine Arbeitsgruppe der Direct Marketing Association (DMA) schlägt hierfür die beiden folgenden Messgrößen vor (`tinyurl.com/awylokv`):

- *Öffnungs-Reichweite:* Anzahl der Abonnenten, die in einer Berichtsperiode mindestens eine E-Mail öffneten, und
- *Relative Öffnungs-Reichweite:* Anteil der Öffnungs-Reichweite an der Summe anschreibbarer Adressen

Dazu heißt es ferner:

- Anstelle der Öffnungs-Reichweite kann ebenso gut die Klick- oder Conversion-Reichweite herangezogen werden;
- Die Wahl der Berichtsperiode orientiert sich hauptsächlich an der Kontaktfrequenz: Wer etwa nur monatlich mailt, ist mit einem Quartal nur suboptimal bedient;
- Um die Kennziffern abbilden zu können, müssen alle Response-Daten mit einem Zeitstempel protokolliert und für einen bestimmten Zeitraum gezählt werden können.

Die Öffnungsreichweite bildet also ab, wie viele Abonnenten in einem bestimmten Zeitraum und über mehrere Mailings hinweg erreicht werden konnten. Ein strategisch ausgerichtetes E-Mail-Marketing-Programm benötigt solche übergreifenden Kennziffern. Optimierungen – etwa bei Inhalten, Adressgewinnung und Frequenzentscheidungen – müssen auch darauf abzielen, wenn sie nachhaltig sein sollen.

Tipp: Kumulierten Response durch Re-Mailings erhöhen

Welches ist die simpelste mehrstufige Kampagne? Die, bei der das identische oder leicht modifizierte Mailing nach einigen Tagen erneut verschickt wird (Re-Mailing). Nicht an alle vormaligen Empfänger. Sondern zum Beispiel nur an solche, die nicht klickten und/ oder öffneten. Oder allgemein: die nicht messbar reagierten. Den Response hält Ihr Versandtool ja für Sie fest. Diese Daten sollten Sie für Selektionen nutzen, also Zielgruppen damit bilden.

»Ist dies nicht aufdringlich?« Nicht unbedingt. Man beachte, dass die Gruppe der Nicht-Reagierer aus den unterschiedlichsten Gründen schwieg:

- Der Empfänger kann das E-Mailing überflogen haben, ohne auf »Bilder laden« zu klicken. Damit wird keine Öffnung registriert. Ein solches mangelndes Angebots-Interesse ist sicher ein möglicher Grund, aber nicht zwangsläufig der zentrale. Diese Gruppe der bewussten Nicht-Reagierer möchten wir nicht erneut ansprechen.
- Genauso wäre denkbar, dass ein großer Teil eine andere Versand-Uhrzeit präferiert hätte. Das Re-Mailing zur späteren oder früheren Stunde, zu der die Postfächer eben gerade abgerufen werden, würde dann nicht mehr ungesehen unter einem Haufen vieler anderer Nachrichten untergehen.
- Vielleicht schickte der Spamfilter den ersten Kontaktversuch bei bestimmten Postfach-Anbietern auch in den Spamordner, weil ein temporäres technisches oder reputationsbezogenes Problem bestand. Im Spamordner ist die Sichtbarkeit gering. Ist das Problem aber behoben, dann gelingt nun mit dem zweiten Versuch die Posteingangszustellung. Hier klicken die Adressaten.
- Teils dürfte auch die Nachricht zwar wahrgenommen, gedanklich aber zur späteren Ansicht markiert und dann vergessen worden sein. Eine Erinnerung zu einem günstigeren Zeitpunkt wirkt dann positiv.

Um den bewussten Nicht-Reagierern anzuzeigen, dass sie nun nicht wieder und wieder mit Re-Mailings behelligt werden, bis sie schlussendlich klicken, bietet sich die Betreffzeilen-Variation an. Ein »Letzte Erinnerung« lässt sich sehr leicht dem Original-Betreff voranstellen. Entsprechend häufig finden sich derartige Modifikationen, wohingegen Änderungen des Inhalts aufgrund des zusätzlichen Aufwands eher selten sind.

Ebenso kann beim Re-Mailing mit verschiedenen Stilmitteln im Absender oder Betreff experimentiert werden, die mehr Aufmerksamkeit versprechen. Man denke daran, den Vornamen des Empfängers voranzustellen: Aus einem initialen »15% auf alles« wird ein »Max, 15% auf alles«. Oder an die Verstärkung durch Symbole mit viel Tinte, die auch inmitten von zig anderen E-Mails noch deutlich hervorstechen. All dies lässt sich wunderbar automatisieren.

Behalten Sie vor allem bei Ihren ersten Re-Mailings die wichtigen Erfolgskennziffern im Auge. Die Öffnungsrate wird weit unter der des Initial-Mailings liegen, das ist normal. Rechnen Sie mit dem hälftigen Response. Beobachten Sie auch die Abmelde- und Beschwerderate. Reagiert Ihr Empfängerkreis allergisch? Dann analysieren Sie, in welchen Segmenten Re-Mailings nicht fruchten, und klammern Sie diese in Zukunft aus.

Darüber hinaus sollten Re-Mailings auch immer von Reaktivierungsmaßnahmen flankiert werden. Also von Intervall-Kampagnen, die etwa alle drei Monate versuchen, dauerhaft Inaktive zu reanimieren. Es empfiehlt sich, »tote Adressen«, bei denen die Reaktivierung scheiterte, von künftigen Aussendungen auszuklammern. Von diesen Adressen geht die Gefahr aus, dass durch das permanente Anschreiben Ihre Absender-Reputation bei den Postfach-Anbietern leidet. Denn die messen zunehmend den Grad der Erwünschtheit auch daran, ob Adressaten die Nachrichten auch im Postfach beachten. Nicht zuletzt können sich unter den Dauer-Inaktiven auch Spamfallen-Adressen befinden – ein Freifahrtschein auf die Blacklist. Mehr dazu erfahren Sie in Kapitel 24.

14.9.2 Lese-Rate (und weitere IMAP-Kennziffern)

Die Lese-Rate versucht, einige Unzulänglichkeiten der klassischen Öffnungsrate zu beheben. Allen voran die Tatsache, dass Öffnungen auf der Darstellung von Bildern beruhen, die ja meist blockiert werden. So bildet die Lese-Rate beispielsweise auch Öffnungen reiner Text-Nachrichten ab. Ebenso Öffnungen von HTML-E-Mails, bei denen Grafiken aus Datenschutzgründen blockiert und noch nicht nachgeladen wurden.

Die Ermittlung der Lese-Rate fußt auf Panel-Daten. Das sind Daten eines begrenzten Nutzerkreises, der bestimmte Apps und/oder Plug-ins im Postfach installiert hat. Da unter den Panel-Teilnehmern in den seltensten Fällen *alle* Newsletter-Abonnenten sein dürften, muss die Lese-Rate für eine Kampagne hochgerechnet werden. Wie die klassische Öffnungsrate, so ist auch die Lese-Rate kein *perfektes* Maß für die tatsächlichen Öffnungen: Wird eine E-Mail im Postfach als gelesen markiert, heißt dies nicht zwangsweise, dass sie tatsächlich wahrgenommen wurde. Somit ergänzen sich Öffnungs- und Lese-Rate.

Am Rande: Wie die Lese-Rate und ihre Verwandten gemessen werden

Die im Postfach installierte Applikation liest E-Mail-Statusindikatoren (*Flags*) aus, die das Internet Message Access Protocol (IMAP) hergibt. Solche Flags sind zum Beispiel:

- *Seen* (gelesen) – dies entspricht bildlich gesprochen dem Statuswechsel, der sich in der Postfach-Übersicht im Wechsel von fetter zu normaler Schriftauszeichnung ausdrückt (Abbildung 14.27)
- *Answered* (beantwortet)
- *Flagged* (markiert)
- *Deleted* (gelöscht)

Das »Seen«-Flag spiegelt sich in der Lese-Rate wider.

Abb. 14.27: Eine Nachricht wird standardmäßig nach zwei Sekunden als gelesen markiert. (Yahoo! Mail)

Die Lese-Rate wurde 2012 vom Email-Intelligence-Spezialisten Return Path popularisiert. Neben der Lese-Rate berichtet die Email Intelligence Suite des Anbieters weitere IMAP-basierte Messgrößen (Abbildung 14.28 und Abbildung 14.29). Darunter zum Beispiel:

- Als »Nicht Spam« markiert
- Als Spam markiert
- Weitergeleitet / (organische) Weiterleitungsrate
- Ungelesen gelöscht(-Rate)
- Gelesen gelöscht(-Rate)
- Absender zum Adressbuch hinzugefügt (in Yahoo Mail!)
- Als wichtig markiert (in Gmails sortiertem Eingang)
- Sortierter Eingang aktiviert (in Gmail)

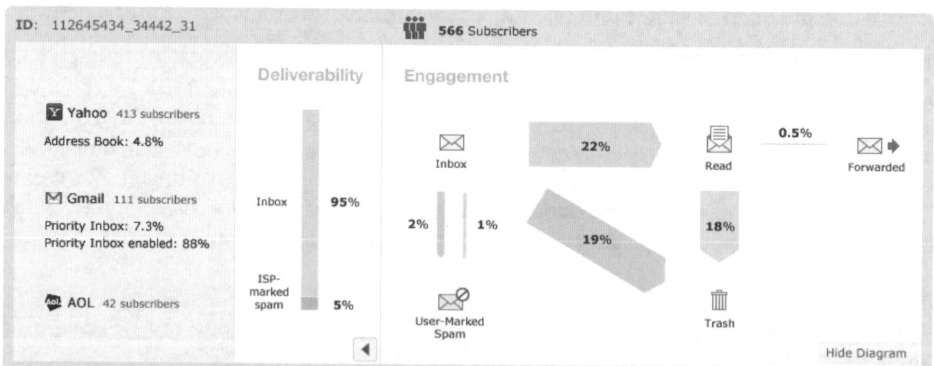

Abb. 14.28: Inbox Insight der Return Path Email Intelligence Suite 1/3: Engagement-Kennziffern wie »E-Mails gelesen«, »E-Mails gelöscht«, »E-Mails weitergeleitet« in einer Flow-Chart-Ansicht

	Campaign %	30-day Average ▾	Chart on Compare page
Delivered to Inbox	95.1	60.4	
Marked as 'not spam'	1.2	84.0	
Read	22.3	0.1	
Forwarded	1.5	0.7	
ISP-marked spam	5.1	14.8	
User-marked spam	1.8	1.2	
Deleted unread	19.2	19.3	
Deleted after reading	18.3	7.9	
Yahoo Address Book	4.8	7.5	
Gmail Priority Inbox	7.3	10.3	
Gmail Priority Inbox Enabled	88.0	80.2	

Abb. 14.29: Inbox Insight der Return Path Email Intelligence Suite 2/3: diverse IMAP-basierte Messgrößen in einer tabellarischen Übersicht

Return Path Inbox Insight misst nicht bloß den Erfolg der eigenen Kampagnen. Das Tool bietet zudem Einblicke in die Versandaktivitäten aller möglichen Versender – auch diejenigen der Mitbewerber (Competitive Intelligence, CI). Daraus entstehen interessante Benchmarking-Möglichkeiten: Wie stark segmentiert der Wettbewerb (gemessen am Anteil der erreichten Empfänger (»% of list reached«)? Wie sehen seine Lese- beziehungsweise Erfolgsraten im Vergleich zu den eigenen aus? Ein weiterer Anbieter im CI-Segment ist eDataSource mit seinem Service EDS Analyst.

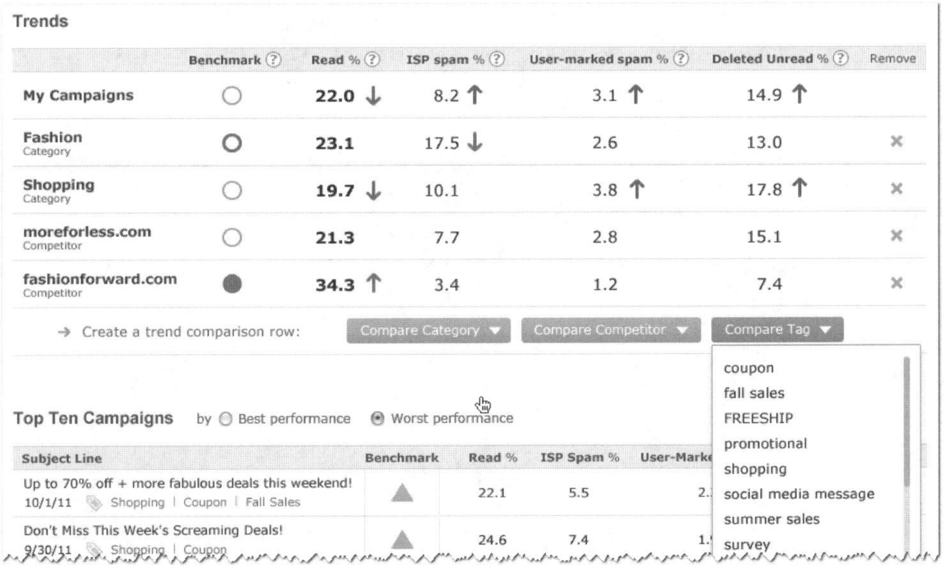

Abb. 14.30: Inbox Insight der Return Path Email Intelligence Suite 3/3: Competitive Intelligence

14.9.3 Lesedauer

Die Lesedauer misst die Zeitspanne in Sekunden, die E-Mails im Schnitt betrachtet wurden. Die Kennziffer verfeinert damit die klassische »Öffnungsrate«. Technisch wird hierzu eine transparente und ein Pixel kleine GIF-Animation für die Dauer der E-Mail-Öffnung fortwährend geladen. Das Pixel hält die gemessene Dauer anschließend in einer Datenbank fest.

$$\text{Öffnungsdauer} = \text{streaming}_{\text{Stop}} - \text{streaming}_{\text{Start}}$$

Überfliegen die Adressaten den Newsletter nur wenige Sekunden oder wird er wirklich von oben bis unten gelesen? Welchen Zeitraum spiegelt eine gemessene Öffnung eigentlich im Schnitt wider – wirklich 51 Sekunden, wie Jakob Nielsen 2006 anhand von Eyetracking-Experimenten herausfand (`tinyurl.com/aw3tkol`)? Oder eher zwei Sekunden, wie Litmus 2010 anhand eines Öffnungspixels für über die Hälfte der Adressaten ermittelte (`tinyurl.com/bmpgxpk`)?

Messen Sie die Lese-Rate über E-Mail-Analytics-Anbieter. Dazu wählen Sie Litmus, Email on Acid und CampaignCog. Alle drei gliedern die Messergebnisse standardmäßig in die folgenden drei *Engagement*-Kategorien auf:

1. gelesen (mehr als 7 Sekunden Lesedauer),
2. überflogen (2 bis 7 Sekunden) und
3. gelöscht (weniger als 2 Sekunden).

Abbildung 14.31 zeigt den Auszug eines CSV-Exports, der Engagement-Daten auf individueller Ebene enthält: Für jede E-Mail-Adresse wird unter anderem die Öffnungsdauer ausgewiesen (»read_seconds«). Abbildung 14.32 beinhaltet das aggregierte Engagement-Reporting für die gesamte Kampagne.

	B	D	E	F	G	H	I	J	
1	email_addres	mail_client	mail_client_spe	mail_client_friendly_	rendering_	platform	read_seconds	read_category	referrer
2	johnsmith@*	Outlook	Outlook 2000-2	Outlook 2000-2003	Explorer	desktop	8	skimmed	
3	*****@live.ie	Apple iPhone	Apple iPhone	Apple iPhone	Webkit	mobile	14	read	
4	*****@live.ie	Live Hotmail	Using Chrome	Live Hotmail Using C	Webkit	webmail	20	read	https://blu149.mail.
5	fe6fae3@****	Apple Mail	Apple Mail 5	Apple Mail 5	Webkit	desktop	0	glanced/deleted	
6	services@***	AOL Mail	Using Explorer	AOL Mail Using Expl	Explorer	webmail	6	skimmed	http://mail.aol.com/
7	fe6fae3@****	Apple iPad	iPad	Apple iPad iPad	Other	mobile	20	read	
8	johnsmith@*	Outlook	Outlook 2010	Outlook 2010	MSWord	desktop	20	read	

litmus report

Abb. 14.31: Lesedauer auf individueller Abonnenten-Ebene erfassen (Litmus)

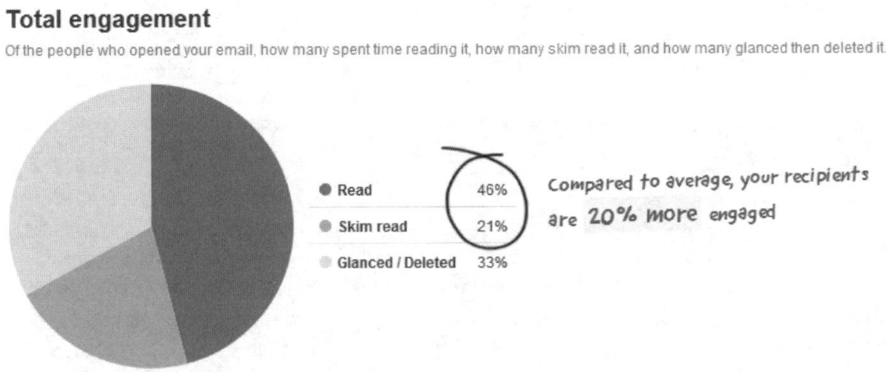

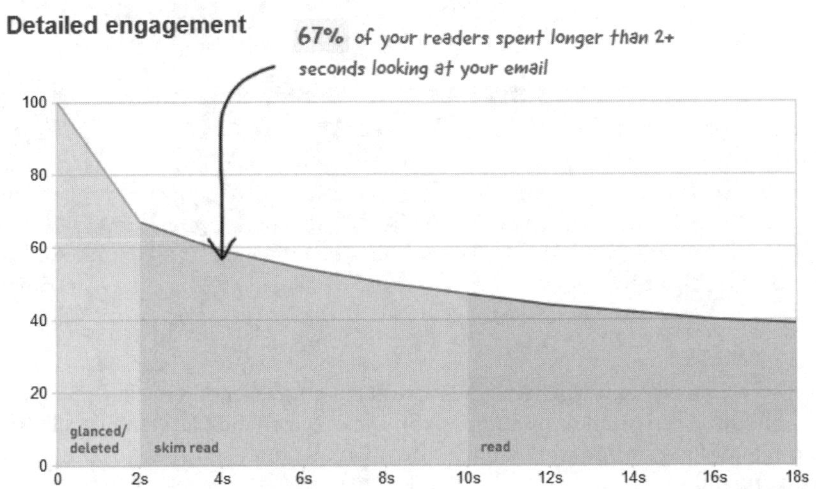

Abb. 14.32: Ausführlicher Engagement-Report von Litmus – wie viele Abonnenten haben den Newsletter nicht nur geöffnet, sondern auch gelesen (= mehrere Sekunden geöffnet) ?Unterteilt unter anderem nach Mobile, Webmail, Desktop und E-Mail-Client.

14.9.4 Mobile-Leser-Rate / Client-Statistiken

Wie hoch ist der Anteil der Adressaten, die Ihre E-Mails auf Tablets, Smartphones oder auf internetfähigen Handys liest? Dies zeigt die Mobile-Leser-Rate Ihres Verteilers. Zur Berechnung werden meist die uniquen Öffnungen, die mobilen Endgeräten zugeordnet werden können, ins Verhältnis gesetzt zur Gesamtsumme der Öffnungen (*Mobile Öffnungsrate*):

$$\text{Mobile-Leser-Rate} = \frac{\text{Mobile Öffnungen}_{\text{unique}}}{\text{Öffnungen insgesamt}_{\text{unique}}}$$

Eine solche Quote gibt Hinweise darauf, wie bedeutsam das Thema »Mobile« aktuell ist. Die meist relativ kleinen und berührungsempfindlichen Displays können gänzlich andere Anforderungen an die E-Mail-Gestaltung implizieren. Sobald ein gewisser Anteil der Öffnungen auf mobile Endgeräte zurückzuführen ist, sollten Versender Design-Anpassungen für die populärsten Geräte prüfen. Aktuell sind dies meist diejenigen aus dem Hause Apple, die glücklicherweise eine gute HTML-/CSS-Unterstützung aufweisen.

Tipp: Marktanteile der E-Mail-Clients

Welche Marktanteile bei den E-Mail-Clients aktuell vorherrschen, zeigt die Webseite `emailclientmarketshare.com` von Litmus. Die Zahlen werden monatlich aktualisiert. Unter Beobachtung stehen die Anteile von Outlook, Yahoo!, Hotmail, Gmail und Windows Live Mail. Litmus erfasst zudem wichtige mobile Geräte. Mit dabei sind das iPhone, Android und das iPad. Für den deutschsprachigen Raum ist die Aussagekraft vielleicht begrenzt, da die wichtigsten E-Mail-Provider GMX, Web.de und T-Online fehlen, die immerhin rund 70 Prozent des Marktes hierzulande abdecken. Zwei Studien für den deutschsprachigen Raum: WEB.DE (`tinyurl.com/9z8rxsb`) und mailworx (E-Mail-Client Studie 2012, `tinyurl.com/9wcsqlb`).

Vorsicht: Verzerrtes Bild durch Mess-Ungenauigkeiten

Vorsicht bei der vergleichenden Interpretation mobiler Lese-Raten. Ein iPhone-Anteil von 40 Prozent ist nur bedingt mit einem Android-Anteil von 30 Prozent vergleichbar. Warum? In der Regel basieren die Client-Statistiken auf den gemessenen E-Mail-Öffnungen. Als Öffnung zählt der Bild-Abruf. Da ein iPhone Grafiken sofort lädt, ein Android hingegen zunächst blockiert, sind die ausgewiesenen Geräteanteile zugunsten der Apple-Geräte verzerrt.

Die Mobile-Leser-Rate ist ein verdichteter Ausschnitt aus umfassenderen Client-Statistiken (vergleiche Abbildung 14.35 und Abbildung 14.36). Diese zeigen die Marktanteile aller identifizierbaren E-Mail-Programme wie Outlook 2007, Gmail oder eben iPhone. Die Identifikation erfolgt anhand

1. des User Agents (Computerangaben des Nutzers, Abbildung 14.33) sowie
2. des Referrers (verweisende Webseite, Abbildung 14.34).

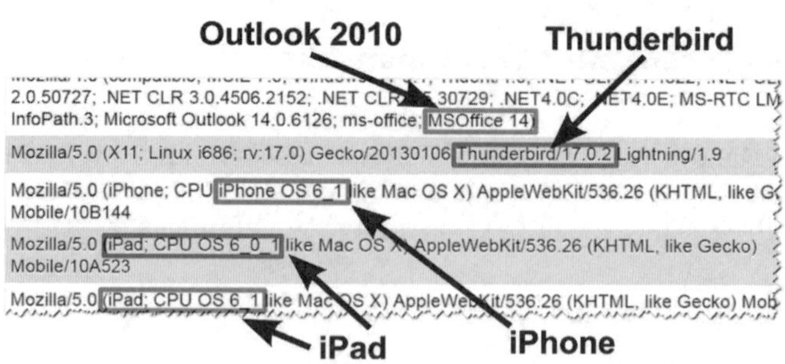

Abb. 14.33: Client-Fingerprinting 1 von 2 – anhand der User-Agent-Strings lassen sich die verwendeten E-Mail-Programme identifizieren (vergleiche zum Beispiel `user-agent-string.info`).

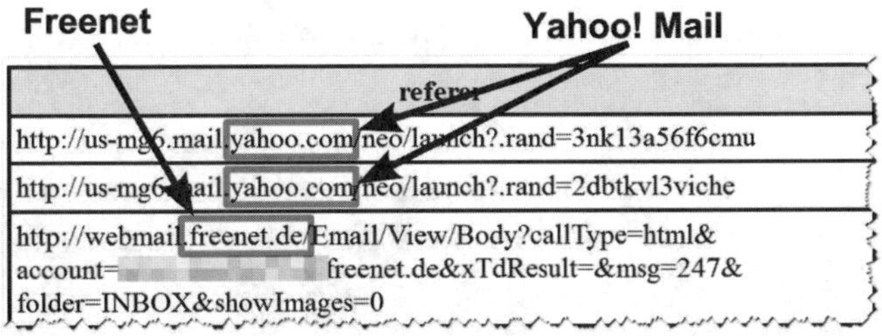

Abb. 14.34: Client-Fingerprinting 2 von 2 – Webmail-Programme lassen sich anhand des Referrers feststellen, der zusammen mit dem User Agent beim Abruf des Öffnungspixels an den Server übermittelt wird. Damit das Öffnungspixel möglichst viele Referrer-Daten erhält, sollte es auf einer gesicherten Verbindung (https) referenziert werden.

Aus der unterschiedlichen Bedeutung diverser Clients im eigenen Adressbestand lassen sich konkrete Gestaltungsempfehlungen ableiten: Beträgt der Anteil der Outlook-2007/2010/2013-Nutzer 50 Prozent, dann ist es womöglich wenig sinnvoll, eine GIF-Animation zum zentralen Kampagnen-Element zu machen. Denn Outlook rendert lediglich das erste Bild der Animation. Des Weiteren ermöglicht eine Empfänger-individuelle Messung ein gezieltes Geräte-Targeting. So könnten die (vornehmlichen) Outlook-Nutzer von der GIF-Kampagne ausgenommen oder mit einer Alternative beschickt werden.

Abb. 14.35: Client-Statistiken verraten, mit welchen E-Mail-Programmen Ihre Abonnenten die Newsletter lesen. (Hier: MailChimp)

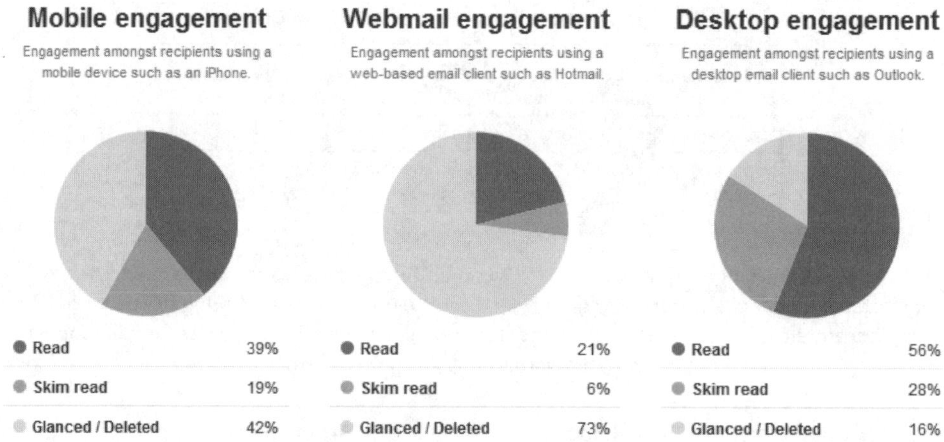

Engagement by email client

Engagement across your top email clients and mobile devices, from most engaged to least engaged.

Email client	Read	Skim read	Glanced / Deleted
Other	69%	26%	5%
BlackBerry	67%	25%	8%
Windows Mobile	65%	20%	15%
Symbian	64%	27%	9%
Outlook	62%	28%	10%
Google Android	59%	20%	21%
Yahoo! Mail Classic	48%	3%	49%
Yahoo! Mail	48%	6%	46%

Abb. 14.36: Engagement-Report von Litmus unterteilt unter anderem nach Mobile, Webmail, Desktop und E-Mail-Client

14.9.5 Klicks-per-Link und Klicks-per-E-Mail

Je mehr Links ein Newsletter aufbietet, desto höher ist tendenziell die Wahrscheinlichkeit, dass die Adressaten etwas Interessantes oder auf Anhieb eine Call-to-Action zum Klicken erspähen. Die Link-Zahl korreliert mit der Klickrate. Damit sind die Erfolge von E-Mailings, die unterschiedlich viele Links beziehungsweise Artikel aufweisen, nur bedingt miteinander vergleichbar.

Manchmal empfiehlt es sich für Vergleiche, den positiven Effekt einer hohen Link-Zahl herauszurechnen. Hierzu kann die Zahl der Klicks zur Zahl der Links ins Verhältnis gesetzt werden:

$$\text{Klicks-per-Link} = \frac{\text{Klicks}}{\text{Link-Zahl}}$$

ergibt die durchschnittliche Anzahl an Klicks pro einem Link.

Ebenfalls aufschlussreich: Wie viele verschiedene Artikel klickte ein Adressat pro Newsletter-Ausgabe im Schnitt an? Dies zeigt die Maßzahl *Klicks-per-E-Mail* (auch: *Klicks-per-User*). Je attraktiver die Inhalte, desto mehr Links klickt ein Abonnent an, und desto höher sind die Klicks-per-E-Mail.

campaignid	avg_clicks	std	clicks	clickers	max
2013-02-01	3.7	2.4	172	47	10
2013-01-25	2.8	2.9	99	35	12
2013-01-18	3.7	3.4	122	33	14
2013-01-11	3.0	2.4	84	28	9
2013-01-04	3.9	5.5	168	43	33
2012-12-14	3.4	3.8	81	24	16
2012-12-07	3.2	2.3	84	26	10
2012-11-30	3.9	3.0	114	29	13

Abb. 14.37: Reporting-Beispiel: Die Spalte `avg_clicks` zeigt, wie viele Links ein Abonnent im Schnitt pro Ausgabe (`campaignid`) anklickte. Die Standardabweichung (`std`) ist ein Maß dafür, wie stark die Einzelwerte um das Mittel (`avg_clicks`) streuten. `max` zeigt schließlich die Klick-Zahl des Lesers mit dem größten Interesse.

14.9.6 Weiterleitungen/Weiterleitungsrate

Weiterleitungen werden klassisch gemessen anhand der Zahl ausgefüllter Empfehlungs-Formulare (sogenannte *Tell-a-Friend*-Funktion, vergleiche auch Kapitel 21):

1. Der Empfänger klickt einen Weiterempfehlen-Link im Newsletter an,
2. wird zum Onlineformular geführt,
3. trägt dort die Adresse(n) der Zielperson(en) ein,
4. das Versandsystem misst die Empfehlungs-Aktion
5. und stößt die Empfehlungs-Mail(s) an.

Durch spezielle HTML/CSS-Trackingcodes ist es aber auch möglich, sogenannte *organische Weiterleitungen* abzubilden. Dies sind Empfehlungen, die direkt im E-Mail-Programm des Empfängers erfolgen. Also nicht über eine Mailingpoint-Webseite, sondern durch Betätigung des »Weiterleiten«-Knopfes im Interface des E-Mail-Programms.

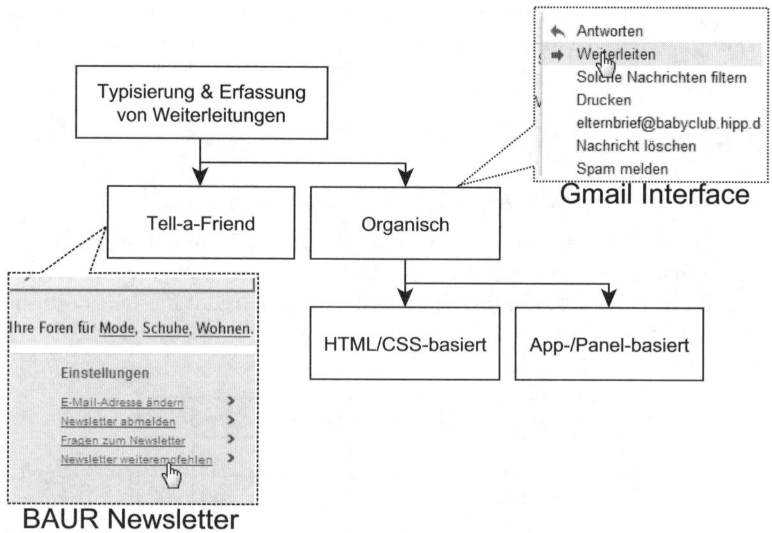

Abb. 14.38: Weiterleitungs-Arten und deren Erfassung

Eine Ergänzung zur Code-basierten Erfassung ist die Verhaltensanalyse eines möglichst repräsentativen Nutzer-Panels. Technisch geschieht dies meist über nutzerseitig installierte Apps und Plug-ins, denen Zugriff auf das Postfach eingeräumt wurde. Hierdurch kann die App zum Beispiel Klicks auf »Weiterleiten« in Outlook oder Yahoo! Mail erfassen und an den Anbieter übermitteln, der dies wiederum aggregiert und anonymisiert dem Versender berichtet – vergleiche Abschnitt 14.9.2 *Lese-Rate (und weitere IMAP-Kennziffern)*.

Beispiel: HTML-basierte Messung organischer Weiterleitungen

Die Code-basierte Messung versucht, den Quelltext der Weiterleitungen von Outlook, Thunderbird & Co um ein unsichtbares Zählpixel zu erweitern. Praktisch wird dem E-Mailing ein solches Quelltext-Schnipsel angehängt:

```
<style type="text/css">
  div.OutlookMessageHeader, table.moz-email-headers-table, blockquote #_t {
    background-image:url('ZÄHLPIXEL_URL')
  }
</style>
[...]
<div id="_t"></div>
```

14.9.7 Teilen-Rate

Analog zur Weiterleitungsrate spiegelt die Teilen-Rate wider, wie häufig einzelne Artikel oder der gesamte Newsletter in den sozialen Netzwerken wie Twitter, Facebook oder Xing weiterempfohlen wurden.

Über eine sogenannte SWYN-Funktion (SWYN = Share-with-your-Network) kann potenziell die Werbereichweite einer E-Mail-Kampagne ausgeweitet werden. Soziale Netzwerke sind von Haus aus auf eine schnelle und unkomplizierte Verbreitung von Informationen und Medien ausgelegt. Dem Nutzer stehen hierzu Funktionen wie Retweet (Twitter) oder (Re)Share (Facebook) bereit. Im Idealfall breiten sich Werbebotschaften, die durch den Newsletter gesät wurde, viral aus. Auch derartige Effekte gehören heute mit in die Erfolgsbetrachtung von E-Mail-Kampagnen.

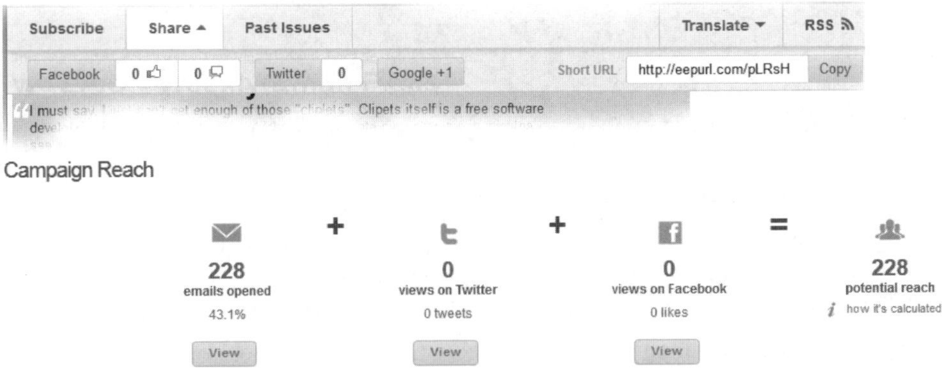

Abb. 14.39: MailChimp protokolliert Weiterempfehlungen im Social Web unter anderem anhand eines eigenen URL-Verkürzers (`eepurl.com`), über den archivierte Newsletter erreichbar sind. (Oben = Archiv-Leiste über der Newsletter-Onlineversion, unten = Erfolgsbericht)

14.9.8 Drucken-Rate

Wer Coupon-Codes per E-Mail versendet, die in der lokalen Filiale eingelöst werden sollen, will wissen, wie häufig diese am PC ausgedruckt wurden. Zwei Protokoll-Varianten sind denkbar. Der Nutzer klickt entweder auf eine Drucken-Handlungsaufforderung in der E-Mail, die leicht per Klick-Tracking erfassbar ist (vergleiche hierzu Abschnitt 10.6.3 *»Termin abspeichern!«-Handlungsaufforderungen*). Die Variante ist vergleichbar mit der Tell-a-Friend-Empfehlung. Alternativ verwendet er aber eventuell auch die *organische Drucken-Funktion* des E-Mail-Programms. Analog zur Weiterleiten-Rate lässt sich mit einem unsichtbaren Zählpixel, das über eine spezielle Print-Media-Query im Newsletter nur beim Druck getriggert wird, auch eine Kennziffer hierfür ermitteln (siehe Abbildung 14.40)

Abb. 14.40: Summe der Weiterleitungen und Ausdrucke beziehungsweise effektive Ausdruckrate (684 / 1.923.547 = 0,36 Promille) im Tool Litmus. Weitere Anbieter sind zum Beispiel CampaignCog, Movable Ink und Email on Acid.

Beispiel: Messung organischer »Drucken«-Anrufe

Wie bei den organischen Weiterleitungen wird versucht, der Druck-Ansicht ein unsichtbares Zählpixel »unterzujubeln«. Der HTML-Quelltext:

```
@media print {
  myPrintID {
    background-image:url('ZÄHLPIXEL_URL');
  }
}
[...]
<div id="myPrintID"></div>
```

14.9.9 Churn-Rate und Retention-Rate

»Churn« ist ein Kunstwort aus »Change« und »Turn«. Der Churn bezeichnet den Anteil der Adressaten, die im Berichtszeitraum (zum Beispiel eine Woche oder ein Quartal) im Verteiler verloren gingen. Zur Berechnung der Churn-Rate werden

1. die expliziten Abmeldungen,
2. inaktiv gewordene Adressaten (implizite Abmeldungen),
3. ausgebouncte Adressen (zu viele Hard- oder Softbounces pro Zeiteinheit gemäß einer Regel erzeugt, die in der Versandlösung hinterlegt wurde) und
4. Beschwerden

ins Verhältnis gesetzt zur durchschnittlichen Verteilergröße in der Periode:

$$\text{Churnrate} = \frac{(\text{Abmeldungen}+\text{Ausgebouncte}+\text{Complaints})_t}{\text{Verteilergrösse}_{t-1}}$$

Die Churn-Rate ist eine vergangenheitsbezogene und zusammengesetzte Kennziffer. Sie ist verwandt mit der Abmelderate, geht aber darüber hinaus, indem sie den Adressverlust umfassender quantifiziert.

Abbildung 14.6 zeigt ein Berechnungsbeispiel:

Empfänger zu Beginn des Monats	100.000
./. Abmelder	500
./. mentale Abmelder (inaktiv geworden)	5.000
./. Sperrungen aufgrund der Bounce-Regeln	50
./. Sperrungen aufgrund von Spambeschwerden	10
Churn im Monat	5.560 (=100.000-94.440)
Churn-Rate im Monat	5,56% (=5.560/100.000)

Tabelle 14.6: Churn-Rate für einen Monat berechnen.

Worin liegt der Nutzen der Churn-Rate?

- Der List-Churn gibt Hinweise darauf, wie viele Adressen generiert werden müssen, um die Verteilergröße zu halten oder auszubauen.

- Zum anderen ist die Churn-Rate ein wichtiger langfristiger Indikator für die Güte und Nachhaltigkeit der Beziehung zu den Adressaten. Verbessert sich die Beziehung durch relevantere E-Mails, schlägt sich das in den Teilgrößen nieder.
- Darüber hinaus lassen sich unterschiedliche Adressquellen – gerade beim Adresskauf durch Co-Registrierungs- und Co-Sponsoring – miteinander vergleichen, um zum Beispiel Preisspielräume besser bestimmen zu können. Hierzu wird der Churn segmentspezifisch für jede Quelle bestimmt und als Qualitätsindikator benutzt.

Die Churn-Rate ergänzt sich mit der sogenannten *Retention-Rate* zu eins. Letztere beziffert also den Adress-Anteil, der in der vergangenen Periode erfolgreich gebunden werden konnte. Im Beispiel aus Tabelle 14.6 beträgt die Retention-Rate somit 0,9444 oder 94,44 Prozent.

$$\text{Retentionrate} = 1 - \text{Churnrate}$$

14.9.10 Interessent- oder Besucher-zu-Anmelder-Verhältnis

Als Interessenten gelten Webseiten-Besucher, die die Newsletter-Anmeldeseite aufriefen. Das Interessent-zu-Anmelder-Verhältnis beziffert, wie viele davon erfolgreich in Abonnenten gewandelt werden konnten. Es ergänzt sich mit der Anmelde-Abbrecher-Quote zu eins. Häufige Ursachen für hohe Abbrecher-Quoten sind umständliche Onlineformulare sowie mangelhafte Vorteil-Nutzen-Argumentationen.

Anstelle der Interessenten kann auch die Zahl der Website-Besucher insgesamt betrachtet werden. Dies ist sinnvoll beispielsweise im Hinblick auf Zielsetzungen wie »5 Prozent aller neuen und nicht-bouncenden Website-Besucher sollen mittels geeigneter Maßnahmen in Newsletter-Abonnenten gewandelt werden« (vergleiche Abschnitt 8.2 *Zielsystem durchdenken*). Hinweis am Rande: In der Webanalyse bezeichnen Bounces Besuche mit nur einem Seitenaufruf sowie solche mit weniger als fünf bis zehn Sekunden Verweildauer. Im E-Mail-Marketing sind dies Zustellfehler.

14.9.11 Double-Opt-in-(Erfolgs-)Quote

Die Double-Opt-in-Erfolgsrate wird als Verhältnis von bestätigten Anmeldungen zur Summe aller registrierten Anmeldewünsche in einer Periode berechnet. Die Zielgröße zeigt also, wie viel Prozent der Anmelder im Berichtszeitraum erfolgreich den Aktivierungslink in der Checkmail anklickten.

$$\text{DOI-Quote} = \frac{\text{Doppelt bestätigte Anmeldewünsche}}{\text{Anmeldewünsche}}$$

Warum sollte die Quote unbedingt erfasst werden? Das Double-Opt-in-Verfahren beugt bei der Newsletter-Anmeldung zwar Fremdeintragungen vor. Also Adress-Eintragungen, die durch unbefugte Dritte vorgenommen werden. Allerdings ist das Verfahren auch mit – teils erheblichen – Reibungsverlusten behaftet. Denn aus den verschiedensten Gründen klicken bei Weitem nicht alle Interessenten auch den Aktivierungslink an, um ihren Anmeldewunsch doppelt zu bestätigen. Vielleicht, weil die Checkmail mit dem Link von Spamfiltern erfasst wird oder weil der DOI-Prozess in der Zielgruppe unklar ist. Die DOI-Quote macht diese Reibungsverluste (und damit die Güte des Anmeldeprozesses) sichtbar. Sie zeigt, inwieweit allein aus der Optimierung des DOI-Prozesses mehr Abonnenten gewonnen werden können. (Zur Optimierung siehe Abschnitt 7.1 *Das Opt-in*)

Als Faustregel gilt: Spätestens wenn die Ausbeute kleiner als 80 Prozent ist, also weniger als vier von fünf Interessenten bestätigen, dann sollten Ursachen analysiert und Optimierungsmaßnahmen erwogen werden. Denn die Adressen der Interessenten, die nicht bestätigten, müssen wieder gelöscht werden. Da ja ein Opt-in bekundet wurde, ist dies besonders ärgerlich. Eine Ziel-Quote von hundert Prozent ist unrealistisch (vergleiche Abbildung 14.41). In guten Anmeldeprozessen werden im Schnitt neun von zehn Anmeldungen final aktiviert. Streben Sie also eine DOI-Quote in Höhe von 90 Prozent oder mehr an.

DOI_started	DOI_ended	diff_in_sec	ip
2013-02-04 20:46:07	*NULL*	*NULL*	65.88.*.*
2013-02-04 17:29:24	2013-02-04 17:29:46	22	98.175.*.*
2013-02-04 16:43:47	2013-02-04 16:46:00	133	99.47.*.*
2013-02-01 10:20:02	2013-02-01 10:27:49	467	81.133.*.*
2013-02-01 09:33:06	2013-02-01 09:33:34	28	85.182.*.*
2013-01-31 19:59:08	2013-01-31 19:59:51	43	216.163.*.*
2013-01-31 19:28:14	2013-01-31 19:28:32	18	207.7.*.*
2013-01-31 19:27:07	2013-01-31 19:28:03	56	76.17.*.*
2013-01-31 18:54:17	2013-01-31 18:54:41	24	107.0.*.*
2013-01-31 18:31:49	2013-01-31 18:37:29	340	24.187.*.*
2013-01-31 16:37:25	2013-01-31 16:37:40	15	93.93.*.*
2013-01-31 14:34:48	2013-01-31 14:35:20	32	83.223.*.*
2013-01-31 11:46:46	*NULL*	*NULL*	50.12.*.*
2013-01-31 11:16:44	2013-01-31 11:17:31	47	86.58.*.*
2013-01-31 05:50:59	2013-01-31 05:51:19	20	59.167.*.*
2013-01-30 23:26:15	2013-01-30 23:33:34	439	198.209.*.*
2013-01-30 21:52:17	2013-01-30 21:53:32	75	216.139.*.*
2013-01-30 17:08:23	2013-01-30 17:08:37	14	81.134.*.*
2013-01-30 10:13:48	2013-01-30 10:21:06	438	83.165.*.*
2013-01-29 23:18:28	2013-01-29 23:18:40	12	91.150.*.*
2013-01-29 22:31:19	2013-01-30 15:56:21	62702	74.94.*.*
2013-01-29 21:50:38	*NULL*	*NULL*	76.79.*.*

Abb. 14.41: Eine DOI-Quote von 100 Prozent ist utopisch – bei einigen Opt-ins wird die doppelte Bestätigung immer ausbleiben (hier: NULL in der zweiten Datenbank-Spalte). Trotzdem sollten mindestens 90 Prozent angestrebt werden. Das heißt, neun von zehn Anmeldewünschen werden durch einen Klick in der Checkmail erfolgreich bestätigt.

14.9.12 RoI/KUR/Return-per-Email

Der RoI (*Return on Investment*) spiegelt die Rentabilität des Werbekanals E-Mail wider: Wie viel bekomme ich für meine Investition in E-Mail-Marketing? Wie viele Euro Gewinn erwirtschaftete ein Euro, der in die Kampagnen-Planung, -Umsetzung und -Kontrolle investiert wurde? Steigt der Gewinn bei gleichen Werbekosten, erhöht sich der RoI.

Die Kennziffer berechnet sich als Produkt von

1. *Umsatz-Rentabilität* = Gewinn / Umsatz
   (Frage: Welcher Anteil vom Umsatz verbleibt als Gewinn, wie rentabel ist also ein Euro Umsatz)
   ... und ...
2. *Kapital-Umschlag* = Umsatz / Werbekosten
   (Frage: Wie häufig werden die Werbekosten über den Umsatz umgeschlagen, wie viele Euro Umsatz erzielte also ein investierter Euro)

Dies entspricht dem Anteil des Gewinns an den Werbekosten:

$$\text{RoI} = \underbrace{\frac{\text{Gewinn}}{\text{Umsatz}}}_{\substack{\text{Umsatz-}\\\text{Rentabilität}}} \times \underbrace{\frac{\text{Umsatz}}{\text{Werbekosten}}}_{\substack{\text{Kapital-}\\\text{Umschlag}}} = \frac{\text{Gewinn}}{\text{Werbekosten}}$$

Beispiel: Die Direct Marketing Association (DMA) prognostiziert für kommerzielle E-Mails im Jahre 2016 einen RoI in Höhe von 35,02 – deutlich höher als der zweitrentabelste Kanal, die Suchmaschinen-Werbung. Zwar ist die Kennziffer an sich ein dimensionsloser Faktor; sie besitzt also keine Einheit wie Euro. Trotzdem lässt sie sich leicht in Alltagssprache übersetzen: Jeder Dollar (Euro), der in E-Mail-Maßnahmen fließt, streicht im Schnitt knapp 35 Dollar (Euro) Gewinn ein.

Eng verwandt mit dem RoI ist die KUR (*Kosten-Umsatz-Relation*). Dahinter verbirgt sich eine umgekehrte Relation: Werbekosten zu Umsatz. Die KUR beantwortet die Frage: Wie viele Euro *kostete* mich ein erwirtschafteter Euro? So bedeutet eine E-Mail-KUR in Höhe von 2,85 Prozent, dass für 100 Euro Umsatz 2,85 Euro Werbekosten aufgewendet werden mussten. Je größer der RoI, desto kleiner (und besser) die KUR.

$$\text{KUR} = \frac{\text{Werbekosten}}{\text{Klicks} \times \text{Konversionsrate}} = \frac{\text{Werbekosten}}{\text{Nettoumsatz}}$$

Eine weitere Wirtschaftlichkeitsgröße ist der Return-per-Email, also der *Gewinn* pro E-Mail-Adresse. Wer weiß, welchen Gewinn eine E-Mail-Adresse im Berichtszeitraum oder im gesamten Lebenszyklus erbringt, der kann seine Budgets besser aussteuern.

Umgekehrt ermöglicht auch eine *Kosten*betrachtung (Cost-per-Click, Cost-per-Lead oder Cost-per-Order) interessante Vergleichsmöglichkeiten mit anderen Werbekanälen. Wie viel kostete mich eigentlich ein Klick im Newsletter im Vergleich zu einem Klick auf eine AdWords-Werbeanzeige? Wie viel kostete mich ein Lead – etwa die erfolgreiche Webinar-Anmeldung infolge eines Newsletters?

$$\text{CPL} = \frac{\text{Versandkosten}}{\text{Klicks} \times \text{Konversionsrate}} = \frac{\text{Versandkosten}}{\text{Erzielte Leads}}$$

14.10 Zusammenfassung

14.10.1 Systematisierung ausgewählter Kennzahlen

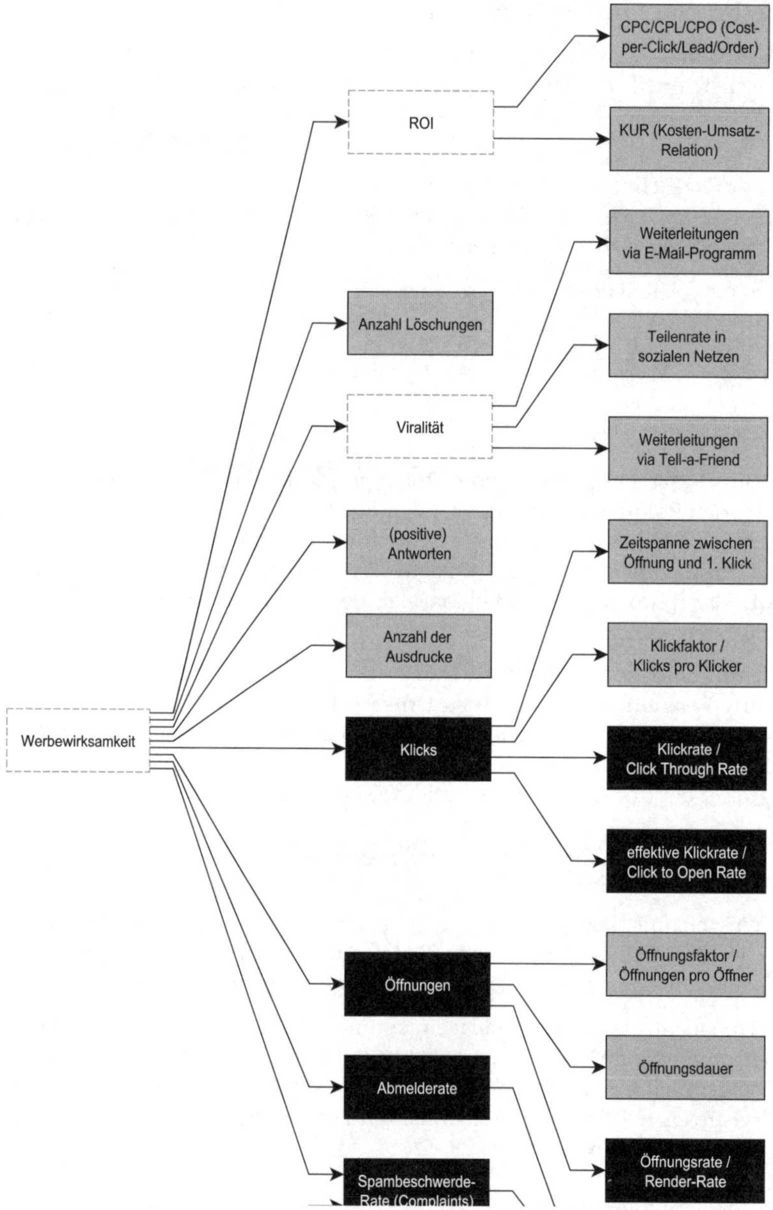

Abb. 14.42: Auswahl gängiger E-Mail-Marketing-Messgrößen 1 von 2

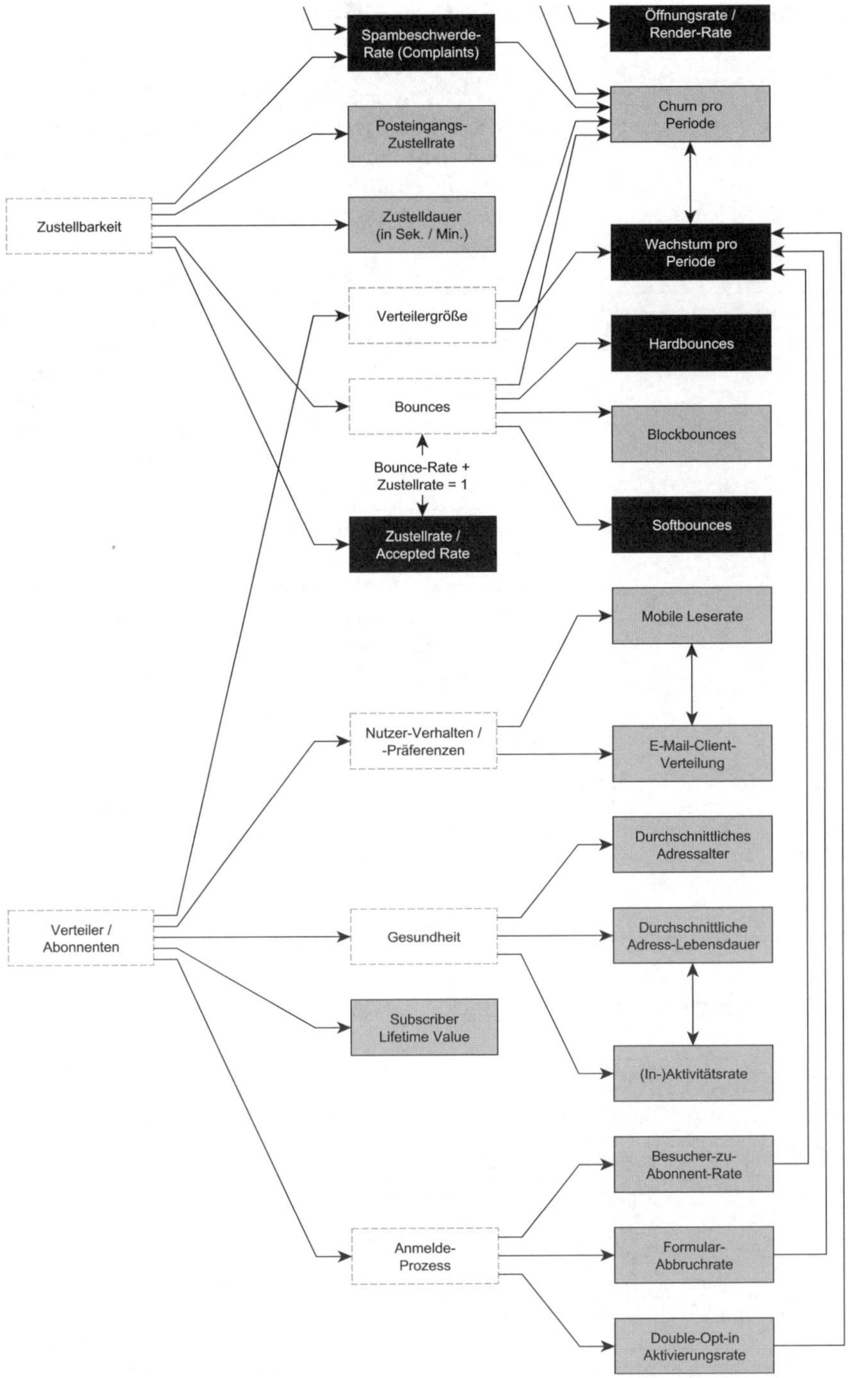

Abb. 14.43: Fortsetzung – Auswahl gängiger E-Mail-Marketing-Messgrößen 2 von 2

14.10.2 Anwendungsbeispiele für Kennziffern

Kennziffer	Beobachtung	Maßnahme
Öffnungsrate und Verteilerwachstumsrate	Die Öffnungsrate ist im vergangenen Jahr um 5 Prozentpunkte gefallen. Die Verteilerwachstumsrate fiel um 10 Prozent.	Für die kommenden 8 Wochen wird testweise ein modales Fenster auf der Homepage eingeblendet, um frische Adressen einzufahren.
Effektive Klickrate und Mobile-Leser-Rate	Die effektive Klickrate ist in den vergangenen 12 Monaten um 3 Prozentpunkte gefallen. Parallel ist die Mobile-Leser-Rate um 12 Prozentpunkte gestiegen.	Der Newsletter wird Mobile-optimiert, indem gezielt kleinere Bildschirme und die Interaktion mit dem Finger Berücksichtigung finden.
Abmelderate und Spambeschwerde-Rate	Die Abmelderate lag in den letzten 2 Monaten lediglich bei 0,02 Prozent. Die Implementierung von Feedback-Loops zeigte uns nun, dass die Spam-Markierungsquote bei über 1 Prozent liegt.	Zusätzlich zum Hinweis im Footer platzieren wir ebenfalls im Pre-Header-Bereich einen deutlichen Abmeldelink.
Lese-Rate	Die Competitive Intelligence hat erhoben, dass Preisnachlässe im Bereich zwischen 35 und 45 Prozent die Lese-Raten bei Mitbewerbern deutlich steigern.	Es werden erste Tests im eigenen Verteiler anvisiert, die ebenfalls hoch-rabattierte Angebote in der Betreffzeile versprechen.

Tabelle 14.7: Exemplarische Verwendungszwecke einiger Kennzahlen

14.10.3 Benchmark-Berichte aus der E-Mail-Branche

Anbieter	Titel	Erscheinungsweise
Communicator Corp	Email Benchmarking Report	Halbjährlich
ContactLab	E-Mail-Marketing Consumer Report	Jährlich
eMarketer	Email Marketing Benchmarks	Jährlich
Emarsys	E-Mail Benchmark Report	Jährlich
Epsilon	Email Trends and Benchmarks	Quartalsweise
Experian Cheetah-Mail	Benchmark Study	Quartalsweise

Tabelle 14.8: Benchmark-Berichte mit Richtwerten für Öffnungsraten und mehr. Mit Ausnahme des MarketingSherpa Reports sind alle kostenfrei im Netz abrufbar. Die Erscheinungsweise variiert.

Anbieter	Titel	Erscheinungsweise
Informz	Association Email Marketing Benchmark Report	Jährlich
Jericho	New Zealand Email Marketing Metrics Report	Jährlich
Knotice	Mobile Email Opens Report	halbjährlich
MailChimp	Email Marketing Benchmarks	Unregelmäßig
MailerMailer	Email Metrics Report	Halbjährlich
Mailworx	E-Mail-Marketing-Studie	Quartalsweise
MarketingSherpa	Email Marketing Benchmark Report	Jährlich
Newsweaver	Email Marketing Insights (Irland)	Jährlich
Sign-up.to	Email Marketing Benchmark Report	Jährlich
Silverpop	Benchmark Report	Jährlich

Tabelle 14.8: Benchmark-Berichte mit Richtwerten für Öffnungsraten und mehr. Mit Ausnahme des MarketingSherpa Reports sind alle kostenfrei im Netz abrufbar. Die Erscheinungsweise variiert. (Forts.)

14.11 Tipps zum richtigen Umgang mit E-Mail-Marketing-Kennzahlen

Wenn Zahlen anfangen zu sprechen, verstummt bekanntlich alles. Leider zu oft, weil das Elaborat ein vorübergehendes Wachkoma beim »Hörer« hervorruft. Die Wenigsten setzen sich gern mit Formeln und trockenen Daten auseinander. Weder für die Schule noch für Kampagnenauswertungen. Der Gehirn-»Muskel« macht da eben einfach zu. Trotzdem ist ein regelmäßiger Blick in das Erfolgs-Reporting wichtig; der Blindflug taugt kaum für ein effektives Kundenbeziehungsmanagement. Der nährt sich aber nicht nur aus der Messmüdigkeit, sondern auch aus diversen Fallstricken. Die folgenden sollten Sie kennen:

14.11.1 Runde Zahlen sind immer falsch

Standardberichte und Benchmarks beziehen sich meist auf die gängigen aggregierten Kennziffern. Also auf alte Bekannte wie Öffnungs-, Klick-, Bounce- und Abmelderaten. Der Blick auf dieses verdichtete Ganze ist wichtig, die Beschränkung darauf aber riskant. Darunterliegende Details gehen möglicherweise verloren. Vielleicht sogar diejenigen, die eben gerade das eigentlich Interessante, das Handlungsrelevante, beinhalten; Berichte ohne Handlungsbezug sind ja meist lediglich »good to know«, sonst aber nutzlos.

So könnte beispielsweise eine Aufschlüsselung der Messgrößen nach E-Mail-Domains wie gmx.de, hotmail.com, googlemail.com et cetera große Unterschiede aufdecken. Vielleicht gibt es ja seit einigen Wochen Update-bedingt eklatante Darstellungsfehler im Gmail-Posteingang, die für eine unterdurchschnittliche Klickrate bei dieser Domain verantwortlich sind. Untersuchen Sie daher den Erfolg auch regelmäßig getrennt nach relevanten Segmenten wie Domains, Anrede oder Altersgruppen. Darüber hinaus empfiehlt es sich, die Ergebnisse explorativ mit geeigneten Data-Mining-Methoden zu analysieren (vergleiche Kapitel 16).

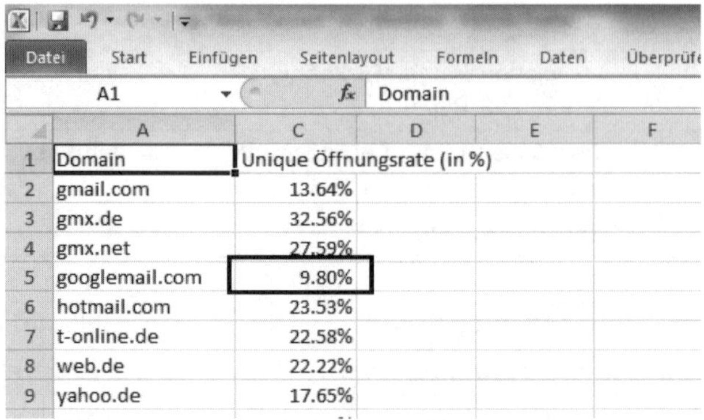

	A	C
1	Domain	Unique Öffnungsrate (in %)
2	gmail.com	13.64%
3	gmx.de	32.56%
4	gmx.net	27.59%
5	googlemail.com	9.80%
6	hotmail.com	23.53%
7	t-online.de	22.58%
8	web.de	22.22%
9	yahoo.de	17.65%

Abb. 14.44: Untersuchen Sie den Erfolg nicht nur aggregiert, sondern auch segmentspezifisch (hier: nach E-Mail-Domains) – warum ist zum Beispiel bei Google Mail die Öffnungsrate weit unterdurchschnittlich?

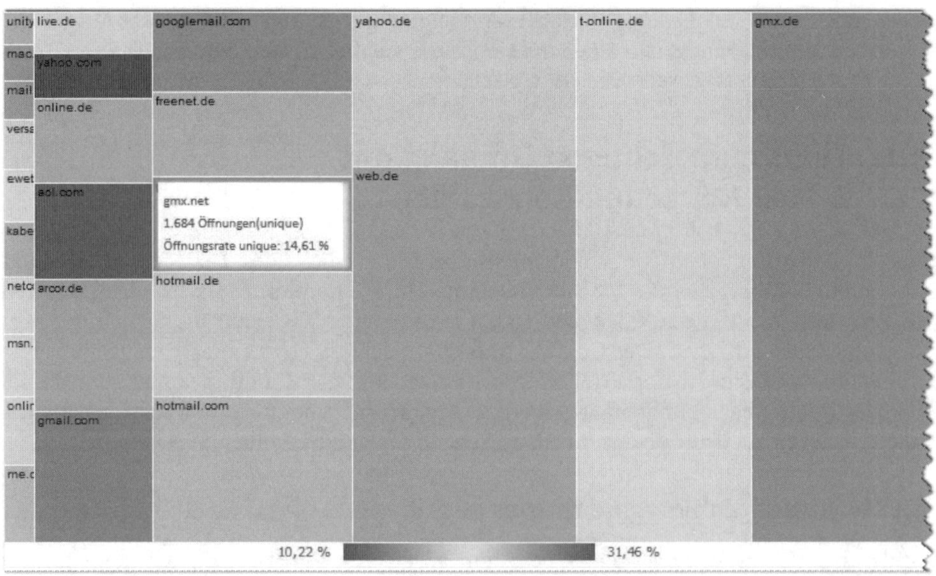

Abb. 14.45: Die Domain-Performance lässt sich gut anhand einer Treemap-Darstellung vergleichen: Jedes Rechteck repräsentiert eine Domain, die Größe spiegelt die Bedeutsamkeit (Anzahl der Adressen) im Verteiler wider, die Farbe – in facto ein Farbverlauf von Rot über Gelb zu Grün – die Öffnungsrate. (XQueue:Maileon)

14.11.2 Ganzheitliche Erfolgsbetrachtung durchführen

Die Response-Mechanik (vergleiche Abbildung 14.16) kann in ihrer zeitlichen Abfolge in vier Bereiche gesplittet werden: (1) Posteingangs-*Zustellung*, dann (2) E-Mail-*Öffnung*, (3) *Klick* und schließlich (4) die *Conversion* auf der Landingpage. Im Zusammenspiel mit den zugehörigen Messgrößen wie Posteingangszustellrate oder Öffnungsrate bietet jede Ebene viel Raum für Tests. Nur sollten Versender sich vor voreiligen Schlüssen hüten. Was, wenn der Betreffzeilen-Test sich auf den ersten Blick als großer Erfolg entpuppt (»Wow, ein Plus von 50 Prozent gegenüber dem Standard!«), der wichtige zweite Blick dann aber ausbleibt. Und der hätte eine Halbierung der Zahl der Abschlüsse offenbart. Klar, mit reißerischen Betreffs kann jeder im Nu hohe Öffnungsraten erzielen. Diese nützen aber nichts, wenn damit falsche Erwartungen geweckt werden und der Gesamterfolg leidet. Nur eine integrierte Betrachtung steigert den Erfolg nachhaltig. Auch, wenn der Einbau eines Post-Click-Trackings, mit dem die Aktionen nach dem Klick im Newsletter nachvollzogen werden können, zunächst mit einem gewissen Implementierungsaufwand verbunden ist – bei regelmäßigen Auswertungen rentiert sich eine Kennziffer »Umsatz pro E-Mail« neben den Spalten »Öffnungsrate« und »Klickrate« eben doch recht schnell.

Fallstudie: Movies Unlimited: Mehr Klicks heißt nicht mehr Umsatz

Wie wichtig die ganzheitliche Erfolgsbetrachtung ist, zeigt das folgende Beispiel: Movies Unlimited testete zwei Varianten für Re-Marketingmails. Damit sollten Warenkorb-Abbrecher reaktiviert werden. Im Kontext waren dies Nutzer, die eine Film-Bestellung auf der Webseite angefangen, aber nicht komplettiert hatten. Beide Test-Varianten unterschieden sich nur in der Botschaft, die prominent in der Headergrafik sowie im Call-to-Action-Button platziert wurde: »Save $5,00 on your order now!« versus »Click here to see your movies«. Im Ergebnis erzeugte eine der beiden Varianten zwar 2 Prozent mehr Klicks. Dafür konvertierte die andere aber signifikant besser und sorgte für 36 Prozent mehr Bestellungen und um 59 Prozent größere Warenkörbe. Ein Blick auf die Klicks allein hätte zu suboptimalen Ergebnissen geführt.

14.11.3 Soll-Ist-Vergleiche durchführen

Ein fundiertes Kampagnen-Controlling benötigt eine vorherige Soll-Analyse. Nur so können später die Zielerreichung kontrolliert (Soll-Ist-Vergleich) und gegebenenfalls zeitnah Nachjustierungen vorgenommen werden. Daneben schärft die Vorgehensweise den Blick für ein geplantes und ergebnisorientiertes E-Mail-Marketing.

Legen Sie sich eine Arbeitsblatt-Vorlage in einer Tabellenkalkulation wie Excel an. Darin sollten die wesentlichen Erfolgskennziffern entsprechend des Response-Mechanismus enthalten sein: von der Menge akzeptierter E-Mails (Zustellungen) über Klicks und Conversions bis zu Wirtschaftlichkeitskennziffern wie dem Deckungsbeitrag.

Hinweis: Deckungsbeitrag

Der Deckungsbeitrag setzt sich aus den Umsätzen abzüglich der variablen Kosten zusammen; Letztere werden im E-Mail-Marketing maßgeblich durch die Versandkosten für das Mailing sowie durch den Gegenwert des Churns (Austragungen, mentale Abmelder, Bounces, Spambeschwerden) bestimmt.

Den Wert einer E-Mail-Adresse zu bestimmen, um den Churn zu bewerten, ist nicht unbedingt trivial (vergleiche Abschnitt 14.12 *Vom Zahlenfriedhof zum Wert einer E-Mail-Adresse*). Der durchschnittliche Umsatz pro E-Mail-Klick sollte sich hingegen leichter aus den Webanalyse-Daten ermitteln lassen. Um der Ungewissheit bezüglich des Erfolgs vor dem Versand Rechnung zu tragen, empfiehlt es sich, einen Szenario-Trichter aufzuspannen. Darin werden zum Beispiel der beste und schlechteste zu erwartende Fall sowie ein vermuteter Mittelweg eingetragen (Abbildung 14.46).

	Volumen	Bouncerate	Öffnungsrate	Effektive Klickrate	Conversion-to-Click-Rate	Abmelde-Rate	Conversions	Umsatz*	Kosten**	Deckungs-Beitrag	ROI
Szenario A (worst case)	100000	0,20%	25,20%	21,30%	0,20%	0,30%	10,7	299,98 €	94,82 €	205,16 €	3
Szenario B (best case)	100000	0,10%	30,10%	26,50%	1,20%	0,10%	95,6	2.677,42 €	34,97 €	2.642,45 €	77
Ø Szenario [(A+B)/2]	100000	0,15%	27,65%	23,90%	0,70%	0,20%	53,2	1.488,70 €	64,91 €	1.423,81 €	40
*Ø Warenkorbwert	28,00 €										
**Versand / Tausend-Kontakt-Preis	0,50 €										
**Abmelder / Wert einer E-Mail-Adresse	0,30 €										

Abb. 14.46: Szenario-Trichter zum Beispiel für einen Standalone-Versand – lohnt sich die Aussendung? Für den Versand von 1.000 E-Mails wurden Kosten von 50 Cent angenommen, entgangene zukünftige Gewinne durch Abmeldungen verursachen Kosten in Höhe von 30 Cent pro Adresse. Pro Conversion berichtet die Webanalyse-Software 28 Euro Umsatz.

14.11.4 Genaues Verständnis für Messgrößen entwickeln

Die Bezeichnung »Öffnungsrate« weckt zunächst den Eindruck, es handele sich um eine Repräsentation der Anzahl faktisch betrachteter Newsletter – in Analogie zum Aufreißen eines Briefumschlags. Das ist genauso falsch (viele Newsletter können ohne messbare Öffnung gelesen werden) wie es meist auch unklar ist, worauf sich die Conversion-Rate bezieht. Auf Klicks? Oder auf die Versandmenge?

Unterm Strich ist es wichtig zu wissen, was genau mit einer Kennziffer abgebildet wird und wodurch diese gegebenenfalls verzerrt wird. Nehmen Sie als Beispiel eine bilderlose HTML-Text-Kampagne. Also ein E-Mailing, dessen Botschaft auch ohne Grafik voll zum Abonnenten durchdringen kann. Die Kampagne erreicht vermutlich eine deutlich niedrigere Öffnungsrate, als das grafische Pendant erzielt hätte. Der Grund liegt aber nicht in einem geringeren Interesse aufgrund einer geringeren Anmutungsqualität. Viel wahrscheinlicher ist es, dass die Abonnenten die Botschaft auch ohne Nachladen des Öffnungspixels wahrnehmen können und deshalb keinen Anlass zur Aktivierung der Bildanzeige sehen.

14.11.5 Mit Rohdaten und Reporting-Vorlagen arbeiten

Bei der Kampagnenauswertung empfiehlt es sich, Vorlagen in einer Tabellenkalkulation zu nutzen. Darin sollten sich nach Ablauf jeder Berichtsperiode (etwa täglich, wöchentlich, monatlich oder quartalsweise) die Kennziffern, die Ihr E-Mail-Dienstleister Ihnen liefert, einfach einfügen lassen. Im Arbeitsblatt bringen Sie die Daten durch die Vorlage automatisch in Form. Hinterlegen Sie die Daten auf größter Detailstufe (Rohdaten). Sie sollten erst in einem weiteren Arbeitsblatt mit Pivot-Funktionen auf das gewünschte Niveau aggregiert werden. Ein Herauszoomen aus feinen Rohdaten ist immer möglich. Zum Beispiel von Einzelklicks auf Klicks pro Tag/Woche/Monat. Ein Hineinzoomen in Größen, die lediglich aggregiert vorliegen, hingegen nicht mehr: Gibt das Excel-Sheet nur die Klicks pro Monat wieder, sind die feineren Klicks pro Woche »verloren«.

Die Reports der E-Mail-Tools sind meist relativ starr. Das heißt, Sie werden aus bestimmten Daten andere ableiten müssen, um Erfolgsbeiträge einzelner Parameter genauer analysieren zu können: zum Beispiel den Wochentag des Versands (Montag) aus dem Starttermin der Kampagne (1.10.2012). Nützliche Excel-Funktionen sind hierbei zum Beispiel:

- `=STUNDE(A1)`, wobei A1 eine Zeit- oder Datum-Zeit-Zelle ist; das Ergebnis der Stunde-Funktion muss gegebenenfalls noch formatiert werden, indem die Zelle als Zahl mit 0 Dezimalstellen festgelegt wird.
- `=MONAT(A1)`, `=JAHR(A1)` und `=KALENDERWOCHE(A1)`
- `=WOCHENTAG(A1;11)`, wobei Typ 11 Zahlen von 1=Montag bis 7=Sonntag zurückliefert.
- `=LÄNGE(A1)` liefert schließlich die Länge der Betreffzeile in Zelle A1.

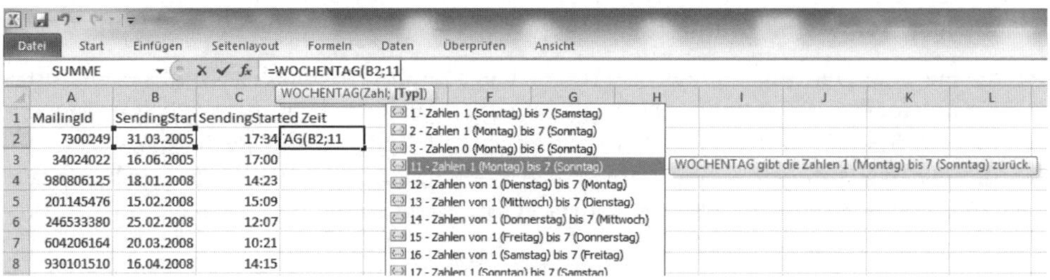

Abb. 14.47: Im Arbeitsblatt lassen sich aus den Standard-Daten des Reportings weitere ableiten – hat zum Beispiel der Wochentag einen Einfluss auf die Öffnungen?

14.11.6 Wichtige Kennziffern zuerst, aber auch für Erweiterungen öffnen

Am liebsten schielen E-Mail-Versender – zu Recht – auf ihre Klickraten. Gefolgt von Öffnungs- und Zustellraten. Solche gängigen Key Performance Indicators (KPIs) müssen im Rampenlicht bleiben und regelmäßig untersucht werden. Darüber hinaus existieren mittlerweile aber viele weitere und teils sehr interessante Maßzahlen. Auch hierfür empfiehlt es sich, zumindest hin und wieder, Platz im Reporting zu schaffen. Diverse solche Kennzahlen wurden in den vergangenen Abschnitten vorgestellt. Man denke an die Lesedauer (Abschnitt 14.9.3 *Lesedauer*) oder die Mobile-Leser-Rate (Abschnitt 14.9.4 *Mobile-Leser-Rate / Client-Statistiken*).

14.12 Vom Zahlenfriedhof zum Wert einer E-Mail-Adresse

Haben Sie sich bereits befragt, wie viel Euro eines Ihrer E-Mail-Opt-ins eigentlich wert ist? Wie kostbar also die Möglichkeit ist, Teile Ihrer Zielgruppe werblich per E-Mail ansprechen zu dürfen? Etwa umgerechnet rund 17,50 Euro (`tinyurl.com/2f73mvy`)? Oder doch nur 0,45 beziehungsweise 0,60 Euro, wie der Pontiflex CPL-Report den durchschnittlichen Marktpreis für einen kurzen Datensatz (Anrede, Vorname, Nachname und E-Mail-Adresse) Ende 2009 berichtete (`tinyurl.com/bvxjrhe`)?

Die Spannweite unter den Versendern ist groß. Der Wert variiert je nach Branche und Unternehmensgröße. Aber die Kenntnis darüber ist für Versender elementar wichtig. Denn wer vom Abonnentenwert keine Vorstellung hat, kann Investitionsentscheidungen in Kundenbindung und -akquise über den E-Mail-Kanal nicht strategisch, geschweige denn optimal treffen.

Begleiten Sie mich gedanklich in folgendes Szenario: Frau Anna Lyse betreibt eine Gastronomie-Kette, die Lyse Lokale in Berlin. Natürlich spielt sie auf der gesamten Online-Marketing-Klaviatur (Suchmaschinenoptimierung, Suchmaschinenmarketing, Social Media und Display). Damit vertreibt sie einerseits Gutscheine, zum Beispiel für Dinner oder als Geschenk. Zum anderen schafft sie allgemein Awareness für ihre Restaurants.

Im Online-Marketing-Mix darf in Annas Augen auch E-Mail-Marketing nicht fehlen. Bis dato hält sie den Kontakt zu den Abonnenten mit einem monatlich erscheinenden Newsletter aufrecht. Der erreicht knapp 100.000 Berliner, die vor gut einem Jahr über Co-Sponsoring-Maßnahmen (das Gourmet-Gewinnspiel funktionierte wunderbar!) für 10 Cent pro Datensatz rechtmäßig gekauft wurden. Der Deal erschien ihr sehr attraktiv: Laut Adresshändler ist ein Opt-in im Schnitt für 4 Jahre vital.

Auf die Frage, *wie* wichtig Anna ihr E-Mail-Verteiler für das Geschäft ist, kann sie allerdings nur gefühlsmäßig antworten: »Na ja, man merkt auf jeden Fall, dass die Kampagnen-Schübe die Shop-Umsätze antreiben und auch die Leute in die Restaurants treiben.« Würde sie den Wert einer E-Mail-Adresse genauer kennen, dann würde sie gegebenenfalls weitere Investitionen in den Ausbau des Verteilers und in eine Ausweitung des Versandprogramms besser planen können.

14.12.1 Customer Lifetime Value – der Kunde als Investition

Anna erinnert sich zurück an die Zeit ihres BWL-Studiums. Sie kramt in alten Marketing-Vorlesungsunterlagen. Und siehe da, in einem alten Skriptum findet sie eine Formel zur Berechnung des Customer Lifetime Value (CLV). Die scheint auf Anhieb auch für eine Abonnenten-Bewertung brauchbar zu sein:

$$CLV = -a_0 + \sum_{t=0}^{T} (x_t \times (p_t - k_t) - M_t) \times \frac{R^t}{(1+i)^t}$$

$$\begin{aligned} a_0 &= \text{Akquisitionskosten im Zeitpunkt t=0} \\ t &= \text{Jahr} \\ T &= \text{Voraussichtliche Dauer der Kundenbeziehung} \\ x_t &= \text{Absatzprognose für das Jahr t} \\ p_t &= \text{(Kundenindividueller) Produktpreis im Jahr t} \\ k_t &= \text{Stückkosten im Jahr t} \\ M_t &= \text{Kundenspezifischer Werbeaufwand im Jahr t} \\ i &= \text{Kalkulations-Zinsfuß} \\ R &= \text{Bindungsrate (Retention Rate)} \end{aligned}$$

Abb. 14.48: Anna Lyse findet die Formel zur Berechnung des Customer Lifetime Value, wie Professor Manfred Bruhn sie ihr damals vorstellte.

	Jahr t=0	Jahr t=1	Jahr t=2	Jahr t=3	Summe
Abnahmeprognose	4 Stück	3 Stück	2 Stück	1 Stück	
Produktpreis	10 €	9 €	8 €	7 €	
Stückkosten	–4 €	–1 €	–1 €	–1 €	
Werbeaufwand	–2 €	–1 €	–1 €	–1 €	
Akquise-Kosten	–5 €				
Erlös	**17 €**	**23 €**	**13 €**	**5 €**	**57,99 €**
Abzinsungsfaktor	0%	10%	21%	33%	
Erlös (diskontiert)	**17,00 €**	**20,90 €**	**10,74 €**	**3,75 €**	**52,40 €**
Retention-Rate	100%	75%	56%	42%	
Abzinsungsfaktor & Retention-Rate	0%	68%	46%	32%	
Erlös (diskontiert mit Retention-Rate)	**17,00 €**	**15,68 €**	**6,04 €**	**1,58 €**	**40,30 €**

Tabelle 14.9: Rechenbeispiel – der Wert dieses Kunden beträgt bei einem Kalkulationszinsfuß von 10 Prozent und einer Bindungswahrscheinlichkeit von 75 Prozent 40,30 Euro. (An Anlehnung an Manfred Bruhn: Wertorientiertes Relationship Marketing, 2000)

Anna erinnert sich: »Stimmt ... der CLV versucht, den Wert eines Kunden über die gesamte Lebensdauer der Kundenbeziehung zu prognostizieren – vom Interessenten-Status über den Neu- und Bestandskunden bis zum inaktiven und Ex-Kunden. Dabei bemisst sich der Wert nach der Summe der gegenwärtigen und künftig für die Beziehungsdauer zu erwartenden Ein- und Auszahlungen, die diesem Kunden direkt zurechenbar sind. Im Unterschied zur Deckungsbeitragsrechnung werden die Zahlungsströme jeweils noch auf den heutigen Gegenwartswert abgezinst. Quasi wie bei der Kapitalwertmethode aus der Investitionsrechnung.«

Wieso «Abzinsung«? Da der in Zukunft erwartete Cashflow weniger wert ist als heute bereits verfügbare Einzahlungen. Den prognostizierten Erlös aus beispielsweise dem dritten Jahr der Kundenbeziehung kann Anna ja nicht morgen reinvestieren oder anlegen. Beides würde Zinsen abwerfen. Je später die Einzahlung, desto geringer ist deren heutiger Wert. Um dies zu berücksichtigen, wird der erwartete Einzahlungsüberschuss der Zukunft eben mit einem sogenannten **Kalkulationszins** diskontiert. Das Ergebnis ist der Gegenwartswert. Als Zins könnte etwa derjenige gewählt werden, den die sofortige Wiederanlage des Erlöses bei der Bank versprochen hätte. Allerdings sollte der Einfluss auf den Wert einer Kundenbeziehung nicht unterschätzt werden. Bei einem sehr hohen Zins werden unter Umständen Kunden, die in *Zukunft* sehr große Einzahlungen liefern, schlechter bewertet als solche, die *heute* mäßige Erträge abwerfen. Man denke an Studenten, die während ihrer Studienzeit wenig Kaufkraft besitzen, danach aber umso mehr. Die Gruppe dieser Kunden würde dann unterbewertet.

Und die »**Retention-Rate**«? Die ist ein Maß für die Unsicherheit, ob eine Kundenbeziehung wirklich Jahr für Jahr fortbesteht. Die Prognosen für Ein- und Auszahlungen sind unsicher. Wählen wir einen Korrekturfaktor von 0,75, dann gehen wir davon aus, dass die Kundenbeziehung im Jahr t=1 zu 75 Prozent fortbesteht, in Jahr t=2 zu 56,25 Prozent (= 0,75 hoch 2) und so weiter. Auch dies verringert also noch einmal den Saldo der jährlichen Zahlungsströme in der Zukunft.

14.12.2 Vom Customer- zum Subscriber-Lifetime-Value (SLV)

Sie wäre nicht »Anna Lyse«, wenn sie nicht auf umfassende Auswertungen zurückgreifen könnte. Den E-Mail-Versand beispielsweise wickelte sie von Beginn an über eine professionelle Versandlösung ab. Gut so! Per Barter-Deal – der Dienstleister durfte seine Weihnachtsfeier in einem »Lyse Lokal« seiner Wahl abhalten – konnten die Versandkosten auf 0,75 Euro pro tausend E-Mails (TKP) gedrückt werden.

Die detaillierten Erfolgsberichte nach einem Versand an die rund 100.000 Abonnenten sind Gold wert. Sie weisen ihr für das vergangene Jahr eine Öffnungsrate von 25 Prozent, eine effektive Klickrate von 8 Prozent, eine Bounce-Rate von rund 1 Prozent und eine Abmelderate von 0,5 Prozent aus.

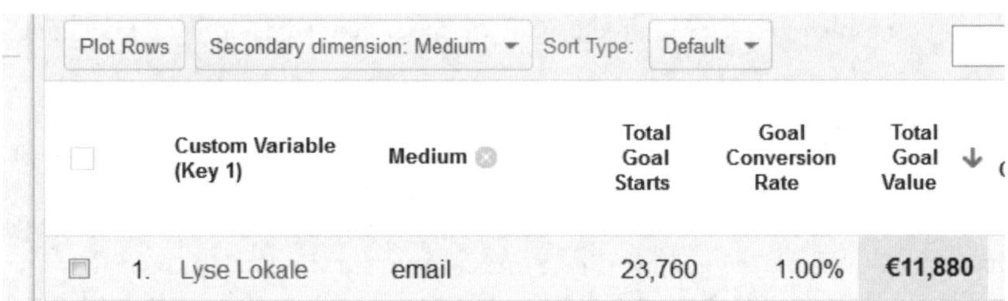

Abb. 14.49: Annas E-Mail-Traffic konnte zu 1 Prozent (= 238 Käufe) gewandelt werden. Das ist ausbaufähig.

Die Versandlösung ist zudem nahtlos mit der Webanalyse im Onlineshop verknüpft. Diese wiederum zeigt ihr ein Warenkorbvolumen – meist Gutscheine – von insgesamt 11.880 Euro an, das direkt auf die Klicks aus den E-Mails zurückzuführen ist. Die Conversion-Rate von Klicks zu Verkäufen beträgt den Zahlen zufolge 1 Prozent – jeder hundertste E-Mail-Klick mündete unmittelbar in einer Bestellung. In einem Fachmagazin hat sie aber kürzlich etwas von 1,73 Prozent Conversion-Rate von Verkäufen zu akzeptierten E-Mails im Bereich Gastronomie gelesen! »Da müssen wir ran«, sagt sie sich.

Im Schnitt kaufte also jeder für 50 Euro ein (= 11.880 Euro dividiert durch 238 Käufe). Anna verwendet nur frische und fair gehandelte Zutaten – die Stückkosten liegen gemäß ihrer akribischen Kostenrechnung bei knapp 25 Prozent vom Umsatz, ergo liegt ihre Marge bei 75 Prozent. Schließlich veranschlagt sie angesichts des weiterhin zu erwartenden niedrigen Zinsniveaus einen Zinsfuß für die Opportunitätskosten in Höhe von 5 Prozent. »Na ... mit diesen Zahlen und der Formel lässt sich doch bestimmt etwas anfangen«, denkt Anna sich und zückt ein Excel-Sheet ...

14.12.3 Wert einer E-Mail-Adresse ermitteln

Nach der Vorlage von Bruhns aus ihrem Vorlesungsskriptum, ein paar ergänzenden Überlegungen und der Einbeziehung der ihr vorliegenden Zahlen gelangt Anna Lyse zu der Übersicht in Abbildung 14.50).

Annahme: Die Lebensdauer einer E-Mail-Adresse beträgt im Schnitt 4 Jahre								
	t / Jahr	0	1	2	3	4		
Abonnenten		100.000	94.060	88.473	83.218	78.274		
E-Mails p.a./Anzahl Newsletter	12	1.200.000	1.128.720	1.061.674	998.611	939.293		
Gebouncte E-Mails	1,0%	12.000	11.287	10.617	9.986	9.393		
Zugestellte E-Mails		1.188.000	1.117.433	1.051.057	988.624	929.900		
... davon registrierte Abmeldungen	0,5%	5.940	5.587	5.255	4.943	4.650		
... davon geöffnet	25,0%	297.000	279.358	262.764	247.156	232.475		
...... davon geklickt (Click-to-Open-Rate)	8,0%	23.760	22.349	21.021	19.772	18.598		
.... Conversionrate / direkte Sales	1,0%	238	223	210	198	186		
Durchschnittlicher Warenkorbwert	50 €	50 €	50 €	50 €	50 €	50 €		
Direkte E-Mail-induzierte Umsätze		11.880 €	11.174 €	10.511 €	9.886 €	9.299 €		
Marge/Erlöse	75%	8.910 €	8.381 €	7.883 €	7.415 €	6.974 €		
Kosten für E-Mail-Versand/TKP	0,75 €	900 €	847 €	796 €	749 €	704 €		
E-Mail-Akquise-Kosten/Preis/DS	0,10 €	10.000 €	1.000 €					Pro Opt-in
Erlös		**-1990,00**	**6534,21**	**7086,67**	**6665,73**	**6269,78**	**24566,39**	**0,25**
Abzinsungsfaktor		1,00	1,05	1,10	1,16	1,22		Pro Opt-in
Erlös (diskontiert)		**-1990,00**	**6223,05**	**6427,82**	**5758,10**	**5158,16**	**21577,15**	**0,22**
		Zinssatz r	5,00%					
		Retention Rate R	94,06%					

Abb. 14.50: Der Analyse zufolge sind Annas E-Mail-Abonnenten im Schnitt 0,22 Euro wert. Nicht schlecht!

Demnach ist jedes der 100.000 eingekauften Gewinnspiel-Opt-ins über die 4-Jahre-Periode diskontiert 0,22 Euro wert. Als Retention-Rate nimmt Anna die von eins subtrahierte Abmelderate an. Die 10.000 Euro Anschaffungskosten für die 100.000 Datensätze werden in der Periode t=0, also im ersten Jahr berücksichtigt. Sie ist beruhigt – nicht nur ihr Bauchgefühl, sondern auch die Zahlen belegen, dass sich die Investition gelohnt hat!

Aber damit nicht genug: Anna experimentiert nun ein wenig mit den Variablen in der Spalte »t / Jahr« und sieht, welchen Hebel die Erfolgsfaktoren im E-Mail-Marketing teilweise ausüben können. Sie überlegt nun zum Beispiel:

- Wenn ich mir bei jeder Sendung intensivere Gedanken über einen guten Absender und eine gute Betreffzeile mache, diese auch vor dem Hauptversand einem Split-Test unterziehe und so die Öffnungsrate von 25 auf im Schnitt 30 Prozent hebe, steigt der durchschnittliche Wert einer E-Mail-Adresse um 32 Prozent! Das sollte kein Problem sein. Schließlich versende ich momentan lediglich mit Etikettenbetreffs à la »Newsletter Ausgabe X«. In Zukunft wird auf den Inhalt Bezug genommen.
- Eventuell lohnt es sich auch, an Nicht-Öffner und -Klicker ein paar Tage später Follow-ups zu versenden, um so die kumulierte Öffnungsrate über beide Versendungen auf über 30 Prozent anzuheben.
- Gelingt es mir, meinen Newsletter besser dem Blickverlauf der Rezipienten anzupassen und dabei die stummen Leserfragen (Wer schreibt? Was soll ich tun? Was springt für mich raus?) in kleine gedankliche »O. K.« zu verwandeln, steigt meine Click-to-Open-Rate auf 15 Prozent – und der diskontierte SLV von 0,22 auf 0,54 Euro pro Abonnent ...

- Mit maßgeschneiderten Kampagnen an kleinere Zielgruppensegmente – wie junge Familien – sowie automatischen Trigger-Mails etwa zum Geburtstag und/oder Namenstag kann ich die Kontaktdosis von 12 E-Mails pro Jahr auf 24 und die Conversion-Rate von 1 Prozent im Schnitt auf 2 Prozent verdoppeln. Zwar erhöht sich mein Aufwand für die Template-Erstellung um einmalig 1.000 Euro. Zusätzlich kommen Selektionskosten und auch die Abmelderate wird etwas steigen. Trotzdem überschreitet der SLV spielend die 1-Euro-Grenze! Gerade bei der Conversion-Rate wittert Anna noch sehr viel Potenzial.
- Über ein Preference-Center, bei dem die Frequenz bei der Anmeldung und bei jedem E-Mail-Kontakt angepasst werden kann, sollte sich die Abmelderate weiter drücken lassen. Dies bewahrt die Abonnenten vor dem vorzeitigen Absprung.

14.12.4 Feinere Analyse: »Mentale Abmelder«, Channel Attribution und qualitative Faktoren

Die Analyse hat sich schon gelohnt. So macht E-Mail-Marketing Spaß! Doch möchte Anna es noch ein bisschen genauer wissen. In diversen Weblogs hat sie beispielsweise von **»mentalen Abmeldungen«** vom Newsletter gehört. Also Austragungen, die seitens der Abonnenten nicht explizit, sondern nur im Geiste erfolgen. Der Klick auf »abmelden« bedeutet Aufwand, wenn der Link überhaupt gefunden wird. Da ist es bequemer, den Newsletter einfach nicht mehr zu beachten. Oder ihn automatisch in einen Ordner für Werbung aussortieren zu lassen.

Warum? Vielleicht weil der Newsletter zu häufig erscheint oder weil inzwischen ein Umzug von Berlin nach München stattfand oder Ähnliches. Und damit mutiert Annas digitale Post zur Graymail. Mit der Grund, warum die Key Performance Indicators bei frischen Adressen immer höher sind als später – der Verteiler ermüdet eben. Aber auch solche Abmeldungen sollten zumindest geschätzt und in der Retention-Rate erfasst werden. Allein um der sinkenden Öffnungsrate Rechnung zu tragen. Aber auch, da sie den SLV schmälern. Anna fügt eine entsprechende Zeile in ihre Excel-Tabelle ein und nimmt eine Quote von 0,3 Prozent an. Sie beschließt aber, die Inaktiven im Verteiler genauer unter die Lupe zu nehmen.

Daneben kursieren in letzter Zeit die Buzzwords **Customer Journey** und Attribution Management durch die Onlinemedien. Klar, heute weiß Anna, wie wichtig die E-Mail zum Anstoß der Customer Journey, also der Reise des Kunden vom ersten bis über den letzten Werbemittelkontakt hinweg zum Kauf ist. Trotzdem mussten sie und ihre Schwester erst Lehrgeld bezahlen. Denn vor ein paar Monaten sind beide einem Trugschluss erlegen: Im Reporting ihrer Schwester wurde der Newsletter für deren Geschäft mit einer deutlich schlechteren Kosten-Umsatz-Relation (KUR) als die Maßnahmen via Google AdWords ausgewiesen. Ein Euro Umsatz war also teurer. Deswegen schichteten sie ein Budget in Höhe von 500 Euro vom Newsletter zugunsten der Suchmaschinenwerbung um. Ernüchterung stellte sich dann aber einen Monat später ein, als nämlich wider Erwarten der Gesamtumsatz bei gleichen Kosten nicht stieg, sondern deutlich sank. Denn die entscheidenden initialen Werbeimpulse durch E-Mail blieben aus. Zuvor machten sich viele Nutzer ein oder zwei Wochen nach einem Newsletter-Werbekontakt nämlich noch mal auf die Suche nach dem Gesehenen ...

1.1.2021	Kontakte	Sales	Umsatz	Kosten	KUR
Newsletter	5.000	20	1.600 €	1.000 €	0,6
SEM	10.000	50	13.000 €	5.000 €	0,4
Summe	15.000	70	14.600 €	6.000 €	

Tabelle 14.10: Mediabudgets in der Ausgangssituation

1.2.2021	Kontakte	Sales	Umsatz	Kosten	KUR
Newsletter	2.500	10	800 €	500 €	0,6
SEM	8.000	40	11.000 €	5.500 €	0,5
Summe	10.500	50	11.800 €	6.000 €	

Tabelle 14.11: Nach der Umschichtung der 500 Euro vom Newsletter zur Suchmaschinenwerbung sind die Umsätze insgesamt gesunken. Der Newsletter konnte nicht genügend Customer Journeys anstoßen, von denen vormals auch der Bereich SEM profitierte.

Auch den Effekt, dass der Newsletter besonders effektiv ist, um Interesse zu wecken, möchte Anna nun in Ihrem Subscriber Lifetime Value abgebildet wissen – zumindest zum Teil. Nicht jede E-Mail-Öffnung und nicht jeder Klick münden in einem Kauf im Onlineshop. Manch einer besucht aber daraufhin Tage später das Lokal. Oder kauft nach Wochen doch noch über weitere Werbemittelkontakte in anderen Kanälen. Zum Beispiel ein Klick in der Suchmaschinenanzeige. In beiden Fällen – beim Medienbruch und der »Last-Click-Wins«-Variante – wäre die Gutschrift für E-Mail allerdings null. Anna schätzt konservativ, dass 1 Prozent der Klicks, die nicht direkt zum Verkauf führen, trotzdem eine erfolgreiche Customer Journey anstoßen. Die Umsätze hierdurch möchte sie zu 10 Prozent der E-Mail gutschreiben.

Hinweis: Übertragungseffekte nur schwer zu erfassen

Spill-over-Effekte von E-Mail-Marketing auf andere Werbekanäle müssten eigentlich in den Subscriber Lifetime Value einfließen. Sie lassen sich aber nur schwer quantifizieren. Wenn am Montag per Newsletter auf ein neues Produkt aufmerksam gemacht wird, das am Freitag in der Filiale vor Ort spontan gekauft wird, lässt sich dieser Zusammenhang ohne Weiteres nicht verfolgen. Genauso werden Suchen im Web, die durch Newsletter angereizt werden und zu einem Kauf führen, meist nicht dem E-Mail-Kanal zugeordnet.

Um Interaktionen zwischen den Werbekanälen sichtbar zu machen, können Tests wie folgt durchgeführt werden: Während eine zufällig ausgewählte Kundengruppe für einen bestimmten Zeitraum weiterhin die geplante E-Mail-Kommunikation erhält, bekommt eine vergleichbare andere Kundengruppe keine Werbemail (*Hold-out Test*). Im Anschluss an den Testzeitraum werden die Umsätze beider Gruppen nach Werbekanal verglichen. Wie viel Umsatz generierte E-Mail, wie viel Suchmaschinenwerbung (SEM) und so weiter. Falls E-Mail *und* SEM plötzlich einbrechen, ist dies ein Zeichen dafür, dass der Newsletter deutlich wertvoller ist, als auf den ersten Blick ersichtlich war. Denn dann stimuliert E-Mail auch die SEM-Umsätze.

Database-Marketing-Spezialisten, die diesen Sachverhalt untersuchten, sind zum Beispiel Kevin Hilstrom und Arthur Middleton Hughes. Letzterer hat berechnet, dass statistisch auf jeden Verkauf, der einer E-Mail zugeschrieben werden kann, zwei bis drei weitere Käufe kommen, die nicht erfasst werden. Den Faktor nennt er *Off-Email Multiplier.*

Zu guter Letzt weiß Anna auch darum Bescheid, dass der Wert eines Abonnenten weit über die ihm direkt zurechenbaren Erlöse hinausgeht. So schlummert in jedem Opt-in beispielsweise ein großes **Werbepotenzial**. Anna spielte ohnehin schon länger mit dem Gedanken, ihren Verteiler zur Adressmiete anzubieten. Dritte sollen darüber künftig Standalone-Werbung für ihre Produkte zu lukrativen Anzeigenpreisen versenden können. Je breiter und tiefer ihre Profile sind, desto größer sind die Erlösmöglichkeiten.

Nicht weniger wichtig ist das **Referenzpotenzial** für Bewertungen oder Mundpropaganda. Gerade im Zusammenhang mit der klugen Einbindung von Share-with-your-Network-(SWYN) und Tell-a-Friend-Funktionen in den E-Mails. Denn diese ermuntern dazu, besondere Aktionen in der Berliner Zielgruppe über die Verteilerreichweite hinaus weiterzusagen (Empfehlungen).

Noch wichtiger ist Anna aber das **Informationspotenzial**, das in ihren Abonnenten steckt. Über Antworten und gezielte Umfragen hat sie nämlich die Möglichkeit, besonders kosteneffizient mehr über die Wünsche ihrer Kunden und Interessenten zu erfahren. Darauf aufbauend kann sie ihr Geschäft optimieren. Diesen Wert möchte sie in jedem Fall auch abgebildet haben und fügt eine weitere Zeile ins Excel-Sheet ein. Auch, wenn sie den Informationswert moderat auf 0,5 Cent pro Datensatz festlegt.

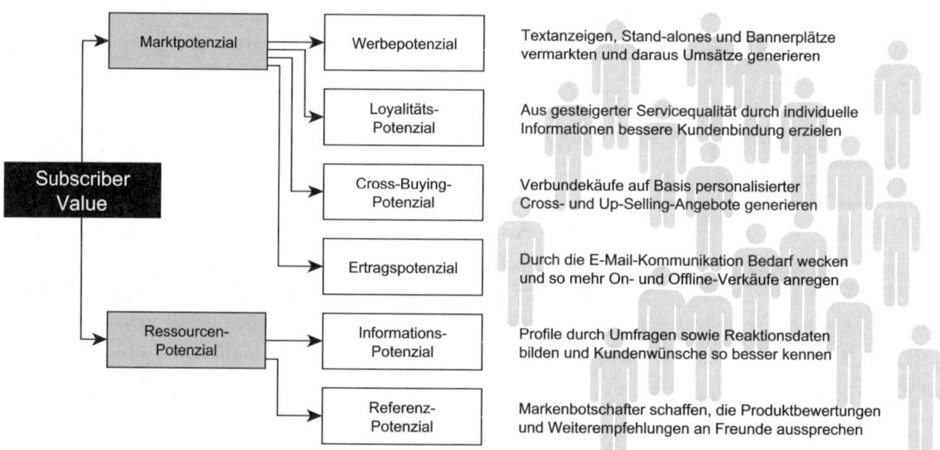

Abb. 14.51: Der Wert eines Newsletter-Abonnenten bestimmt sich nicht nur nach dem Umsatz, den er in den vergangenen paar Mailings generiert hat. Er sollte langfristig durch eine maßgeschneiderte Kommunikation entwickelt werden.

Das Resultat aus diesen Überlegungen wird im neuen Excel-Arbeitsblatt berücksichtigt (siehe Abbildung 14.52).

Annahme: Die Lebensdauer einer E-Mail-Adresse beträgt im Schnitt 4 Jahre								
	t / Jahr	0	1	2	3	4		
Abonnenten		100.000	90.496	81.895	74.112	67.068		
E-Mails p.a./Anzahl Newsletter	12	1.200.000	1.085.952	982.743	889.343	804.820		
Gebouncte E-Mails	1,0%	12.000	10.860	9.827	8.893	8.048		
Zugestellte E-Mails		1.188.000	1.075.092	972.916	880.450	796.772		
... davon registrierte Abmeldungen	0,5%	5.940	5.375	4.865	4.402	3.984		
... davon "mentale Abmeldungen"	0,3%	3.564	3.225	2.919	2.641	2.390		
... davon geöffnet	25,0%	297.000	268.773	243.229	220.112	199.193		
...... davon geklickt (Click-to-Open-Rate)	8,0%	23.760	21.502	19.458	17.609	15.935		
.... Conversionrate / direkte Sales	1,0%	238	215	195	176	159		
.... Customer Journey-Anstöße	1,0%	235	213	193	174	158		
Durchschnittlicher Warenkorbwert	50 €	50 €	50 €	50 €	50 €	50 €		
Direkte E-Mail-induzierte Umsätze		11.880 €	10.751 €	9.729 €	8.804 €	7.968 €		
Journey Attribution-Rate/Indirekte Umsätze	10%	1.176 €	1.064 €	963 €	872 €	789 €		
Marge/Erlöse	75%	9.792 €	8.861 €	8.019 €	7.257 €	6.567 €		
Informationspotenzial/DS	0,005 €	500 €	452 €	409 €	371 €	335 €		
Kosten für E-Mail-Versand/TKP	0,75 €	900 €	814 €	737 €	667 €	604 €		
E-Mail-Akquise-Kosten/Preis/DS	0,10 €	10.000 €						Pro Opt-in
Erlös		**-607,91**	**8499,47**	**7691,68**	**6960,66**	**6299,12**	**28843,01**	**0,29 €**
Abzinsungsfaktor		1,00	1,05	1,10	1,16	1,22		Pro Opt-in
Erlös (diskontiert)		**-607,91**	**8094,73**	**6976,58**	**6012,88**	**5182,30**	**25658,58**	**0,26 €**
		Zinssatz r =	5,00%					
		Retention Rate R	94,06%					

Abb. 14.52: Angepasstes Subscriber-Lifetime-Modell

14.12.5 Fazit und nächste Schritte: SLV-Segmente

Anna Lyse hat uns gezeigt, dass das Modell des Customer Lifetime Value auch auf den E-Mail-Abonnentenkreis übertragbar ist. In die Berechnung des Subscriber Lifetime Value können theoretisch viele Facetten des Opt-in einfließen. Praktisch sollten Marketer sich aber zunächst auf das Wesentliche beschränken, um überhaupt erst einmal eine Vorstellung vom monetären Opt-in-Wert zu bekommen.

Man beachte, dass es sich beim SLV um einen prognostischen Durchschnitt über alle betrachteten Adressen handelt. Das heißt zum Beispiel, dass die 80/20-Regel, nach der 20 Prozent der Abonnenten 80 Prozent des Erfolgs ausmachen, außer Acht gelassen wird. Manche Kunden sind aber wichtiger als andere. Daher sollte der SLV im nächsten Schritt auch segmentspezifisch beleuchtet werden – ein Abonnent, der über Co-Sponsoring-Maßnahmen gewonnen wurde, wird in der Regel einen deutlich geringeren SLV aufweisen als einer, der organisch über eine Eintragung auf der Webseite in den Verteiler gelangte. Der wiederum weist einen geringeren Wert auf als derjenige, der im Rahmen eines Kaufprozesses generiert wurde. Entsprechend unterschiedlich müssen die Investitionen in die Kundenbeziehungs-Pflege dosiert werden. Nur so können die Ressourcen optimal verteilt werden.

14.13 Grafische Hilfsmittel für multivariate Erfolgsauswertung

E-Mail-Marketing bietet eine Fülle an nützlichen Erfolgskennziffern. Öffnungen zeigen, wie wirksam Absender und Betreff wirkten. Klickraten erfassen die Güte des Werbemittels. Per Post-Click-Tracking können Conversions festgehalten werden – eine wichtige Grundlage, um Rentabilitätskennziffern wie den Return on Investment zu bilden. Schließlich wollen auch Zustellungen, Bounces, An- bzw. Abmeldungen, Weiterempfehlungen, Antworten oder auch Spambeschwerden angezapft werden.

Auf der anderen Seite lassen sich die Merkmalskandidaten ausmachen, die ursächlich für den Zustell-Erfolg und -Misserfolg waren. Denken Sie an die Versandmenge einer Aussendung, an die Versandgeschwindigkeit, die -uhrzeit, den -wochentag und die Betreffzeilen-Länge.

14.13.1 Grenzen von Excel und seinen Verwandten

Eine ganze Menge Stoff! Die Frage, wie aus alldem nachhaltige und handlungsrelevante Informationen gewonnen werden können, steht zunächst im Raum. Wie lassen sich also beispielsweise gewinnbringende Regelmäßigkeiten und verlustbringende Ausnahmen zwischen bestimmten E-Mail-Merkmalen (Wochentag) und den Messgrößen (Klickrate) aufspüren? Dass das Wissen nützlich ist, steht außer Frage. Wer die Gründe für besagte Ausnahmen kennt, kann diese künftig umschiffen. Und die lukrativen Zusammenhänge könnten weiter ausgebaut werden.

Drei Dinge erweisen sich beim Untersuchen erfahrungsgemäß als nützlich:

1. Der Wille, Zusammenhänge zu erforschen und das E-Mail-Marketing zu verbessern
2. Das Vorhandensein von Hypothesen über interessante Korrelationen (»Gemäß neueren Benchmark-Studien müssten unsere Wochenend-Mailings bessere Öffnungsraten erzielt haben – stimmt das?«)
3. Ein leistungsstarkes und intuitives Tool-Set, um Vermutungen einfach prüfen zu können

Hier gelangt Excel an seine Grenzen. In Tabellen und Zahlen-Kolonnen gehen Zusammenhänge leicht unter. Daher erfreut sich die visuelle Analyse wachsender Beliebtheit. Mit der richtigen Darstellung des Zahlenmaterials macht die sogar richtig Spaß. Und das vorherige Wissen über etwaige Zusammenhänge ist gar nicht mehr so wichtig. Man nähert sich den Erkenntnissen einfach nach und nach durch Ausprobieren (*explorative Datenanalyse*). In der Grafik können die vielen Zahlen auf kleinem Raum verdichtet und deren Zusammenspiel gehirngerecht veranschaulicht werden. Zumindest dann, wenn Punkt 3 zutrifft – ein gutes Tool verfügbar ist ...

14.13.2 Komplexe Zusammenhänge visualisieren

Wie sieht die typische Analyse bis dato aus? Meist handelt es sich um eine **zweidimensionale** Zeitreihenanalyse: Die Öffnungsraten sind als Balken auf der Y-Achse (vertikal) abgetragen, die X-Achse (horizontal) zeigt das zugehörige Versanddatum. Nur fördert dies in der Regel wenig Neues zutage: »Die Öffnungsrate scheint gemäß dem linearen Trend zu sinken.« Gut, aber warum ist das so? Und vor allem: flächendeckend? Oder wo sinkt sie weniger, wo steigt sie vielleicht sogar?

Schon interessanter wird es, wenn der Analyst mit zwei Mausklicks das durchschnittliche Opt-in-Alter als **dritte Dimension** hinzuziehen kann. Oder mit einem dritten und vierten

Klick die gegenständlichen E-Mailings in je zwei Versanduhrzeit- sowie -wochentagsgruppen einteilen und hinzuziehen kann (zum Beispiel vor/nach 13:00 Uhr beziehungsweise vor/nach Donnerstag 0:00 Uhr versandt). Oder wenn er bestimmte Mailing-Typen, vielleicht Transaktions- und Werbemails und/oder Absender-Varianten, einfach mit einem Häkchen einbeziehen, ausschließen oder allein für weitere Analysen selektieren kann.

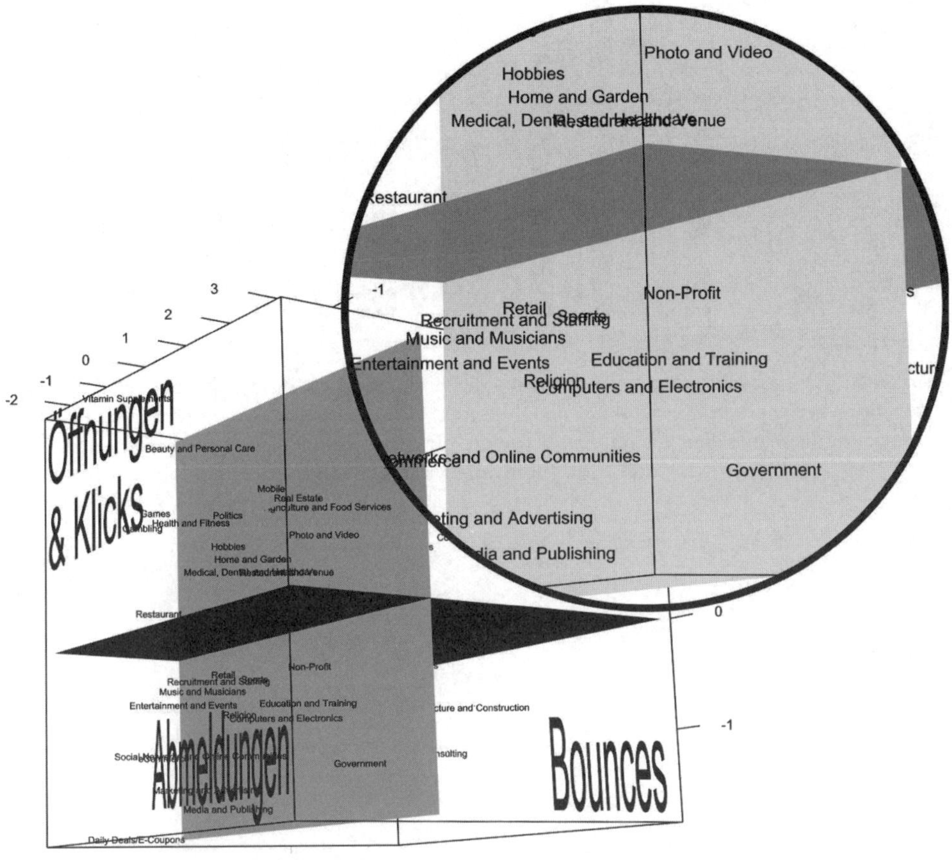

Abb. 14.53: Dreidimensionale Erfolgsauswertung – der Würfel zeigt Bounce-, Abmelde- und Öffnungs+Klickraten verschiedener Branchen. Die Ebenen schneiden die Durchschnittswerte. Mit der Maus kann der Würfel nach Belieben gedreht und gezoomt werden. (`tinyurl.com/bmhz76m`)

Eine dreidimensionale Darstellung muss nicht zwangsweise ein Würfel wie in Abbildung 14.53 sein: zum Beispiel Breite = Versanduhrzeit, Höhe = Öffnungsrate und Länge = Versandtag. Die dritte Dimension *kann* durch eine Z-Achse im Raum repräsentiert werden. Sie kann aber ebenso gut durch eine *farbliche Kodierung* im 2-D-Raum einbezogen werden. Exemplarisch: Je dunkler der Balken gefärbt ist, desto mehr Klicks wurden erzielt (Abbildung 14.54) ...

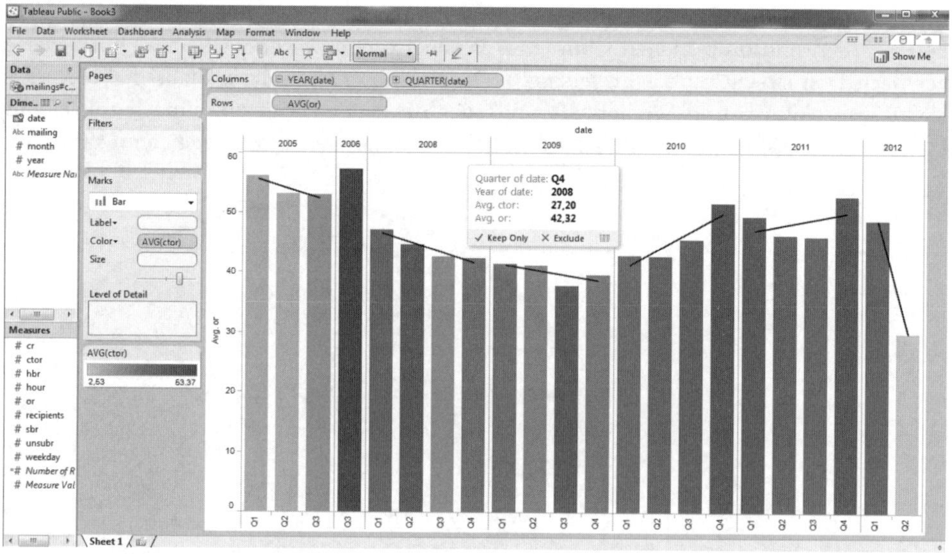

Abb. 14.54: 3-D im zweidimensionalen Raum – die Grafik zeigt die durchschnittlichen Öffnungsraten eines Verteilers pro Quartal für die Jahre 2005 bis 2012. Als dritte Dimension kommt die durchschnittliche effektive Klickrate zum Tragen, die durch die Helligkeit der Balken repräsentiert wird. (Software: Tableau Public)

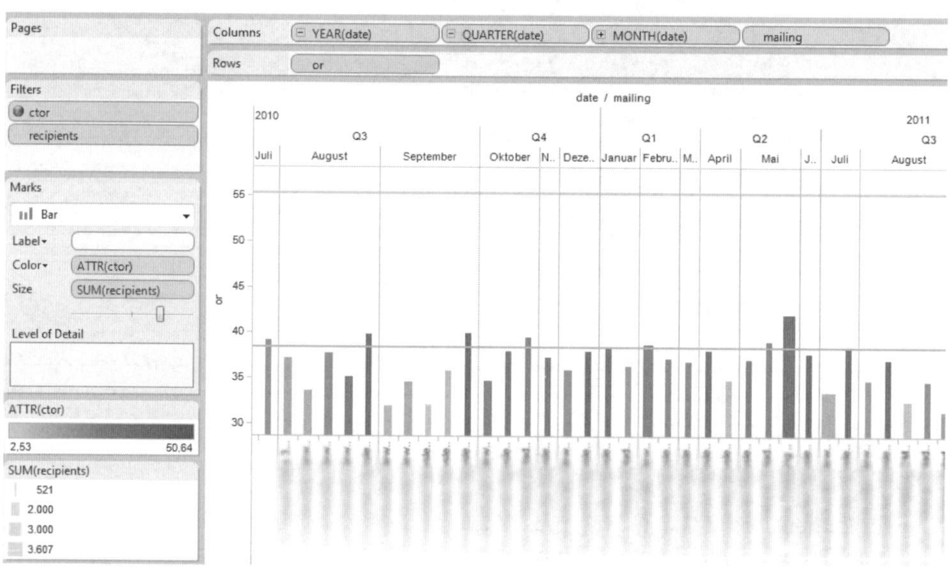

Abb. 14.55: Mit der Grafik-Software Tableau lassen sich sehr einfach und interaktiv per Drag&Drop flexible Diagramme erstellen. Die Abbildung zeigt Öffnungsraten pro Monat – je breiter die Balken, desto mehr Empfänger wurden angeschrieben. Je dunkler, desto höher die effektive Klickrate. Die beiden Horizontalen markieren die durchschnittliche und maximale Öffnungsrate. Die Kampagnen-Namen unten wurden unkenntlich gemacht.

Die **vierte Dimension**, das Volumen, findet vielleicht noch durch *Größe* der Datenobjekte Berücksichtigung: je breiter die Balken oder je größer die Punkte, desto mehr Abonnenten wurden angeschrieben. Die **fünfte Dimension**, die möglicherweise den Wochentag repräsentiert, lässt sich im Streudiagramm noch durch die *Form* des Objekts visualisieren – eine Sternform für Montag, besitzt das Objekt Kreisform, wurde es am Dienstag versandt, Kreuz steht für Mittwoch und so weiter.

Natürlich lassen sich mit Visualisierungen, die viele Dimensionen beinhalten, nicht mehr unbedingt alle konkreten Merkmalsausprägungen veranschaulichen. Was der große helle Punkt links unten im Vergleich zum kleinen dunklen Quadrat rechts oben ist, kann das Gehirn nur noch schwer verarbeiten. Dafür werden aber bisher unbekannte Tendenzen viel schneller sichtbar als in Tabellen oder einfachen Diagrammen. Bestimmte Gruppen von Mailings, die ähnliche Ausprägungen haben, lassen sich wunderbar mit bloßem Auge vergleichen.

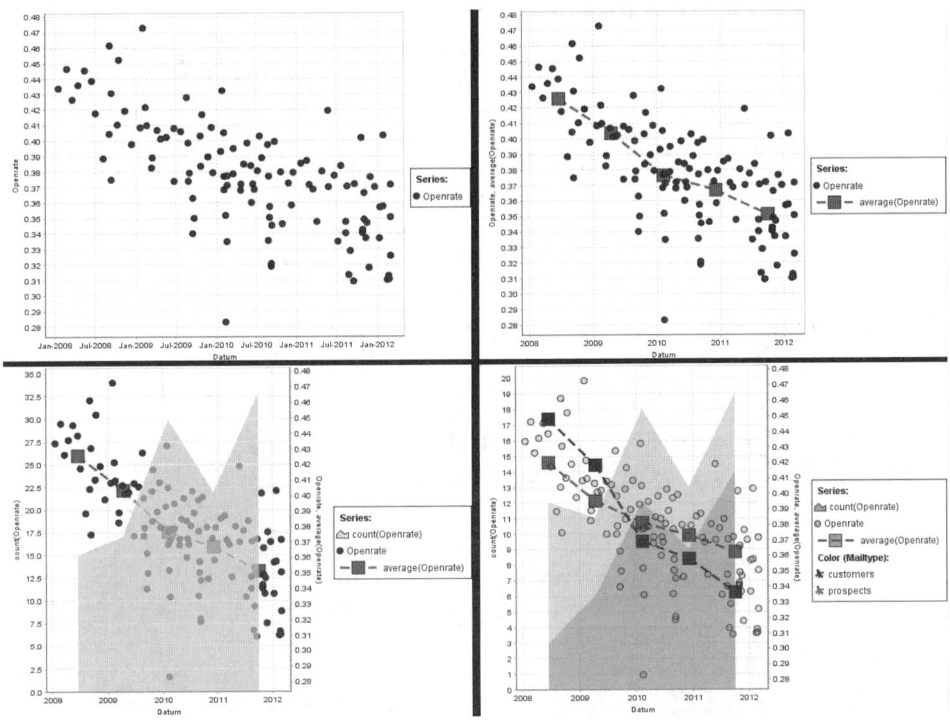

Abb. 14.56: Auch die Data-Mining-Software RapidMiner bietet klasse Werkzeuge zur explorativen Datenanalyse.

Welche Erkenntnisse liefert nun noch die Hinzunahme des Versandvolumens und der Betreffzeilen-Länge als Dimensionen? Wo liegen Ausreißer, also Datenobjekte, die auffällig weit von den anderen entfernt sind – im Positiven sowie Negativen? Nicht selten stellt man bei der Analyse nämlich fest, dass faules Obst im Korb ist – Mailings, die eigentlich gar nichts in der Analyse zu suchen haben (zum Beispiel nur 10 Empfänger oder 100 Prozent Öffnungsrate, weil es sich um Tests handelte). Wann war die Öffnungsrate minimal, wann maximal, wodurch lassen sich die betreffenden beiden Newsletter charakterisieren? Wo lag die Öffnungsrate überhaupt im Mittel – insgesamt und pro Versanduhrzeit-Gruppe? Was charakterisiert überdurchschnittliche Newsletter in den Gruppen? Fragen über Fragen, auf die ein Blick in die Daten die passenden Antworten liefert.

14.13.3 Software-Anforderungen

Die visuelle Analyse macht erst dann richtig Spaß, wenn die Software es erlaubt, intuitiv und flexibel (»ziehen und fallen lassen«) mit dem Datenmaterial zu hantieren. Nur so kann der Analyst sich voll auf die eigentliche Erforschung der Zusammenhänge konzentrieren. Folgende Funktionen sollten daher vorzufinden sein:

- **Visuelle Kodierung weiterer Attribute:** Zum Beispiel Objektfarbe (hell versus dunkel, kalt versus warm et cetera), Größe, Form (rund, eckig), Schraffur oder Transparenz. All diese Attribute können mit einem Mailing-Merkmal wie der Versanduhrzeit oder dem Wochentag belegt und so in die visuelle Analyse einfließen.
- **Gruppierungsfunktionen:** Zum Beispiel Daten möglichst gleichmäßig oder in äquidistanten Intervallen in eine vorgegebene Anzahl von Gruppen bezüglich eines Merkmals einsortieren. Äquidistant meint, dass die Grenzen für die Gruppen gleich gezogen werden (zum Beispiel 6-Stunden-Abstände bei der Versanduhrzeit: 0:00 bis 5:59 Uhr, 6:00 bis 11:59, 12:00 bis 17:59 und 18:00 Uhr bis 23:59 Uhr). Gleichmäßig heißt hingegen: Alle Gruppen sollten möglichst die gleiche Anzahl an Fällen enthalten (im 2-Gruppen-Fall zum Beispiel 0:00 bis 7:59 Uhr und 8:00 bis 23:59, falls beide Gruppen dann die gleiche Anzahl Mailings enthalten). Solche Gruppierungen sind auch nützlich, falls Merkmale visuell mit einer Gruppenzugehörigkeit kodiert werden sollen.
- **Aggregatfunktionen:** Zum Beispiel Anzahl der Fälle (*count*), Summe der Merkmalsausprägungen, Minimum, Maximum, Durchschnitt, Median, Varianz und Standardabweichung.

Am Rande: Mittelwert, Median, Varianz und Standardabweichung

Im Beispiel aus Tabelle 14.12 beträgt der Mittelwert über alle Öffnungsraten 40 Prozent. Zur Berechnung werden diese addiert und durch die Anzahl der Fälle geteilt (*arithmetisches Mittel*): 320 Öffnungs-Prozentpunkte durch 8 Mailings. Augenscheinlich wird der Erfolg überzeichnet. Ein Ausreißer (100 Prozent Öffnungsrate beim Testversand an eine Person) verzerrt das Ergebnis.

Der *Median* ist stärker davor gefeit. (Der Statistiker spricht von »Robustheit«.) Er beträgt 32,5 Prozent und spiegelt das Ergebnis besser wider. Zur Berechnung werden alle Öffnungsraten der Größe nach sortiert. Sodann wird der mittlere Wert herausgepickt. (Oder der Mittelwert aus zwei zentralen Werten, falls – wie hier – eine gerade Fall-Zahl vorliegt.)

Klar: *Minimum* und *Maximum* betragen 27 beziehungsweise 100 Prozent. Ebenfalls interessant sind Streuungsmaße. Solche Kennziffern bilden ab, wie variabel die Öffnungsraten waren. Dies ist besonders bei laufender aggregierter Erfolgsbetrachtung wichtig. Schließlich macht es einen Unterschied, ob wir in drei Mailings jeweils 1 Prozent, 20 Prozent und 60 Prozent Öffnungsrate hatten.

Wer nur auf den Mittelwert 27 Prozent im Reporting schielt, bekommt davon unter Umständen nichts mit. Anders derjenige, der zu den 27 Prozent die große *Varianz* in Höhe von 907 sieht. Zur Berechnung werden die quadrierten Abweichungen der Öffnungsraten vom Mittelwert summiert und durch die Zahl der Fälle geteilt ([(1-27)^2 + (20-27)^2 + (60-27)^2] / 3). Die *Standardabweichung* schließlich bringt die Varianz auf die ursprüngliche Dimension der Bezugsgröße »Öffnungsrate« zurück, indem aus der Varianz die Wurzel gezogen wird.

Öffnungsrate	100 %	32 %	33 %	28 %	34 %	31 %	35 %	27 %
Empfängerzahl	1	634	643	645	641	656	659	658

Tabelle 14.12: Der Mittelwert für die Öffnungsrate beträgt 40 Prozent. Der Median spiegelt den tatsächlichen Erfolg mit 32,5 Prozent hier besser wider.

- **Einfache Filterungen, »Browsing«, »Querying«:** Zum Beispiel, um bestimmte Objekte im Chart per Maus selektieren und anschließend als eigenständige neue Gruppe weiter analysieren zu können. Oder um allgemein einen bestimmten Wertebereich für eines oder mehrere Attribute vorzugeben.

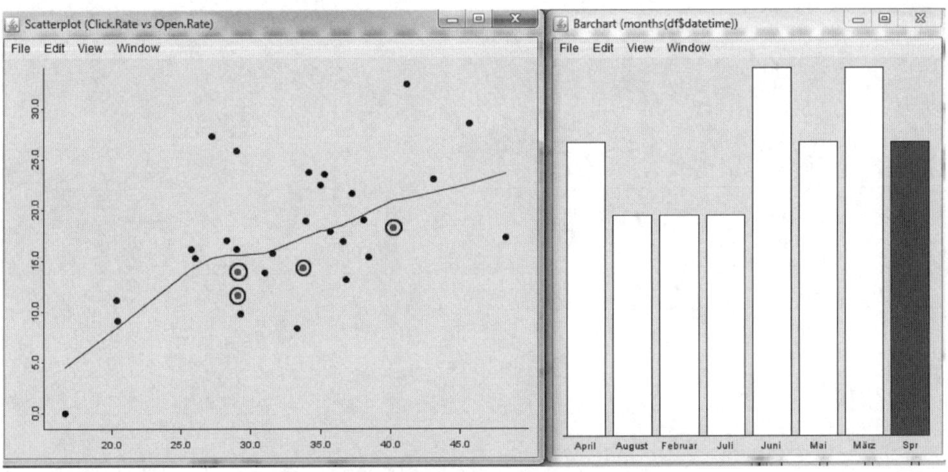

Abb. 14.57: »Linking« und »Brushing/Painting« in Aktion – beide Charts sind miteinander verknüpft (*linking*). Werden Punkte in dem einen markiert (*painting*), hebt der andere diese automatisch ebenfalls hervor. Hier wurden in der rechten Abbildung die September-Mailings ausgewählt – die linke Grafik markiert die Punkte im Streudiagramm und zeigt Öffnungs- und Klickraten.(iplots Paket für R)

- **Drill-Down/-up, Zoom:** Zum Beispiel per Mausklick in eine feinere Ansicht absteigen (von der Ebene »Jahr« in »Monate«, von »Deutschland« in die Bundesländer) oder dichte Bereiche mit zu vielen Datenpunkten (»Overplotting«) vergrößern.

Kapitel 15

Tests erfolgreich durchführen

Stellen Sie sich folgende Situation vor: Sie testen vor dem Hauptversand drei Betreffzeilen gegeneinander an jeweils 5.421 Empfängern. Der Betreff mit den meisten Klicks soll für den Hauptversand an die übrigen 54.210 Abonnenten gesetzt werden. Auf diese Weise möchten Sie effizient den Umsatz maximieren. Schließlich sind Betreffzeilen im Nu angelegt – einfacher geht es nicht.

Alle drei Betreffs leiten ein mit »Exklusives Angebot für Sie, <Anrede> <Nachname>:«. Hinter dem Doppelpunkt folgt jeweils eines der Angebote, das die ansonsten identischen Newsletter bewerben. Ein Betreff teasert etwa die Offerte an, die im Inhaltsverzeichnis oben angeführt und zugleich Gegenstand des Editorials ist. Eine andere spricht das zweite Angebot an. Die dritte entsprechend das dritte Angebot.

Mit Blick in das Reporting stellen Sie kurze Zeit später einen klaren Gewinner fest. Das zweite Angebot liefert nämlich die mit Abstand höchste Klickrate: 2,08 Prozent versus 1,46 (1) und 1,62 (2) Prozent. Der Unterschied erreicht ein Signifikanz-Niveau von 5 Prozent, also 95 Prozent Vertrauenswahrscheinlichkeit. Dies zeigt ein Chi-Quadrat-Test. Enttäuschung stellt sich allerdings nach dem Hauptversand mit der Siegerbetreffzeile ein. Der bringt nämlich nur 1,71 Prozent Klickrate. »Wie kann das sein, der Test vorweg sagte doch 2,08 Prozent«, schnaubt Ihr Kollege.

Sie schauen auf das Konfidenzintervall, das der Test für die übrigen Empfänger aufspannte. Bei 95-prozentiger Vertrauenswahrscheinlichkeit konnte demgemäß mit einer Klickrate in Höhe von 1,71 bis 2,45 Prozent in der sogenannten Grundgesamtheit aller Empfänger gerechnet werden. 95 Prozent heißt: In fünf von 100 oder einem von 20 Fällen vertun wir uns. Hier hat es gerade so eben noch gepasst. Damit gibt sich Ihr Kollege zufrieden.

Gar nicht so einfach, oder? Willkommen in der Welt der Tests! Was das oben Beschriebene alles zu bedeuten hat und wie Sie richtig testen, das erfahren Sie in den folgenden Abschnitten. Dabei sollten bis zum Kapitel-Ende die folgenden Dinge im Hinterkopf haften bleiben:

- Split-Tests sind in der Regel leicht realisierbar (Abschnitt 15.3 *Split-Tests – effektiv und besonders leicht*). Meist wird ein Merkmal (zum Beispiel die Betreffzeile) variiert und an Teilgruppen des Verteilers (»Splits«) verschickt. Bei Split-A/B-Tests werden zwei Splits A und B gebildet, bei Split-A/B/C-Tests drei. Da Split-Tests so einfach sind, eignen sie sich vor allem für spontane Vorab-Tests an kleine Adress-Segmente (oft um die 20 Prozent des Gesamtbestandes). Sobald belastbare Ergebnisse vorliegen, wird die Gewinner-Variante zur Grundlage für den Hauptversand an das große Rest-Segment (80 Prozent).
- Aufwendiger sind multivariate Tests, bei denen gleichzeitig mehrere Merkmale wie Betreff, Bild und Handlungsaufforderung mit jeweils diversen Ausprägungen in allen

Kombinationen gegeneinander getestet werden (Abschnitt 15.4 *Komplexer: Multivariate Tests*). Die Zahl der Merkmalskombinationen – und damit der erforderlichen Splits – wird schnell so riesig, dass spezielle Software nötig ist. Die gibt es natürlich. Sogar in der Form, dass während des Versands echtzeitig optimiert und später immer nur noch die Optimal-Kombination angezeigt wird (Realtime Multivariate Testing).

- Entwickeln Sie einen Testplan und führen Sie Protokoll (Abschnitt 15.1.5 *Testkultur für langfristigen Erfolg*). Berücksichtigen Sie dabei systematisch die Vielzahl möglicher Test-Objekte: Adress-Listen und -Segmente, Angebote, Timing, Gestaltung, Landingpages, Anmelde-Formulare und so weiter.

  Merke: Tests sind auch erfolgreich, wenn sie sich nicht unmittelbar in einem Response-Plus niederschlagen. Fails gehören zur Wissenschaft genauso wie zur Praxis. Trotzdem schlummert in jedem Resultat ein Learning, das Ihre künftigen Aktionen verbessern wird. »*When you lose, don't lose the lesson.*«
- Behalten Sie auch das ökonomische Prinzip im Auge. Zu wenige Tests sind genauso suboptimal wie zu viele. Finden Sie Ihr gebotenes Maß und die richtigen Erfolgsparameter, die einen großen Erfolgshebel besitzen. Zwischendrin sollte aber auch noch einmal Zeit für Generalüberholungen sein (Abschnitt 15.1 *Grundsätzliches zum Thema Testen*).
- Arbeiten Sie methodisch korrekt, um keine falschen Schlüsse zu ziehen (Abschnitt 15.1.1 *Signifikanzprüfung für Zufallsausschluss*). Eine saubere Test-Anordnung stellt zum Beispiel ausreichend große Stichproben und eine Zufallsauswahl der Testadressen sicher. Zur Berechnung bedienen Sie sich handfester Formeln statt Ihres Bauchgefühls (Abschnitt 15.2 *Statistisches Rüstzeug*). Auch, wenn es nur um E-Mail-Werbung und nicht um die Wirksamkeit von Medikamenten geht. Hinterfragen Sie zudem, ob wirklich das gemessen wurde, was gemessen werden sollte (Validität). Und, ob Response-Unterschiede systematischer – und nicht etwa zufälliger – Natur waren (Signifikanz und Reliabilität). Dies lässt sich ebenfalls berechnen. (Man beachte bei allem, dass statistische Signifikanz trotz allem kein »Beweis« für echte Unterschiede ist.)

15.1 Grundsätzliches zum Thema Testen

Kennen Sie den »Homo experior oeconomicus«, den wirtschaftlich testenden Menschen? Nein? Zugegeben: Geht mir genauso, was die Bezeichnung anbelangt. Trotzdem spiegelt Abbildung 15.1 dreier Online-Marketer wider, worauf es beim Testen im E-Mail-Marketing grundsätzlich erst einmal ankommt.

»Versuche viel, aber handele wirtschaftlich dabei.« Der Test-Muskel gehört trainiert. Gerade E-Mail bietet viele Knöpfe und Schräubchen, die experimentell leicht gedrückt und gedreht werden können – und sollten! 100 Prozent mehr Newsletter-Anmeldungen durch simple Änderungen am Anmelde-Formular, 10 Prozent mehr Öffnungen durch Voranstellen des Empfänger-Ortes in der Betreffzeile et cetera. Und vor allem die vielen angeblichen Best Practices, die auf den Prüfstand gehören – *»learn the rules so you know how to break them properly« (Lerne die Regeln, damit du weißt, wie du sie brichst)*, empfiehlt der Dalai Lama. Die Fahrkarten zu mehr Umsatz sind gelöst, sie müssen aber noch abgestempelt werden. Doch halt. Nicht auf Teufel komm raus. Sondern gewinnbringend, eben nach Maßgabe ökonomischer Prinzipien.

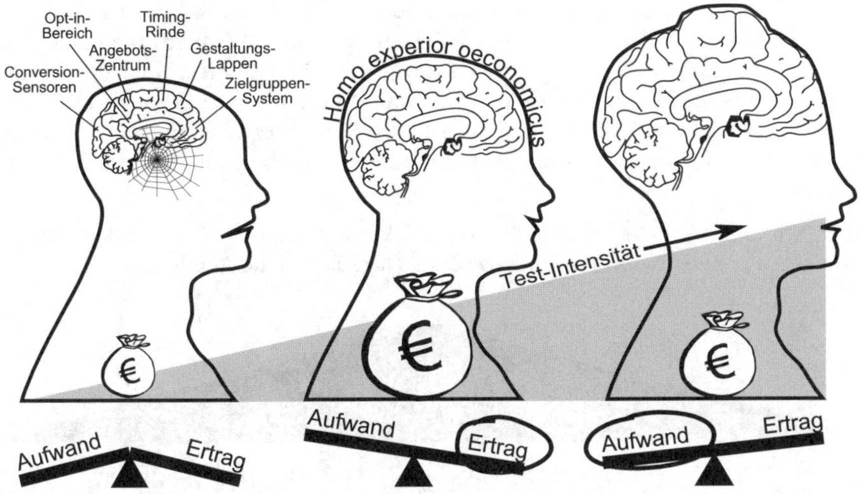

Abb. 15.1: Der Test-Muskel gehört stetig trainiert; aber nicht auf Teufel komm raus. Sondern gewinnbringend. Zu viel Testen schadet dem Geldbeutel genauso wie zu wenig Testen. Wer jede Kleinigkeit in ein Test-Szenario verwandelt, weiß am Ende zwar am meisten (Zielgruppen-Know-how, Kundenverständnis, Conversion-Kniffe); der Mittelweg verspricht aber Wissen UND Profit.

Abb. 15.2: Eine Frage der Perspektive – wer auf Dauer ausschließlich »low-hanging fruits« jagt, verliert das Gesamtbild aus den Augen. Nicht nur Betreffzeilen-Tests durchführen, sondern hin und wieder auch mal komplett neue Newsletter-Layouts. Auch, wenn dies zunächst mehr Aufwand erfordert.

Dies betrifft zum einen die Methodik. Der wollen wir uns in diesem Kapitel ausführlich widmen. Man kann nämlich viel falsch machen und dabei Schein-Erfolge am laufenden Band erzielen. Zum anderen ist aber auch die Test-Intensität gemeint, also die Anzahl der Experimente pro Periode. Wenn die kleinen grauen Zellen im Angebots-Zentrum und Gestaltungs-Lappen nämlich einmal Blut geleckt haben, dann gibt es kein Halten mehr. Dann verzetteln sie sich gern. Gar nicht testen ist ein Frevel an der Messbarkeit von E-Mail-Marketing. Wer andersrum nun aber jede Kleinigkeit in ein Test-Szenario verwandelt, besitzt am Ende vielleicht ein außerordentlich hohes Kundenverständnis und Zielgruppen-Know-how. (Oder er bildet sich dies sogar nur ein, weil das Test-Instrumentarium falsch angewandt wurde.) Für das Wissen wurde aber viel zu viel investiert. Und in der Summe ist weniger gewonnen, als er hätte gewinnen können. Außerdem kommt man nicht mehr zum großen Wurf, wenn laufend nur noch Kleinzeugs getestet wird. Auch ein komplett neues Newsletter-Design will schließlich mal auf die Probe gestellt werden, nicht nur Betreffzeilen.

Schauen wir uns nun die vorgestellte Methodik an. Fundierte Tests sollten auf sieben Grundpfeilern fußen, die im Folgenden erläutert werden (siehe Abbildung 15.3).

Abb. 15.3: Sieben Grundpfeiler für nachhaltige Tests

15.1.1 Signifikanzprüfung für Zufallsausschluss

Die Praxis beurteilt zu oft nach ihrem Gutdünken, ob ein Response-Unterschied zweier Test-Varianten fundiert ist oder nicht. Laut MarketingSherpa Landing Page Optimization Benchmark Report 2011 schauen nur etwas mehr als die Hälfte (60 Prozent) der Werbetreibenden bei Split-A/B-Tests genauer hin.

Aber was wäre zu folgendem Fall zu sagen: Variante A eines Werbemittels schlägt B um 10 Klicks – kann ein solch kleiner Response-Unterschied der Variation zugeschrieben werden? Oder war dies rein zufallsbedingt? Es kommt drauf an.

Das sagt einem bereits das Bauchgefühl, das manchmal ein guter Berater ist. Aber nicht immer. Nicht selten knurrt es einem etwas Vages oder gar Falsches vor. Besser jedenfalls sind Bauchgefühl, Verstand plus statistische Signifikanztests. Letztere berücksichtigen unter anderem, dass die Gefahr von Fehlinterpretationen wegen zufallsbedingter Schwankungen sinkt mit der Größe

1. des Response-Unterschieds und
2. des Testumfangs.

Ein Beispiel, um auf die 10 Klicks zurückzukommen: Angenommen, bei einem A/B-Test wurden 2 mal 100 Abonnenten kontaktiert. Variante A erzielte 10 Prozent Klickrate, B dagegen 20 Prozent. Dann liegt eher ein fundierter Unterschied vor, als wenn jeweils 1.000 Adressen angeschrieben wurden, A 10 und B 11 Prozent Klickrate erzeugten. Auch, wenn der Unterschied absolut jeweils 10 Klicker beträgt:

Test / Variante	A	B
Test 1	10 von 100 (= 10 %)	20 von 100 (= 20 %)
Test 2	100 von 1.000 (= 10 %)	110 von 1.000 (= 11 %)

Tabelle 15.1: Klickraten beim Test im Vergleich – beide Tests erzielten 10 Klicks Response-Unterschied. Welches Ergebnis ist eher fundiert ... 1 oder 2?

Vielleicht reichen bei der Beurteilung dieses Beispiels noch Bauchgefühl und Verstand allein. Bei anderen Tests ist dies schon schwieriger. Da ist die Statistik ein willkommener Helfer. Jedoch sollten Versender nicht den Fehler begehen, statistische Signifikanz als absoluten Beweis für einen Unterschied heranzuziehen, der nicht allein zufallsbedingt ist. Die Statistik erhebt nicht den Anspruch, exakt zu sein. Daher werden Signifikanztests auf der Grundlage einer zu bestimmenden Irrtumswahrscheinlichkeit durchgeführt. Und selbst die ist nicht unfehlbar. Bei der statistischen Signifikanz geht es vielmehr um ein allgemein akzeptiertes Beurteilungskriterium, um einen Standard.

Dem Signifikanztest widmen wir uns ausführlich mit Rechenbeispielen im Abschnitt 15.2 *Statistisches Rüstzeug*.

Tipp: Wie lange muss mein Test laufen?

... nicht zu lang und nicht zu kurz. Je länger, desto mehr unkontrollierte äußere Einflüsse wirken sich aus. Je kürzer, desto eher sind Unterschiede nur zufälliger Natur.

In der E-Mailing-Software muss der Versender für einen Test neben der Testgröße (meist 20 Prozent der Liste) einen Zeitraum (»2 Stunden«) und eine Maßzahl (»Klicks«) bestimmen (vergleiche Abbildung 15.4). Mit Ablauf der angegeben Zeit prüft die Versandlösung anhand der Maßzahl, welche Variante bessere Ergebnisse lieferte. Die Gewinner-Variante ziert den Hauptversand an die übrigen Empfänger (80 Prozent). Dieses bequeme Vorgehen hat sich einerseits bewährt. Andererseits ist es relativ starr.

Anstelle des fixen Zeitraums kann auch auf die Signifikanz der Ergebnisse abgestellt werden. Liegt diese vor, kann der Hauptversand starten. Wird hingegen bis zu einer gewissen Frist (zum Beispiel sechs Stunden) kein signifikanter Unterschied festgestellt, sind beide Varianten scheinbar austauschbar. Dann ist es egal, in welcher Form der Hauptversand gestartet wird.

Die passende Abbruchfrist lässt sich anhand der typischen Responsekurve ermitteln. Je nach Versandmenge und Uhrzeit ist nach kurzer Zeit bereits ein ausreichend großer Teil des Response registriert, um valide Schlüsse ziehen zu können (vergleiche zur Responsekurve auch Abschnitt 3.3.3 *Schnelle und genaue Messbarkeit*). Konkret: Laut einer Studie des Anbieters GetResponse liegen im Mittel eine Stunde nach Versandstart 23,63 Prozent der Öffnungen vor.

Wer seine E-Mails zwischen 8 und 10 Uhr morgens oder 3 und 4 Uhr nachmittags zustellt, erhält den Response schneller. Während dieser Zeit sind die Abonnenten besonders aktiv.

Auch im Rahmen der US-Präsidentschaftswahlen 2012 gehörten E-Mail-Tests zum Repertoire der Wahlkämpfer. Obama erprobte jede Kampagne vor dem Hauptversand mit Variationen in der Betreffzeile und im Werbetext. Die Testgruppen umfassten knapp 50.000 Empfänger. Ein Gewinner ließ sich in der Regel schon nach ein bis anderthalb Stunden nach Maßgabe des erzielten Spendenaufkommens ermitteln (`tinyurl.com/ct5psnt`).

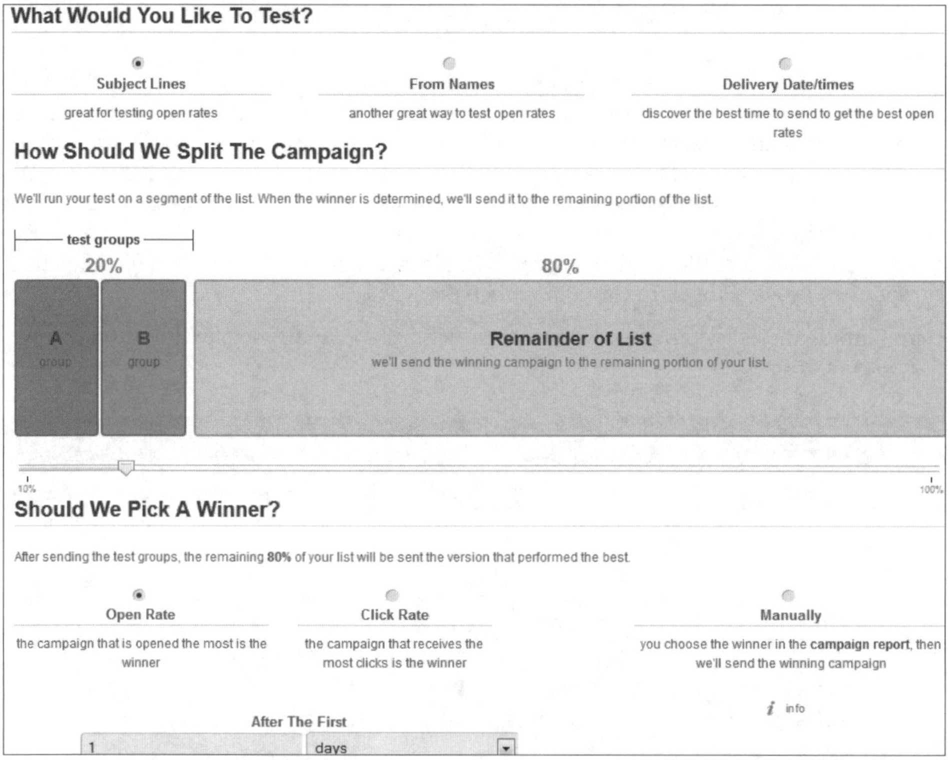

Abb. 15.4: Das Split-A/B-Test-Modul in MailChimp zeigt, worum es bei Split-Tests geht – Auswahl des zu variierenden Testparameters (Betreff? Absender? Timing?), Stichprobengröße und gegebenenfalls, wie (Klicks? Öffnungen?) und wann (Nach einer Stunde? Oder einem Tag?) ein Gewinner festgestellt werden soll.

15.1.2 Zufallsauswahl für Repräsentativität

Bei der Adressaten-Auswahl für den Test muss sichergestellt sein, dass der gesamte Adressbestand originalgetreu hierdurch widergespiegelt wird. Die Stichprobe (= Testgruppe/n) muss also repräsentativ für die Grundgesamtheit (= Verteiler) sein, wie die Statistiker sagen.

Kein Problem – war der Zufall beim Signifikanztest noch ein ungebetener Gast, leistet er uns hierbei nun gute Dienste. Der Datenbestand muss einfach vor der Auswahl gemischt werden. Anders ausgedrückt: Er darf bei der Ziehung nicht nach Adressalter oder Ähnlichem sortiert sein. Denn dies würde das Test-Ergebnis beeinflussen. Besteht Gruppe A aus vornehmlich älteren Adressen, weil die Stichprobe hierfür zuerst aus der chronologisch sortierten Datenbank extrahiert wurde, und B aus frischen, dann gewinnt B allein schon deswegen. Im älteren Adressbestand wird es viele Karteileichen geben. Ferner waren vielleicht früher AOL- und Lycos-Adressen populär, heute sind es Gmail und Outlook.com. Erzielt ein Test an die Alt-Abonnenten 0,5 Prozent Response, ist dies kaum repräsentativ für einen Versand an den gesamten Verteiler.

Beim Testen sollten Sie also sichergestellt haben, dass Ihr E-Mail-Dienstleister Ihnen auch wirklich randomisierte Stichproben erstellt. Datenbanktechnisch ist dies überhaupt kein Problem. Nur müssen die Abfragen bei der Adressaten-Selektion so implementiert worden sein. Fragen Sie lieber nach ...

15.1.3 Optimaler Testgruppen-Umfang für maximalen Erfolg

Wer zu große Testgruppen bildet, verschenkt Umsatz; zu kleine Testgruppen liefern keine repräsentativen Ergebnisse. Die Empfehlungen der E-Mail-Dienstleister sind uneinheitlich und lauten zum Beispiel:

- Jede Testgruppe sollte mindestens 100 (andere Quellen: 40) Rückläufer erzielen;
- Jede Testgruppe sollte fünf (beziehungsweise zehn) Prozent des Verteilers beinhalten, falls dieser mehr (weniger) als 50.000 Adressen umfasst.

Wenig befriedigend.

Das Optimum nach Maßgabe der Statistik kann hingegen mathematisch bestimmt werden. Wie dies geht, zeigt Abschnitt 15.2 *Statistisches Rüstzeug*. Dabei wird sich allerdings mitunter herausstellen, dass der erforderliche Stichprobenumfang zu groß ist. Der Test beansprucht annähernd den gesamten Verteiler. Ebenfalls nicht perfekt. Aber zumindest fundiert. Denn Zufallseinwirkungen werden so quantifiziert (siehe Abschnitt 15.2 *Statistisches Rüstzeug*).

Tipp: Kleinere Testgruppen bedürften größerer Kontraste

Was tun bei sehr kleinen Testgruppen von vielleicht hundert Empfängern? Wählen Sie entsprechend größere Kontraste, um signifikant große Response-Unterschiede zu provozieren. Die Betreffzeilen »Nur heute: 10% Rabatt« und »10% Rabatt – nur heute« weichen lediglich geringfügig voneinander ab; hingegen kontrastieren die folgenden beiden Betreffs schon stärker: »Love is in the Air« und »Berlin: ♥ is in the Air!« (Ortspersonalisierung plus Symbol).

15.1.4 Validität für richtige Schlussfolgerungen

Valide heißt: Der Test misst das, was er auch messen soll. Das Ergebnis sollte nach Möglichkeit also nur auf die Variation zurückzuführen sein, nicht auf andere Einflüsse. Hierzu muss vorab natürlich auch festgelegt werden, was genau einem Test unterzogen wird. Häufig scheitert es schon daran, da man unbewusst ein multivariates Testdesign aufgesetzt hat, bei dem also mehrere Dinge gleichzeitig geändert wurden. Damit ist keine Zuordnung vom Erfolg zur Ursache mehr möglich.

Vergleichen Sie hierzu einmal Testdesign 1 mit 2:

	Betreffzeile für Testgruppe A	Betreffzeile für Testgruppe B
Testdesign 1	10% Rabatt zur Adventszeit	XMAS SALE – 3 € Gutschein
Testdesign 2	10% zur Adventszeit	3 € zur Adventszeit

Tabelle 15.2: Nur ein Merkmal testen, sonst ist später keine Zuordnung möglich.

Beim ersten Testdesign ist später kaum noch feststellbar, was entscheidend für Erfolg oder Misserfolg war: % oder €? Großschreibung? Wording? Im zweiten Fall kann dies schon eher festgemacht werden. Variiert wurde lediglich die Incentive-Art. (Zumindest, falls wir im Mittel Gleichwertigkeit unterstellen. Ansonsten beeinflusst neben der Art nämlich auch der Gegenwert des Incentives den Response.)

Fallstricke bei der Validität lauern im Detail:

- Wurden die Test-Abonnenten nicht zufällig ausgewählt, ist das Ergebnis mit hoher Wahrscheinlichkeit schon verfälscht (siehe Abschnitt 15.1.2 *Zufallsauswahl für Repräsentativität*).
- Hat es in Deutschland am Wochenende wie aus Kübeln gegossen, kann das Ergebnis eines Timing-Tests genauso verzerrt sein. Die Abonnenten durchstöberten zu Hause am PC den E-Mail-Posteingang, anstatt spazieren zu gehen.
- Wurden beide Test-Mailings über verschiedene IP-Adressen versandt, können unterschiedlich hohe Zustellraten für eine Differenz beim Response (mit)verantwortlich sein.
- Gelangte eine Variante an Abonnenten, deren Spamfilter allen URLs nachgingen und somit Auto-Klicks erzeugten, ist die Klickrate unter Umständen verfälscht. Bei kleinen Testgruppen oder bei einem kleinen erwarteten Rücklauf könnte sich dies bemerkbar machen.
- Wurde als Absender eine Person (Max Mustermann) anstelle der sonst verwendeten Marke (Musterfirma.de) getestet? Die gestiegene Öffnungsrate kann allein auf den Neugier-Effekt zurückzuführen sein (»wer ist das?«). Das Ergebnis muss nicht zwangsweise bedeuten, dass ein Personen-Absender dauerhaft erfolgreicher ist.

Genau genommen lassen sich andere Einflüsse nie zu hundert Prozent ausschließen. So gesehen zeigt ein Test vielleicht, welche Variante besser funktionierte, nicht aber, was dafür ausschlaggebend war.

Wichtig: Korrelation bedeutet nicht zwangsweise Kausalität

Korrelation ist ein Begriff aus der Statistik. Er beschreibt einen Zusammenhang zwischen zwei Merkmalen. Zum Beispiel zwischen der Betreffzeilen-Länge in Zeichen und der Öffnungsrate in Prozent. Die Korrelation kann *positiv* (mehr Zeichen führen zu mehr Öffnungen), *null* (mehr Zeichen haben keinen Einfluss auf die Öffnungen) und *negativ* sein (mehr Zeichen führen zu weniger Öffnungen).

Die Stärke des Zusammenhangs drücken Statistiker durch den *Korrelationskoeffizienten* aus. Der bewegt sich zwischen 0 und 1 (positive K.) beziehungsweise 0 und -1 (negative K.). Bei 1/-1 ließe sich die Öffnungsrate *perfekt* durch einen linearen Zusammenhang, also eine Geradengleichung der Form y=m*x+n beschreiben: Bei n=0 und m=0,4 liefern x=10 Zeichen y=4 Prozent Öffnungsrate, 20 Zeichen 8, 30 Zeichen 12 und so weiter.

Und da sind wir beim Problem angekommen: Wenn sich zwei Merkmale derart im Gleichklang bewegen, heißt dies noch lange nicht, dass Variationen des einen Ursache für Veränderungen des anderen sind. Bei der Betreffzeile kamen mit jedem Wort wichtige Informationen hinzu. Mit steigender Schuhgröße nimmt auch die T-Shirt-Größe zu – jedoch ist dies auf die steigende Körpergröße zurückzuführen, nicht auf die Schuhe. Wer mit Schuhen ins Bett fällt, wacht mit Kopfschmerzen auf – zurückzuführen wohl eher auf den Alkoholkonsum am Vorabend, als den Schuhen die Schuld in die ... Sie wissen schon.

Die Beispiele sind offenkundig. Trotzdem kann es nicht schaden, seine Test-Ergebnisse stets kritisch zu hinterfragen. Das Beispiel in Abbildung 15.5 und Tabelle 15.3 soll dies noch einmal verdeutlichen.

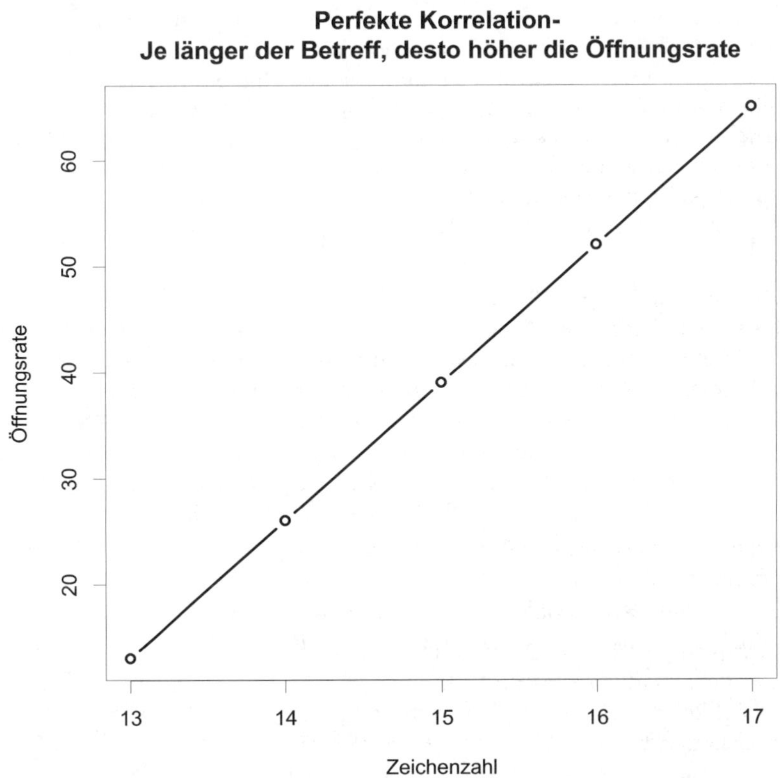

Abb. 15.5: Längere Betreffzeilen erzielen höhere Öffnungsraten! Oder doch nicht? ...

Betreff	Zeichenzahl	Öffnungsrate
1-€-Gutschein	13	13 %
10-€-Gutschein	14	26 %
100-€-Gutschein	15	39 %
1000-€-Gutschein	16	52 %
10000-€-Gutschein	17	65 %

Tabelle 15.3: Nein – anscheinend hat der zusätzliche Erfolg nur mittelbar etwas mit der Zeichenzahl zu tun. Der wahre Erfolgsfaktor ist ein anderer: der Gutschein-Wert. Korrelation bedeutet eben nicht Ursächlichkeit.

15.1.5 Testkultur für langfristigen Erfolg

Vermeintlichen E-Mail-Marketing-Beratern geht ein »testen Sie es doch einfach« stets locker über die Lippen. Immer dann, wenn sie selbst es nicht besser wissen. Und das ist oft so. Dieser Rat scheint einfach die passende Generalantwort auf alles zu sein. Nicht »42«, nein: »testen«!

Praktiker müssen jedoch diverse Widerstände überwinden, um eben die empfohlenen Tests durchführen zu können. Die Produktionskosten für den Newsletter steigen hierdurch. Planung, Anlegen, Durchführen und Auswerten binden Arbeitszeit. Mal mehr (etwa Werbemitteltests wie alternative Grafiken, zielgruppenspezifische Inhaltsblöcke), mal weniger (etwa Betreffzeile, Versandzeitpunkt, Personalisierung). Und wenn man sich dann noch bei ein, zwei Tests die Finger verbrannt hat, also eine »Verschlimmbesserung« eingefahren hat, sinkt nicht zuletzt noch die Motivation.

Drei Wahrheiten sind:

1. *Jeder* geplante Test liefert einen Erkenntnisgewinn. Auch die Misserfolge. Und davon wird es – je nach Erwartungshaltung – mehr oder weniger viele geben. Denn ...
2. Nur die allerwenigsten Tests vermögen es, Ihre Key-Performance-Indikatoren mit einem Mal auf neue Levels zu hieven. Dies passiert allenfalls, wenn Sie vorher etwas völlig falsch gemacht haben. (Überraschungen hie und da außen vor. Ich hätte beispielsweise nie gedacht, dass eine gelb unterlegte Überschrift meine Newsletter-Anmelderate verdoppelt.) Testen im E-Mail-Marketing ist Kaizen. Es geht um inkrementelle Verbesserungen im Laufe der Zeit. Wissen, was funktioniert und was nicht funktioniert. Auch wenn die enormen Uplifts, von denen wir im Social Web lesen, uns etwas anderes weismachen wollen.
3. Schließlich sind regelmäßige Tests eine Schutzimpfung vor Betriebsblindheit. Hat sich das Mittelmaß später einmal als Routine eingenistet, sind die Verhaltensmuster nur noch schwer aufzubrechen. Es wird einfach weiter unter dem Absender »Newsletter« und mit dem gleichlautenden Betreff versandt. Das hat ja schließlich schon immer funktioniert. (Dass dem nicht so ist, weiß ja mangels Vergleichsmöglichkeiten keiner.)

Aus diesen Gründen ist es wichtig, Tests kontinuierlich zu pflegen. Das Team sollte sich hier auf kreative Art und Weise, aber auch in realistischen Grenzen einbringen können. Hierzu müssen Verantwortlichkeiten, mögliche Test-Elemente, die Durchführung und Evaluierung klar festgesetzt und verständlich sein. Dass dies sogar richtig Spaß bereiten kann, zeigen Portale wie WhichTestWon.com – die leben nicht von den Tests selbst, sondern von den leidenschaftlichen Diskussionen rund um die Ergebnisse.

15.1.6 Testplanung und -Protokollierung

Damit der größtmögliche Nutzen aus Tests gezogen werden kann, sollten diese *systematisch* kultiviert werden. Nur mit einer langfristigen und geplanten Vorgehensweise, die isolierte Einzeltests in ein ganzheitliches Konzept gießt, lassen sich stetige Response-Verbesserungen *und* Learnings für alle Beteiligten erzielen.

Abb. 15.6: Tests sollten so konzipiert werden, dass Erkenntnisse gewonnen werden. Im Idealfall steigt zudem unmittelbar der Umsatz oder Gewinn.

Nur so ...

- werden nicht *ungewollt* wieder und wieder dieselben Dinge untersucht (Protokoll!). *Bewusst* hingegen ist dies schon sinnvoll: Wiederholung ist nötig, um Gültigkeit und zeitliche Stabilität gefundener Muster sicherzustellen. Insbesondere bei überraschenden oder unerklärlichen Ergebnissen. Signifikanz als statistisches Maß allein reicht nicht. Ferner ändern sich Gewohnheiten im Zeitverlauf; denken Sie daran, wie schnell sich das Thema Mobile entwickelte. Absender-Varianten, die gestern prächtig funktionierten, müssen die Abonnenten von morgen nicht ebenso ansprechen.
- durchbricht das Testen den engen Gegenwartsbezug im Sinne einer zukunftsgerichteten Planung;
- wird verhindert, dass kritische Tests wichtige Bestandskunden vergraulen;
- wird verhindert, dass der neue Newsletter so viel Kontrast zum alten aufweist, dass er nicht mehr wiedererkannt wird und die Abonnenten sich vom gefühlt unbestellten Neuling abmelden;
- ist sichergestellt, dass der Erfolg ganzheitlich analysiert wird:
  - nicht nur anhand von Öffnungen oder Klicks, sondern auch anhand von Conversions oder sogar unter Einbeziehung von Retouren-Quoten;

- und bei multivarianten Tests auch anhand von Wechselwirkungen *zwischen* verschiedenen Merkmalen (funktioniert ein Betreff beispielsweise besonders gut *in Kombination* mit einem bestimmten Überschriften-Typ?);

- werden nicht nur Newsletter, sondern auch Trigger-Mails (man denke an die Betreffzeile der wichtigen Checkmail im Double-Opt-in-Prozess) regelmäßig auf den Prüfstand gestellt;
- werden im Zeitverlauf alle potenziellen Test-Parameter vom Absender bis zum Footer, von der Opt-in-Seite bis zur Landingpage in all ihren Facetten optimiert, wobei der Fokus stets auf den besonders effizienten Gestaltungsoptionen bleibt;
- profitiert das gesamte Team (heute und in 5 Jahren), nicht nur der Tester. Getreu dem Motto: *»Share your knowledge. It's a way to achieve immortality.« (Teile dein Wissen. Es ist ein Weg, Unsterblichkeit zu erlangen.)*

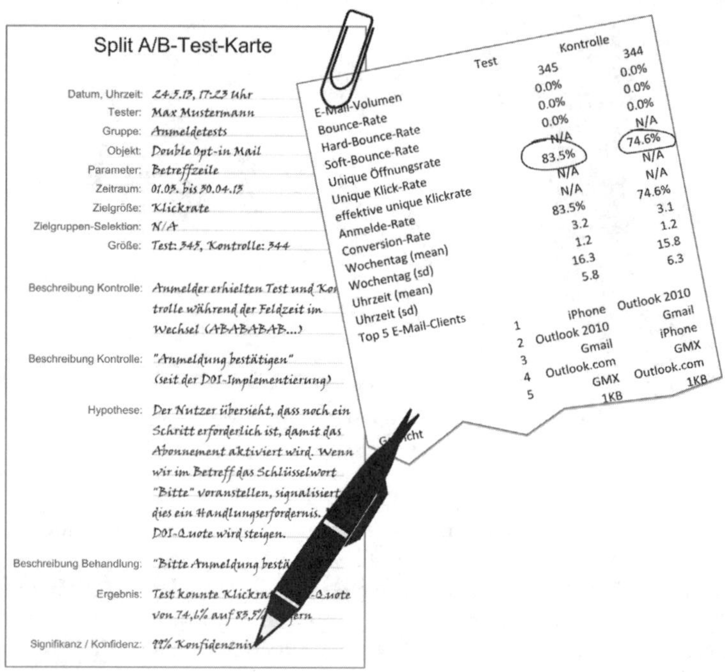

Abb. 15.7: Protokollieren Sie Ihre Testergebnisse in einem Standard-Format. Ob in einer Access-Datenbank, im Wiki oder im geteilten Google-Spreadsheet ist nebensächlich. Hauptsache, die Ergebnisse sind vollständig, erklärt und allen Beteiligten stets zugänglich.

Gerade der letzte Punkt darf nicht vernachlässigt werden. Bilden Sie ein strukturiertes Archiv für die durchgeführten und einen Pool für die geplanten Tests (siehe Abbildung 15.7).

15.1.7 Der Testmanagement-Kreislauf

Allgemein lässt sich vieles testen. In Abbildung 15.9 habe ich Ihnen auszugsweise einige Parameter zusammengestellt. Manches davon hat sich in der Praxis als besonders effektiv erwiesen. Anderes wiederum ist leichter umzusetzen. Es empfiehlt sich, einen umfassenden Ideen-Pool für Tests anzulegen und zu pflegen. Im zweiten Schritt sollten diese anhand des Aufwandes für die Umsetzung sowie anhand des zu erwartenden Ertrages bewertet werden. Der Test mit der höchsten Priorität wird als Nächstes dem Test-Kreislauf zugeführt (siehe Abbildung 15.8).

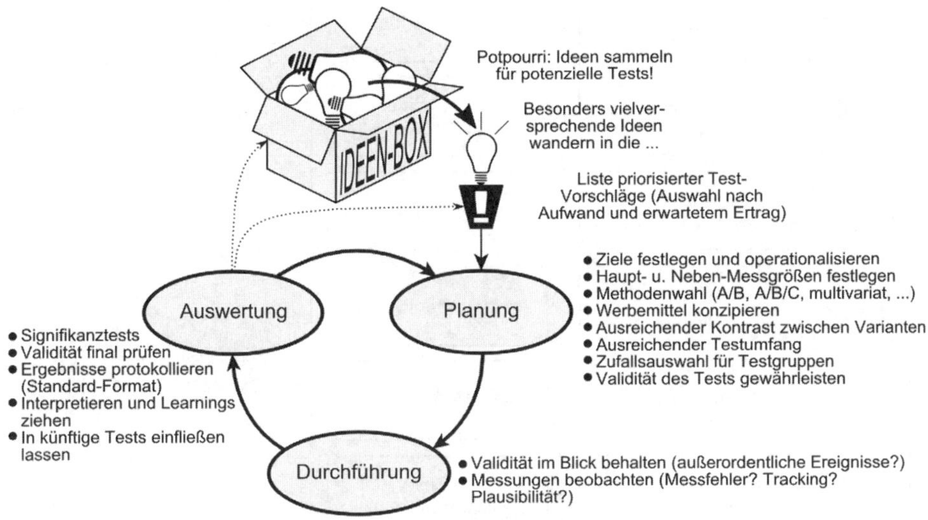

Abb. 15.8: Test-Management-Zyklus

Sie testen noch nicht? Dann springen Sie ins kalte Wasser. Tauchen Sie in den Kreislauf des Test-Managements ein und tasten Sie sich mit einem Experiment pro Monat an das Thema heran. Betreffzeilen-Variationen sind zum Beispiel sehr einfach umzusetzen. Und sie versprechen gleichsam einen guten Uplift – wie geschaffen für den Einstieg, um Lust auf mehr zu bekommen. Später sollten sie vor jedem Hauptversand in Form eines Split-Tests vorgeschaltet werden. Ähnlich verhält es sich mit der zentralen Handlungsaufforderung (Form, Position, Wording). Vor allem die Button-Beschriftung ist ein effizientes Testmerkmal. Besonders effektiv, aber meist mit mehr Aufwand verbunden sowie an die Verfügbarkeit einer gewissen Profiltiefe geknüpft, sind Zielgruppentests.

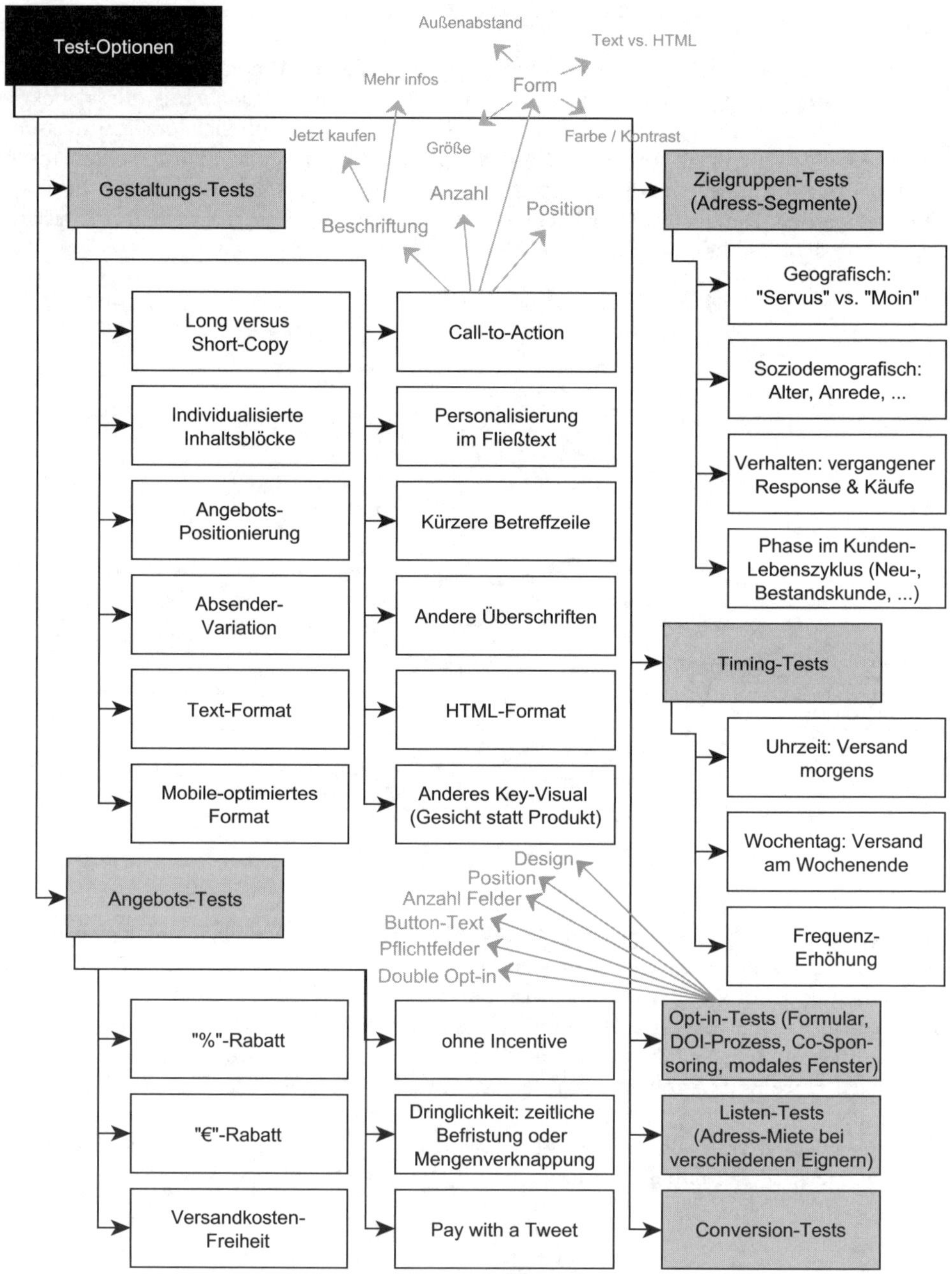

Abb. 15.9: Testen lässt sich viel. Manches erschließt sich leichter für Experimente (zum Beispiel Betreffzeilen-Tests). Anderes ist effektiver im Hinblick auf Response- und Conversion-Raten (zum Beispiel Landingpage-Tests).

Grundlage von Zielgruppentests ist die Bildung von Abonnenten-Clustern. Also Gruppen, die in sich ähnlich und untereinander unterschiedlich sind. Tests an Zielgruppen versprechen eher, deutliche Response-Unterschiede zu zeigen als undifferenzierte Tests am gesamten Verteiler. Schließlich reagieren Gruppen auf verschiedene Stimuli ganz unterschiedlich. Datumsbezogene Beispiel-Hypothesen wären etwa:

- **Adressquelle:** Abonnenten aus Gewinnspiel-Adressquellen lassen sich eher über Rabatte im Betreff zur Öffnung bewegen. Und die Aufmerksamkeit der Teilnehmer des Gourmet-Gewinnspiels erhält der Versender mit einem passenden Visual aus dem Gastronomie-Bereich.
- **Opt-in-Zeitpunkt:** Neuere Abonnenten (Eintragung innerhalb der letzten 8 Wochen) lassen sich mit der gezielten Bitte um einen Adressbucheintrag im Pre-Header zum Whitelisting bewegen.
- **Alter:** Eine knallig-bunte Geburtstagsmail an 18-Jährige und eine konservative an 55-Jährige liefert in der Summe mehr Klicks als ein undifferenzierter Kompromiss für alle Altersgruppen.
- **Anrede:** Wir erhöhen die Klickraten, wenn wir bei Frauen Horoskope, Klatsch und Gesundheitsthemen prominenter mit emotionsgeladenen Bildern platzieren, bei Männern hingegen Sport, Tests und Nachrichten.
- **E-Mail-Domain-Part:** Wir erhöhen die Öffnungsraten, wenn wir Webmail-Adressen wie @gmail, @outlook, @yahoo et cetera am Wochenende anschreiben, die restlichen (mutmaßlich Business-)Adressen unter der Woche;
- **E-Mail-Client:** Wir verbessern die Kosten-Umsatz-Relation, wenn wir Abonnenten, die unsere Newsletter auf dem iPhone oder iPad lesen, höhere Preise beziehungsweise keine Incentives anbieten.
- **Ort/IP:** Wir erhöhen die Verweildauer unserer Newsletter, wenn wir Abonnenten aus dem südlichen Raum mit einem »Servus« begrüßen, diejenigen aus dem Norden mit einem »Moin«!

15.2 Statistisches Rüstzeug

15.2.1 Signifikanz der Ergebnisse überprüfen

Was würden Sie zu den folgenden beiden Test-Ergebnissen sagen: Hat die Betreffzeilen-Variation einen Einfluss auf den Erfolg?

Betreff	Öffner	Nicht-Öffner
Giftige Pflanzen	50 (= 25 %)	150 (= 75 %)
Achtung: Giftig!	60 (= 30 %)	140 (= 70 %)

Tabelle 15.4: Beispiel 1 – Split-A/B-Test zweier Betreffzeilen an jeweils 200 Abonnenten. »Achtung: Giftig!« funktioniert scheinbar in der Zielgruppe besser. Wirklich? Oder Zufall …?

Betreff	Öffner	Nicht-Öffner
Babyzähne pflegen	500 (= 25 %)	1500 (= 75 %)
Tipps fürs Zähnchenputzen	600 (= 30 %)	1400 (= 70 %)

Tabelle 15.5: Beispiel 2 – Split-A/B-Test an jeweils 2.000 Abonnenten. Das Bauchgefühl legt uns hier schon eher nahe, dass wirklich ein Unterschied besteht.

Handfeste Regeln erleichtern die Test-Beurteilung

Oft ist die Identifikation eines klaren Gewinners beim Test schwierig: 25 versus 30 Prozent Öffnungsrate bei 200 Test-Empfängern je Gruppe (Tabelle 15.4) – stecken hinter den +5 Prozentpunkten nur (uninteressante) *zufällige* oder (die gesuchten) *systematischen* Einflüsse? Anders ausgedrückt: Kann davon ausgegangen werden, dass der zusätzliche Erfolg reproduzierbar ist und sich beim nächsten Versand wieder einstellt? Allein mit dem Bauchgefühl, das eh wenig »fachmännisch« daherkommt, ist dies schwer zu sagen – sind 200 Abonnenten als Stichprobe zu klein? Ist der Unterschied groß genug?

Gerade die Frage nach der **Mindest-Stichprobengröße** wird häufig gestellt. Gängige Faustregeln, wie »ab 500 Abonnenten« oder »nimm 10 Prozent des Verteilers«, sind auch nicht überzeugender als das Bauchgefühl. Anders sähe es aus bei 10 versus 25 Prozent bei je 10.000 Empfängern. Der Gewinner ließe sich hier leicht intuitiv bewerten; aber solche Ergebnisse dürften eher selten zu erzielen sein. Ergo: Es bedarf handfester Regeln, nach denen die Zuverlässigkeit (*Reliabilität*) eines Split-Tests überprüft werden kann. Und die existieren – in Form statistischer Tests.

Etwas Statistik vorweg

Statistische Testverfahren gibt es zuhauf. Zur Prüfung eines A/B/n-Split-Tests wird klassischerweise ein **Chi-Quadrat (χ^2)-Unabhängigkeitstest** durchgeführt. Der entstammt noch »Rechenschieber-Zeiten«, muss deswegen aber nicht schlecht sein. 21 Prozent derjenigen, die Signifikanztests durchführen, setzen hierauf. Populärer ist lediglich der unkritische Blick auf das, was das Testing-Tool ausweist. Dies jedenfalls sagt der Landing Page Optimization Benchmark Report 2011.

Wozu ist der »Test-Test« gut? Allgemein lässt sich hiermit mathematisch prüfen, ob zwei *qualitative Merkmale* voneinander abhängig sind. Qualitative Merkmale, das ist zum Beispiel die Haarfarbe, der Familienstand, die Betreffzeile oder die E-Mail-Öffnung. Sie sind *nominal* skaliert, besitzen also keine metrische Einheit wie Zentimeter oder Euro. Sie sind nicht miteinander vergleichbar. Aussagen wie »ledig ist *größer* als verheiratet« oder »blond ist *besser* als brünett« ergeben keinen Sinn. Es lassen sich aber Häufigkeiten bilden. Und um nichts anderes handelt es sich bei den 50 (150) beziehungsweise 60 (140) (Nicht-)Öffnungen in Tabelle 15.4. Genau da setzt der Chi-Quadrat-Unabhängigkeitstest an.

Statistiker formulieren Test-Hypothesen. Die Annahme der statistischen *Unabhängigkeit* bildet die sogenannte *Nullhypothese*. Trifft die in unserem Beispiel aus Tabelle 15.4 zu, dann ist die Zahl der Öffnungen unabhängig von der Wahl der Betreffzeile. Etwaige Unterschiede sind allein auf den Zufall zurückzuführen und lassen sich nicht reproduzieren. Im Umkehrschluss spricht man bei der Annahme einer *Abhängigkeit* von der sogenannten *Alternativhypothese*. Falls die zutrifft, können wir von einem statistisch *signifikanten* Zusammenhang sprechen. Dann beeinflusst die Betreffzeile die Zahl der Öffnungen systematisch. Dies wäre wiederholbar. (Man beachte, dass ein Signifikanztest selbst keine Aussage über die Stärke des Zusammenhangs trifft – es geht nur um abhängig oder unabhängig.)

Die Signifikanz des Zusammenhangs zwischen Betreffzeile und Öffnungsrate ist nicht einfach gegeben (ja) oder nicht (nein) – sie bemisst sich nach einem festzulegenden Test-*niveau*. Das Niveau wird auch als Signifikanzniveau Alpha (α) oder **Irrtumswahrscheinlichkeit** bezeichnet. Es misst, mit welcher Wahrscheinlichkeit wir die Alternativhypothese (Zusammenhang besteht) im Falle eines Falles zu Unrecht annehmen würden. Wählen wir zehn Prozent Irrtumswahrscheinlichkeit, dann halten wir einen von zehn geglückten Tests fälschlicherweise für zutreffend. Bei fünf Prozent werden analog fünf von hundert Tests irrtümlich angenommen. Und das wohlbemerkt, obwohl tatsächlich der Unterschied rein zufällig war. Dieser Alpha-Fehler wird auch als *Fehler 1. Art* (*False Positive*) bezeichnet. Einen *Fehler 2. Art*, auch Beta-Fehler genannt, begeht der Versender, wenn er die Alternativhypothese ablehnt, obwohl sie zutrifft. Um beim Beispiel zu bleiben: Wir erhalten für den Einfluss zweier Betreffs auf die Öffnungsrate nicht die geforderte Signifikanz und legen den Test somit als gescheitert zu den Akten – obwohl der Zusammenhang de facto besteht. Je größer das Signifikanzniveau gewählt wird, desto kleiner ist die Wahrscheinlichkeit eines Alpha-Fehlers. Desto größer ist auf der anderen Seite die Gefahr eines Beta-Fehlers.

Subtrahiert man die Irrtumswahrscheinlichkeit von eins, erhält man das Konfidenzniveau. Das wird Ihnen in Foren oder in Communitys wie WhichTestWon.com oder ABtests.com sicher schon begegnet sein: »Der Test erzielte ein Konfidenzlevel von 90 Prozent.« Dies würde mit einem Signifikanzniveau von 10 Prozent einhergehen. Der Konfidenzwert zeigt, wie weit wir auf die Alternativhypothese (Zusammenhang besteht) bei einem geglückten Test vertrauen können. In diesem Zusammenhang fällt oft der Begriff **Konfidenzintervall**. Darunter versteht man die *Spanne* zwischen geschätztem Worst und Best Case, in der die Öffnungsrate bei einer *Wiederholung* des Experiments mit dem gewählten Sicherheitsgrad fällt.

In der Praxis sind die folgenden Grade für die Irrtumswahrscheinlichkeit α (Alpha) gängig:

- α = 0,10 = 10 Prozent (entspricht einem Konfidenzniveau von 90 Prozent)
- α = 0,05 = 5 Prozent (95 Prozent Konfidenzniveau)
- α = 0,01 = 1 Prozent (99 Prozent Konfidenzniveau)
- α = 0,001 = 0,1 Prozent (99,9 Prozent Konfidenzniveau)

Klar: je signifikanter das Ergebnis, desto besser. Am weitesten verbreitet ist 95 Prozent. Die sehr sicheren 99,9 Prozent sind eher selten. Alles unterhalb von 90 Prozent entlockt hartgesottenen Statistikern bestenfalls ein müdes Lächeln. Da es aber im Online-Marketing nicht um brisante Dinge wie die Beurteilung der Wirksamkeit neuer Medikamente geht, nutzen viele für Werbe-Tests auch ein Konfidenzlevel von 80 Prozent (α = 0,20). Die Entscheidung, wie viel Alpha-Fehlerrisiko man eingehen möchte, muss jeder selbst treffen.

Empirischen χ^2-Wert für den Test berechnen

Kommen wir zurück zum χ^2-(Chi-Quadrat-)Test. Wie prüfen wir, ob der Gewinner aus dem Beispiel in Tabelle 15.4 signifikant oder nur zufällig war? Hierzu müssen wir zunächst den Chi-Quadrat-*Wert* für unsere Beobachtungen im Test ermitteln. Dies wird die Prüfgröße, die wir anschließend mit einem bestimmten kritischen Mindestwert der Chi-Quadrat-*Verteilung* vergleichen. Überschreitet die Prüfgröße den theoretischen kritischen Wert, dann liegt ein systematischer Einfluss nach Maßgabe der Statistik vor.

Berechnen wir also Schritt für Schritt unsere Prüfgröße, den empirischen Chi-Quadrat-Wert:

- **Kontingenztabelle mit Randsummen erstellen:** Ausgangsbasis beim A/B-Split (= 2 Varianten) ist eine 2×2-Kreuz-Tabelle. Allgemein ausgedrückt enthalten die Zeilen der Tabelle die Dimension »Variante« mit den Ausprägungen »A« und »B«. In unserem Beispiel sind dies die beiden Betreffzeilen. Die zwei Spalten der Tabelle werden durch die Ereignisse »Ja/Erfolg« und »Nein/Misserfolg« für die Dimension »Zielerreichung« gebildet. Unser Ziel war die E-Mail-Öffnung. Es kann genauso gut die Conversion auf der Landingpage oder der Klick in einer E-Mail sein. Ganz gleich was – es müssen die Häufigkeiten der beiden beim Test beobachteten Ereignisse vorliegen. (*Häufigkeiten* meint, dass die Anzahl der jeweils eingetretenen Ereignisse, nicht etwa der relative Anteil eingetragen wird – Öffnungs*summe*, nicht Öffnungsrate.) Diese werden in die vier Zellen eingesetzt. Anschließend werden die vier Randsummen bestimmt – jeweils eine für die beiden Zeilen und Spalten. Für unser Beispiel aus Tabelle 15.4 sieht das Ergebnis dieses Arbeitsschrittes so aus:

	Öffnungen	Nicht-Öffnungen	Zeilen-Summe
Betreff 1	60	140	200 (= 60 + 140)
Betreff 2	50	150	200 (= 50 + 150)
Spalten-Summe	110 (= 60 + 50)	290 (= 140 + 150)	400

- **Erwartungswerte berechnen:** Die Tabelle wird nun quasi dupliziert. Anstelle der im Test beobachteten Häufigkeiten tragen wir aber die sogenannten *Erwartungswerte* für die vier Merkmalskombinationen ein. Das sind die Werte, die sich rein rechnerisch ergeben müssten, wenn es *keinen* Zusammenhang zwischen »Variante« und »Zielerreichung« gäbe. Nämlich Zeilensumme * Spaltensumme / Gesamtsumme:

	Erwartungswerte		Zeilen-Summe
Betreff 1	55 (= 200 * 110 / 400)	145	200
Betreff 2	55	145 (= 200 * 290 / 400)	200
Spalten-Summe	110	290	400

- **Quadrierte Abweichungen bestimmen:** Weichen nun die erwarteten von den beobachteten Werten stark voneinander ab, kann dies ab einem gewissen Grad als Abhängigkeit der Öffnungshäufigkeit vom Betreff gewertet werden. Dann hätte also die Wahl der Betreffzeile tatsächlich einen Einfluss auf den Erfolg. Und genau hier setzt der χ^2-Unabhängigkeitstest an: Zur Berechnung der Prüfgröße für den Hypothesentest wird für alle Tabellen-Felder
  - die erwartete von der beobachteten Häufigkeit subtrahiert,
  - dann quadriert
  - und anschließend in Relation zur erwarteten Häufigkeit gesetzt:

	Abweichungen der beobachteten von den erwarteten Werten	
Betreff 1	5 (= 60 - 55)	-5 (= 140 - 145)
Betreff 2	−5	5
	Quadrierte Abweichungen	
Betreff 1	25 (= 5 zum Quadrat)	25
Betreff 2	25 (= -5 zum Quadrat)	25
	Quadrierte Abweichungen geteilt durch die Erwartungswerte	
Betreff 1	0,4545 (= 25 / 55)	0,1724 (= 25 / 145)
Betreff 2	0,4545	0,1724

- **Summe bilden:** Der χ^2-Wert unseres Tests ergibt sich als Summe dieser – im 2×2-Fall – vier Abweichungen: $\chi^2 = 0{,}4545 + 0{,}4545 + 0{,}1724 + 0{,}1724 = 1{,}253918$.

Vorsicht: Erwartungswerte sollten größer als 5 bis 10 sein

Probleme entstehen bei der Aussagekraft eines χ^2-Tests, falls Erwartungswerte kleiner 5 (andere Quellen: 10) auftreten. Bei solch kleinen Stichproben können Spalten und Zeilen nicht geeignet zusammengefasst werden. Es empfiehlt sich dann, auf den Test von Fisher (*Exakter Test*) zurückzugreifen. Oder die Yates-Variante (*Yates Kontinuitäts-Korrektur*) des Chi-Quadrat-Tests durchzuführen. Hierbei wird pro Summand der Betrag der Abweichung des Erwartungs- vom Beobachtungswert um 0,5 vermindert, dann quadriert und durch den Erwartungswert geteilt. Die so berechnete Prüfgröße ist etwas kleiner.

Vergleich mit dem theoretischen χ^2-Wert

Die empirische Testgröße χ^2 (= 1,253918) wird nun mit der theoretischen Größe, die sich aus der χ^2-Verteilung ergibt, verglichen. Verteilungsgrößen haben Statistiker bis zum PC-Durchbruch in altmodischen Tabellen abgelesen. Die Spalten darin führten unser Signifikanzniveau α an und die Zeilen die Zahl der sogenannten Freiheitsgrade (*degrees of freedom*, df).

Der Split-A/B-Test (2x2-Felder-Fall) besitzt *einen* Freiheitsgrad. Ein Split-A/B/C-Test (3x2-Felder-Fall) würde zwei Freiheitsgrade besitzen, der Split-A/B/C/D-Test drei und so weiter. (Allgemein: Spaltenzahl minus eins mal Zeilenzahl minus eins.) Damit wird der Tatsache Rechnung getragen, dass die Zahl der Summanden (und damit die Prüfgröße) allein mit der Anzahl der Felder steigt. Die Berechnung der Prüfgröße erfolgt ansonsten auf die gleiche Weise wie gezeigt.

Die folgende Tabelle gibt die kritischen Werte wieder:

Vertrauens-Wahrscheinlichkeit	χ^2 bei df = 1	χ^2 bei df = 2	χ^2 bei df = 3
0,800 (= 80 %)	1,642	3,219	4,642
0,900	2,706	4,605	6,251

Tabelle 15.6: Theoretische Chi-Quadrat-Schranken bei einem bis drei Freiheitsgraden und verschiedenen Konfidenzniveaus

Vertrauens-Wahrscheinlichkeit	χ^2 bei df = 1	χ^2 bei df = 2	χ^2 bei df = 3
0,950	3,841	5,991	7,815
0,990	6,635	9,210	11,345
0,999 (= 99,9 %)	10,828	13,816	16,266

Tabelle 15.6: Theoretische Chi-Quadrat-Schranken bei einem bis drei Freiheitsgraden und verschiedenen Konfidenzniveaus (Forts.)

Ist unser errechnetes χ^2 größer als der Wert aus der Tabelle, kann die Nullhypothese verworfen werden – dann haben wir ein signifikantes Ergebnis!

1,253918 ist jedoch kleiner als der theoretische Wert 1,642374 (vergleiche Tabelle 15.6). Der Test ist also nicht mal auf einem Niveau von 20 Prozent (= Konfidenzniveau von 80 Prozent) signifikant. Zur Erinnerung: Bei 80 Prozent Vertrauenswahrscheinlichkeit würden wir in einem von fünf erfolgreichen Tests (= 20 Prozent) irrtümlich davon ausgehen, dass ein Zusammenhang zwischen Betreff und Öffnungsrate besteht. Nach Maßgabe der Statistik müssen wir aber die Alternativhypothese verwerfen. Die +10 Öffnungen sind dem Zufall geschuldet, nicht der Betreff-Variation.

Um beim nächsten Mal signifikante Unterschiede aufzudecken, sollten entweder kontrastreichere Betreffzeilen gewählt werden. Dies würde größere Response-Unterschiede bewirken. Oder wir verdoppeln die Stichprobengröße pro Variante. Auch dies erhöht den Chi-Quadrat-Wert.

Am Rande: Faustregel

Online-Marketer beurteilen die Signifikanz eines Split-A/B-Tests zum Teil auch danach, ob folgende Bedingung erfüllt ist:

$$Y - X > \sqrt{X + Y}, \text{ mit } Y > X$$

X und Y sind – wie beim Chi-Quadrat-Test – die beobachteten Häufigkeiten. Für unser Beispiel aus Tabelle 15.4 gilt also:

$$60 - 50 > \sqrt{50 + 60}$$
$$10 > \sqrt{110}$$
$$10 > 10,48809 \text{ (falsch)}$$

Demnach wäre das Ergebnis auch nach dieser groben, aber Taschenrechner-tauglichen Faustregel *nicht* signifikant.

Tipp: Chi-Quadrat-Test in Excel

Niemand hat Lust, sich nach jedem Test Kreuztabellen für einen χ^2-Test zu basteln und damit herumzurechnen. Unter der folgenden URL findet sich daher ein Excel-Arbeitsblatt, in das nur noch die Ergebnisse des Split-Tests eingetragen werden müssen: `tinyurl.com/p9vbn2r`. Einen Onlinerechner stelle ich hier bereit: `tinyurl.com/qeflo3p`.

15.2.2 Optimalen Testumfang berechnen

Wie viele Empfänger muss ich eigentlich im Vorfeld für einen Test mindestens auswählen? 42? 10 Prozent des Verteilers? 1000? Oder 1456?

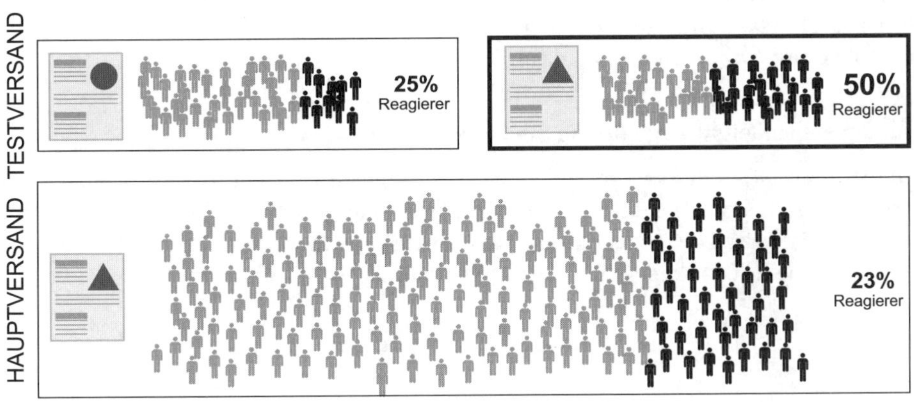

Abb. 15.10: Zu geringe Testgröße – der Zufall verzerrte das Testergebnis, das deshalb beim Hauptversand nicht eintritt. Eine größere Stichprobe hätte mehr Sicherheit geboten.

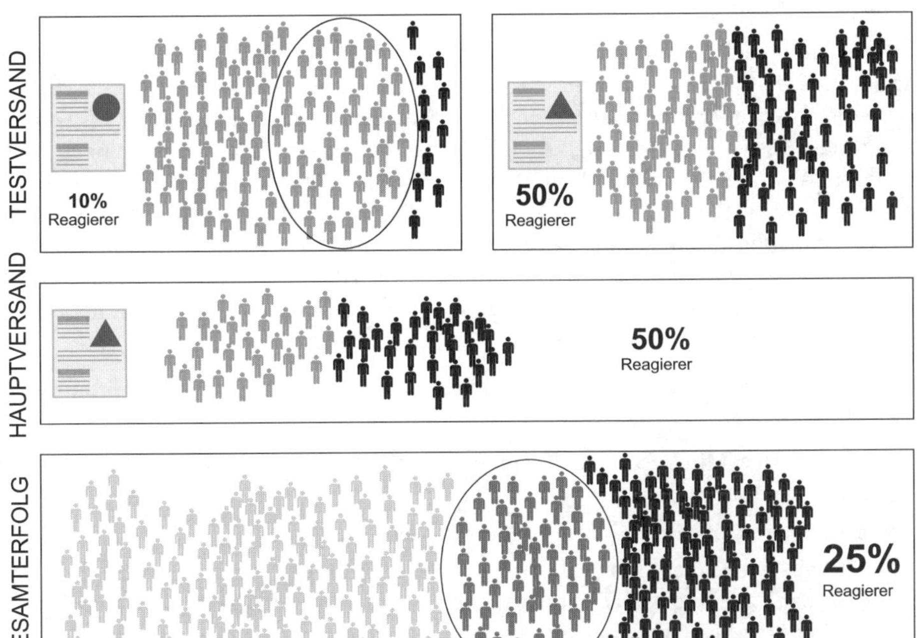

Abb. 15.11: Zu großer Test – hier wurde Umsatzpotenzial verschenkt.

Die Frage ist nicht ganz unwichtig, schließt sie doch eventuell sinnvolle oder methodisch korrekte Tests für kleinere Versender aus. Die Frage ist aber vor allem unter wirtschaftlichen Gesichtspunkten zu beantworten. Werden zu viele Abonnenten für den Pre-Test ausgewählt, verschenken Sie Umsatz. Schließlich erhalten mehr Empfänger als nötig die Verlierer-Variante(n). Werden hingegen zu wenige einbezogen, lassen sich die Ergebnisse beim Hauptversand aufgrund zufälliger Einflüsse nicht reproduzieren. Abbildung 15.10 und Abbildung 15.11 verdeutlichen das Dilemma.

Wahrscheinlichkeitstheorie für die Stichprobengröße

Um die Mindest-Stichprobengröße »n« zu bestimmen, ab der ein fundierter Schluss von dem Test-Response auf den des späteren Hauptversandes möglich ist, benötigen wir wieder ein wenig Mathematik. Genauer ausgedrückt zwei Formeln, die sich um Statistik-theoretische Urnenmodelle ranken: »Zufallsziehung *mit* und *ohne* Zurücklegen«.

$$n \overset{!}{\geq} \frac{z^2 \cdot p \cdot (1-p)}{e^2} \qquad (1)$$

$$n \overset{!}{\geq} \frac{z^2 \cdot N \cdot p \cdot (1-p)}{e^2 \cdot (N-1) + z^2 \cdot p \cdot (1-p)} \qquad (2)$$

Abb. 15.12: Stichprobenumfang – Zwei Möglichkeiten zur Ermittlung der notwendigen Testgröße

Beim Urnenmodell *Ziehen mit Zurücklegen* (1) wird eine zufällig entnommene E-Mail-Adresse zunächst notiert und dann wieder in die Urne zurückgegeben. Theoretisch kann sie daraus also wieder und wieder gezogen werden und somit mehrmals im Testverteiler vorkommen. Da wir eine Adresse nur einmal anschreiben, ist dies augenscheinlich wenig realistisch. Aber ... es handelt sich um ein *theoretisches* Modell. Und der Testumfang ließe sich hiermit im Gegensatz zum genauen Modell *Ziehen ohne Zurücklegen* (2) noch per Taschenrechner bestimmen. Eine Faustregel besagt nun: Falls die Testgruppe weniger als 5 Prozent vom Gesamtverteiler ausmacht, dann darf auch das einfachere Modell mit Zurücklegen (1) gewählt werden. Die Stichprobe ist dann relativ gesehen so klein, dass es im Ergebnis kaum einen Unterschied macht.

Nun bedürfen die beiden Formeln in Abbildung 15.12 natürlich noch einer Erläuterung. Wofür stehen die einzelnen Variablen?

- **n:** die gesuchte Mindestzahl an Empfängern, die für einen aussagekräftigen Test notwendig wäre (*Stichprobenumfang*)
- **N:** die Gesamtgröße des E-Mail-Verteilers (*Grundgesamtheit*)
- **z:** Wert aus der Standardnormalverteilung, der sich für den gewählten Sicherheitsgrad 1-α aus der Verteilungstabelle ergibt (üblich sind 95 Prozent, der zugehörige *z-Wert* ist 1,96). Der Sicherheitsgrad bestimmt, wie statistisch sicher vom Test auf die Gesamtperformance geschlossen werden soll.

Vertrauens-Wahrscheinlichkeit	0,800 (= 80 %)	0,900	0,950	0,990	0,999 (= 99,9 %)
z-Werte	1,28	1,64	1,96	2,58	3,29

Tabelle 15.7: Z-Werte gängiger Sicherheitsgrade

- **r:** Die Responsequote, die wir vorab aus unseren bisherigen Erfahrungen vorhersagen. Zum Beispiel 1,5 Prozent Conversion-Rate von Klickern zu zugestellten E-Mails oder 8,5 Prozent effektive Klickrate.
- **e:** Der absolute Fehler, den wir tolerieren wollen – exemplarisch: Falls die Klickrate r = 12 % auf plus/minus e = 1 % genau geschätzt werden soll, reicht das Konfidenzintervall der Schätzung von 11 bis 13 Prozent. Das heißt, mit der gewählten Sicherheit liegt der Wert in diesem Bereich.

Anwendungsbeispiel

Sie möchten einen Betreffzeilen-Test durchführen. Aus Ihrer Erfahrung rechnen Sie mit einem Ergebnis von circa 30 Prozent Öffnungsrate. Der Test soll auf 0,5 Prozent genau sein. Damit würde das Konfidenzintervall der Schätzung für den späteren Hauptversand von 29,5 bis 30,5 Prozent Öffnungsrate reichen. Wie viele Test-Adressen benötigen Sie bei einem Sicherheitsgrad von 95 Prozent?

Tipp: Z-Werte in Excel & Co bestimmen

In Excel erhalten Sie die Werte aus Tabelle 15.7 mit der Funktion KONFIDENZ(). Für ein Sicherheitsniveau von 95 Prozent geben Sie ein:

```
=RUNDEN(KONFIDENZ(1-0.95;1;1);2)
```

Als Ergebnis liefert Excel 1,96. (Hinweis: Je nachdem, ob Ihr Betriebssystem oder Excel-Setup einen Punkt oder ein Komma als Dezimalzeichen wertet, muss statt 0.95 → 0,95 eingegeben werden.) In anderen Tabellenkalkulationen funktioniert dies ganz analog. Bei der Eingabe von `=ROUND(CONFIDENCE(1-0.95;1;1);2)` meldet sich ein Google-Spreadsheet mit demselben Ergebnis.

Tabelle 15.7 entnehmen Sie für 95 Prozent einen z-Wert von 1,96. In Formel (1) aus Abbildung 15.12 eingesetzt, ergibt sich nach Auflösung der Ungleichung ein Mindestumfang von 32.269,44 Empfängern für den Testversand. Halbe Empfänger gibt's nicht. Daher wird auf 32.270 aufgerundet.

Unterm Strich heißt das: Liefert der Testversand an 32.270 Empfänger eine Öffnungsrate von 30 Prozent, dann kann mit einer Vertrauenswahrscheinlichkeit von 95 Prozent angenommen werden, dass der Hauptversand eine 29,5- bis 30,5-prozentige Öffnungsrate erzielen wird. In fünf von hundert Tests vertun wir uns – der Hauptversand landet darüber oder darunter.

Die mathematische Herleitung findet sich Schritt für Schritt unter Ziffer 1 in Abbildung 15.13.

1

$$n \overset{!}{\geq} \frac{1,96^2 \cdot 0,30 \cdot (1-0,30)}{0,005^2} \overset{!}{\geq} \frac{3,8416 \cdot 0,30 \cdot 0,70}{0,000025} \overset{!}{\geq} \frac{3,8416 \cdot 0,21}{0,000025} \overset{!}{\geq} \underline{\underline{32269,44}}$$

2

$$n \overset{!}{\geq} \frac{1,96^2 \cdot 0,30 \cdot (1-0,30)}{0,02^2} \overset{!}{\geq} \frac{3,8416 \cdot 0,30 \cdot 0,70}{0,0004} \overset{!}{\geq} \frac{3,8416 \cdot 0,21}{0,0004} \overset{!}{\geq} \underline{\underline{2016,84}}$$

3

$$n \overset{!}{\geq} \frac{1,96^2 \cdot 0,15 \cdot (1-0,15)}{0,02^2} \overset{!}{\geq} \frac{3,8416 \cdot 0,15 \cdot 0,85}{0,0004} \overset{!}{\geq} \frac{3,8416 \cdot 0.1275}{0,0004} \overset{!}{\geq} \underline{\underline{1224,51}}$$

4

$$n \overset{!}{\geq} \frac{1,28^2 \cdot 0,15 \cdot (1-0,15)}{0,02^2} \overset{!}{\geq} \frac{1,6384 \cdot 0,15 \cdot 0,85}{0,0004} \overset{!}{\geq} \frac{1,6384 \cdot 0.1275}{0,0004} \overset{!}{\geq} \underline{\underline{522,24}}$$

Abb. 15.13: Stichprobenumfang – Beispiele zur Berechnung

Was wäre, wenn wir die erlaubte Fehlerspanne von 0,5 auf 2 Prozent erhöhen? Dies zeigt Variante Nummer 2. Der erforderliche Testumfang reduziert sich von 32.270 auf 2.017 Abonnenten. In Variante 3 gehen wir darüber hinaus von nur noch der hälftigen Öffnungsrate aus, also von 15 Prozent. Und in Variante 4 verringern wir unseren Sicherheitsgrad auf 80 Prozent – bei einem von fünf Tests könnte der Hauptversand dann trotzdem die obere oder untere Schranke des Konfidenzintervalls »sprengen«. Man sieht: Je nachdem, wie genau man schätzen möchte, lässt sich der Umfang »n« mehr oder weniger stark reduzieren:

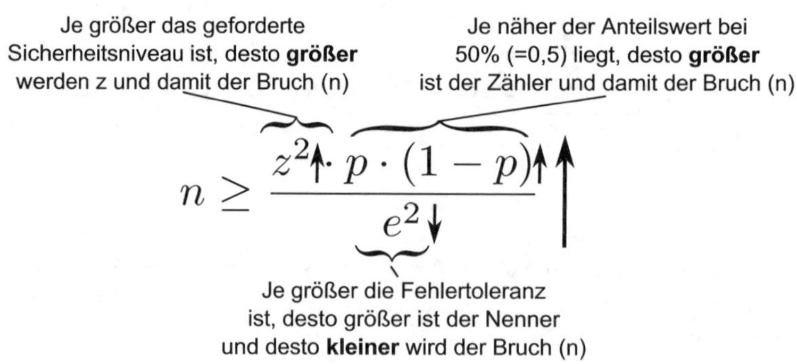

Abb. 15.14: Stichprobenumgang – Abhängigkeiten von n anhand der Ungleichung erklärt

Die Rechenbeispiele verdeutlichen, wie die erforderliche Stichprobengröße nach unten gedrückt werden kann. Merke:

- Mit einer größeren Fehlertoleranz e sinkt der benötigte Umfang für den Test.
- Je weiter die erwarteten Responsequoten r von 50 Prozent entfernt ist (sehr großer oder sehr kleiner Anteilswert), desto geringer die benötigte Testgröße.

- Je größer der erwartete Response r, desto kleiner wird relativ dazu ein gegebener Stichprobenfehler e – bei größeren r können eher auch größere e akzeptiert werden.
- Eine kleinere Sicherheit von zum Beispiel 80 statt 95 Prozent senkt die erforderliche Mindestgröße ebenfalls – aber eben auch die statistische Aussagekraft.

Tipp: Berechnung in Excel

Das Anwendungsbeispiel lässt sich leicht in eine Tabellenkalkulation übertragen. Damit können flexibel Testgrößen bestimmt werden. Passen Sie die folgenden Formeln einfach Ihren Bedürfnissen an und geben Sie diese dann in eine Zelle ein.

Ein Ergebnis für das einfachere Modell mit Zurücklegen eines gezogenen Datensatzes (Nummer 1 in Abbildung 15.12) lautet:

```
=POTENZ(KONFIDENZ(1-0.90;1;1);2)*0.05*(1-0.05)/POTENZ(0.01;2)
```

Das korrekte Modell (2) ohne Zurücklegen erfordert mehr Rechenschritte, ist aber genauer:

```
=POTENZ(KONFIDENZ(1-0.9;1;1);2)*100000*0.05*(1-0.05)/(POTENZ(0.01;2)*(100000-1)+(POTENZ(KONFIDENZ(1-0.9;1;1);2)*0.05*(1-0.05)))
```

Interpretation des Ergebnisses: Wenn der Testversand an die n = 1.286 (1) beziehungsweise n = 1.269 (2) Abonnenten tatsächlich 5 Prozent Response (0.05) erzielt, dann sollte mit einer Vertrauenswahrscheinlichkeit von 90 Prozent (0.90) beim Versand an alle 100.000 Abonnenten der Response zwischen 4 und 6 Prozent (0.05 ± 0.01) liegen.

Man beachte: Je nach Excel-Setup müssen die Dezimalpunkte durch Kommata ersetzt werden: 0,90 statt 0.90.

Ein bisschen ernüchternd sind die Zahlen schon, oder? ☺ Der geforderte Mindestumfang liegt meist etwas höher als erwartet. Ebenso ist es dürftig, die Responsequote vorab schätzen zu müssen. Beide Formeln benötigen ein »r«. Aber: Ob man sich nun im Vorfeld eines Testversands auf die »Urne« verlässt oder auf seine unfehlbaren Gefühlsantennen, das bleibt natürlich jedem selbst überlassen.

15.2.3 Fehlerspanne der Schätzung bestimmen

Apropos »Responsequote r muss vorab bekannt sein« – was wäre eigentlich, wenn sich die Rückläuferquote beim Test ganz anders einstellt als vorab geschätzt? Sofern wir keine hellseherischen Fähigkeiten entwickeln, wird dies ja in der Regel der Fall sein. Lassen Sie uns den Fall daher anhand eines weiteren Beispiels durchspielen.

Beispiel: Standalone-Versand

Angenommen, Sie planen, eine E-Mail-Werbekampagne zur Gewinnung von Leads zu buchen (Adressmiete). Etwa Probefahrten für Ihr neues Automodell. Der Listeigner, der Ihnen Adressen vermietet, möchte hierfür pro tausend angeschriebene Kontakte vergütet werden. Bevor Sie seine komplette Liste, immerhin 50.000 Abonnenten, mit Ihrer Werbung beschicken lassen, testen Sie vorher den Response anhand einer repräsentativen

Stichprobe. Ansonsten bezahlen Sie vielleicht teures Lehrgeld aus Ihrem knappen Werbebudget, falls die Liste bei Ihrer Anzeige völlig floppt.

Aus Ihrer Erfahrung und der des Listeigners schätzen Sie vorab für Ihr Werbemittel und Ihre Landingpage eine Bestellrate von einem Prozent. Jeder hundertste Adressat wird (hoffentlich) eine Probefahrt ordern. Mit einer Fehlertoleranz von 0,5 Prozent und einem Signifikanzniveau von 80 Prozent ermitteln Sie eine Testgröße von 641 zufällig ausgewählten Adressaten.

Reagieren tatsächlich 1 Prozent, dann würde – ceteris paribus – in acht von zehn Fällen (= 80 Prozent) korrekterweise vom Test auf einen Response zwischen 1,5 und 0,5 Prozent beim Hauptversand (= 1 % Response ± 0,5 % Fehler) geschlossen werden.

Das erfreuliche »Problem«: Der Test offenbart sogar zwei Prozent Rücklaufquote. Gut! Aber wie ist das Ergebnis nun unter statistischen Gesichtspunkten zu interpretieren? Schließlich waren die Voraussetzungen für die Vorabschätzung falsch. Und auf der fußte die Berechnung des Stichprobenumfangs n ...

Bestimmung der neuen Fehlertoleranz

Wenn Sie nach der Lektüre des vorigen Abschnittes auf den Formel-Geschmack gekommen sind, dann habe ich eine gute Nachricht für Sie. Um unsere Arbeitsfrage zu beantworten, können wir nämlich die Ungleichung (2) zur Bestimmung der Stichprobengröße aus Abbildung 15.12 nach der Fehlertoleranz e umstellen. Das Ergebnis sehen Sie in Abbildung 15.15.

$$e = z \cdot \sqrt{\frac{p \cdot (1-p)}{n} \cdot \sqrt{\frac{N-n}{N-1}}}$$

Abb. 15.15: Fehlertoleranz berechnen

Setzen wir die Beispiel-Daten unserer Lead-Kampagne ein, dann beläuft sich der absolute Fehler e nunmehr auf 0,7 Prozent, nicht mehr 0,5 Prozent. (Probieren Sie es aus!) Damit wird das Konfidenzintervall größer, die Präzision sinkt. Die Schlussfolgerung lautet: Da der Testversand 2 Prozent Response erzielte, wird mit einer Vertrauenswahrscheinlichkeit von 80 Prozent auch beim Hauptversand der Response zwischen 1,3 und 2,7 Prozent liegen. Eine lukrative Sache – auf geht's zum Hauptversand!

Exemplarisch in Abbildung 15.16 noch einmal die Berechnung der Fehlertoleranz aus einem vorangegangenen Beispiel.

Tipp: Fehlertoleranz in Excel bestimmen

Die Gleichung aus Abbildung 15.15 lässt sich mit den Beispieldaten aus Abbildung 15.16 wie folgt in Excel darstellen:

```
=WURZEL((POTENZ(KONFIDENZ(1-0.90;1;1);2)*0.05*(1-0.05)/(100000-1))*(100000/1262-1))
```

(Gegebenenfalls wieder die Dezimalpunkte durch Kommata ersetzen.) In einer Zelle eingetragen liefert die Formel den Wert 0.01, also 1 Prozent. Dies entspricht in der Tat der Fehlertoleranz, die wir im Anwendungsbeispiel im Abschnitt 15.2.2 *Optimalen Testumfang berechnen* festgelegt haben.

Interpretation: Wenn der Testversand an 1262 Empfänger 5 Prozent Response (0.05) erzielte, dann würde mit einer Vertrauenswahrscheinlichkeit von 90 Prozent (0.90) beim Versand an alle 100000 Abonnenten der Response zwischen 4 Prozent und 6 Prozent (= 5 Prozent ± 1 Prozent Fehler, also 0.05 ± 0.01) liegen.

$$\begin{aligned}
e &= 1,64 \cdot \sqrt{\frac{0,05 \cdot (1-0,05)}{1262} \cdot \sqrt{\frac{100000-1262}{99999}}} \\
&= 1,64 \cdot \sqrt{\frac{0,05 \cdot 0,95}{1262} \cdot \sqrt{\frac{98738}{99999}}} \\
&= 1,64 \cdot \sqrt{\frac{0,0475}{1262} \cdot \sqrt{\frac{98738}{99999}}} \\
&= 1,64 \cdot \sqrt{0,00003763867 \cdot \sqrt{0,9873899}} \\
&= 1,64 \cdot \sqrt{0,00003763867 \cdot 0,9936749} \\
&= 1,64 \cdot \sqrt{0,0000374006} \\
&= 1,64 \cdot 0,006096231 \\
&= 0,00999782 \\
&\approx 1\%
\end{aligned}$$

Abb. 15.16: Fehlertoleranz bestimmen anhand des Anwendungsbeispiels aus dem vorigen Abschnitt zum »Stichprobenumfang«

15.3 Split-Tests – effektiv und besonders leicht

Beim Testen steht der Marketer vor der Entscheidung: Split-Test oder multivariater Test? Ein *Split*-Test sollte die Wirkung *eines* Erfolgsfaktors untersuchen. Zum Beispiel Betreffzeile beim Test in Woche eins, Call-to-Action-Beschriftung beim Test in Woche zwei. Man spricht in diesem Zusammenhang von *univariaten* Tests. *Multivariate* Tests hingegen untersuchen direkt mehrere Variablen: Der Test in Woche eins könnte also gleichzeitig die Kombinationen sowohl der Betreffzeilen als auch der Call-to-Actions beinhalten. (Theoretisch sind Split-Tests auch als multivariate Tests denkbar. Jedoch wissen Sie dann später nicht, welches Merkmal der Variation für den Erfolg ausschlaggebend war. Das Learning geht also unter Umständen verloren.)

Je nachdem, wie viele Ausprägungen des Faktors im Split-Test untersucht werden, handelt es sich um A/B (zwei Ausprägungen), A/B/C- (drei) oder allgemein A/B/n-Tests. Zwei Ausprägungen einer Call-to-Action im A/B-Test könnten zum Beispiel lauten:

1. Hier klicken
2. Platz sichern

Wichtig hierbei ist die sogenannte *Ceteris-paribus-Klausel*: Alles andere bleibt gleich. Versandzeitpunkt, Empfängerzahl, Versand-IP, Zusammensetzung der Empfänger (Anteil Männer und Frauen, @gmail- und @yahoo-Nutzer) und so weiter sind idealtypisch bei beiden Varianten vollkommen identisch. Allein die Call-to-Action wird variiert. Nur so kann der Effekt der zwei Faktorstufen isoliert erfasst werden.

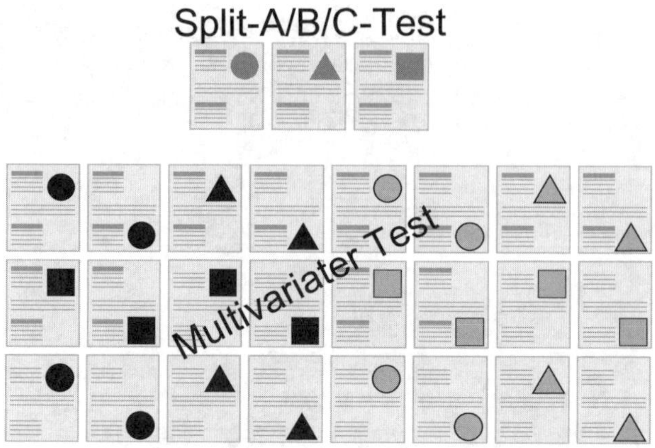

Abb. 15.17: Multivariater Test versus Split-Test – bei Ersterem variieren Sie gleich mehrere Merkmale wie zum Beispiel (1) die Form des Key Visuals, (2) dessen Platzierung, (3) farbig oder schwarz-weiß und (4) mit oder ohne Überschriften. Hierdurch entstehen schnell viele Kombinationen, die es mit Testgruppen abzudecken gilt. Der Split-Test variiert hingegen nur ein Merkmal (hier: das Key Visual).

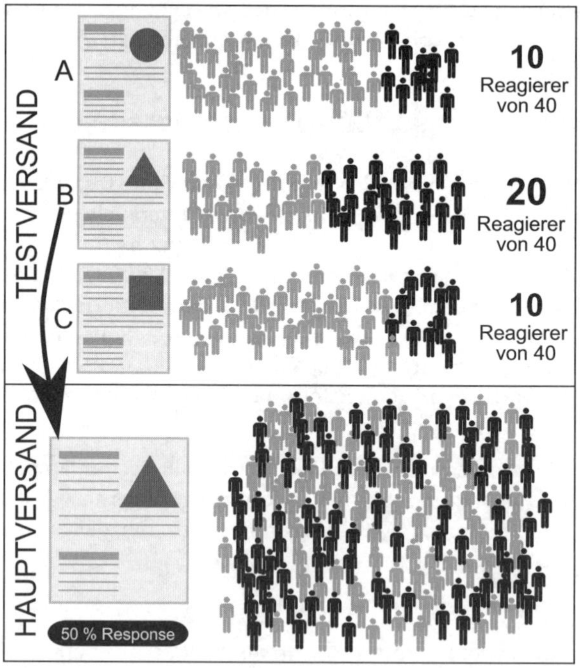

Abb. 15.18: Split-A/B/C-Testing – Vor dem Hauptversand probieren Sie drei Ausprägungen eines Merkmals – etwa das Key Visual – an kleinen Testgruppen aus. Eine Gruppe bekommt den Kreis, eine das Dreieck, eine das Quadrat. Die Gewinnervariante senden Sie dann an den Rest. Einfacher lässt sich der Response nicht optimieren ...

Dem Hauptversand vorgelagerte Split-Tests zählen zu den effizientesten Möglichkeiten, die E-Mail-Performance zu verbessern. Hierzu wird vorab per Zufallsauswahl ein Teilsegment des Verteilers gezogen und für den Test reserviert (zum Beispiel 20 Prozent). Das Teilsegment wird nun in eine Kontrollgruppe A und eine Testgruppe B gespalten (Split-A/B-Test). Beide Gruppen erhalten jeweils eine andere Ausprägung des Testfaktors (Variante A versus B) zugesandt. Der Sieger wird anschließend für den Hauptversand an die restlichen 80 Prozent verwendet. Klingt kinderleicht und sinnvoll? Ist es auch. In Abbildung 15.18 sehen Sie es am Beispiel eines Split-A/B/C-Tests.

Viele E-Mail-Versandlösungen unterstützen Versender beim Split-Testen. Die Kontrollvariante kann dann auf Knopfdruck ein oder mehrmals dupliziert werden. Der Betreff oder die Handlungsaufforderung ist in den Duplikaten als Herausforderer schnell variiert. Selbst der Hauptversand kann im Anschluss an den Vorab-Test automatisch angestoßen werden. Hierzu muss nur festgelegt werden, wie die Gewinnervariante bestimmt wird – meiste Klicks oder Öffnungen oder Conversions?

15.4 Komplexer: Multivariate Tests

Experimente, die auf einen Schlag gleich viele Testmerkmale und Ausprägungen einschließen, erhöhen die Taktrate beim Erfahrungsgewinn und den Responsezuwachs noch einmal deutlich. Multivariate Tests sollten Sie deshalb ebenfalls evaluieren.

Drei Betreffs, zwei Call-to-Action-Beschriftungen und drei Schlüsselgrafiken auf der Landingpage im Rahmen *eines* Experiments könnten exemplarisch ein multivariates Test-Setup darstellen. Die Test-Variablen werden als *Faktoren*, deren Ausprägungen als Faktor*stufen* bezeichnet.

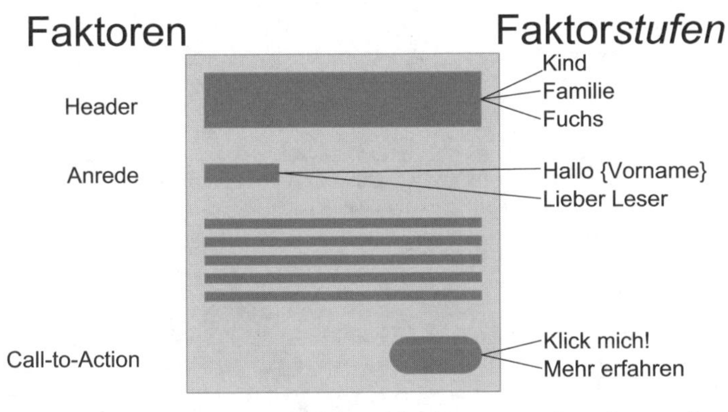

Abb. 15.19: Faktoren und Faktorstufen beim E-Mail-Werbemittel

Interessant sind hierbei einerseits die losgelösten Einflüsse der drei Faktoren auf den Response, die sogenannten *Haupteffekte*: Wie stark beeinflusst zum Beispiel allein die Call-to-Action-Variation den Response? Neben diesen Haupteffekten interessieren unter Umständen auch Wechselwirkungen *zwischen* den Faktoren, die sogenannten *Interaktionen*. Um sich ein solches Zusammenspiel bildlich zu verdeutlichen, denken Sie an Milchreis und Zimt: Für sich genommen schmecken beide vielleicht o. k., aber zusammen sind sie ein

Gedicht. Dies wäre also ein Beispiel für eine solche Interaktion. Ebenso ist es denkbar, dass ein Betreff mit einer bestimmten Call-to-Action den Response stimuliert, in Kombination mit einer anderen aber sogar negativ wirkt.

15.4.1 Design of Experiments (DoE)

Erinnern Sie sich an Anna Lyse aus dem vorigen Kapitel, Abschnitt 14.11 *Vom Zahlenfriedhof zum Wert einer E-Mail-Adresse*? Gut! Denn Annas Lebensabschnittsgefährte Peter hat beschlossen, in das Thema multivariate Tests einzusteigen. Wir wollen ihm dabei über die Schulter schauen.

Peter baut derzeit eine Webseite für Strompreis-Vergleiche in Großbritannien auf. E-Mail-Marketing spielt dabei eine entscheidende Rolle und die Testkandidaten für seine nächste Kampagne hat er bereits auserkoren:

1. 3x Betreffzeilen mit und ohne Personalisierung,
2. 3x verschiedene Anreden,
3. 3x Handlungsaufforderungen und
4. 3x unterschiedliche Schlüsselgrafiken für ihre Zielgruppe.

Natürlich könnten all diese Effekte im Rahmen von Split-A/B-Tests erprobt werden. Allerdings wäre Peter damit lange beschäftigt. Die Ergebnisse sollten nebenher auch möglichst schnell vorliegen. Also nimmt er seinen Montblanc zur Hand und notiert das Test-Setup:

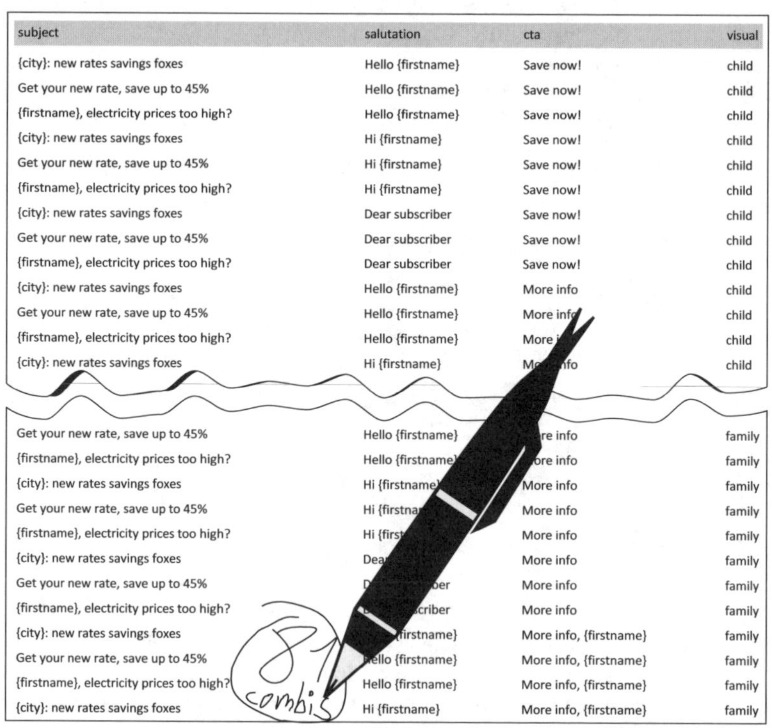

subject	salutation	cta	visual
{city}: new rates savings foxes	Hello {firstname}	Save now!	child
Get your new rate, save up to 45%	Hello {firstname}	Save now!	child
{firstname}, electricity prices too high?	Hello {firstname}	Save now!	child
{city}: new rates savings foxes	Hi {firstname}	Save now!	child
Get your new rate, save up to 45%	Hi {firstname}	Save now!	child
{firstname}, electricity prices too high?	Hi {firstname}	Save now!	child
{city}: new rates savings foxes	Dear subscriber	Save now!	child
Get your new rate, save up to 45%	Dear subscriber	Save now!	child
{firstname}, electricity prices too high?	Dear subscriber	Save now!	child
{city}: new rates savings foxes	Hello {firstname}	More info	child
Get your new rate, save up to 45%	Hello {firstname}	More inf[illegible]	child
{firstname}, electricity prices too high?	Hello {firstname}	More [illegible]	child
{city}: new rates savings foxes	Hi {firstname}	M[illegible]nfo	child
Get your new rate, save up to 45%	Hello {firstname}	[illegible]re info	family
{firstname}, electricity prices too high?	Hello {firstname[illegible]	[illegible]ore info	family
{city}: new rates savings foxes	Hi {firstname[illegible]	More info	family
Get your new rate, save up to 45%	Hi {firstna[illegible]	More info	family
{firstname}, electricity prices too high?	Hi {firs[illegible]	More info	family
{city}: new rates savings foxes	Dea[illegible]	More info	family
Get your new rate, save up to 45%	D[illegible]ber	More info	family
{firstname}, electricity prices too high?	[illegible]criber	More info	family
{city}: new rates savings foxes	[illegible]firstname}	More info, {firstname}	family
Get your new rate, save up to 45%	[illegible]ello {firstname}	More info, {firstname}	family
{firstname}, electricity prices too high?	Hello {firstname}	More info, {firstname}	family
{city}: new rates savings foxes	Hi {firstname}	More info, {firstname}	family

Abb. 15.20: 81 Varianten sind zu viel.

Während Peter die Varianten niederschreibt, wird er eines Problems gewahr. Vier Faktoren à jeweils 3 Level – unterm Strich entstehen hierdurch 3*3*3*3=81 Permutationen. Er müsste also 81 verschiedene E-Mails an unterschiedliche Testgruppen versenden, würde er ein sogenanntes *vollständiges Design* nutzen (in UK auch *full factorial design* genannt). Hierbei werden alle Faktorlevel mit jeder möglichen Kombination der Level anderer Faktoren berücksichtigt:

- Betreffzeile 1 in Kombination mit Anrede 1, Call-to-Action 1 und Grafik 1
- Betreffzeile 1 in Kombination mit Anrede 2, Call-to-Action 1 und Grafik 1
- und so weiter

Ein solches Design erlaubt zwar die detaillierteste Auswertung. Und für kleinere, sagen wir 2x2x2 Experimente mag dies durchaus noch gangbar sein. Aber 81 Varianten sind zu viel, denn:

- Peters Abonnentenstamm ist noch zu klein (jede der 81 Testgruppen würde nur eine minimal kleine Stichprobe zugewiesen bekommen, sodass kaum signifikante Resultate zu erwarten wären).
- Peter hat andere Dinge zu tun als diverse Stunden mit dem Setup von Werbemitteln zu verbringen.

Doch plötzlich macht es Klick und Peter hat eine Idee. Er erinnert sich an eine Alternative: Das *reduzierte Design* (auch als *fractional factorial design* bekannt). Reduzierte Designs beinhalten nicht mehr alle möglichen Kombinationen, sondern nur noch die wichtigsten. Es sollen im Idealfall die gleichen Informationen wie vom vollständigen Design anhand einer minimalen Anzahl an Testgruppen ermittelt werden.

Der Testumfang kann etwa über die Bildung sogenannter *orthogonaler Felder* teils drastisch reduziert werden. Hierauf fußen auch die berühmten *Taguchi*-Methoden vom japanischen Statistiker und Ingenieur Dr. Genichi Taguchi, der diese ab den 50ern Jahren mit als Erster in Test-Designs aufgriff. Heute ist Taguchi zum Buzzword im Netz avanciert, das vielfach synonym für multivariate Webseiten- oder E-Mail-Tests verwendet wird.

Unter orthogonalen Feldern werden »Tabellen« verstanden, bei denen alle Merkmalskombinationen in zwei beliebigen Spalten mindestens einmal vorkommen. Es sind hierbei also nicht mehr alle Permutationen explizit angeführt wie im obigen vollständigen Design. Stattdessen sind die Kombinationen nur noch paarweise, dabei aber vollständig, vorhanden. Paarweise vollständig meint, dass Peters Betreffzeilen-Favorit »{firstname}, electricity prices too high?« noch mindestens einmal mit allen 9 Leveln der anderen drei Faktoren auftaucht. Der Clou besteht darin, später rechnerisch auf die ausgelassenen Varianten zu schließen und den Einfluss der Faktoren auf das Ergebnis zu bestimmen.

Peter macht sich also an die Arbeit und notiert das reduzierte Design (siehe Abbildung 15.21).

Im Ergebnis erhält er nun neun Kombinationen. Die reichen aus, um den Einfluss der vier Haupteffekte mit ihren jeweils drei Stufen zu schätzen. Und damit auch den Response aller 81 Permutationen. Von 81 runter auf 9 – »nicht schlecht«, denkt sich Peter. »Die neun Test-Varianten habe ich in 20 Minuten aufgesetzt. Ein Klacks!«

Gesagt, getan. Zwei Tage später liegen die Ergebnisse der neun E-Mails auch schon vor (siehe Abbildung 15.22).

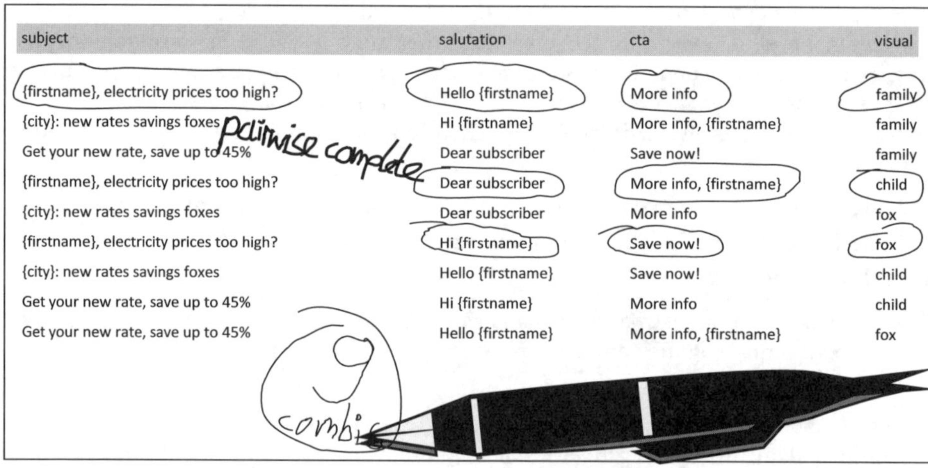

subject	salutation	cta	visual
{firstname}, electricity prices too high?	Hello {firstname}	More info	family
{city}: new rates savings foxes	Hi {firstname}	More info, {firstname}	family
Get your new rate, save up to 45%	Dear subscriber	Save now!	family
{firstname}, electricity prices too high?	Dear subscriber	More info, {firstname}	child
{city}: new rates savings foxes	Dear subscriber	More info	fox
{firstname}, electricity prices too high?	Hi {firstname}	Save now!	fox
{city}: new rates savings foxes	Hello {firstname}	Save now!	child
Get your new rate, save up to 45%	Hi {firstname}	More info	child
Get your new rate, save up to 45%	Hello {firstname}	More info, {firstname}	fox

Abb. 15.21: Das reduzierte Design weist nur noch neun Kombinationen auf.

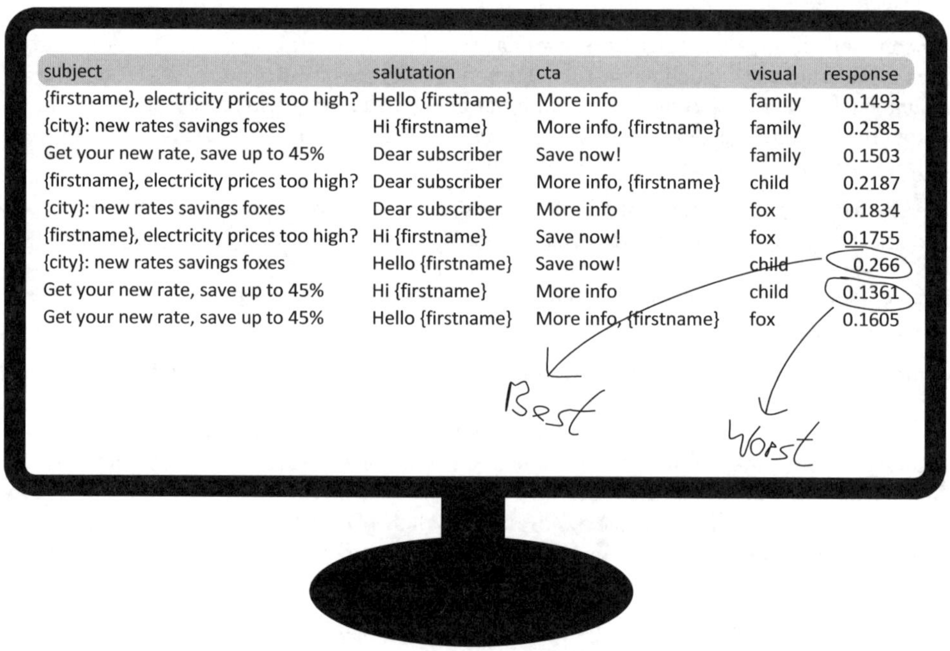

subject	salutation	cta	visual	response
{firstname}, electricity prices too high?	Hello {firstname}	More info	family	0.1493
{city}: new rates savings foxes	Hi {firstname}	More info, {firstname}	family	0.2585
Get your new rate, save up to 45%	Dear subscriber	Save now!	family	0.1503
{firstname}, electricity prices too high?	Dear subscriber	More info, {firstname}	child	0.2187
{city}: new rates savings foxes	Dear subscriber	More info	fox	0.1834
{firstname}, electricity prices too high?	Hi {firstname}	Save now!	fox	0.1755
{city}: new rates savings foxes	Hello {firstname}	Save now!	child	0.266
Get your new rate, save up to 45%	Hi {firstname}	More info	child	0.1361
Get your new rate, save up to 45%	Hello {firstname}	More info, {firstname}	fox	0.1605

Abb. 15.22: Ergebnisse der neun Testaussendungen

Die Variation mit …

- der Betreffzeile: »{city}: New rates saving foxes« [sic],
- der Begrüßung »Hello {firstname}«,
- der Handlungsaufforderung »Save now!«
- und dem Bild, das ein »Kind« zeigt,

... lieferte die höchste Response-Quote: 26,6 Prozent – knapp doppelt so viele Reagierer wie die schlechteste Variante. Das ist gut zu wissen.

15.4.2 Response modellieren

Peter interessiert sich nun vor allem auch dafür, wie die anderen 72 Varianten abgeschnitten hätten. Und natürlich dafür, welchen Erfolgsbeitrag die Faktoren liefern. Er zückt seine vertraute Data-Mining-Anwendung, um ein statistisches Prognosemodell auf Grundlage der neun Tests berechnen zu lassen. Das klingt schlimmer, als es ist:

- **Dummy-Kodierung:** In einem ersten Schritt müssen die Faktorstufen der Merkmale Betreffzeile, Anrede, Call-to-Action und Key Visual in ein binäres Format heruntergebrochen werden. Das Binärformat besteht nur aus Nullen und Einsen – stellvertretend für falsch/wahr oder eben
  - »E-Mail besaß Merkmal« und
  - »E-Mail hatte Merkmal nicht«.

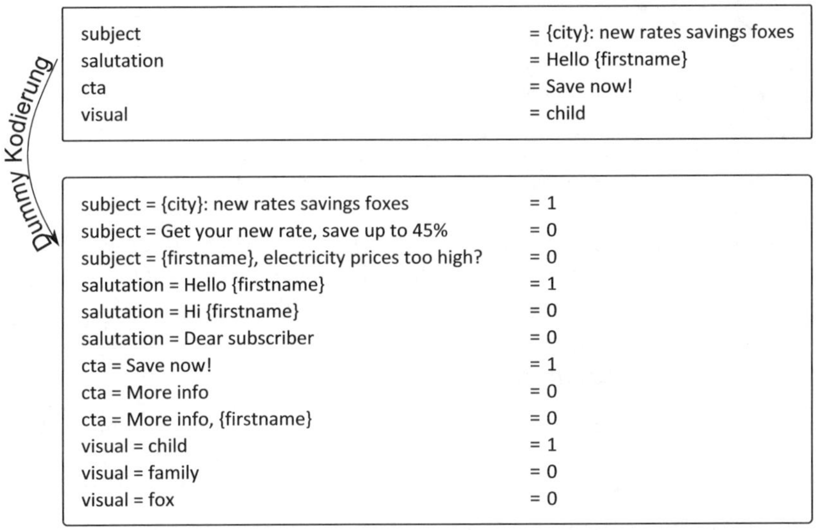

Abb. 15.23: Dummy-Variablen erzeugen

- **Logistische Regression:** Anschließend werden die Dummy-Variablen zusammen mit der jeweiligen Response-Quote als Zielgröße einer Regressionsanalyse unterzogen. Das Resultat ist ein Modell, das die Response-Quoten aller möglichen Kombinationen vorhersagt. Eingabe-Parameter sind die Merkmale einer Variante, Ausgabe ist deren prognostizierter Response. Daher wird der Vorgang auch vorhersagebasierte Modellierung (*Predictive Modelling*) oder – im Direktmarketing – *Response Modelling* genannt (Abbildung 15.24).
- **Prognose:** Schließlich wendet Peter das Modell auf die 72 übrigen Kombinationen an. Ebenso erneut auf die 9 Testfälle: So erhält er nämlich neunmal echte Ergebnisse im direkten Vergleich zur Modell-Prognose. Anhand der Abweichungen lässt sich grob die Prognosegüte evaluieren.

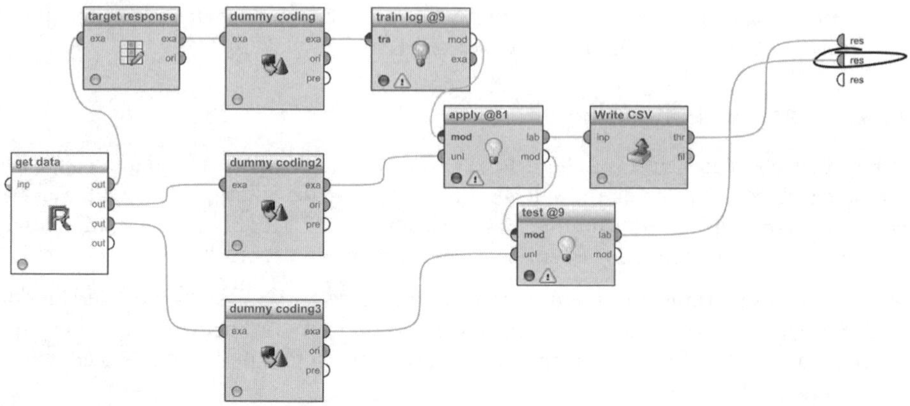

ExampleSet (81 examples, 4 special attributes, 16 regular attributes)

Row No.	confidence(1)	subject	salutation	cta	visual	subject = {city...	subject = Get ...	s
1	0.263	{city}: new rates savings foxes	Hello {firstname}	Save now!	child	1	0	0
2	0.171	Get your new rate, save up to 45%	Hello {firstname}	Save now!	child	0	1	0
3	0.200	{firstname}, electricity prices too high?	Hello {firstname}	Save now!	child	0	0	1
4	0.258	{city}: new rates savings foxes	Hi {firstname}	Save now!	child	1	0	0
5	0.168	Get your new rate, save up to 45%	Hi {firstname}	Save now!	child	0	1	0
6	0.196	{firstname}, electricity prices too high?	Hi {firstname}	Save now!	child	0	0	1
7	0.259	{city}: new rates savings foxes	Dear subscriber	Save now!	child	1	0	0
8	0.168	Get your new rate, save up to 45%	Dear subscriber	Save now!	child	0	1	0
9	0.197	{firstname}, electricity prices too high?	Dear subscriber	Save now!	child	0	0	1
10	0.211	{city}: new rates savings foxes	Hello {firstname}	More info	child	1	0	

Abb. 15.24: Predictive Modelling in der Software RapidMiner (oben), zu der wir in Kapitel 16 noch kommen werden. Darunter ein Ausschnitt der Ergebnisse: die prognostizierten Response-Raten für die 81 Kombinationen

15.4.3 Resultat begutachten

Ein Vergleich der Prognosewerte mit den tatsächlichen Response-Quoten zeigt, dass die Regressionsgleichung nicht vollkommen perfekt ist. Im Schnitt weicht die Prognose um 0,4 Prozent vom real erzielten Wert ab. Dies ist trotzdem ein sehr guter Wert.

Der Blick auf die Prognose aller 81 Kombinationen zeigt, dass eine andere Variante wahrscheinlich noch besser als unser Test-Gewinner gewesen wäre. Eine personalisierte Handlungsaufforderung hätte die Response-Quote noch einmal auf geschätzte 28,1 Prozent angehoben. Auf der anderen Seite erzielt die schlechteste Kombination nur berechnete 11,4 Prozent. Das heißt, die beste Variante toppt die schlechteste um den Faktor 2,5!

Schließlich schaut Peter auf die Haupteffekte. Demnach waren die Betreffzeile und die Handlungsaufforderung mit Abstand die effektivsten Variablen. Der Unterschied zwischen »Get your new rate ...« und der Geo-personalisierten Betreffzeile schlägt allein mit einem Response-Unterschied in Höhe von 8,5 Prozentpunkten zu Buche (siehe Abbildung 15.25).

Halten wir fest: Multivariate Tests sind eine aktuell wenig genutzte Methode, mit der professionelle E-Mail-Versender prinzipiell noch sehr viel Response-Potenzial und Know-how schöpfen können. Durch geschickt reduzierte Test-Designs lässt sich die Zahl benötigter Experimente drastisch reduzieren. Damit bieten sich multivariate Tests auch für kleinere

Verteiler an. Komplexe Versuchsanordnungen, die verschiedene Merkmale des E-Mail-Werbemittels und zusätzlich der Landingpage einschließen, werden mit vertretbarem Arbeits- und Zeitaufwand möglich.

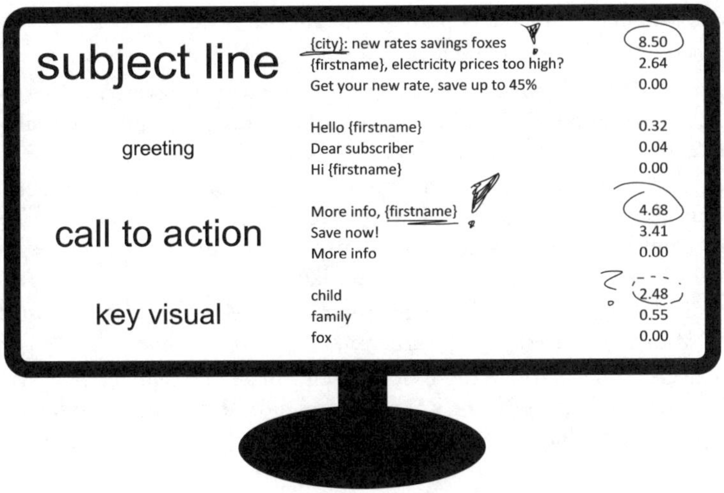

Abb. 15.25: Haupteffekte

15.5 Die Kür: Echtzeit-optimierte E-Mail-Tests

Dem multivariaten Test lässt sich noch eine Krone aufsetzen. Und zwar, indem die E-Mail sich während des Tests quasi selbst optimiert. Sie kann mit der nötigen künstlichen Intelligenz ausgestattet werden, um nach einer gewissen Zeit selbstständig festzustellen, in welchem Gewand sie am besten funktioniert. Und hiernach zeigt sie sich nur noch von ihrer besten Seite, liefert also nur noch die beste Merkmalskombination an die Empfänger aus. Etwas technischer formuliert könnte man von »automatischer Echtzeitoptimierung auf Basis multivariater Tests« sprechen.

Wie funktioniert das Ganze? Auf der Grundlage von Grafiken. Im Unterschied zu HTML-Text können nämlich Grafiken auch nach dem E-Mail-Versand noch angepasst oder komplett ausgetauscht werden. Sei es von Hand, indem das Bild einfach auf dem Webserver ersetzt wird. Oder sei es automatisch, indem – wie beim Klick-Tracking – Redirect-URLs auf Grafiken verwendet werden. Solche Redirect-URLs zeigen zunächst auf einen Tracking-Server. Der entscheidet, wohin die Anfrage des E-Mail-Clients weitergeleitet wird. So ist es also möglich, unter derselben Bild-URL (zum Beispiel `http://www.meinbild.de/xyz/`) ganz unterschiedliche Grafiken (zum Beispiel `a.jpg` und `b.gif`) auszuliefern.

Dieses Prinzip machen sich Tools wie 8Seconds.net und der Movable Ink Creative optimizer zunutze. Alle Informationen, die Sie in Form von Bildern an Ihre Abonnenten herantragen, lassen sich damit gegeneinander testen – und in Echtzeit optimieren. Steht nämlich beim Versand der Gewinner fest, wird automatisch nur noch der angezeigt. Dafür sorgt der Tracking-Server, der im Testverlauf Einblendungen und Klicks für die Test-Grafiken registriert und unmittelbar auswertet.

Der Ablauf eines Tests mit 8Seconds.net sieht in der Praxis typischerweise wie folgt aus:

1. Im ersten Schritt teilen Sie dem Tool mit, welches grundlegende Test-Setup Sie für Ihren E-Mail-Versand benötigen. Dies kann zum Beispiel bestehen aus zwei Faktoren respektive Bildern (zum Beispiel Kopfgrafik und Call-to-Action-Button) in je drei Test-Varianten, drei Bildern in je zwei Varianten oder Ähnliches.
2. Sodann legen Sie die flankierenden Test-Einstellungen fest:
   - Wollen Sie das Tool vollkommen automatisch feststellen lassen, wann eine Gewinnerkombination feststeht? Oder möchten Sie beispielsweise eine minimale oder maximale Zahl an E-Mail-Öffnungen sicherstellen?
   - Möchten Sie den Gewinner konservativ, also vorsichtig schätzen lassen, und damit in Kauf nehmen, dass dieser eher später, aber dafür mit höherer Sicherheit ermittelt wird? Oder soll möglichst schnell die mutmaßlich beste Variante ausgeliefert werden – zulasten eines größeren Irrtumsrisikos?
   - Darf die Anzeige während des laufenden Tests bei ein und demselben Empfänger von Öffnung zu Öffnung auch variieren?
   - Soll die Gewinner-Kombination rückwirkend an alle Empfänger ausgeliefert werden – also auch an diejenigen, die während der Optimierung bereits eine Verliererkombination geöffnet haben? Oder verwirrt dies?

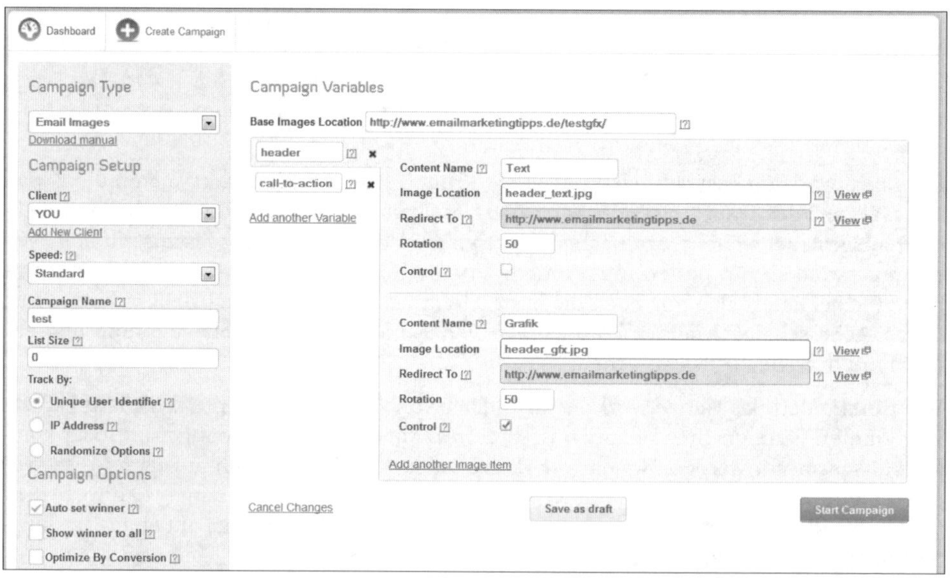

Abb. 15.26: Test-Setup in 8Seconds.net

3. Im nächsten Schritt laden Sie die Bilder hoch oder spezifizieren die URLs, unter denen der Tracking-Server diese finden wird. Ferner müssen die Ziel-URLs angegeben werden, auf die der Abonnent beim Klick auf ein Bild gelangen soll.
4. Das Testing-Tool liefert Ihnen für jeden Faktor einen HTML-Quelltext-Schnipsel. Diesen kopieren Sie in Ihr E-Mailing. Genauer ausgedrückt ersetzen Sie dort den ursprünglichen HTML-Code der Bilder, die nun dynamisch optimiert werden sollen, durch Platzhalter/Tracking-Code des Tools.

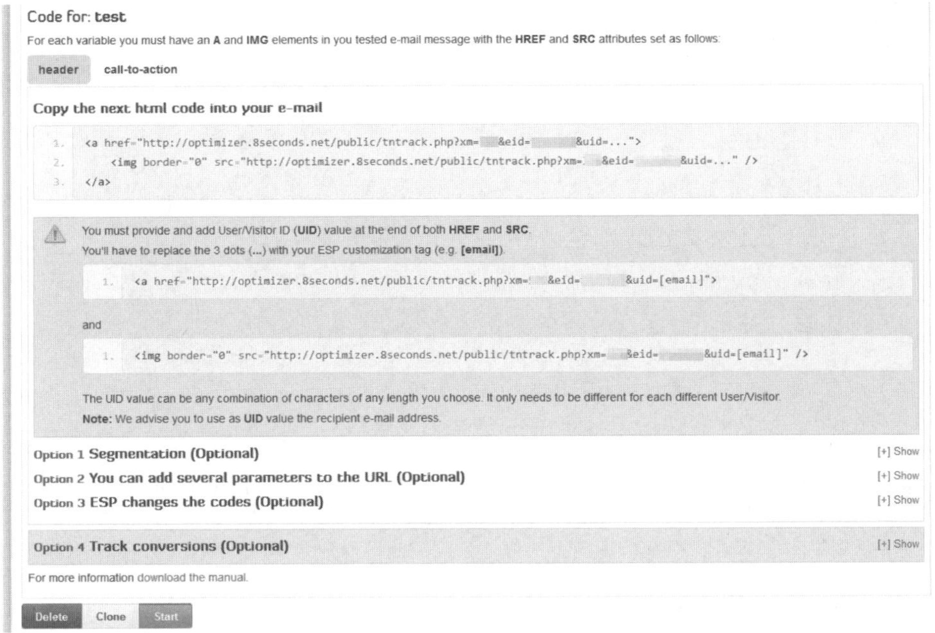

Abb. 15.27: Der Tracking-Code von `8Seconds.net` muss in den Newsletter eingefügt werden.

5. Nach dem Versandstart füllt der Tracking-Server die Platzhalter testweise mit den von Ihnen angegebenen Bild-Varianten. Dabei wertet er den Response aus: Wie viele Abonnenten in der Test-Gruppe rufen die Bilder auf und klicken darauf? Steht die Gewinnervariante fest, liefert der Server nur noch die beste Kombination in die Posteingänge.

Einige Versanddienstleister bieten selbst derartige Optimierungsmodule oder nahtlose Integrationen mit Werkzeugen wie 8seconds. Tests können damit direkt im Haus-System angelegt werden.

Vorsicht

Der Empfehlung aus Abbildung 15.27, *»[w]e advise you to use as UID value the recipient e-mail address« (wir empfehlen Ihnen, die E-Mail-Adresse des Empfängers als UID-Wert zu nutzen)*, möchte ich mich so nicht unbedingt anschließen. Anstelle der Adressen, die Ihnen Ihre Abonnenten anvertrauten, übermitteln Sie aus Datenschutzgründen besser Hashwerte oder unique Zufallszahlen.

Analytisches E-Mail-Marketing

Ein tief gehendes Datenverständnis ist im Customer Relationship Management Trumpf. So auch beim CRM-Instrument »E-Mail-Marketing«. One-to-One-Marketing zielt auf eine möglichst differenzierte Ansprache von Kunden und Interessenten ab. Basis hierzu sind Daten. Seien es:

- explizit mitgeteilte Vorlieben (zum Beispiel »senden Sie mir Infos zu Reisen, nicht aber zu lokalen Events«),
- demografische Merkmale (Geschlecht, Alter et cetera)
- implizit geäußerte Präferenzen via Nutzungsprofile (zum Beispiel vornehmlich Klicks auf Links der Kategorie A, vereinzelt Kategorie B, nie Kategorie C)

E-Mail-Marketing-Manager, die ein Höchstmaß an Relevanz ihrer Kommunikation auf individuelle Empfängerebene anstreben, müssen solche Informationen sinnvoll nutzen können. Früher oder später kommt man nicht umher, sich näher mit Tabellenkalkulationen, Datenbanken und Lösungen für Vorhersagemodellierung sowie Data Mining zu befassen. Anders lassen sich interessante Verkettungen à la

- für Angebot A interessieren sich Empfänger mit den Merkmalen B und C
- wer auf X und Y klickte, interessiert sich auch für Z

in größeren Datenmengen nur noch schwer erschließen. Triviale Überlegungen mal außen vor: Dass sich der Münchner mehr für Reisen vom Flughafen München als vom Flughafen Düsseldorf interessiert, ist klar.

Anbei finden sich einige Methoden, mit denen Sie sich in Ihren Datenbeständen auf die Suche nach interessanten Zusammenhängen begeben können. Das Kapitel schließt mit einer bewährten Methode, um Kunden zu segmentieren und zielgerichtet zu entwickeln.

16.1 Entscheidungsbäume: Response verstehen

Gemeinhin sind unsere E-Mail-Empfänger ja meist eine Art Blackbox. Marketer versenden mal mehr, mal weniger (un)spezifische Inhalte und liefern somit quasi den Box-Input. Im Nachgang wird der Box-Output extrahiert und betrachtet – ein Spreadsheet mit aggregierten Öffnungs-, Klick- und Abmelderaten. Das alles ist zweifelsohne nützlich und wichtig für den Gesamtüberblick und ein erfolgreiches E-Mail-Marketing-Management. Welche Mechanismen aber *innerhalb* der Box wirken, welche grundlegenden Empfänger-Eigenschaften also den Output im Einzelfall determinierten, bleibt ein Geheimnis.

Nur die wenigsten Versender begeben sich nach dem Versand auf die Suche. Meist ist es eben relativ aufwendig, die Schlüssel-Merkmale reagierender oder nicht reagierender Empfänger a) zu identifizieren und b) daraus noch handlungsbezogene Insights zu generieren. (Wenn die vorhandene Profiltiefe in der Datenbank diese entscheidenden Merkmale überhaupt hergibt. Schließlich geben die Adressaten nicht ohne Weiteres ihre Anrede, Alter, Postleitzahl und so weiter bekannt.)

Die gute Nachricht: Mit Entscheidungsbäumen steht eine hilfreiche Data-Mining-Methode unter anderem für solche explorative Zwecke bereit. Sie kann die Blackbox knacken. Ihr Charme: Entscheidungsbäume sind mit vertretbarem Aufwand zu erstellen, effektiv und gleichsam intuitiv zu interpretieren.

16.1.1 Newsletter-Response modellieren

In Abbildung 16.1 finden sich die Response-Daten eines E-Mailings – überführt in einen Entscheidungsbaum. Als Datenbasis fungiert eine pseudonymisierte Reagierer-Stichprobe. Alle haben das untersuchte E-Mailing mindestens geöffnet und damit mutmaßlich ein erstes Interesse bekundet. Die Hälfte hat nach der Öffnung zudem auf einen beliebigen E-Mail-Link geklickt. Dieses Ereignis wird im Baum mit response = true abgebildet. Bei der anderen Hälfte erfolgte dagegen kein Klick: response = false. Gesetzt den Fall, es handelt sich um ein repräsentatives Sample – was zeichnet Klicker/Nicht-Klicker für das E-Mailing nun aus?

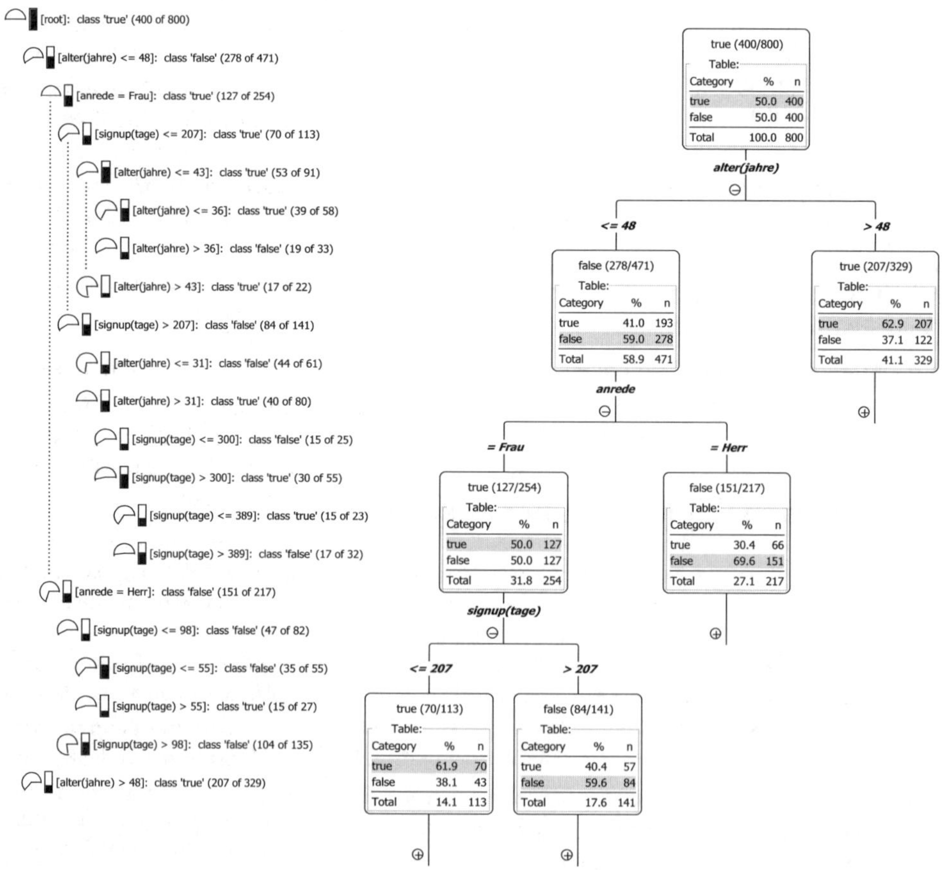

Abb. 16.1: Auszüge zweier Ansichten desselben Entscheidungsbaums (Software: KNIME)

Folgende Empfänger-Merkmale fließen zur Identifikation entscheidender Schlüsselattribute in die Analyse ein:

- Top-Level-Domain (zum Beispiel ».de« oder ».com«)
- die Top 20 der 2nd-Level-Domains (zum Beispiel gmx oder aol)
- Anrede/Geschlecht (Herr / Frau)
- Alter in Jahren
- Dauer des E-Mail-Abonnements in Tagen
- Käufer-Status (ja=Bestandskunde, nein= Interessent)

... sowie natürlich das Zielattribut »Response« (= Klick) mit den Ausprägungen »wahr« und »falsch«.

16.1.2 Bäume lesen und interpretieren

Ein Entscheidungsbaum besteht aus folgenden Elementen:

1. **Knoten** (= Merkmale wie zum Beispiel »alter(jahre)« – hier das biologische Alter der Abonnenten in Jahren),
2. **Kanten** (= Pfeile/Merkmals*ausprägungen* wie zum Beispiel »<= 48« – Abonnenten, die jünger als 49 Jahre sind) und
3. **Blättern** (= Ergebnisse/Empfänger-Klassen wie zum Beispiel »response = true« – im Sinne von »Teilmenge hat geklickt«).

Die Baumknoten sind absteigend nach ihrer Wichtigkeit sortiert. Wichtige Merkmale, die besonders gut die Klassenzugehörigkeit (true/false beziehungsweise Reagierer/Nicht-Reagierer) vorhersagen können, befinden sich weiter oben. Das beste Prognose-Attribut bildet den **Wurzelknoten**. In Abbildung 16.1 ist dies ganz oben das Alter der Adressaten »alter(jahre)«. (So gesehen ist der Entscheidungsbaum also verkehrt herum: Die Wurzel ragt gen Himmel, die Blätter zeigen zum Boden.) Je »reiner« und größer der Knoten (beziehungsweise die Blätter dahinter), desto besser. Reinheit meint, dass nur eine Response-Klasse und kein Gemenge enthalten ist, und Größe zielt auf die Anzahl der enthaltenen Abonnenten ab. Das Merkmal »Alter« ist in der Lage, die Ausgangsgruppe mit 50 Prozent Reagierern und Nicht-Reagierern so aufzuspalten, dass das Verhältnis 62,9 zu 37,1 Prozent beträgt. Besser wären natürlich 90 zu 10 Prozent. Oder sogar eine Regel, die auf einen Schlag alle Reagierer von den Nicht-Reagierern trennt. Unser Ergebnis ist also alles andere als perfekt. Vielleicht wären andere Attribute wie Einkommen, Lieblingsfarbe oder Familienstand besser geeignet, das Reaktionsverhalten vorherzusagen. Aber diese Daten liegen uns nicht vor. Und 63 zu 37 ist besser als die ursprünglichen 50 zu 50.

In jedem Knoten wird genau ein Merkmal geprüft. Die Kanten stellen jeweils eine Entscheidung, also eine logische Regel, für den Fortgang zum nächsten Knoten dar: »Wenn der Abonnent älter als 48 Jahre alt ist, dann gehe weiter entlang des rechten Astes.« Vereinfacht ausgedrückt werden anhand dieses Vorgehens die Daten so lange weiter aufgespalten, bis keine weitere Entscheidung mehr lohnt. Etwa weil keine weiteren Daten zum Aufspalten mehr vorhanden sind oder weil die Reinheit nicht mehr erhöht beziehungsweise das Gütekriterium nicht mehr verbessert wird. Oder weil ein anderes Abbruchkriterium greift. Dies könnte zum Beispiel eine vorgegebene Maximal-Tiefe von drei Knoten für den Baum sein. Denn je weiter der Baum wächst, desto spezieller werden die Regeln. Je spezieller die Regeln, desto kleiner die Blätter. In der Praxis interessieren aber oftmals eher die generelleren Regeln, die sich oben im Baum nahe der Wurzel befinden. Der letzte Knoten eines Astes, der nicht weiter aufgespalten wird, ist das Blatt. Darin befindet sich die finale Klassifikation für die jeweilige Untergruppe an Datensätzen.

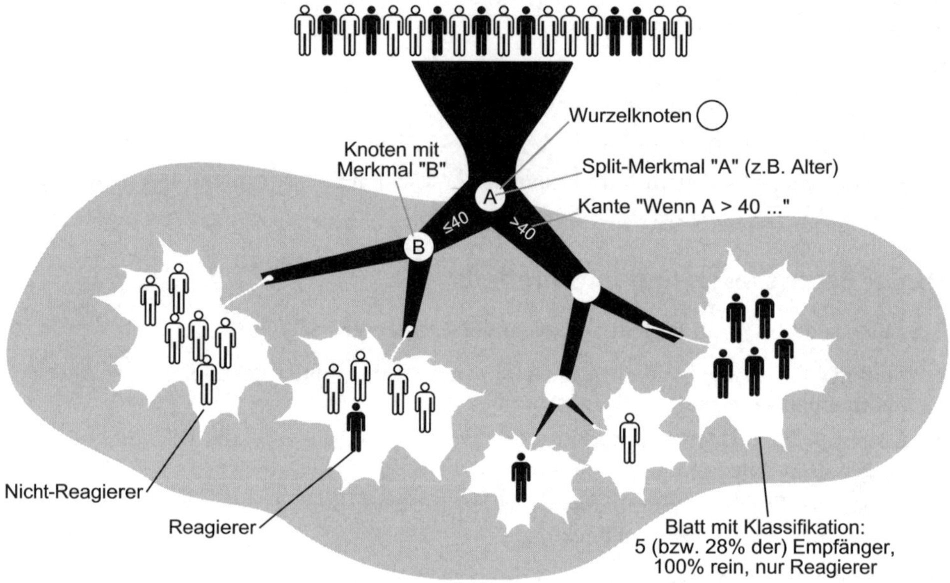

Abb. 16.2: Der Entscheidungsbaum partitioniert die Ausgangsdaten.

Hangelt man sich also vom Wurzelknoten entlang der Kanten bis zur Klassifikation in den Blättern runter, lassen sich dabei die gefundenen Klassifikationsregeln ablesen. In der Summe spiegeln diese die Datenstruktur in Bezug auf das Klick-Verhalten wider. Schauen wir uns zum Beispiel den Ast der jüngeren Zielgruppe <= 48 Jahre an. Dieser besteht vornehmlich aus Nicht-Reagierern: Nur 41 Prozent der 471 Zielpersonen klickten. Darunter Adressaten, die (1.) jünger oder gleich 48 Jahre alt sind und (2.) die Anrede »Frau« angegeben haben, die sich ferner (3.) vor maximal 207 Tagen angemeldet haben und (4.) jünger als 44 sowie (5.) jünger als 36 Jahre alt sind. Dieses Teilsegment hat im Vergleich zu anderen Ästen überdurchschnittlich oft reagiert (39 von 58). Das heißt Frauen bis 36 Jahre, die sich vor Kurzem erst eintrugen, reagierten häufiger als andere Personengruppen.

16.1.3 Praxis-Übung: Bäume selbst erstellen

Viele Dinge werden anschaulicher, wenn sie eigenhändig erprobt werden. Genau dies wollen wir nun tun. Anhand von Beispieldaten eines Newsletter-Versands erstellen wir ein Entscheidungsbaum-Diagramm. Das Beispiel kann auch leicht auf echte Daten aus produktiven Umgebungen übertragen werden.

Installieren Sie sich zunächst die kostenfreie Community-Edition von RapidMiner. (Die Beispiele wurden mit Version 5.2 erstellt.) Diese finden Sie auf der Webseite `rapid-i.com`. RapidMiner ist ein Open-Source-Data-Mining-Projekt. Seine Ursprünge gehen auf den Lehrstuhl für Künstliche Intelligenz an der Technischen Universität Dortmund zurück. Heute wird das Projekt federführend von der Firma Rapid-I vorangetrieben.

Nach der Installation starten Sie die Software und benennen zunächst einmalig ein Repositorium, in dem Sie Ihre künftigen RapidMiner-Projekte speichern. Im anschließenden Willkommens-Bildschirm wählen Sie NEU. Damit wird ein neues Projekt gestartet.

Prozess definieren

Die Bildschirmmitte zeigt nun einen weißen Arbeitsbereich (MAIN PROCESS). Zur Linken befindet sich unter anderem ein Fenster mit dem Titel OPERATORS. Mithilfe dieser beiden Elemente erstellen wir den Baum:

1. Bringen Sie – falls nötig – das Fenster OPERATORS in den Vordergrund, um damit arbeiten zu können.
2. Klicken Sie unter OPERATORS in den Suchschlitz und geben Sie dort »GD« ein (ohne Anführungszeichen).
3. Wählen Sie per Mausklick im Ordner DATA GENERATION den Operator GENERATE DIRECT MAILING DATA. Damit lassen sich Beispieldaten einer Mailing-Aktion zum Experimentieren erzeugen.
4. Ziehen Sie den Operator bei gedrückter linker Maustaste auf die Arbeitsfläche und lassen Sie ihn dort fallen (Maustaste loslassen). Alternativ klicken Sie mit der rechten Maustaste und wählen im Kontextmenü ADD OPERATOR.

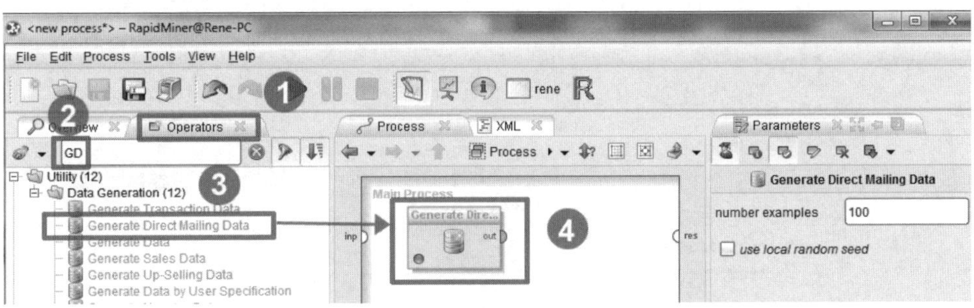

Abb. 16.3: Operator GENERATE DIRECT MAILING DATA in den Arbeitsbereich ziehen

5. Geben Sie nun in den OPERATORS-Suchschlitz »DTree« für Decision Tree (Englisch für »Entscheidungsbaum«) ein.
6. Wählen Sie im Unterverzeichnis unter MODELING, CLASSIFICATION AND REGRESSION, TREE INDUCTION den Operator DECISION TREE, ziehen Sie diesen ebenfalls auf das Arbeitsblatt und platzieren Sie ihn rechts neben dem bestehenden Operator.
7. Sofern die beiden Operatoren nicht automatisch verbunden wurden, klicken Sie auf die lila Output-Schnittstelle (OUT) des Operators GENERATE DIRECT MAILING DATA und anschließend auf die lila-rote Training-Set-Schnittstelle (TRA) des Operators DECISION TREE. Beide sollten nun miteinander verknüpft sein. Verbinden Sie nun noch die grüne Model-Schnittstelle (MOD) mit der weißen Result-Schnittstelle (RES) des Hauptprozesses ganz rechts.
8. Führen Sie anschließend den Prozess durch Betätigen des Abspielknopfes (oder `F11`) aus. Falls RapidMiner nicht automatisch in die Ergebnis-Perspektive wechselt, drücken Sie `F9` und wählen Sie den Reiter »Tree (Decision Tree)«.

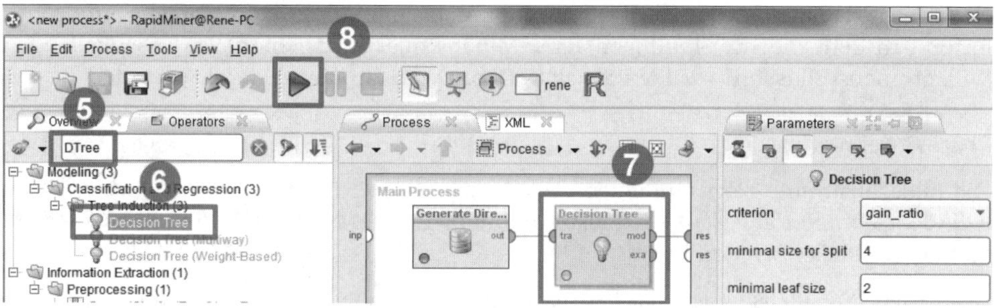

Abb. 16.4: DECISION TREE-Operator hinzufügen und Prozess ausführen

Das Resultat auf Ihrem Bildschirm sollte in etwa wie in Abbildung 16.5 ausschauen.

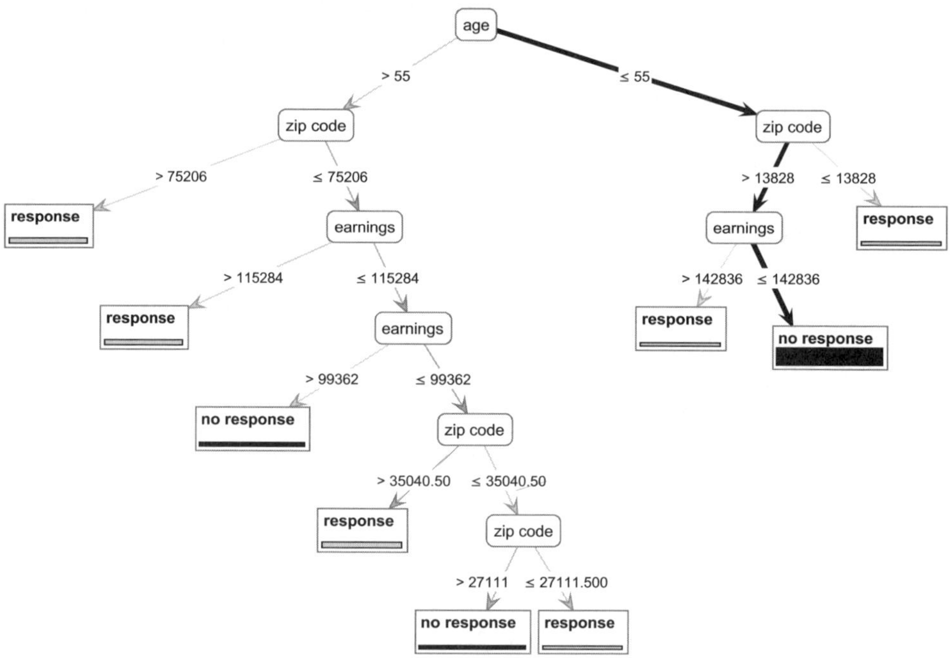

Abb. 16.5: Das Ergebnis in RapidMiner

Interpretation

Auch hier bildet das biologische Alter (age) der Newsletter-Abonnenten den Wurzelknoten. Dies ist also der beste Prädiktor für deren Response-Verhalten. Schauen wir uns davon ausgehend den rechten Ast des Baums an (fett markiert). Hier wird eine Regel eingeleitet für Adressaten, die jünger oder gleich 55 Jahre alt sind. Das beste Merkmal zur Response-Vorhersage für die Teilzielgruppe ist die Postleitzahl (zip code). Postleitzahlenbereiche kleiner gleich 13828 besitzen in der Altersgruppe <= 55 Jahre eine Response-Quote von hundert Prozent. Anders sieht es in den übrigen geografischen Bereichen aus. Der Entscheidungsbaum-Algorithmus schlägt dann das Jahreseinkommen als weiteres Differenzierungsmerkmal vor (earnings). Während in den Regionen die unter 56-jährige Oberschicht, also Abonnenten mit sehr hohen Einkommen, ebenfalls zu einhundert Prozent reagierten, war das Angebot für Abonnenten mit weniger als 142.837 Dollar Einkommen anscheinend völlig uninteressant. In diesem Segment reagierte *niemand*. Die Höhe des Stapels unter »no response« deutet an, dass sich besonders viele Abonnenten in diesem Blatt befinden. Verweilen wir mit dem Mauszeiger darauf, verrät uns der Tooltipp, dass es sogar mehr als 50 Prozent der angeschriebenen Kontakte sind.

Implikationen: Bei der nächsten Aktion sollte dieses Segment also deselektiert werden. Oder der Versender muss das Angebot auf eine breitere Einkommensgruppe in der Zielregion ausrichten. Eventuell lohnt sich auch ein Follow-up-Mailing. Dabei könnten die Nicht-Reagierer noch einmal gezielter angesprochen und so nachträglich zur Annahme des Angebots bewegt werden.

Hinweis: Response-Daten anschauen

Um sich die dem Baum zugrunde liegenden Response-Daten tabellarisch anschauen zu können, wechseln Sie gegebenenfalls mit [F8] in die Design-Perspektive zurück. Klicken Sie dann mit der rechten Maustaste auf die Example-Set-Schnittstelle (EXA) des DECISION TREE-Operators (vergleiche Abbildung 16.6) oder die Output-Schnittstelle (OUT) des GENERATE DIRECT MAILING DATA-Operators. Wählen Sie nun die Option SHOW EXAMPLESET RESULT und anschließend DATA VIEW. Sie erhalten die Ansicht aus Abbildung 16.7.

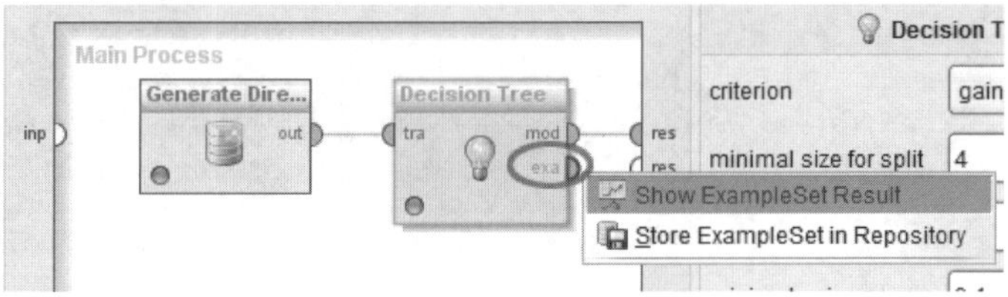

Abb. 16.6: Rechtsklick auf EXA und SHOW EXAMPLESET RESULT wählen

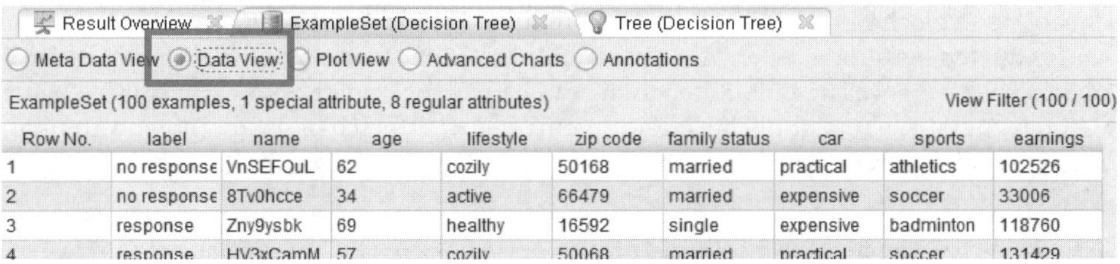

Abb. 16.7: Die DATA VIEW-Ansicht zeigt die Response-Daten.

16.1.4 Fazit: Formale Regeln machen E-Mails relevanter

Das Response-Regelwerk, das ein Entscheidungsbaum repräsentieren kann, wird in Flowchart-Manier leicht interpretierbar abgebildet. Dies ist besonders dann nützlich, wenn dem Analysten grundlegende Eigenschaften der Response-Daten noch weitgehend unbekannt sind und er den groben Überblick verfeinern möchte. Anhand der knappen, aber inhaltsreichen grafischen Veranschaulichung können wichtige Empfänger-Attribute in der eingangs zitierten Blackbox unmittelbar identifiziert werden. Dies ist ein Schlüssel zu einem besseren Verständnis der Reaktionen verschiedener Newsletter-Zielgruppen. Gibt es etwa noch unbekannte Segmente im Abonnentenkreis, die einer separaten Ansprache bedürfen? Wodurch sind besonders profitable Abonnenten-Segmente gekennzeichnet? Eine solche Analyse ebnet nicht zuletzt auch den Weg zu mehr Relevanz im E-Mail-Marketing.

Tipp: Mit echten Daten und Parametern experimentieren

Füttern Sie den Entscheidungsbaum-Operator in RapidMiner mit echten Response-Daten. Diese können Sie zum Beispiel mithilfe des READ CSV-Operators importieren. Ein Wizard führt Sie durch den Prozess. Zuvor sollten Sie sich überlegen, welche Profildaten Sie für jeden Reagierer und Nicht-Reagierer importieren können und möchten. Die Anzahl der Tage, die seit dem Opt-in verstrichen sind, ist in der Regel ein sehr guter Prädiktor für das Responseverhalten. Ebenso die Häufigkeit der Reaktionen und der Zeitraum seit der letzten Reaktion. Geschlecht, Adressquelle, Alter, E-Mail-Domain und viele weitere können ebenfalls evaluiert werden. Letztlich sind die Kandidaten abhängig vom beworbenen Angebot – und natürlich vor allem von deren Verfügbarkeit.

Übrigens: Falls Sie anstelle eines prächtigen Baums lediglich einen Stumpf erhalten, experimentieren Sie mit der Parametrisierung des DECISION TREE-Operators. Ein Herabsetzen des für eine Aufteilung erforderlichen *Minimal Gain* vom Standardwert 0.1 auf zum Beispiel 0.01 könnte helfen. Oder wählen Sie den *Gini Index* als Split-Kriterium; Gini ist deutlich sensibler für Splits als die standardmäßig eingestellt Gain Ratio. Falls der Baum zu weit gestutzt wurde, schalten Sie das *Pruning* testweise aus. Hilft all dies nicht weiter, dann fehlen Ihnen vermutlich die notwendigen Merkmale, die Reagierer von Nicht-Reagierern trennen können. Diese gilt es, zum Beispiel durch Umfragen zu beschaffen.

16.2 Assoziationsregeln: Cross-Promotions finden

Haben Sie sich schon mal gefragt, welche Produkte Sie idealerweise zu bestimmten anderen Produkten bewerben sollen? Oder welche Inhalte im Newsletter sich einander optimal ergänzen würden, welche Link-Kategorien etwa häufig zusammen angeklickt wurden? Eine Methode, um diese und ähnliche Zusammenhänge zu erforschen, ist die Bon-/Warenkorbanalyse. Oder allgemeiner ausgedrückt: die Untersuchung sogenannter Assoziationsregeln.

Assoziationsregeln sind Wechselbeziehungen der Art »A => B«, die sich aus einem Datenbestand ermitteln lassen: Aus einer bestimmten Prämisse A folgt eine bestimmte Konsequenz B. Zum Beispiel: Wenn Produkt A gekauft wurde, dann wird mit einer gewissen Tendenz stets auch Produkt B gekauft. Anstelle der konkreten Produkte A und B sind genauso Produkt- beziehungsweise Link-*Kategorien* denkbar. Und anstelle des Kaufs können Sie gedanklich gleichsam den Klick einsetzen. Hier sind der Fantasie keine Grenzen gesetzt. Dies gilt auch für die Komplexität der Regeln. Neben einfachen Assoziationen lassen sich auch vertracktere aufdecken: »A, C => B« – wenn A *und* C angeklickt wurden, dann wird auch B angeklickt. Oder »A => B, C« – wenn A betrachtet wurde, dann besteht Interesse an B und C, deswegen sollten wir dem Newsletter-Abonnenten dies nun anbieten.

Der Nutzen solcher Regeln für E-Mail-Marketer ist evident: Ergeben sich (1.) *valide* und gleichsam (2.) *handlungsbezogene* Abhängigkeiten zwischen Interessensgebieten, Produkten oder Produktgruppen, kann darauf basierend die Kundenansprache besser ausgerichtet werden. Damit ist der Anstoß von **Verbund- oder Folgekäufe** (Cross-Selling, Up-Selling) möglich. Der Einzelhandel führt schon seit Urzeiten solche Kassenbon-Analysen durch. Deren Ergebnis können Sie selbst tagtäglich bestaunen: Wenn der Kauf von Bier sehr häufig mit dem Erwerb einer Windel-Packung gekoppelt ist, werden beide Waren beieinander platziert. Das Prozedere ist auf E-Mail-Marketing übertragbar. Man denke an die optimale Platzierung der Angebote in einer Ausgabe oder an passende Zusatzangebote in einem E-Mailing nach dem Kauf.

16.2.1 Regeln aus Transaktionsdaten ableiten lassen

Um Assoziationsregeln aufzudecken, werden zunächst einmal **Transaktionsdaten** benötigt. Kein Problem, die hat jeder verfügbar – seien es die Shopping-Daten aus dem Online-Geschäft, der Output der Webanalyse-Software oder die Klicks unserer E-Mail-Kommunikation.

Kniffliger wird es bei der Auswahl der sogenannten *Items* (A, B, C et cetera), die auf Abhängigkeiten geprüft werden. Das Problem: Sollen einzelne Artikel detailliert analysiert werden, ergeben sich selbst bei kleineren Sortimenten sehr schnell übergroße Datenmengen.

- Analysieren wir *blaue*, *grüne* und *gelbe* Füller?
- Oder nur allgemein die Produktkategorie *Füller*?
- Oder sollten wir auf *Schreibwaren* abstrahieren?

Der Generalisierungsgrad muss für den Einzelfall festgelegt werden. Werden zu viele oder zu unterschiedlich oft auftretende Items gewählt, dann wird es hinterher schwieriger, überhaupt Erkenntnisse zu gewinnen oder einen Handlungsbezug bei den extrahierten Regeln auszumachen.

Tipp: Auch »künstliche« Items einstreuen

Die Transaktionsdaten können auch um Items wie zum Beispiel »Wochentag« oder »Geschlecht« eines Käufers angereichert werden. Die stehen zwar nicht auf der Artikelliste beim Kauf. Sie liefern aber vielleicht trotzdem wertvolle Hinweise darauf, wie die Relevanz künftiger Newsletter verbessert werden kann. Es empfiehlt sich, ein wenig zu experimentieren und sich so an interessante Verbundbeziehungen heranzutasten.

Wurden die Transaktionsdaten in die Analyse-Software importiert und gegebenenfalls Feineinstellungen beim gewählten Association-Rules-Algorithmus vorgenommen, stehen in Sekunden, Minuten oder Stunden (je nach Transaktions- und Item-Zahl, Algorithmus sowie CPU und Speicher) die Ergebnisse zur Verfügung. Eben in Form der eingangs zitierten Regeln: »Wenn Bier, dann auch Windeln.« Entweder tabellarisch oder auch grafisch visualisiert. Und jetzt geht es im Prinzip ans Eingemachte.

16.2.2 Beurteilung anhand von Support, Konfidenz und Lift

Die algorithmisch gefundenen Regeln müssen nun durch den Menschen im Hinblick auf die Praxisrelevanz beurteilt werden. Natürlich ist es schön, dass die Data-Mining-Software uns alle Korrelationen herausfiltert. Aber nicht alle Regeln sind gleich viel wert. Die meisten werden vermutlich sogar nutzlos sein.

Um die Güte einzelner Assoziationsregeln zu beurteilen, sollten insbesondere drei Kennziffern begutachtet werden:

- **Supportfaktor:** Der Supportfaktor misst die Anzahl der Datensätze, die eine gefundene Regel unterstützen. Er berechnet sich als die Anzahl der Transaktionen, in denen alle zur Regel gehörenden Items vorhanden sind, zur Gesamtzahl der analysierten Transaktionen. Beispiel: Drei Bons enthielten Birnen und folglich Bananen, dividiert durch zehn insgesamt analysierte Transaktionen – ergibt einen Supportfaktor von 0,3 beziehungsweise 30 Prozent für die Regel. Je höher der Supportfaktor, desto bedeutsamer ist die Korrelation potenziell für das Marketing. Denn eine Regel, die auf jede zehnte Transaktion (10 Prozent) zutrifft, ist sicher interessanter als eine, die nur in jeder hundertsten (1 Prozent) auftritt.

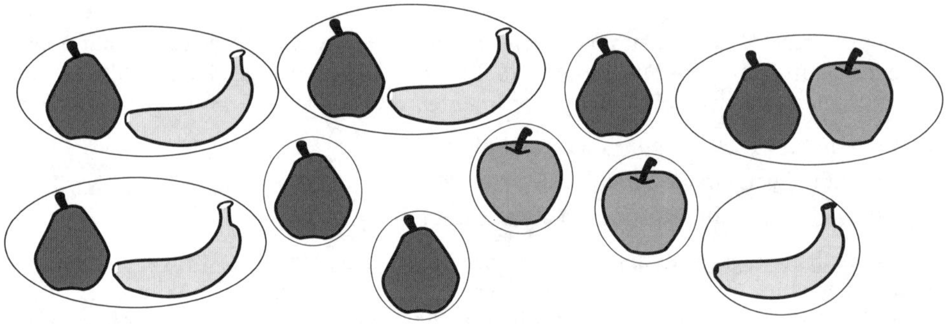

Abb. 16.8: Zehn Transaktionen (Ellipsen) mit teils unterschiedlichen Produkten im Warenkorb: Bananen, Äpfel und Birnen – wie hoch sind Support, Konfidenz und Lift für die Regel »wenn Birnen, dann auch Bananen«?

- **Konfidenzfaktor:** Der Konfidenzfaktor ist ein Maß für die Zuverlässigkeit einer gefundenen Regel. Er berechnet sich als Anzahl der Transaktionen, in denen alle zur Regel gehörenden Items vorhanden sind, in Relation zur Anzahl der Transaktionen, die die Prämisse, also die *Wenn*-Komponente der Regel enthalten. Beispiel: Drei Bons enthielten Birnen *und* Bananen, dividiert durch sieben Birnen-Bons insgesamt – ergibt einen Konfidenzfaktor von 3/7 beziehungsweise 42,8 Prozent für die Regel »Birnen => Bananen«. Je höher die Konfidenz, desto strenger und verlässlicher ist die Regel.
- **Lift:** Der Lift quantifiziert schließlich, um welchen Faktor die Konfidenz den eigentlichen Erwartungswert der Konsequenz, also der *Dann*-Komponente übersteigt. Der Wert ist ein Maß für die Verbesserung, den die Regel gegenüber dem Zufall liefert. Beispiel: Drei Bons enthielten Birnen und Bananen und insgesamt wurden vier Bananenkäufe erfasst. Bei zehn analysierten Transaktionen wäre der Erwartungswert für einen Bananen-Bon damit 4/10, also 40 Prozent. Der Konfidenzfaktor unserer Regel betrug 42,8

Prozent. Durch die Regel verbessern wir somit die Prognose für Bananenkäufe um einen Lift von 42,8 / 40 = 1,07, wenn wir uns auf Birnenkäufe beziehen. Bei einem Lift größer eins sagt eine Regel ein Ereignis besser voraus als der Zufall.

16.2.3 Praxis-Übung: Verbundbeziehungen aufdecken

Wie im Abschnitt 16.1.3 *Praxis-Übung: Bäume selbst erstellen* wollen wir nun die Generierung von Assoziationsregeln mit der Software RapidMiner erproben. In Abbildung 16.9 bis Abbildung 16.15 finden sich die Screenshots gefolgt von den zugehörigen Arbeitsanweisungen.

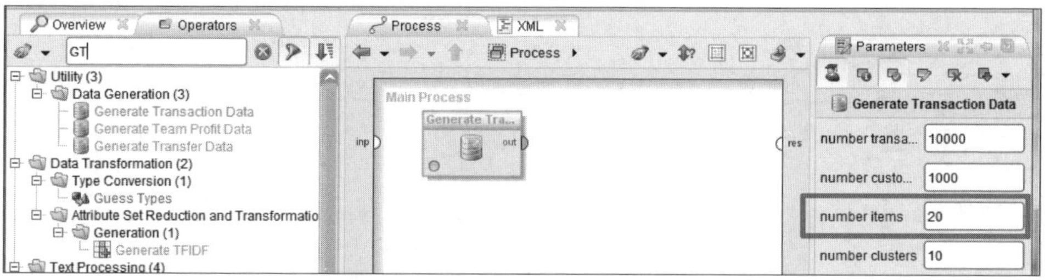

Abb. 16.9: GENERATE TRANSACTION DATA mit 20 Items

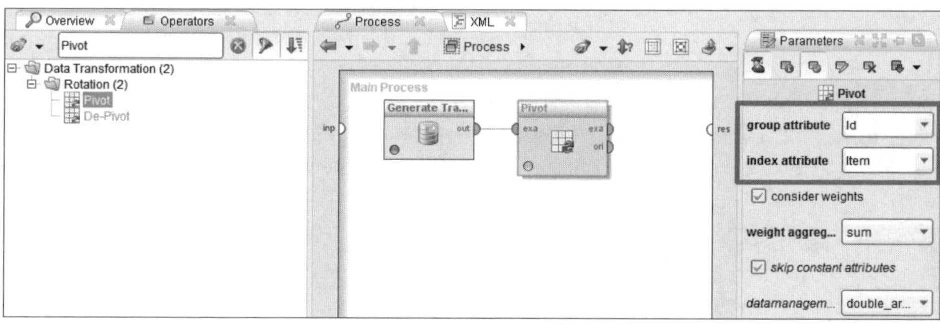

Abb. 16.10: Daten pivotisieren

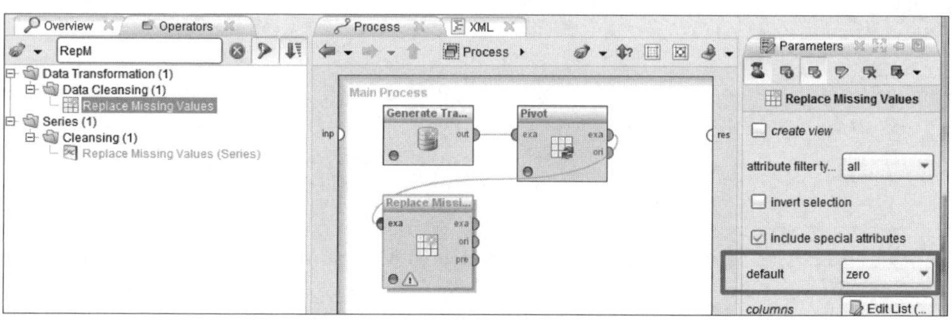

Abb. 16.11: Fehlende Werte durch null ersetzen

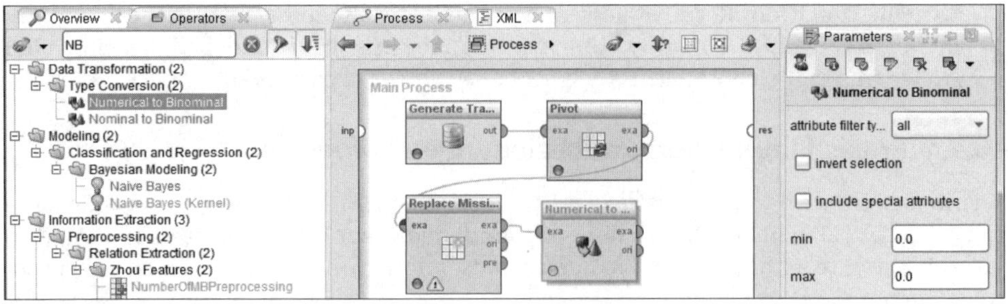

Abb. 16.12: Numerische Werte (0 und 1) in binominale Werte (wahr und falsch) umwandeln

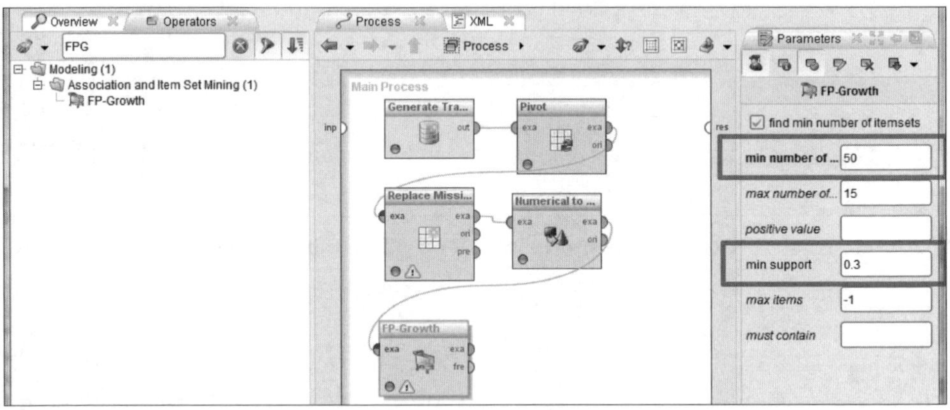

Abb. 16.13: FP-Growth-Algorithmus anwenden mit einem Minimum-Support von 30 Prozent und einer Minimum-Anzahl von 50 Item-Sets

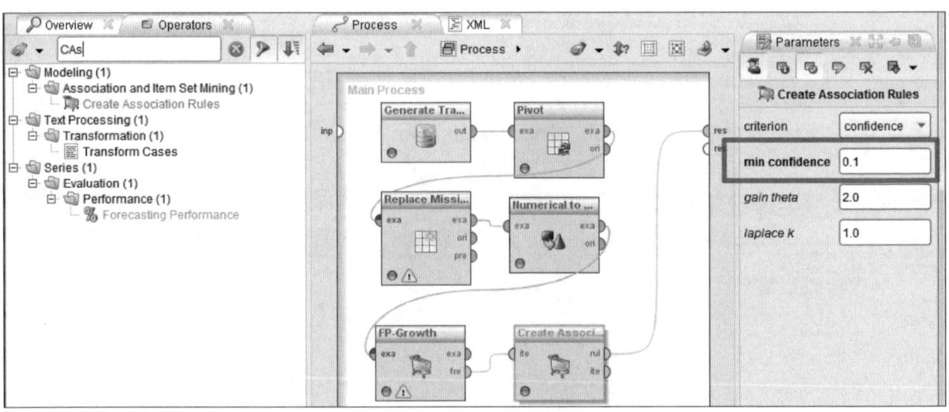

Abb. 16.14: Assoziationsregeln generieren mit einer Minimum-Konfidenz von 10 Prozent

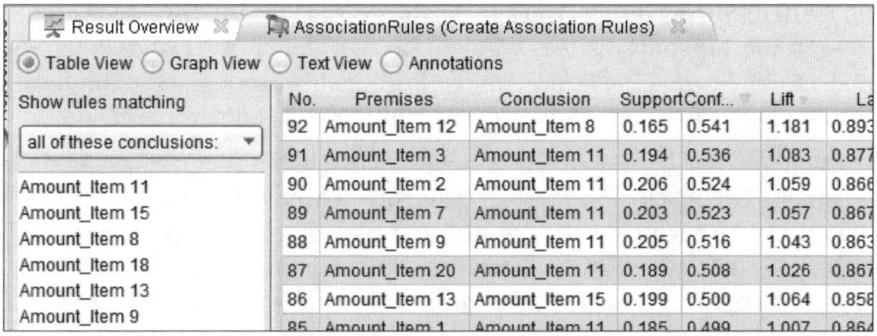

Abb. 16.15: Ergebnis analysieren

1. Geben Sie »GD« in den Suchschlitz im OPERATORS-Fenster ein und ziehen Sie im Ordner UTILITY, DATA GENERATION den Operator GENERATE TRANSACTION DATA auf die blanke Arbeitsfläche. Ändern Sie den zugehörigen Parameter *number items* von 80 auf 20 – wir begnügen uns mit der Analyse der Verbundbeziehung unter 20 Produkten.
2. Geben Sie nun »Pivot« in den Suchschlitz ein und ziehen Sie den Operator PIVOT im Ordner DATA TRANSFORMATION, ROTATION auf das Arbeitsblatt wie in Abbildung 16.10 dargestellt. Verbinden Sie gegebenenfalls die beiden Operatoren. Wählen Sie dann im Fenster PARAMETERS das Merkmal ID als Gruppierungs-Merkmal aus. Dahinter verbirgt sich die Kassenbon-ID. Als Index-Attribut wählen Sie ITEM. Dies ist der Produktname. Durch die Pivotisierung werden mehrere Zeilen zusammengehöriger Transaktionsdaten in jeweils einer Zeile zusammengefasst.
3. Geben Sie als Nächstes »RepM« in den OPERATORS-Suchschlitz ein. Ziehen Sie den OPERATOR REPLACE MISSING VALUES aus dem Ordner DATA TRANSFORMATION, DATA CLEANSING auf das Arbeitsblatt wie in Abbildung 16.11 dargestellt. Verbinden Sie ihn gegebenenfalls noch mit dem PIVOT-Operator. Anschließend wählen Sie im PARAMETERS-Fenster unter DEFAULT die Option ZERO. Hierdurch werden fehlende Werte im pivotisierten Datensatz jeweils durch null ersetzt.
4. Suchen Sie nach »NB«. Unter DATA TRANSFORMATION, TYPE CONVERSION wählen Sie den Operator NUMERICAL TO BINOMINAL. Setzen Sie den Operator an das Ende des bisherigen Prozesses und verbinden Sie ihn mit dem vorigen Operator. Hierdurch werden Nullen in den Wert »falsch« und andere Zahlen in den Wert »wahr« umgewandelt. (Der nächste Operator benötigt dieses Format.) Das Ergebnis sollte wie in Abbildung 16.12 anschauen.
5. Geben Sie »FPG« in den Suchschlitz ein. Ziehen Sie den Operator FP-GROWTH aus dem Ordner MODELING, ASSOCIATION AND ITEM SET MINING ans Ende des bisherigen Prozesses. Stellen Sie die Verbindung zum vorigen Operator her. Anschließend reduzieren Sie den Parameter MIN NUMBER OF ITEMSETS von 100 auf 50 und den Parameter MIN SUPPORT von 0.95 auf 0.3.
6. Schließlich suchen Sie noch nach »CAs« und fügen den Operator CREATE ASSOCIATION RULES aus dem Ordner MODELING, ASSOCIATION AND ITEM SET MINING hinzu. Verbinden Sie dessen Anschluss *item sets* (ITE) mit dem Output-Port *frequent sets* (FRE) des FP-GROWTH-Operators. Im Fenster PARAMETERS senken Sie die geforderte Mindest-Konfidenz (MIN CONFIDENCE) von 0.8 auf 0.1. Dann verbinden Sie die Output-Schnittstelle *rules* (RUL) mit der weißen Result-Schnittstelle (RES) am rechten Bildschirmrand.

7. Starten Sie den Prozess durch Drücken der Taste [F11] und wechseln Sie gegebenenfalls mit [F9] in die Ergebnisansicht. Wählen Sie den Reiter *AssociationRules*. Klicken Sie zweimal auf die Spalte *Confidence*, um die Regeln absteigend nach Konfidenz zu sortieren. Ihr Ergebnis sollte demjenigen aus Abbildung 16.15 entsprechen.

Was sagt uns die Ansicht? Schauen wir uns exemplarisch den ersten Eintrag mit der höchsten Konfidenz an. Wenn ein Produkt der Kategorie »Amount_Item 12« gekauft/geklickt/gesehen wurde, dann wurde mit knapp 54-prozentiger Sicherheit auch das Produkt »Amount_Item 8« gekauft/geklickt/betrachtet. Der Konfidenzwert beträgt 0,541. Gegenüber dem Erwartungswert, entsprechend der relativen Häufigkeit von »Amount_Item 8«-Käufen insgesamt, liefert die Regel eine Prognose-Verbesserung um den Faktor 1,181. Zudem betrifft die Regel immerhin 16,5 Prozent aller Transaktionen. Die 8 scheint ein passendes Zusatzprodukt für die 12 zu sein. Beide könnten im Verbund beworben werden.

16.2.4 Fazit

Support, Konfidenz und Lift sind hilfreich, um in einer Vielzahl vermeintlicher Regeln die Spreu vom Weizen zu trennen. Durch Spezifikation passender Schwellenwerte können einander ergänzende Produkte, Kategorien, korrelierende Interessensgebiete und Ähnliches in großen Datenbeständen aufgedeckt und weiterverarbeitet werden. Damit wiederum ist ein wichtiger Grundstein auch für die Bildung einer Recommendation Engine gelegt. Denn diese benötigt eine Zuordnungstabelle: Bestimmten Basis-Items müssen ergänzende Zusatz-Items zugerechnet werden. Interessiert sich ein Newsletter-Abonnent für die Basis-Items, interessiert er sich mit hoher Wahrscheinlichkeit auch für die Zusatz-Items.

Tipp: Einstieg in Empfehlungen mit den Top-Sellern

Identifizieren Sie in einem ersten Schritt die meistverkauften Produkte in Ihrem Shop. Anschließend schauen Sie, welches die zwei oder drei Dinge waren, die jeweils am häufigsten dazu oder später hinzubestellt wurden. Probieren Sie nun mit Trigger-E-Mails nach der Beschaffung eines Top-Sellers, Zusatzkäufe zu stimulieren.

Auf Grundlage dieser Erkenntnisse können verhaltensbasiert individuellere Kampagnen wie beispielsweise Post-Kauf-E-Mails mit vielversprechenden Cross- oder Up-Selling-Angeboten getriggert werden. Ebenso können Newsletter-Inhalte thematisch priorisiert werden. Wie dies in der Praxis funktioniert, zeigt uns Amazon seit Jahren (Abbildung 16.16 und Abbildung 16.17).

Am Rande: Recommendation Engines für Newsletter

Das hier gezeigte Beispiel ist die klassische und vergleichsweise einfache Variante, um in Transaktionsdaten (»Kassenbons«) nach interessanten Verbünden zu schürfen. Mit der »Recommender Extension« lässt sich innerhalb von RapidMiner aber auch eine vollwertige Recommendation Engine abbilden (`tinyurl.com/cqq97kn`).

Wer Budget verfügbar hat und zügig durchstarten möchte, sollte einen Blick auf das RDE|Newsletter-Modul des Chemnitzer Analytics-Spezialisten prudsys werfen (`tinyurl.com/3skujtz`). RDE steht für Realtime Decision Engine.

Dies beschreibt ganz gut, was das Modul tut: In Echtzeit entscheiden, welche Produkte im Newsletter für einen bestimmten Nutzer angezeigt werden sollten. Datengrundlage bilden historische Aktionen wie »Produkt angeschaut« oder »in den Warenkorb« gelegt. Damit die Newsletter-Inhalte variabel bleiben, nutzt das Modul dynamische Grafiken. Also Bilder, die es jederzeit flexibel austauschen kann. Die Bilder sind zudem mit einer Nutzer-ID getaggt, um einen Personenbezug herzustellen. Ähnliches bietet der Service »Unique Newsletter« von epoq (`tinyurl.com/ck8y7v8`).

Abb. 16.16: Paradebeispiel für Empfehlungsmarketing Nummer 1: Wenn Kunden Produkt A gekauft haben, dann haben sie häufig auch Produkt B gekauft.

Abb. 16.17: Beispiel Nummer 2: Wenn Interessenten nach A gesucht haben, dann haben sie häufig A.1 gekauft.

16.3 Mailing-Daten clustern

Return Path, seines Zeichens Spezialist für Zustellbarkeit und Email Intelligence, untersuchte die Performance legitimer Werbemails nach Top-Level-Domains des Absenders. Werden E-Mails, deren Absender-Adressen auf ».ca« (Kanada) enden, eher gelesen als solche, die auf ».fr« (Frankreich) enden? Wie sieht es mit der Spam-Markierungsquote aus? Die Ergebnisse finden Sie im Return-Path-Blog unter dem Titel »Der Engagement Score von Top Level Domains« (`tinyurl.com/TLDengage`) (Abbildung 16.18).

Top Level Domain	Engagement Score	Anteil der gelesenen E-Mails (Read Rate)	Anteil der E-Mails, die ungelesen gelöscht wurden	Anteil der vom ISP als Spam eingestuften E-Mails	Anteil der vom Nutzer als Spam markierten E-Mails
.ca	3,6	22%	10%	23%	0,19%
.edu	3,6	22%	10%	23%	0,38%
.us	3	15%	9%	38%	0,30%

Abb. 16.18: Einfluss von Top-Level-Domains eines Absenders auf das Engagement seiner Abonnenten (Return Path-Studie: `tinyurl.com/TLDengage`)

Wir wollen die Daten nun segmentieren. Das heißt, wir möchten herausfinden, ob es in der Liste Gruppen von Top-Level-Domains gibt, die

1. in sich eine sehr ähnliche Performance aufweisen,
2. untereinander aber sehr heterogen erscheinen.

Hierzu werden wir in einem ersten Schritt die Daten mit Microsoft Excel vorbereiten. Anschließend nutzen wir wieder das Tool RapidMiner, um das Clustering durchzuführen und die Ergebnisse zu analysieren.

16.3.1 Vorbereitungen treffen

- Markieren Sie die Tabelle in Ihrem Webbrowser mit der Maus. Kopieren Sie sie anschließend mit `Strg`+`C` in die Zwischenablage.
- Öffnen Sie Microsoft Excel 2010. Klicken Sie mit der rechten Maustaste in die Zelle A1 links oben. Fügen Sie dort die Inhalte durch Betätigen der Tastenkombination `Strg`+`V` ein.
- Nun wollen wir die Daten etwas aufhübschen – beginnend bei Reihe 1. Geben Sie den Spalten A bis F kurze aussagekräftige Bezeichner wie `tld`, `engage`, `read`, `del`, `ispSpam` und `userSpam`. Anschließend formatieren Sie die Zellen der Spalten B bis F jeweils als Zahl mit vier Dezimalstellen. Hierzu die fünf Spalten oben markieren, Rechts-Klick in der Markierung, Menüpunkt ZELLEN FORMATIEREN, KATEGORIE: ZAHL und dann DEZIMALSTELLEN: 4 auswählen.
- Das Ergebnis (siehe Abbildung 16.19) speichern wir nun als CSV-Datei unter dem Namen `domainPerf.csv` ab.

tld	engage	read	del	ispSpam	userSpam
.ca	3.6000	0.2200	0.1000	0.2300	0.0019
.edu	3.6000	0.2200	0.1000	0.2300	0.0038
.us	3.0000	0.1500	0.0900	0.3800	0.0030
.org	3.0000	0.1500	0.0900	0.3800	0.0018
.tv	3.0000	0.1500	0.0900	0.2700	0.0015
.uk	2.8000	0.1400	0.0600	0.4500	0.0014
.de	2.9000	0.1300	0.0900	0.4600	0.0020
.es	2.5000	0.1100	0.0700	0.4900	0.0025
.net	2.3000	0.1000	0.0600	0.5600	0.0016
.biz	2.5000	0.0900	0.0900	0.4000	0.0013
.com	2.1000	0.0800	0.0600	0.5200	0.0011
.fr	1.9000	0.0600	0.0500	0.6700	0.0028
.br	1.9000	0.0600	0.0700	0.4000	0.0006

Abb. 16.19: Das Daten-Set in Excel kann nun als CSV-Datei gespeichert werden.

16.3.2 Clustering in RapidMiner durchführen

1. Öffnen Sie RapidMiner mit einem leeren Arbeitsbereich (neuen Prozess erstellen). Suchen Sie unter Operators links den READ CSV-Operator und platzieren Sie ihn im Arbeitsblatt. Wählen Sie anschließend IMPORT CONFIGURATION WIZARD... im Parameter-Menü des Operators rechts.

   Mit dem Wizard ist es ein Leichtes, die soeben erstellte CSV-Datei zu importieren. Achtung: Ändern Sie bitte in Schritt vier von vier die Rolle unseres `tld`-Attributs von `attribute` auf `id`. Und entfernen Sie im gleichen Schritt das Häkchen bei **engage**, da wir diese Spalte nicht importieren möchten. Schließlich ergibt sich der Wert aus den vier anderen Merkmalen; er liefert keine zusätzlichen Informationen. Achten Sie schließlich auch darauf, dass alle Spalten außer `tld` als vom Typ `real`, nicht »polynominal«, importiert werden – der Knackpunkt hierbei ist ein Punkt anstelle eines Kommas als Dezimalzeichen.

Abb. 16.20: Den Operator READ CSV einbinden

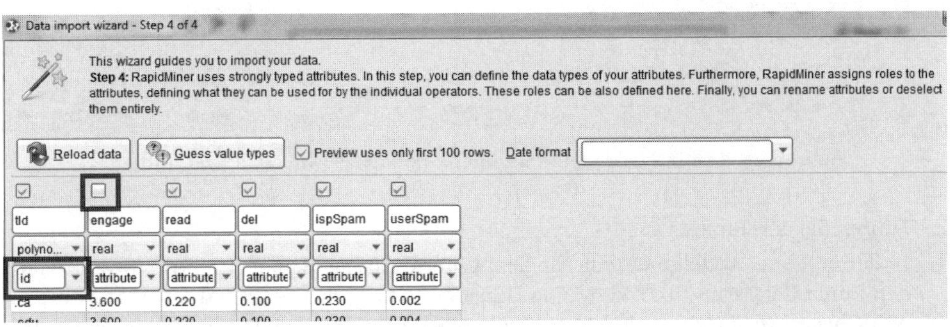

Abb. 16.21: Der Data Import Wizard – entfernen Sie das Häkchen bei engage und machen Sie `tld` zu einer ID.

2. An den Ladevorgang von READ CSV schließen Sie nun den NORMALIZE-Operator im Arbeitsblatt an. Verdrahten Sie hierzu seinen EXA- mit dem OUT-Anschluss des CSV-Lesers.

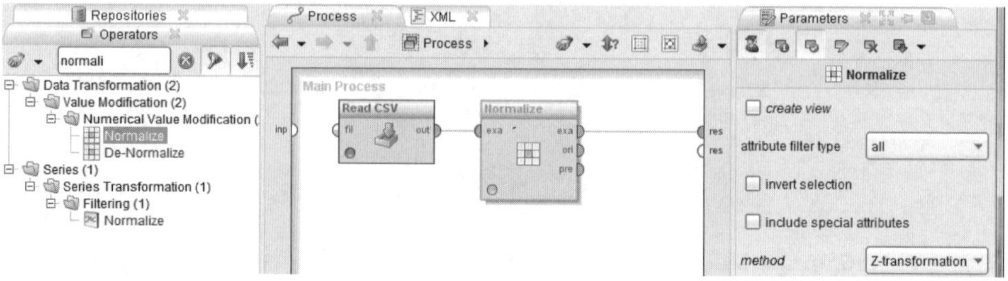

Abb. 16.22: NORMALIZE-Operator einfügen

Hinweis: Normalisierung vor dem Clustering

Warum »Normalize«? Da die Werte in den CSV-Spalten sehr unterschiedliche Spannweiten aufweisen, sollten sie normiert werden. Die Normalisierung überführt unserer Werte hier in eine Standardnormalverteilung. Damit werden Unterschiede besser vergleichbar. Ohne dem würde der Cluster-Algorithmus die Ähnlichkeiten bei Attributen mit großen Unterschieden zu stark, bei anderen zu schwach bewerten. Dies beeinträchtigt das Ergebnis.

3. Nun können wir schließlich den eigentlichen Clustering-Operator K-MEANS einsetzen. Verbinden Sie die beiden EXA-Anschlüsse. Anschließend verknüpfen Sie die zwei RES-Anschlüsse vom Hauptprozess mit den CLU-Ausgaben des K-MEANS-Operators.

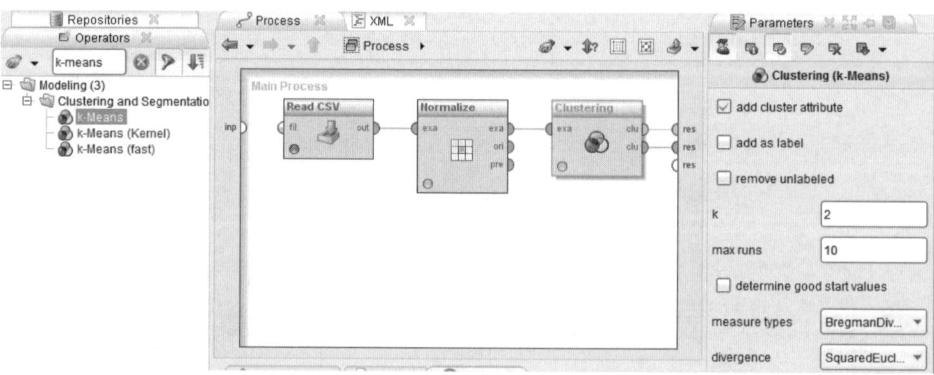

Abb. 16.23: K-MEANS-Operator einfügen und links sowie rechts verdrahten

4. Führen Sie den Prozess aus.
5. In der Ergebnis-Anzeige wählen Sie den Reiter CLUSTER MODEL (CLUSTERING) und dort den Punkt CENTROID PLOT VIEW. Die Darstellung zeigt die Zentren der beiden gefundenen Cluster für die vier analysierten TLD-Merkmale. Es wird deutlich, dass *ein* Cluster

solche Domains beinhaltet, die ein hohes positives wie negatives Engagement (read, del, userSpam) und gleichzeitig eine sehr niedrige Spamordner-Rate (ispSpam) aufweisen. Der andere Cluster enthält Domains, die sich genau entgegengesetzt verhalten. (Klar, denn das war ja Ziel der Segmentierung: in sich homogen, untereinander heterogen.)

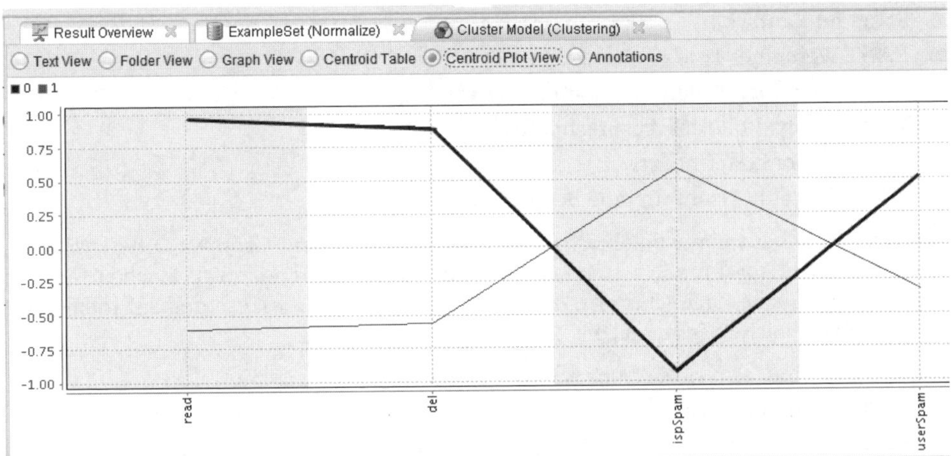

Abb. 16.24: Der Centroid Plot View zeigt das Profil der beiden Cluster. Beide haben entgegengesetzte Schwerpunkte.

16.3.3 Anregungen für weitere Analysen

Analysieren Sie das Ergebnis weiter. Vorschläge:

- Rufen Sie zum Beispiel den Reiter EXAMPLE SET (NORMALIZE) und dort den Menüpunkt DATA VIEW auf. Sortieren Sie die Daten anhand der Spalte `cluster`. Was sehen Sie?
- Anschließend wechseln Sie zum Menüpunkt PLOT VIEW. Wählen Sie unter PLOTTER die Option PARALLEL. Dies öffnet ein sogenanntes »parallele Koordinaten«-Diagramm. Als COLOR COLUMN wählen Sie hier CLUSTER. Die Darstellung zeigt nun die Ausprägungen aller Domain-Datensätze inklusive ihrer Segmentzugehörigkeit.
- Frage: Welches der vier Merkmale unterscheidet die beiden Cluster nach Maßgabe eines Entscheidungsbaums am stärksten? (Hilfe: Bevor Sie ihrem RapidMiner-Prozess einen DECISION TREE-Operator hinzufügen, müssen Sie dem Attribut `cluster` die Rolle »label« zuweisen. Der Operator hierzu heißt SET ROLE.)

Das Prozedere ist prinzipiell übertragbar auf die Segmentierung Ihrer vergangenen E-Mailings – gab es besonders erfolgreiche Gruppen von Mailings? Und natürlich auch auf Ihren Adressbestand. Die Empfängerlisten geben idealerweise Profil-Merkmale her wie ...

- Postleitzahl-Zone und -Region eines Abonnenten,
- Alter in Jahren,
- Geschlecht (etwa männlich = 0, weiblich = 1),
- E-Mail-Provider (Google? Hotmail?) und/oder
- Dauer der Verteilerzugehörigkeit in Tagen.

Oder im Falle von B2B-Adressen zum Beispiel:

- Beschäftigtenzahl
- Umsatz
- Branche
- Ort/Region/Land
- Stand im Kaufzyklus
- BANT-Wert eines Leads –
  - Budget: finanzieller Spielraum des Leads
  - Authority: Rolle des Ansprechpartners
  - Need: konkreter Bedarf
  - Time: Zeithorizont für eine Beschaffung

Ihnen fallen sicher weitere potenziell interessante Merkmale zur Gruppen-Differenzierung ein (siehe auch Abschnitt 9.3.3 *Personalisierung und Individualisierung*). Machen Sie sich darin auf die Suche nach Clustern, die es *lohnt*, individueller anzuschreiben. Interessant sind vor allem solche Segmente, die ...

1. sehr *groß* sind, also viele Abonnenten betreffen;
2. *beständig* im Zeitverlauf sind;
3. *relevant* sind in Bezug auf den Einsatz des E-Mail-Marketing-Instrumentariums, die also trennscharf eine völlig eigenständige Zielgruppe aus dem Verteiler herausschälen.

Man beachte, dass gerade E-Mail die Möglichkeit bietet, auch Kleinst-Segmente effizient anzusprechen. Wenn Sie also beim Association Mining (vergleiche voriger Abschnitt) feststellten, dass jeder fünfte Kunde, der Produkt A kaufte, zusätzlich auch das margenstarke Produkt B bestellte, dann stoßen Sie automatisiert eine Cross-Selling-Mail an – auch, wenn dies nicht mal ein Promille Ihrer Transaktionen betrifft, das Segment also sehr klein ist. Auch die zeitliche Beständigkeit ist nicht zwingend, wenn es beispielsweise um kurzfristige Kampagnen geht.

Sie sehen an dieser Stelle auch: Um überhaupt clustern zu können, benötigen Sie die passenden Daten Ihrer Abonnenten. Die Verfügbarkeit wird in der Regel nicht an der Bereitschaft Ihres Database Managers liegen, Ihnen diese zu extrahieren. Vielmehr müssen sie erst generiert werden. Und dies wiederum bedarf guter Strategien.

Hinweis: Clustering ist eine anspruchsvolle Aufgabe!

Damit an dieser Stelle keine Missverständnisse aufkommen: Die Cluster-Analyse ist in der Praxis – wie andere Data-Mining-Techniken – ein komplexes Unterfangen. Daten müssen zunächst vorbereitet werden. Dabei sind etwa Ausreißer zu entfernen, also Datenpunkte, die sehr weit von den restlichen Punkten entfernt liegen. Man denke an eine einmalige Öffnungsrate von 220 Prozent inmitten von durchschnittlich 22 Prozent bei den anderen E-Mailings. Ein solcher Extremwert könnte das Ergebnis der Analyse stark verzerren. Gleiches gilt für Merkmale, die sich zu sehr im Gleichklang verändern (»Korrelation«). Dies ist häufig bei der Öffnungs- und der Klickrate der Fall – steigt die eine um ein Prozent, folgt die andere auf dem Fuße. Im Anschluss an die Datenvorbereitung steht der Analyst vor den beiden Aufgaben, ein schlüssiges (Un-)Ähnlichkeitsmaß und einen adäquaten Cluster-Algorithmus zu wählen.

Beim Algorithmus muss teils eine optimale Cluster-Zahl »k« vorweg vorgegeben werden – wie bei k-Means im obigen Beispiel. Teils gilt es, die optimale Cluster-Zahl später anhand eines Baum-Diagramms (»Dendrogramm«) zu ermitteln. Und schließlich muss die gefundene Cluster-Lösung qualitativ sowie inhaltlich bewertet werden. Wie gut trennen die Segmente wirklich? Und wie lässt sich die Lösung interpretieren? K-Means spuckt Ihnen stets drei oder vier Cluster aus, wenn Sie dies vorgeben. Das heißt aber lange nicht, dass es sich um lohnenswerte Segmente oder valide Lösungen handelt.

16.4 Recency, Frequency, Monetary – mit RFM individuellere E-Mails versenden

RFM rockt. Das Tolle am Konzept ist: Jeder kann es leicht implementieren und für Segmentierungen nutzen. Bei aufwendigen Response-Modellen, die auf maschinelles Lernen zurückgreifen, sieht dies schon anders aus. Simpel muss aber nicht schlechter sein. Versandhändler nutzten RFM bereits seit Jahrzehnten zur Kundensegmentierung. Auch heute ist es aufgrund seiner Einfachheit und Effektivität noch beliebt. Excel und ein Export der Transaktionsdaten aus der Shop-Lösung reichen, um damit arbeiten zu können. Zudem implementieren mehr und mehr E-Mail-Versandlösungen RFM-Ansätze in ihr Kampagnen-Management-Toolset. Werfen wir also einen genaueren Blick darauf.

16.4.1 Grundsätzliche Idee

Was ist RFM? Allgemein ausgedrückt handelt es sich um ein Modell für eine Kunden-Bewertung: Je besser der Punktwert eines Kunden, desto höher ist seine Kauf-Wahrscheinlichkeit bei der nächsten Werbeaktion. Das Modell diente vor allem Katalog-Marketern, um den unrentablen Versand an Nicht-Reagierer auszusparen.

Genauso kann es auch auf Newsletter-Abonnenten angewendet werden. Hierbei dient es weniger der Kosteneinsparung, sondern mehr der individuelleren Pflege von Kundenbeziehungen. Für jeden Abonnenten lässt sich ein zusammengesetzter Score errechnen, der dessen Wert im Verteiler widerspiegelt. Verschiedene Scores verlangen nach verschiedenen Kommunikationsmaßnahmen.

16.4.2 RFM erklärt

Der RFM-Wert eines Abonnenten ist abhängig von drei Größen. In der Reihenfolge ihrer Prognose-Bedeutsamkeit sind dies:

1. **R – Recency:** Wie lange liegt der letzte Kauf beim Abonnenten zurück?
2. **F – Frequency:** Wie häufig kaufte er in der betrachteten Berichtsperiode – zum Beispiel im letzten Quartal oder Jahr oder in der gesamten Kundenbeziehung?
3. **M – Monetary:** Wie viel Umsatz generierte er insgesamt in der Berichtsperiode?

Damit verbunden sind drei Annahmen über die Wirkungsweise der Größen:

1. **Recency:** Je länger der letzte Kauf zurückliegt, desto unwahrscheinlicher ist es, nun erneut zu kaufen. Die Erfahrung zeigt: »Aus den Augen, aus dem Sinn« gilt für Menschen gleichermaßen wie für Produkte oder Marken. Dinge, zu denen lange kein akti-

ver Kontakt bestand, geraten in Vergessenheit. Entsprechend geringer fällt dann der Recency-Score für den Abonnenten aus. Recency ist im klassischen Modell der wichtigste Prädiktor für die Kaufwahrscheinlichkeit.

2. **Frequency:** Je seltener gekauft wurde, desto kleiner ist der Frequency-Punktwert. Denn ein Kunde, der regelmäßig shoppte, reagiert eher als einer, der nur eine oder zwei Beschaffungen durchführte.
3. **Monetary:** Je geringer der Umsatz, desto kleiner ist der Monetary-Wert. Kunden, die viel Zeit und Geld investierten, reagieren hingegen eher – und bekommen einen hohen Wert zugewiesen.

Versandhändler schauen traditionell auf die Zielgröße »Kauf«, wenn sie R, F und M analysieren. Alternativ betrachten Internet-Marketer auch Daten wie E-Mail-Response (zum Beispiel Öffnung, Klick, Antwort), Webseiten-Besuch oder Conversion (etwa ein White-Paper-Download).

Das RFM-Modell ist auch flexibel erweiterbar. Einige lassen die E-Mail-Aktivität oder den Umsatz der größten Bestellung als vierte Variable neben den klassischen RFM-Shoppingdaten einfließen. Wieder andere bilden ein verkürztes zweidimensionales Modell, das nur aus den beiden wichtigsten Merkmalen Recency und Frequency besteht.

16.4.3 RFM-Werte berechnen

Eine einfache Möglichkeit, E-Mail-Abonnenten ihren RFM-Punktwert zuzuweisen, folgt einem dreistufigen Ablauf:

1. Extrahieren Sie aus Ihren Shop-Transaktionsdaten die drei RFM-Größen für jeden E-Mail-Abonnenten im Berichtszeitraum:
   - Anzahl der Tage seit seinem letzten Kauf
   - Häufigkeit seiner Käufe
   - sein Umsatz
2. Sortieren Sie nun die Werte aller Abonnenten der Größe nach und ordnen Sie diese dann in Gruppen ein. Als Gruppengrenzen werden gern die sogenannten Quartils-Werte (Viertel-Werte) gewählt. Für R, F und M entstehen dann jeweils vier Gruppen mit gleicher Abonnentenzahl darin. Gruppe eins erhält die 25 Prozent der besten Abonnenten, gefolgt von Gruppe zwei mit den nächsten 25 Prozent der zweitbesten und so weiter. Jeder Gruppe wird ein Punktwert zugewiesen. Jeder Abonnent besitzt nun einen Recency-Punktwert von 1 (sehr schlecht) bis 4 (sehr gut), einen entsprechenden Frequency- und auch einen Monetary-Score. Exemplarisch: Die Recency-Top-Gruppe Nummer 4 beinhaltet die 25 Prozent der Abonnenten, bei denen der letzte Kauf am kürzesten zurückliegt.
3. Führen Sie nun die R-F-M-Werte für jeden Abonnenten zusammen. Damit schaffen Sie sich 64 Abonnenten-Segmente. Das Segment 4-4-4 beinhaltet Ihre wertvollsten Kunden oder Abonnenten, die durch höchste Recency, höchste Frequency und höchsten Monetary-Wert gekennzeichnet sind. Etwa Abonnent A, der in den vergangenen sechs Monaten fünf Bestellungen im Gesamtwert von 400 Euro tätigte, wovon die letzte nur drei Wochen zurückliegt. Bis runter zur am wenigsten aktiven Abonnenten-Gruppe 1-1-1 gibt es feingranulare Unterschiede.

Das Ergebnis dieser Vorgehensweise sieht in Excel nun aus wie in Abbildung 16.25.

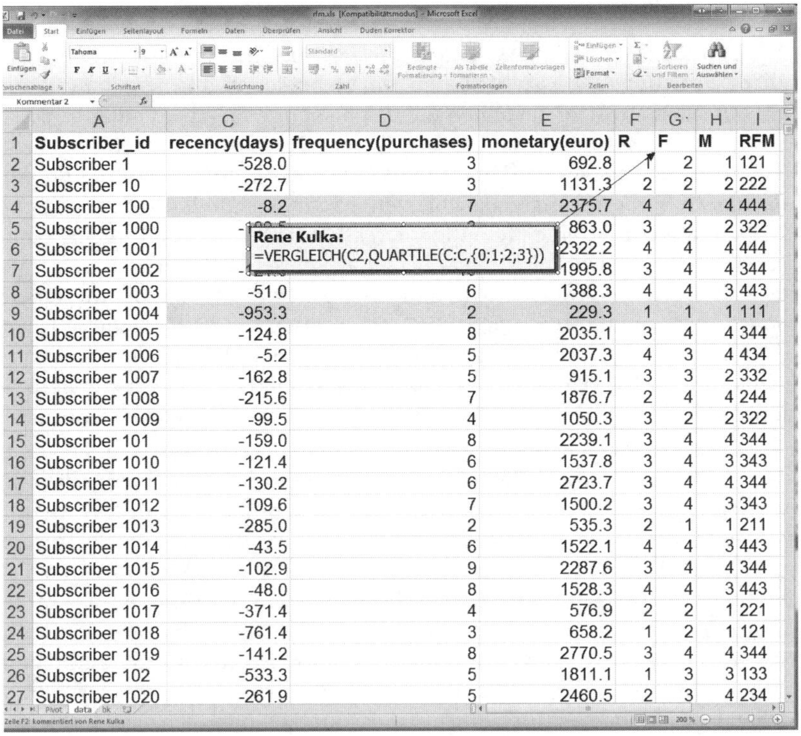

	A	C	D	E	F	G	H	I
1	Subscriber_id	recency(days)	frequency(purchases)	monetary(euro)	R	F	M	RFM
2	Subscriber 1	-528.0	3	692.8	1	2	1	121
3	Subscriber 10	-272.7	3	1131.3	2	2	2	222
4	Subscriber 100	-8.2	7	2375.7	4	4	4	444
5	Subscriber 1000	[illegible]	[illegible]	863.0	3	2	2	322
6	Subscriber 1001	[illegible]	[illegible]	2322.2	4	4	4	444
7	Subscriber 1002	[illegible]	[illegible]	1995.8	3	4	4	344
8	Subscriber 1003	-51.0	6	1388.3	4	4	3	443
9	Subscriber 1004	-953.3	2	229.3	1	1	1	111
10	Subscriber 1005	-124.8	8	2035.1	3	4	4	344
11	Subscriber 1006	-5.2	5	2037.3	4	3	4	434
12	Subscriber 1007	-162.8	5	915.1	3	3	2	332
13	Subscriber 1008	-215.6	7	1876.7	2	4	4	244
14	Subscriber 1009	-99.5	4	1050.3	3	2	2	322
15	Subscriber 101	-159.0	8	2239.1	3	4	4	344
16	Subscriber 1010	-121.4	6	1537.8	3	4	3	343
17	Subscriber 1011	-130.2	6	2723.7	3	4	4	344
18	Subscriber 1012	-109.6	7	1500.2	3	4	3	343
19	Subscriber 1013	-285.0	2	535.3	2	1	1	211
20	Subscriber 1014	-43.5	6	1522.1	4	4	3	443
21	Subscriber 1015	-102.9	9	2287.6	3	4	4	344
22	Subscriber 1016	-48.0	8	1528.3	4	4	3	443
23	Subscriber 1017	-371.4	4	576.9	2	2	1	221
24	Subscriber 1018	-761.4	3	658.2	1	2	1	121
25	Subscriber 1019	-141.2	8	2770.5	3	4	4	344
26	Subscriber 102	-533.3	5	1811.1	1	3	3	133
27	Subscriber 1020	-261.9	5	2460.5	2	3	4	234

Abb. 16.25: RFM-Werte mit Excel berechnen

Die Spalten A, C, D und E in Abbildung 16.25 enthalten Ihren aufbereiteten Datenbank-Export, also die Datengrundlage. Die R-, F- und M-Zellen rechts daneben bestücken Sie mit folgender Formel

```
=VERGLEICH(C2,QUARTILE(C:C,{0;1;2;3}))
```

Ohne Anführungszeichen, hier exemplarisch für die Recency-Spalte C (`C:C`) und Zeile 2 (C2). Warum ist der Recency-Wert negativ? Der Einheitlichkeit wegen. Ansonsten bekämen die 25 Prozent der Top-Kunden nämlich einen Score von 1 anstatt 4.

Schließlich enthält die letzte Spalte `RFM` die Excel-Formel:

```
=VERKETTEN(F2,G2,H2)
```

Die drei berechneten Punktwerte links daneben werden damit einfach aneinandergereiht.

16.4.4 Beziehungen managen

Blicken wir noch einmal auf Abbildung 16.25. Hervorgehoben ist sowohl ein Abonnent aus der Top-Gruppe 4-4-4 (»Subscriber 100«) als auch einer aus der am wenigsten versprechenden Gruppe 1-1-1 (»Subscriber 1004«). Beide Empfänger befinden sich augenscheinlich in ganz unterschiedlichen Phasen des Beziehungslebenszyklus mit dem Anbieter: Einer ist hochaktiv, der andere inaktiv. Sie sollten daher differenziert per Newsletter angesprochen werden.

Welche Segmente gibt es? Zum Beispiel:

- **444er – Top-Kunden, das Ziel-Segment für alle anderen:** Den Subscriber mit der ID 100 gilt es, in Gruppe 4-4-4 zu bewahren, ihn zu binden und so seinen Kundenwert behutsam auszubauen. Wie? Belohnen Sie das bisherige Engagement zum Beispiel mit exklusiven Angeboten und Vorab-Informationen. Gutscheine können hierbei vielleicht ausgespart werden, da dieser offenbar kaufkräftige Kreis auch so ordert. Erkundigen Sie sich doch nach Verbesserungsmöglichkeiten im Service, um Wertschätzung ganz deutlich zu signalisieren: »Deine Meinung interessiert uns!« Die Top-Kunden kennen Ihre Produkte und Services vielleicht sogar besser als Sie selbst. Lernen Sie von Ihnen, warum sie sich für Sie entscheiden. Und nutzen Sie diese Information, um weitere Abonnenten in 444er zu konvertieren. Schließlich empfiehlt es sich, auf zusätzlichen Kanälen den Kontakt aufzubauen wie zum Beispiel Facebook, Twitter, das Blog oder das Forum. So fördern Sie den Austausch untereinander. Der ein oder andere wird als Markenbotschafter auftreten, der Sie empfiehlt und andere positiv beeinflusst.
- **111er – »Flops«:** Ganz anders hingegen Subscriber 10004. Versuchen Sie, die Inaktivitäts-Gründe im Rahmen von (Re-)Aktivierungs-Kampagnen zu eruieren. Fehlt vielleicht das Vertrauen in Ihr Unternehmen oder das Wissen um Ihre umfassenden Service-Leistungen? Dann kommunizieren Sie deutlicher Ihre Garantien, Rückgaberechte, den 24/7-Kundenservice, Prüfsiegel, Referenzen, Auszeichnungen, Support-Kanäle und so weiter. Möglicherweise gibt es in diesem Segment auch Probleme mit Spamfiltern, die es zu beseitigen gilt, damit die Botschaften überhaupt zugestellt werden. Dauerhafte Inaktivität geht bei Gmails sortiertem Eingang zum Beispiel mit einer geringeren Sichtbarkeit im Posteingang einher. Dann waren die Nachrichten augenscheinlich nicht erwünscht oder nicht interessant genug, und das merkt Gmail sich. Zudem steht eine andere Überlegung im Raum: Auch, wenn der E-Mail-Versand kaum variable Kosten verursacht, könnte die Trennung von diesem Abonnenten-Segment eine Option sein. Etwa in Form einer finalen Re-Opt-in-Kampagne: »Wir hörten lange nichts von Ihnen; bitte bestätigen Sie noch einmal Ihren Wunsch, den Newsletter zu beziehen.« – Nicht-Reagierer werden künftig vom Versand ausgenommen.
- **441er – Kleinst-Besteller:** Das sind diejenigen, die *häufig* und *kürzlich* bestellten, aber insgesamt dennoch nur wenig Umsatz generierten. Die Beziehung ist also bereits intensiv und somit das wechselseitige Wissen zwischen Anbieter und Kunden hoch. Vornehmlich werden Impulskäufe getätigt. Wie können bei den vielen spontanen Bedürfnissen höhere Warenkorb-Werte angereizt werden? Zum Beispiel durch attraktive Gutscheine, die in Verbindung mit Mindestbestellwerten an die Gruppe offeriert werden: »Bestelle für 100 Euro und sicher Dir damit 30 Prozent Rabatt – gilt nur bis einschließlich morgen.« Eventuell können auch künftig geplante Bestellungen (Data Mining!) schon heute vorweggenommen und gebündelt und in einem attraktiven Paket – etwa mit Versandkostenfreiheit – angeboten werden.
- **xx4er – Umsatzbringer:** Auch die Gruppe derjenigen, die viel ausgeben, also die höchsten Monetary-Werte aufweisen, will besonders gepflegt werden. Hier kommen zum Beispiel Luxus-Artikel sowie Aktionen ohne finanzielle Vergünstigungen infrage. Je nachdem, wie der Recency-Score ist, sollte differenziert werden ...
  - **144er – inaktive Top-Kunden:** ... Betrachten wir etwa die 144er. Abonnenten also, die zu Beginn in hoher Frequenz und mit hohen Warenkorbwerten bei Ihnen einkauften. Jedoch liegt der letzte Kaufzeitpunkt vergleichsweise weit zurück. Hier gilt es, die passende Kundenrückgewinnungsstrategie zu finden.

- **414er:** Hierbei liegt der letzte Kauf nur wenige Tage zurück und es wurde überdurchschnittlich viel umgesetzt. Jedoch ist die Kauffrequenz bisher niedrig. Diese Gruppe beinhaltet heiße Kandidaten für den Aufstieg in das Top-Kunden-Segment. Sie besitzen potenziell einen sehr hohen Kundenwert in der Zukunft, der mit geeigneten Botschaften entwickelt werden muss. Überlegen Sie für Ihr Geschäftsmodell: Wie können diese Initial-Käufer in loyale Kunden gewandelt werden...? Eine Möglichkeit wäre, das Segment sporadisch mit den Privilegien des 444er-Segments zu reizen. Auch Bonusprogramme helfen, den Kauf-Takt zu erhöhen, wenn diese richtig beworben werden.

16.4.5 Wanderungen analysieren

Ideelles Ziel ist es natürlich, möglichst alle Kunden in Richtung der Gruppe der 444er zu bewegen. Um den Erfolg der E-Mail-Werbemaßnahmen in Bezug auf die Kundenwanderungen zu erfassen, sollte in regelmäßigen Abständen die jeweilige Segmentgröße erfasst und analysiert werden. In Excel ist dies sehr einfach mit Pivot-Tabellen möglich (Abbildung 16.26 und Abbildung 16.27).

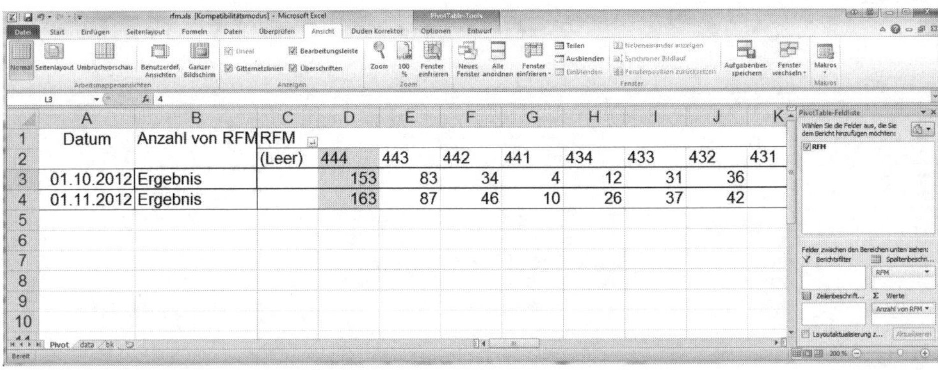

Abb. 16.26: Kundenwanderungsanalyse: Das Top-Kunden-Segment der 444er ist gewachsen.

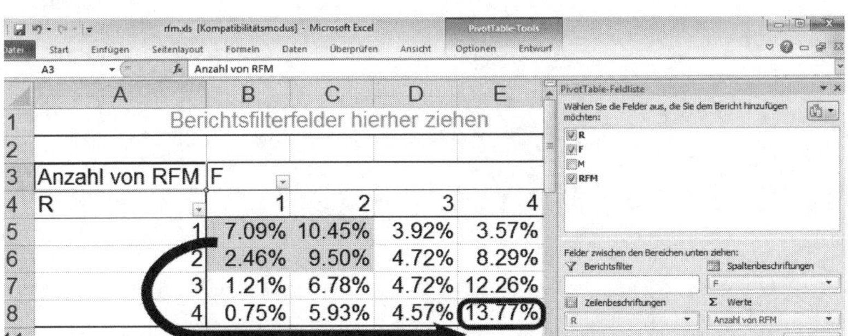

Abb. 16.27: Die zweidimensionale Analyse (hier: Frequency gegen Recency) zeigt noch viel Potenzial in den geringwertigen 1er- und 2er-Segmenten. Sorgen Sie dafür, dass diese Abonnenten »die Kurve kriegen« – der nächste Kauf verbessert den Recency-Wert, Wiederholungskäufe dann zusätzlich den Frequency-Wert. Ziel ist die Zelle 44.

Teil VII

Trend-Themen

In diesem Teil:

Der siebte Teil zeigt, wie E-Mail im Zusammenspiel mit anderen Online-Bereichen funktioniert. In Kapitel 17 erfahren Sie zum Beispiel, wie Sie Ihr Video-Inventar effektiv im Newsletter einsetzen können, um die Werbewirkung zu steigern. Standardmäßig funktionieren Videos zwar nicht in der E-Mail-Umgebung. Doch mit den richtigen Kniffen grenzen Sie sich vom Wettbewerb ab.

Kapitel 18 erklärt, welche Berührungspunkte es zwischen sozialen Netzwerken und E-Mail gibt und wie Sie sich diese zunutze machen. Kapitel 19 erörtert, welche Auswirkungen das mobile Internet auf Ihr E-Mail-Marketing hat. Sie erfahren, welche Optionen es gibt, um den veränderten Nutzungsgewohnheiten gestalterisch gerecht zu werden.

Kapitel 20 zeigt schließlich auf, wie Sie E-Mail mit Ihrer Webanalyse-Software verknüpfen. Der Fokus liegt auf Google Analytics, da der Dienst eine sehr hohe Verbreitung genießt.

Videos im E-Mail-Marketing nutzen

Bewegtbild-Formate liegen im Trend. Nicht ohne Grund greifen Online-Marketer gern darauf zurück:

- Musik im Hintergrund, gesprochene Textpassagen, aufregende Dramaturgie, dreidimensionale Produktpräsentationen – all dies aktiviert Rezipienten viel eher als statische zweidimensionale Pendants.

Abb. 17.1: Der Outdoor-Spezialist REI zeigt, wie der Platz im Newsletter effizient zur Produktpräsentation genutzt wird. Der Rucksack dreht sich langsam um 360 Grad (`tinyurl.com/aqrn95n`). Dies ist nicht nur aufmerksamkeitsstark. Es zeigt den Abonnenten das Produkt plastisch von allen Seiten. Tipps zur Erstellung einer solchen Grafik finden sich hier: `stylecampaign.com/blog/2009/06/product-image-360-in-email/`.

- Geschichten lassen sich mit Videos emotionsgeladener rüberbringen, komplexere Sachverhalte besser erklären.
- Der Empfänger kann sich förmlich zurücklehnen und die Werbebotschaft auf sich wirken lassen, anstatt sich »anzustrengen« und Texte lesen zu müssen.
- Der Unterhaltungswert ist oft höher. Im Social Web entfalten Bewegtbilder eher virale Effekte in Form von Weiterleitungen. Die Reichweite der Werbebotschaft steigt.

- Das, was Menschen sehen *und* hören, wird besser erinnert als das, was Menschen ausschließlich sehen. Die Werbung klingt länger nach.
- Schließlich schaffen es Animationen, mehr Informationen auf begrenztem Raum zu transportieren als Texte oder Bilder. Dies ist gerade für den Newsletter interessant. In der Höhe und Breite ist dieser ja nur theoretisch beliebig skalierbar. Praktisch lesen viele E-Mails in schmalen Vorschaufenstern.

Den Vorteilen stehen Nachteile gegenüber. So liegen die Kosten für professionelle Video-Produktionen deutlich über denen von statischem Content. Ferner steigt das Gewicht des Werbemittels von ein paar Kilobyte schnell auf Megabyte. Dies verursacht Download-Zeit und -Kosten beim Empfänger. Im ungünstigen Fall für Werbung, die nicht seine Interessen anspricht.

Schließlich – und das ist im E-Mail-Marketing der Knackpunkt – blockieren die Sicherheitsvorkehrungen der allermeisten E-Mail-Clients die Darstellung von Bewegtbild-Inhalten. Während es auf der Webseite kein Problem ist, den Einbettungscode eines `YouTube.com`- oder `Vimeo.com`-Videos zu platzieren, blenden Outlook, GMX, Gmail und Co diesen entweder einfach aus. Oder der Abonnent wird mit wenig Vertrauen einflößenden Warnhinweisen bezüglich des Gefährdungspotenzials der Nachricht malträtiert. Dass dies de facto nicht vorhanden ist, weiß das E-Mail-Programm nicht.

Aus Marketing-Sicht ist der Zustand wenig befriedigend. Es existieren aber Workarounds. Damit lassen sich Bewegtbild-Inhalte mal mehr und mal weniger effektiv in die E-Mail-Umgebung transferieren. Im Folgenden diskutieren wir Optionen. Im Anschluss können Sie evaluieren, welche Variante für Ihren Fall infrage kommt.

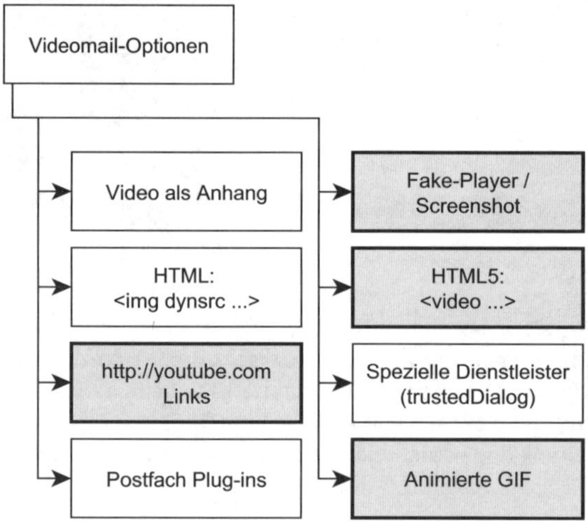

Abb. 17.2: Möglichkeiten zur Bewerbung des Video-Inventars per E-Mail

17.1 Als Anhang mitsenden?

Theoretisch können Videos genauso wie PDF-Dokumente oder Urlaubsbilder als Newsletter-Anhang verschickt werden. Wenn Sie jedoch kurz in sich hineinhorchen, dann werden

Sie mir zustimmen, dass dies nicht unbedingt ein vielversprechender Ansatz ist. Folgendes spricht dagegen:

- Diverse Dateiformate im E-Mail-Anhang werden bei vielen Abonnenten aus Sicherheitsgründen blockiert. Gerade in Netzwerken (Firmen, Universitäten et cetera) passiert dies oft. Ohne Weiteres lässt sich ein AVI oder MPG dann nicht öffnen.
- Die E-Mail erreicht durch die Videogröße schnell ein prohibitiv hohes Dateigewicht.
  - Beim Newsletter-Abonnenten steigen hierdurch entweder Ladezeiten und Download-Kosten. Oder die E-Mail passt gar nicht erst in sein Postfach. Das bietet oft nämlich nur begrenzten Speicherplatz von vielleicht fünf bis zehn Megabyte pro Nachricht. Auch in Zeiten von Microsoft SkyDrive, Dropbox und Google Drive.
  - Beim Internetdienstleister des Empfängers verschlingt die Bearbeitung gewichtiger E-Mails viele Ressourcen. Dies könnte bei größeren Aussendungen die Akzeptanzrate der E-Mails beeinträchtigen. Viele E-Mails würden ihre Empfänger nicht erreichen.
  - Ihnen entstehen unter Umständen höhere Kosten bei Ihrem Versanddienstleister. Nämlich dann, wenn die Kosten an das Datentransfervolumen gekoppelt sind. Es macht einen Budgetunterschied aus, ob 100.000 E-Mails à einem Kilobyte (= knapp 100 *Mega*byte Datentransfervolumen in der Summe) oder à zehn Megabyte (= knapp 1 *Tera*byte) verschickt werden. Bei einem fiktiven Preis von einem Cent dafür, ein Megabyte zu übertragen, entstünden Kosten in Höhe von einem Euro versus 10.000 Euro.
- Schließlich ist der angehängte Clip nicht im E-Mail-Inhalt integriert. Er hängt eben bloß an. Aus Usability-Sicht wird die beabsichtigte Aufmerksamkeitswirkung eventuell verfehlt.

Insgesamt ist der Versand von Videos in E-Mail-Anhängen damit keine echte Option.

17.2 Screenshot einbinden

De effizienteste Art, um Videos sicher an alle E-Mail-Empfänger auszuliefern, ist nach wie vor die prominente Platzierung eines Screenshots inklusive Video-Player-Bedienelementen (auch Fake-Player genannt).

Der Newsletter wird hierzu mit einer aufmerksamkeitsstarken Momentaufnahme aus dem beworbenen Clip bestückt. Die Wahl eines guten Teaser-Bildes ist erfolgskritisch; erfahrungsgemäß erzielen interessante Gesichter die höchste Aufmerksamkeit (Abbildung 17.3).

Zudem enthält die Attrappe oft die typischen Bedienelemente eines Video-Players. Hierzu zählt vor allem der große Abspielknopf in der Bildmitte. Ebenso bieten sich ein Fortschrittsbalken sowie der Lautstärkeregler darunter an. Die Elemente zeigen dem Empfänger unmittelbar ein interaktives Element an. Beim Klick öffnet sich eine Landingpage im Browser. In dieser Umgebung lässt sich das Video nun ohne Probleme und mit dem gewohnten Bedienkomfort abspielen.

Gestalterisch empfiehlt es sich, die Grafik im oberen Newsletter-Bereich zu platzieren. So wird der Videoclip direkt im Vorschaufenster angezeigt. Ferner ist es überlegenswert, ihn prominent in der Betreffzeile anzukündigen. Zumindest sofern das Video der zentrale Mailing-Anlass ist.

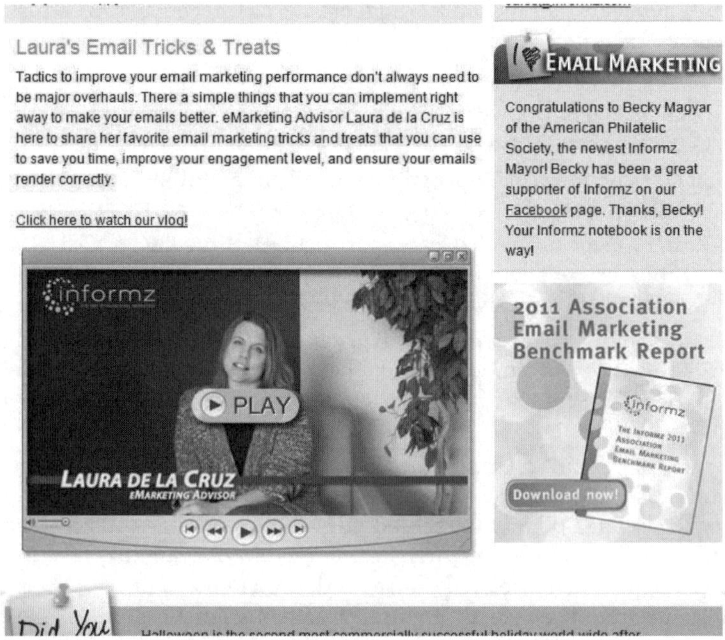

Abb. 17.3: Der Fake-Player im B2B-Newsletter (informz). Beim Klick auf die große Grafik öffnet sich eine Landingpage im Browser, die den Clip abspielt.

Abb. 17.4: Fake-Player im B2C-Newsletter (Disney). Um das Video abzuspielen, muss der Abonnent die Landingpage im Browser laden.

Man beachte, dass viele Webmail-Anbieter und E-Mail-Clients externe Grafiken standardmäßig blockieren. Daher sollte das Teaser-Bild durch eine Handlungsaufforderung wie zum Beispiel »Videoclip anschauen >>« im Alt-Attribut der Grafik sowie im HTML-Text darunter unterstützt werden. Wer das Bild direkt in den Newsletter einbettet und an die Abonnenten mitverschickt, kann so der Bildblockade ein Schnippchen schlagen.

Der Aufwand ist bei dieser Art der Video-Einbindung minimal. Der passende Screenshot ist im Nu erstellt und im Newsletter verlinkt. Kosten für das Video-Hosting können eingespart werden, falls Netzwerke wie YouTube oder Vimeo genutzt werden. Im einfachsten Fall entfällt damit sogar die Erstellung der Landingpage. Zudem funktioniert die Variante als einzige flächendeckend und zuverlässig in allen E-Mail-Programmen.

Spezialisierte Dienstleister wie `flimp.net` (»Flash Interactive Marketing Platform«) bieten Newslettern-Versendern nebst einfacher Microsite-Erstellung auch umfassende Erfolgsauswertungen. Darin enthalten sind gängige Videomarketing-Kennziffern wie:

- Video-Einblendungen insgesamt
- Anzeigedauer insgesamt und im Schnitt
- Anteil der zu Ende geschauten Videos
- Weiterempfehlungen des Videos

Der Nachteil der Screenshot-Variante ist augenscheinlich, dass es sich um keine echte Video-E-Mail handelt. Zum Abspielen ist ein zusätzlicher Klick erforderlich, der den Empfänger aus dem Newsletter herausführt. Dem Erfolg tut dies aber keinen Abbruch. Die Klickraten sind erfahrungsgemäß hoch.

17.3 »Dynamic-Source«-Attribut kennen

Das sogenannte `<img>`-Tag referenziert Grafiken in HTML-Dokumenten. Bild-Eigenschaften wie Höhe, Breite und Alternativ-Text lassen sich mit Attributen innerhalb des Tags fixieren. Eines dieser Attribute ist die `dynsrc`-Eigenschaft. (Dynsrc steht für Dynamic Source, also »dynamische (Bild-)Quelle«.) Damit kann das `<img>`-HTML-Tag so umfunktioniert werden, dass Videos anstelle statischer Bildquellen angezeigt werden.

Einerseits erfreulich ist, dass hiermit theoretisch vollwertige Videoclips in gängigen Kodierungen mit hoher Kompression und mit Klanguntermalung eingebunden werden können. Ernüchternd ist andererseits, dass sich die Unterstützung des Attributs hauptsächlich auf E-Mail-Clients beschränkt, die den Internet Explorer in den Versionen 2 bis 7 für das E-Mail-Rendering nutzen. Dies sind vornehmlich Outlook Express sowie Outlook 2000, 2002 und 2003. Die allermeisten Web-Clients dürften das `dynsrc`-Attribut ignorieren oder entfernen. Unabhängig vom verwendeten Betriebssystem und Browser wird dann kein Clip abgespielt.

Für den Fall, dass die dynamische Quelle nicht unterstützt wird, ist zum Teil die Anzeige einer Fallback-Grafik möglich. Neuere Outlooks allerdings, etwa Outlook 2007, zeigen nur ein rotes Kreuzchen. Die Fallback-Grafik kann im originären `src`-Attribut des Image-Tags angegeben werden.

Ein Quelltext-Beispiel aus einer RTL.de-Kampagne (Abbildung 17.5) soll die Einbindung verdeutlichen:

```
<img dynsrc="http://stream3.azionare.de/videomail/pocher/pocher.wmv"
width="336" height="184" src="http://stream2.azionare.de/videomail/pocher/
fallback.jpg" border="0">
```

Abb. 17.5: RTL.de bewarb ein Fernseh-Highlight mit einem Mix aus Java Applet und `dynsrc`-Attribut.

Das `dynsrc`-Attribut war ursprüngliche eine undokumentierte HTML-Spezialität von Microsoft. Aus heutiger Sicht gilt es als veraltet. Es ist kein Verlass auf die ordnungsgemäße Darstellung über alle E-Mail-Clients (testen!). Trotzdem kann es aber immer noch in Ergänzung zu anderen Videomail-Varianten genutzt werden wie im RTL.de-Beispiel aus Abbildung 17.5. Dynsrc ergänzt hierbei eine Java-basierte Video-Einbindung.

17.4 Animierte GIF-Grafiken verwenden

Interessante Perspektiven für Bewegtbilder in E-Mails eröffnen sich durch das Graphics Interchange Format (GIF). Anders als JPG ermöglicht GIF Animationen. Darunter werden Aneinanderreihungen einzelner Bilder (*Frames*) verstanden, die sequenziell in Daumenkino-Manier abspielen. Die Dauer der Einblendung jedes Einzelbildes kann der Gestalter auf eine hundertstel Sekunde genau bestimmen. Am Ende der Animation können ein Stopp oder auch eine, mehrere oder unendliche viele Wiederholung(en) gesetzt werden. Die Sequenz kann also wiederholt in einer Endlosschleife oder auch nur einmalig nach der E-Mail-Öffnung abgespielt werden. Dies ist zum Beispiel relevant bei Animationen, die im

Newsletter unterhalb des gedachten Vorschaufensterbereichs dargestellt werden. Würde die Animation dort nicht erneut abspielen, ginge sie eventuell ungesehen verloren.

Was haben Daumenkino-Animationen mit Videos und E-Mails zu tun? GIFs ermöglichen es, stumme Clips abzuspielen. Hierzu müssen lediglich viele Einzelbilder aneinandergereiht und jeweils mit minimal kurzen Pausen versehen werden. Der Hauptvorteil dabei ist, dass die Clips in allen gängigen E-Mail-Clients und Webmailern dargestellt werden. Wenige Ausnahmen bestätigen die Regel. Dazu zählen Outlook 2007/2010/2013, Apple Mail 3 und einige Clients auf mobilen Geräten. Immerhin zeigen die wenigen »Verweigerer« aber ein statisches Ersatzbild an, nicht etwa eine Fehlermeldung oder ein rotes Platzhalter-Kreuzchen. Was liegt also näher, als zum Beispiel einen gegebenen Videoclip vom YouTube-Konto so umzuwandeln, dass die resultierende GIF-Animation ein Video-ähnliches Erlebnis im E-Mail-Posteingang verspricht?

Ein Wermutstropfen bleibt: Das GIF-Format wurde Ende der 90er für einiges konzipiert, nicht aber für lange und hochauflösende Videoclips. Die Herausforderung bei der Konvertierung eines Clips in ein GIF besteht darin, das Dateigewicht bei gleichzeitiger Erhaltung einer passablen Bildqualität entscheidend zu reduzieren. Denn gerade bei größeren E-Mail-Aussendungen (und damit vielen Videoabrufen innerhalb kürzester Zeit) kann der Server-Upstream schnell zum Engpassfaktor werden. Das Video wird dann nicht flüssig geladen. Ganz zu schweigen vom Download-Volumen, das den Empfängern zugemutet wird. Daher ist es unumgänglich, die Dateigröße zu optimieren. Als Faustregel gilt ein Wert von circa einhundert Kilobyte pro Video-Sekunde. Ein 20-Sekünder sollte maximal 2 Megabyte auf die Waage bringen.

17.4.1 Anwendertipps

Um ein GIF-Video zu verschlanken, existieren prinzipiell fünf Stellschrauben:

- **Länge des Clips:** Je weniger Sekunden das GIF-Video umfasst, desto geringer ist die resultierende Dateigröße. Es empfiehlt sich daher, lediglich einen Teaser mit wenigen Sekunden Spielzeit einzubinden. Dieser kann mit einem halb gefüllten Fortschrittsbalken und einem Abspielknopf enden, um zu signalisieren, dass per Mausklick das komplette Video abrufbar ist.
- **Abmessungen:** Je weniger Pixel pro Einzelbild gespeichert werden, desto geringer ist die Dateigröße. Als Faustregel gilt, dass die Standardmaße für Videos (zum Beispiel 640 mal 480 Pixel) um den Faktor ein Drittel proportional herunterskaliert werden sollten. Für das GIF sind also Abmessungen von nicht mehr als rund 210 mal 160 anzustreben.
- **Bilder pro Sekunde:** Je weniger Bilder pro Sekunde (*Frames per Second, FPS*) dargestellt werden, desto geringer ist die resultierende Dateigröße. Unter rein optischen Gesichtspunkten reicht meist eine halbierte FPS-Rate von zwölf bis dreizehn Bildern pro Sekunde aus. Damit bleibt der Eindruck einer flüssigen Bewegung erhalten. Weniger als zehn FPS sollten allerdings nicht gewählt werden. Im Internet Explorer und darauf basierenden E-Mail-Programmen kann es sonst zu Problemen bei der Darstellung kommen.
- **Farben:** Sowohl die Anzahl der Farben als auch die Zusammenstellung der Farbpalette kann zur weiteren Optimierung des Gewichts genutzt werden. In der Regel reichen 128 oder sogar nur 64 Farben für eine ordentliche Darstellung eines Clips auf kleiner Fläche schon aus. Statt zahlreicher lokaler Farbtabellen, die für jedes Einzelbild angelegt

werden, sollte *eine* globale genutzt werden. Denn immerhin fielen für jede Tabelle bis zu 768 Bytes an (256 Farben mal drei – entsprechend einem Rot-, einem Grün- und einem Blau-Wert der Farbe). Bei 15 FPS sind dies schon 11,25 Kilobytes an unnötigem »Übergewicht« pro Sekunde.

- **Inhalte:** Schließlich hängt das Dateigewicht auch von den Bewegtbildern selbst ab. Je ähnlicher sich diese sind und je mehr die Lempel-Ziv-Welch-(LZW-)Kompression von GIF begünstigt wird, desto besser lässt sich das Gewicht reduzieren.

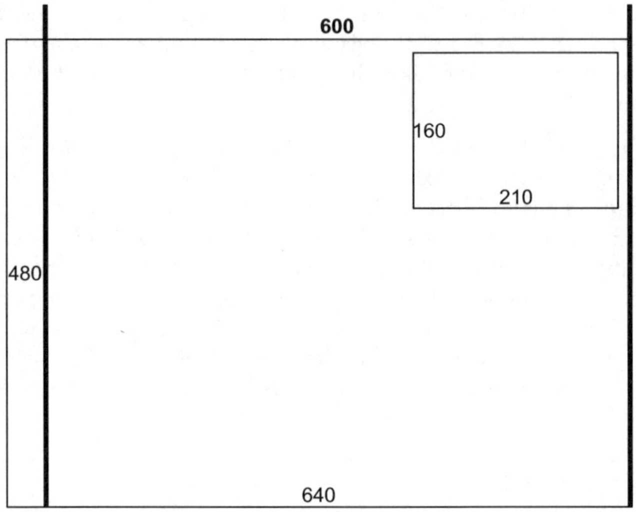

Abb. 17.6: Animierte GIF-Videos sollten überschaubare Abmessungen besitzen, um das Dateigewicht zu reduzieren – hier 210x160 Pixel im Vergleich zu gängigen Video-Maßen von 640x480 und zur empfohlenen Newsletter-Breite von 600 Pixeln.

Weitere Dinge, die es bei animierten GIF-Videos zu beachten gilt:

- Auf Sound muss im Posteingang verzichtet werden. (Von wenig zuverlässigen HTML5-Workarounds einmal abgesehen.) Das GIF-Format sieht Klanguntermalungen nicht vor. Platzieren Sie deswegen unter den Clip eine Grafik mit einem durchgestrichenen Lautsprecher-Symbol (Abbildung 17.7). So signalisieren Sie einerseits, dass es sich beim fehlenden Ton nicht um einen Fehler in der E-Mail handelt. Zum anderen zeigen Sie, dass ein Klick den Clip inklusive Sound im Webbrowser lädt.

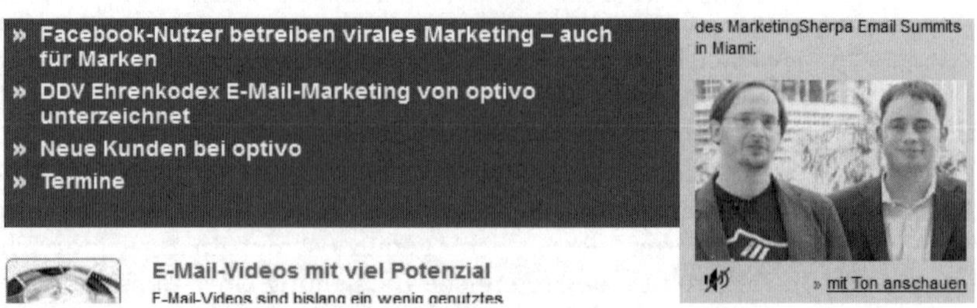

Abb. 17.7: Handlungsaufforderung »mit Ton anschauen« unter dem GIF-Clip

- Bedenken Sie auch, dass ältere Rechner und vor allem mobile Endgeräte die höhere CPU-Last, die bei der Dekomprimierung und Anzeige der Einzelbilder entstehen kann, mitunter schlechter verarbeiten können als moderne Desktop-PCs.
- Einige E-Mail-Programme stellen nur das erste Frame des Videos dar. Allen voran Outlook 2007/2010/2013. Daher empfiehlt es sich, dem ersten Bild besondere Aufmerksamkeit zu schenken. Platzieren Sie einen Fake-Player-Screenshot (vergleiche Abschnitt 17.2 *Screenshot einbinden*) mit kurzer Einblendzeit von zum Beispiel einer hundertstel Sekunde. In der Animation geht dieser dann wie gewollt unter, als statisches Bild weckt er in Outlook 2007 Interesse.
- Nutzen Sie eine Bandbreiten-optimierte GIF-Auslieferung. Beispielsweise, indem solchen Abonnenten, die den Newsletter gerade über mobile Geräte abrufen, nur ein statisches Teaser-Bild angezeigt wird. Dies schont die Internet-Verbindung. (Mehr zur Geräte-Identifikation und zu dynamischen Bildern lesen Sie in Kapitel 19 in Abschnitt 19.2 *Gestaltungsoptionen*.)

Tipp: Die Varianten »Screenshot« und »GIF« verknüpfen

Ein vielversprechender Kompromiss aus Dateigewicht und Dynamik im Posteingang ist das Screenshot-Karussell. Hierbei werden ausgewählte Momentaufnahmen des beworbenen Videos im Zwei- bis Drei-Sekunden-Takt durchgewechselt. Der Abspielknopf verweilt dabei an derselben Stelle. Die Vorteile der Variante aus dem Abschnitt 17.2 *Screenshot einbinden* werden so mit denen von animierten GIFs gepaart. Wie Sie ein solches Karussell erstellen, lesen Sie in Abschnitt 12.5 *Das richtige Grafik-Format wählen*.

Tipp: Cinemagraphen kostenfrei mit Cliplets erstellen

Cinemagraphen (oder Cinemagramme) stellen eine Mischung aus Video und Foto dar. Hierbei wird ein kleiner, aber markanter Foto-Ausschnitt in einer Endlosschleife animiert. Beispiele geeigneter Motiv-Ausschnitte sind etwa wehendes Haar oder die Hand, die rührende Bewegungen mit einem Löffel in einer Kaffeetasse ausführt. Der Rest des Bildes bleibt bewusst völlig statisch. Tolle Beispiele für dieses Stilmittel finden Sie auf `cinemagraphs.com` oder auch in der Bildersuche Ihrer Lieblingssuchmaschine.

Cinemagraphen sind auch im Posteingang ein echter Hingucker. Und mit der richtigen Software ist die Erstellung gar nicht schwer. Microsoft Research veröffentlichte Mitte 2012 das kostenfreie Tool Cliplets, das Sie unter der URL `research.microsoft.com/Cliplets` herunterladen können (Abbildung 17.8). Darin markieren Sie einfach den Bildbereich, der beweglich bleiben soll. Die Ergebnisse verblüffen, sollten aber noch hinsichtlich des Dateigewichts optimiert werden. Der Ulead GIF Animator leistet dabei gute Dienste. Anschließend steht einer Verwendung im Newsletter nichts mehr im Wege.

Pro-Tipp: Echtzeit-generierte GIF-Streams (»GIF-Sockets«)

Eine interessante Eigenschaft animierter GIFs ist, dass dem Client – zum Beispiel Thunderbird – das Animations-*Ende* vorweg unbekannt ist. Das heißt, die Grafik-Datei selbst enthält keine Angabe darüber, wie viele Frames darin insgesamt enthalten sind.

Der Client rendert so lange die eintreffenden Bilder, bis er schließlich ein Ende-Signal vom Server empfängt. Der potenzielle Marketing-Nutzen von Web-Socket-Verbindungen ist groß. Praktisch werden sie bislang aber kaum realisiert. Von der Messung der Dauer einer E-Mail-Öffnung abgesehen (vergleiche Abschnitt 14.9.3 *Lesedauer*). Darüber hinaus könnten auch echtzeitige Countdown-Timer für zeitliche befristete Angebote (`tinyurl.com/ajvr7dw`) oder sogar Live-Videoübertragungen implementiert werden. Hierbei sei auf ein YouTube-Video der Agentur STYLECampaign verwiesen: `tinyurl.com/cmeg5d9`.

Abb. 17.8: Cinemagraphen lassen sich mit Cliplets erstellen und direkt als GIF speichern.

17.4.2 Exkurs: YouTube-Clip als animiertes GIF-Video einbinden

Damit Sie direkt von GIF-Videos profitieren und sich von anderen Versendern positiv abheben können, finden Sie anbei eine Schritt-für-Schritt-Anleitung, mit der sich ein YouTube-Video überführen lässt – abspielbereit zur Einbindung in Ihrem nächsten Newsletter:

- Installieren Sie die zwei Software-Pakete:
  - CamStudio (`tinyurl.com/y29wfbp`, **Achtung:** beim Installations-Setup alle Häkchen für Zusatz-Softwares entfernen beziehungsweise DECLINE für ablehnen anklicken. Ansonsten installieren Sie lästige Browser-Erweiterungen mit.)

- Ulead GIF Animator (zeitlich befristete Test-Version unter `tinyurl.com/ctxs72`)

Ersteres erlaubt Ihnen allgemein, Bildschirm-Aktionen aufzuzeichnen. Der GIF Animator dient der Erstellung und Optimierung des GIF-Videos.

Video aufzeichnen

- Starten Sie den CamStudio Recorder und öffnen Sie im Webbrowser ein YouTube-Video wie zum Beispiel `youtube.com/watch?v=Riviv6BiAZA`.
- In CamStudio selektieren Sie zunächst unter OPTIONS > VIDEO OPTIONS den Codec Microsoft Video 1. Wir wollen mit 8 Bildern pro Sekunde aufzeichnen. Ändern Sie hierzu die PLAYBACK RATE auf 8 FRAMES/SECOND und weisen Sie CAPTURE FRAMES EVERY 125 MILLISECONDS an. Ferner soll bei der Kompression jedes achte Bild ein Schlüsselbild werden. Abbildung 17.9 zeigt das Setup.

Abb. 17.9: Video-Optionen in CamStudio – wir möchten mit 8 Bildern pro Sekunde aufnehmen, das heißt, alle 125 Millisekunden soll ein Schnappschuss gemacht werden.

- Achten Sie nun darauf, dass CamStudio RECORD TO AVI anzeigt (weiße Schrift auf schwarzem Hintergrund oben rechts im Programm-Fenster). Falls SWF eingestellt ist, ändern Sie dies durch Klick auf den AVI-Knopf, der sich unterhalb des TOOLS-Menüpunktes befindet.
- Anschließend wählen Sie im Menü REGION die Option FIXED REGION. Klicken Sie auf SELECT und ziehen Sie ein Rechteck über den Video-Bereich im Browser, den Sie aufnehmen möchten.

Abb. 17.10: Ziehen Sie ein Rechteck über den aufzunehmenden Video-Bereich.

- Los geht es: Den Aufnahme-Knopf in CamStudio betätigen, das Video für ein paar Sekunden abspielen, Aufnahme stoppen und das Ergebnis als AVI-Video abspeichern.

Als optimiertes GIF speichern

- Starten Sie Ihren GIF Animator und laden Sie das gespeicherte Video.
- Selektieren Sie alle Bilder in der Zeitleiste unten und wählen Sie dann im Menü EDIT den Punkt RESIZE IMAGE.... Geben Sie als neue Breite für das animierte GIF-Video 240 Pixel an. Die Höhe sollte proportional skaliert werden. Anschließend verkleinert das Programm die Einzel-Bilder. Dies spart Gewicht.

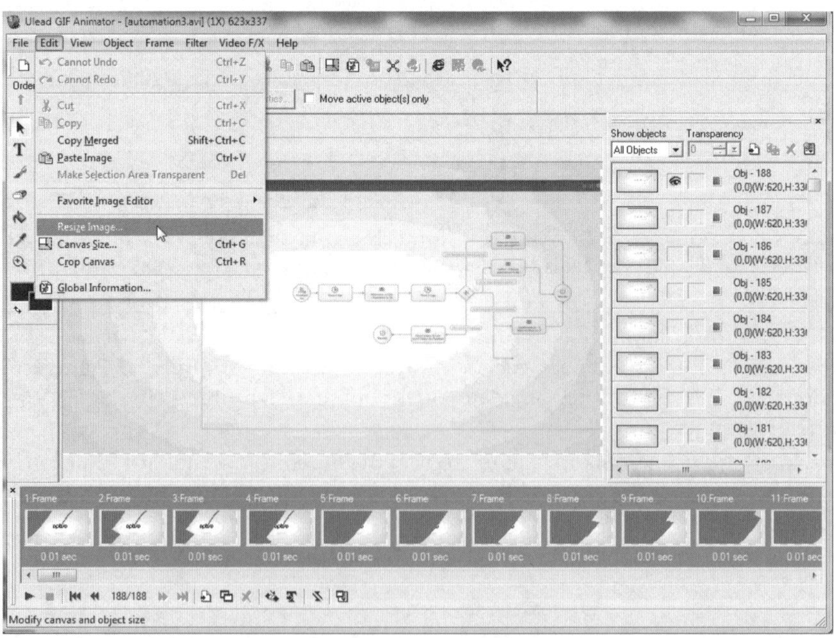

Abb. 17.11: Durch RESIZE IMAGES (Abmessungen ändern) lässt sich Gewicht sparen.

- Starten Sie nun FILE > OPTIMIZATION WIZARD (Taste F11), der Sie durch den Optimierungsprozess begleitet. Experimentieren Sie mit den Parametern wie zum Beispiel der Farbanzahl: Was wirkt sich wie auf das Dateigewicht und auf die Qualität aus?

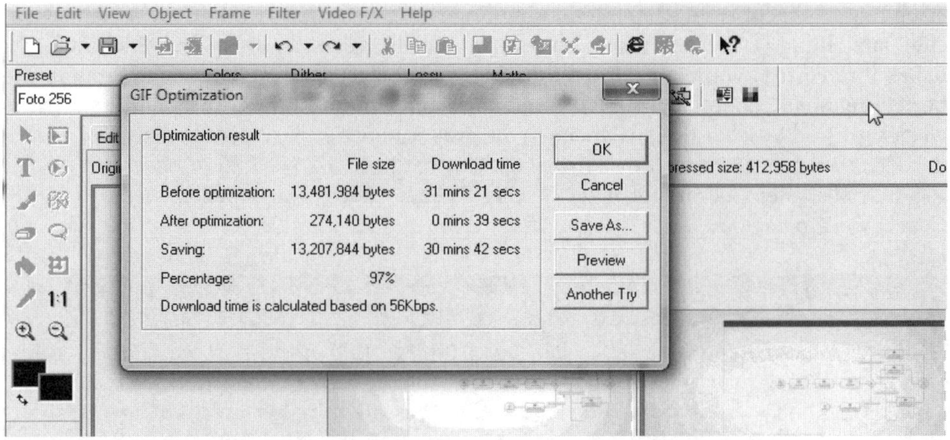

Abb. 17.12: Ergebnis des Optimierungsprozesses – das Video wiegt 275 Kilobytes.

- Bietet das Ergebnis einen zufriedenstellenden Kompromiss aus Qualität und Dateigröße? Wunderbar, dann speichern Sie es mit SAVE AS GIF-Animation. Anschließend muss die Grafik auf den Webserver geladen werden. Dann kann sie im Stile von `<img src="http://meinServer.de/meinVideo.gif">` wie gewohnt in den HTML-Quelltext eingebunden werden.

Tipp: Cinegif.com ausprobieren

Falls Ihnen die Arbeit mit CamStudio und dem GIF Animator zu umständlich ist, probieren Sie `Cinegif.com`. Der Dienst erlaubt Ihnen, diverse Videoformate sehr leicht in optimal komprimierte und bis zu 20 Sekunden umfassende GIFs zu konvertieren. Mit dem Tool sind auch Cinemagramme wie mit Cliplets möglich.

17.5 HTML5-Videos in Verbindung mit animierten GIFs

Der HTML5-Standard erlaubt von Haus aus die Bewegtbild-Einbindung. Technische Grundlage ist das Video-Tag. Diese Variante hält auch bereits Einzug in den E-Mail-Posteingang: So spielen etwa Hotmail und Outlook.com, Arcor, Freenet sowie Apples iPhone und iPad auch im E-Mail-Posteingang Videos in voll funktionsfähigen Playern ab. Inklusive Streaming-Funktion, Audio und hoher Auflösung. Für andere E-Mail-Clients, die die neue Technik noch nicht unterstützen, kann eine Fallback-Grafik angegeben werden. Diese wird anstelle des Videos bei fehlender Unterstützung dargestellt. In Kombination mit einem animierten GIF-Clip kann das HTML5-Video somit eine hohe Abdeckung erzielen.

Wo bereiten HTML5-Videos Probleme? Im Webmail-Client von T-Online zum Beispiel. Da lässt sich aktuell der Clip nicht abspielen und das Element fällt auch nicht auf die Ersatzgrafik zurück. T-Online schneidet einfach die Video-URLs heraus, sodass der Player nicht mehr funktioniert. Ebenso bringt das `<video>`-Tag auf einigen mobilen Endgeräten mit Android oder Windows-7-Betriebssystemen Probleme mit sich.

Eine weitere Herausforderung bei HTML5-Videos besteht darin, es möglichst allen Rendering Engines recht zu machen. Rendering Engines überführen HTML-Code in seine visuelle Darstellung. Dabei ist Video keineswegs gleich Video. Browser und E-Mail-Clients haben ihre Format-Vorlieben. Und die sind teils noch davon abhängig, welche Programme beziehungsweise Codecs der E-Mail-Empfänger auf seinem Rechner installiert hat. *Codecs* wiederum sind Vorschriften, nach denen die größenreduzierten Videos kodiert und wieder dekodiert werden. So wird zum Beispiel das Format MPEG-4 (= H.264-Codec) von Apples iOS-Betriebssystem bevorzugt, Ogg (= Ogg Theora-Codec) von Mozilla, WebM (= VP8-Codec) von Opera.

Tipp: Das poster-Attribut im <video>-Tag effektiv nutzen

Unter dem `poster`-Attribut des Video-Tags kann ein Bild spezifiziert werden, das während der Dauer des Ladevorgangs im Clip-Container angezeigt wird. Anstelle eines nichtssagenden »Video lädt«-Hinweises sollte dort allerdings besser ein interessanter Video-Screenshot platziert werden. Idealerweise mit der Handlungsaufforderung »Rechtsklick, um Video abzuspielen«. Der Grund: In einigen E-Mail-Programmen können Clips nicht automatisch abgespielt und auch die Bedienelemente des Players nicht unmittelbar eingeblendet werden. Das heißt, das Video ist theoretisch voll funktionsfähig, aber nicht auf Anhieb als solches für den Empfänger zu erkennen. Das Poster-Bild füllt dann den Video-Container aus, nachdem Bilder in der E-Mail aktiviert wurden. Erst durch einen Klick mit der rechten Maustaste innerhalb des Containers öffnet der Abonnent das Kontextmenü, über das er das Video starten kann. Ohne die »Rechtsklick«-Handlungsaufforderung im Poster-Bild würde dieser notwendige Schritt untergehen. Der Versender Bloomingdale's zeigt in Abbildung 17.13, wie das Poster-Bild aussehen könnte.

(Eine Randnotiz zum Thema Abwärtskompatibilität: Apples iOS 3 war Berichten zufolge von einem Video-Bug betroffen. HTML5-Clips, die sowohl ein `poster` als auch `source`-Elemente enthielten, konnten demnach nicht abgespielt werden. Auch hier gilt also wieder: Testen.)

Für eine große Video-Reichweite in der Zielgruppe ist es empfehlenswert, den Clip in mehreren Formaten zu kodieren. Mindestens als .mp4 und .ogg. Optional zusätzlich als .webm. Ein HTML5-Video-Schnipsel für den Newsletter könnte dann wie folgt ausschauen:

```
<video autoplay="autoplay" controls="controls" poster=" http://mysite.de/
video_laedt.jpg" width="640? height="360?>
  <source src="http://mysite.de/video.mp4? type="video/mp4? />
  <source src=" http://mysite.de/video.ogg" type="video/ogg" />
  <a href="http://mysite.de/video.htm">
    <img src=" http://mysite.de/video.gif" width="175? height="117? border="0"/>
  </a>
</video>
```

Zur Erklärung: `Autoplay` bittet den E-Mail-Client, das Video sofort abzuspielen. `Controls` soll analog dafür sorgen, dass Bedienelemente wie Start/Pause, Lautstärke, Vollbild und Fortschritt eingeblendet werden. Ohne Gewähr allerdings, denn beides berücksichtigen E-Mail-Programme nicht flächendeckend. Man beachte, dass um das Video-Tag kein Link (<a>) gesetzt wurde, sondern nur um die eingeklammerte Fallback-Grafik (`<img>`). Andernfalls würde beim Klick auf »Video starten« die Zielseite des Links aufgerufen. Dies bedeutet aber auch, dass die Klicks auf den Video-Container sich ohne Weiteres nicht in der Klickrate widerspiegeln. Hier fließen lediglich die Klicks auf die Fallback-Grafik mit ein.

Abb. 17.13: HTML5-Videomail von Bloomingdale's – In Thunderbird 8 wird nach dem Ladevorgang zunächst nur das Poster-Bild dargestellt. Die Handlungsaufforderung darin verrät dem Abonnenten, was zu tun ist: Rechtsklick und dann »abspielen« auswählen.

Abb. 17.14: Nach dem Rechtsklick öffnet sich das Kontextmenü des Clips – Abspielen wählen, und das Video beginnt.

Abb. 17.15: In Outlook 2010 wird eine statische Fallback-Grafik mit einem prominenten Abspielknopf eingeblendet. Beim Klick lädt das Video im Browser. Andere E-Mail-Programme, die kein HTML5-Video unterstützen, zeigen ein animiertes GIF-Video.

Tool: HTML5, GIF und statisches Bild mit LiveClicker erstellen

Kombinieren Sie HTML5-Videos mit animierten GIFs, indem Sie sich ein Benutzerkonto bei LiveClicker einrichten. Mit der Software lassen sich auf Knopfdruck ein HTML5-Video, ein animiertes GIF beziehungsweise PNG und ein statisches Bild für »Problem-Clients« erstellen. Zahlreiche Einstellungsmöglichkeiten stehen zur Optimierung bereit.

Der Versender erhält anschließend einen HTML-Code-Schnipsel. Dieser muss im Newsletter eingefügt werden. Je nachdem, welche Darstellungsmöglichkeiten das E-Mail-Programm des Empfängers unterstützt, wird intelligent die passende Video-Variante ausgewählt und ausgeliefert: ein statisches Bild bei Outlook 2007/2010/2013, ein animiertes GIF im Gmail, ein vollwertiges HTML5-Video inklusive Ton im iPhone und so weiter. Nach der Kampagnenauslieferung erhält der Versender ein umfassendes Reporting inklusive Zahl der Abrufe, Abspieldauer in Sekunden, verwendete E-Mail-Programme, Klicks und so weiter.

Abbildung 17.16 zeigt den Setup-Prozess, Abbildung 17.7 den einzubindenden Code. Übrigens: Das LiveClicker-Team pflegt zudem das ausgezeichnete Informationsportal `video-commerce.org/category/video-email`. Als Alternative zu LiveClicker kann das Video-Angebot von Movable Ink evaluiert werden.

Abb. 17.16: Mit LiveClicker lassen sich GIF-Clips für Newsletter einfach erstellen. Es existieren zahlreiche Einstellungsmöglichkeiten.

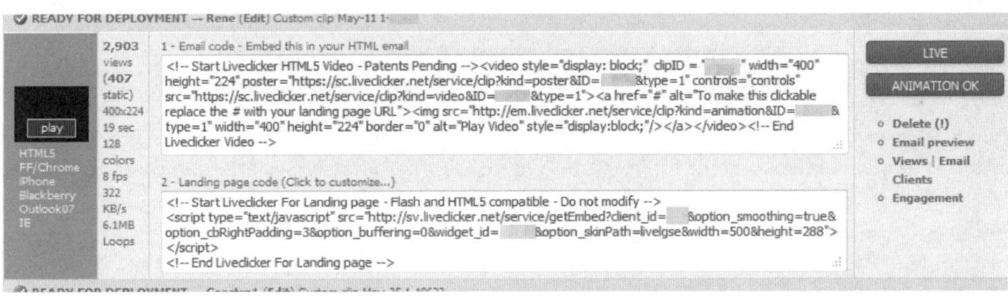

Abb. 17.17: LiveClicker – der einzubindende E-Mail-Quelltext ist ein Mix aus HTML5 und animiertem GIF. Im Anschluss an den Versand können ausführliche Reportings abgerufen werden.

17.6 Eingebettete YouTube-Videos triggern

Die großen Webmail-Anbieter brachten in den vergangenen zwei bis drei Jahren nach und nach mehr Dynamik in die Postfächer. Im Mai 2010 stellte Gmail die sogenannte *Contextual Gadgets* vor – Mini-Applikationen für zum Beispiel Bildergalerien oder Landkarten, die bei bestimmten E-Mail-Inhalten wie angehängte Grafiken oder Adressen getriggert werden. Etwa ein halbes Jahr später folgte Hotmail mit seinem Pendant namens *Active Views*. Bei Yahoo! nennt sich das Ganze schließlich *Yahoo! Mail Applications*.

Im Zuge der »aktiven Postfächer« verarbeiten die E-Mail-Programme zunehmend auch Newsletter-Verweise auf YouTube. Abonnenten können die vom Werbenden referenzierten Videos damit direkt in der E-Mail-Umgebung abspielen. Den Start hierbei machte Gmail. Inzwischen wird dieses Verfahren aber auch bei Hotmail/Outlook.com und Yahoo! Mail standardmäßig unterstützt.

Wie schaut die Variante YouTube-Video im Postfach aus? Erkannte Clips werden in einem gesonderten Bereich über- (Outlook.com, vergleiche Abbildung 17.18) beziehungsweise unterhalb (Yahoo! Mail und Gmail, vergleiche Abbildung 17.19) der E-Mail bereitgestellt. Beim Klick öffnet sich der Videoplayer zum Beispiel in einem Lightbox-Popup. YouTube-Videos funktionieren sowohl in HTML- als auch in reinen Textmails.

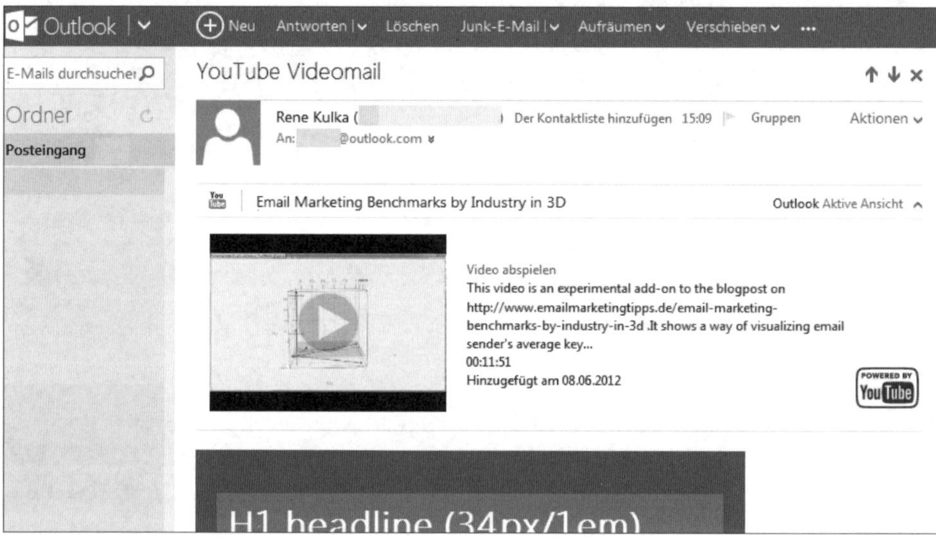

Abb. 17.18: Die aktive Ansicht für YouTube-Videos oberhalb des Newsletters in `Outlook.com`

Abb. 17.19: Das Contextual Gadget für YouTube-Videos unterhalb der E-Mail in Gmail

Wichtig: Klick-Tracking ausschalten, um Funktionalität sicherzustellen

Technisch ist es unerheblich, wie und wo der YouTube-Link im Newsletter platziert wurde. Er kann auch als Fußnote hinzugefügt werden – mit geringer Sichtbarkeit und einzig für den Zweck, die aktive Ansicht zu triggern. Es sollte aber unbedingt darauf geachtet werden, dass die Mailing-Software vor dem Versand keine Linkersetzung vornimmt, also die YouTube.com-URL nicht durch etwas anderes ersetzt (vergleiche Abbildung 17.20). Denn andernfalls scheitert die Erkennung durch die Webmail-Software und der Player wird nicht dargestellt.

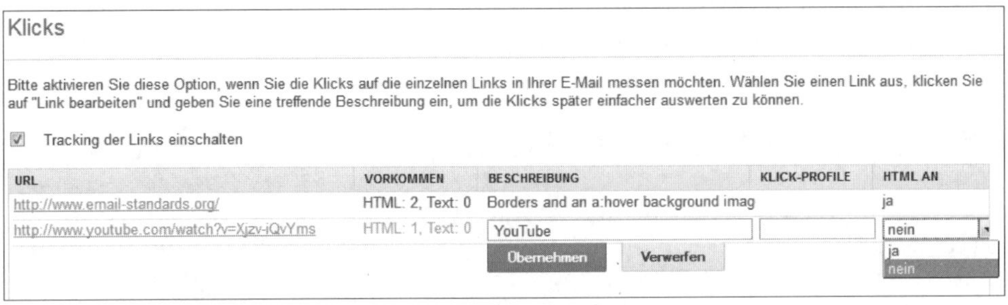

Abb. 17.20: Das Link-Tracking muss für den YouTube-Link deaktiviert werden. (Hier: optivo® broadmail)

17.7 Zertifizierte Video-E-Mails

Vielversprechend für Versender im deutschsprachigen Raum erscheint schließlich die Option, sich für den Versand von Videomails akkreditieren zu lassen. Der Service *PlayUp! Video-Mail* von trustedDialog bietet Versendern beispielsweise die Möglichkeit, GMX-, Web.de- und Freenet-Abonnenten hochwertige Videos zuzusenden, die direkt bei Öffnung automatisch abspielen. Also Videoinhalte inklusive Audiountermalung und voller Kontrolle über den Player. (Nebenbei: trustedDialog ist ein Service aus dem Hause United Internet Dialog – der Dialogmarketing-Tochter von United Internet Media, die wiederum Schirmherren über die Postfächer von GMX, Web.de und 1&1 sind. Der Dienst begegnet uns noch einmal im Kapitel 24.)

Wie sehen die technischen Anforderungen aus? Standardmäßig können Videos mit Abmessungen von bis zu 600 mal 340 Pixeln und einem Gewicht von 10 Megabytes (komprimiert) ausgeliefert werden. Das Limit für die Abspieldauer beträgt 60 Sekunden, wobei das Überschreiten von 30 Sekunden (»TV-Spot«) nur selten empfehlenswert ist. United Internet Dialog stellt auch die Technologie für den Player bereit, die unter anderem eine bandbreitenoptimierte Auslieferung berücksichtigt.

Die Einbindung selbst erfolgt via `<iFrame>`-Code. Um neben GMX, Web.de und Freenet aber zusätzlich noch die Portale Yahoo!, Outlook.com, AOL und Arcor zu bedienen, kann das Paket *Maximum-Reach trustedDialog Video Mail* gebucht werden. Hierbei wird eine weitere Komponente aufgeschaltet. Genauer: eine Kombination aus HTML5-Video, animiertem GIF und statischem Bild – ähnlich wie beim Dienst LiveClicker (vergleiche Abschnitt 17.5 *HTML5-Videos in Verbindung mit animierten GIFs*). Die Cliplänge ist bei MaximumReach auf 40 Sekunden beschränkt.

Versender erhalten im Anschluss an die Kampagne einen ausführlichen Erfolgsbericht. Dieser umfasst unter anderem Interaktionsdaten und Kennzahlen wie:

- Wie viele User haben sich das Video bis zu bestimmten Punkten angeschaut?
- Wie viele haben es bis zum Ende betrachtet?
- Wie viele Empfänger haben das Video begonnen (Anzahl der Aufrufe unique und absolut)?
- Wie viele haben geklickt?
- Anzahl der Betrachtungen ohne Sound
- Anzahl der Video-Wiederholungen

Hinweis: Lascana-Fallstudie von OTTO

Einer der Pioniere in Sachen trustedDialog Videomails war OTTO. Rufen Sie die Lascana-Kampagne unter der folgenden URL auf, um sich ein Bild von PlayUp! Video-Mail zu machen: `www.optivo.de/campfire/sneak-preview-endlich-echte-video-e-mails-versenden-mit-trusteddialog/`. Die zugehörige Fallstudie findet sich auf `united-internet-dialog.de`.

17.8 Fazit

In den vorigen Abschnitten wurden ausgewählte Gestaltungsoptionen für Videomails vorgestellt und diskutiert. Die Liste kann keinen Anspruch auf Vollständigkeit erheben. Es existieren durchaus weitere Möglichkeiten, an die Versender denken könnten. Zum Beispiel:

- **Postfach-Add-ons/Browser-Erweiterungen:** Services wie ActiveMail/VSnap von PowerInbox bringen ebenfalls mehr Dynamik in E-Mail-Postfächer. Auch betreffend die Möglichkeit, Videomails zu versenden (Abbildung 17.21 und Abbildung 17.22). Jedoch müssen die Empfänger hierzu eben vorweg die entsprechende Software, also Plug-ins für den Desktop- oder Apps für den Web-Client installiert haben. Aus heutiger Sicht ist noch nicht abzusehen, wann oder ob einer der Dienste eine kritische Masse an Nutzern erreichen kann.
- **Standard-Video-Technologien:** Im Web haben sich Technologien für die Video-Auslieferung etabliert. Zum Beispiel Apple QuickTime, Adobe Flash, Java Applets oder Windows Media. Allerdings setzen nur »Mutige« hierauf, um ihre Videomails zuzustellen. Mangels ausreichender Unterstützung seitens der E-Mail-Programme sind diese allesamt – wenn überhaupt – nur zweite Wahl.

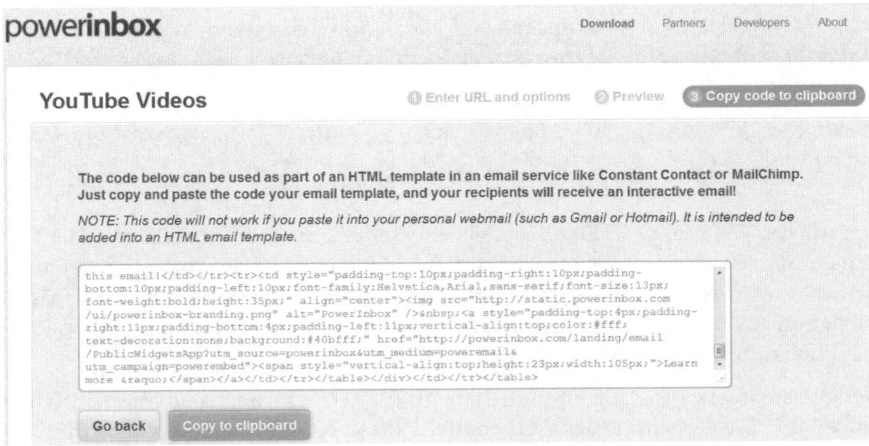

Abb. 17.21: PowerInbox 1 von 2: Einfach YouTube-Video auswählen, Quelltext kopieren und in die E-Mail einfügen

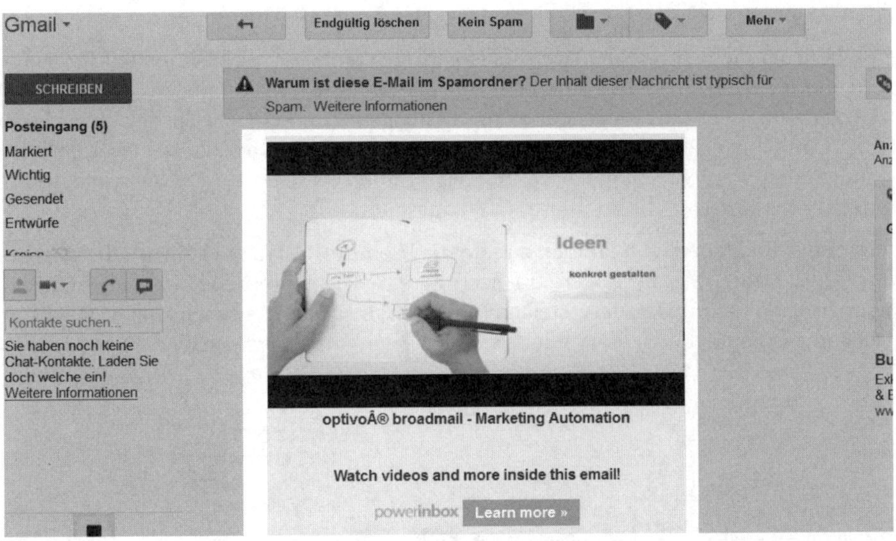

Abb. 17.22: PowerInbox 2 von 2: Das Video wird im E-Mail-Inhalt gerendert. Zumindest bei denjenigen Abonnenten, die die PowerInbox-Applikation im Browser installierten. Die fehlerhafte Zeichenkodierung (»optivoA«) legt nahe, dass der Service auf den US-Markt ausgerichtet ist.

Hinweis

Der E-Mail-Versanddienstleister Campaign Monitor hat eine Übersicht zusammengestellt, inwieweit Standard-Videotechnologien durch verbreitete E-Mail-Programme unterstützt werden: `campaignmonitor.com/resources/will-it-work/video`.

Eine »mutige« Flash-Video-Kampagne von Neiman Marcus aus dem Jahr 2007 hat die Agentur STYLECampaign archiviert: `theemailguide.com/email-marketing/animated-gifs-in-email-the-basics`.

Für eine Kombination mit Java Applets machte sich in der Vergangenheit die Agentur azionare stark.

Halten wir des Weiteren fest: Eine Paradelösung gibt es für Videomails nicht. Alle Varianten haben Stärken und Schwächen. Ein YouTube-Link etwa ist denkbar einfach einzubinden. Aber er wird nur von wenigen Webmailern erkannt. Versender sollten die passende Kombination aus den verschiedenen Lösungsmöglichkeiten auswählen, um ein möglichst breites Publikum mit der Videobotschaft zu erreichen.

Vielversprechend erscheint die Kombination aus HTML5-Video plus animiertem GIF plus YouTube-Link. Die Gestaltung der Werbemittel sollte dabei besonders sorgfältig durchdacht werden. Denken Sie zurück an die Bedeutung

- des `poster`-Attributs bei HTML5,
- des ersten Frames der GIF-Animation
- und an die Ausschaltung der Linkersetzung bei YouTube-Videos.

Die Variante ist nicht empfehlenswert, falls zum Beispiel ein signifikanter Teil Ihrer Abonnenten die Newsletter via T-Online oder auf älteren Android-Mobiltelefonen abruft. Der Video-Container wird dort eventuell fehlerhaft ausgeliefert. Schauen Sie also, wie viel Prozent der Empfänger eine `@t-online`-Adresse angegeben haben oder besser: welche E-Mail-Clients genutzt werden. Hiernach könnte segmentiert werden – T-Online- und Android-Leser erhalten dann nur das animierte GIF zugesandt.

Sofern es das Budget erlaubt, können zudem die Premium-Services von trustedDialog erwogen werden. Halten Sie die Augen auf nach neuen vielversprechenden Technologien und experimentieren Sie mit den dargestellten Varianten. Insgesamt gesehen sind Möglichkeiten für Videomails heute durchaus vorhanden. Sie müssen nur richtig erschlossen werden.

Abb. 17.23: Die perfekte Videomail-Option gibt es leider noch nicht. Wer aber geschickt bestehende Optionen kombiniert, erhält eine zufriedenstellende Variante.

Kapitel 18

E-Mail und Social Media kombinieren

Unter den Social-Media-Tools wie Foren oder Blogs verzeichneten vor allem soziale Netzwerke in den vergangenen Jahren einen rasanten Aufstieg. Man denke an Facebook, Flickr, YouTube, Visual.ly, SlideShare und so weiter. Für jede Nische gibt es etwas Passendes.

Waren es 2008 noch magere 16 Prozent der 14- bis 64-Jährigen, die hierzulande ein Netzwerk nutzten, sind es 2012 schon fast die Hälfte (47 Prozent) gewesen. Dies berichtete die Allensbacher Computer- und Technik-Analyse. Eine weit überdurchschnittlich hohe Verbreitung genießen Facebook & Co demnach unter den 14- bis 29-Jährigen. Die Netzwerke sind eine Spezialität Jüngerer. Das Schlagwort »Twitter« im Betreff kann hier Wunder in Sachen Öffnungsrate bewirken.

Demgegenüber bleibt E-Mail über *alle* Altersgruppen hinweg unterwegs, also mobil, und am heimischen Computer die beliebteste Internet-Anwendung. Und diesen Status hat das – wenn man so will – älteste soziale Netzwerk, das sogar älter als das World Wide Web selbst ist, seit vielen Jahren inne. 79 Prozent der Onliner empfangen und versenden heute mindestens wöchentlich E-Mails, berichtete die ARD/ZDF-Onlinestudie 2012. Von Verdrängung durch Social Media, wie oft behauptet, keine Spur. Ganz im Gegenteil: Untersuchungen von Nielsen (»Is Social Media Impacting How Much We Email?«) und Merkle (»View from the Digital Inbox 2011«) zeigten, dass die E-Mail-Nutzung vom Netzwerk-Boom sogar profitiert. Kein Wunder, denn ohne E-Mail-Adresse ist nirgends eine Registrierung möglich. Und die Adresse wird fleißig beschickt, um bestehende und potenzielle Mitglieder per Freundschaftsanfragen und Neuigkeiten auf die Plattform zu lotsen. Netzwerk-Benachrichtigungen machen inzwischen mit rund zehn Prozent aller eingehenden E-Mails einen beträchtlichen Anteil am täglichen Aufkommen aus (ReturnPath Email Intelligence Report 3H/2012). Dass die nicht immer bestellt oder erwünscht sind, manifestiert sich unter anderem in vielen Spamfallen-Treffern und einem hohen Anteil ungültiger E-Mail-Adressen, wie der Sender Score Benchmark-Report 2012 von Return Path zeigte.

Möglichkeiten sowie Art und Weise der Kommunikation unterscheiden sich zwischen E-Mail und den Social Networks. Ein Twitter-Konto und die Facebook-Seite sind in wenigen Minuten eingerichtet – »ready«, um locker zu plaudern; bis Anmeldeseiten und Newsletter-HTML stehen, geht mehr Zeit ins Land. Der Ton ist formeller. Per E-Mail erreichen Sie dann potenziell aber die allermeisten Zielgruppen. Bei Facebook, Twitter oder Xing ist das Publikum deutlich spezieller. Es besitzt eben bei Weitem nicht jeder ein Twitter-Konto. E-Mail ist zudem als Werbemedium etabliert. Die Eintragung der Adresse in das Newsletter-Formular verlangt vom Interessenten Zeit und Commitment. Darin kommt ein echtes Interesse an der Unternehmenskommunikation beziehungsweise an einer persönlichen Beziehung zum Ausdruck. E-Mail-Botschaften können umfassender ausgestaltet und anhand persönlicher Daten genau auf die Adressaten zugeschnitten werden. Ein Klick auf

»Gefällt mir« oder »Folgen« hingegen ist meist flüchtig. Genauso wie Statusmitteilungen, die schnell im Strom der Neuigkeiten wieder verschwunden sind. Oft wollen sich Menschen durch ein Like öffentlich mit etwas Bestimmtem identifizieren. Es dient dem Selbstausdruck, weniger kommt darin der Wunsch zum Ausdruck, Werbung zu erhalten. Die etablierte Bezeichnung »Fan« geht in dem Zusammenhang zu weit, weil die tatsächliche Beziehungsstärke geringer ist, als Fan suggeriert. Überhaupt werden Netzwerke eher für Chats mit Freunden und Bekannten besucht. Es ist ein *Konversations-*, kein *Konversions-*Kanal, über den sich die Abverkäufe unmittelbar steigern lassen. Soziale Netzwerke sind dennoch Medien, auf denen Service, Persönlichkeit und Kundennähe demonstriert werden können. Und auf denen Gespräche rund um die Marke und ihre Produkte stattfinden. »Teilen-« und »Retweet«-Mechanismen sind prädestiniert für Mund-zu-Mund-Werbung.

An dieser Stelle ist es wichtig, beide Werbekanäle, E-Mails und soziale Netzwerke, *nicht* als Konkurrenten zu begreifen. Sondern als komplementäre, sich ergänzende Medien. Man muss sich Gedanken darüber machen, wie beide optimal miteinander verzahnt werden können. Frei nach Aristoteles: Das Ganze ist mehr als die Summe seiner Teile. Denn so können beide ihre Stärken voll ausspielen. Dies betrifft vor allem die Fragen:

- Wie können soziale Netzwerke helfen, den E-Mail-Verteiler auszubauen?
- Wie können E-Mails helfen, die Gefolgschaft in den Netzwerken auszuweiten?
- Wie kann der Newsletter helfen, Aktivitäten in den Netzwerken anzuregen?
- Wie kann die Aktivität im E-Mail-Marketing gewinnbringend eingesetzt werden?
- Wie können die Teilen-Mechanismen der Netzwerke die Werbereichweite erhöhen?

Aber der Reihe nach. Beginnen wir beim Teilen – wie erreichen wir es, dass Newsletter virale Effekte entwickeln?

18.1 Wie und was wird im Social Web geteilt?

Wer Bescheid weiß darüber, aus welchen Beweggründen E-Mail-Adressaten Empfehlungen gegenüber Freunden und Bekannten aussprechen, kann versuchen, das »Teilen« gezielt zu triggern.

18.1.1 Virale Empfehlungen entfachen: SWYN

Die potenzielle zusätzliche Reichweite der E-Mail-Werbebotschaft, die Netzwerke liefern können, ist enorm. Gehen wir von einem Newsletter-Versand an 50.000 Abonnenten aus, bei dem einer von hundert eine Empfehlung ausspricht. Die Teilen-Rate beträgt also ein Prozent. Dabei würden allein 500 (= 50.000 * 0,01) E-Mail-Inhalte zusätzlich auf verschiedenen Social-Media-Plattformen veröffentlicht. Weiter angenommen, jede Empfehlung trifft auf durchschnittlich 200 Freunde, also unique Netzwerk-Kontakte ersten Grades. Bei gleicher Teilen-Rate erhöht sich die Reichweite auf der zweiten Empfehlungsstufe um noch einmal 1.000 (=500*200*0,01) und so weiter.

Über keinen anderen Bereich des Internets verbreiten sich Nachrichten so schnell und viral wie durch soziale Netzwerke. Des Weiteren genießen persönliche Empfehlungen durch die Abonnenten hohe Akzeptanz und viel Aufmerksamkeit. Sie wirken glaubwürdiger als Äußerungen vom Werbetreibenden. Daher ist der werbliche Effekt insgesamt überdurchschnittlich hoch.

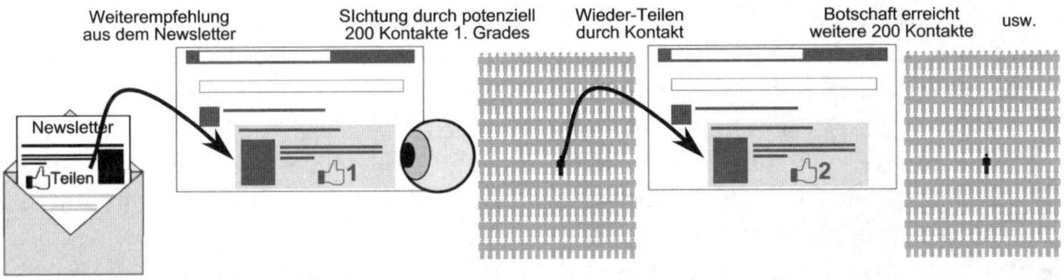

Abb. 18.1: Multiplikator-Effekte im Social Web – Botschaften zunächst per E-Mail säen (SWYN-Funktion) und dann möglichst viral in Netzwerken wie Facebook, Twitter, YouTube et cetera verbreiten lassen

Für die Funktion, mit der ganze Newsletter oder einzelne Inhalte daraus mit sozialen Netzwerken geteilt werden können, hat sich die Bezeichnung **Share-with-your-Network** (kurz: **SWYN**) etabliert. In Abgrenzung dazu bezeichnen E-Mail-Marketer die klassische Tell-a-Friend-Funktion auch als Forward-to-a-Friend (kurz: FTAF). Die Vorteile von SWYN gegenüber FTAF liegen auf der Hand:

- SWYN erlaubt es, einzelne interessante Newsletter-Artikel oder den gesamten Newsletter mit nur zwei bis drei Klicks zu empfehlen.

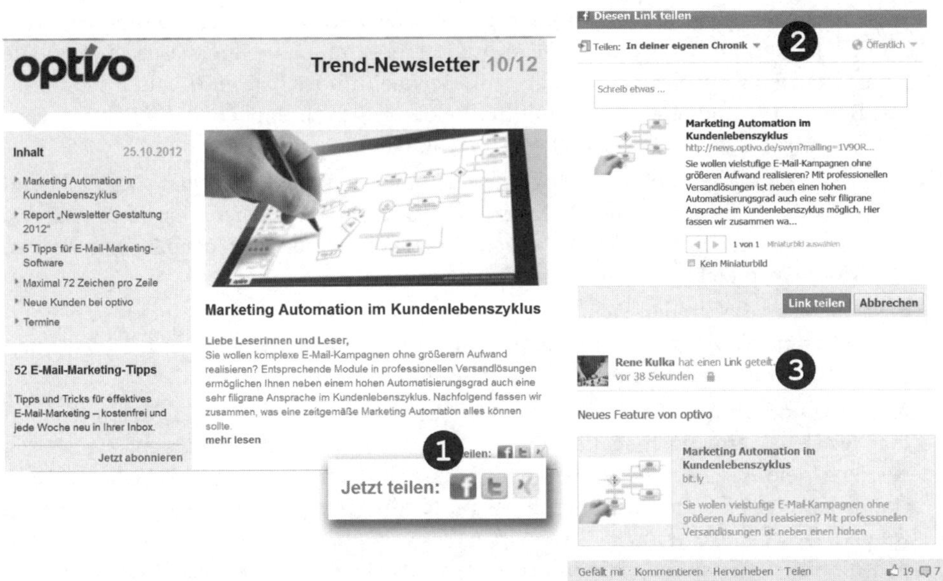

Abb. 18.2: SWYN am Beispiel von Facebook – der Empfänger klickt im Newsletter auf »teilen« (1), er bestätigt seinen Wunsch (2), der Beitrag erscheint auf seiner Pinnwand (3) und verbreitet sich von dort weiter. Bei Twitter (Abbildung 18.45) und Xing funktioniert dies analog.

- SWYN ist ohne großen Aufwand zu implementieren. Im einfachsten Fall werden die Netzwerk-Piktogramme mit präparierten Links im Newsletter eingebunden.

- SWYN erhöht die Werbereichweite potenziell deutlich, da soziale Netzwerke auf das schnelle und einfache Teilen geradezu ausgelegt sind und mitunter eine beachtliche Mitgliederzahl aufweisen.
- SWYN birgt im Gegensatz zu FTAF keine rechtlichen Unsicherheiten. Bei FTAF entstehen diese eventuell durch den E-Mail-Versand an Dritte ohne deren explizites Einverständnis (Opt-in). Bei SWYN hingegen werden die Inhalte im persönlichen Profil veröffentlicht, nicht per E-Mail zugesandt.
- Die Teilen-Raten durch SWYN liegen um das Zwei- bis Dreifache höher als die Weiterleitungsraten durch FTAF.
- Davon profitiert auch das Verteilerwachstum, da Freunde des Empfehlenden auf das Newsletter-Angebot aufmerksam werden.

Damit SWYN auch angenommen wird und dauerhaft funktioniert, sollten einige Dinge beachtet werden.

- **URL-Erreichbarkeit:** Die zu verbreitenden Newsletter-Artikel sollten jeweils einzeln als Landingpages im WWW hinterlegt worden sein. Damit erhält jeder Artikel eine eigene URL. Viele Versandlösungen bringen solche Landingpage-Funktionalitäten von Haus aus mit. Ihnen entsteht wenig bis gar kein Aufwand.
- **Zielgruppen-Matching:** Generell sollten die Adressaten mindestens eine gewisse Affinität zum Thema »Social Networking« besitzen. Erfolgversprechender ist die Segmentierung nach Meinungsbildnern und Markenbotschaftern. Also solche Empfänger, die Einfluss auf große Netzwerke ausüben und gerne Empfehlungen aussprechen. Beide sind potenziell wertvoll und könnten zum Beispiel mit exklusiven Inhalten (Vorab-Infos, Beta-Test-Einladungen et cetera) und Belohnungen (besonders hohe Rabatte, Gutscheine für sich und einen Freund et cetera) aktiviert werden.

  Zur Messung des Einflusses wird gerne der Klout-Wert herangezogen. Darin fließen unter anderem die Anzahl der Netzwerk-Kontakte einer Zielperson ein, ihre Aktivität sowie die Reaktionen der Kontakte darauf (vergleiche `klout.com/corp/klout_score`). Der Klout-Wert reicht von null bis hundert.

  Markenbotschafter finden sich vor allem unter den zufriedensten Kunden und unter den aktivsten Newsletter-Abonnenten, auch unter Umfrageteilnehmern, Diskutanten im Forum oder Blog, unter den Mitarbeitern und so weiter.
- **Nutzer-Unterrichtung:** Es ist nicht ausreichend, von heute auf morgen Teilen-Icons in die Newsletter einzustreuen und darauf zu hoffen, dass Empfehlungen angestoßen werden. Viele Abonnenten wissen nicht, was sich dahinter verbirgt. Vor allem, wenn statt bekannter Piktogramme eher unbekannte von Aggregatoren wie AddThis gewählt werden. Geschweige denn, dass sie wissen, was sie ihnen nützen. Gerade in der Startphase sollte die Funktion aktiv in den ersten Ausgaben beworben und hervorgehoben werden. Etwa durch »Neu!«-Hinweise und eine »was ist das«-Webseite, die die Funktion vorstellt. Auch innerhalb der Willkommensserie, die sich an Neu-Abonnenten richtet, kann die Teilen-Funktion bereits herausgestellt werden.

Abb. 18.3: J&R zeigt seinen Empfängern anhand eines Facebook-Screenshots, was nach dem Klick auf Share (teilen) passiert. Eine clevere Variante, um die Teilen-Funktion bekannter zu machen.

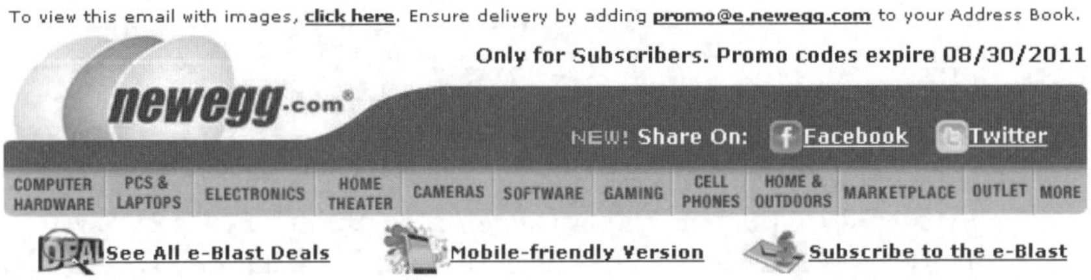

Abb. 18.4: Newegg stellte seine Teilen-Funktion nach dem Start über mehrere Ausgaben im Header-Bereich als neues Feature heraus ...

Abb. 18.5: ... und präsentierte zudem zwei starke Motive als Nutzen für den Abonnenten: die Aufwertung des eigenen Ansehens im Netzwerk durch Demonstration kollektiv wertvollen Wissens (Selbstdarstellung, »Wow«) und die Erzeugung des guten inneren Gefühls, das Teilen und Schenken wecken kann (Altruismus).

- **Button-Auswahl:** Welches sind die relevanten Netzwerke für die Zielgruppe? Neben sachlogischen Überlegungen (zum Beispiel eignen sich LinkedIn und Xing für den B2B-Kontext) bieten sich Abonnenten-Befragungen an. Oder auch die testweise Platzierung in Verbindung mit einer Analyse der Klick- beziehungsweise Teilen-Rate: Erst einmal alle potenziell relevanten Netzwerke im Newsletter ausprobieren und dann künftig auf die erfolgreichsten beschränken. Elegant ist der Rückgriff auf einen Aggregator wie AddThis, der alle möglichen Empfehlungswege unter einem Button verfügbar macht. Ein Blick in die Beliebtesten ist aufschlussreich. Ebenso liefern Webanalyse-Daten interessante Erkenntnisse: So sollten Netzwerke, die viele Besucher liefern, auch im Newsletter Berücksichtigung finden.

  Insgesamt empfiehlt es sich, die Anzahl der angebotenen Netzwerke »übersichtlich« zu halten. Zu viele Icons verwirren nur. Fokussieren Sie sich auf die wichtigsten drei bis fünf. Der Versanddienstleister GetResponse will 2010 herausgefunden haben, dass *eine* Teilen-Option die Klickrate im Schnitt um 30 Prozent auf 8,7 Prozent erhöht, drei oder mehr um 55 Prozent auf 11,2 Prozent.

Vorsicht: Daten-Anreicherung um Netzwerk-Zugehörigkeit

Mit sogenannten *Social Media Data Append*-Services lassen sich E-Mail-Adressen um weitere Angaben anreichern, zum Beispiel um Gruppenzugehörigkeiten wie »ist Facebook-Mitglied«. Oder um Daten wie Vorname, Arbeitgeber, Profilbild, Geburtsdatum und Geschlecht. Newsletter wären hierdurch ohne Mitwirken der Abonnenten besser personalisierbar. Wer Facebook-Mitglied ist, bekommt den blauen Teilen-Button angeboten, bei anderen Abonnenten wird der Platz anderweitig genutzt. Wenn nicht zur Individualisierung, so lassen sich die Gruppenzugehörigkeiten doch zumindest für die Evaluierung nutzen, welche Netzwerke die relevanten sind – und welche Teilen-Buttons damit eingebunden werden sollten. Doch wie sieht die rechtliche Würdigung aus?

Zwar ist die Erhebung und Zuspeicherung öffentlich zugänglicher Daten grundsätzlich erlaubt. Allerdings steht dem hier möglicherweise das individuelle Recht auf informationelle Selbstbestimmung entgegen: Jeder muss über Speicherung und Verwendung seiner personenbezogenen Daten selbst verfügen können. Daher ist vom Append erst einmal abzuraten. Es sei denn, der Abonnent hat der Verwendung derartiger Daten für Werbezwecke Ihnen gegenüber eingewilligt. Oder die Daten werden anonym erhoben, um Tendenzen abzulesen à la »35 Prozent meiner Abonnenten, die ich aber nicht identifizieren kann, sind bei Facebook angemeldet«. In jedem Fall sollte vorab juristischer Rat eingeholt werden.

Bekannte Append-Services wie Rapleaf und Flowtown Social Discovery sind in der Vergangenheit international immer wieder in der Öffentlichkeit unter Beschuss geraten. Deswegen hat Flowtown den Dienst beendet: `flowtown.com/blog/the-new-flowtown`. Auch populäre Plug-ins wie Social Pro vom Versanddienstleister MailChimp (`mailchimp.com/features/social-pro`) sollten Versender aus Deutschland nicht ohne Weiteres nutzen.

- **Button-Platzierung:** Sollte der gesamte Newsletter, die Artikel allesamt einzeln oder nur *ein* Artikel-Highlight zum Teilen angeboten werden? Der Versender Florida Power & Light testete eine »*E-Mail* teilen«-Option im Kopfbereich des Newsletters gegen eine

»*Artikel* teilen«-Option unterhalb der Call-to-Action. Letzteres, also die Platzierung im Artikel, brachte 42 Prozent mehr Klicks ein. Fokus ist scheinbar Trumpf. Diesen Gedanken kann man weiterspinnen. Anstatt allen Artikeln im Newsletter ein »Jetzt teilen« zu verpassen, könnte dies dem Schwerpunkt-Artikel der Ausgabe vorbehalten sein. Andere Versender bestücken nur E-Mails mit besonders empfehlenswerten Angeboten mit einer SWYN-Funktion. Aus gutem Grund. Denn der dauerhafte und inflationäre Einsatz dürfte die Funktion entwerten und zu einer Art Bannerblindheit führen. Die Teilen-Funktion findet dann keine Beachtung mehr. Durch den fokussierten Einsatz kann dies verhindert werden. Auch wenn dann Empfehlungsgelegenheiten verloren gehen.

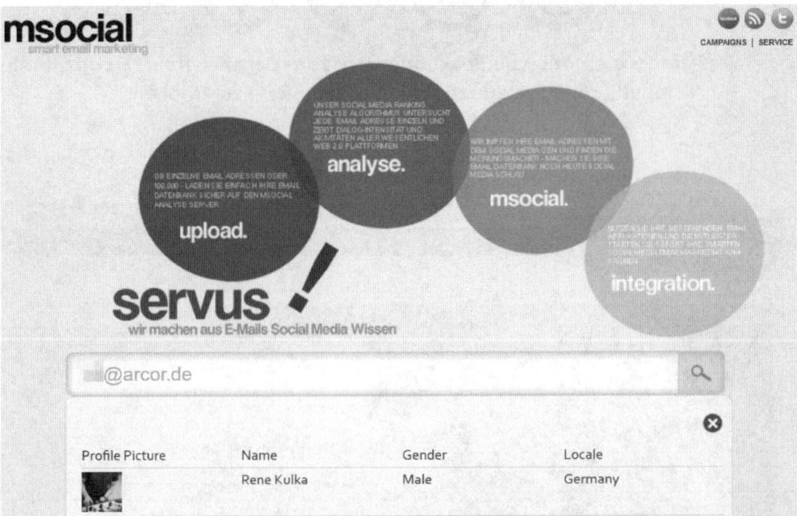

Abb. 18.6: E-Mail-Adressen lassen sich mit Daten aus sozialen Netzwerken anreichern. Wer weiß, welche Abonnenten in welchen Netzwerken registriert sind, kann die Buttons personalisieren. Jedoch ist das Thema rechtlich heikel. Ziehen Sie einen Juristen hinzu. (Quelle: `http://3dmickpro.com/Development/mSocial/index.php`, reputeer GmbH, Schriftgröße vom Autor zur Verdeutlichung erhöht.)

18.1.2 Was wird wann geteilt? Shareworthy Content

Machen wir uns nichts vor: Die wenigsten Newsletter-Inhalte breiten sich epidemisch aus. Über die klassische FTAF-Funktion schon gar nicht. Aber SWYN ist hierbei ebenfalls keine Wunderwaffe. Rein Abverkauf-orientierte Inhalte haben es schwer, sich im Social Web zu verbreiten. Man muss ihnen auf die Sprünge helfen.

Emotionale Reaktionen zum Beispiel erhöhen die Empfehlungsbereitschaft. Die Abonnenten wollen andere an ihren Gefühlen teilhaben lassen. Das Spektrum der Gefühlswelt ist groß. Denken Sie an Angst, Ärger, Trauer, Ekel, Neid, Stolz, Lust, Scham, Verachtung oder Schuld. Effektiv in der E-Mail-Werbung sind Appelle an den Humor (Freude) und an das Gemeinschaftsgefühl (Gruppenzugehörigkeit). Damit einher geht auch das Thema soziale Bewährtheit. Menschen sind wie Herdentiere – es fällt leichter, andere zu imitieren, als voranzuschreiten. Mögen erwiesenermaßen bereits besonders viele Mitmenschen einen bestimmten Werbegegenstand? Oder besonders wichtige? Oder sogar Kontakte oder

Freunde? Dann steigt die Empfehlungsbereitschaft. Entsprechende Hinweise in der Nähe der Teilen-Aufforderung sind also ebenfalls förderlich. Ebenso zeigt die Erfahrung, dass Auswahlmöglichkeiten die Empfehlungsbereitschaft positiv beeinflussen. So macht es einen Unterschied, ob der Versender seinen Abonnenten nur ein starres Gruß-Motiv zur Weiterleitung an Freunde anbietet oder eine Auswahl unter vier unterschiedlichen Gruß-Motiven, die mit individuellen Botschaften ausgeschmückt werden können – quasi eine personalisierte Empfehlung.

Abb. 18.7: Provozieren Sie emotionale Reaktionen wie zum Beispiel große Freude, Mitleid, Aufregung oder Erstaunen, um die Teilen-Rate zu erhöhen.

Abb. 18.8: Ein besonders teilenswertes Highlight? Man beachte den Share-Button für Facebook links unterhalb des Burger-Fotos, das ein Fan auf Facebook hochgeladen hat.

Daneben ist auch die Strahlkraft des Kommunikators nicht zu verachten. Ein und dieselbe Botschaft wird aus den Mündern zweier Personen eventuell ganz unterschiedlich beurteilt. An den Absender sind nämlich Attribute wie Vertrauenswürdigkeit und Expertise sowie eine gewisse emotionale Verbundenheit gekoppelt. Eine hohe Kommunikationsmacht überzeugt auf Anhieb. Damit steigt nicht bloß die Bereitschaft, auf Bitte weiterzuempfehlen. Sondern die Abonnenten werden von selbst aus freien Stücken aktiv. Das heißt aber andererseits auch, dass man es bei schlechtem Ruf oder auch als unbeschriebenes Blatt schwerer hat, Empfehlungen anzustoßen.

Die Psychologie der Empfehlungen ist nicht ganz einfach. Erfahrungsgemäß ist es hilfreich, bei der Ausrichtung der Werbebotschaft die folgenden Motive und Mechanismen der Abonnenten im Hinterkopf zu behalten:

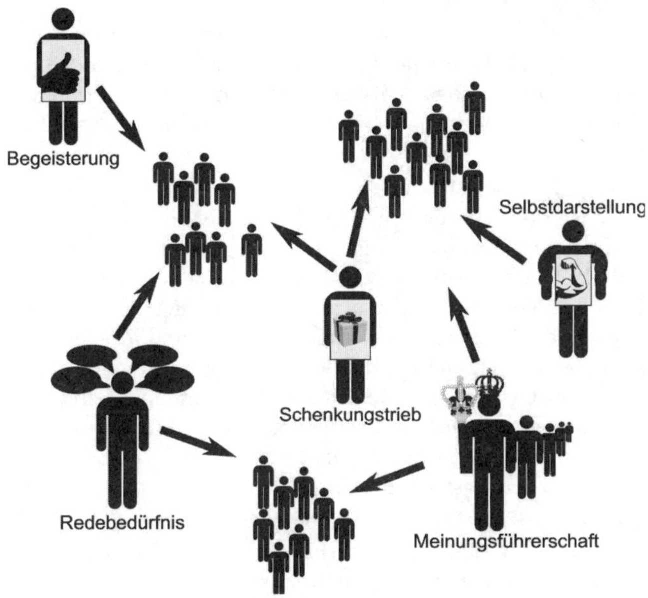

Abb. 18.9: Motive fürs Teilen von Newsletter-Inhalten

- **Altruismus:** Die Weiterempfehlung hilft den Kontakten des Abonnenten. Und zwar ohne Gegenleistung. Altruismus befriedigt das Bedürfnis nach Großzügigkeit, den Schenkungstrieb, Freude und Glück. Und das gleich doppelt – Glück ist ja bekanntlich das Einzige, das sich verzweifacht, wenn man es teilt. Im Netzwerk vervielfacht es sich sogar.

  In der Forschung wird das Altruismus-Motiv oft als das wichtigste und stärkste unter allen Einflussfaktoren auf Empfehlungen angenommen. Es kann zum Beispiel durch ein als sehr gut empfundenes Preis-Leistungs-Verhältnis bedient werden. Wie bei Rabatten und Gutscheinen, die eben auf einen günstigeren Preis oder mehr Leistung abzielen. Durch amüsante Botschaften kann Lächeln verschenkt werden. Wettbewerbe, Spiele und Rätsel bescheren anderen eine Freude. Auch Betreffs wie »10 Dinge, die Ihr Designer wissen muss!« sorgen für Weiterleitungen. Insgesamt existieren zahlreiche Möglichkeiten, um an die mit dem Motiv verbundenen Gefühle zu appellieren – viel Spielraum also für Tests.
- **Involvement:** Involvement ist ein Marketing-Fachbegriff aus dem Bereich des Konsumentenverhaltens. Es beschreibt die Bereitschaft oder Intensität, mit der eine Person sich für eine bestimmte Sache interessiert und sich dafür einsetzt. Wird ein Produkt, ein Thema oder eine Marke als hochgradig selbstrelevant angesehen? Besteht durch

eine lange Beziehung eine positive Bindung (»Sympathie«)? Dann kann sich das hohe Interesse in einer deutlich höheren Empfehlungsneigung widerspiegeln.

Involvement beinhaltet einen besonderen Aktivierungszustand. Dieser kann durch die Begeisterung für die Sache oder auch situationsspezifisch, etwa durch eine zeitnahe Ansprache nach einem Kauf oder durch temporäre Verfügbarkeit, ausgelöst werden. Auch Werbemittel, die die beworbene Sache stark emotional aufladen, oder die Gestaltung der Handlungsaufforderung (»Twitter-Bild«) können das Involvement und damit das Empfehlungsverhalten beeinflussen.

In der Praxis ist das Newsletter-Involvement wohl gering; Informationen werden meist eher zufällig verarbeitet. Gute Gamification-Konzepte hingegen können Abonnenten stark involvieren. Und das sogar längerfristig. Man denke an Spielmechanismen wie das Sammeln von Punktwerten und Abzeichen, die an erfolgreiche Empfehlungen geknüpft sind.

- **Selbstdarstellung:** Durch die Weiterempfehlung wird versucht, das eigene Ansehen positiv zu beeinflussen (vergleiche Praxisbeispiel in Abbildung 18.5). Eignet sich Ihr beworbenes Produkt, um auf das Prestige Ihrer Adressaten in deren jeweiliger Bezugsgruppe einzuwirken? Möchte der Adressat wie der Inhalt der Botschaft wahrgenommen werden? Zum Beispiel als »cooler« und humorvoller Kumpel, als erfolgreicher Schnäppchenjäger, als Vertreter eines angesehenen Standpunktes, als Insider mit Informationsvorteilen oder einfach als Kenner einer bestimmten Materie? Dann sprechen Sie das Motiv »Selbstdarstellung« und das damit verbundene Geltungsbedürfnis gezielt an, um Empfehlungen auszulösen. Ermöglichen Sie Ihren Adressaten so, sich entweder positiv von anderen abzugrenzen oder eben soziale Zugehörigkeit zu einer bestimmten Gruppe zu demonstrieren. (Vergleiche hierzu auch Abbildung 18.5.)
- **Kommunikationsbedürfnis:** Die Weiterempfehlung befriedigt das Bedürfnis, sich über Außergewöhnliches oder Neues zu unterhalten, Diskussionen anzustoßen, Ansichten zu verbreiten oder auch ein genaueres Bild von sich selbst zu vermitteln. Es kann durch ein besonderes Produkt ausgelöst werden (*Product Involvement*). Aber auch durch eine Botschaft (*Message Involvement*). Wird eine Werbebotschaft zum Beispiel als Aufhänger für mögliche Unterhaltungen wahrgenommen, mit denen die Beziehung zu neuen Kontakten hergestellt oder zu alten gefestigt werden kann, kann dies in einer Empfehlung münden. Nutzen Sie Videos mit Unterhaltungswert in Ihrem Online-Marketing? Dann promoten Sie diese doch künftig auch in Ihren Video-E-Mails im Zusammenspiel mit diesem Motiv. Gerade Videos rangieren bei den teilenswerten Inhalten – neben Bildern oder Musik – ganz oben.
- **Zufriedenheit:** Wird die Erwartung an Ihren Newsletter-Service subjektiv erfüllt oder übererfüllt? Dann herrscht Zufriedenheit bei Ihren Abonnenten vor (vergleiche auch Kapitel 3). Beeinflussen Sie die Erwartungshaltungen gezielt. Pokern Sie etwas niedriger. Anschließend gilt es, die Erwartungen mittels passender Angebote überzuerfüllen. Auch so können Empfehlungen angeregt werden.
- **Meinungsführer:** Meinungsführer besitzen per se eine hohe Empfehlungsbereitschaft. Sie werden stärker in ihren Bezugsgruppen wahrgenommen, besitzen Einfluss und sind sich ihrer Rolle bewusst. Identifizieren Sie Meinungsführer unter Ihren Adressaten. Bei Twitter kann dies etwa anhand der Follower-Zahl, Tweets Ihrer Botschaften und Retweets in Relation zu Followers erfolgen. Behandeln Sie dieses besonders wertvolle Segment privilegiert. Zum Beispiel mit Insiderinfos, besonderen Rabatten. Versprechen Sie für Empfehlungen Belohnungen.

18.1.3 Teilen-Links mit AddThis und AddToAny einbinden

Der Platz im Newsletter ist rar und wertvoll. Welche und wie viele SWYN-Icons angeboten werden sollen, will also wohl überlegt sein. Eine Batterie von LinkedIn-, Facebook-, Xing-, Twitter- und Google-Plus-Icons in jedem Inhaltsblock zu platzieren, dürfte allein optisch nicht im Sinne des Erfinders sein.

Dieses Problem ist vom Newsletter auch auf Websites übertragbar. Daher entstanden mit dem Siegeszug der sozialen Netzwerke recht schnell Metadienste oder »Aggregatoren«, die so ziemlich alle relevanten Teilen-Schnittstellen auf sich vereinen. Von Netzwerken bis zu den Lesezeichen-Diensten wie Delicious und StumbleUpon. Alle deren SWYN-Funktionen verstecken sich hinter dem einen Piktogramm des Aggregators.

Zwei solcher Services, die ohne Umwege auch im Newsletter für das Teilen der Onlineversion oder einzelne Beiträge genutzt werden können, sind zum Beispiel AddThis und AddToAny. Die Implementierung in einen Newsletter ist leicht.

- **AddThis** ist die selbst ernannte Nummer eins unter den Bookmarking- und Sharing-Services. Die Syntax der Sharing-Schnittstelle lautet: `api.addthis.com/oexchange/0.8/offer?url=[URL]&title=[TITEL]`. Die Parameter `[URL]` und `[TITEL]` müssen durch die zu teilende URL und eine Kurzbeschreibung ersetzt werden. Im Browser des Abonnenten öffnet sich ein Fenster wie in Abbildung 18.11. AddThis ermöglicht auch die direkte Weiterleitung an ein Netzwerk. Hierzu ersetzen Sie im Link `offer` durch `forward/[ZIEL]/offer`, wobei `[ZIEL]` durch einen Schnittstellencode wie `xing` oder `linkedin` zu ersetzen ist. Eine Code-Übersicht findet sich unter `addthis.com/services/list`.

  Alle Parameter sollten UTF8- und entsprechend des RFC-1738-Standards kodiert übergeben werden. Letzteres bedeutet, dass nicht-alphanumerische durch ein Prozentzeichen gefolgt von zwei Hex-Werten ersetzt werden. Andernfalls können Probleme mit Sonderzeichen auftreten. Die Teilen-Links können leicht mit `bit.ly/SWYNme` oder in AddThis selbst erstellt werden. AddThis bietet zudem interessante Auswertungsmöglichkeiten.

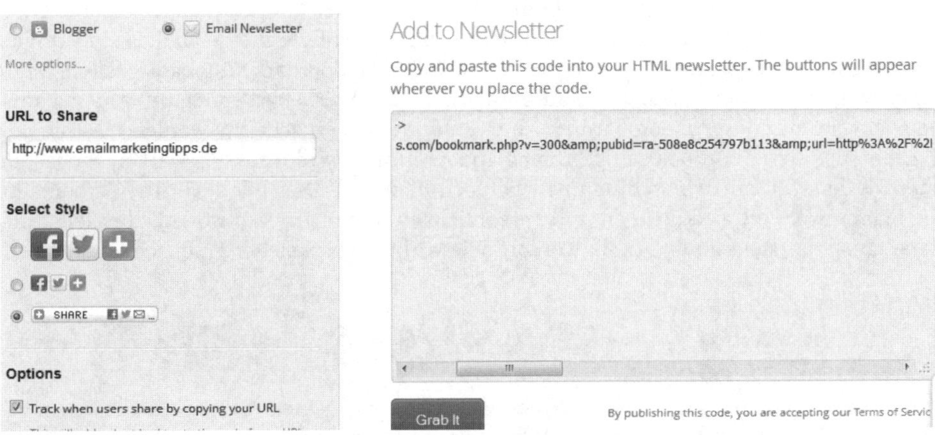

Abb. 18.10: In AddThis können Teilen-URLs für Newsletter leicht erstellt werden.

Abb. 18.11: AddThis im Einsatz – der Dienst vereint alle Teilen-Schnittstellen. Das Bild zeigte das Auswahlfenster, das sich dem Abonnenten nach seinem Klick auf »Teilen« im Newsletter offenbart. Hierin kann er sich das gewünschte Netzwerk zur Veröffentlichung aussuchen.

- Beim alternativen Dienst **AddToAny** ist die Vorgehensweise analog. Die Teilen-Schnittstelle kann wie folgt angesprochen werden:
`addtoany.com/share_save?linkurl=[URL]&linkname=[TITEL]`.

18.2 Newsletter »sozialisieren«

Soziale Netzwerke haben die Nutzungsgewohnheiten im Web verändert. Damit wandelten sich Ansprüche an die Markenführung. Mitwirkungsmöglichkeiten (Produkte gestalten, Meinungsaustausch et cetera), Gleichrangigkeit von Sender und Empfänger einer Werbebotschaft, zuhören, anstatt nur zu reden, Transparenz und Offenheit – all dies sind Dinge, die nun im Zusammenhang mit modernem digitalem Dialogmarketing häufig fallen. Menschen wollen sich bidirektional und auf Augenhöhe mit Werbetreibenden unterhalten können, anstatt mit Flyern bombardiert und »mundtot« gemacht zu werden. Damit der angebotene offene und beidseitige Dialog angenommen wird, müssen Marken menschlicher werden. Mit einer Maschine unterhält sich niemand. Dies gilt auch für Werbemails, die Markenwelten transportieren und Persönlichkeit demonstrieren wollen, aber teils vollautomatisiert erstellt und versandt werden. Wie wirkt ein Newsletter »menschlicher«?

Abb. 18.12: Piktogramme sozialer Netzwerke wie Facebook, Twitter, YouTube oder Pinterest in den Footer zu platzieren, ist ein guter Anfang, um den offenen Austausch zu forcieren, reicht aber nicht.

Rücken Sie dann und wann die Menschen hinter den E-Mails in den Vordergrund. Personen verkörpern im Gegensatz zur Marke eher eine gewisse Persönlichkeit. Optisch erzielen Sie dies durch prominente und szenische Bilder der Redakteure. Denken Sie bei einer After-Service-E-Mail etwa an ein halbseitiges Bild des Callcenter-Mitarbeiters mit seinem Headset, der den Kunden bedient hat. Oder an den Chefredakteur, der grafisch mit einem E-Mail-Element interagiert. OTTO und C&A ließen im Newsletter unter anderem Silvester-Kollektionen von Mitarbeitern anstatt von professionellen Models präsentieren (Abbildung 18.13). Hie und da darf sich auch gerne mal der Geschäftsführer mit einem persönlichen Gruß an die treuen Abonnenten wenden. Verpassen Sie den Menschen dabei eine Identität und ein Profil: Wer ist derjenige, der da schreibt? Dazu gehören Dinge wie Name, Funktion im Unternehmen, Kontaktmöglichkeiten und so weiter. Vielleicht sogar persönliche »Likes und Dislikes« oder eine ganze »Über die Autoren«-Seite auf der Webseite.

Abb. 18.13: Humanization – OTTOs Newsletter-Team rund um Dirk Ploss (2. von links) stellt sich den Abonnenten vor und präsentiert dabei die Silvester-Garderobe (Employee Generated Content).

Der Ton macht die Musik. Es kommt entscheidend darauf an, *wie* Dinge gesagt werden: formell oder eher informell, sachlich oder emotional et cetera. Im Social Web herrscht unter Personen ein salopper und entspannter Umgang – ohne Umschweife wie persönliche Anreden. Nur ist die Sprechweise der Zielgruppe manchmal eine ganz andere als die Unsrige. Es existieren zig Sondersprachen, mit denen sich Gruppen identifizieren und von anderen abgrenzen. Vor allem in der Jugendsprache: Emoticons, L33tsp3ak, früher »geil« heute »episch«. Und wer tummelt sich im Social Web? Richtig, vor allem sind es Jugendliche. Wer mit einer Betreffzeile wie »Nur für end-geile Rabatt-Checker« wirbt, obwohl Absender beziehungsweise die Markenidentität eine solche Gruppenzugehörigkeit ganz und gar nicht hergeben, macht sich bei jungen Leuten und Erwachsenen gleichermaßen lächerlich. Die Imitation der Sprechweise muss glaubhaft rüberkommen und zur Unternehmenspersönlichkeit passen, um erfolgreich einen Zugang aufbauen zu können. Gelingt mutigen Versendern aber die Gratwanderung, dann winken zufriedenere Abonnenten.

Beispiel: Fachjargon von IT-Entwicklern kreativ eingesetzt

Der CRM-Anbieter Salesforce lud eine Gruppe von Entwicklern per E-Mail zur Veranstaltung Cloudforce in München ein. Die Botschaft las sich wie folgt:

```
# Ruby
# Heroku
require 'base64'
class IchGeheZurCloudforceMünchen
def initialize
print
Base64.decode64("UmVnaXN0cmllcmVuIGF1ZjogaHR0cDovL3d3dy5zYWxlc2ZvcmNlLmNvbS9k
ZS9kZXY=")
end
end
IchGeheZurCloudforceMünchen.new
```

Für Otto-Normal-Adressaten ist dies nicht zu entziffern. Fachlich eingeweihte Adressaten wissen die Zeilen aber zu interpretieren. Sie entschlüsseln aus Neugierde die Base64-kodierte Chiffre und erhalten die lesbare Handlungsaufforderung »Registrieren auf: http://www.salesforce.com/de/dev«. Eine wagemutige Aktion, die aber Früchte trug: *»Wir hatten eine 16% click through Rate«*, wurde auf Xing mitgeteilt. Beachtlich, wenn man bedenkt, dass die E-Mail selbst keinen direkt zugänglichen Link enthielt, sondern selbiger erst von Hand vom Adressaten entschlüsselt werden musste.

Implementieren Sie Mitwirkungs- und Bewertungsmöglichkeiten, um dem Wunsch nach Partizipation zu entsprechen. Die Erstellung Nutzer-generierter Inhalte im Social Web lässt sich per E-Mail gezielt durch Hinweise anreizen (»Diskutiere mit uns und der Community darüber: #MarkeXY«). Die erstellten Inhalte können umgekehrt im Newsletter verwendet werden. Man denke an besonders kreative Facebook-Kommentare zu Produkten, Bilder-Uploads zum Umgang mit selbigen, außergewöhnliche Tweets oder die Abstimmungsergebnisse zur Wahl des nächsten Katalog-Covers. Darüber hinaus empfiehlt es sich, Newsletter oder Artikel bewerten zu lassen. Andersrum können Likes für beworbene Produkte im Newsletter implementiert werden.

Recht: User-generated Content geschützt?

Rechtlich muss dabei in Deutschland das Urheberrecht beachtet werden, das für Bilder jedweder Art immer gilt und bei Kommentaren unter Umständen dann greift, sofern diese eine Schöpfungshöhe aufweisen. Geschützte Werke dürfen mit einer Zustimmung des Urhebers genutzt werden. Auch Facebook-Profilfotos etwaiger Kommentatoren können nicht einfach in den Newsletter übernommen werden. Selbst dann nicht, wenn sie frei zugänglich sind. Dem stünde das individuelle Recht am eigenen Bild entgegen. Zur Verwendung bedarf es einer Einwilligung.

Abb. 18.14: J. Jill macht Facebook-Mitglieder anhand ihrer Kommentare zu Testimonials – und zeigt nebenbei, wie sich der Blickverlauf effektiv hindurchsteuern lässt (gestrichelte Linie).

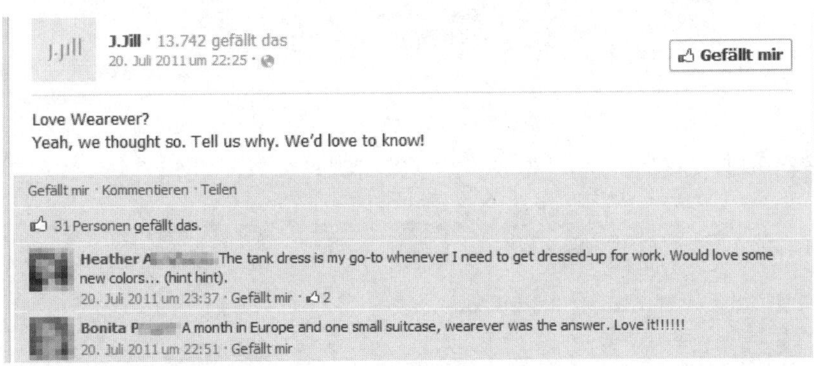

Abb. 18.15: J. Jills Kommentare sind auch nachprüfbar auf Facebook vorhanden.

Um den sozialen Charakter des Newsletters unmittelbar optisch zu betonen, können typische Bild-Elemente aus dem Social Web eingebunden werden. Dies gibt dem Newsletter einen frischen Anstrich und unterstreicht den Dialog-Gedanken. Zu den Elementen zählen zum einen grafische Attrappen der Netzwerk-Widgets – etwa ein Kommentarverlauf von Facebook, wie ihn Abbildung 18.16 zeigt. Weitere Signale sind die einschlägigen Netzwerk-Piktogramme (Abbildung 18.12, Abbildung 18.44), ein entsprechendes Wording (teilen, kommentieren, folgen et cetera) oder Schlagwort-Wolken. Und natürlich alles, was unmittelbar »menschlich« wirkt und aufs Kommunizieren gerichtet ist: Avatare und Profilfotos,

Fotos von Mitarbeitern in Aktion, große Sprechblasen und Anführungszeichen zum Beispiel.

Abb. 18.16: Werbebotschaft im Facebook-Kommentar-Stil transportiert (Shoes.com)

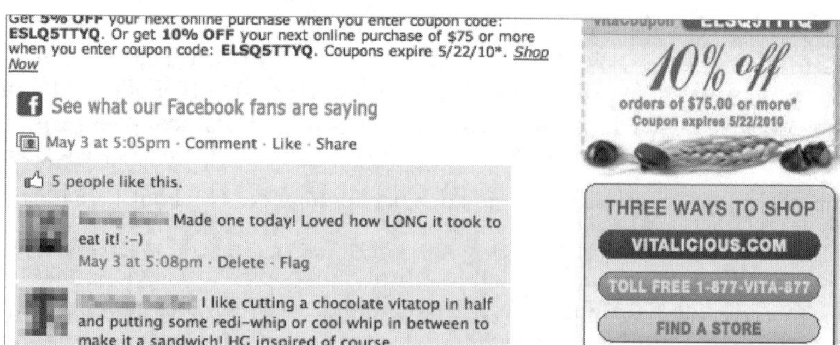

Abb. 18.17: Testimonial-Werbung, die Zweite – echte Facebook-Kommentare und »Gefällt mir«-Markierungen als grafische Momentaufnahme im Vitalicious-Newsletter

Bei der Gelegenheit bauen Sie am besten direkt auch eine Zufriedenheitsbefragung im Fußbereich ein, und zwar als festen Newsletter-Bestandteil. Die Rückfrage verleiht dem

Gedanken Nachdruck, dass Sie wirklich die Anforderungen des Empfängers erfüllen wollen. Er fühlt sich mit seiner Meinung wertgeschätzt. Nebenbei ist die Befragung ein prima Response-Anker, falls bis zum Footer keine Reaktion erfolgte, und ein guter Aufhänger für weitere Marktforschung nach dem Klick. Machen Sie sich aber Gedanken, *wie* Sie fragen.

Zufriedenheitsbefragungen: Das richtige Wording wählen

Abbildung 18.18 zeigt exemplarisch drei Varianten, mit denen Newsletter-Abonnenten im Fußbereich nach ihrer Zufriedenheit befragt werden können. Die ersten beiden stammen vom Onlinehändler OTTO, wobei die erste Geschichte ist. Warum sind die beiden Radio-Buttons in Variante zwei, die übrigens lediglich grafische GIF-Attrappen sind, vielversprechender? Allein durch die Formular-Anmutung erhält der Bereich schon mehr Aufmerksamkeit als ein Text-Link. Und eine simple Abstimmung per Mausklick suggeriert deutlich weniger Aufwand als eine Meinungsäußerung.

Die dritte Variante zeigt die typische Erhebungsweise des populären *Net Promoter Scores (NPS)*. Dabei wird die Empfehlungsbereitschaft – als Spiegelbild der Zufriedenheit – auf einer Skala von null bis zehn erfragt. Promotoren sind Abonnenten, die mit neun oder zehn antworten. Sieben und acht bedeutet Gleichgültigkeit, null bis sechs Kritik. Der Score selbst berechnet sich als Anteil der Promotoren minus dem der Kritiker. Er reicht damit von -100 bis +100.

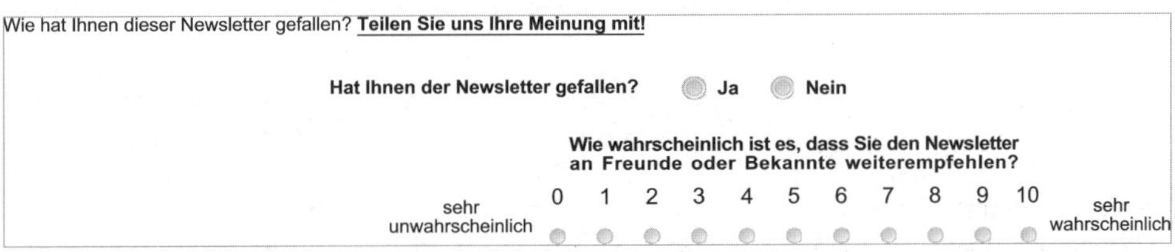

Abb. 18.18: Zufriedenheitsbefragung – Möglichkeiten gibt es viele, aber auf das Wie kommt es an.

Schließlich sollte die Version des Newsletters, die zum Teilen angeboten und auf den Pinnwänden der Empfänger veröffentlicht wird, angepasst werden. Persönliche Daten wie die E-Mail-Adresse des ursprünglichen Empfängers oder sein Name haben hier nichts verloren. Weder im Inhalt noch in der URL. Dies gilt auch für den Abmeldelink, mit dem seine E-Mail-Adresse aus dem Verteiler genommen wird. Werden diese Elemente nicht entfernt, dann ist Ärger vorprogrammiert: Spam auf die unfreiwillig im Netz veröffentlichte Adresse oder Spaß-Austragungen durch Netzwerk-Kontakte.

Stattdessen sollte die »Socialized Onlineversion«, wenn man sie so nennen will, die Newsletter-Anmeldung aktiv bewerben. Die Kontakte des Empfehlenden, die den Newsletter aufrufen, haben möglicherweise ähnlich gelagerte Interessen und sind daher leichter für ein Abonnement zu erwärmen. Daneben können soziale Plug-ins an passenden Stellen eingebunden werden: Etwa der Facebook-»Gefällt mir«- sowie ein Twitter-Button, oder ein Facebook-Kommentar-Modul, durch das die Ausgabe diskutiert werden kann.

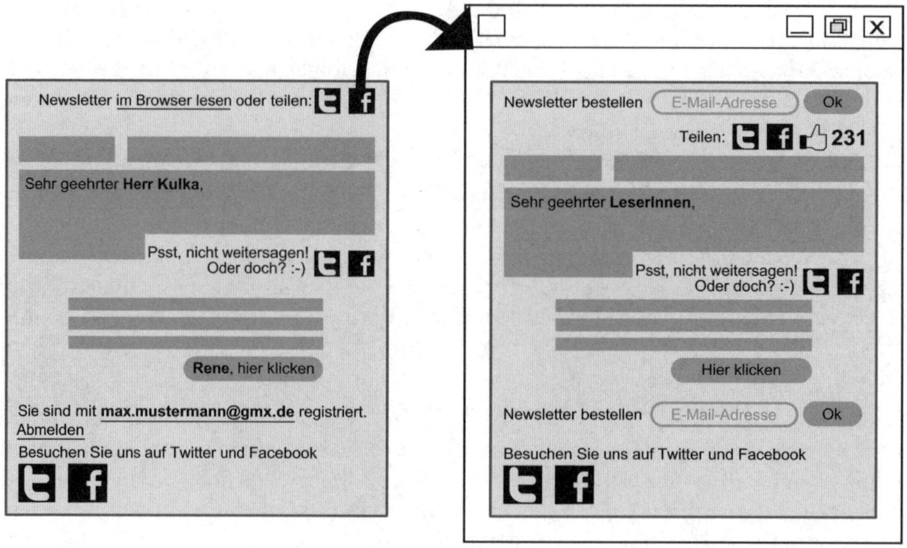

Abb. 18.19: Newsletter im Postfach (links) versus »soziale Onlineversion« (rechts), die die Empfänger im Browser lesen und in ihrem Netzwerk weiterempfehlen. Da hinein gehören weder persönliche Daten noch eine Ein-Klick-Abmeldemöglichkeit. Stattdessen sollte die Newsletter-Anmeldung beworben werden.

Tipp: Social Toolbars nutzen

Einige Versanddienstleister bieten hauseigene Werkzeugleisten, mit denen sich Newsletter leicht »sozialisieren« lassen. Abbildung 18.20 zeigt die MailChimp-Toolbar, die im Browser oberhalb der E-Mail-Onlineversion angezeigt wird. Darin enthalten sind standardmäßig Facebook Likes, Facebook Comments, Tweets, Google+, ein Link-Verkürzer, eine prominente Anmelde-Möglichkeit, ein Link zum Newsletter-Archiv (auch als RSS-Feed) und eine Google-Übersetzungsschnittstelle.

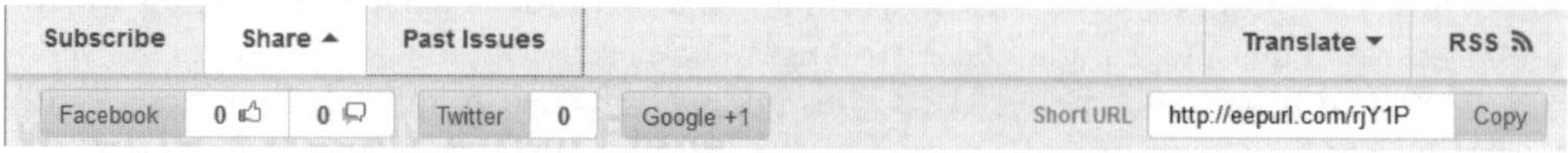

Abb. 18.20: MailChimp stellt Newslettern, die im Browser betrachtet werden, eine Archive Bar voran. Diese enthält unter anderem nützliche soziale Funktionen.

18.3 E-Mail im Zusammenspiel mit Facebook

18.3.1 Newsletter-Inhalte auf Facebook teilen lassen

Um es Nutzern zu ermöglichen, den Newsletter oder Newsletter-Artikel in ihrem Facebook zu verbreiten, nutzen Sie folgende Hyperlink-Form:

```
http://www.facebook.com/share.php?u=[URL]
```

[URL] ist durch die Zielseite der Empfehlung zu ersetzen. Entweder ist dies eine Artikel-Landingpage oder die Archiv-Version des Newsletters. Klickt der Nutzer auf den Link, loggt er sich zunächst bei Facebook ein, sofern noch nicht geschehen. Sodann erhält er die Vorschau des Beitrags. Mit der Bestätigung erscheint dieser auf seiner Pinnwand.

Eine ansprechende Vorschau mit einem stimmungsvollen Bildmotiv und einer plakativen Überschrift erhöht die Empfehlungsbereitschaft. Die Vorschau stellt Facebook anhand beschreibender Angaben zusammen, die aus dem Quelltext der Zielseite extrahiert werden. Der Versender kann die Angaben gezielt setzen. Bevorzugt liest das Netzwerk die Facebook-eigenen Open Graph Tags (og:) im sogenannten <head>...</head>-Bereich des HTML-Quelltextes aus. Vor allem zählen dazu:

- <meta property="og:image" content="[TEASER BILD]"/> – [TEASER BILD] ist durch die URL zum Artikel-Bild zu ersetzen, das auf der Pinnwand des Nutzers bei seiner Empfehlung erscheinen soll. Das Bild muss mindestens 50 mal 50 Pixel messen. (Ein Minimum von 200 mal 200 Pixeln empfiehlt Facebook.) Höhe und Breite sollten nach Möglichkeit gleich sein; die Breite darf theoretisch aber das Dreifache der Höhe umfassen.
- <meta property="og:video" content="[VIDEO]"/> – die URL des Videoclips (etwa ein YouTube-Link).

Aber auch:

- <meta property="og:title" content="[ARTIKEL TITEL]"/> – die gewünschte Überschrift
- <meta property="og:description" content="[ARTIKEL BESCHREIBUNG]"/> – der gewünschte Beschreibungstext

Binden Sie diese Daten in die Archiv-Versionen Ihres Newsletters und auf seine Landingpages ein. Abbildung 18.21 zeigt, wie sie sich in der Empfehlungsvorschau niederschlagen.

Sind die Open-Graph-Angaben nicht vorhanden, liest Facebook zum Beispiel das <title>- oder das title-<meta>-Tag sowie das description-<meta>-Tag. Für ein Thumbnail-Bild wird nach <link rel="image_src" href="[BILD URL]"> Ausschau gehalten. Ist auch dies nicht vorhanden, werden alle gefundenen Bilder, die die Formatanforderungen erfüllen, angeboten. Ist das description-<meta>-Tag nicht verfügbar, wird stattdessen der erste Textabsatz für den Anreißer gewählt. Mehr Informationen zum Open Graph gibt es unter ogp.me.

Hinweis: Fehlerbehebung bei Open-Graph-Aktualisierungen

Facebook führt die Open-Graph-Daten neu indexierter Webseiten einem Zwischenspeicher zu (*Caching*). Falls Sie also vor dem Newsletter-Versand kurzfristig Änderungen am gewünschten Teilen-Thumbnail oder Ähnliches durchführen, werden diese unter Umständen nicht direkt sichtbar. Das Werkzeug *Facebook URL Linter* liefert Hinweise zur weiteren Analyse: developers.facebook.com/tools/debug. Falls eine Neuindexierung erfolglos bleibt, hilft eventuell die künstliche Umbenennung der URL (zum Beispiel von http://meineseite.de/url.htm in http://meineseite.de/url.html?neu).

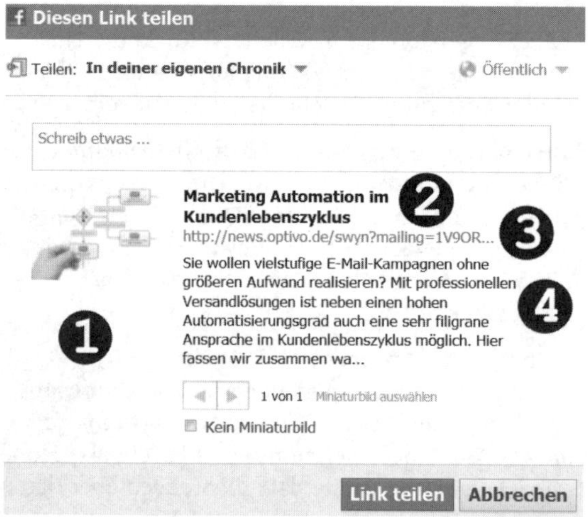

Abb. 18.21: (1) Teaser-Bild, (2) Überschrift, (3) URL und (4) Beschreibung einer Empfehlung können zum Beispiel durch Open Graph Tags auf der Zielseite spezifiziert werden. Sie dienen als Textvorschlag. Der Empfehlende kann die Texte noch anpassen.

18.3.2 Neue Newsletter-Abonnenten auf Facebook gewinnen

Newsletter-Reiter auf der Facebook-Seite

Eine einfache und naheliegende Variante, um über Facebook neue Newsletter-Abonnenten zu gewinnen, ist die Einbindung eines Menüpunktes »Newsletter« im Seitenprofil. Viele Versanddienstleister bieten hierzu vorgefertigte Bausteine.

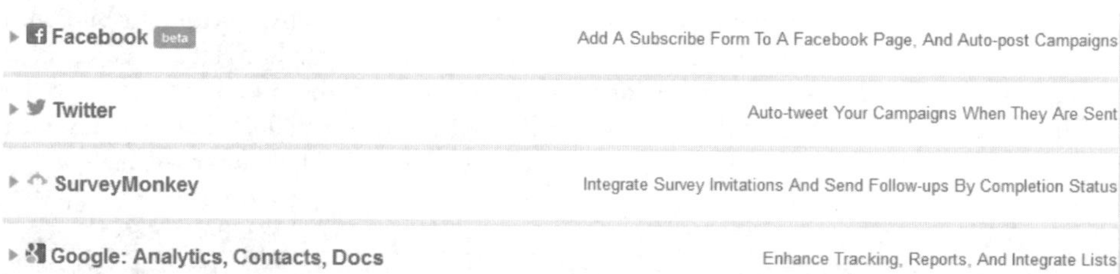

Abb. 18.22: Social Plug-ins der E-Mail-Versanddienstleister machen Marketern das Leben leichter. Zum Beispiel lässt sich damit ein Newsletter-Reiter auf der Facebook-Seite installieren. Ferner können neue Aussendungen automatisch im Stream der eigenen Seite publiziert werden. (Hier: MailChimp)

Die händische Installation eines Reiters für die Newsletter-Anmeldung ist leider umständlich. Dennoch anbei eine Schritt-für-Schritt-Anleitung:

1. Installieren Sie die Facebook-Entwickler-Applikation für Ihr Facebook-Benutzerkonto, indem Sie die folgende URL aufrufen und ZUR ANWENDUNG anklicken: `facebook.com/developers`. Gegebenenfalls müssen Sie vorab noch Ihre Identität per Mobilfunknum-

mer oder Kreditkarte gegenüber Facebook verifizieren. Facebook akzeptiert offenbar auch keine frisch generierten Benutzerkonten; dabei kommt es im weiteren Verlauf zu Fehlermeldungen.

2. Beginnen Sie nun damit, Ihre neue Anwendung für die Newsletter-Anmeldung zu erstellen: `developers.facebook.com/setup` – oben auf + NEUE ANWENDUNG ERSTELLEN klicken.
3. Bestätigen Sie durch Lösen des CAPTCHA, dass Sie kein Bot, also kein Computerprogramm sind, sondern ein Mensch.
4. Wählen Sie nun einen App-Namen und -Namensraum. Ersterer muss zwischen 3 und 32 Zeichen beinhalten. Letzterer bildet unter anderem die Grundlage für die Domain, unter der Ihre App später erreichbar sein wird (`apps.facebook.com/namensraum`). Beide Angaben werden unmittelbar nach der Eingabe auf Gültigkeit und Verfügbarkeit geprüft.
5. Optional: Ergänzen Sie nun gegebenenfalls in den grundlegenden Einstellungen der Applikation die »Allgemeine[n] Informationen«. Wählen Sie zum Beispiel die Kategorie »Kommunikation« für die Newsletter-App und passen Sie die Kontakt-E-Mail-Adresse an.
6. Wählen Sie nun unter den Möglichkeiten, wie die Anwendung in Facebook integriert wird, SEITENREITER aus. Füllen Sie hier PAGE TAB NAME mit dem gewünschten Namen aus, den der Menüpunkt auf Ihrer Seite später tragen soll (etwa »Newsletter«). Füllen Sie ferner die Page Tab URL sowie – nach Möglichkeit – die Secure Page Tab URL (beginnt mir »http**S**://«) mit dem Link zu Ihrer Anmeldeseite aus. Passen Sie anschließend die Page-Tab-Breite auf 520 Pixel an, falls dies erforderlich ist. Ebenso können Sie ein Piktogramm für Ihren neuen Menüpunkt hochladen.
7. Nun wird es trickreich: Fügen Sie Ihre **App ID** (befindet sich ganz oben unter dem App Namen) sowie die **Page Tab URL** in den folgenden Link an die jeweils hervorgehobenen Stellen ein und rufen Sie den Link dann im Browser auf: `https://www.facebook.com/dialog/pagetab?app_id=APP_ID&next=PAGE_TAB_URL`
8. Wählen Sie schließlich noch im nun erscheinenden Dialogfeld die Facebook-Seite aus, zu der die neue App hinzugefügt werden soll. Fertig.

Falls die Anmeldeseite Ihrer Webseite auf Facebook unschön ausschaut, können Sie sich natürlich eine Alternative bauen. Laden Sie diese auf Ihren Webserver hoch. Anschließend können Sie diese analog wie im Beispiel oben referenzieren.

Abb. 18.23: Hinter dem DEAL ALERTS-Reiter auf der TigerDirect-Facebook-Seite ...

Abb. 18.24: ... verbirgt sich die Newsletter-Anmeldung. Auf diese Weise werden Facebook-Besucher auf den Newsletter-Service aufmerksam.

Facebook-Applikationen (Apps)

Werbetreibende, die Facebook-Anwendungen wie zum Beispiel Spiele oder Quizze bereitstellen, erhalten seit Januar 2010 die Möglichkeit, bei der App-Registrierung die primären E-Mail-Adressen der Anwender zum Zwecke der Direktkommunikation zu erfragen. Innerhalb der Genehmigungsanfrage kann der Benutzer wählen, ob er seine primäre Adresse oder eine anonyme Proxy-E-Mail-Adresse von Facebook (`xxxx@proxymail.facebook.com`) übermitteln will. Die Primär-Adresse ist als Default-Angabe vorausgewählt, sofern kein Missbrauchsverdacht besteht. Über die Primär-E-Mail-Adresse erlangen Werbebotschaften potenziell eine höhere Sichtbarkeit als beispielsweise über interne Benachrichtigungen innerhalb von Facebook Messages. So empfiehlt Facebook App-Betreibern:

> *»E-Mail ist die beste Kommunikationsmethode für die App-zu-Nutzer-Kommunikation. Sie können die E-Mail-Adresse eines Nutzers über die erweiterte E-Mail-Berechtigung erfragen oder auch direkt über ein Feld, das Sie dem Nutzer anzeigen.«*

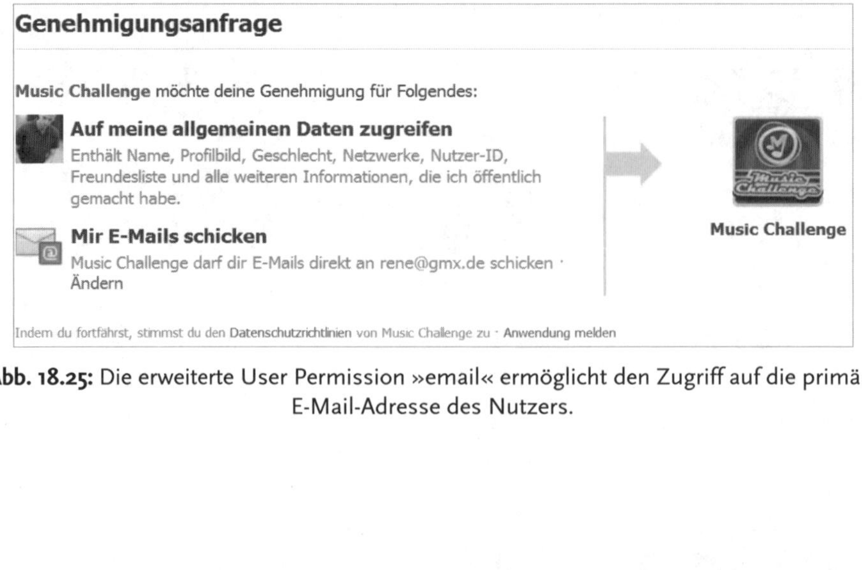

Abb. 18.25: Die erweiterte User Permission »email« ermöglicht den Zugriff auf die primäre E-Mail-Adresse des Nutzers.

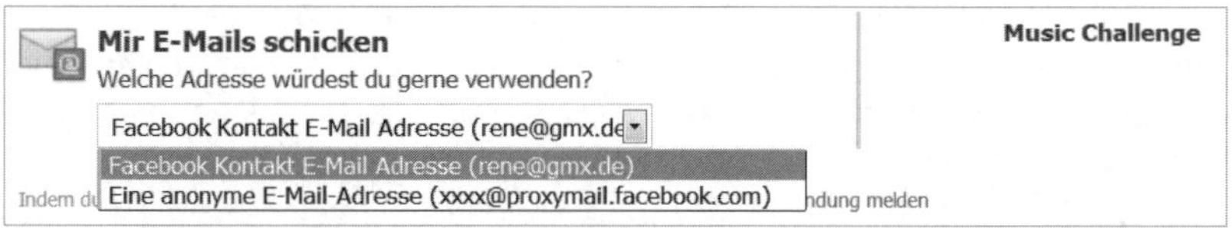

Abb. 18.26: Primäre und Proxy-E-Mail-Adresse im Dialogfenster

Nutzungsvoraussetzungen dieser Art von Adressgewinnung sind unter anderem:

- Alle E-Mails müssen von der Domain versendet werden, die in den Applikations-Einstellungen angegeben wurde.
- Die E-Mail-Adressen dürfen nicht an Dritte weitergegeben oder gar verkauft werden.
- Die geltenden Antispam-Gesetze müssen eingehalten werden.
- Die Datenverwendung muss klar kommuniziert werden.
- Der E-Mail-Absender muss klar identifizierbar sein. Es darf zum Beispiel nicht der Eindruck entstehen, die E-Mails würden von Facebook stammen. »Facebook« und sonstige Markenbestandteile dürfen weder im E-Mail-Header noch im Body eingebunden werden.

Auch während der Applikationsnutzung kann die besondere Genehmigung, dem Benutzer E-Mails an seine primäre Adresse zusenden zu dürfen, noch erfragt werden (siehe Abbildung 18.27).

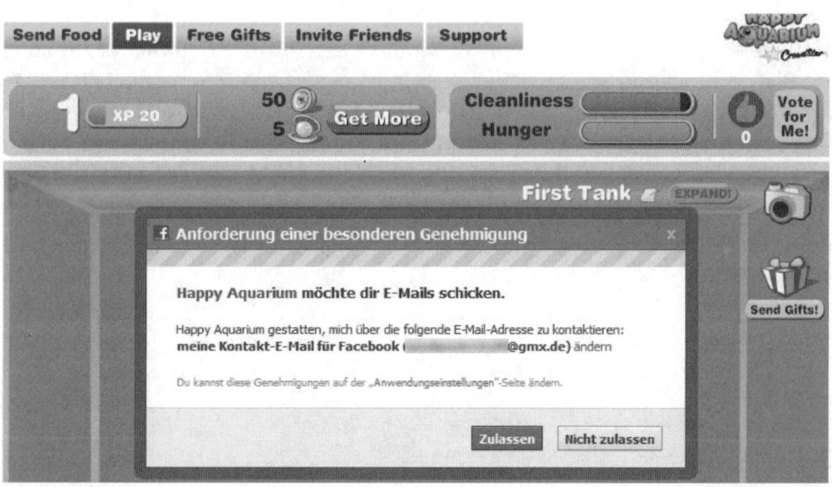

Abb. 18.27: Applikationen wie Happy Aquarium oder FarmVille versuchen auch nachträglich, erweiterte Rechte zu erhalten.

Die Möglichkeit für Facebook-Anwendungen, via E-Mail zu kommunizieren, wurde zu Beginn kritisch diskutiert. Zentrale Erfolgsfaktoren dafür, dass Nutzer einer Applikation ihre primäre E-Mail-Adressen übermitteln, sind

- »Vertrauen« in den Anbieter und dessen Anwendung sowie
- die Erwartung relevanter Botschaften.

Beeinflussen Sie also die Erwartungsbildung in Ihrem Sinne. Facebook-interne Benachrichtigungen wurden zum Beispiel in der Vergangenheit durch viele Anwendungen sehr aggressiv genutzt. Dies resultierte in Beschwerden und sinkenden Conversion-Raten. Das persönliche E-Mail-Postfach ist noch sehr viel privater und daher sensibler.

Vor diesem Hintergrund sollten im Vorfeld der Zweck der E-Mail-Adress-Erhebung sowie Inhalt und Frequenz der E-Mailings klar kommuniziert und hervorgehoben werden. Vor allem sollten Vorbehalte bezüglich der Frequenz ausgeräumt werden. Eventuell kommt auch die Vorab-Ansicht eines Beispiels für den Newsletter oder die E-Mail-Benachrichtigungen oder der Zugang zum Newsletter-Archiv für die Erwartungsbildung infrage. Es empfiehlt sich, eine Double-Opt-In- oder zumindest eine Bestätigungs-E-Mail zu versenden, in der alle Details der Einwilligung erneut klar aufgeführt sind.

Social Sign-on

Facebook-Applikationen können die erweiterte Genehmigung »E-Mails zusenden« nicht nur innerhalb des Facebook-Netzwerkes abfragen. Sondern auch im Zuge von *Facebook Login* auf der eigenen Webseite. Webmastern erlaubt dies, ihren Besuchern einen »Facebook Login«-Button als Alternative zum Newsletter-Anmeldeformular anzubieten. Per Facebook Login kann sich der Interessent mit zwei Mausklicks registrieren, anstatt die Daten von Hand eingeben zu müssen. Beim Klick auf den Button öffnet sich zunächst ein Pop-up-Fenster von Facebook. Darin kann der Interessent sein Okay dafür signalisieren, dass seine Daten übermittelt werden. Im Endeffekt spart er hierdurch Zeit. Zudem passieren keine Tippfehler bei der Adresseingabe, da Facebook eine geprüfte Adresse liefert. Die Adressqualität steigt.

Bequemlichkeit hin oder her – ob die Variante in der Praxis Erfolg hat, steht auf einem anderen Blatt. Nur acht Prozent der Bundesbürger, die Facebook kennen, halten es für vertrauenswürdig beim Umgang mit persönlichen Daten. Unter den Mitgliedern sozialer Netzwerke sind es immerhin zwölf Prozent. Im Vergleich ist dies trotzdem noch wenig: Google rangiert bei 19 (beziehungsweise 20), Microsoft bei 25 (28) Prozent. Dies berichtete die Allensbacher Computer- und Technikanalyse 2012.

Abbildung 18.28 bis Abbildung 18.30 zeigen den Anmeldeprozess via Facebook Connect aus Nutzersicht auf.

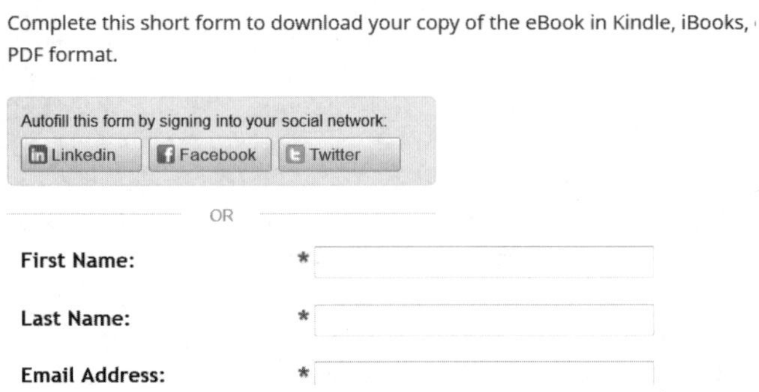

Abb. 18.28: Facebook Login als Alternative zum Online-Formular

Abb. 18.29: Beim Klick muss der dahinterstehenden Facebook-Anwendung Zugriff auf die E-Mail-Adresse eingeräumt werden.

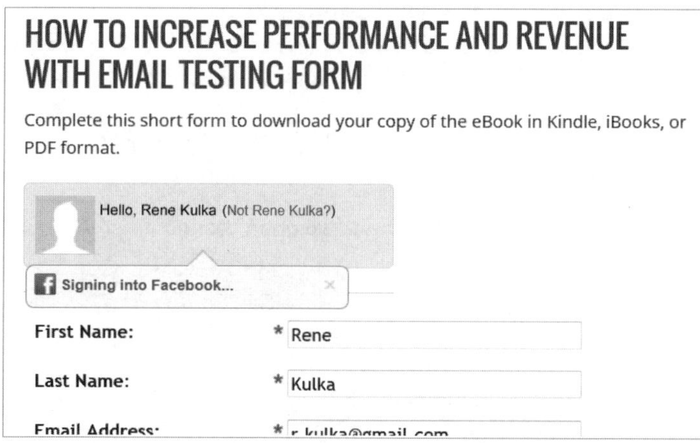

Abb. 18.30: Hiernach wird der Benutzer auf die Anmeldeseite weitergeleitet, auf der die Daten vorausgefüllt sind. Alternativ können diese auch direkt gespeichert und der Nutzer auf die Bestätigungsseite geleitet werden.

Registration Plugin und Instant Personalization

Mitte 2010 ging das Städte-Bewertungsportal Yelp auch in Deutschland an den Start. Neugierige Yelp.de-Besucher, die zugleich bei Facebook eingeloggt waren, werden nicht schlecht gestaunt haben. Als einer von damals drei Portal-Betreibern (Docs, Pandora, Yelp), die sehr eng mit Facebook zusammenarbeiteten, konnte Yelp.de nämlich die Facebook-Funktion *Instant Personalization* nutzen. Das heißt, Facebook-Nutzerdaten personalisierten in Echtzeit den Yelp-Webauftritt. So wurden im Registrierungsformular zum Beispiel

Daten wie die E-Mail-Adresse, das Profilbild und das Geburtsdatum wie von Zauberhand vorausgefüllt.

Knapp ein halbes Jahr später zauberte Facebook das *Registration Plugin*, ein vorausgefülltes Registrierungsformular für alle Webmaster, aus dem Hut. Das Tool kann jeder als iFrame in die eigene Seite einbinden. Möchte sich ein eingeloggtes Facebook-Mitglied registrieren, werden Datenfelder wie zum Beispiel der Name, E-Mail-Adresse, Wohnort, Geschlecht und Geburtstag nach Möglichkeit schon vorausgefüllt (Pre-filling). Ebenso können beliebige eigene Felder (Versandfrequenz, Wunsch-Themen für den Newsletter et cetera) sowie eine CAPTCHA-Sicherheitsabfrage hinzugefügt werden. Schließlich wurde auch an Interessenten ohne Facebook-Benutzerkonto gedacht. Die können ebenfalls über das Plug-in abgeholt werden. (Wobei ihre Registrierungs-Daten natürlich ebenso Facebook.com passieren.)

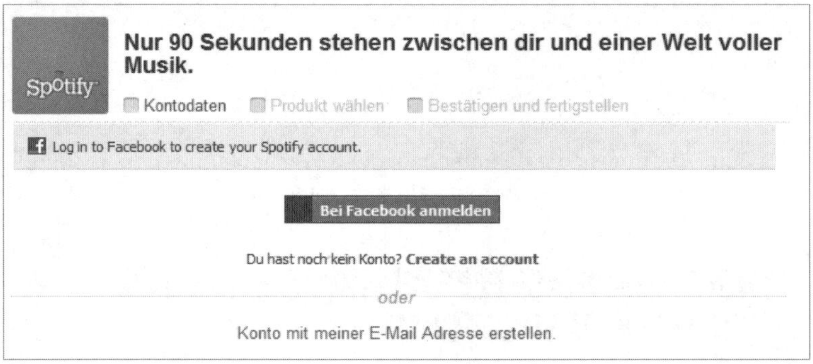

Abb. 18.31: Spotify nutzt beispielsweise ...

Abb. 18.32: ... durch Facebook vorausgefüllte Formulare.

18.3.3 Weitere Verzahnungsmöglichkeiten

Soziale Plug-ins: Senden, gefällt mir, kommentieren

Facebook stellt Seitenbetreibern bekanntlich eine Reihe sozialer Plug-ins bereit, die sehr einfach implementiert werden können. Besonders populär sind die »Gefällt mir«-Schaltfläche und die Kommentieren-Funktion, die von mehr und mehr internationalen Blogs und Nachrichtenportalen eingesetzt wird. Schließlich darf auch der »Senden«-Knopf nicht unerwähnt bleiben.

»Senden« schickt sich an, die klassische Tell-a-Friend-Funktion zu ersetzen. Tell-a-Friend meint: E-Mail-Adresse(n) der Zielperson(en) eingeben und »Empfehlung abschicken« anklicken. Beim Klick auf Facebooks Senden-Schaltfläche öffnet sich hingegen ein Dialogfenster (Abbildung 18.33). Zum Freitext können Facebook-Freunde, Gruppen oder E-Mail-Adressen als Adressaten der Empfehlung angegeben werden. Das Formular verfügt über eine bequeme Autovervollständigungsfunktion. Kontakte werden nach Eingabe einiger Zeichen vorgeschlagen. Während sich ein »Gefällt mir« an alle Freunde im Netzwerk richtet, zielt »Senden« nur auf ausgewählte Kontakte inner- und außerhalb von Facebook ab. Den E-Mail-Versand übernimmt gegebenenfalls Facebook. Dazu wird eine Standardvorlage verwendet. Auswertungsmöglichkeiten bezüglich der Teilen-Rate oder des Zustellerfolgs gibt es nicht.

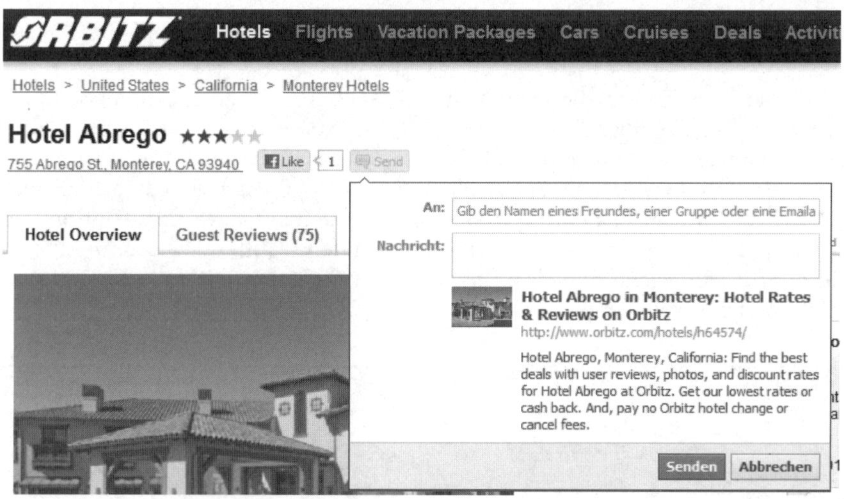

Abb. 18.33: Der SENDEN-Knopf im Einsatz bei Orbitz

Genau wie die »Gefällt mir«-Schaltfläche, so basiert auch die »Senden«-Empfehlung technisch auf Code, der im E-Mail-Postfach nicht funktioniert. JavaScript und iFrames sind No-gos. Trotzdem wäre es natürlich schön, wenn auch E-Mail-Versender davon profitieren könnten. Beides sind schließlich interessante Tools im Empfehlungsmarketing, die auch E-Mail-Werbung unterstützen und auf das Newsletter-Angebot aufmerksam machen könnten. Nicht ohne Grund hat sich die »Gefällt mir«-Schaltfläche seit ihrer Einführung so rasant im Web verbreitet: Ein simpler Klick befördert Beitragstitel und den Webseiten-Namen in den Nachrichten-Strom vieler Kontakte des Empfehlenden. Das wirkt.

Tipp: Anzahl der Likes einbinden

Die interaktive »Gefällt mir«-Schaltfläche selbst funktioniert in der Inbox zwar nicht. Jedoch lässt sich die Zahl der »Gefällt mir«-Markierungen im Newsletter einbinden (Abbildung 18.34). Bei den öffentlich verfügbaren Daten wie der Anzahl der Seiten-Likes oder Artikel-Shares ist dies leicht möglich: `Graph.facebook.com/SEITENNAME` liefert die Likes für die Facebook-Seite, `graph.facebook.com/URL` die Shares für eine URL. Für detaillierte Ergebnisse muss der Open-Graph-Nutzer sich vorher authentifizieren. Beim Newsletter-Versand könnten die jeweils aktuellen Daten ausgelesen und im E-Mailing beim Hinweis auf die Facebook-Präsenz platziert werden, um soziale Bewährtheit zu demonstrieren. Die weniger elegante Alternative bestünde darin, dass der Newsletter-Redakteur die Angabe händisch vor jedem Versand aktualisiert.

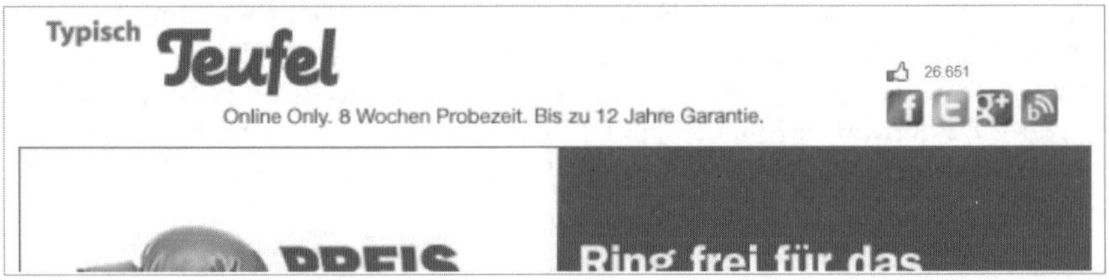

Abb. 18.34: Anzahl der »Gefällt mir«-Markierungen der Teufel-Seite im Newsletter (oben rechts)

Aufgrund der technischen Restriktionen hat es sich in der E-Mail-Marketing-Praxis bewährt, einen Umweg über die Onlineversion eines Newsletters zu gehen. Denn im Browser der Empfänger funktionieren »Gefällt mir«, »senden« und »kommentieren« ja ohne Probleme. Praktisch werden die Social Plug-ins im E-Mail-Postfach lediglich als grafische Attrappen eingebunden (vergleiche Abbildung 18.35). Beim Klick darauf öffnet sich die E-Mail-Ansicht im Browser mit einer darüber liegenden Lightbox, die das funktionierende Plug-in enthält (vergleiche Abbildung 18.36). Die Interaktion mit den Plug-ins kann Teil des Erfolgsberichts sein (vergleiche Abbildung 18.37).

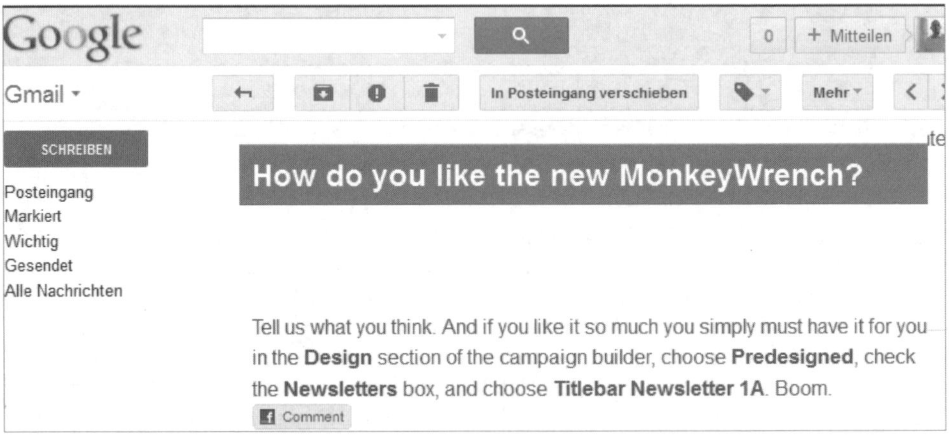

Abb. 18.35: Beim Klick auf die »Comment«-Schaltfläche im Postfach ...

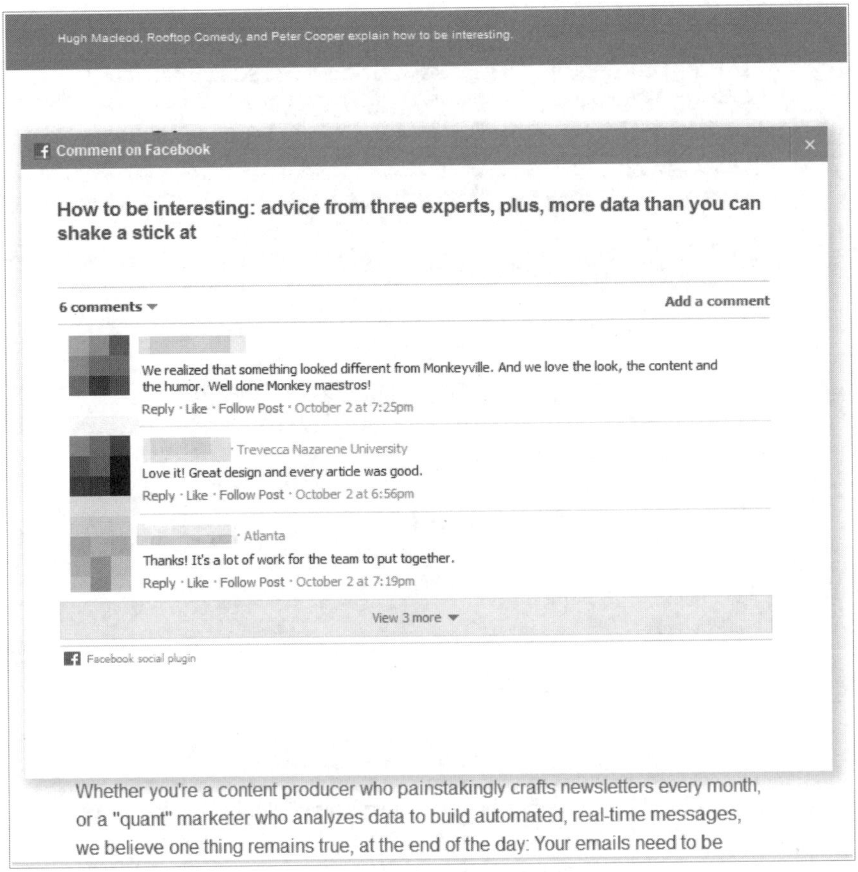

Abb. 18.36: ... öffnet sich der Newsletter im Browser mit dem entsprechenden Facebook-Social-Plug-in darüber.

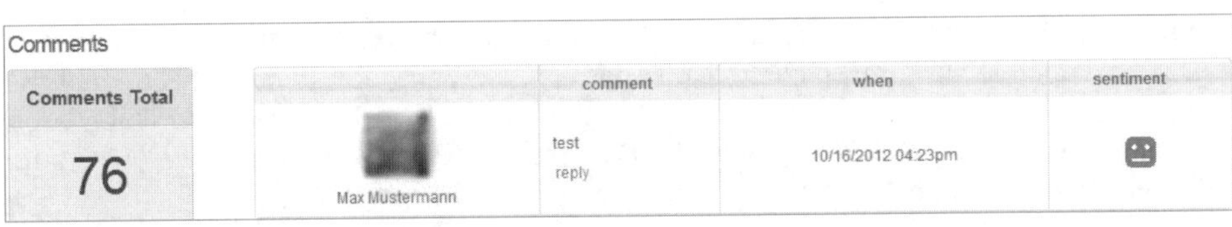

Abb. 18.37: Die Nutzung der Social Plug-ins ist Teil des Erfolgsberichts. (Hier: MailChimp)

Benutzerspezifische Zielgruppen (Custom Audiences)

Mit benutzerspezifischen Zielgruppen erlaubt Facebook Werbetreibenden, bestimmte Kunden- und Interessenten-Gruppen im Netzwerk gezielt mit Werbung anzusprechen. Die Zielgruppendefinition erfolgt anhand von E-Mail-Adressen, User-IDs oder Telefonnummern, die über ein spezielles Tool, den Power Editor, hochgeladen werden (Abbildung 18.38). Den Upload gleicht Facebook mit seinen Mitgliedern ab und bildet eine Zielgruppe daraus.

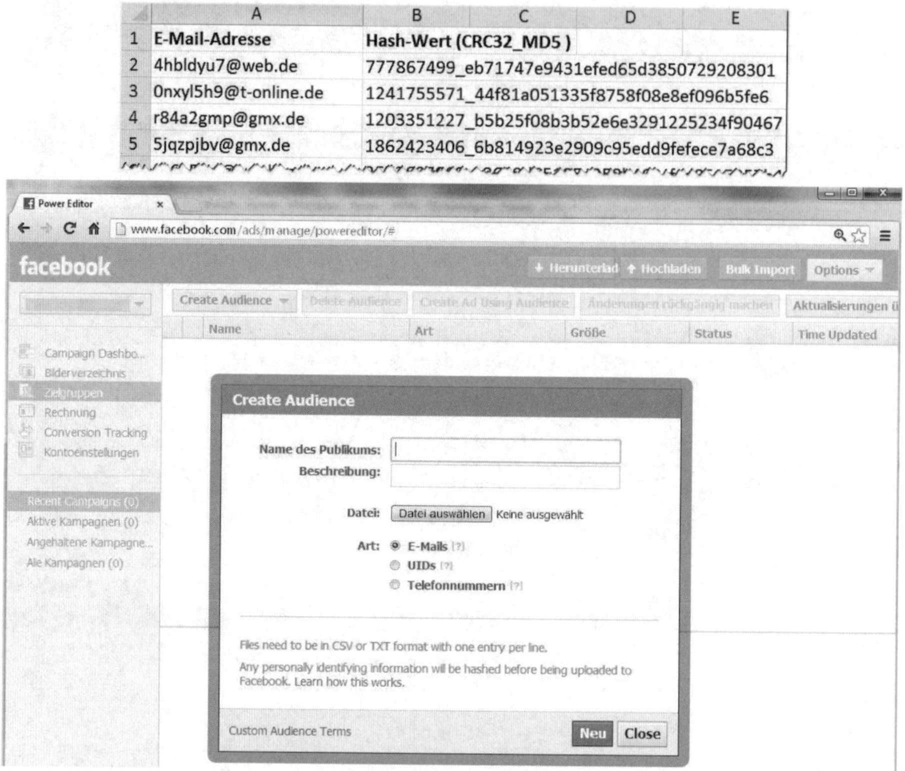

Abb. 18.38: Adress-Upload eines benutzerspezifischen Publikums bei Facebook

Der Kreativität sind bei diesem Feature theoretisch keine Grenzen gesetzt. Newsletter-Interessen, Neu-Kunden, Nicht-Klicker, Wiederkäufer et cetera – an alle möglichen Segmente können unterschiedlich Werbeanzeigen und gesponserte Meldungen ausgeliefert werden. So könnten Bestandskunden, die noch keinen Newsletter bestellt haben, darauf hingewiesen werden. Umgekehrt könnten Newsletter-Abonnenten, die noch kein Fan sind, zur Markierung der »Gefällt mir«-Schaltfläche bewegt werden. Reaktivieren Sie inaktive Empfänger via Facebook. Oder gestalten Sie interessante kanalübergreifende Follow-ups. Praktisch beschneidet jedoch das deutsche Datenschutzrecht das Feature (vergleiche zum Beispiel `tinyurl.com/br9vv82`).

Lead-Generierung mit Facebook und E-Mail

Haben Sie in Erwägung gezogen, Facebook im Geschäftsumfeld zur Lead-Generierung einzusetzen? Das Netzwerk ist zwar vornehmlich privater Natur. Dennoch tummeln sich hier auch viele Business-Kontakte, um informeller als etwa bei LinkedIn oder Xing in Kontakt zu treten und vor allem zu bleiben. Einer Befragung von Führungskräften zufolge dominiert Facebook mit 74 Prozent Nutzeranteil in kleinen und mittleren Unternehmen sogar deutlich gegenüber Xing. Es bietet sich an, über Facebook Lead-Kontakte anzubahnen und diese per E-Mail automatisiert zu »reifen« (*Lead Nurturing*).

Facebook bietet Unternehmen die Möglichkeit, Anzeigen an eine breite Masse unbekannter Zielpersonen auszuliefern und so für ihre Tätigkeit zu werben. E-Mail auf der anderen Seite liefert individuelle und persönliche Kommunikationsmöglichkeiten. Es ist weniger ein Akquise-Tool, sondern mehr ein Instrument zur effizienten Beziehungspflege. Wie nun die Vorteile beider Kanäle in Kombination praktisch genutzt werden können, zeigt das folgende Beispiel:

- **Facebook-Ads-Anzeige schalten:** Die Anbahnung frischer Kontakte erfolgt über Facebook-Werbeanzeigen. Ähnlich wie bei Google AdSense können hiermit Kleinanzeigen geschaltet werden, die bestimmten Zielgruppen angezeigt werden und die auf eine weiterführende Zielseite zeigen. Die Vergütung erfolgt Performance-basiert, das heißt pro Klick (cost per click, CPC) oder pro tausend Einblendungen (cost per mille, CPM). Das Budget wird vorab vom Werbetreibenden gedeckelt.

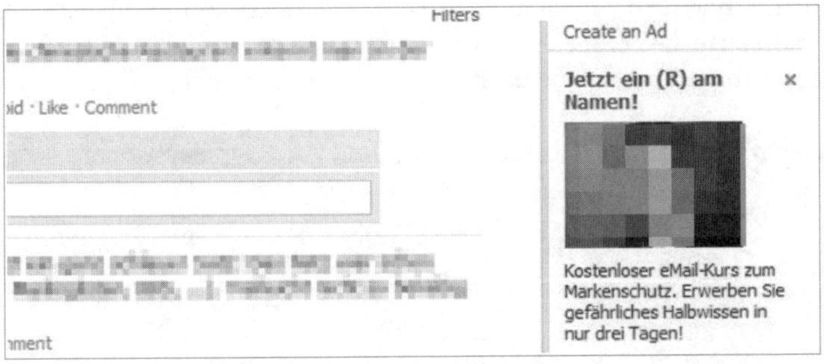

Abb. 18.39: Mit Facebook-Werbeanzeigen oder gesponserten Nachrichten Kontakte zu Interessenten aktiv anbahnen

- **Facebook-Landingpage erstellen:** Facebook-Nutzer, die auf die Anzeige klicken, gelangen zunächst auf eine Landeseite. Diese ist in eine zuvor eigens für die Kampagne geschaffene Facebook-Seite eingebunden. Mit einem passenden Werbetext sowie einem Onlineformular lässt sich das durch den Anzeigen-Klick geäußerte Interesse perfekt auffangen und in die Anmeldung zu einer E-Mail-Serie kanalisieren.

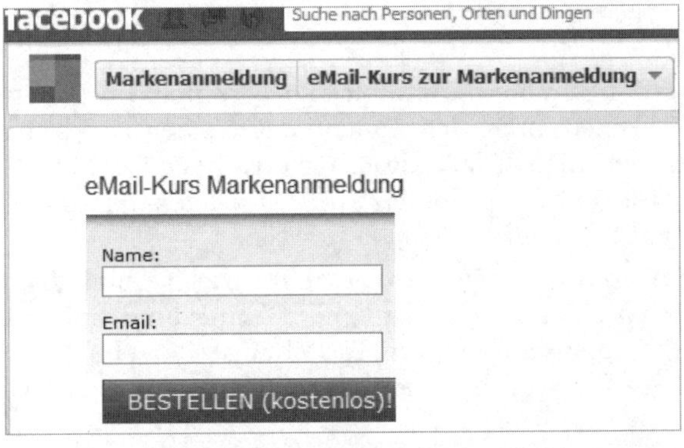

Abb. 18.40: Mit Facebook-Landingpages die E-Mail-Registrierung forcieren. (`facebook.com/Markenrecherche`)

- **E-Mail-Anmeldung per Double Opt-in verifizieren:** Die Landingpage der Anzeige (= Reiter EMAIL KURS) enthält neben dem Werbetext zwei Formulare (1x oben, 1x am Seitenende) für die Anmeldung zum beworbenen Kurs. Beim Klick auf die Call-to-Action werden die erhobenen Daten in der E-Mail-Versandlösung gespeichert. Das Script, das hinter der Ziel-URL des Formulars steht, leistet zum einen dies. Zum anderen leitet es nach der Eintragung um auf eine zweite Facebook-Seite: »Ein letzter Schritt ...«. Dort wird der Nutzer gebeten, die Kurs-Anmeldung für seine angegebene E-Mail-Adresse noch einmal final im Posteingang zu bestätigen (Double Opt-in).

  Die Anzeige war nicht kostenlos; damit der Double-Opt-in-Prozess nicht die Rentabilität der Werbemaßnahme durch ausbleibende Aktivierungen drückt, gibt es eine direkte Kontaktmöglichkeit für Probleme. Zudem weckt diese Angabe Vertrauen.

  Der Klick auf den Aktivierungslink in der E-Mail befördert den Nutzer erneut zu Facebook. Und zwar auf die dritte Unterseite: »Danke für die Bestellung« (Abbildung 18.41). Hier werden schließlich vor allem die Erwartungen noch einmal abgesteckt: So ist etwa die erste Kursausgabe gerade auf dem Weg zum Neu-Abonnenten. Und morgen sowie übermorgen werden bereits die nächsten Ausgaben zugestellt.

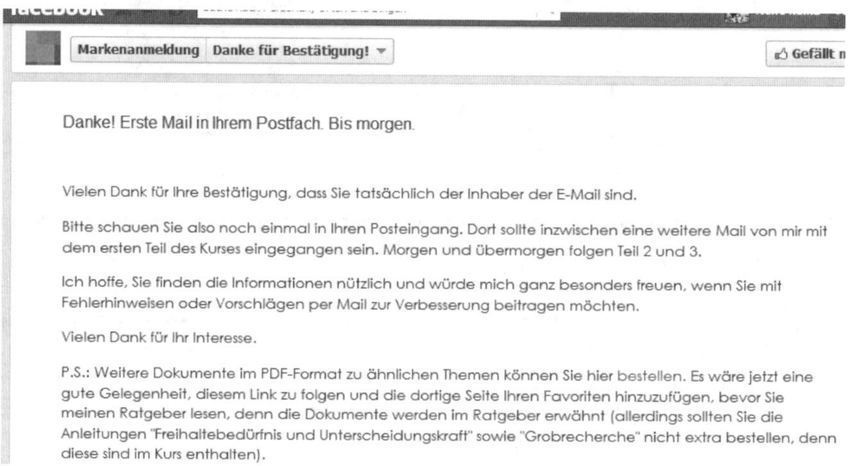

Abb. 18.41: Erwartungen bilden

- **Mit persönlicher E-Mail-Kommunikation Kontakt reifen:** Im Dialog per E-Mail stehen nun alle Möglichkeiten offen, den Kontakt auszubauen und stetig zu intensivieren. Zum Beispiel indem anfänglich Feedback (»Nützt Ihnen der Stoff? Was sind Ihre größten Herausforderungen?«) eingefordert wird. Oder indem man auf die vielen weiterführenden Inhalte auf der eigenen Webseite verweist.

  Als Grundlage für das Nurturing dient eine mehrteilige und automatisiert versandte E-Mail-Serie. Deren Umfang wird klar bei der Anmeldung und auch in der laufenden E-Mail-Ansprache kommuniziert (»anbei Teil eins von zehn«). Die Verbindung zwischen den einzelnen Ausgaben ist stets hervorgehoben (»gestern haben wir ...«, »morgen finden Sie ...«).

  Ein Vorteil derartiger Kampagnen-E-Mails: Dem einmaligen Erstellungsaufwand stehen fortan dauerhafte Rückflüsse ohne weiteres Zutun gegenüber. Das perfekte Tool, um zunächst einmal eine Grund-Aufmerksamkeit für unbekannte Produkte und Dienstleistungen zu erzeugen. Ein guter Ansatz ist der Rückgriff auf Inhalte, die wertvolles Wissen transferieren – wie hier im Beispiel.

18.4 Vom Kontakte-Export und -Import besser Finger weglassen

Die wichtigen Business-Netzwerke wie LinkedIn oder Xing ermöglichen ihren Mitgliedern, die Daten der direkten Kontakte listenmäßig zu entnehmen. Von »Anrede« über »Vorname«, »Nachname« oder »Firma« bis zur »E-Mail-Adresse« – solche Attribute können Sie theoretisch einfach in Standard-CSV-Listen exportieren und sodann in anderen Anwendungen speichern und dort weiterverarbeiten. Etwa für den Versand von personalisierten Serien-E-Mails, die den bestehenden Geschäftskontakten neue Dienste oder Produkte vorstellen.

Bei LinkedIn funktioniert der Export am einfachsten. Nämlich per Mausklick auf EXPORT CONNECTIONS im KONTAKTE-Menü. Bei Xing lassen sich im gleichnamigen Menü KONTAKTE ALS VCARD EXPORTIEREN. Die resultierende VCF-Datei kann ebenfalls leicht weiterverarbeitet werden. (Eventuell ist ein Schlenker nötig über ein »VCF zu CSV«-Tool oder einfach über einen Outlook-Import mit anschließendem CSV-Export.) Und Facebook, das ja ebenfalls auch zur Vernetzung von Business-Kontakten genutzt wird, lässt zwar keinen Export aller E-Mail-Adressen der Kontakte auf Knopfdruck zu. Über den Umweg, die Kontakte erst in Yahoo! Mail zu importieren und anschließend dort wieder als CSV zu exportieren, liegen aber auch hier die E-Mail-Adressen offen.

All dies mag nach einer hübschen kleinen Werbe-Reichweite ausschauen, die mit auswertbaren HTML-E-Mails über die E-Mail-Versandlösung »bespaßt« werden kann. Doch mitnichten. Drei triftige Gründe, einen Export für solche Zwecke tunlichst zu unterlassen:

- Zum einen ist die Vernetzung über ein Social Network nicht als Opt-in für Werbezusendungen zu verstehen. Weder für unverlangte netzwerkinterne Werbenachrichten noch – beziehungsweise schon gar nicht – für Reklame per E-Mail;
- Der Kontakt dürfte kaum bewusst und eindeutig in die Speicherung und Verwendung der angegebenen E-Mail-Adresse durch andere als das Netzwerk zugestimmt haben;
- Nicht wenige registrieren sich in den Netzwerken mit privaten Adressen. Darauf ist E-Mail-Werbung unerwünscht. Die Netzwerk-Beziehungen sind oft nur flüchtig. Irritationen und Spambeschwerden, die die Zustellbarkeit beeinträchtigen können, wären somit vorprogrammiert.

Eng zusammen hängen auch die Probleme mit der Facebook-Funktion »E-Mail-Kontakte einladen«, die Seitenbetreiber im Administrator-Bereich unter »Publikum erweitern« finden. Die Funktion ist das Pendant zum Freundefinder, gegen den der Verbraucherzentrale Bundesverband (vzbv) klagte. Seitenbetreiber mit weniger als 5.000 Likes können hierüber bis zu 5.000 E-Mail-Adressen importieren. Die werden anschließend eingeladen, die Seite zu liken. Facebook bietet vorgefertigte Schnittstellen zu gängigen E-Mail-Programmen, um den Import zu erleichtern.

Die Funktion mag nett klingen, ist aber nicht unproblematisch. Adressen, die Facebook keinem Mitglied zuordnen kann, erhalten unverlangt eine klassische E-Mail-Einladung – Werbung ohne Opt-in.

18.5 E-Mail mit Twitter verknüpfen

Das Kurznachrichten-Netzwerk Twitter hat sich auch in Deutschland gemausert. Laut comScores Reichweiten-Index Media Metrix (MMX) verzeichnete es Ende 2012 immerhin 3,1 Millionen Besucher. Zum Vergleich: Google Plus rangierte bei 5,6, Xing bei 4,2, Stayfriends bei 3,5 und Facebook bei 38,6 Millionen Besuchern. Bei bestimmten Zielgruppen wie Online-Marketern oder Journalisten und anderen Meinungsführern ist Twitter schon populär. Geplant ist zudem eine Deutschland-Zentrale, um das Geschäft voranzutreiben. Wie lässt sich Twitter mit E-Mail-Marketing kombinieren?

18.5.1 Newsletter-Abonnenten gewinnen

Die Möglichkeiten sind im Vergleich zu Facebook begrenzt. Theoretisch könnte ein grafischer URL-Hinweis zur Newsletter-Anmeldeseite im Hintergrundbild untergebracht werden. Realistischerweise wird aber kaum jemand einen Link abtippen, um Werbung zu bestellen. Einen direkt anklickbarer Verweis ermöglicht das Twitter-Profil in den Feldern »Webseite« und »Bio«. In Ersterem erwarten die Besucher in der Regel die Homepage. Bleibt also die Biografie-Zeile.

Ebenso denkbar, aber wenig geeignet, um Adressen zu gewinnen, sind Direktnachrichten an Ihre Follower. Dabei handelt es sich im rechtlichen Sinne wie bei E-Mails um elektronische Post. Werbung bedarf einer vorigen Zustimmung der Adressaten. Die Frage, ob Interesse am Newsletter besteht, ist als Werbung zu qualifizieren – und wäre damit ohne Opt-in abmahnwürdiger Spam.

Was »zieht«, sind sporadische Tweets rund um den Newsletter. Ein Rückblick auf besonders erfolgreiche Artikel der vergangenen Ausgabe zum Beispiel. Oder Ankündigungen des Schwerpunktthemas einen Tag und/oder eine Stunde vor dem Versand – inklusive Link zur Anmeldung. Ebenso empfehlenswert sind Freebies sowie Gewinnspiele mit passenden Landeseiten (vergleiche Abbildung 18.42 und Abbildung 18.43).

Diverse E-Mail-Versandtools bieten Versendern, direkt mit dem Start des Newsletter-Versands automatisch auch einen Tweet darauf abzusetzen. Ob es sinnvoll ist, den kompletten Newsletter *immer* auch auf Twitter zu veröffentlichen, muss jeder selbst entscheiden. Punktuell mag dies sinnvoll sein. Auf Dauer schwindet aber der Anreiz, selbigen per E-Mail zu abonnieren. Ein E-Mail-Kontakt ist aber wertvoller als ein Twitter-Follower.

Abb. 18.42: Tweet, um Follower in Newsletter-Abonnenten zu verwandeln …

Abb. 18.43: ... mit passender Landingpage dahinter. (`netzoptiker.de`)

18.5.2 Neue Follower per E-Mail generieren

Umgekehrt eignet sich der Newsletter, um aus E-Mail-Abonnenten zusätzlich Follower zu machen. Obligatorisch ist in diesem Zusammenhang das Twitter-Piktogramm in jedem Newsletter, das auf das eigene `twitter.com`-Konto zeigt. Je prominenter, desto erfolgversprechender.

Dabei kann es auch lohnenswert sein, mit dem zugehörigen Text zu experimentieren. Dustin Curtis beispielsweise erfuhr, dass der Satz »Du solltest mir hier auf Twitter folgen« seine Klickrate um 75 Prozent erhöhte, und zwar im Vergleich zu »Folge mir auf Twitter«. Zappos warb anstelle des Standards »Folge uns« mit »Folge CEO Tony Hsieh« auf Twitter (Abbildung 18.44). Denn das wirkt persönlicher und damit auf viele Leser einladender.

Abb. 18.44: Links: Facebook, Pinterest, Twitter und so weiter auf der Schaukel – das animierte GIF von Bed Bath & Beyond erzeugte viel Aufmerksamkeit für die sozialen Präsenzen des Anbieters (`tinyurl.com/czt475g`). Rechts: Der Twitter-Hinweis im Footer von `Zappos.com`

18.5.3 Newsletter oder Artikel zum Tweeten anbieten (SWYN)

Ebenso können Artikel oder der Newsletter zum Teilen respektive »Tweeten« angeboten werden. Die Teilen-URL lautet:

```
http://twitter.com/share/?text=[TEXT]&url=[URL]&related=[TIPPS]&via=
[BENUTZERNAME]
```

Den Parameter `[TEXT]` ersetzen Sie durch den Tweet-Text, den Sie Ihren Empfängern vorschlagen möchten. `[URL]` ist der Link zur Archivversion der Newsletter-Ausgabe oder zur Landingpage des Artikels. `[TIPPS]` können zwei durch Kommata getrennte Twitter-Namen sein, die Sie empfehlen möchten – etwa »lukeanker,emailbuch«. `[BENUTZERNAME]` schließlich ist Ihr Twitter-Handle, das dem Tweet-Text noch durch ein »via @« angehängt wird. Abbildung 18.45 zeigt die Vorgehensweise anhand eines Beispiels auf.

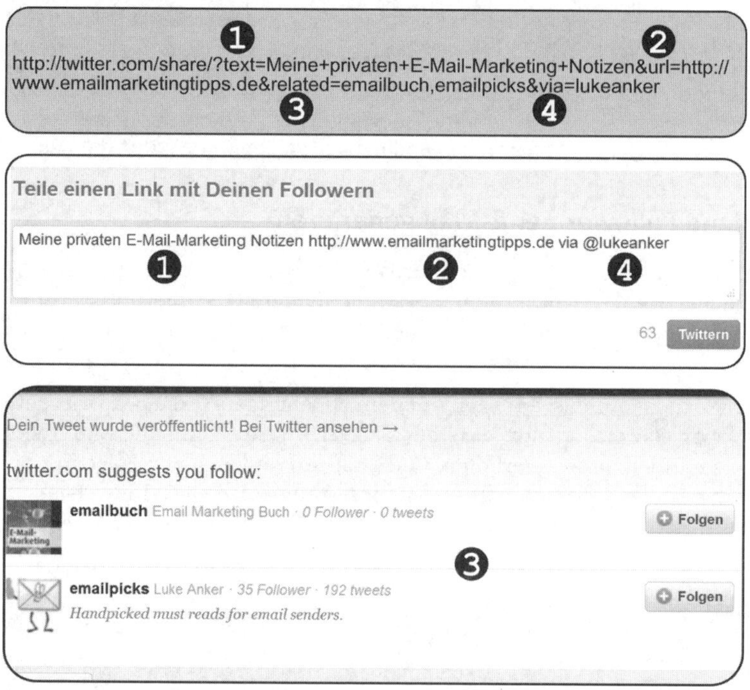

Abb. 18.45: Den Teilen-Link von Twitter (oben) können Sie in Ihrem Newsletter nutzen. Klickt der Abonnent darauf, öffnet sich das Formular mit einem Tweet-Vorschlag inklusive der Quellenangabe hinten (Mitte). Nach der Bestätigung erscheinen schließlich die beiden Empfehlungen (unten).

Tipp: SWYN-Links mit bit.ly/SWYNme erstellen

Nutzen Sie `bit.ly/SWYNme`. Dabei handelt es sich um ein Tool, mit dem Sie Teilen-Links einfach zum Kopieren und Einfügen für Ihren Newsletter konstruieren können.

Tweets in Newsletter integrieren

Interessant ist auch die Einbindung von Tweets in den Newsletter. Etwa diejenigen des eigenen Channels, solche zu mit Hashtags (#) markierten Themen oder Nutzer-generierte Inhalte (Abbildung 18.47). Typischerweise platzieren Versender diese im Fußbereich oder in der Marginalspalte des Newsletters.

Bei der technischen Einbindung lassen sich zwei Vorgehensweisen unterscheiden:

- **Statische** Integration von Tweets, die ab Versandstart unveränderlich sind:
  - Ausgewählte oder die jüngsten Tweets jeweils händisch in den Newsletter einpflegen lassen, bevor dieser verschickt wird
  - Die jüngsten Tweets zum Versand per RSS-Import automatisiert einpflegen. Der URL zum RSS-Feed eines Benutzerkontos lautet: `https://api.twitter.com/1/statuses/user_timeline.rss?screen_name=[TWITTERNAME]`. (`[TWITTERNAME]` muss durch Ihr Handle ersetzt werden.)
- **Dynamische** Tweets, die zum E-Mail-Öffnungszeitpunkt stets auf dem neuesten Stand sind. Praktisch werden Tweets (oder auch Blog-Einträge) hierzu in Echtzeit importiert und in die Grafiken gerendert – ideal, um zeitkritischen Twitter-Aktionen noch einmal Nachdruck zu verleihen. Movable Ink bietet E-Mail-Versendern eine einfach zu handhabende Implementierung an (vergleiche Abbildung 18.46).

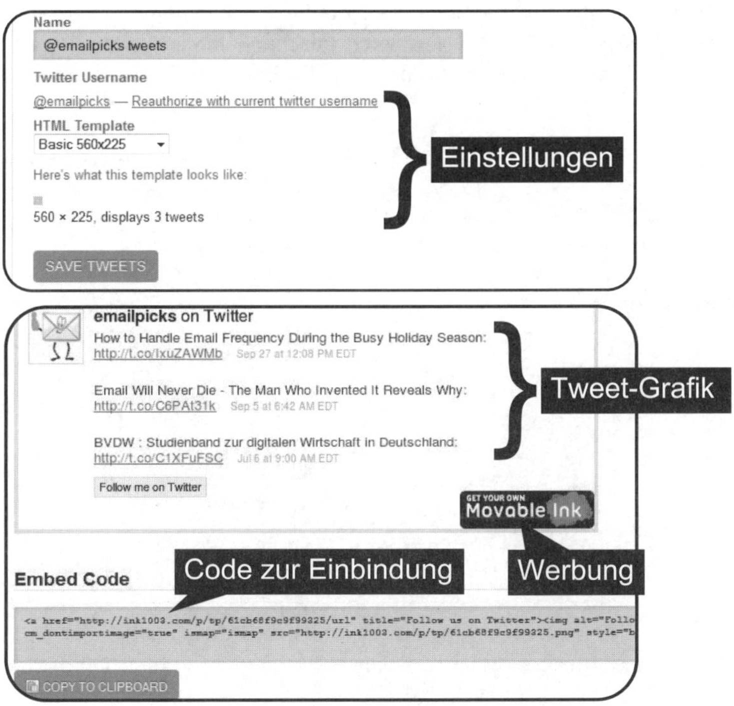

Abb. 18.46: Nachdem Movable Ink Zugriff auf das Twitter-Konto erlaubt wurde, steht ein HTML-Code-Schnipsel zur Einbindung in den Newsletter bereit. Damit werden die aktuellen Tweets als Grafik in den Newsletter transportiert.

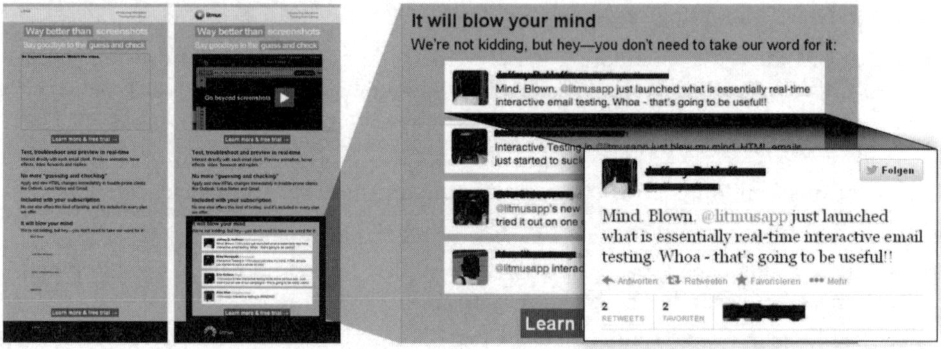

Abb. 18.47: Social Proof durch Tweets begeisterter Follower – Litmus zeigt, wie im B2B-Bereich die Werbebotschaft durch Testimonials unterstützt wird. Links der Newsletter bei deaktivierten Bildern, in der Mitte mit: Oben spielt ein animiertes GIF-Video ab, unten befinden sich vier ausgewählte Rezensionen aus dem Twitter-Netzwerk (rechts vergrößert). Die vier Tweet-Screenshots sind zudem mit Twitter.com verlinkt. Ein Klick öffnet den Original-Tweet im Browser – bereit zum Retweeten (also weiterempfehlen).

Weitere Ideen

- Nutzen Sie Ihr soziales Twitter-Netzwerk, um die Zustellbarkeit zu verbessern. AppSumo stellte fest, dass Gmail seine Newsletter fälschlicherweise in den Junk-Ordner aussortierte. Schnell wurden die Abonnenten auf Twitter (und Facebook) mobilisiert:

Abb. 18.48: Zustellraten verbessern – Follower (links) und Fans (rechts) mobilisieren (AppSumo)

- Bewerben Sie Hashtags für spezielle Aktionen wie zum Beispiel Flash-Sales oder Gewinnspiele auch im Newsletter (Abbildung 18.49)

Abb. 18.49: Oben bewirbt ASOS den #ASOSSavvySunday, unten Brookstone das #tweet4seat-Gewinnspiel.

- Lassen Sie Neu-Abonnenten ihre erfolgreiche Newsletter-Anmeldung tweeten. Die Neuen kennen zwar Ihren Newsletter noch nicht, sind daher vielleicht auf den ersten Blick schlechte Adressaten für Empfehlungsmarketing. Einige sind aber trotzdem gewillt, auf diese Weise eine Art »Gefällt mir« für Ihr Unternehmen auszudrücken. Durch die Empfehlung werden deren Follower dann ebenfalls auf das Angebot aufmerksam. Es empfiehlt sich, den Textvorschlag für den Tweet neben dem Button einzublenden (vergleiche Abbildung 18.50).

  Gerade bei Projekten in der Vorregistrierungsphase, die also noch nicht offiziell starteten, ist das virale Potenzial groß. Denn durch einen solchen »Geheimtipp« lassen sich gleich diverse Motive für das Teilen bedienen wie Altruismus, Selbstdarstellung und Kommunikationsbedürfnis (vergleiche Abschnitt 18.1.2 *Was wird wann geteilt? Shareworthy Content*).

  Der E-Mail-Versanddienstleister GetResponse war überrascht, wie viel Social Buzz ein »Tweete Deine Anmeldung« erzeugt. Die aktuellen Statistiken können Sie dem URL `bitly.com/gr_subscribe+` entnehmen (Abbildung 18.50).

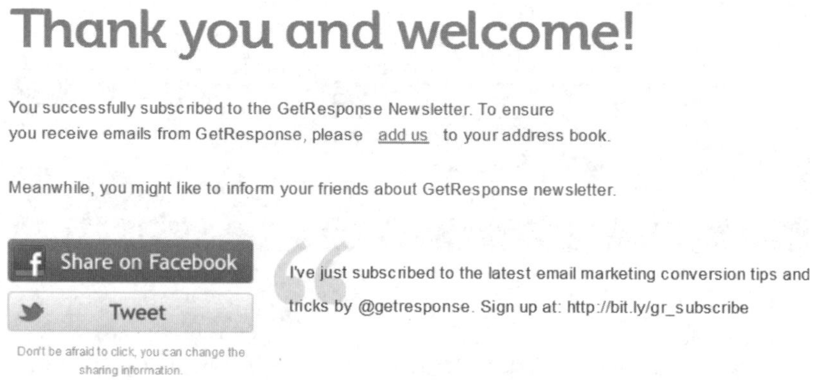

Abb. 18.50: Virale Newsletter-Anmeldung. (`getresponse.com`)

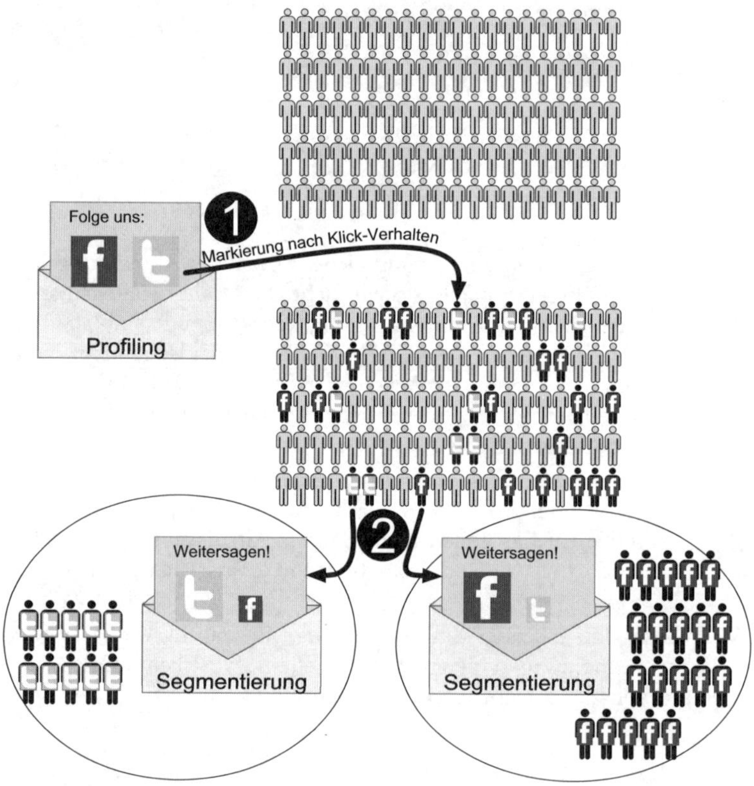

Abb. 18.51: Klick-Verhalten messen und für Individualisierungen nutzen – etwa indem das bevorzugte Netzwerk des Empfängers optisch in der E-Mail hervorgehoben wird.

- Wie im Zusammenhang mit Facebook-»Gefällt mir«-Markierungen, so lassen sich auch die am häufigsten auf Twitter geteilten oder kommentierten Produkte und Artikel im Newsletter als Verstärker nutzen.

- Profilieren Sie Ihre Abonnenten anhand des Klick-Verhaltens, um aktive Twitter-Nutzer zu identifizieren und individueller oder sogar mit zielgerichteten Twitter-Kampagnen ansprechen zu können (Abbildung 18.51). Einige Versender erfragen bei der Newsletter-Anmeldung zugleich das Twitter-Handle. Damit sind theoretisch interessante Informationen im Netzwerk verknüpft (Follower-Zahl respektive Einfluss, URL zum Avatar-Bild und so weiter).

18.6 E-Mail und Google+

Mit Google+ scheint der Suchmaschinengigant dann doch noch die Kurve in Sachen Social Networks bekommen zu haben. Der Dienst ist sehr eng mit dem Webmail-Programm Gmail und mit der Suchmaschine Google verzahnt. Die Anhängerschaft wächst. Seit dem Launch hat sich Google+ besonders unter Internet-affinen Zielgruppen, Online-Professionals und im Agentur- und B2B-Umfeld etabliert. Zudem können sich Nutzer erst seit Ende 2011 mit Unternehmen, Marken und Produkten verbinden. Die Verknüpfung ist für jeden Nutzer denkbar einfach: durch den Klick auf den +1-Button oder durch das Hinzufügen zu den eigenen Kreisen des Nutzers.

Zunächst einmal ließe sich überlegen, wie per Newsletter die Anhängerschaft auf Google+ erweitert werden könnte. Unternehmen können für ihre Marken und Angebote kostenfreie Profile einrichten. Die Nutzer interagieren anschließend mit diesen Seiten, wobei es am Marketer liegt, virale Effekte regelmäßig anzustoßen. Ihre Google+-Seite können Sie auf `google.com/+/business/` einrichten. Um diese zu entwickeln, sollten Sie auch per E-Mail regelmäßig darüber informieren. Empfehlenswert sind prominent platzierte Banner oder eine vergleichbare werbliche Kennung. Wie auf Facebook sollten Sie versuchen, kontinuierlich neue Kommentare und Meinungen anzustoßen und zum Austausch zu animieren. Unter Umständen empfiehlt sich auch, Ihre E-Mail-Verteiler speziell nach Adressen mit der Domain von Gmail zu segmentieren und solche Empfängergruppen gezielt auf Ihren Google+-Auftritt anzusprechen.

Wie in anderen sozialen Netzwerken ist es auch auf Google+ möglich, persönliche Empfehlungen durch eine Share-Funktion (SWYN) zu verbreiten. Interessante Inhalte kann der Nutzer mit dem +1-Button per Mausklick im eigenen Profil posten und dadurch mit den gewünschten Kreisen teilen. Die Share-URL lautet:

```
https://plus.google.com/share?url=[URL]
```

`[URL]` ist durch die zu teilende Seite zu ersetzen, zum Beispiel `http://www.emailmarketingtipps.de`. Wie Facebook, so wertet auch Google+ diverse Elemente im Quelltext der Zielseite aus wie zum Beispiel das `<title>`-Tag, also den Webseiten-Titel. Anhand der Daten wird ein Empfehlungs-Snippet erstellt. Dies kann der Empfehlende veröffentlichen oder auch vorher noch anpassen.

Im Zuge der Integration von Gmail und Google+ erlangen auch Bilder, die E-Mails angehängt werden, mehr Bedeutung: Denn solche Attachments werden dem Gmail-Nutzer gezielt zum Teilen angeboten. Mit dem passenden Wording und etwas Glück verbreiten sich attraktiv gestaltete Werbeflyer damit aus dem E-Mail-Posteingang heraus viral in der Zielgruppe auf Google+. Zudem kann von einer besseren Zustellbarkeit bei Gmail ausgegangen werden. Zwischen Ihnen und dem Google+-Nutzer entsteht eine direkte Verbindung, sobald dieser Ihrer Google+-Seite folgt oder durch den +1-Button seine Wertschätzung für Sie und Ihre Informationen ausdrückt. Diese Verbindung manifestiert sich auch in dem automatischen Eintrag in das persönliche Adressbuch des Nutzers bei Gmail. Sofern Sie als Marketer in Ihrem Google+-Profil unter »Intro«/»Kontaktinformationen« die E-Mail-Adresse angeben, die Sie für den E-Mail-Versand nutzen, wird diese auch direkt in dem Adressbuch der Nutzer angezeigt. Inklusive Avatar-Bild, das auch in der E-Mail-Einzelansicht dargestellt wird (Abbildung 18.52).

Schließlich lässt sich auch die Google+-Seite dazu nutzen, neue Newsletter-Abonnenten zu gewinnen. Während Facebook Werbetreibenden die Einbindung dezidierter iFrame-Reiter einräumt, muss bei Google+ mit Links zur Anmeldung auf der Webseite vorliebgenommen werden. Denkbar ist zum Beispiel ein entsprechender Verweis in der Rubrik

- »Über mich >> Intro« sowie unter
- »Über mich >> Empfohlene Links«.

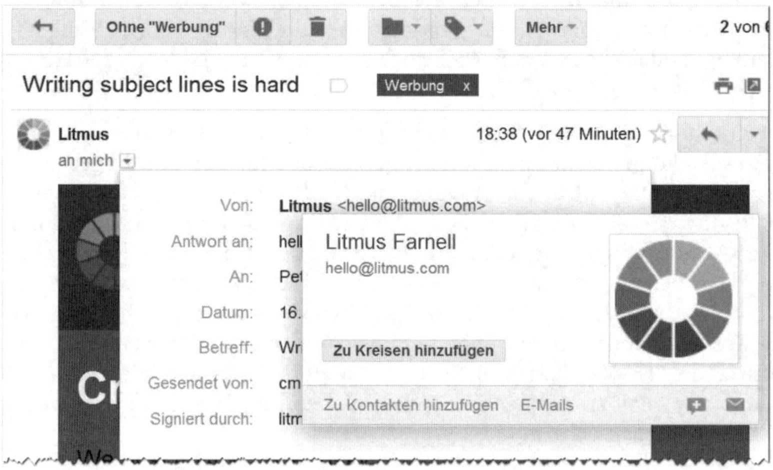

Abb. 18.52: Wurde a) die Absender-Adresse des Newsletters in einem persönlichen Google-Plus-Profil hinterlegt? Und findet sich b) der Absendername im (Spitz-)Namen des Profils? Dann steigt die Chance, dass Gmail das Konterfei des Google+-Profils im Posteingang anzeigt. Und zwar sowohl in der Postfach-Übersicht als auch in der Einzelansicht. (Hier: Litmus. Das Firmen-Logo, das beim G+-Nutzer Litmus Farnell hinterlegt wurde, erscheint neben dem Absender.)

18.6.1 Exkurs: E-Mail im Zusammenspiel mit der Google-Suche

Gmail und die Google-Suche rücken immer weiter zusammen. So plant Google, im Rahmen seiner personalisierten Suche bald auch den Gmail-Posteingang in die SERPs (*Search Engine Result Pages*) einzubeziehen. Die Verzahnung erfolgt gleich im großen »semantischen« Stil: Wer im Google-Suchschlitz »Max Mustermann« eingibt, erhält nicht nur Treffer im Suchmaschinen-Index angezeigt, sondern auch empfangene E-Mails von diesem Absender. Wer nach »meine Flüge« fragt, den bedient Google mit einem optisch aufbereiteten Extrakt aus Bestätigungs-E-Mails anstehender Flugbuchungen.

E-Mail-Reputation und Google Ranking

In diesem Zusammenhang stellt sich auch die Frage: Ruiniert derjenige E-Mail-Versender von `MeineDomain.de`, der munter monatelang inaktive Empfänger, nicht existente E-Mail-Adressen und Spamfallen unter diesem Absender anschreibt, »bloß« seine Gmail-Zustellquoten? Oder sackt damit auch seine Webseite `MeineDomain.de` im Google-Ranking ab? Möglich wäre dies – sowohl Postfächer als auch Suchmaschine werden ja unter einem Google-Dach gemanagt. Und Google integriert seine Bestände mehr und mehr.

Den Diskussionsstein ins Rollen brachte Jake Ludington 2011. Dessen Seite sackte in den Google-SERPs deutlich ab. Auf der Suche nach den Ursachen für die Abwertung erhielt er seitens eines Google-Mitarbeiters wohl einen Tipp. Demnach sollte die Suchmaschine neuerdings Strafpunkte für Domains vergeben, die schlechte E-Mail-Sendepraktiken aufweisen. Damit war gerüchteweise ein neuer Erfolgsfaktor der Suchmaschinen-Optimierung geboren:

> *»Gmails Scoring-System wurde früher lediglich zur Bestimmung Deiner Reputation in Gmail herangezogen. Google lässt nun auch Versender-Verhalten in Suchergebnis-Seiten einfließen. Hältst Du Deinen Adressverteiler nicht sauber, wirst Du mit einer Abstrafung geohrfeigt, so wie ich.«*

Schließlich meldete sich jemand zu Wort, der es wissen muss: Matt Cutts, Leiter des Google-Webspam-Teams. Er dementierte die Theorie vom neuen Reputation-Einfluss (`tinyurl.com/bk5f6mc`) und erklärte, dass sein Team Jakes Seite manuell herabstufte. Daran lag es also. Auf `ycombinator.com` äußert er sich noch einmal klipp und klar (`tinyurl.com/bohllys`):

> *»Okay, bitte sehr: Google nutzt E-Mail nicht als Indikator für die Reihenfolge der Suchergebnisse. [...] Nach meinem besten Wissen spielt die E-Mail-Reputation überhaupt keine Rolle bei der Rangfolge unserer Suchergebnisse.«*

Doch Vorsicht. Unterm Strich heißt dies nicht zwangsläufig, dass es in Wirklichkeit nicht doch Wechselwirkungen zwischen der Reputation in Gmail und Google geben kann. Auch ein Matt Cutts ist nicht unfehlbar. Und selbst wenn seine Aussage Mitte 2011 zutraf, könnte die Sache heute oder morgen durchaus anders ausschauen.

E-Mail und SEO/SEM

Von der E-Mail-Reputation abgesehen sind E-Mail und SEO/SEM (Suchmaschinen-Optimierung/-Werbung) natürlich alles andere als voneinander unabhängige Marketing-Silos. Denken Sie an

- die vielen wertvollen Backlinks, die Sie über Referenzen auf die Newsletter-Onlineversion und auf Artikel-Landeseiten in Ihrer WWW-Domäne im Zeitverlauf erzeugen können;
- den Wert von mehr Rezensionen und Bewertungen für Ihr Ranking, die E-Mail Ihnen durch Zufriedenheitsbefragungen nach dem Kauf und ähnliche Maßnahmen liefert;
- den Link Juice aus Newsletter-Archiven wie `wai.de`. Wobei dies andererseits auch zum Duplicate-Content-Problem werden kann. Zum Beispiel dann, wenn die Archiv-Version sowohl auf der eigenen Seite `MeineDomain.de` und in Verzeichnissen auftaucht und dabei keine kanonische Seite (`tinyurl.com/92adhtl`) definiert wurde.

Berücksichtigen Sie die Suchphrasen, mit denen Interessenten auf Ihre Webseite gelangen (*Referrer*-Informationen)? Die sind doch interessante Aufhänger, anhand derer die Newsletter-Anmeldung im Verlaufe des Besuchs personalisiert und so die Conversion-Rate erhöht werden kann. Ebenso sollte nicht vergessen werden, die – für teures Suchmaschinenmarketing-Werbegeld erkauften – Besucher vor dem Absprung zumindest noch zum E-Mail-Abo zu bewegen. Ansonsten kann es sein, dass ein Großteil der Kosten unwiederbringlich im Sande »versinkt«. Obwohl ein Quäntchen E-Mail-Marketing dem hätte abhelfen können ...

Newsletter für mobile Endgeräte optimieren

Abb. 19.1: Verklickt und zugenäht, mobile E-Mail funktioniert doch irgendwie anders. Wie? Darum geht es in diesem Kapitel

Das Internet wird mobil. 95 Prozent sind heute Handy-Nutzer. Lange dauert es nicht mehr, bis jeder zweite Bundesbürger ein Smartphone besitzt. Die Dynamik ist atemberaubend: 2012 war es noch einer von drei (34 Prozent), im Vorjahr nicht mal einer von fünf (18) und davor kaum einer aus zehn (8 Prozent). Bei den unter 30-Jährigen ist die 50-Prozent-Marke heute sogar bereits überschritten. Unter den privaten Handy-Nutzern verfügen nur 7 Prozent über eine Internet-Flat, bei den Smartphone-Besitzern sind es ganze 60. Die Tendenz ist steigend, wie die Allensbacher Computer- und Technik-Analyse (ACTA) 2012 berichtete. 9 Prozent verfügten ferner 2011 über einen schnellen mobilen Breitband-Internetzugang (3G). Im europäischen Schnitt ist dies relativ mager. Die Europäische Kommission vergleicht dies im Fortschrittsanzeiger zur Digitalen Agenda für Europa. Die meisten mobilen Onliner finden sich demnach in Großbritannien: 14,4 Millionen Menschen verfügten hier 2011 über die entsprechende Technologie. In Deutschland war es dagegen nur knapp die Hälfte, obwohl Deutschland über rund ein Drittel mehr Einwohner verfügt.

Auch wenn Mobile also regional unterschiedlich bedeutsam ist, bleibt der allgemeine Trend klar: Zunehmend mehr Abonnenten tragen wörtlich ihre elektronische Post stets mit sich herum, anstatt sie ausschließlich am heimischen PC oder im Büro zu lesen. E-Mails versenden und empfangen ist die am häufigsten genutzte Anwendung im mobilen WWW. Mehr noch ist die Affinität zu Werbemails besonders unter den mobilen Onlinern hoch: 60 Prozent von denen lassen sich regelmäßig Newsletter zusenden. Bei den Internetnutzern insgesamt beziehen lediglich 44 Prozent Newsletter, ermittelte die ACTA 2011.

Ganz gleich ob Handy, Smartphone oder Tablet – kleinere Bildschirme, die mit dem Finger anstatt mit der Maus orts*un*gebunden bedient werden, erfordern Umdenken. Versender müssen sich künftig neuen Anforderungen stellen. Und zwar in Bezug auf die Inhalte – man denke an gerätespezifische (iPhone versus Outlook) und Echtzeit-aktuelle (morgens versus abends) Angebote, die sich am Aufenthaltsort (München versus Berlin) des Abonnenten orientieren. Aber vor allem auch in Bezug auf die Technik. Momentan steckt »Mobile E-Mail« noch in den Kinderschuhen, eine klare Handlungsempfehlung gibt es nicht. Angesichts der Zahlen lohnt es aber unbedingt, sich mit den Veränderungen auseinanderzusetzen, den Stand der Dinge zu erfassen und alles Weitere zu beobachten.

19.1 Mobile E-Mail funktioniert anders als stationär

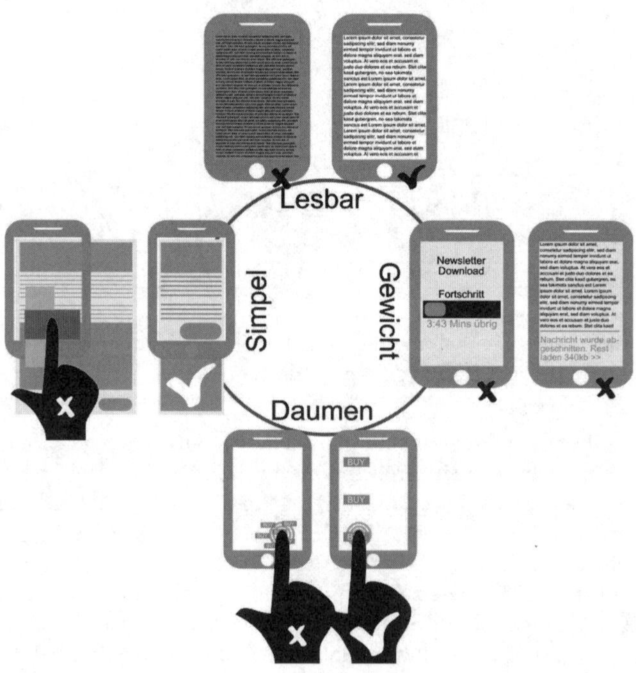

Abb. 19.2: Mobile Newsletter sollten unter anderem auch bei schlechten Lichtverhältnissen Lesbarkeit gewährleisten, sie sollten die mobile Internetverbindung schonen, Daumen-tauglich und simplifiziert, das heißt ohne mühsames Scrollen zugänglich sein.

Worin bestehen die Unterschiede zwischen mobiler und klassischer E-Mail, die ein Umdenken begründen? Wodurch ist die mobile E-Mail-Nutzung charakterisiert? Diesen Fragen gehen wir im Folgenden nach.

19.1.1 Performance: Lange Ladezeiten, lahme CPUs

Die W3C-Empfehlung

Flatrates sind zwar auf dem Vormarsch, dennoch nutzt knapp jeder Vierte für den Internetzugriff unterwegs andere Zahlungsmodelle. Zum Beispiel Prepaid- oder Datenpaketbasierte Tarife (vergleiche Mobile Effects 2012). Zudem drosseln zahlreiche Tarife die Surf-Geschwindigkeit, sobald ein monatliches Datenlimit von etwa 500 Megabyte erreicht wurde. Dies und die geringeren mobilen Bandbreiten sowie Speicherkapazitäten begrenzen das tolerable Gewicht eines Newsletters.

Das W3C empfahl in seinen älteren *Mobile Web Best Practices* eine Obergrenze von 20 Kilobyte (PAGE_SIZE_LIMIT-Regel). Der E-Mail-Download würde dann über 3G circa zwei und über GPRS mehr als sieben Sekunden beanspruchen. (Vergleiche hierzu auch der »Download Zeit Rechner«: `kwebdesign.ch/dl-time-calc2.htm`.) Eine schlechte Verbindungsqualität mit niedrigem Datendurchsatz in der U-Bahn, auf dem Land oder der Autobahn dabei mal ganz außen vor. Von den zu Hause oder im Büro gewohnten Geschwindigkeiten ist dies weit entfernt. Und auf eine Werbemail wird wohl kaum jemand mehr als zehn Sekunden warten, um anschließend auch noch die Bilder herunterzuladen.

In der Praxis können zwar die wenigsten Newsletter der 20-Kilobyte-Grenze genügen; von spartanischen und textlastigen Varianten einmal abgesehen. Trotzdem sollte die Geduld der Abonnenten nicht überstrapaziert werden. Schließlich verstopfen unter Umständen Newsletter-Downloads die Leitung, die nicht einmal relevante Informationen beinhalten. Um dem vorzubeugen, lädt die E-Mail-App Nachrichten teils auch nur bis zu einer gewissen Kilobyte-Grenze (vergleiche schematisch in Abbildung 19.2 rechts). Den Rest muss der Nutzer – analog zum Klick auf »Bilder laden« – erst anfordern. Mein Rat: Halten Sie das reine E-Mail-Gewicht (HTML-Teil, Text-Teil, Anhänge und eingebettete Bilder) bei unter 100 Kilobyte.

Gewicht reduzieren

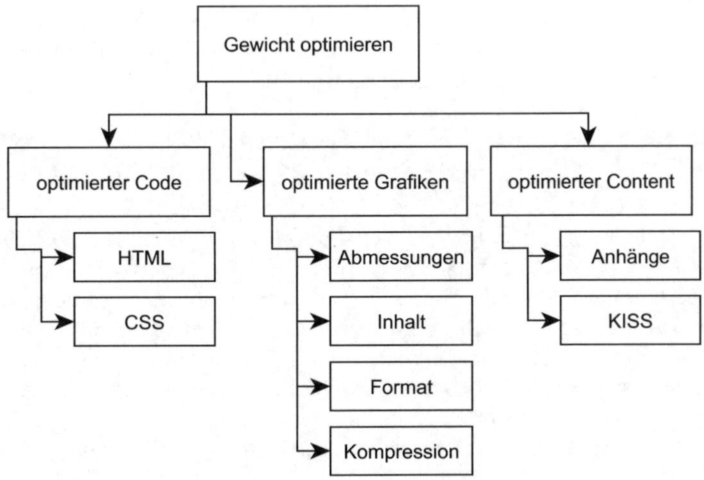

Abb. 19.3: Stellschrauben, um Gewicht einzusparen

Daher empfiehlt es sich insbesondere im Kontext mobiler E-Mail-Nutzung, auf Anhänge wie PDFs oder große eingebettete Grafiken eher zu verzichten. Das Attachment sollte stattdessen per Link reaktiv, also auf expliziten Wunsch, zugänglich gemacht werden.

Zudem kann geprüft werden, weniger wichtige Bilder

- zu entfernen,
- durch HTML-Text zu ersetzen,
- die Abmessungen zu reduzieren oder sie
- stärker zu komprimieren.

Eventuell sollte in Bildern zugunsten des Dateigewichts auf Verzierungen wie Schlagschatten, Glüh-Effekte und Farbverläufe verzichtet werden. (Zum Beispiel in Call-to-Action-Buttons, die leichtgewichtig als Text auf einer Hintergrundfarbe eingebunden werden könnten. Man mag einwenden, dass solche Buttons ohnehin nicht das Gros an Gewicht ausmachen. Doch dies hat nebenbei noch den Vorteil, dass die Handlungsaufforderung auch bei unterdrückten Bildern ins Auge springt.) Verläufe und ähnliche Zier-Effekte blähen das Farbspektrum des Bildes auf. Mehr Farben bedeuten mehr Gewicht.

Besinnen Sie sich also in der mobilen Umgebung zurück auf das Prinzip *Form folgt Funktion*. Wählen Sie zudem das jeweils passende Grafik-Format für Ihre Bilder: GIF für Logos und Charts, JPG für Fotos. (PNG wird nicht auf allen Geräten unterstützt.) Auch Animationen sind mit Vorsicht zu genießen. Speicherkapazitäten und Rechenleistungen mobiler Prozessoren sind vielfach nicht vergleichbar mit denen klassischer Desktop-Geräte. Das Entpacken schwergewichtiger GIF-Grafiken und die Darstellung schneller Bildfolgen bereiten mitunter Probleme. Technisch elegant sind hierbei Geräte-bedingte Bild-Auslieferungen: Im Thunderbird zeigt der Newsletter das animierte GIF-Video, das mehrere Megabytes wiegt, auf dem Android-Smartphone hingegen einen leichtgewichtigen Screenshot – beide werden unter demselben URL referenziert und der E-Mail-Server entscheidet intelligent, was darzustellen ist.

Das Quelltext-Gewicht lässt sich reduzieren, indem überflüssige Zeichen entfernt und möglichst kurze Bezeichner verwendet werden. Leider gehen mobile Optimierungen oft mit einem Mehr an CSS-Formatierungen einher. Wer sich aber inhaltlich auf das KISS-Gestaltungsprinzip besinnt (Keep it Short and Simple), sich also auf die primären Werbeinhalte beschränkt, macht dies aber mehr als wett.

Hinweis: Grafiken auf Retina-Bildschirmen

Neuere mobile Geräte besitzen Retina-Displays. Diese weisen eine im Vergleich zu klassischen Geräten doppelt so hohe Pixeldichte auf, mit dem ungünstigen Nebeneffekt, dass Bilder in der Standardauflösung eventuell nicht mehr scharf gezeichnet werden. Eine Lösung besteht darin, die Bild-Abmessungen zu verdoppeln, also eine 24x24 Pixel große Grafik in den Abmessungen 48x48 zu speichern, und diese dann anhand von CSS-Eigenschaften auf Retina-Bildschirmen wieder auf 24x24 herunterzuskalieren. Bei kleineren Bildern fällt dies womöglich nicht ins Gewicht, bei größeren hingegen schon. Der Versender muss entscheiden, ob er für eine bessere Anmutungsqualität das E-Mail-Gewicht opfern möchte. (Mehr dazu unter `tinyurl.com/cv49xvg` und `tinyurl.com/42ogazn`.)

19.1.2 Interaktion: Daumen-Freundlichkeit

Adress-Eingabe erleichtern

Die Interaktion mit dem Newsletter erfolgt unterwegs nicht mit der Maus und der Tastatur. Sondern meist mit dem Daumen beziehungsweise mit den Fingern auf einem berührungsempfindlichen Bildschirm. An die Effizienz eines Zehnfinger-Schreibsystems ist bei Touchscreens genauso wenig zu denken wie an die Präzision des Mauszeigers. Das heißt zum Beispiel für die Mobile-gerechte Newsletter-Anmeldung: Nach Möglichkeit nicht mehr als die E-Mail-Adresse als Pflichtfeld erheben.

Tipp: Spezielle Tastatur zur Adresseingabe triggern (HTML5)

Mit dem HTML5-Standard wurde der Typ »Email« für Eingabefelder in Onlineformularen eingeführt: `<input type="email"/>`. Das iPhone nimmt dies zum Anlass, dem Nutzer bei der Eingabe direkt auch die passende Tastatur anzubieten: mit prominentem @ (at) und . (Punkt), dafür ohne Tasten, die in E-Mail-Adressen von nachgelagerter Bedeutung sind. Damit wird die E-Mail-Eingabe unterwegs ein Stück weit vereinfacht (`tinyurl.com/c8mztw2`).

Links ausreichend groß formatieren

Microsoft empfiehlt in den Accessibility and Ergonomic Guidelines 38 mal 38 Pixel beziehungsweise 9,12 Millimeter für Mobile-gerechte Schaltflächen. Schauen Sie sich den Durchmesser Ihrer Daumenkuppe an – reicht das? Apple hingegen empfiehlt in den *iOS Human Interface Guidelines*, wichtigen Response-Elementen wie die zentrale Handlungsaufforderung oder die Navigationspunkte mindestens eine Fläche von 44 mal 44 Pixeln einzuräumen:

> *»44 x 44 points is the comfortable minimum size of a tappable UI element.«*

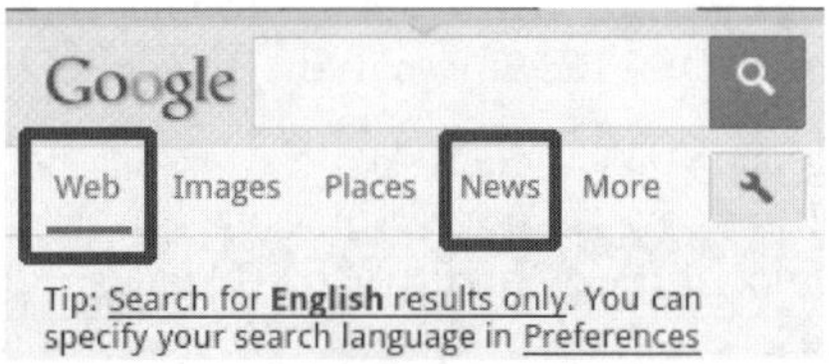

Abb. 19.4: Vergleich 44 mal 44 Pixel (links) versus 38 mal 38 Pixel (rechts) anhand der mobilen Google-Suche

Link-Knäuel entwirren

Gehäufte Links auf engstem Raum sind zu vermeiden. Ist der Abstand zu klein, dann fällt es dem Abonnenten schwer, den anvisierten »Klick« mit dem Daumen auch zu landen. Bei kleineren Links muss mit genügend Innenabstand (`padding`) zu den Link-Nachbarn beziehungsweise durch Weißraum vorgesorgt werden. Stellen Sie sich vor, Sie platzieren vier Millimeter unter dem Link zur Onlineversion einen Abmeldelink im Pre-Header, um die Zahl der Spambeschwerden zu senken. In der Gruppe der mobilen Leser würde sich die

Abmelderate mit Sicherheit erhöhen. Denn viele vertippen sich einfach, möchten die Onlineversion im Browser aufrufen, landen aber mit ihrem Daumen versehentlich auf der Abmeldung. Abbildung 19.5 zeigt das Problem.

Abb. 19.5: Für Mäuse kein Problem, für Daumen schon – bei zu kleinen Links ohne Abstand, die sich zudem noch rechts befinden, sind ärgerliche Fehlklicks vorprogrammiert. Es erfordert Glück, um im Beispiel den HIER-Link zur Onlineversion mit dem Daumen zu erwischen, nicht den Abmelden-Link.

Wichtige Response-Elemente nach Links

Berücksichtigen Sie auch, dass der Daumen einige Bereiche leichter erreicht als andere. Der linke Bildschirmbereich ist für Rechtshänder (85 bis 90 Prozent der Bevölkerung) gut zugänglich, der rechte weniger. Wichtige Buttons gehören daher nach links oder in die Mitte. Welche Buttons sind wichtig? Eventuell andere als bei der stationären Nutzung. Probieren Sie doch einmal aus, ob größere SWYN-Buttons (vergleiche Abschnitt 18.1 *Wie und was wird im sozialen Netzwerk geteilt?*) das Teilen der Inhalte seitens mobiler Leser in ihren sozialen Netzwerken anregt. Die Teilen-Funktion ist schließlich ein Grundbestandteil mobiler Betriebssysteme.

Tipp: Rufnummer als weiteren Rückkanal anbieten – tel:- und sms:-Links

Wo wir beim Thema Interaktion sind: Smartphones sind ja ursprünglich immer noch Telefone. Auch wenn viele der schlauen Geräte heute eher in Richtung vollwertiger Taschen-Computer tendieren. Für Dialogmarketer jedenfalls entstehen durch die Telefon-Funktion zwei weitere Response-Mechanismen, die zusätzlich zum Klick auf einen Link und zur Antwort-E-Mail erschlossen werden können:

- der Anruf (Abbildung 19.6) und
- die SMS.

Telefonnummern werden in E-Mails vielfach automatisch vom Gerät als solche erkannt und mit der Rufnummern-Wahl verlinkt. Das heißt, beim Klick wird ein Anruf oder eine SMS eingeleitet.

Nun klingt es einfacher, als es in der Praxis ist. Für Telefonnummern existieren zig mögliche Schreibweisen. Der Eine gliedert Ziffern mit Leerzeichen, der Andere gruppiert mit Punkten oder Bindestrichen. Der Dritte nutzt zudem Schrägstriche, runde Klammern und Pluszeichen. Für den Menschen ist dies meist weniger problematisch zu entschlüsseln, für die Maschine schon eher. Am sichersten ist daher die schnörkelloseste Form, wenn die Nummer verlinkt werden soll: 493012345678 – ohne Klammern, Bindestriche, Klammern und dergleichen.

Im Web existieren dezidierte Schemata für Telefon- und SMS-URLs. Ihr Aufbau ist analog zum Mailto-Link: Ein Klick auf `<a href="mailto:max@mustermann.de">...</a>` triggert das Standard-E-Mail-Programm mit einer leeren neuen E-Mail, die `max@mustermann.de` im Adressaten-Feld enthält. Ein HTML-Beispiel für Telefon-Links sieht so aus: `<a href=tel:493012345678>...</a>`. Um die SMS-Applikation zu triggern, setzen Sie anstelle von »tel:« »sms:« ein. Auf dem iPhone funktioniert die Variante gut. Auf anderen Geräten ist sie weniger zuverlässig. Ein kleines Manko soll nicht verschwiegen werden: In Desktop-Clients wie Outlook erscheint beim Klick auf einen tel:-Link eine unschöne Fehlermeldung. Der Client kann damit (noch) nichts anfangen.

Übrigens: Manchmal ist es gerade *nicht* erwünscht, dass Nummern als Telefonnummern automatisch verlinkt werden. Gmail tut dies gerne, schließlich ist der Client mit Google Voice integriert. So werden zum Beispiel häufig Datumsangaben fälschlicherweise mit tel: verlinkt. Ein blaues, als Link gekennzeichnetes Datum sieht für den Abonnenten wie ein Fehler aus. Um dies zu verhindern, kann die Nummern-Struktur durch Dummy-HTML-Tags unsichtbar zerstört werden. Etwa, indem ein `<span>`-Tag eingefügt wird. `01.02.2013` würde zu `01.<span>02.</span>2013`. Hier spart Gmail sich dann das Setzen eines tel:-Links. Um die automatische Rufnummer-Erkennung vollständig zu unterdrücken, kann eine zentrale Meta-Anweisung in den `<head>...</head>`-Block des Quelltextes gesetzt werden: `<meta name="format-detection" content="telephone=no">` – vergleiche hierzu `tinyurl.com/dyuvkhb`.

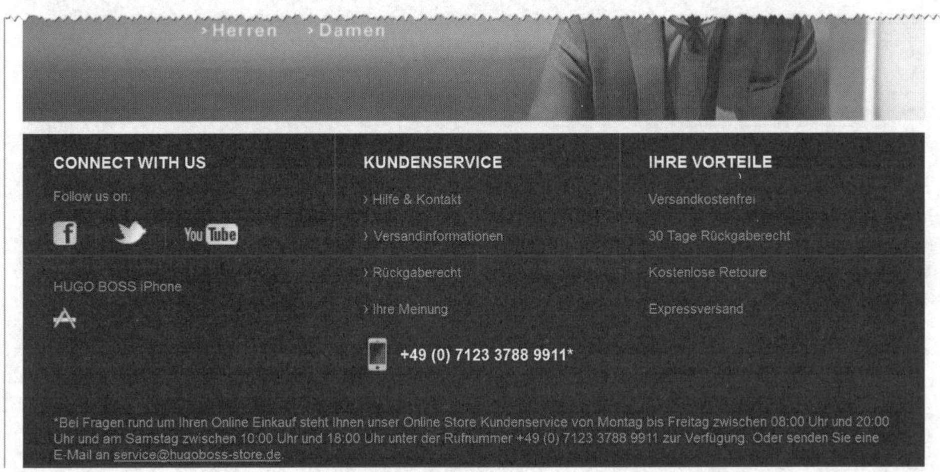

Abb. 19.6: HUGO BOSS blendet im Footer prominent die Service-Rufnummer nebst Handy-Symbol ein. Auf mobilen Endgeräten erscheint die Nummer vielfach verlinkt. Antippen genügt, und die Verbindung wird aufgebaut. Am Telefon lassen sich Rückfragen sicher einfacher klären als über die Touchscreen-Tastatur ...

19.1.3 Viele Bildschirmgrößen und Systeme

System-Vielfalt als Herausforderung

Die traditionelle Empfehlung für Newsletter-Abmessungen lautete bisher: Marketer sollten um die 600 bis 650 Pixel Breite anvisieren. Für Desktop-Rechner und Laptops war dies ein gutes Maß. Handys und Smartphones jedoch besitzen sehr viel kleinere Bildschirme. Und von Einheitlichkeit ist keine Spur. Am Markt herrscht ein Wildwuchs an Betriebssystemen, Geräten und Apps mit unterschiedlichen technischen Merkmalen, zu denen sich laufend neue hinzugesellen:

- Retina- versus gering auflösende Displays
- Mit HTML-Unterstützung bei der E-Mail-Darstellung versus nur Text
- Alt-Text-Darstellung bei Grafiken möglich oder nicht
- Grafiken werden standardmäßig blockiert oder nicht
- Automatischer Zoom in den Newsletter oder nur 100 Prozent-Ansicht
- Pre-Header-Vorschauzeilen neben Absender und Betreff oder nicht
- Emoji-Support im Absender und Betreff oder nicht et cetera

Die verbreitetsten Geräte bieten nicht mehr als 320 Pixel Breite im Porträt- (Hochformat) beziehungsweise 480 Pixel im Landschafts-Modus (Querformat). Daneben existieren zig weitere mögliche Seitenverhältnisse am Markt. 320x480 scheint jedoch – derzeit zumindest noch – der kleinste gemeinsame Nenner zu sein. Wenn, dann sollte also vorrangig hierfür optimiert werden. Die klassische Empfehlung einer 600 Pixel Newsletter-Breite gehört auf den Prüfstand.

Vor dem Hintergrund der Gerätevielfalt muss man sich unterm Strich damit anfreunden, dass ein Newsletter es gestalterisch nicht jedem recht machen kann. Das war zwar in den letzten zehn Jahren bereits so, gilt aber heute umso mehr.

Tipp: Anteil mobiler Leser ermitteln, Relevanz des Themas einschätzen

Ist Mobile-E-Mail in Ihrer Zielgruppe überhaupt relevant? Der Blick in die Webanalyse-Software vermittelt einen ersten Eindruck: Wie hoch ist der Anteil der Besucher mit Handys, Smartphones oder Tablets? Welche Betriebssysteme werden genutzt? Welche Auflösungen? In Google Analytics finden Sie diese Informationen beispielsweise unter dem Punkt BESUCHER > MOBIL > GERÄTE.

Eine weitere Variante: Implementieren Sie im Pre-Header eine »Mobile-gerechte Darstellung«, die die Plain-Text-Version des Newsletters im Browser lädt. Text wird auf jedem Endgerät dargestellt. Und anhand der Zahl der Klicks auf den Link könnte die Relevanz des Themas bestimmt werden.

Speziell für E-Mail-Versender existieren fortgeschrittene Tracking-Methoden, die auf einer Auswertung des *Referrers* und des sogenannten *User Agents* basieren (zum Beispiel Litmus Email Analytics, vergleiche Kapitel 14). Hiermit lassen sich ähnliche Informationen wie bei der Webanalyse ermitteln. Allerdings bezogen auf den E-Mail-Verteiler – oder sogar auf einzelne Adressen. Die Abonnenten-bezogene Erfassung der Gerätenutzung ermöglicht nicht nur eine (vergangenheitsbezogene) Bestandsaufnahme.

Sondern sie erlaubt vor allem ein gezieltes Targeting. So könnten iPhone-Applikationen oder HTML5-Videos gezielt an die Gruppe derjenigen Abonnenten herangetragen werden, die Newsletter mit einem iPhone gelesen haben.

Noch einen Schritt weiter gehen Services wie der Device Targeter von Movable Ink. Damit individualisieren Sie grafische Newsletter-Elemente Client-bezogen und in Echtzeit. Basis hierzu sind vordefinierte Regeln à la »iPhone-App-Bild anzeigen, falls der Newsletter gerade auf einem iPhone geöffnet wird«. Auf die Technik komme ich unter dem Punkt *Server-seitige Flexibilität: User-Agent- und Referrer-Weichen* in Abschnitt 19.2.2 *Auf Mobile reagieren? Wenn ja: wie?* noch einmal zurück.

Absender, Betreff und Vorschau

Kleine Displays, das heißt aus Versender-Sicht zum einen, dass der wichtige Vorschaufenster-Ausschnitt des Newsletters in der Höhe und in der Breite deutlich kleiner ist. Von der Betreffzeile stellt das iPhone in der Postfach-Übersicht nicht mehr als knapp 33 Zeichen dar. Beim besonders wichtigen Absender, der die Blickverlaufshierarchie anführt (vergleiche Abbildung 19.7), sind es sogar nur 23 Zeichen.

Abb. 19.7: Hierarchie bei der Rezeption mobiler E-Mails beachten – in der Regel wird (1) zuerst der Absender wahrgenommen, dann (2) der Betreff, sofern vorhanden (3) ein Pre-Header-Ausschnitt und anschließend (4) ein etwa 320 mal 460 Pixel großer Vorschaubereich (iPhone). Die Apple-Geräte wandeln Symbole in Absender, Betreff und Pre-Header in bunte Grafiken um (siehe das Herz unter »LoveBoat«). Auch hiermit kann Aufmerksamkeit geweckt werden. Mehr zur Nutzung von Symbolen finden Sie in Kapitel 11.

Ein gänzlich konträres Bild ergibt sich in der E-Mail-Einzelansicht. Mobile E-Mail-Applikationen stellen dort dem Inhalt häufig die *vollständige* Betreffzeile voran. Ellenlange Betreffs verkleinern dann also den Vorschaubereich noch einmal deutlich. Denken Sie zurück an das Beispiel von Unister (Abbildung 11.1 in Kapitel 11). Unter mobilen Gesichtspunkten empfehlen sich solche Mammut-Betreffs nicht.

Mitunter zeigen E-Mail-Apps zusätzlich zum Absender und Betreff eine Pre-Header-Vorschauzeile. Die Vorschau besteht aus dem ersten Text, der im Newsletter gefunden wird. Das iPhone blendet davon circa 85 Zeichen unterhalb des Betreffs ein. Teils wird auch der Inhalt des HTML-`<title>` herangezogen (`tinyurl.com/ad5f8pf`). Es kann also nicht schaden, beide Attribute gezielt zu setzen – also Title *und* Pre-Header.

Insgesamt sollte der Abstimmung zwischen Absender, Betreff und Pre-Header besondere Aufmerksamkeit gewidmet werden, damit im Posteingang effektiv Interesse geweckt wird. Ein generischer Absender »Newsletter« mit einem gleichsam uninteressanten Etiketten-Betreff »Ausgabe 10« schafft dies nicht. Zugleich sollten Versender es vermeiden, die Pre-Header-Vorschau mit einem negativen »Probleme bei der Darstellung?« einzuleiten. Besser wäre es, wenn der Pre-Header den Betreff sinnvoll ergänzt.

Abb. 19.8: Vorschau-Bereiche – 1920x1080 (Desktop), 1024x768 (Tablet), 320x480 (Mobil Porträt), 480x320 (Mobil Landschaft), Notebooks, Netbooks et cetera – achten Sie darauf, dass das Vorschaufenster möglichst auf allen Geräten Aufmerksamkeit und Interesse für Ihre Botschaft weckt. Darstellungstests und Aufmerksamkeitsanalyse können Optimierungspotenziale aufdecken.

Da die Scroll-Markierung, also das Ende des Vorschau-Bereichs, auf Smartphones nach oben wandert, tun Marketer gut daran, genau zu überlegen, welche Information sie in diesem besonders wichtigen Bereich darbieten. Versagt nämlich der Bereich dabei, die durch Absender und Betreff geweckte Aufmerksamkeit aufrechtzuerhalten, bricht der Rezipient ab. Um unmittelbar überzeugen zu können, sollten Sekundär-Elemente ausgeblendet werden. Dadurch rutschen wichtigere Dinge automatisch nach oben. Entsprechende Überlegungen könnten exemplarisch lauten:

- Sollte die Navigationsleiste nicht besser eingespart werden, damit wichtigere Inhalte nach oben rutschen?
- Ebenso der typische Pre-Header-Hinweis: »Bei Darstellungsfehlern hier klicken«?
- Sollten wir den zentralen Call-to-Action-Button weiter oben platzieren, damit dieser ohne Scrollen bereits sichtbar ist?

Fragen Sie sich, welche der – möglicherweise mehreren – Nachrichten die wichtigste für Ihre Abonnenten ist. Die gehört nach oben.

Layout und Usability

Zum anderen bedingen die kleinen Displays, mehr scrollen zu müssen. Auf dem Desktop war dies nicht zwangsweise so. Ein Newsletter passte in der Vollansicht oft in die vorhandenen Bildschirmmaße. Auf Smartphones müssen die Empfänger nun aber nicht nur vertikal, sondern unter Umständen auch horizontal navigieren. Und das mit einem – im Vergleich zur Maus weniger präzisen und flexiblen – Wischen auf dem Touchscreen.

Das Scrollen auf Miniatur-Bildschirmen ist aber nicht nur unbequem. Sondern es bringt auch neue kognitive Herausforderungen mit sich. Da immer nur kleine Kontext-Ausschnitte verfügbar sind, erschwert sich das Inhaltsverständnis für den Leser. Das Gesamtbild lässt sich nicht mehr so leicht erschließen. Behalten Sie im Hinterkopf, dass Ihre E-Mails Werbung sind – das Gehirn des Abonnenten befindet sich bei der Rezeption im Energiesparmodus. Er scannt rasch auf Nützliches. Allein das Hin- und Her-Navigieren beansprucht bereits Aufmerksamkeit, die an anderer Stelle fehlt (`tinyurl.com/curdnoq`).

Ein modernes Newsletter-Template sorgt dafür, dass die Scroll-Notwendigkeit – vor allem in der Horizontalen – entweder minimal ist. Oder dass zumindest eine leichte Orientierung möglich ist – also Ankerpunkte leicht anvisiert werden können. Die einfachste Variante dabei ist es, Breite und Komplexität drastisch zu reduzieren. Also Abschied vom Klassiker »zwei Spalten plus Sidebar« zu nehmen und stattdessen den Wechsel auf ein einfaches einspaltiges Layout zu vollziehen (Abbildung 19.9). In einer solchen eindimensionalen Anordnung werden

- nur noch die wichtigen Inhalte
- prägnant (Mini-Bild, Überschrift und kurzer Teaser) sowie übersichtlich
- übereinandergestapelt.

Auf dem Desktop ist die Anmutungsqualität einer solchen Strom-artigen Darstellung, wie sie ja auch in sozialen Netzwerken genutzt wird (Newsstream), dann vielleicht nicht mehr so hoch wie vorher. Jedoch genügt das Ergebnis zumindest den Anforderungen an die Usability auf allen Endgeräten.

Tipp: Inhalte schrittweise enthüllen (»Progressive Disclosure«)

Mit dem Wechsel von mehreren auf eine Spalte sind die Möglichkeiten, das Layout zu verschlanken, noch nicht erschöpft. Um unnötiges Scrollen in der Vertikalen zu vermeiden, lassen sich die Inhaltsblöcke zusammenklappen. Bei der E-Mail-Öffnung werden davon dann beispielsweise nur die jeweiligen Überschriften inklusive einer »anzeigen«-Schaltfläche dargestellt. Erst beim Klick auf »anzeigen« rollt der einzelne Block vollständig aus. Campaign Monitor liefert hierzu ein anschauliches Quelltext-Beispiel: `tinyurl.com/bf9pstu`.

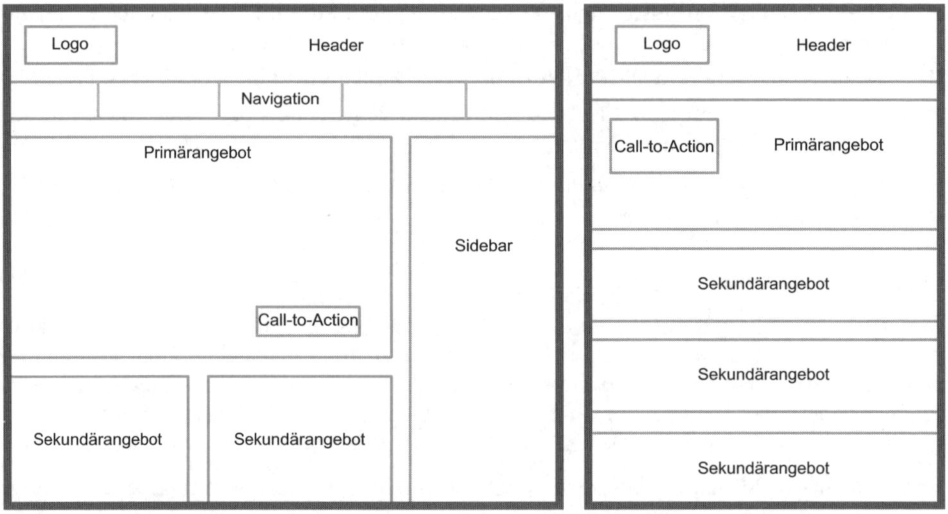

Abb. 19.9: Klassisches Newsletter-Layout (links) versus kompaktes und einspaltiges Mobile-Layout (rechts). Im Mobile-Layout werden die Inhalte simplifiziert und einspaltig übereinandergestapelt. Wichtige Elemente, wie der Call-to-Action-Button, rutschen nach oben und werden Daumen-freundlich gemacht (Abstand von Nachbarelementen, größere Abmessungen, Position links).

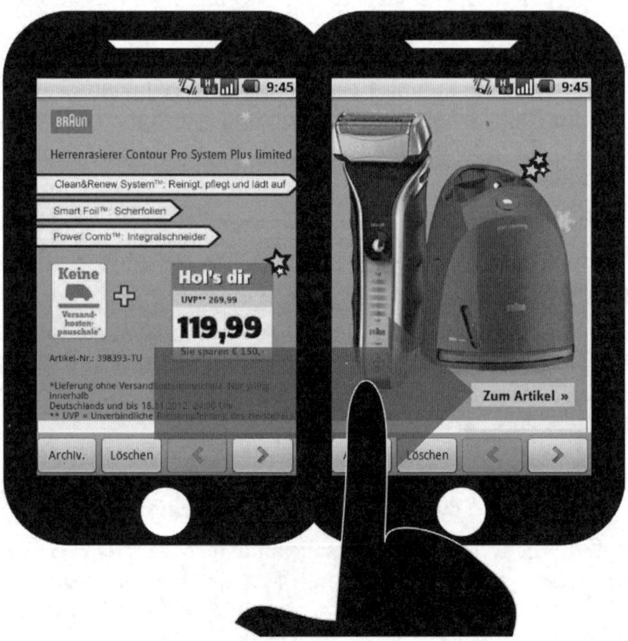

Abb. 19.10: Zwei 320 mal 480 Pixel große Ausschnitte im conrad-Newsletter

Alternativ bieten sich auch Layouts mit zwei Spalten à circa 320 Pixeln an. Die Endpunkte links und rechts bilden zwei geeignete Anker beim Scrollen. Es empfiehlt sich, bei der Gestaltung in circa 320x480-Pixel-Fenstern entsprechend der verbreiteten Bildschirm-Auflösung zu denken. Jeder dieser Ausschnitte sollte eine (oder mehrere) abgeschlossene Botschaft(en) mit Daumen-freundlichen Verweisen (Bilder, Buttons und/oder Textlinks) enthalten (Abbildung 19.10). Beachten Sie dabei, dass die Höhe in der Regel weniger als 480 Pixel umfasst, da die E-Mail-Applikation oben und unten einen Teil davon beansprucht.

Schriftgröße und Lesbarkeit

Ein weiterer wichtiger Punkt im Zusammenhang mit den kleinen Seitenverhältnissen ist die Text-Lesbarkeit, die maßgeblich durch die Schriftgröße bestimmt wird. Hierbei gilt: Klotzen statt Kleckern. Setzen Sie die Schriftgröße für mobile Leser ruhig auf mindestens 14 Pixel für den Fließtext. Überschriften sollten deutlich darüber liegen mit 22 Pixel bis 28 Pixel. Verzichten Sie auf schnörkelige Typografie, die am Ende womöglich auch noch kontrastarm ist.

Tipp: Automatische Skalierung unterbinden

Einige Geräte skalieren zu kleine Schriftgrößen in E-Mails automatisch auf ein Minimum hoch. Beim iPhone sind dies 13 Pixel respektive 1em. Unter Umständen leidet durch diesen Vorgang das Newsletter-Layout: Es entstehen Zeilenumbrüche dort, wo keine sein sollen, Text wird verschoben et cetera. Versender können die automatischen Textskalierungen in WebKit- und Windows-Mobile-basierten Umgebungen unterbinden. Hierzu binden Sie die folgende CSS-Anweisung im HTML-Quelltext ein:

```
body{ -webkit-text-size-adjust:100%;-ms-text-size-adjust:100%;}.
```

Alternativ stünde die Überlegung im Raum, auf kleine Schrift per se im Newsletter zu verzichten. Also von vornherein eine adäquate Schriftgröße für alle Textstellen zu verwenden. Schließlich skalieren die Geräte die Schrift nicht ohne Grund hoch.

Mit dem Thema Text-Skalierungen hängen auch unerwünschte Verkleinerungen der E-Mail insgesamt zusammen. Einige Geräte zoomen initial aus Webseiten und Newslettern heraus, um dem Nutzer einen Überblick zu bieten. So stellt das iPhone beispielsweise einen Ausschnitt von bis zu 980 Pixeln Breite dar. Aus einem 600 Pixel breiten Newsletter zoomt es nun aber so heraus, dass dieser 196 Pixel breit erscheint. Die verbleibenden 124 Breiten-Pixel werden mit Weißraum »verschwendet«. Damit ist die initiale Newsletter-Ansicht unter Umständen sehr klein. Das Problem kann geheilt werden mit einer Meta-Anweisung für den Viewport im HTML-Quelltext. (Als *Viewport* wird der Bereich bezeichnet, der für den Newsletter im E-Mail-Programm zur Verfügung steht.) Diese könnte zum Beispiel wie folgt lauten:

```
<meta name="viewport" content="width=600" />.
```

19.1.4 Hybride E-Mail-Nutzung

Nutzer wollen sich Zeit vertreiben und Zeit sparen

Wer den Newsletter unterwegs immer dabei hat, liest oder »scannt« ihn auch auf der Parkbank oder im Bahnhof. Nur sind die Lichtverhältnisse unterwegs meist alles andere als optimal. Zudem herrscht viel Unruhe. Wer bei direkter Sonneneinstrahlung und im Akku-Sparmodus eine Werbemail mit ungünstigem Kontrast und zu kleiner Schrift präsentiert bekommt, während er sich auch noch unterhält, wird sich nicht lange mit der Botschaft befassen. Da kann sie inhaltlich auch noch so relevant sein.

Welche Motive treiben die mobile Nutzung an? Vor allem Zeit*vertreib* und Zeit*ersparnis* (siehe Mobile-Effects-Studie von Tomorrow Focus Media). Für die Newsletter-Gestaltung ist dies eine Krux. Denn »Zeit vertreiben« und »Zeit sparen« sind gegensätzliche Beweggründe. Das heißt, wer seinen Newsletter komplett – wie im vorigen Abschnitt vorgeschlagen – einfach verschlankt, optimiert so eventuell am kurzweilig motivierten Leser vorbei. Denn der hätte durchaus ein Interesse daran, längere Newsletter mit ganzen Artikeln darin zu erhalten. Der mobile Leser, der gerade unter Zeitdruck steht, weil er vielleicht nur schnell in der Raucherpause E-Mails checkt, bevorzugt hingegen kurze Mitteilungen.

Gibt es den Mobile-only-Leser und »Mobile Triage«?

Apropos: Gibt es den typischen »mobilen Leser« eigentlich, wie er in der Vorstellung mancher Internet-Marketer kursiert? Also den Newsletter-Abonnenten, der vornehmlich E-Mails auf Smartphones liest und für den vielleicht sogar eine eigene Mobile-Newsletter-Variante entwickelt werden sollte, die er dann beim Opt-in auswählen kann?

Nein, eher nicht. Studien zeigen, dass der Anteil dieser Gruppe – heute zumindest noch – verschwindend gering ist. Das Nutzungsverhalten ist eher hybride. E-Mails werden nicht *entweder* mobil *oder* stationär geöffnet, sondern mal hier, mal dort. Mitunter entstehen sequenzielle Nutzungsketten, also mehrere Öffnungen *eines* Newsletter mit unterschiedlichen Geräten in Folge: unterwegs auf dem iPhone oder Android und später zu Hause noch einmal in Outlook oder Thunderbird.

Eine Vorstellung, die hierbei lange verbreitet war: Unterwegs, etwa in der U-Bahn auf dem Weg zur Arbeit, entscheidet der Abonnent in aller Kürze, welche Nachrichten

- interessante Neuigkeiten bergen und gegebenenfalls für später vorgemerkt werden,
- gelöscht werden können oder
- unmittelbar zu bearbeiten sind.

Auf dem Desktop-Rechner werden markierte Nachrichten zum Teil noch einmal genauer unter die Lupe genommen. Für dieses Verhalten hat sich der Begriff »Triage« (*Auswahl*) eingebürgert.

Ob das Verhaltensmodell Gültigkeit besitzt, sei dahingestellt. Eine MailChimp-Untersuchung bestätigte die Vor-Filterung jedenfalls (`tinyurl.com/c5anzr8`). Demnach lasen Probanden Newsletter auf Smartphones sehr intensiv, sofern Zeit vorhanden war, oder sie markierten diese zur späteren Sichtung oder klickten auf »löschen«. Fest steht jedoch, dass derjenige, der dann mit seiner Kommunikation laufend in die Lösch-Kategorie fällt, weil die E-Mail in Android Mail nicht korrekt dargestellt wird oder die Primärbotschaft auf dem Symbian nicht auf Anhieb sichtbar ist, schlechte Karten hat ...

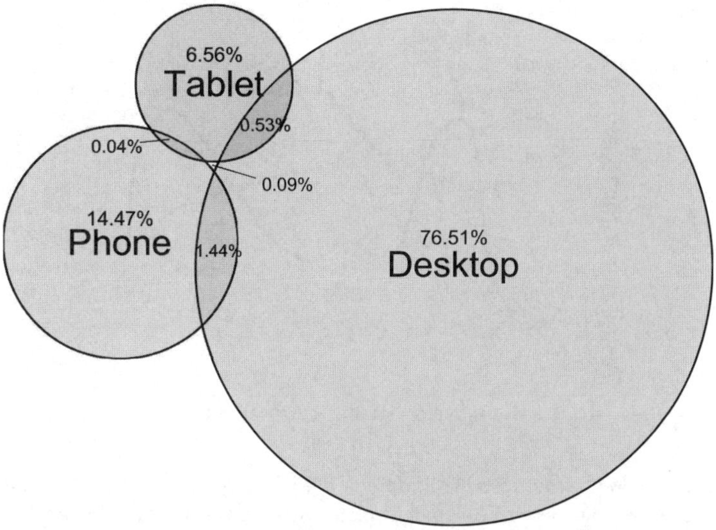

Abb. 19.11: Der Großteil aller E-Mails wird auf dem Desktop gelesen, ermittelte Knotice im Mobile Email Opens Report für das erste Halbjahr 2012. Nur selten betrachten Nutzer E-Mails auf mehreren Endgeräten. Lediglich 1,44 Prozent wurden »unterwegs« auf einem Telefon UND zugleich noch einmal auf einem Desktop dargestellt.

19.1.5 Timing: Mobile morgens und abends

E-Mails werden zunehmend unterwegs gelesen. Aber nicht zu allen Tageszeiten in gleichem Maße. Untersuchungen zeigen, dass die mobile Internetnutzung vor allem zwei Hochpunkte aufweist (Abbildung 19.12):

1. Morgens zwischen Aufstehen und dem Weg zur Arbeit
2. Abends nach getaner Arbeit

Wer diese Zeitfenster für die E-Mail-Zustellung anvisiert, erhöht die Wahrscheinlichkeit, dass der Newsletter auf einem Handy, einem Smartphone oder einem Tablet gelesen wird. Zumindest innerhalb bestimmter Zielgruppen wie der jüngeren Bevölkerung oder der Internet-»Avantgarde«. Eben solchen, die viel mobil surfen.

Dies heißt auch, dass das Gerät nicht nur unterwegs an der Bushaltestelle oder im Supermarkt gezückt wird. Ganz im Gegenteil. Genauso wird der Newsletter in Ruhe am Frühstückstisch oder auf der Couch beim Fernsehgucken auf dem Smartphone gelesen (*Second Screen*-Phänomen). Nicht wenige überfliegen morgens kurz ihre E-Mails, um interessante im Büro genauer unter die Lupe zu nehmen. Tatsächlich finden 36 von 60 Minuten Smartphone-Nutzung innerhalb der eigenen vier Wände statt, fand Google heraus (The New Multi-Screen World 2012).

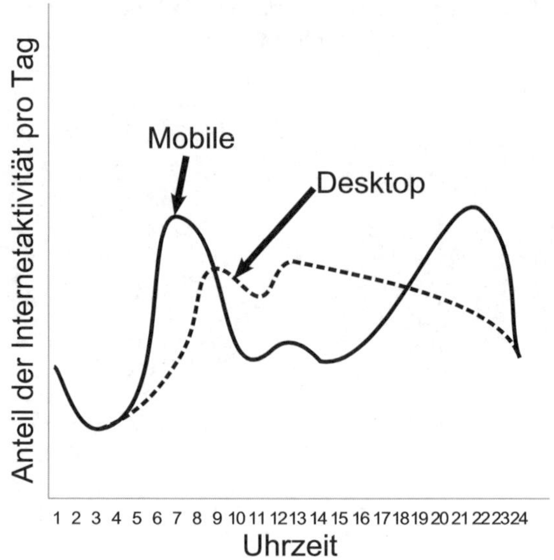

Abb. 19.12: Die mobile Internetnutzung findet vor allem morgens sowie abends statt (hier schematisch angedeutet). Siehe zum Beispiel Studien wie den Knotice Mobile Opens Report, die Tomorrow Focus Mobile Studie und andere.

Studie: Mobile-Conversion-Raten in Abhängigkeit vom Timing

Das Mobile-Werbenetzwerk apprupt untersuchte Mitte 2012, wann die Conversion-Raten für mobile Werbung am höchsten sind, wann sich Adressaten also – im übertragenen Sinne – »unterwegs« Zeit für Werbung nehmen. Unter der Woche wurde demnach der weitaus größte Teil der Conversions in der Couch-Zeit zwischen 17:00 und 23:00 Uhr erzielt, mit einem Maximum um 19:00 Uhr. Ein anderes Bild zeigt sich am Wochenende: Zwar war auch hier die abendliche Zeit am erfolgreichsten, mit einem Tages-Höhepunkt bei 23:00 Uhr. Jedoch konnten weitere Peaks um 8:00 und 13:00 Uhr festgestellt werden.

Wer also die nächste App-Kampagne an seine Newsletter-Abonnenten bereits geplant hat, könnte mit der Wahl eines im Hinblick auf die zu erwartende Conversion-Rate optimalen Versandzeitpunktes die Zahl der Downloads steigern. Andersherum dürfte ein E-Mailing, das zu den mobilen Stoßzeiten versandt und nicht für die Darstellung auf kleinen berührungsempfindlichen Bildschirmen optimiert wurde, Potenziale verschenken. Das E-Mail-Timing beeinflusst die mobile Lese-Wahrscheinlichkeit.

19.2 Gestaltungsoptionen

Wie könnten E-Mail-Versender auf den Megatrend »Mobile« reagieren? Prinzipiell sind verschiedene Normstrategien denkbar. So könnte man nichts tun, was so banal gar nicht sein muss, wie es zunächst klingt. Oder man könnte Anpassungen vornehmen. Derlei gibt es wiederum mehrere. Aber der Reihe nach.

19.2.1 Mobile-E-Mail-Trend »ignorieren«?

Mit der Variante »ignorieren« ist keineswegs gemeint, die Augen vor der aktuellen Entwicklung – hin zum vermehrten mobilen E-Mail-Abruf – einfach zu verschließen. Quasi in der Hoffnung, im Blindflug doch irgendwie bei den Abonnenten im Posteingang zu landen und Response zu erzeugen.

Nein, gemeint ist vielmehr die Idee, dass die Zielgruppe ohnehin über fortschrittliche Endgeräte verfügt, auf denen Ihre bestehenden E-Mails eine ausreichend gute Usability und ein passables E-Mail-Rendering bieten. Schließlich handelt es sich bei Newslettern nicht um Websites, die mit Formularen, Skripten, Navigations- und interaktiven Elementen komplex sein können. Die Nutzer haben sich bereits daran gewöhnt, in der E-Mail heran- und herauszuzoomen und mit dem Daumen zur Seite und vertikal zu scrollen. Und die eigenen E-Mails sind ohnehin recht übersichtlich und schlank. Zumindest die, für die sich mobile Leser interessieren. Möglicherweise sind das primär Transaktionsnachrichten und Alerts, weniger Newsletter. Die diversen Fallstricke, die beim mobilen E-Mail-Design passieren können, greifen somit ohnehin nicht. Anpassungen wären einfach unrentabel oder gar eine »Verschlimmbesserung«.

Nichtstun kann also durchaus legitim sein. Ob die Annahme zutrifft, dass (auch) die mobilen Leser mit dem Newsletter zufrieden sind, lässt sich anhand einer knappen »zufrieden – Ja/Nein«-Umfrage in den nächsten Ausgaben ermitteln. Oder anhand eines Split-Tests, bei dem die Mobile-optimierte Variante gegen das klassische Template ins Rennen geschickt und anschließend Response-Unterschiede begutachtet werden.

Tipp am Rande: Abstimmungen im Newsletter einbinden

Eine Ja/Nein-Umfrage ist im Newsletter denkbar einfach umzusetzen. Sie benötigen hierzu eine Landingpage mit einem Dankestext (zum Beispiel `webseite.de/danke.html`). Und zwei Verweise in Ihrer E-Mail, die auf die Dankesseite zeigen. Einer ist mit »Ja« beschriftet, der andere mit »Nein«. Die Abstimmungsergebnisse vollziehen Sie anhand der uniquen Klicks für die beiden Verweise im Klick-Reporting nach.

Probleme entstehen, falls Ihre Versandlösung Klicks für denselben URL im Bericht zusammenfasst. In diesem Fall fügen Sie den beiden Links Parameter wie `http://landeseite.de/index.htm?antwort=ja` beziehungsweise `http://landeseite.de/index.htm?antwort=nein` hinzu. Damit schaffen Sie künstlich zwei verschiedene URLs. Im Ergebnis erhalten Sie zwei Klickraten.

Messen Sie Ihre Mobile-Leser-Rate (vergleiche Kapitel 14). Vielleicht ist die im Verteiler ja auch verschwindend gering, sodass kaum Nachfrage nach berührungsfreundlicheren Links und Ähnlichem besteht. Zwar jagt momentan eine Rekord-Meldung die andere. Nachrichten wie »die Hälfte aller E-Mails wird auf mobilen Endgeräten geöffnet« versprechen Gehör. Skepsis erscheint dennoch angebracht, inwieweit dies zutrifft und übertragbar auf die eigene Situation ist. Eventuell tickt die eigene Zielgruppe ja doch ganz anders, als es eine Studie vermitteln will. Messungenauigkeiten sind nicht von der Hand zu weisen: iPhone und iPad blockieren zum Beispiel keine Bilder und verzerren somit das Bild nicht zu ihren Gunsten. (Das Öffnungspixel lädt hier unmittelbar, während der Nutzer dies bei Outlook & Co erst mit einem Klick auf »Bilder laden« bestätigen muss. Das heißt, für das iPhone wird die Öffnungsrate weniger pessimistisch ausgewiesen.)

Studie: Anteil mobiler Leser ohne Einfluss auf Klickraten?

Klickraten sind die wohl wichtigste Response-Kennziffer im E-Mail-Marketing. Variieren sie in Abhängigkeit davon, wie hoch der Anteil der Abonnenten ist, die Newsletter mit mobilen Endgeräten abrufen? Nein. Zu diesem Ergebnis kamen jedenfalls Steve Henderson (Communicator Corp) und Tim Watson (Zettasphere) Anfang 2013, als sie 377 Millionen E-Mails 339 verschiedener Marken untersuchten. Zur Analyse: Alle Kampagnen wurden zunächst in 16 Gruppen eingeordnet. Die Zuordnung erfolgte je nach Anteil der mobilen Öffnungen an den gesamten Öffnungen. Ihre Hypothese: Wenn die Optimierung für mobile Endgeräte einen signifikanten Einfluss auf den Response hätte, müsste die Klickrate am oberen Ende abfallen – also dort, wo ein Großteil der Öffnungen bereits von Smartphones und Tablets erfolgte. Die Zahlen bestätigten dies nicht. Stattdessen verhielten sich die Klickraten über alle 16 Gruppen annähernd gleich. Allerdings sank die effektive Klickrate, also der Anteil derjenigen, die öffneten und dann auch klickten (`tinyurl.com/a3aoy6l`). Dies ist ein Indiz dafür, dass die mobile Leserschaft eher zur »Klick-Faulheit« nach erfolgter Öffnung tendiert und/oder dass der »iPhone-Effekt« die Öffnungsrate verfälscht.

Halten wir fest: Des Trends allein wegen braucht keiner zu reagieren – Zeit und Geld können eventuell besser in andere Projekte investiert werden. Auf der anderen Seite besteht durch Nichtstun natürlich die Gefahr, interessante Verkaufsgelegenheiten zu verpassen. Nämlich dann, wenn die mobile Öffnungsrate sich tatsächlich auf relevante Größenordnungen von vielleicht 33 Prozent oder mehr zubewegen würde und im Zuge dessen Design- und Inhalts-Anpassungen erforderlich wären ...

19.2.2 Auf Mobile reagieren? Wenn ja: wie?

Der Newsletter muss angepasst werden? Dann existieren verschiedene Optionen: Der Versender kreiert ein dynamisches E-Mail-Template, das sich im E-Mail-Posteingang automatisch den Gegebenheiten, wie zum Beispiel der verfügbaren Bildschirmgröße, bestmöglich anpasst. Oder er entwirft ein Template gezielt für mobile Endgeräte. Die folgenden Varianten lassen sich nicht auf alle bestehenden Newsletter-Templates gleichermaßen gut übertragen. Sie besitzen verschiedene Vor- und Nachteile, die es abzuwägen gilt.

Flexibles Design (Client-seitig): Fluid & Responsive

Flexibles Design heißt: Man versendet *einen* elastischen und sich praktisch selbst optimierenden Newsletter, der für *alle* Geräte passt. Die Newsletter-Bestandteile werden hierzu so formatiert, dass sich das Erscheinungsbild dem gerade verwendeten E-Mail-Programm unmittelbar anpasst (*responsives Design*).

Technisch treten an die Stelle starrer Layout-Raster, fester Schrift- und Bildergrößen nun skalierende Elemente mit beispielsweise relativen Abmessungen. So misst ein Bild dann etwa 90 *Prozent* der aktuell verfügbaren Bildschirmbreite und maximal 400 Pixel, statt fix 400 *Pixel*. Oder in Quelltext und Bildern (Abbildung 19.13 und Abbildung 19.14) ausgedrückt:

```
<body>
  <img class="kopf" style="width:90%;max-width:400px;
```

```
    -ms-interpolation-mode:bicubic;">
</body>
```

Listing 19.1: Beispiel: Fluide Bild-Formatierung (mit bikubischer Interpolation für eine hochwertigere Skalierung).

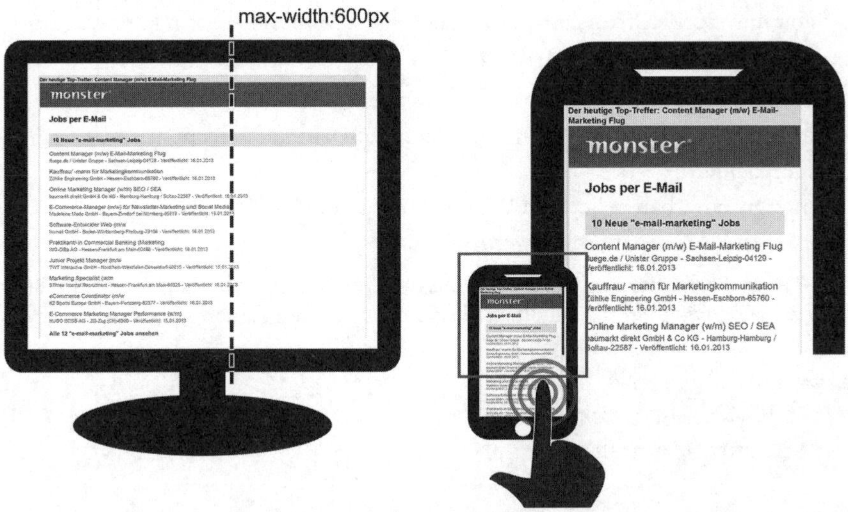

Abb. 19.13: Fluide E-Mail der Job-Börse Monster.de – die Inhalte fließen in die Breite und füllen den Bildschirm aus. Mit der `max-width`-Formatierung könnte noch eine Maximal-Breite für den Desktop spezifiziert werden.

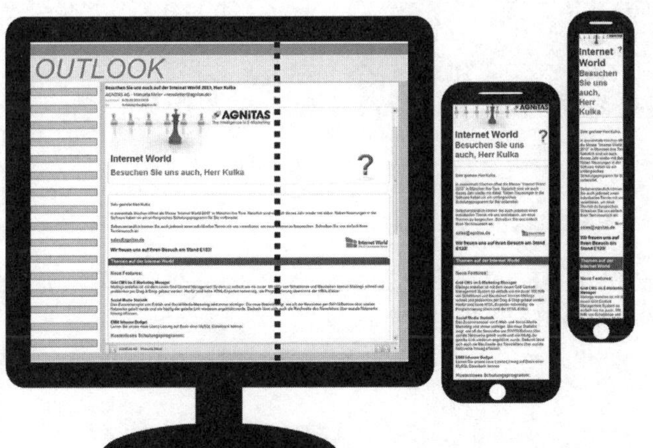

Abb. 19.14: Die fluide E-Mail des Versanddienstleisters Agnitas berücksichtigt den Parameter `max-width` (gestrichelte Markierung). Einziges »Manko«: Outlook missachtet dies, sodass die (Text-)Inhalte die volle Breite ausfüllen. Die beiden Screenshots zur Rechten zeigen, dass sich das Layout stets elastisch an die verfügbare Breite anpasst. Sowohl, was das Header-Bild anbelangt, als auch in Bezug auf die Texte.

Neben relativen Größenangaben allgemein spielen sogenannte CSS3-Media Queries im responsiven Design eine zentrale Rolle. Hiermit kann der Newsletter unter anderem *vor* seinem Rendering die verfügbare Bildschirmgröße sowie das Verhältnis von Geräte- zu CSS-Pixeln erfassen. Die Abmessungen bilden die Grundlage, um der E-Mail zum Beispiel im Landschafts- und Porträt-Modus sowie in der Desktop-Ansicht jeweils ganz unterschiedliche Style-Sheet-Formatierungen überzustreifen. Verfügt der Abonnent gerade nur über ein Gerät mit 320 Pixeln anstatt 1920 Pixeln Bildschirmbreite, dann können zum Beispiel

- sekundäre Elemente ausgeblendet,
- drei in eine Spalte überführt,
- die Call-to-Action-Buttons breiter und höher (»Daumen-gerecht«),
- Bilder kleiner,
- Hintergrundfarben heller und Vordergrundfarben dunkler sowie
- die Schrift größer dargestellt werden.

Media-Query-Formatierungen, die Auflösungen zwischen 320 bis 480 Pixeln Breite anvisieren, würden wie folgt im Quelltext vorgenommen (siehe auch Abbildung 19.17):

```
@media only screen and
   (min-device-width:320px) and
   (max-device-width:480px)
{
  body[yahoo] .kopf {width:250px;}
  table[id=wrapper] {width:320px;}
  ...
}
...
<body yahoo="bugfix">
  <img class="kopf" width="500">
  <table id="wrapper" width="600">...</table>
  ...
</body>
```

Listing 19.2: Beispiel Media Query

Die Layout-Auswirkungen könnten sich wie in Abbildung 19.15 schematisch und in Abbildung 19.16 praktisch dargestellt zeigen.

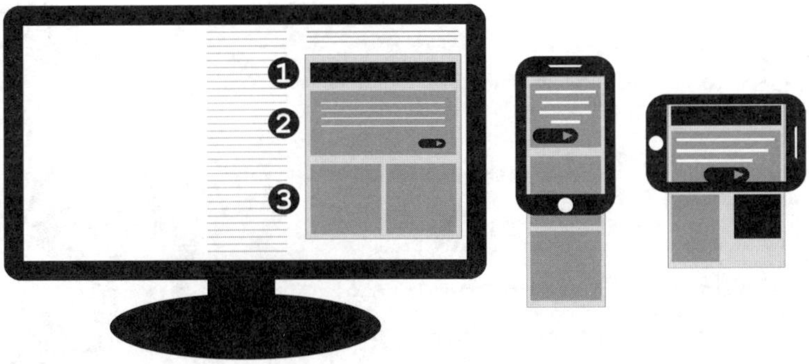

Abb. 19.15: Maximale Flexibilität bietet das responsive Design: Inhaltsbereiche wie Navigationsleisten können je nach Auflösung ausgeblendet (1), Buttons und Schrift größer formatiert und anders ausgerichtet (2) oder Bilder sogar ausgetauscht (3) werden. Alle Formatierungen stecken in ein und derselben elastischen E-Mail.

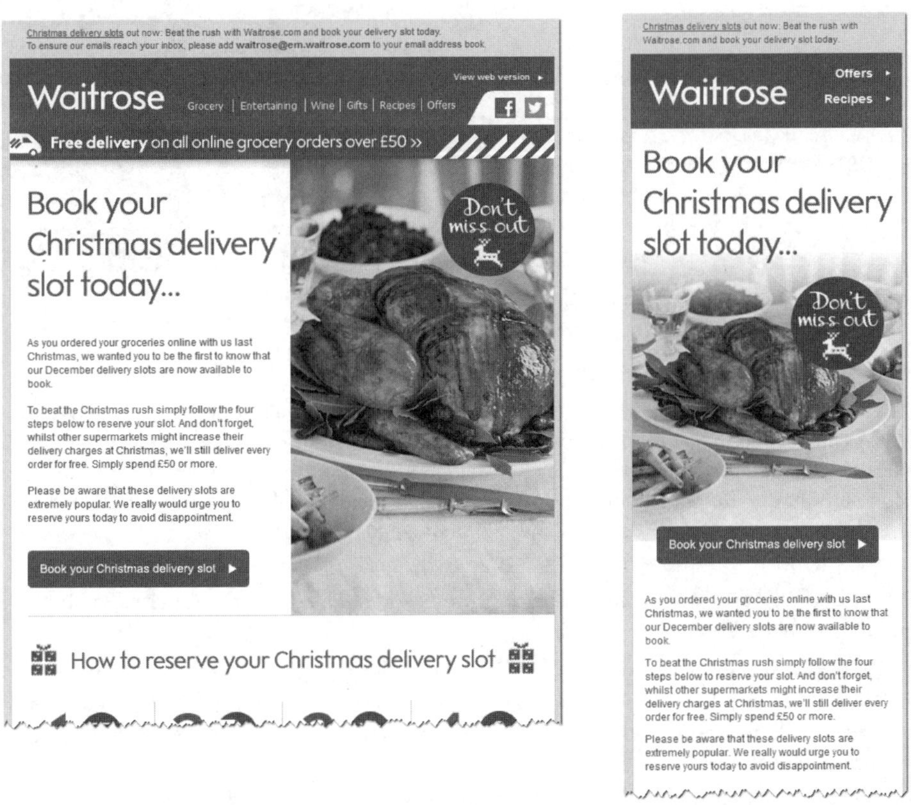

Abb. 19.16: Responsiver Newsletter von Waitrose – links die Desktop-Darstellung, rechts die Mobile-Ansicht. Die mobile Darstellung verzichtet auf eine Navigation, Social Icons sowie auf den »Free Delivery«-Banner. Das Layout schrumpft auf eine Spalte.

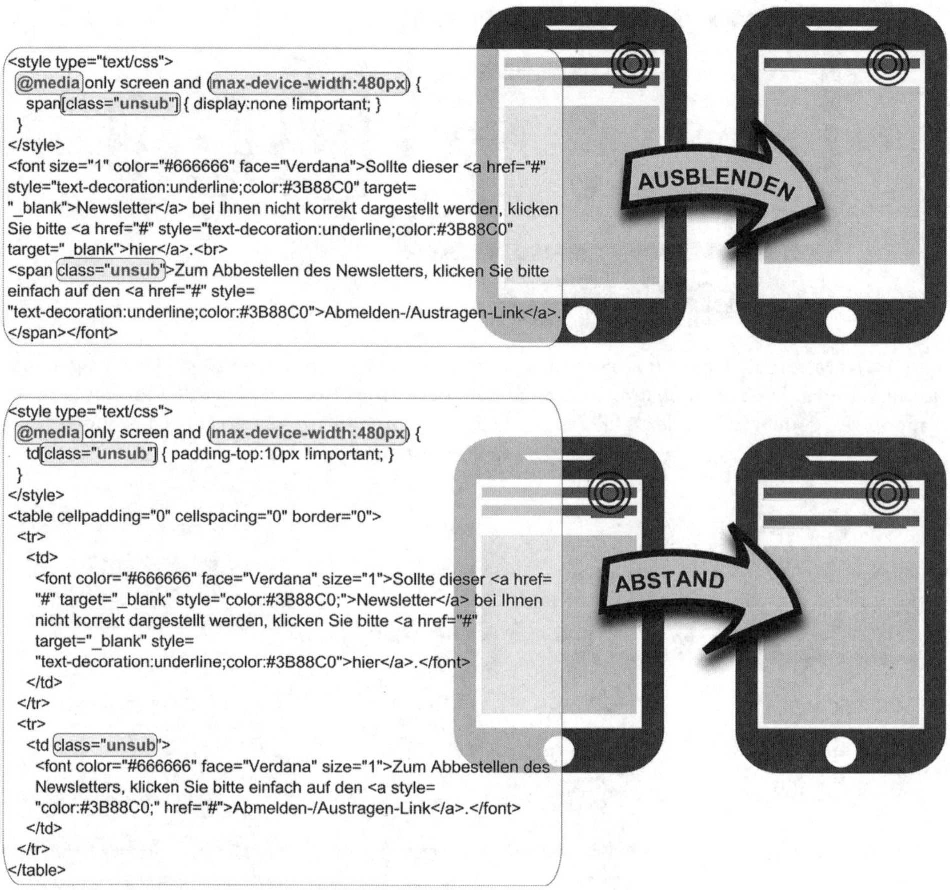

Abb. 19.17: Erinnern Sie sich an Abbildung 19.5? Mit Media Queries könnten die beiden Links – der zur Onlineversion des Newsletters und der für die Abmeldung – entwirrt werden. Das obere Beispiel blendet den Abmelde-Passus bei kleineren Bildschirmen aus (`display:none`), das untere erhöht den Innenabstand (`padding`) zwischen beiden Links. So kann der Daumen wieder zielsicher auf dem Display landen.

So mannigfaltig die Möglichkeiten auch wären, leider haben Media Queries auch gravierende Schönheitsfehler:

- Auch sie funktionieren nicht auf allen Endgeräten (vergleiche `tinyurl.com/cdzl6sl`). Die verbreitete Gmail-App beispielsweise ignoriert die Angaben. Ebenso ältere Blackberrys. Der Versender sollte also auch die Desktop-Ansicht zumindest nicht Mobilefeindlich gestalten.
- Falls die E-Mail mobil im Webbrowser abgerufen wird, besteht die Gefahr, dass die CSS-Anweisungen vom Webmail-Programm entfernt wurden – dann wird fälschlicherweise die Desktop-Version angezeigt.
- Daneben traten unerwünschte Nebenwirkungen auf. Yahoo! Mail berücksichtigte die Mobile-Formatierungen zum Beispiel auch für die Desktop-Version des Newsletters. Je-

denfalls dann, wenn nicht getrickst wurde und die Formatierungen nicht ausschließlich sogenannte Attribut-Selektoren beinhalteten. Statt `div.Container{...}` mussten die Formatierung im Stile von `div[class=Container]{...}` vorgenommen werden. Erst so ignorierte Yahoo! Mail die Anweisungen erfolgreich. Laut Campaign Monitor besteht das Problem aktuell zwar nicht mehr (`tinyurl.com/ca3ubj2`). Doch Vorsicht ist bekanntlich die Mutter der Porzellankiste.

- Neben Kompatibilitätsproblemen spielt auch das resultierende E-Mail-Gewicht eine Rolle. Die Formatierungen blähen den HTML-Quelltext weiter auf. Im Extremfall verpackt dieser zwei komplette Newsletter samt Inhalten und Design – einen für mobile und einen für klassische Umgebungen.

Tipp: Weiterführende Links

Der Umgang mit Media Queries ist im E-Mail-Marketing nicht ganz einfach. Trickreich wird es spätestens dann, wenn mehrere Spalten auf eine reduziert oder Mobile-Elemente auf dem Desktop-Client ausgeblendet werden sollen. Eine erschöpfende Darstellung würde den Rahmen des Buches sprengen. Interessierten seien zum Beispiel die praxisnahen Whitepapers »Responsive Design for Mobile Email Rendering« (Bluehornet, `bit.ly/IBxtGE`) und »Mobile Email Toolkit« (emailcenter, `bit.ly/xhpgg3`) ans Herz gelegt. Darüber hinaus empfehlenswert sind die Blogbeiträge und Präsentationen von Anna Yeaman (STYLECampaign, zum Beispiel `bit.ly/Y71uGW`) und Campaign Monitor (`bit.ly/NGdIhu`). Ebenso wie die Informationen auf `emailology.org`, `htmlemailboilerplate.com`, `litmus.com/blog` und `emailonacid.com/blog`. Ein Ausgangspunkt für die Entwicklung Mobile-tauglichen E-Mail-Codes sind bestehende Templates und Frameworks wie `tinyurl.com/boqw22m` (Antwort), `tinyurl.com/bse7fft` (Wombat) sowie `tinyurl.com/bv8je4x`.

Begriffliches: Flüssiges versus responsives Design

Bei flexiblen E-Mails lassen sich fluide von responsiven Designs unterscheiden. Unter flüssigem (fluid) Design wird ein flexibles E-Mail-Layout verstanden, das sich auf dem gesamten verfügbaren Bildschirm ausbreitet. Ganz gleich, ob dieser 320, 480, 1024 oder 1920 Pixel breit ist. Mit der Formatierung `width:100%` fließt der Inhalt praktisch in alle Ecken. In der Regel wird jedoch eine Maximalbreite (*Breakpoint*) festgelegt, zum Beispiel `max-width:600px`. Unterhalb dieser Markierung ist das Design flüssig, darüber bleibt es starr. Fluide Designs eignen sich für E-Mail-Layouts mit geringer Komplexität, die zum Beispiel sehr textlastig sind (vergleiche Abbildung 19.13 und Abbildung 19.14). Sie sind vergleichsweise einfach umzusetzen und daher sehr effizient.

In Abgrenzung dazu bezeichnet responsives E-Mail-Design ein oder mehrere reaktionsfähige Layouts, die gezielt zwischen bestimmten Bildschirmbreite-Grenzen getriggert werden. Je nachdem, ob der Bildschirm weniger als 320 Pixel oder zwischen 320 und 480 Pixeln oder zwischen 480 und 568 breit ist, können ganz unterschiedliche Darstellungen ausgeliefert werden. Meist enthält responsives Design auch fluide Elemente. Die Anpassungsmöglichkeiten gehen aber deutlich weiter.

Server-seitige Flexibilität: User-Agent- und Referrer-Weichen

Responsives Design greift Client-seitig, also im E-Mail-Programm des Abonnenten. User-Agent- und Referrer-Weichen greifen dagegen Server-seitig. Der User-Agent ist eine Zeichenkette mit Geräteinformationen. Sie beinhaltet unter anderem das Client-Programm, mit dem die E-Mail gerade betrachtet wird (zum Beispiel »Android«, siehe Abbildung 19.18). Die Angabe wird zusammen mit dem sogenannten Referrer bei http://-Anfragen an den Server übermittelt. Eine solche Anfrage könnte lauten: »Liefere mir bitte die Grafik `http://server.de/newsletter/1.gif` aus«. Oder »Übermittele mir bitte die Stylesheet-Datei http://server.de/flexibleStyles.css«. Hinter dem Referrer verbirgt sich die anfordernde Seite (zum Beispiel »mail.yahoo.com«).

Anhand von User Agent und Referrer kann der Server eine *bedingte* Auslieferung des angeforderten Elements vornehmen. Wird als User Agent »iPhone 3« übermittelt, könnte die angeforderte Grafik »1.gif« ein schmales und stark komprimiertes Bild sein, das nur wenige Kilobytes beansprucht. Eben wie geschaffen für schmale mobile Bandbreiten. Ebenso können spezielle Spacer-Grafiken übermittelt werden, die schmalere Layouts hervorrufen. Während beim fluiden Design große Bilder noch mit vollem Gewicht übertragen und lediglich im E-Mail-Programm herunterskaliert werden, kann mit solchen Weichen Bandbreite gespart und die Ladezeit reduziert werden. Zudem funktionieren die Weichen ganz im Gegensatz zu Media Queries E-Mail-Client-unabhängig. Denn wie erwähnt: Es ist eine Server-seitige Technologie.

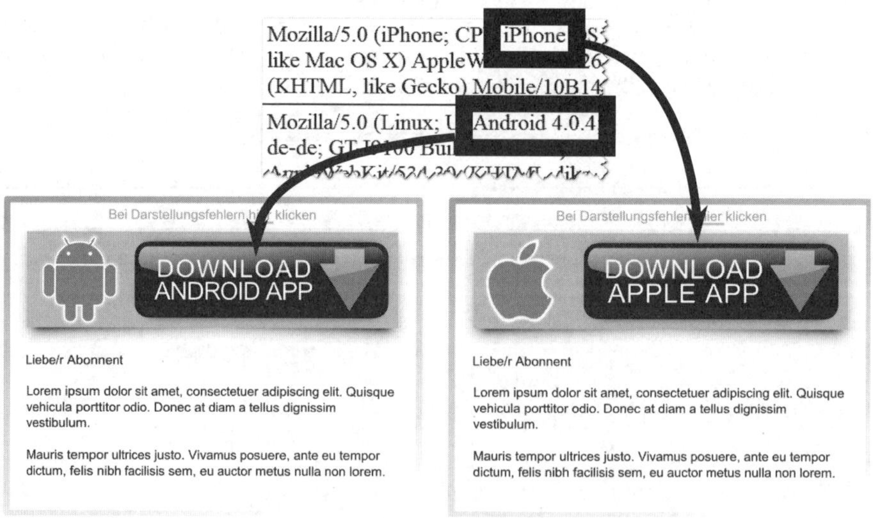

Abb. 19.18: Der Server kann Newsletter-Grafiken (unten) in Abhängigkeit vom User-Agent-String (oben) ausliefern. Der User-Agent beinhaltet Geräte-Informationen.

Der Grundsatz: »Mobile First«

Wie beim responsiven E-Mail-Design, so wird auch bei dieser dritten Variante versucht, *einen* Newsletter für *alle* Gegebenheiten zu erstellen. Allerdings – und das ist der Unterschied – wird nicht mehr das flexible Optimum für alle Clients angestrebt. Die Newsletter-Gestaltung berücksichtigt stattdessen zuerst die Anforderungen der Smartphone-Nutzer.

Die Belange des Desktop-Nutzers ordnen sich dem unter. Denn die Restriktionen mobiler Endgeräte stellen quasi den kleinsten gemeinsamen Nenner für alle dar. Newsletter-Templates, die für mobile Endgeräte optimiert wurden, bereiten auf Desktops weniger Schwierigkeiten als umgekehrt, was Darstellung und Usability anbelangt.

Eine Unter-Variante in diesem Zusammenhang wäre »HTML Light«. Dies bedeutet den Verzicht auf mehrspaltige Layouts und schwergewichtige Grafiken. Formatierungen beschränken sich dann weitestgehend auf die Schrift (fett, kursiv, Überschrift, Link): riesige Überschriften, großer Fließtext, knappe Teaser-Texte und Mini-Bilder.

Im gestalterisch einfachsten Fall wird auf HTML sogar gänzlich verzichtet, also allein Plain-Text versendet, um möglichst alle Mobiltelefone, auch die ohne HTML-Unterstützung, bei geringstmöglicher Download-Größe zu bedienen.

Dedizierte Mobile-Version

Schließlich könnte zum bestehenden Newsletter-Layout auch eine zusätzliche Mobile-Variante implementiert und angeboten werden. Die ergänzt dann zum Beispiel die beiden bisherigen Formate, die ohnehin Bestandteile einer Multipart-E-Mail sind: HTML und Plain-Text. Die Mobile-Variante richtet sich speziell an die Fraktion der hauptsächlichen Smartphone-Nutzer. Aus Versender-Sicht wünschenswert ist eine Template-Lösung, die die Mobile-Version – wie bereits die Plain-Text-Version – automatisch aus der regulären HTML-Version extrahiert. Dies würde den Mehraufwand begrenzen.

Eine unter amerikanischen Versendern beliebte Variante war es lange Zeit, die Mobile-optimierte Ansicht aus dem regulären Newsletter heraus über einen Pre-Header-Link anzubieten. An die Seite des Verweises »bei Darstellungsfehlern hier klicken« trat ein »Mobile-Ansicht öffnen«-Link. Beim Klick öffnete sich diese dann im Browser. »Mobile-optimiert« hieß allerdings meist nicht mehr als die Plain-Text- oder eine abgespeckte und langweilige HTML-Text-Variante. Die Versender machten es sich also leicht. Nur selten fand sich eine gestalterisch anspruchsvolle Alternativ-Ansicht, die die Tipps aus dem Abschnitt 19.1 *Mobile E-Mail funktioniert anders als stationär* berücksichtigte (zum Beispiel CeBit – vergleiche Abbildung 19.20).

Die Vorgehensweise hat Nachteile: Im Gegensatz zum flexiblen Layout ist ein zusätzlicher Klick erforderlich, um den mobilen Leser zufriedenzustellen. Da der Klick den mobilen Browser aufruft, verlässt der Nutzer – eventuell unfreiwillig – die E-Mail-Umgebung. Und im Browser muss die Nachricht erneut geladen werden. Zudem besteht die Gefahr, dass das Angebot untergeht, sofern es nicht prominent beworben wird. Denn ein einfacher Pre-Header-Hinweis wird leicht übersehen.

Als Alternative zur Pre-Header-Option könnte die Mobile-Version auch direkt bei der Newsletter-Anmeldung oder später via E-Mail-Einstellungen (Preference-Center) abonniert werden (Abbildung 19.19). Auf diese Weise gelangt sie unmittelbar in den Posteingang – ohne dass ein zusätzlicher Klick und damit ein Wechsel in eine neue Applikation erforderlich ist. Allerdings wird der Versender hiermit wohl am Bedarf vorbei optimieren. Den hauptsächlichen Mobile-User gibt es ja (noch) nicht (vergleiche den Punkt *Gibt es den Mobile-only-Leser und »Mobile Triage«?* in Abschnitt 19.1.4 *Hybride E-Mail-Nutzung*). Und da die Mobile-optimierte Variante im klassischen Outlook meist unschön ausschaut, blieben werbliche Potenziale – wie beim Mobile-First-Ansatz – auf der Strecke.

Abb. 19.19: Auswahl zwischen Mobile und Klassik bei der Newsletter-Anmeldung? Lohnt meist nicht.

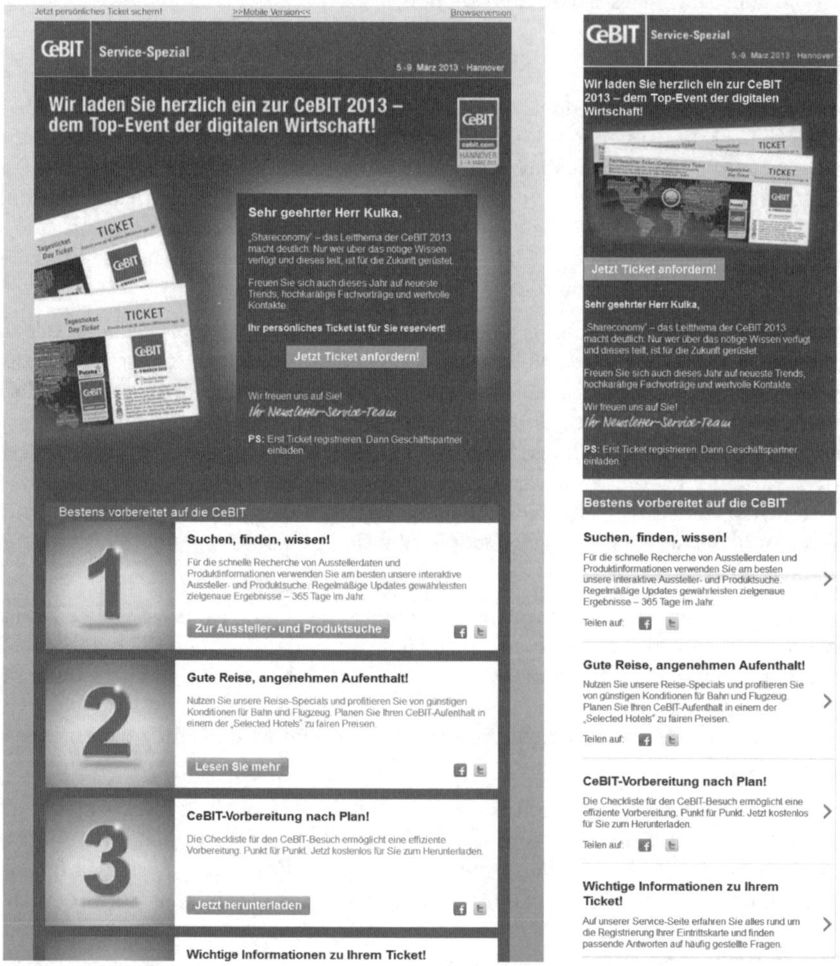

Abb. 19.20: Die CeBIT bietet eine Mobile-Version (rechts) über einen Link im Pre-Header an. Diese öffnet sich im Browser des Smartphones oder Tablets. In der Regel sind die Darstellungsmöglichkeiten im Browser deutlich besser als im Postfach. Allerdings ist ein zusätzlicher Klick erforderlich, um erst in das »Vergnügen« zu kommen.

19.3 Mobile-Tipps zusammengefasst

Fassen wir das Geschilderte zusammen. Folgende Dinge sollten Sie bei der Mobile-gerechten E-Mail-Gestaltung im Hinterkopf behalten:

- Mobile Öffnungsrate sowie effektive Klickrate erfassen und beobachten
- Ausreichende Schriftgröße für Fließtext und Überschriften
- Ausreichend große Call-to-Action-Buttons
- Linke Bildschirmbereiche sind leichter tippbar als rechte.
- Ausreichend hoher Vordergrund-Hintergrund-Kontrast
- Ausreichend große Abstände zwischen Links
- Idealerweise flexibles Layout: eine E-Mail für alle Geräte (inklusive Desktop). Fluide Layouts lassen sich leichter realisieren als responsive, passen aber nicht zu allen Szenarien.
- Inhalte stapeln (eindimensionales Layout) und horizontales Scrollen vermeiden
- Auf Sekundär-Elemente verzichten oder diese nur auf Wunsch einblenden (progressive disclosure)
- Absender, Betreff und Pre-Header-Vorschauzeile optimieren
- Bereich über der gedachten Scroll-Markierung von ca. 460 Pixeln optimieren
- Auf das E-Mail-Gewicht achten
- Eventuell ...
  - mit dem Versandzeitpunkt experimentieren
  - Eingabefelder für E-Mail-Adressen vom `type="email"` nutzen
  - Telefon- und SMS-Rückkanal erschließen
  - bei iPhone- und iPad-Nutzern mit HTML5-Videomails und CSS3-Effekten experimentieren (vergleiche Kapitel 17 beziehungsweise Kapitel 10)
  - Geräte-abhängige Grafiken verwenden

Mobile-E-Mail-Marketing steckt noch in den Kinderschuhen. Ende 2012/Anfang 2013 erhielt das Thema einen Schub durch die hiesigen E-Mail-Dienstleister. Alle stellten erste Lösungen vor. Man darf gespannt sein, wo die Reise in den nächsten Monaten hingehen wird.

Kapitel 20

E-Mail mit Webanalyse integrieren

Messungen der Öffnungs-, Klick- und Abmelderaten sind gut und wichtig. Aber in den seltensten Fällen ist das alleinige Ziel des E-Mail-Versenders, zu informieren. Meist werden bestimmte messbare Aktionen auf der Webseite forciert. Diese Aktionen können mit einem Post-Click-Tracking sichtbar gemacht machen.

Auf der Grundlage vordefinierter Ziele, etwa ein PDF-Download oder ein Kauf, erhalten Sie Angaben darüber, wie viele Conversions ein bestimmter Newsletter erzielte. Mit einer Bewertung Ihrer Conversions in Euro lässt sich darauf aufbauend der Umsatz ermitteln, den ein Versand erzielte. Dies bildet die Grundlage für Rentabilitätsanalysen. Ein weiterer Vorteil: Im Browser lassen sich deutlich mehr Informationen über Ihre Abonnenten extrahieren als im Posteingang. Die Webanalyse erfasst auch, welche Bildschirmauflösung, Betriebssysteme oder Endgeräte vorwiegend genutzt werden oder auch aus welchen Regionen die aktivsten Empfänger stammen. Dieses Plus an »Subscriber Intelligence« kann Basis für weitere Optimierungen sein.

Tipp: Stichwort »Conversions« – auch Newsletter-Anmeldungen erfassen

Die Zahl der Newsletter-Anmeldungen pro Periode haben Sie auf dem Dashboard Ihrer E-Mail-Versandlösung bereits im Blick. Doch möglicherweise sind auch die Umstände relevant, die zur Anmeldung führten. Dies könnte beispielsweise die verweisende Seite sein, die den Besucher herführte. Oder dessen geografische Herkunft. Oder der Weg, den er durch die Webseite bis zur Anmeldung nahm. Die Webanalyse-Lösung kann dies abbilden, indem Newsletter-Anmeldungen als Conversions getrackt werden. In der Regel definieren Sie die URL der Anmelde-Dankesseite hierzu als Marketing-Ziel (Goal 1 = URL-Ziel, Abbildung 20.1). Das ist die Seite, die nach dem Klick in der Double-Opt-in-Checkmail aufgerufen wird. Zum Teil erweitern Versender dies um ein ereignisbasiertes Tracking im vorausgehenden Anmelde-Formular (Goal 2 = Submit-Klick). Die Conversion erfolgt etwa, sobald der Interessent den »absenden«-Knopf betätigt. Anhand der Differenz zwischen 2 und 1 können Verluste durch das Double-Opt-in-Verfahren sichtbar gemacht werden (Double-Opt-in-Rate).

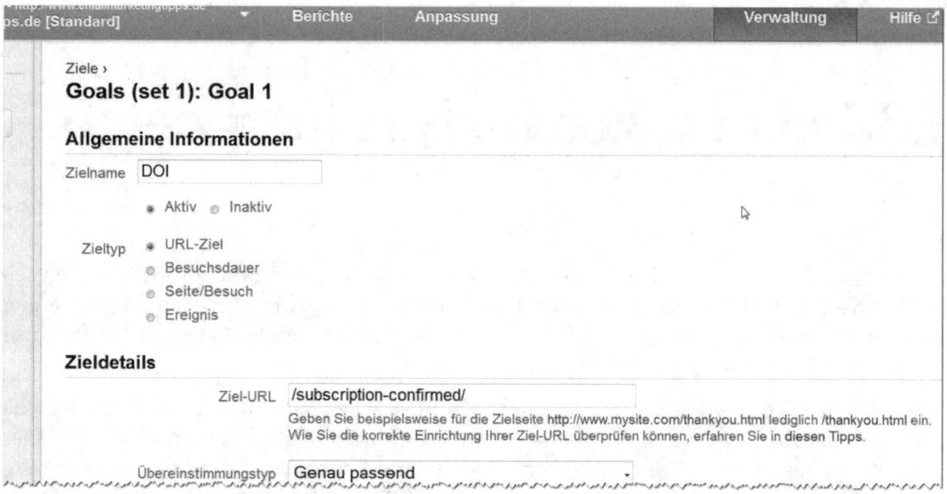

Abb. 20.1: Ziel »Double-Opt-in-Bestätigungsseite aufrufen« vom Typ URL-Ziel in Google Analytics, zu finden unter VERWALTUNG > PROFIL > ZIELE

20.1 Post-Click-Aktionen in Google Analytics verfolgen

Ein Post-Click-Tracking, das den Klick-Pfad auf der eigenen Webseite nach dem Response im Newsletter erfasst, kann jeder mit dem kostenlosen Google Analytics realisieren. Wie dies funktioniert, zeigen die folgenden Abschnitte.

20.1.1 Vorbereitung: Seiten verpixeln und Tagging

Um die Aktivitäten der Newsletter-Abonnenten zu erfassen, die nach dem Klick in der E-Mail auf den eigenen Webseiten erfolgen, müssen zwei Dinge erfolgt sein:

1. Der Google-Analytics-Tracking-Code muss auf den Webseiten eingebunden worden sein. Das JavaScript setzt die notwendigen Cookies, um unter anderem wiederkehrende Besucher zu identifizieren, und es verfolgt die Seitenaufrufe und andere Ereignisse der Besucher.
2. Die zu trackenden Links im E-Mailing müssen markiert worden sein (*Tagging*). Das heißt, vor dem Versand werden ihnen spezielle Parameter angehängt, deren Bezeichner von Google Analytics vorgegeben sind. Man erkennt sie leicht am Präfix `utm_` – eine Abkürzung für *Urchin Tracking Module*. Durch die Parameter signalisieren Sie dem Tracking-Code auf der Webseite, aus welcher Quelle – nämlich Ihrer E-Mail-Kampagne – der Besucher stammt. Google Analytics kann seine Aktionen somit später der Kampagne zuordnen und Ihnen entsprechend berichten.

Die UTM-Parameter lauten:

Parameter	Zweck	Beispiel(e)
`utm_medium`	Werbemedium der Besucher-Quelle	`utm_medium=email`

`utm_source`	Newsletter-Titel oder Werbepartner, der den Besucher lieferte	`utm_source=nlGewinnspielAG`
		`utm_source=news.de-weekly`
		`utm_source=dalai-daily`

`utm_campaign`	Marketingkampagne, zu der der Besucher gezählt wird. Etwa Mailing-Titel, Betreffzeile, Datum des Versands, Mailing-Typ oder Ähnliches.	`utm_campaign=ostern2013`
		`utm_campaign=DE_2013-07-13`
		`utm_campaign=welcomeseries`
		`utm_campaign=reaktivierung`

`utm_content`	Zum Beispiel Link-Titel, um eine detaillierte Auswertung der Effektivität einzelner Verweise zu erhalten – erzeugen Footer-Links mehr Seiten-Impressionen als Header-Links?	`utm_content=headerGrafik` `utm_content=cta_jetztBestellen`

`utm_term`	Keywords, zum Beispiel zur Unterscheidung von Klicks aus dem Text- oder HTML-Part oder die Postleitzahl des Empfängers, Beschreibung der Zielgruppe et cetera. Mehrere Keywords können durch ein + separiert werden.	`utm_term=text`
		`utm_term=html+10179`
		`utm_term=mann+40bis50`

Tabelle 20.1: Fünf Google-Analytics-Tags. Die oberen drei fett gedruckten Parameter `medium`, `source` und `campaign`, MÜSSEN spezifiziert werden. Die restlichen beiden Tags sind freiwillig.

Die Parameterwerte, also die Zeichenketten hinter dem »=« in Tabelle 20.1, können Sie quasi beliebig festlegen. Hauptsache, Sie finden sich im Google-Analytics-Bericht später damit zurecht.

Doch Vorsicht: Die Grenze der Flexibilität ist erreicht, sofern Sie E-Mail-Adressen oder andere personenbezogene Daten einfügen und auswerten wollen. Technisch machbar ist dies zweifelsohne. Viele Versandlösungen bieten Integrationen mit Google Analytics. Die nehmen Ihnen die Arbeit ab und befüllen die Parameter automatisch mit Ihren Vorgaben, die eben auch empfängerindividuelle Variablen sein können. Jedoch ist die Übermittlung datenschutzrechtlich ohne Einwilligung der Betroffenen oder ohne besondere Verträge mit Google nicht erlaubt. Abgesehen davon widerspricht dies den Geschäftsbedingungen von Google Analytics:

> *»Es ist Ihnen untersagt, selbst oder durch einen Dritten den Service dazu zu verwenden, Daten zu erfassen, zu verarbeiten oder zu nutzen, die eine Person identifizieren (z.B. Name oder entsprechende Email-Adresse) oder die von Google mit verhältnismäßigem Aufwand mit solchen Informationen in Verbindung gebracht werden können.«*

Hinweis: Integrationen mit Versandlösungen

Eine Liste der Google-Analytics-Applikationen, die für E-Mail-Versender relevant sein könnten, findet sich unter: `google.com/analytics/apps/results?category=Email%20 Marketing`. Meist handelt es sich um Integrationen derart, dass die Google-Analytics-Ergebnisse in die Versandlösung zurückgespielt werden. Damit ist der gesamte Kampagnenerfolg in einer Software abrufbar. Beispiele hierfür wären die Integrationen der Anbieter MailChimp und CleverReach.

20.1.2 Tracking-Link zusammenfügen

Angenommen, Sie haben nun die Parameterwerte entsprechend Tabelle 20.1 für den nächsten Versand spezifiziert. Wie sind diese nun in die Newsletter-Links einzubinden? Ganz einfach:

1. Verknüpfen Sie Parameter-Name und -Wert jeweils durch ein »=« (wie in der rechten Spalte in Tabelle 20.1).
2. Verketten Sie nun alle Parameter in beliebiger Reihenfolge durch ein »&«.
3. Anschließend stellen Sie der Zeichenkette ein »?« voran, sofern die zu trackende URL noch keine Parameter enthält (erkennbar am bereits vorhandenen »?«). Andernfalls wird ein weiteres »&« vorangestellt.
4. Der Code kann nun der zu trackenden URL einfach angehängt werden.

Zwei Beispiele sollen die Vorgehensweise verdeutlichen. Der Newsletter-Link `http://meinewebseite.de` könnte im E-Mailing markiert wie folgt ausschauen:

```
http://meinewebseite.de?utm_campaign=Ostern&
utm_medium=email&utm_source=weiblich_18bis35jahre&
utm_content=masthead_grafik
```

Der Newsletter-Link `http://webseite.de/?kategorie=sportartikel` hingegen besitzt bereits Parameter. Markiert sähe er dann so aus:

```
http://webseite.de/?kategorie=sportartikel&
utm_campaign=Ostern&utm_medium=email&
utm_source=weiblich_18bis35jahre&utm_content=masthead_grafik
```

Am Rande: »?«, »&« und »=« – die URL-Parameterübergabe mit HTTP-GET

Um bestimmte Kampagnen- oder Abonnenten-Informationen direkt an Webseiten zu übertragen, können diese in Links kodiert werden. Einen Anwendungsfall haben Sie beim Formular-Pre-filling in Kapitel 10 bereits kennengelernt. Der Link im Newsletter enthält neben dem eigentlichen Ziel-URL nun auch einen oder mehrere Parameter, die den *Query String* bilden. URL und Query String werden durch ein Fragezeichen (?) voneinander getrennt. Mehrere Parameter innerhalb eines Query Strings werden wiederum durch ein kaufmännisches Und (&) voneinander separiert. Schließlich trennt ein Gleichheitszeichen (=) jeweils den Parameternamen von seinem Wert.

Ein Beispiel könnte wie folgt ausschauen: `http://mypage.de?p1=a&p2=b`. Die URL ist `mypage.de`, der Query String lautet `p1=a&p2=b`. Er besitzt zwei Parameter: Parameter `p1` hat den Wert `a`, Parameter `p2` den Wert `b`. Auf dieselbe Weise übermitteln Sie Ihre Kampagnen-Informationen an den Google-Analytics-Tracking-Code auf den Zielseiten – alle Parameternamen beginnen mit `utm_`.

Tipp: Google-Analytics-Tool zur URL-Erstellung

Ist Ihnen die manuelle Verknüpfung der Parameter zu umständlich? Kein Problem. Google bietet im Web ein passendes Werkzeug (Abbildung 20.2). Geben Sie unter WEBSITE-URL den zu trackenden Ziel-Link aus Ihrem Newsletter ein. Spezifizieren Sie in Schritt 2 die Parameter und klicken Sie anschließend in Schritt 3 auf URL ERSTELLEN. Im Newsletter ersetzen Sie nun den ursprünglichen durch den neuen UTM-Tracking-Link. Prüfen Sie ihn am besten direkt, indem Sie den Link in die Adresszeile des Browsers einfügen und aufrufen. Zum Beispiel unter BESUCHERQUELLEN > QUELLEN > SUCHE > KAMPAGNEN müsste der Besuch nun in Google Analytics sichtbar sein.

Abb. 20.2: Tool zur URL-Erstellung von Google Analytics

Vorsicht: Lange und kryptische URLs schrecken Leser ab

Das Tagging verlängert die Ziel-URLs deutlich. Und Phrasen wie `utm_term=geringe-Bonitaet` wecken aus Empfängersicht nicht unbedingt Vertrauen. Daher sollte darauf geachtet werden, dass die Tracking-Parameter bei der Link-Ersetzung durch die Versandlösung »verschwinden«. Andernfalls wäre es zumindest eine Überlegung wert, im Plain-Text-Teil der E-Mail auf das Post-Click-Tracking zu verzichten. Denn in der Text-Mail sind die URLs blank sichtbar – in HTML werden diese immerhin noch durch die Linkbeschriftung verborgen.

20.1.3 Auswertungen vornehmen

Die Ergebnisse des Trackings können Sie unmittelbar nach dem Versand in Google Analytics einsehen und auswerten (Abbildung 20.3). So lässt sich auf einfache Art im Rahmen von Tests feststellen, welches Werbemittel, welche Handlungsaufforderung oder welcher Betreff nicht nur im Hinblick auf Öffnungen und Klicks, sondern auch im Hinblick auf bestimmte Conversion die besten Resultate erzielt. Abbildung 20.3 und Abbildung 20.4 zeigen mehrere Einstiegspunkte für Ad-hoc-Analysen.

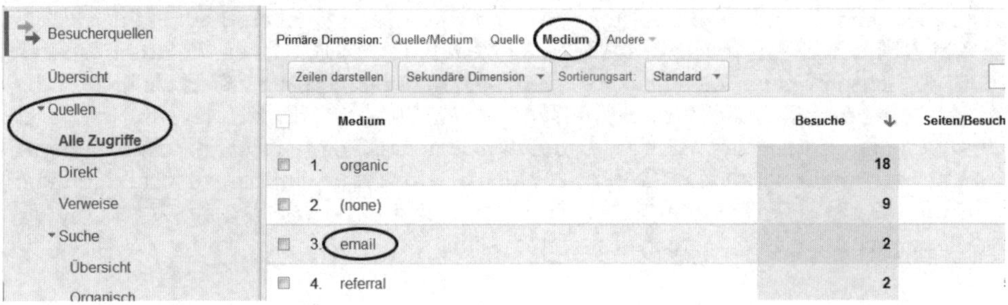

Abb. 20.3: Der Bereich BESUCHERQUELLEN > QUELLEN > ALLE ZUGRIFFE > SORTIERT NACH MEDIUM zeigt die Besucher-Quellen im Vergleich. Darunter auch das Medium E-Mail. Ein Drill-down per Klick liefert weitere Erkenntnisse über die Erfolge der einzelnen Newsletter.

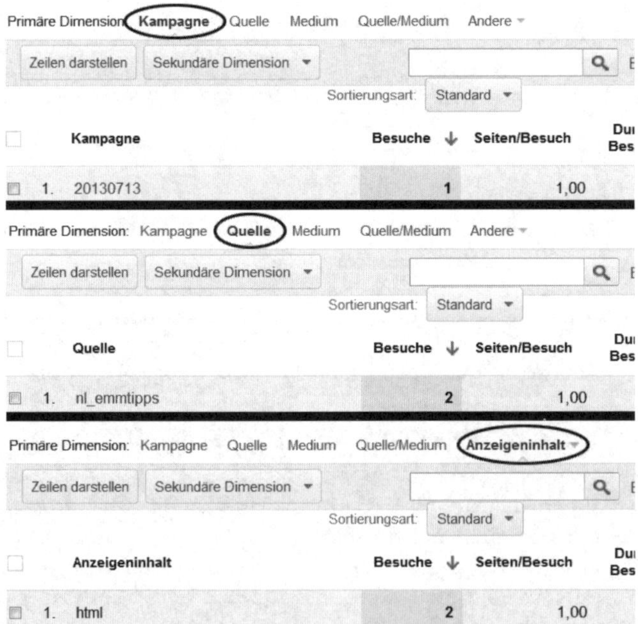

Abb. 20.4: Der Bereich BESUCHERQUELLEN > QUELLEN > SUCHE > KAMPAGNEN – Klicks auf den Beispiel-Link aus Abbildung 20.2 aufgeschlüsselt nach den drei Dimensionen KAMPAGNE, QUELLEN und ANDERE: BESUCHERQUELLEN > ANZEIGENINHALT

In der Regel werden Sie nicht bloß Einzelanalysen durchführen. Sondern vor allem wollen Sie den Erfolg ständig in einem übersichtlichen Dashboard im Blick behalten. Ein typisches Webanalyse-Dashboard für E-Mail-Marketing enthält Kennziffern wie:

- Anzahl der eindeutigen Besucher, die auf Klicks im Medium »E-Mail« zurückzuführen sind
- Geografische Informationen wie die verwendeten Spracheinstellungen
- Anzahl der Werbe-Opt-ins und andere Conversions auf den Webseiten, die im Zusammenhang mit E-Mail stehen
- Die wichtigsten Zielseiten der Newsletter-Abonnenten, Absprungraten (Bounces) und/ oder die durchschnittliche Besuchsdauer

Hinweis: »Bounce-Rate« – Webanalyse versus E-Mail-Marketing

Im E-Mail-Marketing bezeichnet die Bounce-Rate den Anteil der versandten E-Mails, der nicht zugestellt werden konnte (Gründe: fehlerhafte Adressen, überfüllte Postfächer und so weiter). Demgegenüber verstehen Webanalysten unter der Bounce-Rate den Anteil der Besucher, die während eines Besuchs nur eine Seite aufgerufen haben und dann abspringen. Alternativ wird auf die Verweildauer abgestellt – als Bounce gilt ein Besuch von weniger als zehn Sekunden Dauer.

Dashboards finden sich in Google Analytics auf der STARTSEITE unter dem gleichnamigen Menüpunkt. Jedes Dashboard besteht aus einer oder mehreren eigenständig konfigurierbaren Teilkomponenten, den sogenannten *Widgets*. Diese können jeweils auf den vorgefertigten STANDARDBERICHTEN oder auch auf selbst erstellten BENUTZERDEFINIERTEN BERICHTEN fußen. Der Screenshot in Abbildung 20.5 zeigt exemplarisch die Erstellung eines Widgets für die Bounce-Rate der E-Mail-Besucher.

Abb. 20.5: Dashboards – mit der Funktion WIDGET HINZUFÜGEN lässt sich die Absprungrate für Newsletter-Besucher im Dashboard integrieren, die über Links mit dem Tag `utm_medium=email` auf die Webseite gelangten.

Ganz gleich, ob Standard oder benutzerdefiniert – um in den Google-Analytics-Berichten den Erfolg der E-Mailings nachzuvollziehen, sollten Sie Ihre Newsletter-Zielgruppe(n) durch die Definition BENUTZERDEFINIERTER SEGMENTE greifbar machen. Dies funktioniert analog zur Daten-Filterung bei den Widgets (Abbildung 20.6).

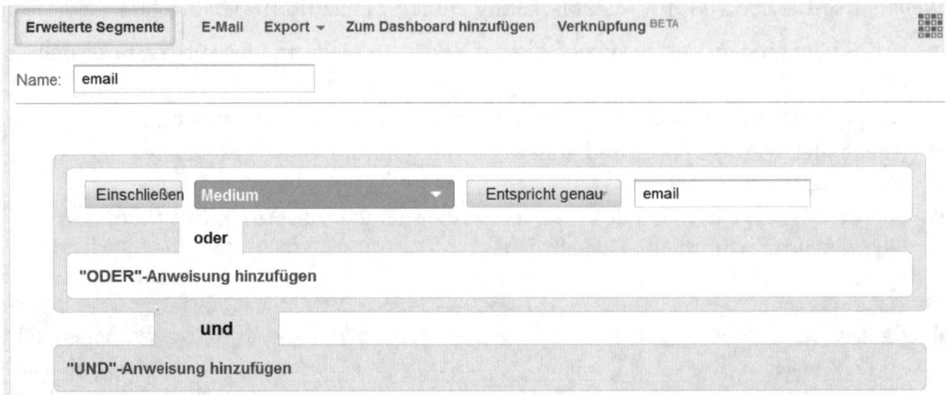

Abb. 20.6: Standardberichte > Erweiterte Segmente > Benutzerdefiniertes Segment: Für alle Besucher, die über getaggte E-Mail-Links mit `utm_medium=email` auf die Webseite gelangten. (Hier nur exemplarisch. In der Praxis bilden Sie weitere Segmente, beispielsweise nach E-Mail-Zielgruppe, die Sie etwa im Parameter `utm_term` übermitteln.)

Mit benutzerdefinierten Segmenten für Ihre E-Mail-Zielgruppen im Gepäck können Sie sich auch schon spontan interessierenden Fragestellungen zuwenden:

- Wie lange dauert der Besuch eines Newsletter-Abonnenten im Vergleich zum Gesamtdurchschnitt?
- Wie viele Newsletter-Abonnenten starteten im Berichtszeitraum einen Conversion-Prozess, wie viele beendeten einen solchen Prozess erfolgreich – und wie stellt sich das Ergebnis im Vergleich zu den restlichen Besuchern dar?
- Welche Relevanz hat das Medium E-Mail in der Customer Journey (vergleiche Abbildung 20.7)?

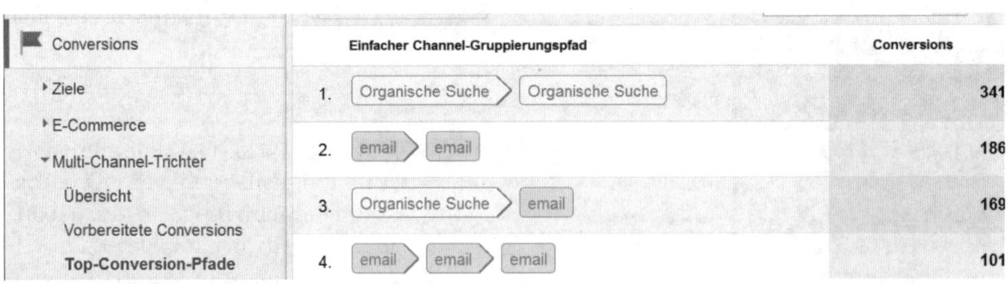

Abb. 20.7: Customer-Journey- und Channel-Attribution-Analyse – wie viele Conversions hat zum Beispiel E-Mail vorbereitet, wie viele E-Mail-Kontakte führten zum Abschluss?

Zum Schluss sei erwähnt, dass Google Analytics ein mächtiges Werkzeug mit vielen Funktionen ist. Aufgrund der vielen Messwerte und Dimensionen sehen Einsteiger oft den Wald vor lauter Bäumen nicht. Um auf erste Tuchfühlung mit Berichten und Segmenten zu gehen, schlage ich folgende Vorgehensweise vor:

1. Erstellen Sie sich ein BENUTZERDEFINIERTES SEGMENT, mit dem Sie Ihre Newsletter-Abonnenten erfassen (Abbildung 20.6), und betiteln Sie dieses mit »email«.
2. Erstellen Sie nun einen neuen BENUTZERDEFINIERTEN BERICHT.
3. Wählen Sie in der Rubrik MESSWERTGRUPPEN zum Beispiel die Messwerte EINDEUTIGE BESUCHER und EINDEUTIGE SEITENAUFRUFE.
4. Im Abschnitt DIMENSIONSAUFSCHLÜSSELUNG darunter spezifizieren Sie die Dimension MEDIUM.
5. Nachdem Sie den Bericht gespeichert haben, öffnen Sie die erweiterten Segmente und wählen Sie ALLE BESUCHER links bei den STANDARDSEGMENTEN sowie EMAIL rechts bei den BENUTZERDEFINIERTEN SEGMENTEN. Bestätigen Sie mit einem Klick auf ANWENDEN.
6. Sie sehen nun die Summe der eindeutigen Besucher im Zeitverlauf – E-Mail-Traffic versus Traffic insgesamt. Unter MESSWERTGRUPPE können Sie von EINDEUTIGE BESUCHER auf EINDEUTIGE SEITENAUFRUFE wechseln.
7. Sofern Sie Conversion-Ziele definiert haben, fügen Sie einige davon als weitere Messwertgruppe zum Bericht hinzu.

20.2 Re-Marketing mit Profi-Tools durchführen

Das verbreitete Google Analytics kann »kostenfrei« genutzt werden. Es muss deswegen in Bezug auf die Auswertungsmöglichkeiten nicht schlecht sein. Ganz im Gegenteil. Doch die Möglichkeiten der Integration von Webanalyse mit E-Mail-Marketing gehen noch viel weiter. Bei anspruchsvolleren Themen enden Google Analytics, Piwik & Co schnell. Hier beginnen die Gefilde von Adobe SiteCatalyst, comScore Digital Analytix, Webtrekk, eTracker, econda Site Monitor und ihren Verwandten.

20.2.1 Informationsfluss in beide Richtungen

Sehr elegant sind Integrationen, bei denen ein umfassender bidirektionaler Informationsaustausch zwischen Webanalyse- und Versandlösung stattfindet:

1. Die Versandplattform übermittelt ihrerseits Mailing-Daten an die Webanalyse-Software. Man denke an die Empfängerzahl einer Kampagne, Öffnungen, Klicks, Hard- und Softbounces. Die Daten werden dort aufbereitet und stehen zur Analyse von Klickpfaden und vor allem zur Bildung von Zielgruppen zur Verfügung.
2. Umgekehrt berichtet das Webanalyse-Tool zurück an das Versandsystem. Zum Beispiel Abonnenten, die einen Bestellprozess im Shop abgebrochen haben, bestimmte Produkte lediglich betrachteten oder diese sogar kauften. Auch hieraus können dann beispielsweise Segmente für Remarketing-Zwecke gebildet werden. Etwa incentivierte Erinnerungen an Abonnenten, die einen Kaufprozess oder eine Umfrage abgebrochen haben. Oder Cross-Selling-Angebote und Kaufbewertungs-E-Mails an Käufer.

20.2.2 Besucher identifizieren

Damit Abonnenten gezielt verhaltensbezogen angesprochen werden können, müssen diese auch ohne Log-in auf der Webseite identifizierbar sein. Das hierfür notwendige Tracking basiert – ähnlich wie bei Google Analytics – auf speziell markierten Links in den E-Mailings. Den Ziel-URLs hängt die Versandlösung zusätzliche Parameter an. Diese signalisieren der Webanalyse beim Seitenaufruf, um welches Mailing (Quelle) und welchen Empfänger (Subjekt) es sich gerade handelt.

Die Empfänger-Information wird zum Zwecke des Datenschutzes in pseudonymisierter Form übermittelt. Das heißt, persönliche Daten wie die E-Mail-Adresse werden vorweg durch Identifikationsnummern oder Hash-Werte ersetzt. Diese Angaben kann die Versandlösung später wieder in E-Mail-Adressen auflösen, wenn spezielle Segmente erneut angeschrieben werden sollen. Damit schließt sich der Kreis (*Closed-Loop-Ansatz*).

20.2.3 Datensynchronisation

Der Datenabgleich beziehungsweise wechselseitige Datenimport wird entweder auf Knopfdruck angestoßen. Oder er findet automatisch in einer bestimmten Frequenz – meist täglich – im Hintergrund statt. Hierbei können neu definierte Zielgruppen ausgetauscht werden. Oder auch aktualisierte Produktlisten, damit etwa Warenkorb-Abbrecher personalisiert um Wiederaufnahme des Kaufprozesses gebeten werden können. Solche Listen beinhalten typischerweise Produkt-IDs, URLs zur Abbildung und zur Produktseite sowie eine kurze Beschreibung.

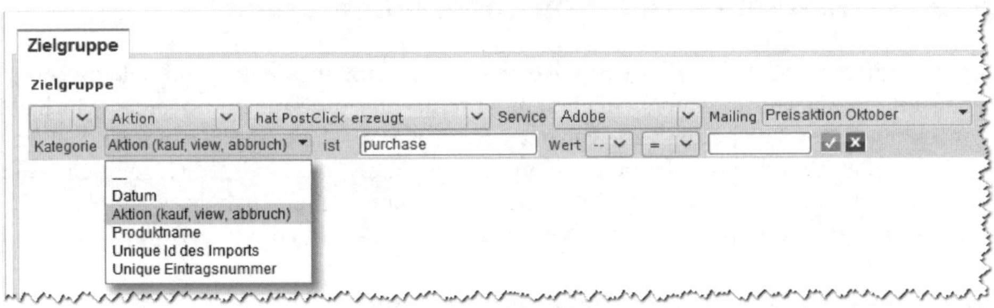

Abb. 20.8: Zielgruppen-Selektion auf Basis importierter Webanalyse-Daten – auf diese Weise lassen sich Käufer und Betrachter bestimmter Warengruppen sowie Bestellabbrecher ansprechen. (optivo® broadmail im Zusammenspiel mit Adobe Omniture SiteCatalyst™)

Teil VIII

Rechtliche Aspekte

In diesem Teil:

Der achte Teil klärt nun, welche Voraussetzungen der Gesetzgeber an E-Mail-Marketing knüpft. Newsletter-Versender müssen derlei eine ganze Menge berücksichtigen. Allen vorweg: Werbung bedarf einer vorherigen Einwilligung der Adressaten (sogenanntes Opt-in). Doch was ist eigentlich »Werbung« – zählt zum Beispiel ein Newsletter überhaupt dazu? Dieser Frage wird genauso nachgegangen wie der, was unter der datenschutzrechtlichen und unter der wettbewerbsrechtlichen Einwilligung zu verstehen ist. Mustertexte helfen Praktikern unmittelbar bei der Umsetzung. Neben der Werbeeinwilligung und allen damit zusammenhängenden Aspekten behandelt der Teil auch zahlreiche Spezialfälle wie das Soft Opt-in bei Bestandskundenwerbung sowie die Einwilligung in die Bildung von Nutzungsprofilen (»Person X hat Link Y angeklickt«).

Kapitel 21

Grundlagen: Deutscher Rechtsrahmen und E-Mail-Werbung

Wenn es um die Frage geht, ob ein Call-to-Action-Button grün oder lila sein muss, haben viele eine feste Meinung. Wenn es beim Diskussionsgegenstand aber formaler wird und objektive Maßstäbe existieren, ist die Luft dünner. Ein solcher Bereich ist die Statistik, die wir zum Beispiel bei der Durchführung von Tests benötigen. Ein weiterer ist die Rechtsprechung.

Aus meiner Erfahrung treten beim Thema Recht bei Weitem die meisten Fragen im E-Mail-Marketing auf: »Ist mein E-Mail-Versand so rechtskonform«, »wäre dies noch im Bereich des Möglichen« und so weiter, um nur einige zu nennen. Vom Fachmann wird eine klare Ja-oder-Nein-Ansage erwartet. Die bleibt er aber oft schuldig und muss stattdessen mit »*wenn* so, dann vermutlich *eher* ja/nein« antworten. Der Grund dafür ist einfach: Die Rechtslage ist in vielen Punkten nicht schwarz oder weiß, sondern grau. Die Rechtsprechung ist unter den Gerichten nicht unbedingt einheitlich und kann sich auch im Zeitverlauf wandeln.

Ziel der folgenden Abschnitte ist es, Ihnen dort, wo dies möglich ist, die passenden Ja/Nein-Antworten auf Ihre Fragen zu liefern. Und dort, wo dies eben nicht möglich ist, zumindest Informationen zu liefern, damit Sie sich einen Eindruck machen können. Anhand des Eindrucks können Sie selbst entscheiden, ob in Ihrem Fall der potenzielle wirtschaftliche Nutzen das rechtliche Risiko überwiegt.

Risikoabwägung: Rechtskonformität versus wirtschaftlicher Nutzen?

Bei vielen der in den folgenden Abschnitten angesprochenen Punkte werden Sie sich die Frage stellen: »Ja aber, wer macht das denn ...?!« Oftmals zu Recht. Obwohl es rechtlich erforderlich wäre, wird es in der Praxis kaum oder gar nicht umgesetzt. (Vom Opt-in mal abgesehen – dies gilt ohne Wenn und Aber!) Viele verfahren bewusst nach dem Motto: Die erste Spambeschwerde macht nichts. Wir kassieren eine Abmahnung, entrichten die Kosten und unterschreiben die Unterlassungserklärung. Erst beim zweiten Mal rappelt es – dann müssen wir die vereinbarte Vertragsstrafe zahlen. Meist um die 2.500 bis 5.000 Euro. Nur summiert sich die Gefahr, dass sich Privat- und Geschäftsleute, Verbraucherschutzverbände, die Wettbewerbszentrale, Mitbewerber oder die Datenschutzaufsicht melden, im Zeitverlauf. Und falls die Wettbewerbszentrale oder der vzbv abmahnen, gilt die Unterlassungsverpflichtung für jede Adresse – nicht bloß für die des Betroffenen.

Halten Sie sich an die Regeln und legen alle ungeklärten Graubereiche streng aus? Dann erscheinen Sie entweder als schillerndes Vorbild in Sachen Transparenz und Rechtskonformität. Viele Abonnenten werden es Ihnen danken. Oder aber Sie erleiden Schiffbruch, weil Sie der Konkurrenz Wettbewerbsvorteile (durch Rechtsbruch) überlassen.

Hier muss jeder für sich selbst entscheiden, wie schwer das rechtliche Risiko gegen wirtschaftlichen Nutzen wiegt. Ich rate Ihnen aber dringend, es von Beginn an gemäß den Vorgaben zu machen.

Abb. 21.1: Rechtssicherheit geht leider meist zulasten von Wirtschaftlichkeit und umgekehrt.

Wichtig: Kein Ersatz für Rechtsberatung

Ich bin kein Jurist. Für die Richtigkeit und Vollständigkeit der Ausführungen kann ich keine Gewähr übernehmen – auch, wenn ich sorgfältig recherchiert habe und ein Rechtsanwalt die Ausführungen abgenickt hat. Vor allem kann und soll dieses Kapitel keine Rechtsberatung für den Einzelfall ersetzen. Diese erhalten Sie beispielsweise günstig auf `frag-einen-anwalt.de`.

21.1 Das Wichtigste vorab im Überblick

Bevor wir in die Tiefe gehen, möchte ich Ihnen eine Liste der grundsätzlichen Dinge mit auf den Weg geben, die spätestens bis zum Ende des Kapitels zum Thema *Recht im E-Mail-Marketing* klar geworden sein sollten:

- Voraussetzung, um E-Mail-Werbung senden zu dürfen, ist eine vorherige ausdrückliche Einwilligung des Empfängers (Punkt *Gesetz gegen den unlauteren Wettbewerb (UWG)* in Abschnitt 21.2.2 *Hintergrund: Die relevanten Gesetze*). Dies wird als Opt-in bezeichnet und gilt sowohl für den Geschäfts- wie auch den Privatkundenbereich (B2B und B2C). Unter Werbung wird jede Äußerung verstanden, die den Absatz fördert – auch die simple Nachfrage, ob Interesse am Newsletter besteht oder eine Linktausch-Anfrage fällt hierunter (ab Abschnitt 21.3 *Zum Begriff »Werbung«*).
- Damit eine Einwilligungserklärung der geforderten »Ausdrücklichkeit« genügt, muss sie freiwillig und in Form einer spezifischen Angabe (zum Beispiel Häkchen setzen) geäußert werden (Abschnitt 22.2 *Wettbewerb: Ausdrückliche Zustimmung (»Opt-in«)*). Darüber hinaus müssen Reichweite und Inhalt hinreichend genau bestimmt sein, sodass dem Nutzer klar ist, wem gegenüber er worin einwilligt. Schließlich muss die Einwilligung gesondert erfolgen, das heißt losgelöst von anderen Zustimmungen wie den AGB. Der Einwilligungstext soll sich also einzig auf das E-Mail-Werbeeinverständnis. Da die Voraussetzungen Praktikern regelmäßig Probleme bereiten, bietet Tabelle 22.1 im nächsten Kapitel einige Mustertexte.
- Einzige Ausnahme vom Einwilligungsvorbehalt ist das Soft Opt-in: Falls eine E-Mail-Adresse im Rahmen des Abschlusses eines Kaufvertrags gewonnen und dem Käufer dabei eine Widerspruchsmöglichkeit eingeräumt wurde, dann darf ausnahmsweise ohne

Opt-in für eigene Produkte geworben werden, die den gekauften ähnlich sind (Abschnitt 22.10 *Werbeversand ohne Einwilligung? Das Soft Opt-in*).

- Vor der Adress-Erhebung ist auf die jederzeitige kostenfreie Abbestellmöglichkeit hinzuweisen (Abschnitt 22.6 *Widerrufsmöglichkeit einräumen* sowie Abschnitt 10.7 *Footer: Impressum, Abmeldung und mehr*). Der Nutzer ist zudem darüber zu unterrichten, welche Daten zu welchem Zweck gespeichert werden und welche Rechte er besitzt – etwa das Recht auf Auskunft, Daten-Löschung und -Sperrung (Abschnitt 22.9 *Datenschutzerklärung*).
- Im Streitfall trägt der Versender die Beweislast dafür, dass ein Opt-in vorlag. Der Nachweis lässt sich nur erbringen, wenn das Double-Opt-in-Verfahren durchgeführt und die Umstände der Anmeldung sorgfältig dokumentiert wurden. Zur Dokumentation gehören zum Beispiel Zeitpunkt und IP-Adresse der Anmeldebestätigung, Quelle sowie Screenshots des Vorgangs (Abschnitt 22.8 *Auskunftspflicht des Versenders und »Opt-in-Nachweis«*).
- Die Double-Opt-in-Checkmail, die den Aktivierungslink zur Bestätigung des Anmeldewunsches enthält, muss werbefrei sein. Ansonsten ist bereits diese E-Mail ein unzulässiger Eingriff in die Privatsphäre (B2C) beziehungsweise in das Gewerbe (B2B). Versenden Sie eine (HTML-)Text-Mail, in der einzig die Details der Einwilligung aufgeführt werden. Incentives dürfen erst in der Willkommensmail auftauchen, die gegebenenfalls nach der doppelt erteilten Zustimmung versandt wird (Abschnitt 21.3.1 *Werbung nach dem Wortlaut der EU-Richtlinie* sowie Abschnitt 7.1 *Das Opt-in*).
- Jede Werbemail muss ein Impressum sowie eine Abmeldemöglichkeit enthalten. Die Abmeldung muss einfach möglich sein – ohne Log-in-Erfordernis und Ähnliches. Bestätigen Sie eine Austragung explizit für die betreffende E-Mail-Adresse auf der Webseite und löschen Sie die Daten anschließend (Abschnitt 22.6 *Widerrufsmöglichkeit einräumen* sowie Abschnitt 10.7 *Footer: Impressum, Abmeldung und mehr*). Das Impressum wird idealerweise vollständig inkludiert und nicht bloß durch einen Hyperlink referenziert.
- Auch Profile über die Newsletter-Nutzung, die einzelnen E-Mail-Adressen (oder deren Pseudonymen) zugeordnet sind, bedürfen einer Einwilligung. Hierunter fallen Reaktionsdaten wie Klicks und Öffnungen. Das Einverständnis muss bewusst und eindeutig vor Beginn der Profilierung erteilt und durch den Versender protokolliert worden sein (zu den praktischen Problemen und zu einem Praxis-Vorschlag siehe Abschnitt 22.11 *Nutzungsprofile erstellen für verhaltensbezogene Werbung*).
- Das Werbeeinverständnis kann verfallen sein, wenn es erst lange Zeit nach der Anmeldung erstmalig verwendet wird (Abschnitt 22.7 *Wirkungsdauer und Verfall der Einwilligung*).
- Eine Kopplung von Gewinnspiel-Teilnahme mit einem Einverständnis für E-Mail-Werbung ist mit Vorsicht zu genießen. Sicherer ist es, das Werbeeinverständnis nicht zur Teilnahmevoraussetzung zu erklären (Abschnitt 22.4 *Kopplungsverbot – oder: Zwangs-Opt-in bei Gewinnspielteilnahme?*).

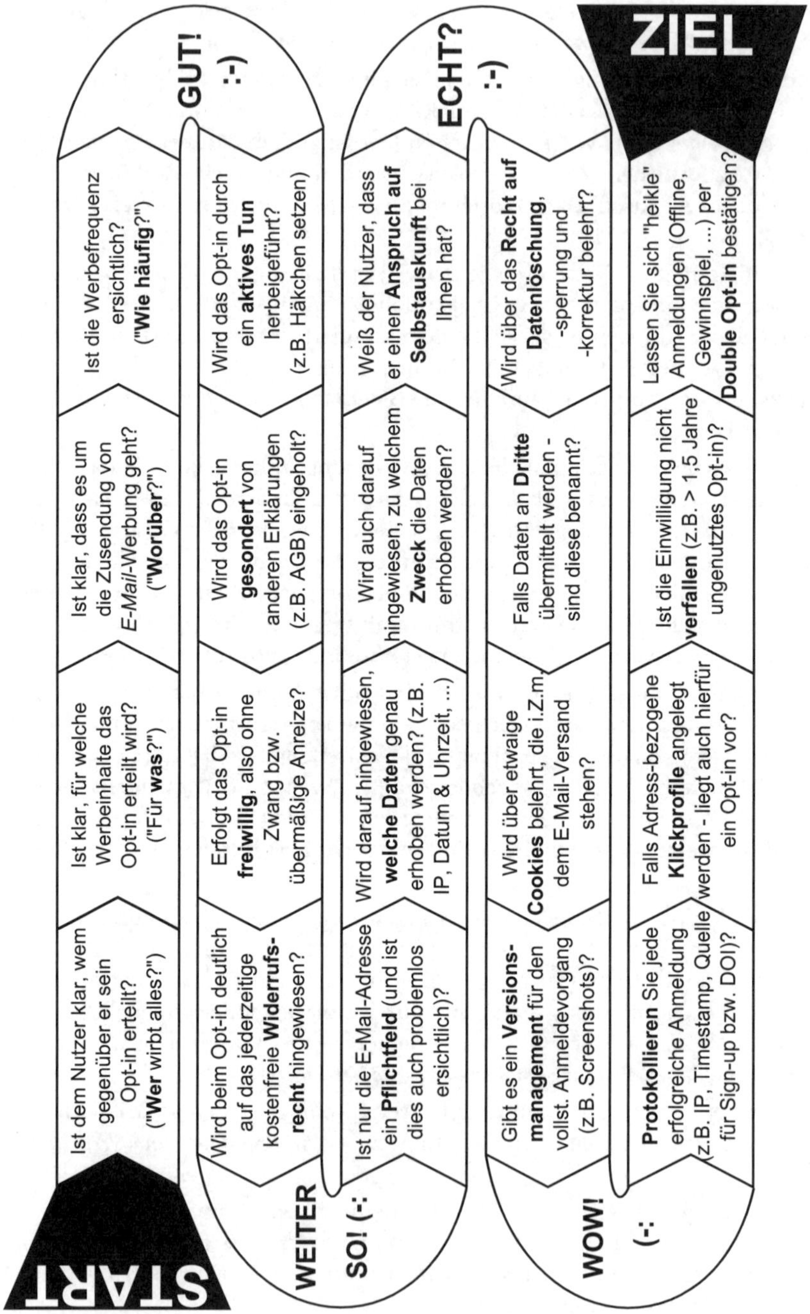

Abb. 21.2: Gehe über los – rechtskonforme elektronische Werbeeinwilligung Schritt für Schritt

21.2 Grundlegender rechtlicher Rahmen

Abb. 21.3: E-Mail-Werbung bedarf grundsätzlich einer vorherigen ausdrücklichen Einwilligung jedes Empfängers (1). Einzige Ausnahme ist Werbung an Bestandskunden, die unter sehr strengen Voraussetzungen auch ohne Einwilligung (2) möglich ist. Praktisch sind die Voraussetzungen (vergleiche Abschnitt 22.10 *Werbeversand ohne Einwilligung? Das Soft Opt-in*) jedoch so restriktiv, dass die Ausnahme in der Praxis fast bedeutungslos ist.

21.2.1 Warum so strenge Voraussetzungen?

Ohne vorherige Einwilligung geht in Deutschland fast nichts in Sachen E-Mail-Marketing. Dass dem ein so schwerer Riegel vorgeschoben wird, sorgt bei Werbetreibenden regelmäßig für Unverständnis. Warum so streng? Nun, E-Mail-Werbung ist besonders leicht und preiswert zu versenden. Viele Menschen sind heute per E-Mail erreichbar. Werbung kann also schnell und breit gestreut werden. Gleichsam kann sie eine Belastung sowie einen Kostenaufwand für die Empfänger bedeuten und Schwierigkeiten für Kommunikationsnetze sowie Endgeräte verursachen – man denke bei Letztgenanntem an den begrenzten Handy-Speicherplatz.

Die Gerichte argumentieren regelmäßig mit der hohen Ausuferungsgefahr, die dem Medium innewohnt. Die Zeit und Arbeitskraft, die *eine* unbestellte E-Mail bindet, ist zwar gering. Denn meist sind diese im Nu abgerufen, als Werbung erkannt, aussortiert und gelöscht. Aufgrund der Vorteilhaftigkeit für einen Werbetreibenden ist aber damit zu rechnen, dass dieser den Versand ausbaut (Wiederholungsgefahr) und zudem seine Konkurrenten nachziehen (Nachahmungsgefahr). Denn E-Mail ist attraktiv: Sie verursacht kein Porto, keine Druck- oder Telefonkosten. Bei einer schieren Flut von unerbetenen E-Mails können dann durchaus signifikante Kosten für die Empfänger entstehen. Sowohl was die Beanspruchung von Aufmerksamkeit allgemein anbelangt, als auch was die Kosten für den Abruf oder für entgangene Arbeitszeit der Mitarbeiter betrifft.

Vor diesem Hintergrund muss man versuchen, den Rechtsrahmen, den der Gesetzgeber aufgespannt hat, nachzuvollziehen. Schauen wir ihn uns einmal näher an.

21.2.2 Hintergrund: Die relevanten Gesetze

Im deutschen Recht ergeben sich die Vorschriften für E-Mail-Marketing vor allem aus

- EU-Richtlinien und -Verordnungen,
- den hiesigen Datenschutzvorschriften gemäß
  - Telemediengesetz (TMG) und
  - Bundesdatenschutzgesetz (BDSG),
- dem Gesetz gegen unlauteren Wettbewerb (UWG)

und zum Teil aus dem Bürgerlichen Gesetzbuch (BGB).

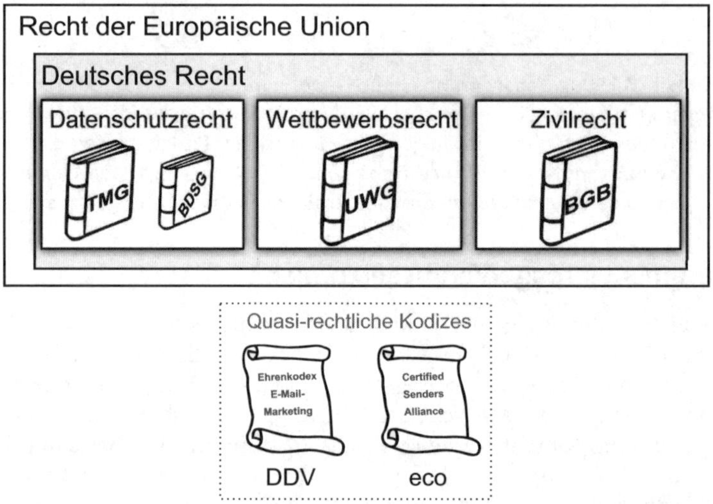

Abb. 21.4: Gesetzliche und quasi-gesetzliche Grundlagen für E-Mail-Marketing in Deutschland

UWG und TMG, das als Spezialgesetz (*lex specialis*) vorrangig vor dem BDSG ist, sind die beiden Wichtigsten. Ersteres soll für ein faires Miteinander im Wettbewerb unter Firmen sorgen (Marktverhaltensregeln). Letzteres schützt die Persönlichkeitsrechte der Bürger. Das BGB gibt dem Empfänger eigene Ansprüche gegenüber Spammern. Daneben sind Verbände und andere Interessensgruppen zu berücksichtigen, die die Spielregeln am Markt durch zum Beispiel Verhaltenskodizes (Branchenselbstverpflichtungen) und Robinson-Listen entscheidend mitbestimmen. Hierzu zählen in Deutschland vor allem der Deutsche Dialogmarketing Verband (DDV) sowie der eco Verband der deutschen Internetwirtschaft.

Wichtige Branchenselbstverpflichtungen: Ehrenkodex und CSA

Das Council Digitaler Dialog des Deutschen Dialogmarketing Verbandes (DDV) etablierte den Ehrenkodex E-Mail-Marketing. Es handelt sich um einen gemeinsamen Standard für Versender in Deutschland, der rechtskonformes und transparentes E-Mail-Marketing sowie fairen Wettbewerb untereinander sicherstellen soll.

Die Vereinbarung füllt unter anderem Lücken im Gesetz (»Graubereiche«) und konkretisiert schwammige Formulierungen. So spricht das Gesetz im Zusammenhang mit der Abmeldemöglichkeit lediglich davon, dass eine »gültige Adresse« angegeben werden muss, an die der Widerruf des Werbeeinverständnisses gerichtet werden kann. Juristen sprechen davon, dass er »leicht« möglich sein muss. Der Kodex formuliert klar, dass der Widerruf per Klick auf einen Link und per Antwort-E-Mail funktionieren muss. Wobei nach Betätigung des Abmeldelinks maximal ein weiterer Klick und kein vorheriges Log-in notwendig sein sollte. Ferner wird das Thema Co-Sponsoring angesprochen. In der Praxis hat dies teils extreme Auswüchse angenommen. Nicht selten teilen sich bei Gewinnspielen zig Sponsoren einen Adressdatensatz. Um die nötige Transparenz für Verbraucher sicherzustellen, lautet die Forderung, dass alle Sponsoren auf der Opt-in-Seite explizit gelistet werden müssen. Zudem muss die Sponsoren-Zahl in den Einwilligungstext eingebunden werden. Schließlich verlangt der Kodex, dass Versender ein vollständiges Impressum in ihre E-Mails einbinden. Ein Link reicht nicht.

Der Branchenstandard wurde 2003 ins Leben gerufen. Die aktuelle Fassung datiert von Februar 2011 und umfasst knapp fünf PDF-Seiten. Unterzeichner dürfen mit einem speziellen Logo werben, das Seriosität signalisieren soll. Der Ehrenkodex kann auf den Seiten des Councils Digitaler Dialog eingesehen werden:
`http://ddv.de/index.php?id=89`.

Grundsätze des Ehrenkodex E-Mail-Marketing sind zwischen September 2004 und Februar 2005 in die Gründung der Certified Senders Alliance (CSA) eingeflossen. Hierbei handelt es sich um eine zentrale Positivliste für seriöse Massen-E-Mail-Versender, die von der Anti Spam Task Force des eco Verbandes und vom DDV gemeinsam ins Leben gerufen wurde. Bis heute wurden über 100 E-Mail-Service-Provider, Hoster und Werbetreibende nach den strengen Regularien zertifiziert. Die Verfahrensordnung sieht unter anderem einen vorübergehenden oder permanenten Ausschluss eines Versenders vor, falls ein Schwellenwert an Spambeschwerden überschritten wurde. Auf den Seiten der teilnehmenden Versender zeigt ein Pranger an, wem aktuell wegen zu vieler Rügen der Rausschmiss droht. Die CSA-Kooperation zwischen Internet-Service-Providern auf der einen (eco-)Seite und Versendern von E-Mail-Werbung auf der anderen (DDV-)Seite minimiert die Gefahr, dass legitime E-Mails fälschlicherweise als Spam deklariert werden, und sucht weltweit ihresgleichen. Teilnahmebedingungen und Aufnahmekriterien können der CSA-Webseite entnommen werden:
`http://www.certified-senders.eu/csa_html/de/268.htm`.

Bundesdatenschutzgesetz (BDSG)

Als wichtigste Vorschrift gilt: Die Erhebung, Verarbeitung und Nutzung personenbezogener Daten ist nur zulässig, soweit eine andere Rechtsvorschrift dies erlaubt oder eine Einwilligung des Betroffenen vorliegt (§ 4 BDSG). Im Juristendeutsch spricht man vom Verbot mit Erlaubnisvorbehalt. »Personenbezogene Daten« genießen besonderen Schutz. Gehört eine E-Mail-Adresse eigentlich dazu? Personenbezug ist gegeben, wenn es sich um

> *Einzelangaben über persönliche oder sachliche Verhältnisse einer bestimmten oder bestimmbaren natürlichen Person*

handelt (§ 3 BDSG). Juristische Personen, also Firmen, bleiben davon unberührt. Eine E-Mail-Adresse spiegelt augenscheinlich mindestens den Sachverhalt wider, dass E-Mail von einer Person genutzt wird; auch in die Wahl des E-Mail-Providers (`@gmx.de` versus `@gmail.com`) mag man hie und da etwas hineininterpretieren. Es sagt etwas über die Person aus. Schließlich ist der Inhaber einer E-Mail-Adresse in den meisten Fällen auch bestimmbar – wenn auch bloß indirekt über die Google-Suche, via »Social Network API« oder über Adressverlage. Bei `info@renekulka.info` oder `rene.kulka@optivo.de` et cetera ist dies sogar ohne Umwege möglich. Auch bei `sales@optivo.de` sind dahinterstehende natürliche Personen ohne Weiteres bestimmbar – man suche beispielsweise nach den Verkaufsmitarbeitern bei optivo auf Xing. Bei `a3jhds8@trash-mail.com` wird dies schon schwieriger. In der Praxis wird aber praktisch keine Unterscheidung gemacht zwischen personenbezogenen und nicht personenbezogenen E-Mail-Adressdaten. Dies lohnt nicht. Um damit wieder zur Ausgangsfrage des Absatzes zurückzukommen: Ja, E-Mail-Adressen besitzen Personenbezug. Im Umgang damit und mit allen zugespeicherten Daten greift das Datenschutzrecht.

EU-Einwilligung: »spezifische Angabe, freie und sachkundige Entscheidung«

Die EG-Datenschutzrichtlinie für elektronische Kommunikation 2002/58/EG (»ePrivacy-Richtlinie«) schreibt den Mitgliedsstaaten als Mindestanforderung vor: *»Die Einwilligung kann in jeder geeigneten Weise gegeben werden, wodurch der Wunsch des Nutzers in einer spezifischen Angabe zum Ausdruck kommt, die sachkundig und in freier Entscheidung erfolgt.«*

Sie kann also nur ohne Zwang wirksam zustande kommen. Zwang ist insbesondere dann anzunehmen, wenn die Einwilligung in einer Situation wirtschaftlicher oder sozialer Schwäche oder Unterordnung erteilt wird oder wenn der Betroffene durch übermäßige Anreize finanzieller oder sonstiger Natur zur Preisgabe seiner Daten verleitet wird. (Hinweis: Ein geringwertiger Gutschein für den Erstkauf ist natürlich kein solcher übermäßiger Anreiz. Bei Gewinnspielen mit der Chance auf den Gewinn mehrerer zigtausend Euro wird es diskutabel.) Die Einwilligung muss daneben auch für einen konkreten Fall erteilt werden. Dies beinhaltet die Beantwortung der Fragen: Wem gegenüber willige ich ein und worin genau – welche Daten werden zum Beispiel erhoben, wozu, an wen werden sie noch übermittelt, welche Werbeinhalte erwarten mich in welcher Häufigkeit? Und sie muss schließlich bewusst und eindeutig erfolgen. Etwa, indem (vom informierten Nutzer freiwillig und) aktiv eine Checkbox im Onlineformular angekreuzt wird.

In Deutschland wachen vor allem die Datenschutzaufsichtsbehörden über die Einhaltung der Vorgaben. Systematische Datenschutzverstöße können jedoch durchaus ein Wettbewerbsvorteil sein. Ob der Datenschutz auch als Marktverhaltensregel betrachtet werden kann, wird diskutiert. Falls ja, könnten Mitbewerber abgemahnt werden.

Gesetz gegen den unlauteren Wettbewerb (UWG)

Die datenschutzrechtliche Einwilligung ist nur eine Voraussetzung für E-Mail-Marketing. Darüber hinaus gilt es, auf wettbewerbsrechtlicher Seite den wichtigen § 7 des Gesetzes gegen den unlauteren Wettbewerb (UWG) zu beachten. Der besagt: *»Eine geschäftliche Handlung, durch die ein Marktteilnehmer in unzumutbarer Weise belästigt wird, ist unzulässig. [?] Eine unzumutbare Belästigung ist stets anzunehmen [?] bei Werbung unter Verwendung elektronischer Post, ohne dass eine vorherige ausdrückliche Einwilligung des Adressaten vorliegt.«*

Elektronische Post umfasst auch etwa Privatnachrichten in Social Networks

Elektronische Post ist gemäß der Datenschutz-Richtlinie 2002/58/EG *»jede über ein öffentliches Kommunikationsnetz verschickte Text-, Sprach-, Ton- oder Bildnachricht, die im Netz oder im Endgerät des Empfängers gespeichert werden kann, bis sie von diesem abgerufen wird.«* Diese Eigenschaften erfüllen Electronic Mails. Aber nicht nur. Sondern beispielsweise auch SMS-Botschaften oder Kontaktanfragen über soziale Netzwerke wie Xing. Im Klartext: Auch Werbung im Social Web bedarf einer ausdrücklichen Einwilligung, bevor diese in das Postfach eines Empfängers zugestellt werden darf.

Beim Versand von Werbemails, die nicht auf einer ausdrücklichen Einwilligung fußen, ist immer eine Belästigung zu erwarten, die vom Empfänger nicht hinzunehmen ist. Wer also beispielsweise an Adressen versendet, die als CD-ROM bei eBay ersteigert wurden (vergleiche Abbildung 21.5) oder die in Foren, öffentlichen Verzeichnissen (vergleiche Abbildung 21.6) oder auf Webseiten-Impressen einfach nur abgeerntet wurden (sogenanntes »address harvesting«), handelt rechtswidrig. Das Verbot umfasst auch die erste E-Mail (vergleiche BGH, Urteil vom 20.05.2009 – Az. I ZR 218/07). Einmal ist keinmal gilt im E-Mail-Marketing nicht. (Wenige Ausnahmen bestätigen die Regel, vergleiche zum Beispiel OLG Köln, Beschluss vom 22.05.2009 – Az. 19 W 5/09.) Zudem greift die Weisung unabhängig davon, ob der Adressatenkreis aus dem Privat- (B2C) oder Geschäftskundenbereich (B2B) stammt. Es ist ein verbreiteter Irrglaube, dass heute immer noch ein vermutetes Interesse (sogenannte »mutmaßliche Einwilligung«) bei Geschäftskontakten ausreicht, ihnen Werbung auf dem Wege elektronischer Post zukommen lassen zu dürfen. Telefonmarketing wäre bei potenziellem Interesse im B2B-Umfeld noch möglich, der Versand von Werbemails hingegen nicht! Selbst eine allgemeine Anfrage per E-Mail oder Xing-Mitteilung, ob Interesse bezüglich eines Newsletters bestehe, ist in Deutschland als Werbung zu klassifizieren und daher ohne Einverständnis unzulässig (vergleiche zum Beispiel LG Berlin, Urteil vom 19.09.2002 – Az. 16 O 515/02).

Eine Werbe-E-Mail ohne Einwilligung ist nicht nur eine unzumutbare Belästigung im Sinne des UWG und damit ein wettbewerbsrechtlicher Verstoß, der von Mitbewerbern und klagebefugten Verbänden abgemahnt werden kann. Der Versender würde sich ja durch Missachtung einer Rechtsnorm auf unlautere Weise Wettbewerbsvorteile erschleichen. Ferner beansprucht jede unverlangte E-Mail-Zusendung auch die Aufmerksamkeit des Empfängers über Gebühr hinaus (E-Mail laden, Betreff lesen, E-Mail rendern lassen, als Spam identifizieren, löschen, abbestellen et cetera). Dies stellt damit einen unzulässigen Eingriff in die Privatsphäre bei Privatpersonen dar. Ist der Empfänger dagegen Mitarbeiter eines Unternehmens, stört Spam den eingerichteten und ausgeübten Gewerbebetrieb in unzulässiger Weise. Beides ist nicht zu dulden. Zivilrechtliche Anspruchsgrundlagen, um gegen eine solche Verletzung des Persönlichkeitsrechts beziehungsweise gegen den Eingriff in den Gewerbebetrieb Unterlassung einzufordern, sind § 823 Abs. 1, § 1004 Abs. 1 Satz 2 des Bürgerlichen Gesetzbuches (BGB). Nur wenige E-Mail-Versender sind privilegiert und hiervon ausgenommen. Zum Beispiel dürfen Gewerkschaften Arbeitnehmer über deren betriebliche E-Mail-Adressen mit Werbung und Informationen beschicken, sofern dies nicht zu nennenswerten Betriebsablaufstörungen oder spürbaren Belastungen der Arbeitnehmer führt (vergleiche BAG, Urteil vom 20.01.2009, 1 AZR 515/08).

Abb. 21.5: Eine »Gelddruckmaschine« für den Verkäufer, eine Milchmädchenrechnung für den Käufer – in Deutschland sind gekaufte Adressen wertlos, da das erforderliche Werbeeinverständnis nicht übertragbar ist. (eBay)

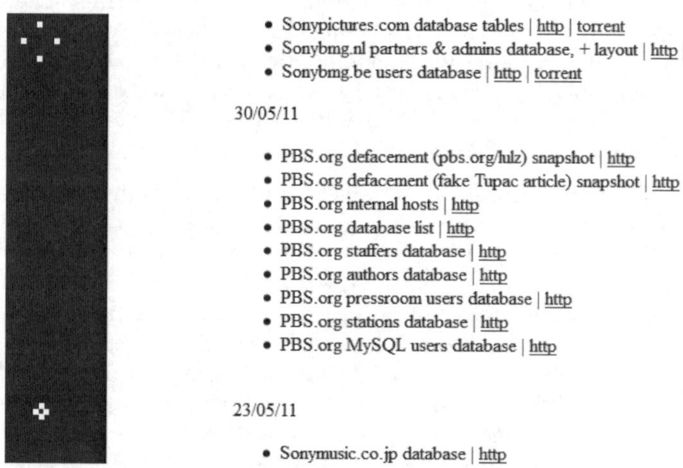

Abb. 21.6: Werkzeuge zum automatischen Adressen-Sammeln und gehackte Datenbanken gibt es zuhauf (hier: Lulz Security Releases). Nutzen darf man diese Daten selbstverständlich nicht.

Wichtig: Wer kann überhaupt in Werbung einwilligen?

Bei personenbezogenen E-Mail-Adressen (max.mustermann@firma.de) muss der Adressinhaber einwilligen. Bei unpersönlichen E-Mail-Adressen oder Rollen-Konten (sales@firma.de), hinter denen sich mehrere (teils unbekannte) Personen verbergen, ist dies schon schwieriger. Hier kann der Werbetreibende kaum nachvollziehen, ob er nicht unbestimmte Personen durch seine E-Mails unzumutbar belästigt. Schwierigkeiten hierdurch sind allerdings nicht zu erwarten. Wer die Zustimmung bekundet, gilt als berechtigt für die Adresse und kann so Werbemails an das Konto legitimieren.

Wie schaut es bei **Minderjährigen** aus? Willenserklärungen ohne Zustimmung der Eltern oder Vertreter können unwirksam sein. In der Praxis wird hierbei aber nicht auf das Alter 18+ an sich, sondern auf die Einsichtsfähigkeit der betroffenen Person abgestellt. Wenn die Person die Reichweite ihres Werbe-Einverständnisses abschätzen kann, ist es wirksam erteilt worden. Als Faustregel gilt ein Alter ab 14 Jahren. Jedoch kann ein Urteil im Einzelfall natürlich auch anders lauten. Die Unsicherheit kann nicht gänzlich ausgeräumt werden. Wer auf Nummer sicher gehen möchte, benötigt das Opt-in der Erziehungsberechtigten oder lässt sich zumindest die Volljährigkeit bestätigen (ähnlich wie in Abbildung 21.7). Dies legt auch ein Urteil des Oberlandesgerichts Hamm (Urteil vom 20.9.2012 – Az. I-4 U 85/12) nahe:

Eine von einer Verbraucherzentrale verklagte Krankenkasse hatte auf einer Job-Messe Gewinnspiele für Minderjährige angeboten. Auf den Teilnehmerkarten hatte sie Name, Anschrift, Geburtsdatum und Kontaktdaten abgefragt. Die Unterschrift eines Erziehungsberichtigten war zusätzlich für unter 15-Jährige vorgesehen. Die Teilnehmer willigten in eine Speicherung und Nutzung der abgefragten Daten ein, um über die Leistungen der Krankenkasse informiert und beraten zu werden. Unter anderem unter Hinweis darauf, dass bereits 15-Jährige ihre Krankenkasse selbst wählen dürften, hatte die verklagte Krankenkasse hierin eine zulässige Werbung gesehen. Das OLG Hamm widersprach und erklärte:

1. Einsichtsfähigkeit: Minderjährige ab dem 15. Lebensjahr können die Tragweite ihrer Einwilligungserklärung nicht genügend absehen. Abzustellen ist dabei auf Durchschnitt der Zielgruppe. Und die ist in diesem Fall in geschäftlichen Dingen noch unerfahren.
2. Incentive: Beim Lesen der Gewinnkarte überwiegt der Anreiz, etwas zu gewinnen. Das Nachdenken darüber, welche Konsequenzen die Preisgabe der Daten haben könnte, tritt beim Teilnehmer in den Hintergrund.
3. Messe: Beim Ausfüllen einer Gewinnkarte auf der Messe trifft der Teilnehmer eine kurzfristige Entscheidung über die Preisgabe seiner Daten. Eine Krankenkasse wählt er hingegen in Ruhe. Beides ist also nicht miteinander vergleichbar.

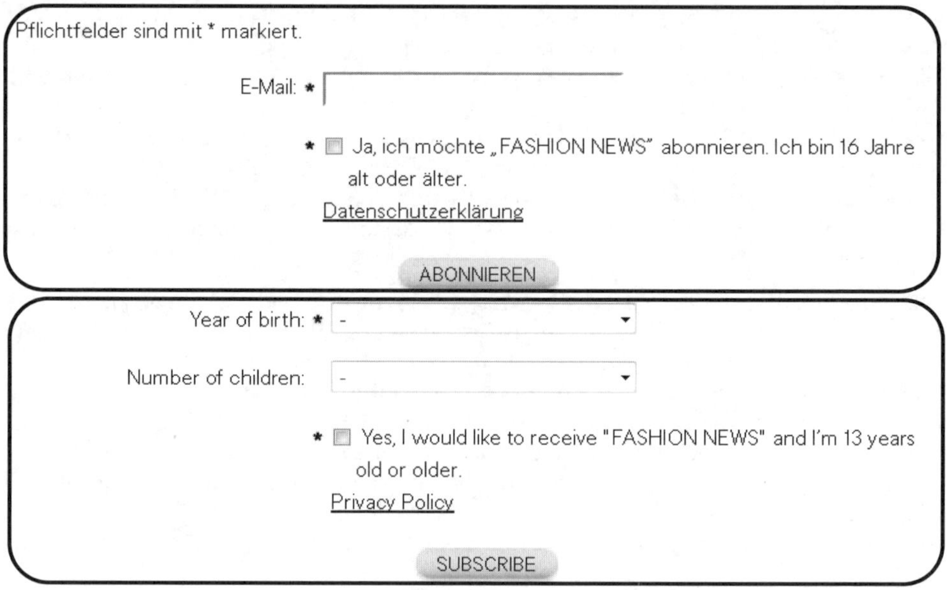

Abb. 21.7: Age-Gate zur Altersverifikation vor der Newsletter-Anmeldung für Deutschland und für die Vereinigten Staaten, in denen der Children's Online Privacy Protection Act (COPPA) es verbietet, Daten von unter 13-Jährigen zu sammeln. (`hm.com`)

21.3 Zum Begriff »Werbung«

Werben heißt allgemein: sich um jemanden bemühen. Als Mittel dazu dient die Kommunikation. Die versucht, Meinungen zu beeinflussen – oder, wie böse Zungen behaupten, zu »manipulieren«. Unternehmen bewerben sich und ihre Angebotspalette. Damit bemühen sie sich laufend darum, neue Kunden zu gewinnen und bestehende zu binden. Und zwar umfänglich nicht zu knapp. Viele der Adressaten fühlen sich heute von der teils aufdringlichen Schwemme der Beeinflussungs-Versuche gestört.

Um dem von juristischer Warte aus einen Riegel vorschieben zu können, muss klar sein, was *genau* unter Werbung zu verstehen ist. Denn der Einwilligungsvorbehalt betrifft E-Mails nicht per se, sondern er gilt für Werbung. Rein informatorische Nachrichten, die keinerlei werblichen Charakter besitzen und zweckgebunden im Rahmen der Vertragsabwicklung versandt werden, sind unproblematisch. Hierzu zählen zum Beispiel sachlich gehaltene Bestell- oder Versandbestätigungen.

21.3.1 Werbung nach dem Wortlaut der EU-Richtlinie

Gemäß Artikel 2 der Europäischen Richtlinie 2006/114/EG ist Werbung

> *»jede Äußerung [...] mit dem Ziel, den Absatz von Waren oder die Erbringung von Dienstleistungen [...] zu fördern«.*

In den einschlägigen deutschen Gesetzestexten fehlt eine Definition, die die Begriffsreichweite beispielsweise für E-Mails genauer absteckt. Allerdings ist von einer sehr weit gefassten Auslegung auszugehen.

Praktikern bereitet dies Probleme. Das rechtliche Begriffsverständnis weicht vom subjektiven Empfinden ab. Denn welche E-Mail, von persönlichen mal abgesehen, besteht wirklich zu 100 Prozent aus Sachinformationen? Rechnungen, Versandbestätigungen, Ankündigungen von Wartungsarbeiten am Server kommen dem vielleicht noch nahe. Aber allein schon ein Link zur Webseite oder ein Slogan wie »Deutschlands No. 1 Shopping Club« wird nicht grundlos angeführt; es handelt sich streng genommen um eben eine solche Äußerung, die das Image verbessern und so indirekt den Absatz fördern soll (Imagewerbung). Gleiches gilt für die Anfrage, ob der Newsletter künftig zugesandt werden darf. Oder denken Sie an komplementäre Angebote zu den gekauften Waren in der Bestellbestätigungsmail. Oder Gutscheine darin, die zum Folgekauf animieren sollen. All dies ist gemäß obiger Definition klar Werbung. Die wirklich rein informatorische E-Mail wäre damit in der Praxis eher ein theoretisches Ideal. Wie ist dies nun zu bewerten?

Im günstigen Fall wird man juristisch wohl darauf abstellen, ob entsprechende Äußerungen insgesamt, also bei Betrachtung der gesamten Nachricht, zu einer unzumutbaren Belästigung durch die E-Mail führen und selbige damit als einwilligungsbedürftige Werbung zu klassifizieren ist. Im ungünstigen Fall sind solche Maßnahmen ohne Einwilligung per se nicht erlaubt, da mit deren Vorhandensein die E-Mail Werbung enthält und damit insgesamt als Werbung zu qualifizieren ist. Der Werbetreibende müsste dann seine Cross-Selling-Angebote in Bestellbestätigungsmails derart segmentieren, dass nur diejenigen Kunden, die im Rahmen der Bestellung (oder vorher) ein Opt-in erteilt haben, damit »bespaßt« werden. Die Rechtsprechung hat bis heute noch keine klare Linie herausgearbeitet, welcher Maßstab anzusetzen ist. Übrigens: Der Newsletter ist als E-Mail-Format grundsätzlich Werbung, keine Sachinformation (vergleiche zum Beispiel BGH, Urteil vom 11.03.2004 – Az. I ZR 81/01) – da haben wir Klarheit. Nur leider nicht in der Form, wie wir uns dies gewünscht hätten ... ☺ Länder wie Frankreich unterscheiden hingegen zwischen Werbung und Newslettern (`tinyurl.com/cd96ph9`).

Vorsicht: Werbefreie Checkmail im Rahmen des Double Opt-ins

Werbung ist jede Absatz-gerichtete Äußerung. Denkt man genauer drüber nach, ist es auch gar nicht so trivial, eine wirklich werbefreie Aktivierungsmail für den Newsletter-Anmeldeprozess aufzusetzen (zum Double Opt-in vergleiche den Abschnitt 7.1 *Das Opt-in*). Doch gerade dieses Feld ist besonders sensibel, da die Checkmails potenziell eine große Anzahl an Empfängern erreichen. Halten Sie sich daher mit Branding und Abverkaufs-Gedanken zurück: Weg mit dem Firmenlogo, weg mit überschwänglichen Aussagen (»No. 1 Shopping Club«, »bis zu 70% günstigere Preise bei Mode«). Vor allem auch mit Gutscheinen als Incentive für den Bestätigungs-Klick (»Um den Gutschein zu erhalten, hier klicken«) – dies verbietet sich förmlich. Die Beschränkung auf das Plain-Text- anstelle des HTML-Formats hilft, sich zur neutralen Gestaltung zu zwingen. Diese beinhaltet den Gegenstand der Werbeeinwilligung (worin und wem gegenüber?), den Aktivierungslink, den Hinweis auf das jederzeitige Widerrufsrecht, den Hinweis auf die Löschung der Daten bei Nichtstun, den Verweis auf die Datenschutzerklärung und ein Impressum. Nicht mehr, nicht weniger. Für Reklame ist anschließend in der Willkommensmail noch genug Platz.

Vorsicht: Selbst die DOI-Checkmail ist Werbung, sagt das OLG München

Im Zusammenhang mit Double Opt-in und Werbung muss auf ein krasses und folgenschweres Fehlurteil des Oberlandesgerichts München vom 29.09.2012 hingewiesen werden (Az.: 29 U 1682/12). In verhandelten Fall sahen die Richter selbst eine Checkmail als einwilligungsbedürftige Werbung an:

»[A]uch eine E-Mail, mit der zur Bestätigung einer Bestellung im Double-opt-in-Verfahren aufgefordert wird, [fällt] als Werbung unter das Verbot des § 7 Abs. 2 Nr. 3 UWG. Die Einbeziehung von Aufforderungen zur Bestätigung einer Bestellung steht im Einklang mit einem am Ziel der Absatzförderung orientierten Verständnis des Begriffs der Werbung.«

Das Urteil erntete einen Sturm der Entrüstung unter Fachleuten. Die Checkmail wird schließlich versandt, um die Einwilligung anhand eines Linkaufrufs mehr oder weniger beweisbar dokumentieren zu können. Der Beklagte besaß anscheinend kein Protokoll über die Anforderung der Checkmail (zum Beispiel URL, Datum, Uhrzeit, IP-Adresse, Inhalt, Einwilligungstext, Datenschutzerklärung). Da wurden den Richter stutzig. Im Ergebnis schufen sie aber leider erhebliche Rechtsunsicherheit in einem Bereich, der längst als geklärt galt. Und diese Unsicherheit lässt sich wohl bis zu einem endgültigen Urteil des Bundesgerichtshofs nicht ausräumen.

21.3.2 Absatz- versus Nachfragewerbung

Als wäre dies nicht schon restriktiv genug, wissen deutsche Juristen natürlich noch einen oben draufzusetzen. Gedanklich wird mit Reklame meist die sogenannte *Absatzwerbung* assoziiert. Absatzwerbung heißt übertragen, durch die Werbemail wird unmittelbar versucht, Mehrabsatz zu generieren. Etwa indem ganz gezielt bestimmte Produkte oder Dienste gegenüber dem Empfänger angepriesen und zum Erwerb empfohlen werden. Eine weitere Kategorie ist die sogenannte *Nachfragewerbung*. Auch wer

> *»Nachfragehandlungen an andere Gewerbetreibende richtet, um damit die eigene gewerbliche Erbringung von Dienstleistungen zu fördern, betreibt mittelbar auf Absatzförderung gerichtete Handlungen, welche den Begriff der Werbung unterfallen«,*

formulierte es das LG Memmingen (`tinyurl.com/bru9npz`). Wer also beispielsweise Backlink- oder allgemein Kooperationsanfragen an unbekannte Webmaster richtet, die ihre E-Mail-Adressen kaum für solche Zwecke veröffentlicht haben, riskiert Abmahnungen. Gleiches gilt für die Anfrage, ob man beispielsweise Bannerwerbung für seine Produkte auf der Webseite des Adressaten schalten darf. Beide E-Mails zielen indirekt darauf ab, den eigenen Absatz zu fördern.

Die höchstrichterliche Rechtsprechung brachte in diesem Zusammenhang zwei interessante Urteile hervor:

1. Ein Gebrauchtfahrzeughändler darf bei einer Autohaus-Vertretung sein Interesse am Ankauf bestimmter Modelle per Fax bekunden. Der BGH klassifizierte derartige Anfragen zwar als Nachfragewerbung im Sinne des UWG mit entsprechendem Einwilligungserfordernis. Er sah aber in der Veröffentlichung der Firmen-Kontaktdaten in öffentlichen Verzeichnissen eine solche Einwilligung für diesen Kommunikations-Zweck als (konkludent) gegeben an. Damit war die Kontaktaufnahme durch den Nachfrager rechtens. Mit Gebrauchtwagen-Anfragen muss gerechnet werden. (Vergleiche BGH, Urteil vom 17.07.2008 – I ZR 75/06.)

2. In einem anderen, ähnlichen gelagerten Fall stellte das höchste Gericht dagegen ein rechtswidriges Verhalten fest: Der Anbieter eines Online-Fußballspiels kontaktierte einen Sportverein per E-Mail, um Bannerwerbung auf der Vereins-Webseite zu schalten. Bannerwerbung sei allerdings kein typischer Vereinszweck, so der BGH, und die veröffentlichte E-Mail-Adresse diene gerade nicht derartigen Anfragen, sondern nur solchen, die den Spielbetrieb oder die Vereinsaktivitäten betreffen. (Vergleiche BGH, Urteil vom 17.07.2008 – Az. I ZR 197/05.)

Die bloße Annahme einer Einwilligung in Nachfragewerbung aufgrund des Tätigkeitsbereichs des Adressaten ist rechtlich hochgradig unsicher. Ganz besonders im Bereich der E-Mail-Werbung, die eine hohe Ausuferungsgefahr in sich birgt. Beide Urteile beziehen sich auf Nachfragewerbung im B2B-Bereich. Dabei wird die Leistung des E-Mail-Empfängers (hier: Autos beziehungsweise Werbefläche) nachgefragt. Die Ergebnisse sind keinesfalls auf Absatzwerbung übertragbar, die direkt auf den Abverkauf von Waren und Dienstleistungen abzielt. Und selbst bei Nachfragewerbung ist entscheidend, ob der Empfänger tatsächlich die E-Mail-Adresse – etwa in öffentlich zugänglichen Verzeichnissen oder auf der Webseite – bekannt gemacht hat, um Werbung zu bestimmten Themen zu erhalten. In der Regel wurde die Adresse veröffentlicht, um Anfragen zu dem eigenen Leistungsangebot zu erhalten; entsprechende E-Mails wären erlaubt.

Halten wir fest:

- Die mutmaßliche Einwilligung (vermutetes Interesse aufgrund sachlicher Umstände) reicht sowieso nicht.
- Die konkludente Einwilligung (Handlung, die mittelbar auf ein Einverständnis schließen lässt) ist hochgradig unsicher und umstritten.
- Die ausdrückliche Einwilligung bleibt damit für Angebots- und Imagewerbung unabdingbar und ist auch für Nachfragewerbung sehr zu empfehlen.

21.3.3 Tell-a-Friend Werbung

Trotz der Simplizität von Social Sharing – zwei, drei Klicks und eine Internetressource ist mit vielen Freunden oder Abonnenten (»Followern«) geteilt – ist die klassische E-Mail-basierte Tell-a-Friend-Funktion in Newslettern und auf Webseiten alles andere als tot. Ganz im Gegenteil wird nach wie vor ausgiebig Gebrauch davon gemacht. Ein Wermutstropfen ist allerdings: Die Funktion beschäftigt nach wie vor die Gerichte ...

Abb. 21.8: Tell-a-Friend 1 von 3 – »Newsletter weiterempfehlen« wird typischerweise im Fußbereich eines Newsletters beworben. (Hier: BAUR)

Abb. 21.9: Tell-a-Friend 2 von 3 – an wen ist die Empfehlung gerichtet? Welche Gruß-Botschaft soll hinzugefügt werden? »Meine Adressdaten« ist hier bereits vorausgefüllt (Pre-filling). (BAUR)

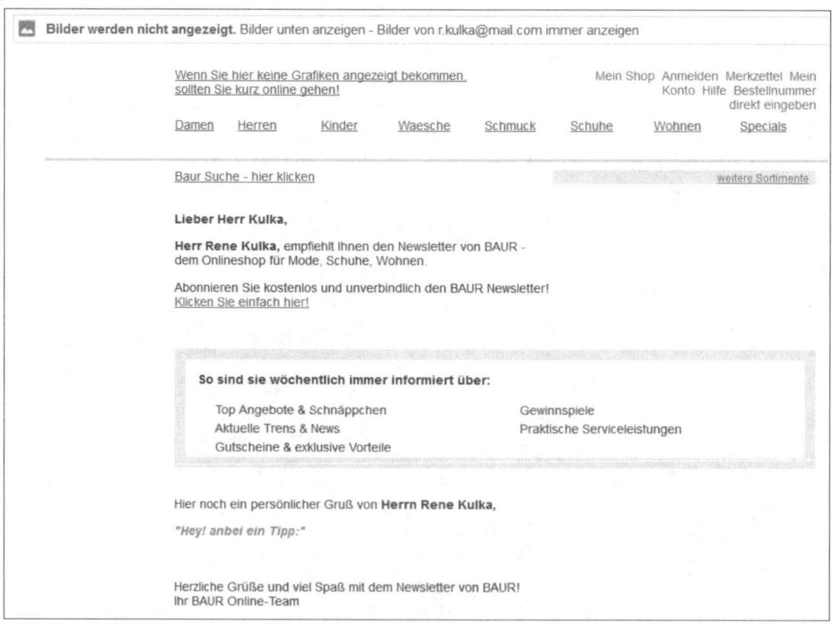

Abb. 21.10: Tell-a-Friend 3 von 3 – die Empfehlungsmail von BAUR im Postfach des Adressaten bei deaktivierten Bildern.

Die fünf wichtigsten Gebote hierbei lauten:

- Du sollst **nicht incentivieren:** Es sollten keine Prämien für Empfehlungen in Aussicht gestellt werden. Hiervon geht meist eine Ausuferungsgefahr bei der Nutzung der Funktion aus. Denn Ziel ist dann oft nicht mehr die Anregung freundschaftlicher Empfehlungen, sondern die Verleitung zum massenhaften Versand. Gutscheine für jede verschickte Empfehlungs-E-Mail sind daher ein Tabu!
- Du sollst **keine zusätzliche Werbung** platzieren: Über den Gegenstand der eigentlichen Empfehlung hinaus, also zum Beispiel das Produkt, die Mitgliedschaft oder die Newsletter-Ausgabe, sollten keine weiteren kommerziellen Äußerungen untergejubelt werden. Man beachte, dass potenziell jede Aussage als Werbung eingestuft werden könnte, wenn sie dem Absatz irgendwie zuträglich ist. Dies bezieht sich auch auf den Inhalt gegebenenfalls vorformulierter Grußtexte, die der Empfehlung vorangestellt werden. Diese sollten immer mindestens editierbar sein oder besser gänzlich von Hand eingetragen werden (vergleiche Abbildung 21.9).
- Du sollst einer **wahllosen Nutzung vorbeugen:** Allgemeine Missbrauchs-Vorkehrungen gegen Spam und Belästigungen verstehen sich von selbst. Es empfiehlt sich ferner, nur ein Adressatenfeld pro Empfehlung im Onlineformular anzubieten. Dem Empfehlenden kann auch eine Zustimmung abverlangt werden, in der er bestätigt, dass ihm die Reichweite seiner Aktion bewusst ist. Also etwa: »Ja, der Adressat ist mit dem Empfang der Empfehlungs-E-Mail in meinem Auftrag einverstanden und ich stelle den Plattformbetreiber vollumfänglich von Ansprüchen durch Rechtsverletzungen frei (= Opt-in-Bestätigung plus Haftungsfreistellung)«.

Abb. 21.11: Missbrauchsvorbeugung bei Tell-a-Friend (hier: iBusiness.de)

- Du sollst den **Empfehlenden als E-Mail-Absender** herausstellen: Zum einen durch einen Hinweis im E-Mail-Körper, dass die Nachricht durch den mutmaßlichen Freund, nicht durch den Werbetreibenden versandt wurde. Zum anderen im E-Mail-Kopf durch eine passende Absender- und Betreff-Wahl. Diffizil wird die Absenderwahl, wenn unklar ist, ob die E-Mail als mustergültige freundschaftliche Empfehlung oder nicht doch als Werbung des Plattformbetreibers zu qualifizieren ist.

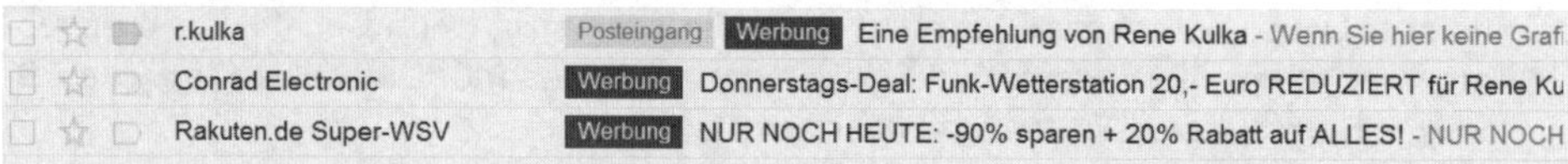

Abb. 21.12: BAUR stellt den Empfehlenden klar als Absender heraus – sowohl in der »From:« als auch in der »Subject:«-Kopfzeile der E-Mail.

- Du sollst lediglich **einzelne Produkte** oder Dienste wie den Newsletter-Service empfehlen lassen: Von einem Link zur Webpräsenz als Ganzes sollte Abstand genommen werden. Die URL zu einem einzelnen Produkt oder Dienst inklusive kurzer Beschreibung ist sicherer.

21.3.4 Weitere Spezialfälle

Angehängte Werbung

In der alltäglichen E-Mail-Korrespondenz wird vor oder nach der Signatur oftmals noch Werbung angehängt. Zum Beispiel ein Hinweis auf eine anstehende Messe oder auf den Newsletter-Service. Viele Transaktionsmails, die im Rahmen einer Vertragsabwicklung versandt werden, bieten passende Verbundprodukte an: Wer bei Amazon eingekauft hat, kennt dies – die rechte Marginalspalte der Bestellbestätigung enthält passende Zusatzprodukte zum gekauften Artikel. HoTMaiL wurde damals vor allem aufgrund seines »Get your free e-mail at hotmail.com«-Hinweises am Ende jeder ausgehenden Nachricht groß. Auch Web.de warb lange Zeit auf diese Weise (vergleiche Abbildung 21.13). Sind all solche Nachrichten damit einwilligungsbedürftige Werbemails? Die schlechte Nachricht vorweg: Dies ist bis heute ungeklärt. Es existiert keine belastbare Rechtsprechung.

Fachleute sind geteilter Meinung. Einer warnt: Werbung in Bestellbestätigungen ist – ohne Einwilligung – allenfalls im Rahmen des engen Soft-Opt-in-Rahmens möglich (`tinyurl.com/c2efxnp`). Andere sehen dies weniger kritisch – zumindest dann, wenn die Werbung gegenüber der persönlichen oder sachlichen Information *vollständig* in den Hintergrund tritt (vergleiche Schirmbacher in »Online-Marketing und Recht« sowie das Land Hessen `tinyurl.com/cxfbalm`). Bei lediglich angehängter Werbung sollte der eigentliche Inhalt ohne Unterbrechung reklamefrei rezipiert werden können. Das Belästigungspotenzial der Werbung, um das es ja geht, ist denkbar gering und wohl kaum »unzumutbar« im Sinne des Wettbewerbsrechts.

Doch Vorsicht: Sobald schwere Banner-Grafiken auf dem Smartphone heruntergeladen werden müssen oder der Blick auf die eigentliche Information versperrt wird, kann die Beurteilung schon wieder anders aussehen. So verlockend Werbeanhängsel also nun vielleicht erscheinen mögen – im Zweifel sollte Rücksprache mit dem Anwalt des Vertrauens gehalten werden. Schließlich handelt es sich um einen weiteren Graubereich, der durchaus auch gegen den Werbetreibenden entschieden werden kann.

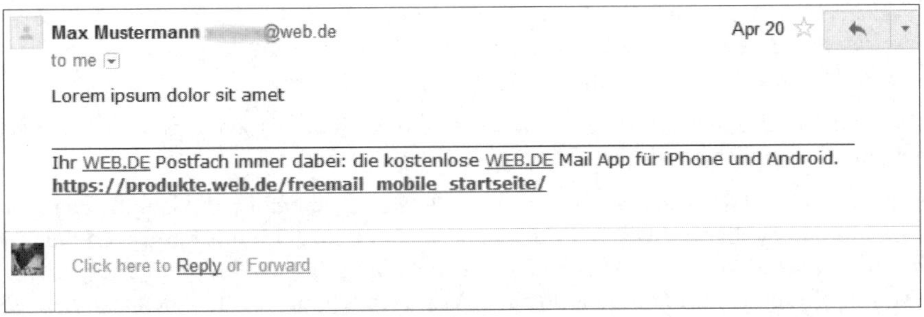

Abb. 21.13: Klassiker – automatische Werbeanhängsel bei ausgehenden Web.de-Nachrichten

Spendenwerbung

Das Landgericht Berlin hatte über E-Mail-Werbung für gemeinnützige Zwecke zu entscheiden (LG Berlin, Urteil vom 22.07.2011 – Az. 15 O 138/11). Für das Musikfestival »Charity rockt!« versendete ein Musikverlag E-Mails ohne Opt-in an potenzielle Sponsoren mit der Bitte um Unterstützung, etwa in Form von vergünstigten Übernachtungsmöglichkeiten für die Künstler. Zusätzlich wurden in der E-Mail Möglichkeiten angeboten, sich auf dem Festival zu präsentieren. Insgesamt handele es sich um zustimmungspflichtige Werbung, so das Gericht. Und die Zustimmung sei nicht in der Veröffentlichung der Kontakt-E-Mail-Adresse bspw. auf der Webseite zu sehen.

Zufriedenheitsbefragung im After-Sales

Das Landgericht Coburg räumte Anfang 2012 ein, dass Feedbackanfragen an Bestandskunden ohne Opt-in legitim sein können (Az. 33 S 87/11). Selbst dann, wenn diese zu einem gewissen Teil werblich sein sollten. Der Fall: Ein Rechtsanwalt bestellte Stühle. Dabei wurde er versehentlich in den Newsletter-Verteiler des Beklagten aufgenommen. Auf seine Austragung hin erhielt er noch eine unerwünschte Abmeldebestätigung, gegen die er sich per Antwortmail beschwerte. Schließlich erreichte ihn nach der Produktlieferung eine weitere unerwünschte E-Mail, genauer: eine Zufriedenheitsbefragung. Daraufhin mahnte er den Versender ab und zog vor Gericht.

Interessant sind die Ausführungen der Richter. Die Zufriedenheitsbefragung stellte demnach keine unzumutbare Belästigung dar. Beurteilungskriterien hierfür sind

> *»z.B. die Intensität des Eingriffs, die Gefahr einer Summierung, etwaige Ausweichmöglichkeiten des Kunden sowie eine Möglichkeit der schonenderen Ausübung des Handelnden.«*

Im vorliegenden Fall war die Intensität des Eingriffs in die Privatsphäre gering und es bestand keine Gefahr des Ausuferns. Schließlich richtete sich die Anfrage nur an Bestandskunden. Und derartige Transaktionsmails sind marktüblich.

Ob es sich bei einer E-Mail um Werbung handele, sei differenziert zu sehen; *eine* werbliche Aussage qualifiziert nicht zwangsweise die *gesamte* E-Mail als kritische Werbung. Bei der gegenständlichen Nachricht

> *»handelt es sich – wenn überhaupt – dann zumindest nicht überwiegend um eine Werbemaßnahme, sondern auch und vor allem um eine Zufriedenheitsanfrage und Kun-*

denservice«. Weiter heißt es, dass »[v]om objektiven Empfängerhorizont aus [...] eine solche Feedbackanfrage im Zusammenhang mit einem vorangegangenen Geschäftskontakt keineswegs offenkundig als Werbung anzusehen [ist].«

Im Klartext: Die Feedbackanfrage war *hier* keine einwilligungsbedürftige Werbebotschaft, auch wenn sie möglicherweise werblichen Charakter besitzt.

So hoffnungsvoll das Urteil auch stimmt – letztlich ist völlig unklar, ob sich andere Gerichte dem anschließen. Denn: Erkundigen Sie sich nach einem Kauf nach der Zufriedenheit Ihres Kunden, tun Sie dies nicht selbstlos. Sie möchten Kundennähe demonstrieren, Käufer binden und Ihr Angebot für die Akquise verbessern – letztlich also den Absatz fördern. Derartige E-Mails sind werbliche Äußerungen. Entsprechend zeigte sich das Oberlandesgericht Köln bei telefonischen Kundenbefragungen wenig verständnisvoll (vergleiche Urteile vom 12.12.2008 – Az.: 6 U 41/08 und vom 30.3.2012 – Az.: 6 U 191/11).

Werbung im Autoresponder

Abstand nehmen sollten Werbetreibende besser von Werbung in automatischen Antwort-E-Mails wie zum Beispiel Abwesenheitsnotizen. Jedenfalls dann, wenn sie ohne weitere Selektion auch an Empfänger ohne Opt-in verschickt wird. Und wenn es nach dem Gusto des Amtsgerichts München geht (vergleiche AG München, Urteil vom 09.07.2009 – Az. 161 C 6412/09). Was war geschehen?

Ein Arzt erhielt eine solche Autoresponder-Benachrichtigung, die Werbung für Dienstleistungen der Beklagten inklusive Link dorthin enthielt. Zwischen beiden bestand keine Geschäftsbeziehung. Nachdem der Arzt Auskunft und Löschung seiner Daten forderte, erhielt er dieselbe E-Mail erneut. Daraufhin begehrte er Unterlassung beim Gericht, das ihm recht gab. Die Werbung per Autoresponder stellt ohne das vorherige ausdrückliche Einverständnis des Adressaten eine unzumutbare Belästigung dar. Auch dann, wenn die Werbebotschaft im Betreff klar als solche gekennzeichnet ist und somit schnell aussortiert werden könnte. Ein Arzt muss allein aus Gründen der ärztlichen Sorgfaltspflichten bereits alle eingehenden E-Mails »untersuchen«.

Kapitel 22

Ihre Pflichten beim Umgang mit E-Mail-Adressen

Wir wissen nun, was unter Werbung zu verstehen ist. Und wir wissen, dass wir für die Zusendung von E-Mail-Werbung eine Einwilligung benötigen. Ungeklärt ist jedoch, wie genau die auszusehen hat. Die Rechtsprechung unterscheidet zwei Ebenen: die datenschutz- und die wettbewerbsrechtliche. Lassen Sie uns beide Schritt für Schritt aufschlüsseln und so schließlich die »Geheimnisse des Opt-ins« für E-Mail-Werbung herausarbeiten.

22.1 Datenschutz: »Bewusste und eindeutige« Einwilligung

Die datenschutzrechtliche Einwilligung ist zunächst einmal

> *»nur wirksam, wenn sie auf der freien Entscheidung des Betroffenen beruht. [...] Die Einwilligung bedarf der Schriftform, soweit nicht wegen besonderer Umstände eine andere Form angemessen ist. Soll die Einwilligung zusammen mit anderen Erklärungen schriftlich erteilt werden, ist sie besonders hervorzuheben«*

(§ 4a BDSG). Die Zustimmung in die Speicherung und Verarbeitung persönlicher Daten nach dem BDSG kann demnach auch zusammen mit anderen Erklärungen, zum Beispiel in den AGB oder in den Datenschutzbestimmungen, abgegeben werden. Sie muss dann aber

- drucktechnisch deutlich auf dem Papier **hervorgehoben** werden (räumlicher Abstand, Einrahmen, Fettdruck et cetera); andernfalls wäre sie überraschend und damit ein Verstoß gegen das Transparenzgebot.
- auf einer **freien Entscheidung** beruhen (siehe auch Abschnitt 21.2 *Grundlegender rechtlicher Rahmen*). Einfache Anmelde-Belohnungen wie Gutscheine schränken die Entscheidungsfreiheit im Allgemeinen nicht ein.
- schriftlich erfolgen. Das **Schriftform**-Erfordernis bedeutet, dass dem Newsletter-Interessenten eine Unterschrift auf Papier, eine qualifizierte elektronische Signatur oder per Fax abverlangt wird, wobei ein Computerfax nicht ausreichend ist. In § 4a BDSG heißt es: »Die Einwilligung bedarf der Schriftform, soweit nicht wegen besonderer Umstände eine andere Form angemessen ist.«

Für E-Mail-Werbung und die Adressgewinnung via Webseite wäre ein ausschließliches Schriftformerfordernis augenscheinlich wenig zielführend. Zum Glück reicht auch die digitale Form. Damit sind dann allerdings vier weitere Voraussetzungen verknüpft:

> *»Die Einwilligung kann* **elektronisch** *erklärt werden, wenn der Diensteanbieter sicherstellt, dass 1. der Nutzer seine Einwilligung bewusst und eindeutig erteilt hat,*

2. die Einwilligung protokolliert wird, 3. der Nutzer den Inhalt der Einwilligung jederzeit abrufen kann und 4. der Nutzer die Einwilligung jederzeit mit Wirkung für die Zukunft widerrufen kann«

(§ 13 Abs. 2 TMG). Alle Voraussetzungen müssen erfüllt sein. Ein Knackpunkt ist die Voraussetzung Nummer 1. Die Zustimmung muss **bewusst** erfolgen. Hierdurch soll zum einen ein durchschnittlich informierter Nutzer elektronischer Medien davor geschützt werden, seine Einwilligung übereilt zu erteilen und später negativ überrascht zu werden. Gerade in den flüchtigen digitalen Medien klickt man schließlich gerne schon mal Dinge an oder weg, ohne dabei genauer hinzuschauen und unwichtige von wichtigen Entscheidungen zu unterscheiden. Jeder von uns hat sich schon mal »verklickt« – bei einer Unterschrift (»Schriftform«) sieht dies wohl anders aus. Die passive Zustimmung (zum Beispiel gesetztes Häkchen nicht entfernen) genügt dieser Anforderung in den Augen vieler Fachleute nicht. Ein aktives Tun wie das Setzen eines Häkchens in einer leeren Checkbox oder der Klick auf den »Newsletter abonnieren«-Button dagegen schon. Jedenfalls dann, wenn sich die Aktion **eindeutig** auf den Willen bezieht, eine hinreichend bestimmte Art von E-Mail-Werbung zu erhalten. Der Nutzer muss in Kenntnis der Sachlage sein und genau wissen, welche Daten warum erhoben werden und an wen diese gegebenenfalls weitergegeben werden.

Die Datennutzung unterliegt zudem einem strikten **Zweckbindungsgrundsatz**. Für andere Zwecke als diejenigen, für die die Daten ursprünglich erhoben und gespeichert worden sind, dürfen sie später nicht ohne Weiteres genutzt werden. (Ausnahmen bestehen zum Beispiel, wenn in die Verwendung für andere Zwecke eingewilligt wurde oder wenn die neue Nutzung im offensichtlichen Interesse der Betroffenen liegt.)

22.2 Wettbewerb: Ausdrückliche Zustimmung (»Opt-in«)

Hieran knüpfen wir nun die wettbewerbsrechtliche Einwilligung an, die ebenfalls als Voraussetzung für die Zusendung von Werbemails zu berücksichtigen ist. Der einschlägige § 7 Abs. 2 Nr. 3 UWG verlangt für die Zustimmung **Ausdrücklichkeit**. Dahinter verbergen sich drei Anforderungen, die allesamt erfüllt sein müssen:

1. der Interessent muss für seine Zustimmung **aktiv tätig** werden,
2. seine Erklärung muss **gesondert** nur für E-Mail-Werbung erfolgen und
3. sie muss **hinreichend bestimmt** sein.

1. Aktives Tun

Das Erfordernis einer ausdrücklichen Zustimmungserklärung nach Maßgabe des UWG-Gesetzestextes schließt Werbemails auf Grundlage einer *mutmaßlichen* oder *konkludenten Einwilligung* aus. Das heißt, seitens des Interessenten ist immer ein Tätigwerden, also eine **aktive Handlung** nötig, um in etwas Bestimmtes zuzustimmen (= **Opt-in**). Eine Annahme eines Einverständnisses mit einer Widerspruchsmöglichkeit (= **Opt-out**) reicht nicht! Aktiv heißt zum Beispiel:

- Häkchen in einer Checkbox setzen,
- Kreuzchen auf einer Gewinnspielkarte machen,

- Visitenkarte in die Box auf der Messe mit der Aufschrift »Newsletter abonnieren« einschmeißen,
- Link in einer Double-Opt-in-Checkmail anklicken und so weiter.

Definitionen: Opt-in, Opt-out, mutmaßliche und konkludente Zustimmung

Der Begriff »Opt-in« (»to opt« = »optieren, sich für etwas entscheiden«) kann im internationalen Dialogmarketing-Sprachgebrauch aufgefasst werden als Kurzform für »option to get in[to the list]«, also »Möglichkeit, rein [in die Adressliste] zu gelangen«. Im rechtlichen Sinne handelt es sich beim Opt-in um eine explizite Zustimmungshandlung in Bezug auf bestimmte Reklame-Zusendungen. Und zwar in Abgrenzung zu einem passiven Einverständnis sowie zur mutmaßlichen und konkludenten Einwilligung in Werbung.

Die Annahme einer Zustimmung ohne aktives Tun, aber mit Widerspruchsmöglichkeit, wird als »Opt-out« (»option to get out [of the list]«) bezeichnet. Hierbei wird Werbung grundsätzlich so lange als zulässig erachtet, bis der Nutzer widersprochen hat. Der Widerspruch kann zum Beispiel elektronisch durch Entfernen eines vorselektierten Häkchens oder durch Klicken eines bestimmten Links sowie schriftlich etwa durch Streichen eines Absatzes bei der Adress-Erhebung oder im Laufe der Kommunikation erklärt werden.

Bei der mutmaßlichen Einwilligung wird aufgrund konkreter sachlicher Umstände ein Interesse an einem bestimmten Werbegegenstand angenommen. Solche Umstände können eine besonders lange und enge Geschäftsbeziehung oder ein offenkundiger bestimmter Bedarf sein.

Bei der konkludenten Zustimmung schließlich erfolgt ebenfalls kein explizites Einverständnis, jedoch lassen bestimmte Handlungen auf eine Zustimmung schließen. Ein Beispiel wäre das Anführen bestimmter Begriffe wie »Standalone-Werbeflächen« im Xing-Profil unter »Suche« und der Empfang entsprechender Angebote per Privat-Mitteilungen (PM).

E-Mail-Werbung in Deutschland bedarf heute fast ausnahmslos eines Opt-ins. Ob die Rechtsprechung im Einzelfall eine konkludente Einwilligung in absatzgerichtete E-Mail-Werbung noch als zulässig erklären würde, ist fragwürdig. Die höchstrichterliche Rechtsprechung von 2004, nach der sowohl ein konkludentes als auch – im B2B-Bereich – ein mutmaßliches Einverständnis ausreichte (vergleiche BGH, Urteil vom 11.3.2004 – Az. I ZR 81/01), ist überholt.

2. Gesonderte Erklärung

Der deutsche Gesetzgeber wollte mit dem § 7 UWG auch die Maßgaben der EG-Datenschutzrichtlinie für elektronische Kommunikation 2002/58/EG umsetzen. Kein Wunder also, dass die datenschutzrechtliche und wettbewerbsrechtliche Einwilligung in weiten Teilen deckungsgleich sind. Aber eben nicht überall.

- »Ausdrücklichkeit« beinhaltet entsprechend der Richtlinie auch eine »*spezifische Angabe*«.
- Dies meint hier: eine gesonderte, nur auf die Einwilligung in die Zusendung von Werbung mittels elektronischer Post bezogene Zustimmungserklärung des Betroffenen (vergleiche BGH, Payback-Urteil vom 16.07.2008 – Az. VIII ZR 348/06).
- Was bedeutet dies?

- Im Unterschied zur datenschutzrechtlichen kann also die wettbewerbsrechtliche (ausdrückliche) Einwilligung **nicht zusammen mit anderen Erklärungen** abgegeben werden.
- Das Einverständnis für E-Mail-Werbung lässt sich damit insbesondere nicht über eine AGB-Klausel, also als *eine* Erklärung inmitten vieler *anderer* vertraglicher Vereinbarungen, herbeiführen.
- Die Vorgabe lautet klipp und klar: Der Einwilligungstext darf sich allein nur auf die Zustimmung in E-Mail-Werbung beziehen, damit ein Opt-in wirksam zustande kommt.

Ein angehängter Verweis auf *zustimmungsrelevante* Informationen steht hierbei natürlich außen vor. Das heißt, ein »Ja, ich möchte E-Mail-Werbung (Datenschutzlink)« ist ebenfalls in Ordnung. Nicht in Ordnung wäre es aber, *ein* Okay zu den AGB *und* zum Abonnement von Werbemails abzuliefern. Ich betone dies, da dieser Punkt in der Praxis immer wieder Fragen aufwirft. (Man beachte, dass selbst das gleichzeitige Einverständnis in E-Mail- *und* SMS-Werbung mit einem Klick fragwürdig ist. Fachleute sind sich bis heute uneinig, ob dies gemäß den gesetzlichen Vorgaben ein E-Mail-Opt-in hervorbringt. Denn streng genommen ist es ja keine gesonderte Erklärung.)

»Gesonderte Erklärung« in der Rechtsprechung

In der Praxis wird auch heute zum Teil noch versucht, eine Zustimmung über eine Klausel in den Allgemeinen Geschäftsbedingungen herbeizuführen. Obwohl dies bekanntermaßen wettbewerbswidrig ist. Auch das LG Magdeburg hat dies mit Urteil vom 18.08.2010 – Az. 7 O 456/10 (015) noch einmal herausgestellt. Der Verbraucherzentrale Bundesverband (vzbv) mahnte ein städtisches Werk wegen seiner AGB ab, die unter anderem folgende vertragliche Abmachung enthielten: »Ein Kunde erklärt mit Abschluss des Vertrages sein Einverständnis zur Nutzung seiner gespeicherten Daten zu eigenen Marketingzwecken der SWM, insbesondere zur [...] elektronischen (z.B. E-Mail) Information über aktuelle Angebote und Veranstaltungen der SWM.« Das Landgericht bezieht sich in der Urteilsbegründung auf das Payback-Urteil des BGH vom 16.07.2008 – Az.: VIII ZR 348/06, nach dem formularmäßige Einwilligungen in E-Mail-Werbung als gesonderte Zustimmungen, losgelöst von anderen Erklärungen, erfolgen müssen. Erforderlich ist hiernach also eine separate Handlung (»Opt-in«), die sich ausschließlich auf die Zustimmung in Werbezusendungen bezieht. Die Listung der Werbe-Einwilligung als eine unter vielen Ziffern in den AGB erfüllt diese Voraussetzung nicht. Ende vom Lied: Das Werk muss die wettbewerbswidrigen Ziffern entfernen. Und da die zitierte Klausel unwirksam war, dürfen E-Mail-Adressen nicht auf deren Grundlage beschickt werden.

Ähnlich gelagert ist der Fall des BGH-Beschlusses vom 14.04.2011 – Az. I ZR 38/10. In einer Frauenzeitschrift befand sich ein Gewinnspiel. Für die Teilnahme war eine adressierte Gewinnspielkarte beigelegt. Unter dem Feld für die Telefonnummer befand sich der folgende Opt-in-Text: »Tel. (z.B. zur Gewinnbenachrichtigung u. für weitere interessante telef. Angebote der [Beklagten])«. Auch hier ist die Einwilligung in einer Textpassage eingebettet, die andere Erklärungen und Hinweise (»zur Gewinnbenachrichtigung«) enthält. Der Passus bezieht sich nicht allein auf die Zusendung von Werbemails. Damit war die Einwilligung unwirksam.

3. Hinreichende Bestimmtheit

Die Einwilligung muss als dritte Voraussetzung schließlich **hinreichend bestimmt** sein, um wirksam erteilt zu werden. Der Betroffene muss sich in Kenntnis der Sachlage für einen konkreten Fall entscheiden können. Oft finden sich in der Praxis jedoch völlig konturlose Klauseln, nach denen praktisch eine Zustimmung in alles gegenüber jedem erteilt wird (Generaleinwilligung). Das Problem dabei ist, dass der Durchschnitts-User die Tragweite seines Einverständnisses vorab dabei nicht ansatzweise, geschweige denn in ausreichender Weise erkennen kann. Die folgenden Fragestellungen – nach Wichtigkeit sortiert – sollten deshalb möglichst klar bei Abgabe seines Opt-ins beantwortet worden sein:

- **Werbeberechtige(r):** Wer genau möchte mit mir in Kontakt treten? (Die Musterware GmbH);
- **Werbemedium:** Worüber möchte derjenige mit mir in Kontakt treten (per E-Mail);
- **Werbegegenstand:** Mit welchen Kommunikationsinhalten ist zu rechnen? (Tipps rund um das Thema E-Mail-Marketing);
- **Werbehäufigkeit:** Wie oft möchte die Firma mich anschreiben? (14-täglich);

In der Praxis bereiten vor allem der Werbegegenstand, aber auch die Werbehäufigkeit Probleme. (Siehe zum Beispiel auch beim Thema Co-Sponsoring in Kapitel 6 – es muss mindestens die Produktgattung bestimmt werden, für die geworben wird. Ferner ist das Medium E-Mail und die berechtigte Firma zu nennen. Die Werbehäufigkeit ist nachgelagert und bleibt außen vor.) Idealerweise möchte der Werbetreibende den Abonnenten flexibel auch zu außerordentlichen Anlässen wie den Geburtstag et cetera kontaktieren können. Alle möglichen Sondermailings sind aber vorab unter Umständen noch gar nicht bekannt. Ganz zu schweigen vom Umfang, den die Opt-in-Klausel annähme, würde man alle potenziellen Werbegelegenheiten aufzählen. Entsprechend lässt sich der Inhalt auch meist nur durch die gängigen Floskeln grob umreißen: Neuigkeiten, Gutscheine, Tipps und so weiter. Ob dies zu allgemein gehalten ist, ist unklar. Der Richter entscheidet im Falle eines Falles oft nur, ob eine Klausel hinreichend bestimmt war, nicht aber, wann sie hinreichend bestimmt gewesen wäre. Musterbeispiele seitens der Gerichte oder seitens der klagenden Verbände gibt es nicht. Bislang standen auf der »Abschussliste« von Verbraucherschützern aber vor allem

- Generaleinwilligungen
  - in alles (zum Beispiel »touristische und nicht-touristische Infos«)
  - gegenüber jedermann (zum Beispiel »von uns und unseren [nicht näher bestimmten] Partnern«)
  - bei Adresskampagnen (Gewinnspiele, Pseudo-Umfragen)

Man sollte dem Abonnenten eine etwaige Unbestimmtheit trotzdem – salopp gesagt – nicht unter die Nase reiben. Aber das marktübliche »... *unser* Newsletter mit *neuen Angeboten* ...« dürfte kaum Probleme bereiten. Jedenfalls dann nicht, wenn die Einwilligung offenkundig allein *Ihnen* auf *Ihrer* Webseite für Werbung zu *Ihren* Produkten und Diensten erteilt wird (und nicht etwa bei einem Gewinnspiel, bei dem sich unzählige Co-Sponsoren die Einwilligung teilen). Dem durchschnittlich informierten Onliner ist dann mehr oder weniger klar, worin er einwilligt.

Abb. 22.1: Zwiespalt – je konkreter die Einverständniserklärung gefasst wird, desto höher ist zwar die Rechtssicherheit. Allerdings werden die Einsatzmöglichkeiten eingeschränkt – der wirtschaftliche Wert des Opt-ins sinkt. Die Datenspeicherung und -nutzung ist immer an den vereinbarten Zweck gebunden.

»Hinreichende Bestimmtheit« in der Rechtsprechung

Das OLG Hamburg machte mit seinem Urteil vom 29.07.2009 – Az. 5 U 43/08 noch einmal deutlich, dass konturlose Einwilligungserklärungen in die Zusendung von Werbe-E-Mails unwirksam sind. Die Werbe-Zustimmung muss gemäß Datenschutz-Richtlinie 95/46/EG Artikel 2 für den konkreten Fall und in Kenntnis der Sachlage erteilt werden. Dies gelingt nur, wenn Werbegegenstand, Werbemedium und Werbesubjekt(e) vorab hinreichend bestimmt wurden.

Die Beklagte generierte E-Mail-Adressen für Werbezwecke durch Internet-Gewinnspiele. Drei Adressaten erhielten nach der Teilnahme Werbemails zu den Themen »Private Kranken-Versicherung«, »Urlaubsreisen? Camping-Plätze in der Region Rhône-Alpes« und »PC SpeedScan«. Der vzbv klagte, da keine wirksame Einwilligung vorliege und ohne diese Werbe-E-Mails rechtswidrig seien. Das OLG Hamburg bejahte dies (trotz Double-Opt-in-Bestätigung), da die von der Beklagten vorgetragenen Klauseln wie »erklärt sein Einverständnis, dass [...] wie alle Teilnehmer touristische und nicht touristische Werbung von uns und unseren Partnern erhält« und »[...] nur von uns und unseren Geschäftspartnern für die Zusendung des 14-täglichen, kostenlosen Newsletters sowie von Verbraucher-Tipps und Markt-Informationen per E-Mail [...] genutzt. Durch Absenden ihrer Daten erklären Sie hierfür Ihr ausdrückliches Einverständnis [...]« eine unwirksame Generaleinwilligung für alle mögliche E-Mail-Werbung von x-beliebigen Werbetreibenden darstelle. Die zweite Einwilligung ist mit »Geschäftspartnern« und »Newsletter«, »Verbraucher-Tipps« und »Markt-Informationen« auch nur scheinbar konkreter als die erste. Für eine wirksame Einwilligung hätten der Werbegegenstand sachlich eingegrenzt und die Werbeberechtigten angeführt werden müssen – etwa durch Nennung konkreter Produkte und einzelner Firmen.

Beispiele und zusammenfassende Übersicht

Die folgende Tabelle zeigt exemplarisch einige Einwilligungstexte inklusive einer Bewertung:

Einwilligungstext (Muster)	Beurteilung
[ ] Ja, ich bin damit einverstanden, von der Firma Mustermann GmbH den wöchentlichen Newsletter zu neuen Musterwaren zugesandt zu bekommen.	Wirksame Opt-in-Erklärung.

Tabelle 22.1: Beispiele für Einwilligungsklauseln im Bereich B2C und B2B sowie Interessenten und Kunden

Einwilligungstext (Muster)	Beurteilung
Das Einverständnis kann ich jederzeit widerrufen; in jeder E-Mail befindet sich ein Hinweis. [Datenschutz-Link mit Infos darüber, welche Daten zu welchem Zweck erhoben werden und welche Rechte der Adressat – abgesehen vom Widerspruchsrecht – noch hat.]	
[ ] Ich willige ein, dass meine E-Mail-Adresse für Telefon-, SMS- und E-Mail-Werbung verwendet wird.	Fraglich: Das Einverständnis bezieht sich eventuell nicht gesondert auf E-Mail-Werbung.
[ ] Hier ankreuzen, wenn Sie nicht damit einverstanden sind, Werbemails von uns zu erhalten.	Unwirksam: Ein passives Einverständnis (Opt-out), bei dem der Nutzer durch Tätigwerden (Kreuzchen setzen) widersprechen kann, genügt nicht.
[X] Ich möchte auch den Newsletter abonnieren. (Häkchen entfernen, falls nicht.)	Unwirksam: Wie oben – ein vorangekreuztes Häkchen (Opt-out) genügt dem Erfordernis, aktiv zu werden, ebenfalls nicht.
________ ← E-Mail-Adresse: Für Gewinnbenachrichtigung und interessante Angebote der Mustermann GmbH.	Unwirksam: Der Opt-in-Text enthält weitere Hinweise oder Erklärungen und bezieht sich somit nicht einzig auf die Zusendung von Werbemails.
[ ] Ja, ich bin einverstanden, dass Sie und Ihre Partner mir E-Mail-Werbung zusenden.	Unwirksam: Die Einwilligung ist nicht hinreichend bestimmt, da unklar ist, wer genau alles (»Partner«?) das Opt-in empfängt.
Gewinnspiel-Checkmail: »Bitte auf den folgenden Link klicken, um Ihre Gewinnspielteilnahme zu bestätigen: LINK«	Unwirksam: Die Bestätigung einer Gewinnspielteilnahme ist kein Double Opt-in für Werbung – auch wenn viele Adressvermarkter solche Daten als DOI-verifiziert an Sie vermieten möchten.
[ ] Ja, ich willige in die Zusendung von E-Mail-Werbung seitens der 102 Gewinnspiel-Sponsoren (Link zur Liste mit Firmenname und Branche) ein. Das Einverständnis kann ich jederzeit widerrufen.	Vermutlich unwirksam: Die Partnerunternehmen sind zwar benannt, aber die Erklärung ist wohl intransparent; später ist kaum noch nachvollziehbar, wem ein Opt-in erteilt wurde. Hierzu existiert allerdings keinerlei Rechtsprechung. Die Certified Senders Alliance empfiehlt eine Begrenzung auf maximal 10 Sponsoren beim Gewinnspiel-Co-Sponsoring.
[ ] Mit der Nutzung meiner E-Mail-Adresse für Marketingzwecke bin ich einverstanden.	Unwirksam: Was genau ist unter »Marketingzwecke« zu verstehen? Etwa auch der Adressverkauf?!

Tabelle 22.1: Beispiele für Einwilligungsklauseln im Bereich B2C und B2B sowie Interessenten und Kunden (Forts.)

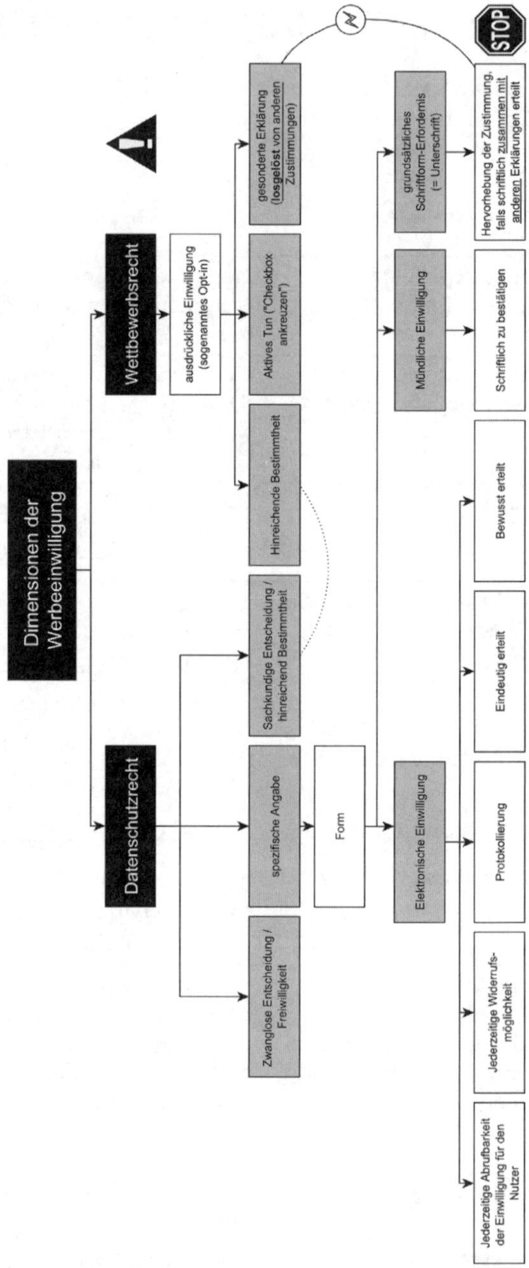

Abb. 22.2: Sowohl die wettbewerbsrechtliche als auch die datenschutzrechtliche Dimension der Werbeeinwilligung müssen erfüllt sein. Beide sind in weiten Teilen deckungsgleich. Es gibt auch Unterschiede. Elementar wichtig: Wettbewerbsrechtlich kann die Zustimmung für E-Mail-Werbung nicht zusammen mit anderen Erklärungen (AGB, Datenschutzhinweise et cetera) angegeben werden. (Für die zivilrechtliche Dimension gelten weitestgehend die gleichen Anforderungen.)

22.3 Fremdwerbung und Opt-in-Reichweite

Je nach Ausgestaltung bieten E-Mails und Newsletter interessante Werbeflächen für Dritte. Der Listeigner, also der Versender, dem gegenüber das Werbeeinverständnis erteilt wurde, vermarktet seine Flächen, um zusätzliche Werbeerlöse zu erzielen. Gängig sind:

1. redaktionell anmutende Inserate, die zum Thema des Newsletters passen und ein hohes Zielgruppen-Matching aufweisen (häufig im B2B-Bereich vorzufinden),
2. Textanzeigen oder Banner-Schaltungen in Standard- oder auch Sonder-Formaten und
3. Standalone-Werbung (auch: List-Rental, Sponsoring), bei der der E-Mail-Inhalt allein das Werbemittel darstellt.

Die Buchung erfolgt direkt über den Listeigner oder über kleinere sowie größere Werbevermarkter/Agenturen. Vergütet wird nach Erfolg (Zahlung pro Lead, pro Klick, Verkauf, Anruf, Views/Öffnungen et cetera) oder Reichweite (Tausend-Kontakt-Preis, TKP).

Es stellt sich die Frage: Kann der Versender derartige Werbung für Dritte später einfach schalten, auch wenn die Empfänger per Opt-in-Klausel lediglich in den Empfang seines Newsletters zugestimmt haben? Oder müssen die Adressaten auch hierin explizit eingewilligt haben? Nun, es kommt wohl – wie so oft – drauf an:

- **Kleinere Anzeigen und Banner:** Gewisse Verallgemeinerungen, was etwa Werbefrequenz oder den Werbegegenstand anbelangt, sind bei der Ausgestaltung des Einwilligungstextes unumgänglich und daher wohl erlaubt. Dies bezieht sich auch auf Inserate im Newsletter, deren Schaltung vorab also dem Empfänger gegenüber nicht explizit angekündigt werden muss. Schließlich machen diese in der Regel nur einen kleinen Teil des Newsletters aus und bieten kaum das Potenzial, in unzumutbarer Weise zu belästigen. Vorausgesetzt natürlich, dass Werbeanzeigen und redaktionelle Inhalte in einem vernünftigen Verhältnis zueinander stehen.
- **Standalone-Mailings:** Differenzierter dürfte die Beurteilung beim Versand von Sondermailings ausfallen, die einzig aus einem Inserat bestehen. Denn hier bildet die Fremdwerbung den alleinigen Inhalt der E-Mails. Der redaktionelle Teil entfällt komplett. Problem: Wurde in den Empfang der Inhalte nicht vorab ausdrücklich und bewusst eingewilligt, können (unerlaubt) Kosten im Betrieb für das Sichten und Aussortieren verursacht und die Aufmerksamkeit eines Adressaten über Gebühr hinaus beansprucht werden. Ob sie unverlangt ist, hängt davon ab, welche Reichweite der Einwilligungstext enthielt. Generaleinwilligungen in alle mögliche Werbung sind nicht erlaubt. Gegebenenfalls muss eine zweite Einwilligung eigens für Standalone-Werbung her oder die eine Zustimmung wird hinreichend weit eingegrenzt (zum Beispiel Eingrenzung von Produkten und mögliche Werbetreibende/Anzeigekunden per Partner-Link im Einwilligungstext). Auch wenn es erstaunlicherweise kaum Rechtsprechung in diesem Bereich gab, muss dieses Problem von Beginn an berücksichtigt werden, falls die Monetarisierung des Newsletters über Standalones Dritter geplant ist. Dies gilt umso mehr, je weiter sich die beworbenen Fremdinhalte vom Thema des Newsletters beziehungsweise vom Werbegegenstand, für den die Einwilligung erteilt wurde, entfernen können. Ansonsten bleibt zum Schluss nur die Option, von den bestehenden Abonnenten ein weiteres Opt-in in die Zusendung hinreichend bestimmter Fremdwerbung einzuholen.
- **Soft Opt-in:** Ein klares Nein für Anzeigen Dritter gilt beim Soft Opt-in nach § 7 Abs. 3 UWG (vergleiche Abschnitt 22.10 *Werbeversand ohne Einwilligung? Das Soft Opt-in*).

Denn wer beim Verkauf von Produkten oder Dienstleistungen per Opt-out Newsletter-Abonnenten gewinnt, darf diese entsprechend dieses Erlaubnisvorbehaltes explizit nur mit Werbung für ähnliche Produkte aus dem eigenen Sortiment beschicken.

22.4 Kopplungsverbot – oder: Zwangs-Opt-in bei Gewinnspielteilnahme?

Die Frage, ob Gewinnspielteilnehmern im Internet bei ihrer Eintragung auch eine Newsletter-Einwilligung in Form eines Pflicht-Häkchens abgerungen werden darf, beschäftigt Werbetreibende und Verbraucherschützer seit jeher. Der Deal »Gewinnchance gegen Reklame« hat aus Sicht der Listeigner natürlich Charme. Auf diese Weise lässt sich schnell eine hohe Quantität an Adressen für die Mailingliste gewinnen. Adresshändler und Werbetreibende im Consumer-Bereich nutzen Gewinnspiele daher seit Jahren zur Datensammlung und generieren so teils mehrere Tausend Werbeeinwilligungen monatlich. Das Prinzip ist auch im B2B-Bereich verbreitet. Hier lautet die Devise zumeist: White-Paper-Download gegen Werbeeinverständnis. Doch ist dies eigentlich erlaubt?

22.4.1 Kopplung erlaubt oder nicht – seit Langem ein Zankapfel

Das Thema Kopplungsverbot ist bis heute umstritten. Im Datenschutz- und Wettbewerbsrecht angesiedelt, soll es vor allem eine **freiwillige Einwilligungserklärung** sicherstellen. Im UWG existieren diverse Normen, die auf das Kopplungsverbot Bezug nehmen und beim Verstoß Unterlassungserklärungen und Schadensersatz bewirken können. »Freiwilligkeit« meint in diesem Zusammenhang: ohne Irreführung (zum Beispiel durch Verschleierung oder Unterlassung einer Information), transparent und ohne unsachgemäße Beeinflussung zum Beispiel durch zu starke Anreize.

Der für das Kopplungsverbot heute einschlägige § 28 Abs. 3b BDSG lautet:

> *Die verantwortliche Stelle darf den Abschluss eines Vertrags nicht von einer Einwilligung [...] abhängig machen, wenn dem Betroffenen ein anderer Zugang zu gleichwertigen vertraglichen Leistungen ohne die Einwilligung nicht oder nicht in zumutbarer Weise möglich ist.*

Beim Verstoß ist die Werbeeinwilligung unwirksam und es drohen Bußgelder. Das Problem ist nur: Was sind »**gleichwertige** vertragliche Leistungen«? Etwa die alternative Gewinnspiel-Teilnahme ohne Werbeeinwilligung per Postkarte? Was ist eine »**zumutbare** Weise«? Nur Einwilligungs-freie Angebote vom gleichen Anbieter oder auch von einem anderen Marktteilnehmer? Ergo: Rechtsunsicherheit und Auslegungsrisiken ...

Früher prüften die Gerichte hierbei insbesondere das Vorhandensein einer Monopolstellung. Verbraucher sollten also primär vor monopolartigen Unternehmen geschützt werden, die einen Zwang zum Werbeeinverständnis vor den Zugang zu anderen Diensten, wie zum Beispiel einem Gewinnspiel, setzen. Zur Einschätzung ganz nebenbei bemerkt: eBay besaß rund 75 Prozent Marktanteil im Bereich der Internetauktionen, als das Brandenburgische Oberlandesgericht eine Monopolstellung verneinte (vergleiche OLG Brandenburg, Urteil vom 11.01.2006 – Az. 7 U 52/05).

22.4.2 Heutige Rechtsprechung anhand eines Beispiels

Und heute? Exemplarisch sei ein typisches Szenario für eine Verknüpfung von Gewinnspielteilnahme und Werbezustimmung geschildert. Der Nutzer N möchte beim WM-Karten-Gewinnspiel von T auf der Seite »tkom.de/wm-tickets« teilnehmen. Die Startseite klickt N weg. Sodann beantwortet er eine einfache Gewinnfrage und gelangt schließlich zur Formularseite, auf der er seine persönlichen Daten hinterlassen soll. Pflichtfelder im linken Formularbereich sind mit einem Sternchen gekennzeichnet; »Einfach ausfüllen und gewinnen« prangt als Überschrift. Gesagt, getan. Teilnahmebedingungen des Gewinnspiels rechts noch angekreuzt und auf »Senden« geklickt. Aber nichts da – Ts Webseite spuckt eine Fehlermeldung aus: »Es fehlen noch Angaben ...«. Ein »Bitte bestätigen« schillert in roten Lettern nebst dem bewusst leer gelassenen Kontrollkästchen für das Werbeeinverständnis. »Na gut ...«, denkt N sich, »Ich wollte zwar keinen Newsletter von T; aber jetzt habe ich schon alles eingegeben, und wenn es halt nicht anders geht ...« Er erteilt T also zusätzlich noch seine Newsletter-Zustimmung und nimmt so an der Verlosung für die WM-Tickets teil.

Gewinnspielteilnahme nur gegen Werbezustimmung – ist die Einwilligung von N wirksam? Nein, urteilte das Oberlandesgericht Köln in einer Entscheidung vom 12.9.2007 (Az. 6 U 63/07) in einem Fall, der unserem konstruierten Beispiel sehr ähnlich gewesen sein dürfte. Ts E-Mail-Werbung im Anschluss wäre somit rechtswidrig. Interessant ist nun die Urteilsbegründung, da eine Kopplung nicht grundsätzlich ausgeschlossen wird. Knackpunkt war, dass N zu spät von T über das Erfordernis eines Einverständnisses informiert wurde: *»Will [N nach dem Klick auf »Senden«] dem Schutz seiner Privatsphäre Vorrang einräumen, muss er seine bereits getroffene Entscheidung zur Gewinnspielteilnahme revidieren; die erst zu diesem Zeitpunkt offenbarte Kopplung führt also dazu, dass der Verbraucher durch psychischen Druck zu einer Entscheidung – für die Abgabe seiner Einwilligungserklärung – veranlasst wird, die er zunächst bewusst nicht treffen wollte. Dies stellt [?] eine unangemessene unsachliche, die freie Willensbildung der angesprochenen Verbraucher beeinträchtigende Einflussnahme dar, die wettbewerbsrechtlich nicht hinzunehmen ist.«* Vorsichtig könnte man also den Umkehrschluss wagen, dass das Gericht eine Kopplung, wenn sie von Beginn an transparent kommuniziert wird, wettbewerbsrechtlich als zulässig erachtet hätte.

Wie hätte man es besser machen können? Ideen für mehr Transparenz wären:

- eine prominente Überschrift à la »Einfach ausfüllen, Newsletter bestellen und gewinnen« und
- ein deutliches Sternchensymbol für obligatorische Felder inklusive des Opt-in-Feldes.

22.4.3 Fazit: Kopplung ist weiter Graubereich

Ist eine Kopplung zwischen Gewinnspiel-Teilnahme und Werbeeinverständnis in Form eines erzwungenen Opt-ins nun zulässig oder nicht? Die Frage lässt sich von der datenschutzrechtlichen und von der wettbewerbsrechtlichen Seite aus zwar beleuchten, aber nicht abschließend klären:

- **Datenschutzrecht:** Der Gedanke der rechtlichen Kopplungs-*Zulässigkeit* wird zusätzlich befeuert durch das »neue« Bundesdatenschutzgesetz, das knapp zwei Jahre nach der beschriebenen Entscheidung des OLG Köln reformiert wurde. Denn gemäß § 28 Abs. 3b BDSG ist *heute* datenschutzrechtlich die Kopplung praktisch erlaubt. Es sei denn, dem Verbraucher ist kein Zugang zu gleichwertigen Leistungen auf zumutbare Art und

Weise möglich. »Gleichwertige« Internetgewinnspiele gibt es wie Sand am Meer. Selbst die Gewinnhöhe spielt beim Leistungsvergleich vermutlich keine Rolle, schätzt Rechtsanwalt Dr. Martin Bahr (`tinyurl.com/cv9o8ul`). Gleichsam sind die meisten Whitepapers im B2B-Umfeld kaum so einzigartig, dass es keine vergleichbaren Alternativen am Markt gibt. Vermutlich also grünes Licht für viele Anwendungsfälle von datenschutzrechtlicher Seite her.

- **Wettbewerbsrecht:** Das Problem besteht nun jedoch darin, dass die wettbewerbsrechtliche Seite weiter ungeklärt ist. Juristen sind vor dem Hintergrund der bisherigen Rechtsprechung unterschiedlicher Auffassung. Martin Bahr geht davon aus, dass die datenschutzrechtlichen Vorschriften übertragbar sind. Denn es gilt der Grundsatz einer einheitlichen Rechtsordnung. Die gegenteilige Meinung vertritt Tobias Kuntze (`tinyurl.com/d58zpfj`). Demnach ist eine Kopplung wettbewerbsrechtlich eher unzulässig, da ein Gewinnspiel zum einen sachlich nichts mit einem Werbeeinverständnis zu tun hat. Und zum anderen wird der Teilnehmer durch die Gewinnaussicht möglicherweise so beeinflusst, dass seine Zustimmung nicht mehr zwanglos erfolgt.

Tipp: Mindestens Transparenz, besser jedoch kein Zwangs-Opt-in

Ein Risiko bleibt also beim Thema Kopplung bestehen (Graubereich). Wer sichergehen möchte, sollte auf ein Zwangshäkchen beim Gewinnspiel-Werbeeinverständnis weiterhin gänzlich verzichten. Ganz gleich, ob sich wohl gleichwertige Leistungen allerorts auch ohne Opt-in abgreifen lassen.

Falls dem Nutzer das Opt-in doch abgelockt wird, sollte die Kopplung aber mindestens gleich zu Beginn offengelegt werden. Damit dürfte die Gefahr verringert werden, dass die Zustimmung als unfreiwillig beziehungsweise »unter Zwang erteilt« beurteilt wird. Zur Einordnung: Freiwilligkeit ist nach Maßgabe bisheriger Urteile definitiv *nicht* gegeben, wenn etwa auf Gewinnspiel-Seite eins die Teilnahmedaten eingegeben werden und auf Seite zwei dann doch noch einmal *überraschend* eine Werbeeinwilligung abverlangt wird.

Exkurs: Kopplung von Gewinnspielteilnahme und Warenkauf

Was, wenn ein im Newsletter beworbenes Gewinnspiel an den Warenkauf gekoppelt ist? Beispielsweise erhält der Empfänger die Chance auf ein Jahr Tankfreiheit im Wert von 5.000 Euro, sobald er einen Artikel im Shop bestellt. Ist dies rechtmäßig? Gemäß § 4 Abs. 6 UWG ist eine solche Koppelung von Gewinnspielteilnahme und Kauf zwar rechtswidrig, der Europäische Gerichtshof hat diese Untersagung aber zum Teil gekippt (EuGH, Urteil vom 14.01.2010 – Az. C-304/08). Das deutsche Verbot ist hiernach zu streng und steht nicht im Einklang mit der EU-Richtlinie gegen unlautere Geschäftspraktiken. Die Wettbewerbszentrale klagte erfolglos gegen Plus, die eine Lotterieteilnahme an den Produktkauf (genauer: an die Sammlung von »gekauften Bonuspunkten«) koppelten. Der EuGH hält allerdings auch fest, dass eine Koppelung lediglich nicht generell verboten werden dürfe, sondern im Einzelfall auf die Kriterien der Richtlinie geprüft werden müsse. Hierzu gehört insbesondere die Frage, ob das Verhalten des Durchschnittsverbrauchers durch die Praxis wesentlich beeinflusst werden kann, er also zum Beispiel durch die Chance auf einen exorbitanten Gewinn zum Kauf von Produkten verleitet wird, die er sonst nie in Erwägung gezogen hätte. Das Restrisiko sollte im Einzelfall mit einem fachkundigen Rechtsanwalt abgestimmt werden.

22.5 Wenige Pflichtfelder, Newsletter anonym nutzbar machen

Unter datenschutzrechtlichen Gesichtspunkten gilt:

1. Der Interessent sollte einen Newsletter-Dienst nach Möglichkeit **anonym** nutzen können. § 13 Abs. 6 TMG schreibt vor:

   »Der Diensteanbieter hat die Nutzung von Telemedien [...] anonym oder unter Pseudonym zu ermöglichen, soweit dies technisch möglich und zumutbar ist«.

2. Ferner sollten nur so viele Daten erhoben werden, wie wirklich nötig sind. »Zwar weiß ich viel, doch möchte ich alles wissen« – dieser fromme Wunsch wird sich also leider nicht so ohne Weiteres erfüllen. Das sogenannte Datenvermeidungs- oder auch **Datensparsamkeitsgebot**, das dem entgegensteht, findet seinen Niederschlag in § 3a BDSG:

   »Die Erhebung, Verarbeitung und Nutzung personenbezogener Daten [... ist] an dem Ziel auszurichten, so wenig personenbezogene Daten wie möglich zu erheben, zu verarbeiten oder zu nutzen.«

Wichtig: Newsletter brauchen nur eine E-Mail-Adresse

Für einen E-Mail-Service wie den Newsletter ist im Allgemeinen nur die E-Mail-Adresse unbedingt erforderlich. Andere Daten sind Bonus.

22.5.1 Obligatorische Daten

Aus diesen beiden Verpflichtungen, eine anonyme Nutzungsmöglichkeit anzubieten und möglichst sparsam bei der Datenerhebung zu sein, leiten Fachleute ab, dass nur die E-Mail-Adresse ein **Pflichtfeld** bei der Anmeldung sein darf. Von Formaten, bei denen die Individualisierung Kernstück des E-Mail-Service ist, einmal abgesehen. Dies könnte die Erhebung weiterer obligatorischer Daten vielleicht rechtfertigen. (Insofern wird Ihnen ein fachkundiger Rechtsanwalt sicher auch die Formularvariante verargumentieren können, bei der anstelle des »Onlineformular absenden«-Knopfes ein »Herr«- und ein »Frau«-Knopf implementiert sind – vergleiche Abbildung 5.27 in Kapitel 5. Auch wenn hierdurch der Interessent zur Angabe seines Geschlechts *gezwungen* wird. Letzten Endes ist das Datensparsamkeitsgebot eine sehr dehnbare »Wischiwaschi«-Vorschrift. Andernfalls würden Ihnen wie auch mir sicher nicht so viele Anmeldeformulare mit zig Pflichtfeldern unterkommen.)

22.5.2 Freiwillige Daten

Damit wir uns nicht falsch verstehen: Über die notwendige Pflichtangabe »E-Mail-Adresse« hinaus dürfen Sie natürlich so viele *freiwillige* Daten abfragen, wie Sie möchten. Zusatzfelder wie (1) Geburtsdatum, (2) Anrede, Vorname, Nachname, (3) Postleitzahl und so weiter sollten aber begründet und später über eine Profilselbstverwaltung gepflegt werden können. Zugegeben: Große Erklärungen für jedes Feld würden das Formular aufblähen und Usability sowie das Verteilerwachstum in Mitleidenschaft ziehen. Trotzdem können Tooltipp-Lösungen verwendet werden. Dabei erscheint ein erklärender Text zum Eingabefeld, sobald der Nutzer mit der Maus über einem Fragezeichen-Icon verweilt oder Ähnliches. Exemplarische Begründungen für einzelne Felder könnten sein: (1) weil das Gesetz eine

Altersbeschränkung (»Age Gate« bei Spirituosen-Anbietern, vergleiche auch Abbildung 21.7 im vorigen Kapitel) auferlegt hat oder weil man schlichtweg zum Geburtstag gratulieren möchte, (2) weil man den Abonnenten persönlich anreden möchte und (3) weil man lokale Sonderangebote der nächstgelegenen Filiale in den Newsletter integrieren möchte. Durch die Begründungen einzelner Felder werden unter Umständen bestimmte Erwartungen geschürt. Diese sollten Sie anschließend auch erfüllen: Wer den Geburtstag für eine Überraschung abfragt, muss zum Stichtag auch etwas Entsprechendes parat haben.

Wichtig: Freiwillige Angaben kennzeichnen

Die Freiwilligkeit der Zusatzangaben muss optisch klar erkennbar sein. Oder anders ausgedrückt: Es muss deutlich werden, dass nur die Eingabe der E-Mail-Adresse zwingend erforderlich ist. Sonst fühlt sich der Interessent genötigt, alle Daten einzugeben. Üblicherweise beinhaltet das Formularfeld für die E-Mail-Adresse ein Asterisk-Zeichen (Sternchen, *), das dann in einer entsprechenden Fußnote »*Pflichtfeld« aufgelöst wird.

22.6 Widerrufsmöglichkeit einräumen

§ 13 Absatz 2 und 3 TMG schreiben vor:

> *»Die Einwilligung kann elektronisch erklärt werden, wenn der Diensteanbieter sicherstellt, dass [...] 4. der Nutzer die Einwilligung jederzeit mit Wirkung für die Zukunft widerrufen kann. Der Diensteanbieter hat den Nutzer vor Erklärung der Einwilligung auf das Recht [...] hinzuweisen«.*

Der Diensteanbieter hat den Nutzer also **vor Erklärung der Einwilligung** auf das Widerrufsrecht hinzuweisen. Dies impliziert auch, dass der Hinweis

- in unmittelbare Nähe zum »abonnieren«-Knopf auf der Webseite sowie
- zum Bestätigungslink in der Double-Opt-in-Checkmail

platziert gehört, sodass er auch sicher wahrgenommen wird. In der Checkmail ist er sogar noch wichtiger als auf der Webseite. Warum? Die E-Mail könnte einen Empfänger erreichen, der sie gar nicht selbst bestellt hat. Würde er das Abonnement nun aktivieren und enthielte die Checkmail keinen Hinweis auf die Widerrufsmöglichkeit, so wäre er nicht entsprechende der TMG-Vorgaben belehrt worden.

Abb. 22.3: Auf das jederzeitige Widerrufsrecht ist vor Erklärung der Einwilligung hinzuweisen – links exemplarisch das Opt-in auf der Webseite, rechts das (Double) Opt-in aus der Checkmail heraus.

Text-Vorschlag

Ein Passus bei der Datenerhebung könnte exemplarisch lauten: »*Sie können der Nutzung Ihrer Daten zu Werbezwecken jederzeit kostenfrei per E-Mail an abmelden@mustermann.de oder telefonisch unter 0800 - 12345678 widersprechen. Ein Abbestell-Link hierzu findet sich auch in jedem Newsletter.*«

Freiwillig ist das Opt-out auf Dauer nur dann, wenn es stets kündbar ist. Jederzeit widerrufbar ist es, wenn der Adressat auch **in jedem Newsletter** klar und deutlich auf sein **kostenfreies Widerspruchsrecht** hingewiesen wird. Ganz wichtig in diesem Zusammenhang ist die Verhaltensregel nach § 7 Abs. 2 Nr. 4 UWG:

> »*Eine unzumutbare Belästigung ist stets anzunehmen [...] 4. bei Werbung mit einer Nachricht, [...] bei der keine gültige Adresse vorhanden ist, an die der Empfänger eine Aufforderung zur Einstellung solcher Nachrichten richten kann, ohne dass hierfür andere als die Übermittlungskosten nach den Basistarifen entstehen.*«

Das Gesetz macht zwar keine genaueren Angaben darüber, wie diese »gültige Adresse« genau ausschauen muss. Wer einen Blick in die CSA-Regularien und in den Ehrenkodex E-Mail-Marketing wirft, stellt aber fest, dass sich hinter den Kulissen prinzipiell alle Marktteilnehmer einig sind: Mindestens muss ein **funktionierender Abmeldelink** vorhanden sein (in Text-Form, nicht als Grafik!), der maximal mit einem Bestätigungsklick auf der Landeseite die E-Mail-Adresse aus dem Verteiler entfernt (kein Log-in oder Ähnliches). Auch die globale Abmeldung von mehreren Formaten sollte einfach möglich sein. Idealerweise wird der Link im Newsletter ergänzt um eine weitere Widerrufsmöglichkeit per **Antwort-E-Mail**. Wer es perfekt machen möchte, der nutzt eine Versandlösung, die jeder E-Mail einen sogenannten **List-Unsubscribe-Header** hinzufügt (vergleiche Abschnitt 26.2.6 *Empfehlungen für eine bessere Gmail-Zustellbarkeit*. Bei Webmail-Anbietern, die diese Information verwenden können, ist so eine Austragung über das Webmail-Interface möglich.)

Vorsicht: Abmeldungen nicht ignorieren!

Das Landgericht Braunschweig entschied mit Urteil vom 18.10.2012 (Az. 22 O 66/12): Unternehmen müssen interne Prozesse so ausgestalten, dass Abmeldungen auch dann berücksichtigt werden, wenn ein Abonnent andere als die vom Versender vorgegebenen Abmeldefunktionen wie den Abmeldelink nutzt. Achten Sie also zum Beispiel darauf, dass auch Widersprüche Beachtung finden, die per E-Mail an Ihre info@-Adresse gerichtet werden. Falls dabei unklar ist, ob der Absender tatsächlich berechtigt für das E-Mail-Postfach ist, in das keine Werbung mehr zugestellt werden soll, muss zumindest nachgefragt werden.

Ein weiterer Tipp: **Benennen** Sie die E-Mail-Adresse klar, die ausgetragen wurde. Ansonsten kann es zu Schwierigkeiten kommen, falls der Abonnent Ihnen das Werbeeinverständnis bezüglich seiner Person entzieht, er aber mit zusätzlichen Adressen eingetragen ist (`tinyurl.com/y8qzr6c`). Abbildung 22.4 zeigt, wie dies aussehen könnte.

Für weitere rechtliche sowie Marketing-geleitete Überlegungen zur Widerrufsmöglichkeit sei an dieser Stelle auf Abschnitt 10.7 *Footer: Impressum, Abmeldung und mehr* verwiesen.

Abb. 22.4: E-Mail-Adresse auf der Austragen-Seite benennen und Links zum Impressum sowie zu den Datenschutzbestimmungen platzieren (Quelle: Trusted Shops)

22.7 Wirkungsdauer und Verfall der Einwilligung

Wer in das Thema E-Mail-Marketing einsteigt, beginnt zunächst mit der Adressgenerierung. Der Verteiler ist das obligatorische Fundament eines Programms – und der mühsame Aufbau geht nicht von heute auf morgen vonstatten. Daher sollten zeitnah infrage kommende Quellen für Werbeeinwilligungen angezapft werden. Meist vergeht nach der Anmeldung dann aber eine gewisse Zeit, bis die Newsletter-Premiere und erste Inhalte für die Neu-Abonnenten folgen. Viele Monate oder gar Jahre sollten allerdings nicht ins Land gehen.

Prinzipiell sollte die Werbeeinwilligung wie jede **unbefristete Willenserklärung** eigentlich so lange gelten, bis sie widerrufen wird. Doch sahen einige Gerichte dies derweil anders. Zumindest, falls es sich um ein unangetastetes Opt-in handelt, das überraschend nach geraumer Zeit doch noch eingesetzt wird. So mancher Nutzer kann sich dann nämlich nicht mehr an das Werbeeinverständnis erinnern. Die Gefahr steigt, dass er sich dann belästigt fühlt.

Die erwähnten Urteile beziffern das **Verfallsdatum eines ungenutzten Opt-ins** wie folgt:

- Das Landgericht Hamburg erklärte mit Urteil vom 17.02.2004 (Az. 312 O 645/02), dass eine vor zehn Jahren generierte und zwischenzeitlich ungenutzte Permission ihre Wirksamkeit verloren hat.
- Das Landgericht Berlin bezifferte das Verfallsdatum mit Beschluss vom 02.07.2004 (Az. 15 O 653/03) auf zwei Jahre.
- Das Landgericht München erklärte im Urteil vom 08.04.2010 (Az. 17 HK O 138/10), dass *»[e]ine einmal erteilte Einwilligung [?] mit Ablauf eines längeren Zeitraums ihre Aktualität [verliert]. Dies ist jedenfalls dann der Fall, sofern zwischen der Erteilung der Einwilligung und der Versendung der E-Mail ein Zeitraum von etwas mehr als 1 1/2 Jahren liegt.«*

Eine gewisse Zeitspanne bis zum ersten Werbekontakt ist unter vielen Umständen sicher vertretbar. Aber eine wirksam erteilte Einwilligung ist eben anscheinend doch nichts für die Ewigkeit. Nicht nur durch den expliziten Widerruf, sondern auch durch dauerhaften Nichtgebrauch kann diese wieder verfallen. Erst der zeitnahe Start ab erteilter Einwilligung und eine gewisse Regelmäßigkeit in der Kommunikation frischen die Permission immer wieder auf.

Tipp: »Meine Einwilligung gilt bis auf Widerruf«

Die Gefahr eines Opt-in-Verfalls bei Nicht-Gebrauch lässt sich senken: Nehmen Sie explizit in den Einwilligungstext mit auf, dass das Opt-in bis auf Widerruf des Abonnenten gilt. Dazu rät Rechtsanwalt Martin Schirmbacher: `tinyurl.com/bt9fqkp`.

22.8 Auskunftspflicht des Versenders und »Opt-in-Nachweis«

22.8.1 Auskunftspflicht gegenüber jedem Empfänger

§ 34 BDSG Abs. 1 schreibt vor:

> *»Die verantwortliche Stelle hat dem Betroffenen auf Verlangen Auskunft zu erteilen über 1. die zu seiner Person gespeicherten Daten, auch soweit sie sich auf die Herkunft dieser Daten beziehen, 2. den Empfänger oder die Kategorien von Empfängern, an die Daten weitergegeben werden, und 3. den Zweck der Speicherung.«*

Alle Newsletter-Abonnenten haben dem Versender gegenüber also jederzeit einen **Selbstauskunfts-Anspruch** bezüglich der zu ihrer Person gespeicherten **Daten**, deren **Herkunft**, den **Zweck** der Speicherung und an welche **Stellen** diese gegebenenfalls übermittelt werden. Dies gilt auch für **ausländische Abonnenten** und umfasst zudem die gegebenenfalls zu einem **Pseudonym** gespeicherten Profildaten. Zumindest dann, wenn es der ausdrückliche Wunsch der anfragenden Person ist, die Pseudonymisierung wieder aufzulösen. (Zweck einer Pseudonymisierung bei der Generierung von Nutzungsprofilen ist ja gerade, den Bezug zur Person aufzulösen.) Zustandekommen und Inhalt einer Werbe-Einwilligung sind für jeden E-Mail-Empfänger also genau zu protokollieren.

Die Weigerung oder Falschauskunft kann als Ordnungswidrigkeit gewertet werden. Eine Auskunft pro Jahr hat **kostenlos** zu erfolgen. Zur **Form** existieren keine genauen Vorgaben – ein erläuterter Datenbank-Screenshot ist ebenso möglich wie Text. Die Antwort auf das Auskunftsersuchen sollte nach Möglichkeit innerhalb von **zwei Wochen** erfolgen.[1]

Tipp: Auskunft auf Knopfdruck liefern

Je nach Permission-Stärke und Verteilergröße ist die Wahrscheinlichkeit, dass im Laufe der Zeit vermehrt Selbstauskünfte angefragt werden, höher oder niedriger. Unter Umständen empfiehlt es sich, auf Knopfdruck die passenden Antworten auf gängige Vordrucke für Selbstauskünfte extrahieren zu können. Beliebte Vordrucke sind insbesondere »Thoms Fassung von Framstags freundlichem Folterfragebogen« (`schnappmatik.de/TFFFFF`), auch bekannt als TFFFFF, TFFFF und T5F, sowie diejenigen vom vzbv sowie von `selbstauskunft.net`. Einige Versender binden auch spezielle Links in den Newsletter ein, die beim Klick einen sogenannten Permission Reminder im Browser öffnen – also eine Erinnerung daran, wann und wo der Empfänger sich für den Newsletter eingetragen hat.

1 Vgl. Martin Bahr: Recht des Adresshandels, 2011, S. 46 f.

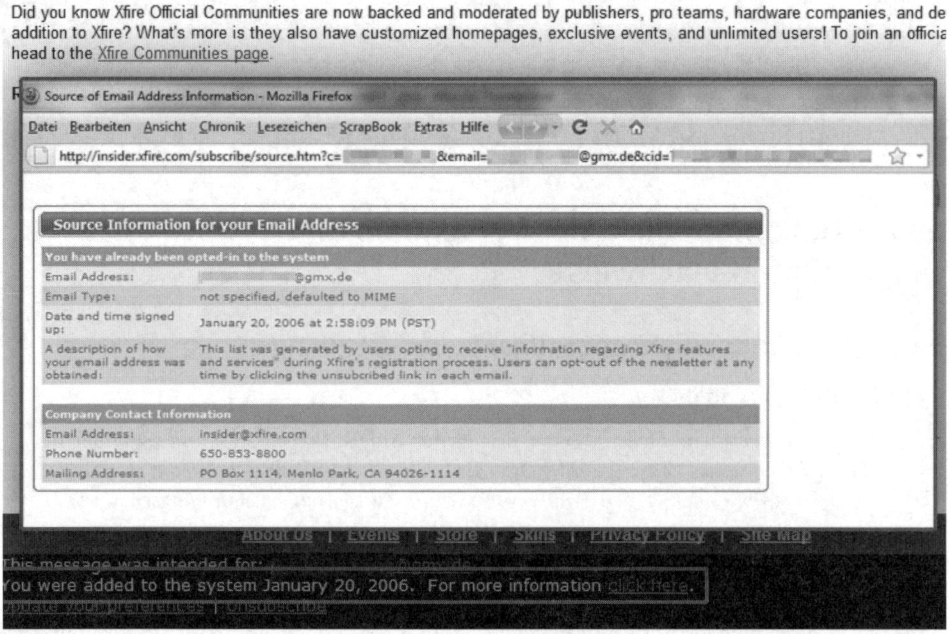

Abb. 22.5: Permission Reminder im Newsletter der Xfire Community

22.8.2 Exemplarisch: Das CSA-Beschwerdeverfahren

Die allermeisten E-Mail-Dienstleister in Deutschland sind Teilnehmer am CSA-Whitelist-Projekt vom DDV und vom eco Verband. Spambeschwerden erreichen meist die Internetbeschwerdestelle des eco Verbandes. In einem Beschwerdeverfahren wegen unverlangt zugesandter E-Mail-Werbung treten daher hierzulande häufig vier Parteien auf:

1. Der Werbetreibende als vermeintlicher »Spammer«,
2. der E-Mail-Service-Provider als Certified-Senders-Alliance-(CSA-)zertifizierter technischer Versanddienstleister,
3. der Empfänger als Betroffener
4. und schließlich die Internetbeschwerdestelle des eco Verbands als Schlichter.

Abbildung 22.6 soll den typischen Ablauf eines Beschwerdeverfahrens zunächst veranschaulichen.

Zur Erklärung: (1) Der Werbetreibende C verschickt im Beispiel über die Infrastruktur des E-Mail-Service-Providers (ESP) unerwünschte E-Mail-Werbung an eine bestimmte Person. Diese Person reicht daraufhin eine Beschwerde (2) bei der `internet-beschwerdestelle.de` ein. Der dortige Sachbearbeiter wendet sich im nächsten Schritt an das Abuse-Management des ESP (3) und verlangt nach einem Opt-in-Nachweis für den Beschwerdeführer. (Natürlich nur, sofern der Betroffene mit der Datenübermittlung einverstanden ist.) Der ESP reicht das Auskunftsgesuch an seinen Kunden weiter (4), den Versender C. C schaut in seiner Adressdatenbank nach. Falls der Datensatz gefunden wurde, sollte der Opt-in-Nachweis (5) mindestens die folgenden vier Fragen beantworten:

1. Wer (E-Mail-Adresse) hat
2. wo (Datenquelle, zum Beispiel Website, Messe, Telefongespräch et cetera) und
3. wann (Zeitstempel bestehend aus Datum und Uhrzeit)
4. worüber (IP-Adresse) eingewilligt? (Beim Double-Opt-in-Verfahren sind IP und Timestamp des Klicks in der E-Mail maßgeblich; die Anmeldung auf der Webseite kann schließlich auch durch Dritte durchgeführt worden sein.)

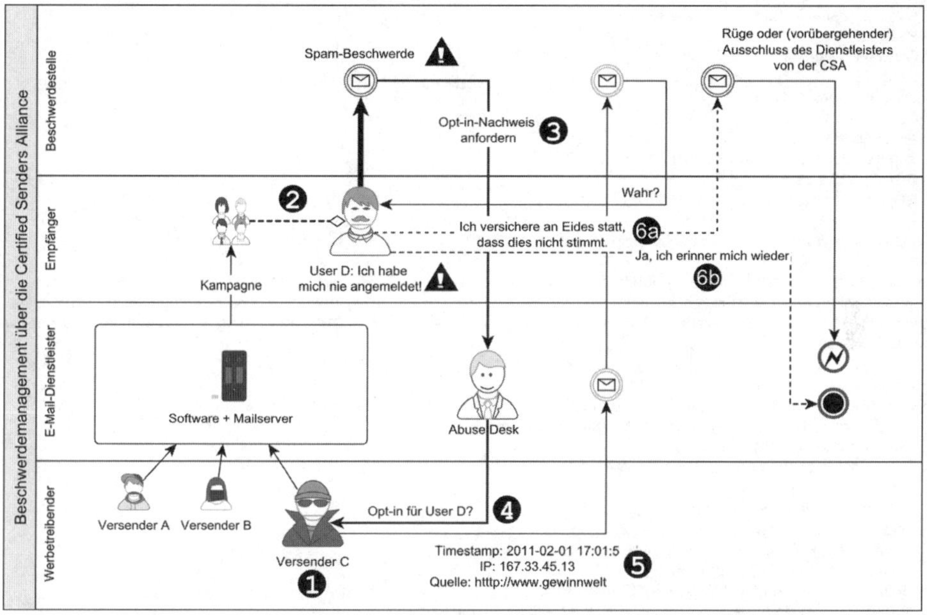

Abb. 22.6: Typischer Ablauf eines Beschwerdeverfahrens über die Internetbeschwerdestelle

Idealerweise werden dazu auch Screenshots des Anmeldeprozesses und der Vereinbarungen mitgeliefert. Entsinnt sich der Beschwerdeführer wieder und war der Anmeldevorgang gesetzeskonform, dann ist der Fall in aller Regel erledigt (6a). Versichert der Betreffende allerdings an Eides statt, dass er die Eintragung gemäß des Opt-in-Nachweises nicht vorgenommen hat, und/oder war der Anmeldevorgang gesetzeswidrig, erhält der ESP eine Rüge durch die CSA (6b). Ab einer gewissen Anzahl an Rügen droht der Ausschluss aus der Positivliste. Damit verlieren alle Kunden die mit dem Whitelisting verbundenen Vorteile wie zum Beispiel keine Spamfilterung bei GMX und Co. Jedem CSA-akkreditierten ESP ist also daran gelegen, keinen Spam zu versenden. Wer in einem bestimmten Zeitraum mehr Rügen erteilt bekam, als die Regularien ihm zustehen, ist am Aushang auf `certified-senders.eu` (siehe »Sender«-Seite) zu lesen.

Natürlich darf der Werbetreibende C nicht einfach x-beliebigen Personen oder Institutionen gegenüber die Auskunft erteilen. Dem ESP gegenüber aber schon. Die Übermittlung ist wohl legitim, da es sich bei einer Beschwerde-bedingten Anfrage um »berechtigte Interessen Dritter« nach Maßgabe des § 28 Abs. 2 Ziffer 2 a) BDSG handeln dürfte. Der akkreditierte ESP hat sich gegenüber der CSA dazu verpflichtet, E-Mails an Empfänger nur im Rahmen der gesetzlichen Vorgaben zu versenden. Bei Zuwiderhandlung droht der Ausschluss aus der CSA, wodurch alle seine Kunden das damit verbundene Whitelisting verlieren. Daneben haftet auch der ESP unter Umständen als Mitstörer für unverlangt zugesandte Werbung.

Die Adresse max@mustermann.de konnten wir im Verteiler des Mandanten Gewinnspieldirektmarketing GmbH mit den folgenden Daten ausfindig machen:

- E-Mail: max@mustermann.de
- Anrede: Herr
- Vorname: Max
- Nachname: Mustermann
- Straße: Musterstraße 1
- PLZ: 12345
- Ort: Musterhausen
- Land: DE
- Geburtsdatum: 1978-03-25
- Quelle: http://wilma-g.winn.en
- Anmelde-IP: 123.4.56.7
- Anmeldezeitpunkt: 2012-12-24 20:00:12
- **DOI-IP: 123.4.56.7**
- **DOI-Zeitpunkt: 2012-12-24 20:01:24**

Der Datensatz wurde von der Firma Adressprofis am 24.12.2012 via Echtzeit-Schnittstelle übermittelt.

Wir erhielten am 01.01.13 eine Empfängerbeschwerde bezogen auf eines Ihrer Mailings. Als technischer Dienstleister sind wir verpflichtet, dem Beschwerdeführer zeitnah einen Nachweis seiner Registrierungsdaten zum beschwerdegänglichen Mailing zu übermitteln. Wir möchten Sie daher bitten, uns die nachfolgenden Daten zur E-Mail-Adresse max@mustermann.de so schnell wie möglich zu übermitteln:

- Zeitpunkt der Registrierung
- Webseite über welche die Registrierung stattgefunden hat
- In welchem Zusammenhang wurde die E-Mail-Adresse erhoben?
  - o Gewinnspielteilnahme (ja/nein)
  - o Newsletteranmeldung auf Webseite (ja/nein)
  - o Kundenbeziehung (ja/nein)
  - o Andere (andere Art anführen)
- Bei Online-Datenerhebung:
  - o URL, über welche die Datenerhebung erfolgte
  - o Opt-in-Art (SOI, COI oder DOI)
  - o Datum, Uhrzeit und IP Adresse Bei Registrierung
  - o (nur bei DOI) Datum, Uhrzeit und IP Adresse bei DOI Bestätigung
  - o Besteht die Möglichkeit zur zusätzlichen Übersendung der Bestätigungs-E-Mail?
- Liegt eine ausdrückliche Einwilligung in die werbliche Verwendung der E-Mail-Adresse vor? Wenn ja:
  - o Text der seinerzeitigen Einwilligungserklärung (ggfs. samt Sponsorenliste)
  - o Konnte die Einwilligungserklärung einzeln abgegeben werden? (ja/nein)
- Soweit keine ausdrückliche Einwilligung erklärt wurde, aber eine Kundenbeziehung vorliegt:
  - o Grund der Kundenbeziehung (z.B. Kauf des Produktes X)
  - o Inwieweit wurde auf eine werbliche Verwendung der E-Mail-Adresse sowie die Möglichkeit, jederzeit der werblichen Verwendung zu widersprechen, hingewiesen?
- ggf. sonstige vom Beschwerdeführer angegebenen persönliche Daten

Die Informationen zum Beschwervorgang können Sie uns auch gerne als Screenshot übermitteln. Wir bitten Sie, uns diese Informationen auf Grund der Beschwerde so schnell wie möglich zukommen zu lassen.

Abb. 22.7: Opt-in-Nachweis in der Praxis – Antwort-E-Mail eines Versenders auf die Opt-in-Anfrage seines E-Mail-Service-Providers

22.8.3 Hohe rechtliche Anforderungen an den Nachweis

Der Bundesgerichtshof hat die Anforderungen an den Nachweis einer Werbe-Einwilligung sehr hoch angesetzt. So hoch sogar, dass nicht wenige Werbetreibende und auch Juristen sich fragen, ob diese in der Praxis überhaupt zu bewerkstelligen sind.

Im Kern muss jede Einwilligung für den konkreten Fall und die bestimmte Person glaubhaft und vollständig nachgewiesen werden können. Alle Opt-ins sind daher detailliert und separat zu dokumentieren. In einem Streitfall reicht es nicht, den Anmeldeprozess abstrakt anhand von Screenshots von Anmeldeseiten und Checkmails mit Musterdaten darzulegen. Sondern es muss klar aufgezeigt werden, dass niemand anders als der Beschwerdeführer seine E-Mail-Adresse – im Falle einer elektronischen Zustimmung – quasi zum Zeitpunkt X in das Formular Y eingetragen, dabei der damaligen Opt-in-Klausel Z aktiv zugestimmt und all dies in einer Checkmail bestätigt hat. Überspitzt formuliert bedarf es einer Remote-Aufzeichnung des Bildschirms des Nutzers inklusive seiner Maus- und Tastatur-Aktivitäten. Was augenscheinlich ebenso einer Zustimmung bedarf.

Hinweis: IP taugt streng genommen nicht als Einwilligungsbeweis

Übrigens taugt auch eine IP-Adresse nicht unbedingt zum Einwilligungsnachweis. Vor allem dann nicht, wenn sie dynamisch vorübergehend von einem Internetzugangsdienstleister zugewiesen wurde. Der wird (und darf) die Daten seines Kunden nicht an Sie übermitteln. Davon abgesehen bevorratet er diese auch nicht ewig. Bei einer Spambeschwerde ein Jahr nach der mutmaßlichen Eintragung in den E-Mail-Verteiler lässt sich so also ohnehin nicht mehr nachvollziehen, welcher Person die IP damals zugewiesen wurde. Der Bundesgerichtshof führt in seinem Double-Opt-in-Urteil vom 10.02.2011 – Az. I ZR 164/09 unter anderem zur Relevanz der IP-Adresse aus:

»[W]eder lässt sich die IP-Nummer den angerufenen Verbrauchern zuordnen, noch ist ersichtlich, dass die übrigen Daten von diesen angegeben wurden. [?] Die Angabe, über welche IP-Nummer an dem Gewinnspiel teilgenommen wurde, ist [für den Nachweis] unergiebig. [?] Unerheblich ist, ob die Beklagte [?] Angaben über die Zuordnung einer konkreten IP-Nummer zu einem bestimmten Computer für einen bestimmten Zeitpunkt erhalten können. Ohne Bedeutung ist auch, dass eine solche Zuordnung jedenfalls nach sechs Monaten nicht mehr möglich ist, weil die entsprechenden Daten nach Ablauf bestimmter Fristen gelöscht werden. Es ist Sache der Beklagten, für eine ausreichende Dokumentation [?] Sorge zu tragen.«

Trotz allem gehört die Speicherung der IP-Adresse seit Jahren zur Dokumentation der Werbeeinwilligung. (Auch, wenn Datenschützer darüber streiten, ob dies gerechtfertigt ist.)

Was lässt sich daraus für die Praxis ableiten? Für Streitfälle (»morgen« oder »in einem Jahr«) sollten Werbetreibende neben IP, Timestamp (Datum, Zeit) und Quelle (vergleiche vorangegangener Abschnitt) nach Möglichkeit zusätzlich folgende Angaben zu jedem Opt-in archivieren:

1. den genauen Wortlaut der Opt-in-Klausel, in die eingewilligt wurde – auf der Webseite und vor allem in der Checkmail, sofern das Double-Opt-in-Verfahren eingesetzt wurde
2. die zum Opt-in-Zeitpunkt gültigen Datenschutzbestimmungen
3. Screenshots (oder besser HTML-Dokumente) vom vollständigen Anmeldeprozess, der durchlaufen wurde

Eine solche Versionsverwaltung des Anmeldeprozesses ist augenscheinlich eine Herausforderung, die aber in den Augen des BGH zumutbar ist. Darüber hinaus sollte die Versandlösung es erlauben, die komplette vergangene Kommunikation an den Beschwerdeführer ohne größeren Aufwand aufzulisten. Auch dies gehört zum Protokoll.

Abb. 22.8: Vorbildlich – Versionsverwaltung der Datenschutzbestimmungen bei Google

Natürlich gilt die Dokumentationspflicht in gleicher Weise für offline erteilte Werbeeinwilligungen. Probleme ergeben sich regelmäßig beim Beweis mündlich erteilter Zustimmungen. Die elektronische Verifikation via Double-Opt-in-Checkmail ist eine Lösung. Der Mitschnitt des Telefonats oder Zeugen für das Gespräch wären jeweils eine andere Lösung. Aufgrund der augenscheinlichen Probleme bei den beiden Letztgenannten sollte jedoch das Double Opt-in präferiert werden. Das heißt, nachdem Ihr Callcenteragent ein Okay seines Gesprächspartners hat, versenden Sie eine Checkmail und protokollieren diesen Vorgang sowie die Aktivierung des Newsletter-Abonnements.

22.9 Datenschutzerklärung

Der Nutzer ist bei der Registrierung über die Verarbeitung seiner Daten in allgemein **verständlicher** Form zu unterrichten. Die Unterrichtung muss zudem **stets zugänglich** sein. § 13 Abs. 1 TMG schreibt vor:

> *»Der Diensteanbieter hat den Nutzer zu Beginn des Nutzungsvorgangs über Art, Umfang und Zwecke der Erhebung und Verwendung personenbezogener Daten sowie über die Verarbeitung seiner Daten in Staaten außerhalb des Anwendungsbereichs der Richtlinie 95/46/EG [...] in allgemein verständlicher Form zu unterrichten [...]. Bei einem automatisierten Verfahren, das eine spätere Identifizierung des Nutzers ermöglicht und eine Erhebung oder Verwendung personenbezogener Daten vorbereitet, ist der Nutzer zu Beginn dieses Verfahrens zu unterrichten. Der Inhalt der Unterrichtung muss für den Nutzer jederzeit abrufbar sein.«*

Im Einzelnen gehören etwa die folgenden Inhalte in der Sprache des Durchschnittsnutzers in die Erklärung:

1. **Welche** personenbezogenen Daten werden konkret gespeichert? Alle Daten sind einzeln aufzuführen: IP, Port, E-Mail-Adresse, Datum und Uhrzeit, verweisende Webseite, URL der Anmeldeseite, Betriebssystem oder Spracheinstellungen des Rechners, Zeitzone, Name des Internet-Service-Providers, installierte Flash-Version, Bildschirmauflösung und so weiter.

2. Zu welchem **Zweck** werden diese jeweils erhoben und verwendet? Etwa zur Missbrauchsvorbeugung, zum Newsletter-Versand, zu statistischen Zwecken und so weiter. Beachten Sie, dass die spätere Verwendung an die vereinbarten Zwecke gebunden ist;
3. Belehrung über das jederzeitige **Auskunftsrecht** des Nutzers (vergleiche voriger Abschnitt);
4. Belehrung über das jederzeitige Recht zur **Datensperrung**, **Datenlöschung** und **Datenberichtigung**;
5. Gegebenenfalls weitere Stellen, an die die **Daten übermittelt** werden – idealerweise auch bei Rückgriff auf Dienstleister im Sinne des § 11 BDSG (»Auftragsdatenverarbeiter«); darunter fällt meist der E-Mail-Service-Provider, soweit entsprechende Verträge schriftlich geschlossen wurden.

Vorsicht: Auftragsdatenverarbeitung außerhalb der EU

Datenschutzrechtliche Probleme ergeben sich vor allem, sobald personenbezogene Daten an Stellen außerhalb des Europäischen Wirtschaftsraums übertragen werden, die ein niedrigeres Datenschutzniveau besitzen. Nun ist die E-Mail-Adresse meist ein personenbezogenes Datum. Und diverse E-Mail-Dienstleister sitzen in den USA. Die dortigen Datenschutz-Standards sind nicht vergleichbar mit den hiesigen. Was nun? Eine Lösung besteht darin, dass der Anbieter Rechenzentren in der EU betreibt und die rechtlichen Vorgaben umsetzt. Eine andere Möglichkeit: Der Dienstleister unterwirft sich den Safe-Harbour-Bedingungen (»sicherer Hafen«) und weist Ihnen gegenüber die Einhaltung der darin formulierten Grundsätze nach. Die Safe Harbour Principles sind eine Selbstverpflichtung gegenüber dem amerikanischen Handelsministerium, mit denen US-Unternehmen einen EU-konformen Datenschutz gewährleisten. Die Datenübermittlung ist unter anderem auch mit der zuständigen Datenaufsicht abzusprechen.

6. Gegebenenfalls Hinweise zur Verwendung von Cookies – zum Beispiel beim Post-Click-Tracking, also bei der Verfolgung von Webseiten-Aktionen, die auf einen Klick im Newsletter zurückzuführen sind.

Für eine solch detaillierte Belehrung empfiehlt sich in der Regel die Erstellung einer Datenschutzseite. Eine solche Webseite ist zwar nicht explizit vorgeschrieben. Jedoch kann die gesamte Information auf diese Weise über ...

- einen Link im Fußbereich der Webseite
- und gegebenenfalls im Newsletter
- sowie in der Opt-in-Klausel bei der Eintragung einfach

... jederzeit abrufbar gemacht und zudem an zentraler Stelle gepflegt werden.

Hinweis: Muster-Generator für die Datenschutzerklärung

Rechtsanwalt Thomas Schwenke bietet unter der URL `tinyurl.com/cmrj9xe` einen »Datenschutz-Muster Generator für Webseiten, Blogs und Social Media«. Auf der Grundlage eines solchen Musters (vergleiche Abbildung 22.9) könnte die eigene Belehrung erstellt werden.

Zugriffsdaten/ Server-Logfiles

Der Anbieter (beziehungsweise sein Webspace-Provider) erhebt Daten über jeden Zugriff auf das Angebot (so genannte Serverlogfiles). Zu den Zugriffsdaten gehören:

Name der abgerufenen Webseite, Datei, Datum und Uhrzeit des Abrufs, übertragene Datenmenge, Meldung über erfolgreichen Abruf, Browsertyp nebst Version, das Betriebssystem des Nutzers, Referrer URL (die zuvor besuchte Seite), IP-Adresse und der anfragende Provider.

Der Anbieter verwendet die Protokolldaten nur für statistische Auswertungen zum Zweck des Betriebs, der Sicherheit und der Optimierung des Angebotes. Der Anbieterbehält sich jedoch vor, die Protokolldaten nachträglich zu überprüfen, wenn aufgrund konkreter Anhaltspunkte der berechtigte Verdacht einer rechtswidrigen Nutzung besteht.

Widerruf, Änderungen, Berichtigungen und Aktualisierungen

Der Nutzer hat das Recht, auf Antrag unentgeltlich Auskunft zu erhalten über die personenbezogenen Daten, die über ihn gespeichert wurden. Zusätzlich hat der Nutzer das Recht auf Berichtigung unrichtiger Daten, Sperrung und Löschung seiner personenbezogenen Daten, soweit dem keine gesetzliche Aufbewahrungspflicht entgegensteht.

Datenschutz-Muster von Rechtsanwalt Thomas Schwenke - I LAW it

Abb. 22.9: Auszug aus einer typischen Datenschutzerklärung. (Aus dem Muster-Generator von Thomas Schwenke, `rechtsanwalt-schwenke.de`)

22.10 Werbeversand ohne Einwilligung? Das Soft Opt-in

Egal, ob B2B oder B2C – E-Mail-Versender benötigen hierzulande für den Versand von Werbemails im Vorfeld eine vorherige ausdrückliche Einwilligung (»Häkchen setzen«) jedes Adressaten. Von diesem strengen Einwilligungsvorbehalt gibt es eine Ausnahme, die sich aus § 7 Abs. 3 UWG ergibt. Das auf dieser Grundlage angenommene Werbeeinverständnis wird auch *Soft Opt-in* und *qualifiziertes Opt-out* genannt. Hiernach ist (wettbewerbsrechtlich) der Versand von E-Mail-Werbung ausnahmsweise ohne aktive vorherige Zustimmung möglich. Allerdings nur dann, wenn die vier im Gesetzestext genannten Voraussetzungen allesamt (!) erfüllt sind.

Am Rande: Soft Opt-in ist EU-Recht

Die Erlaubnis fußt wie auch die ausdrückliche Einwilligung auf Artikel 13 (2) der EU-Datenschutz-Richtlinie 2002/58/EG: *»[E]ine natürliche oder juristische Person [kann], wenn sie von ihren Kunden im Zusammenhang mit dem Verkauf eines Produkts oder einer Dienstleistung gemäß der Richtlinie 95/46/EG deren elektronische Kontaktinformationen für elektronische Post erhalten hat, diese zur Direktwerbung für eigene ähnliche Produkte oder Dienstleistungen verwenden, sofern die Kunden klar und deutlich die Möglichkeit erhalten, eine solche Nutzung ihrer elektronischen Kontaktinformationen bei deren Erhebung und bei jeder Übertragung gebührenfrei und problemlos abzulehnen, wenn der Kunde diese Nutzung nicht von vornherein abgelehnt hat.«*

Im UWG liest sich der einschlägige Abschnitt wie folgt (Hervorhebung von mir): *»[E]ine unzumutbare Belästigung [ist] bei einer Werbung unter Verwendung elektronischer Post nicht anzunehmen, wenn:*

1. *ein Unternehmer im Zusammenhang mit dem* **Verkauf** *einer Ware oder Dienstleistung von dem Kunden dessen elektronische Postadresse erhalten hat,*
2. *[und] der Unternehmer die Adresse zur Direktwerbung für* **eigene ähnliche** *Waren oder Dienstleistungen verwendet,*
3. *[und] der Kunde der Verwendung* **nicht widersprochen** *hat und*
4. *der Kunde* **bei Erhebung** *der Adresse und* **bei jeder Verwendung** *klar und deutlich darauf hingewiesen wird, dass er der Verwendung jederzeit widersprechen kann, ohne dass hierfür andere als die Übermittlungskosten nach den* **Basistarifen** *entstehen.«*

Es handelt sich hierbei um einen Ausnahmetatbestand. Bei Interpretationsspielräumen ist eine strenge Auslegung seitens der Gerichte anzunehmen. Sonst bestünde die Gefahr, dass im Laufe der Zeit alle Werbetreibende in die Trickkiste greifen und sich irgendwie darauf berufen.

Aber schauen wir uns die Voraussetzungen der Reihe nach an:

- **»Verkauf«**: Erst einmal geht es um die Gewinnung der E-Mail-Adresse im Rahmen des Verkaufs von Waren und Diensten. Nur hierbei darf das Soft Opt-in überhaupt angewandt werden. Das heißt schon mal, dass der Abschluss unentgeltlicher Verträge wie zum Beispiel die Akzeptierung von Nutzungsbedingungen bei kostenfreien Foren oder bei der Eröffnung eines Test-Accounts nicht berührt ist. Aber reicht es unter Umständen bereits aus, einen Verkauf anzubahnen oder in den Verhandlungen weit fortgeschritten zu sein? Oder muss wirklich ein umsatzwirksamer Abschluss an der Kasse erfolgt sein? Versender sollten davon ausgehen, dass hierzulande – im Unterschied zu anderen Ländern – ein Kaufabschluss erforderlich ist.
- **»Eigene«**: § 7 Abs. 3 Nr. 2 UWG fordert zum einen, dass Werbung auf Grundlage des Soft Opt-ins sich lediglich auf ähnliche Waren und Dienstleistungen aus dem eigenen Unternehmen bezieht. Das heißt, Fremdwerbung wie zum Beispiel ein Banner einer Schwesterfirma oder die Mietwagen-Offerte durch einen Autovermieter bei Abschluss einer Buchung bei einer Reisegesellschaft wäre unzulässig.
- **»Ähnliche«**: Zum anderen ist laut Nummer 2 auch nur Werbung für ähnliche Produkte oder Dienste zu den gekauften erlaubt. Das Belästigungspotenzial durch Cross-Selling ist in den Augen der Legislative scheinbar gering. Stattdessen bieten sie dem Bestandskunden regelmäßig einen Mehrwert. Aber wonach bemisst sich die Ähnlichkeit zweier Kaufgegenstände? Kann eine weite Auslegung angenommen werden, wonach vielleicht beim Kauf einer Vitrine auch passenden Vasen angeboten werden dürfen, da die einen Zusatznutzen liefern? Sie ahnen es: Dem ist nicht so. In Deutschland gilt die enge Auslegung. Einige Urteile bestätigen dies. Ähnlichkeit liegt demnach regelmäßig dann vor, wenn die Produkte oder Dienste austauschbar sind oder zumindest einem ähnlichen Bedarf oder Verwendungszweck dienen.

Ähnlichkeit in der Rechtsprechung

Holzkitt und Energiesparlampen: Das Thüringer OLG äußerte sich in der Begründung zum Urteil vom 21.4.2010 – Az. 2 U 88/10, ausführlicher zur Anwendung des § 7 Abs. 3 UWG. Vorausgegangen waren Newsletter eines Bauhauses mit Werbung für Energiesparlampen und andere Sortimentsware an einen Kunden, der zuvor Holzkitt kaufte.

Beim Kauf wurde ein Kundenkonto eröffnet und dabei ein Soft Opt-in eingeholt. Dem Gericht nach ist es gegebenenfalls *»noch zulässig, Zubehör oder Ergänzungswaren zu bewerben [...]. Dies ist jedoch bei den streitgegenständlichen Newslettern nicht der Fall. Durch sie werden (auch) ganz anderen Waren aus einem ganz anderen Verwendungsbereich beworben. Dass diese zwar alle in einem stationären Handwerkermarkt käuflich zu erwerben wären, macht sie nicht zu dem erworbenen Holzkitt ähnlichen Waren im Rechtssinne.«*

Geduldspiel und Lautsprecher-Set: Auch das KG Berlin nahm sich mit Beschluss vom 18.3.2011 – Az. 5 W 59/11, dem Soft Opt-in an. Der Kläger erwarb ein Geduldspiel für circa 23 Euro. Anschließend erhielt er ohne ausdrückliche Einwilligung Newsletter mit Silvester-Party-Werbung für ein Wireless-Lautsprecher-Set, leuchtende Party-Gläser, witzige Eiswürfelformen und mehr. Die Vorinstanz bejahte zunächst die Anwendbarkeit des § 7 Abs. 3 UWG. Es stellte eine Ähnlichkeit zumindest dahingehend fest, dass alle Produkte sich als Geschenk für den Gastgeber eines Festes eignen. Das Kammergericht widersprach. Allein schon wegen des Preises – knapp 110 Euro kostete das Lautsprecher-Set – dürften sich nicht alle Produkte als Geschenk eignen. Ein (objektiver) Ähnlichkeitsbezug der umworbenen zum gekauften Produkt fehlte.

- **»Nicht widersprochen«:** Es versteht sich von selbst, dass Werbung nicht erlaubt ist, wenn der Kunde dem in irgendeiner Art und Weise zuvor widersprochen hat.
- **»Bei Erhebung«:** Bereits bei Erlangen der E-Mail-Adresse muss dem Kunden die Möglichkeit eingeräumt worden sein, der E-Mail-Werbung zu widersprechen. Und zwar deutlich! Gängige Praxis ist es, eine vorangekreuzte Checkbox unter dem Bestellformular mit einem entsprechenden Passus anzubieten: »[✓] Mit der Verarbeitung und Speicherung meiner Daten zum Zwecke der Newsletter-Zusendung bin ich einverstanden. Mir ist bekannt, dass ich die Einwilligung jederzeit und ohne weitere Kosten als die Basistarife widerrufen kann.« Durch Wegnahme des Häkchens, also ein Opt-out (daher die Bezeichnung qualifiziertes Opt-out), kann der Kunde einfach widersprechen. Alternativ findet sich mitunter die Möglichkeit, schriftlich oder per E-Mail zu widersprechen. Ebenso wäre womöglich ein Opt-out-Link in der Double-Opt-in-Checkmail denkbar. Die erstgenannte Variante ist allerdings deutlicher und damit – unter rechtlichen Gesichtspunkten – vorzuziehen.
- **»Bei jeder Verwendung«:** Auch bei jeder Verwendung der E-Mail-Adresse auf Grundlage des Soft-Opt-ins muss eine Widerspruchsmöglichkeit eingeräumt werden. Sprich: mindestens ein Abmeldelink.
- **»Basistarife«:** Ein Punkt geht im letzten Nebensatz etwas unter. Er ist aber nicht weniger wichtig als die anderen. Nämlich der Hinweis darauf, dass für den Widerruf keine überraschenden Mehrkosten anfallen. Wie dem damaligen Gesetzentwurf zu entnehmen ist (`dipbt.bundestag.de/dip21/btd/15/014/1501487.pdf`), hatte die Bundesregierung vor allem Premium-Rate-Nummern im Visier, also mit erhöhten Kosten verbundene Mehrwert-Rufnummern (»0900-...«).

Basiskosten: Hinweis »ohne Kosten« reicht nicht

Das Thüringer OLG äußerte sich im Urteil vom 21.4.2010 (Az. 2 U 88/10) auch zum Hinweis auf die Basistarife. Es weist Werbetreibende an, dem Wortlaut des § 7 Abs. 3 Nr. 4 UWG genau zu entsprechen. Zwar enthielt die streitgegenständliche Klausel den in Nr. 4 geforderten Hinweis auf die jederzeitige Widerspruchsmöglichkeit. Jedoch hieß es lediglich, »ohne Kosten widerrufen« zu können – es fehlte der Vermerk, dass hierbei trotzdem Kosten nach den Basistarifen entstehen können. Der Hinweis gehört nicht nur in den Einwilligungstext bei der Adress-Erhebung, sondern auch in jeden Newsletter. Die Abbestellmöglichkeit alleine reicht nicht aus.

Fazit: Die Ausnahmeerlaubnis greift nur unter sehr restriktiven Bedingungen und ist zudem mit Unsicherheit behaftet. Für die Praxis empfiehlt es sich daher meist, direkt auf ein ausdrückliches Einverständnis zu setzen.

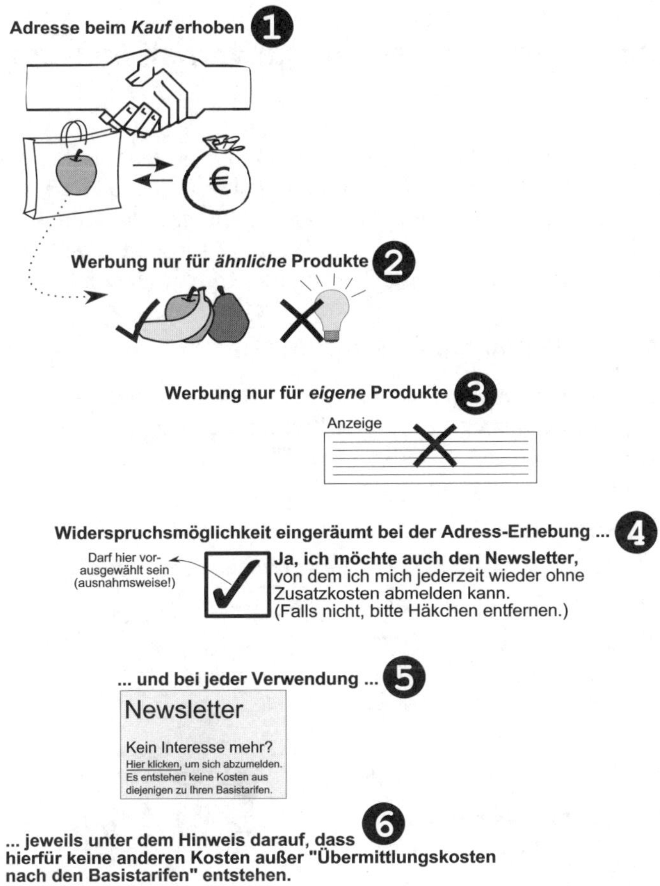

Abb. 22.10: Die Voraussetzung des Soft Opt-ins – ALLE müssen erfüllt sein, ansonsten ist eine ausdrückliche Werbeeinwilligung nötig. Daher greift der Ausnahmetatbestand in den meisten Fällen nicht.

Am Rande: Soft Opt-in und datenschutzrechtliche Einwilligung

Die hier skizzierte wettbewerbsrechtliche Erlaubnis, die im Europarecht ja wie gesehen fest verankert ist, macht die datenschutzrechtliche Zustimmung, die der deutsche Gesetzgeber fordert, womöglich nicht entbehrlich. Es scheint, als hätte der Gesetzgeber dies nicht bedacht. Zur Sicherheit sollte daher kontrolliert werden, ob bei Erklärung des Soft Opt-ins auch eine wirksame datenschutzrechtliche Einwilligung vorliegt. Diese muss ja nicht ausdrücklich in Form eines Opt-ins erfolgen, wie Absatz 2 in § 7 UWG fordert. Das heißt, datenschutzrechtlich ist keine gesonderte Erklärung in Form einer Unterschrift oder in Form des Häkchen-Ankreuzens notwendig. Sie kann schriftlich zum Beispiel auch mit anderen Erklärungen wie den Datenschutzbestimmungen zusammen erteilt werden, wenn sie drucktechnisch hervorgehoben wurde. Im elektronischen Fall muss die Erklärung bewusst und eindeutig abgegeben werden. Ob eine deutliche Opt-out-Möglichkeit per vorangekreuzter Checkbox dem genügt, bleibt abzuwarten. Mangels Rechtsprechung handelt es sich auch hier um einen Graubereich.

22.11 Nutzungsprofile erstellen für verhaltensbezogene Werbung

Verhaltensbezogene Werbung (Behavioral Targeting) fußt auf historischen Reaktionen. Der Response muss also im Zeitverlauf empfängerbezogen protokolliert werden. Erst wem bekannt ist, wie bestimmte Empfänger auf diverse Mailings reagierten, kann die künftige Ansprache zuschneiden. Dies entspricht dem Kern des Closed-Loop-Marketing-Ansatzes. Datenschutzrechtlich ist das Erfassen solcher Nutzungsprofile allerdings nicht ganz ohne.

22.11.1 Anonyme Response-Auswertungen

Zunächst einmal gilt: Die anonyme Erhebung des Nutzungsverhaltens eines Newsletters stellt rechtlich kein Problem dar. Anonym heißt, dass die Zuordnung zu einer bestimmten Person nicht oder nur noch mit unverhältnismäßig großem Aufwand möglich ist. Gegen aggregierte Erfolgsauswertungen anhand der

- insgesamt registrierten Klicks oder
- der im Ganzen gemessenen E-Mail-Öffnungen einer Kampagne

spricht datenschutzrechtlich nichts. Allerdings ist der Wert solcher anonymer Response-Daten begrenzt.

Abb. 22.11: Anonyme Auswertungen sind okay.

Zusätzliche rechtliche Erfordernisse ergeben sich spätestens dann, wenn die Erfassung des Response empfängerbezogen erfolgt. Das heißt, wenn ein Klick jeweils für eine spezifische E-Mail-Adresse vermerkt wird. Denn hierbei entstehen personenbezogene Protokolle über die jeweiligen Reaktionen beim Versender. Man spricht auch von »Nutzungsprofilen« eines Telemediendienstes. Das sind die interessanten Daten, die zum Beispiel

- unique Klick- und Öffnungsraten,
- Nachfassmails an Nicht-Klicker oder
- an Warenkorb-Abbrecher

ermöglichen.

22.11.2 Heikel: Pseudonyme Nutzungsprofile

Die personenbezogene Datenverarbeitung orientiert sich – wie bereits erläutert – unter anderem an den Grundsätzen der

- Datensparsamkeit sowie der
- Daten-Anonymisierung beziehungsweise -Pseudonymisierung

(§ 3a BDSG). Zwar erlaubt § 15 Abs. 1 TMG theoretisch die Verarbeitung von Verhaltensdaten, wenn dies für das Angebot eines Dienstes *erforderlich* ist. Aber an einer solchen Erforderlichkeit dürfte es in den allermeisten Fällen im E-Mail-Marketing mangeln, sodass diese Erlaubnis nicht greift.

Die zur Profilierung von E-Mail-Empfängern einschlägige Vorschrift findet sich im Gesetzestext in § 15 Abs. 3 TMG:

> *»Der Diensteanbieter darf [...] Nutzungsprofile bei Verwendung von Pseudonymen erstellen, sofern der Nutzer dem nicht widerspricht. Der Diensteanbieter hat den Nutzer auf sein Widerspruchsrecht [...] hinzuweisen. Diese Nutzungsprofile dürfen nicht mit Daten über den Träger des Pseudonyms zusammengeführt werden.«*

Dies bedeutet: Individuelle Profile, die zum Beispiel das Klick-, Öffnungs- oder Kaufverhalten einzelner Adressaten umfassen, dürfen nur unter drei Voraussetzungen gespeichert werden:

1. Zum einen muss der Versender **Pseudonyme** anstelle der Personen-identifizierenden Merkmale bei der Profilverarbeitung benutzen. Ein »Pseudonym« kann prinzipiell ein beliebiges eindeutiges Kennzeichen sein, das den direkten Bezug von einer Person zu deren aufgezeichnetem Verhaltensprotokoll so auflöst, dass der Betroffene möglichst nicht mehr zu bestimmen ist. Für die Praxis bedeutet dies meist, dass ein Klick in einer E-Mail (»Klickprofil«) oder eine E-Mail-Öffnung in der Datenbank nur einer stellvertretenden Nummer (zum Beispiel »User-ID«) zugeordnet wird, anstelle der E-Mail-Adresse beziehungsweise der Identität des Empfängers.
2. Weitere Voraussetzung ist die umfassende **Information** im Vorfeld. Der Nutzer ist bei der Anmeldung – wie beim Werbeeinverständnis – auf Art, Umfang und Zweck der Protokollierung des Nutzungsverhaltens hinzuweisen. Und zwar, und das ist wichtig, inklusive einer **Widerspruchsmöglichkeit**. Versender können nach dem Opt-out-Prinzip verfahren.

Opt-out und Belehrung bei der pseudonymen Profilierung

Der Widerspruchsmöglichkeit könnte beispielsweise durch ein zusätzliches Häkchen-Feld bei der Anmeldung, das auch bereits vorausgewählt sein darf, Rechnung getragen werden. Durch Wegnahme des Häkchens widerspricht der Nutzer. Diverse Alternativen sind denkbar. Etwa »Veto-Link« in der Double-Opt-in-Checkmail, der gut sichtbar zum Beispiel unterhalb des Aktivierungslinks platziert wird. Oder die prominente Angabe einer E-Mail-Adresse (zum Beispiel `doNotTrack@anbieter.de`), an die der Wunsch, nicht profiliert zu werden, formlos gerichtet werden kann. Hier könnte durch einen Klick widersprochen werden, dort durch eine E-Mail.

Ein Formulierungsbeispiel für die Webseite (beziehungsweise Checkmail): *»Ich bin (nicht) damit einverstanden, dass mein Nutzungsverhalten zur bedarfsgerechten Ausgestaltung des Newsletters protokolliert wird (Widerspruchs-Link) [Datenschutz-Link]«.*

Ein entsprechender Passus in der verlinkten Datenschutzerklärung könnte lauten: *»Sofern Sie nicht widersprochen haben (widerspruch@xy.z), wird das Nutzungsverhalten für statistische Zwecke und zur allgemeinen Verbesserung des Newsletter-Services protokolliert. Dieser Vorgang erfolgt stets pseudonymisiert, das heißt ohne direkten Personenbezug. Dabei umfasst das Protokoll im Einzelnen: Zeitpunkt und Ziel eines Klicks, Zeitpunkt des Abrufs eines Bildes im Newsletter, [?].«*

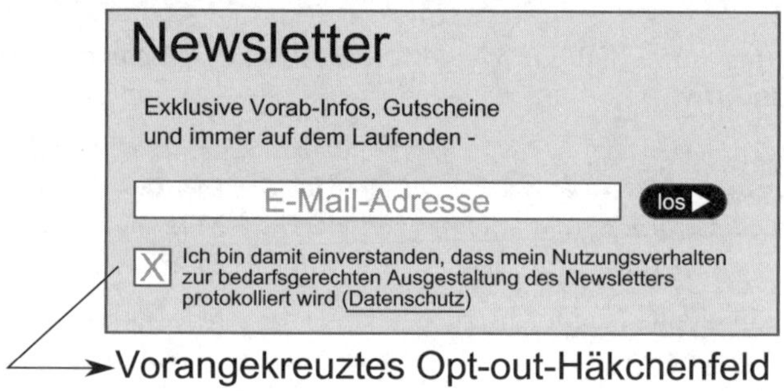

Abb. 22.12: Pseudonyme Profilierung auf Grundlage eines Opt-outs

3. Schließlich – und das ist der Knackpunkt – beinhaltet die Rechtsnorm noch als dritte Voraussetzung ein **Zusammenführungsverbot** von Profil- und persönlichen Daten für die Zukunft. Das heißt, dass ein pseudonymes Profil später auch nie wieder mit dem ursprünglichen Identifikationsmerkmal, wie zum Beispiel der E-Mail-Adresse, zusammengeführt werden darf.

   Um das Beispiel aus Tabelle 22.2 unten vorwegzunehmen: 023-ACX-2345 darf nie wieder in `max.muster.de` zurücküberführt werden. Auch wenn es also technisch jederzeit möglich ist, das Pseudonym (mit dem dahinterstehenden Nutzungsprotokoll) wieder mit der zugehörigen E-Mail-Adresse zu verknüpfen, darf dieser Vorgang real nicht durchgeführt werden.

   Übertragen auf die Praxis schließt gerade diese Einschränkung die oft vielversprechende verhaltensbezogene Werbung aus. Solche Maßnahmen richten sich nur an Gruppen oder Einzelpersonen (Segment-of-one) im E-Mail-Verteiler, die sich durch bestimmte Nutzungsmuster, etwa ein besonderes Klickprofil (»Wenn Empfänger in

E-Mail X nicht geklickt hat, sende Nachfassmail Y«), auszeichnen. Die Krux dabei: Für einen Versand an Adressaten, die in vergangenen Newslettern auf ganz bestimmte Links (nicht) klickten, müsste das verwendete Pseudonym ja zwangsläufig wieder in die zugehörige E-Mail-Adresse aufgelöst werden – denn

- ohne *Adresse* UND
- *Profil*

kein Versand.

Aber dieser Vorgang wäre eben – gemäß § 15 Abs. 3 TMG – nicht erlaubt. Halten wir also fest: Unikale Response-Raten wie die unique Klickrate lassen sich per Profilierungs-Opt-out noch abbilden. Verhaltensbezogene Werbung hingegen nicht.

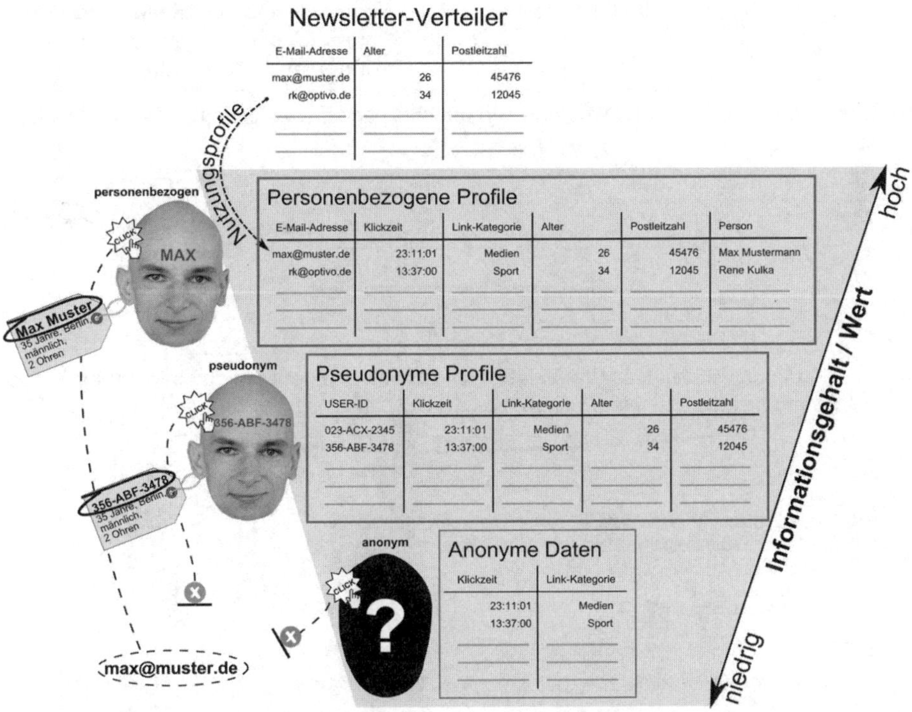

Abb. 22.13: Pseudonyme Profile als Mittelweg zwischen personenbezogenen Profilen und anonymen Daten. (Es deutet sich im Beispiel bereits an: Je umfassender die zum Pseudonym gespeicherten Daten sind, desto eher kann dieses auch ohne Schlüssel wieder in die Person überführt werden. Dies gilt es zu unterbinden.)

Speicherweise der E-Mail-Response-Daten	Rechtliche Voraussetzung	Möglichkeiten
anonym	keine	sehr begrenzt: aggregierte Erfolgs-Auswertungen wie Anzahl Klicks, Klicks pro Link-Kategorie, Anzahl Öffnungen und Öffnungsrate

Tabelle 22.2: Anonyme, pseudonyme und personenbezogene Reaktionsdaten im Vergleich

Speicherweise der E-Mail-Response-Daten	Rechtliche Voraussetzung	Möglichkeiten
pseudonym	Belehrung und Opt-out-Möglichkeit vorab; keine Zusammenführung von E-Mail-Adresse mit Profil	besser, aber auch begrenzt; unique Klicks, durchschnittliche Klicks pro Abonnent, Verknüpfung zum Beispiel mit soziodemografischen und geografischen Empfänger-Daten wie Alter und PLZ (»Klicks auf Erotik von jungen Abonnenten«, »Rubrik Sport vor allem für Berliner interessant«)
personenbezogen	Datenschutzrechtliche Einwilligung	sehr vielfältig: verhaltensbezogene Werbezusendungen, Re-Marketing an Nicht-Klicker, Follow-up an Klicker eines bestimmten Links et cetera

Tabelle 22.2: Anonyme, pseudonyme und personenbezogene Reaktionsdaten im Vergleich

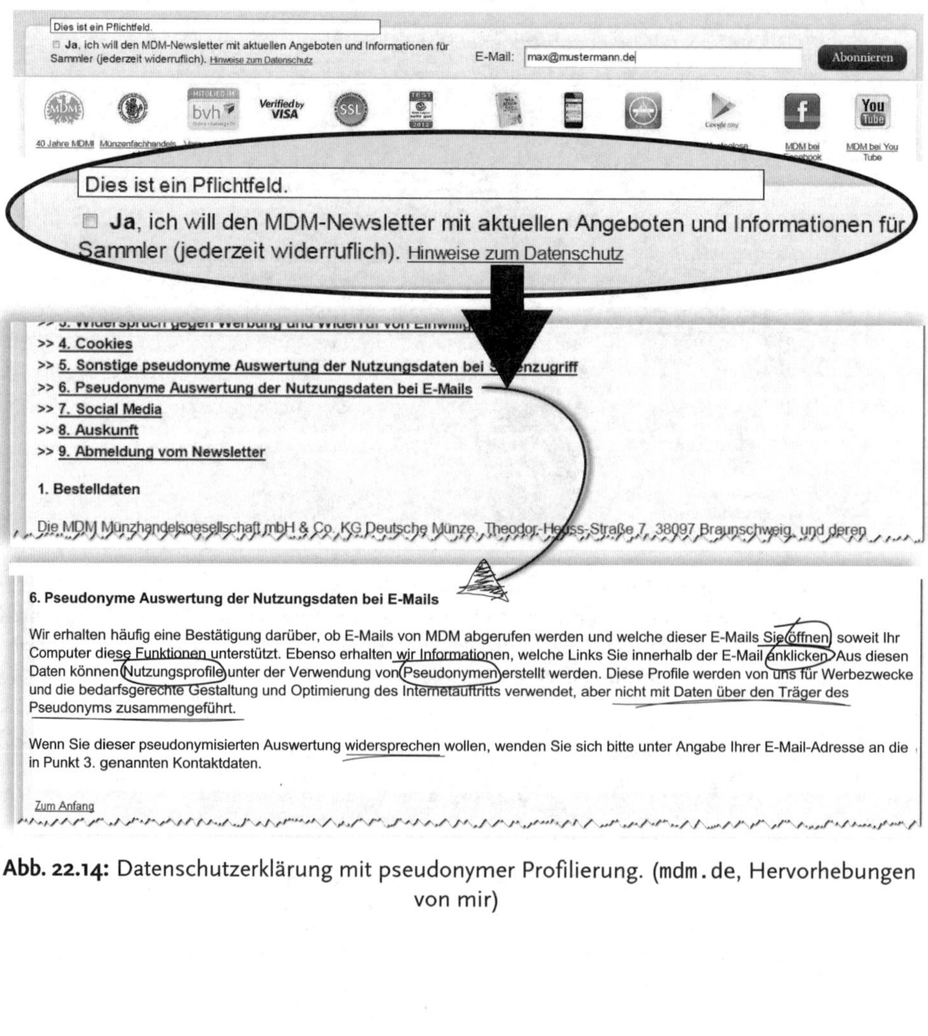

Abb. 22.14: Datenschutzerklärung mit pseudonymer Profilierung. (`mdm.de`, Hervorhebungen von mir)

22.11.3 Besser zweite Einwilligung einholen

Aufgrund der beschriebenen Probleme bei der Pseudonymisierung bedürfen Nutzungsprofile damit wohl einer vorherigen datenschutzrechtlichen Einwilligung (§§ 4 Abs. 1, 4a Abs. 1 BDSG). Voraussetzung für deren Wirksamkeit ist, dass sie

- ohne Zwang,
- für den konkreten Fall und
- in Kenntnis der Sachlage

erteilt wird. Um zudem der flüchtigen Natur elektronischer Medien gerecht zu werden, muss eine digital ausgesprochene Zustimmung unter anderem

- **»bewusst und eindeutig«**

erfolgen (§ 13 Abs. 2 Nr. 1 TMG). Ob eine ausdrückliche Zustimmung erforderlich ist, also eine Aktion, oder ob ein Opt-out genügt, daran scheiden sich die Geister. Im Zweifel ist das **Opt-in** zu wählen.

In der Praxis müssten Versender zum Zwecke verhaltensbezogener Werbung somit wohl ein zweites Häkchen-Feld – neben dem Opt-in in der Werbe-Zusendung – anbieten, das nicht vorausgewählt sein darf. Wie das allgemeine Werbe-Opt-in, so muss auch das elektronisch erteilte Einverständnis in die Aufzeichnung des Reaktionsverhaltens

- **protokolliert**,
- **jederzeit abrufbar** und
- **widerrufbar**

sein. Bei verpasster erster Chance auf der Webseite bietet die Checkmail im Rahmen des Double-Opt-in-Prozesses eine weitere Gelegenheit zur Einholung.

Hinweis: Zustimmung über die Datenschutzbestimmungen?

Der aufmerksame Leser erinnert sich: Eine datenschutzrechtliche Einwilligung kann – im Unterschied zum wettbewerbsrechtlichen Opt-in – *schriftlich* auch zusammen mit anderen Erklärungen abgegeben werden, sofern sie drucktechnisch hervorgehoben wird (Umrandung, Fettdruck, große Letter et cetera). *Elektronisch* muss sie »bewusst und eindeutig« erfolgen. Ob die Variante in Abbildung 22.15 und ihre Spielarten dem genügen, ist rechtlich unklar. Es gibt weder Empfehlungen der Datenschutzaufsicht, noch belastbare Rechtsprechung. Klar ist jedoch, dass die erhobenen Daten wie zum Beispiel Klicks (= Aktivierung eines Hyperlinks) und Öffnungen (= Laden einer bestimmten Grafik) einzeln angeführt werden müssen (siehe exemplarisch Abbildung 22.17).

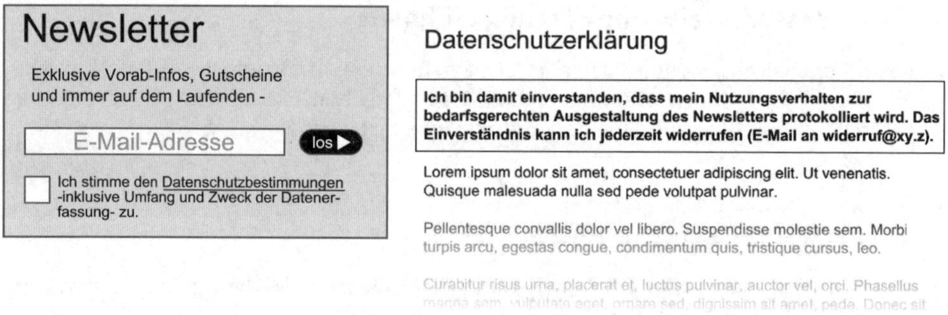

Abb. 22.15: Die Zustimmung zur personenbezogenen Nutzerprofilierung zusammen mit anderen (Datenschutz-)Erklärungen einholen? Hier bleiben zwei (ungeklärte) Fragen offen. Zum einen, ob die Zustimmung in die Profilierung bewusst und eindeutig erfolgt. Und zum anderen, ob sie auch elektronisch, nicht nur schriftlich, zusammen mit anderen Erklärungen erteilt werden kann.

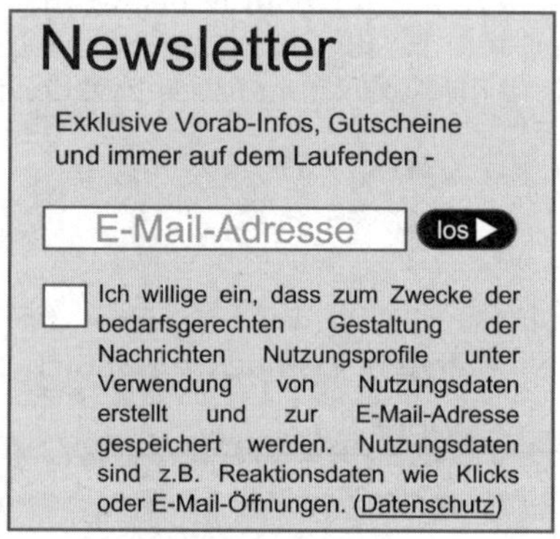

Abb. 22.16: Wirtschaftlich unattraktiv, aber rechtlich sicherer – eine zweite Einwilligung, die sich einzig auf die Profilierung bezieht

Alternativ zur zweiten Checkbox könnten Versender auch auf die Idee kommen, **beide Klauseln in einem Opt-in zu kombinieren**. Also die Zustimmung in Werbung sowie diejenige in die Profilierung. Zum Beispiel in der Form:

> *»[ ] Ja, ich möchte Ihren wöchentlichen Newsletter und bin auch mit der Protokollierung meiner Newsletter-Nutzung zur bedarfsgerechten Ausgestaltung einverstanden (Datenschutz-Link)«.*

Jedoch stellen sich zusätzlich zu Abbildung 22.15 die Fragen, ob das Opt-in noch gesondert, also losgelöst von anderen Zustimmungen ist. Und ob das Okay zur Profilierung ohne Zwang erfolgt.

22.11.4 Fazit

Will man ein Fazit ziehen, dann kommt man nicht darum herum, auch zu erwähnen, dass alle skizzierten Verfahrensweisen in der Praxis kaum vorzufinden sind. Oder haben Sie schon einmal eine Checkbox gesehen, mit der Sie einer Abonnenten-Profilierung widersprechen können? Oder gar eine Opt-in-Checkbox? Eben.

Die Datenschutz-Diskussion kreiste in der Vergangenheit vornehmlich um die Themen Webanalyse und soziale Netzwerke. Der Bereich E-Mail-Marketing blieb unberührt. Da das Targeting auf Grundlage eines zweiten Opt-in-Felds mit erheblichen Einschränkungen für das E-Mail-Marketing einherginge, halten es wohl viele solange wie möglich noch mit der alten Regel: Wo kein Kläger, da kein Richter. Sprich: Behavioral Targeting ist an der Tagesordnung, die rechtlichen Vorkehrungen allerdings ganz und gar nicht.

Sie sollten nicht davon ausgehen, dass die Datenschützer das Thema Profilierung im E-Mail-Marketing ewig außen vor lassen. Verfahren Sie daher mindestens mit einer Variante wie in Abbildung 22.17 gezeigt.

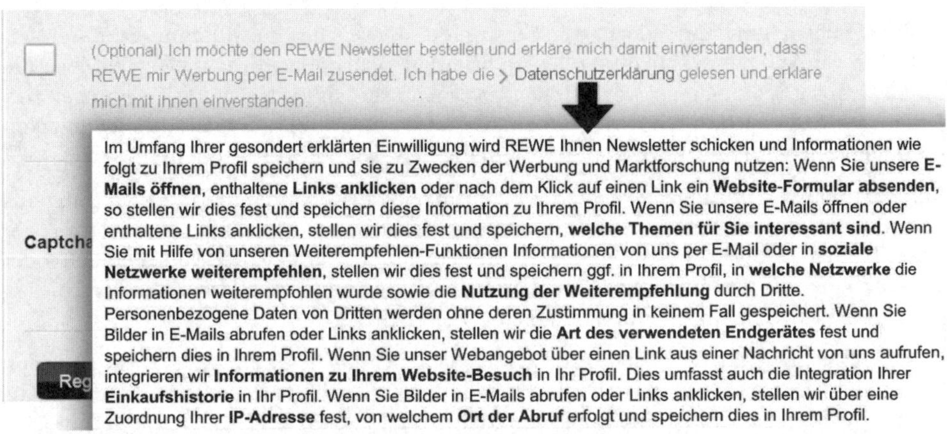

Abb. 22.17: Eine Opt-in-Checkbox für beides – die Zusendung von E-Mail-Werbung und die Bildung von Nutzerprofilen. Die REWE-Datenschutzerklärung vom 27. Oktober 2011 erklärt dem Interessenten beim Klick verständlich, welche Daten dem Profil nach welchen Aktionen zugespeichert werden. (rewe.de, Hervorhebungen von mir)

Checkliste für verhaltensbezogene Werbung

- Ist die Nutzerprofilierung notwendig für das Angebot des E-Mail-Service (»Datensparsamkeitsgebot«)? Ja/Nein
- Werden Verhaltensprotokolle getrennt von und ohne direkten Bezug zu der jeweiligen Identität eines Adressaten gespeichert (»Pseudonymisierung«)? Ja/Nein
- Wenn die Profilierung lediglich statistischen Zwecken dient – wurde der Nutzer zumindest vorab über Art, Umfang und Zweck der Profilierung aufgeklärt und ihm eine Widerspruchsmöglichkeit (»Häkchen entfernen«) eingeräumt? Ja/Nein
- Wenn dagegen auch verhaltensbezogene Werbung (»Behavioral Targeting«) ausgeliefert wird – liegt eine Einwilligung (»Häkchen setzen«) in die Verarbeitung von Nutzungsprofilen vor? Ja/Nein
- Wird diese Einwilligung protokolliert? Ja/Nein

Kann diese Einwilligung widerrufen werden? Ja/Nein

22.12 Double Opt-in – warum es kein Allheilmittel ist

Um das Double Opt-in ranken sich viele Mythen. Gerne wird in diesem Zusammenhang von Rechtssicherheit gesprochen. Und vielerorts scheint die Checkmail den Ideenreichtum zu beflügeln. Jedenfalls dann, wenn es darum geht, Internetnutzern doch noch irgendwie ein Opt-in abzuluchsen. Folgende Fragen, die mir in der Praxis wieder und wieder begegnen, möchte ich kurz durchexerzieren.

22.12.1 Gibt es eine Pflicht zum Double Opt-in?

Nein. Eine gesetzliche Pflicht zum Double Opt-in ist nirgendwo verankert. *Ein Opt-in* wird benötigt, kein Double Opt-in. Werbemails können somit grundsätzlich auch auf Grundlage eines Single Opt-ins (SOI) oder Confirmed Opt-ins (COI) versandt werden.

Probleme entstehen dann jedoch, wenn es um den Beweis der Einwilligung geht. Bei Verwendung von SOI oder COI können Sie im Streitfall nicht darlegen, dass beispielsweise die Bundeskanzlerin die Adresse `merkel@bundestag.de` tatsächlich bei Ihnen eingetragen hat. Die Klägerin, die sich durch Ihre Werbemail nun belästigt fühlt, braucht dies lediglich zu bestreiten und wird Recht bekommen. Denn die Beweislast liegt bei Ihnen.

Beim Double Opt-in hingegen hätten Sie zumindest eine dokumentierte Bestätigung aus dem E-Mail-Postfach heraus. Und die kann – theoretisch – nur derjenige auslösen, der Zugriff auf das Postfach hat, und kein unberechtigter Dritter, der versehentlich oder absichtlich Fremd-Eintragungen in Ihrem Formular vornimmt. Abbildung 22.18 soll diesen wichtigen Sachverhalt noch einmal bildlich verdeutlichen,

Diese Unzulänglichkeit von SOI und COI spiegelt sich bis heute in vielen Urteilen wider. Damit steht fest: Beide reichen heute zwar für eine *Einwilligung*, nicht mehr jedoch für einen Einwilligungs*nachweis* in einem Streitfall.

Am Rande: Unzulänglichkeit von Single und Confirmed Opt-in

Exemplarisch sei an dieser Stelle aus der Urteilsbegründung des LG Essen, Urteil vom 20.4.2009 – Az. 4 O 368/08 zitiert: »*[?] Dementsprechend kann der Nachweis der Einwilligung durch den Werbenden nur durch das sog. doubleoptin-Verfahren oder ein entsprechendes Verfahren, nicht aber durch das von der Beklagten zu 2) verwendete singleoptin-Verfahren geführt werden, weil dieses Verfahren den Missbrauch durch Unbefugte, die Daten anderer Personen gegen deren Willen verwenden, nicht ausschließen kann (AG Berlin-Mitte, Az.: 21 C 43/08). [?] [S]ofern sich die Bestätigungsmail tatsächlich auf die Bestätigung beschränkt und nicht bereits selbst werbenden Inhalt hat, muss der Empfänger diese unverlangte email hinnehmen (AG München, NJW-RR 2007, 547, 548).*« Weitere Urteile für Ihre Recherchen ohne Anspruch auf Vollständigkeit: AG Hamburg, Urteil vom 11.10.2006 – Az. 6 C 404/06; AG Burgwedel, Urteil vom 07.02.2008 – Az. 70 C 161/06; AG Berlin Mitte, Urteil vom 11.06.2008 – Az. 21 C 43/08; AG Düsseldorf, Urteil vom 14.07.2009 – Az. 48 C 1911/09; LG Heidelberg, Urteil vom 23.09.2009 – Az. 1 S 15/09.

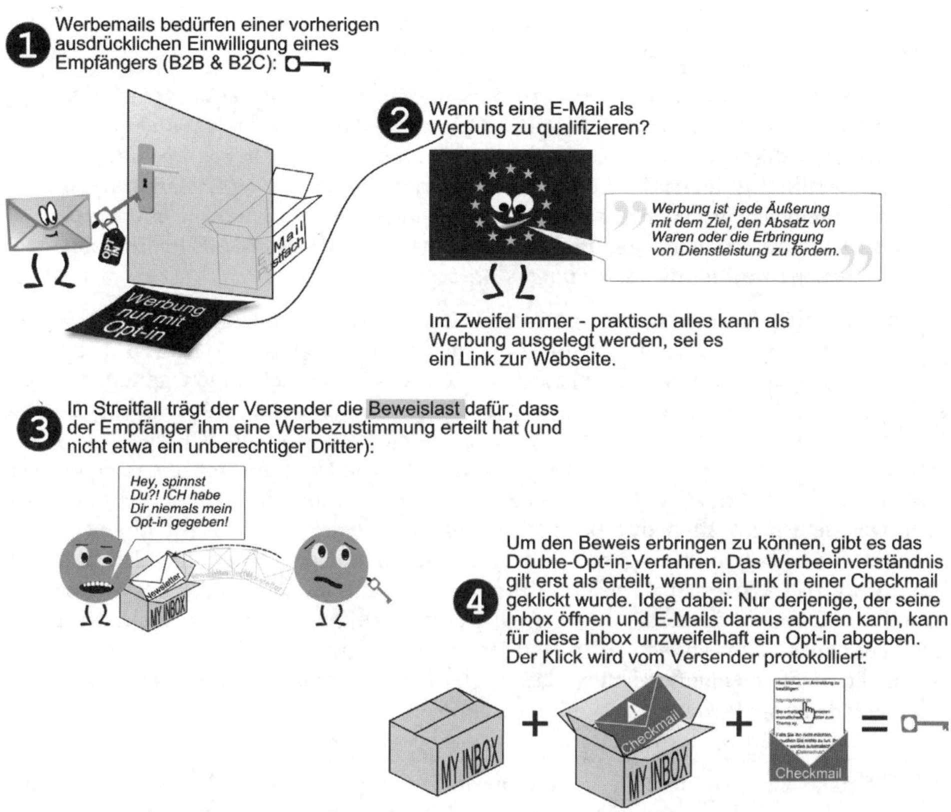

Abb. 22.18: Double Opt-in erhöht die Beweisbarkeit der Werbeeinwilligung.

Beim **Double Opt-in** liegen die Vorzeichen günstiger. Der Bundesgerichtshof hat das Verfahren im Gegensatz zu COI und SOI grundsätzlich als »geeignet« bestätigt. Der Werbetreibende hat das Opt-in damit hinreichend dokumentiert. In der Begründung des Grundsatzurteils vom 10.02.2011 (Az. I ZR 164/09) heißt es:

> *»Geht ein Teilnahmeantrag elektronisch ein, so kann dessen Absender durch eine E-Mail um Bestätigung seines Teilnahmewunsches gebeten werden. Nach Eingang der erbetenen Bestätigung kann angenommen werden, dass der Antrag tatsächlich von der angegebenen E-Mail-Adresse stammt. Hat der Verbraucher durch Setzen eines Häkchens in dem Teilnahmeformular bestätigt, dass er mit der Übersendung von Werbung einverstanden ist, ist grundsätzlich hinreichend dokumentiert, dass er in E-Mail-Werbung an diese E-Mail-Adresse ausdrücklich eingewilligt hat […]. Nach der Rechtsprechung des Senats hat der Werbende mit einem solchen Verfahren ausreichend sichergestellt, dass es nicht aufgrund von Falscheingaben zu einer Versendung von E-Mail-Werbung kommt […].«*

Auch der Düsseldorfer Kreis, ein Zusammenschluss der obersten Datenschützer, bejahte Ende 2012 das Double Opt-in (`tinyurl.com/cdk5y53`):

> *»Für das elektronische Erklären einer Einwilligung ist – zur Verifizierung der Willenserklärung des Betroffenen – das Double-Opt-In-Verfahren geboten, wobei die Nachweis-Anforderungen des BGH (Urteil vom 10.02.2011, I ZR 164/09) bei der Protokollierung zu berücksichtigen sind. Das bloße Abspeichern von IP-Adressen, von denen Einwilligungen vorliegen würden, genügt dem BGH insoweit nicht; für den Nachweis der Einwilligung kommt z.B. der Ausdruck einer E-Mail des Betroffenen mit der entsprechenden Willenserklärung in Betracht.«*

Um beim Urteil zu bleiben: Die oft zitierte Rechtssicherheit bringt aber auch das Double Opt-in nicht. Zum einen ist das DOI nur ein Mosaikstück im Opt-in-Nachweis. (Beispielsweise muss auch der Einwilligungstext bestimmten Voraussetzungen genügen.) Zum anderen gilt: Falls der E-Mail-Empfänger nämlich darlegen kann, dass auch das Double Opt-in nicht von ihm erteilt wurde, war die Werbung trotzdem rechtswidrig. Der Aktivierungslink könnte ja durch eine Antispam-Lösung getriggert worden sein, die nicht nur den E-Mail-Inhalt, sondern auch die Landeseiten untersucht. Oder die Inhaberschaft des Postfachs wechselte kurzfristig, zum Beispiel bedingt durch einen Domainkauf. Einige Gründe wären denkbar. Allerdings trägt der Nutzer dann die Beweislast. Und schließlich vertreten mitunter Juristen selbst die Ansicht, dass auch die Checkmail, die die Bestätigung des Anmeldewunsches fordert, als unzulässige Werbung zu qualifizieren ist (siehe Urteil des OLG München in Abschnitt 21.3.1 *Werbung nach dem Wortlaut der EU-Richtlinie*). Dies würde mehr oder weniger bedeuten, dass ein Opt-in für E-Mail-Werbung auf postalischem Wege, per Fax oder elektronisch signiert einzuholen ist.

Halten wir fest: Das Double Opt-in ist aufgrund der besseren Beweisbarkeit einer Einwilligung wärmstens zu empfehlen. Auch wenn die Quantität durch ausbleibende Aktivierungen leidet – es sorgt für eine höhere Qualität des Adressbestandes. Klicks auf den Spam-Knopf (»Complaints«, siehe Kapitel 23) werden reduziert und Spamfallen (»Traps«) effektiv herausgefischt. Abonniert zum Beispiel Interessent Max Mustermann versehentlich mit `Max.Mustermann@gmy.de` statt `gmx.de` den Newsletter und hat der Betreiber eines Honeypot-Netzes `gmy.de` reserviert, könnte das wiederholte Beschicken der (Spamtrap-)E-Mail-Adresse die Zustellbarkeit beeinträchtigen. Dagegen würde die Adresse per DOI mangels Bestätigung anfänglich sofort herausfallen.

22.12.2 Darf ich Erinnerungsmails bei ausbleibender Aktivierung versenden?

Die Double-Opt-in-Medaille hat auch eine Kehrseite: Bei Weitem nicht alle Interessenten bestätigen die Eintragung ihrer E-Mail-Adresse ins Anmeldeformular mit einem Klick auf den Link in der Checkmail. Etwa weil die Checkmail im Spamfilter hängen bleibt oder möglicherweise der neue Absender im Posteingang nicht gedanklich zugeordnet werden kann. Passiert dies in großer Zahl, verlangsamt sich das Verteilerwachstum enorm.

Vonseiten der E-Mail-Versender wird in diesem Zusammenhang häufig gefragt: »Darf ich bei ausbleibender Aktivierung erneut per E-Mail darum bitten?« Darf der E-Mail-Versender also versuchen, DOI-»Verweigerer« durch weitere Nachrichten nachträglich zu reaktivieren, um so die Double-Opt-in-Quote noch auszubessern? Die Frage ist unter wirtschaftlichen Gesichtspunkten interessant. Eine Triggermail-Regel, die automatisch einen Nachversand an Newsletter-Interessenten anstößt, die die Abo-Aktivierung vergessen, ist schließlich mit zwei oder drei Handgriffen in der Versandsoftware implementiert. Aber wie schaut es rechtlich aus?

Eine *neutral* formulierte Checkmail im Rahmen des DOI-Verfahrens stellt regelmäßig keine unzumutbare Belästigung dar. Zahlreiche Urteile legen dies nahe. Unter anderem AG München, Urteil vom 30.11.2006 – Az. 161 C 29330/06; LG Berlin, Urteil vom 23.1.2007 – Az.15 O 346/06; AG Berlin Mitte, Urteil vom 11.6.2008 – Az. 21 C 43/08. Schließlich werden durch einfaches Nichtstun keine weiteren E-Mails mehr zugesandt. Und das Verfahren an sich dient gerade dazu, unverlangten Werbezusendungen vorzubeugen. Grundvoraussetzung ist dabei aber, dass der Inhalt der DOI-E-Mail keinen werblichen Charakter aufweist. Und »Werbung« wird, wie Sie im vorigen Kapitel gesehen haben, weit gefasst. Sie umschließt jede Äußerung mit dem Ziel, Absatz zu fördern. Einen gewichtigen Ausreißer in der Riege dieser Urteile stellt jedoch dasjenige des Oberlandesgerichts München dar, Urteil vom 29.9.2012 – Az.: 29 U 1682/12. Hiernach ist auch eine Checkmail Werbung.

Vor diesem Hintergrund erscheint auch die Idee, Nicht-Aktivierern eine (oder sogar mehrere) weitere Checkmail(s) zur Erinnerung zukommen zu lassen, eine nicht besonders gute zu sein. Dass viele Gerichte heute *eine* unbestellte DOI-Mail nicht als Belästigung ansehen, ist in gewisser Weise schon eine Errungenschaft. (Unter Juristen wird selbst dies kontrovers diskutiert. Immerhin dient auch diese Nachricht mittelbar der Absatzförderung. Allerdings existiert kaum eine gangbare Alternative.) Je nach Menge der versendeten Erinnerungen und deren inhaltlicher Ausgestaltung steigt die Gefahr, dass der Anspruch zur Kontaktaufnahme verwirkt ist, es sich also nicht mehr um eine »zumutbare Belästigung« handelt, schnell an. Stellen plötzliche alle Versender auf multiple Erinnerungsmails um, könnte hierdurch die Privatsphäre oder der Gewerbebetrieb – wie beim Spamming – beeinträchtigt werden. Der Adressat bekundet ja gerade durch sein Nicht-Tätigwerden, keine E-Mails mehr vom Absender erhalten zu wollen. Alles andere, etwa ein »hier klicken, falls Sie den Newsletter doch nicht möchten«, wäre ein unzulässiges Opt-out. So gesehen ist es rechtlich nicht zulässig, DOI-Erinnerungen zu versenden.

Eine gute Idee ist es stattdessen, den Double-Opt-in-Prozess einmal kritisch zu hinterfragen. Auch wenn die Optimierung des Prozesses im Vergleich zur Implementierung einer Erinnerungs-E-Mail deutlich aufwendiger erscheint. Für den Prozess existieren zahlreiche Stellschrauben, mit denen die Double-Opt-in-Quote meist noch sehr erhöht werden kann. Man denke an Zustellbarkeits-Tests (erreicht die Checkmail überhaupt den Posteingang oder wird sie gefiltert?), an aussagekräftige Absendernamen (kann der Adressat die Checkmail zuordnen?) und Betreffzeilen (signalisiert diese ein Handlungserfordernis oder wirkt sie bloß wie eine formelle Bestätigung?). Tipps hierzu lesen Sie in Kapitel 11.

Um auf die Ausgangsfrage zurückzukommen: Nein, Sie dürfen mit hoher Wahrscheinlichkeit keine Erinnerung versenden. Wer entgegen (!) der Empfehlung doch versuchen möchte, Nicht-Aktivierer noch nachträglich zu wandeln, oder wer ausländische Abonnenten beispielsweise in den USA betreut, dem sei Folgendes nahegelegt:

- Belassen Sie es bei einer Erinnerung, um die Geduld nicht über Gebühr zu strapazieren; und versenden Sie diese rund 24 Stunden nach der Anmeldung.
- Vergessen Sie nicht, den Passus »Falls Sie keine weiteren E-Mails von uns wünschen, brauchen Sie nichts weiter zu tun« in der ersten Checkmail zu löschen.

- Variieren Sie den Betreff der Erinnerungsmail, etwa indem Sie ein »Erinnerung:« voranstellen: »ERINNERUNG: Bitte bestätigen Sie Ihr Newsletter-Abo«.
- Variieren Sie auch den Inhalt, um dem Eindruck vorzubeugen, dass ein und dieselbe E-Mail nun täglich nervt, bis der Aktivieren-Link angeklickt wurde. Erklären Sie zum Beispiel, warum Sie den Adressaten erneut kontaktieren (»Eventuell hat Sie unsere gestrige E-Mail nicht erreicht ...«).
- Weisen Sie darauf hin, dass dies die letzte Kontaktaufnahme sein wird und bei Nichtstun keine weiteren E-Mails mehr folgen.
- Um der Erinnerung mehr Nachdruck und Sichtbarkeit im Posteingang zu verleihen, kann die E-Mail-Priorität noch auf hoch gesetzt werden.
- Probieren Sie bei der Erinnerungsmail ein anderes E-Mail-Format als das, das bei der ersten Checkmail zum Einsatz kam (zum Beispiel Plain-Text anstatt Multipart/HTML), um etwaigen Spamfilter-False-Positives auf diese Weise zu begegnen.
- Verzichten Sie auf werbliche Äußerungen.
- Rechnen Sie mit einer nachträglichen Aktivierungsquote in Höhe von circa 10 Prozent, aber – je nach Versandvolumen – auch mit Beschwerden!
- Bleibt das zweite Opt-in aus, sind die Daten zu löschen.

22.12.3 Ich habe kein Opt-in – kann ich mit Checkmails nachqualifizieren?

Aufgrund des vertrackten »Regelwerks« sind werbetreibende Unternehmen sich oft unsicher, ob beim Adressbestand tatsächlich eine rechtsgültige Permission vorliegt. Oder man ist sich sicher, dass keine vorhanden ist, aber bisher hat sich noch niemand beschwert. Mitunter werden daraufhin einfach angebliche Double-Opt-In-Checkmails versandt, um die Adressaten per Klick auf den Bestätigungslink als Abonnenten zu qualifizieren. Der Trugschluss dabei: »Die E-Mails stellen doch keine unzumutbare Werbung dar.« Die Stärke des Eingriffs in das Persönlichkeitsrecht ist vermutlich eher gering, die Gefahr des Ausuferns besteht bei einem begrenzten Verteilerkreis ebenfalls nicht – schließlich richtete sich die Anfrage nur an Bestandsabonnenten, bei denen lediglich das Opt-in nicht korrekt protokolliert wurde.

Der Schuss kann aber auch nach hinten losgehen. Eine unaufgefordert zugesandte Nachricht im Gewand einer DOI-Mail ist im rechtlichen Sinne ja gerade keine Checkmail. Derartige Nachrichten kommen eher einer Nachfrage gleich, ob Interesse am Newsletter besteht. Dies wiederum wäre als unverlangte Werbung rechtswidrig. Ganz gleich, ob eine Million oder 100 E-Mail-Adressaten belästigt werden. Man beachte, dass auch die Anforderung der Double-Opt-in-Checkmail sauber dokumentiert sein muss. Dazu gehören URL, Datum, Uhrzeit und IP-Adresse der Bestellung.

Wer Adressen sauber nachqualifizieren möchte, sollte dies stattdessen stets auf postalischem Wege tun. Auch wenn dies deutlich teurer ist. Möglicherweise funktioniert auch eine dezent (!) angehängte Werbung in Transaktionsmails rund um die Bestellabwicklung. Alles andere wäre rechtlich riskant und sollte daher in jedem Fall mit einem Fachmann, also einem Juristen, besprochen werden.

Fallstudie: Gießen-impossible-Kampagne von Lufthansa eXperts

»Gießen impossible – die gefangene Idee« ist eine mehrfach preisgekrönte Kampagne, die von der Agentur Wundermann für Lufthansa eXperts konzipiert wurde. Hintergrund: 2008 legten sich ca. 2.200 Reisebüro-Mitarbeiterinnen und 800 -Mitarbeiter über den Service Lufthansa eXperts eine Freemail-Adresse zu, nutzten diese im Anschluss aber kaum.

Die wichtige Multiplikator-Zielgruppe war somit für eine werbliche Ansprache per elektronischer Post weiter nicht erreichbar. Und offline wäre die Regel-Kommunikation zu kostspielig gewesen. Mit einer gezielten Dialogmarketing-Aktion sollte nun die hauptsächlich genutzte E-Mail-Adresse samt Werbe-Einverständnis von den eXperts-Teilnehmern eingeholt werden.

Statt nun in einem Brief hiernach zu fragen, lockte die Fluggesellschaft den vornehmlich weiblichen Adressatenkreis mit etwas besonders Schönem und Seltenem: mit einer echten Orchidee. Nur konnte das Geschenk zunächst nicht gegossen werden: Ein Zahlenschloss verriegelte nämlich den Sichtkarton. Die durstige Blume verwehrte sich so äußeren Zugriffen. Zusätzlich appellierte bei jedem Log-in auf eXperts ein animiertes Bild der Pflanze an das fürsorgliche Gewissen der neuen Besitzer. Der Clou: Um den Rettungscode zu erhalten, mit dem das Zahlenschloss geöffnet und die Blume gegossen werden konnte, musste die E-Mail-Adresse preisgegeben werden ...

Der sympathische Erpresser-Plan ging mehr als auf. Zwar war die Aktion mit rund 7 Euro pro Mailing kostspielig, aber der Erfolg spricht für sich: 97 Prozent Response und 2.912 gültige E-Mail-Adressen brachten die Blumen hervor. Ist zwar nichts für die Adressgenerierung im großen Stil, aber die kreative und zielgruppenspezifische Idee zählt. (`tinyurl.com/awj6rnm`)

22.13 Offline Einwilligungen gewinnen

Die Einwilligung in die E-Mail-Zusendung muss nicht unbedingt elektronisch erfolgen. On- und offline teilen allerdings dieselben Grundsätze bei den rechtlichen Erfordernissen. Die Einwilligung kann also seitens eines Nutzers auch

- per Post,
- Telefon,
- persönlich (Messen, Seminare et cetera) oder
- allgemein in jeder geeigneten Weise erteilt werden, wonach sie
  - **zwanglos**,
  - **sachkundig** und
  - durch eine **spezifische Angabe**

zum Ausdruck kommt. Zwar erlaubt das BDSG, dass ein Werbeeinverständnis schriftlich zusammen mit anderen Erklärungen (etwa in der Datenschutzbelehrung) erteilt wird, wenn es optisch hervorgehoben wird. Für E-Mail gilt jedoch stets: Das Einverständnis muss gesondert und ausdrücklich erfolgen (vergleiche Wettbewerbsrecht). Also zum Beispiel in

Form eines von anderen Erklärungen getrennten und nicht vorangekreuzten Häkchen-Feldes auf der Gewinnspiel-Postkarte:

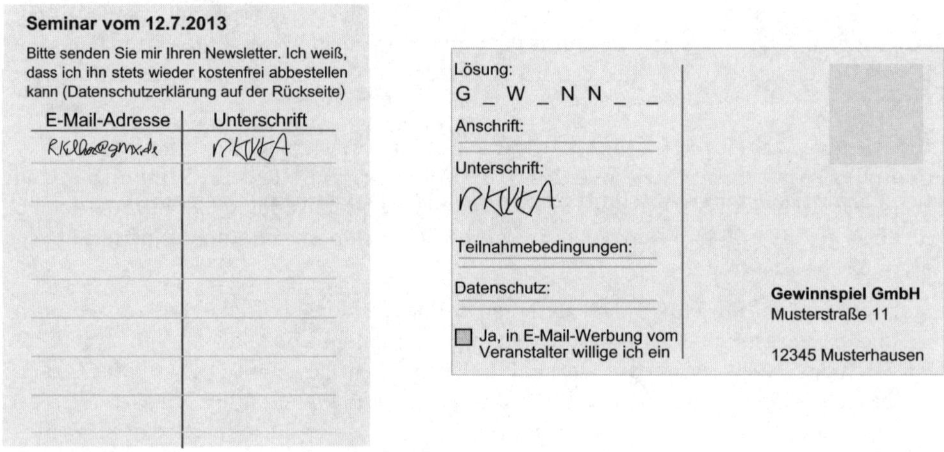

Abb. 22.19: Schriftliche Einwilligung heißt »per Unterschrift«. Links: Der Seminarleiter möchte die Teilnehmer im Anschluss per E-Mail informieren; rechts: eine typische Gewinnspielkarte. Wichtig: Auch die schriftliche Einwilligung muss sich gesondert auf den Empfang von E-Mail-Werbung beziehen. Sie kann somit nicht wirksam zusammen mit Datenschutzerklärungen oder Ähnlichem erteilt werden.

Erhebliche Probleme können sich bei der **Nachweisbarkeit** eines offline erteilten Werbeeinverständnisses ergeben. Zwar ließe sich per Post oder Telefax eine Einwilligung anhand der Unterschrift belegen. Die Dokumente müssten entsprechend in Ordnern archiviert und/oder gescannt werden. Praktisch allerdings besteht – wie beim Single Opt-in – auch hier die Möglichkeit, dass Dritte Fremddaten notieren, die Unterschrift fingieren und somit keine gültige und nachweisbare Erlaubnis für den E-Mail-Versand vorliegt. Bei Abgabe einer Einwilligung am Telefon oder im persönlichen Gespräch kann zwar deren Empfänger, also der Werbetreibende, innerhalb einer gerichtlichen Auseinandersetzung als Zeuge fungieren. Allerdings ist fraglich, inwieweit die Einwilligung dann glaubhaft gemacht und somit vom Versender schlussendlich bewiesen werden kann. Ebenso wären Mitarbeiter als weitere Zeugen denkbar. Oder sogar ein Telefonmitschnitt zur Beweissicherung, falls dies praktikabel ist.

Seit der BDSG-Reform 2009 muss gemäß § 28 Abs. 3a S. 1 BDSG eine mündlich abgegebene Erklärung nachträglich **schriftlich bestätigt** werden:

> *»Wird die Einwilligung [...] in anderer Form als der Schriftform erteilt, hat die verantwortliche Stelle dem Betroffenen den Inhalt der Einwilligung schriftlich zu bestätigen, es sei denn, dass die Einwilligung elektronisch erklärt wird [...].«*

Eine E-Mail genügt zwar lediglich der Text-, nicht der Schriftform. Jedoch kann gemäß herrschender Meinung die Bestätigung eines E-Mail-Opt-ins auch per E-Mail erfolgen. Papier plus Unterschrift wäre kaum praktikabel. Dem schließt sich auch der Düsseldorfer Kreis an, ein Zusammenschluss der obersten Datenschützer (`tinyurl.com/cdk5y53`):

»Die Textform gemäß § 126b BGB (E-Mail, PDF-Dokument) kann als ausreichend im Sinne des Schutzzwecks von § 28 Abs. 3a Satz 1 BDSG für die schriftliche Bestätigung einer anderweitig erteilten Einwilligung angesehen werden. Die Schriftform mit eigenhändiger Unterschrift nach § 126 BGB ist nach dem Bestätigungs- bzw. Informationszweck der Vorschrift nicht geboten. [...] Dabei ist auch die schriftliche Bestätigung der Einwilligung in Verbindung mit der ersten Werbezusendung möglich, wenn beide Bestandteile (Bestätigung der Einwilligung – Werbetext) klar getrennt sind und die Bestätigung der Einwilligung entsprechend deutlich herausgestellt wird.«

Die Bestätigung sollte die abgegebene Erklärung noch einmal vollständig anführen (siehe auch *Confirmed Opt-in* in Abschnitt 7.1.1 *Single, Confirmed oder Double Opt-in?*).

Auch bei der Offline-Adressgenerierung per Post, Telefax oder Telefon empfiehlt es sich, auf das **Double-Opt-in-Verfahren** zurückzugreifen. Das heißt, der Werbetreibende sollte nach der Datenerhebung eine Bestätigungs-E-Mail oder besser noch eine Checkmail mit einem Aktivierungslink versenden. Erst nach der Aktivierung ist die Adresse für den Werbeversand freigeschaltet. Ohne Aktivierung wird sie wieder gelöscht.

Vorsicht: Visitenkarte erhalten bedeutet nicht Opt-in

Welcher Besucher von Business-Messen kennt es nicht: Diverse Aussteller buhlen mit iPads und anderen attraktiven Gewinnen um Visitenkarten. Einfach Kärtchen ins Gefäß schmeißen und damit die Gewinnchance sichern. Im Gegenzug gibt es unter anderem den Newsletter. Theoretisch zumindest. Die Sache hat nämlich einen Haken: Die Übergabe einer Visitenkarte ist – ohne Weiteres – kein Einverständnis in die Zusendung von E-Mail-Werbung.

Für den, der die vorangegangenen Abschnitte dieses Kapitels aufmerksam gelesen hat, ist dies keine Überraschung. Das Landgericht Baden-Baden musste dies vor einiger Zeit trotzdem mal wieder bestätigen (vergleiche Urteil vom 18. 1.2012 – Az. 5 O 100/11). Was war geschehen? In einem Vortrag hatte ein Hörer dem Referenten eine Visitenkarte gegeben. Im Anschluss schlug dort unerwünschte E-Mail-Werbung vom Veranstalter auf. Dies war rechtswidrig, so das Gericht. Auch dass der Referent während der Veranstaltung mehrmals fragte, ob Werbung übersandt werden dürfe, ändert daran nichts. Werbegegenstand, Werbemedium (E-Mail) und Werbeberechtigter (der Veranstalter) müssen dem Einwilligenden beim Opt-in klar sein.

Wie sollte man die Adressgewinnung also beispielsweise auf einer Messe angehen?

- Die Übergabe der Visitenkarte im Zusammenhang mit einem mündlich erteilten Opt-in (»Danke für die Karte; darf ich Ihnen unseren Newsletter zusenden?« – »Ja, gerne«) muss gemäß § 28 Abs. 3a BDSG eigentlich schriftlich bestätigt werden. Der Düsseldorfer Kreis, ein Zusammenschluss der obersten Datenschützer, hält allerdings auch die Textform für angemessen – eine Bestätigung per E-Mail genügt.
- Am pragmatischsten lassen sich Neu-Abonnenten an den Ständen gewinnen, indem eben in deren Beisein die Adresse in das Onlineformular eingegeben wird. Vergewissern Sie sich, dass keine Tippfehler gemacht werden. Nutzen Sie auch hier das Double-Opt-in-Verfahren. Nicht zuletzt, um den Vorgang genau zu protokollieren. Die Aktivierung seitens des Interessenten erfolgt direkt zum Beispiel über sein Smartphone oder eben später im Office.

- Rechtlich unsauber, aber nach Rücksprache mit einem Anwalt (!) womöglich trotzdem gangbar, ist der Versand einer Double-Opt-in-E-Mail allein auf Grundlage der »blanken« Visitenkarte in der Box. Bei einer neutralen DOI-Mail sollte es sich nicht um Werbung handeln (auch wenn das OLG München anders urteilte), die Intensität des Eingriffs ist, ebenso wie die Zahl der Betroffenen, sehr überschaubar. Zudem ist das Hinzufügen zum E-Mail-Verteiler seit jeher gängige Messe-Praxis. Wenn das Double Opt-in erteilt wird, also auf den Aktivierungslink geklickt wird, kann der Newsletter-Versand starten. Doch bevor Sie sich in solch rechtlich äußerst unsicheres Fahrwasser begeben, nutzen Sie lieber eine der sauberen Varianten – inklusive Double Opt-in.
- Informieren Sie den Newsletter-Interessenten auch über die Datenschutzbestimmungen. Dies betrifft zum Beispiel Art, Umfang und Zweck der Datenerhebung sowie das jederzeitige Auskunfts-, Löschungs- und Sperrungs-Recht. Die Belehrung muss »zu Beginn des Nutzungsvorgangs« (§ 15 TMG) erfolgen. Zum Beispiel, indem bei der Gewinnspiel-Box die ausgedruckte Erklärung bereitgelegt wird. Oder indem dies mündlich kommuniziert wird (»Darf ich Ihnen unseren Newsletter zusenden? Wir speichern Vorname, Name und Adresse, geben Ihre Daten nicht weiter und Sie können sich jederzeit wieder abmelden [...]«).

22.14 E-Mail-Werbung ins Ausland versenden

22.14.1 Europäische Union

Innerhalb der Europäischen Union ist gemäß Artikel 13 der Datenschutzrichtlinie 2002/58/EG ein werblicher E-Mail-Versand an natürliche Personen – wie in Deutschland – nur mit vorheriger Einwilligung möglich (Opt-in-Prinzip). Die Einwilligung muss ohne Zwang und in Kenntnis der Sachlage erfolgen. Unternehmer müssen vor unverlangten Zusendungen ausreichend geschützt werden. Absatz 2 ermöglicht – analog zu § 7 Abs. 3 UWG in Deutschland – einen Versand auch dann, wenn ein Geschäftsverhältnis besteht und für ähnliche Produkte oder Dienste geworben wird, wobei dem Empfänger bei der Datenerhebung und bei jeder Versendung sein Widerspruchsrecht aufgezeigt wurde und er nicht widersprochen hat. Da es sich um eine Richtlinie handelt, die Mindeststandards vorgibt, sind die tatsächlichen Ausprägungen in den nationalen Gesetzen mitunter anders. Ferner gilt für E-Mail-Werbung das Marktortsprinzip.

Grundsätzlich gilt in der EU zwar das Herkunftslandprinzip. Demnach ist – auch über die Ländergrenzen hinweg – das Recht des Landes maßgeblich, in dem der Onlinewerber seinen Sitz hat. Doch es gibt Ausnahmen. So bleibt zum Beispiel die Zulässigkeit nicht angeforderter E-Mail-Werbung hiervon unberührt (vergleiche § 3 Abs. 4 Nr. 3 TMG sowie den Anhang der Richtlinie 2000/31/EG). Für die Zusendung von Newslettern ist also das Recht des Ziellandes zu beachten, in dem der Empfänger die E-Mail abrufen wird (LG Stuttgart, Urteil vom 15.5.2007 – Az. 17 O 490/06). Man spricht vom Marktortprinzip. Das heißt, befinden sich die Mailserver in der Schweiz und werden von dort von einem schweizerischen Unternehmen deutsche Adressaten mit Werbung beschickt, so ist auch das deutsche E-Mail-Marketing-Recht zu beachten.

22.14.2 Österreich

Wie in Deutschland, so fußt auch das österreichische E-Mail-Marketing-Recht auf der EU-Datenschutzrichtlinie. Das Pendant zum Soft Opt-in nach Maßgabe des § 7 Abs. 3 UWG findet sich im § 107 Abs. 3 TKG 2003 (Telekommunikationsgesetz 2003), das Opt-in nach § 7 Abs. 2 Nr. 2 UWG in § 107 Abs. 2 TKG 2003. Zwei grundlegende Besonderheiten:

- Ein Opt-in wird für Werbemails und für E-Mails an mehr als 50 Empfänger benötigt;
- Werbetreibende sind gesetzlich zum Abgleich mit einer Robinson-Liste verpflichtet, der sogenannten ECG-Liste nach § 7 Abs. 2 ECG (E-Commerce-Gesetz): `http://www.rtr.at/de/tk/NutzenECG`.

22.14.3 Schweiz

Der Rechtsrahmen für E-Mail-Marketing wurde in der Schweiz erst 2007 geschaffen. Die wichtigsten Rechtsgrundlagen finden sich in

- Artikel 3 des Bundesgesetzes gegen den unlauteren Wettbewerb (UWG)
- Artikel 45a des Fernmeldegesetzes (FMG)

Die Vorschriften sind im Vergleich zum deutschen Recht abstrakter gehalten. Prinzipiell finden aber auch hier (neuerdings) die

- ausdrückliche Zustimmung (Opt-in) sowie
- das Soft Opt-in bei Bestandskunden,

wie sie beide aus den deutschen Gesetzen bekannt sind, Anwendung:

> *»Unlauter handelt insbesondere, wer [...] Massenwerbung ohne direkten Zusammenhang mit einem angeforderten Inhalt fernmeldetechnisch sendet oder solche Sendungen veranlasst und es dabei unterlässt, vorher die Einwilligung der Kunden einzuholen, den korrekten Absender anzugeben oder auf eine problemlose und kostenlose Ablehnungsmöglichkeit hinzuweisen; wer beim Verkauf von Waren, Werken oder Leistungen Kontaktinformationen von Kunden erhält und dabei auf die Ablehnungsmöglichkeit hinweist, handelt nicht unlauter, wenn er diesen Kunden ohne deren Einwilligung Massenwerbung für eigene ähnliche Waren, Werke oder Leistungen sendet.«*

22.14.4 Großbritannien

Auch im Vereinigten Königreich finden sich prinzipiell die bereits genannten Grundsätze wieder. Allerdings in deutlich abgeschwächter Form. So werden Limited Companies von den einschlägigen Vorschriften der Privacy and Electronic Communications Regulations (PECR) nicht erfasst. Werbung an Adressen wie `info@LtdCompany.com` bedürfen daher keines Opt-ins.

Falls für E-Mail-Werbung an Private oder Kaufleute kein explizites Werbeeinverständnis vorliegt, kommt eventuell das Soft Opt-in zum Tragen. Voraussetzungen sind wieder eine bestehende Geschäftsbeziehung, eine Opt-out-Möglichkeit bei der Datenerhebung sowie bei jeder Verwendung und Werbung für ähnliche Produkte zu denen, für die Interesse vorlag. Die Beziehung kann aber auch lose sein; es muss kein Kauf abgeschlossen worden sein. So heißt es in der einschlägigen Privacy and Electronic Communications (EC Directive) Regulations 2003 (`tinyurl.com/5wz8ho3`):

> *»(3) A person may send or instigate the sending of electronic mail for the purposes of direct marketing where— (a) that person has obtained the contact details of the recipient of that electronic mail in the course of the sale or negotiations for the sale of a product or service to that recipient;«*

Zudem darf der Ähnlichkeitsbegriff – im Unterschied zum hiesigen Recht – weit ausgelegt werden.

Tipp

Mehr zum E-Mail-Marketing-Recht in Großbritannien lesen Sie auf den Seiten des Information Commissionier's Office (ICO) unter `ico.gov.uk/for_organisations/privacy_and_electronic_communications/the_guide/electronic_mail.aspx`.

22.14.5 USA

Die Vereinigten Staaten regeln die Zusendung von E-Mail-Werbung über den »Controlling the Assault of Non-Solicited Pornography and Marketing Act« (CAN-SPAM Act). Anders als in Europa gilt in den USA das weniger restriktive Opt-out-Prinzip. Dadurch können werbliche E-Mails auch ohne vorherige Einwilligung versendet werden, wenn verschiedene Rechtsvorschriften eingehalten werden. Dies betrifft unter anderem:

- die Nennung einer gültigen, physischen Adresse in jeder E-Mail
- die Pflicht zur Kennzeichnung von E-Mail-Werbung als solche
- der Hinweis auf eine klare und einfache Abbestellmöglichkeit
- eine Bearbeitung der Abbestellungen innerhalb von 10 Werktagen
- das Verbot von irreführenden Betreffzeilen
- das Verbot, E-Mail-Header zu fälschen und einen anderen Absender vorzutäuschen

Tipp

Mehr zum E-Mail-Marketing-Recht in den USA lesen Sie auf den Seiten des Bureau of Consumer Protection in der Compliance Guide for Business: `business.ftc.gov/documents/bus61-can-spam-act-compliance-guide-business`.

Hinweis: Um ein Opt-in kommen Versender trotzdem nicht herum

Der ein oder andere mag sich nun denken: »Wer braucht schon Europa, dann versende ich einfach in die USA.« Die Rechnung wird allerdings nicht aufgehen. Jeder seriöse E-Mail-Dienstleister verlangt von seinen Kunden, den E-Mail-Versendern, dass die E-Mails nicht unerwünscht sind. Genauer: dass eine informierte Einwilligung für alle Adressaten oder zumindest eine Geschäftsbeziehung vorliegt. Auch in den USA. Wäre dem nicht so, würden die Dienstleister sich schnell ihre Versand-Infrastruktur zerschießen. Internationale Webmail-Anbieter wie Gmail, Outlook.com und Yahoo! Mail filtern nämlich stark reputationsbasiert. Deren Spamfilter sortieren E-Mails von Versendern beziehungsweise Dienstleistern mit mangelhafter Reputation schnell aus.

Teil IX

Spamfilter passieren

In diesem Teil:

Der achte Teil zeigt zunächst auf, was Abonnenten so alles als Spam empfinden. Denn dies ist weit mehr als E-Mails, die nicht bestellt wurden. Anschließend erfahren Sie, wie Spamfilter generell funktionieren und welche Faktoren Ihre sogenannte Reputation bei Gmail, Outlook.com & Co. beeinflussen. Prinzipiell gehen wir also zurück zur ersten Stufe der Response-Mechanik (Abbildung T.1). Besonderes Augenmerk gilt dabei Hardbounces, Spamfallen-Treffern und Spambeschwerden, die es unbedingt zu vermeiden gilt. Welche Blacklists relevant sind und wie Sie im Falle eines Falles ein Delisting erreichen, darum dreht sich Kapitel 24. Dabei werden auch Möglichkeiten eines Whitelistings behandelt, mit dem Sie sich als seriöser Absender kennzeichnen lassen können.

Kapitel 25 schließt an die allgemeine Funktionsweise von Spamfiltern an und erklärt verschiedene Typen wie Text-, Bayes- und Prüfsummen-Filter. Darüber hinaus werden Standards für die Authentifizierung vorgestellt.

In Kapitel 26 erfahren Sie schließlich, wie Sie Ihre »Spammigkeit« beim verbreiteten Filter SpamAssassin verbessern. Sie lernen auch, wie Sie bei Gmail in das Postfach Ihrer Abonnenten gelangen und wie Sie messen können, welcher Anteil Ihrer Versandmenge im Spamordner landet.

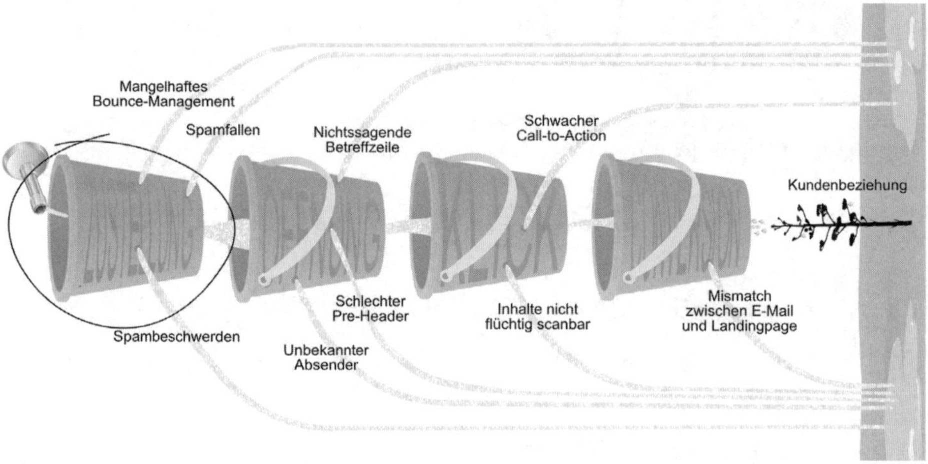

Abb. T.1: Zurück zur ersten Stufe der Response-Mechanik: die E-Mail-Zustellung

Kapitel 23

Grundlagen Zustellbarkeit

Es ist nicht alles Gold, was glänzt. E-Mail ist zwar weit verbreitet, der allergrößte Teil der elektronischen Nachrichten ist allerdings »Spam«. Darunter werden technisch meist unpersönliche, also weitestgehend identische Nachrichten subsumiert, die in Massen verschickt werden. Und zwar ohne dass die Adressaten den Bezug zuvor selbst veranlasst, also nachweislich in den Empfang eingewilligt haben. Die gute Nachricht für Spam-geplagte Onliner lautet: Moderne Filter haben das Problem heute gut im Griff. Spam wird entweder blockiert oder wenn, dann nur in entlegene Junk-Ordner zugestellt. Die schlechte Nachricht für Versender ist andererseits, dass Nutzer und Filter einiges mehr als Spam betrachten als nur unbestellte Nachrichten. Und wer Spam verschickt, wird früher oder später gar keine Nachrichten mehr zu den Zielpersonen durchbekommen. Wie Zustellungsprobleme grundsätzlich geartet sind und wie sie vermieden werden, darum geht es im Folgenden.

23.1 Die dunkle Seite: Spam, Phishing & Greymail

Spam-Nachrichten nerven. Sowohl deren Abruf als auch die Sichtung kosten Zeit und bares Geld. Wenn Firmenmitarbeiter mehr und mehr mit dem Trennen von relevanten Informationen und Spam im E-Mail-Posteingang beschäftigt sind, leidet die Produktivität. Auch die Beschaffung und Pflege notwendiger Filtersysteme ist nicht umsonst. Schließlich ist jeder verärgert, der mit seinem Handy oder Smartphone unterwegs E-Mails abruft, wenn unnütze Bits und Bytes die geringe mobile Bandbreite verstopfen und zudem noch volumenabhängig Geld für den Abruf fällig wird. All dies macht deutlich, dass Spam nicht nur auf individueller Ebene, sondern sogar ein volkswirtschaftliches Problem darstellt, das es zu bekämpfen gilt. Dabei betrifft Spam alle Informationskanäle, in denen sich jeder einfach als Sender betätigen kann: Telefon, Fax, soziale Netzwerke, Internet-Foren, Blogs, Instant-Messenger-Dienste, Suchmaschinen und Wikis zählen genauso dazu wie die E-Mail.

»Echter« E-Mail-Spam wird hauptsächlich kategorisiert in:

- *Unsolicited Commercial Emails* (UCE, unbestellte Werbe-E-Mails)
- *Unsolicited Bulk Emails* (UBE, unbestellte Massen-E-Mails)
- *Backscatter*, worunter der massenhafte Eingang automatischer Antwort-E-Mails verstanden wird, der aus Spam unter gefälschter Absender-Adresse resultiert. (Wir entsinnen uns: Das Versandprotokoll SMTP kennt keine Absender-Authentifizierung. Gibt ein Spammer die Adresse eines Dritten an, erhält der unter Umständen die Fehlermeldungen der Spamwelle in sein Postfach.)
- *Phishing-Mails*, also betrügerische Nachrichten, die über gefälschte Absender und Webseiten nach Passwörtern oder anderen sensiblen Daten der Internetnutzer »fischen«. Banken, E-Mail-Konten (zum Beispiel GMX), Auktionshäuser (zum Beispiel eBay), Be-

zahldienste (zum Beispiel PayPal), Onlinespiele (zum Beispiel WoW/World of Warcraft) sind dabei besonders häufig im Visier der Betrüger. (Wer sich fragt, was Spiele, wie WoW, in dieser Riege zu suchen haben: Gegenstände und virtuelle Währung, die die Spielcharaktere mit sich herumtragen, sind bares Geld wert; mit ein paar ausgeraubten Spielerkonten haben Hacker daher vielfach bereits ein hübsches Taschengeld zusammen.)

Während Backscatter und Phishing allein zum Metier krimineller Spammer zählen, driften auch legitime Marketingmails ab in Richtung UCE/UBE. Oft ist zwar allein rechtlich bereits eine vorherige Einwilligung (*Permission*) geboten. Aber eben nicht in allen Fällen. Dass die Grenzen zwischen Spam (unerwünscht) und Ham (erwünschte E-Mails) fließend sind, zeigt auch die Begriffsbestimmung in Abbildung 23.1.

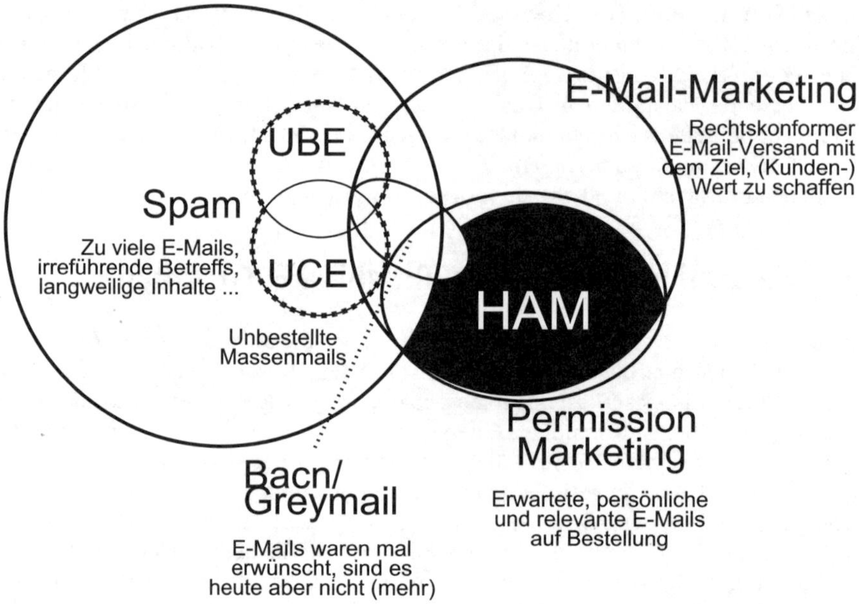

Abb. 23.1: Versenden Sie Ham, vermeiden Sie Spam. Ham heißt Permission Marketing. Dabei handelt es sich um eine Wortschöpfung von Seth Godin, die oft als Synonym für seriöses Dialogmarketing allgemein verwendet wird. Zentrales Merkmal ist die vorherige Erlaubnis, einen Adressaten anschreiben zu dürfen. Die Erlaubnis soll als Privileg, nicht bloß als (juristisches) Recht aufgefasst werden. Ferner muss die Kommunikation erwartet, relevant und persönlich sein.

Je nach Gegenstand der Spam-E-Mails wird gängigerweise auch unterschieden zum Beispiel in Finanz-, Pharma- oder Porno-Spam: Erstere werben meist massenhaft für eine bestimmte Aktie mit dem Ziel, deren Kurs im Sinne des Spammers zu beeinflussen. Beim Pharma-Spam handelt es sich oft um Werbung für dubiose Potenzmittel. Ergo: Die meisten Spam-E-Mails entstammen augenscheinlich zweifelhaften Quellen. Allen gemein ist aber der belästigende Charakter aus Sicht der Empfänger.

Wichtig: Ihre Adressaten definieren »Spam«

Als Marketer greift es viel zu kurz, wenn der Blick allein auf technische Spam-Definitionen wie UBE oder UCE gerichtet wird. Aus der Perspektive des E-Mail-Marketings ist es wichtig zu wissen, was *die Adressaten* gemeinhin als unerwünschte E-Mails empfinden. Und das umfasst weit mehr als Direktwerbung, die bloß »formal« nicht bestellt wurde und/oder den persönlichen Kontext mehr oder weniger außer Acht lässt, also einheitlich in Massen versandt wird. Zwei einfache Beispiele: Auch eine Versandfrequenz, bei der E-Mails in zu kurzen Intervallen aufschlagen, oder irreführende Betreffzeilen, die nicht zum Inhalt passen, können technisch legitime E-Mails subjektiv in Spam verwandeln. Der Versand wäre damit vermutlich rechtens, aber die Mails nerven eben trotzdem.

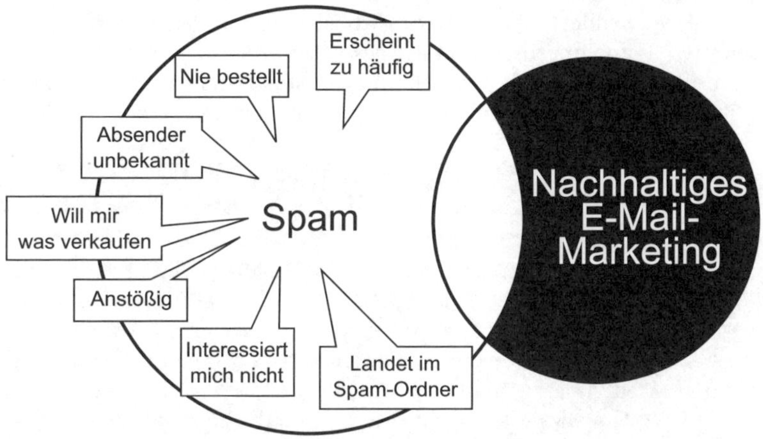

Abb. 23.2: Spam hat viele Gesichter – als Marketer müssen wir uns vergegenwärtigen, welche E-Mails die Empfänger als unerwünscht ansehen.

Je nach Studienquelle wird der Anteil von Spammails am gesamten E-Mail-Volumen mit bis zu rund 97 Prozent beziffert. Die genauen Zahlen sind auch nicht so wichtig. Unstrittiger Fakt ist: Die Mehrheit aller E-Mails, die tagtäglich das Web passieren, sind Spam. Ob Ray Tomlinson sich dies 1971 bei seiner Erfindung damals hätte ausmalen können?

Unrühmlich: Erster E-Mail-Spam 1978

Die erste *dokumentierte* E-Mail, die aus heutiger Sicht als »Spam« klassifiziert würde (damals gab es die Bezeichnung nicht), ist älter als das Internet selbst. Am 3. Mai 1978 ließ Gary Thuerk, Marketing-Manager beim Computerhersteller Digital Equipment Corporation (DEC), eine E-Mail-Einladung zur Produktpräsentation eines neuen Computermodells versenden. Adressaten der Kampagne waren einige Hundert ARPAnet-Nutzer an der US-Westküste. Die Botschaft: »*(...) WE INVITE YOU TO COME SEE THE 2020 AND HEAR ABOUT THE DECSYSTEM-20 FAMILY AT THE TWO PRODUCT PRESENTATIONS WE WILL BE GIVING IN CALIFORNIA THIS MONTH. THE LOCATIONS WILL BE (...).*«

Ein paar Hundert Empfänger hört sich nach wenig an, war damals aber ein beachtlicher Teil aller Onliner. Auch wenn die Aktion an sich zunächst wirtschaftliche Erfolge zeigte, war ein Großteil der Empfänger nicht sonderlich angetan. Der ARPAnet-Administrator Raymond Czahor machte Thuerk unmittelbar nach dem Versand auf den Verstoß gegen die Nutzungsbedingungen des ARPAnet aufmerksam (`j.mp/GLYt8`).

Nebenbei bemerkt: Die erste *undokumentierte* Spammail ging übrigens bereits 1971, zur Zeit damaliger Studentenproteste, via CTSS Mail rum (`j.mp/jFlcel`).

23.1.1 Zur Wortherkunft

Das Wort »Spam« etablierte sich bei den Onlinern erst relativ spät. Die genaue Herkunft ist nicht bekannt. Man munkelt, dass es in den späten 80ern bei *Multi-User-Dungeon*-(MUD-) Nutzern erstmals verwendet wurde. MUDs waren damals textbasierte Online-Rollenspiele, die von mehreren Teilnehmern zusammen gespielt werden konnten. Als Spam bezeichnete man geflutete Chats und bewusst herbeigeführte Datenbankcrashs, die durch die Erstellung übermäßig vieler Objekte provoziert werden konnten (`j.mp/z2vkJ`).

SPAM® & Monty Python

Spam entstand ursprünglich als Kunstwort vermutlich aus »Spiced» und »Ham«. Es rührt vom Namen eines Dosenfleischprodukts »mäßiger Qualität« der Hormel Foods Corporation her, das seit der ersten Hälfte des 20. Jahrhunderts unter dem Namen Spam (Abkürzung für *Spiced pork and ham*) vertrieben wird. Insbesondere während des Zweiten Weltkrieges war es durch die Belieferung aus den USA bei Alliierten omnipräsent. Neben allgemeiner »Übersättigung« geht der »lästige Beigeschmack« aber vor allem auf einen etwa 3½-minütigen Slapstick-Sketch von Monty Python zurück, der erstmals am 15. Dezember 1970 ausgestrahlt wurde. Inhalt: In einem Restaurant wiederholen eine Kellnerin und eine Gruppe Wikinger absurd oft das Wort »Spam« – sie singen sogar ein Loblied darauf. Es scheint kein Gericht ohne Spam zu geben. Alle lieben es. Nur die »arme« ältere Mrs. Bun hasst es. ;-)

Gesichert scheint: Am 12. April 1994 schmissen die Anwälte Laurence Canter und Martha Siegel ein kleines, aber feines Computer-Programm an, das sie zuvor bei einem Programmierer einkauften. Und damit zogen die beiden den Zorn einer riesigen Onliner-Gemeinde auf sich. Denn auf Knopfdruck wurde erstmals automatisiert jede Usenet-Gruppe – es gab damals mehrere Tausend – mit belangloser Werbung beschickt. »*Send coconuts and cans of Spam to Cantor & Co*« lautete einer von vielen Kommentaren der empörten Adressaten.

Fortan wurde das Wort zunehmend als Synonym für eine Überschüttung mit unerwünschten Bits und Bytes in den allgemeinen Sprachgebrauch der Onliner übernommen. Gleiches gilt für »spammen«, das den Akt, Spam zu versenden, beschreibt. Sowie der »Spammer«, also derjenige, der Spam unter die Leute bringt. 1998 wurde der Begriff in das Oxford-Englisch-Wörterbuch übernommen und auch der deutsche Duden kennt es. Da die Belästigung in der allgemeinen Wahrnehmung vornehmlich durch Massenwerbung per E-Mail erfolgt, wird das Akronym Spam heute auch als Kurzform für »Send Phenomenal Amounts of Mail«, sinngemäß also der »Versand unvorstellbar vieler Mails«, gedeutet.

23.1.2 Wie wird Spam verschickt?

Der Charme des E-Mail-Versands ist gleichzeitig Hauptursache für die aktuellen Probleme: Der Versand kostet nichts. Für ihre Kampagnen mieten Spammer meist Ressourcen illegaler Bot-Netze. Diese bestehen aus Computern, die der Bot-Netzbetreiber (*Bot-Master*) meist durch installierte Trojaner-Software oder Viren so weit unter seine Kontrolle gebracht hat, dass sie im Hintergrund zum gezielten Spamversand missbraucht werden können. Eine Million Adressen gibt es bereits ab 25 Dollar, ermittelte McAfee (`tinyurl.com/bzyo94o`).

Hinweis am Rande:

80 Prozent des Spams in Nordamerika und Europa kann auf rund 100 Spammer-Gruppen zurückgeführt werden. Dies ermittelte die Antispam-Organisation Spamhaus. Die meisten davon sind im Register of Known Spam Operations (ROKSO) gelistet. Jede Gruppe besteht wiederum aus einem bis fünf Spammern (`spamhaus.org/rokso/`).

Oder der Spammer baut sich temporär eine eigene Versandinfrastruktur anhand normaler Postfächer auf. Dies funktioniert zum einen durch Passwort-Klau. Geleakte Datenbanken Dritter ermöglichen häufig Zugang zu bestehenden Mail-Konten. Oft wird eben ein Passwort für alle möglichen Accounts genutzt. Solche Konten bei Hotmail, GMX und so weiter sind für den Spam-Versand Gold wert. Denn sie genießen im Gegensatz zu neuen Server-IPs eine top Reputation – mit entsprechend guten E-Mail-Zustellquoten.

Daneben bedienen sich die Betrüger CAPTCHA-brechender Methoden. Auf diese Weise können automatisiert massenhaft neue Konten angelegt werden. Ein CAPTCHA, Akronym für *Completely Automated Public Turing test to tell Computers and Humans Apart*, besteht meist aus einer verzerrten Zeichenfolge, die nur von einem Menschen, nicht von einer Maschine, gelesen werden kann. Damit soll automatischen Eintragungen zum Beispiel bei Registrierungen vorgebeugt werden. In der Praxis bieten viele CAPTCHA-Varianten keinen ausreichenden Schutz. Auch diejenigen nicht, die beim Anlegen eines neuen E-Mail-Kontos bei Hotmail, Yahoo! Mail oder Gmail zur Anwendung kommen. Andernfalls wären Werkzeuge wie der GYC Automator, mit dem bei Google und Yahoo! automatisiert beliebig viele E-Mail-Konten angelegt und genutzt werden konnten, kaum so beliebt bei Spammern geworden. Im Hintergrund solcher Tools werkeln nicht nur ausgeklügelte Algorithmen an der Umgehung von CAPTCHAs. Sondern vermehrt auch Menschen. Zum einen, indem die gemorphten Zeichenfolgen auf fremden Webseiten etwa als Voraussetzung für den Zugang zu illegalen Medien eingeblendet und nach der Lösung just bei Gmail & Co eingesetzt werden. Zum anderen hat sich ein richtiges Billiglohn-Gewerbe in diesem Bereich entwickelt: Über DeCaptcher oder die »Stellenbörse« Pix Profit kosten 1.000 CAPTCHA-Lösungen respektive neue E-Mail-Konten den Spammer circa 1 bis 2 Dollar (`j.mp/aHkFI5`).

23.1.3 Neu: Bacn & Greymail – nicht Spam, nicht Ham

Bei all dem Ärger über Spam-E-Mails darf nicht vergessen werden: Glücklicherweise werden die meisten Empfänger heute gar nicht mehr unmittelbar hierdurch belästigt. Oder die Belästigung ist zumindest auf ein erträgliches Maß reduziert worden. Die Gründe dafür sind vielfältig:

- Die Antispam-Community ist gut vernetzt. Gerade in der jüngsten Vergangenheit konnte einigen großen Bot-Netzen der Garaus gemacht werden (zum Beispiel Waledac 2010, Rustok 2011 und Grum 2012).
- Auch wird Markenartiklern, die spammen, im Echtzeitweb auf Twitter und Co recht schnell ein Zacken aus der Krone gebrochen. Das heutige Social Web hat die Kommunikation offen und bidirektional gemacht – Broadcasting war gestern.
- Je nach Land und den dort vorherrschenden rechtlichen Rahmenbedingungen können schließlich ebenso die drohenden Sanktionen präventiv wirken. Mehr und mehr Länder verschärfen das Direktmarketing-Recht (zuletzt beispielsweise Kanada).
- Und moderne Spamfilter-Systeme, die in Unternehmen und vor allem bei den großen E-Mail-Dienstleistern im Einsatz sind, merzen unverlangt zugesandte Viagra-Werbung und Phishing-Angriffe immer zuverlässiger aus.

Mit der erfolgreichen Bekämpfung unbestellter Massenwerbung ist es aber nicht getan. Die E-Mail-Postfächer sind heute trotz effektiver Spamfilter nicht viel leerer als vor ein paar Jahren. Der Grund für volle Posteingänge heute ist hauptsächlich im Empfang von E-Mails zu suchen, die der Empfänger zwar auf eigene Veranlassung regelmäßig erhält, die aber mittlerweile für ihn uninteressant sind. Das können vor Jahren abonnierte und nicht abbestellte Newsletter oder auch Suchagenten sein.

Gemeinhin werden solche E-Mails als »Bacn« (gesprochen wie das englische »Bacon«) bezeichnet. Der Begriff geht zurück auf die Podcamp-Pittsburgh-2-Konferenz 2007 und scheint ebenfalls durch den Monty-Python-Sketch inspiriert zu sein, der Namensgeber für »Spam« war. Auch geläufig ist der Begriff »Greymail«, der in Abgrenzung zu Blackmail (»Spam«) und Whitemail (erwünschte Mitteilungen) den Grauzonen-Charakter derartiger Kommunikation aus Sicht der Adressaten hervorhebt. Microsoft Hotmail prägte den Begriff hauptsächlich. Demnach machten Greymails 2010 14 Prozent des E-Mail-Aufkommens im Postfach aus. Nur 4 Prozent stellen Blackmail dar, also UCE/UBE.

Die Phänomene Bacn und Greymail werden sich zwangsläufig auch in Ihrem Newsletter-Response widerspiegeln. Je älter Adressdaten nämlich sind, desto geringer sind die davon zu erwartenden Öffnungs- und Klickraten. Zwar waren die Newsletter mal interessant. Mittlerweile haben sich aber die Lebensumstände geändert. Die Raten, mit denen Empfängerlisten altern (»ausbrennen«), sind ganz unterschiedlich. Sie hängen zum Beispiel ab von der Qualität der Inhalte und der Häufigkeit, mit der die Liste in bestimmten Zeitabständen bespielt wurde.

Definition: Bacn vs. Greymail

Fassen wir zusammen: *Bacn* ist quasi die hippe Schreibweise von Bacon (englisch für »Speck«). Per Definition fallen E-Mails hierunter, die eigentlich erwünscht sind, aber nicht im Moment. Im Unterschied zu Spam wurden sie also irgendwann einmal bestellt. Und sie müssen auch nicht unbedingt massenhaft versandt werden. Beispiele für Bacn können etwa Benachrichtigungen der sozialen Netzwerke, Suchagenten oder Newsletter sein.

Der Begriff »Greymails« wurde von Microsoft im Zuge des Wave-4-Relaunches von Hotmail geprägt und bezeichnet E-Mails, die der Empfänger auf eigene Veranlassung regelmäßig erhält, die für ihn mittlerweile aber uninteressant sind.

23.2 Wie Spamfilter generell funktionieren

Als Blogger und Berater werde ich am häufigsten nach rechtlichen Aspekten des E-Mail-Marketings gefragt. Direkt hiernach folgt die Funktionsweise von Spamfiltern. Also die Frage: Wie stelle ich sicher, dass meine Newsletter im Posteingang landen und nicht in den Junk-Ordner aussortiert werden? Viele Werber glauben, dass sie über die genaue Kenntnis des Filter-Regelwerks ihre Posteingangszustellung doch sicherstellen können müssten. Getreu dem Motto: Wenn das Wort »Casino« im Betreff negativ in das Spam-Scoring einfließt, dann meide ich dies doch einfach. Und schon verbessert sich der Response signifikant. Die Öffnungsrate steigt, die Klickrate ebenso. Logisch, oder? Ganz so einfach ist es leider nicht.

Folgendes erfahren Sie in diesem Kapitel:

- Vergessen Sie einfache Listen mit Wörtern, die Ihre Nachrichten angeblich in den Spamordner befördern. Denn so einfach ist die Sache leider nicht (Abschnitt 23.2.1 *Genaue Funktionsweise ist Betriebsgeheimnis*). Machen Sie sich stattdessen vertraut mit dem Reputation-Konzept. Die Reputation ist ein Score-Wert, in den diverse Messgrößen einfließen: Spambeschwerden, Spamfallen-Treffer, die Anzahl angeschriebener »Geister-Postfächer«, Klicks und Öffnungen und einiges mehr. Wer weiß, welche Aspekte eine Rolle spielen und wie sich diese messen lassen, der kann seine Reputation gezielt managen (Abschnitt 23.3 *Die Absender-Reputation messen und beeinflussen*). So lassen sich zum Beispiel Spambeschwerden erfassen, indem sogenannte Feedback-Loops abonniert werden (in Abschnitt 23.3.2 *Spambeschwerden (»Complaints«)* der Punkt *Feedback-Loops – Rückmeldungen bei Spambeschwerden erhalten*). Welche Reputation Sie besitzen, ermitteln Sie anhand diverser Datenbanken wie SenderBase oder Sender Score (Abschnitt 23.3.4 *Reputation prüfen anhand öffentlicher Datenbanken*).
- Spamfallen-Treffer (Abschnitt 23.3.1 *Spamfallen (»Traps«)*) sind der häufigste Grund, weswegen Versender auf einer Blacklist (Abschnitt 24.1 *Blacklists umschiffen*) landen. Vermeiden Sie dies, indem Sie zum einen Adressen nur gemäß den Grundsätzen des Permission Marketings gewinnen. Betreiben Sie zudem aktive Listen-Hygiene und waschen Sie dauerhaft inaktive Adressen heraus.
- Blacklist ist nicht gleich Blacklist. Es gibt einige wenige, die Ihre Zustellquoten massiv beeinträchtigen können, wie zum Beispiel Spamhaus. Prüfen Sie Ihre Versandinfrastruktur regelmäßig darauf, ob relevante Mailserver-IPs oder Domains (zum Beispiel in URLs oder im Absender) dort verzeichnet sind. Die Prozedere, um von einer Liste wieder entfernt zu werden, sind unterschiedlich.
- Zur Listen-Hygiene gehört auch ein Bounce-Management, das fehlerhafte Adressen automatisch aussortiert und erneute Zustellversuche von vorübergehend nicht erreichbaren Adressaten unternimmt (Abschnitt 23.3.3 *Weitere Einflussfaktoren auf die Reputation*).
- Reizen Sie die gegebenen Whitelisting-Möglichkeiten aus (Abschnitt 24.2 *Whitelisting und E-Mail-Akkreditierung nutzen*). Wer auf einer Positivliste verzeichnet ist, umschifft die Spamfilter. Besonders empfehlenswert für Versender im deutschsprachigen Raum ist die Teilnahme an der Certified Senders Alliance. Darüber hinaus bieten sich kommerzielle Premium-Programme an wie trustedDialog (Deutschland) und Return Path Certified (international). Zwar führen auch einige Postfach-Anbieter öffentliche Whitelists. Jedoch wird die Aufnahme anhand strenger Voraussetzungen geprüft, denen viele nicht genügen werden. Stattdessen sollten Sie sich bemühen, in die Adressbücher Ihrer

Abonnenten aufgenommen zu werden; ein solcher persönlicher Kontakt kommt einem Whitelisting auf individueller Ebene gleich.

- Machen Sie sich auch mit der Funktionsweise von inhaltsbasierten Spamfiltern vertraut. E-Mails können inhaltlich auf viele Arten geprüft werden: Zum Beispiel nach Zeichenvorkommen, statistischen Wahrscheinlichkeiten oder auch Prüfsummen (Kapitel 25).
- Ein guter Ansatzpunkt, die Spamfilter-Theorie auf die Praxis zu übertragen, ist ein Blick in die SpamAssassin-Regeln (Kapitel 26). SpamAssassin ist ein populärer Filter, dessen Scoring Sie verstehen sollten. Er eignet sich besonders gut für das Verständnis, da er die zu beanstandenden Mängel in die Spammail notiert. Auf Grundlage dieser Notizen können Versender im Vorfeld testen und optimieren.
- Ein Vorabtest auf Zustellbarkeit sollte dem Versand stets vorausgehen. Kontrollieren Sie dabei auch, ob Domains aus URIs, die in Ihrem Mailing vorkommen, geblacklistet sind. Dies gilt für URIs in Hyperlinks (`<a href="...">`) wie auch in Grafiken (`<img src="...">`). Tools für einen Blacklist-Check finden Sie in Kapitel 24.
- Vergessen Sie zudem nicht die Phishing-Filter diverser E-Mail-Programme. Ein Fehlalarm spuckt unschöne Warnmeldungen und blockiert Ihre Links. Dabei lässt er sich im Vorfeld leicht verhindern (Kapitel 25).
- Authentifizieren Sie Ihre E-Mails nach den Standards DKIM und SPF (Abschnitt 25.5 *Authentifizierungsmechanismen*). Ursprünglich diente dies allein der Betrugsprävention: Der Empfänger-Server schlägt hierzu nach, ob der Versender überhaupt berechtigt ist. Mittlerweile ist Authentifizierung Voraussetzung für viele Benefits, darunter die Akkreditierung und der Bezug von Beschwerde-Berichten. Authentifizierung hilft aber vor allem den Postfach-Anbietern, eine Domain-basierte Reputation für Ihren Absender zu pflegen, die – im Unterschied zur IP-basierten Reputation – genauer ist. Schließlich teilen Sie sich eine Mailserver-IP oftmals mit anderen Versendern.
- Gmail ist auf der einen Seite neben Outlook.com einer der beiden weltweit führenden Postfach-Anbieter. Auf der anderen Seite ist Gmail eine harte Nuss, wenn es um die großvolumige Zustellung von Werbemails in die Posteingänge geht. Der Spamfilter sortiert all das aus, was unerwünscht ist. Im Zuge der Priority Inbox unterscheidet Gmail zusätzlich zwischen erwünscht und wichtig, wobei E-Mails der letztgenannten Kategorie hervorgehoben werden. Ob Nachrichten eines Absenders erwünscht sind, bemisst sich vor allem an den Reaktionen darauf. Durch geeignete Zielgruppenauswahl und kluge Kampagnenkonzeption, die die Besonderheiten von Gmail berücksichtigt, lässt sich eine gute Reputation herstellen und pflegen. Dazu gehört die Bitte in Richtung Empfänger, unbegründete Spamfilterungen zu korrigieren, aber noch einiges mehr (Abschnitt 26.2 *Bei Gmail in den Posteingang gelangen*).
- Von der Zustellrate (auch: Akzeptanzrate) lässt sich die Posteingangszustellrate unterscheiden. Letztere beziffert, wie viele der technisch angenommenen E-Mails den Spamfilter passierten und somit in den Posteingangsordner zugestellt wurden. Ihr Versanddienstleister weist Ihnen nur die Zustellrate aus. Die Posteingangszustellquote lässt sich zum einen durch Benchmark-Studien grob schätzen (Abschnitt 26.3 *Die Posteingangszustellrate ermitteln*). Darüber hinaus streuen Versender sogenannte Seedlists in ihre Kampagnen. Seedlists sind künstliche Adresslisten, die im Anschluss an den Versand automatisch daraufhin untersucht werden, ob die E-Mails im Spam- oder Posteingangsordner aufschlugen. Von den Seedlist-Ergebnissen lässt sich auf die Postein-

gangszustellrate insgesamt schließen. Neben Benchmarks und Seedlists entwickelten sich jüngst Panel-basierte Messmethoden. Die Hochrechnung erfolgt dabei anhand eines Blicks in die IMAP-Postfächer der Panel-Teilnehmer, die eine bestimmte Kampagne empfangen haben.

Exkurs vorweg: Sind Spamfilter eigentlich rechtlich zulässig?

Eine automatisierte Spamfilterung ist heute erforderlich. Durch das große Volumen unerwünschter E-Mails wäre deren Belästigungspotenzial sonst erheblich. Spamfilter haben allerdings ihre Tücken: Sie müssen den – unter Umständen vertraulichen – Inhalt lesen. Und mitunter werden E-Mails fälschlicherweise als Spam deklariert und aussortiert – oder gar komplett blockiert. Eine interessante Fragestellung in diesem Zusammenhang lautet: Wie sieht eigentlich die Rechtslage aus – gibt es ein Recht auf E-Mail-Zustellung? Diverse Juristen haben dies beleuchtet (`tinyurl.com/aeeorbn`). Die Quintessenz lässt sich wie folgt zusammenfassen:

Dürfen E-Mails *blockiert* werden? Versender- und Empfänger privater E-Mails sind durch das Fernmeldegeheimnis (§ 206 StGB, § 88 TKG) geschützt. Das betrifft den E-Mail-Inhalt und die näheren Umstände der Daten*übertragung*. Ist die E-Mail im sogenannten Herrschaftsbereich des Adressaten *eingegangen*, also zugestellt worden, dann schützt nicht mehr das Fernmeldegeheimnis, sondern das Persönlichkeitsrecht. Neben dem Fernmeldegeheimnis und dem Persönlichkeitsrecht gilt auch das Datenveränderungsverbot gemäß § 303 a des Strafgesetzbuches (StGB). Auch demnach wäre die Filterung einer E-Mail »so ohne Weiteres« zunächst rechtswidrig.

Unter bestimmten Voraussetzungen darf in das Fernmeldegeheimnis eingegriffen werden. Zum Beispiel zum Schutz technischer Systeme. Und dann auch nur in einem zur Abwehr erforderlichen Maße (§ 88 Abs. 3 TKG). In diesem Fall müsste der Adressat über den Eingriff informiert werden. Die radikale Filterung einer Nachricht ist auch hier nur zulässig, soweit es kein milderes Mittel zum Schutz des Systems gibt. Nur *bedrohen* unbestellte Werbemails, die keine Viren enthalten, in der Regel keine technischen Systeme. Der Schutz des Fernmeldegeheimnisses greift also und eine Spam-E-Mail dürfte nicht unterdrückt werden (§ 206 Abs. 2 S. 2 StGB). Im Klartext heißt das: Eine *Ablehnung* (Blocking) von E-Mails, wie sie bei vielen amerikanischen Postfach-Anbietern gang und gäbe ist, bedarf hierzulande einer vorherigen Einwilligung des Adressaten. Zum Beispiel, indem der Spamfilter für das Postfach per Mausklick aktiviert wird. Im Ausgangszustand darf für ein Postfach hingegen kein blockierender Spamfilter aktiviert sein.

Wie sieht es mit Scoring-Software wie dem SpamAssassin aus – darf die Software E-Mails durchleuchten und verändern? Ein automatisiertes Spam-Scoring ist nach herrschender Meinung datenschutzrechtlich legitim. Auch darf das Ergebnis, also der ermittelte Spammigkeits-Wert einer Nachricht, dem E-Mail-Header hinzugefügt werden, der für den Adressaten in der Regel unsichtbar ist. Hingegen darf die Betreffzeile an sich nicht verändert werden. Das häufig vorzufindende Tagging des Betreffs, bei dem ein Schlagwort wie »[SPAM]« vorangestellt wird, ist also rechtlich nicht unproblematisch. Und wie sieht es beim Aussortieren in Spamordner aus? Das automatisierte Verschieben einer möglicherweise unerwünschten Nachricht in einen Junk-Ordner bereitet keine Probleme. Die E-Mail wird hierbei ja ordnungsgemäß – im rechtlichen Sinne – »zugestellt«.

Am Rande:

- Das Beschriebene gilt nicht nur für Postfach-Anbieter, sondern auch für Unternehmen. Hierbei unterliegen E-Mails allerdings nur dann dem Fernmeldegeheimnis, wenn eine private Account-Nutzung geduldet wird.
- Der Knackpunkt, ab wann eine E-Mail als übermittelt im Sinne des Gesetzes (»anvertraut«) gelten kann, sodass diese strafrechtlichen Schutz genießt, ist unklar. Dies kann bereits der Zeitpunkt der Übermittlung von IP und Header-Informationen oder erst der Zeitpunkt der Beendigung des Transfers sein.
- Ein Versender selbst hat keinerlei Ansprüche auf Zustellung gegenüber einem Provider.

23.2.1 Genaue Funktionsweise ist Betriebsgeheimnis

»Herr Kulka, wie funktionieren denn nun Spamfilter?« – »Ich weiß es nicht.« Und die Konstrukteure wissen wohl oft auch nicht, warum eine E-Mail als Spam oder Ham deklariert wurde. Denn Spamfilter-Systeme sind zumeist lernende und autonome Black Boxes (Abbildung 23.3). Sie als Versender liefern mit Klick auf »absenden« Ihre Kampagne aus und bespielen damit die Input-Seite der Black Box. Auf der Output-Seite gibt es später eine Rückmeldung dazu, wie oft welche Links angeklickt wurden und wie viele E-Mails nicht ordnungsgemäß zugestellt werden konnten (»Bounces«). Doch wie die Verarbeitung Ihrer E-Mails innerhalb der Box aussah, wie etwa Bounces zustande kamen und ob nicht-gebouncte E-Mails im Spamordner oder im Posteingang landeten, bleibt häufig im Dunklen.

Abb. 23.3: Die Spamfilter der Großen gleichen einer Black Box. Wie es genau dazu kam, dass eine E-Mail vom Spamfilter aussortiert wurde, lässt sich meist – wenn überhaupt – nur vage bestimmen.

Nun kursieren im Netz häufig Listen mit Wörtern, die angeblich bei Spamfiltern einen Schluckauf verursachen: »Die 50 häufigsten Spamphrasen, die Sie im Betreff vermeiden müssen.« Ganz ehrlich: Vergessen Sie diese Listen ruhig. In der Praxis geht der Wert solcher Aufzählungen gegen null, wenn wir uns über die Zustellung an Gmail, Outlook.com & Co unterhalten. Von den zahlreichen Rädchen, die bei der heutigen E-Mail-Analyse ineinandergreifen, sind Textmuster- und Wort-Filter heute meist nur noch relativ kleine. (Von der Methodologie, wie die Listen erstellt wurden, wollen wir gar nicht erst reden.) Dies war einmal, wie vieles andere auch. Um heutige Spamfilter besser zu verstehen, ist vielleicht ein Blick auf deren Historie gar nicht mal so verkehrt ...

23.2.2 Evolution der Antispam-Maßnahmen

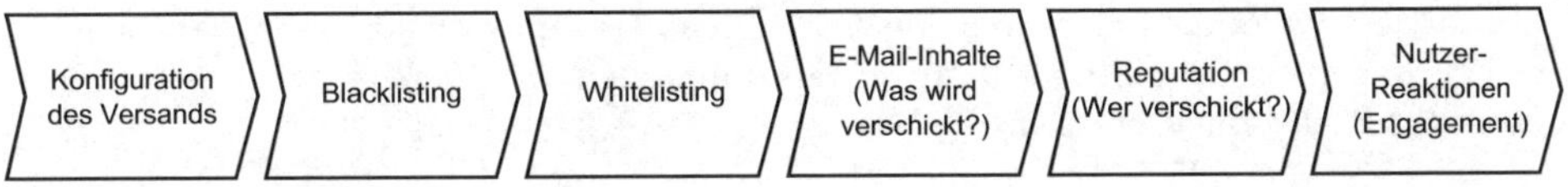

Abb. 23.4: Entwicklung von Antispam-Techniken im Laufe der Zeit. In den Anfängen lag das Augenmerk vor allem auf einer sicheren und Standard-konformen Infrastruktur. Heute bestimmen auch die Reaktionen der Abonnenten, ob E-Mails erwünscht sind oder nicht.

Die Abwehr unerwünschter E-Mails fußte in den 90ern des vergangenen Jahrhunderts vor allem auf einer einfachen Prüfung, ob der Versand formell standardkonform erfolgt. Im Jahr 1996, also kurz vor dem Hype um HoTMaiL, wurde das erste Spammer-Verzeichnis (»Blacklist«) vorgestellt, das Filter zur Spam-Abwehr nutzen konnten. Ein Problem mit Blacklists war (und ist), dass diese auch berechtigte Versender in den Spamordner beförderten. Dies führte zur Schaffung von Whitelists, also Listen mit wichtigen oder seriösen Versendern, die nicht gefiltert werden dürfen. Vor allem die Anstrengungen von Habeas ab 2002 sind hier zu nennen.

Ab Anfang 2000 war ein regelrecht explosionsartiger Anstieg des Spamvolumens zu verzeichnen. Komplexere Spamfilter waren nötig. Zuerst analysierten diese auch die E-Mail-Inhalte. Anfangs nach Maßgabe harter Muster (Wenn »casino« gefunden, dann als Spam markieren). Später vermehrt durch eine »weiche« statistische Klassifikation. Dies war nötig, da Spammer schnell Möglichkeiten fanden, starre Textfilter auszutricksen. Zum Beispiel durch Verwendung von Rechtschreibfehlern (Halllo), ähnlich ausschauender Zeichen (é statt e), Lücken (S p a m), Grafik-Spam und so weiter.

Eine weitere Verbesserung ergab sich durch Datenbanken, die den Ruf verschiedener E-Mail-Quellen in Form eines Score-Wertes zwischen gut und schlecht verzeichneten – die sogenannte Reputation. Ein solcher Score ist variabel und berechnet sich nach der jüngsten Versandhistorie. Darin fließen zum Beispiel Spambeschwerden oder Kontaktversuche nicht existenter Postfächer ein. Große internationale Postfach-Anbieter lassen heute zusätzlich das Reaktionsverhalten ihrer Nutzer in die Bewertung einfließen. Damit lässt sich der Grad der Erwünschtheit nicht bloß allgemein für zum Beispiel die Gmail-Kundschaft ermitteln, sondern individuell – für Nutzer A ist eine E-Mail erwünscht, für Nutzer B nicht.

Content-Filter: »Weniger wichtig« heißt nicht »unwichtig«

Die Wortwahl ist heute nicht mehr so entscheidend wie noch vor zehn Jahren. Der Begriff »Casino« im Betreff wird Ihre E-Mail in der Regel nicht in den Spamordner befördern. Dass die Wortwahl trotzdem nicht gänzlich zu vernachlässigen ist, zeigt unter anderem eine Untersuchung von MailChimp:

Bei Katastrophen wie einem Hurrikan, der das Festland bedroht, oder einem Bombenattentat auf eine Botschaft setzen meist sofort zahlreiche Spammer auf das Thema auf. Für Spamfilter sind dann Wortkombinationen rund um die Ereignisse im Inhalt oder Betreff schnell ein starkes Spam-Signal. Die Filter lernen dies sehr schnell. Dies hat dann allerdings auch zur Folge, dass legitime E-Mails, die vielleicht auf Nachrichten zum Thema verweisen oder einfach aus Marketing-Überlegungen Solidarität bewerben oder Beileid bekunden wollten, bei Gmail eher in den Junk-Ordner verfrachtet wurden. (Zumindest, wenn die Botschaften aus bestimmten IP-Regionen stammen. Inhalte werden nicht isoliert beurteilt, sondern im Zusammenhang mit der Absender-Reputation. Dazu kommen wir später noch.)

23.2.3 Postmaster-Seiten

Black Box hin oder her. Nun wollen die Postfach-Anbieter Versender bezüglich der Filtermechanismen nicht völlig im Dunklen stehen lassen. Viele Webmail-Anbieter bieten Massenversendern Informationsportale: die sogenannten Postmaster-Seiten. Dies sind quasi die »Hausordnungen« für den legitimen E-Mail-Versand. Wer nicht pariert, also den Hausfrieden stört, wird sanktioniert: Die Strafen reichen von

1. der Drosselung der Empfangsgeschwindigkeit (*Tarpitting*, vergleiche Abbildung 23.5),
2. über eine Begrenzung der pro Stunde, Tag oder Ähnlichem akzeptierten E-Mail-Volumina (*Capping* oder auch *Throttling*)
3. bis hin zum Verdikt der kompletten Annahme-Verweigerung weiterer E-Mails von einer bestimmten Quelle (*Blocking*). Eine solche Quelle kann beispielsweise eine IP-Adresse (1.2.3.4) oder auch eine Domain (beispiel.de) sein.

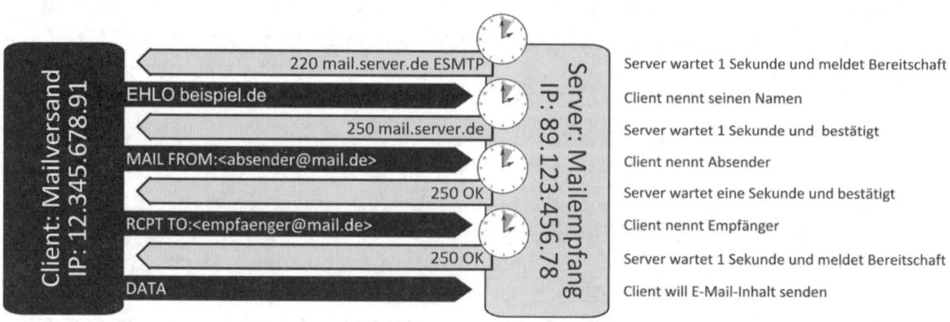

Abb. 23.5: Wer die Hausordnung missachtet, wird zum Beispiel gedrosselt. Die Abbildung zeigt, was dann auf der technischen Ebene in einer SMTP-Session passiert – der MTA des Empfängers fügt künstliche Pausen ein und verlangsamt so die E-Mail-Annahme. Je besser die Reputation, desto kürzer die Pausen und desto schneller kann der Versender seine E-Mails ausliefern.

Lernen Sie die Hausordnungen; wer Massenmails sicher in die Postfächer der Adressaten zustellen möchte, sollte sich in einem ersten Schritt die Webseiten anschauen, die in Tabelle 23.1 aufgezählt sind:

Hausordnung	URL
Hotmail	mail.live.com/mail/postmaster.aspx
Gmail Bulk Sender Guidelines	support.google.com/mail/bin/answer.py?hl=en&answer=81126
Yahoo! Postmaster Help	help.yahoo.com/l/us/yahoo/mail/postmaster/ und help.yahoo.com/kb/index?page=content&y=PROD_MAIL_ML&id=SLN3435
AOL	postmaster.aol.com
T-Online	postmaster.t-online.de
Vodafone	postmaster.arcor-online.net
GMX/WEB.DE	postmaster.gmx.com / postmaster.web.de

Tabelle 23.1: Ausgewählte Postmaster-Seiten

Die Hausordnungen empfehlen im Wesentlichen, sich an die rechtlichen Rahmenbedingungen zu halten, erwünschte Nachrichten zu versenden, eine ordnungsgemäß konfigurierte Infrastruktur zu verwenden, E-Mails zu authentifizieren und eine stetige Listen-Hygiene zu betreiben, also Abmelder und fehlerhafte Adressen herauszuwaschen.

Darüber hinaus bieten Postmaster-Seiten zudem Erklärungen und weiterführende Informationen. Diese betreffen etwa:

- Fehlermeldungen von Rückläufern (Bounces), um die Codes richtig interpretieren zu können
- Bewerbungsprozesse für
  - hauseigene Positivlisten (*Whitelists*), die eine Spamfilterung auf Verbindungsebene aussetzen können. (Verbindungsebene heißt: Regeln auf individueller Nutzerebene, wie »alle E-Mails von Absender X bei Eingang löschen«, bleiben auch davon unberührt.)
  - Teilnahmen an Feedback-Loop-Programmen. Damit können Spambeschwerden vom Versender gezielt bearbeitet werden. (Beschwerden entstehen beim Klick auf »diese E-Mail ist Spam« durch den Abonnenten im Postfach-Interface. Durch die Feedback-Loop erhält der Versender hierüber unmittelbar eine Rückmeldung. Die Adresse kann sodann ausgetragen werden.)

23.2.4 Blaupause eines modernen Spamfilters

Um die Komplexität heutiger Spamfilter-Systeme zu verdeutlichen, findet sich in Abbildung 23.6 schematisch der Aufbau eines möglichen »schwarzen Kastens«. Die Abbildung zeigt, welche Wege eine Kampagnen-Mail, die dem Gmail- oder Hotmail-Filtersystem unbekannt ist, bei Eingang dort gehen könnte. Damit zeigt sie auch, wo für Sie als Versender Probleme entstehen könnten. Dass all dies nicht blanke Theorie ist, belegt wiederum Abbildung 23.7. (Lassen Sie sich von den kryptischen Begriffen nicht abschrecken – wenn Sie am Ende des Kapitels zur Abbildung zurückkehren, dann wissen Sie genau, wie Dinge wie zum Beispiel Greylists funktionieren oder Blacklists abgefragt werden.)

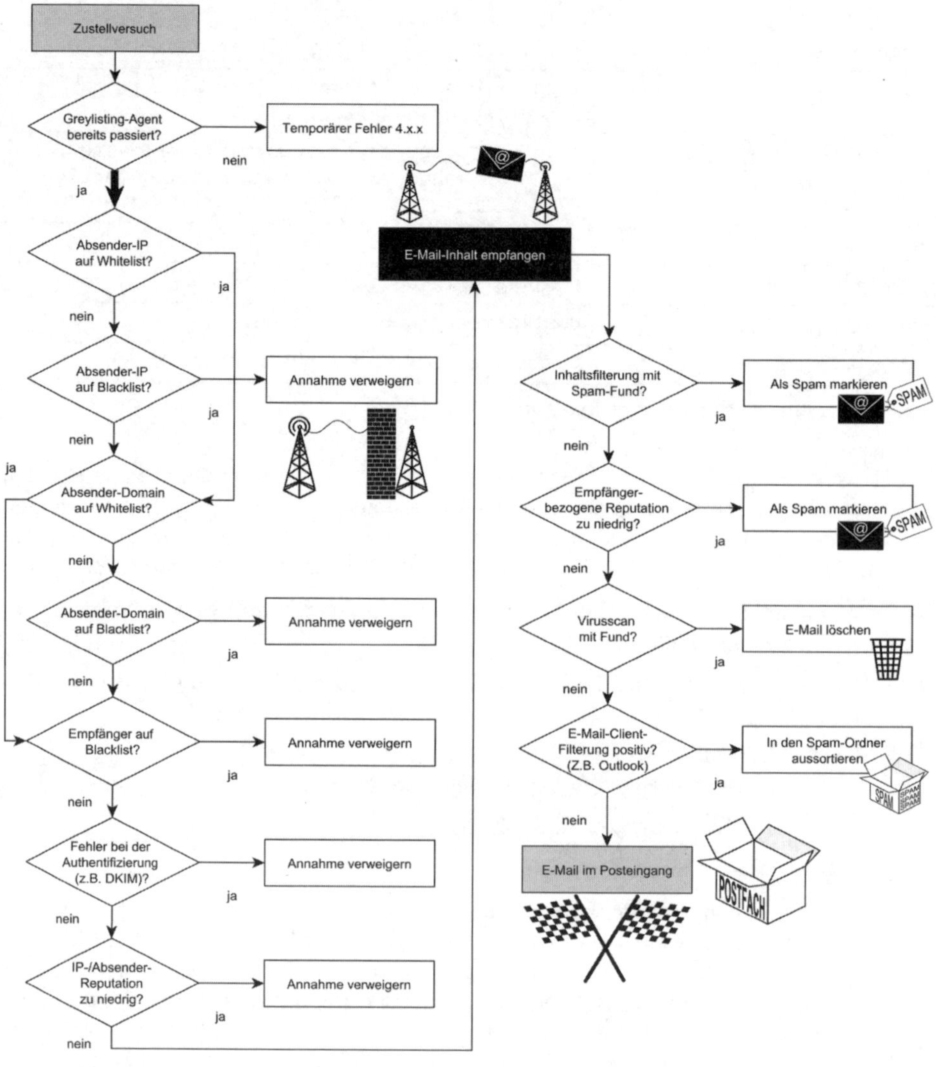

Abb. 23.6: Spamfilter-Schema – nach der E-Mail-Annahme durch den Mail Transfer Agent muss eine Nachricht unter Umständen noch diverse Agenten passieren, um schließlich in den Posteingang zugestellt zu werden.

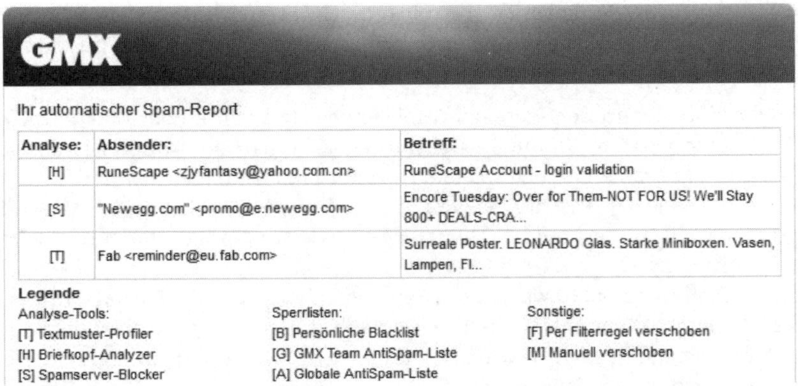

GMX

Ihr automatischer Spam-Report

Analyse:	Absender:	Betreff:
[H]	RuneScape <zjyfantasy@yahoo.com.cn>	RuneScape Account - login validation
[S]	"Newegg.com" <promo@e.newegg.com>	Encore Tuesday: Over for Them-NOT FOR US! We'll Stay 800+ DEALS-CRA...
[T]	Fab <reminder@eu.fab.com>	Surreale Poster. LEONARDO Glas. Starke Miniboxen. Vasen, Lampen, Fl...

Legende

Analyse-Tools:
[T] Textmuster-Profiler
[H] Briefkopf-Analyzer
[S] Spamserver-Blocker

Sperrlisten:
[B] Persönliche Blacklist
[G] GMX Team AntiSpam-Liste
[A] Globale AntiSpam-Liste

Sonstige:
[F] Per Filterregel verschoben
[M] Manuell verschoben

Abb. 23.7: Die Legende der GMX-Benachrichtigung über gefilterte E-Mails zeigt, wie viele verschiedene Tests zum Tragen kommen: Textmuster, Kopfzeilen, Blacklists, GMX-spezifische und nutzerindividuelle Filterregeln und so weiter.

23.3 Die Absender-Reputation messen und beeinflussen

Trifft eine neue E-Mail ein, dann schauen Postfach-Anbieter heute zunehmend darauf, *wer* die E-Mail geschickt hat, weniger, *was* die E-Mail enthält. Der Spamfilter stellt sich die Frage: Ist dieser Absender »reputierlich«?

Die Reputation spiegelt den Ruf wider, den sich ein E-Mail-Versender durch sein bisheriges Auftreten als E-Mail-Quelle verdient hat. Maßgeblich sind die vergangenen Tage und Wochen. Wurden jüngst Spammer-typische Aktivitäten seitens des Mailservers oder für die Absender-Adresse registriert? Dann ist die Reputation des Absenders eher »schlecht«. Trat die IP bis dato nie als E-Mail-Versender in Erscheinung, dann ist sie »neutral«. Wurde die Hausordnung vorbildlich umgesetzt, dann schlägt die Reputationsnadel schließlich in Richtung »gut« aus (Abbildung 23.8).

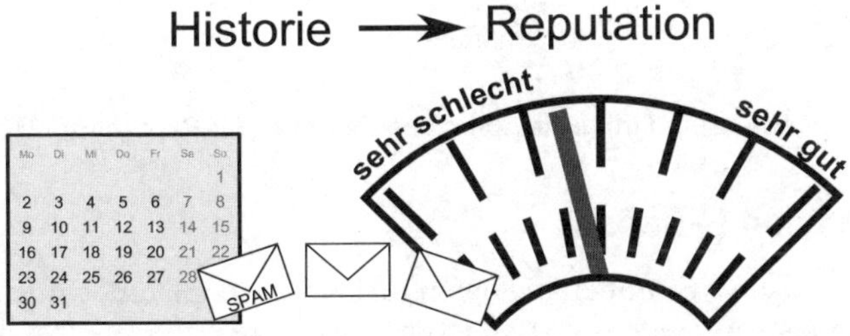

Abb. 23.8: Die Reputation bemisst sich nach dem jüngsten Auftritt als Versender.

Technisch gesehen handelt es sich bei der Reputation eines Versenders um einen variablen Punktwert, der einer IP-Adresse (*IP-Reputation*) oder auch einem Absender (*Domain-Reputation*) zugeordnet wird. Die Messung erfolgt also auf einer Skala – zum Beispiel von 0 (sehr schlecht) bis 100 (sehr gut). Ein Systemadministrator kann nun selbst entscheiden, wie er mit den verschiedenen Bereichen verfährt. Beispielsweise können E-Mails aus Quellen mit sehr schlechten Punktwerten von 0 bis 10 per se abgelehnt werden, wohingegen bei mittelmäßigen Scores die Annahmemenge pro Zeiteinheit gedrosselt wird, zum Beispiel auf nur noch 100 E-Mails pro Stunde.

Vor allem die Filter der großen Webmail-Anbieter wie Hotmail, Yahoo! Mail und AOL arbeiten stark reputationsbasiert. Damit Sie Ihren Ruf gezielt managen können, ist es wichtig zu wissen, welche Faktoren eine Rolle spielen. In erster Linie sind dies Spambeschwerden seitens der Nutzer sowie das Anschreiben von Spamfallen und unbekannten E-Mail-Adressen. Darüber hinaus spielen Versandmodalitäten wie die Serverkonfiguration und die Volatilität des E-Mail-Volumens eine große Rolle. Und schließlich fällt heute auch der Response der Empfänger zunehmend ins Gewicht, zum Beispiel in Form von Klicks und Öffnungen. Klicken und öffnen die Abonnenten einen Newsletter nie, dann ist dieser aus Sicht des Spamfilters unter Umständen nicht erwünscht. (Sie sehen also: Nicht nur seriöse Versender, sondern auch Postfach-Anbieter halten Kennzahlen nach wie die, die ich in Kapitel 14 vorgestellt habe).

Im Folgenden wollen wir uns die Erfolgsfaktoren Ihrer Reputation (Abbildung 23.9) genauer anschauen. Managen Sie diese gezielt, um positive Score-Werte zu erzielen und somit die Postfächer zu erreichen.

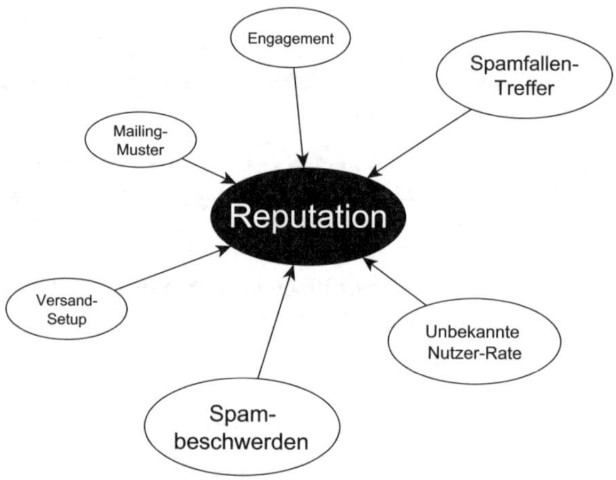

Abb. 23.9: Einflussfaktoren auf die Absender-Reputation

23.3.1 Spamfallen (»Traps«)

Im realen Leben lassen sich mit Honigtöpfen (»Honeypots«) Bären leimen. In Computernetzwerken locken sie Angreifer an. Das Ziel dabei ist, Informationen über deren Verhalten zu sammeln. Sogenannte *Spamtraps* bezeichnen im E-Mail-Marketing-Kontext Honeypot-E-Mail-Adressen, die lanciert werden, um E-Mail-Spam zu fangen und dabei Daten über Inhalt und Herkunft zu ermitteln. Einen Bärendienst erweisen sich Versender, die viele Spamtrap-Adressen im Bestand haben und diese wieder und wieder anschreiben. Denn das ist der häufigste Freifahrtschein auf die unrühmliche Blacklist, deren Betreiber Unmengen an Detektoren im Netz gesät haben. Manch ein Versender hat sich also schneller eine Falle eingefangen, als ihm lieb ist.

Was sind Spamtraps?

Wie können wir uns eine Spamtrap vorstellen? Formell sind dies ganz normale E-Mail-Adressen à la `webmaster@example.info`. Allerdings stehen keine Personen dahinter (oder zumindest nicht mehr). Deshalb bestellt oder liest auch niemand die E-Mails, die hier eintreffen.

Ergo: Schlagen hier dennoch Mitteilungen auf, so ist dies ein starkes Indiz dafür, dass es sich beim Absender um einen Spammer handelt. Also um jemanden, der entweder a) ohne Einwilligung massenhaft E-Mails an Adressen aus zweifelhaften Quellen verschickt. Oder zumindest um jemanden, der b) eine ungenügende Listen-Hygiene betreibt. Der also beispielsweise inaktive Adressen über Monate oder Jahre weiter anschreibt. Oder der offline gewonnene Adressen ohne Double-Opt-in-Verifizierung anschreibt, obwohl er zum Beispiel weiß, dass es bei der Digitalisierung handschriftlicher Eintragungen zu Fehlern kommt – schnell ist aus einem `mustermann@gmx.de` ein `musterman@gmx.net` geworden.

Da sich aus Antispam-Sicht mit Fallen effektiv Quellen aufspüren lassen, die unbestellte E-Mails versenden, werden sie von vielen Marktteilnehmern gern eingesetzt. So beziehen

- alle größeren E-Mail Provider wie AOL oder Hotmail,
- bedeutende Blacklist-Betreiber wie Spamhaus oder SpamCop sowie
- Filtersysteme wie Brightmail

Spamtrap-Treffer in ihre Absender-Bewertungen mit ein. AOL schreibt auf seinen Postmasterseiten:

> *»Mitgliederbeschwerden, Bounces, ungültige Empfänger, das Unvermögen, Bounces entgegenzunehmen, und Spamfallen-Treffer tragen alle zu der Reputation des Versenders bei.«*

Die Handhabung von Spamfallen-*Treffern* (*Hits*) ist von Partei zu Partei unterschiedlich. Manch ein Anbieter gibt sich bereits mit einem einzigen Hit zufrieden, um den Absender als Spammer zu klassifizieren und auf die Blacklist zu befördern. Andere sind etwas gnädiger und reagieren erst, wenn haufenweise unbestellte Werbemails eintrudeln.

Dies ist teils aber auch der unterschiedlichen Natur zweier Spamtrap-Arten geschuldet. Grundsätzlich können zwei Typen unterschieden werden:

1. Adressen (`dosenfleisch@exampel.info`) oder ganze Domänen (`@example.info`) werden als Spamfalle neu generiert und gestreut – quasi einmal Trap, immer Trap;
2. Adressen von ehemals aktiven E-Mail-Benutzerkonten, für die aber mehrere Monate kein Log-in verzeichnet werden konnte, werden mit der Zeit in Spamfallen umgewandelt – quasi eine ursprünglich reguläre Adresse wird nach zum Beispiel 12 Monaten zur Falle.

Letzteres kann nur durch die Postfach-Anbieter selbst erfolgen. Hotmail ist ein bekannter Vertreter, der alte Adressen inaktiver Nutzer in Fallen umwandelt. Zu Variante eins zählen die Postfächer der Blacklist-Betreiber. Darunter sind auch Vertipper-Domains (*Typotraps*) wie gmy.de oder yahooo.com, deren Verwendung von Spamhaus bestätigt wurde und Kontroversen auslöste (`tinyurl.com/b63e44t`). Neben den Blacklist-Betreibern legen vor allem spezialisierte Dienstleister, die Spamtrap-Farmen kultivieren und Treffer berichten, originäre Fallen im Netz aus. Zu den einschlägigen Anbietern zählen etwa abusix/Spamfeed.me oder auch das populäre Project Honey Pot, das momentan mehr als 100 Millionen Trap-Adressen überwacht: `projecthoneypot.org/statistics.php`.

Abbildung 23.10 fasst die Systematisierung von Spamfallen noch einmal zusammen. Abbildung 23.11 zeigt exemplarisch einige Domänen, auf denen Fallen gesät wurden. Rufen Sie diese mal in Ihrem Browser auf – eine Software, die automatisch Adressen sammelt, wird darauf hereinfallen ...

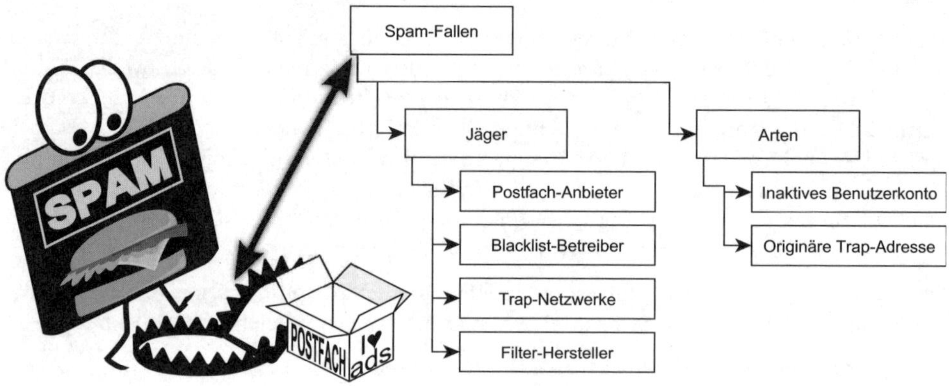

Abb. 23.10: Spamfallen – wer jagt? Und womit?

Abb. 23.11: Spamtrap-Domains – wer sich bei @sonne.de vertippt und @wonne.de eingibt, befördert eine Honeypot-Adresse in den Verteiler. Unter Umständen führt das Anschreiben zum Blacklisting. Die E-Mail-Zustellbarkeit wäre dann gefährdet.

Wie kommen Spamtraps in meinen E-Mail-Verteiler?

Im vorigen Abschnitt habe ich zwei Möglichkeiten skizziert, wie Spamfallen entstehen. Daran lassen sich bereits diverse mögliche Ursachen festmachen, wie Fallen in Ihren Verteiler gelangen können. Man denke an:

- die Verwendung von Ernte-Tools wie dem Advanced Email Extractor, die das WWW nach verwertbaren E-Mail-Adressen abgrasen (*crawlen*) und diese speichern (*Harvesting*)
- den Adress-Kauf oder -Append, also die Anreicherung bestehender Kundendatensätze um E-Mail-Adressen, aus zweifelhaften Quellen
- Brute-Force-/Wörterbuch-Attacken, also das Ausprobieren diverser Zeichenkombinationen wie yxccsy1@<trap> oder Wörter wie peter@<trap>
- mangelhaftes Listenmanagement, das
  - den Verteiler nicht regelmäßig von permanenten Bounces und »toten«, also dauerhaft inaktiven Adressen säubert, oder
  - das – etwa offline gewonnene – neue Adressen ohne Double-Opt-in-Bestätigung einspeist
- Vergiftung des Verteilers
  - durch Wettbewerber, die in Kenntnis von Spamtraps sind und diese – ohne Double-Opt-in-Erfordernis – eintragen könnten, oder
  - durch Skripte von »Werbehassern«, die das Netz automatisiert nach Formularfeldern durchforsten und dort Fallen eintragen. (Ja, auch das gibt es. Noch ein Grund, um auf das Double-Opt-in-Verfahren zu setzen.)

Wie behebe ich Spamtrap-Probleme?

Um bei Reputationsschwierigkeiten der Sache auf den Grund gehen zu können, muss man erst einmal wissen, *ob* beim Versand Trap-Hits erzeugt werden. Die Liste aller Honeypot-Adressen wird von den Besitzern natürlich nicht publik gemacht. Dies erschwert einen Gesundheitscheck des Verteilers.

Dennoch stellen einige Reputationsdienste Tools bereit, die Versendern bei der Hygiene hilfreich sein können. Hotmail beispielsweise bietet Versendern ein Reporting über seinen Dienst Smart Data Network Service (SDNS, `postmaster.live.com/snds`). Nach der kostenfreien Anmeldung sowie der Freischaltung werden Spamfallen-Treffer für die registrierten Mailserver-IPs ausgewiesen (Abbildung 23.12).

Ebenfalls lohnenswert ist ein Blick auf den Return-Path-Dienst `SenderScore.org`. Per Eingabe einer Versand-IP-Adresse spuckt die Seite eingeloggten Besuchern einen Punktwert für die Güte des Mailstreams (Reputation) und einige Bestimmungsfaktoren aus. Darunter auch die Zahl der Spamtrap-Hits der vergangenen Tage (Abbildung 23.13). Probieren Sie es einmal aus. Wie Sie Ihre Versand-IP (oder diejenige eines Mitbewerbers) ermitteln, sollten Sie Kapitel 2 entnehmen können.

Wer Probleme mit Spamtraps identifiziert hat, sollte die faulen Adressen nach Möglichkeit isolieren und entfernen. Theoretisch zumindest, denn leider ist dies leichter gesagt als getan. In der Praxis entpuppt es sich sogar nicht selten als unmöglich. Die Lokalisierung ist dann nur unter erheblichem Aufwand oder mit enormen Einbußen beim Adressbestand möglich. Schließlich wird stets nur die Zahl der Hits berichtet, nie die verursachenden Adressen selbst.

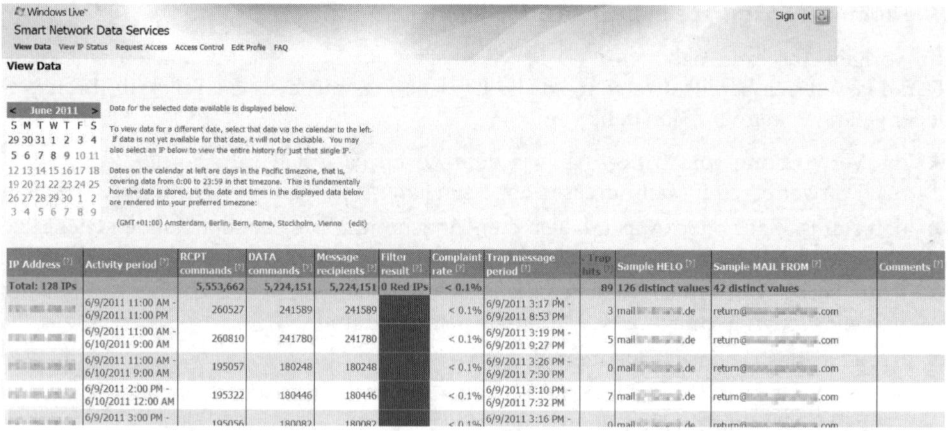

Abb. 23.12: Der Smart Data Network Service von Microsoft weist auch Trap-Hits IP-weise aus.

Reputation Measures	Impact on this score
Blacklists	Low
Complaints	Low
Infrastructure	Low
ISP Bulk Rate	Contact us for details
Message Filtered	Low
Sender Rejected	Low
Spam Traps	17
Unknown Users	Low

Abb. 23.13: `SenderScore.org` weist Interessierten (nach einer kostenfreien Registrierung) verschiedene Qualitätsindikatoren für beliebige Mailserver-IPs aus – auch Spamtrap-Hits.

Eine grundsätzliche **Präventiv-Empfehlung** lautet daher, von Beginn an mit einem möglichst wasserdichten Anmeldeverfahren und einer guten Listen-Hygiene zu arbeiten. Zum Beispiel, indem ...

- der Interessent seine E-Mail-Adresse in *zwei* Formularfeldern, also doppelt eingibt, um Gefahr von Vertippern zu minimieren. Im angelsächsischen Raum ist dies durchaus üblich. (Idealerweise werden dabei Kopieren/Einfügen-Aktionen sowie ein automatisches Ausfüllen des Formulars durch den Browser unterbunden.)

- vor dem Absenden des Anmeldeformulars Text-Ähnlichkeiten berechnet werden. Dabei wird der Remote-Teil der Nutzereingabe (alles hinter dem @) mit populären Postfach-Domänen wie Hotmail.com oder Yahoo.com verglichen. Bei geringer Distanz zwischen beiden warnen Sie den Nutzer: »Ihre Eingabe: max.mustermann@*hotmaiil.com* – meinten Sie max.mustermann@*hotmail.com*?«
- konsequent das Double-Opt-in-Verfahren eingesetzt wird für Adressen, die Sie nicht bloß einmalig im Rahmen einer Transaktion kontaktieren. Ganz gleich, ob diese online oder offline gewonnen werden. Beim Double Opt-in muss der Postfach-Inhaber den Wunsch zum E-Mail-Abonnement noch einmal bestätigen, indem er einen Link in einer Checkmail anklickt. Erst dann gilt sein Einverständnis als erteilt. Bleibt der Klick hingegen aus, wird die Adresse wieder gelöscht. Nicht nur der deutsche Gesetzgeber, sondern auch Blacklist-Organisationen legen Versendern das Double Opt-in ausdrücklich nahe.
- ein intelligentes Bounce-Management genutzt wird, das Adressen bei dauerhaften Zustellfehlern für künftige Aussendungen sperrt. Verzichten Sie zudem auf Versuche, ausgebouncte Adressen nach mehreren Monaten oder bei einem Dienstleister-Wechsel wieder zu reanimieren.
- der Verteiler in regelmäßigen Abständen um inaktive Adressen bereinigt wird (allerspätestens nach 12 Monaten ohne Response, eher sehr viel früher).

Vorsicht: Auch Spamtraps können Klicks erzeugen

Hinter Spamtraps stehen keine Personen. Ein verbreiteter Irrglaube ist, dass diese Adressen damit auch keine Klicks, Öffnungen und/oder Bounces erzeugen. Ein solches »natürliches« Verhalten lässt sich durch Skripte simulieren, die ja bereits automatisiert die Spamfallen-Treffer abrufen. Im Klartext heißt das: Auch Spamfallen »klicken« (Bot-Klicks, siehe auch Abschnitt 14.1.1 *Standardisierung in Deutschland*). Dies erschwert es ungemein, faule Adressen im Falle eines Falles aufzuspüren. Was wiederum natürlich im Sinne der Erfinder ist, also derjenigen, die Fallen aufstellen.

Am Rande: Spamhaus zu Vertipper-Fallen wie @hotmaiil.com

Spamhaus gab Anfang 2013 interessante Einblicke in die Funktionsweise ihrer Spamtraps (`tinyurl.com/b63e44t` und `tinyurl.com/arwu3xy`). Die führende Antispam-Organisation bestätigte, dass Postfächer unter einer Reihe von Vertipper-Domains ebenfalls als Traps fungieren. Vertipper-Domänen sind solche, die geringfügig von denen bekannter Postfach-Anbieter abweichen – man denke an hootmail.com, yahjoo.com oder gmaiil.com. In der E-Mail-Marketing-Fachwelt stieß dies angesichts des großen Einflusses von Spamhaus auf Unverständnis. Denn ein Zeichendreher schleicht sich schnell in den Adressbestand ein. Das Beispiel des Versenders Gap zeigte die Probleme anschaulich:

Am Rande: Spamhaus zu Vertipper-Fallen wie @hotmaiil.com

Gap gewinnt auch offline in der Filiale E-Mail-Adressen, etwa für den Rechnungsversand. Dabei wurde eine der besagten Spamfallen angeschrieben – und der Versender in der Folge gelistet. Laut Spamhaus beschickte Gap die Falle allerdings nicht nur einmalig mit einer Rechnung. Sondern das Postfach wurde unmittelbar in die Regel-Kommunikation einbezogen – und damit ohne Zustimmung des Inhabers unter werblichen »Dauerbeschuss« gestellt. Während ein einmaliger Treffer durch eine Transaktionsmail kein Problem dargestellt hätte, so Spamhaus, führten die permanenten Newsletter zum Blacklisting. Der Eintrag stellte zunächst lediglich eine Warnung dar, die keine Auswirkungen auf die Zustellquoten hatte und den Versender auf sein Problem aufmerksam machen sollte.

Denjenigen, die sich dennoch auf die Suche nach den Ursachen für die Spamtrap-Hits machen möchten, sei folgende Vorgehensweise vorgeschlagen:

1. Versuchen Sie zunächst, sehr saubere Adressen, die mit sehr hoher Wahrscheinlichkeit *keine* Spamfallen sind, von den restlichen zu trennen. Hierzu zählen zum Beispiele solche, für die eine Double-Opt-in-Bestätigung vorliegt und bei denen gleichzeitig das Anmeldedatum maximal sechs Monate zurückliegt. Ebenfalls gehören Adressen hierzu, für die Conversions wie Downloads, Webinar-Teilnahmen, Käufe und so weiter registriert wurden.
2. Segmentieren Sie nun den übrigen Verteiler nach Kriterien, die eine unterschiedliche Adress-Qualität vermuten lassen. Zum Beispiel nach Datenquelle (Co-Sponsoring, eigene Gewinnspiele, Homepage, Adressbuch-Upload von LinkedIn et cetera) und/oder nach Zeitpunkt der Datengenerierung (vor 3 Jahren, vor 2 Jahren et cetera).
3. Schreiben Sie jedes Segment mit einer separaten IP-Adresse an, damit Sie die Spamfallen-Hits orten können. Erfahrungsgemäß ist die Treffer-Wahrscheinlichkeit bei den ältesten Adressdaten höher als bei den jüngeren, bei Zukäufen von Adressdiensten höher als bei den organisch hinzugewonnenen.
4. Fahren Sie mit der Segmentierung fort, bis die faulen Teilbereiche klein genug sind, sodass sie gelöscht oder mit einer finalen Re-Opt-in-Kampagne beschickt werden können. (Re-Opt-in heißt: Erneutes Werbeeinverständnis per E-Mail einfordern – wer den Newsletter nicht explizit anfordert, wird aus dem Verteiler entfernt.)

Die Alternative zu diesem aufwendigen Prozedere besteht in einer allgemeinen Re-Opt-in-Kampagne über den gesamten Verteiler. Klar, dass der Verteiler damit stark beschnitten wird, da lange nicht jeder das Abonnement erneut bestätigt. Aber immer noch besser, als dauerhaft mit Zustellproblemen zu hadern.

Hinweis: Ultima Ratio – neues Opt-in (Re-Opt-in) von allen einholen

Blacklist-Betreiber sind bei Spamfallen-Treffern teils rigoros. Wenn Sie die Falle im Bestand nicht ausfindig machen können, haben Sie ein Problem. Zumindest, falls es sich um eine bedeutende Blacklist handelt. Im internationalen Umfeld kann es passieren, dass mehr als die Hälfte Ihrer E-Mails gefiltert wird. Unter Umständen kommen Sie dann nicht daran vorbei, eine erneute Checkmail zu versenden. Das heißt, wer nicht noch einmal aktiv seinen Wunsch zum Newsletter-Abonnement darin bekräftigt, wird nicht mehr angeschrieben.

Machen Sie sich in diesem Fall auf harte Einschnitte gefasst. Ich habe sowohl Kampagnen gesehen, bei denen ein Bestand von 220.000 (3.500) Empfängern auf knapp 30.000 (1.000) geschrumpft ist – 14 (29) Prozent, als auch welche, bei denen von 300.000 Abonnenten keine 300 (!) klickten. Alter und Opt-in-Stärke spielen eine Rolle. Aber auch die Kampagne an sich will also sorgfältig geplant sein.

Achten Sie bei der Re-Opt-in-Mail penibel darauf, dass das Spam-Scoring niedrig ist, dass kein Phishing-Falschalarm in E-Mail-Programmen wie Thunderbird ausgelöst wird (vergleiche Abschnitt 25.4 *Phishing-Filter*), dass die Botschaft und auch der Betreff klar formuliert sind. Vergleichen Sie etwa die folgenden Betreffzeilen: »Bitte Anmeldung zum neuen Newsletter bestätigen«, »Bitte Anmeldung bestätigen für den neuen Newsletter«, »Bitte zum neuen Newsletter anmelden«, »Wichtig: Newsletter-Erhalt unbedingt bestätigen!«, »Wir räumen auf« und »Der neue Newsletter – bitte Anmeldung bestätigen«. Alle haben unterschiedliche Erfolgsaussichten nach Maßgabe der Kriterien aus Kapitel 11. Ich persönlich plädiere für Variante zwei, würde aber im Vorfeld testen. Am besten markieren Sie die E-Mail mit hoher Priorität. Und da nicht alle Abonnenten jede Newsletter-Ausgabe erhalten – geschweige denn lesen –, empfiehlt sich zudem eine mehrstufige Kampagne. Versenden Sie nach drei Tagen eine Erinnerung an die Nicht-Klicker: »Sind Sie sicher, dass Sie keine Newsletter mehr erhalten möchten?«

Abb. 23.14: Re-Opt-in-Kampagne von gebrüder götz anlässlich der verschärften Datenschutzbestimmungen in Deutschland – hier sogar mit doppelter Bestätigung

23.3.2 Spambeschwerden (»Complaints«)

Neben den Spamfallen-Treffern fließt das Beschwerdeaufkommen seitens der Nutzer in die Reputation ein. Klicks auf »diese E-Mail ist Spam« sind aus Sicht der Postfach-Anbieter besonders einfach zu messen. Gleichzeitig lassen sich damit E-Mails sehr effektiv nach dem Grad ihrer Erwünschtheit klassifizieren. In der Beliebtheit rangiert die Complaint-Rate daher ganz oben, wie die Anti-spam Survey 2009 unter 90 Postfach-Anbietern in 30 Ländern ergab. Knapp drei Viertel analysieren Spambeschwerden und machen sie zum *wichtigsten* Reputations-Indikator. Diese Bedeutung sollte sich auch in Ihren Anstrengungen widerspiegeln, um eine dauerhaft hohe Zustellquote zu erreichen.

Was sind Spambeschwerden?

Spambeschwerden treten auf, wenn ein E-Mail-Empfänger eine Nachricht als Spam markiert:

- Etwa, indem er auf »die E-Mail ist Spam« klickt (Abbildung 23.15)
- Oder indem er die Nachricht in den Spamordner verschiebt (Abbildung 23.16)
- Oder auch, falls die E-Mail an das Abuse-Management oder an den Postmaster des E-Mail-Anbieters weitergeleitet wird. Ebenso an Dritte wie die Internet-Beschwerdestelle (siehe Abschnitt 22.8 *Auskunftspflicht des Versenders und »Opt-in-Nachweis«*).

Der E-Mail-Anbieter registriert die Beschwerden und ordnet sie dem Versender zu. Mit entsprechend negativer Auswirkung auf seinen Ruf und damit auf die Zustellquoten.

Abb. 23.15: Spam-Knopf für Beschwerden im GMX-Frontend. Markieren viele Abonnenten den Newsletter hiermit, so ist dies für GMX ein Signal, dass E-Mails vom Absender unerwünscht sind.

Die Spam-Markierungsquote sollte dauerhaft unter 0,3 Prozent gehalten werden, um eine gute IP-Reputation zu erhalten. Das heißt: Weniger als drei von 1.000 E-Mails, die in den Posteingang zugestellt wurden, sollten zu Spambeschwerden führen. Eine gute Anlaufstelle für Informationen bezüglich guter Versandpraktiken bietet die Verfahrensordnung der Certified Senders Alliance (CSA). Demnach kann ein Versender vorübergehend von der Whitelist ausgeschlossen werden, sofern

> *»Erkenntnisse über eine Spam-Markierungsquote pro Mailserver (IP-Adresse) innerhalb einer Woche von über 0,3 % bei einem ISP vorliegen, oder ein Anstieg von Spam-Markierungen pro Mailserver (IP-Adresse) zu verzeichnen ist, der mehr als 50 % beträgt.«*

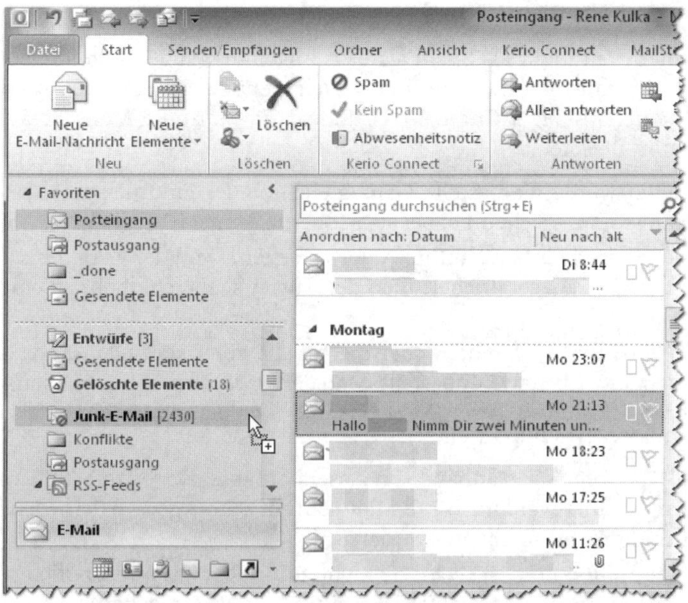

Abb. 23.16: Auch das Verschieben einer E-Mail in den Junk-Ordner registrieren Postfach-Anbieter wie Gmail bei IMAP-Postfächern als Spambeschwerde.

Die Verfahrensordnung kann unter dem Menüpunkt VERTRAGSUNTERLAGEN auf `certified-senders.eu` eingesehen werden. Auch bei amerikanischen E-Mail-Anbietern wie Outlook.com, AOL oder Yahoo! Mail muss ab diesem Schwellenwert mit einer Drosselung der Annahme weiterer E-Mails oder sogar mit einer Annahme-Verweigerung gerechnet werden. Diesen Schluss legen Untersuchungen von Return Path nahe, die – wie die CSA – ebenfalls konkrete Schwellenwerte für ihr Whitelist-Programm vorgeben (Abbildung 23.17).

Microsoft - Hotmail: Complaint Rate (30 day average)	Volume sent: to 2 million 2.9%	Volume sent: 2 million to 10 million 1.8%	Volume sent: 10 million to 85 million 0.8%	Volume sent: 85 million plus 0.4%
Yahoo!: Complaint Rate (30 day average)	Volume sent: to 5 million 2.0%	Volume sent: 5 million to 20 million 1.5%	Volume sent: 20 million to 100 million 1.0%	Volume sent: 100 million plus 0.8%
Comcast: Complaint Rate (30 day average)	Volume sent: to 5 million 1.1%	Volume sent: 5 million to 20 million 0.6%	Volume sent: 20 million plus 0.2%	
Source B: Complaint Rate (30 day average)	Volume sent: to 92,000 1.1%	Volume sent: over 92,000 0.35%		

Abb. 23.17: »Certification Standards« – Return Path definiert kritische Grenzen für die Teilnahme am Certification-Programm in Abhängigkeit vom Versandvolumen. Der »Otto Normalversender« ohne Zertifizierung sollte Quoten von unter 0,3 Prozent anvisieren.

Wodurch sind Complaints motiviert?

Nutzer betrachten weit mehr als Spam als bloß unverlangt zugesandte Massen- oder Werbemails, die den rechtlichen Anforderungen nicht genügen (vergleiche Abschnitt 23.1 *Die dunkle Seite: Spam, Phishing & Greymail*). Gründe dafür, warum E-Mails als Spam markiert werden, sind zum Beispiel:

- Der Newsletter wurde nie bestellt. Ganz gleich, ob der Eindruck gefühlt oder faktisch ist. Der Spam-Knopf erscheint dabei als bequeme Abmeldemöglichkeit.
- Der Newsletter erscheint zu häufig ... oder zu selten – von der letzten bis zur aktuellen Ausgabe ist so viel Zeit verstrichen, dass der Nutzer sich nicht mehr an eine Eintragung erinnern kann.
- Die Newsletter-Inhalte allgemein oder die Inhalte einer speziellen Kampagne interessieren nicht oder wirken wie unbestellt. Man denke bei Letzterem an Sponsoring-Anzeigen Dritter (Standalones), deren Nutzwert und Akzeptanz geringer ist als bei Newslettern (`tinyurl.com/abc3kkf`).
- Der E-Mail-Absender kann anhand von Absendername, Betreffzeile und Vorschaufenster nicht zugeordnet werden. Die E-Mail stammt damit gedanklich von »unbekannt« und wirkt ebenfalls wie nicht angefordert.
- Die Abmeldung funktioniert nicht, ist nicht auffindbar, zu umständlich oder sie wirkt nicht vertrauenswürdig. Eine Link-Beschriftung »Profil verwalten« anstatt »abmelden« reicht nicht. Und ein Link der Form `http://89.235.124.12/unsub` weckt eher Misstrauen.

Hinweis: 0 Prozent Spam-Complaints geht nicht

Schließlich geschehen Spam-Markierungen auch versehentlich. Eine Quote von null Prozent ist – zumindest auf Dauer bei größeren Adressbeständen – allein deswegen kaum zu erfüllen. Dies wissen auch die Postfach-Anbieter. Hier herrscht also eine gewisse Toleranz.

Wie vermeide ich Complaints?

Aus den Gründen lässt sich eine Reihe von Ansatzpunkten ableiten, um die Zahl der Spambeschwerden niedrig zu halten. Über allen schwebt Transparenz und »Fairness«:

- **Freiwilligkeit:** Setzen Sie bei der Adressgenerierung stets auf ein ausdrückliches und doppelt bestätigtes Einverständnis (Double Opt-in) seitens Ihrer Interessenten. Das Einverständnis sollte ohne Zwang und gesondert erfolgen und bezüglich der Reichweite möglichst genau bestimmt sein.

  Dem genügt beispielsweise *nicht:*

  - Ein Pflichthäkchen als Gewinnspiel-Teilnahmevoraussetzung,
  - eine Einwilligungsklausel im Stile von: »E-Mail-Adresse – für Gewinnbenachrichtigungen *und* unseren Newsletter«
  - oder ein bereits vorangekreuztes Häkchen bei »Newsletter abonnieren« im Rahmen der Benutzerkonten-Eröffnung.

- **Kontinuität:** Etablieren Sie ab dem Anmeldezeitpunkt einen moderaten, aber kontinuierlichen Versandpuls. Keinesfalls sollten zwischen der Anmeldung und dem ersten Werbekontakt mehrere Monate oder gar Jahre vergehen.

  Einem Adress-Segment, in dem der Response nachlässt, könnte ein Opt-down, also eine Frequenzdrosselung oder eine Pausierung des Abonnements angeboten werden. Bei geringer Permission-Stärke oder längerer Versandpause hilft eine Permission-Erinnerung der Form: »Sie erhalten diesen Newsletter, weil sie für die Adresse <E-Mail> am <Datum> auf der Seite <URL> bestellt wurde«. Die Info könnte im Pre-Header dem Inhalt prominent vorangestellt werden.

- **Widerrufsmöglichkeit:** In jede Werbemail gehört eine einfache Abbestellmöglichkeit. Sie ist einfach, wenn sie leicht auffindbar und vertrauenswürdig ist und zudem keine Hürden anführt. Unnötige Erschwerungen sind die erneute Eingabe der E-Mail-Adresse oder gar ein vorheriges Log-in-Erfordernis.

  Damit die Abmeldung gefunden wird, binden Sie diese kontraststark (nicht: blauer Link auf dunklem Hintergrund) und in ausreichender Schriftgröße (nicht: als grafischer Button) mindestens im Bereich der Fußzeile ein.

  Liegen nachweislich Spambeschwerden vor oder drohen diese (etwa wegen hoher Frequenz oder wegen Inaktivität), empfiehlt es sich zudem, einen prominenten Abbestellen-Link im Pre-Header-Bereich anzuführen. Zudem sollte die Abmeldung per Antwort-E-Mail möglich sein (nicht: noreply@!). Die Austragung muss unmittelbar beziehungsweise vor dem nächsten Kontakt wirksam sein, nicht erst in einigen Tagen beim nächsten Datenbankabgleich.

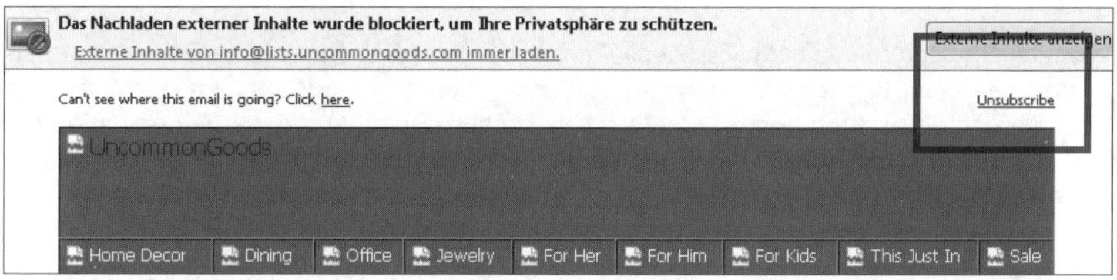

Abb. 23.18: Prominente Abbestell-Möglichkeit zusätzlich im Pre-Header reduziert Spambeschwerden. Beachten Sie jedoch, dass der Hinweis ab circa 580 Pixeln Breite droht, aus dem schmalen Sichtfeld der gängigen E-Mail-Programme zu verschwinden. (UncommonGoods)

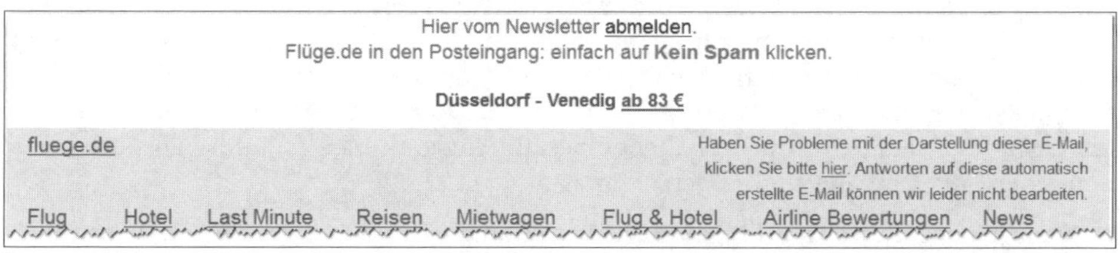

Abb. 23.19: Abmelde-Option im Pre-Header, um Complaints zu vermeiden (`fluege.de`). Ferner die Bitte, falsch-positive Spamfilterungen durch Klick auf »kein Spam« zu korrigieren.

- **Branding:** Sorgen Sie für unmittelbare Wiedererkennbarkeit vor allem anhand des E-Mail-Absenders. Mit »fd4535@service.meinemarke.de«, »Newsletter« oder »Newsletter MeineMarke.de« gelingt dies weniger, mit »MeineMarke.de« dagegen schon eher. Im Vorschaufensterbereich sollte das bekannte Corporate Design anhand von Logos, Farben und ähnlicher identifizierender Merkmale ersichtlich sein. Dies gilt auch beim Versand von Standalone-Werbung für Dritte. Der Listeigner sollte, wenn nicht schon aus dem Absender, dann mindestens aus der Kopfzeile hervorgehen. Dass sowohl Absendername als auch Betreffzeile den Abonnenten nicht über den tatsächlichen E-Mail-Absender und -Inhalt täuschen dürfen, versteht sich von selbst.

Feedback-Loops – Rückmeldungen bei Spambeschwerden erhalten

Feedback-Loops sind automatisierte Services, die einen E-Mail-Absender auf Bestellung bei einer Spambeschwerde informieren. Der Absender kann dann auf die Beschwerden reagieren, um das Aufkommen beziehungsweise weitere Belästigungen in Zukunft zu reduzieren. Die Dienste werden von E-Mail-Providern und Blacklist-Betreibern bereitgestellt.

Ursprünglich waren Feedback-Loops Angebote *von* E-Mail-Anbietern *für* E-Mail-Anbieter. Anhand der Benachrichtigung konnten diese durch Spammer kompromittierte Benutzerkonten zeitnah identifizieren und schließen. Mittlerweile öffnen viele Anbieter ihre Feedback-Loops auch für Werbetreibende. Vor allem sind dies US-Anbieter wie zum Beispiel AOL, Hotmail und Yahoo! Mail. (Deutsche Anbieter halten sich zurück. Ein Grund sind datenschutzrechtliche Bedenken. Schließlich handelt es sich bei der Mitteilung über eine Spambeschwerde eines E-Mail-Adressaten um eine persönliche Angabe, die »nicht einfach so« an Dritte übermittelt werden darf. Eine Ausnahme am Markt bildete GMX; allerdings wurde das Beschwerde-Reporting inzwischen auch hier wieder eingestellt.)

Welchen Nutzen bieten Feedback-Loops Werbetreibenden? Abonnenten, die Newsletter als Spam markieren, können anhand des Feedbacks automatisch ausgetragen und somit vor weiteren unerwünschten Nachrichten bewahrt werden. Damit lässt sich die Reputation der Versandinfrastruktur besser managen. Zudem erlaubt die Ermittlung einer Beschwerderate als Erfolgskennziffer

- den Vergleich unterschiedlicher Kampagnen und
- die Evaluierung verschiedener Wege der Adressgewinnung (zum Beispiel Gewinnspiel versus Homepage).

Für die Teilnahme an einem Feedback-Loop-Programm müssen Versender sich bewerben. Die Aufnahme ist an verschiedene Voraussetzungen geknüpft. Typischerweise muss zunächst der Nachweis dafür geliefert werden, dass die Internetdomäne, für die Beschwerdeberichte angefordert werden, im eigenen Herrschaftsbereich liegt (etwa meineMarke.de). Hierzu wird eine Checkmail an ein typisches Rollenkonto wie `postmaster@meineMarke.de` oder `abuse@meineMarke.de` versandt. Analog zum Double Opt-in beweist der Bewerber mit einem Klick auf den darin enthaltenen Bestätigungslink, dass er für das Postfach beziehungsweise die Domäne zugriffsberechtigt ist.

Darüber hinaus muss der Eigentumsnachweis auch für die angegebenen Versand-IP-Adressen geführt werden. Zum Beispiel über das Domain Name System (DNS), per Fax oder per Auskunft des Registrators. Zum Teil wird auch gefordert, dass E-Mails durch Authentifizierungsmechanismen wie DKIM signiert werden, um den Absender sicher identifizieren und Beschwerdeberichte ordnungsgemäß zustellen zu können.

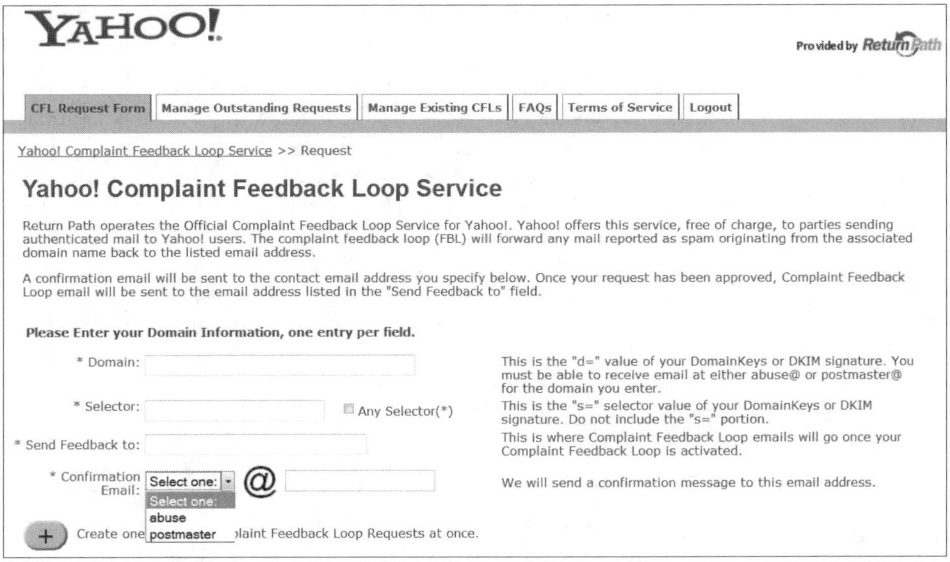

Abb. 23.20: Bewerbungsformular zur Teilnahme am Feedback-Loop-Programm von Yahoo! Mail. Für welche Domain soll berichtet werden? An welche Adresse soll das Feedback verschickt werden? Über welche Adresse – `abuse@` oder `postmaster@` – soll die Domaininhaberschaft verifiziert werden? (`feedbackloop.yahoo.net`)

Hinweis: Die reservierten Adressen »abuse@« und »postmaster@«

Abuse@ und Postmaster@ sind wichtige Rollenkonten im Internetverkehr. Unter Rollenkonten versteht man E-Mail-Postfächer, die an bestimmte Zwecke geknüpft sind und eine einheitliche und damit schnelle Kontaktaufnahme ermöglichen sollen.

Die Adresse abuse@ ist für Mitteilungen über ein unangemessenes öffentliches Auftreten beziehungsweise Missbrauch der Domäne hinter dem at-Zeichen gedacht. Sei es durch gekaperte unsichere Webformulare, die in Spamschleudern umfunktioniert wurden. Oder sei es durch den massenhaften Versand unerwünschter E-Mails. (Übrigens: In diesem Zusammenhang ist direkt auch eine Registrierung im Verzeichnis `abuse.net` empfehlenswert.)

Als Postmaster wird der Administrator eines Mailservers bezeichnet. Die Adresse postmaster@ dient damit vor allem Benachrichtigungen bei Versand- oder Empfangsproblemen von beziehungsweise an die Mailserver-Domäne. Die Bereitstellung einer Postmaster- und einer Abuse-Adresse ist obligatorisch. Vergleichen Sie hierzu auch die Standards RFC 821, RFC 822, RFC 2821 und RFC 2142.

Nachdem der Bewerbungsprozess erfolgreich durchlaufen wurde, erhält der Versender E-Mail-Benachrichtigungen bei Spambeschwerden auf die von ihm angegebene E-Mail-Adresse (zum Beispiel `fbl@meineMarke.de`). Je nach Versandvolumen und Permission-Stärke kann das E-Mail-Aufkommen sehr hoch sein. Es empfiehlt sich, eine dezidierte Adresse eigens für Spambeschweren mit ausreichend großem Speicherplatz bereitzustellen und zudem eine Spamfilterung für das Postfach auszusetzen, damit nicht versehentlich Beschwerdeberichte unberücksichtigt bleiben.

Zur einfachen Verarbeitung der Feedback-Loop existiert prinzipiell ein durch RFC 5965 standardisiertes Berichtsformat, das sogenannte ARF (Abuse Reporting Format). Demnach bestehen Abuse Reports aus einem an Menschen gerichteten Beschreibungsteil, einem maschinenlesbaren Teil, Metadaten sowie einer Kopie der Originalnachricht. Damit können die Nachrichten sowohl von Mitarbeitern als auch von automatisierten Skripten abgearbeitet werden.

```
From: <scomp@aol.net>
Date: Thu, 8 Mar 2005 17:40:36 EDT
Subject: Email Feedback Report for IP 10.67.41.167
To: <aaolfeedback@example.net>
MIME-Version: 1.0
Content-Type: multipart/report; report-type=feedback-report; boundary="part1_13d.2e68ed54_boundary"

--part1_13d.2e68ed54_boundary
Content-Type: text/plain; charset="US-ASCII"
Content-Transfer-Encoding: 7bit

This is an email abuse report for an email message received from IP 10.67.41.167 on Thu, 8 Mar 2005 14:00:00 EDT.
For more information about this format please see http://www.mipassoc.org/arf/.

--part1_13d.2e68ed54_boundary
Content-Type: message/feedback-report

Feedback-Type: abuse
User-Agent: SomeGenerator/1.0
Version: 0.1

--part1_13d.2e68ed54_boundary
Content-Type: message/rfc822
Content-Disposition: inline

From: <somemailer@example.net>
Received: from mailserver.example.net (mailserver.example.net [10.67.41.167])
  by example.com with ESMTP id M63d4137594e46; Thu, 08 Mar 2005 14:00:00 -0400
To: <Undisclosed Recipients>
Subject: Earn money
MIME-Version: 1.0
Content-type: text/plain
Message-ID: 8787KJKJ3K4J3K4J3K4J3.mail@example.net
Date: Thu, 02 Sep 2004 12:31:03 -0500

Original Content
--part1_13d.2e68ed54_boundary--
```

Abb. 23.21: Beschwerde-Benachrichtigung per E-Mail von `scomp@aol.net` (Muster) – der Abonnent, von dem die Beschwerde ausgeht, ist zensiert (»undisclosed recipients«). (Quelle: `postmaster.aol.com`)

Trotz Standard haben nicht alle Anbieter ihre Berichte einheitlich umgesetzt. Hotmail berichtet lediglich in Form einer E-Mail von `staff@hotmail.com` mit dem Betreff »complaint about message from <ip>«, die den Originalinhalt des Mailings enthält. Yahoo! sowie AOL nutzen das ARF, wobei AOL die E-Mail-Adresse des Empfängers zensiert. Für großvolumige Versender kann es deshalb schwierig werden, herauszufinden, welcher Abonnent aus welchem Grund eine Beschwerde auslöste. Es empfiehlt sich dann, eigene Headerzeilen mit Benutzer-Identifikationsnummern oder individuellen Abmeldelinks einzusetzen, um Abonnenten eindeutig identifizieren und austragen zu können. Idealerweise nutzen Sie aber ohnehin einen Versanddienstleister, der die automatische Abarbeitung für möglichst alle Feedback-Loop-Anbieter beherrscht.

Anbieter	Feedback Loop-URL bzw. -E-Mail-Adresse
AOL	`http://www.postmaster.aol.com/Postmaster.FeedbackLoop.html`
Bluetie	`http://feedback.bluetie.com/`
Comcast	`http://feedback.comcast.net/`
Cox	`http://fbl.cox.net/`
Earthlink	`fblrequest@abuse.earthlink.net`
Fastmail	`http://fbl.fastmail.fm/`
Hotmail	`http://support.msn.com/default.aspx?productkey=edfsjmrpp`
Mail.ru	`http://postmaster.mail.ru/`
Outblaze	`postmaster@outblaze.com`
Rackspace	`http://fbl.apps.rackspace.com/`
RoadRunner	`http://feedback.postmaster.rr.com/`
Synacor	`http://fbl.synacor.com/`
Terra	`http://fbl.mail.terra.com.br/`
Tucows	`http://fbl.hostedemail.com/`
USA.NET	`http://fbl.usa.net/`
United Online	`http://www.unitedonline.net/postmaster/whitelisted.html`
Yahoo! Mail	`http://feedbackloop.yahoo.net/`
Zoho.com	`http://fbl.zoho.com/`

Tabelle 23.2: Einige Anbieter von Feedback-Loops in der Übersicht

23.3.3 Weitere Einflussfaktoren auf die Reputation

Bounces / Unbekannte-Nutzer-Rate

Neben Spamfallen-Treffern und Beschwerden fließen Bounces als weitere sehr wichtige Größe in die Reputation ein. Allen voran die Anzahl der angeschriebenen Adressen, die fehlerhaft (»falsche Syntax«) waren beziehungsweise nicht existierten (»Benutzer gibt es nicht«) – man spricht bei solchen dauerhaften Fehlern von Hardbounces. Zur Vergleichbarkeit werden die Hardbounces in Relation gesetzt zur Gesamtzahl der E-Mails, die aus einer Quelle (IP-Adresse und/oder Absendername) im Berichtszeitraum eintrafen. Klar, denn ein nicht existierendes Postfach unter 20 E-Mails hat schließlich einen anderen Stellenwert bei der Unterscheidung von Spam und Ham als eines unter 2.000 E-Mails.

Warum betrachten Postfach-Anbieter Bounces und insbesondere die Unbekannte-Nutzer-Rate? Spammer haben die unliebsame Eigenschaft, massig E-Mails an nicht (mehr) existente Postfächer zu verschicken. Ein typischer Verteiler besteht größtenteils aus veralteten Beständen, die hinzugekauft oder durch Wörterbücher mehr oder weniger zufällig generiert wurden. Hinzu gesellen sich Adressen, die Crawler-Programme in Internetforen sowie auf Webseiten einsammelten. Professionelle Permission Marketer hingegen brauchen sich in der Regel weniger zu sorgen. Sie verschicken E-Mails nur auf Bestellung. Zudem sortiert das Bounce-Management der Versandlösung – im Unterschied zur Spamware – laufend Adressen aus, die sich als fehlerhaft herausstellen. Deswegen gilt die Unbekannte-Nutzer-Rate unter Postfach-Anbietern als gutes Unterscheidungskriterium für E-Mails aus seriösen und unseriösen Quellen.

Wie hoch darf die Quote sein? Zur Einschätzung: Für die Teilnahme am Return-Path-Certification-Programm (vergleiche nächstes Kapitel) ist zwar lediglich eine Unbekannte-Nutzer-Rate von unter zehn Prozent im 30-Tage-Schnitt erforderlich. Gute Versender erzielen jedoch Raten von weniger als einem Prozent. Ausnahmen bestehen zudem, wenn alte Adressen reaktiviert werden sollen. Oder auch wenn zum ersten Mal das reinigende Bounce-Management beim Versand greift. Dann liegt die Quote deutlich über einem Prozent. Allerdings ist dies ein einmaliger Ausreißer, kein dauerhafter Zustand. Das tolerable Maß ist auch abhängig von der Verteilergröße beziehungsweise vom Adressalter. Bei einer Empfängerliste mit 500 Adressen, die in den vergangenen zwölf Monaten gewonnen wurden, sollte die Quote bei annähernd null Prozent liegen.

Benchmark: Bounce-Rate bei ersten Mailings versus laufend

Initial-Mailings verursachten 2010 eine Bounce-Rate in Höhe von 7,89 Prozent. Bei laufenden Mailings lag die Quote dagegen bei 2,50 Prozent. Dies berichtete der E-Mail Benchmark Report 2011 von Emarsys.

Exkurs: Bounces und das Bounce-Management verstehen

Bounces sind Rückmeldungen über Zustellfehler, oder wörtlich übersetzt: »abgeprallte Mails«. Sie spiegeln sich in der (Miss-)Erfolgskennziffer »Bounce-Rate« beziehungsweise »Akzeptiert-Rate« wider (vergleiche Kapitel 14). Abbildung 23.23 zeigt ein Beispiel, das Ihnen so oder in ähnlicher Form bekannt vorkommen wird.

Bounces lassen sich zum einen danach unterscheiden, wann sie auftreten. Entweder werden sie direkt vor oder in der SMTP-Session bekannt. Also unmittelbar bevor oder während der Sender versucht, seine E-Mail zu übermitteln (synchroner Bounce). Dabei kann sowohl der Empfänger als auch der Versender selbst den Fehler berichten. Bounces können auch nachträglich auftreten. Also nachdem die E-Mail angenommen und die SMTP-Verbindung bereits wieder getrennt wurde (asynchroner Bounce). Der Absender wird in der Regel per E-Mail darüber in Kenntnis gesetzt, dass seine E-Mail nicht zugestellt werden konnte. Die Benachrichtigung richtet sich an die Rückläuferadresse auf dem Umschlag seiner E-Mail (MAIL FROM/Return-Path). Als Absendername tritt dabei meist der Mailer-Daemon oder Postmaster auf.

Im Rückläufer-Postfach schlagen unzählige Nachrichten auf. Nicht nur Bounces, sondern vor allem Spam. Daneben finden sich »bin nicht im Büro«-Autoresponder, Austrage- oder Adressänderungswünsche, Erkundigungen und einiges mehr. Bounces müssen sorgsam herausgefiltert werden. Hierzu siebt zunächst ein Spamfilter den eingehenden Mail-Verkehr. Anschließend prüft ein Textfilter-Agent auf offenkundige Muster in den Kopfzeilen sowie im Inhalt. Etwa auf das Vorhandensein von Phrasen wie »4.X.X«, »5.X.X«, »bad connection«, »mailbox not found« oder »unknown user«, die allesamt auf Zustellfehler hindeuten. Wird kein solches Muster gefunden, schließt sich gegebenenfalls ein intelligenter Filter an. Zum Beispiel ein Bayes-Klassifikator, der dann ähnlich wie bei der Spam-Erkennung eingesetzt wird. Da es kein einheitliches Format für Bounces gibt, ist die Identifikation für die Software nicht immer leicht. Die Maschine muss erst mit unzähligen Mustern angelernt werden.

Nach ihrer zeitlichen Beständigkeit lassen sich ferner Hard- von Softbounces unterscheiden. Hardbounces sind permanente Fehler wie zum Beispiel »Adressat unbekannt«. Sie werden meist mit einem »5.X.X«-Fehler-Code quittiert, wobei die beiden Xe den Bounce-Grund konkretisieren (Beispiel: »550 Mailbox unavailable«). Softbounces hingegen sind nur vorübergehend. Klassische Beispiele sind »Postfach voll« oder »Wartungsarbeiten: Server ist derzeit nicht erreichbar«. Der Code gehorcht dem Muster »4.X.X«. Im Falle eines temporären Fehlers versucht der Mailserver einige Male, die E-Mail doch noch zuzustellen. Die Zustellversuche erstrecken sich in einem bestimmten Takt über meist drei bis fünf Tage. Teils wird erst, wenn auch diese allesamt fehlschlugen, ein Softbounce im Erfolgsbericht vermerkt. (Oder ein Hardbounce, falls ein solcher beim letzten Versuch registriert wurde.) Manche Lösungen weisen hingegen unmittelbar einen Softbounce aus. Sie löschen diesen gegebenenfalls nachträglich wieder, falls die Nachricht doch zugestellt werden konnte. Die Bounce-Rate ist in diesem Fall nach dem Versand immer pessimistisch geschätzt, da sie sich im Laufe der nächsten Stunden und Tage verbessern kann. Zum Teil weisen Erfolgsberichte neben Soft- und Hardbounces noch sogenannte Blockbounces aus. Solche Fehler kamen zustande, da Spamverdacht bestand.

Adressen, die fortwährend bouncen, sollten vom Versand ausgeschlossen werden. Dies ist zwar in keinem RFC-Standard explizit vorgeschrieben. Andernfalls leidet aber die Reputation. Versandlösungen deaktivieren nach vordefinierten Regeln wie: »Markiere Adresse als ›nicht mehr anschreibbar‹, sofern mehr als zwei Hardbounces hierfür registriert wurden.« Im Detail unterscheidet sich das Bounce-Management allerdings von System zu System. Nicht nur in Bezug auf die Schwellenwerte, die vom Benutzer für jeden Mandanten konfigurierbar sind. Zum Teil berücksichtigen die Lösungen den Response zurückliegender Tage bei ihrer Entscheidung, eine Adresse zu markieren. Oder auch die Empfängerdomäne – bei bekannten Providern wie Hotmail, AOL und Yahoo! Mail können hart bouncende Adressen mit Richtlinien-bezogenem Grund sofort, also beim ersten Bounce, gesperrt werden. Einige heben den Bounce-Status eines Datensatzes auf, falls später doch wieder Öffnungen und Klicks in ehemals zugestellten Newslettern registriert werden. Andere tun dies nicht. Bounce-Raten verschiedener Systeme sind nicht unbedingt vergleichbar.

Welche Schwellenwerte sollten eingestellt werden? Hier scheiden sich die Geister. Für den Werber macht durchaus einen geldwerten Unterschied, ob das Bounce-Management E-Mail-Adressen erst ab dem zehnten oder bereits nach dem ersten Bounce sperrt. Eine alte Regel besagt, dass eine Adresse von künftigen Kampagnen ausgeschlossen werden sollte, falls sie in mehr als zwei Wochen drei Mal in Folge einen Hardbounce erzeugt. Die Aufnahmekriterien der Certified Senders Alliance (CSA) schreiben vor: *»Der Versender muss E-Mail-Adressen von der Mailingliste nehmen, wenn nach dem Beschicken dieser Adressen drei Hardbounces erfolgten.«* In der Natur des Softbounces (»vorübergehend«) liegt begründet, dass es für deren Handling keine Regelung dafür gibt, ob, und – wenn ja –, nach wie vielen Fehlern Adressen gesperrt werden sollten. Es empfehlen sich konservativere Werte. MailChimp beispielsweise reagiert je nachdem, ob in der Vergangenheit Aktivität für eine Adresse registriert wurde, nach sieben beziehungsweise 15 Bounces. (Hardbounces werden sofort gesperrt, `tinyurl.com/a4m69hn`.)

Um auf einer Rückläufer-Adresse zentral alle Bounces sammeln und zugleich die Empfänger, die nicht erreichbar sind, noch identifizieren zu können, machen sich Versender den sogenannten *VERP* zunutze. VERP steht für Variable Envelope Return Path. Dieser variable Umschlag ermöglicht es, weitere Informationen nebst Rückläuferadresse im MAIL FROM zu kodieren. Der VERP macht beispielsweise aus dem Absender `bounces@mailserver.de` das kryptisch lange `bounces+e=muster@mann.de&c=kampagne12014&key=fa23ce53@mail-server.de`. Der Vorteil dabei ist, dass alles, was an `bounces+<...>` versandt wird, immer noch im `bounces@`-Postfach aufschlägt (*catch all*). Der Rückläufer enthält jedoch zusätzlich die notwendigen Angaben, um ihn der verursachenden E-Mail-Adresse und Kampagne zuordnen zu können. Der Schlüssel (»key«) dient zur Verifikation, dass nicht ein unberechtigter Dritter versucht, Abonnenten zu sperren. Er lässt sich meist nach einem geheimen Code aus der E-Mail-Adresse berechnen.

Abbildung 23.22 und Abbildung 23.24 sollen die grundlegende Klassifikation von Bounces sowie den Prozess des Bounce-Managements noch einmal zusammenfassen. Abbildung 23.23 zeigt ein Beispiel für einen Bounce.

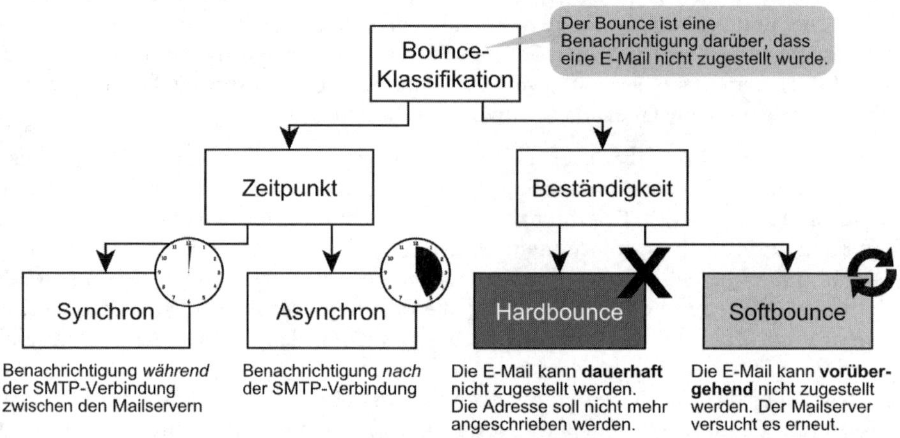

Abb. 23.22: Klassifikation von Bounces

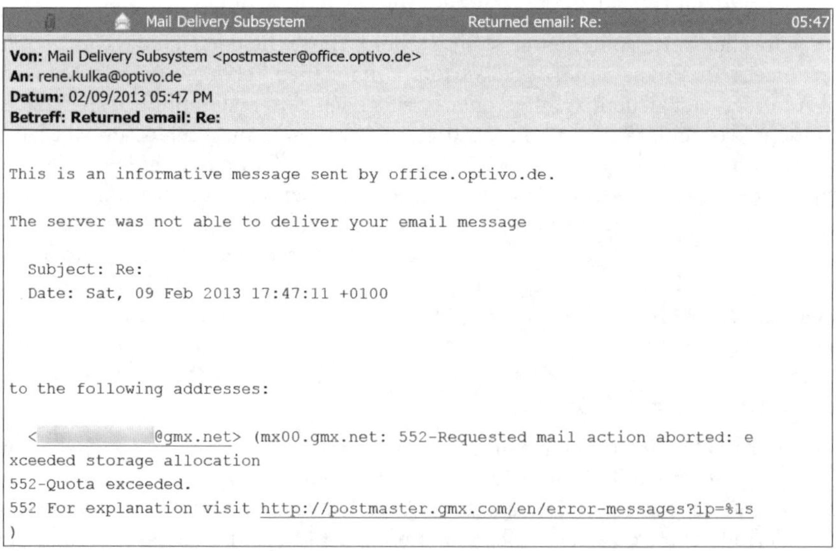
Mail Delivery Subsystem   Returned email: Re: 05:47

Von: Mail Delivery Subsystem <postmaster@office.optivo.de>
An: rene.kulka@optivo.de
Datum: 02/09/2013 05:47 PM
Betreff: Returned email: Re:

```
This is an informative message sent by office.optivo.de.

The server was not able to deliver your email message

  Subject: Re:
  Date: Sat, 09 Feb 2013 17:47:11 +0100



to the following addresses:

  <[redacted]@gmx.net> (mx00.gmx.net: 552-Requested mail action aborted: e
xceeded storage allocation
552-Quota exceeded.
552 For explanation visit http://postmaster.gmx.com/en/error-messages?ip=%ls
)
```

Abb. 23.23: Bounce-Nachricht vom lokalen Postmaster – die Nachricht an den GMX-Adressaten konnte nicht zugestellt werden. Den Fehlercode 552 erklärt `gmx.com`.

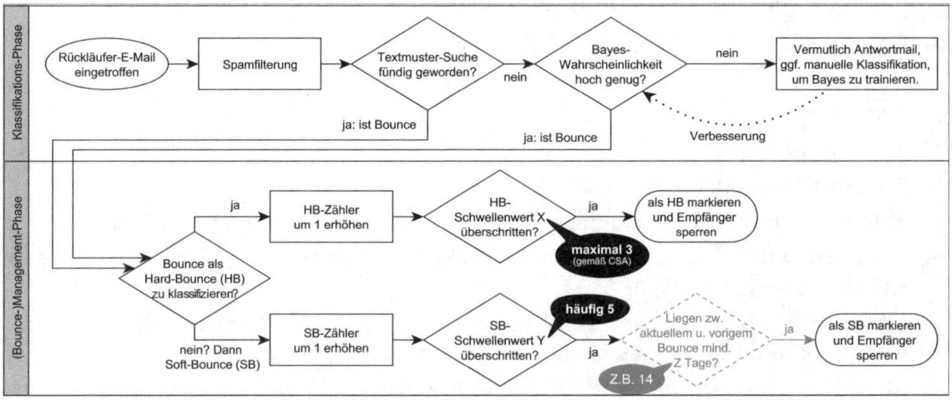

Abb. 23.24: Rückläufer-Management

Nutzer-Reaktionen (Engagement)

Moderne Spamfilter-Systeme der Großen analysieren E-Mails heute nicht nur auf Verbindungs- und Inhaltsebene. Sondern sie beziehen zunehmend das Nutzerverhalten in ihre Betrachtung mit ein. Welche Bedeutung Reaktionen wie Klicks auf »this [email] is spam« (TiS) besitzen, habe ich im vorangegangenen Abschnitt erläutert. Daneben gibt es eine Vielzahl weiterer relevanter Verhaltensweisen. Alle können in die Qualifikation, ob es sich um erwünschte oder unerwünschte Kommunikation handelt, einfließen.

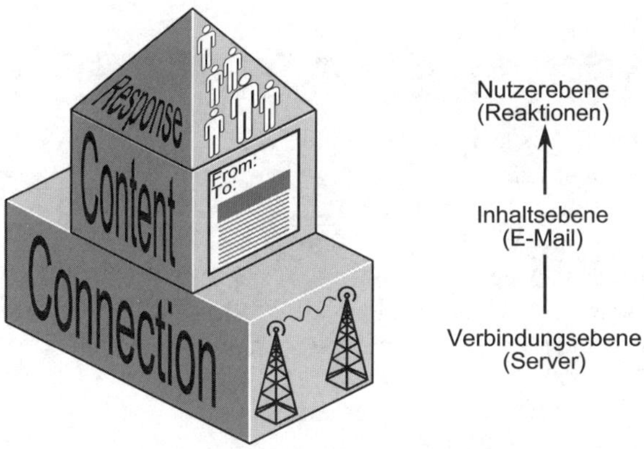

Abb. 23.25: Die Nutzerebene spielt bei der Spamfilter-Entscheidung großer Postfach-Anbieter als weiterer Layer eine immer größere Rolle. Versender müssen damit auch die Klick- und Öffnungsraten hochhalten.

Überlegen Sie einmal selbst: Welche Gewichtung würden Sie den folgenden Signalen geben? Gehen Sie gedanklich davon aus, Sie seien der Spamfilter von Gmail. Sie müssten Nachrichten klassifizieren (Spam/Ham) sowie priorisieren (wichtig/weniger wichtig). Und zwar in einem Umfeld, in dem der Versand von Werbemails rechtlich auch ohne vorherige Einwilligung eines Empfängers möglich ist (Opt-out-Prinzip in den USA). Mit dem Resultat, dass 97 Prozent aller Nachrichten Spam sind. Die Signale:

1. Klicks auf »this [email] is not spam« (TiNS)
2. E-Mail gelesen, also in der Postfach-Übersicht darauf geklickt
3. Ungelesene Nachricht als gelesen markieren
4. E-Mail ungelesen löschen
5. E-Mail gelesen gelöscht
6. E-Mail weitergeleitet
7. Absender zum Adressbuch hinzugefügt, also zu den persönlichen Kontakten
8. Klick auf »Bilder für diese E-Mail nachladen« beziehungsweise »Bilder von diesem Absender immer laden«
9. Klicks auf Links, die nicht mit »Privacy«, »Unsubscribe«, »Imprint« oder Ähnliches beschriftet sind (also Inhalts-Links)
10. Anzahl der Sekunden, die zwischen Postfach-Aufruf und E-Mail-Öffnung im Schnitt vergehen
11. Antwort ohne negative Schlüsselphrasen wie »habe mich nie eingetragen!« schreiben
12. Dauer der E-Mail-Öffnung

Ob *all* diese Signale wirklich in das Spam-Scoring der Postfach-Anbieter einfließen, sei dahingestellt. Fakt ist aber zum einen, dass die Nutzerebene an Bedeutung gewinnt. Und zum anderen, dass die Daten den Postfach-Anbietern ja vorliegen, vor allem diejenigen der Punkte eins bis acht. (Vergleiche hierzu auch den Punkt *Sich im sortierten Eingang (Priority Inbox) »wichtig« machen* in Abschnitt 26.2.6 *Empfehlungen für eine bessere Gmail-Zustellbarkeit.*) Ein Ereignis-Tracking oder einfach der Blick in den IMAP-Status der Nachrichten eines Absenders reicht. Daher sollten Ihre E-Mails nach Möglichkeit auch diesen Detektoren genügen.

Am Rande: Panel-Befragungen bei Hotmail

Einen interessanten Weg beschreitet Hotmail dabei, seinen Spamfilter SmartScreen zu trainieren. Der Postfach-Anbieter befragt regelmäßig ein Panel, das aus mehreren Hunderttausend aktiven Nutzern rekrutiert wurde, ob bestimmte E-Mails korrekt als Spam oder Ham deklariert wurden. Sie erkennen die Einladungs- beziehungsweise Klassifikationsnachricht am Absender `preventjunk@live.com` und am Betreff »Help us stop junk e-mail!« beziehungsweise »Junk e-mail classification«. Hier werkeln also nicht nur Maschinen, sondern auch Menschen an der Reputation.

Versand-Setup

Grundvoraussetzung für die erfolgreiche E-Mail-Zustellung ist seit jeher eine ordnungsgemäße Konfiguration des Versands (E-Mails) und der Infrastruktur (Server). Bei beiden kann viel falsch gemacht werden:

- **Gültiger Absender:** Ein typisches Spam-Indiz ist der Versand unter einer Rückläufer-Adresse, die nicht existiert oder keine E-Mails empfangen kann. Spamware hat kein Interesse an Rückmeldungen. Der seriöse E-Mail-Versender hingegen schon.
  - **Domäne:** Deswegen prüfen Mailserver bereits vor dem E-Mail-Empfang anhand eines DNS-Lookups, ob die Domäne der vom Versender angegebenen MAIL FROM-Adresse überhaupt verfügbar ist.

  - **Empfangsfähigkeit:** Und, ob dort ein Mail-Exchange-Server angegeben wurde (MX Record). Denn auf der Rückläuferadresse sollen schließlich auch E-Mails empfangen werden können.
  - **Adresse:** Weniger verbreitet, weil deutlich aufwendiger und gleichsam »spammig«, ist die Nachfrage beim Mail-Exchange-Server, ob die angegebene Adresse existiert (sogenannte *Callback Verification*). Hierbei wird nicht bloß ein Lookup im DNS-Verzeichnis durchgeführt. Sondern es wird testweise ein Mail-Versand eingeleitet, um zu schauen, ob die Prüf-Adresse als RCPT TO (Recipient To) akzeptiert würde. Alternativ wird auch das SMTP-Kommando VRFY (Verify) genutzt. (Beides haben Spammer in der Vergangenheit häufig für Wörterbuch-Attacken zweckentfremdet. Daher ist die Variante selten.)
- **Reverse DNS:** Eine gültige Rückläuferadresse ist also Pflicht. Neben einem MX Record muss das DNS-Setup noch weitere Angaben machen. So verweigern diverse Mailserver die E-Mail-Annahme aus IP-Quellen, denen kein Domäneneintrag (*reverse DNS, rDNS*) zugeordnet ist. Denn der Vergleich, ob die Domäne in der HELO/EHLO-Vorstellung (»beispiel.de« in Abbildung 23.28) gleich der Domäne ist, die der IP der Versenders zugeordnet ist, erlaubt dem Empfänger eine erste Einschätzung, mit wem er es zu tun hat. Gerne möchten Mailserver diese auch im Hinblick auf das Vorkommen von Schlüsselwörtern untersuchen: Zum Beispiel »dialin«, das beim Host `p5de5931a.dip.t-dialin.net` der Telekom greift. Dies wäre ein Indiz dafür, dass die E-Mail von einer dynamisch vergebenen IP-Adresse eines Internet-Zugangsdienstleisters stammt. Spammer machen sich solche IPs sehr häufig zu eigen, sodass entsprechende E-Mails kritischer beäugt werden sollten. Schließlich kann ein nicht vorhandener rDNS-Domäneneintrag auch als mangelnde Kooperationsbereitschaft bei der Spambekämpfung ausgelegt werden; die Zuordnung einer Internetdomäne (beispiel.de) zu einer Mailserver-IP (1.2.3.4) erlaubt eine schnelle Kontaktaufnahme mit dem zuständigen Postmaster (`postmaster@beispiel.de`). Technisch erfolgt der inverse DNS-Eintrag über den PTR Record.

  Das Ergebnis der »Rückwärtsabfrage« (= IP in Domäne auflösen) sollte konsistent mit der »Vorwärtsabfrage« (= Domäne in IP auflösen) sein. Abbildung 23.26 zeigt die Prüfung exemplarisch anhand des Windows-Tools `nslookup.exe`.

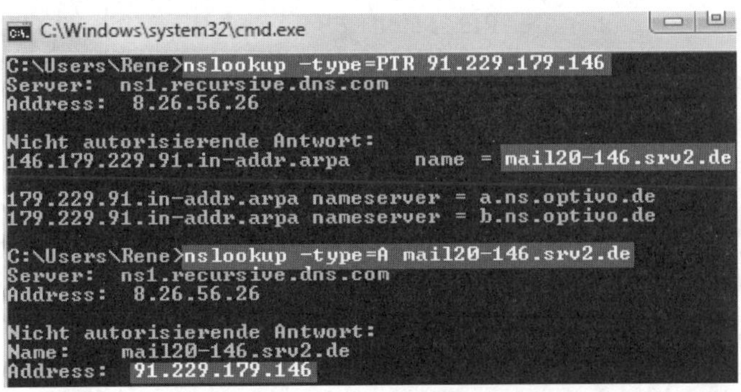

Abb. 23.26: Rückwärts DNS (PTR Record) existiert für die Mailserver-IP 91.229.179.146: `mail20-146.srv2.de`. Und die Vorwärts-Abfrage für `mail20-146.srv2.de` ergibt wieder 91.229.179.146. Dies ist konsistent.

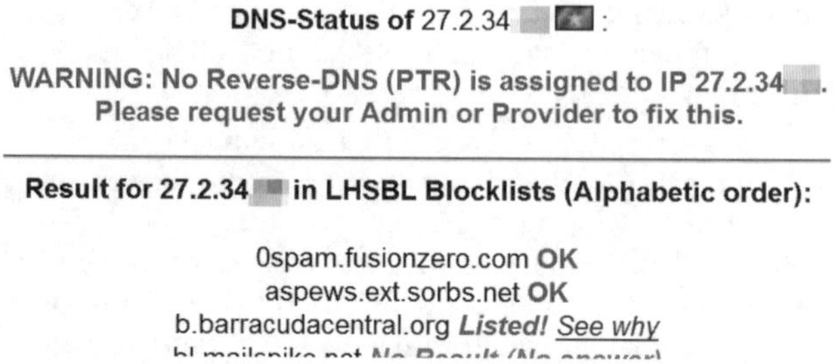

Abb. 23.27: Ein Konsistenzcheck lässt sich auch mit blacklistalert.org durchführen.

Tipp: Domain-Delegation

Beim Versand über einen professionellen Dienstleister werden Sie in der Regel die Verwaltung einer Ihrer Sub-Domänen, wie zum Beispiel `newsletter.firma.de`, an diesen übertragen (»delegieren«). Der Dienstleister verwaltet dann anschließend das dortige DNS-Setup für Sie, sorgt also dafür, dass A-, MX- und TXT-Record stets auf dem aktuellen Stand sind. Zur Delegation muss einmalig ein NS-Record in der Domäne erstellt werden, der auf den Nameserver (NS) des Dienstleisters zeigt.

- **Verbindungslimits:** Schließlich sollten Versender einen Postfach-Anbieter nicht aus allen Rohren mit E-Mails bombardieren. Die Anzahl der Verbindungen, die zeitgleich zu einem Postfach-Anbieter geöffnet werden, muss stattdessen auf das Maß reduziert werden, das die jeweiligen Postmaster-Seiten gegebenenfalls nahelegen. Gleiches gilt für die Anzahl der E-Mails, die über eine Verbindung in einer bestimmten Zeit zugestellt werden sollen. Andernfalls droht die Annahmeverweigerung. Eine gute Übersicht (nicht nur dazu) findet sich unter `wiki.wordtothewise.com/ISP_Summary_Information`. Professionelle Versanddienstleister sollten all dies bereits sicherstellen. Wer aber eine Eigenlösung auf Grundlage frei verfügbarer Mail Transfer Agents (MTAs) verwendet, muss sich selbst um die Einhaltung kümmern.

  Im Zusammenhang mit »Bombardement« ist auch auf die Art und Weise des Verbindungsaufbaus zu achten. Der RFC-Standard gibt den Ablauf einer SMTP-Session vor. Wer sich nicht daran hält und beispielsweise voreilig seine E-Mails absetzen möchte, ist schnell als Spammer qualifiziert:

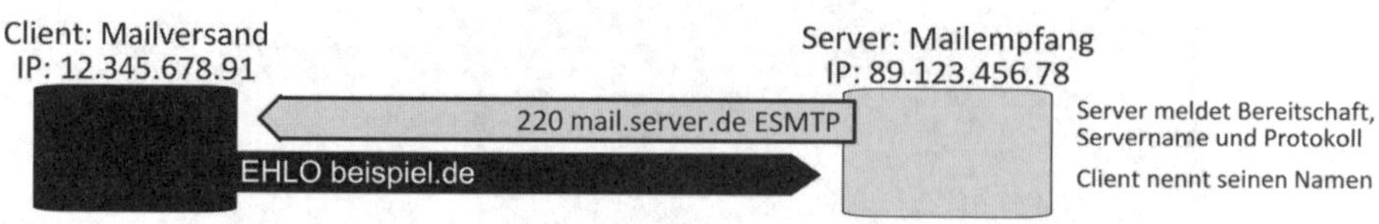

Abb. 23.28: Beispiel eines standardkonformen Session-Starts: Der Versender stellt sich erst vor, wenn er den sogenannten SMTP-Banner erhalten hat. Ein Spammer hingegen will seine E-Mails möglichst zügig absetzen. Ihn interessiert es nicht, ob der Empfänger bereit ist (220) und ob das SMTP oder das Enhanced-SMTP-Protokoll verwendet wird. Ganz gleich, ob das Erstgenannte eine Vorstellung mit HELO anstatt EHLO verlangen würde. Womöglich möchte er sich nicht mal vorstellen, überspringt das EHLO und geht damit zu früh ans Eingemachte.

Mailing-Muster

Schließlich fließt auch das E-Mail-Volumen in das Reputation Scoring ein. Wer unregelmäßig sehr hohe Volumen verschickt, begibt sich damit – in den Augen der Antispam-Software – schnell auf die Spuren eines Spammers. Gleiches gilt für IP-Adressen, die nie vorher als Massenversender auftraten und plötzlich zig tausend E-Mails zustellen möchten. Vorhersehbarkeit, also mehr oder weniger konsistente Mailing-Muster im Zeitverlauf, werden mit einer besseren Reputation belohnt. Es empfiehlt sich, einen konsistenten Turnus zu etablieren und vor allem neue IP-Adressen schrittweise aufzuwärmen. (Konsistenz heißt an dieser Stelle natürlich nicht, dass Sie auf außerordentliche Kampagnen verzichten müssen; das Volumen sollte aber im 30-Tage-Schnitt einigermaßen konstant sein.)

Hinweis: Neue IP-Adressen anwärmen

Kalte IP-Adressen, die vorher nicht als Versandquelle in Erscheinung traten, werden von Postfach-Anbietern kritisch beäugt. Da hierfür keine Reputationsdaten vorliegen, geschieht die Annahme größerer Stückzahlen vorsichtig. Versender müssen also zunächst dafür sorgen, dass sukzessive eine positive Reputation für die Adresse aufgebaut wird. Von Versand zu Versand wird hierzu das Volumen erhöht, wobei kleinvolumig, aber stetig begonnen wird. Dabei gilt es besonders darauf zu achten, dass die Nachrichten allesamt bei den Empfängern erwünscht sind. Der Warm-up-Prozess kann sich über einige Wochen bis Monate erstrecken.

Professionelle Versanddienstleister verfügen über mehrere Hundert IP-Adressen und über die entsprechende Erfahrung.

23.3.4 Reputation prüfen anhand öffentlicher Datenbanken

Ihr Ruf steht in engem Zusammenhang mit Ihrer Zustellbarkeit in den E-Mail-Posteingang. Einflussfaktoren habe ich im vorigen Abschnitt erklärt. Doch welche Reputation haben Sie eigentlich jetzt gerade? Wie wird die von Ihnen genutzte Infrastruktur aus Sicht reputationsbasierter Spamfilter wahrgenommen? Die folgenden öffentlichen Datenbanken geben Anhaltspunkte:

- **Return Path Sender Score:** Der Sender Score lässt sich auf `senderscore.org` für eine beliebige Mailserver-IP-Adresse ausweisen (vergleiche Abbildung 23.13). Ganz gleich, ob es sich um die eigenen oder diejenigen der Mitbewerber handelt. Inhaltlich spiegelt der Sender-Score-Wert die Qualität der E-Mail-Kommunikation wider, die über eine IP zuletzt versandt wurde. Er ermöglicht Prognosen für deren Zustell- beziehungsweise Spamfilter-Quoten bei Yahoo! Mail, Hotmail & Co in den nächsten Tagen.

  Datengrundlage für den Sender Score bildet das Reputation Data Network von Return Path. Das wiederum speisen Partner wie zum Beispiel Blacklist-Betreiber, Hersteller von Antisam-Lösungen und diverse Postfach-Anbieter. Der Wert ist normiert auf einer Skala von 0 bis 100. Top-Versender scoren höher als 90, gute über 80; alles unter 60 sollte die Alarmglocken läuten lassen – die Zustellbarkeit für die nächste Kampagne ist spätestens jetzt stark gefährdet. Zwischen 60 und 80 besteht ein gewisses Risiko, dass E-Mails nicht ankommen.

  Die *genaue* Berechnungsgrundlage, wie stark also beispielsweise die Einflussfaktoren auf den Punktwert einwirken, ist nicht bekannt. Die wichtigsten Faktoren selbst schon.

Unter anderem fließt die Zahl der Spamtrap-Hits ein. Nach einer kostenfreien Registrierung erhalten Sie diese ausgewiesen (vergleiche Abbildung 23.13).

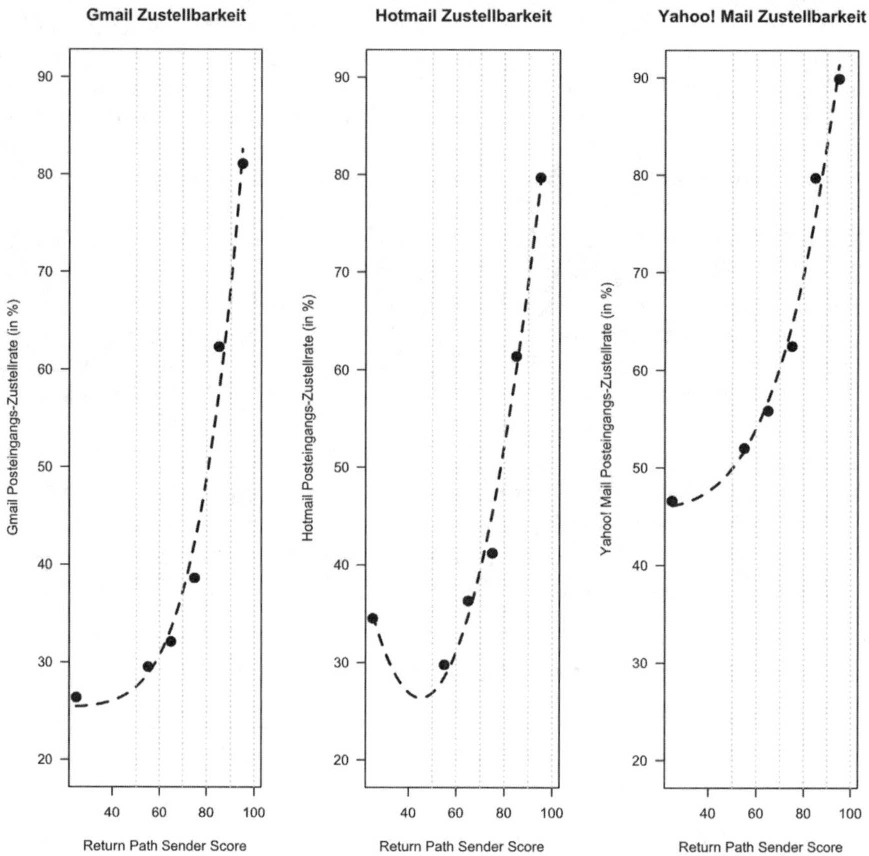

Abb. 23.29: Zusammenhang zwischen Reputation und Zustellbarkeit – je höher der Return Path Sender Score einer Mailserver-IP (= Horizontale), desto mehr E-Mails werden erfolgreich in den Posteingang zugestellt (= Vertikale). (Datenpunkte: Sender Score Benchmark-Report 2012)

Abb. 23.30: Der Sender Score sollte höher als 80 liegen – optimal ist ein Wert von über 90.

In regelmäßigen Abständen veröffentlicht Return Path zudem einen Sender Reputation- oder neuerdings Email Intelligence Report. Der liefert interessante Einblicke in die Bestimmungsfaktoren eben dieses Sender-Score-Wertes. Ferner wird der empirische Zusammenhang zwischen Sender Score und tatsächlicher Zustellquote aufgeschlüsselt, den Tabelle 23.3 exemplarisch zeigt.

Sender Score	Spamfallen-Rate	Unbekannte-Nutzer-Rate	Beschwerderate	AVG-Inbox-Placement-Rate
40 – 49	0,5 %	7,3 %	1,7 %	64 %
50 – 59	0,9 %	9,1 %	0,4 %	71 %
60 – 69	0,9 %	5,5 %	0,4 %	76 %
70 – 79	1,3 %	1,6 %	0,4 %	81 %
80 – 89	0,3 %	0,9 %	0,1 %	85 %
90 – 100	0,1 %	0,2 %	0,0 %	88 %

Tabelle 23.3: Zusammenhang zwischen Sender Score und durchschnittlicher Posteingangszustellrate gemäß Return Path Sender Reputation Report

Wie lassen sich die Zahlen interpretieren? Ein Sender Score in Höhe von 90 bis 100 geht im Schnitt mit einer Posteingangszustellrate von 88 Prozent einher. Neun von zehn E-Mails erreichen den Posteingang, eine landet im Spamordner oder wird ohne Fehlermeldung verworfen. Insgesamt gilt: Wer a) wenige Spamtrap-Hits erzeugt, b) die Liste kontinuierlich um fehlerhafte E-Mail-Adressen bereinigt und c) die Spam-Markierungsquote sehr niedrig hält, damit also im »grünen Bereich« operiert, erzielt in der Regel einen Sender Score von 80 oder höher (linke Spalte). Dieser Wert ist nach Seed-List-Messungen gleichbedeutend mit einer Zustellung von mindestens 85 Prozent der E-Mails in den Posteingang (rechte Spalte).

Profitipp am Rande: Sender Score per DNS-Lookup ermitteln

Die Sender-Score-Reputation inklusive einiger Indikatoren lässt sich auch im Domain Name Service ermitteln. Folgende DNS-Zonen hält Return Path hierzu bereit:

- `score.senderscore.com` für den Gesamtwert
- `cmplt.rating.senderscore.com` für die Beschwerderate
- `vol.rating.senderscore.com` für das Mailvolumen-Rating
- `uus.rating.senderscore.com` für das unbekannte Nutzer-Rating
- `filtered.rating.senderscore.com` für das Filter-Rating

Die Domäne zur Abfrage des Sender Scores für die Mailserver-IP-Adresse 193.169.180.41 lautet zum Beispiel `41.180.169.193.score.senderscore.com`. Das letzte Oktett des Rückgabewertes enthält den Score, sofern ein Eintrag existiert. (Mehr zum DNS-Lookup in Abschnitt 24.1 *Blacklists umschiffen*.)

- **AOL Reputation Check:** Auch der Postfach-Anbieter AOL bietet einen Dienst, mit dem Versender die Reputation von IP-Adressen feststellen können: `postmaster.aol.com/Postmaster.Reputation.php`. Der Rückgabewert gibt Hinweise darauf, wie AOL die Praktiken eines Versenders bewertet. Er ist also ein Indiz für die Zustellbarkeit von E-Mails über diesen Versender. Das Tool unterscheidet zwischen schlechter, guter und neutraler Reputation. Neutral heißt, dass (noch) keine Aussage möglich ist.
- **SenderBase:** Die SenderBase ist das öffentliche IronPort-Netzwerk des Sicherheitsspezialisten Cisco. Es wird von zahlreichen Providern, Großunternehmen und Universitäten gespeist. Die Cisco-IronPort-Antispam-Lösung ist bei den größten Internetdienstleistern und Unternehmen der Welt im Einsatz. Der Reputation Score einer IP oder Domain wird intern auf einer Skala von -10 (sehr schlecht) bis +10 (sehr gut) abgetragen. Wie bei AOL, so weist auch ein Lookup auf der SenderBase-Webseite (`senderbase.org`) drei mögliche Bereiche aus:
  - *good* (sehr wenige oder gar keine Spam-Aktivitäten),
  - *neutral* (noch akzeptabel) und
  - *poor* (E-Mails werden mit hoher Wahrscheinlichkeit gefiltert oder blockiert).

  Abbildung 23.31 zeigt den Beispiel-Screenshot eines Lookups.

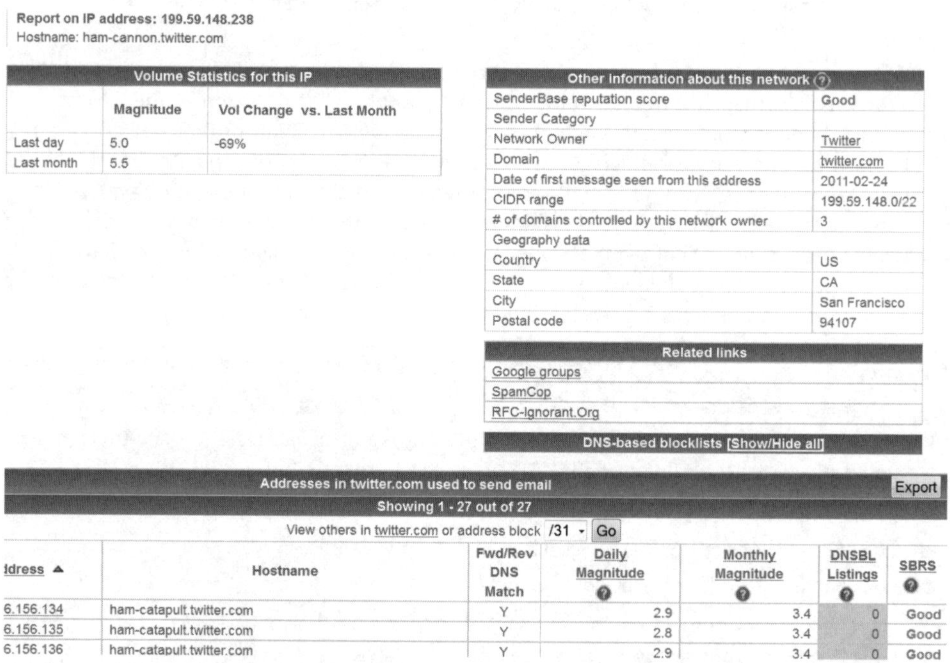

Abb. 23.31: E-Mail-Reputation-Lookup auf `senderbase.org` (detaillierte Ansicht)

- **Barracuda Central:** Nicht weniger wichtig als das Standing bei Cisco IronPort ist dasjenige bei Barracuda Networks. Deren Spam&Virus-Firewall zählt zu den weltweit am häufigsten nachgefragten Lösungen für E-Mail-Security. Kontrollieren Sie Ihre Reputation hier: `barracudacentral.org/lookups`.

- **Trusted Source:** Hierbei handelt es sich um die Reputation-Datenbank von McAfee, die unter `trustedsource.org` abgefragt werden kann (Abbildung 23.32).

Abb. 23.32: E-Mail-Reputation-Bericht von Trusted Source

- **Trend Micro:** Ein weiterer Player, der zahlreiche Unternehmen vor Spam schützt. Zum Lookup geht es hier: `ers.trendmicro.com/reputations`.
- **WatchGuard:** Prüfen Sie Ihre IP und Domain unter `reputationauthority.org`.
- **Sendmail:** Das IP-Reputation-Tool findet sich auf `sendmail.com/sm/resources/tools/ip_reputation/`.
- **Symantec:** Die »IP Reputation Investigation« führen Sie durch unter `ipremoval.sms.symantec.com/lookup/`.

Tipp: Eine Abfrage für (fast) alle

Nutzen Sie Tools wie `zy0.de`, um sich ein umfassendes Bild über Ihre Reputation zu machen. Die Webseite zeigt generelle Informationen zur IP-Adresse, Infos zu bestehenden Blacklist-Eintragungen (siehe nächstes Kapitel) bei NiX Spam, Spamhaus, SpamCop, Barracuda und HostKarma. Besonders interessant ist ein Auszug aus den Spamfallen-Treffern, für die die IP verantwortlich zeichnet. Abbildung 23.33 zeigt einen Beispiel-Screenshot – klicken Sie sich auch unter dem Menüpunkt EXTERNE REPUTATION rechts durch die Verweise. Ein Klick auf die IP-Adresse führt Sie schließlich noch zum Malware-Check von Google.

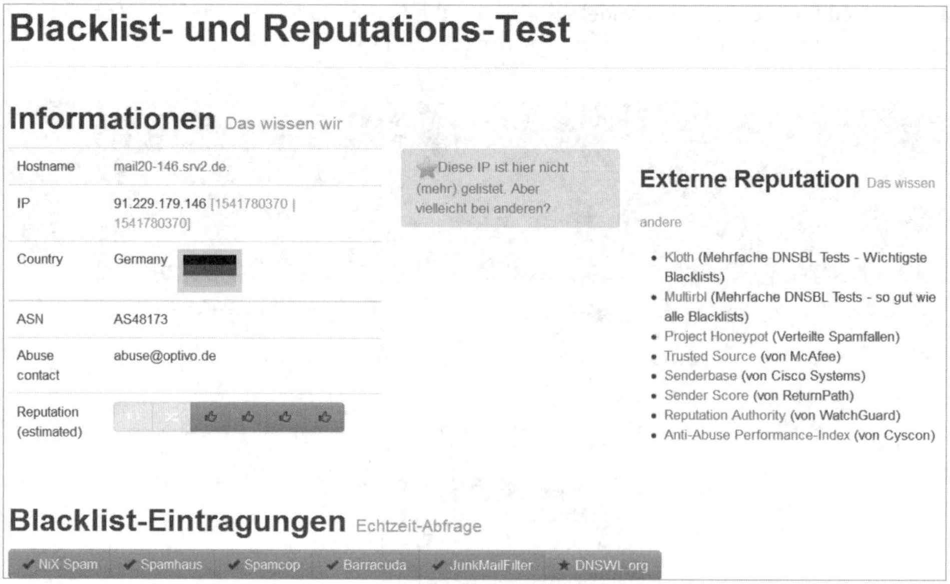

Abb. 23.33: Der Blacklist- und Reputations-Test auf zyo liefert mit wenigen Klicks ein umfassendes Bild.

Kapitel 24

Blacklists, Whitelists und Greylists

Wichtige Konzepte im Zusammenhang mit der E-Mail-Zustellbarkeit sind Negativ- und Positivlisten. Aber auch die Greylist-Filterung sollte Ihnen bekannt sein.

24.1 Blacklists umschiffen

E-Mail-Blacklists sind Verzeichnisse von IP-Adressen oder Domains, die mit dem Versand von Spammails in Zusammenhang stehen:

- *Unmittelbar* (der Spammer selbst) oder auch
- *mittelbar*, etwa als Hoster (quasi die Heimat von Spammern).

Blacklists werden auch als schwarze Listen, Block-, Sperr- oder Negativlisten bezeichnet.

24.1.1 Blacklist-Arten und -Abruf

Bei IP-Adressverzeichnissen spricht man von *Left-Hand-Side Blacklists* (LHSBLs). Verzeichnisse mit Absender-Domains werden als *Right-Hand-Side Blacklists* (RHSBLs) verzeichnet. Eine weitere Domain-basierte Kategorie stellen *Uniform Resource Identifier Blacklists* (URIBL) dar. Im Unterschied zu den RHSBLs zielen diese nicht auf Checks von E-Mail-Domains ab, die in Spam auf Ebene **der SMTP-Verbindung** (zum Beispiel MAIL FROM-, HELO-, rDNS-Domain) oder in Kopfzeilen (zum Beispiel »From:«, »Reply-To:«, »Message-ID:«) auftraten. Sondern auf den Domain-Teil der URIs, die sich im E-Mail-Körper von Spam befanden – beispielsweise in **Links** oder in referenzierten Grafiken.

Abb. 24.1: Beispiel einer SMTP-Session, bei der die IP-Adresse des Senders auf einer Blacklist verzeichnet ist. Der Empfänger wartet noch auf das RCPT TO-Kommando und meldet sodann einen Fehler (Bounce). In der Regel enthält die Fehlermeldung die Listing-Quelle, damit seriöse Absender auf das Problem aufmerksam werden. Die SMTP-Verbindung wird geschlossen.

Die Abfrage der meisten Blocklisten erfolgt über das Domain Name System (DNS). Daher hat sich auch die Bezeichnung *Domain Name Block Lists*, oder kurz *DNSBLs*, eingebürgert. Spamfilter beziehen DNSBLs echtzeitig direkt nach dem SMTP-Verbindungsaufbau ein. Also noch bevor der Mail-Inhalt übertragen wurde (Abbildung 24.1). Zustellversuche von negativ gelisteten Sendern können sofort mit einem Fehlerhinweis (die sogenannte *Delivery Status Notification*, DSN) abgeblockt werden. Theoretisch zumindest. Dies spart den Download ein. Ebenso braucht die Spammail nicht den Weg durch rechenintensive Inhalts- oder Virenscanner zu gehen. Durch das Caching, also das Zwischenspeichern bereits getätigter Blacklist-Abfragen beim Empfänger, kann die Verarbeitungsgeschwindigkeit noch weiter erhöht werden. Die Abfrageergebnisse liegen dann bereits lokal vor.

Hinweis: Ein Eintrag kann, muss aber kein Grund zur Sorge sein

Die Annahmeverweigerung aufgrund *eines* Blacklist-Eintrags implementieren Administratoren nur selten – wenn überhaupt. Zwar steigt mit einem Blacklisting die Wahrscheinlichkeit, dass es sich bei einer Nachricht um Spam handelt. Jedoch besteht auch ein erhebliches False-Positive-Risiko – legitime E-Mails werden eventuell zu Unrecht abgewiesen. Die Richtlinien, nach denen Einträge auf Blacklists gelangen, sind sehr unterschiedlich. Mitunter lassen sie die nötige Transparenz missen. Gleiches gilt für den nötigen Support bei Fragen und Hilfe. Schließlich stellen dann und wann Listen auch ihren Dienst ein und listen dabei alles und jeden (`tinyurl.com/cgfs62c`). Daher setzen die meisten Postmaster darauf, einen Blacklist-Eintrag mit einem negativen Gewicht im Spam-Scoring einfließen zu lassen und die E-Mail – zum Beispiel im Betreff – als Spam zu markieren (*tagging*). Dies ist zielführender, als sie komplett zu blockieren oder sogar ohne jegliche Fehlermeldung wie in einem schwarzen Loch verschwinden zu lassen (*black holing*).

Exkurs: DNSBL-Abfrage mit schnellen DNS-Lookups durchführen

Wie lässt sich eine DNSBL abfragen? Schauen wir uns zuerst die Variante Left-Hand-Side an. Hierbei wird die umgedrehte Notation der IP-Adresse des zu prüfenden Mailservers benötigt – die Reihenfolge der vier IP-Oktette wird verkehrt. Angenommen, wir erhalten eine E-Mail von der Adresse 127.0.0.2. (Per RFC5782 wird 127.0.0.2 zu Testzwecken in jeder Blacklist geführt.) Umgedreht wird aus `127.0.0.2` die IP `2.0.0.127`. Diese wird nun als Sub-Domäne an die DNS-Zone der zu befragenden Blacklist angehängt. Für die ZEN-Metaliste der Antispam-Organisation Spamhaus lautet die Zone exemplarisch `zen.spamhaus.org`. Nun wird der A Resource Record der resultierenden Domäne, also `2.0.0.127.zen.spamhaus.com`, im DNS-Verzeichnis nachschlagen. Ist die IP dort als Spamquelle gelistet, wird eine Adresse zurückgeliefert. Eine Erklärung dazu, wie genau diese zu interpretieren ist, findet sich auf den Betreiber-Webseiten. Meist liefert eine zusätzliche Abfrage des TXT Resource Record Details zu den Gründen der Listung.

Die Vorgehensweise bei der Abfrage einer Right-Hand-Side oder einer URI-Blacklist gestaltet sich analog. Angenommen, wir erhalten eine E-Mail von einem Server, der beim initialen SMTP-Handshake `test@example.com` als Envelope-Sender kommuniziert. Die zu befragende Domäne für die Domain Block List von Spamhaus würde dann lautet: `example.com.dbl.spamhaus.com`.

Probieren Sie es aus. Windows-Nutzer können beides mit dem Programm *nslookup* nachvollziehen. `Win`+`r` drücken, `cmd` für den Aufruf der Kommandozeile eingeben und dann mittels des Befehls `nslookup 2.0.0.127.zen.spamhaus.org` den Eintrag nachschlagen. Abbildung 24.2 zeigt die Vorgehensweise anhand der NiX-Spam-Blacklist von Heise. Abbildung 24.3 zeigt das Prozedere anhand der Domain Block List von Spamhaus.

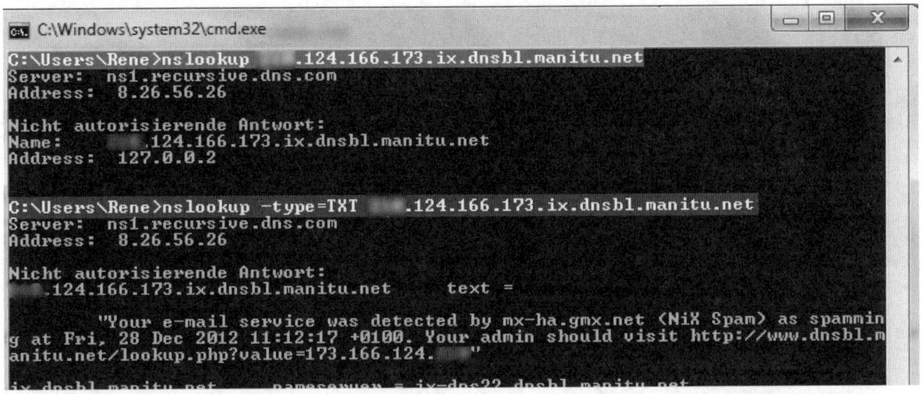

Abb. 24.2: Abfrage der DNSBL von NiX Spam, dem Spamfilter-Projekt der Zeitschrift iX, via Domain Name System. Die Abfrage des A-Record liefert zunächst den Rückgabewert 127.0.0.2 (= gelistet gemäß RFC-5782-Konvention). Die anschließende Abfrage des TXT-Record liefert den Grund für die Listung.

Abb. 24.3: Die Abfrage einer Domain-basierten DNSBL erfolgt auf die gleiche Weise – der Rückgabewert (127.0.1.)3 der DBL-Liste von Spamhaus sagt uns, dass bit.ly gelistet ist, weil der Link-Verkürzer von Spammern missbraucht wurde.

Neben der Art der Einträge (IPs versus Domains) lassen sich Blacklists nach einer Vielzahl weiterer Kriterien klassifizieren (vergleiche zusammenfassend Abbildung 24.4). So existieren zum Beispiel öffentliche wie auch private Blacklists:

- Öffentliche Blacklists werden meist von unabhängigen Organisationen und Antispam-Aktivisten betrieben und durch Spenden und Sponsoren finanziert. Sie können von jedermann abgefragt werden. (Teils kostenlos, teils werden – zumindest für großvolumige Abfragen – Gebühren verlangt.) Es existieren mal mehr, mal weniger klare Listing- und Delisting-Richtlinien.
- Bei privaten Blacklists hingegen handelt es sich zum einen um interne Datenbanken von Netzwerken (zum Beispiel eines Internetdienstleisters, einer Universität oder einer Firma, wobei Letzteres aufgrund des Verwaltungsaufwands seltener ist). Einträge nehmen die dortigen Postmaster vor, also die Mailserver-Administratoren. Zum anderen

handelt es sich auch um individuelle Sperrlisten eines einzelnen Nutzers, die er beispielsweise in einem E-Mail-Client wie Outlook konfiguriert hat.

Private Listen können nicht abgefragt werden. Und ein etwaiges Delisting ist in der Regel schwieriger erzielbar als bei öffentlichen Listen. (Bei einigen öffentlichen Blacklists erfolgt das Delisting sogar automatisch nach einer gewissen Zeitspanne, sofern das Spam-Problem behoben wurde.)

Hinweis: Vergleiche verschiedener Blacklists im WWW

Eine Gegenüberstellung diverser Blacklists findet sich auf `en.wikipedia.org/wiki/Comparison_of_DNS_blacklists` sowie auf `spamlinks.net/filter-dnsbl-lists.htm`.

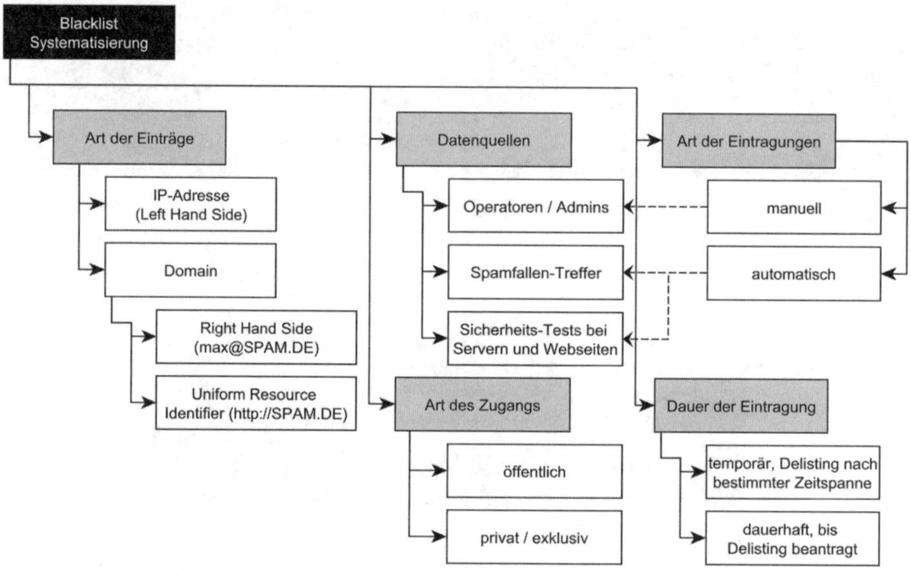

Abb. 24.4: Systematisierung von Blacklists im E-Mail-Marketing

24.1.2 Listing-Kriterien

Um Blacklistings zu verhindern, muss man wissen, welche Datenquellen die Betreiber nutzen. Schauen wir uns also exemplarisch an, wie IP-Adressen auf öffentlichen Listen nominiert werden:

- **Manuelle Eintragung:** Die Spammer-Datenbanken werden durch die Administratoren der Listen von Hand aktualisiert. Teils auch durch das Feedback, also Spambeschwerden, registrierter Community-Mitglieder.
- Automatische Registrierung von **Spamfallen-Treffern:** Unter Spamfallen werden Bot-E-Mail-Adressen verstanden, die Versender unbestellter E-Mails entlarven (siehe Abschnitt 23.3.1 *Spamfallen (»Traps«)* im vorigen Kapitel). Blacklist-Betreiber streuen diese im Netz als »Futter« für automatische Ernte-Programme, die Adressen sammeln. Eben-

so dienen mitunter Vertipper-Domains (zum Beispiel hotmaol statt hotmail) als Spamfallen. Betreiber von Blacklists und Honeypot-Netzwerken haben diverse solcher Domänen im Portfolio. E-Mails, die hier aufschlagen, stammen mit hoher Wahrscheinlichkeit von Spammern. Daher landet ein Versender bei mangelhafter Verteiler-Hygiene schnell auf Blacklists von Spamhaus und anderen Organisationen – mit fatalen Folgen für die Zustellquoten.

- Automatische Tests von **Server- und Webseiten-Konfigurationen**, die bei eingehenden SMTP-Verbindungsversuchen mit den Servern der Blacklist-Betreiber oder durch automatische Crawler-Programme im Web durchgeführt werden. Solche Tests prüfen zum Beispiel auf:
  - **Offenes SMTP-Relay:** Hierunter werden Mailserver verstanden, die E-Mails von beliebigen Stellen annehmen und auch an beliebige Stellen ausliefern. In den Anfängen des Internets war dies die Standard-Konfiguration vieler Server. Missbrauch ließ nicht lange auf sich warten. Deswegen wurden Authentifizierungsregeln etabliert. Etwa in Form von Listen legitimierter IP-Adressen oder Name-Passwort-Kombinationen, die dem Versand vorgeschaltet wurden. Offene Relays finden sich heute fast nur noch bei Konfigurationsmängeln oder bei gekaperten Servern – beides Einfallstore für Spam. Eine Beispiel-Liste, die offene Relays führt, ist SORBS – das Spam and Open Relay Blocking System.
  - **Offener Proxy-Server:** Ein Proxy-Server fungiert im Web als ein Stellvertreter. Er baut eine Verbindung zum Zielserver auf und vertritt dann den Client, indem er die Datenpakete für den angeforderten Dienst weiterreicht. Ein solcher Dienst kann zum Beispiel der Abruf einer Webseite oder eben auch der Versand einer E-Mail sein. Der hinter dem Proxy stehende Client bleibt für den Zielserver verborgen. Bei offenen Proxys lässt sich – analog zum offenen Relay – ohne Authentifizierung eine Verbindung aufbauen und diese für Spam missbrauchen.
  - **Unsichere Formulare:** Auch Onlineformulare, die nicht abgesichert wurden und an den Versand von E-Mails gekoppelt sind, können zu offenen Relays und damit zu Spam-Schleudern umfunktioniert werden. Man denke an HTML-Formulare für allgemeine Kontaktaufnahmen oder Serviceanfragen. Bei Sicherheitslücken sind Hacker in der Lage, massenhaft E-Mail-Inhalte im Formular abzusetzen und den daran angeschlossenen E-Mail-Versand an beliebige Adressaten zu »verdrehen«. Die Blacklist NJABL.ORG (Not Just Another Bogus List) führte bis zu ihrer Schließung am 1. März 2012 über zehn Jahre lang unter anderem solche Gefahrenquellen.
  - **@postmaster- und/oder @abuse fehlt:** Administratoren sind gehalten, sich an die gängigen Internet-Standards, die sogenannten RFCs (Request for Comment) zu halten. Dazu gehört, bei Mailservern eine Abuse- und eine Postmaster-Adresse bereitzustellen, über die ein Admin einfach über Spam und andere Probleme im Mail-Verkehr informiert werden kann. Fehlen die Adressen, wird dies als mangelnder Kooperationswille im Kampf gegen Spam ausgelegt. Eine Blacklist, die dies thematisiert, ist zum Beispiel rfc-ignorant.de (vormals RFC-Ignorant.Org, RFCI).
  - **Dynamische IPs:** Im Zusammenhang mit Blacklists werden hierunter Mailserver verstanden, die hinter Verbindungen mit wechselnden IPs stehen. Oder allgemeiner solche, von denen richtliniengemäß eigentlich kein E-Mail-Versand ausgehen sollte. Bei jedem Verbindungsaufbau zum Internet erhält der Nutzer eine neue Adresse. Hierdurch können Spammer IP-basierte Blacklist-Filter leicht umgehen. Einfach, indem ab dem Blacklisting-Zeitpunkt die Verbindung abgebrochen und

wieder aufgebaut wird. Die neue IP ist ja dann wieder unversehrt, falls sie nicht bereits durch einen Spammer missbraucht wurde. Internetdienstleister vergeben dynamische IPs vornehmlich an ihr Privatkundensegment. Firmen und professionelle E-Mail-Versender besitzen dagegen zumeist persistente Verbindungen mit statischen IP-Adressen. Daher wird der plötzliche Massenversand über eine dynamisch vergebene IP mitunter negativ gewertet. Entsprechende Blacklists, die sich dem annehmen, sind beispielsweise SORBS DUHL (Dynamic User and Host List) und Spamhaus PBL (Policy Block List).

24.1.3 Blacklist-Check

Sind Sie gelistet? Ruhig Blut! Blacklists gibt es wie Sand am Meer. Wer seine IP-Assets in ein Werkzeug wie

- `BlacklistAlert.org`
- `multirbl.valli.org/lookup/`
- `mxtoolbox.com/blacklists.aspx`
- `unifiedemail.net/Tools/RBLCheck`

eingibt und so auf Knopfdruck gegen zig Blacklists prüft, muss nicht unbedingt aufschrecken, wenn er »irgendwo« gelistet ist.

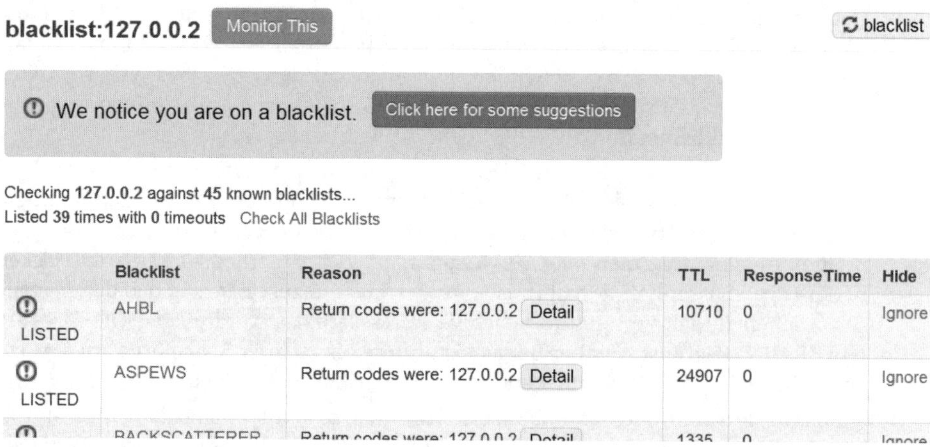

Abb. 24.5: Mit Werkzeugen wie der MX Toolbox lassen sich per Mausklick unzählige Blacklists abfragen.

Tipp: Auch Domains Dritter prüfen

Denken Sie daran, alle URIs in Ihrer E-Mail-Werbung zu checken, nicht bloß die Ihrigen. Nicht selten stellt sich nach einem Versand heraus, dass die Posteingangszustellquote niedrig war, weil sich die Domäne eines Werbepartners auf einer Blacklist befand. Dies geschieht zum Beispiel gern bei der Einbindung von Werbemitteln aus den gängigen Affiliate- und anderen Werbenetzwerken.

Wie erwähnt wird zunächst einmal kaum ein Postmaster E-Mails allein anhand *eines* Blacklistings blockieren. Zum anderen gibt es unter allen Verzeichnissen

- wenige wirklich bedeutsame und
- viele nahezu irrelevante.

Diejenigen, auf die Sie im internationalen Mail-Verkehr regelmäßig ein Auge werfen sollten, sind in Tabelle 24.1 zusammengestellt:

Blacklist	Nachschlage (Lookup)-URL
Barracuda Reputation Block List (BRBL) / Barracuda Blocklist (BBL)	`http://www.barracudacentral.org/reputation?pr=1&ip=127.0.0.2`
Composite Blocking List (CBL)	`http://cbl.abuseat.org/lookup.cgi?ip=127.0.0.2`
Spam and Open Relay Blocking System (SORBS)	`http://www.sorbs.net/lookup.shtml?127.0.0.2`
SpamCop Blocking List	`http://www.spamcop.net/bl.shtml?127.0.0.2`
Spamhaus Domain Blocklist (DBL)	`http://www.spamhaus.org/lookup/`
Spamhaus Zen Blocklist	`http://www.spamhaus.org/lookup/`
SURBL	`http://www.surbl.org/surbl-analysis`
URIBL	`https://admin.uribl.com/`

Tabelle 24.1: Bedeutsamere Blacklists auf dem internationalen Parkett. Die IP-Adresse 127.0.0.2 dient zu Test-Zwecken – sie ist standardmäßig immer gelistet.

Tipp: Automatisierte Blacklist-Benachrichtigungen abonnieren

Wer nur alle Jubeljahre seine Mailserver-IPs oder E-Mail-relevante Domains prüft, übersieht eventuell einen schädlichen Blacklist-Eintrag. In der Folge erreichen viele Nachrichten ihre Empfänger nicht. Je nachdem wie lange es dauert, bis der kritische Mangel erkannt wird.

Um Blacklist-bedingte Probleme zeitnah beheben zu können, sollten daher automatisierte Prüfroutinen und Benachrichtigungen implementiert werden. Im einfachsten Fall greift man hierzu auf die Dienste eines Zustellbarkeitsspezialisten zurück. Deliverability- und Blacklist-Monitoring-Services bieten Return Path, Surety Mail, IBM (»Email Optimization«, früher »Pivotal Veracity«), GreenArrow (»Monitor«), EmailReach und Delivery Watch, Lyris (Delivery Monitor).

24.1.4 Delisting-Prozesse

Bei einem positiven Befund auf einer wichtigen Liste gilt es, schnell wieder herunterzukommen (Delisting). Das Prozedere hierzu ist unterschiedlich. Teils erfolgt es nur gegen Gebühr. (Dies löst immer wieder kontroverse Diskussionen in der »Szene« aus.) Teils erfolgt es automatisch, teils auf Anfrage. Entsprechende Hinweise zur Vorgehensweise lassen sich in der Regel der Lookup-Seite einer Blacklist entnehmen. Beispiele:

- **Spamhaus:** Die Listung in einer Spamhaus-Zone sollte umgehend über das Blocklist Removal Center korrigiert werden: `spamhaus.org/lookup/`. Sie beeinträchtigt die Zustellbarkeit unter Umständen gravierend. Zwar gibt es auch Einträge, die lediglich der Warnung oder Benachrichtigung dienen (zum Beispiel »0/32«-Listing bei Typotrap-Hits, siehe `tinyurl.com/b63e44t`), sowie solche, die automatisch nach einer gewissen Zeitspanne verfallen (je nach Grund der Listung). Allerdings ist unbekannt, *wann* der Verfall im Einzelfall eintritt – binnen 24 Stunden oder 244 Tagen? Es ist daher ratsam, unmittelbar den Delisting-Richtlinien zu folgen. Demnach befindet sich auf der Seite des Blacklist-Eintrags ein personalisierter E-Mail-Link mit einer Ticketnummer. Der ist zur Kontaktaufnahme mit dem für die Blacklist zuständigen Spamhaus-Team zu nutzen. Die Teams sind nach eigenen Angaben 24/7 erreichbar und bearbeiten die Anfragen zügig. Wichtig ist jedoch, dass die Spam-Ursache zum Zeitpunkt der Anfrage auch tatsächlich behoben wurde und dass die ergriffenen Maßnahmen in der E-Mail genau dargelegt werden.

  Spamhaus pflegt mehrere Blacklists beziehungsweise DNS-Zonen:

  - **Spamhaus Block List (SBL):** Enthält Quellen unbestellter Massenwerbung, Servicedienstleister für entsprechende Versender und die ROKSO-Spammer. ROKSO steht für Register of Known Spam Operations. Die Datenbank beinhaltet die weltweit bedeutendsten Spammer.
  - **Exploits Block List (XBL):** Enthält vor allem gehackte Rechner, die zu offenen Proxys umfunktioniert wurden oder mit Spam versendenden Trojanern verseucht sind. Die meisten der gelisteten IP-Adressen wurden durch die Detektoren der **Composite Block List (CBL)** hinzugefügt – auf der Grundlage von Spamfallen-Hits und automatischen Server-Checks.
  - **Policy Block List (PBL):** Enthält statische sowie dynamische IP-Adressen, die richtliniengemäß keine E-Mails an Postfach-Anbieter versenden sollten. Der Bestand wird sowohl direkt von den teilnehmenden Partnern als auch vom Spamhaus-Team gepflegt.
  - **Domain Block List (DBL):** Enthält Domains, die typischerweise in Spammails vorzufinden sind. Es handelt sich gleichzeitig um eine URI Blocklist, mit der zum Beispiel Links gecheckt werden können, und um eine RHSBL, die etwa eine Prüfung von Absender-Adressen ermöglicht. Der Fokus liegt auf URI-Checks.

Tipp: Delisting bei Spamhaus (und/oder anderen) richtig angehen

Der Eintrag in einer der Spamhaus-Blacklists ist besonders schmerzhaft. Die Non-Profit-Organisation genießt durch ihre Antispam-Arbeit seit der Gründung 1998 bis heute ein sehr hohes Ansehen im Web. Spamhaus-Blacklists werden nicht nur in Firmen oder Universitäten eingesetzt, sondern vor allem auch bei vielen großen E-Mail-Anbietern. Darunter sind auch solche Schwergewichte wie Yahoo! Mail und Hotmail – möglicherweise auch Gmail. Ende 2012 beschützte Spamhaus fast 1,8 Milliarden E-Mail-Postfächer weltweit. Der Eintrag auf einer der zahlreichen Spamhaus-Blacklists beeinträchtigt daher die Posteingangszustellquoten – und damit den Umsatz – erheblich. Sind Sie gelistet, merken Sie dies schnell an sehr hohen Bounce-Raten.

Nun können Sie sich vorstellen, dass das Spamhaus-Team tagtäglich unzählige Delisting-Anfragen empörter Versender erhält. Aber E-Mails von `marketing@IamBlacklisted.de` an `info@spamhaus.org`, die im 60-Minuten-Takt mit steigendem Nachdruck beschwören, dass man seine Lektion gelernt hat und die eingekaufte Liste nicht mehr beschickt und eine schnelle Entfernung des Blacklist-Eintrags nötig ist, werden wenig erfolgreich sein. Ganz gleich, ob `IamBlacklisted.de` ein Weltkonzern oder ein Tante-Emma-Laden ist.

Eine bessere Idee ist es, Ihren Mailserver-Administrator darum zu bitten, Kontakt mit dem Betreiber-Team einer Blacklist nach Maßgabe der Delisting Policy aufzunehmen. Dabei sollte zunächst sichergestellt sein, dass die Mailserver auf Einbrüche und Sicherheitslücken geprüft wurden und alles Erdenkliche getan wurde, um das Problem zu beseitigen. (Leichter gesagt als getan. Meist sind Spamfallen-Treffer die Listing-Ursache. Und die faulen Adressen sind, wie in Abschnitt 23.3.1 *Spamfallen (»Traps«)* gezeigt, nur schwer zu ermitteln. Mitunter zwingt Spamhaus Versender dadurch zur Anwendung des Double-Opt-in-Verfahrens.) Ferner empfiehlt es sich, alle wichtigen Informationen bereitzuhalten, die gute Versandpraktiken anzeigen. Denn wer nachweislich durchweg eigene Adressen beschickt und zur Adressgewinnung ausschließlich Double Opt-in nutzt, besitzt schon mal starke Argumente. Eine solide Listen-Hygiene, die Postfächer, die dauerhaft nicht zu erreichen sind, automatisch entfernt, tut ihr Übriges. Schließlich könnten auch die E-Mail-Inhalte seriös und zugleich Spam-nah sein: pharmazeutische Produkte, Luxusartikel, Tipps zum »reich werden« im Netz und so weiter. Hierbei kommt es eben eventuell häufiger zu Falsch-Positiv-Meldungen ... (Am Rande: Es versteht sich von selbst, höflich zu bleiben. Letztlich ist es nicht das Spamhaus-Team, das Ihre E-Mails blockiert; Spamhaus stellt lediglich Daten bereit.)

Erfahrungsgemäß bearbeitet Spamhaus die Delisting-Tickets in ein bis drei Tagen. Auch die DNS-Zonen werden in kurzen Abständen von wenigen Minuten aktualisiert, sodass ein Delisting zeitnah flächendeckend wirksam – und damit eine Zustellung bei Yahoo!, Hotmail & Co wieder möglich – sein sollte. Mitunter muss noch gewartet werden, bis alle Caches, also zwischengespeicherte Blacklist-Abfragen, bei allen Empfängern aktualisiert wurden. Sollte es einige Stunden nach dem Delisting immer noch Zustellprobleme geben, könnte der Eintrag in einer anderen Liste verantwortlich dafür sein.

- **SpamCop:** SpamCop von Cisco listet IP-Adressen auf der Grundlage von Nutzer-Beschwerden und Spamtrap-Treffern, sobald das Spam-Volumen einen bestimmten Schwellenwert überschritten hat. Das System entfernt Einträge etwa 24 Stunden nach der letzten Beschwerde automatisch. Zumindest sofern keine weiteren Spamaktivitäten registriert werden. Die Listing-Seite zeigt die verbleibende Rest-Zeit. Der Betroffene kann auch vor Ablauf der Frist selbstständig per Mausklick ein Delisting durchführen. Hierzu muss er bestätigen, dass das Problem behoben wurde. Zudem darf der Mailserver nicht wiederholt auf die Blacklist gelangt sein. Schließlich kann der Mailserver-Administrator Beschwerde bei SpamCop einreichen. Auch hierzu befindet sich ein personalisierter E-Mail-Link auf der Listing-Seite. Versenden Sie die E-Mail unter der Postmaster- oder Abuse-Adresse. Damit ist für das SpamCop-Team zumindest klar, dass es sich um den Administrator des Servers handelt – mit den nötigen Berechtigungen und dem Know-how.

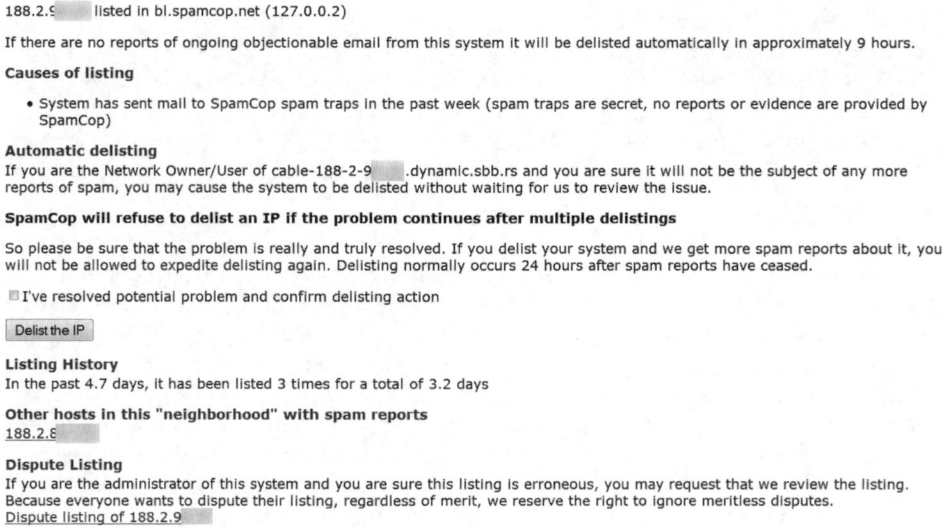

188.2.9 listed in bl.spamcop.net (127.0.0.2)

If there are no reports of ongoing objectionable email from this system it will be delisted automatically in approximately 9 hours.

Causes of listing

- System has sent mail to SpamCop spam traps in the past week (spam traps are secret, no reports or evidence are provided by SpamCop)

Automatic delisting
If you are the Network Owner/User of cable-188-2-9 .dynamic.sbb.rs and you are sure it will not be the subject of any more reports of spam, you may cause the system to be delisted without waiting for us to review the issue.

SpamCop will refuse to delist an IP if the problem continues after multiple delistings

So please be sure that the problem is really and truly resolved. If you delist your system and we get more spam reports about it, you will not be allowed to expedite delisting again. Delisting normally occurs 24 hours after spam reports have ceased.

I've resolved potential problem and confirm delisting action

Delist the IP

Listing History
In the past 4.7 days, it has been listed 3 times for a total of 3.2 days

Other hosts in this "neighborhood" with spam reports
188.2.8

Dispute Listing
If you are the administrator of this system and you are sure this listing is erroneous, you may request that we review the listing. Because everyone wants to dispute their listing, regardless of merit, we reserve the right to ignore meritless disputes.
Dispute listing of 188.2.9

Abb. 24.6: Listing-Seite auf SpamCop.net mit Delisting-Informationen

- **Barracuda Blacklist:** BarracudaCentral.org pflegt ein Verzeichnis von IP-Adressen mit guten beziehungsweise schlechten Versandpraktiken. Neben der IP-Reputation nutzt die Barracuda Spam & Virus Firewall eine Reputation-Datenbank für URLs, die in E-Mails vorkommen. Mögliche Gründe für ein Blacklisting sind gemäß der Lookup-Seite:

  »- Ihr E-Mail-Server enthält einen Virus und hatte Spam versendet.

  - Ihr E-Mail-Server könnte falsch konfiguriert sein.

  - Ihr PC könnte mit einem Virus oder mit einer Botnet-Software infiziert sein.

  - Jemand innerhalb Ihrer Firma könnte einen PC haben, der mit einem Virus oder einer Botnet-Software infiziert ist.

  - Sie könnten eine dynamische IP-Adresse verwenden, die vorher von einem bekannten Spammer genutzt wurde.

  - Ihre Marketing-Abteilung könnte Massenmails versenden, die nicht den rechtlichen Voraussetzungen genügen.

  - Sie könnten ein unsicheres drahtloses Netzwerk verwenden, das unbekannten Nutzern erlaubt, Ihr Netzwerk für den Versand von Spam zu nutzen..

  - In seltenen Fällen könnte auch die Barracuda Spam Firewall Ihres Empfängers falsch konfiguriert worden sein.«

  Wie können Sie ein Delisting einleiten? Auf der Listing-Seite muss zunächst ein Reputation-Lookup durchgeführt werden. Geben Sie also die IP-Adresse Ihres Mailservers ein. Die Reputation-Seite zeigt sodann – bei schlechtem (»poor«) Ruf – einen Link, mit dem eine Entfernung des Eintrags beantragt werden kann:

Abb. 24.7: Delisting-Antrag für die Blacklist von Barracuda Central

- **SORBS:** Der Delisting-Prozess unterscheidet sich je nachdem, in welcher Blacklist der Eintrag vorliegt. Bei den Datenbanken, die offene Proxys und offene Relays nach Maßgabe automatischer Tests führen, kann ein neuer Test zur Aktualisierung angefordert werden. Wurde das Sicherheitsproblem behoben, verschwindet das Listing. Ein Eintrag in der *Dynamic User/Host List (DUHL)*-Datenbank kann nur behoben werden, indem der Inhaber des IP-Adress-Blocks Kontakt zum SORBS-Support aufnimmt und klarstellt, dass die gelistete IP statisch zugewiesen wurde. Ist durch dauerhafte Spamtrap-Hits ein IP-Bereich in der Spam-Datenbank gelistet, wird dieser Bereich nur dann auf die ursprüngliche Quell-IP-Adresse reduziert, wenn kein Spam mehr eintrifft. Zusätzlich greift eine zeitlich befristete Strafe. Die beginnt aktuell bei 48 Stunden für Erst-Gelistete mit weniger als 10 Spammails. Und sie reicht bis zu einem Jahr für die fünfte Listung mit weniger als 300 registrierten Spammails. Vormals wurde für ein Delisting eine Spende von 50 Dollar für wohltätige Zwecke verlangt.
- **URIBL:** URIBL.COM listet Domain-Namen, die im Inhalt unverlangt zugesandter E-Mails vorkommen. Die Datenbasis beruht auf Nutzerberichten und Spamtraps. Es gibt mehrere Listen. Die *schwarze Liste* führt Domains, die Spammern gehören und von diesen genutzt werden. Die *rote Liste* beinhaltet unter anderem Spam-Domains, die erst kürzlich neu oder anonym registriert wurden. Die *graue Liste* enthält Domains von mutmaßlich seriösen Werbetreibenden, die aber ohne Opt-in versenden. Die *weiße Liste* schließlich ergänzt die drei vorigen. Postmaster können ausgewählte Listen-Informationen nutzen, um E-Mails für die Nutzer ihrer Postfächer als Spam zu markieren. Jede Listing-

Seite enthält auch ein Formular, mit dem das Delisting für URIBL.COM (nicht SURBL.ORG!) beantragt werden kann. Voraussetzung ist, dass ein Benutzerkonto eröffnet wurde. Zudem führt URIBL.COM eine Mailingliste, auf der ungerechtfertigte Einträge diskutiert werden können: `lists.uribl.com/mailman/listinfo/uribl-discuss`.

Postfach-Anbieter fragen öffentliche Blacklists ab, führen aber gleichsam auch private. Teils kann auch hier im Falle eines Falles ein Delisting beantragt oder erforscht werden, warum ein Dienst Nachrichten blockiert. So bietet AT&T Versendern eine »Block Inquiry«-Webseite unter `rbl.att.net/block_inquiry.html`. Im Allgemeinen beinhaltet die Bounce-Nachricht (der sogenannte *Non-Delivery-Report* oder kurz NDR) Informationen zur Vorgehensweise oder eine Kontakt-Adresse, um die Zustellbarkeit wieder herzustellen. Diese gilt es daher im Auge zu behalten, wenn dies kein E-Mail-Versanddienstleister übernimmt.

24.2 Whitelisting und E-Mail-Akkreditierung nutzen

Die Whitelist ist das »positive« Pendant zur Blacklist. Sie wird analog auch weiße Liste oder Positivliste genannt. In einer Whitelist sind allgemein IPs, E-Mail-Adressen oder Domänen verzeichnet, von denen E-Mails möglichst sicher zugestellt werden sollen. Also solche, von denen vertrauenswürdige, ausdrücklich erwünschte und/oder potenziell wichtige Kommunikation erwartet wird.

Der Eintrag in die Whitelist unterstreicht, dass E-Mails nicht versehentlich in den Spamordner aussortiert oder gar blockiert werden sollen. Damit dienen Whitelists vor allem dazu, das False-Positive-Risiko eines Spamfilter-Systems zu senken, das in der Regel eine automatisierte Klassifikation nach einer Vielzahl von Regeln vornimmt, aber nicht unfehlbar ist. Whitelists sollen ebenso Serverressourcen sparen. Denn E-Mails positiv gelisteter Absender können ohne weitere rechenintensive Analysen durchgewunken werden. Zumindest sofern die Whitelist-Prüfungen allen anderen Checks vorangestellt werden. Seltener finden sich exklusive Whitelists. Hierbei gilt alles, was nicht gelistet ist, als unerwünscht – ohne Eintrag keine Zustellung.

Besonderheit: Challenge-Response(C/R)-Filter

Eine Besonderheit stellen C/R-Filter dar. Hierbei erhalten Absender, die sich noch nicht auf der Whitelist (sprich: im Adressbuch) des Empfängers befinden, zunächst eine Aufgabe (»Challenge«) per automatisierter Antwort-E-Mail gestellt, bevor die Nachricht ausgeliefert wird (vergleiche Abbildung 24.8). Typische Aufgaben sind das Klicken auf einen bestimmten Link oder das Lösen eines CAPTCHAs. Erst wenn der Spamfilter eine gültige Rückmeldung (»Response«) vom Absender erhält, wird die ursprüngliche E-Mail an den Empfänger ausgeliefert.

Mit dieser Vorgehensweise kann Spam abgewehrt werden. Allein schon deshalb, weil Spammer häufig keine gültige Absender-Adresse verwenden, die Challenge also nicht zugestellt werden kann. Und wenn doch, dann wird das Postfach nicht von Menschen überwacht, sondern von Spamware. Da Spamware die Challenge nicht löst, wird kein Response erzeugt und der Filter löscht die E-Mail. Dieses Verfahren ist augenscheinlich aufwendig und regelrecht werbefeindlich. Entsprechend selten ist es vorzufinden.

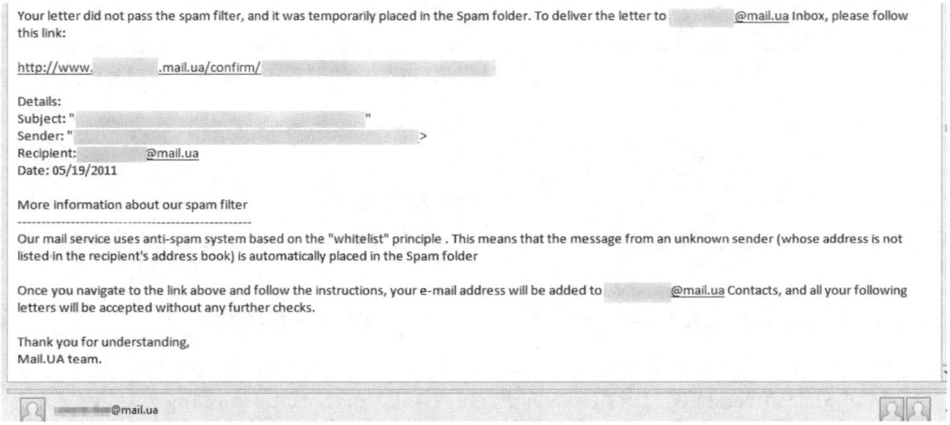
Your letter did not pass the spam filter, and it was temporarily placed in the Spam folder. To deliver the letter to [redacted]@mail.ua Inbox, please follow this link:

http://www.[redacted].mail.ua/confirm/[redacted]

Details:
Subject: "[redacted]"
Sender: "[redacted]>
Recipient: [redacted]@mail.ua
Date: 05/19/2011

More information about our spam filter

Our mail service uses anti-spam system based on the "whitelist" principle . This means that the message from an unknown sender (whose address is not listed in the recipient's address book) is automatically placed in the Spam folder

Once you navigate to the link above and follow the instructions, your e-mail address will be added to [redacted]@mail.ua Contacts, and all your following letters will be accepted without any further checks.

Thank you for understanding,
Mail.UA team.

[redacted]@mail.ua

Abb. 24.8: Challenge/Response-Filter bei E-Mails an @Mail.UA-Adressaten

Aus Sicht des Werbetreibenden ist die Whitelist ein Freifahrtschein in die Inbox. Es ist daher wünschenswert, möglichst breit gelistet zu sein. Wie Blacklists, so werden auch Whitelists von E-Mail-Empfängern, von deren Internetdienstleistern beziehungsweise E-Mail-Adressanbietern oder auch von unabhängigen Organisationen gepflegt (Abbildung 24.9). Organisationen bündeln den Service als Intermediäre, teils gegen Entgelt. Sowohl Postfach-Anbieter als auch Versender haben dadurch wenige zentrale anstatt viele Anlaufstellen, die die Einhaltung verschiedener Qualitätsstandards sicherstellen. Besonders hervorzuheben sind hierbei professionelle Akkreditierungsdienstleister wie die CSA oder Return Path. E-Mail-Anbieter pflegen hingegen ihre Whitelists meist völlig autark. Nur wenige erlauben – ähnlich wie bei Feedback-Loops (vergleiche Abschnitt 23.3.2 *Spambeschwerden (»Complaints«)*) – eine Bewerbung zur Aufnahme in das Verzeichnis. Dazu gehören AOL und Yahoo! Mail. Individuelle Empfänger müssen schließlich dazu bewegt werden, den E-Mail-Absender des Newsletters zur Liste vertrauenswürdiger Absender und/oder zum Adressbuch hinzuzufügen. Dies kommt einem Whitelisting auf persönlicher Ebene gleich.

Abb. 24.9: Whitelists werden von Individuen, von E-Mail-Anbietern und auch von unabhängigen Dritten gepflegt.

Schauen wir uns einige Whitelist-Programme aus den drei genannten Kategorien an.

Tipp: Whitelist- und Akkreditierungsprogramme in der Übersicht

Umfassende Auflistungen internationaler Anlaufstellen für Whitelistings finden sich auf SpamLinks.net:

`spamlinks.net/filter-bl.htm#whitelists`,

`spamlinks.net/filter-dnsbl-lists.htm#whitelists`,

`spamlinks.net/prevent-senders.htm#products-trust`.

24.2.1 Whitelists und Akkreditierungsprogramme Dritter

- **CSA:** Die CSA (Certified Senders Alliance) ist die wichtigste Positivliste für seriöse E-Mail-Massenversender im deutschsprachigen Raum. E-Mail-Empfänger sollen vor erwünschter elektronischer Post und Werbetreibende gleichsam vor ungerechtfertigter Spamfilterung geschützt werden. Das Projekt wurde 2004 und 2005 von zwei großen Verbänden auf den Weg gebracht: dem eco Verband der deutschen Internetwirtschaft auf Seiten der Postfach-Anbieter und dem Deutschen Dialogmarketing Verband auf Seiten der werbungstreibenden Versender. Das Projekt zählt über 100 Teilnehmer. Darunter sind gewichtige Technologiepartner wie Yahoo! Mail, 1&1, GMX, Web.de, Freenet und viele weitere.

Für die Teilnahme entrichten Versender einen monatlichen Beitrag sowie eine Aufnahmegebühr. Beide richten sich nach dem Jahresumsatz und reichen aktuell von 300 bis 950 beziehungsweise 1.250 und 1.950 Euro. Dafür erhalten sie Zustellquoten von annähernd hundert Prozent bei den Partnern. Die Akkreditierung ist an strenge Aufnahmekriterien und die Einhaltung laufender Rahmenbedingungen gebunden. Die betreffen sowohl die Adressgenerierung wie auch den E-Mail-Versand (vergleiche den Menüpunkt VERTRAGSUNTERLAGEN auf `certified-senders.eu`). Übersteigt beispielsweise die Spam-Markierungsrate (vergleiche Abschnitt 23.3.2 *Spambeschwerden (»Complaints«)*) einen bestimmten Schwellenwert oder können in Beschwerdefällen keine rechtskonformen Opt-ins nachgewiesen werden , drohen Rügen und – schließlich – ein Ausschluss. Ein juristisch fachkundiges Kontrollgremium wacht über die Einhaltung der Standards. Zur Verfahrensordnung, die auch für Kunden von E-Mail-Versanddienstleistern bindend ist, vergleiche Abschnitt 22.8 *Auskunftspflicht des Versenders und »Opt-in-Nachweis«*.

Hinweis: CSA-Teilnahme in der Regel abgedeckt

In der Praxis erfolgt die CSA-Teilnahme meist »im Hintergrund« über den Versanddienstleister. Zumindest haben sich alle bedeutenden deutschen E-Mail-Service-Provider dem Projekt angeschlossen. Kunden des Versanddienstleisters profitieren automatisch von den Whitelisting-Vorteilen (und unterwerfen sich gleichsam den Standards).

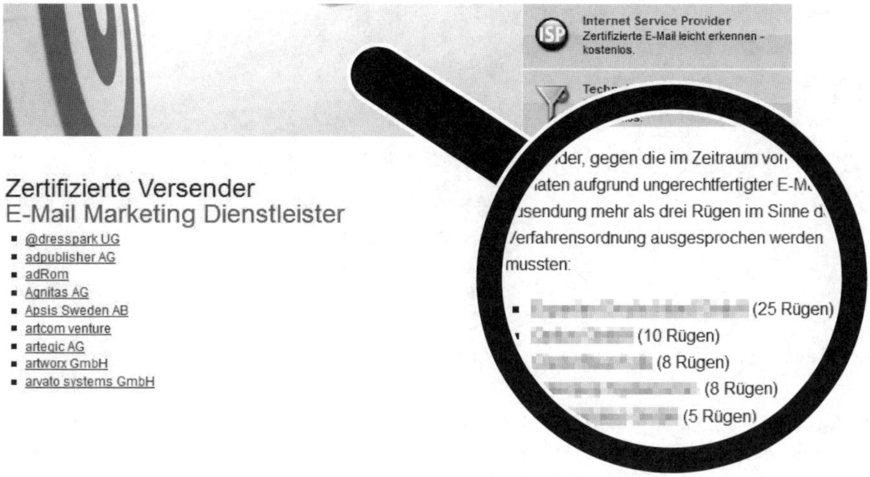

Abb. 24.10: Die Liste der teilnehmenden E-Mail-Service-Provider findet sich auf `certified-senders.eu` unter dem Menüpunkt TEILNEHMER > SENDER. Hier werden ebenfalls Versender angeführt, die zu viele Rügen wegen Verstößen erhalten haben (rechts im Bild).

Im Unterschied zu den Versendern nehmen Anbieter von E-Mail-Postfächern und Spamfilter-Technologie kostenfrei teil. Sie verpflichten sich, die Positivliste so einzusetzen, dass nur noch individuelle Filterregeln ihrer Nutzer die Posteingangszustellung listengeführter Mailserver-IPs beeinträchtigen können. Auf SMTP-Verbindungsebene werden Spamfilterregeln ausgesetzt, Regeln à la *»max.mustermann@isp.de legt fest, dass E-Mails vom zertifizierten Versender Musterwaren automatisch in seinen Spamordner verschoben werden«*, greifen aber weiter.

- **trustedDialog:** trustedDialog ist ein noch relativ junger Premiumservice der deutschen Firma United Internet Dialog, einer Dialogmarketing-Tochter von United Internet Media. Das Projekt wurde 2009 von bekannten Marken wie OTTO, Postbank, 1&1 und Weltbild zusammen mit den Postfach-Anbietern GMX und Web.de publik gemacht. Bis heute haben sich viele weitere Versender angeschlossen.

  Kernelemente der Initiative sind die Absenderauthentifizierung und die Integritätsprüfung der E-Mail-Inhalte auf Grundlage des DKIM-Authentifizierungs-Standards. Damit soll insbesondere betrügerischen Phishing-E-Mails vorgebeugt werden. Die Echtheit der E-Mails akkreditierter Versender wird aktuell GMX-, Web.de-, T-Online- und Freenet-Kunden mit einem hervorstechenden Siegel im Posteingang bescheinigt. Damit erhalten die Nachrichten nicht nur einen Vertrauens-, sondern auch einen Aufmerksamkeits-Bonus.

  Das Aufmerksamkeits-Plus lässt sich noch weiter steigern, indem der Zusatzservice Inbox Branding hinzugebucht wird. Hierbei lässt sich zusätzlich zum Vertrauenssymbol das Markenlogo des Absenders einbinden. Die Grafik erscheint anstelle der Absender-Adresse neben der Betreffzeile:

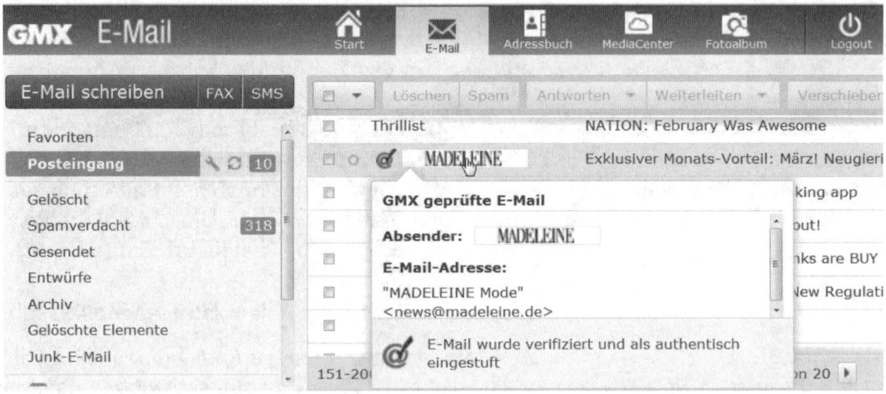

Abb. 24.11: trustedDialog (Siegel) und Inbox Branding (Logo) von United Internet Dialog am Beispiel des Versenders MADELEINE im GMX-Posteingang. Verweilt der Mauszeiger über dem Logo, dann werden erklärende Informationen eingeblendet.

- **Return Path Certified:** Return Path ist ein amerikanischer Premiumanbieter für Zustellbarkeit und Email Intelligence, der das weltweit wohl populärste Zertifizierungsprogramm betreibt. Das Unternehmen kann bereits auf eine relativ lange Geschichte zurückblicken. 2005 kaufte Return Path das Bonded-Sender-Programm von IronPort. Dessen Ansatz war damals, von akkreditierten Versendern eine Geldeinlage für E-Mail-Kampagnen zu verlangen, die bei Beschwerden angegangen wurde. Ein populärer Nutzer der Whitelist war Hotmail. 2008 wurde der größte Mitbewerber Habeas akquiriert und dessen Tools integriert.

  Akkreditierte E-Mail-Versender profitieren heute von einer privilegierten Zustellung bei einigen der weltweit größten Postfach- und Spamfilter-Anbieter. Darunter befinden sich Hotmail und Yahoo! Mail. Nach eigenen Angaben deckt das Programm über zwei Milliarden Adressen ab. Return Path verfügt über ein umfassendes Reputation-Data-Netzwerk – wohl auch, da diverse Internetdienstleister ihre Feedback-Loops von Return Path betreiben lassen. Der Service ist im Unterschied zu der CSA und trustedDialog international ausgerichtet.

  Teilnahmevoraussetzung für die Return-Path-Zertifizierung ist unter anderem ein umfassendes Auditing. Ähnlich wie bei der Aufnahme in die CSA, so muss auch gegenüber Return Path dargelegt werden, dass Adressgenerierung, Versandtechnologie, Listenpflege, Datenschutzbestimmungen und E-Mail-Inhalte den rechtlichen Bestimmungen sowie den Grundsätzen des Permission-Marketings genügen. Spam-Markierungsquote, Spamfallen-Treffer, Blacklistings und die Quote fehlerhafter Adressen müssen sich stets in den vorgegebenen Toleranzgrenzen bewegen.

  Die Kosten für die Zertifizierung richten sich nach dem monatlichen Versandvolumen. Sie beginnen für kommerzielle Versender aktuell bei 200 US-Dollar für die Einrichtung und 440 US-Dollar pro anno. Große Versender, die 100 Millionen E-Mails versenden, entrichten 3.500 US-Dollar Einrichtungsgebühr und 82.500 US-Dollar jährlich.

  E-Mails gelisteter Versender gelten als vertrauenswürdig und erwünscht. Damit werden beispielsweise Drosselungen der Zustellgeschwindigkeit und Spamfilter teilweise oder vollständig ausgesetzt. Mitunter werden externe Bilder sowie Links standardmäßig dargestellt beziehungsweise aktiviert, also nicht mehr aus Datenschutzgründen blockiert.

Die Return Path Whitelists können per DNS-Lookup – analog zur Abfrage einer DNSBL (vergleiche Abschnitt 24.1 *Blacklists umschiffen*) – abgefragt werden. Eine Vorstufe von Return Path Certified ist die Return Path *SafeList*, die weniger strenge Standards einfordert.

Im verbreiteten Spamfilter SpamAssassin sorgen die beiden Whitelisting-Tests RCVD_IN_RP_CERTIFIED (zertifiziert, 3 Punkte) und RCVD_IN_RP_SAFE (SafeList, 2 Punkte) dafür, dass zertifizierte Mailserver-IPs insgesamt einen 5-Punkte-Bonus beim Spam-Scoring erhalten. Zusätzlich zum Whitelisting erhält der Versender Zugriff auf Monitoring-Werkzeuge, mit denen sich die Reputation messen und managen lässt:

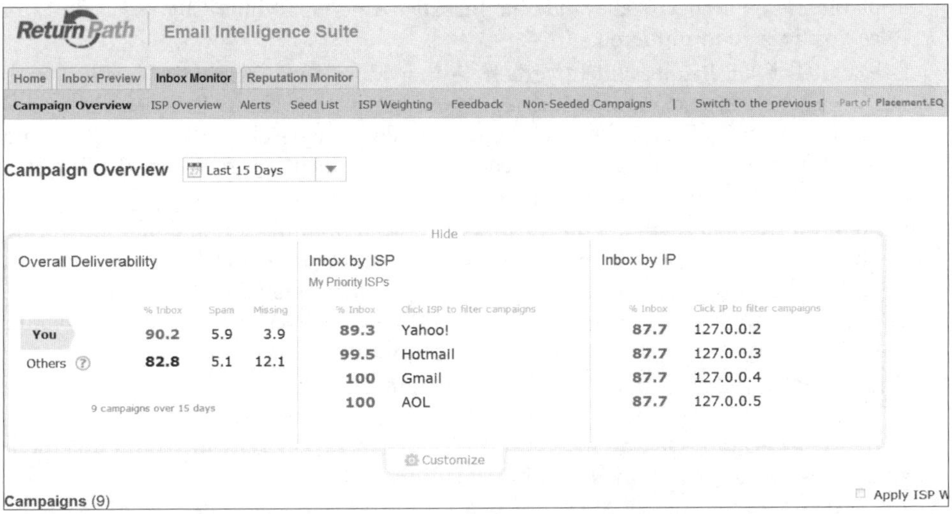

Abb. 24.12: Mit dem Return Path Inbox Monitor lässt sich unter anderem nachvollziehen, bei welchen IPs oder E-Mail-Providern sich Reputationsprobleme ergeben könnten.

- **ISIPP:** Auch das US-amerikanische Institute for Social Internet Public Policy (ISIPP), das von ehemaligen Habeas-Mitarbeitern gegründet wurde, pflegt eine kommerzielle Whitelist: das SuretyMail Email Senders Accreditation Program. Der Anbieter versteht sich in Sachen E-Mail-Zustellbarkeit als kostengünstige und unkomplizierte Alternative zu Return Path, die nicht weniger effektiv sein soll.

  Zur Teilnahme werden dezidierte Versand-IPs, rechtskonforme Opt-in-Nachweise für alle Adressen, ein Verzicht auf die Datenübermittlung an Dritte (»Adresshandel«) und die Einhaltung der amerikanischen CAN-SPAM-Gesetzgebung eingefordert. Diverse weitere Kriterien werden empfohlen, sind aber nicht obligatorisch. Zur Bewerbung muss ein Onlineformular ausgefüllt werden.

  Die Einrichtungskosten belaufen sich auf 500 US-Dollar, die monatlichen Gebühren reichen von 100 bis 300 US-Dollar. Das Programm ist monatlich kündbar. Es gibt zudem eine Geld-zurück-Garantie für die letzte monatliche Rate bei Unzufriedenheit.

  Akkreditierte Versender werden in der ISIPP Accreditation Database (IADB) geführt. Die Listung erfolgt nach eigenen Angaben meist schon 30 Minuten nach Annahme der Bewerbung. Das öffentliche IADB-Verzeichnis wird von Internetdienstleistern, Spamfiltern und Firmennetzwerken bei E-Mail-Eingang per DNS-Lookup geprüft. Die IADB-

Antwort-Codes enthalten über den Whitelisting-Status hinaus weitere Informationen wie zum Beispiel »Absender authentifiziert seine E-Mails nach dem SPF-Standard« oder »alle E-Mail-Adressen sind Double-Opt-in-verifiziert« (vergleiche `isipp.com/email-accreditation/iadb-query/`). Die Codes können Postmaster flexibel zur E-Mail-Bewertung einsetzen. Monitoring-Tools bietet SuretyMail Werbetreibenden nicht an.

- **Spamhaus Whitelist:** Seit 2010 führt die gemeinnützige Organisation Spamhaus nicht nur öffentliche Blacklists, sondern auch eine Whitelist: `spamhauswhitelist.com`. Genauer ausgedrückt handelt es sich bei der Whitelist um zwei Datenbanken: die IP Whitelist (SWL) und die Domain Whitelist (DWL). Beide können Postmaster kostenfrei implementieren und vor alle anderen Blacklist- und Spamfilter-Checks setzen, um False Positives zu minimieren.

  Die Whitelist soll hauptsächlich werbefreie Individual- und Transaktionsmails einzelner Versender vor einer versehentlichen Spamfilterung bewahren. Beispielsweise Kontohinweise der Bank oder Reisebestätigungen der Fluggesellschaft. Newsletter und andere Massen-Promotionen lassen sich ausdrücklich nicht positiv listen. Die Transaktionsmails müssen zudem DKIM-signiert sein.

  Bis Ende Dezember 2012 lief die Testphase. Eine Teilnahme war auf eine Einladung (= Empfehlung) hin möglich. Einladungen konnten nur von bestehenden Teilnehmern an der Whitelist ausgesprochen werden. Ab Ende der Testphase sollten ursprünglich öffentliche Bewerbungen möglich sein. Geplant war eine jährliche Teilnahmegebühr (um die 250 US-Dollar), die sich nach dem Versandvolumen richtet.

- **Dnswl.org:** Dnswl.org wurde 2006 gegründet und ist nach eigenen Angaben heute der führende Whitelist-Anbieter im Bereich der E-Mail-Filterung. Das Projekt ist gemeinnützig. Über 80.000 Organisationen nutzen den Dienst. Die Datenbank umfasst mehr als 150.000 Einträge vertrauenswürdiger Mailserver-IPs.

  Die Datensätze sind nach vier Vertrauensgraden entsprechend der zu erwartenden Spamwahrscheinlichkeit klassifiziert:

  - *hoch* (Spam sehr unwahrscheinlich)
  - *mittel* (Spam selten und Probleme behebt der Versender umgehend)
  - *niedrig* (hin und wieder Spam; häufigstes Level für viele Kategorien von Versendern)
  - *unbekannt* (zwar seriöse Server, die aber trotzdem öfters Spam versenden; Standard-Level für zum Beispiel E-Mail-Versanddienstleister).

  Der verbreitete Filter SpamAssassin belohnt die Listung mit 5 (RCVD_IN_DNSWL_HI), 2,3, 0,7 beziehungsweise 0,0001 (RCVD_IN_DNSWL_NONE) Bonus-Punkten beim Spam-Scoring. Nicht-kommerzielle Organisationen können die Whitelist kostenlos nutzen, sofern nicht mehr als 100.000 Abfragen täglich eingehen. Der Antrag auf eine Listung erfolgt über ein Webformular. Ein Video zur Arbeitsweise findet sich unter `youtube.com/watch?v=zYeH0q_neyM`.

24.2.2 Whitelists von Postfach-Anbietern

Einige wenige Postfach-Anbieter bieten seriösen Versendern ein Whitelisting. Um jedoch in das Verzeichnis zu gelangen, sind hohe Hürden zu überwinden. Versender müssen sich bewerben. Das jeweilige Postmaster-Team prüft die Angaben und die Reputation eines Antragsstellers sehr kritisch. Daher ist es empfehlenswert, vor der Bewerbung das »Haus auf Hochglanz zu bringen«. Zu den erforderlichen Maßnahmen zählt vor allem, gezielt eine positive Reputation für die Versand-IPs und -Domains aufzubauen. Aber auch vermeintlich kleinere Dinge gehören dazu, wie die Überprüfung, ob das DNS-Setup (vergleiche den Punkt *Versand-Setup* in Abschnitt 23.3.3 *Weitere Einflussfaktoren auf die Reputation*) sowie alle WHOIS-Informationen vollständig und korrekt sind (Tool: `whois.domaintools.com`).

Wurde dem Antrag entsprochen? Gut! Jedoch beachten Sie, dass der Eintrag nur vor *einigen* Spamfilter-Regeln bewahrt, nicht vor *allen*. Konkret heißt das: E-Mails positiv gelisteter Versender können immer noch in den Junk-Ordner aussortiert oder sogar blockiert werden. Schließlich geht das Whitelisting auch schnell verloren, falls die Reputation nicht mehr den Standards genügt.

Am Markt bieten nur wenige Postfach-Anbieter öffentliche Positivlisten an – darunter AOL und Yahoo! Mail:

- **AOL:** AOL bietet zum einen eine kostenfreie *Standard Whitelist* an, über die seriöse Massenversender sich kennzeichnen lassen können. Gelistete Mailserver-IPs umschiffen auf dem Weg zum @aol-Abonnenten einige, aber nicht alle Spamfilter-Regeln. Die erfolgreiche Posteingangszustellung fußt letztlich immer noch auf einer guten Absender-Reputation nach Maßgabe von Spambeschwerden, Klickraten und anderen Einflüssen.

  Die Aufnahme in die Standard-Whitelist kann über die folgende URL beantragt werden: `postmaster.aol.com/cgi-bin/whitelist/whitelist_guides.pl`. Alle genannten Anforderungen müssen erfüllt sein. Zudem muss die AOL-Feedback-Loop abonniert worden sein. Nachdem Sie das Formular ausgefüllt und in der Checkmail den Bestätigungslink angeklickt haben, besuchen Sie die Seite `postmaster.aol.com/cgi-bin/whitelist_main.pl`, um das dortige Formular auszufüllen. Anschließend wird das AOL-Postmaster-Team Ihre Bewerbung und die Reputation der angegebenen IP-Adressen prüfen. Mit dem Reputation Check Tool (`postmaster.aol.com/Reputation.php`) kann vor der Bewerbung die Reputation nachgewiesen werden.

  AOL führt neben der Standard- noch eine *Enhanced Whitelist*. Hierin werden IP-Adressen aus der Standard-Whitelist verzeichnet, die im zurückliegenden Berichtszeitraum eine hervorragende Reputation aufwiesen. Das heißt: sehr wenige Spambeschwerden, sehr hoher Aktivitätsgrad der Abonnenten. Gelistete Versender profitieren von der Aussetzung weiterer Spamfilter-Regeln. Ferner werden Bilder und Links nicht mehr unterdrückt. Die Enhanced Whitelist wird in regelmäßigen Abständen automatisiert aktualisiert. Eine Bewerbung ist nicht möglich.
- **Yahoo! Mail:** Auch Yahoo! Mail führt eine Whitelist, für die serose Massenversender sich kostenfrei bewerben können. Zum Bewerbungsformular geht es hier: `help.yahoo.com/l/us/yahoo/mail/postmaster/bulkv2.html`. Nach dem Absenden prüft das Yahoo!-Postmaster-Team Ihre Angaben und die Reputation. Ähnlich wie bei der AOL-Standard-Whitelist erhalten gelistete Versender eine bevorzugte Zustellung, indem diverse Filterregeln ausgesetzt werden. Eine Posteingangszustellung ist auch hier letztlich nicht garantiert.

24.2.3 Whitelisting auf individueller Ebene

Versender, die es in das persönliche Adressbuch der Abonnenten geschafft haben, profitieren von besseren Zustellraten und einer höheren Sichtbarkeit im Posteingang. Sie erzielen höhere Öffnungs- und Klickraten. Zum Teil werden Bilder sofort angezeigt. Also ohne Notwendigkeit, auf »Bilder laden« zu klicken. Links sind nicht mehr entschärft und direkt verwendbar. Die Spamfilterung greift nicht mehr und E-Mails erscheinen fortan unter »Nachrichten von Freunden«, nicht mehr unter E-Mails von »unbekannt« (zum Beispiel Web.de, Abbildung 24.13).

Abb. 24.13: Web.de sortiert E-Mails von Adressaten, zu denen kein Kontakt besteht, unter »Unbekannt« ein (beziehungsweise aus).

Wie gelangen Sie in das Adressbuch? Schon eine einfache Pre-Header-Aufforderung im Stile von »Bitte fügen Sie den Absender xy@z.de Ihrem Adressbuch hinzu, um den Newsletter sicher zu erhalten«, kann im Laufe der Zeit Wunder im Hinblick auf die Zustellbarkeit bewirken.

HTML-Tipp: Automatische Adress-Verlinkung unterbinden

Viele E-Mail-Programme setzen auf E-Mail-Adressen automatisch einen Verweis. Das heißt, die E-Mail-Adresse wird blau eingefärbt, was manchmal unschön aussieht. Vor allem im Pre-Header, weil dies das Erste ist, was der Abonnent vom Inhalt sieht. Um die Auto-Verlinkung zu unterbinden, setzen Sie zum Beispiel <span>-Tags in einen leeren Link ohne `href`-Attribut. Beispiel: Aus der Adresse

`xy@z.de` wird im Quelltext also

```
<a style="#000001;text-decoration:none;"><span>xy@z.de</span></a>.
```

Zum Wording: Die persönliche Whitelist trägt nicht überall den gleichen Namen. Neben »Adressbuch« (GMX, T-Online, Freenet und Web.de) ist zum Beispiel auch die Bezeichnung »Kontaktliste« (zum Beispiel Hotmail und Gmail) geläufig. Der Pre-Header könnte individualisiert werden, indem anhand des Remote-Parts der E-Mail-Adresse automatisch das passende Wording durch die Personalisierungslogik des Versandsystems gewählt wird. Bei @gmx-Adressaten wird »Adressbuch«, bei Gmail-Adressaten hingegen »Kontaktliste« eingefügt. (Man beachte jedoch, dass ein Abonnent mit einer @gmx-Adresse seine Nachrichten durchaus auch in Gmail lesen kann. Die Postfach-Anbieter stellen hierzu einfache Import-Möglichkeiten bereit.)

Ob der Nützlichkeit des Adressbuch-Eintrags empfehlen sich zudem weitere Hinweise an anderer Stelle. Zum Beispiel auf der Dankeschön-Seite nach der Anmeldung oder in der Willkommens-E-Mail. Oder auch in Form dezidierter Kampagnen. Also E-Mails, die primär darauf abzielen, dass die Abonnenten, die zum Beispiel Outlook nutzen, »Domäne des Absenders xy@z.de nie sperren« anklicken (Outlook 2010/2012 im E-Mail-Kontextmenü unter »Junk-E-Mail«).

Und schließlich erhöht sich die Chance eines Eintrags auch dann, wenn Sie Antwort-E-Mails generieren. Beim Klick auf Antworten im E-Mail-Programm wird die Zieladresse, als der Newsletter-Absender, nämlich oftmals der Kontaktliste hinzugefügt (Abbildung 24.14).

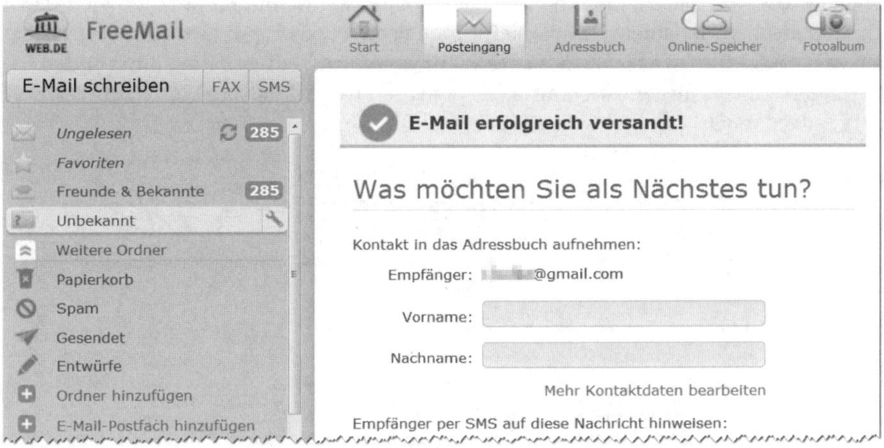

Abb. 24.14: Nachdem in Web.de eine Antwort-E-Mail an einen Adressaten aus der Gruppe »Unbekannt« versandt wurde, kann dessen E-Mail-Adresse direkt zum Adressbuch hinzugefügt werden. Sodann landen seine E-Mails in der Gruppe »Freunde & Bekannte« – mit entsprechend höherer Sichtbarkeit.

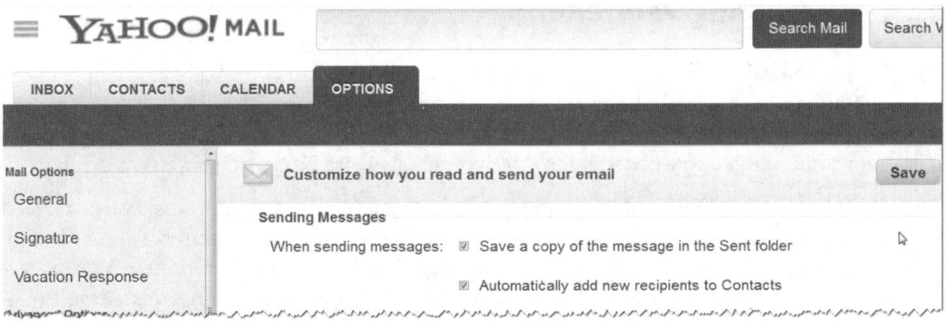

Abb. 24.15: Auch bei Yahoo! Mail fördern Antwortmails die »zum Adressbuch hinzugefügt«-Rate. Versender können diese mit Return Path Inbox Insight sogar auswerten (vergleiche Abschnitt 14.9.3 *Lesedauer*).

Studie: Adressbuch-Whitelisting in Zahlen

Die Aussichten darauf, in den inneren Kreis eines Abonnenten zu gelangen, sind gar nicht so schlecht: Laut Merkles Studie »View from The Inbox« haben immerhin über 53 Prozent der Permission-Email-Empfänger mindestens einen Firmenabsender eingetragen.

Ein Problem ist: Wenn die Adressaten von Ihrer Bitte lesen, wissen sie nicht unbedingt, was Sie mit »Adressbuch«, »Kontakten« oder »Liste sicherer Absender« (Abbildung 24.16) meinen. Oder wie sie den ominösen Eintrag überhaupt bewerkstelligen sollen. Abhilfe schafft eine Anleitung und/oder ein Link zur elektronischen Visitenkarte (vCard). Die vCard enthält Ihre Kontaktdaten und kann sehr einfach gespeichert werden. Eine Schritt-für-Schritt-Anleitung sollte die wesentlichen E-Mail-Clients und Webmailer wie GMX und Hotmail abdecken. Beispiele finden sich unter `free-ebooks.net/whitelist.html` sowie unter `valuemail.de/static/faq_freemailer.jsp`. Ein Tool zur Erstellung individueller Anleitungen gibt es unter `emaildeliveryjedi.com/email-whitelist.php` sowie unter `bit.ly/adressbuch`.

Abb. 24.16: Outlook 2007 – lassen Sie Ihren Absender oder besser Ihre ganze Domäne zur Liste sicherer Absender hinzufügen.

24.3 Greylisting verstehen

Die Greylist (oder auch Graylist) ist ein temporäres Verzeichnis von unbekannten Versendern, die anhand ihres Verhaltens als seriös (»white«) oder unseriös (»black«) qualifizieren werden sollen. Nur E-Mails von seriösen Versendern werden angenommen und gegebenenfalls einer weiteren Analyse unterzogen. Die Vorgehensweise ist typischerweise wie folgt:

- Bei E-Mails von unbekannten Absendern lehnt der empfangende Mailserver zunächst die Annahme mit dem Hinweis auf einen beliebigen vorübergehenden Fehler ab. Solche Fehler passieren beim Massenversand täglich zuhauf, sind also üblich. Vorübergehende Fehler werden als Softbounce bezeichnet und besitzen einen dreistelligen Fehlercode, der mit einer 4 beginnt (zum Beispiel 421: »Dienst nicht verfügbar«). Eine typische Greylisting-Fehlermeldung wäre beispielsweise: »421 – Greylisting, versuch es später noch einmal«. Im Unterschied zum Hardbounce (5er-Code) darf der Sender bei einem Softbounce erneute Zustellversuche unternehmen.
- Parallel merkt sich das Greylisting-Programm des Empfängers die IP des Versenders inklusive der angegebenen `MAIL FROM`- und `RCPT TO`-E-Mail-Adresse. Die drei Angaben werden zusammen mit dem Datum- und Uhrzeit-Stempel in einem temporären Verzeichnis, der Greylist, zwischengespeichert.
- Die Unterscheidung zwischen seriösem Versender und Spammer geschieht wie folgt:
  - Ein gemäß den RFC-Standards ordnungsgemäß konfigurierter Mailserver wird nach der Fehlermeldung in bestimmten Intervallen eine gewisse Anzahl erneuter Zustellversuche unternehmen. Er pflegt also eine Queue. Die Wartezeit zwischen

erstem und zweitem Versuch kann dabei wenige Minuten oder auch Stunden betragen – je nach Konfiguration.

- Hingegen wird angenommen, dass bei Mailservern, die zum Spamversand missbraucht werden, der erneute Zustellversuch ausbleibt. Hier gilt das Prinzip Fire & Forget – Spammer versuchen einfach nur, möglichst einfach viele E-Mails in kurzer Zeit abzusetzen; Zustellfehler bleiben dabei regelmäßig unbeachtet. Sie werden übergangen.
- Damit ist ein *Ausbleiben* eines zweiten Zustellversuches ein Indiz dafür, dass es sich bei E-Mails aus der grau gelisteten Quelle um Spam handelt.
- Gibt es einen weiteren Zustellversuch, dann wird die E-Mail angenommen und der Absender für eine bestimmte Zeit in die weiße Liste eingetragen und somit vom Greylisting-Prozedere ausgenommen.

Begriffliches: Graue Liste versus graue Reputation

Greylisting ist nicht zu verwechseln mit einem grauen Ruf eines Versenders. Greylisting ist eine verbreitete Antispam-Technik. Die graue Reputation kennzeichnet hingegen eine E-Mail-Quelle, die zum (meist größeren) Teil erwünschte, zum Teil aber auch unerwünschte Nachrichten übermittelt.

Abbildung 24.17 und Abbildung 24.18 sollen das Prinzip des Greylistings noch einmal grafisch zusammenfassen.

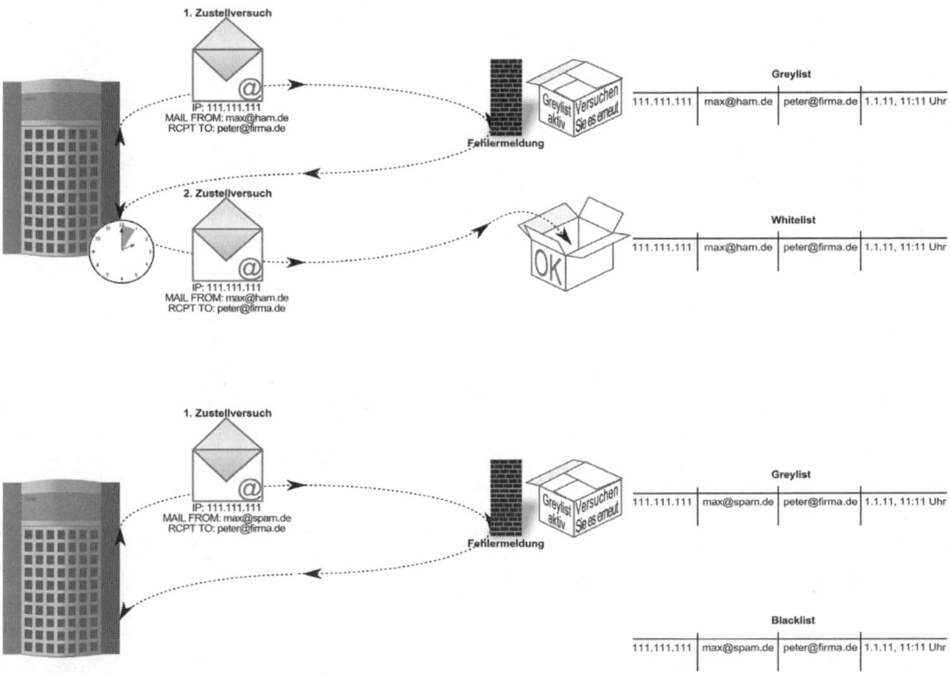

Abb. 24.17: Das Prinzip des Greylistings – seriöse E-Mail-Versender (oben) unternehmen bei Zustellfehlern im Unterschied zu Spamschleudern (unten) weitere Versuche. Der erneute Versuch befördert den Absender auf eine Quasi-Whitelist, die ihn für eine gewisse Zeit vom Greylisting befreit.

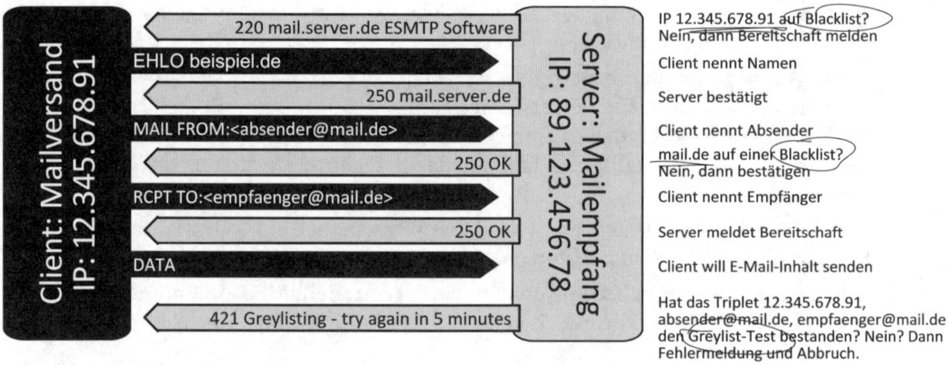

Abb. 24.18: Black- und Greylisting-Checks auf SMTP-Ebene. Da der Absender noch keinen Greylist-Check passierte, wird die E-Mail-Annahme mit einem vorübergehenden Fehler abgewiesen. Ein Spammer versucht es erfahrungsgemäß seltener erneut.

Kapitel 25

Inhalts- und Authentifizierungs-Checks der Spamfilter

Eine E-Mail setzt sich formal zusammen aus einer Header- und einer Body-Sektion. Im Header befinden sich Kopfzeilen wie zum Beispiel der Absendername, die Betreffzeile und der Weg, den die E-Mail im Web genommen hat. Der Body enthält den eigentlichen E-Mail-Inhalt, den der Adressat liest. Beide Bereiche bieten klassischerweise Ansatzpunkte, um Spam zu erkennen. Entsprechende Filter suchen hierzu heuristisch nach mehreren Hundert vordefinierten Spam-Mustern.

25.1 Header- und Body-Filter

Kopfzeilen werden zum Beispiel im Hinblick auf die folgenden Merkmale untersucht:

- Versucht der Verfasser, Worte im Betreff zu verschleiern (»V.!.a.G.r.4«)?
- Ist das Datumsformat der E-Mail ungültig oder ist überhaupt kein Datum vorhanden?
- Schaut der Absender gefaked beziehungsweise nach einem automatisch generierten Konto aus (`Xrg9j8@gmail.com`)?

Ganz analog ist das Vorgehen bei der Analyse des Body-Bereichs:

- Werden hier Worte im HTML-Quelltext verschleiert, etwa durch Kommentar-Tags (`Via<!-Seriöse unsichtbare Meldung im Kommentar -->gra`)?
- Oder werden ganze Textabschnitte beispielsweise durch fehlenden Kontrast zum Hintergrund getarnt?
- Unterscheidet sich der Text-Teil einer Multipart-E-Mail stark vom HTML-Teil? (Hintergrund: Früher versuchten Spammer, mit einem seriösen Text-Teil einen unseriösen HTML-Teil zu vertuschen; um Ressourcen zu schonen, untersuchten Spamfilter nämlich teils nur den Text-Bereich.)

25.2 Text- und Bayes-Filter

Die Definition von Wörterbüchern (*Dictionaries*) mit Phrasen, die häufig in Spam vorzufinden sind, zählt seit jeher zu den einfachen Antispam-Maßnahmen. Typische Schlüsselwörter sind: casino, poker, viagra, credit, trading, penis und so weiter. Neben zahlreichen vorgegebenen Wörtern können die Spamfilter um eigene Begriffe ergänzt werden. Meist finden reguläre Ausdrücke Verwendung. Das sind abstrakte Text-Muster, die auf einen Streich eine Vielzahl verwandter Zeichenketten abdecken. Zum Beispiel trifft der Ausdruck »(Jan|Feb)\S*« auf »Januar« und »Februaa_r« zu. Eben allgemein auf alle Zeichenfolgen, die mit »Jan« oder (|) »Feb« beginnen und an die sich beliebig viele (*) Nicht-Leerzeichen (\S) anschließen.

Exkurs: Reguläre Ausdrücke beim Spamfiltering nachvollziehen

Reguläre Ausdrücke werden Ihnen bei der Arbeit am PC immer wieder begegnen. Zum Beispiel bei der Analyse eines Spam-Scorings – also der Frage, warum ein Filter bei einem E-Mailing anschlug. Abbildung 25.1 zeigt ein Beispiel-Mailing inklusive Kopfzeilen, das wir einem SpamAssassin-Test unterziehen. Der Filter berichtet fast sechs Punkte, womit die Nachricht als Spam markiert würde (Abbildung 25.2). Verantwortlich sind zwei Regeln: DEAR_WINNER und FS_LARGE_PERCENT2. Ein Blick auf die SpamAssassin-Seite verrät uns, dass hinter DEAR_WINNER ein regulärer Ausdruck steht (Abbildung 25.3). Mit dem Tool `RegEx.de` erkennen wir schnell, dass unsere Anrede »Dear Mr. Winner« in das Muster »/\bdear.{1,20}winner/i« fällt. Das wiederum lässt sich übersetzen mit: Wortgrenze (»\b«) + »dear« + ein bis 20 beliebige Zeichen (».{1,20}«) + »winner«, wobei nicht zwischen Groß- und Kleinschreibung unterschieden werden soll (»i«). »DEAR« ist also genauso zu behandeln wie »deAr«.

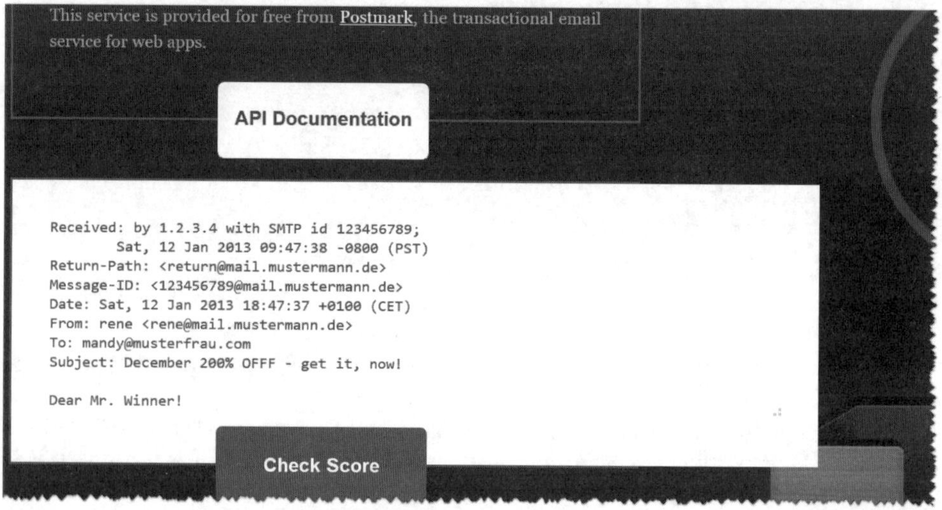

Abb. 25.1: Textfiltern auf der Spur – auf `spamcheck.postmarkapp.com` prüfen wir eine E-Mail mit dem verbreiteten SpamAssassin-Filter.

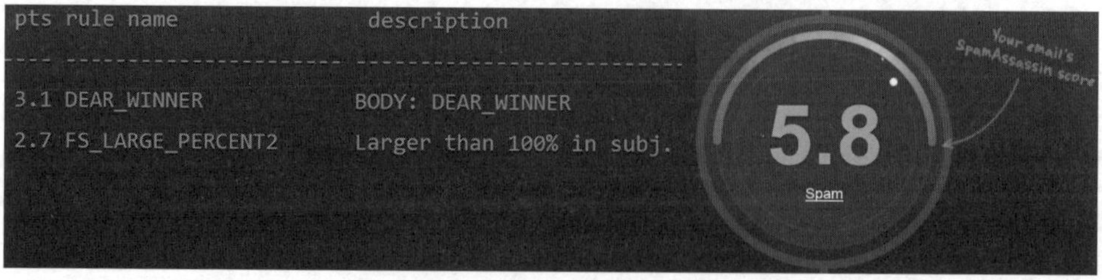

Abb. 25.2: Der Filter berichtet einen Spamscore von 5,8. Die Nachricht ist Junk. Zwei Regeln schlugen an: DEAR_WINNER und FS_LARGE_PERCENT2.

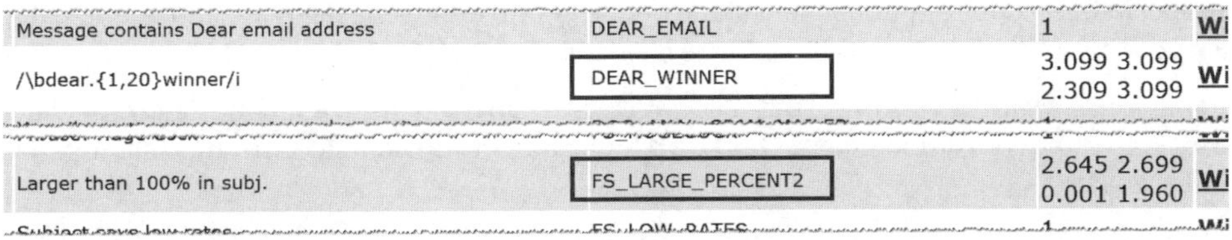

Abb. 25.3: Unter `spamassassin.apache.org/tests.html` schlagen wir deren Bedeutung nach. FS_LARGE_PERCENT2 feuerte aufgrund unserer »Subject:«-Kopfzeile. DEAR_WINNER prüft auf einen regulären Ausdruck.

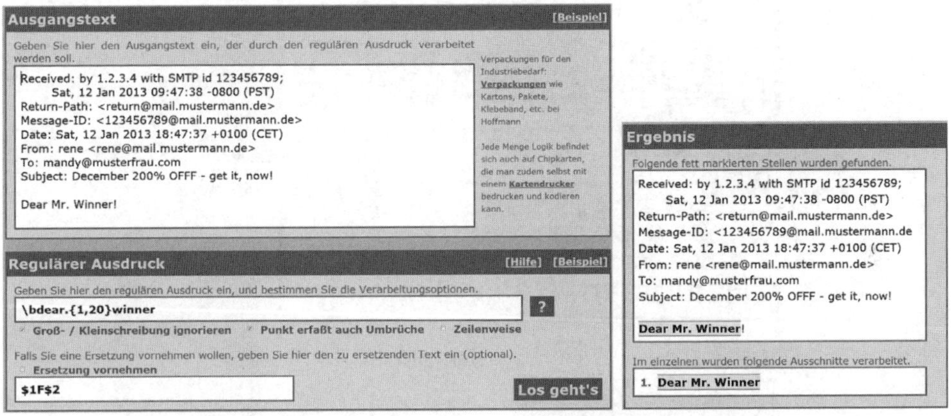

Abb. 25.4: Mit dem Tool *regexe.de* wollen wir den regulären Ausdruck des DEAR_WINNER-Tests nachvollziehen. Und siehe da: Die Anrede ist schuld.

Allerdings ist es augenscheinlich wenig sinnvoll, sich allein auf solche harten heuristischen Textfilter-Regeln zu verlassen. Schließlich beinhalten bestellte E-Mails unter Umständen ebenfalls die angeführten Begriffe. In diesem Fall würden E-Mails fälschlicherweise aussortiert (*False Positives*). Daneben ist es praktisch unmöglich, alle Variationen der vielen Spamwörter inklusive ihrer bewussten Falschschreibungen in einer Liste zu erfassen. Auch, wenn reguläre Ausdrücke sehr mächtig sind.

Besser als starre Textmuster-Regeln sind intelligente Bayes-Filter. Grundlage hierfür bilden Methoden aus den Bereichen maschinelles Lernen und Textklassifikation. Bayes-Filter berechnen statistische Wahrscheinlichkeiten dafür, ob es sich bei E-Mails um Spam oder Ham handelt. Eine E-Mail-Klassifikation fußt dabei auf dem Vergleich darin enthaltener Text-Bausteine (*Tokens*) mit der Häufigkeit ihrer Vorkommen in vormals untersuchtem Spam und Ham. (Teils werden auch Worte und Wortkombinationen aus Header-Zeilen wie dem Betreff und aus URLs einbezogen, nicht nur solche, die sich im eigentlichen Inhalt der Nachricht befinden, den der Mensch zu Gesicht bekommt.)

Der Filter ist intelligent, weil er in gewissem Sinne lernend ist: Der Administrator beziehungsweise die E-Mail-Empfänger erweitern das Spam- und Ham-Archiv (Text-*Korpusse*) idealerweise laufend durch Markierung unerwünschter (»E-Mail ist Spam«) und erwünschter (»E-Mail ist kein Spam«) E-Mails. Der Filter erwirbt hierdurch neues Wissen und passt seine Wahrscheinlichkeiten für die Vorkommen der Zeichenfolgen an. Zum Ende der Lernphase, in der beide Korpusse eine ausreichende Größe erlangen, steigt die Trefferquote der Klassifikation für Spam- und Ham-Texte bis nahe 100 Prozent.

Populäre E-Mail-Programme, die Bayes-Filter-Varianten einsetzen, sind zum Beispiel Mozilla Thunderbird und Opera Mail. Durch das nutzerindividuelle Training reagiert jeder Filter anders.

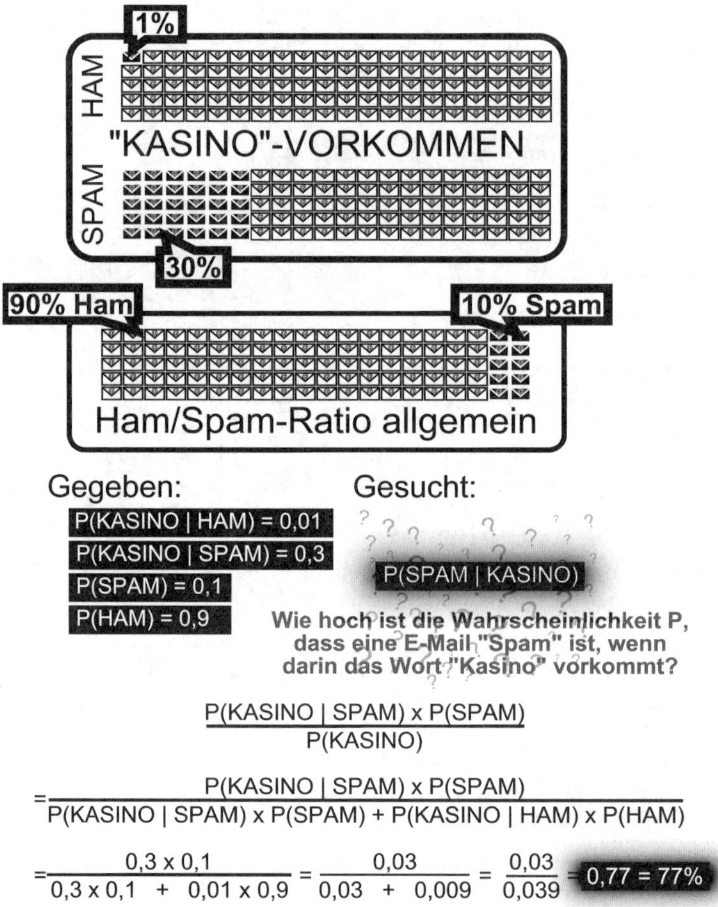

Abb. 25.5: Spam-Wahrscheinlichkeit gemäß dem Bayes'schen Wahrscheinlichkeitsbegriff.

Tipp: Details zur Bayes-Filterung lesen

Lesenswerte Hintergründe zu den anfänglichen Überlegungen finden sich auf den Webseiten des Programmierers Paul Graham. Der machte sich 2002 für den Einsatz eines lernenden Bayes-Klassifikators zur Spamfilterung stark, um die Nachteile starrer Wortlisten aufzuwiegen: `paulgraham.com/better.html`.

Wie funktioniert die Berechnung einer Spam-Wahrscheinlichkeit praktisch? Angenommen, im Trainings-Korpus enthalten 300 von 1.000 Spammails das Wort »Kasino« (30 Prozent). Bei den 9.000 Ham-Mails findet es sich nur in 90 (1 Prozent). Erfahrungsgemäß ist eine von zehn E-Mails Spam (10 Prozent); neun E-Mails sind also Ham (90 Prozent). Wie hoch ist nun die Wahrscheinlichkeit, dass eine neue E-Mail, die das Wort »Kasino« enthält, Spam ist? Gemäß dem Bayes'schen Wahrscheinlichkeitsbegriff: 0,3*0,1/(0,3*0,1+0,01*0,9)=77 Prozent (Abbildung 25.5). Eine ausführlichere Erklärung findet sich auf kit.edu: `tinyurl.com/a422hu6`.

Nachteil aller textbasierter Filter ist, dass Grafiken – von der URI-Analyse abgesehen – schlecht begutachtet werden können. Zwar existieren Plug-ins zur optischen Zeichenerkennung (Optical Character Recognition, OCR), mit denen also Zeichenfolgen in Bildern maschinenlesbar gemacht werden können. Jedoch erhöht dies den Ressourcen-Verbrauch für die Spam-Erkennung beträchtlich. Deshalb ist die Variante nicht unbedingt weit verbreitet. Grafik-lastige E-Mails sind ein Problem.

25.3 Prüfsummenbasierte Filter

Prüfsummen-Filter basieren auf digitalen Fingerabdrücken von Spam-Nachrichten. Solche Fingerabdrücke sind eindeutige Checksummen (*Fingerprint, Signatur, Hash-Werte*), die über bestimmte Nachrichtenbereiche berechnet werden. Dies können zum Beispiel Kopfzeilen wie Absender und Betreffzeile, Nachrichten-ID oder -Datum sein. Oder auch Auszüge aus dem Nachrichteninhalt. Man spricht von »unscharfen Prüfsummen« (*fuzzy checksums*), wenn diese gegen leichte Variationen einer Spamnachricht immun sind. Verweisen die Links beispielsweise nicht mehr auf `oldSpam.com`, sondern auf `newSpam.de`, dann sollte sich die Prüfsumme nicht verändern. Die Hash-Werte werden in Datenbanken gesammelt. Damit können neue Nachrichten effizient mit einem Pool bekannter Spammails verglichen werden.

Je aktueller das Archiv, desto besser. Besonders wirksam sind Prüfsummen-Filter, wenn Spam-Signaturen kollektiv in großen Netzwerken erstellt und echtzeitig darin verteilt werden. Bei ausreichender Teilnehmerzahl können neue Spam-Wellen innerhalb des Netzwerkes schnell und nachhaltig eingedämmt werden. Die Wirkungsdauer von Spammail-Checksummen ist dabei meist deutlich höher als bei Mailserver-IPs. Denn IP-Adressen, also die E-Mail-Quelle, variieren Spammer schneller und häufiger als die Inhalte.

Zwei populäre Datenbanken für Prüfsummen-Filter sind Vipul's Razor (`razor.sourceforge.net`) und das Distributed Checksum Clearinghouse (DCC, `dcc-servers.net`). Beide Lösungen werden vorwiegend serverseitig eingesetzt. Razor findet zudem in der kommerziellen Software Cloudmark DesktopOne Verwendung. Sie ist als Plug-in für zahlreiche Clients erhältlich. Darunter zum Beispiel Microsoft Outlook, Mozilla Thunderbird, Gmail, Yahoo! Mail und Hotmail.

25.4 Phishing-Filter

Einige E-Mail-Clients besitzen nicht nur Spam-, sondern auch Phishing-Filter. Die sollen Nutzer vor E-Mails warnen, die Passwörter für Betrugszwecke ausspähen wollen. Zwei prominente E-Mail-Clients sind Mozilla Thunderbird und Microsofts Windows Mail (»Vista Mail«).

Warnungen vor Phishing sind prinzipiell ja gut. Ärgerlich nur, wenn auch der saubere eigene Newsletter einen Fehlalarm (*False Positive*) auslöst, und dadurch die Adressaten verunsichert werden. Denn keine Frage: Ein Warnhinweis wie

Diese Nachricht könnte ein Betrugsversuch sein

über Ihrem Newsletter macht sich beim Aufruf im Posteingang nicht besonders gut. Es wirkt mindestens unprofessionell. Im schlimmsten Fall kostet es dauerhaft Vertrauen. Quantitativ gesehen leiden die Öffnungsrate sowie die Klickrate. Denn bevor der Adressat die Bilder – und damit das Öffnungspixel – laden und Links anklicken kann, muss er sich zunächst noch in einem weiteren Schritt dazu überwinden, den Phishing-Alarm wegzuklicken, der ihn vor Gefahr warnt.

Obwohl die Vorsorge relativ einfach getroffen werden kann, scheinen erschreckend viele E-Mail-Marketer ihre E-Mails vor dem Versand nicht auf einen Phishing-Fehlalarm zu prüfen. Die E-Mails bleiben daher unnötig oft im Filter hängen. Mit einigen einfachen Regeln, die es vor dem Versand zu überprüfen gilt, kann dem Gros möglicher False Positives vorgebeugt werden. Der Phishing-Filter analysiert meist die URLs einer E-Mail im Hinblick auf verdächtige Momente. Drei verbreitete Ursachen für Alarm sind:

1. Ursache: Linkbeschriftung ist eine URL (häufigste Ursache!)

Die HTML-E-Mail enthält mindestens einen Link, bei dem in der Link-Beschriftung ein anderer Host angeführt ist als in der Link-URL. Für das E-Mail-Programm sieht dies aus, als würde der Verweis auf eine bestimmte vertrauenswürdige Internetadresse zeigen. In Wahrheit führt er den Adressaten beim Klick aber ganz woanders hin.

Ein solcher Lapsus schleicht sich in Newslettern gerne ein. Nämlich bei der Linkersetzung durch die E-Mail-Versandsoftware. Dabei werden in der Regel alle Links in der E-Mail gegen Redirect-Links ersetzt, um in der Erfolgsauswertung die Klickrate messbar zu machen. Haben Sie in Ihrer E-Mail etwa einen Link-Text `http://www.meine-webseite.de`? Dann ist der Fehlalarm durch die Linkersetzung vorprogrammiert. Die Versandlösung verbiegt die darunterliegende URL nämlich in `http://www.klicktracker.de/campaignid=3242`.

Abb. 25.6: In der E-Mail gibt der HTML-Link vor, auf `www.srv3.de` zu zeigen. Tatsächlich verweist er aber nach der Linkersetzung auf `rene-kulka.srv3.de`. Für den Phishing-Filter ist dies ein klares Zeichen dafür, dass jemand die tatsächliche URL verschleiern möchte.

Lösung: Suchen Sie mit Ihrem E-Mail-Client in der verdächtigen HTML-E-Mail mit [Strg]+[F] (Suchfunktion) nach »http://« und verfahren Sie mit den Fundstücken nach einer der folgenden vier Möglichkeiten:

- In Link-Texten gänzlich auf URLs verzichten (Abbildung 25.7).

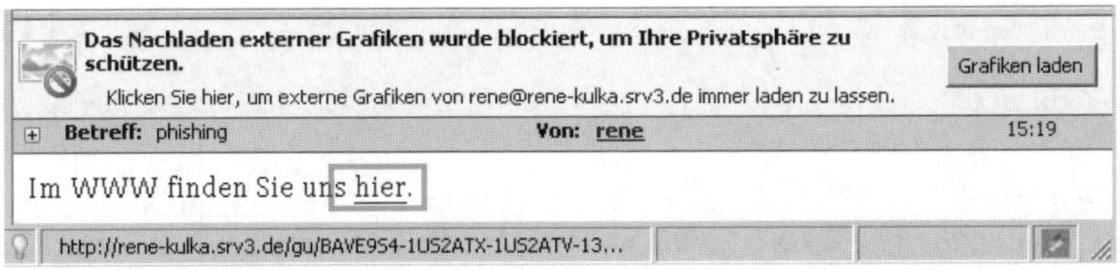

Abb. 25.7: Dies bedeutet zum Beispiel, dass anstelle von `http://www.meinewebseite.de` besser Webseite (verlinkt) geschrieben werden sollte.

- Vorangestelltes »http://« im Link-Text entfernen (Abbildung 25.8).

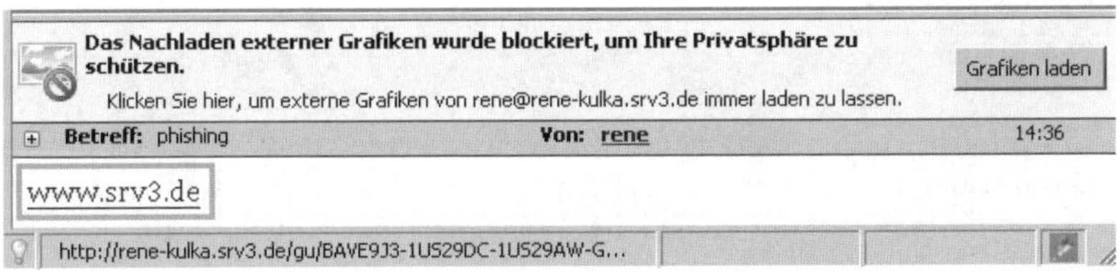

Abb. 25.8: Ein Link-Text ohne `http://` geht durch.

- Das Tracking in der Versandsoftware für solche Links deaktivieren, die URLs im Link-Text enthalten (Abbildung 25.9 und Abbildung 25.10).

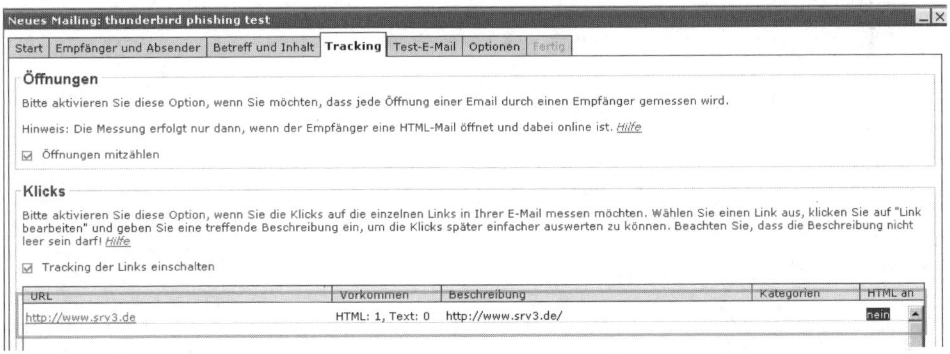

Abb. 25.9: Das Klick-Tracking lässt sich für einzelne Links ausschalten. Nachteil hierbei ist, dass die Klicks auf diesen Link später nicht im Reporting enthalten sind. Aber ...

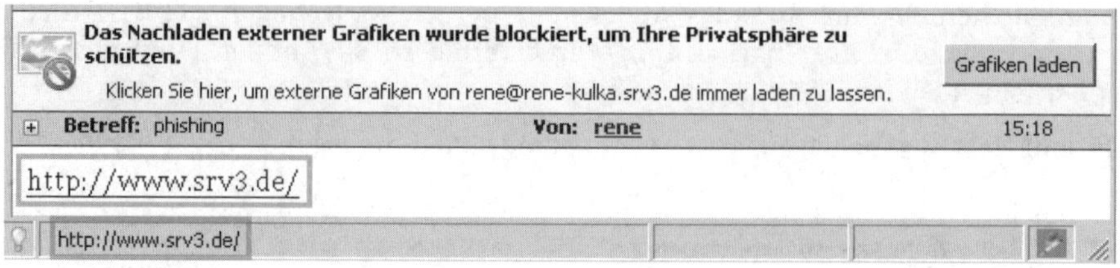

Abb. 25.10: ... ohne Linkersetzung stimmen zumindest beide Hosts überein.

- Den Hyperlink, der als Auslöser identifiziert wurde, entfernen; Abbildung 25.11 zeigt die Zeichenkette `http://www.srv3.de` ohne Unterstrich, das heißt ohne Verlinkung.

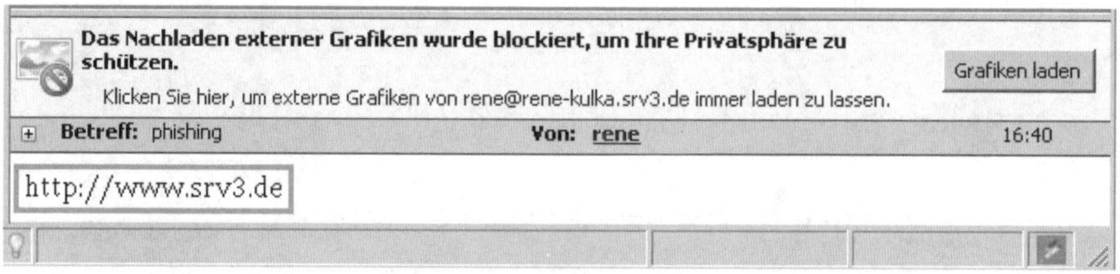

Abb. 25.11: Nachteil hierbei ist, dass keine Klicks erfasst werden und der Nutzer unter Umständen den Link umständlich kopieren und im Browser einfügen muss, um ihn aufzurufen. Viele E-Mail-Programm fügen die Verlinkung selbstständig hinzu.

2. Ursache: Link ist eine IP-Adresse

Weitere Gefahrenquelle: Der Host einer URL besteht aus einer IP-Adresse, statt einer Domain (Abbildung 25.12).

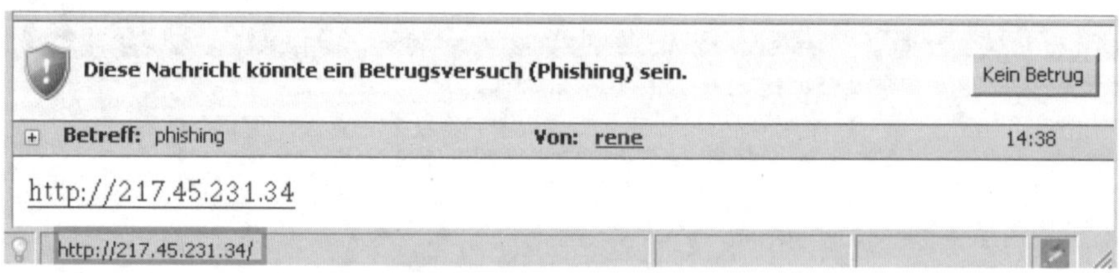

Abb. 25.12: Thunderbird meldet Phishing-Verdacht, da der Host in der Link-URL eine IP-Adresse ist.

Lösung: Nutzen Sie ausschließlich Domains als Hostnamen, keine IP-Adressen. Dies gilt sowohl für URLs in HTML- (`<a href="...">`) und Text-Links als auch für Bilder (`<img src="...">`) und alle weiteren Ressourcen, die im Web referenziert werden.

3. Ursache: Links mit Syntax-Fehlern

Schließlich gibt es eine dritte Gefahrenquelle: Die E-Mail enthält URLs, die nicht standardkonform aufgebaut sind. Windows Mail meckert zum Beispiel, wenn ein Link unerlaubterweise mit einem $-Zeichen beginnt. Kontrollieren Sie nicht nur, ob *Ihre* Links keine derartigen Zeichen enthalten, sondern auch, ob die Tracking-Links Ihrer Versandlösung sauber sind.

25.5 Authentifizierungsmechanismen

Laut einer Nutzer-Befragung durch die Messaging Anti-Abuse Working Group (MAAWG) öffnen 43 Prozent wissentlich Spam-E-Mails. Elf Prozent klicken sogar auf Links darin. Trotzdem sind die Conversion-Raten von Spam niedrig: Circa 12,5 Millionen E-Mails sind für einen Verkauf nötig, ermittelten Berkeley-Wissenschaftler 2008. Und ein Phishing-Betrüger verdient rein rechnerisch vermutlich keine 50 Dollar im Monat. Und dennoch scheint dies ein lukratives Geschäft zu sein. Und von betrügerischen E-Mails geht ein hohes Gefährdungspotenzial aus. Wer bereits auf eine Nachricht mit gefälschter Absender-Adresse hereingefallen ist, weiß, was ich meine ...

Viele interpretieren in E-Mail eine Sicherheit, die nicht gegeben ist. Sie sind überrascht, wenn man im Handumdrehen Nachrichten unter ihrem Namen verschickt – ohne Log-in oder Ähnliches. E-Mail entstammt eben einer Zeit, in der Betrug und Spam kein großes Thema war. Nur einige wenige Firmen und universitäre Einrichtungen hatten damals Zugang zum Netz – allesamt vertrauenswürdig. Entsprechend wurde das SMTP-Protokoll ursprünglich für den Nachrichtenaustausch zwischen verlässlichen Quellen entworfen. Heute sieht dies gewiss anders aus. Gerade das Fischen nach fremden Account-Daten ist ein Riesenproblem für Versender. An erster Stelle für Unternehmen und Services wie PayPal oder die Packstation, die häufig attackiert werden. Um Absender-gefälschten Betrugsmails das Leben zumindest schwieriger zu machen, haben sich in den vergangenen Jahren Ansätze zur Authentifizierung herausgebildet. Damit soll vor allem die Echtheit des Absenders geprüft werden können.

25.6 SPF und Sender ID

Ziel des SPF (Sender Policy Framework) ist die Aufdeckung gefälschter E-Mail-Absender. Die Grundidee des Verfahrens ist es, in einer Absender-Domäne nicht mehr nur den E-Mail-Empfangsserver festlegen zu können (MX Record). Sondern es sollen zusätzlich auch die berechtigten Versandserver angegeben werden können, die im Mail-Verkehr rechtmäßig im Auftrag des Absenders auftreten dürfen. SPF lässt sich im Vergleich zu anderen Standards relativ leicht implementieren.

25.6.1 Funktionsweise von SPF

Um nun auf der Empfangsseite zu prüfen, ob eine E-Mail aus einer autorisierten Quelle stammt, befragt der Mailserver die Domäne der ihm mitgeteilten MAIL FROM- und HELO/EHLO-Adresse. Der Check greift also auf der Verbindungsebene und noch bevor der Nachrichteninhalt übertragen wurde. Kommuniziert der Absender beispielsweise `mail@absender.de` als seine Rückläuferadresse, dann findet der DNS-Lookup in der Domäne `absender.de` statt. Dasselbe gilt, falls er bei der Begrüßung `mailer.absender.de` als seinen Servernamen nennt. Die Riege der gestatteten Versender sollte im TXT Record von `absender.de` verzeichnet sein. (Seit RFC 4408 sind theoretisch auch dezidierte SPF

Records vorgesehen. Meist wird aus Gründen der Abwärtskompatibilität aber nur der vorhandene TXT Record dupliziert.) Ist die IP-Adresse des Senders im DNS als *nicht autorisiert* gelistet? Dann kann der Empfänger sofort eine Fehlermeldung senden und die Verbindung abbrechen.

Versionsangabe	
v=spf1	Der Eintrag verwendet SPF Version 1
Präfixe/Qualifikatoren	
+	Pass, Angabe definiert autorisierte Versender (= Standard-Präfix bei keiner Angabe)
-	Fail, definiert nicht autorisierte Versender – E-Mails sollen gebounct werden.
~	Softfail, wie fail, jedoch sollen Authentifizierungsfehler lediglich markiert werden.
?	Neutral, es besteht keine Aussagemöglichkeit – E-Mails sollten angenommen werden.
Mechanismen (Auszug)	
all	greift immer, meist am Ende des Eintrags platziert
ip4	Versender ist die angegebene IPv4-Adresse oder Subnetz.
ip6	Analog zur ip4, nur IPv6
include	Zusätzliche SPF-Anfrage an die angegebene Domäne

Tabelle 25.1: SPF-Kommandos (Auszug)

Der SPF-Eintrag kann eine ganze Reihe an Tests beherbergen und daher sehr komplex werden (Tabelle 25.1). Die Syntax gibt neben der Versionsangabe und Qualifikatoren diverse Mechanismen her (vergleiche ausführlich: `openspf.org/RFC_4408#mechanisms`). Ein einfacher DNS-Eintrag sieht beispielsweise so aus:

```
v=spf1 include:servers.mcsv.net -all
```

Die Anweisung weist den Mail Transfer Agent des Empfängers an: Erlaube allen IPs des E-Mail-Service-Providers MailChimp (`servers.mcsv.net`, siehe Auflösung in Abbildung 25.13 und Abbildung 25.14) den Versand für die Domäne, verbiete ihn hingegen für alle übrigen IPs. Ein noch einfacherer Eintrag:

```
v=spf1 -all
```

Dies bedeutet, dass die Domäne keine E-Mails versendet und alle Nachrichten daher abzulehnen sind.

spf:servers.mcsv.net Find Monitors spf

Prefix	Type	Value	PrefixDesc	Description
+	include	spf1.mcsv.net	Pass	The specified domain is searched for an 'allow'.
+	include	spf2.mcsv.net	Pass	The specified domain is searched for an 'allow'.
+	include	spf.mandrillapp.com	Pass	The specified domain is searched for an 'allow'.
?	all		Neutral	Always matches. It goes at the end of your record.

dns lookup smtp diag blacklist port scan

Reported by **udns1.ultradns.net** on Sunday, January 13, 2013 at **6:49:20 PM (UTC -6)** Transcript

Abb. 25.13: Bei `servers.mcsv.net` handelt es sich quasi um eine Sammelstelle. `mxtoolbox.com/SuperTool.aspx?action=spf%3aservers.mcsv.net` zeigt an, wohin diese auflöst – drei weitere Sammelstellen.

spf:spf1.mcsv.net Find Monitors spf

Prefix	Type	Value	PrefixDesc	Description
+	ip4	207.97.237.194/31	Pass	Match if IP is in the given range
+	ip4	207.97.238.88/29	Pass	Match if IP is in the given range

Abb. 25.14: Erst `mxtoolbox.com/SuperTool.aspx?action=spf%3aservers.mcsv.net` zeigt konkrete Mailserver-IPs, die berechtigt sind. Die Server ließen sich theoretisch auch direkt im SPF Record einbinden. Der Vorteil solch zentraler Sammelstellen ist aber, dass Aktualisierungen seitens des E-Mail-Dienstleisters automatisch bei allen Versendern übernommen werden.

Was passiert, falls die Authentifizierung fehlschlägt, also gegen die veröffentlichte SPF-Policy verstoßen wird? Dann *könnte* es sich tatsächlich um eine Absender-Fälschung handeln. Dies *muss* aber nicht der Fall sein. Weitere Gründe sind denkbar. Zum Beispiel kann es sich um eine E-Mail-Weiterleitung oder einen Konfigurationsfehler handeln. Entsprechend bestraft der SpamAssassin-Filter derartige Fehler sehr moderat. Ein *Softfail* (SPF_SOFTFAIL) sowie ein *Fail* (SPF_FAIL) beim MAIL FROM-Check bringen bis zu knapp einem Strafpunkt auf die Waagschale. Für eine Spamklassifikation, die meist ab 5 Punkten greift, reicht dies also noch lange nicht aus. (Kurios: Der SPF_HELO_PASS-Test scort mit minus 0,001 Strafpunkten. Warum wird ein erfolgreicher Test bestraft? Die SpamAssassin-Gewichte sind einst automatisch so errechnet worden, dass ein Set an Trainingsdaten möglichst korrekt als Spam und Ham klassifiziert wurde. Der Mensch spezifiziert also nur die Tests; die Punkte errechnet die Maschine. Die Regeln müssen daher nicht unbedingt logisch erscheinen. Sondern sie sollen die Trainingsdaten optimal klassifizieren.)

Zusammenfassung: SPF einrichten

Halten wir fest: Um SPF für Ihre Domäne `beispiel.de` zu implementieren, sammeln Sie zunächst alle möglichen IP-Adressen, die E-Mails in Ihrem Namen versenden dürfen. Anschließend kreieren Sie den SPF-Eintrag (»Record«). Hierbei hilft zum Beispiel der SPF Record Wizard von Microsoft: `tinyurl.com/dd38m`. Sodann kopieren Sie das Ergebnis in den TXT Record der Domäne `beispiel.de`. Mit den SPF-Record-Testing-Tools können Sie das Ergebnis überprüfen: `tinyurl.com/4e2jtx`.

25.6.2 Funktionsweise von Sender ID

Im Zusammenhang mit SPF ist meist auch die Rede vom SIDF (Sender ID Framework). Dabei handelt es sich um einen weiteren Authentifizierungsstandard, der ursprünglich von Microsoft initiiert und aus SPF abgeleitet wurde. Seine Definition findet sich im RFC 4406. Die Syntax ist prinzipiell dieselbe wie bei SPF. Meist wird lediglich eine andere SPF-Version angegeben – etwa »v=spf2.0/pra«.

Im Unterschied zu SPF kann nicht nur die MAIL FROM-Domäne zur Prüfung herangezogen werden, sondern auch eine, die sich in den Kopfzeilen im E-Mail-Inhalt befindet. Dies kann zum Beispiel die Domäne der »From:«-Zeile, die der E-Mail-Client später als Absender-Adresse angibt, sein oder diejenige in der »Reply-To:«-Zeile, an die Antworten gerichtet werden. Welches Datum im Einzelfall geprüft werden sollte, lässt sich durch den PRA-Algorithmus ermitteln (PRA steht für Purported Responsible Address). Der versucht, die für den Versand verantwortliche E-Mail-Adresse herauszufinden. Der Algorithmus ist in RFC 4407 definiert. Für die Implementierung von Sender ID stellt Microsoft einen Wizard bereit: `microsoft.com/senderid/wizard`.

25.7 DK und DKIM

DomainKeys (DK) und Domain Keys Identified Mail (DKIM) sind zwei weitere Standards zur E-Mail-Authentifizierung. Ersterer wurde ursprünglich von Yahoo! initiiert. Letzterer ist eine Weiterentwicklung durch die Internet Engineering Task Force (IETF). Beide Verfahren ermöglichen es, E-Mails digital zu signieren. »Signieren« meint, dass mittels kryptografischer Verfahren ein eindeutiger Code zu einer einzelnen E-Mail berechnet wird, anhand dessen ihre Echtheit und Integrität vom Empfänger geprüft werden kann. Wurde der E-Mail-Inhalt auf dem Weg durchs Netz manipuliert oder verschickt ein unrechtmäßiger Dritter unter gefälschtem Absendernamen? Das lässt sich hiermit feststellen. Bei fehlgeschlagener Authentifizierung kann die Nachricht dann in Quarantäne aussortiert oder unmittelbar gelöscht werden.

25.7.1 Die Technik

Zur Implementierung von DK oder DKIM muss vorab einmalig ein Schlüsselpaar, also zwei passende Kryptografie-Codes, erzeugt werden:

1. Zum einen ein geheimer Schlüssel (*Private Key*), mit dem der Versender eine E-Mail beim Ausgang signiert.
2. Zum anderen ein öffentlicher Schlüssel (*Public Key*), mit dem der Empfänger die E-Mail anhand der Signatur auf Echtheit überprüfen kann.

Ausgehende E-Mails werden vom Mailserver mit dem geheimen Schlüssel signiert. Hierzu wird aus der Nachricht ein eindeutiger Signatur-Code errechnet und in einer Kopfzeile (»DKIM-Signature:«) hinterlegt. Die Schlüsselstärke sollte heute mindestens 1024 Bit umfassen.

Beim Nachrichteneingang schlägt der MTA den öffentlichen Schlüssel der in der E-Mail-Header-Signatur hinterlegten Domäne nach. Praktisch erfolgt dies durch einen DNS Lookup im dortigen TXT Record. Anhand des Schlüssels prüft er dann die Echtheit und Unversehrtheit der Nachricht.

```
DKIM-Signature: v=1; a=rsa-sha1; c=relaxed/relaxed; s=mailing; d=news.optivo.de;
 h=Message-ID:Date:From:Reply-To:To:Subject:MIME-Version:Content-Type:List-Id; i=insider@news.optivo.de;
 bh=5/nXNKxViGglVUZeV4bm0I3L+H0=;
 b=Io+RQ67z2Ko6+/WxK0tYA5SZxu52qWOZiCFomf6gPC9twl7aWGtH6Vh0A40R2OtYcHY4al2L/yiU
   9OmnHxUpdICa510Hl3iDaiqyaEnv5BsdvNCzigGHV6BqeBEYSVtTiOFErHzIy/oPLJaMhi9rC97p
   /Sq1lz873LIYvLFIElI=
DomainKey-Signature: a=rsa-sha1; c=nofws; q=dns; s=mailing; d=news.optivo.de;
 b=bGM4zdh59ukt74Oq0Z6Q08JmonJV94qpvhadIq8R6mu/NOaTZCMQN5C5kDjNrAuxcggwp+QMOki1
   m93ZC4nM72nvKxOyxz8upbCXe+f11hgz5TX4x3SwtUVhd/s7bHlf7YXlWq2JMXie7a8kN0u6mBo2
   xF31x3w6PKNf9ZiUFM0=;
```

Abb. 25.15: Die Kopfzeile `DKIM-Signature` enthält den Signatur-Code, der aus dem privaten Schlüssel errechnet wurde, und weitere Angaben zum Verfahren.

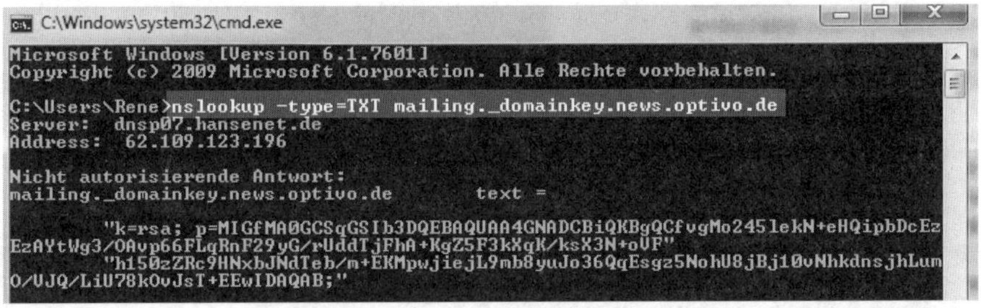

Abb. 25.16: Der MTA des Empfängers ruft im DNS den öffentlichen Schlüssel ab, um die Echtheit anhand des Signatur-Codes prüfen zu können. Der Host lässt sich aus dem Selektor (s=) und der Domäne (d=) der DKIM-Kopfzeile ermitteln: `<selektor>._domainkey.<domain>`. Der Schlüssel befindet sich dort im TXT Record.

25.7.2 Vorteile für Versender

Neben der Möglichkeit, E-Mails auf Echtheit überprüfen zu können, ebnet eine Authentifizierung generell den Weg für weitere Vorteile und Vorrechte. Aus Marketing-Sicht interessant ist zum Beispiel:

- das Ausbleiben von Warnungen wegen fehlender Authentifizierung im E-Mail-Posteingang (zum Beispiel Hotmail)
- die standardmäßige Anzeige von Bildern unter bestimmten Voraussetzungen (zum Beispiel Gmail)

- Whitelisting-Möglichkeit durch das Hinzufügen des Absenders zum persönlichen Adressbuch (ebenfalls Gmail – ohne Authentifizierung kein Whitelisting)
- die Möglichkeit zur E-Mail-Akkreditierung (zum Beispiel Return Path Certified, CSA oder trustedDialog, die alle DKIM einfordern)
- die Teilnahme an Feedback-Loops (zum Beispiel Yahoo!)
- Offsets beim Spam-Scoring (zum Beispiel SpamAssassin)
- LIST UNSUBSCRIBE-Unterstützung (etwa Hotmail, Gmail) und einiges mehr

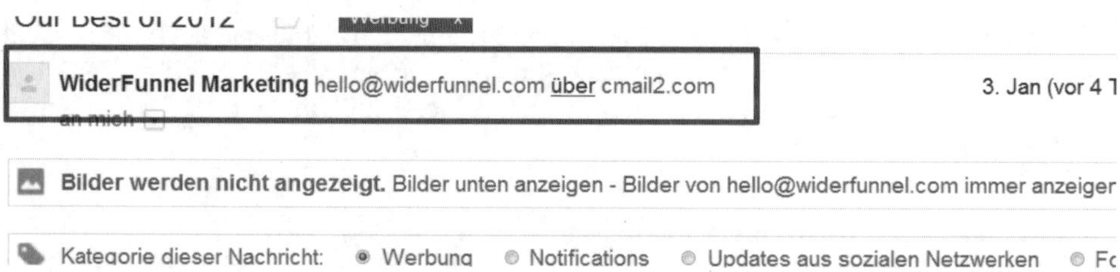

Abb. 25.17: Voraussetzung dafür, dass Gmail den kryptischen »über«-Hinweis nicht mehr anzeigt, ist, dass legitime Mailserver-IPs für die Versanddomäne im SPF-Eintrag veröffentlicht und Nachrichten mit einer DKIM-Signatur versehen wurden.

Weiterhin ist es Versendern mittels DKIM zunehmend möglich, eine Domain-basierte Reputation (in Ergänzung zur alleinigen IP-Reputation) aufzubauen. Mehr und mehr Postfach-Anbieter unterstützen dies. Die Domain-basierte Reputation wird nicht mehr von Dritten beeinflusst, die – bei einem Shared-IP-Modell – ebenfalls die IP-Range des Versanddienstleisters mitbenutzen. (Teilen Sie sich die Mailserver-IPs mit anderen Versendern, die auf zweifelhafte Weise Opt-ins generieren, dann können Sie sich bemühen, wie Sie wollen – die Reputation bleibt schlecht.) Sondern sie kann vollständig selbst kontrolliert werden. Ferner kann die Reputation bei Bedarf einfach portiert werden. Etwa dann, wenn der E-Mail-Dienstleister gewechselt wird.

Zusammenfassung: DKIM einrichten

Ihre Mailserver müssen in die Lage sein, ausgehende E-Mails zu signieren. Dies erfordert unter Umständen die Installation von DKIM-Zusatz-Software (`tinyurl.com/2euo37a`). Ist dies sichergestellt, kreieren Sie ein Schlüsselpaar. Das Paar besteht aus einem öffentlichen Schlüssel zum Kontrollieren sowie einem privaten Schlüssel zum Signieren. Bei diesem Schritt helfen Ihnen Wizards (`tinyurl.com/alahtdn`). Achten Sie aber auf eine ausreichende Schlüssel-Stärke von mindestens 1024 Bit. Der öffentliche Schlüssel muss nun in einem TXT Record in `<selektor>._domainkey.<domain>` hinterlegt werden (Selektor und Domain sind durch Ihre Angaben zu ersetzen). Den privaten Schlüssel speichern Sie in Ihrer DKIM-Software. Zu guter Letzt testen Sie Ihre Konfiguration. Schicken Sie hierzu beispielsweise eine Nachricht an `checkmyauth@auth.returnpath.net` aus Ihrem Versandsystem heraus. Daraufhin antwortet Return Path Ihnen mit einem Authentifizierungs-Report.

25.8 DMARC

Die Initiative DMARC (*Domain-based Message Authentication, Reporting and Conformance*, `dmarc.org`) stellte sich im Januar 2012 vor. Von Beginn an wurde sie von fünfzehn bedeutsamen Marktteilnehmern getragen – darunter Google, AOL, Microsoft, Yahoo!, Facebook, PayPal, Cloudmark und Return Path. Damit konnten bereits nach einem Jahr fast zwei Drittel der weltweit 3,3 Milliarden privaten Postfächer beschützt werden (`tinyurl.com/bambjhh`). In den USA waren es sogar knapp 80 Prozent.

DMARC setzt auf die bestehenden Authentifizierungsstandards SPF und DKIM auf. Eine interessante Erweiterung ist die Feedback-Loop zurück zum Sender, die über Missbrauch der eigenen Reputation informieren soll. Technische Grundlage ist der DMARC TXT Record im Domain Name System. Durch dessen Veröffentlichung fordern Versender quasi »Phishing-Berichte« im XML-Format an (vergleiche Abbildung 25.18). Diese enthalten:

- IP-Adressen, die im Namen des Versenders auftreten – eigene sowie gegebenenfalls die von unberechtigten Dritten
- Die Anzahl der versandten E-Mails von diesen IPs
- Die Behandlung dieser E-Mails – welche wurden zugestellt, welche abgelehnt und welche wurden in den Spamordner verfrachtet?
- Ergebnisse der SPF-Checks
- Ergebnisse der DKIM-Checks

Abb. 25.18: DMARC-Reporting – exemplarische XML-Datei (Quelle: `maawg.org`)

Anhand der Feedbacks können Versender, die häufig von Phishing und Spoofing betroffen sind, unmittelbar Gegenmaßnahmen einleiten. Genutzt wird DMARC derzeit vor allem von prominenten großvolumigen Versendern. Darunter sind zum Beispiel Amazon, Apple,

Blizzard Entertainment, eBay, Facebook, FedEx, Google, Groupon, LinkedIn, PayPal, Twitter, Yelp und YouTube.

Tipp: DMARC Training Series der M³AAWG

Die Messaging Anti-Abuse Working Group bietet einen kostenfreien sechsteiligen Video-Kurs, der den Nutzen und die Implementierung von DMARC anschaulich darlegt: `maawg.org/activities/training/dmarc-training-series`.

Tipp: DMARC-Einrichtung Schritt-für-Schritt

Nachdem Sie SPF und DKIM erfolgreich implementiert haben, können Sie DMARC aufsetzen. Return Path stellt hierzu eine Anleitung bereit: `tinyurl.com/b5kfptz`.

Kapitel 26

Spamfilter-Ergebnisse lesen, Probleme erkennen

Eine professionelle Versandplattform bietet Ihnen die Möglichkeit, vor dem Versand die »Spammigkeit« Ihrer Botschaft zu untersuchen. Vor allem bei internationalen Aussendungen sowie bei Kampagnen an Geschäftskunden gehört dieser Schritt zum Pflichtprogramm. Denn sowohl in Business-Postfächern als auch bei Gmail, Hotmail & Co greift kein Whitelisting der deutschen CSA.

26.1 Spamfilter-Resultate begutachten

Ein fester Bestandteil jedes Vorabtests auf Zustellbarkeit ist der SpamAssassin-Test. Daneben existieren diverse weitere Filter, deren Reaktion es zu überwachen gilt.

Abb. 26.1: Der Vorabtest auf Zustellbarkeit in optivo® broadmail untersucht in aller Kürze das Spamscoring in den Filtern von Apache, Symantec, Trend Micro, Kaspersky, Mailshell und McAfee. Die Auswertung enthält Hinweise darauf, wie das Scoring gegebenenfalls verbessert werden kann.

Im Folgenden schauen wir uns exemplarisch an, wie Probleme mit den Filtern SpamAssassin und eXpurgate behoben werden können. (In ähnlicher Weise gilt dies auch für die weiteren.)

26.1.1 Apache SpamAssassin

Der SpamAssassin genießt weltweit eine sehr hohe Verbreitung. Er schützt viele Firmen sowie Kunden von Internetdienstleistern vor unerwünschten E-Mails. Ein großer Vorteil aus Versender-Sicht ist, dass SpamAssassin die Dinge, die bei einem Newsletter zu beanstanden sind, standardmäßig in einer Klartext-Kopfzeile namens »X-SPAM-STATUS:« hinzufügt. Die Zeile verrät unter anderem,

- ob die Nachricht als Spam klassifiziert wurde (»yes« oder »no«),
- welchen Punktwert sie im Scoring erzielte,
- ab welchem Wert der Sever Nachrichten als Spam markiert und schließlich
- welche Tests anschlugen.

Der Empfänger kann mit Blick in den Nachrichtenquelltext also nachvollziehen, warum ein Newsletter als Spam deklariert und aussortiert wurde. Exemplarisch sieht die Kopfzeile wie folgt aus:

```
X-Spam-Status: Yes, score=21.6 required=5.0 tests=BATMAIL,BAYES_99,
DATE_IN_FUTURE_06_12,FS_REPLICA,FS_REPLICAWATCH,
RAZOR2_CF_RANGE_51_100,RAZOR2_CF_RANGE_E8_51_100, RAZOR2_CHECK,
RCVD_IN_PBL,RCVD_IN_SORBS_DUL,RDNS_DYNAMIC, URIBL_AB_SURBL,
URIBL_BLACK,URIBL_JP_SURBL, URIBL_WS_SURBL autolearn=spam version=3.2.1
```

Eine genauere Aufschlüsselung der Tests erfolgt gegebenenfalls in einer weiteren Kopfzeile namens X-SPAM-REPORT. Diese enthält dann die erzielten Punktwerte pro Test sowie eine Mini-Beschreibung der jeweiligen Regel.

Diese Transparenz können sich auch Versender zunutze machen. Indem nämlich einfach vor dem Versand so lange nachgebessert wird, bis die Test-E-Mail allen Regeln der Anti-SpamAssassin-Kunst genügt, also der Spam-Wert insgesamt gleich oder nahe null ist. Hierzu muss natürlich bekannt sein, was sich genau hinter DATE_IN_FUTURE_06_12 oder RCVD_IN_SORBS_DUL verbirgt. Eine Möglichkeit, sich dem zu nähern, ist der Blick in die Onlineliste der SpamAssassin-Tests unter `spamassassin.apache.org/tests.html` und in das Wiki unter `wiki.apache.org/spamassassin/Rules`. Welche Regeln für zum Beispiel

- E-Mail-Kopfzeilen,
- URLs,
- Code oder
- Nachrichten-Inhalt

sind gewichtig, schlagen also beim Scoring direkt mit zwei, drei oder mehr Punkten zu Buche? Welche spielen dagegen eine untergeordnete Rolle und besitzen vielleicht sogar lediglich Symbolcharakter? Dort erhalten Sie Antworten und verschaffen sich einen Überblick.

Viele Regeln sind anhand der Beschreibung recht gut nachvollziehbar: »Subject contains a gappy version of 'cialis'« legt etwa nahe, auf die Zeichenkette »c i a l i s« im Betreff zu verzichten. Mag dies noch sehr speziell erscheinen, ist der Test »Subject is all capitals« schon allgemeiner: »EINEN GESCHRIEENEN BETREFF« mögen eben viele Abonnenten nicht. SpamAssassin geht es folgerichtig nicht anders. Zur Strafe hagelt es bis zu 1,6 Punkte, womit einem Mailing auf dem Prüfstand das Wasser schon knapp ein Drittel bis zum Hals steht. Ebenfalls interessant: »HTML and text parts are different« – HTML- und Text-Teil einer Multipart-E-Mail unterscheiden sich signifikant voneinander, obwohl beide per Definition ja eigentlich »alternative«, also inhaltlich austauschbar, sein sollten. Spammer bauten einst darauf, dass gängige Filtersoftware nur den ersten E-Mail-Teil untersuchte; die Viagra-Angebote wurden dann entsprechend im zweiten Multipart-Teil verbaut.

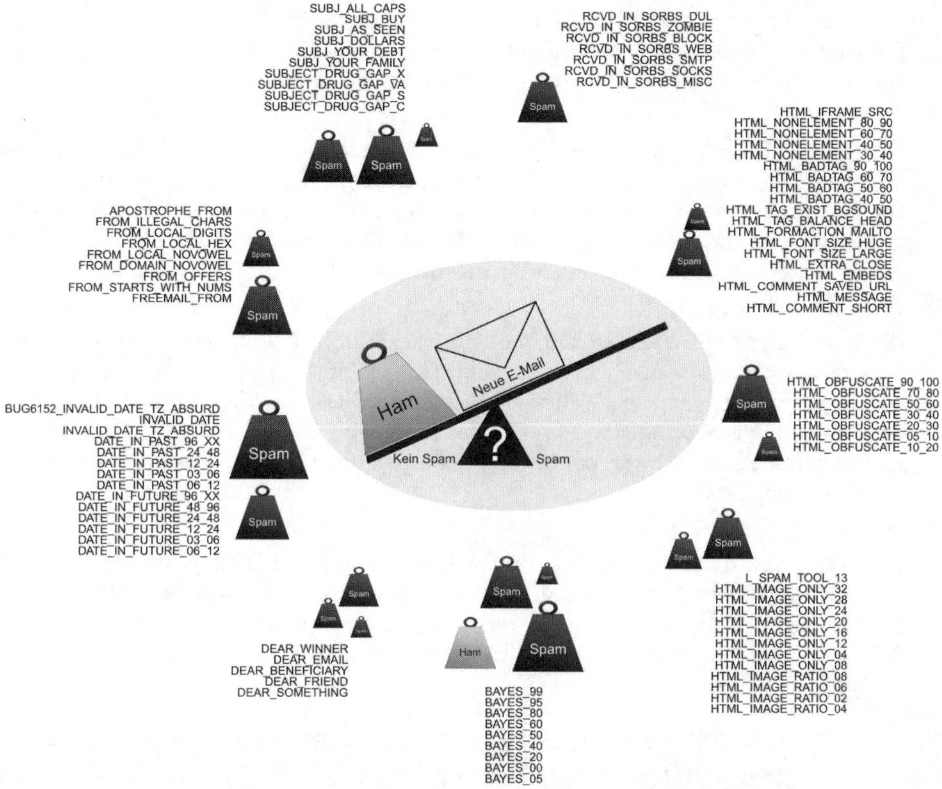

Abb. 26.2: Viele verschiedene Signale (= Kranz) fließen in das Spam-Scoring (= Waage in der Mitte) ein. Die Gewichte für jedes Signal lernte der Filter einst maschinell so, dass ein Set an Test-E-Mails optimal als Spam und Nicht-Spam (= Ham) klassifiziert wurde. Eine neu eintreffende E-Mail ist zunächst einmal »unschuldig« und mit einem positiven Gewicht (= 5-Punkte-Schwelle) bestückt. Sobald aber der Spam-Score rechts den Schwellenwert überschreitet, kippt die Waage – und die E-Mail gilt als Spam.

Picken wir uns exemplarisch einige SpamAssassin-Tests aus Abbildung 26.2 heraus – beginnend bei 12 Uhr, gegen den Uhrzeigersinn:

- SUBJ_ALL_CAPS:
  Die »Subject:«-Kopfzeile der E-Mail, die E-Mail-Clients als Betreffzeile heranziehen, beinhaltete mindestens zwei Worte sowie eine bestimmte Mindestlänge und enthält nur ASCII-basierte Zeichen, die allesamt großgeschrieben sind. Ist das Testergebnis positiv, wandert schon ein kleines Spam-Gewicht auf den rechten Bereich der Waage ...

- FROM_ILLEGAL_CHARS:

  Die »From:«-Kopfzeile der E-Mail, die im E-Mail-Programm als Absender dargestellt wird, enthält ungültige Zeichen, die gemäß RFC 2045 MIME-kodiert sein müssten. Der Versender benutzt vermutlich eine schlecht programmierte E-Mail-Software. Wie viele Spammer auch ...
- DATE_IN_FUTURE_03_06:

  Die »Date:«-Kopfzeile, die den Versandzeitpunkt markiert, gibt ein Datum an, das 3 bis 6 Stunden größer ist als dasjenige der »Received:«-Kopfzeile. Letztere markiert den Empfangszeitpunkt. Eine solche Zeitreise ist ebenfalls ein Indiz für eine mangelhaft konfigurierte Versandlösung – eventuell ist die Mailserver-Uhrzeit falsch.
- DEAR_WINNER:

  Die Nachricht enthält die Zeichenkette »Dear Winner«, wobei zwischen beiden Worten bis zu 20 unbestimmte weitere Zeichen vorhanden sein können. Genauer ausgedrückt: Die Regel greift, sofern die Suche nach dem regulären Ausdruck »/\bdear.{1,20}winner/i« mindestens einen Treffer erzeugt. Wie das Matching genau funktioniert, zeigen Abbildung 25.1 bis Abbildung 25.4 im vorigen Kapitel.
- BAYES_00/BAYES_05:

  Die Bayes'sche Wahrscheinlichkeit, dass die Nachricht Spam ist, beträgt lediglich 0 bis 1 Prozent beziehungsweise 1 bis 5 Prozent. Umgekehrt ist also die Ham-Wahrscheinlichkeit hoch. Solch geringe Wahrscheinlichkeiten fließen in der Regel mit negativen Gewichten in das Scoring ein. Vom Gesamt-Score wird also ein Punktwert subtrahiert. In Abbildung 26.2 beschwert der Filter die Waage auf der linken Seite mit einem weiteren (positiven) Gewicht.
- HTML_IMAGE_ONLY_04:

  Der HTML-Teil der E-Mail enthält Bilder (`<img>`) und gleichzeitig wiegt der Quelltext zwischen `<html>` und `</html>` lediglich 0 bis 400 Bytes. Dies könnte als Indiz dafür gewertet werden, dass ein Spammer versucht, Textfilter zu umschiffen, indem er seine Botschaft in Bildern verpackt. Denn Bilder lassen sich ja deutlich schwieriger auswerten als Text.

Hinweis: Anzahl der Bytes bestimmen

Die Anzahl der Bytes eines Newsletters können Sie feststellen, indem Sie den HTML-Teil der E-Mail von `<html>` bis `</html>` in eine Datei kopieren, diese auf Ihrer Festplatte abspeichern und sich anschließend die Dateigröße auf dem Datenträger anzeigen lassen.

Obwohl sich aus den beiden Fakten »enthält Bild« plus »wiegt bis zu 400 Bytes« logisch kaum eine Spamwahrscheinlichkeit ableiten lässt, ist dem SpamAssassin dies in der Standardinstallation immerhin bis zu 2,1 Punkte wert. Falls die Regel im Vorabtest anschlägt und den Gesamtscore über die 5-Punkte-Hürde hievt, verwenden Sie mehr (Quell-)Text oder verzichten Sie auf Bilder (inklusive Öffnungspixel).

- HTML_OBFUSCATE_90_100:

  Die Nachricht besteht zu 90 bis 100 Prozent aus Text- beziehungsweise Quelltext-Verschleierung. Als Verschleierung werden zum Beispiel ASCII-Zeichen gewertet, die unnötig in hexadezimaler Schreibweise eingebunden wurden. Dies gilt ebenfalls als Indiz für den Versuch, Textfilter auszutricksen.

- HTML_FONT_SIZE_LARGE:

  Die HTML-Nachricht enthält Text, der unnatürlich groß formatiert wurde.
- RCVD_IN_SORBS_ZOMBIE:

  Die IP-Adresse, von der die E-Mail verschickt wurde, ist auf der DNS-Blacklist `zombie.dnsbl.sorbs.net` gelistet. Diese führt Netzwerke, die von Botnetz-Betreibern gekidnappt wurden.

Übrigens sind die einzelnen Gewichte sowie die Tests selbst nicht in Stein gemeißelt. SpamAssassin ist ein flexibel anpassbares und lernendes System. Genau wie der Schwellenwert, ab dem eine E-Mail als Spam klassifiziert wird, können die zu vergebenden Strafpunkte individuell festgesetzt werden. Das heißt, wer den Test mit einer SpamAssassin-Standardinstallation relativ locker bei 2,5 Punkten passiert (Spam-Schwelle meist bei 5 Punkten), kann damit im Firmennetzwerk der Abonnenten durchaus auf die Nase fallen:

- Vielleicht weil die Punktwerte einiger Tests vom Postmaster nach oben angepasst wurden.
- Oder weil die vom dortigen System gelernten statistischen Wahrscheinlichkeiten, die etwa nach Maßgabe der Spam-Markierungen von Mitarbeitern errechnet wurden, Regeln wie BAYES_xx triggerten,
- Oder auch weil Softwareaufsätze wie das FuzzyOcrPlugin, mit dem auch Texte in Bildern analysiert werden und damit in die Spam-Bewertung einfließen können, Alarm schlugen.

SpamAssassin ist also nicht gleich SpamAssassin. Dennoch sollte dies den generellen Orientierungsnutzen eines Vorabtests nicht schmälern. Nicht zu vergessen, dass auch Tests mit negativen Scores existieren. Feuern diese, wird die Zustellung beziehungsweise der Gesamtscore also positiv beeinflusst. Typische Beispiele sind Tests, die auf Return-Path-Zertifizierung prüfen, ähnliche Whitelisting-Regeln oder niedrige bayesianische Spamwahrscheinlichkeiten.

Tipp: Version prüfen

Achten Sie darauf, dass Ihr Vorabtest auf einer aktuellen Version des SpamAssassins fußt. Sowohl die Gewichte als auch die Regeln variieren. Kostenfreie Tests können Sie leicht unter `spamcheck.postmarkapp.com` durchführen. Kopieren Sie hierzu den kompletten Quelltext einer versandten E-Mail – inklusive Kopfzeilen – in das dafür vorgesehene Formularfeld. Klicken Sie anschließend auf CHECK SCORE. (Vergleiche auch Abbildung 25.1 im vorigen Kapitel.)

26.1.2 Eleven eXpurgate

Was tun, wenn der eXpurgate-Filter des deutschen Sicherheitsspezialisten Eleven anschlägt? Zwar beträgt die False-Positive-Rate nach eigenen Angaben weniger als 0,00001 Prozent. Trotzdem bleibt ein Restrisiko.

Der Spamfilter arbeitet nach einem zweistufigen Prinzip. Zuerst wird geprüft, ob es sich um eine Massenmail handelt. Hierbei erstellt eXpurgate für unbekannte E-Mails zunächst unscharfe Prüfsummen. Diese werden in der eXpurgate database (eXdb) gespeichert. Treten neue Signaturen in kürzester Zeit sehr oft auf, handelt es sich um Bulk-Nachrichten. Diese werden weiteren Tests unterzogen. Dabei gilt es, in einem zweiten Schritt festzustellen, ob signifikante Ähnlichkeiten zu Spam vorliegen. Einen Spam-Befund quittiert der Filter dann in den E-Mail-Kopfzeilen unter anderem mit einem »X-Spam-Flag: YES«. Neben den drei Kategorien »sauber«, »Massenmail« und »Spam« klassifiziert der Filter E-Mails in 13 weitere Cluster.

```
MIME-Version: 1.0
X-purgate-ID: 153729::1357920908-00003D0D-85E98BD9/0-8857109697/0-10
X-purgate-type: spam
X-purgate-size: 133353
X-purgate-Ad: Categorized by eleven eXpurgate (R) http://www.eleven.de
X-purgate: spam
X-purgate: This mail is identified as spam (visit http://www.eleven.de for further information)
X-Spam-Flag: YES

This is a multi-part message in MIME format
```

Abb. 26.3: eXpurgate-Kopfzeilen bei positivem Befund

eXpurgate kommt nicht nur bei diversen Firmen zum Einsatz, sondern vor allem lassen auch deutsche Postfach-Provider wie T-Online, GMX, Freenet und O2 die Einschätzung des Filters in das Spam-Scoring einfließen. Eine Spam-Klassifikation kann die Posteingangszustellbarkeit an deutschsprachige Adressaten daher auf breiter Front gefährden. Erfahrungsgemäß gilt dies vor allem für T-Online-Postfächer. Es muss also schnell vor dem Versand gehandelt werden. Was zu tun ist, lässt sich den häufig gestellten Fragen (FAQ) entnehmen: `eleven.de/faq-expurgateasp-content/items/richtig-reporten.html`:

> *»Für den höchst seltenen, aber nicht komplett auszuschließenden Fall, dass eXpurgate eine legitime E-Mail als Spam klassifiziert (sog. False Positives), senden Sie uns diese bitte möglichst zeitnah an folgende E-Mail-Adresse: fp-report@eleven.de.«*

Senden Sie die gegenständliche E-Mail inklusive Kopfzeilen an `fp-report@eleven.de`. Der Support antwortet sehr zeitnah (2Abbildung 26.4).

Betreff: Re: [eleven-ID#2013011110000354] False Positive

```
Sehr geehrter Herr Kulka,

> anbei ein False Positive. Können Sie mir
> mitteilen, warum der Newsletter
> als Spam klassifiziert wurde?

die E-Mail wurde von eXpurgate als Spam klassifiziert, da in dem Absatz 'How In-Store Sign Up
is Hurting Your Deliverability and Tips for Prevention' Phishings/Spams zitiert werden.
Wir haben unseren Datenbestand angepasst und die Nachricht sollte nun problemlos versendet
werden koennen.
```

Abb. 26.4: Bearbeitung eines False-Positive-Reports

Damit ist das Problem behoben.

26.2 Bei Gmail in den Posteingang gelangen

Gmail trat zwar spät in den Markt der Postfach-Anbieter ein, entwickelte sich aber sehr schnell zu einem der meistgenutzten Webmail-Programme. Der fünfjährige Beta-Status zu Beginn tat dem kein Abbruch. Bis heute wächst die Anhängerschaft. Und Googles fuchsige Ingenieure feilen behutsam aber stetig daran weiter.

Doch so viel Gmail auch heute schon unter der Haube haben mag – für Werbetreibende sind insbesondere die harschen Filterpraktiken oft ein Ärgernis. Gerade bei aggressiver Versandfrequenz landen die E-Mails zahlreicher legitimer Versender als Falsch-Positiv-Meldungen im Spamordner der Empfänger. Das kostet Umsatz.

Hinzu kommt, dass der Dienst ein echter Einzelgänger ist und bleibt. Das E-Mail-Rendering ist seit jeher sehr eigenwillig. Zum Beispiel werden bis heute keine zentral definierten Stylesheets im Newsletter interpretiert. Vielen Versendern »zerschießt« dies ihr wohldesigntes Layout. Eine Positivliste gibt es nicht. Auch nicht mittels Zertifizierung durch kommerzielle E-Mail-Whitelist-Anbieter wie Return Path. Genauso wenig existiert ein Feedback-Loop-Programm, das Versender über Spambeschwerden informiert, sodass die betreffenden Adressaten ausgetragen werden können.

Für viele gilt Gmail als schwierigste Herausforderung in Sachen E-Mail-Zustellbarkeit. Daher möchte ich mich dem Thema in einem eigenen Abschnitt zuwenden. Anbei einige Erklärungen zu Googles Filtertechniken sowie ein daraus ableitbarer Plan, mit dem das Filter-Ärgernis vermieden werden kann.

> **Tipp: Bulk Sender Guidelines lesen**
>
> Zur Pflichtlektüre gehört die Hausordnung von Gmail, die *Bulk Sender Guidelines*: `support.google.com/mail/bin/answer.py?hl=en&answer=81126`.

26.2.1 Googles Spam-Definition

Was ist E-Mail-Spam? Gemäß deutschem Recht prinzipiell Werbung ohne vorherige ausdrückliche Zustimmung. Der geläufigsten Definition im Internet nach: UBE (Unsolicited Bulk Email), also unbestellte Massenmails. »Unverlangt« (unsolicited) und »Unpersönlich« (bulk) sind zwar griffige Merkmale. Nur ist es für einen Spamfilter unmöglich, automatisiert festzustellen, welche E-Mails wirklich angefordert wurden. Nicht zuletzt daher fällt nach Maßgabe von Google unter Spam all das,

was vom Nutzer **nicht erwünscht** *ist.*

Warum? Weil sich Erwünschtheit leichter durch Software ermitteln lässt. Setzen wir »Erwünschtheit« mit »Interessantheit« gleich, dann handelt es sich um Ham bei solchen E-Mails, die Gmail-Nutzer häufig lesen. Nun ist Interessantheit aber sehr subjektiv. Gerade bei Werbung. Der eine mag meinen Newsletter nach zwölf Monaten noch, der andere eben nicht. Das weiß (und berücksichtigt) auch Gmail. Und zwar, indem das Filtersystem E-Mails nicht nur global, sondern auch lokal, also nutzerindividuell, beurteilt und einsortiert.

Für uns bedeutet dies: Als gute Versender müssen wir Gmail-Adressaten mit E-Mails beschicken, die a) stets (nicht: hin und wieder) und b) in genügend hohem Maße auf c) individueller Ebene relevant sind. Um zu wissen, wie Gmail Relevanz misst, müssen wir uns den Gmail-Spamfilter aber noch ein Stück weit genauer anschauen.

26.2.2 Filterung stark reputations-, weniger inhaltsbasiert

Man kann sich vorstellen, dass es für eine Firma, die genügend Intelligence besitzt, um seit 2010 führerlose selbstfahrende Autos auf den Straßen der USA zu bewegen, ein Leichtes ist, zum versiertesten Freemailer direkt auch die kunstvollsten Spamfilter-Algorithmen ins Rennen zu schicken. Sowohl was die zugrunde liegende Methodik und Mathematik anbelangt als auch in Bezug auf die verarbeiteten Datenvolumina und die Anzahl der berücksichtigten Features, also Signale, die bei einer Nachricht analysiert werden.

Auch bei Gmail orientiert sich die Filterentscheidung – wie so üblich – an festen heuristischen Regeln und statistischen Filtern. So untersucht der Filter E-Mails auf zum Beispiel nicht jugendfreie Inhalte oder Texte in einer anderen Sprache als die, die vom Benutzer eingestellt wurde (zum Beispiel kyrillische, arabische oder chinesische Zeichensätze bei einem Konto, das deutsche Spracheinstellung nutzt). Ebenso werden Ähnlichkeiten zu anderen Spammails nach Maßgabe von Rechtschreibung und Formatierungen bestimmt.

Vor allem aber orientiert sich die Filterentscheidung an der Reputation einer Versandquelle, also einer für einen E-Mail-Strom ursächlichen IP-Adresse oder Absender-Domain. Reputation bedeutet: Die allgemeine »Spammigkeit« von E-Mails bemisst sich eher nach der Frage *wer* schickt, weniger *was* wird geschickt. Ein Euro- oder Prozent-Zeichen im Betreff dürfte kaum bestimmend sein dafür, dass eine E-Mail im Gmail-Junk landet. Ob die Nachrichten von einem aggressiven Batch&Blast-Versender stammen, der täglich eine E-Mail an alle schickt, oder von einem verantwortungsvollen One-to-One-Direktmarketer, der in individuell angepasster Versandfrequenz hochgradig personalisierte Information ausliefert, dagegen schon eher.

Google übernahm sehr früh die E-Mail-Authentifizierungsstandards SPF und DomainKeys. Ergänzend wurden seit jeher weitere spekulative Maßnahmen unternommen, um Absender zu identifizieren. Alles mit dem Ziel, den E-Mail-Strom am Versender selbst festzumachen, nicht nur an Mailservern, die im Auftrag des Versenders E-Mails ausliefern. Entsprechend stark orientiert sich die Reputation an (authentifizierten) Domains.

26.2.3 Nutzerreaktionen bilden das Fundament

Dabei berechnet sich die Reputation einer Versandquelle zum einen a) nach von Google selbst entwickelten Rechenvorgängen, die unter anderem Nachrichten in vordefinierte Cluster einordnen wie zum Beispiel Spam, Ham oder Phishing. Das ist durchaus sinnvoll, denn ein unerwünschter Werbeflyer, der versehentlich im Posteingang landet, verursacht potenziell einen deutlich geringeren Schaden als eine Phishing-Mail, die auf Betrug aus ist.

Neben diesen Regeln fließen b) Nutzerreaktionen in die Bewertung ein. Allen voran die Klicks auf »als Spam markieren« und »Phishing melden« im Posteingang. Und natürlich die Markierung als »ist kein Spam« im Junk-Ordner. Damit werden Fehlklassifikationen der automatischen statistischen Filter durch Menschen korrigiert. Die Maschine lernt daraus, das Clustering wird feiner.

Allerdings werden nicht die Aktionen *aller* E-Mail-Adressaten gleichermaßen berücksichtigt. Sondern nur solche von ausgewählten Gmail-Nutzern, von denen sich das System qualitativ und quantitativ vernünftige Informationen in beide Richtungen verspricht: vom Spamordner in die Inbox und umgekehrt. Somit bringt es also rein gar nichts, in den eigenen Gmail-Benutzerkonten beim Test-Versand wild den »kein Spam!«-Knopf zu betätigen. Das globale Gmail-Filtersystem wird diese Reaktion nicht interessieren. (Das lokale für den *einen* Gmail-Nutzer, der Nicht-Spam anklickte, vielleicht schon – aber das ist für uns ja uninteressant.)

26.2.4 Heute gute, morgen schlechte Reputation?

Die Reputation kann man sich mathematisch als Scoring-Wert zwischen 0 (mininal) und 100 (maximal) vorstellen. Die »Spammigkeit« einer Nachricht ist also nicht 0 (nein) oder 1 (ja). Sondern sie wird mit einer Wahrscheinlichkeit bemessen. Ferner gilt: Die Reputation bildet sich nicht im Minutentakt oder stündlich neu. Das System mittelt den Wert über mehrere Tage. Damit wird die Kennziffer robust zum Beispiel gegenüber Ausreißern nach unten. Geht eine Kampagne zwischendurch also mal in die Hose, registriert Gmail dies als Rauschen. Der Ruf ist damit nicht sofort ruiniert. Andererseits kann es ein paar Wochen dauern, bis eine schlechte Reputation kuriert ist. Auch das muss man wissen, wenn man an seiner Posteingangszustellrate bei Gmail arbeitet.

Systemweit gelten zunächst die drei einfachen Basis-Filterregeln, die ohne viel Rechenaufwand greifen:

1. Ist die Reputation einer Versandquelle besonders schlecht, werden alle E-Mails direkt in den Spamordner aussortiert.
2. Ist sie dagegen sehr gut, landen die Mails unmittelbar in der Inbox.
3. Bei mittlerer oder unbekannter Reputation (zum Beispiel neuer E-Mail-Versender oder zu geringe Versandfrequenz) entscheiden die statistischen Filter. Hierbei werden viele verschiedene Signale bewertet. Etwa inhaltsbezogene (»V!4GR4«?) oder technische (RFC 2822- und W3C-konform formatiert?)

Individuelle Nutzereinstellungen überstimmen das globale Filter-Setup jederzeit. Bewegen Sie Ihre Abonnenten also dazu, Ham-Regeln für Ihren Absender anzulegen (»Nachrichten von X immer in den Posteingang«), ist das mehr oder weniger eine Garantie für eine ordnungsgemäße Zustellung.

26.2.5 Die Reputationsformel

In Abbildung 26.5 eine aufschlussreiche Gleichung für die Gmail-Reputation, die Google-Ingenieure vor geraumer Zeit, auf der »3rd Conference on Email and Anti-Spam«, kommunizierten. In ihren Grundzügen dürften die Prinzipien bis heute bestehen.

Abb. 26.5: Vereinfachte Darstellung des Reputation-Scorings von Gmail – `AutoNONspam` bezeichnet die Anzahl der E-Mails einer Versandquelle, die automatisch »von Geisterhand« in der Inbox platziert wurden, `Manualspam` die Klicks der Abonnenten auf den Spam-Knopf, und `ManualNONspam` die Klicks auf »kein Spam« im Junk-Ordner.

Ein einfaches Rechenbeispiel soll die Funktionsweise verdeutlichen: Angenommen, ein Spammer schickt eine Kampagne an 1.000 Gmail-Nutzer. Das System sortiert 700 davon automatisch in den Spamordner aus (*True Positives*). Andersrum landen also 300 unerkannt in den Inboxes. Bis jetzt beträgt die Reputation noch 30 Prozent: 300 + 0 + 0 / (700 + 300). Im Laufe der Zeit melden nun 100 Adressaten ihre *False Negatives*, also die fälschlicherweise nicht als Spam klassifizierten E-Mails, als Junk. Nur noch 200 E-Mails wurden nicht als Spam erkannt. Die Reputation sinkt auf 20 Prozent.

Damit wird auch schnell klar, wie wichtig es ist, mit seinen Mailings keine Spambeschwerden auszulösen. Und insbesondere auch False Positives, also versehentlich aussortierte Nachrichten, im Spamordner durch die Abonnenten als Ham markieren zu lassen. Die »ist kein Spam«-Schaltfläche wird sehr viel seltener als der »Spam«-Button betätigt. Gmail dürfte dies stark positiv gewichten.

26.2.6 Empfehlungen für eine bessere Gmail-Zustellbarkeit

Aus den Ausführungen, Erfahrungen und den Bulk Senders Guidelines von Google lassen sich folgende Empfehlungen für ein effektives Reputationsmanagement bei großvolumigen Aussendungen an Gmail-Adressaten ableiten:

Bestandsaufnahme und Erfolgskontrolle

Die Reputation für einen Absender ist bei Gmail variabel. Tendenziell ist sie zwar langfristig ausgelegt. Sie kann sich unter bestimmten Umständen aber auch sehr kurzfristig – auch zum Positiven – ändern. Also nicht verzagen, sondern geeignete Mittel für das Gmail-Reputationsmanagement ergreifen und den Erfolg auf die Zustellquoten in den folgenden Tagen (oder eben Wochen) messen.

Eine hohe Korrelation zwischen dem Sender Score (vergleiche Abschnitt 23.3.4 *Reputation prüfen anhand öffentlicher Datenbanken*) und der Gmail-Zustellbarkeit hat Return Path nachgewiesen. Behalten Sie zudem Ihre Key Performance Indicators wie Öffnungen, Klicks, Austragungen für @gmail- und @googlemail-Adressen im Auge. Auch der Einsatz spezieller Seedlists (vergleiche Abschnitt 26.3 *Die Posteingangszustellrate ermitteln*) zur genaueren Messung des Zustellerfolgs kann sinnvoll sein. Dabei wird eine repräsentative Anzahl künstlicher Gmail-Adressen in die Kampagnen gestreut, die später automatisiert im Hinblick auf die Spam- beziehungsweise Inbox-Placement-Rate ausgewertet werden.

Werden Ihre Nachrichten aktuell gefiltert? Dann analysieren Sie die Ursache beginnend bei dem Grund, den Gmail Ihnen nennt (Abbildung 26.6). Gehen Sie dazu in den Spamordner und öffnen Sie Ihre Nachricht. Als mögliche Filtergründe weist Gmail Ihnen aus:

- »Achtung – Sicherheitsrisiko! Eine größere Anzahl anderer Nutzer hat ähnliche Nachrichten als Phishing-E-Mails markiert. Es kann daher sein, dass diese E-Mail gefährlich ist.« Authentifizieren Sie Ihre E-Mails mit den gängigen Standards und prüfen Sie referenzierte Links. Gibt es möglicherweise ein Malware-Problem auf Ihrem Server? Auch dies gilt es zu checken.
- »Diese Nachricht ähnelt anderen Spam-E-Mails, die von unserem Spamfilter erkannt wurden.«
- »Sie haben bereits andere Nachrichten von [Absender-Adresse] als Spam markiert.«

- »Der Inhalt dieser Nachricht ist typisch für Spam.« Überarbeiten Sie das Wording Ihrer Botschaft.
- »Es wurde festgestellt, dass viele Nachrichten von [Absender-Domain] Spam sind.« Prüfen Sie die Reputation Ihrer Infrastruktur und Domain sowie auf Blacklist-Einträge.

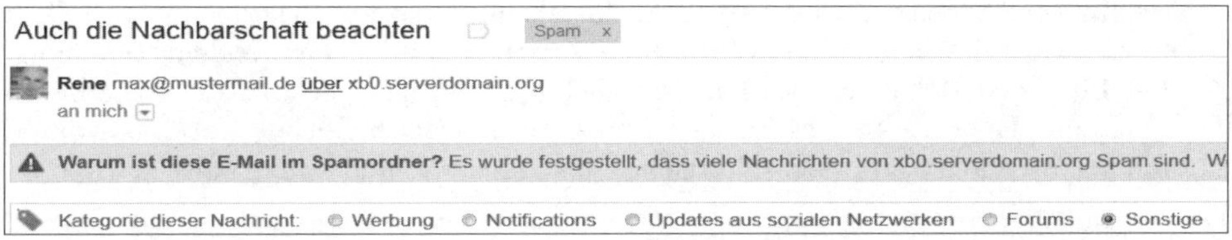

Abb. 26.6: Im Spamordner zeigt Gmail den Grund für die Filterung ...

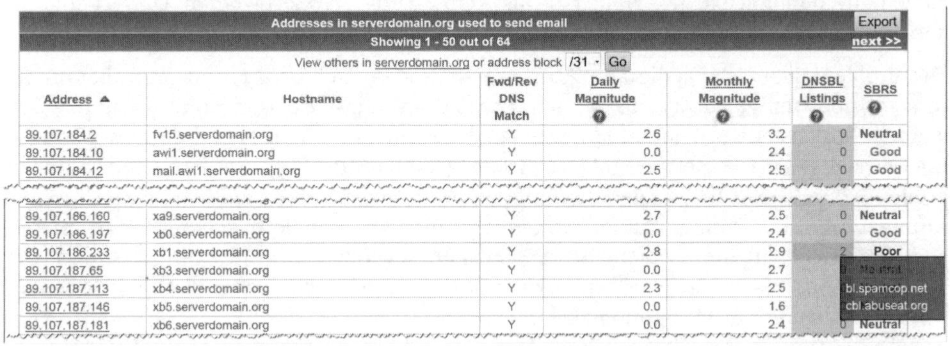

Abb. 26.7: ... Beachten Sie, dass die Problematik nicht unbedingt bei Ihnen liegen muss. Untersuchen Sie daher die Reputation Ihres Netzwerkes, nicht bloß Ihrer Mailserver-IP. Manchmal ist die unmittelbare Nachbarschaft verantwortlich ... (Besuchen Sie zy0.de. Von dort gelangen Sie zur Multirbl-Blacklist-Abfrage sowie zum McAfee- und Senderbase-Report, den der Screenshot zeigt. Hier ist ein Domain-Nachbar auf SpamCop gelistet.)

Spambeschwerden vorbeugen

Hierbei kommen zwei grundsätzliche Ansätze zum Tragen:

- **Durch einfache Abmeldeoption:** Aufgrund der großen Bedeutung für die Reputation sollten Sie unter allen Umständen dafür sorgen, dass Ihre Gmail-Adressaten nicht den Spam-Knopf betätigen. Erfahrungsgemäß vermuten viele Nutzer dahinter eine einfache Möglichkeit, Newsletter abzubestellen. Als Pflicht verlangt Google einen Abmeldelink sowie die Option, per Antwort das E-Mail-Abo zu kündigen. (Durchaus möglich, dass Gmail solche Antworten registriert und die Reaktion des Versenders beobachtet.)

  Den Gmail-Adressaten sollte bei Zustellproblemen zudem eine weitere deutlich sichtbare Abmeldemöglichkeit im Kopfbereich der E-Mail angeboten werden (zum Beispiel im Pre-Header). Bei schwacher Opt-in-Stärke empfiehlt sich eine Permission-Erinnerung. Nicht in Form eines nichts sagenden »Diese E-Mail ist kein Spam«-Hinweises. Sondern beispielsweise als »Wieso erhalte ich diese E-Mail«-Link zu einem Opt-in-Nachweis, der URL und Zeitpunkt des Werbeeinverständnisses beinhaltet.

- **Durch Listen-Hygiene:** Da Google keine echte Feedback-Loop anbietet (von der List-Unsubscribe-Kopfzeile abgesehen, siehe weiter unten), lassen sich die Adressaten, die Spambeschwerden auslösen, nicht direkt identifizieren. Ein Großteil davon wird sich unter den inaktiven Abonnenten befinden, bei denen also kein messbarer Response (Klick, Öffnung, Antwort und so weiter) innerhalb von sechs Monaten zu verzeichnen war.

  Inaktive und Adressen, bei denen es zu Zustellfehlern kommt (Hardbounces), sollten für die Dauer des Reputationsaufbaus vom Versand über die betreffende(n) Domain(s) und IP(s) ausgeschlossen werden. Natürlich trennen sich die meisten ungern von E-Mail-Empfängern. Aber es ist eben immer noch wirtschaftlicher, 1.000 aktive und null inaktive Gmail-Adressen zu erreichen, als null aktive und null inaktive ...

Auch False Positives korrigieren lassen (!)

Besonders wichtig: Legitime E-Mails, die fälschlicherweise als Spam klassifiziert wurden, sollten durch möglichst viele Nutzer als »ist kein Spam« markiert werden. Dies ist ein starkes positives Reputationssignal für Gmail.

Das Problem dabei ist: Da die wenigsten Adressaten regelmäßig ihren Spamordner durchforsten, sind wenige Klicks zu erwarten. Die Aktion muss also kommunikativ unterstützt werden. Mindestens mit einem Hinweis bei der Anmeldung und Handlungsanweisungen im Newsletter – zum Beispiel im Pre-Header (Abbildung 26.9). Idealerweise kanalübergreifend durch entsprechende Mitteilungen etwa auf Twitter und/oder Facebook und Mund-zu-Mund-Werbung. Nur so können im Laufe der Zeit die meisten @gmail-Interessenten erreicht, für die Problematik sensibilisiert sowie zur Mithilfe bewegt werden. Der Versender AppSumo machte es auf Twitter sowie auf Facebook vor und mobilisierte dort seine Anhängerschaft (Abbildung 26.8).

Abb. 26.8: E-Mails als »kein Spam« markieren lassen – der Versender AppSumo machte auf Twitter (und auf Facebook) vor, wie die Anhängerschaft hierfür mobilisiert werden kann. Ganz nebenbei gibt es noch wertvolles Feedback in den Kommentaren.

Abb. 26.9: »Please mark our email not-spam«-Hinweis im Pre-Header

Versand-Infrastruktur optimieren

Authentifizieren Sie E-Mails umfassend nach dem aktuellen Stand der Technik. Nicht nur mit SPF-Einträgen, sondern auch per DKIM. Google berichtete in der Vergangenheit von belastbaren Zusammenhängen zwischen dem Vorliegen von Authentifizierung und Ham. Auch wenn E-Mail-Authentifizierung im Kern der Betrugsprävention dient und nicht der Spam-Bekämpfung: Es ist dennoch wahrscheinlich, dass die selbstlernenden statistischen Modelle dieses Feature in die Reputationsberechnung einfließen lassen.

Außerdem bietet Gmail Abonnenten darauf aufbauend eine weitere Möglichkeit, sich auszutragen. Dies schont die Beschwerderate und damit die Reputation. Die Abmeldemöglichkeit im Gmail-Interface erscheint, wenn die folgenden drei Voraussetzungen kumulativ erfüllt sind:

- Vorhandensein einer List-Unsubscribe-Kopfzeile in den E-Mails
- Authentifizierbarkeit
- gute Reputation des authentifizierten Absenders

Die List-Unsubscribe-Kopfzeile sollte mindestens eine E-Mail-Adresse enthalten, an die Gmail Abmeldewünsche im Standard-Abuse-Reporting-Format (ARF) richten kann. Zusätzlich kann ein Abmeldelink eingetragen werden, der die Austragung vollautomatisch nach dem Aufruf vornimmt. Beispiel:

```
List-Unsubscribe: <mailto:unsub@mcsv.net?subject=unsubscribe>,
<http://test.list-manage1.com/unsubscribe?u=234&e=65&c=2>
```

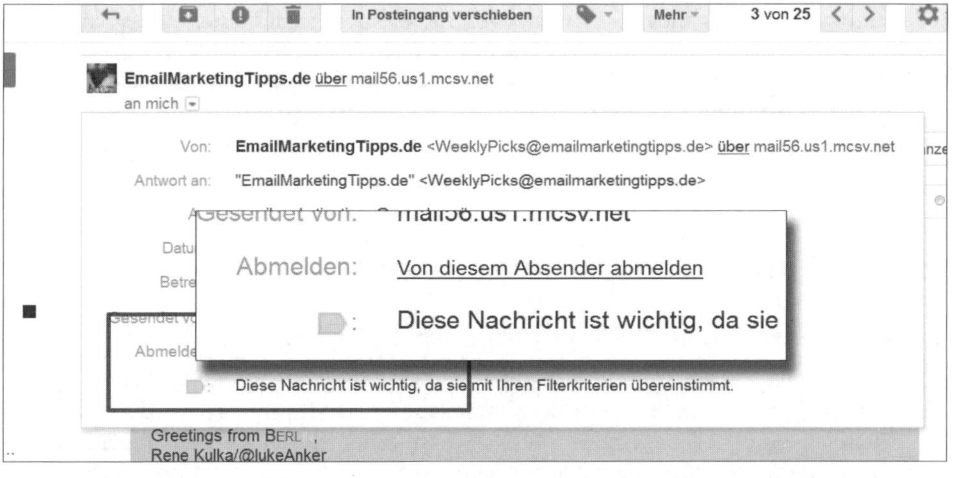

Abb. 26.10: Abmelde-Möglichkeit im Gmail-Interface (Option »an mich« aufgeklappt)

Schließlich kann es bei hoher Versandfrequenz und großvolumigen Aussendungen sinnvoll sein, den Durchsatz der Mailserver zu drosseln. Also Nachrichten an @gmail-Adressaten deutlich langsamer zu versenden als an den restlichen Verteiler.

Spam-Scoring auf individueller Ebene positiv beeinflussen

Lassen Sie sich hierzu zum einen auf breiter Front zum persönlichen Adressbuch Ihrer Abonnenten hinzufügen. Auch dies ist ein starkes Signal für Gmail bei der Unterscheidung erwünschter von unerwünschter Kommunikation.

In den seltensten Fällen werden Ihre Gmail-Adressaten dies von sich aus tun. Werbliche Hinweise, die die Eintragungen fördern, erteilen Sie daher am besten direkt bei der Newsletter-Anmeldung. Auf diese Weise wird die Zustellbarkeit von Beginn an positiv beeinflusst. Während der Regelkommunikation später streuen Sie hier und dort dezidierte E-Mail-Kampagnen an @gmail-Adressen ein. Am besten mit einer detaillierten Anleitung, warum und wie der Eintrag gelingt. So genießt das Thema höchste Aufmerksamkeit. Ferner eigenen sich ständige Hinweise im Pre-Header oder – etwas prominenter – in einem eigenen Inhaltsblock.

Zum anderen forcieren Sie den Dialog. Laden Sie Gmail-Adressaten ganz gezielt dazu ein, auf Ihre Newsletter zu antworten. Etwa um Fragen zu stellen und Meinungen einzuholen. Hierdurch gelangen Sie automatisch in die Liste der persönlichen Kontakte Ihrer Empfänger. Dass Gmail ab zwei Antwort-E-Mails die Bilder im Newsletter nicht mehr blockiert, sollte ein weiterer Anreiz sein.

Nachhaltiges Marketing mit sauberen Opt-ins und Individualisierung

Setzen Sie auf das Double-Opt-in-Verfahren bei der Abonnenten-Gewinnung. Wenn nicht flächendeckend, dann wenigstens bei Newsletter-Interessenten, deren E-Mail-Adresse auf @googlemail oder @gmail endet. Die Werbezustimmung sollte bewusst und aus einem Interesse am Inhalt erfolgen. Eine Checkmail-Klausel wie »Hier klicken und Gewinnspielteilnahme bestätigen« genügt dem nicht. Denn es ist nicht sichergestellt, dass damit wissentlich ein Newsletter angefordert wird. Ähnliches gilt für »Newsletter hier bestätigen und 10-EUR-Gutschein kassieren«. Dies beeinflusst den Nutzer wesentlich, sodass die Freiwilligkeit seiner Zustimmung fraglich ist.

Darüber hinaus sollten Sie darauf hinarbeiten, die E-Mail-Kommunikation immer weiter zu individualisieren. Die Bereitstellung eines Preference-Centers ist ein guter, weil Abonnenten-zentrierter Ansatz. Jeder Nutzer sollte Frequenz und Wunschthemen einstellen und so die Kommunikation auf seine persönlichen Bedürfnisse zuschneiden können. (Technische Machbarkeit und Wirtschaftlichkeit natürlich vorausgesetzt.)

Sich im sortierten Eingang (Priority Inbox) »wichtig« machen

2010 stellte Gmail die Funktion Priority Inbox vor: Der Nutzer trainiert knapp zwei Wochen seinen intelligenten Filter, bis dieser neue E-Mails selbstständig entsprechend der persönlichen Präferenzen priorisieren kann. Mittels Schaltflächen stufen die Empfänger einzelne Nachrichten hierzu als wichtiger oder unwichtiger ein – ganz analog zu Spam/kein Spam. Im sortierten Eingang landen später die wichtigsten E-Mails dann ganz oben im aufmerksamkeitsstärksten Bereich.

Die Idee einer intelligenten Inbox war 2010 nicht neu: Ende 2008 plante Yahoo! eine »Smarter Inbox«, die aber offenbar zugunsten der Social-Inbox-Strategie zurückgestellt wurde. TechCrunch spekulierte im selben Jahr über die »Magic Inbox«, die sich damals im Gmail-Quelltext ankündigte. Tatsächlich räumte Gmail ein, dass das Team bereits sehr lange an einer passenden Lösung feilte, damit die Kunden überfüllten Posteingängen effektiv Herr werden können.

Hinweis: Verbreitung des sortierten Eingangs

Dem »Globalem Benchmark-Report zur E-Mail-Zustellbarkeit im 2. Halbjahr 2011« von Return Path zufolge haben 93 Prozent der Gmail-Nutzer den sortierten Eingang aktiviert. (Die klassische Ansicht ist weiterhin verfügbar.) Aber nur 8 Prozent der korrekt zugestellten Kampagnenmails markiert Gmail als wichtig. Parallel dazu macht Gmail langsam, aber sicher Hotmail seine Pole Position im weltweiten Nutzer-Ranking streitig. Es lohnt also, sich für Gmail an sich und auch für die Priority Inbox fit zu machen.

Inwieweit Ihre Bemühungen fruchten, lässt sich mit dem Tool Inbox Insight von Return Path ermitteln. Dies weist den Anteil derer in der Zielgruppe aus, die den sortierten Eingang aktiviert haben, und wie viele E-Mails als wichtig markiert wurden. (Vergleiche hierzu Abschnitt 14.9.3 *Lesedauer*.)

Wichtige E-Mails sind nicht nur kein Spam. Sie sind »edelster Ham«. Um sich mit seinem Newsletter im wahrsten Sinne des Wortes wichtigzumachen, muss man wissen, wie der Filter funktioniert. Grundsätzlich basiert das E-Mail-Ranking auf einem statistischen Modell, das die Wahrscheinlichkeit vorhersagt, mit der ein Nutzer in x Sekunden nach E-Mail-Zustellung damit interagiert. Etwa durch Öffnen, Antworten, Markieren und so weiter. Das Modell besitzt einen fixen globalen und einen nutzerspezifischen Teil mit individuellen Gewichten für das Feature-Set. »Wichtig« meint beim sortierten Eingang mehr als bloß »interessant«. Viele E-Mails werden beispielsweise hier und da geöffnet, weil sie anhand von Absender, Betreff und Vorschau-Text spannend erscheinen; die sporadische Öffnung des Newsletters reicht aber demnach nicht aus, um diesen dauerhaft nach oben zu befördern. Regeln und Aktionen, die zur Beurteilung der Bedeutsamkeit künftiger E-Mails herangezogen werden, sind etwa:

- *Stets* gelesene/geöffnete E-Mails sind wichtig.
- Absender, denen häufig geantwortet wurde, sind wichtiger als solche, denen selten oder nie geantwortet wurde.
- E-Mails von Absendern, denen häufig geschrieben wurde, sind wichtig.
- E-Mails von Kontakten, mit denen viel gechattet wurde, sind wichtig.
- E-Mails mit Schlüsselwörtern, an denen ein mutmaßliches Interesse besteht, sind wichtig.
- Als »wichtig« markieren, löschen oder archivieren von E-Mails wirkt sich aus; dabei sind *geöffnet* archivierte E-Mails wichtiger als *ungeöffnet* archivierte Nachrichten.

Der Maßnahmenkatalog lautet:

- Response dauerhaft auch per Antwort-E-Mail forcieren, nicht nur per Klick
- Prominent um Aufnahme des Absenders in die Google-Kontakte bitten
- Sich auf Google Plus einkreisen lassen und die Absender-Adresse dort vermerken
- Hohe Relevanz von der Willkommens-E-Mail an sicherstellen

- Mit passendem Absender und wohlüberlegten Betreffzeilen dauerhaft hohe Öffnungsraten erzielen. Dabei zum Beispiel mit Symbolen experimentieren, um besonders viel Aufmerksamkeit und damit eine schnelle Öffnung zu erzielen
- Schlüsselwörter platzieren – gerade bei Grafik-lastigen E-Mails auch in den `alt`-Texten
- Darum bitten, die E-Mail als wichtig (Abbildung 26.11) und/oder mit einem Sternchen (Abbildung 26.12) zu markieren

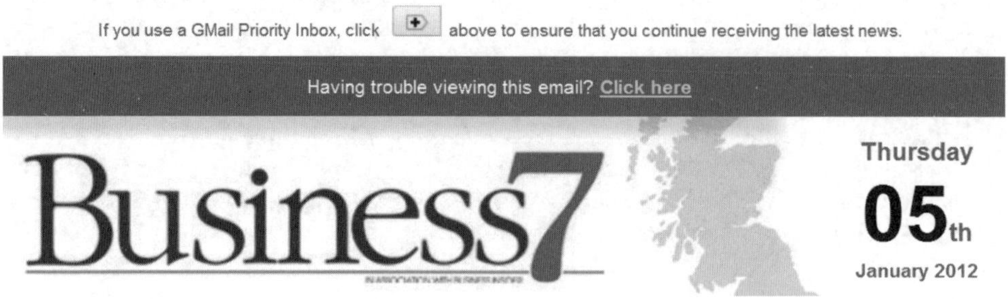

Abb. 26.11: Business7 bittet Gmail-Adressaten im Pre-Header, den Newsletter als wichtig zu markieren. Dazu wird symbolisch die entsprechende Schaltfläche als Grafik angezeigt.

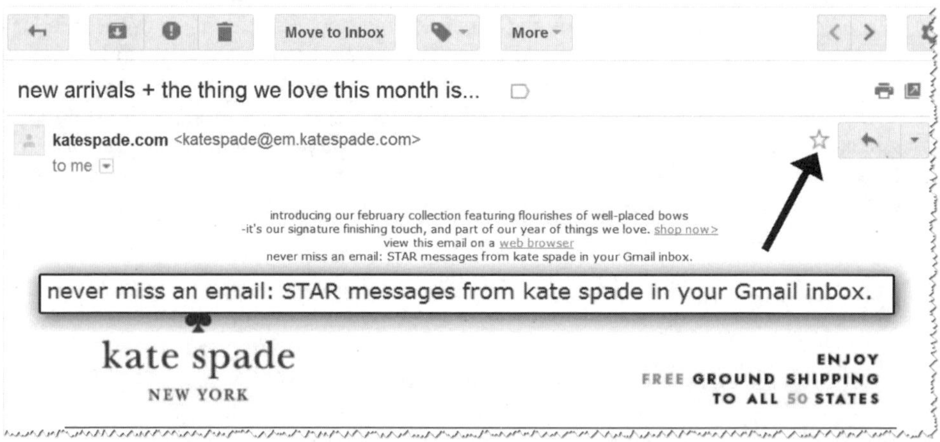

Abb. 26.12: kate spade bittet Gmail-Abonnenten darum, den Newsletter mit einem Sternchen zu versehen. Dies spricht auch solche Nutzer an, die den sortierten Eingang nicht aktiviert haben. Zugleich kann davon ausgegangen werden, dass Gmail dies als positives Signal wertet.

26.3 Die Posteingangszustellrate ermitteln

Mit der Posteingangszustellrate ist das so eine Sache. Zur Erinnerung: Unter *zugestellten* E-Mails verstehen Marketer gemeinhin die Versandmenge abzüglich der Rückläufer (vergleiche Kapitel 14 in Abschnitt 14.1.2 *Standardisierung in den USA*). Rückläufer können durch dauerhafte Fehler (Hardbounce, etwa ein nicht existentes Postfach) oder vorübergehende Fehler (Softbounce, etwa ein überfülltes Postfach oder auch ein Greylisting) verursacht werden. Die Kenntnis der Bounce-Rate und der daraus abgeleiteten Zustellrate ist sicher nützlich.

Noch interessanter für die Erfolgsbetrachtung und Diagnose wäre es aber zu wissen, wie viele E-Mails tatsächlich – vorbei am Spamfilter – den Weg in den Posteingang fanden. Dies wird als *Posteingangs*zustellrate bezeichnet. Prinzipiell existieren drei Ansätze, um sich hiervon ein Bild zu machen.

26.3.1 Benchmarks

Erste Hinweise darauf, wie viele Ihrer E-Mails bei den großen Postfach-Anbietern die Inbox erreichen, bietet ein Blick auf den Return Path Sender Score (vergleiche Abschnitt 23.3 *Die Absender-Reputation messen und beeinflussen*). Befragen Sie in einem ersten Schritt die Datenbank auf `senderscore.org` nach dem Reputationswert für Ihre(n) Mailserver (Abbildung 26.13).

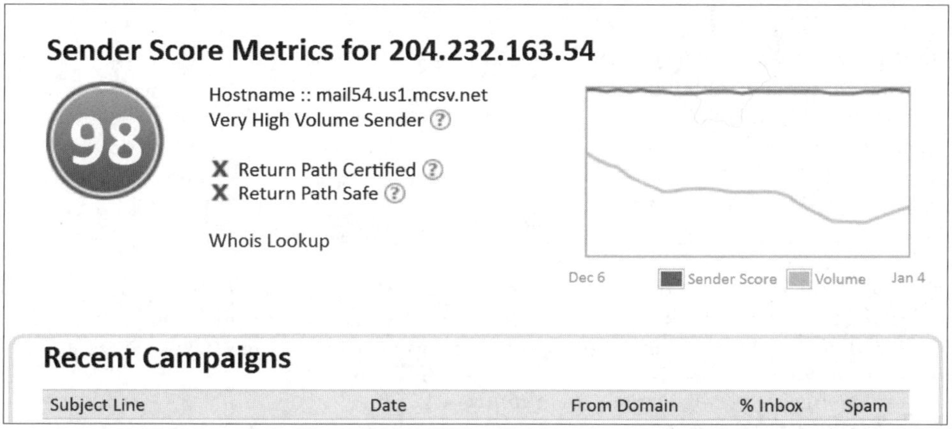

Abb. 26.13: Reputation prüfen – der Mailserver mit der IP 204.232.163.54 besitzt einen ausgezeichneten Wert: 98 von 100 möglichen Punkten.

Return Path veröffentlicht regelmäßig Studien, die den Zusammenhang zwischen Sender Score und Posteingangszustellrate darstellen. Daran lässt sich der Zustellerfolg schätzen. Für Gmail würden wir gemäß dem »2012 Sender Score Benchmark-Report« erwarten, dass ein Sender Score von 98 rund 93 Prozent unserer E-Mails ins Ziel befördert (Abbildung 26.14).

Es stellt sich die Frage, wie Return Path die Daten ermittelt. Vornehmlich kommen sogenannte Seedlists und neuerdings auch Nutzer-Panels zum Zuge. Beides wollen wir uns in den nächsten beiden Abschnitten anschauen.

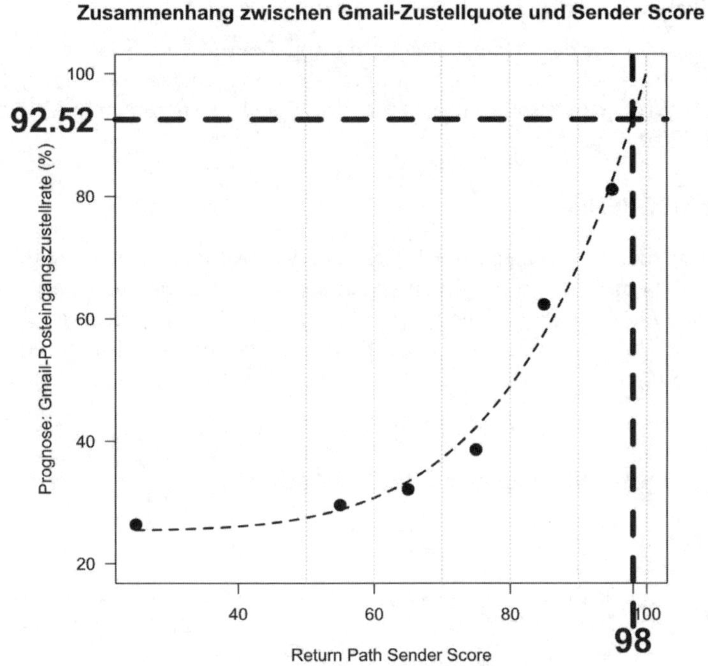

Abb. 26.14: Anhand des Sender Scores und den Untersuchungen von Return Path lässt sich die Zustellquote in den Posteingang prognostizieren. Ein Sender Score in Höhe von 98 korrespondiert demnach im Schnitt mit einer Posteingangszustellrate von etwa 92,52 Prozent.

26.3.2 Seedlists

Allgemeine Branchen-Benchmarks sind gut. Eine Schätzung für den eigenen Adressbestand ist jedoch besser. Seedlists ermöglichen genau dies. Dabei handelt es sich um künstliche Adresslisten, die zusätzlich in den Kampagnenversand eingestreut werden. Im Anschluss an die E-Mail-Auslieferung wird diese Liste dann automatisch, nach E-Mail-Provider aufgeschlüsselt, ausgewertet: Wie viele Nachrichten landeten etwa bei @gmail-Seedlist-Adressen im Spamordner, wie viele im Posteingang und wie viele gingen unauffindbar verloren? Ein automatisches Skript fragt die Posteingänge ab.

Schließlich wird auf Grundlage der Seedlist-Stichprobe hochgerechnet, wie die Ergebnisse wohl insgesamt bei den realen Empfängern aussahen. Ganz analog zu der Prognose, die ein Test-Versand an einen kleinen Empfängerkreis in Bezug auf den Hauptversand an den Gesamtverteiler ermöglicht (vergleiche Kapitel 15).

Die Implementierung der Seedlist eines Dienstleisters ist leicht, wenn auch mit Kosten verbunden: Zahlreiche Service-Anbieter im Bereich E-Mail-Deliverability bieten die entsprechenden Adressen und Auswertungen an. Im Prinzip handelt es sich um dieselben, die auch in Abschnitt 24.1.3 *Blacklist-Check* erwähnt wurden. Doch Vorsicht: Bei der Nutzung lauern Repräsentativitätsprobleme.

Abb. 26.15: Domains in einer typischen Seedlist (Auswahl). Auch regionale Unterschiede beziehungsweise verschiedene Top-Level-Domains wollen abgedeckt sein.

Sehr große Stichprobe nötig

Zum einen sollte sichergestellt sein, dass die Anzahl der künstlichen Adressen pro zu untersuchendem Postfach-Anbieter ausreichend groß ist. Sonst leidet die Zuverlässigkeit der Schätzungen für alle Adressen.

Zwei Rechen-Beispiele sollen die Krux verdeutlichen:

- Um für einen Versand an 1.000 @gmail-Adressen mit 95-prozentiger Vertrauenswahrscheinlichkeit eine Posteingangszustellrate zwischen 92 und 94 Prozent schätzen zu können, wären theoretisch 715 zusätzliche @gmail-Seedlist-Adressen vonnöten.
- Angenommen, unsere Seedlist verfügt über eine realistischere Anzahl von 30 Gmail-Adressen. Sie berichtet nach dem Versand eine Posteingangszustellrate in Höhe von 88 Prozent. Was können wir bei einem 10-prozentigen Signifikanzlevel daraus in Bezug auf die 1.000 realen @gmail-Adressen folgern? Die Posteingangszustellrate lag hier zwischen 78 und 98 Prozent.

Der Nutzen einer Erkenntnis wie »die Posteingangszustellrate lag zwischen 78 und 98 Prozent« ist für Optimierungen begrenzt. Schließlich möchten wir die Entwicklung von Kampagne zu Kampagne genau messen, um zu schauen, ob unsere Maßnahmen Wirkung zeigen. Der Umfang einer Seedlist ist also ein wichtiges Qualitätsmerkmal. Ebenso die Struktur. Denn was nützt es, wenn die hiesigen Platzhirsche GMX, Web.de und T-Online unterrepräsentiert und gar nicht vertreten sind, sie aber einen Marktanteil von über 60 Prozent besitzen?

Anwendungsfehler

Ein zweiter Punkt, der schnell vergessen wird: Beim Versand muss sichergestellt sein, dass die Seedlist-Adressen möglichst gleichmäßig gestreut sind. Denn falls die Test-Postfächer alle zusammen ganz am Anfang, mittendrin oder ganz am Ende der Aussendung beschickt werden, kann das Ergebnis ebenso nicht repräsentativ für die Kampagne sein. Denn die Posteingangszustellquote kann kurz nach Versandstart bei einem Postfach-Anbieter noch bei 100 Prozent liegen. Aufgrund von Spambeschwerden liegt sie gegen Versandende möglicherweise aber nur noch bei knapp über null Prozent ...

Individuelles Nutzerverhalten unberücksichtigt

Die Spamfilter der großen E-Mail-Provider – man denke etwa an Gmail, Hotmail, Yahoo! Mail und AOL – setzen zunehmend auch auf der Nutzerebene an. Das heißt, eine E-Mail kann durchaus bei Empfänger A im Spamordner landen, weil er E-Mails des Absenders in der Vergangenheit keine Beachtung schenkte. Wohingegen die E-Mail bei den Adressaten B und C im Posteingang landet, da diese fleißig klickten und dem E-Mail-Provider damit signalisierten, dass die Botschaften für sie stets relevant waren. Die Auswirkungen solch individuellen Nutzerverhaltens können durch eine künstliche Seedlist genauso wenig repräsentiert werden wie persönliche Filterregeln à la »verschiebe den Newsletter immer in den Junk-Ordner«.

Hinweis

Trotz der Mankos ist die Messung des Zustellerfolgs durch Seedlists in der Praxis verbreitet. Die Fehlerspanne sollte nicht überbewertet werden. Beim Vergleich zwischen prognostizierten Seedlist-Ergebnissen und Adressaten-Befragungen ermittelte Return Path eine Schätz-Genauigkeit von 85 Prozent. Eine Schätzung ist besser als ein völliger Blindflug.

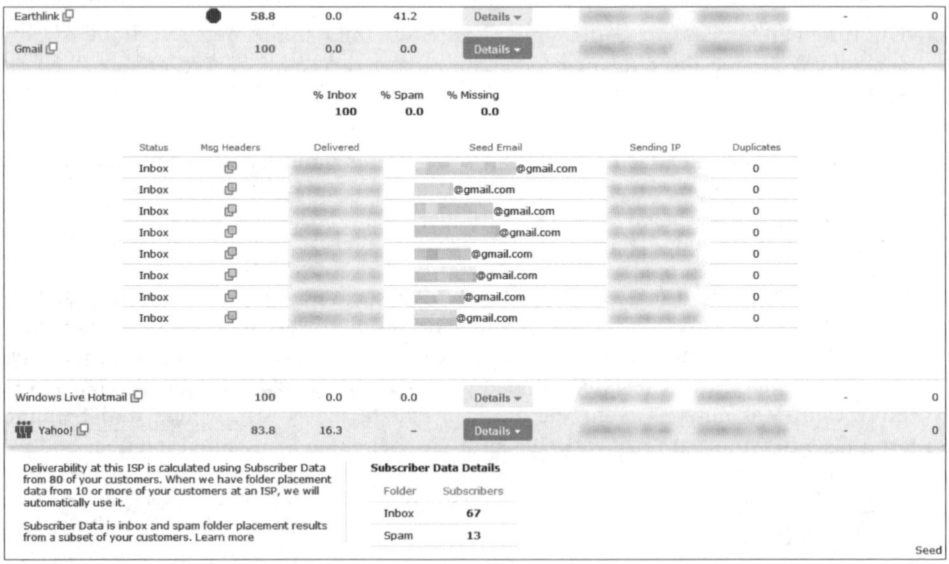

Abb. 26.16: Die Email Intelligence Suite von Return Path ermöglicht detaillierte Messungen, die teils auf künstlichen Seedlists und teils auf echten Abonnenten-Daten basieren.

26.3.3 Online-Apps und Software-Plug-ins

Die Beliebtheit von Seedlists rührt natürlich auch daher, dass es an kosteneffizienten Alternativen mangelt. Panelumfragen sind teuer, die Postfach-Anbieter selbst berichten Versendern den Zustellerfolg nur in den seltensten Fällen.

Frischer Wind kommt vielleicht aus einer anderen Richtung. Diverse E-Mail-Provider bieten ihren Nutzern heute die Möglichkeit, Applikationen (»Apps«) zu installieren. Damit können Postfächern so individuell neue Funktionalitäten aufgeschaltet werden. Auf gleiche Weise lassen sich Outlook und andere Desktop-Clients durch Plug-ins erweitern.

Interessant aus Marketer-Sicht ist: Solche Apps und Plug-ins genießen zum Teil tiefe Zugriffsmöglichkeiten auf die Posteingänge. Sie können auch das Nutzerverhalten inspizieren. Damit wird beispielsweise das zuvor skizzierte Seedlist-Manko Numero zwei, nutzerindividuelle Spamfilter, ausgeräumt.

Einige App-Entwickler mit großer Reichweite vermarkten die so gewonnenen Daten bereits an E-Mail-Versender. So preiste der Anbieter eDataSource seinen Service wie folgt an:

> *»Durch die Kombination der eigenen Funktionen zur E-Mail-Analyse mit einem Panel von mehr als 800.000 aktiven Konsumenten-Postfächern kann eDataSource für jede erkannte Kampagne den Prozentsatz der E-Mails berichten, die bei AOL, Gmail und Yahoo! im Postfach bzw. im Spam-Ordner zugestellt wurden. Der Bericht, der dem Versender täglich zugesandt wird, beinhaltet ebenso die Zahl der E-Mails, die das Panel öffnete, die es öffnete und löschte und die es ungeöffnet löschte. Seedlist-basierte Messungen weisen eine Fehlerspanne von 15% auf [...]. Unser Bericht Consumer Inbox View versteht sich als Ergänzung, mit dessen Hilfe Posteingangszustell- und Öffnungsraten typischerweise anhand viel größerer Stichproben tatsächlicher Konsumenten-Postfächer beobachtet werden können, sodass auch berücksichtigt wird, wie die Postfach-Anbieter individuelle Nutzerpräferenzen in die Zustellung einfließen lassen.«*

Ein weiterer Dienst in dieser Riege ist Subjectlin.es. Subjectlin.es gehört zum Produkt Otherinbox, das wiederum Anfang 2012 von Return Path akquiriert wurde. Insgesamt kommen derartige Services aufgrund der begrenzten Panelgröße aktuell nur für große E-Mail-Versender mit Millionenbeständen infrage. Dennoch handelt es sich um eine interessante Ergänzung zur Seedlist-Messung, deren Entwicklung weiter beobachtet werden sollte.

Lese-Tipps und Quellen

Folgende Ressourcen möchte ich Ihnen ans Herz legen. Mir boten sie wertvolle Anregungen beim Schreiben dieses Buches. Ihnen sollen sie helfen, am Ball zu bleiben. Mit den richtigen Informationsquellen erhalten Sie massig Inspiration für künftige Newsletter-Aktionen, zeitnahe Kenntnis über kurzfristige Änderungen und über Trends für Ihre langfristige Agenda.

A.1 E-Mail-Experten auf Twitter abonnieren

Nicht nur innerhalb der Internet-Avantgarde hat sich das Twitter-Netzwerk zu einer nützlichen Nachrichtenquelle entwickelt. Wichtige Informationen verbreiten sich darin sehr schnell. Das Limit von 140 Zeichen pro Nachricht (*Tweet*) zwingt jeden dazu, prägnant zu formulieren.

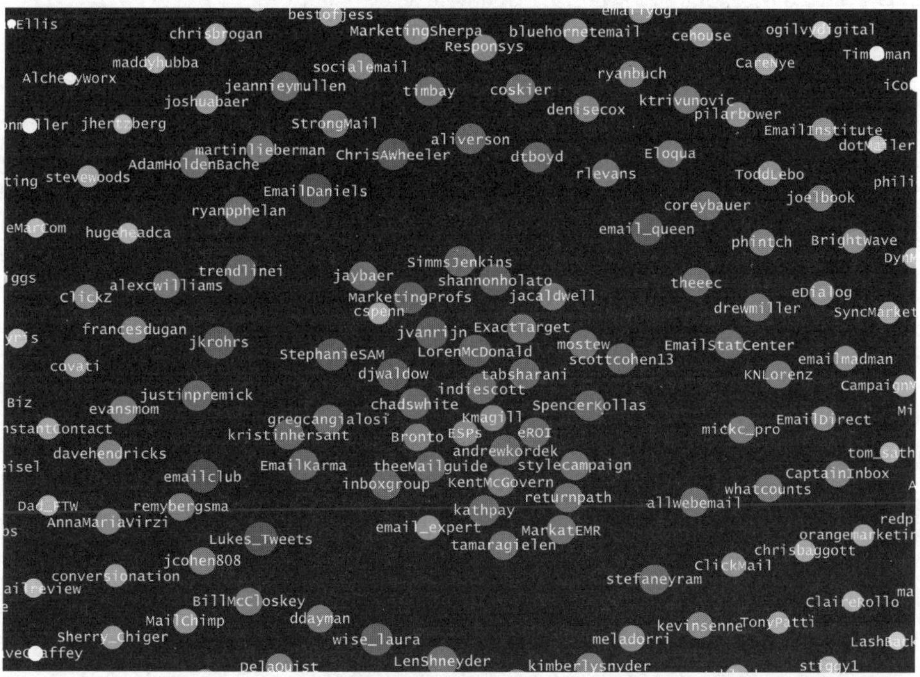

Abb. A.1: Meinungsführer im E-Mail-Marketing auf Twitter. Je zentraler, desto besser. Die Kreisgröße entspricht der Zahl der Folgenden im E-Mail-Marketing-Netzwerk. Je dunkler, desto wichtiger sind die Abonnenten, desto höher ist also die Qualität der Beziehungen. (`tinyurl.com/a6tqt8r`)

Die wichtigen Nachrichten erhalten Sie jedoch nur, wenn Sie die richtigen Personen abonniert haben (*ihnen folgen*). Abbildung A.1 gibt die einflussreichsten E-Mail-Experten wieder. Stellen Sie den aufgeführten Benutzernamen einfach ein `http://twitter.com/` voran, rufen Sie die gesamte URL auf und folgen Sie den Personen. Beispiel: Mein Twitter-Handle lautet LUKEANKER – ein Anagramm für René Kulka; die URL lautet somit `http://twitter.com/lukeanker`.

A.2 Wichtige Blogs und Foren kennen

In Deutschland ist der Teil der Blogosphäre, der E-Mail-Marketing abhandelt, noch relativ überschaubar. Erst seit einigen Jahren hat sich einiges getan. Zur Pflichtlektüre gehören die Portale der beiden Urgesteine Nico Zorn und Torsten Schwarz: `EmailMarketing-Blog.de` beziehungsweise `Absolit-Blog.de` und `Email-Marketing-Forum.de`. Auch das `Newsletter-Blog.de` des Versanddienstleisters webworx (sitepackage://) berichtet bereits seit langer Zeit über Tipps und Trends. `Der-Newsletter-Experte.de` Karsten Büttner hält viele Fachartikel bereit und gibt Interessierten zudem lesenswerte Hilfestellungen in der E-Mail-Marketing-Gruppe auf Xing (`xing.com/net/emailmarketing/`). Für News in der Rechtsprechung sei ein regelmäßiger Blick auf `online-marketing-recht.de` von Dr. Martin Schirmbacher sowie auf `dr-bahr.com/news.html` der Kanzlei Dr. Bahr angeraten. Meine Beiträge finden Sie schließlich auf `EmailMarketingTipps.de` (privat) und `Email-Marketing.de` (Corporate-Blog des Versanddienstleisters optivo).

Blickt man über den deutschen Tellerrand hinaus, wird es hingegen unübersichtlich. Unter den vielen Weblogs gibt es aber nur wenige, die – in meinen Augen – wirklich lesenswert sind. Weil sie entweder neue Aspekte in die Diskussion bringen, weil sie bekannte Dinge erschöpfend und lesenswert darstellen. Oder weil sie zumindest mit einer gewissen Nachhaltigkeit betrieben werden. Als Anlaufstelle für allgemeine Suchen empfehle ich Ihnen die Suchmaschine `j.mp/k00gle` (Doppel-null anstatt Doppel-o). Diese indiziert ausgewählte Webseiten und trennt somit schon einmal die Spreu vom Weizen.

Eine echte Perle unter den Blogs sind die `Email-Marketing-Reports.com` von Mark Brownlow, die zugleich eines der ersten E-Mail-Marketing-Blogs überhaupt darstellten. Hier wurden so ziemlich alle Aspekte des E-Mail-Marketings detailliert erörtert. Und das mit einem Sachverstand, der seinesgleichen sucht. Seit geraumer Zeit publiziert Mark gefühlt vornehmlich auf `smartinsights.com`, dessen RSS-Abonnement nicht weniger empfehlenswert ist. Technisch-gestalterische Aspekte finden sich vor allem in den Blogs und Foren von Campaign Monitor, Email on Acid, STYLECampaign und Litmus. Etwas für die Optik, nämlich eine kommentierte Galerie bietet das Retail Email Blog. Apropos Galerie: Sollten Sie einmal von einem Kreativ-Blackout betroffen sein, lassen Sie sich doch von den folgenden Newsletter-Archiven inspirieren.

Newsletter-Galerie	URL
Benchmark Email Community	`http://community.benchmarkemail.com/`
Email Gallery des Email Institute	`http://www.emailinstitute.com/email-gallery`
Email Newsletter Examples	`http://www.emailnewsletterexamples.com/`
Email-Gallery	`http://www.email-gallery.com/`

Tabelle A.1: Newsletter-Galerien

Newsletter-Galerie	URL
Emailium	`http://emailium.com/`
HTML Email Gallery	`http://www.htmlemailgallery.com/`
Newsletter Monitor	`http://www.newslettermonitor.com/`

Tabelle A.1: Newsletter-Galerien (Forts.)

Interessante Blogs und Foren kommen und gehen. Tabelle A.2 fasst aktuelle zusammen:

Name	Webseite
8seconds	`http://www.8seconds.net/category/blog`
Alchemy Worx	`http://www.alchemyworx.com/emailworx/`
Al Iverson's DNSBL Resource	`http://www.dnsbl.com/`
AOL Postmaster	`http://postmaster-blog.aol.com`
Arcor Postmaster	`http://postmaster.arcor.de/blog/blogs/pblog.php`
AWeber	`http://www.aweber.com/blog`
Badsender – Consultant für E-Mail-Marketing	`http://www.badsender.com`
Benchmarkemail	`http://www.benchmarkemail.com/de/blogs`
BeRelevant! von Tamara Gielen	`http://www.b2bemailmarketing.com/`
emailvision	`http://blog.emailvision.com/blog`
BlueHornet Articles	`http://www.bluehornet.com/articles`
BriteVerify	`http://blog.briteverify.com`
Bronto	`http://bronto.com/blog/urls`
Brontoversity	`http://community.bronto.com/content/blogs`
Campaign Monitor	`http://www.campaignmonitor.com`
CAUCE North America	`http://www.cauce.org/`
Cinegif	`http://blog.cinegif.com`
Constant Contact Community	`http://community.constantcontact.com/t5/Blogs/ct-p/blogs`
Contactology	`http://www.contactology.com/blog`
Deliverability.com – Aggregator zum Thema Zustellbarkeit	`http://blog.deliverability.com/`
Denise Cox	`http://www.newsweaver.com/blog/`

Tabelle A.2: Blogs und Foren zum Thema E-Mail-Marketing. Die fett gedruckten davon sind meine Favoriten – finden Sie die Ihrigen!

Name	Webseite
dialogue1, E-Mail-Marketing-Blog	http://dialogue1.de/blog/
Digital Dexterity	http://inboxmarketer.com/blog
DMA E-Mail-Marketing-Council-Blog	http://dmaemailblog.com/
eCircle, Inside the Inbox	http://www.ecircle.com/blog
Econsultancy-Artikel	http://econsultancy.com
e-Dialog, Marketing-Blog	http://blog.e-dialog.com
Eloqua	http://blog.eloqua.com
Email Critic	http://emailcritic.com
Email Experience	http://blog.emailexperience.org/
Email fail (ein E-Mail-Marketing-Blog)	http://emailfail.posterous.com
Email-Insider-Kolumne	http://www.mediapost.com/publications/email-insider/
Email-Institute-Aggregator	http://www.emailinstitute.com/
Email Karma	http://emailkarma.net
E-Mail-Kolumne von ClickZ	http://www.clickz.com/category/email
Email on Acid	http://www.emailonacid.com/blog
E-mail Precisely	http://www.therelevantmarketer.com/
Email Resource Center	http://emailresourcecenter.net
Email Standards Project – CSS/HTML-Support der E-Mail-Clients	http://email-standards.org/blog/
Email Vigilance	http://emailvigilance.blogspot.com/
Email Yogi	http://www.emailyogi.com/
Emailaudience von Jordie van Rijn	http://www.emailaudience.com
Emailblog.eu von Remy Bergsma	http://emailblog.eu
emailcenter – E-Mail-Marketing-Blog	http://www.emailcenteruk.com/blog
EmailDirect's Hello-Inbox-Blog	http://www.emaildirect.com/blog
EmailGarage – das E-Mail-Marketing-Ressourcen-Center	http://emailgarage.wordpress.com

Tabelle A.2: Blogs und Foren zum Thema E-Mail-Marketing. Die fett gedruckten davon sind meine Favoriten – finden Sie die Ihrigen! (Forts.)

Name	Webseite
Email Marketing Rules von Chad White	http://www.emailmarketingrules.com/
Emailmonday.com von Jordie van Rijn	http://www.emailmonday.com
emailrocks	http://emailrocks.tumblr.com/
EmailStatCenter – Aggregator für Erfolgskennziffern	http://www.emailstatcenter.com/
emailtooltester.com – Software-Vergleiche	http://www.emailtooltester.com/archive/news/
emarsys	http://www.emarsys.com/de
Emma's E-Mail-Marketing-Blog	http://myemma.com/blog/
ExactTarget	http://blog.exacttarget.com/
Experian, Blog Email Responsibly	http://www.experian.com/blogs/marketing-forward
Experian, Blog Marketing Forward	http://www.experian.com/blogs/marketing-forward
Forum: Campaign Monitor	https://www.campaignmonitor.com/forums/
Forum: Email on Acid	http://www.emailonacid.com/forum/
Forum: EmailMarketers-Club.com	http://www.emailmarketersclub.com/
Get Elastic Ecommerce	http://www.getelastic.com
GetResponse	http://blog.getresponse.com
GetSMART	http://blog.jericho.co.nz
Graphicmail.de, Ressourcen	http://www.graphicmail.de/site/resources_whitepaper.aspx
GroupMail	http://group-mail.com
Hitting the Target	http://blog.ividence.com/en
HubSpot's Continuing-Education-Blog	http://learning.hubspot.com/blog
HubSpot's Inbound-Internet-Marketing-Blog	http://blog.hubspot.com/
IBMs Unica-Blog	http://blog.unica.com
iContact	http://blog.icontact.com
Inbox Group	http://www.inboxgroup.com/category/blog/
In The Box: MailerMailer, E-Mail-Marketing-Blog	http://blog.mailermailer.com

Tabelle A.2: Blogs und Foren zum Thema E-Mail-Marketing. Die fett gedruckten davon sind meine Favoriten – finden Sie die Ihrigen! (Forts.)

Name	Webseite
Internet and e-mail policy and practice	`http://jl.ly`
KonversionsKRAFT	`http://www.konversionskraft.de`
LaunchBit	`http://www.launchbit.com/blog`
ListRak	`http://blog.listrak.com`
Litmus	`https://litmus.com/blog`
Lyris	`http://blog.lyris.com`
MailChimp	`http://blog.mailchimp.com`
Mailing Manager	`http://www.mailingmanager.co.uk/blog`
mailingwork.de	`http://www.mailingwork.de/blog`
Mailworx.de	`http://www.mailworx.info/blog/`
Marketing on Tour	`http://blog.marketing-on-tour.de`
MarketingExperiments	`http://www.marketingexperiments.com/blog`
MarketingSherpa, Fallstudien und Studien	`http://sherpablog.marketingsherpa.com/`
McCrazy E-Mail-Marketing-Blog	`http://blog.mccrazy.de`
Messaging Anti-Abuse Working Group (MAAWG) News	`http://www.maawg.org/maawg_news`
mission‹one›	`http://www.mission-one.de/blog`
netnomics email lounge	`http://www.email-lounge.de`
Newsletter2Go	`http://www.newsletter2go.de/blog`
online-marketing-experts.de	`http://www.online-marketing-experts.de`
Only Influencers	`http://www.onlyinfluencers.com/blog/categories/listings/blog-post-by-the-influencers`
Orange Marketing – E-Mail-Marketing-Blog	`http://blog.orangemarketing.de`
Promio.net Infopoint	`http://www.promio.net/b2b/infopoint/`
Responsys' Blog New School Marketer	`http://www.responsys.com/blogs/nsm/`
RetailEmail-Blog – ehemals von Chad White	`http://www.retailemailblog.com/`
Return Path Deutschland-Blog	`http://blog.returnpath.com/`
SC-Networks/EVALANCHE	`http://www.sc-networks.com/de/category/blog`

Tabelle A.2: Blogs und Foren zum Thema E-Mail-Marketing. Die fett gedruckten davon sind meine Favoriten – finden Sie die Ihrigen! (Forts.)

Name	Webseite
SendGrid – Email Delivery. Simplified	http://blog.sendgrid.com
Sendlabs	http://dyn.com/blog/
Silverpop, Engagement-Marketing-Blog	http://www.silverpop.com/blogs/email-marketing
Sitepacke, Newsletter-Blog.de	http://www.newsletter-blog.de
Smart Insights Digital Marketing	http://www.smartinsights.com
StreamSend, E-Mail-Marketing-Blog	http://blog.streamsend.com/
StrongMail, Blog über Maximizing Deliverability	http://www.strongmail.com/resources/blogs/maximizing-deliverability/
Style Campaign von Anna Yeaman	http://stylecampaign.com/blog
Synchronicity Marketing von Karen Talavera	http://synchronicitymarketing.com
The Email Design Review	http://www.emaildesignreview.com
The eMail Guide – Aggregator für E-Mail-Marketing	http://www.theemailguide.com
The KISSmetrics, Marketing-Blog	http://blog.kissmetrics.com
The Magill Report	http://www.magillreport.com
The Received von Return Path	http://www.returnpath.net/blog/received
The Sign-Up.to	http://www.sign-up.to/blog
The Spamhaus Project, News-Blog	http://www.spamhaus.org/news/
The Whitelist	http://clickmail.com/whitelist
Trendline Interactive	http://www.trendlineinteractive.com/blog/
Unbounce	http://unbounce.com
VerticalResponse, E-Mail-Marketing-Blog für Small Business	http://www.verticalresponse.com/blog
Vision6	http://www.vision6.com.au/blog/
Viva la Email	http://vivalaemail.com

Tabelle A.2: Blogs und Foren zum Thema E-Mail-Marketing. Die fett gedruckten davon sind meine Favoriten – finden Sie die Ihrigen! (Forts.)

Name	Webseite
Waldow Social von DJ Waldow	`http://waldowsocial.com`
WhatCounts	`http://www.whatcounts.com`
WhichTestWon – Split-Test-Resultate	`http://whichtestwon.com`
WhiteNoise	`http://whitenoiseinc.com`
Wikio Blogsuche nach E-Mail	`http://www.wikio.de`
Word to the Wise, Zustellbarkeits-Blog von Laura Atkins	`http://blog.wordtothewise.com`
XQueue	`http://www.xqueue.com/de/blog.html`
Yahoo! Mail	`http://www.ymailblog.com/blog`
YesMail Lounge	`http://www.yesmail.com/resources/blog`
Zettasphere von Tim Watson	`http://www.zettasphere.com/blog/`
ZinMarketing, E-Mail-Marketing-Blog	`http://www.zinmarketing.com/blog/`

Tabelle A.2: Blogs und Foren zum Thema E-Mail-Marketing. Die fett gedruckten davon sind meine Favoriten – finden Sie die Ihrigen! (Forts.)

A.3 Literatur

Folgende Bücher halfen mir neben den Blogs. Diese möchte ich daher auch Ihnen ans Herz legen:

Autor/Herausgeber	Titel
Aschoff, Martin	Professionelles Direkt- und Dialogmarketing per E-Mail
Backhaus, Klaus (et al.)	Multivariate Analysemethoden
Bahr, Martin	Recht des Adresshandels
Ceyp, Michael & Koch, Katharina	Blacklists & Whitelists im E-Mail-Marketing
Chaffey, Dave	Total E-Mail Marketing
Dallmer, Heinz	Handbuch Direct Marketing
eco e.V.	eco Richtlinie für zulässiges E-Mail-Marketing
Holland, Heinrich	Direktmarketing
Hughes, Arthur Middleton & Sweetser, Arthur	Successful Email Marketing Strategies

Tabelle A.3: Literatur-Verzeichnis

Autor/Herausgeber	Titel
Inxmail Whitepaper	Blacklists und ihre Bedeutung
MarketingSherpa	Best Practices in Email Marketing Handbook
Schirmbacher, Martin	Online-Marketing und Recht
Schwarz, Torsten	Leitfaden E-Mail Marketing und Newsletter-Gestaltung
Schwarz, Torsten	Leitfaden E-Mail Marketing 2.0
Schwertfeger, Mario	Betreffzeilenoptimierung im E-Mail-Marketing
Vögele, Siegfried	Dialogmethode

Tabelle A.3: Literatur-Verzeichnis (Forts.)

Stichwortverzeichnis

D

I

J

K

L

M

N

R

S

T

U

V

Michael Keukert
Tobias Kollewe

MailChimp

Das Praxis-Handbuch
E-Mail-Marketing für B2B und B2C

Vom Setup des Accounts über die Newsletter-Gestaltung bis zur Erfolgskontrolle

Anlegen von Adresslisten, Gruppen und Segmenten, Import und Export von Listen, Aufsetzen von Kampagnen sowie Newsletter-Versand inkl. A/B-Tests

Zahlreiche Schritt-für-Schritt-Anleitungen und wertvolle Praxistipps für erfolgreiches E-Mail-Marketing

MailChimp ist einer der weltweiten Marktführer im Bereich der E-Mail-Marketing- und Newsletter-Software und ist für jeden geeignet – ganz unabhängig vom Einsatzgebiet: Unternehmen, Organisationen, Blogger und private Anwender können MailChimp kostenlos zum Versand von Newslettern und Transaktionsmails nutzen.

Mit diesem Praxis-Handbuch erhalten Sie eine leicht verständliche praxisnahe Einführung in MailChimp mit zahlreichen Schritt-für-Schritt-Anleitungen. Fortgeschrittenen Nutzern dient das Buch als praktisches Nachschlagewerk mit umfangreichem Stichwortverzeichnis.

Neben einer grundlegenden Einführung in E-Mail-Marketing und Newsletter-Versand behandeln die Autoren detailliert alle Themen, die für die Arbeit mit MailChimp eine Rolle spielen:

Nach dem Setup des Accounts erfahren Sie, wie Sie Listen für Ihre E-Mail-Adressen erstellen und diese effizient verwalten. Ausführlich und Schritt für Schritt wird beschrieben, wie Sie die Anmeldeformulare und die Benutzeroberfläche so überarbeiten, dass sie den Anforderungen an modernes E-Mail-Marketing optimal gerecht werden.

Nachdem die Grundsteine gelegt sind, geht es um das Design und den Versand Ihrer Newsletter: Die Autoren zeigen, welche Templates und Inhaltselemente Ihnen für die Gestaltung zur Verfügung stehen. Des Weiteren erfahren Sie, wie Sie einzelne Kampagnen aufsetzen, versenden und mittels Statistiken und A/B-Tests den Erfolg Ihrer Newsletter kontrollieren.

Für den fortgeschrittenen Einsatz gehen die Autoren am Ende des Buches auf Webhooks und Goals, die API-Programmierung und MailChimp-Apps ein.

Probekapitel und Infos erhalten Sie unter:
www.mitp.de/248

ISBN 978-3-95845-248-0